scikit-learn、Keras、TensorFlowによる実践機械学習

第3版

Aurélien Géron　著

下田 倫大
牧 允皓　監訳

長尾 高弘　訳

THIRD EDITION

Hands-On Machine Learning with Scikit-Learn, Keras, and TensorFlow

Concepts, Tools, and Techniques to Build Intelligent Systems

Aurélien Géron

Beijing • Boston • Farnham • Sebastopol • Tokyo

監訳者まえがき

本書第2版の発売から数年経ち、読者のみなさんもご存知の通り、機械学習の領域では一つの大きな破壊的なトレンドが来ました。2022年後半のChatGPT登場の衝撃から始まった大規模言語モデル（LLM）をはじめとする生成AIブームです。ここ数年はまさに世の中は生成AI一色と言っても過言ではない状況になっており、生成AIに関する新しいテクノロジーの情報が様々な場所で発信されています。情報に追いつくだけでも一苦労、と感じている方も多いのではないでしょうか。

生成AIの破壊的なポイントの一つとして挙げられるのが、使用するハードルの低さです。プロンプトを与えるだけでモデルを自由にコントロールできるので、数学やプログラミングの知識が必要だった従来の機械学習の技術と比べて、簡単に使い始めることができます。この特徴により、従来は機械学習からは一定の距離を置いていた、アプリケーション開発のエンジニアや技術者ではない方々も積極的に生成AIに取り組み、その便利さから利用が爆発的に増えたと言えるでしょう。

裾野は広がる一方で、「生成AIを試してみた」の次のステップに進めずに生成AIに対する失望を抱く、という流れも起こり始めています。この現象自体には様々な要因があると思いますが、その最も大きな要因の一つとして、生成AIの核となる機械学習の基本的な知識が習得されていないことに挙げられると考えます。

生成AIの普及により、特に自然言語処理を中心に、利用者観点ではモデルの学習の必要性に迫られることは減りました。一方で、モデルが期待通り動いているか、その有用性を評価する必要性に迫られることが一気に増えました。また、評価した結果を見て、次の一手を考えて実行に移す必要性も急増しました。モデルを評価し、その評価結果を読み解いた上で、次の一手を考えて実行に移すプロセスはまさに機械学習の醍醐味であり、最も難しいプロセスの一つでもあります。ある程度の「型」はありつつも、必ずこうすれば正しくいくという「普遍的な正解」は存在しません。それは、アルゴリズムとデータが密接に絡み合う機械学習の特徴でもあります。生成AIも例にもれず、すべての課題が生成AIを利用することで解決できるわけではありません。場合によっては、生成AI以外の選択肢を取ること、あるいは生成AIと別の技術を組み合わせることが最適解になりうる場合もあります。このように、生成AIの普及によって生み出された新しいニーズや課題に対して、生成AIを単純に適用するだけでは解決できないことが多いため、機械学習の本質を理解して正しく使いこなせることには大きな意味があります。

本書は、現実世界の課題を解決するための機械学習の基本的な知識の習得と、それを実践しながら身につけていくのに最適な書籍となっています。著者の機械学習に関する高い専門性とエンジニアリング力により理論と実践のバランスが取れており、生成AI普及の中、ますます必要とされている「機械学習を実践的に使えるようになる」ための書籍となっています。

本書をおすすめするポイントは多くありますが、3つにまとめてみました。

- 機械学習のライブラリとして、ディープラーニング以外の機械学習にはscikit-learn、ディープラーニングにはKeras/TensorFlowと明確に用途を定めていること。また、機械学習の手法として、ベーシックなものから、ディープラーニングや強化学習まで幅広くカバーしていること。生成AIに繋がるための基礎的な技術についても比較的新しいトピックまでカバーしていること。
- アルゴリズムの説明に終始するのではなく、実際の業務で必要となる項目も網羅されていること。
- 書籍のタイトルの「実践」が示す通り、すべてのコードがGitHub上で公開されており、すべての手順が追試可能であること。章末問題も答えが提供されており、理解度の確認もできること。

特に3点目は非常に重要なポイントで、書籍を読んでわかった気になるだけではなく、実際に手を動かしながら理解を深めることができます。また、GitHubのリポジトリは日々アップデートが重ねられているため、プログラミング言語やライブラリの最新のバージョンの事情にも追随しています。著者はGitHub上での質問にも積極的に回答しています。英語に抵抗のない方でしたら、GitHub上のやり取りを追いかけたり、質問をすることで、より深い理解が得られます。本書をすべて読み通して理解するには、非常に多くの時間と労力がかかるでしょう。しかし、得られるものは大きいはずです。腰を据えて、じっくりサンプルプログラムと格闘しながら理解を進めていくことで、本書を購入する際に思い描いていた「機械学習を使えるようになる」状態にたどり着けると思います。本書とともに、機械学習の初学者を脱する第一歩を踏み出してみましょう。

初版発売から年数を経て、世の中の興味関心が生成AI一色になっている今でも本書の価値は揺るぎないものだと思います。

2024年10月
下田 倫大

はじめに

機械学習の爆発的な流行

2006年にジェフリー・ヒントン（Geoffrey Hinton）らは、当時としては最先端の適合率（98％以上）で手書きの数字を認識できる深層（ディープ）ニューラルネットワークの学習方法を示す論文（https://homl.info/136）[*1]を発表した。彼らはこのテクニックに「深層学習」（deep learning）という名前を付けた。深層ニューラルネットワークは私たちの大脳皮質を（非常に）単純化したモデルであり、人工ニューロンの階層によって構成されていた。当時、深層ニューラルネットワークの学習は不可能だと広く考えられており[*2]、ほとんどの研究者たちは1990年代末にはそのような考え方を捨てていた。しかし、この論文は科学コミュニティの関心を集め、それからわずかな間に深層学習は単に可能なだけではなく、（膨大な計算能力と膨大なデータの助けを借りれば）ほかの機械学習（ML）テクニックではとても太刀打ちできないようなとてつもない課題を達成できることが示された。この熱狂は、機械学習のほかの分野にもすぐに広がっていった。

それから10年後、機械学習はコンピュータ業界を征服した。今日では、ウェブ検索結果のランキング、スマートフォンの音声認識、動画のレコメンドシステム、そしておそらく自動車の運転まで、ハイテク製品が見せてくれる手品の大半はMLで作られている。

プロジェクトの中での機械学習

読者のみなさんが機械学習に興味をそそられ、この輪に入りたいと思うのは当然のことだ。

自作のロボットに自前の頭脳を与えたい、顔を認識できるようにしたい、歩き回れるようにしたいと思うのは自然の成り行きだ。

あなたの会社に膨大なデータがあり（ユーザのログ、財務データ、生産データ、機械式センサのデータ、ホットラインの統計情報、人事レポートなど）、どこを見ればよいかさえわかっていれば、隠れていた宝石を掘り出せるかもしれない。機械学習は、さまざまなこと（https://homl.info/usecases）を実現できる。次に示すのはその一例だ。

＊1　Geoffrey E. Hinton et al., “A Fast Learning Algorithm for Deep Belief Nets”, *Neural Computation* 18 (2006): 1527-1554.

＊2　ただし、汎用性の高いものではないが、1990年代でもヤン・ルカン（Yann LeCun）の深層畳み込みニューラルネットワークはイメージ認識でよい成績を生んでいた。

- 顧客をセグメントに分け、個々のグループのために最良のマーケティング戦略を見つける。
- よく似た顧客が買っているものに基づいて、個々の顧客に商品をレコメンドする。
- 詐欺取引だと考えられるものを見破る。
- 来年の収益を予測する。

理由が何であれ、みなさんは機械学習を身に付けて自分のプロジェクトに組み込むことに決めたわけだ。すばらしい！

目標とアプローチ

本書は、もっとも単純でもっともよく使われているもの（線形回帰など）から、コンテストの勝者になっている深層学習手法の一部までのさまざまなテクニックを取り上げる。そのために、本格的なPythonフレームワークを使っていく。

- scikit-learn（https://scikit-learn.org）は、多数の機械学習アルゴリズムを効率よく実装し、かつ非常に簡単に使えるため、機械学習を学習するための入口としてとても優れている。もともとは2007年にダビド・コーナポー（David Cournapeau）が作ったものだが、現在はフランス国立情報学自動制御研究所（Inria）の研究者チームが開発をリードしている。
- TensorFlow（TF、https://tensorflow.org）は分散処理計算用のより複雑なライブラリだ。数百台のマルチGPU（graphics processing unit）サーバによる分散処理に対応でき、大規模なニューラルネットワークを効率よく学習、実行できる。TensorFlowはGoogleで開発され、Googleの大規模機械学習アプリケーションの多くを支えている。2015年11月にオープンソース化され、2019年9月にver.2.0がリリースされた。
- Keras（https://keras.io）はニューラルネットワークの学習、実行を大幅に単純化する高水準深層学習APIだ。KerasはTensorFlowにバンドルされており、高度な計算はすべてTensorFlowに任せている。

本書は、実際に動作するプログラム例とほんの少しの理論を通じて機械学習の直感的な理解を深めていくハンズオンのアプローチで書かれている。

ノートPCを引っ張り出さなくても本書は読めるが、コード例を実際に試してみることを強くお勧めする。

コード例

本書のコード例はすべてオープンソースであり、Jupyterノートブックという形でオンライン（https://homl.info/colab3）でアクセスできる。Jupyterノートブックは、テキスト、画像、実行可能コード（本書の場合はPythonによるもの）を含む対話的なドキュメントだ。Google Colabでこのノートブックを実行すれば、コードを手っ取り早くもっとも簡単に試せる。Google Colabは、手元のマシンに何もインストールしなくても、任意のJupyterノートブックをオンラインで直接実行できる無料サービスだ。ウェブブラウザとGoogleアカウントさえあれば、コードを実行できる。

本書はみなさんがGoogle Colabを使ってコードを試すことを想定して書かれているが、私はKaggleやBinderといったほかのオンラインプラットフォームでもノートブックをテストしており、それらも使える。また、あなたのマシンに必要なライブラリとツール（または本書用のDockerイメージ）を直接インストールし、ノートブックを直接実行してもよい。その場合は、https://homl.info/installを参照してほしい。

本書の目的は、読者の仕事を手助けすることだ。コード例以外の本書のコンテンツを利用し、それが公正使用の範疇を超える場合には（オライリー書籍のコンテンツを販売、配布するとか、本書のコンテンツの相当量を独自製品のドキュメントに収録するなど）、permissions@oreilly.comを通じて弊社に許可を求めてほしい。

強制はしないが出典を明記していただけるとありがたい。出典の表示には、一般に書籍タイトル、著者、出版社、ISBNを入れることになる。例えば、"*Hands-On Machine Learning with Scikit-Learn, Keras, and TensorFlow* by Aurélien Géron. Copyright 2023 Aurélien Géron, 978-1-098-12597-4."（日本語版『scikit-learn、Keras、TensorFlowによる実践機械学習 第3版』オーレリアン・ジェロン著、オライリー・ジャパン、ISBN978-4-8144-0093-5）のような形だ。

日本語版について

本書（日本語版）の翻訳対象は、書籍（原書『*Hands-On Machine Learning with Scikit-Learn, Keras, and TensorFlow, 3rd Edition*』）とし、GitHubなどの外部リソースは今後も継続的にメンテナンスが行われ、変更が加えられることが想定されるため翻訳対象外とする。

必要な予備知識

本書は、みなさんがPythonプログラミングのある程度の経験を持っていることを前提として書かれている。まだPythonの使い方を知らない場合には、https://learnpython.orgが役に立つだろう。Python.org（https://docs.python.org/ja/3/tutorial/）の公式チュートリアルも優れている。

本書はPythonの主要な科学計算ライブラリ、特にNumPy（https://numpy.org）、Pandas（https://pandas.pydata.org）、Matplotlib（https://matplotlib.org）の知識も前提としている。もっとも、これらのライブラリを使ったことがなくても、心配はいらない。これらは簡単に学べるし、それぞれについてのチュートリアル（https://homl.info/tutorials）も用意してある。

機械学習アルゴリズムの動作原理を（単に使い方を知るだけではなく）完全に理解したいなら、数学、特に線形代数の基本的な理解が必要になる。そのなかでも、ベクトルや行列とは何かについてと、ベクトルの加算、行列の転置、乗算といった基本演算の実行方法は知っていなければならない。線形代数を手っ取り早く学びたい方のためにも、https://homl.info/tutorialsでチュートリアルを提供している。ここには微積分のチュートリアルもあり、ニューラルネットワークの学習方法を理解するために役に立つが、重要な概念を理解するためにどうしても必要な知識とまでは言えない。本書では、指数と対数、確率論、初歩的な統計学などの数学も使っているが、決して高度な知識を必要とするわけではない。これらの知識を補いたい場合には、オンラインで優れた数学の講義を無料で提供しているhttps://khanacademy.orgを見るとよい。

ロードマップ

本書は2部構成になっている。「**第Ⅰ部　機械学習の基礎**」は、次のテーマを扱う。

- 機械学習とは何か、機械学習が解決したい問題は何か、および機械学習システムの主要なカテゴリや基本概念
- 典型的な機械学習プロジェクトの主要なステップ
- データによってモデルを学習する方法
- 損失関数の最適化
- データの処理、クリーニング、準備
- 特徴量の選択と特徴量エンジニアリング
- モデルの選択と交差検証を使ったハイパーパラメータのチューニング
- 機械学習の主要な問題。特に、過少適合と過学習（バイアスと分散のトレードオフ）
- もっとも一般的な学習アルゴリズム。線形回帰と多項回帰、ロジスティック回帰、*k* 近傍法、サポートベクターマシン（SVM）、決定木、ランダムフォレスト、アンサンブルメソッド
- 次元の呪いと戦うための学習データの次元削減
- クラスタリング、密度推定、異常検知などの教師なし学習手法

「**第Ⅱ部　ニューラルネットワークと深層学習**」は、次のテーマを扱う。

- ニューラルネットワークとは何か、ニューラルネットワークの得意分野は何か
- TensorFlow と Keras を使ったニューラルネットワークの構築と学習
- もっとも重要なニューラルネットワーク・アーキテクチャ。表形式データのための順伝播型ニューラルネットワーク（FNN）、コンピュータビジョンのための畳み込みニューラルネットワーク（CNN）、シーケンス処理のための再帰型ニューラルネットワーク（RNN）とLSTM（長期短期記憶）、自然言語処理のためのエンコーダ－デコーダと Transformer（およびその他）、生成学習のためのオートエンコーダ、敵対的生成ネットワーク（GAN）、拡散モデル
- 深層ニューラルネットワークを学習するためのテクニック
- 強化学習による試行錯誤を通じてよい戦略を学習できるエージェント（例えば、ゲームのボット）を構築する方法
- 大量のデータの効率的なロードと前処理
- 大規模な TensorFlow モデルの学習とデプロイ

第I部は主としてscikit-learnを使うのに対し、第II部はTensorFlowとKerasを使う。

焦って深海に飛び込んではならない。深層学習が機械学習において特に面白い分野だということは間違いないが、先に基礎をマスターしなければならない。しかも、ほとんどの問題は、ランダムフォレストやアンサンブルメソッドなどの深層学習よりも単純なテクニック（第I部で取り上げるもの）で十分解決できる。深層学習がもっとも適しているのは、画像認識、音声認識、自然言語処理などの複雑な問題であり、十分なデータ、計算資源、粘り強さが必要とされる（それも事前学習済みニューラルネットワークを活用できない場合の話だが）。

第2版での変更点

初版を読んでから2版を読む読者のために違いをまとめておこう。

- すべてのコードをTensorFlow 1.xからTensorFlow 2.xに移植し、低水準TensorFlowコード（グラフ、セッション、特徴量列、推定器など）の大半をそれよりもずっと単純なKerasコードに書き換えた。
- 大規模なデータセットをロード、前処理するためのData API、TFモデルの大規模な学習、デプロイのためのDistribution Strategies API、モデルを本番稼働するためのTF ServingとGoogle Cloud AI Platformの説明を追加し、TF Transform、TFLite、TF Addons/Seq2Seq、Tensorflow.js、TF Agentsについても簡単に触れた。
- 教師なし学習のための新しい章、コンピュータビジョン分野の物体検知とセマンティックセグメンテーションのためのテクニック、畳み込みニューラルネットワーク（CNN）によるシーケンス処理、再帰型ニューラルネットワーク（RNN）、CNN、Transformer、GANを使った自然言語処理（NLP）など、MLをめぐる多くの話題を追加した。

詳しくは、https://homl.info/changes2を参照してほしい。

第3版での変更点

2版を読んでから3版を読む読者のために違いをまとめておこう。

- すべてのコードが最新版のライブラリを使うものにアップデートされている。特に、scikit-learnの新機能の多く（例えば、特徴量の名前の追跡、ヒストグラムベースの勾配ブースティング、ラベル伝播など）を紹介した。また、ハイパーパラメータチューニングのためのKeras Tunerライブラリ、自然言語処理のためのHugging Face Transformersライブラリ、Kerasの新しい前処理、データ拡張層も取り上げている。
- 今まで取り上げていなかったビジョンモデル（ResNeXt、DenseNet、MobileNet、CSPNet、EfficientNet）の説明と適切なモデルを選ぶためのガイドラインを追加した。
- 15章では、関数で生成した時系列データではなく、シカゴ市営交通のデータを分析することにした。その過程で、ARMAモデルとそのバリアントも紹介している。
- 自然言語処理を扱う16章では、まずエンコーダ－デコーダRNN、次にTransformersモデルを使って英西（English-Spanish）翻訳モデルを構築するようにした。また、Switch Transformers、DistilBERT、T5、PaLM（思考連鎖プロンプティングも含めて）といった言語モデルを新たに取り上げた。さらに、ViT（Vision Transformer）に踏み込み、DeiTs（data-efficient image transformers）、Perceiver、DINO といった Transformer によるビジュアルモデルを紹介した。そして、CLIP、DALL·E、Flamingo、GATO といった大規模なマルチモーダルモデルの簡単な説明も追加した。

- 生成的学習を扱う 17 章では、新たに拡散モデルを紹介し、ゼロから DDPM（ノイズ除去拡散確率モデル）を実装する方法を示した。
- 19 章は Google Cloud AI Platform から Google Vertex AI に移行し、分散 Keras チューナーを使った大規模ハイパーパラメータ検索の説明を追加した。また、オンラインで試せる TensorFlow.js コードも追加した。さらに、PipeDream や Pathways といった新たな分散学習テクニックも紹介している。
- 以上のような新しい内容を盛り込むために、インストール方法、カーネル PCA、混合ベイズガウスモデルの数学的な詳細説明、TF-Agents ライブラリ、2 版の付録 A（演習問題の解答例）、C（SVM 双対問題）、E（その他の ANN アーキテクチャ）などはオンラインに移すことになった。

詳しくは、https://homl.info/changes3を参照してほしい。

その他の教材

機械学習を勉強するための教材はたくさんある。例えば、アンドリュー・ング（Andrew Ng、呉恩達）のCourseraの機械学習講座（https://homl.info/ngcourse）はとてもすばらしい。ただし、数ヵ月単位の時間をつぎ込む必要がある。

scikit-learnの優れたユーザガイド（https://homl.info/skdoc）のように、機械学習を扱っているウェブサイトにも面白いものがたくさんある。優れた対話的教材を提供しているDataquest（https://dataquest.io）、Quora（https://homl.info/1）で紹介されているMLブログなどもよい。

もちろん、機械学習の入門書は本書以外にもたくさんあり、特に次のものが優れている。

- *Data Science from Scratch*, 2nd edition (https://homl.info/grusbook、Joel Grus, O'Reilly, 2019)『ゼロから始めるデータサイエンス―Python で学ぶ基本と実践』（https://www.oreilly.co.jp/books/9784873119113/、菊池彰訳、オライリー・ジャパン、2020）は、機械学習の基礎を説明し、主要アルゴリズムの一部を（文字通りゼロから）純粋な Python で実装する。
- *Machine Learning: An Algorithmic Perspective*, 2nd edition(Stephen Marsland, Chapman and Hall, 2014) は機械学習の優れた入門書で、広い範囲のテーマを深く扱っている。Python のコード例もある（上記の本と同様にゼロからだが、NumPy は使っている）。
- *Python Machine Learning*, 3rd edition (Sebastian Raschka, Packt Publishing, 2019) も機械学習の優れた入門書で、Python のオープンソースライブラリ（Pylearn 2 と Theano）を使っている。
- *Deep Learning with Python*, 2nd edition (François Chollet, Manning, 2021)『Python と Keras

によるディープラーニング』（巣籠悠輔監訳、株式会社クイープ訳、マイナビ出版、2022年）は、あのKerasライブラリの作者の著書であり、期待に違わず広範なテーマを明快、簡潔に解説してくれる。数学理論よりもコード例に重点を置いている。

- *The Hundred-Page Machine Learning Book*（Andriy Burkov, 自主出版, 2019）『機械学習100+ページ エッセンス』（清水美樹訳、インプレス、2019）は非常に短いながら、驚くほど広い範囲のテーマを扱っており、数式を敬遠せずに適切な用語で解説している。
- *Learning from Data*（Yaser S. Abu-Mostafa, Malik Magdon-Ismail, and Hsuan-TienLin, AMLBook, 2017.）は、MLに理論的にアプローチしており、特にバイアスと分散のトレードオフ（本書4章参照）について、深い洞察が得られる。
- *Artificial Intelligence: A Modern Approach*, 4th edition (Stuart Russell and Peter Norvig, Pearson, 2022) は、機械学習を含む非常に広範なテーマを扱ったすばらしい（そして分厚い）本だ。機械学習を広い視野で見るために役立つ。
- *Deep Learning for Coders with fastai and PyTorch*（https://www.oreilly.com/library/view/deep-learning-for/9781492045519/、Jeremy Howard and Sylvain Gugger, O'Reilly, 2020）『PyTorchとfastaiではじめるディープラーニング』（https://www.oreilly.co.jp/books/9784873119427/、中田秀基訳、オライリー・ジャパン、2021）は、fastaiとPyTorchライブラリを使って深層学習を実践的かつ明快に解説している。

最後に、Kaggle.com (https://kaggle.com/) のような機械学習コンペを開催しているウェブサイトに参加すれば、実世界の問題で自分のスキルを試し、MLの最高のプロフェッショナルたちからの助言やヒントを受けるチャンスが得られる。

本書の表記

本書は次のルールに従って表記されている。

ゴシック

新しい用語、強調点などを表す。

等幅（`sample`）

プログラムリスト、本文中の変数名、関数名、データベース、データ型、環境変数、文、キーワードなどで使っている。

ヒントや提案を表す。

一般的な注意事項を表す。

特に注意すべき重大事項を表す。

連絡先

本書に関する意見、質問等は、オライリー・ジャパンまで連絡してほしい。連絡先は次の通り。

株式会社オライリー・ジャパン
電子メール japan@oreilly.co.jp

本書には、正誤表、追加情報等が掲載されたWebページが用意されています。

https://homl.info/oreilly3（英語）
https://www.oreilly.co.jp/books/9784814400935（日本語）

本、講座、カンファレンス、ニュースの詳細については、当社のWebサイト（https://www.oreilly.com）を参照してください。

その他にもさまざまなコンテンツが用意されています。

LinkedIn
https://linkedin.com/company/oreilly-media

X
https://twitter.com/oreillymedia

YouTube
https://www.youtube.com/oreillymedia

オライリー学習プラットフォーム

オライリーはフォーチュン100のうち60社以上から信頼されている。オライリー学習プラットフォームには、6万冊以上の書籍と3万時間以上の動画が用意されている。さらに、業界エキスパートによるライブイベント、インタラクティブなシナリオとサンドボックスを使った実践的な学習、公式認定試験対策資料など、多様なコンテンツを提供している。

https://www.oreilly.co.jp/online-learning/

また以下のページでは、オライリー学習プラットフォームに関するよくある質問とその回答を紹介している。

https://www.oreilly.co.jp/online-learning/learning-platform-faq.html

謝辞

本書の初版と2版は、私の想像を超える非常に多くの人々に読んでいただくことができました。読者の皆様からは、質問、誤植についての親切なご指摘、そして多くの励ましの言葉をいただきました。読者の皆様には、感謝の言葉もありません。本当にありがとうございました。誤りを見つけていただいた場合、コード例の誤りはGitHub（https://homl.info/issues3）、本文の誤りは正誤表ページ（https://homl.info/errata3）でお知らせ下さい。一部の読者の方からは、本書が最初の就職に役立ったことや、仕事で直面している具体的な問題の解決に役立ったことも知らせていただきましたが、そうした話を聞かせていただくと本当に頑張ろうという気持ちになります。本書が役に立った場合、非公開でも（例えばLinkedIn（https://www.linkedin.com/in/aurelien-geron/）を介して）、公開でも（例えば@aureliengeronへのツイートやAmazonのレビュー（https://homl.info/amazon3））知らせていただければ幸いです。

貴重な時間と労力を割いてこの3版をていねいに査読し、誤りを正したり、貴重な提案をして下さった方々に、とても感謝しています。本書3版は、Olzhas Akpambetov、George Bonner、Francois Chollet、Siddha Ganju、Sam Goodman、Matt Harrison、Sasha Sobran、Lewis Tunstall、Leandro von Werraの各氏、そして兄弟であるSylvainのおかげで大幅に改善されています。

私の質問に答えて下さったり、改善点を提案して下さったり、GitHubでコードの改良を提案して下さったりして私を助けてくださった多くの人々にもとても感謝しています。特に、Yannick Assogba、Ian Beauregard、Ulf Bissbort、Rick Chao、Peretz Cohen、Kyle Gallatin、Hannes Hapke、Victor Khaustov、Soonson Kwon、Eric Lebigot、Jason Mayes、Laurence Moroney、Sara Robinson、Joaquín Ruales、Yuefeng Zhouの各氏には深く感謝しています。

本書はO'Reillyのすばらしいスタッフのみなさんがいなければ完成しなかったでしょう。いつも明るく、優しく背中を押してくれ、示唆に富んだ感想を言ってくれたNicole Taché氏には、特に感謝しています。完成にさしかかったところで私を励まし、完成に導いてくれたMichele Cronin氏にもとても感謝しています。製作チームのみなさん、特にElizabeth Kelly氏、Kristen Brown氏に感謝しています。完璧な校正をして下さったKim Cofer氏、Amazonとの関係を管理し、私の多くの質問に答えて下さったJohnny O'Toole氏にも感謝しています。このプロジェクトの成功を信じ、範囲の確定を助けてくれたMarie Beaugureau、Ben Lorica、Mike Loukides、Laurel Rumaの各氏に感謝しています。製版、asciidoc、MathML、LaTeXに関する専門的な質問に答えてくださったMatt Hacker氏をはじめとするAtlasチームのみなさんに感謝しています。そして、Nick Adams、Rebecca Demarest、Rachel Head、Judith McConville、Helen Monroe、Karen Montgomery、Rachel Roumeliotisの各氏、その他本書のために力になって下さったO'Reillyのみなさんにありがとうの言葉を贈ります。

本書初版と2版で私を助けてくれた友だち、同僚、TensorFlowチームの多くのメンバーを含む専門家の皆様のことは決して忘れません。それは、Olzhas Akpambetov、Karmel Allison、Martin Andrews、David Andrzejewski、Paige Bailey、Lukas Biewald、Eugene Brevdo、William Chargin、Francois Chollet、Clement Courbet、Robert Crowe、Mark Daoust、Daniel "Wolff" Dobson、Julien Dubois、Mathias Kende、Daniel Kitachewsky、Nick Felt、Bruce Fontaine、Justin Francis、Goldie Gadde、Irene Giannoumis、Ingrid von Glehn、Vincent Guilbeau、Sandeep Gupta、Priya

Gupta、Kevin Haas、Eddy Hung、Konstantinos Katsiapis、Viacheslav Kovalevskyi、Jon Krohn、Allen Lavoie、Karim Matrah、Grégoire Mesnil、Clemens Mewald、Dan Moldovan、Dominic Monn、Sean Morgan、Tom O'Malley、James Pack、Alexander Pak、Haesun Park、Alexandre Passos、Ankur Patel、Josh Patterson、André Susano Pinto、Anthony Platanios、Anosh Raj、Oscar Ramirez、Anna Revinskaya、Saurabh Saxena、Salim Sémaoune、Ryan Sepassi、Vitor Sessak、Jiri Simsa、Iain Smears、Xiaodan Song、Christina Sorokin、Michel Tessier、Wiktor Tomczak、Dustin Tran、Todd Wang、Pete Warden、Rich Washington、Martin Wicke、Edd Wilder-James、Sam Witteveen、Jason Zaman、Yuefeng Zhouの諸氏と兄弟のSylvainのことです。改めてありがとうの言葉を贈りたいと思います。

最後になりましたが、本書の執筆を後押ししてくれた愛する妻のEmmanuelleとAlexandre、Rémi、Gabrielleの子どもたちにも感謝の言葉を述べさせてください。彼らの飽くことを知らない好奇心にも助けられているのです。本書のなかでも特に難しい部分を妻と子どもたちに説明したおかげで、私の考えが明確になり、多くの部分が改善されました。そして、私にクッキーとコーヒーを持ってきてくれます。それ以上の幸せがあるでしょうか。

目次

第Ⅰ部
機械学習の基礎

1章
機械学習の現状

ほんの少し前までは、携帯電話を手に取って家への道順を尋ねても何も答えてもらえず、こいつ大丈夫かと他人に白い目で見られていただろう。しかし、機械学習はもはやSFの世界の存在ではない。毎日数十億の人々が利用している。実際、OCR（Optical Character Recognition：光学的文字認識）などの特殊な分野では何十年も前から使われていた。しかし、メインストリームのテクノロジとして世界を席巻し、数億人の人々の日常生活の向上に役立った最初のMLアプリケーションが登場したのは、1990年代になってからだ。**スパムフィルタ**（spam filter）のことである。自己認識を持つ域には達していなかったものの、スパムフィルタは技術的に機械学習と認められるものである。実際、スパムフィルタの学習能力は大したもので、メールにスパムのフラグを立てなければならないケースはごくまれになった。その後、音声プロンプト、自動翻訳、画像検索、商品のレコメンデーションなどの多数のMLアプリケーションが目立たないながら多数の製品やサービスで日常的に使われるようになっている。

機械学習はどこから始まり、どこで終わるのだろうか。機械が何かを**学習**（learn）するとは、正確にはどのような意味なのだろうか。Wikipediaの記事をダウンロードすると、そのコンピュータは本当に「何かを学習する」のだろうか。突然、今までよりも賢くなるのだろうか。この章ではまず、機械学習とは何なのか、なぜ機械学習を使うべきなのかというところから話を始めていく。

そこがわかったら、いよいよ機械学習という大陸の探検に出かけるわけだが、その前に地図を見て、大陸内の主要な地域や最も目立つランドマークについて学んでおきたい。教師あり学習と教師なし学習、オンライン学習とバッチ学習、インスタンスベース学習とモデルベース学習の違いを頭に入れよう。そして、典型的なMLプロジェクトのワークフローをながめ、直面する課題がどのようなものかを検討し、機械学習システムを評価、調整するための方法を説明していく。

この章では、すべてのデータサイエンティストが当たり前に知っておかなければならない基本概念（および専門用語）をたくさん紹介する。この章は概要を俯瞰的に説明するものになる（ちなみに、コードがあまりない唯一の章である）。書かれているのはすべて比較的単純なことだが、本書の続きの部分を読むためには、ここで説明することがしっかりと頭に入っていなければならない。コーヒーは用意できただろうか。それでは早速始めよう。

機械学習の基本をよくご存知の方は、ここを読み飛ばして2章に進んでいただいてかまわない。自信がない場合は、章末の問題に答えてから、この章を読むかどうかを考えるとよいだろう。

1.1　機械学習とは何か

機械学習とは、コンピュータが**データから学習**できるようにするためのコンピュータプログラミングについての科学（または技術）である。

もう少し広い定義としては次のようなものがある。

> 機械学習は、コンピュータに明示的なプログラミングなしで学習能力を与えるための学問分野である。
> ── アーサー・サミュエル、1959

もっと技術者向きな定義としては、次のものがある。

> コンピュータプログラムは、経験*E*によってタスク*T*に対する性能指標*P*で測定した性能が上がるとき、*T*について*E*から学習すると言われる。
> ── トム・ミッチェル、1997

例えば、スパムメールの例（ユーザがスパムのフラグを付けたものなど）と正常なメールの例（スパムではないもの。「ハム」とも呼ばれる）を与えると、スパムフィルタがスパムを見分けられるようになるなら、そのスパムフィルタは機械学習プログラムである。システムが学習のために使うデータ例のことを**学習セット**（training set）と呼ぶ。そして、個々のデータ例のことを**学習インスタンス**（training instance）、あるいは**サンプル**（sample）と呼ぶ。機械学習システムのうち、学習して予測をする部分は、**モデル**（model）と呼ばれる。ニューラルネットワークやランダムフォレストはモデルの例である。

この場合、タスク*T*とは新しいメールにスパムのフラグを立てるかどうかを判断することであり、経験*E*が**学習データ**（training data）である。性能指標*P*はまだ定義していないが、例えば、正しく分類されたメールの割合を使えばよい。この性能指標は**精度**（accuracy、正解率、正確度、正確性、確度とも訳される）と呼ばれ、分類のタスクでよく使われる。

Wikipediaの記事をダウンロードしただけなら、コンピュータはデータが大量に増えただけで、急に何かの仕事をうまくこなすようになるわけではない。したがって、これは機械学習ではない。

1.2　なぜ機械学習を使うのか

従来からのプログラミングテクニックを使ってスパムフィルタを書くとすればどうなるかについて考えてみよう（**図1-1**参照）。

1. まず、スパムの一般的な特徴に注目する。例えば、タイトルによく現れる語句（4U、credit card、free、amazingといったもの）があることに気づくだろう。そのほかにも、送信者名、メール本体などにパターンがあることに気づくはずだ。
2. 気付いたパターンごとに検出アルゴリズムを書く。すると、プログラムはいくつかのパターンが見つかったメールにスパムのフラグを付ける。

3. プログラムをテストし、本番稼働してもよいレベルの結果が得られるまで、ステップ1. 2を繰り返す。

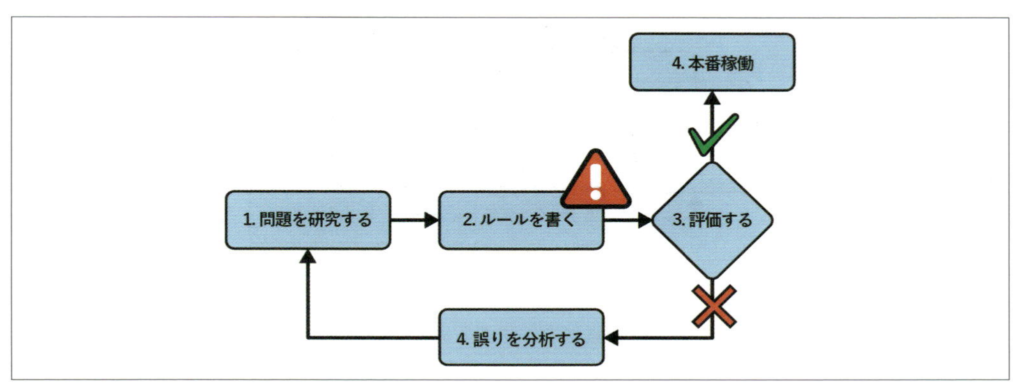

図1-1　従来のアプローチ

この問題は難しいので、プログラムは複雑なルールの長いリストを含んだものになるだろう。その分、メンテナンスが大変になる。

それに対し、機械学習手法を使ったスパムフィルタは、ハムのデータ例と比べてスパムのデータ例で異常に多く見られる語句を検出し、スパムを見分けるために使える語句を自動的に学習する（**図1-2**参照）。プログラムはずっと短くなり、メンテナンスしやすくなり、正確にもなる。

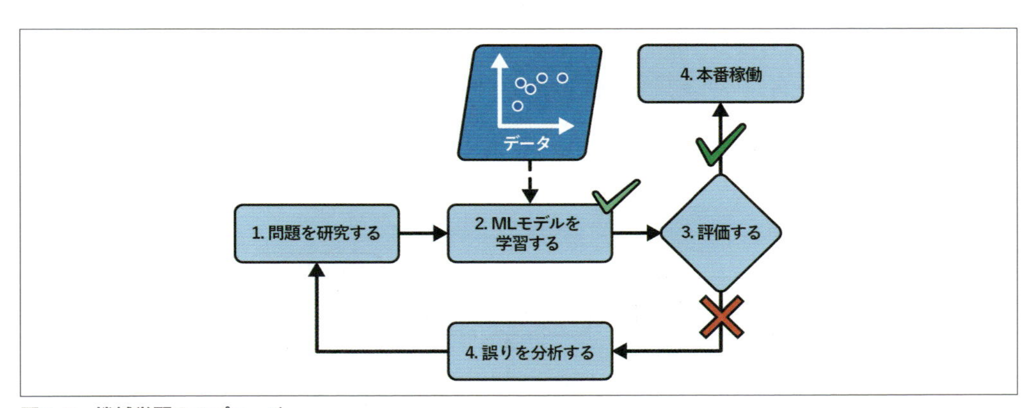

図1-2　機械学習のアプローチ

スパマーは、4Uを含むメールがブロックされることに気づくと、代わりにFor Uと書くようになるかもしれない。従来のプログラミングテクニックを使ったスパムフィルタは、For Uを含むメールにフラグを付けるように書き換えなければならなくなる。スパマーがスパムフィルタを出し抜こうとし続ける限り、新しいルールを永遠に書き続けなければならない。

それに対し、機械学習手法を使ったスパムフィルタは、ユーザがスパムのフラグを付けるメールにFor Uが異常に多く含まれることに自動的に気付き、人間が特に何かをしなくてもFor Uが含まれるメールにフラグを付けるようになる（**図1-3**参照）。

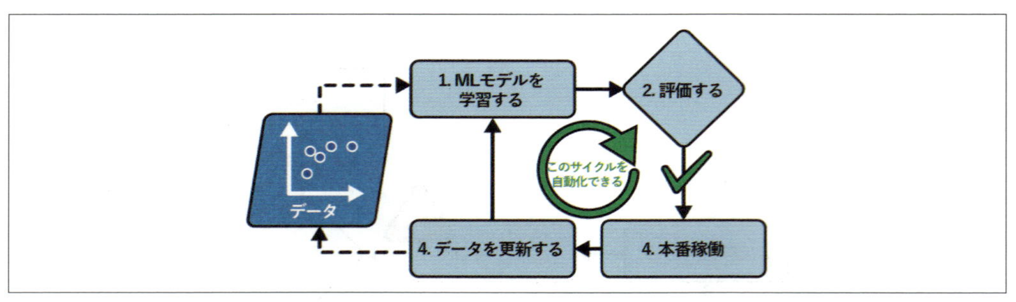

図1-3　機械学習は変化に自動的に対応する

機械学習は、従来のアプローチでは複雑になりすぎる問題や既知のアルゴリズムがない問題でも力を発揮する。例えば、音声認識について考えてみよう。単純なところから始めるために、例えば「one」と「two」の2つの単語を見分けられるプログラムを書くものとする。「two」という単語は破裂音（T）で始まるので、破裂音の強さを測定するアルゴリズムをハードコードし、それを使って「one」と「two」を見分けようと考えるかもしれない。しかし、このテクニックでは、ノイズも混ざる環境で数百、数千万の異なる人々が数百種もの言語でしゃべる数千、数万の単語を見分けるところまでスケールアップしていくことはとてもできない。最良のソリューション（少なくとも現状で）は、個々の単語の発音例の録音を多数与えると自分で学習するアルゴリズムを書くことだ。

最後に、機械学習は人間の学習を支援できる（**図1-4**）。MLモデルを調べれば、何を学習したかがわかる（モデルによっては難しい場合もあるが）。例えば、十分学習を積んだスパムフィルタを調べれば、スパムを見分けるために最も効果的だとアルゴリズムが考えている単語や単語の組み合わせのリストが得られる。ここから予想外の相関関係や新しいトレンドが見つかり、問題の理解が深まることがある。大量のデータを掘り下げて隠れていたパターンを見つけることを**データマイニング**（data mining）という。機械学習はデータマイニングが得意だ。

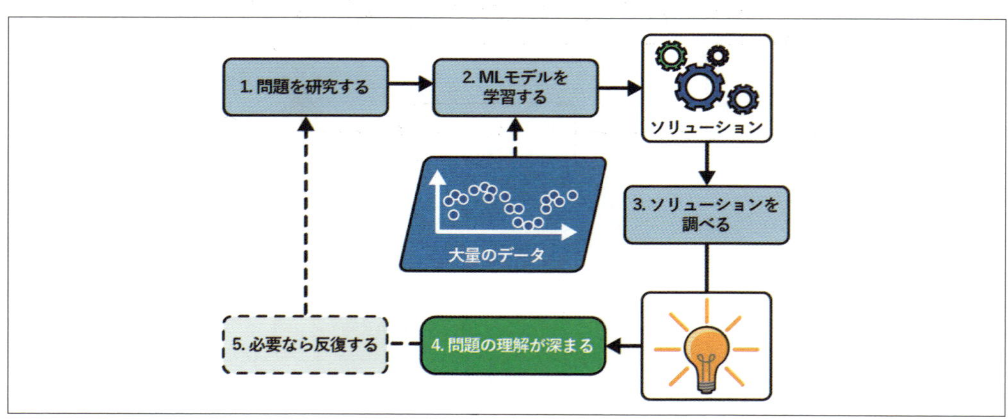

図1-4　機械学習は人間の学習を支援できる

以上をまとめると、機械学習は次のような問題を得意とする。

- **既存のソリューションでは、手作業による膨大なファインチューニング（細かい調整）や、ルールの長いリストが必要な問題** ── 1つの機械学習アルゴリズムがあれば、コードが単純化され、性能が上がることが多い。
- **従来の方法ではよいソリューションが作れない複雑な問題** ── 最良の機械学習手法ならソリューションを見つけられる。
- **環境が変動するシステム** ── 機械学習システムなら新しいデータに対応して、最新の状態を保てる。
- **複雑な問題や大量のデータについての知見の獲得**

1.3 応用の例

機械学習タスクの具体例とそのタスクに使える機械学習手法を少し見てみよう。

生産ライン上の製品画像の分析による自動分類

画像分類に当たる。一般にCNN（畳み込みニューラルネットワーク、14章参照）を使って実行されるが、Transformer（16章参照）が使われることもある。

脳のスキャン写真からの腫瘍の検出

セマンティックセグメンテーション。腫瘍の正確な位置と形状を知るために画像内の各ピクセルを分類する技法である。一般にCNNかTransformerが使われる。

新しい記事の自動分類

自然言語処理（NLP）、より厳密な言い方ではテキスト分類に当たる。RNN（再帰型ニューラルネットワーク）やCNNが使えるが、Transformer（16章参照）はさらに性能が高い。

フォーラムに書かれた攻撃的なコメントへの自動的なフラグ付加

これもテキスト分類で、同じNLPツールを使う。

長い文章の要約文の自動作成

テキスト自動要約と呼ばれるNLPの分野の1つで、同じツールを使う。

チャットボットやパーソナルアシスタントの作成

自然言語理解（NLU）、Q&Aモジュールなどのさまざまな NLP部品を使う。

さまざまな業績指標に基づく会社の次年度収益の予測

回帰タスク（つまり値の予測）に当たり、線形回帰、多項式回帰モデルなどの回帰モデル（4章参照）、SVM回帰（5章参照）、ランダムフォレスト回帰（7章参照）、人工ニューラルネットワーク（10章参照）などの回帰モデルを使うことになる。過去の業績指標のシーケンスを組み込みたいなら、RNN、CNN、Transformer（15、16章参照）を使う。

アプリの音声コマンド対応

音声認識に当たり、音声サンプルの処理が必要とされる。音声サンプルは長くて複雑なシーケンスなので、一般にRNN、CNN、Transformer（15、16参照）で処理される。

クレジットカード詐欺の検知

異常検知に当たり、アイソレーションフォレスト、混合ガウスモデル（9章参照）、オートエンコーダ（17章参照）が使える。

購入履歴に基づき顧客をセグメントに分類し、セグメントごとに異なる販促戦略を立てられるようにする

クラスタリングに当たり、k平均法、DBSCANなど（9章参照）を使って実現できる。

明快で多くの情報が得られる図による複雑な高次元データセットの表現

データの可視化であり、次元削減テクニック（8章参照）が含まれることが多い。

過去の購入履歴に基づき、顧客が興味を持ちそうな商品をレコメンドする（薦める）

レコメンドシステム。例えば、人工ニューラルネット（10章参照）に過去の購入データ（および顧客についてのその他のデータ）を与え、次に購入されそうな可能性が最も高いものを出力する。このニューラルネットワークは、すべての顧客の過去の購入シーケンスを使って学習される。

ゲームのためのインテリジェントボットの構築

強化学習（RL、18章参照）が使われることが多い。RLは、与えられた環境（例えばゲーム）の中で、全時間を通じての報酬が最大化されるようなアクションを選択するようにエージェント（ボットなど）を学習するものである。囲碁の世界チャンピオンを破ったことで有名なAlphaGoプログラムは、RLを使って作られている。

このリストはまだいくらでも長くできるが、機械学習が取り組めるタスクや個々のタスクのために使えるテクニックの範囲の広さと複雑さが伝わるのではないだろうか。

1.4　機械学習システムのタイプ

機械学習システムのタイプは非常に多いので、次の基準に基づいて大きく分類すると役に立つ。

- どのような学習を行うか（教師あり、教師なし、半教師あり、自己教師あり、その他）。
- その場で少しずつ学習できるかどうか（オンライン、バッチ学習）。
- 単純に新しいデータポイントと既知のデータポイントを比較するか、データサイエンティストが行うように学習データからパターンを見つけ出して予測モデルを構築するか（インスタンスベース、モデルベース学習）。

これらの基準は相互排他的ではない。好きなように組み合わせて使うことができる。例えば、最新のスパムフィルタは、スパムとハムのデータ例で学習されたDNN（深層ニューラルネットワーク）モデルを使ってその場で学習していくかもしれない。これは、オンライン、モデルベース、教師あり学習システムに分類される。

それでは、この基準をもっと詳しく見ていこう。

1.4.1　教師あり／教師なし学習

機械学習システムは、学習中に受ける人間の関与の程度、タイプによって分類できる。主要なカテゴリは、教師あり学習、教師なし学習、半教師あり学習、自己教師あり学習、強化学習の5種類である。

1.4.1.1　教師あり学習

教師あり学習（supervised learning）では、アルゴリズムに与える学習データの中に**ラベル**（label）と呼ばれる答えが含まれている（図1-5）。

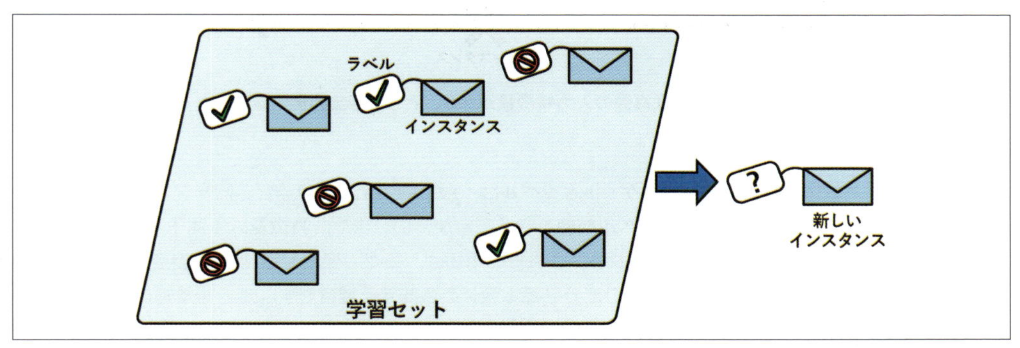

図1-5　スパム分類のためのラベル付き学習セット（教師あり学習の例）

教師あり機械学習のタスクとしてまず思いつくのは**分類**（classification）である。よい例がスパムフィルタだ。スパムフィルタには、**クラス**（class、この場合はスパムかハムか）が明示されたメールの例を大量に与えて学習し、新しいメールの分類方法を学習させる。

教師あり学習は、一連の**特徴量**（feature：走行距離、使用年数、ブランド、その他）から**ターゲット**（target）の数値（中古車の価格）を予測する**回帰**（regression）[*1]と呼ばれるタスクでも使われる（図1-6）。

回帰システムを学習するには、特徴量とラベル（この場合は価格）を含む多くの中古車データを与える必要がある。

一部の回帰モデルは分類にも使えるし、逆も成り立つことに注意しよう。例えば、**ロジスティック回帰**（logistic regression）は、特定のカテゴリに属する確率（例えば、「20 %の確率でスパム」）を出力できるので、分類にもよく使われる。

＊1　この奇妙な響きの名前は、フランシス・ゴルトンが作った統計学用語に由来している。彼は、背の高い人々の子どもたちが親よりも背が低くなる傾向があることを研究していたが、子どもたちの方が背が低くなるということから、この現象を**平均への回帰**（reggression to the mean）と呼んだ。変数間の相関関係を分析するために彼が使った方法にもこの名前が使われている。

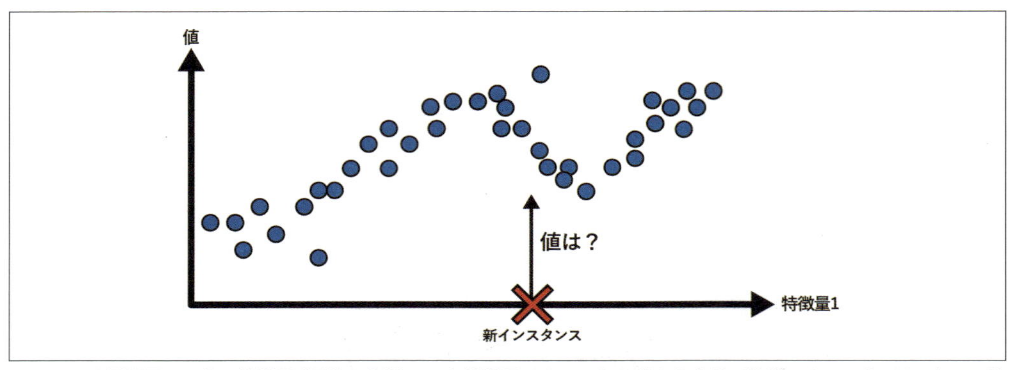

図1-6 回帰問題：入力の特徴量（通常は複数の入力特徴量があり、ときどき出力値が複数になることがある）から値を予測する

教師あり学習では**ターゲット**と**ラベル**は一般に同義語とされるが、回帰タスクでは**ターゲット**、分類タスクでは**ラベル**が使われることが多い。また、**特徴量**は**予測子**（predictor）、**属性**（attribute）とも呼ばれる。これらの用語は、個々の標本を意味する場合（例：「この車の走行距離特徴量は15,000だ」）も標本全体を意味する場合（例：「走行距離特徴量は価格との間に強い相関がある」）もある。

1.4.1.2 教師なし学習

教師なし学習（unsupervised learning）では、みなさんの推測通り、学習データにラベルはついていない（**図1-7**）。システムは、誰にも教わらずに学習しようとする。

例えば、ブログの訪問者についてのデータがたくさんあるので、**クラスタリング**（clustering）アルゴリズムを使って、類似する訪問者の集団を見つけようとしているものとする（**図1-8**）。この場合、どの時点でも、訪問者がどの集団に属するかをアルゴリズムに教えることはない。クラスタリングアルゴリズムは、人間の助けを借りずにつながりを見つける。例えば、40 %の訪問者はマンガ好きの10代の人々で夜中にブログを読んでいるのに対し、20 %の訪問者はSFファンの大人で週末に来ているといったことがわかる。**階層型クラスタリング**（hierarchical clustering）アルゴリズムを使えば、各集団をさらに下位集団に分割できる。すると、それぞれの集団に合わせて投稿を書き分けるために役立つだろう。

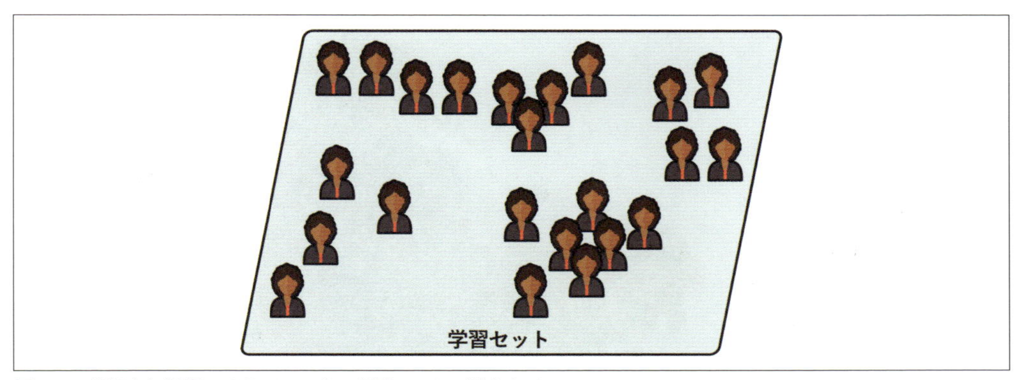

図1-7 教師なし学習ではラベルのない学習セットが使われる

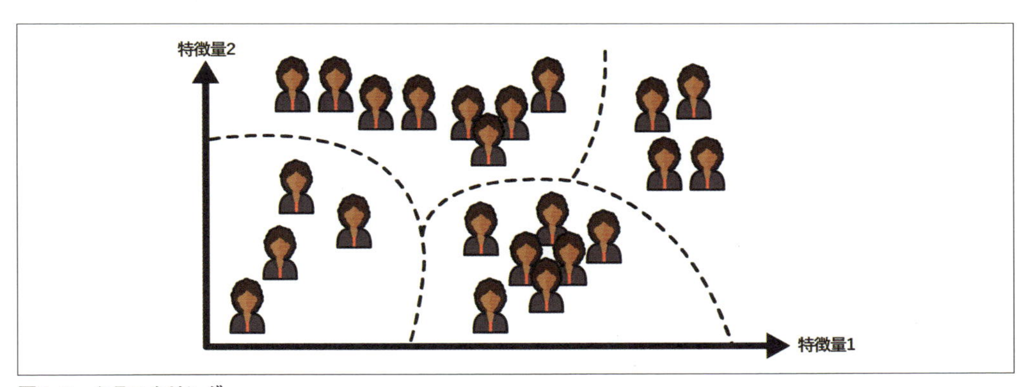

図1-8 クラスタリング

可視化（visualization）アルゴリズムも教師なし学習アルゴリズムのよい例である。この種のアルゴリズムに大量の複雑なラベルなしデータを与えると、プロットしやすい2次元、3次元表現が返される（**図1-9**）。これらのアルゴリズムはできる限り構造を残そうとする（例えば、入力空間の別々のクラスタが可視化の中で重なり合わないようにする）ので、データがどのような構造になっているのかが理解でき、おそらく予想外のパターンを見つけられる。

可視化に関連して、情報をあまり失うことなく、データを単純化することを目標とする**次元削減**（dimension reduction）というものもある。そのために、複数の相関する特徴量を1つにまとめるなどの方法を使う。例えば、車の走行距離は、使用年数と非常に高い相関を示すかもしれない。すると、次元削減アルゴリズムは、これら2つを1つの特徴量（車の老朽度）にまとめる。これを**特徴量抽出**（feature extraction）と呼ぶ。

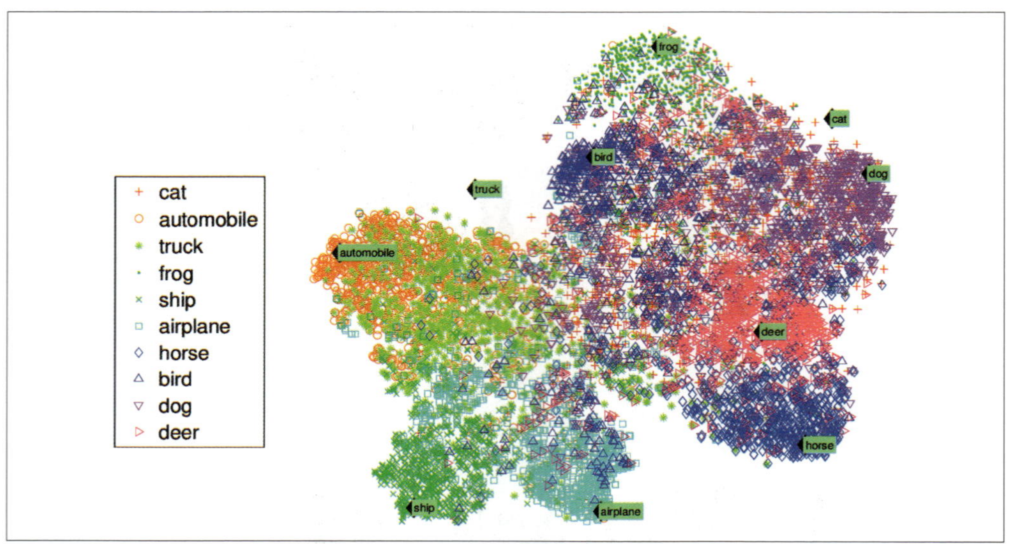

図1-9 セマンティッククラスタを強調しているt-SNEによる可視化の例*1

ほかの機械学習アルゴリズム(例えば教師あり学習アルゴリズム)にデータを与える前に、次元削減アルゴリズムを通して学習データの次元を減らしておくとよいだろう。学習が大幅にスピードアップし、データが消費するディスク、メモリスペースが減り、場合によっては性能が上がることもある。

教師なし学習の重要なタスクとしては、**異常検知**(anomaly detection)もある。例えば、詐欺防止のために異常なクレジットカード取引を見つけたり、不良品を洗い出したり、ほかの学習アルゴリズムに送る前にデータセットから自動的に外れ値を取り除いたりすることだ。この種のシステムは正常なインスタンスで学習され、正常なインスタンスの認識方法を学ぶ。そのあとで新しいインスタンスを与えると、正常に近いか異常に近いかを判断する(**図1-10**)。これとよく似たタスクとして**新規性検知**(novelty detection)がある。学習セットに含まれるすべてのインスタンスとは大きく異なる新インスタンスを検知することを目指す。このタスクのためには、学習後のアルゴリズムで検出されるようなインスタンスが含まれていない非常に「クリーン」な学習セットが必要だ。例えば、数千枚の犬の写真があったとして、そのうちの1%がチワワの写真だとした場合、新規性検知アルゴリズムは、チワワの新しい写真を新規データとして扱ってはならない。それに対し、異常検知アルゴリズムは、チワワをほかの犬とは大きく異なる非常に珍しい種類と考え、異常値に分類するだろう(チワワに悪意はないので念のため)。

---

*1 動物と乗り物がくっきりと分かれ、馬が鹿の近くに集まり、鳥とは距離を取っていることがわかる。Richard Socher et al., "Zero-Shot Learning Through Cross-Modal Transfer", *Proceedings of the 26th International Conference on Neural Information Processing Systems* 1 (2013): 935-943より許可に基づき再録。

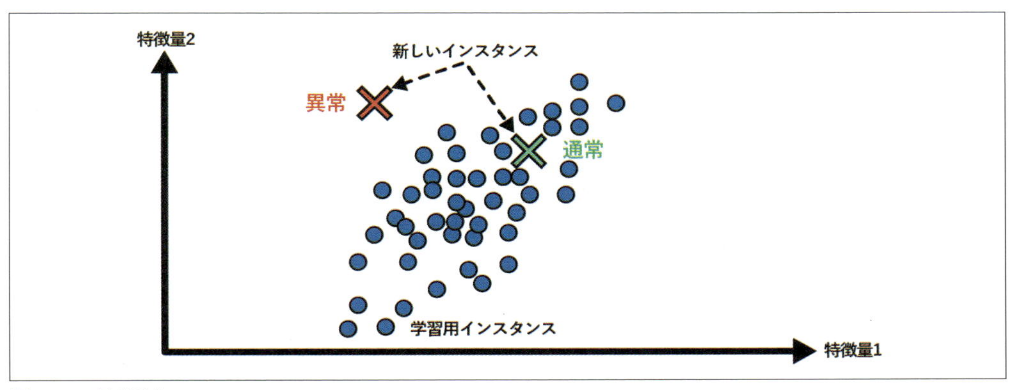

図1-10　異常検知

教師なし学習で一般的なタスクのタイプとしては、大量のデータを掘り下げて属性の間から面白い関係を見つけ出す**相関ルール学習**（association rule learning）もある。例えば、スーパーマーケットを経営しているものとする。売上記録に対して相関ルール分析を行い、バーベキューソースとポテトチップを買う人はステーキ肉も買っていくことがわかったら、それらの商品を近くに配置すると売上が増えるかもしれない。

1.4.1.3　半教師あり学習

データにラベルを付けるのは時間とコストがかかる作業なので、ラベルのないデータがたくさんあるのに対し、ラベルがついたデータはわずかしかないことがある。このように部分的にしかラベルが付けられていないデータを扱えるアルゴリズムがある。それらを**半教師あり学習**（semisupervised learning）と呼ぶ（**図1-11**）。

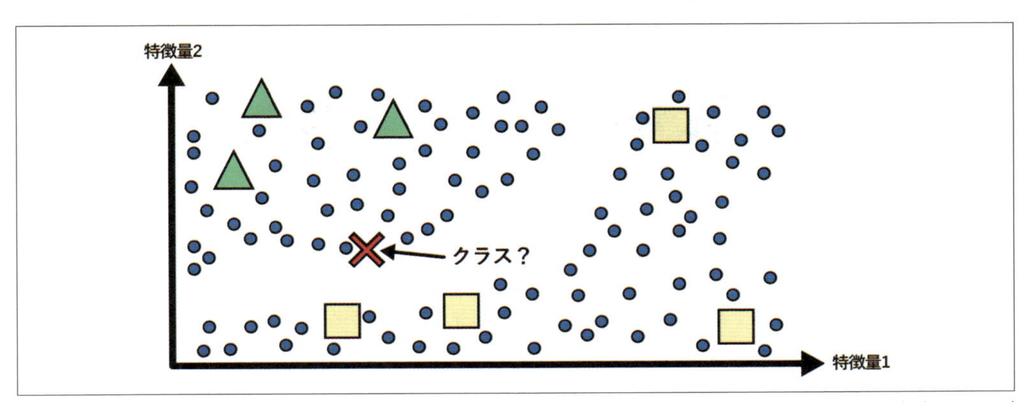

図1-11　2つのクラス（三角形と四角形）を持つ半教師あり学習：ラベルが付いていないインスタンス（円）のおかげで、三角形ラベルのインスタンスよりも四角形ラベルのインスタンスの近くにある新しいインスタンス（×印）が三角形に分類される。

Googleフォトなどの写真ホスティングサービスはこれのよい例である。このサービスは、家族写真をすべてアップロードすると、自動的に人物Aが写真1、5、11に写っているのに対し、人物Bは写真2、5、7に写っているということを認識する。これはアルゴリズムの教師なしの部分（クラスタリング）である。あとは、人物A、Bが実際に誰なのかがわかればよい。1人について1個ずつラベルを提供するだけで*1、写真に写っている全員が誰なのかがわかる。これは写真の検索で役に立つ。

ほとんどの半教師あり学習アルゴリズムは、教師なし学習と教師あり学習を結合したものである。例えば、類似するインスタンスを同じクラスタにまとめるためにクラスタリングアルゴリズムを使ってから、すべてのラベルなしインスタンスに、ラベルとしてそのクラスタで最も多いラベルを与えると、データセット全体がラベル付きになる。そうすれば、データセットは教師あり学習アルゴリズムで使えるようになる。

1.4.1.4　自己教師あり学習

機械学習には、まったくラベルのないデータセットからすべてのインスタンスにラベルがついたデータセットを生成するアプローチもある。この場合も、データセット全体がラベル付きになれば、教師あり学習アルゴリズムが使える。このアプローチを自己教師あり学習（self-supervised learning）と呼ぶ。

例えば、大規模なラベルなし画像のデータセットがあったとする。ラベルがなくても、個々の画像のごく一部をランダムにマスキングし、もとの画像を復元するモデルは学習できる（**図1-12**参照）。この学習では、マスキングされた画像がモデルへの入力、もとの画像がラベルとして使われる。

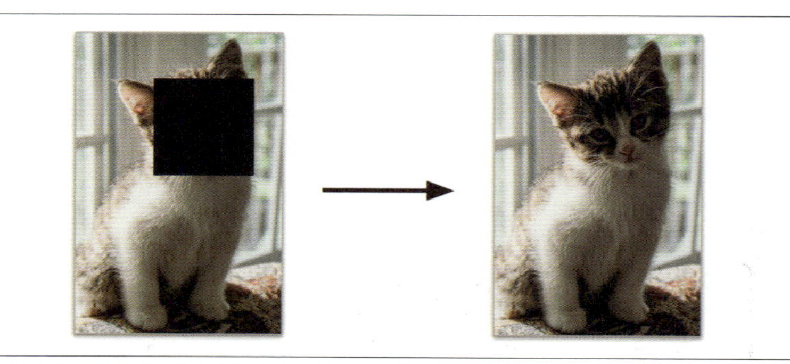

図1-12　自己教師あり学習の例：入力（左）とターゲット（右）

得られたモデルは、それ自体でも役に立つ。例えば、損傷した画像の修復や画像からの不要な物体の消去などで使える。しかし、自己教師あり学習で学習されたモデルが最終目的ではなく、さらに操作、調整を加えて、本当の目的である少し異なるタスクに使うことの方が多い。

例えば、本当にほしいものはペットの分類モデルだとする。つまり、ペットの写真を与えると、そのペットの生物種を答えてくれるモデルである。大規模なペットのラベルなし画像のデータセットがあれば、まずは、自己教師あり学習で画像復元モデルの学習が始められる。画像復元の性能が上がれば、

---

*1　これはシステムが完璧に動作した場合の話である。実際には、同じ人のために複数のクラスを作ることはよくあるし、似ている2人を同じ人だと勘違いすることもときどきある。そのため、1人について数枚のラベルを用意し、手作業で不要なクラスタを削除しなければならないことがある。

モデルは異なる生物種を見分けられるようになるはずだ。顔がマスキングされた猫の画像を修復するときに、犬の顔を付けるわけにはいかない。モデルのアーキテクチャが許せば（ほとんどのニューラルネットワークはそうである）、画像の修復ではなく、ペットの生物種の予測をするようにモデルを改造できる。最終ステップは、ラベル付きデータセットによるモデルのファインチューニングである。既にモデルは猫、犬、その他のペットの生物種がどのような外見かを知っている。そこで、このステップでは、既に知っている個々の生物種の特徴とその特徴に合うラベルの対応関係を学習させるだけでよい。

別のタスクに知識を送り込むことを**転移学習**（transfer learning）と呼び、今日の機械学習、特に**深層ニューラルネットワーク**（多層のニューロンから構成されるニューラルネットワーク）を使うときに最も重要なテクニックの1つとなっている。これについては、第Ⅱ部で詳しく説明する。

自己教師あり学習は一切ラベルのないデータセットを処理するため、教師なし学習の一種と考える人がいる。しかし、自己教師あり学習は学習中にラベル（生成されたもの）を使うということを考えると、むしろ教師あり学習に近い。そして、「教師なし学習」は一般にクラスタリング、次元削減、異常検知といったタスクで使われるのに対し、自己教師あり学習は主として分類や回帰といった教師あり学習と同じタスクで使われる。要するに、自己教師あり学習は独自のカテゴリとして扱うべきだ。

1.4.1.5　強化学習

強化学習（reinforcement learning）は、特異な種類である。学習システム（この分野では**エージェント**：agentと呼ぶ）は、環境を観察し、行動を選択して実行し、**報酬**（reward）を得る（**図1-13**のように、マイナスの報酬として**ペナルティ**：penaltyを受ける場合もある）。エージェントは、**方策**（policy）と呼ばれる最良の戦略を自分で学習していき、時間とともに高い報酬を得るようになる。方策は、特定の状況に置かれたときにエージェントが選ぶべき行動を決める。

例えば、ロボットの多くは、歩き方を学習するために強化学習アルゴリズムを搭載している。DeepMindのAlphaGoプログラムも強化学習のよい例である。AlphaGoは、2017年5月に当時の囲碁の世界チャンピオン、柯潔を破って新聞の見出しを飾った。AlphaGoは、数百万もの対局を分析して勝利のための方策を学習し、さらに自分自身との間で多くの対局をこなしていた。なお、チャンピオンとの対局では学習がオフになっていたことに注意しよう。AlphaGoは、自分が学習した方策だけを使って勝ったのである。次節で説明するように、これは**オフライン学習**（offline learning）と呼ばれる。

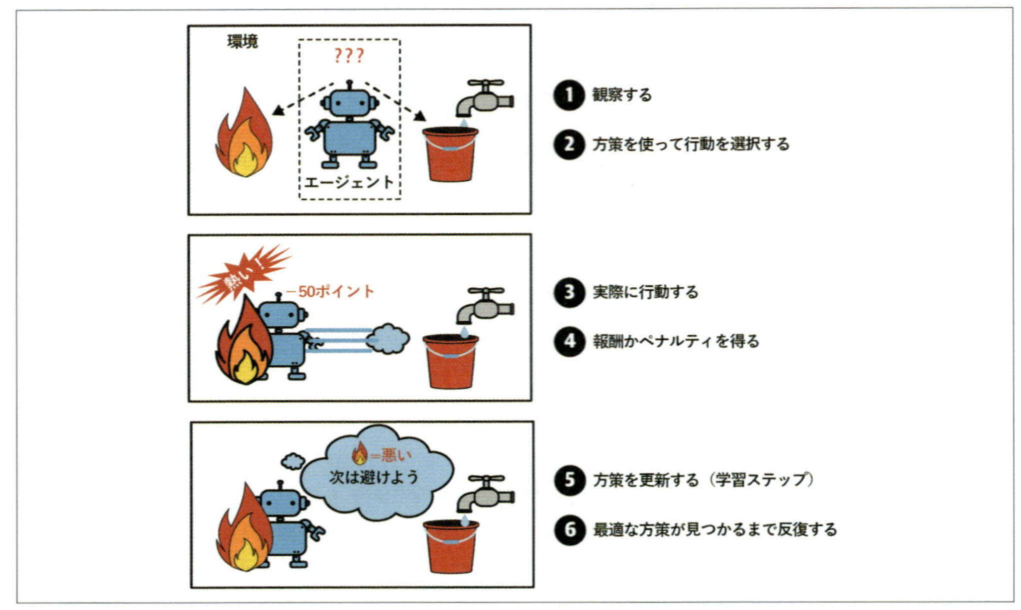

図1-13 強化学習

1.4.2 バッチ学習とオンライン学習

機械学習システムは、入力データストリームから少しずつ学習できるかどうかによっても分類できる。

1.4.2.1 バッチ学習

バッチ学習（batch learning）では、システムは少しずつ学習することができない。学習するときには、すべての学習データを与えなければならない。一般に、この処理には大量の時間と計算資源が必要になるので、オフラインで行われることが多い。まず、システムを学習しておいてから、本番稼働させ、それ以上学習させずに実行し続ける。システムは、デプロイされる前に学習したことだけを使って稼働する。これは**オフライン学習**（offline learning）と呼ばれる。

しかし、モデルが変更されないままでいる間も、世界は進歩し続けるため、モデルの性能は時間とともにゆっくりと低下していく。この現象は、**モデル劣化**（model rot）または**データドリフト**（data drift）と呼ばれることが多い。この問題には、定期的に最新データでモデルを再学習して対処する。どの程度の頻度で再学習が必要になるかは、ユースケースによって変わる。犬や猫の写真を分類するモデルなら性能の劣化は非常に遅いが、例えば金融市場の予測のように発展が急なシステムを扱うモデルなら急速に劣化が進む。

犬や猫の写真を分類するモデルでも、定期的な再学習が必要になる場合がある。それは、犬や猫が一夜にして突然変異するからではなく、カメラが変わり、その画像形式、シャープネス、ブライトネス、アスペクト比も変わるからである。それに、年が変われば人気の犬種、猫種が変わるかもしれないし、自分のペットに小さな帽子を被せるのが流行るかもしれない。そんなことは誰が予想できるだろうか。

バッチ学習システムに新しいデータについての知識（例えば、新しいタイプのスパム）を与えたいときには、完全なデータセット（新データだけでなく、もとのデータも含めたデータ全体）を使って0から新バージョンのシステムを学習しなければならない。そして、古いシステムを止め、新しいシステムに入れ替えるのである。もっとも、機械学習システムの学習、評価、稼働のプロセス全体を自動化するのはごく簡単なことなので（**図1-3**で示したように）、バッチ学習システムでも変化に対応することはできる。単純にデータを更新し、必要に応じて新バージョンを0から学習すればよい。

このソリューションは単純でうまく動作することが多いが、フルセットのデータを使った学習にはかなりの時間がかかることがあるので、新システムの学習は24時間ごとか週に1度といったペースにしかならないだろう。変化の激しいデータに対応しなければならない場合（例えば、株価予測）には、もっと機敏に反応できるソリューションが必要になる。

また、フルセットのデータで学習するためには、大量の計算資源（CPU、メモリスペース、ディスクスペース、ディスクI/O、ネットワークI/Oほか）が必要になる。大量のデータを抱えていて毎日0から自動的に学習するようなシステムを作ると、金銭的コストが高くなる。データが極端に多い場合には、バッチ学習アルゴリズムは単純に使えない場合さえある。

システムが自律的に学習できなければならなくて、リソースが非常に限られている場合（例えば、スマホアプリや火星探査機）には、大量の学習データを持ち歩き、毎日何時間もかけて学習するのでは、アプリが成り立たない。

しかし、少しずつ学習できるアルゴリズムを使えば、これらすべての条件で状況が改善される。

1.4.2.2 オンライン学習

オンライン学習（online learning）では、1つずつ、あるいは**ミニバッチ**（mini-batch）と呼ばれる小さなグループで少しずつインスタンスデータを与え、システムを段階的に学習する。毎回の学習ステップは高速でコストがかからないので、システムはデータが届くとほとんどその場でデータの学習を済ませられる（**図1-14**）。

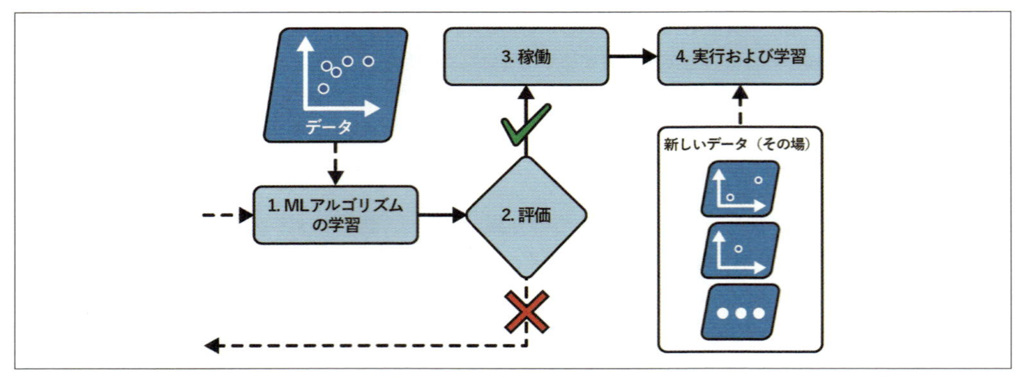

図1-14　オンライン学習では、モデルを学習して本番稼働したあとも、モデルは新しいデータが到着するするたびに学習し続ける。

オンライン学習は、継続的なフローとしてデータを受け取り、素早く、または自律的に変化に対応しなければならないシステム（例えば株式市場の新パターンを検出するもの）で効果を発揮する。モバイルデバイスでモデルを学習する場合のように、計算資源が限られているときにも効果がある。

オンライン学習アルゴリズムは、1台のマシンのメインメモリ（主記憶）に入り切らないほど大きな学習データセットを使うシステム（これを**アウトオブコア**：out-of-coreと呼ぶ）でも使える。アルゴリズムはデータの一部をロードし、それをもとに学習を実行し、データをすべて処理し終わるまで処理を繰り返す（**図1-15**）。

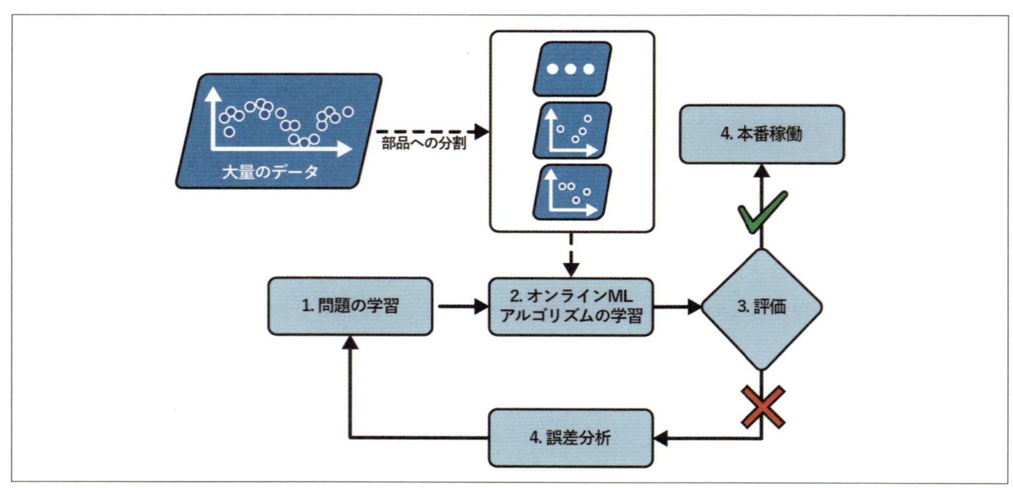

図1-15　オンライン学習を使った極端に大きなデータセットの処理

オンライン学習には、変化するデータにどれくらいの速さで対応するかを示す**学習率**（learning rate）という重要な指標がある。学習率を上げれば、システムは新しいデータにすぐに対応するが、古いデータをすぐに忘れる傾向も持つことになる（最新タイプのスパムにしかフラグを付けないスパムフィルタは困るだろう）。逆に、学習率を下げれば、システムには慣性が働くようになる。つまり、学習するのが遅くなるものの、新しいデータに含まれるノイズや現実をよく表しているとは言えないデータポイント（外れ値）のシーケンスに影響を受けにくくなる。

アウトオブコア学習は、通常オフラインで行う（つまり、稼働中の本番システムで行うわけではない）。そのため、**オンライン学習**という用語は紛らわしいかもしれない。**逐次的学習**（incremental learning）と考えるようにすべきだ。

オンライン学習の大きな問題は、システムに不良なデータが与えられると、システムの性能が次第に下がっていくことだ。データの品質や学習率によっては、性能が急激に低下する場合もある。オンラインシステムの場合、ユーザがその性能低下に気付くだろう。例えば、不良データはバグ（例えば、ロボットの誤作動しているセンサー）やシステムの裏をかこうとしている人（例えば、検索結果の表示順を上げるために検索エンジンにスパムを送っている人）から送られてくる。このリスクを軽減するためには、システムをしっかりとモニタリングして、性能の低下を検出したら、すぐに学習をオフにする（可能なら、以前の機能する状態に戻す）必要がある。例えば、異常検知アルゴリズム（9章参照）を使って入力をモニタリングし、異常なデータに反応することも考えた方がよいかもしれない。

1.4.3 インスタンスベース学習とモデルベース学習

機械学習システムは、**汎化**（generalize）の方法によっても分類できる。機械学習のタスクの大半は予測である。つまり、システムは、与えられた学習用のデータ例をもとに、今まで見たことのないデータ例に対する予測（汎化）をしなければならない。学習データで高い性能を示すのは好ましいが、それだけでは不十分だ。本当の目標は、新しいインスタンスに対して高い性能を示すことである。

汎化にはインスタンスベース学習とモデルベース学習の2つの主要アプローチがある。

1.4.3.1 インスタンスベース学習

おそらく最もつまらない学習の形は、丸暗記だろう。丸暗記によるスパムフィルタを作れば、ユーザが今までにスパムのフラグを付けたことのあるメールとまったく同じメールにフラグを付けるだけになるはずだ。最悪なソリューションとまでは言わなくても、最良のソリューションでないことは確かだ。

既知のスパムメールとまったく同じメールにフラグを付けるのではなく、既知のスパムメールによく似ているメールにもフラグを付けるようにしたい。そのためには、2つのメールの**類似度の尺度**（measure of similarity）が必要である。そのような尺度（非常に初歩的なもの）としては、共通する単語の数が考えられる。この場合、既知のスパムメールと共通する単語の数が多いメールにスパムのフラグを付けることになる。

これを**インスタンスベース学習**（instance-based learning）と呼ぶ。システムはデータ例を丸暗記し、新しいデータに対しては、類似度の尺度を使って学習済みデータ例（またはそのサブセット）と比較し、その結果に基づいて汎化するのである。例えば、**図1-16**では、新インスタンスは、最も似ているインスタンスの中の多数派が三角形なので、三角形に分類される。

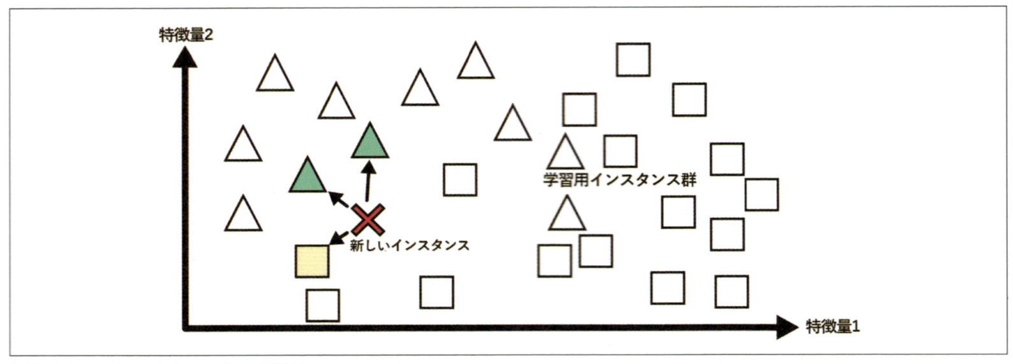

図1-16　インスタンスベース学習

1.4.3.2　モデルベース学習と典型的な機械学習のワークフロー

汎化には、データ例全体からモデルを構築し、そのモデルを使って**予測**するという方法もある。これを**モデルベース学習**（model-based learning）と呼ぶ（**図1-17**）。

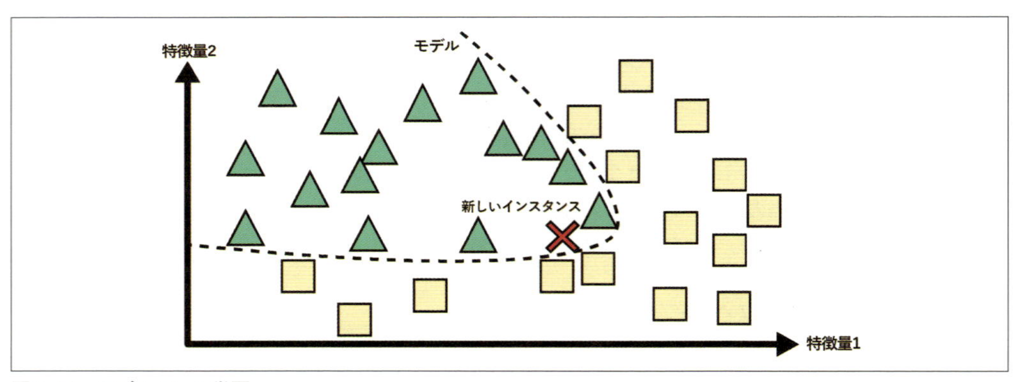

図1-17　モデルベース学習

例えば、お金によって人が幸せになるかどうかを知りたいと思い、OECDのウェブサイト（https://homl.info/4）からBetter Life Indexデータ、世界銀行の統計情報（https://ourworldindata.org）からGDP per capita（1人当たりGDP）をダウンロードして、2つの表を結合し、1人当たりGDPでソートしたとする。**表1-1**はその一部を示している。

表1-1　お金によって人はより幸せになれるか

国	1人当たりGDP	生活満足度
トルコ	28,384	5.5
ハンガリー	31,008	5.6
フランス	42,026	6.5
米国	60,236	6.9
ニュージーランド	42,404	7.3
オーストラリア	48,698	7.3
デンマーク	55,938	7.6

これらの国々のデータをプロットしてみよう（**図1-18**）。

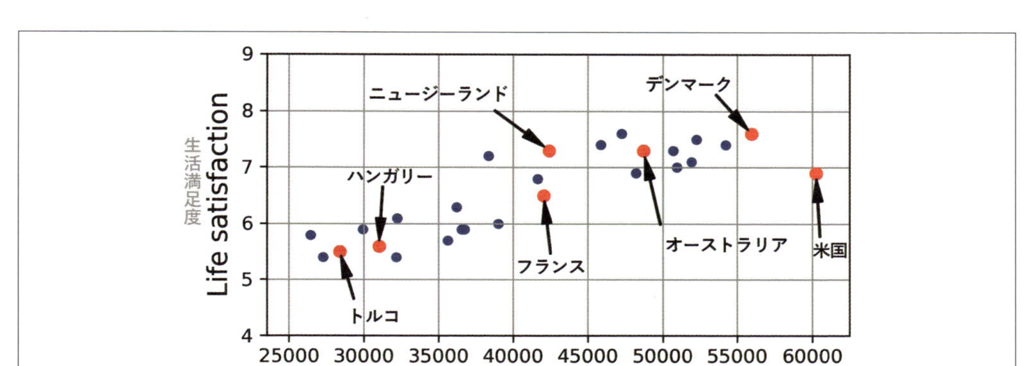

図1-18　ここからトレンドが見えるか

グラフからははっきりとしたトレンドがつかめる。データには**ノイズ**がある（部分的にトレンドから外れている）が、国の1人当たりGDPが上がれば、おおよそ線形に「生活満足度」も上がる。そこで、「生活満足度」（`life_satisfaction`）を「1人当たりGDP」（`GDP_per_capita`）の線形関数としてモデリングすることにしよう。このステップを**モデルの選択**（model selection）と呼ぶ。「生活満足度」のために「1人当たりGDP」という1つの属性だけによる線形モデルを選択したのである（**式1-1**）。

式1-1　単純な線形モデル

$$\text{life\_satisfaction} = \theta_0 + \theta_1 \times \text{GDP\_per\_capita}$$

このモデルには、θ_0とθ_1の2つの**モデルパラメータ**（model parameter）がある[*1]。**図1-19**に示すように、これらのパラメータを操作すれば、このモデルはあらゆる線形関数を表現できる。

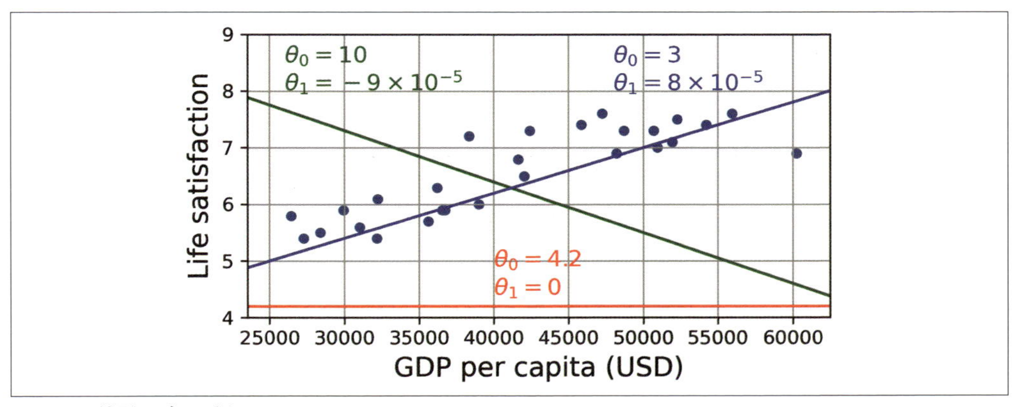

図1-19　線形モデルの例

＊1　慣習として、モデルパラメータはギリシャ文字のθで表されることが多い。

モデルを使えるようにするには、パラメータの θ_0 と θ_1 の値を定義する必要がある。値をいくつにすれば、モデルの性能は最高になるだろうか。この問いに答えるためには、性能指標を指定しておく。モデルがどれだけ**よい**かを測定する**適応度関数**（fitness function）、**効用関数**（utility function）か、モデルがどれだけ**悪い**かを測定する**損失関数**（cost function）を使う。線形回帰問題では、一般に線形モデルの予測と学習用のデータ例との距離を測定する損失関数が使われる。

ここで、線形回帰アルゴリズムの出番がやってくる。このアルゴリズムに学習用のデータ例を与えると、データ例に最も適合する線形モデルのためのパラメータを見つけ出してくれるのである。これをモデルの**学習**（training）と呼ぶ。ここでは、線形回帰アルゴリズムは、最適なパラメータとして $\theta_0 = 3.75$ と $\theta_1 = 6.78 \times 10^{-5}$ を返す。

紛らわしいことだが、同じ「モデル」という言葉が、**モデルのタイプ**（例えば、線形回帰）、**完全に定義されたモデルアーキテクチャ**（例えば、入力が1つで出力が1つの線形回帰）、**学習済みの完成したモデル**（例えば、$\theta_0 = 3.75$ と $\theta_1 = 6.78 \times 10^{-5}$ を使う入力が1つで出力が1つの線形回帰）の3つの意味で使われる。モデルの選択は、モデルのタイプとアーキテクチャの完全な定義までである。モデルの学習は、アルゴリズムを実行して、学習データに最も適合するモデルパラメータを見つけることである（おそらく新しいデータに対してもよい予測をしてくれるだろうという期待を込めて）。

これで**図1-20**に示すように、このモデルは線形モデルとしては最も学習データに適合したものになった。

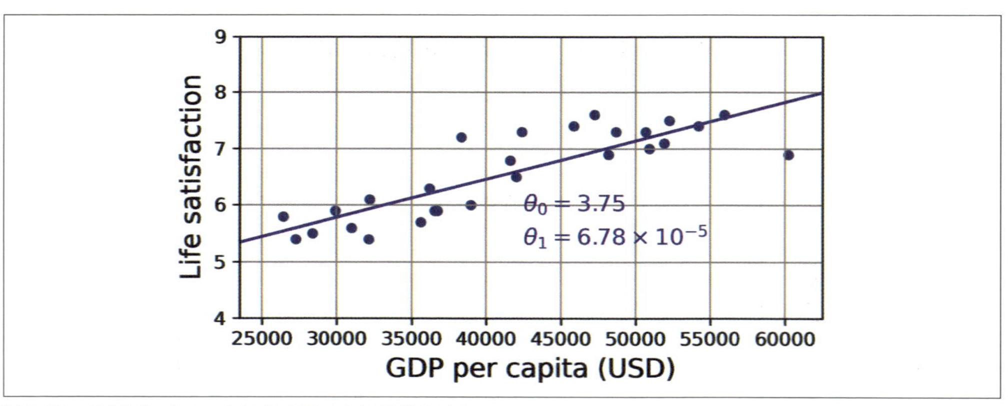

図1-20　学習データセットに最も適合する線形モデル

これで予測のためにモデルを使う準備が整った。例えば、キプロスの人々の「生活満足度」を知りたくても、OECDデータからは答えは得られない。しかし、モデルを使えばよい予測値が得られる。キプロスの1人当たりGDPを調べると、37,655ドルだ。この値にモデルを適用すると、「生活満足度」は $3.75 + 37{,}655 \times 6.78 \times 10^{-5} = 6.30$ 前後になるはずだということがわかる。

みなさんにもっと興味を持っていただくために、データをロードし、ラベルyから入力Xを分離し、可視化のための散布図を作り、線形モデルを学習してから予測を行う[*1]Pythonコードを見てほしい（**例1-1**）。

例1-1 scikit-learnを使って線形モデルを学習、実行するコード

```
import matplotlib.pyplot as plt
import numpy as np
import pandas as pd
from sklearn.linear_model import LinearRegression

# データをダウンロードして準備する
data_root = "https://github.com/ageron/data/raw/main/"
lifesat = pd.read_csv(data_root + "lifesat/lifesat.csv")
X = lifesat[["GDP per capita (USD)"]].values
y = lifesat[["Life satisfaction"]].values

# データを可視化する
lifesat.plot(kind='scatter', grid=True,
             x="GDP per capita (USD)", y="Life satisfaction")
plt.axis([23_500, 62_500, 4, 9])
plt.show()

# 線形モデルを選択する
model = LinearRegression()

# モデルを学習する
model.fit(X, y)

# キプロスの予測をする
X_new = [[37_655.2]]  # キプロスの1人当たりGDP(2020年)
print(model.predict(X_new)) # [[6.30165767]]を出力
```

このコードで代わりにインスタンスベースのアルゴリズムを使うと、キプロスの1人当たりGDPに最も近い国はイスラエル（38,341ドル）だということがわかる。そして、OECDデータによれば、イスラエルの「生活満足度」は7.2だということがわかるので、キプロスの「生活満足度」も7.2だと予測される。少しズームアウトして、1人当たりGDPがイスラエルの次にキプロスに近い国を調べると、リトアニアとスロベニアであり、「生活満足度」はどちらも5.9である。これら3カ国の平均を取ると、6.33であり、モデルベースの予測と非常に近い値になる。この単純なアルゴリズムを**k近傍法**（k-nearest neighbors）と呼ぶ（この例ではk = 3）。

上のコードで線形回帰モデルではなく、k近傍法を使いたい場合、たった2行を書き換えるだけでよい。次の2行

*1 まだこのコードがよくわからなくてもかまわない。scikit-learnについては、あとの章で説明する。

```
from sklearn.linear_model import LinearRegression
model = LinearRegression()
```

を、次のようにするのである。

```
from sklearn.neighbors import KNeighborsRegressor
model = KNeighborsRegressor(n_neighbors=3)
```

うまくいくようなら、モデルはよい予測をしている。そうでなければ、属性（就業率、健康、大気汚染など）を増やすか、より大量の、またはより高品質の学習データを使うか、より強力なモデル（例えば、多項回帰モデル）を選択する必要がある。

以上をまとめておこう。

- データを探索した。
- モデルを選択した。
- 学習データに基づいてモデルを学習した（つまり、学習アルゴリズムが損失関数を最小に抑えるモデルパラメータを探した）。
- 最後に、モデルがまずまずの性能で汎化してくれるだろうと考えて、新しい条件に対してモデルを適用し、予測を行った（これを**推論**：inferenceと呼ぶ）。

典型的な機械学習プロジェクトはこのようにして進む。2章では、実際にプロジェクトを最初から最後まで体験する。

ここまででもかなりのことを学んだ。機械学習とは実際のところ何なのか、なぜ役に立つのかを知り、MLシステムの最も一般的な分類方法と典型的なプロジェクトのワークフローがどうなるかも知った。次に、学習を失敗させ、正確な予測を妨害するものについて学ぼう。

1.5　機械学習が抱える難問

機械学習の主要なタスクは、モデルを選択して何らかのデータを対象としてアルゴリズムを学習することなので、単純に言えば、問題の原因となるのは、「まずいモデル」と「まずいデータ」である。まずいデータの例から見ていこう。

1.5.1　学習データの量の少なさ

小さな子どもにりんごとは何かを教えたいなら、りんごを指さして「りんご」と言えばよい（おそらく、これを何度か繰り返すことになる）。すると、子どもはあらゆる色、形のりんごを認識できるようになる。まさに天才的だ。

機械学習はまだその域には達していない。ほとんどの機械学習アルゴリズムは、大量のデータ例を与えなければ正しく動作するようにはならない。ごく単純な問題でも、数千個のデータ例が必要で、画像認識や音声認識などの複雑な問題では、数百万個のデータ例が必要になる（既存のモデルの一部を再利用できる場合を除き）。

理屈を越えたデータの有効性

2001年に発表されたある有名な論文（https://homl.info/6）の中で、Microsoftの研究者、Michele BankoとEric Brillは、十分なデータを与えれば、非常に異なる機械学習アルゴリズム（ごく単純なものも含む）が、複雑な自然言語の曖昧性解消問題*1に対してほぼ同じ程度の性能を示すことを明らかにした（**図1-20**）。

著者たちは、「この結果から考えると、アルゴリズムの開発とコーパスの開発のどちらに時間と費用をかけるべきかについて私たちは再考を迫られているのかもしれない」と言っている。

複雑な問題では、アルゴリズムよりもデータの方が大切だという考え方は、2009年に発表されたピーター・ノービグ（Peter Norvig）らの“The Unreasonable Effectiveness of Data”（https://homl.info/7、理屈を越えたデータの有効性）という論文*2によってさらに支持を集めるようになった。

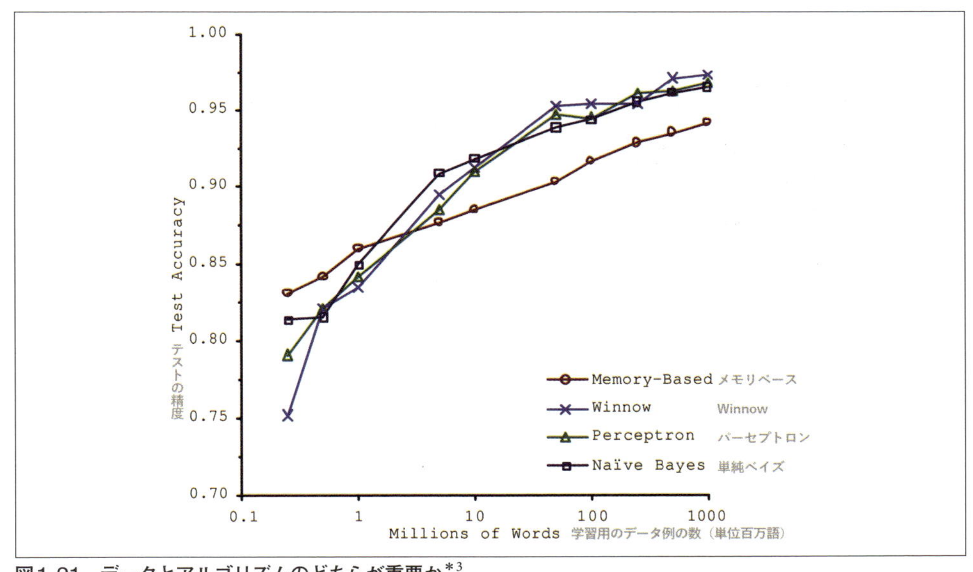

図1-21 データとアルゴリズムのどちらが重要か*3

*1 例えば、英文の文脈に基づいて、to、two、tooをどのように書き分けるかを判断すること。

*2 Peter Norvig et al., “The Unreasonable Effectiveness of Data”, *IEEE Intelligent Systems* 24, no. 2 (2009): 8-12.

*3 図 は、Michele Banko and Eric Brill, “Scaling to Very Very Large Corpora for Natural Language Disambiguation,” *Proceedings of the 39th Annual Meeting of the Association for Computational Linguistics* (2001): 26–33から許可に基づき再録。

1.5.2 現実を代表しているとは言えない学習データ

汎化性能を上げるためには、学習データが汎化の対象となる新しい事例をよく代表するものになっていることがきわめて重要である。これはインスタンスベース学習でもモデルベース学習でも変わらない。

例えば、先ほど線形モデルを学習するために使った国の集合は、すべての国を完全に代表できているとは言えないものだった。1人当たりGDPが23,500ドル未満、62,500ドル超の国は含まれていない。**図1-22**は、それらの国を加えたときにデータがどうなるかを示している。

もとのモデルは点線だったのに対し、このデータから線形モデルを学習すると実線のようになる。このように、省略した国を少し追加しただけでモデルは大きく変わるだけでなく、このように単純な線形モデルではうまく機能しないことまではっきりする。非常に豊かな国がほどほどに豊かな国よりも住人にとって幸せだとは必ずしも言えず（むしろ、少し不幸に見える！）、逆に、一部の貧しい国が多くの豊かな国よりも幸せに感じられる場合もあるように見える。

現実を代表できていない学習データセットを使うと、特に非常に貧しい国や非常に豊かな国では正確な予測が得られないモデルができてしまう。

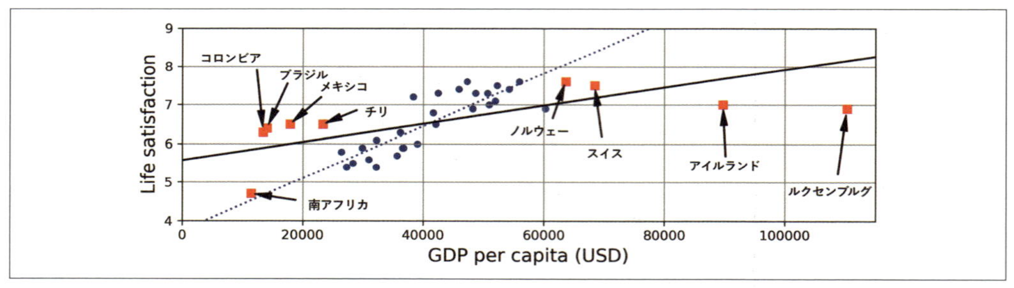

図1-22 世界をよりよく代表している学習サンプル

汎化の対象となるデータをよく代表する学習セットを使うことが非常に大切だ。これは、口で言うよりも難しいことが多い。サンプルが小さすぎれば、**サンプリングノイズ**（sampling noise）、つまり偶然に混ざった代表的でないデータの影響が大きくなるが、非常に大きなサンプルを使っても、サンプリングの方法に欠陥があれば、代表的なデータを集められない場合がある。これを**サンプリングバイアス**（sampling bias）と呼ぶ。

サンプリングバイアスの例

サンプリングバイアスの例としておそらく最も有名なのは、ランドン対ルーズベルトで戦われた1936年の米国大統領選の調査だろう。*Literary Digest*誌は、約1,000万人の人々に手紙を送って大規模な調査を行った。240万の回答が得られ、同誌は自信を持って、ランドンが57％の投票を集めて勝利すると予測した。しかし、実際にはルーズベルトが投票の62％を集めて勝利したのである。問題は、*Literary Digest*誌のサンプリングの方法にあった。

- まず、調査票を送る住所の情報を得るために、*Literary Digest* は電話帳、雑誌購読者リスト、クラブのメンバーリストといったものを使ったが、こういったものには比較的裕福な人々が記載される傾向にあるため、共和党に投票する人が比較的多い（だからランドン優位予想になる）。
- 第2に、調査票を受け取った人の25%未満しか回答していない。ここでも、政治にあまり関心がない人、*Literary Digest* に好感を持たない人、その他重要な集団に属する人々を排除してサンプリングにバイアスが生まれている。これは**非回答バイアス**（nonresponse bias）と呼ばれる特別なタイプのサンプリングバイアスである。

別の例も紹介しよう。ファンクミュージックの動画を認識するシステムを構築したいものとする。学習セットとしては、例えば、YouTubeで「ファンクミュージック」を検索して得られた動画を使う方法がある。しかし、これはYouTubeの検索エンジンがYouTubeにあるすべてのファンクミュージックから代表的なものを返すことが前提となっている。実際には、検索結果は人気のあるアーティストに偏る傾向がある（そして、ブラジルにいる場合には、ジェームズ・ブラウンとは似ても似つかない「ファンキカリオカ」の動画がどっさり返されてくる）。では、どうすれば大規模な学習セットを手に入れることができるだろうか。

1.5.3 品質の低いデータ

当然ながら、学習データに誤り、外れ値、ノイズがたくさん含まれている場合（例えば、測定品質の低さのために）、システムが背後に隠れているパターンを見つけるのは難しくなり、システムの性能はよくならないだろう。学習データをクリーンアップするために時間を割くとよい場合が多い。実際、ほとんどのデータサイエンティストは、作業時間のかなりの部分をデータのクリーンアップのために使っている。例えば、次のようなことをするのである。

- 一部のインスタンスが明らかに外れ値なら、単純に取り除いてしまうか、手作業で誤りを修正した方がよい。
- 一部のインスタンスがいくつかの特徴量を持たない場合（例えば、顧客の5%が年齢を指定していない場合）、属性を完全に無視してしまうか、それらのインスタンスを無視するか、欠損値を補うか（例えば、年齢の中央値で）、特徴量を持つモデルと持たないモデルを学習するかといった対策の中からどれか適切なものを選ばなければならない。

1.5.4 無関係な特徴量

よく言われるように、ゴミを入れればゴミしか出てこない（garbage in, garbage out）。学習が可能になるのは、学習データに関係のある特徴量が十分に含まれ、無関係な特徴量が多すぎないときに限られる。機械学習プロジェクトを成功させるためには、学習のために適切な特徴量を揃えることが大切だ。このプロセスは、**特徴量エンジニアリング**（feature engineering）と呼ばれ、次の作業から構成される。

- **特徴量選択**（feature selection）—既存の特徴量から学習に最も役立つ特徴量を選択する。
- **特徴量抽出**（feature extraction）—既存の特徴量を組み合わせて、より役に立つ1つの特徴量を作る（以前説明したように、次元削減アルゴリズムが役に立つ）。
- 新データの収集による新しい特徴量の作成。

まずいデータの例が数多く登場したので、まずいモデルの例も少し紹介しておこう。

1.5.5 学習データへの過学習

海外旅行に行き、タクシーの運転手に法外な料金を取られたとする。その国のタクシードライバーは**全員**泥棒だと言いたくなるかもしれない。過度な汎化は、私たち人間があまりにもたびたび行ってしまうことだ。そして、私たちが注意していなければ、機械も同じ罠に陥ることがある。機械学習では、これを**過学習**（overfitting）と呼ぶ。モデルが学習データに対しては高い性能を示すが、あまり汎化しないことである。

図1-23は、学習データに強く過学習している生活満足度の高次多項式モデルの例を示している。学習データでは、単純な線形モデルよりもはるかに高い性能を発揮するが、このような予測を信じることができるだろうか。

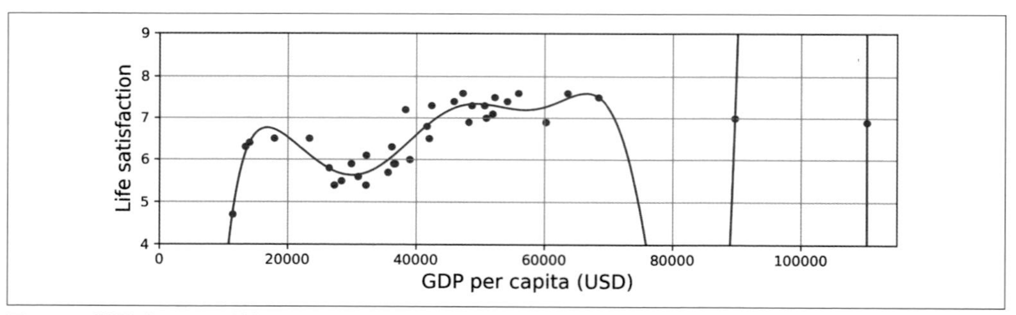

図1-23 学習データへの過学習

深層ニューラルネットワークのような複雑なモデルは、データに含まれる微細なパターンを見つけられるが、学習データにノイズが多く含まれていたり、学習データの規模が小さすぎたりすると、サンプリングノイズが入り、モデルはノイズからパターンを検知してしまう（タクシー運転手の例のように）。当然ながら、このようなパターンは新しいインスタンスに対して適切に汎化しない。例えば、国名のような役に立たない情報を含む多数の属性を「生活満足度」モデルに与えると、複雑なモデルは、学習データの中の国名に"w"が含まれている国々の「生活満足度」はいずれも7よりも大きいことに気付くかもしれない。ニュージーランド（New Zealand）が7.3、ノルウェー（Norway）が7.6、スウェーデン（Sweden）が7.3、スイス（Switzerland）が7.5である。しかし、"w"が含まれている国名のルールは、ルワンダ（Rwanda）やジンバブエ（Zimbabwe）にも汎化すると自信を持って言うことができるだろうか。このパターンは、明らかに学習データの中の偶然の産物だが、モデルは、パターンが本物なのか、単純にデータ内のノイズのためなのかを見分けられない。

過学習は、学習データの量やノイズの割合に比べてモデルが複雑すぎるときに起こる。解決方法としては、次のようなものが考えられる。

- パラメータの少ないモデルを選んだり（例えば、高次多項式モデルではなく、線形モデルを選ぶ）、学習データの中の属性を減らしたり、モデルに制約を加えたりしてモデルを単純化する。
- もっと多くの学習データを集める。
- 学習データの中のノイズを減らす（例えば、データの誤りを修正したり、外れ値を取り除く）。

モデルを単純化し、過学習のリスクを軽減するために、モデルに制約を与えることを**正則化**（regularization）と呼ぶ。例えば、以前定義した線形モデルは θ_0 と θ_1 の2つのパラメータを持っている。すると、学習アルゴリズムは、学習データに合わせたモデルの修正のために2という**自由度**（degrees of freedom）を持つことになる。つまり、直線の高さ（θ_0）と傾き（θ_1）の2つを操作できるということである。ここで、$\theta_1 = 0$ という条件を強制すると、アルゴリズムの自由度は1だけになり、制限を加える前と比べてデータを適切に適合させるのはきわめて難しくなるだろう。できることは、学習データにできる限り近くなるように直線を上下に動かすことだけになり、平均の近くで落ち着くことになる。実に単純なモデルだ。ここで、アルゴリズムが θ_1 を変えることを認めつつ、変更の度合いを小さく制限すれば、学習アルゴリズムは自由度1と自由度2の間になる。自由度2のモデルよりは単純だが、自由度1のモデルよりは複雑なモデルが作られる。汎化の性能を上げるためには、データの完全な適合とモデルの単純性の維持の間でうまくバランスを取らなければならない。

図1-24は3つのモデルを示している。点線は丸で表される国々で学習されたもとのモデル（四角の国々が含まれていない）、実線はすべての国（丸と四角）のデータを使って学習した第2のモデル、破線は第1のモデルと同じデータを使って正則化の制約を加えたものである。正則化によって角度が緩やかになり、学習データ（丸）への適合は下がったが、学習時に見ることができなかった新しい例（四角）に対する汎化の性能は上がっている。

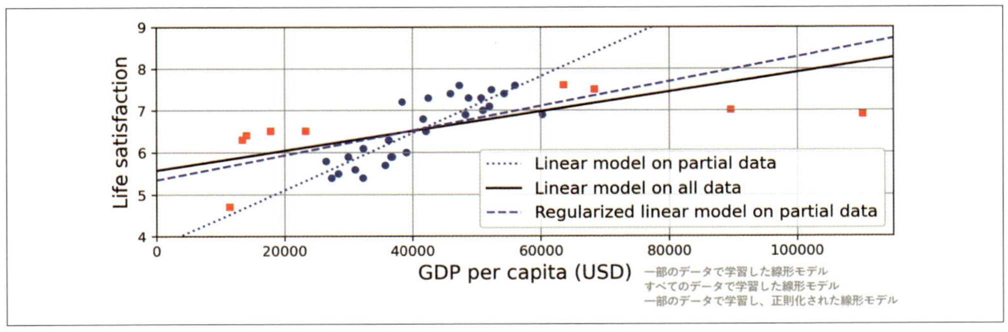

図1-24　正則化によって過学習のリスクは軽減される

学習中の正則化の程度は、**ハイパーパラメータ**（hyperparameter）で制御できる。ハイパーパラメータは、学習アルゴリズムのパラメータである（モデルのパラメータではない）。

そのため、学習アルゴリズム自体の影響を受けない。ハイパーパラメータは学習の前に設定しなければならず、学習中は一定に保たれる。正則化ハイパーパラメータを非常に高い値に設定すると、ほとんどフラットなモデルになる（傾きが0に近づく）。学習アルゴリズムが学習データに過学習することはほぼ確実になくなるが、よいソリューションを見つける可能性も低くなる。ハイパーパラメータの調整は、機械学習システムを作るときの重要な要素になる（詳しい例は、次章で示す）。

1.5.6 学習データへの過少適合

過少適合（underfitting）は、みなさんの推測通り、過学習の逆である。モデルが単純すぎてデータの背後に隠れている構造を学習できない状態を指す。例えば、「生活満足度」の線形モデルは、過少適合になりがちだ。現実はモデルよりも複雑なので、学習データを対象とするときでも、モデルによる予測は否応なく不正確なものになる。

この問題を解決する主要な方法は次の通りである。

- パラメータがより多く、より強力なモデルを選ぶ。
- 学習アルゴリズムに与える特徴量をもっとよいものにする（特徴量設計）。
- モデルに対する制約を緩める（例えば、正則化ハイパーパラメータを小さくする）。

1.5.7 復習

今までの間に、みなさんは機械学習について多くのことを学んできた。しかし、多くのコンセプトを説明してきたので、少し道に迷ったような気分かもしれない。そこで、一歩下がって俯瞰的に全体を見直してみよう。

- 機械学習は、コードで明示的にルールを示すのではなく、データからの学習によってタスクをうまくこなすマシンを作ることである。
- MLシステムにはさまざまなタイプのものがある。教師ありかなしか、バッチかオンラインか、インスタンスベースかモデルベースかなどである。
- MLプロジェクトは、データを集めて学習セットを作り、学習アルゴリズムに学習セットを与える。モデルベースのアルゴリズムは、パラメータを調整してモデルを学習セットに適合させ（つまり、学習セット自体を与えたときによい予測結果が得られるようにする）、新しいデータを与えたときにもよい予測ができることを期待する。アルゴリズムがインスタンスベースなら、学習セットを丸暗記で学習し、新インスタンスと学習済みインスタンスを同様の方法で比較して、新インスタンスに対する予測をする。
- 学習セットが小さすぎたり、データが全体を代表するものでなく、ノイズが多かったり、無関係な特徴量で汚染されていたりすると、システムの性能は上がらない（ゴミを入れればゴミしか出てこない）。モデルは、単純すぎても（過少適合になる）複雑すぎても（過学習になる）よくない。

この章で取り上げなければならない重要なテーマはあと1つだけだ。モデルを学習したあと、新しいインスタンスにも汎化することを「期待」するだけでは満足できないだろう。モデルを評価し、必要に応じてファインチューニングしたいところだ。その方法を見ておこう。

1.6　テストと検証

モデルが新しいデータに適切に汎化するかどうかを確かめるには、実際に新しいデータを与えて試してみるしかない。モデルを本番稼働して性能をモニタリングするのも方法の1つであり、効果的だが、モデルの性能がとてつもなく悪い場合、ユーザから苦情が殺到するだろう。明らかに、これは最高の方法ではない。

それよりも集めたデータを**学習セット**（training set）と**テストセット**（test set）に分割する方がよい。名前からもわかるように、学習セットを使ってモデルを学習し、テストセットを使ってモデルをテストする。新しいデータを与えたときの誤り率を**汎化誤差**（generalization error）、または**標本外誤差**（out-of-sample error）と呼ぶ。テストセットを使ってモデルを評価すると、汎化誤差の推定値が得られる。この値は、見たことのないインスタンスに対してモデルがどの程度の予測性能を発揮するかを示す。

訓練誤差が低い（つまり、学習セットに対するモデルの予測にほとんど誤りがない）ものの、汎化誤差が高い場合、そのモデルは学習データを過学習しているということになる。

一般には、データの80 %を学習に使い、20 %をテストのために**取り分けて**おく。ただし、データセットのサイズによって振り分け方は変わる。データセットに1,000万個のインスタンスが含まれている場合、テストセットを1 %にしても10万個のインスタンスが含まれることになる。これだけあれば、汎化誤差を推定するためには十分以上だろう。

1.6.1　ハイパーパラメータの調整とモデルの選択

モデルの評価はごく単純な話で、テストセットを使えばよい。しかし、2つのモデル（例えば、線形モデルと多項式モデル）のうちのどちらを使ったらよいか迷っている場合、どうすればよいだろうか。1つの方法は、両方を学習し、テストセットを使ってどちらの方が汎化性能が高いかを比較するというものだ。

線形モデルの方が汎化性能が高いものとして、しかし過学習を避けるためにある程度の正則化を加えたいものとする。問題は、正則化ハイパーパラメータの値をどのようにして選ぶかだ。例えば、このハイパーパラメータのために100個の異なる値を使って100種の異なるモデルを学習するという方法が考えられる。そして、汎化誤差が最も低い（例えば5 %）モデルを作れるハイパーパラメータを見つけたとする。ところが、このモデルを本番稼働させてみると、期待したほどの性能が得られず、15 %の誤差が生じる。何が起きたのだろうか。

問題は、テストセットを使って汎化誤差を何度も測定していることである。**そのテストセットにとって**最良のモデルを作るためにモデルとハイパーパラメータを調整していたのである。これでは、モデルは新しいデータに対して高い性能を示せないだろう。

この問題の解決方法は、一般に**ホールドアウト検証**（holdout validation）と呼ばれているものだ。複数の候補モデルの評価用に学習セットの一部を取り分けておき、最良のモデルを選ぶのである。このようにして取り分けられたデータセットを**検証セット**（validation set）と呼ぶ。**開発セット**（development set）と呼ぶこともある。もう少し詳しく説明すると、縮小学習セット（検証セットを除く学習セット）でさまざまなハイパーパラメータを持つ複数のモデルを学習し、検証セットで最も成績のよかったモデルを選択する。

このホールドアウト検証のプロセスを経たあとで、最良のモデルを完全な学習セット（検証セットを含む形）で学習し、それで最終的なモデルを作る。最後に、テストセットを使って1度限りの最終テストを行い、汎化誤差の推定値を得る。

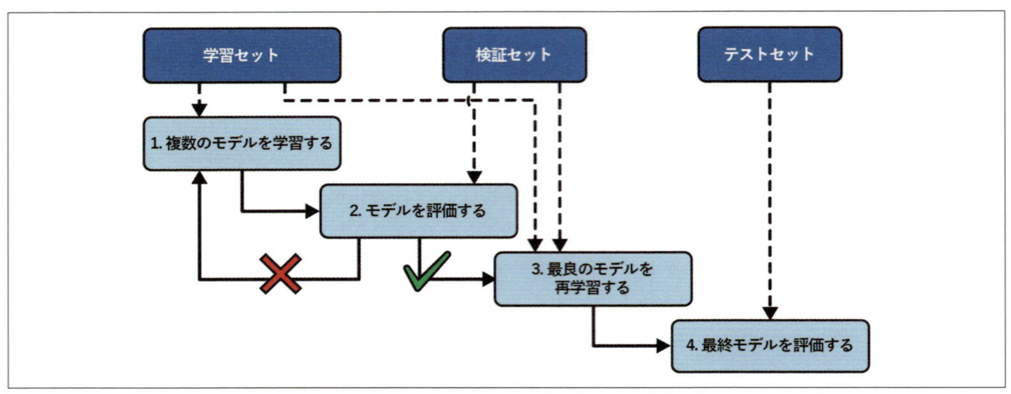

図1-25　ホールドアウト検証を使ったモデルの選択

この方法は通常うまく機能するが、検証セットが小さすぎる場合、モデルの評価が不正確になり、誤って最良とは言えないモデルを選んでしまうことがある。逆に、検証セットが大きすぎると、残された縮小学習セットが完全な学習セットと比べて小さくなりすぎる。なぜそれがまずいのだろうか。最終的に選んだモデルは完全な学習セットで学習されるので、それよりもずっと小さい学習セットで学習した候補モデルを比較するのはあまりよくない。最もタイムのよい短距離選手を選んでマラソンに参加させるようなものだ。この問題に対処するためによく使われているのは、多数の小さな検証セットを使って**交差検証**（cross-validation）を繰り返す方法である。各モデルは、それぞれの検証セットについて、それ以外の学習セットで学習した後に評価する。各モデルに対するすべての評価結果を平均すれば、単純なホールドアウト検証よりもずっと正確な性能指標が得られる。ただし、学習時間がもとの学習時間に検証セットの数を掛けた長さになるという欠点がある。

1.6.2 データのミスマッチ

学習用に大量のデータを入手するのは簡単なのに、そのデータが本番稼働で実際に使われるデータを代表していないかもしれないということがときどきある。例えば、花の写真を撮ると、自動的にその種類を教えてくれるモバイルアプリを作ろうとしたとする。ウェブに行けば花の写真は何百万枚でも簡単にダウンロードできるが、それらの写真は、モバイルデバイスでそのアプリを使って実際に撮影される写真を代表するものにはなっていない可能性がある。おそらく、代表的な写真は1,000枚（つまり、そのアプリで実際に撮った写真）しかない。

そのような場合、覚えておくべき最も重要なルールは、検証セットとテストセットができる限り本番稼働で実際に使われるデータを代表するものになるようにしなければならないということである。これらはアプリで実際に撮った写真だけから構成されるようにし、シャッフルして半分を検証セット、半分をテストセットにする（両セットに重複や重複に近いものが含まれないように注意すること）。しかし、ウェブの写真でモデルを学習してから検証セットでモデルが高い成績を出せない場合、この方法では学習セットの過学習のためなのか、ウェブの写真とモバイルアプリで撮った写真のミスマッチのためなのかがわからない。

そこで、学習セットの写真の一部をAndrew Ng（アンドリュー・ング、呉恩達）が**学習-開発セット**（train-dev set）と呼んでいる別のセットに取り分けておくという方法がある。モデルを学習したあとで（学習-開発セット**ではなく**、学習セットで）、それを学習-開発セットで評価する。学習-開発セットで成績が低い場合、それは学習セットを過学習しているからに違いない。そこで、モデルを単純化、または正則化し、学習データを増やし、学習データをクリーンアップする。しかし、学習-開発セットで高成績を出しても、検証セットで成績が低ければ、問題の原因はデータのミスマッチである。その場合、モバイルアプリで撮った写真に近くなるように学習セットのウェブの写真を前処理し、モデルを学習し直してみるとよいだろう。学習-開発セットと検証セットの両方で高成績のモデルが得られたら、本番環境でどの程度の性能が得られるかを知るために最後にテストセットで評価する。

図1-26 本物のデータ（右）があまりないときには、学習セットと過学習評価用の学習-開発セットには豊富にある類似のデータ（左）を使えばよい。本物のデータはデータのミスマッチの評価（検証セット）と最終モデルの性能評価（テストセット）に使う。

ノーフリーランチ（タダ飯なし）定理

モデルは、データを単純化したものである。単純化とは、新しいインスタンスに汎化しそうにない過剰な細部を捨てるということだ。しかし、どのデータを捨ててどのデータを残すかを決めるためには、**前提**（assumption）を設けなければならない。例えば、線形モデルは、データが基本的に線形で、インスタンスと直線の間の距離はノイズであり、無視しても問題ないという前提を設けている。

デビッド・ウォルパート（David Wolpert）は、1996年の有名な論文（https://homl.info/8）[*1]で、データに対して前提を一切設けなければ、あるモデルを別のモデルよりもよいと評価する理由はないことを実証した。

＊1 David Wolpert, "The Lack of A Priori Distinctions Between Learning Algorithms," *Neural Computation* 8, no.7 (1996): 1341–1390.

これを**ノーフリーランチ**(no free lunch: NFL)定理と呼ぶ。最良のモデルは線形モデルだというデータセットがあれば、ニューラルネットワークだというデータセットもある。**アプリオリ**(無前提)に最良の性能が得られるモデルはない(定理の名前はここから来ている)。どのモデルが最もよいかをはっきりと知るためには、それらすべてを評価してみるしかない。しかし、そのようなことは不可能なので、現実には、データに対して何らかの合理的な前提を設け、合理的な少数のモデルだけを評価する。例えば、単純なタスクではさまざまなレベルの正則化を加えた線形モデルを評価し、複雑な問題ではさまざまなニューラルネットワークを評価するのである。

1.7 演習問題

この章では、機械学習で最も重要な概念、コンセプトの一部を説明した。次章以降では、もっと深いところに入ってコードを書く。しかし、その前に次の問いに答えられることを確認しておこう。

1. 機械学習はどのように定義すればよいか。
2. 機械学習が力を発揮する問題の4つのタイプを答えなさい。
3. ラベル付きの学習セットとは何か。
4. 教師あり学習の最も一般的な2つの応用分野とは何か。
5. 教師なし学習の一般的な応用分野を4つ挙げなさい。
6. さまざまな未知の領域を探索するロボットで使える機械学習アルゴリズムのタイプはどれか。
7. 顧客を複数の集団にセグメント化するためにはどのようなタイプのアルゴリズムを使うか。
8. スパム検出は、教師あり学習問題、教師なし学習問題のどちらとして構成すればよいか。
9. オンライン学習システムとは何か。
10. アウトオブコア学習とは何か。
11. 類似度の尺度を使って予測する学習アルゴリズムはどのタイプか。
12. モデルのパラメータと学習アルゴリズムのハイパーパラメータの違いは何か。
13. モデルベースの学習アルゴリズムは何を探すか。成功のために最もよく使われる戦略は何か。どのようにして予測をするのか。
14. 機械学習が抱える大きな難問を4つ答えなさい。
15. モデルが学習データに対しては高い性能を発揮するのに、新しいインスタンスにはうまく汎化しない場合、何が起きているのか。3つの解決方法を答えなさい。
16. テストセットとは何か。テストセットが必要なのはなぜか。
17. 検証セットの目的は何か。
18. 学習-開発セットとは何で、いつ必要になるか、またどのようにして使うか。
19. テストセットを使ってハイパーパラメータを調整すると、どのような問題が起こるか。

演習問題の解答は、ノートブック(https://homl.info/colab3)の1章の部分を参照のこと。

2章 機械学習プロジェクトの全体像

この章では、最近、不動産会社に採用されたデータサイエンティストになったつもりで、プロジェクトを最初から最後まで体験してほしい。プロジェクト例は、まったくのフィクションである。目標は機械学習プロジェクトの主要なステップを具体的に説明することで、不動産取引の実際について学ぶことではない。主要なステップは次に示す通りだ。

1. 全体像をつかむ。
2. データを手に入れる。
3. データを探索、可視化して理解を深める。
4. 機械学習アルゴリズムが処理しやすいようにデータを準備する。
5. モデルを選択して学習する。
6. モデルをファインチューニングする。
7. ソリューションをプレゼンテーションする。
8. システムを本番稼働、モニタリング、メンテナンスする。

2.1 実際のデータの操作

機械学習を学ぶときには、人工的なデータセットではなく、実世界のデータで実際に実験してみるとよい。幸い、素材としては、あらゆる分野のオープンデータセットが無数にある。データが得られる場所としては、次のようなものがある。

- 広く使われているオープンデータリポジトリ
  - OpenML.org（https://openml.org）
  - Kaggle.com（https://kaggle.com/datasets）
  - PapersWithCode.com（https://paperswithcode.com/datasets）
  - カリフォルニア大学アーバイン校 ML リポジトリ（https://archive.ics.uci.edu/ml）
  - Amazon の AWS データセット（https://registry.opendata.aws/）
  - TensorFlow データセット（https://tensorflow.org/datasets）
- メタポータル（オープンデータリポジトリのリスト）

— DataPortals.org（https://dataportals.org）
— OpenDataMonitor.eu（https://opendatamonitor.eu）
- 人気のあるオープンデータリポジトリのリストが含まれているその他のページ
— Wikipedia の ML データセットリスト（https://homl.info/9）
— Quora.com（https://homl.info/10）
— reddit の Datasets subreddit（https://reddit.com/r/datasets）

この章では、StatLibリポジトリ[*1]（**図2-1**）のカリフォルニアの住宅価格のデータセットを使うことにした。このデータセットは、1990年のカリフォルニア州の調査から得られたデータであり、新しくないが（当時は、ベイエリアでも手頃な価格でいい家を買えた）、学習用に優れている点がいくつもあるので、最新データのようなつもりで使っていくことにしよう。また、学習の目的のために、カテゴリ属性を1つ追加し、いくつかの特徴量を取り除いている。

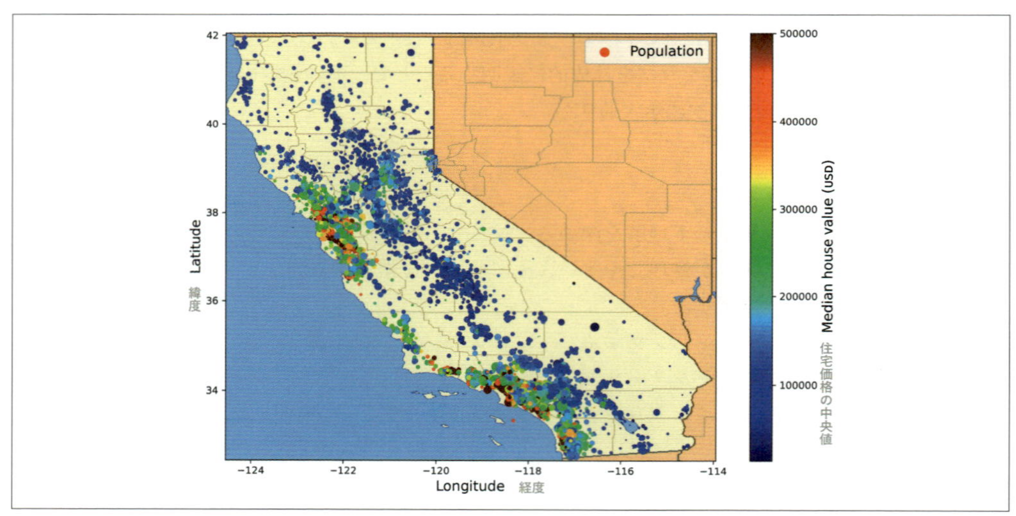

図2-1　カリフォルニアの住宅価格

2.2　全体像をつかむ

機械学習ハウジング株式会社にようこそ。あなたには最初の仕事として、カリフォルニア州の国勢調査データを使ってカリフォルニアの住宅価格のモデルを作ってもらおう。このデータには、カリフォルニア州の個々の国勢調査細分区グループの人口、収入の中央値、住宅価格の中央値といった指標が含まれている。細分区グループは、米国国勢調査局がサンプルデータを公開している最小の地理的単位である（一般に、細分区グループには、600人から3,000人の人口がある）。細分区グループでは長いので、「区域」と呼ぶことにしよう。

＊1　オリジナルのデータセットは、R. Kelley Pace and Ronald Barry, "Sparse Spatial Autoregressions," *Statistics & Probability Letters* 33, no. 3 (1997): 291-297. を参照。

あなたのモデルは、このデータを使って学習し、ほかのすべての指標から任意の区域の住宅価格の中央値を予測することである。

几帳面なデータサイエンティストは、まず機械学習プロジェクトチェックリストを取り出してくる。最初は**付録A**に掲載されているものでよい。このリストはほとんどの機械学習プロジェクトで役に立つはずだが、あなたのニーズに合わせて修正するのを忘れないようにしてほしい。この章では、チェックリストの多くの項目を潰していくが、自明だからとか、あとの章で詳しく説明するからといった理由で省略するものもある。

2.2.1　問題の枠組みを明らかにする

上司には、まず会社にとっての目的が何なのかを尋ねよう。モデルを構築することは、たぶん最終的な目標ではない。会社はこのモデルをどのように使うつもりで、何を得たいのだろうか。これが重要なのは、問題をどのように組み立てていくか、どのアルゴリズムを選択するか、モデルの評価のためにどのような性能指標を使うか、どれくらいの労力をかけるべきかといったことがこれによって左右されるからだ。

上司の答えによると、このモデルの出力（区域の住宅価格の中央値の予測値）をほかの多くのシグナル（signal、信号）[*1]とともに別の機械学習システムに与えるのだという。この下流システムは、その地域に投資する価値があるかどうかを判断する。収益に直接影響を与えるので、これを正しく判断することはきわめて重要である。

次に尋ねるべきことは、現在のソリューション（あれば）がどのようなものかだ。既存ソリューションは、性能の比較対象になることが多く、問題解決のヒントが得られることも多い。上司によれば、区域の住宅価格は専門家が手計算で推定しているということだ。区域の最新情報を集めるチームがあり、住宅価格の中央値が得られないときには複雑な規則を使って推定している。

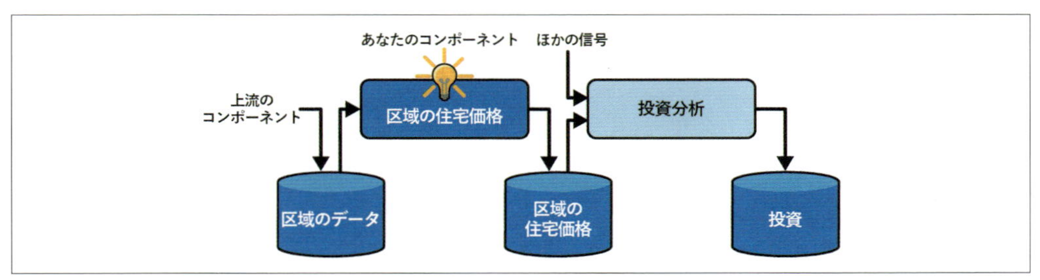

図2-2　不動産投資の機械学習パイプライン

この方法では時間とコストがかかる割に、大した推定値は得られない。実際の住宅価格の中央値が何とか手に入ったときには、推定値は30％以上も外れていることがよくある。区域のほかのデータから住宅価格の中央値を予測できるモデルを作れば役に立つだろうと会社が考えているのはそのためだ。

＊1　機械学習システムに与えられる情報は、シャノンの情報理論にちなんで**シグナル**（signal、信号）と呼ばれることがよくある。情報理論は、シャノンがベル研究所で遠隔通信の向上のために開発したものである。情報理論に従えば、S/N（信号雑音比）を上げることが目標になる。

国勢調査データは、無数の区域の住宅価格の中央値もその他のデータも含んでいるので、このような目的にはうってつけだと思われる。

パイプライン

データ処理コンポーネントをつなげたものをデータ**パイプライン**（pipeline）と呼ぶ。機械学習システムでは、操作するデータが大量にあり、行わなければならないデータ変換もたくさんあるので、パイプラインが作られることが多い。

コンポーネントは一般に非同期的に実行される。個々のコンポーネントは、大量のデータを取り出し、それを処理して、ほかのデータストアに結果を書き込む。すると、そのあとのいつかの時点でパイプラインの次のコンポーネントがそのデータを取り出し、自分の処理結果を書き込む。これが繰り返されるのである。個々のコンポーネントは、かなり自己完結的になっている。コンポーネントとコンポーネントの間のインターフェイスは、単純にデータストアだ。こうすると、システムは把握しやすく（データフローグラフの助けを借りれば）、複数のチームが別々のコンポーネントに専念できる。さらに、コンポーネントが障害を起こした場合、下流のコンポーネントは、壊れたコンポーネントが最後に出力したデータを使って、正常に実行を続けられる（少なくともしばらくの間は）。そのため、このアーキテクチャは、かなり堅牢になる。

しかし、適切なモニタリングを組み込んでいなければ、障害を起こしたコンポーネントがあることにしばらく気付かない場合がある。その場合、データが陳腐化してシステム全体の性能が落ちてしまう。

これらの情報が揃えば、システム設計に取り掛かれる。まず、学習での教師の関与形態を明らかにしていかなければならない。つまり、教師あり学習、教師なし学習、半教師あり学習、自己教師あり学習、強化学習のどれだろうか。また、タスクが分類、回帰、それ以外か、そしてバッチ学習とオンライン学習のどちらを使うべきかも明らかにする必要がある。先に進む前に、少し時間を割いてこれらの問いに自分で答えてみてほしい。

答えは見つかっただろうか。答え合わせをしてみよう。まず、**ラベル付き**の学習データが与えられる（個々のインスタンスには、期待される出力、すなわち住宅価格の中央値が含まれている）ので、これは典型的な教師あり学習のタスクである。また、値の予測を求められているので、典型的な回帰のタスクである。もっと具体的に言えば、複数の特徴量（区域の人口、収入の中央値など）を使って予測をするので、**重回帰**（multiple regression）問題である。そして、各区域の1つの値だけを予測したいので、**単変量回帰**（univariate regression）問題でもある。区域ごとに複数の値を予測する場合は、**多変量回帰**（multivariate regression）問題になる。そして、システムに継続的にデータが送り込まれてくるわけではなく、変化するデータにスピーディに対応するニーズがあるわけでもなく、データがメモリに十分収まる程度の量なので、プレーンなバッチ学習で問題はないだろう。

データが膨大な場合は、MapReduceというテクニックを使って複数のサーバで実行できるようにバッチ学習を分割するか、オンライン学習テクニックを使えばよい。

2.2.2　性能指標を選択する

次のステップは性能指標の選択である。回帰問題では、一般に二乗平均平方根誤差（Root Mean Square Error：RMSE）が使われる。これは、どの程度の誤差がシステムの予測に含まれるのかについて、大きな誤差に重みを付けた上で示す。式2-1はRMSEを計算する式である。

式2-1　二乗平均平方根誤差（RMSE）

$$\mathrm{RMSE}(\mathbf{X}, h) = \sqrt{\frac{1}{m}\sum_{i=1}^{m}\left(h\left(\mathbf{x}^{(i)}\right) - y^{(i)}\right)^2}$$

記法

この式には、本書全体を通じて使う機械学習の世界の一般的な記法が含まれているので、説明しておこう。

- mは、RMSEを計算しているデータセットのインスタンス数。
  - 例えば、2,000区域の検証セットのRMSEを評価する場合、$m = 2{,}000$。
- $\mathbf{x}^{(i)}$は、データセットのi番目のインスタンスに含まれるすべての特徴量の値（ラベルを除く）のベクトルで、$y^{(i)}$はそのラベル（そのインスタンスの望ましい出力値）。
  - 例えば、データセットの最初の区域が北緯33.91度、西経118.29度にあり、人口が1,416人で、収入の中央値が38,372ドル、住宅価格の中央値が156,400ドルなら（さしあたり、ほかの特徴量は無視する）、次のようになる。

$$\mathbf{x}^{(1)} = \begin{pmatrix} -118.29 \\ 33.91 \\ 1{,}416 \\ 38{,}372 \end{pmatrix} \quad \text{かつ} \quad y^{(1)} = 156{,}400$$

- $\mathbf{X}$はデータセットのすべてのインスタンスの特徴量の値（ラベルを除く）を含む行列である。インスタンスごとに1行ずつで、i番目の行は、$\mathbf{x}^{(i)}$の転置行列に等しく、$(\mathbf{x}^{(i)})^{\mathsf{T}}$と表記される[*1]。

＊1　転置演算子は、列ベクトルを行ベクトルに変換する（逆も行う）。

— 例えば、最初の区域が先ほどの説明の通りなら、行列 $\mathbf{X}$ は次のようになる。

$$\mathbf{X} = \begin{pmatrix} \left(\mathbf{x}^{(1)}\right)^\top \\ \left(\mathbf{x}^{(2)}\right)^\top \\ \vdots \\ \left(\mathbf{x}^{(1999)}\right)^\top \\ \left(\mathbf{x}^{(2000)}\right)^\top \end{pmatrix} = \begin{pmatrix} -118.29 & 33.91 & 1{,}416 & 38{,}372 \\ \vdots & \vdots & \vdots & \vdots \end{pmatrix}$$

- h は、システムの予測関数で、**仮説**（hypothesis）とも呼ばれる。システムにインスタンスの特徴量ベクトル $\mathbf{x}^{(i)}$ を与えると、システムはインスタンスの予測値 $\hat{y}^{(i)} = h(\mathbf{x}^{(i)})$ を返す（$\hat{y}$ を「y ハット」と読む）。
  — 例えば、システムが第 1 区域の住宅価格の中央値を 158,400 ドルと予測した場合、$\hat{y}^{(1)} = h(\mathbf{x}^{(1)}) = 158{,}400$ で、この区域の予測誤差は $\hat{y}^{(1)} - y^{(1)} = 2{,}000$ となる。
- RMSE($\mathbf{X}, h$) は、データ例の集合に対して仮説 h を使ったときの損失関数である。

スカラ値（m や $y^{(i)}$ など）や関数名（h など）に対しては小文字の斜字、ベクトル（$\mathbf{x}^{(i)}$ など）に対しては小文字の太字、行列（$\mathbf{X}$ など）に対しては大文字の太字を使う。

回帰の性能指標としては一般にRMSEが望ましいものとされているが、ほかの関数を使った方がよい場合もある。例えば、外れ値となる区域が多数ある場合は、**平均絶対誤差**（MAE：mean absolute error）を使うことを考えるとよい。MAEは、**平均絶対偏差**（mean absolute deviation）と呼ばれることもある（**式2-2**）。

式2-2　平均絶対誤差

$$\mathrm{MAE}(\mathbf{X}, h) = \frac{1}{m}\sum_{i=1}^{m}\left|h\left(\mathbf{x}^{(i)}\right) - y^{(i)}\right|$$

RMSEとMAEは、どちらも2つのベクトル（予測値のベクトルとターゲット値のベクトル）の距離を測定する方法である。距離の指標、ノルム（norm）にはさまざまなものがある。

- 二乗平均平方根誤差（RMSE）は、**ユークリッドノルム**（Euclidian norm）に当たる。これは、人々が普通に考える距離の概念であり、ℓ_2 **ノルム**とも呼ばれ、$\|\cdot\|_2$ または単に $\|\cdot\|$ と表記される。
- 平均絶対誤差（MAE）は ℓ_1 **ノルム**で、$\|\cdot\|_1$ と表記される。これは、直交する道に沿った形でしか移動できない都市で 2 つの位置の間を移動するときの距離を計算するのと同じなので、**マンハッタンノルム**（Manhattan norm）とも呼ばれる。
- より一般的に、n 個の要素を含むベクトル $\mathbf{v}$ の ℓ_k **ノルム**は、$\|\mathbf{v}\|_k = (|v_1|^k + |v_2|^k + \ldots + |v_n|^k)^{1/k}$ と定義される。ここで、ℓ_0 はベクトルの非ゼロ要素の数、ℓ_∞ はベクトルの絶対値の最大を示す。

ノルムの添字が大きくなればなるほど、大きな値を重視し、小さな値を無視する方向に傾く。RMSEがMAEよりも外れ値の影響を受けやすいのはそのためである。しかし、外れ値が指数的に減少するときには（ベル形曲線のように）、RMSEは高い性能を発揮し、一般に望ましい指標だと考えられている。

2.2.3 前提条件をチェックする

最後に、今までに設けてきた前提（あなたのものも他人のものも含め）をリストアップして確かめるようにしたい。こうすると、早い段階で重大な問題を見つけられる場合がある。例えば、あなたのシステムが出力した区域の住宅価格は、下流の機械学習システムに与えられるので、この値がそのように使われることを前提としている。しかし、下流のシステムが実際には与えられた価格をカテゴリ（例えば、低、中、高）に変換し、価格自体ではなく、カテゴリを使っていたらどうだろうか。そのような場合、完璧に正しい価格を計算することは必要とされていない。単に正しいカテゴリがわかればよい。だとすると、この問題は回帰ではなく、分類のタスクとして構成しなければならない。回帰システムの開発に数ヵ月費やしたあとでこのことを知ることがないようにしたい。

しかし、下流のシステムを担当するチームと話をしてみると、単なるカテゴリではなく、実際の価格情報が本当に必要だということがわかった。これで準備は完了し、青信号が出た。コーディングを始めよう。

2.3 データを手に入れる

それでは、実際に手を動かすことにしよう。迷わずノートPCを開き、Jupyterノートブックで次のコード例を実際に動かしてみよう。「**はじめに**」で説明したように、本書のコード例はすべてオープンソースであり、Jupyterノートブックという形でオンライン（https://github.com/ageron/handson-ml3）で入手できる。Jupyterノートブックは、テキスト、画像、実行可能コード（ここではPython）を格納する対話的な文書である。本書では、Google Colabでこれらのノートを実行していることを前提として話を進める。Google Colabとは、マシンに何もインストールせずにJupyterノートブックをオンラインで直接実行できる無料サービスのことだ。ほかのオンラインプラットフォーム（例えば、Kaggle）を使いたい場合や、自分のマシンにローカルにすべてのものをインストールしたい場合には、本書のGitHubページの説明を参照してほしい。

2.3.1 Google Colabを使ったコード例の実行方法

まず、ウェブブラウザを開き、https://homl.info/colab3に移動すると、本書のJupyterノートブックのリストが表示される（**図2-3**参照）。章ごとに1つずつのノートブックが用意されているほか、追加のノートブック、NumPy、Matplotlib、Pandas、線形代数、微積分のチュートリアルがある。例えば、`02_end_to_end_machine_learning_project.ipynb`をクリックすると、Google Colabに2章のノートブックがオープンされる（**図2-4**参照）。

Jupyterノートブックは一連のセルから構成されており、個々のセルには実行可能コードかテキストが含まれている。最初のテキストセル（Welcome to Machine Learning Housing Corp.!という文が入っている）をダブルクリックしてみよう。編集用のセルがオープンする。Jupyterノートブックは書式設定のためにMarkdownの構文を使っている（例えば、`**bold**`、`*italics*`、`# Title`, `[url](link text)`, など）。このテキストを書き換え、Shift-Enterキーを押してみよう。

図2-3　Google Colabで表示したノートブックのリスト

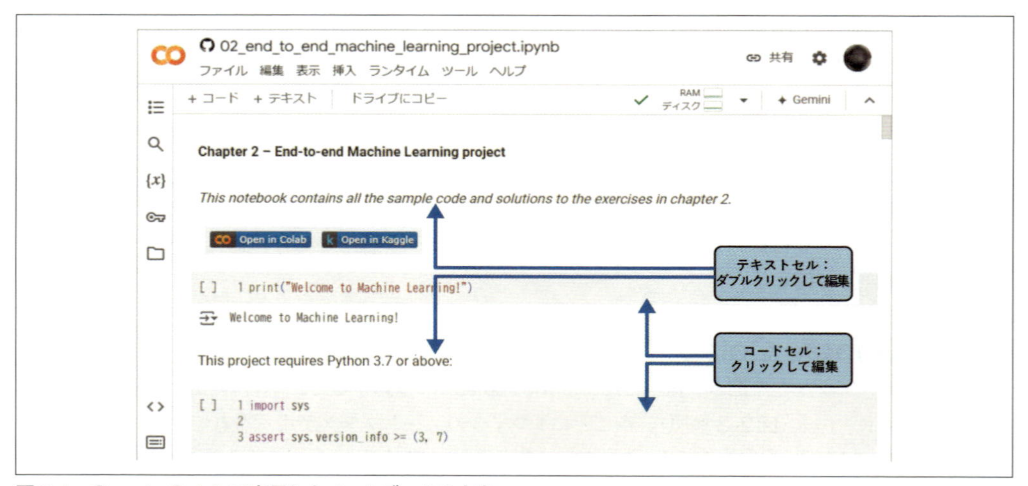

図2-4　Google Colabで表示したノートブックの内容

次に、メニューの「挿入」→「コードセル」を選択して新しいコードセルを作ってみよう。ツールバーの「＋コード」ボタンをクリックするか、セルの下端でマウスオーバーして「＋コード」と「＋テキスト」が表示されるのを待って「＋コード」をクリックするのでもよい。新しいセルに`print("Hello World")`のようなPythonコードを入力し、Shift-Enterを押して（またはセル左端の▷ボタンをクリックして）コードを実行してみよう。

Googleアカウントにログインしていない場合には、すぐにログインするよう指示される（まだGoogleアカウントを持っていなければ、作ることが必要になる）。ログインし、コード実行を試すと、「このノートブックはGoogleが作成したものではありません」という警告が表示される。悪意のあるユーザがあなたの個人情報にアクセスするためにあなたを騙してGoogle認証情報を入力させるノートブックを作ることが可能なので、ノートブックを実行する前は、その作者が信頼できる人物であることを確認しよう（または、コードセルを実行する前に、そのコードが何をするものかをダブルチェックしよう）。あなたが私を信用するなら（またはすべてのコードセルをチェックするつもりなら）、「このまま実行」をクリックする。

すると、Colabはあなたに新しい**ランタイム**（runtime）を割り当てる。ランタイムは、Googleサーバ内の無料の仮想マシンで、各章で必要なものの大半を含む無数のツールとPythonライブラリを持っている（一部の章では、追加のライブラリをインストールするコマンドを実行しなければならない）。ランタイムが割り当てられるまでには数秒かかる。次に、Colabはこのランタイムに自動的に接続し、それを使って新しいコードセルを実行する。重要なのは、コードがランタイム上で実行され、あなたのマシンでは実行**されない**ことである。おめでとう。あなたはColab上でPythonコードを実行することに成功したのだ。

新しいコードセルは、Ctrl-M（macOSではCmd-M）を押してからAかBを押すという方法でも挿入できる（Aなら現在のセルの上、Bなら現在のセルの下に作られる）。そのほかにも、ショートカットキーは無数にある。Ctrl-M（またはCmd-M）を押してからHを押せば、ショートカットキーを表示、編集できる。Kaggleでノートブックを実行する場合や、JupterLab、Jupyterエクステンション付きのIDE（Visual Studio Code）を使って自分のマシンでノートブックを実行する場合には、ちょっとした違いがある（ランタイムの名前が`kernel`であったり、ユーザインターフェイスやショートカットキーが少し異なっていたりする）。しかし、別のJupyter環境への乗り換えは比較的簡単だ。

2.3.2 書き換えたコードや独自データの保存方法

Colabノートブックに加えた変更は、ブラウザのタブがオープンされている間は有効である。しかし、タブをクローズすると、変更は失われてしまう。これを避けるために、「ファイル」→「ドライブにコピーを保存」を選択して、Googleドライブにノートのコピーを保存しよう。「ファイル」→「ダウンロード」→「.ipynbをダウンロード」を選択して自分のコンピュータにノートブックをダウンロードするという方法もある。そうすれば、後でまたhttps://colab.research.google.comに行って（Googleドライブから、あるいは、自分のコンピュータからアップロードして）ノートブックを開くことができる。

Google Colabは、対話的な操作にだけ対応するように作られている。ノートブックでコードをいじりまわすことはできるが、長い間ノートブックを放っておくと、ランタイムがシャットダウンしてデータはすべて失われてしまう。

ノートブックがあなたにとって大切なデータを生成したら、ランタイムがシャットダウンする前に必ずデータをダウンロードしておこう。ファイルのアイコン（**図2-5**のステップ1）をクリックし、ダウンロードしたいファイルのところで縦に3つ並んでいるドット（ステップ2）をクリックし、「ダウンロード」（ステップ3）をクリックすればよい。ランタイムに自分のGoogleドライブをマウントし、ノートブックがGoogleドライブのファイルをまるでローカルディレクトリのように読み書きできるようにする方法もある。この場合は、ファイルのアイコン（ステップ1）をクリックしてからGoogleドライブアイコン（**図2-5**の丸で囲んであるアイコン）をクリックしてから、画面の指示に従えばよい。

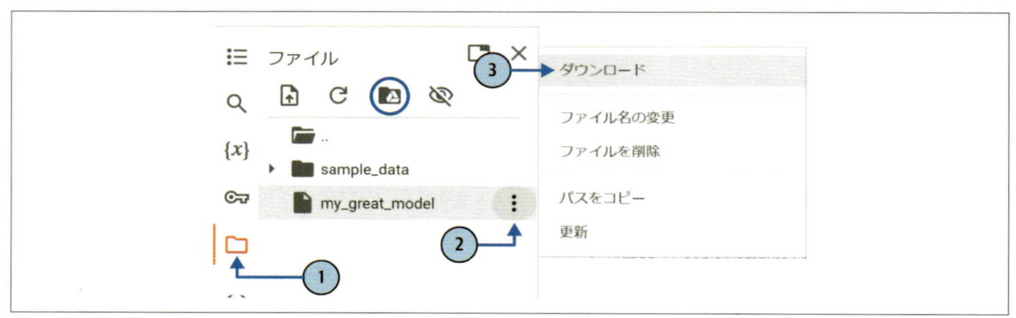

図2-5　Google Colabランタイムからのファイルのダウンロード（ステップ1から3）とGoogleドライブのマウント（丸で囲んだアイコン）

デフォルトでは、Googleドライブは`/content/drive/MyDrive`にマウントされる。データファイルをバックアップしたい場合には、`!cp /content/my_great_model /content/drive/MyDrive`を実行してファイルをこのディレクトリにコピーすればよい。先頭の文字が!のコマンドは、すべてPythonコードではなく、シェルコマンドとして扱われる。`cp`は、あるパスのファイルを別のパスにコピーするLinuxシェルコマンドだ。Colabは、Linux（具体的にはUbuntu）上で実行される。

2.3.3　対話的操作の威力と落とし穴

Jupyterノートブックは対話的なツールであり、それはすばらしいことだ。セルを1つずつ実行できるし、好きなところで止められる。セルを挿入したり、コードを試してみたり、元に戻して同じセルをもう1度実行したりもできる。ぜひそうしてみるべきだ。自分で何も実験せずにセルを1つずつ実行しているだけでは、学習ペースが上がらない。しかし、この柔軟性にはコストがかかる。セルを間違った順序で実行したり、セルを実行し忘れたりすることもたびたび起こる。すると、その後のコードセルは実行に失敗するだろう。例えば、各ノートブックの最初のコードは、セットアップコード（インポートなど）だ。まず最初にこのコードを実行するのを忘れないようにしよう。でなければ、何も動作しなくなる。

奇妙なエラーが出たときには、ランタイムを再起動し（メニューから「ランタイム」→「ランタイムを再起動」を選ぶ）、ノートブックの最初からすべてのセルをもう1度実行してみよう。問題はこれで解決することが多い。それでもダメなら、あなたが加えた変更のどれかによってノートブックが壊れたのだろう。単純にもとのノートブックに戻してもう1度試してみよう。それでもうまくいかなければ、GitHubで問題を指摘してほしい。

2.3.4　本のコードとノートブックのコード

本文のコードとノートブックのコードに微妙な違いがあることに気付くかもしれない。これには理由がいくつかある。

- あなたが本文を読むほんの少し前にライブラリが書き換えられているかもしれない。また、私は最善の努力を尽くしているつもりだが、本の中で間違いを犯しているかもしれない。残念なことだが、私にはあなたが持っている本の中のコードを魔法で修正することはできない（電子版を購入していて最新バージョンをダウンロードできる場合は別だが）。しかし、ノートブックなら修正できる。そういうわけで、本書のコードをコピーしてエラーになったら、ノートブックで修正されたコードを探してみてほしい。私は最新バージョンのライブラリのもとでエラーのない、最新のコードを維持するようにしていく。
- ノートブックには、図を美しくして（ラベルの追加、フォントサイズの設定など）書籍用に高解像度で保存するための追加コードが含まれている。このコードは無視しても問題はない。

コードは読みやすく単純になるように配慮している。関数やクラスの定義を減らして上から下にすっと読めるようにしているのである。一般に、コードが抽象化の階層に何重にも包まれていて必要なコードを探し回らなければならなくなるようなことを避け、目の前にあるコードが正しく実行されることを目指した。その方が、あなたもコードをいじりやすくなる。単純にするために、エラー処理は抑えめにしてあり、一部でしか使われないインポートの一部は、必要なところに配置している（PEP 8 Pythonスタイルガイドは、すべてのインポートをファイルの冒頭に配置することを推奨しているが）。とは言え、あなたが書く本番コードと大差はないはずだ。本番コードは、これよりも少しモジュラーでテストとエラー処理が追加されたものになるだろう。

いいだろうか。Colabに少し慣れたら、早速データをダウンロードしよう。

2.3.5　データをダウンロードする

普通なら、データはリレーショナルデータベースかその他のデータストアに格納され、複数のテーブル／ドキュメント／ファイルに散らばっているだろう。データにアクセスするには、まず認証情報とアクセス権限を手に入れ[*1]、データスキーマに慣れる必要がある。しかし、このプロジェクトでは話ははるかに単純で、`housing.tgz`という1個の圧縮ファイルをダウンロードするだけでよい。このファイルには、すべてのデータが格納された`housing.csv`というCSV（comma-separated value）ファイルが含まれている。

＊1　安全ではないデータストアにコピーすべきでない非公開フィールドなど、法的な制約のチェックも必要になる。

手作業でデータをダウンロード、解凍するよりも、普通はその作業を実行してくれる関数を書いた方がよい。データが定期的に書き換えられる場合には、この関数が役に立つ。最新データを取得する関数を使う小さなスクリプトを書けばよい。さらに言えば、定期的にこの作業を自動実行するジョブをスケジューリングするとよいだろう。複数のマシンにデータセットをインストールしなければならない場合にも、データの取得プロセスを自動化しておくと役に立つ。

データを取得するための関数は、次の通り。

```
from pathlib import Path
import pandas as pd
import tarfile
import urllib.request

def load_housing_data():
    tarball_path = Path("datasets/housing.tgz")
    if not tarball_path.is_file():
        Path("datasets").mkdir(parents=True, exist_ok=True)
        url = "https://github.com/ageron/data/raw/main/housing.tgz"
        urllib.request.urlretrieve(url, tarball_path)
        with tarfile.open(tarball_path) as housing_tarball:
            housing_tarball.extractall(path="datasets")
    return pd.read_csv(Path("datasets/housing/housing.csv"))

housing = load_housing_data()
```

load_housing_data()は、呼び出されるとdatasets/housing.tgzファイルを探す。その位置にファイルがなければ、カレントディレクトリ（Colabでは、デフォルトで/contentディレクトリ）にdatasetsディレクトリを作り、GitHubリポジトリageron/dataからhousing.tgzファイルをダウンロードし、その内容をdatasetsディレクトリに解凍する。最後に、関数はこのCSVファイルの内容をすべてPandasのDataFrameオブジェクトにロードし、オブジェクトを返す。

2.3.6　データの構造をざっと見てみる

まず、DataFrameのhead()メソッドを使って、最初の5行を覗いてみよう（図2-6）。

```
housing.head()
```

	longitude	latitude	housing_median_age	median_income	ocean_proximity	median_house_value
0	-122.23	37.88	41.0	8.3252	NEAR BAY	452600.0
1	-122.22	37.86	21.0	8.3014	NEAR BAY	358500.0
2	-122.24	37.85	52.0	7.2574	NEAR BAY	352100.0
3	-122.25	37.85	52.0	5.6431	NEAR BAY	341300.0
4	-122.25	37.85	52.0	3.8462	NEAR BAY	342200.0

図2-6　データセットの先頭5行

各行が1つの区域を表している。属性は、longitude（経度）、latitude（緯度）、housing_median_age（築年数の中央値）、total_rooms（部屋数）、total_bedrooms（寝室数）、population（人口）、households（世帯数）、median_income（収入の中央値）、median_house_value（住宅価格の中央値）、ocean_proximity（海からの近さ）の10個である（**図2-6**には、一部だけが表示されている）。

info()メソッドを使えば、データについての情報、特に総行数、各属性のタイプとnullではない値の数がわかるので便利である。

```
>>> housing.info()
<class 'pandas.core.frame.DataFrame'>
RangeIndex: 20640 entries, 0 to 20639
Data columns (total 10 columns):
 #   Column              Non-Null Count  Dtype
---  ------              --------------  -----
 0   longitude           20640 non-null  float64
 1   latitude            20640 non-null  float64
 2   housing_median_age  20640 non-null  float64
 3   total_rooms         20640 non-null  float64
 4   total_bedrooms      20433 non-null  float64
 5   population          20640 non-null  float64
 6   households          20640 non-null  float64
 7   median_income       20640 non-null  float64
 8   median_house_value  20640 non-null  float64
 9   ocean_proximity     20640 non-null  object
dtypes: float64(9), object(1)
memory usage: 1.6+ MB
```

本書では、この例のようにコード例にコードと出力の両方が含まれる場合には、読みやすくなるように、Pythonインタープリタと同様の書式で示す。コード行の先頭には>>>（インデントされている場合は...）を付けるが、出力にはそういったものを付けない。

データセットのインスタンス数は20,640で、機械学習の常識からするとかなり小さいが、最初に扱うものとしてはまったく問題ない。total_bedrooms属性には、nullではない値が20,433個しかないことに注意しよう。これは、この特徴量を持たない区域が207あるということである。このことにはあとで対処する。

ocean_proximityを除き、すべての属性のタイプは数値である。ocean_proximityのタイプはobjectで、objectはあらゆるタイプのPythonオブジェクトを格納できるが、このデータはCSVファイルからロードされていることがわかっているので、実際にはこのobjectはテキスト属性である。先頭5行の出力では、ocean_proximityは同じ値の繰り返しになっており、おそらくこの属性はカテゴリを示すものになっている。value_counts()メソッドを使えば、どのようなカテゴリがあってそれぞれのカテゴリに何個の区域が含まれるかを調べられる。

```
>>> housing["ocean_proximity"].value_counts()
<1H OCEAN     9136
INLAND        6551
```

```
NEAR OCEAN    2658
NEAR BAY      2290
ISLAND           5
Name: ocean_proximity, dtype: int64
```

ほかのフィールドも見てみよう。describe()メソッドを実行すると、数値属性の集計情報が表示される（**図2-7**）。

```
housing.describe()
```

	longitude	latitude	housing_median_age	total_rooms	total_bedrooms	median_house_value
count	20640.000000	20640.000000	20640.000000	20640.000000	20433.000000	20640.000000
mean	-119.569704	35.631861	28.639486	2635.763081	537.870553	206855.816909
std	2.003532	2.135952	12.585558	2181.615252	421.385070	115395.615874
min	-124.350000	32.540000	1.000000	2.000000	1.000000	14999.000000
25%	-121.800000	33.930000	18.000000	1447.750000	296.000000	119600.000000
50%	-118.490000	34.260000	29.000000	2127.000000	435.000000	179700.000000
75%	-118.010000	37.710000	37.000000	3148.000000	647.000000	264725.000000
max	-114.310000	41.950000	52.000000	39320.000000	6445.000000	500001.000000

図2-7　個々の数値属性の集計

count、mean（平均値）、min、maxの各行は、説明不要だろう。null値は無視されていることに注意してほしい（例えば、total_bedroomsのcountは20,640ではなく、20,433になっている）。std行は、**標準偏差**（standard deviation：値の散らばり具合）を示している[*1]。25%、50%、75%の各行は、対応する**パーセンタイル**（percentile）を示している。パーセンタイルというのは、観測値のグループのうち下から数えて指定された割合の観測値がどうなっているかを示す。例えば、下から数えて25 %の区域のhousing_median_ageは18年、50 %の区域では29年、75 %の区域では37年である。これらは、25パーセンタイル（または第1四分位数）、中央値、75パーセンタイル（または第3四分位数）と呼ばれることが多い。

個々の数値属性についてヒストグラムをプロットしてみるのも、扱っているデータの概要をつかむためには効果的である。ヒストグラムは、指定された値の範囲（横軸）に含まれるインスタンスの数（縦軸）を示す。1度に属性を1つずつプロットすることも、データセット全体に対してhist()メソッドを呼び出して（下のコード参照）数値属性ごとのヒストグラムをプロットすることもできる（**図2-8**）。

```
import matplotlib.pyplot as plt

housing.hist(bins=50, figsize=(12, 8))
plt.show()
```

＊1　標準偏差は一般にσ（ギリシャ文字シグマの小文字）で表され、**分散**（variance）の平方根である。分散は、平均からの偏差の二乗の平均である。特徴量がよくあるベル形の**正規分布**（normal distribution、**ガウス分布**：Gaussian distributionとも呼ばれる）を示す場合、68-95-99.7ルールが当てはまる。つまり、値の約68 %が平均値の1σ以内、値の95 %が2σ以内、値の99.7 %が3σ以内にあるということである。

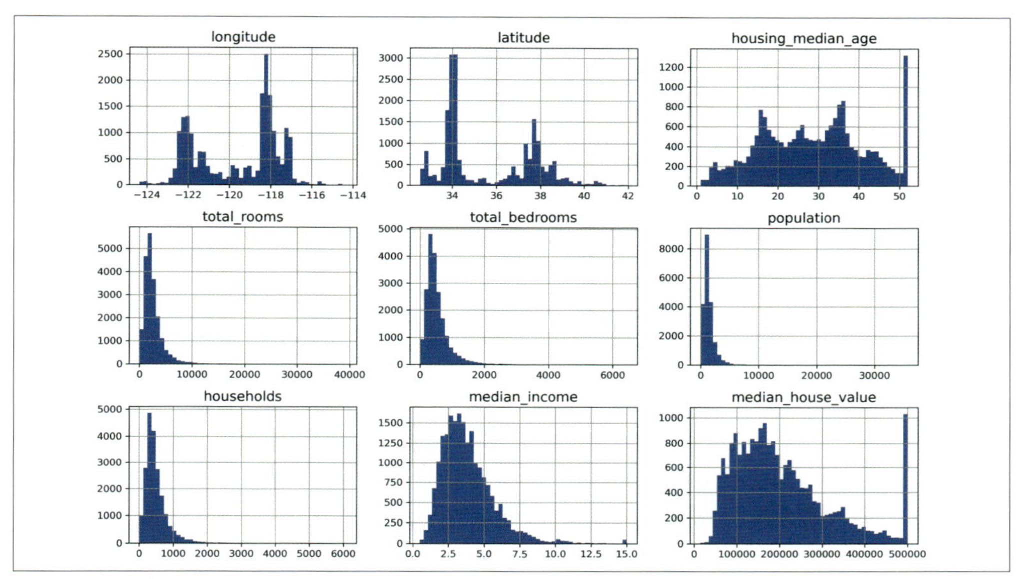

図2-8　個々の数値属性のヒストグラム

これらのヒストグラムから、気付くことがいくつかある。

- まず第1に、収入の中央値（median_income）は米ドルで表現されていないように見える。データを収集したチームと協力して確認すると、値をスケーリングした上で、上限を15（実際には15.0001）、下限は0.5（実際には0.4999）に切ってあるという。数値はおおよそ一万ドル単位になっている（例えば、3は実際には約30,000ドルを表す）。機械学習では、前処理済みの属性を使うのはごく普通のことであり、必ずしも問題ではないが、データがどのように計算されたかは理解しておくようにしたい。
- 築年数の中央値と住宅価格の中央値も上限を切ってある。後者はターゲット属性（ラベル）なので、特に重大な問題だ。価格がその限界を越えないことを機械学習アルゴリズムが学習してしまう恐れがある。これが問題かどうかはクライアントチーム（あなたのシステムの出力を使うチーム）と協力してチェックする必要がある。50万ドルを越えても正確な予測が必要だということであれば、選択肢は2つある。
  — ラベルが上限を越えている区域の正しいラベルを集める。
  — 学習セットからそれらの区域を取り除く（50万ドルを越える値を予測したときにシステムの評価が下がらないように、テストセットからも取り除く）。
- これらの属性は、スケールが大きく異なる。この問題については、この章のあとの方で特徴量のスケーリングを扱うときに説明する。
- 最後に、多くのヒストグラムが**右歪曲**（skewed right）になっている。つまり、中央値の左側よりも右側が大きく広がっている。このような形になっていると、一部の機械学習アルゴリズムはパターンを見つけにくくなることがある。そういった属性については、あとで対称的なベル形の分布に近づくように変換する。

これで、あなたが扱うデータがどのようなものかについてかなり理解が深まったはずだ。

ちょっと待った。データをもっと見る前に、テストセットを作ってその内容は見ないようにしなければならない。

2.3.7 テストセットを作る

この段階でデータの一部を自発的に取り分けて封印するのは奇妙に思われるかもしれない。データはまだざっと見てみただけであり、どのアルゴリズムを使うべきかを決める前にデータについてもっと多くのことを学んでおくべきではないのだろうか。確かにそうだが、人間の脳は恐るべきパターン検出能力システムであり、過学習の恐れがある。テストセットから、思いがけず面白そうなパターンが見つかり、そのために特定のタイプの機械学習モデルを選ぶように誘導されるかもしれない。そのようなテストセットを使って汎化誤差を推定すると、推定が楽観的になりすぎ、期待したほど性能を発揮できないシステムを本番稼働させることになってしまう。これを**データスヌーピングバイアス**（data snooping bias、データの盗み見によって入る偏見）と呼ぶ。

テストセットの作成は、理論的にはごく単純な話だ。ランダムに一部のインスタンス（一般的にはデータセットの20％だが、データセットが非常に大規模な場合はそれよりも少なくてよい）を取り出し、それを見ないように封印すればよい。

```
import numpy as np

def shuffle_and_split_data(data, test_ratio):
    shuffled_indices = np.random.permutation(len(data))
    test_set_size = int(len(data) * test_ratio)
    test_indices = shuffled_indices[:test_set_size]
    train_indices = shuffled_indices[test_set_size:]
    return data.iloc[train_indices], data.iloc[test_indices]
```

そして、この関数を次のようにして使う。

```
>>> train_set, test_set = shuffle_and_split_data(housing, 0.2)
>>> len(train_set)
16512
>>> len(test_set)
4128
```

これでテストセットを作れるが、完璧ではない。プログラムをもう1度実行すると、別のテストセットが作られてしまう。これを繰り返していると、あなた（またはあなたの機械学習アルゴリズム）はデータセット全体を見ることになる。これでは何のためにテストセットを作ったのかわからない。

この問題は、例えば最初のランで使ったテストセットを保存し、その後のランでもそれをロードすれば解決できる。あるいは、np.random.permutation()を呼び出す前に乱数生成器のシードを設定し（例えば、np.random.seed(42)）[*1]、いつも同じ結果が生成されるようにする方法もある。

しかし、これら2つの解決方法は、次に更新されたデータセットをフェッチした瞬間に破綻する。データセット更新後も安定的に学習／テストセットを分割するためによく使われているのは、各インスタンスの識別子を使ってインスタンスがテストセットに属するべきものかどうかを判断する方法で（インスタンスが一意で変更されない識別子を持っていることが前提となる）、例えば、各インスタンスの識別子のハッシュを計算し、ハッシュ値の最大値の20％以下のものをテストセットに入れる。こうすれば、データセットをリフレッシュしても、テストセットは複数回の実行を通じて一定に保たれる。新しいテストセットには、新しいインスタンスの20％が含まれるが、以前学習セットに含まれていたインスタンスは一切入り込まない。

実装例を次に示しておこう。

```
from zlib import crc32

def is_id_in_test_set(identifier, test_ratio):
    return crc32(np.int64(identifier)) < test_ratio * 2**32

def split_data_with_id_hash(data, test_ratio, id_column):
    ids = data[id_column]
    in_test_set = ids.apply(lambda id_: is_id_in_test_set(id_, test_ratio))
    return data.loc[~in_test_set], data.loc[in_test_set]
```

しかし、住宅価格データセットには、識別子の列がない。そのような場合、最も単純な方法は、行番号をIDにすることだ。

```
housing_with_id = housing.reset_index()  # index列を追加する
train_set, test_set = split_data_with_id_hash(housing_with_id, 0.2, "index")
```

行番号を一意な識別子として使う場合には、新データはデータセットの末尾に追加されるようにして、行が削除されないようにしなければならない。そのようなことはできない場合には、一意な識別子を作るための最も安定した方法を試してみるとよいだろう。例えば、区域の緯度と経度は数百万年は安定していることが保証されている。そこで、次のようにして2つの値を組み合わせればよい[*2]。

```
housing_with_id["id"] = housing["longitude"] * 1000 + housing["latitude"]
train_set, test_set = split_data_with_id_hash(housing_with_id, 0.2, "id")
```

scikit-learnには、さまざまな方法でデータセットを複数のサブセットに分割する関数がいくつか含まれている。最も単純なのは、先ほど定義したshuffle_and_split_data()とほぼ同じことを行う

＊1 人々が乱数のシードとして42を使うのをよく見かけるかもしれないが、この数字には「生命、宇宙、そして万物についての究極の問いに対する答え」以外に特別な性質はない（訳注：ダグラス・アダムスの『銀河ヒッチハイク・ガイド』で、「生命、宇宙、そして万物についての究極の問いに対する答え」を尋ねられたスーパーコンピュータが42と答えたという話がもとになっている）。

＊2 実際には、位置情報はかなり粒度が粗く、多くの区域がまったく同じIDを持ち、同じデータセット（テストまたは学習）に入ることになる。これは、不都合なサンプリングバイアスを生む場合がある。

が、2つの機能が追加されているtrain_test_split()である。追加機能の1つは、先ほどの説明のように乱数生成器のシードを設定するrandom_state引数、もう1つは複数のデータセットに同じ行番号を与え、同じインデックスでデータセットを分割する機能である（これは、ラベルのために別個のDataFrameがあるときなどに非常に役に立つ）。

```
from sklearn.model_selection import train_test_split

train_set, test_set = train_test_split(housing, test_size=0.2, random_state=42)
```

今まで説明してきたのは、純粋にランダムサンプリング（ランダム抽出）方法である。データセットが十分大規模ならそれでよいのだが（特に属性数との相対的な割合で）、そうでなければ、大きなサンプリングバイアスを持ち込む危険がある。例えば、調査会社の社員が1,000人の人に電話をかけて質問をするときには、電話帳でランダムに1,000人の人々を拾い出すわけではない。尋ねようとしている問いから見て、人口全体を代表するような1,000人になるように努力する。例えば、米国の人口は女性が51.1 %、男性が48.9 %なので、ていねいに実施されている調査では、サンプルでも同じ比率を守ろうとする。つまり、511人の女性と489人の男性に尋ねるのである（少なくとも、性別によって回答が異なる可能性があると考えられる場合には）。これは、**層別サンプリング**（stratified sampling、層化抽出法）と呼ばれている。人口全体を**層**（stratum）と呼ばれる同種の下位集団に分割し、各層から適切な数のインスタンスをサンプリング抽出し、テストセットが人口全体の代表になるようにするのである。純粋にランダムサンプリングを使うと、10.7 %の確率で、女性が48.5 %よりも少ないか、53.5 %よりも多い偏った検証セットをサンプリングしてしまう。どちらの場合でも、調査結果は大きくバイアスがかかったものになるだろう。

さて、専門家と話してみたところ、収入の中央値は、住宅価格の中央値を予測する上で非常に重要な属性だと言われたとする。テストセットは、データセット全体のさまざまな収入カテゴリを代表するものにしたいところだ。収入の中央値は連続的な数値属性なので、まず、収入カテゴリという属性を新たに作る必要がある。収入の中央値のヒストグラムをもっとよく見てみよう（**図2-8**に戻って）。（収入の中央値の大半は、1.5 ～ 6（つまり15,000 ～ 60,000万ドル）の周辺に集まっているが、一部の値は6を大きく越えている。データセットの各層に十分な数のインスタンスがあることが重要で、そうでなければ層を重視することがバイアスになってしまう。つまり、層の数が多くなりすぎないようにしなければならないし、各層は十分に大きくなければならない。次のコードはpd.cut()関数を使って5つのカテゴリ（1から5までのラベルを持つ）による収入カテゴリ属性を作る。カテゴリ1は0から1.5（つまり15,000ドル未満）、カテゴリ2は1.5から3、といった形である。

```
housing["income_cat"] = pd.cut(housing["median_income"],
                               bins=[0., 1.5, 3.0, 4.5, 6., np.inf],
                               labels=[1, 2, 3, 4, 5])
```

この収入カテゴリをヒストグラムで表すと、**図2-9**のようになる。

```
housing["income_cat"].value_counts().sort_index().plot.bar(rot=0, grid=True)
plt.xlabel("Income category")
plt.ylabel("Number of districts")
plt.show()
```

これで収入カテゴリに基づき、層別サンプリングをする準備が整った。scikit-learnのsklearn.model_selectionパッケージには、データセットを学習セットとテストセットに分割するさまざまな方法を実装する複数の分割クラスがある。個々の分割クラスには、同じデータを異なる学習/テストデータに分割するイテレータを返すsplit()メソッドがある。

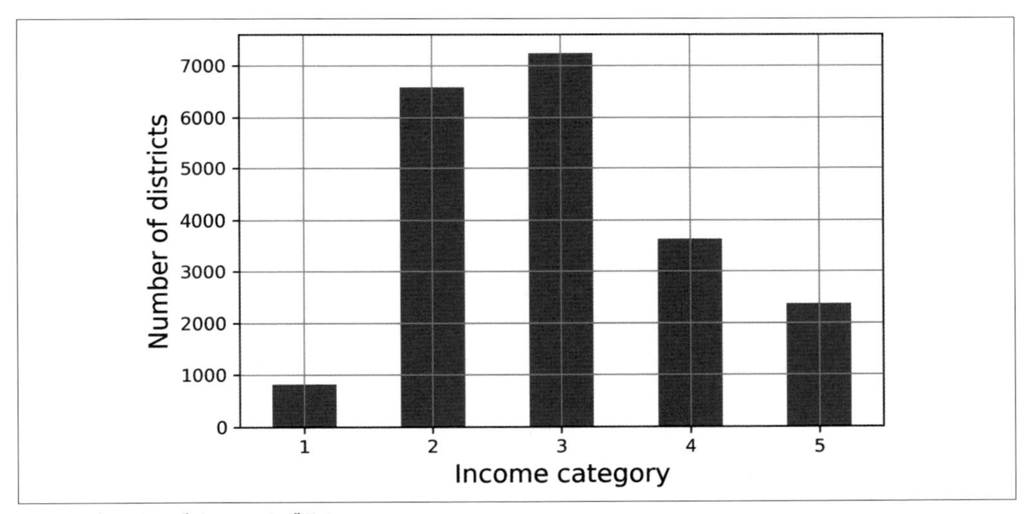

図2-9 収入カテゴリのヒストグラム

正確に言うと、split()メソッドは、データ自体ではなく学習データとテストデータの**インデックス**を生成する。この章でのあとの部分で交差検証を取り上げるときに説明するように、モデルの性能をより正確に推定したい場合には、複数の分割方法があると役に立つ。例えば、次のコードは、同じデータセットに対する10種類の異なる層化分割を生成する。

```
from sklearn.model_selection import StratifiedShuffleSplit

splitter = StratifiedShuffleSplit(n_splits=10, test_size=0.2, random_state=42)
strat_splits = []
for train_index, test_index in splitter.split(housing, housing["income_cat"]):
    strat_train_set_n = housing.iloc[train_index]
    strat_test_set_n = housing.iloc[test_index]
    strat_splits.append([strat_train_set_n, strat_test_set_n])
```

さしあたりは、第1の分割方法だけを使う。

```
strat_train_set, strat_test_set = strat_splits[0]
```

層別サンプリングはごく一般的になっているので、もっとてっとり早く分割方法を手に入れる方法もある。stratify引数を指定してtrain_test_split()関数を呼び出すというものだ。

```
strat_train_set, strat_test_set = train_test_split(
    housing, test_size=0.2, stratify=housing["income_cat"], random_state=42)
```

期待通りに機能しているかどうかを確かめてみよう。まず、テストセットの収入カテゴリごとの割合を見てみる。

```
>>> strat_test_set["income_cat"].value_counts() / len(strat_test_set)
3    0.350533
2    0.318798
4    0.176357
5    0.114341
1    0.039971
Name: income_cat, dtype: float64
```

同じようなコードを使ってデータセット全体の収入カテゴリの割合も調べられる。**図2-10**は、データセット全体、層別サンプリングを使って生成したテストセット、純粋なランダムサンプリングで生成したテストセットで、収入カテゴリごとの割合を比較したものである。このように、層別サンプリングで生成したテストセットの収入カテゴリごとの割合はデータセット全体の割合とほぼ同じだが、ランダムサンプリングで生成したテストセットではかなり歪みが出ている。

Income Category	Overall %	Stratified %	Random %	Strat. Error %	Rand. Error %
1	3.98	4.00	4.24	0.36	6.45
2	31.88	31.88	30.74	-0.02	-3.59
3	35.06	35.05	34.52	-0.01	-1.53
4	17.63	17.64	18.41	0.03	4.42
5	11.44	11.43	12.09	-0.08	5.63

図2-10 層別サンプリングとランダムサンプリングのサンプリングバイアスの比較

もうincome_cat列は使わないので取り除き、データをもとの状態に戻しておこう。

```
for set_ in (strat_train_set, strat_test_set):
    set_.drop("income_cat", axis=1, inplace=True)
```

テストセットの生成のためにかなりの時間を使ったが、それには十分な理由があった。これは無視されがちだが、機械学習プロジェクトのきわめて重要な部分である。さらに、この考え方の多くは、あとで交差検証を取り上げるときにも使われる。では、データの研究という次のステージに移ることにしよう。

2.4 データを探索、可視化して理解を深める

今までは、操作対象のデータがどのような種類のものかをざっくりと理解するためにデータをちらっと見ただけだった。ここでは、もう少し深くデータを理解することが目標になる。

まず、テストセットは封印して、学習セットだけを探るようにしなければならない。また、学習セットが非常に大きい場合には、研究フェーズで素早く簡単に操作できるように、研究セットを抽出すべきだ。この場合、学習セットはごく小規模なものなので、フルセットを直接操作してよい。学習セット全体のさまざまな変換を実験することになるので、オリジナルの学習セットのコピーを作り、実験後にもとに戻せるようにしておこう。

```
housing = strat_train_set.copy()
```

2.4.1 地理データを可視化する

このデータセットには地理情報（緯度と経度）が含まれているので、データを可視化するために、すべての区域の散布図を作ってみるとよい（図2-11）。

```
housing.plot(kind="scatter", x="longitude", y="latitude", grid=True)
plt.show()
```

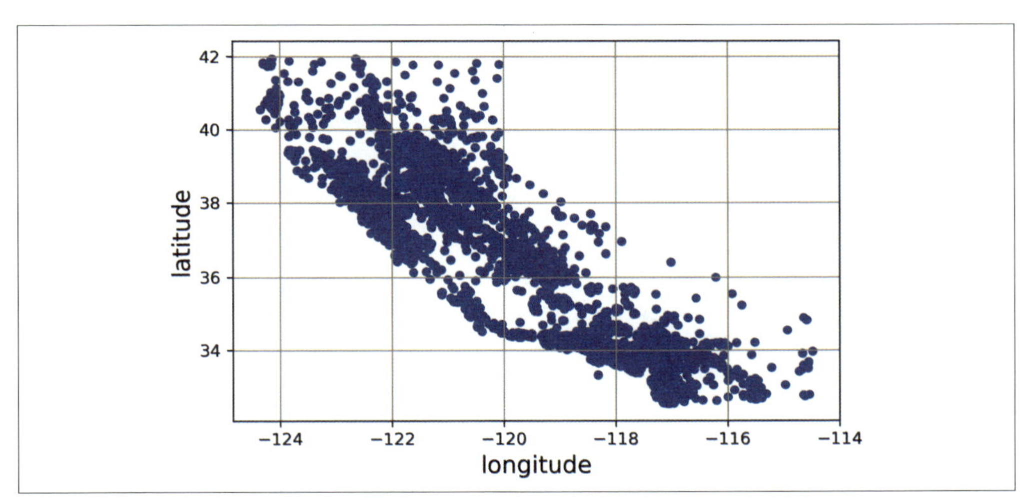

図2-11　データの地理情報の散布図

確かにカリフォルニアだということはわかるが、それ以外、特別なパターンを見つけるのは難しい。alphaオプションに0.2を設定すると、データポイントの密度が高い場所が可視化しやすくなる（図2-12）。

```
housing.plot(kind="scatter", x="longitude", y="latitude", grid=True, alpha=0.2)
plt.show()
```

これでだいぶよくなった。高密度の地域、すなわちベイエリアとロサンゼルス、サンディエゴ、セン

トラルバレー（特にサクラメントとフレズノ）がはっきりとわかる。

人間の脳は画像からパターンを見つけ出すことがとても得意だが、パターンが目立つようにするために可視化パラメータを操作しなければならない場合がある。

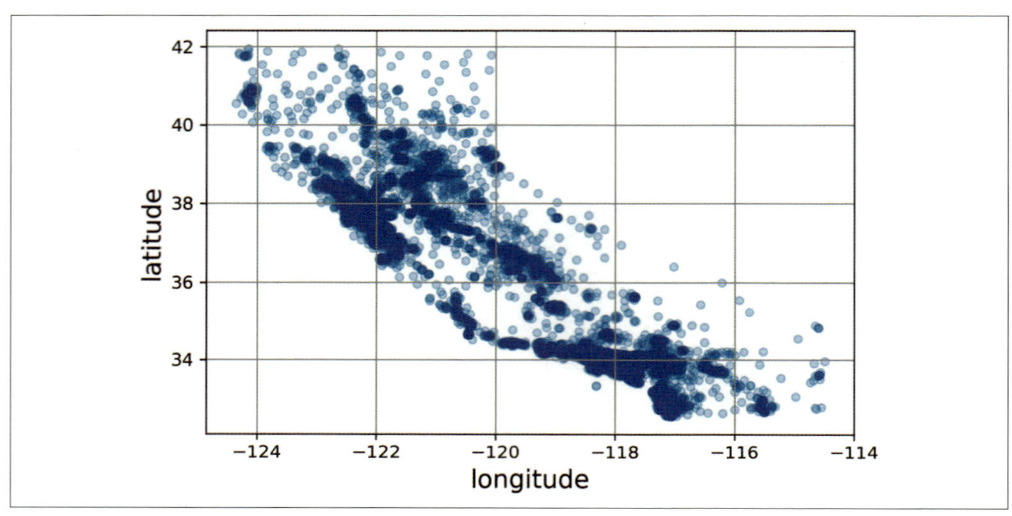

図2-12　高密度の地域を強調するよりよい可視化

次に住宅価格を加味してみよう（**図2-13**）。個々の円の半径は区域の人口を表し（`s`オプション）、色は価格を表す（`c`オプション）。青（低）から赤（高）へのグラデーションを使う`jet`という定義済みカラーマップ（`cmap`オプション）を使う*1。

```
housing.plot(kind="scatter", x="longitude", y="latitude", grid=True,
             s=housing["population"] / 100, label="population",
             c="median_house_value", cmap="jet", colorbar=True,
             legend=True, sharex=False, figsize=(10, 7))
plt.show()
```

この画像からは、住宅価格が位置（例えば、海の近く）、人口密度と密接な関係を持っていることがわかる（既にご存知だっただろうが）。おそらく、クラスタリングアルゴリズムを使って主要なクラスタを見つけ出し、クラスタの重心との距離を表す新しい特徴量を追加すると役に立つ。太平洋との距離の属性も役に立つかもしれない。ただし、北カリフォルニアでは、海岸沿いの住宅価格はそれほど高くないので、これは単純なルールではない。

＊1　グレースケールで本書を読んでいる場合には、ベイエリアからサンディエゴまでの海岸線の大部分を赤ペンで塗り、サクラメントのあたりに黄色い点を付けるとよい。

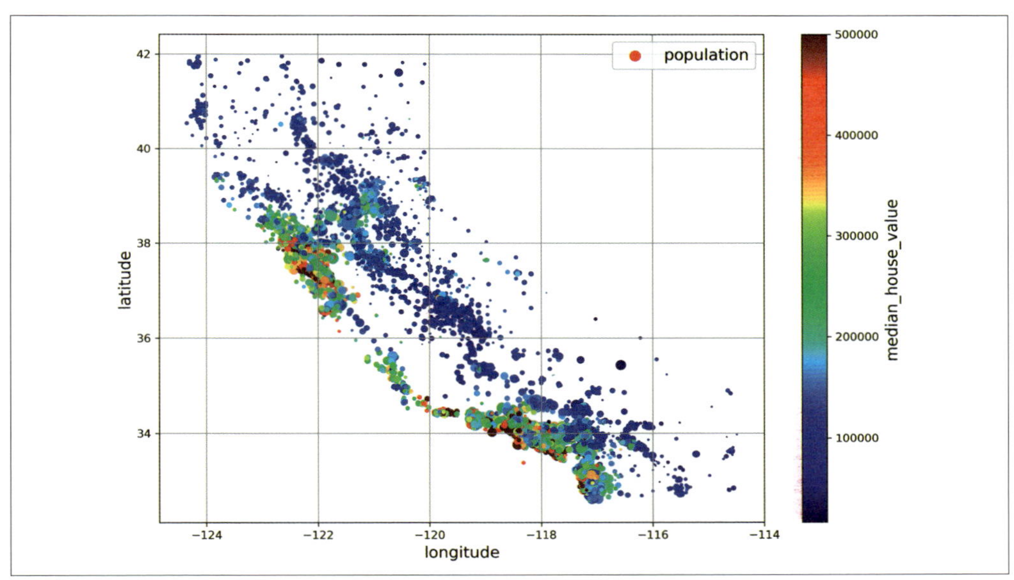

図2-13　カリフォルニアの住宅価格。赤は高価、青は安価を表す。円が大きいところは、人口が多い地域を表す。

2.4.2 相関を探す

データセットがそれほど大きくないので、corr()メソッドを使ってすべての属性のペアに関して**標準相関係数**（standard correlation coefficient、別名**ピアソンのr**：Peason's r）を計算するのは簡単だ。

```
corr_matrix = housing.corr()
```

では、個々の属性と住宅価格の中央値の間にどの程度の相関があるかを見てみよう。

```
>>> corr_matrix["median_house_value"].sort_values(ascending=False)
median_house_value     1.000000
median_income          0.688380
total_rooms            0.137455
housing_median_age     0.102175
households             0.071426
total_bedrooms         0.054635
population            -0.020153
longitude             -0.050859
latitude              -0.139584
Name: median_house_value, dtype: float64
```

相関係数は、−1から1までの範囲である。1に近ければ、強い正の相関があるという意味になる。例えば、収入の中央値が高くなると、住宅価格の中央値も高くなりやすい。それに対し、係数が−1に近くなると、強い負の相関がある。経度と住宅価格の中央値の間には弱い負の相関があることがわかる（つまり、北に向かうと、住宅価格はわずかに下がる傾向がある）。そして、係数が0に近いときには、線形相関はない。

属性間の相関は、Pandasのscatter_matrix関数でもチェックできる。この関数は、すべての数値属性とほかのすべての数値属性の間の関係を描き出す。数値属性は11個あるので、$11^2 = 121$種類のプロットが作られるが、それではページに収まりきらないので、住宅価格の中央値と最も相関が高いはずの一部の属性だけに注目することにしよう（**図2-14**）。

```
from pandas.plotting import scatter_matrix

attributes = ["median_house_value", "median_income", "total_rooms",
              "housing_median_age"]
scatter_matrix(housing[attributes], figsize=(12, 8))
plt.show()
```

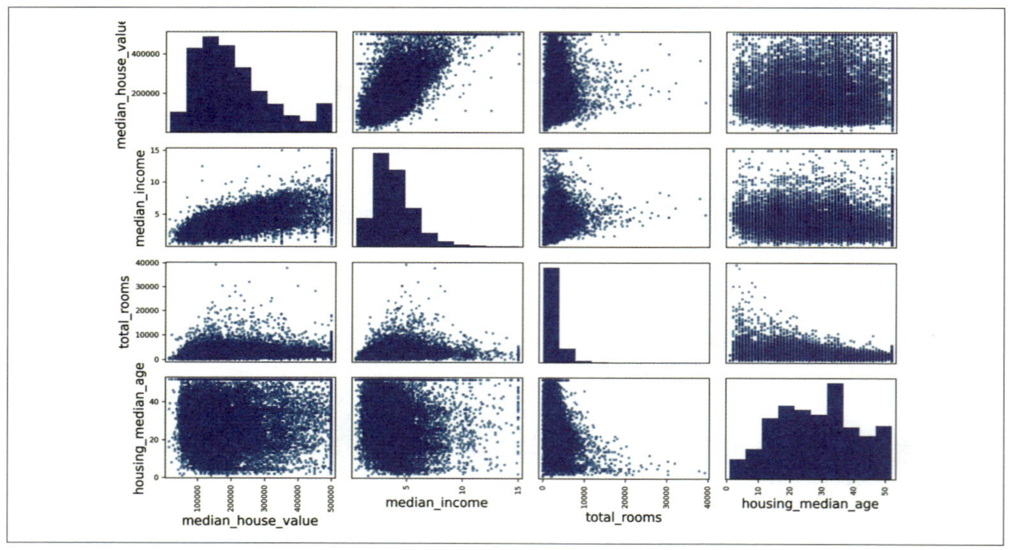

図2-14　この散布図行列は、すべての数値属性とほかのすべての数値属性との関係を描くとともに、主対角線（左上から右下までの対角線）に個々の数値属性のヒストグラムを描いている。

主対角線（左上から右下）は、同じ変数同士の相関を描いても直線が並ぶだけで意味がないので、Pandasは各属性のヒストグラムを表示している（ほかのオプションもある。詳しくは、Pandasのドキュメントを参照してほしい）。

相関散布図を見ると、住宅価格の中央値の予測で最も使えそうな値は収入の中央値のようだ。その散布図を大きく表示しよう（**図2-15**）

```
housing.plot(kind="scatter", x="median_income", y="median_house_value",
             alpha=0.1, grid=True)
plt.show()
```

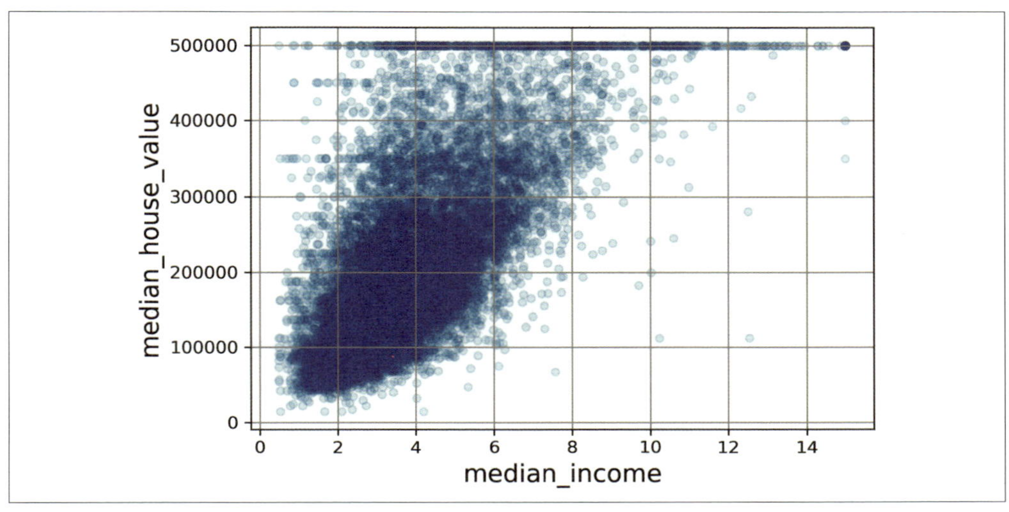

図2-15 収入の中央値と住宅価格の中央値の相関関係

このグラフからはいくつかのことがわかる。まず第1に、相関が本当に非常に強いことである。右上がりの傾向がはっきりと現れ、点はあまり散らばっていない。第2に、以前触れた価格の上限の設定が、50万ドル近辺の横線という形ではっきりと現れている。しかし、この図には、これよりも少し目立たない直線もある。45万ドル近辺の横線、35万ドル近辺の横線、そして28万ドル近辺にもおそらく横線があり、その下にも横線がある。アルゴリズムがこのようなデータの癖を再現しないように、対応する区域を学習セットから取り除くようにしたい。

相関係数は、線形相関（xが上がると、yも上がるか下がるかする）を表すだけである。非線形の関係（例えば、xが0に近づくと、yが一般に上がる）はまったく捕捉できない。**図2-16**は、横軸と縦軸の相関係数とともに、さまざまな相関関係を描いたグラフを示している。最下行では、横軸と縦軸の関係は明らかに独立では**ない**にもかかわらず、相関係数はどれも0になっていることに注意しよう。これらは非線形の関係の例である。また、第2行は、相関係数が1か−1に等しいときの例を示しているが、相関係数と直線の傾き具合には何の関係もない。インチ単位の身長とフィート単位やナノメートル単位の身長の相関係数は1である。

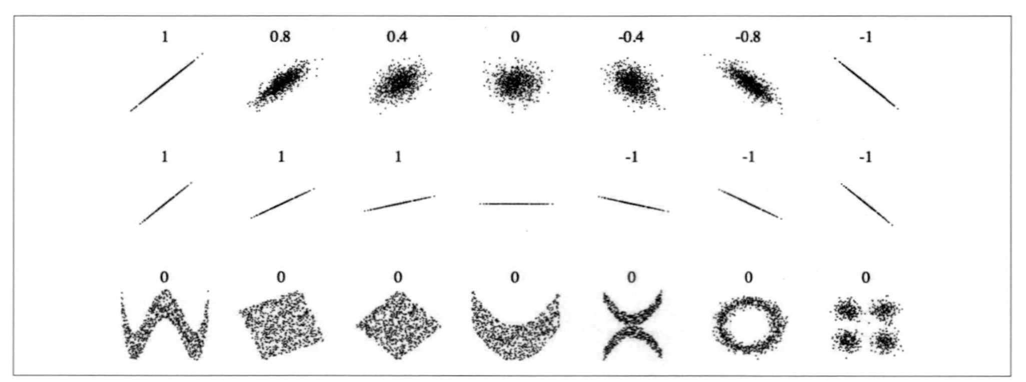

図2-16 さまざまなデータセットの標準相関係数（出典：Wikipediaパブリックドメイン画像）

2.4.3 属性の組み合わせを試してみる

前節では、データを探索して知見を得るための複数の方法のイメージがつかめたことだろう。また、機械学習アルゴリズムにデータを与える前にクリーンにしておきたいデータの癖も見つかった。そして、属性間、特にターゲット属性とその他の属性の間に面白い相関関係を見つけることができた。さらに、一部の属性には右歪曲分布があることもわかったので、そのような属性は変換したい（例えば、対数や平方根を計算して）。もちろん、プロジェクトによってどこまでわかるかは大きく異なるが、一般的な考え方はほぼ同じである。

機械学習アルゴリズムに渡せるようにデータを実際に準備する前に、最後にしておきたいことがもう1つある。さまざまな属性を結合してみることだ。例えば、区域の部屋数の合計がわかっても、区域の世帯数がいくつかがわからなければあまり意味はない。本当に知りたいのは、世帯当たりの部屋数である。同様に、寝室の総数もそれ自体では意味がない。部屋数と比較してみたいはずだ。そして、世帯当たりの人数も、面白そうな属性の組み合わせ方である。こういった新属性を作ってみよう。

```
housing["rooms_per_house"] = housing["total_rooms"] / housing["households"]
housing["bedrooms_ratio"] = housing["total_bedrooms"] / housing["total_rooms"]
housing["people_per_house"] = housing["population"] / housing["households"]
```

改めて相関行列を見ると、次のようになる。

```
>>> corr_matrix = housing.corr()
>>> corr_matrix["median_house_value"].sort_values(ascending=False)
median_house_value    1.000000
median_income         0.688380
rooms_per_house       0.143663
total_rooms           0.137455
housing_median_age    0.102175
households            0.071426
total_bedrooms        0.054635
population           -0.020153
people_per_house     -0.038224
```

```
longitude            -0.050859
latitude             -0.139584
bedrooms_ratio       -0.256397
Name: median_house_value, dtype: float64
```

けっこういい感じだ。新設のbedrooms_ratio属性の方が、部屋数や寝室数よりも住宅価格の中央値に対してはるかに高い相関関係を持っている。寝室数／部屋数の割合が低い家の方が値段が高くなる傾向があるのは明らかだ。また、世帯当たりの部屋数の方が、区域の部屋数の合計よりも意味のある情報になっている。当然ながら、家が大きければ大きいほど、値段も高くなるはずだ。

データ研究のこの部分は、徹底的なものである必要はない。ポイントは、よい出発点を見つけて、最初のプロトタイプとして十分によいものを手に入れるために役立つ知見を早く得ることだ。しかし、この部分は反復的なプロセスになる。プロトタイプを動かしてその出力を分析すると、さらに知見が得られ、そこからこの研究ステップに戻ってくることがある。

2.5 機械学習アルゴリズムのためにデータを準備する

では、機械学習アルゴリズムのためにデータを準備しよう。次のような理由から、手作業で準備をするのではなく準備作業をする関数を作りたいところだ。

- 関数を作れば、どのデータセットに対しても簡単にデータ変換を再現できる（例えば、次に新しいデータセットを得たとき）。
- 次第に将来のプロジェクトで再利用できるデータ変換関数のライブラリが整備されていく。
- 本番システムでこれらの関数を使えば、新しいデータをアルゴリズムに与える前に変換できる。
- さまざまなデータ変換方法を試し、どの組み合わせが最もうまく機能するかを簡単に試せるようになる。

しかし、まず最初にクリーンな学習セットに戻した上で（strat_train_setをコピーして）、予測子とラベルを分けておこう。必ずしも、予測子とターゲット値にまったく同じ変換をかけるわけではない（drop()はデータのコピーを作るので、strat_train_setに影響を与えないことに注意しよう）。

```
housing = strat_train_set.drop("median_house_value", axis=1)
housing_labels = strat_train_set["median_house_value"].copy()
```

2.5.1 データをクリーニングする

ほとんどの機械学習アルゴリズムは特徴量の欠損を処理できないので、対処が必要だ。例えば、先ほど気付いたように、total_bedrooms属性には欠損値がある。対処の方法は3つある。

1. 対応する区域を取り除く。
2. 属性全体を取り除く。
3. 何らかの値を設定する（0、平均値、中央値など）。これを**補完**（imputation）と呼ぶ。

Pandas DataFrameのdropna()、drop()、fillna()メソッドを使えば、これらは簡単に実現できる。

```
housing.dropna(subset=["total_bedrooms"], inplace=True)  # オプション1

housing.drop("total_bedrooms", axis=1)  # オプション2

median = housing["total_bedrooms"].median()  # オプション3
housing["total_bedrooms"].fillna(median, inplace=True)
```

最も破壊的ではないオプション3を選ぶことにする。しかし、上のコードではなく、scikit-learnのSimpleImputerという便利なクラスを使おう。こうすると、各特徴量の欠損値に中央値が格納される。学習セットだけではなく、検証セット、テストセット、その他モデルに与えられる新しいデータの欠損値も補完される。まず、各属性の欠損値をその属性の中央値に変えることを指定して、SimpleImputerインスタンスを作る。

```
from sklearn.impute import SimpleImputer

imputer = SimpleImputer(strategy="median")
```

中央値は数値属性でなければ計算できないので、数値属性だけのデータのコピーを作る必要がある（テキスト属性のocean_proximityを取り除くことになる）。

```
housing_num = housing.select_dtypes(include=[np.number])
```

fit()メソッドを使えば、学習データにimputerインスタンスを適合させられる。

```
imputer.fit(housing_num)
```

imputerは既に個々の属性の中央値を計算し、statistics_インスタンス変数に結果を格納している。欠損値があったのはtotal_bedroomsだけだったが、システムが本番稼働したあとでやってくる新しいデータにほかの欠損値が含まれていないという保証はないので、すべての数値属性にimputerを適用しておいた方が無難だ。

```
>>> imputer.statistics_
array([-118.51 , 34.26 , 29. , 2125. , 434. , 1167. , 408. , 3.5385])
>>> housing_num.median().values
array([-118.51 , 34.26 , 29. , 2125. , 434. , 1167. , 408. , 3.5385])
```

このように「学習した」imputerを使い、欠損値を学習した中央値に置き換えて学習セットを変換する。

```
X = imputer.transform(housing_num)
```

欠損値は、平均値（strategy="mean"）、最頻値（strategy="most_frequent"）、定数（strategy="constant", fill_value=...）にも置き換えられる。最後の2つは、非データもサポートする。

sklearn.imputeパッケージには、より強力な補完器が2つある(どちらも数値属性専用)。

- KNNImputerは、その特徴量のk近傍値の平均で欠損値を補完する。距離は、すべての利用できる特徴量に基づいて決める。
- IterativeImputerは、使えるほかのすべての特徴量に基づいて欠損値を予測する回帰モデルを特徴量ごとに学習する。さらに、更新後のデータに基づいてモデルを再学習する。これを何度か繰り返し、イテレーションごとにモデルと補完する値を向上させる。

scikit-learnの設計

sckikit-learnのAPIは、非常に見事に設計されている。その主要な設計原則(https://homl.info/11)は、次の通りである[*1]。

一貫性

すべてのオブジェクトが首尾一貫した単純なインターフェイスを持っている。

推定器

データセットに基づいてパラメータを推定できるオブジェクトは**推定器**(estimator)と呼ばれる(例えば、SimpleImputerは推定器である)。推定自体はfit()メソッドによって行われ、その引数は1個のデータセットだけである(教師あり学習アルゴリズムでは2個で、ラベルを格納する第2データセットが加わる)。推定プロセスを方向づけるその他のパラメータはハイパーパラメータと考えられ(SimpleImputerのstrategyなど)、インスタンス変数として設定する(一般に、コンストラクタへの引数として渡す)。

変換器

一部の推定器(SimpleImputerなど)は、データセットの書き換えもできる。このようなものを**変換器**(transformer)と呼ぶ。ここでもAPIはごく単純で、変換は、変換対象のデータセットを引数とするtransform()メソッドで行われる。戻り値は、変換後のデータセットである。この変換は、一般に学習から得られたパラメータを使って行われ、SimpleImputerもそうなっている。変換器には、fit()を呼び出してからtransform()を呼び出すのと同じ意味を持つfit_transform()という便利なメソッドもある(ただし、fit_transform()は最適化されていて、2つのメソッドを呼び出すよりもはるかに高速に実行される場合がある)。

予測器

最後に、一部の推定器は、データセットを与えられると、予測をすることができる。このようなものを**予測器**(predictor)と呼ぶ。例えば、前章で取り上げた1人当たりGDPから「生活満足度」を計算するLinearRegression(線形回帰)モデルは、予測器だ。予測器

*1　設計原則の詳細については、Lars Buitinck et al., "API Design for Machine Learning Software: Experiences from the Scikit-Learn Project," arXiv preprint arXiv:1309.0238 (2013)を参照してほしい。

には、新しいインスタンスを格納するデータセットを引数とし、対応する予測のデータセットを返すpredict()というメソッドがある。予測器には、テストセット（および、教師あり学習アルゴリズムの場合は対応するラベル）を引数として予測の品質を測定するscore()メソッドもある*1。

インスペクション

推定器のハイパーパラメータは、すべて公開インスタンス変数を通じて直接アクセスでき、推定器が学習したパラメータは、すべてアンダースコアをサフィックスとする公開インスタンス変数（例えば、imputer.statistics_）を介してアクセスできる。

クラスの増加の抑制

データセットは、自家製のクラスではなく、NumPy配列またはSciPy疎行列で表現される。ハイパーパラメータは、Pythonの通常の文字列または数値である。

合成

既存の部品はできる限り再利用できるようになっている。例えば、あとで説明するように、一連の任意の変換器のあとに最後に推定器が続くPipeline推定器を簡単に作れる。

妥当なデフォルト

scikit-learnは、ほとんどのパラメータに妥当なデフォルト値を提供しており、動作するベースラインシステムを素早く作れるようになっている。

scikit-learnの変換器は、入力としてPandas DataFrameが与えられた場合でも、NumPy配列を出力する（SciPyの疎行列を返すこともある）*2。そのため、imputer.transform(housing_num)の出力はNumPy配列になる。出力値Xは列名もインデックスも持たない。しかし、DataFrameでXをラップし、housing_numの列名とインデックスを復元するのは、それほど難しいことではない。

```
housing_tr = pd.DataFrame(X, columns=housing_num.columns,
                          index=housing_num.index)
```

2.5.2 テキスト/カテゴリ属性の処理

今までは数値属性だけを扱ってきたが、データにはテキスト属性も含まれている場合がある。このデータセットに含まれるテキスト属性はocean_proximityだけだが、先頭の10インスタンスのこの属性の値を見てみたい。

＊1 予測器の中には、予測に対する自信度を測定するメソッドを提供しているものもある。

＊2 訳注：ただし、2022年のscikit-learn 1.2以降は、次のようにすればPandas DataFrameを返せるようになった（Jupyterノートブック参照）。

```
from sklearn import set_config
set_config(transform_output="pandas")
```

```
>>> housing_cat = housing[["ocean_proximity"]]
>>> housing_cat.head(8)
      ocean_proximity
13096        NEAR BAY
14973       <1H OCEAN
3785           INLAND
14689          INLAND
20507      NEAR OCEAN
1286           INLAND
18078       <1H OCEAN
4396         NEAR BAY
```

テキストと言っても好き勝手に値が入るわけではない。取り得る値が少数に絞られており、それぞれの値がカテゴリを表している。そのため、この属性はカテゴリ属性だということができる。ほとんどの機械学習アルゴリズムは数値属性の方が操作しやすいので、テキストラベルを数値に変換しよう。変換には、scikit-learnのOrdinalEncoderクラスが使える。

```
from sklearn.preprocessing import OrdinalEncoder

ordinal_encoder = OrdinalEncoder()
housing_cat_encoded = ordinal_encoder.fit_transform(housing_cat)
```

housing_cat_encodedの最初のいくつかの値は次のようになる。

```
>>> housing_cat_encoded[:8]
array([[3.],
       [0.],
       [1.],
       [1.],
       [4.],
       [1.],
       [0.],
       [3.]])
```

categories_インスタンス変数を使えば、カテゴリのリストが得られる。カテゴリリストは、個々のカテゴリ属性が持つカテゴリの1次元配列のリストである（この場合、データセットに含まれているカテゴリ属性が1つだけなので、リストに含まれる配列は1つだけである）。

```
>>> ordinal_encoder.categories_
[array(['<1H OCEAN', 'INLAND', 'ISLAND', 'NEAR BAY', 'NEAR OCEAN'],
       dtype=object)]
```

この表現には、MLアルゴリズムが近接した値は離れた値よりも近いと勘違いするという問題がある。これでよい場合もあるが（例えば、bad（劣）、average（並）、good（優）、excellent（秀）のようにカテゴリに順序がある場合）、ocean_proximity列は明らかにそうではない（例えば、カテゴリ0とカテゴリ4

は、カテゴリ0とカテゴリ1よりも近い)。この問題を解決するための方法としてよく使われているのは、カテゴリごとに1個のバイナリ属性を作るというものだ。カテゴリが"<1H OCEAN"ならある属性を1にする(そうでなければ0にする)、カテゴリが"INLAND"なら別の属性を1にする(そうでなければ0にする)。1個の属性だけが1(ホット)になり、ほかの属性はすべて0(コールド)になるので、これを**ワンホットエンコーディング**(one-hot encoding)と呼ぶ。新しい属性は**ダミー**(dummy)属性と呼ばれることがある。scikit-learnは、整数のカテゴリ値をワンホットベクトルに変換するOneHotEncoderクラスを提供している。

```
from sklearn.preprocessing import OneHotEncoder

cat_encoder = OneHotEncoder()
housing_cat_1hot = cat_encoder.fit_transform(housing_cat)
```

デフォルトでは、OneHotEncoderの出力は、NumPy配列ではなく、SciPyの**疎行列**である。

```
>>> housing_cat_1hot
<16512x5 sparse matrix of type '<class 'numpy.float64'>'
 with 16512 stored elements in Compressed Sparse Row format>
```

疎行列は、大半の要素が0になっている行列を非常に効率よく表現する。格納しているのは0以外の値とその位置だけだ。カテゴリ属性が数百、数千のカテゴリを持っている場合、ワンホットエンコーディングを使うと、各行に1個の1がある以外0ばかりの非常に大きな行列になる。この場合、本当に必要なものは疎行列だ[*1]。

しかし、疎行列を密なNumPy配列に変換したい場合には、toarray()メソッドを呼び出せばよい。

```
>>> housing_cat_1hot.toarray()
array([[0., 0., 0., 1., 0.],
       [1., 0., 0., 0., 0.],
       [0., 1., 0., 0., 0.],
       ...,
       [0., 0., 0., 0., 1.],
       [1., 0., 0., 0., 0.],
       [0., 0., 0., 0., 1.]])
```

OneHotEncoderを作るときにsparse=Falseを指定することもできる。その場合、transform()メソッドは通常の(密の)NumPy配列を返す。

OrdinalEncoderのときと同じように、エンコーダのcategories_インスタンス変数を使えばカテゴリのリストが得られる。

```
>>> cat_encoder.categories_
[array(['<1H OCEAN', 'INLAND', 'ISLAND', 'NEAR BAY', 'NEAR OCEAN'],
       dtype=object)]
```

---

*1 詳しくはSciPyのドキュメントを参照。

Pandasも、カテゴリごとに1個の2値特徴量を持つワンホット表現にカテゴリ属性を変換するget_dummies()関数を持っている。

```
>>> df_test = pd.DataFrame({"ocean_proximity": ["INLAND", "NEAR BAY"]})
>>> pd.get_dummies(df_test)
   ocean_proximity_INLAND  ocean_proximity_NEAR BAY
0                       1                         0
1                       0                         1
```

単純でよさそうなのに、なぜOneHotEncoderではなくこちらを使わないのだろうか。OneHotEncoderには、学習対象のカテゴリを覚えているという長所がある。モデルを本番稼働したら、モデルには学習中とまったく同じ特徴量を与えなければならない。多くても少なくてもいけない。学習後のcat_encoderに同じdf_testを変換させたとき（fit_transform()ではなくtransform()を使う）にどうなるかを見てみよう。

```
>>> cat_encoder.transform(df_test)
array([[0., 1., 0., 0., 0.],
       [0., 0., 0., 1., 0.]])
```

違いがわかるだろうか。get_dummies()は2個のカテゴリしか見ていないので2個の列を出力するが、OneHotEncoderは学習したカテゴリごとに正しい順序で1個の列を出力する。しかも、get_dummies()に未知のカテゴリ（例えば、"<2H OCEAN"）を含むDataFrameを与えると、何も考えずにそのための列を生成してしまう。

```
>>> df_test_unknown = pd.DataFrame({"ocean_proximity": ["<2H OCEAN", "ISLAND"]})
>>> pd.get_dummies(df_test_unknown)
   ocean_proximity_<2H OCEAN  ocean_proximity_ISLAND
0                          1                       0
1                          0                       1
```

しかし、OneHotEncoderはもっと賢く、未知のカテゴリを検出すると例外を生成する。しかも、必要ならhandle_unknownハイパーパラメータをignoreにすると、未知のカテゴリを全部0という形で表現できる。

```
>>> cat_encoder.handle_unknown = "ignore"
>>> cat_encoder.transform(df_test_unknown)
array([[0., 0., 0., 0., 0.],
       [0., 0., 1., 0., 0.]])
```

カテゴリ属性に含まれるカテゴリが多数になる場合(国コード、職業、生物種など)、ワンホットエンコーディングを使うと入力特徴量が大量になり、学習に時間がかかるようになって性能が下がる場合がある。そのようなときには、入力のカテゴリを関連性のある数値特徴量に置き換えるとよい。例えば、`ocean_proximity`は、海からの距離に置き換えられる(同様に、国コードは、人口や1人当たりGDPに置き換えられる)。GitHub (https://github.com/scikit-learn-contrib/category_encoders)にある`category_encoders`に含まれるエンコーダの中のどれかを使う方法もある。ニューラルネットワークを使う場合には、個々のカテゴリを**埋め込み** (embedding) という学習可能な低次元ベクトルに置き換えてもよい。これは**表現学習** (representation learning) の例である(詳しくは13章と17章を参照のこと)。

DataFrameを使ってscikit-learnの推定器を適合させる場合、推定器は`feature_names_in_`属性に列名を格納する。すると、scikit-learnはその後にこの推定器に与えられたDataFrame (例えば、`transform()`や`predict()`に渡されるもの) が同じ列名を持つようにする。変換器も、その出力からDataFrameを作るときに使える`get_feature_names_out()`メソッドを提供している。

```
>>> cat_encoder.feature_names_in_
array(['ocean_proximity'], dtype=object)
>>> cat_encoder.get_feature_names_out()
array(['ocean_proximity_<1H OCEAN', 'ocean_proximity_INLAND',
       'ocean_proximity_ISLAND', 'ocean_proximity_NEAR BAY',
       'ocean_proximity_NEAR OCEAN'], dtype=object)
>>> df_output = pd.DataFrame(cat_encoder.transform(df_test_unknown),
...                          columns=cat_encoder.get_feature_names_out(),
...                          index=df_test_unknown.index)
...
```

2.5.3 特徴量のスケーリングと変換

データに対して実行しなければならない変換の中でも特に重要なものの1つが**特徴量のスケーリング** (feature scaling) である。機械学習アルゴリズムは、ほぼ例外なく、入力の数値属性のスケールが大きく異なると性能を発揮できない。住宅価格データもその例外ではない。総部屋数は6から39,320までの大きな範囲になっているのに、収入の中央値は0から15までの範囲である。スケーリングをしなければ、ほとんどのモデルは収入の中央値を無視し、総部屋数の多少に敏感な方向にバイアスがかかるだろう。

すべての属性のスケールを統一するためによく使われている方法としては、**最小最大スケーリング** (min-max scaling) と**標準化** (standardization) の2つがある。

推定器の常として、スケーラの適合には学習データだけを使うことが大切だ。学習データ以外のものに`fit()`や`fit_transform()`を使ってはならない。学習したスケーラが得られたら、初めて検証セット、テストセット、新データなどのほかのデータセットにも`transform()`を使えるようになる。学習セットの値は必ず指定された範囲内に収まるが、新データに外れ値があれば、それは範囲を超える場合がある。これを避けたければ、ハイパーパラメータの`clip`を`True`にすればよい。

最も単純な方法は最小最大スケーリング（**正規化**：normalizationと呼ばれることも多い）で、0から1までに収まるように値をスケーリングし直すだけである。値から最小値を引き、最大値と最小値の差で割ればよい。scikit-learnは、この目的のためにMinMaxScalerという変換器を提供している。また、何らかの理由で範囲を0から1までにしたくないときに範囲を変えられるfeature_rangeハイパーパラメータもある（例えば、ニューラルネットワークは、平均が0の入力で最もうまく機能する。そのため、範囲は−1から1にするとよい）。使い方は簡単だ。

```
from sklearn.preprocessing import MinMaxScaler

min_max_scaler = MinMaxScaler(feature_range=(-1, 1))
housing_num_min_max_scaled = min_max_scaler.fit_transform(housing_num)
```

標準化はこれとは大きく異なる。まず、値から平均値を引き（そのため、標準化された値の平均は必ず0になる）、その値を標準偏差で割る（そのため、標準化された値の標準偏差は1になる）。最小最大スケーリングとは異なり、標準化は特定の範囲に値を制限しないが、標準化の方が外れ値の影響はずっと小さい。例えば、ある区域の収入の中央値が通常の0から15ではなく100だとする（何かの間違いにより）。この場合、最小最大スケーリングでは、0から15までの範囲のほかの値は0から0.15までの範囲に押し込まれてしまうが、標準化ならそのような大きな影響は出ない。scikit-learnは、標準化のためにStandardScalerという変換器を用意している。

```
from sklearn.preprocessing import StandardScaler

std_scaler = StandardScaler()
housing_num_std_scaled = std_scaler.fit_transform(housing_num)
```

最初に密行列に変換せずに疎行列をスケーリングしたい場合には、with_meanをFalseにしてStandardScalerを使えばよい。こうすると、データは標準偏差で割られるだけになり、平均値を引かなくなる（減算すると、疎行列ではなくなってしまう）。

特徴量の分布の**裾が重い**（heavy tail）場合（つまり、平均からかけ離れた値が指数的に少なくない）、最小最大スケーリングでも標準化でも、大半の値が狭い範囲に押し込められてしまう。4章で説明するように、機械学習モデルは一般にこのようなデータが苦手だ。そこで、特徴量をスケーリングする**前**に、重い裾を縮小し、可能なら分布が対称的になるようにすべきだ。例えば、右に重い裾がある正の特徴量では、一般にそのために特徴量を平方根に置き換える（または特徴量を0から1までのべき指数でべき乗した値に置き換える）。**べき分布**（power law distribution）のように特徴量に長く重い裾がある場合には、特徴量をその対数に置き換えるとよいかもしれない。例えば、population（人口）という特徴量は、おおよそべき分布に従う。10,000人の住人がいる区域は、1,000人の住人がいる区域の1/10ほどの数しかない。指数関数的に少ないわけではない。**図2-17**は、特徴量の対数を使うといかに分布の形がよくなるかを示している。正規分布（つまりベル形）に近くなるのだ。

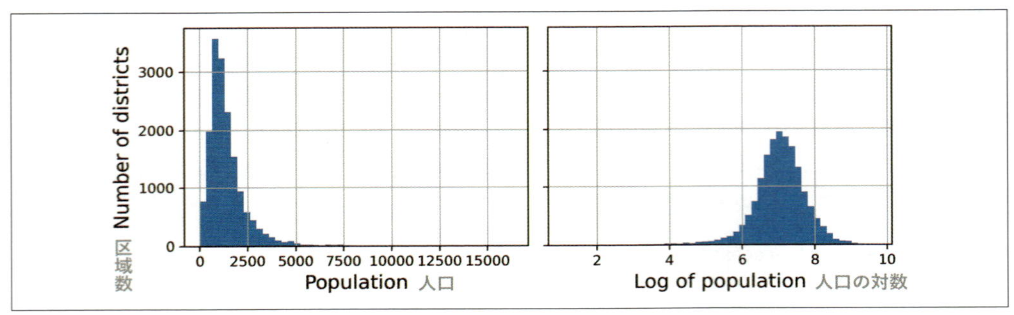

図2-17　正規分布に近くなるような特徴量の変換方法

裾が重い特徴量の処理方法としては、特徴量の**バケット化**（bucketizing）もある。分布をほぼ同サイズのバケットに分割し、特徴量の値をバケットのインデックスに置き換えるのである。これは、収入のカテゴリ特徴量を作ったときにしたのとよく似ている（あのときは層別サンプリングのためにしただけだが）。例えば、特徴量をパーセンタイルに置き換える方法が考えられる。ほぼ同じサイズでバケット化すると、ほぼ一様分散の特徴量が得られる。そのため、それ以上のスケーリングは不要になる。値を0から1までの範囲にするためにバケット数で割ってもよい。

housing_median_age（築年数の中央値）特徴量のように、特徴量が多峰分布（つまり、**モード**：modeと呼ばれる明らかなピークが複数ある分布）を示す場合も、バケット化は役に立つが、この場合はバケットIDを数値ではなくカテゴリとして扱う。つまり、例えばOneHotEncoderを使ってバケットインデックスを符号化しなければならない（そのため、バケット数があまり多くならないようにしたい）。こうすると、回帰モデルは特徴量の異なる範囲に対して異なるルールを学びやすくなる。例えば、築35年の家は、時代遅れのスタイルで作られているために、築年数だけで考えられる以上に安くなっているだろう。

多峰分布を示す特徴量の変換方法としては、個々のモードのための特徴量を追加するというものもある。それによって、築年数の中央値と特定のモードの類似度を表すのである。一般に、類似度は**放射基底関数**（radial basis function、RBF）を使って計算される。放射基底関数とは、入力値とある特定の点との距離だけで値が決まる関数のことだ。最もよく使われる放射基底関数は、入力値が固定点から離れていくと出力値が指数的に減衰するガウスRBFである。例えば、住宅の築年数xと35の間のガウスRBFによる類似度は、$\exp(-\gamma(x-35)^2)$で得られる。xが35を離れていくに従って類似度の数値がどの程度早く減衰するかは、ハイパーパラメータのγ（ガンマ）によって決まる。scikit-learnのrbf_kernel()関数を使えば、築年数の中央値と35の類似度を計測する新しいガウスRBF特徴量を作れる。

```
from sklearn.metrics.pairwise import rbf_kernel

age_simil_35 = rbf_kernel(housing[["housing_median_age"]], [[35]], gamma=0.1)
```

図2-18は、この新しい特徴量を築年数の中央値（実線）の関数として示したものである。gammaを小さくしたときに特徴量がどうなるかも示している。図からもわかるように、新しい築年数類似特徴量は、築年数の中央値分布のモードになっている35がピークになっている。この築年数が低価格と高い

相関を示すなら、この新特徴量が役に立つ可能性は高い。

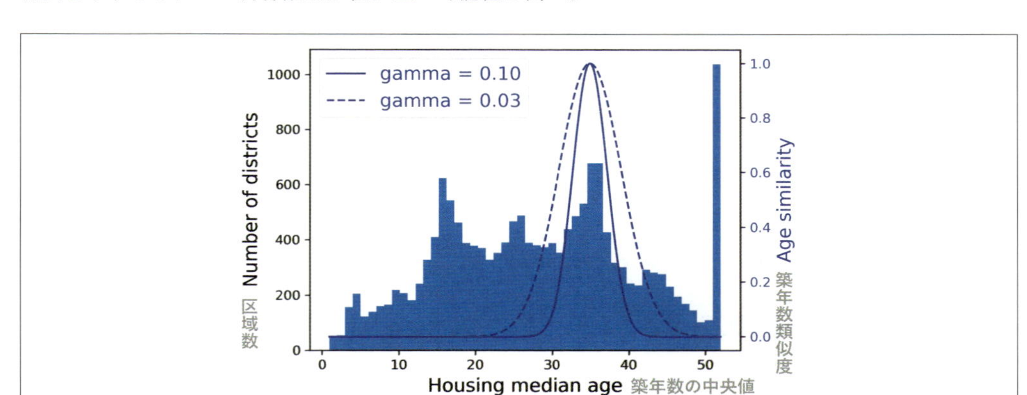

図2-18 築年数の中央値と35の類似度を表すガウスRBF特徴量

今までは入力特徴量だけを見てきたが、ターゲット値の変換が必要な場合もある。例えば、ターゲット値の分布の裾が重い場合には、ターゲット値を対数に置き換える場合があるかもしれない。しかし、その場合、回帰モデルは築年数値自体ではなく、その**対数**を予測することになる。予測された築年数値が必要なら、モデルの予測値をべき指数とする指数計算が必要になる。

ありがたいことに、scikit-learnのほとんどの変換器には、変換の逆元の計算を簡単にしてくれる`inverse_transform()`メソッドがある。例えば、次のコード例は、`StandardScaler`を使ってラベルをスケーリングし(入力値に対して行ったのと同じように)、スケーリング後のラベルをターゲットとして単純な線形回帰モデルを学習して、学習したスケーラの`inverse_transform()`メソッドを使って予測値をもとのスケールに戻す方法を示している。`StandardScaler`は2次元の入力を取るため、ラベルをPandasのSeriesからDataFrameに変換していることに注意しよう。また、この例では、コードを単純にするために未加工の1個の入力特徴量(`median_income`)だけでモデルを学習している。

```
from sklearn.linear_model import LinearRegression

target_scaler = StandardScaler()
scaled_labels = target_scaler.fit_transform(housing_labels.to_frame())

model = LinearRegression()
model.fit(housing[["median_income"]], scaled_labels)
some_new_data = housing[["median_income"]].iloc[:5]  # 新データのふりをする

scaled_predictions = model.predict(some_new_data)
predictions = target_scaler.inverse_transform(scaled_predictions)
```

これでうまくいくが、`TransformedTargetRegressor`を使った方が簡単だ。単純に回帰モデルとラベル変換器を与えて`TransformedTargetRegressor`を作り、もとのスケーリングされていないラベルを使って学習セットに適合させるだけでよい。`TransformedTargetRegressor`は自動的に変換器を使ってラベルをスケーリングし、得られたラベルをターゲットとして回帰モデルを学習する。私たちが先ほどしたのと同じだ。予測をしたいときには、回帰モデルのpredict()メソッドを呼び出し、スケーラのinverse_transform()メソッドで予測値を手に入れればよい。

```
from sklearn.compose import TransformedTargetRegressor

model = TransformedTargetRegressor(LinearRegression(),
                                   transformer=StandardScaler())
model.fit(housing[["median_income"]], housing_labels)
predictions = model.predict(some_new_data)
```

2.5.4 カスタム変換器

scikit-learnには多数の役に立つ変換器があるが、カスタム変換、クリーンアップ処理、特定の属性の結合などのためには独自の変換器を書かなければならない。

変換のために学習は不要なので、入力としてNumPy配列を取り、変換後の配列を出力する関数を書けばよいだけのことだ。例えば、前節で説明したように、裾の重い分布を示している特徴量は、対数に置き換えることは良いアプローチとなることが多い（ただし特徴量が正数で右裾が長いことを前提とする）。それでは、対数変換器を作り、populationを変換してみよう。

```
from sklearn.preprocessing import FunctionTransformer

log_transformer = FunctionTransformer(np.log, inverse_func=np.exp)
log_pop = log_transformer.transform(housing[["population"]])
```

inverse_func引数はオプションだ。例えば、変換器をTransformedTargetRegressorで使いたいときに、逆関数を指定するために役に立つ。

変換関数は、オプションでハイパーパラメータを指定できる。例えば、先ほど示したのと同じガウスRBFによる類似度を計算する変換器は次のようにして作れる。

```
rbf_transformer = FunctionTransformer(rbf_kernel,
                                      kw_args=dict(Y=[[35.]], gamma=0.1))
age_simil_35 = rbf_transformer.transform(housing[["housing_median_age"]])
```

固定点から同じ距離の点は必ず2つあるので（距離0の場合を除く）、RBFカーネルには逆関数はないことに注意しよう。また、rbf_kernel()は特徴量を別々に扱うわけではない。2個の特徴量を持つ配列を渡すと、類似度の計算のために2次元距離（ユークリッド距離）を計算する。例えば、個々の区域とサンフランシスコの距離を表す特徴量は次のようにして計算できる。

```
sf_coords = 37.7749, -122.41
sf_transformer = FunctionTransformer(rbf_kernel,
                                     kw_args=dict(Y=[sf_coords], gamma=0.1))
sf_simil = sf_transformer.transform(housing[["latitude", "longitude"]])
```

カスタム変換器は、特徴量の結合にも使える。例えば、次に示すのは、入力特徴量0と1の割合を計算するFunctionTransformerである。

```
>>> ratio_transformer = FunctionTransformer(lambda X: X[:, [0]] / X[:, [1]])
>>> ratio_transformer.transform(np.array([[1., 2.], [3., 4.]]))
array([[0.5 ],
       [0.75]])
```

FunctionTransformerはとても便利だが、変換器を学習可能なものにしたいときにはどうすればよいのだろうか。つまり、fit()メソッドで何らかのパラメータを学習し、あとでそれをtransform()メソッドで使えるようにしたいということだ。そのためには、カスタムクラスを書く必要がある。scikit-learnはダックタイピングを前提としているので、特定の基底クラスを継承する必要はない。必要なのは、fit()(selfを返さなければならない)、transform()、fit_transform()の3つのメソッドだけだ。

fit_transform()は、基底クラスにTransformerMixinを追加するだけでただでついてくる。デフォルト実装は、fit()を呼び出してからtransform()を呼び出すだけのものだ。基底クラスにBaseEstimatorも追加すると(そして、コンストラクタで*argsと**kwargsを使わないようにすると)、get_params()、set_params()の2メソッドも手に入る。これらは自動的なハイパーパラメータの調整に役立つ。

例えば、次のようにすると、StandardScalerとよく似た動作をするカスタム変換器が得られる。

```
from sklearn.base import BaseEstimator, TransformerMixin
from sklearn.utils.validation import check_array, check_is_fitted

class StandardScalerClone(BaseEstimator, TransformerMixin):
    def __init__(self, with_mean=True):  # *args、**kwargsなし
        self.with_mean = with_mean

    def fit(self, X, y=None):  # yはコード内で使っていないが必要
        X = check_array(X)  # Xが有限個の浮動小数点値による配列であることを確認
        self.mean_ = X.mean(axis=0)
        self.scale_ = X.std(axis=0)
        self.n_features_in_ = X.shape[1]  # すべての推定器がfit()でこれを格納
        return self  # 必ずselfを返す

    def transform(self, X):
        check_is_fitted(self)  # 学習した属性を探す(末尾の_で)
        X = check_array(X)
        assert self.n_features_in_ == X.shape[1]
        if self.with_mean:
            X = X - self.mean_
        return X / self.scale_
```

注意すべき点を挙げておこう。

- sklearn.utils.validation パッケージには、入力のチェックのために使える関数が含まれている。本書のその他のコードでは、単純に保つためにこのチェックを省略するが、本番システムのコードには必ずこのチェックがなければならない。
- scikit-learn パイプラインでは、fit() メソッドは X と y の 2 つの引数を取らなければならない。ここでは y を使っていないが、y=None という引数が必要なのはそのためである。
- すべての scikit-learn 推定器は、fit() メソッドで n_features_in_ を設定し、transform() や predict() に渡されるデータがこの数の特徴量を持つことをチェックする。
- fit() メソッドは self を返さなければならない。
- この実装は 100 % 完全なものではない。すべての推定器は、DataFrame を渡されたときに fit() メソッドで feature_names_in_ を設定する。また、すべての変換器は get_feature_names_out() メソッドを提供しなければならないし、逆変換が可能な場合には inverse_transform() メソッドを提供しなければならない。詳細は、章末の最後の演習問題を参照のこと。

カスタム変換器は、実装の中でほかの推定器を使えるし、実際に使うことが多い。例えば、次のコードは、fit() メソッドで学習データ内の主要なクラスタを見つけるためにクラスタ分析クラスの KMeans を使い、さらに transform() メソッドで個々のサンプルがクラスタの重心にどれだけ近いかを計測するために rbf_kernel() を使っている。

```
from sklearn.cluster import KMeans

class ClusterSimilarity(BaseEstimator, TransformerMixin):
    def __init__(self, n_clusters=10, gamma=1.0, random_state=None):
        self.n_clusters = n_clusters
        self.gamma = gamma
        self.random_state = random_state

    def fit(self, X, y=None, sample_weight=None):
        self.kmeans_ = KMeans(self.n_clusters, random_state=self.random_state)
        self.kmeans_.fit(X, sample_weight=sample_weight)
        return self  # 必ずselfを返す

    def transform(self, X):
        return rbf_kernel(X, self.kmeans_.cluster_centers_, gamma=self.gamma)

    def get_feature_names_out(self, names=None):
        return [f"Cluster {i} similarity" for i in range(self.n_clusters)]
```

カスタム推定器がscikit-learnのAPIに従っているかどうかは、sklearn.utils.estimator_checksパッケージのcheck_estimator()にインスタンスを渡せばチェックできる。API全体については、https://scikit-learn.org/stable/developersを参照のこと。

9章で説明するように、k平均法はデータの中のクラスタを探すクラスタリングアルゴリズムである。何個のクラスタを探すかは、n_clustersハイパーパラメータで設定する。学習後、cluster_centers_属性を見れば、クラスタの重心の配列が得られる。KMeansのfit()メソッドは、サンプルの相対的な重みを指定するためのオプション引数sample_weightをサポートしている。k平均法は確率的アルゴリズムであり、ランダム性を使ってクラスタを見つけ出す。そのため、再現可能な結果を手に入れたい場合には、random_state引数を設定する。このように、タスクが複雑なのに対し、コードはかなりすっきりしている。それでは、このカスタム変換器を使ってみよう。

```
cluster_simil = ClusterSimilarity(n_clusters=10, gamma=1., random_state=42)
similarities = cluster_simil.fit_transform(housing[["latitude", "longitude"]],
                                           sample_weight=housing_labels)
```

このコードは、クラスタ数を10に設定してClusterSimilarity変換器を作る。次に、学習セットに含まれる各区域の緯度、経度を引数とし、住宅価格の中央値を重みとしてfit_transform()を呼び出す。変換器はk平均法を使ってクラスタを探し、各区域と10個の重心のガウスRBFによる類似度を計算する。結果は、各行が区域、各列がクラスタを表す行列になる。この行列の先頭3行を見てみよう。数値は小数点第2位までに丸められている。

```
>>> similarities[:3].round(2)
array([[0.  , 0.14, 0.  , 0.  , 0.  , 0.08, 0.  , 0.99, 0.  , 0.6 ],
       [0.63, 0.  , 0.99, 0.  , 0.  , 0.  , 0.04, 0.  , 0.11, 0.  ],
       [0.  , 0.29, 0.  , 0.  , 0.01, 0.44, 0.  , 0.7 , 0.  , 0.3 ]])
```

図2-19は、k平均法で見つかった10個のクラスタの重心を示している。区域は、最も近いクラスタ重心との類似度に従って色分けされている。ここからもわかるように、ほとんどのクラスタは、人口密集地で土地の価格が高い地域にある。

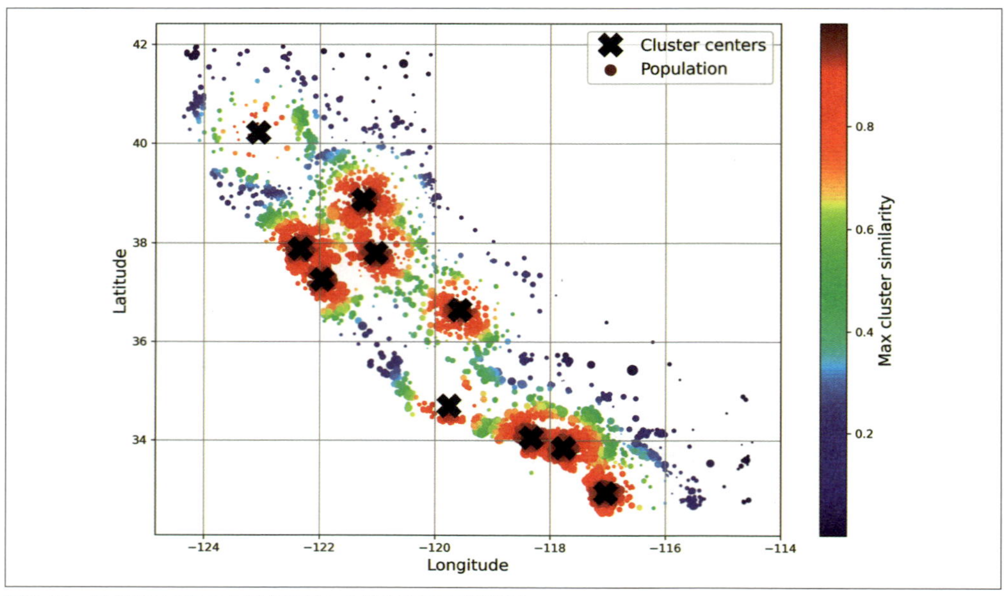

図2-19 最も近いクラスタ重心に対するガウスRBF類似度

2.5.5 変換パイプライン

今までの説明からもわかるように、データ変換のステップはいくつもあり、それを正しい順序で実行しなければならない。ありがたいことに、scikit-learnには、そのような変換シーケンスを実行しやすくするPipelineクラスがある。次に示すのは、数値属性のための小さなパイプラインである。まず、欠損値を補完してから、入力特徴量をスケーリングする。

```
from sklearn.pipeline import Pipeline

num_pipeline = Pipeline([
    ("impute", SimpleImputer(strategy="median")),
    ("standardize", StandardScaler()),
])
```

Pipelineのコンストラクタは、引数として、変換ステップのシーケンスを定義する名前/推定器（要素が2個のタプル）のペアのリストを取る。名前は何でも好きなもの（ダブルアンダースコア、すなわち「__」を含まない限り）でよい。名前はあとでハイパーパラメータの調整を取り上げるときに役に立つ。推定器は、最後のもの以外は変換器でなければならない（つまり、fit_transform()メソッドを持たなければならない）。最後の推定器は、変換器、予測器など、あらゆるタイプのものでよい。

Jupyterノートブックでimport sklearnしてからsklearn.set_config(display="diagram")を実行すると、scikit-learn推定器は対話的に操作できる図として表示される。パイプラインが可視化されてとても便利だ。num_pipelineを可視化するには、num_pipelineと入力したセルを最後の行として実行しよう。推定器をクリックすると、詳細が表示される。

変換器に名前を付けたくない場合には、make_pipeline()を使えばよい。make_pipeline()は位置引数として変換器を受け取り、変換器のクラス名を小文字にしてアンダースコアを取り除いたもの（例えば、"simpleimputer"）を名前として使ってPipelineを作る。

```
from sklearn.pipeline import make_pipeline

num_pipeline = make_pipeline(SimpleImputer(strategy="median"), StandardScaler())
```

複数の変換器が同じ名前を持つときには、名前にインデックスが追加される（例えば、"foo-1"、"foo-2"）。

パイプラインのfit()メソッドを呼び出すと、すべての変換器のfit_transform()が逐次的に呼び出される。このとき、引数として前の呼び出しの出力が渡される。そして、最後の推定器に達すると、そのfit()メソッドが呼び出される。

パイプラインは、最後の推定器と同じメソッドを外から呼び出せるようにする。この例では、最後の推定器は変換器でもあるStandardScalerなので、パイプラインも変換器のように動作する。パイプラインのtransform()メソッドを呼び出すと、パイプラインはデータに逐次的にすべての変換を加えていく。最後の推定器が変換器ではなく予測器なら、パイプラインはtransform()メソッドではなく、predict()メソッドを持つようになる。そのpredict()メソッドを呼び出すと、パイプラインはデータに逐次的にすべての変換を加え、その結果を予測器のpredict()メソッドに渡す。

では、パイプラインのfit_transform()メソッドを呼び出し、出力の先頭2行を見てみよう。数値は小数点第2位までに丸められている。

```
>>> housing_num_prepared = num_pipeline.fit_transform(housing_num)
>>> housing_num_prepared[:2].round(2)
array([[-1.42,  1.01,  1.86,  0.31,  1.37,  0.14,  1.39, -0.94],
       [ 0.6 , -0.7 ,  0.91, -0.31, -0.44, -0.69, -0.37,  1.17]])
```

先ほども触れたように、便利なDataFrameを出力したいなら、パイプラインのget_feature_names_out()メソッドを使えばよい。

```
df_housing_num_prepared = pd.DataFrame(
    housing_num_prepared, columns=num_pipeline.get_feature_names_out(),
    index=housing_num.index)
```

パイプラインはインデックス（添字）による参照をサポートしている。例えば、pipeline[1]とすればパイプラインの第2の推定器が返され、pipeline[:-1]とすれば最後の推定器を除いた形のPipelineオブジェクトが返される。推定器には、名前/推定器のペアのリストであるsteps属性や、名前から推定器を導き出せる辞書のnamed_steps属性でもアクセスできる。例えば、num_pipeline["simpleimputer"]は"simpleimputer"という名前の推定器を返す。

今までは、カテゴリの列と数値の列を別々に処理してきた。個々の列に適切な変換を加えながらすべての列を処理できる単一の変換器を作れればもっと便利になる。ColumnTransformerを使えばそれができる。例えば、次のColumnTransformerは、数値属性にnum_pipeline（今定義したばかりのもの）、カテゴリ属性にcat_pipelineを適用する。

```
from sklearn.compose import ColumnTransformer

num_attribs = ["longitude", "latitude", "housing_median_age", "total_rooms",
               "total_bedrooms", "population", "households", "median_income"]
cat_attribs = ["ocean_proximity"]

cat_pipeline = make_pipeline(
    SimpleImputer(strategy="most_frequent"),
    OneHotEncoder(handle_unknown="ignore"))

preprocessing = ColumnTransformer([
    ("num", num_pipeline, num_attribs),
    ("cat", cat_pipeline, cat_attribs),
])
```

まずColumnTransformerクラスをインポートし、数値列名とカテゴリ列名のリストを定義して、カテゴリ属性用の単純なパイプラインを作り、最後にColumnTransformerを作っている。コンストラクタには、名前（一意でダブルアンダースコアを含まないもの）、変換器、変換器を適用する列の名前（またはインデックス）のリストからなる3要素タプルを渡さなければならない。

列を捨てたいときには文字列"drop"、列を変換しなくてよいときには文字列"passthrough"を変換器の代わりに指定する。デフォルトでは、残りの列（つまり、リストに含まれていない列）は捨てられるが、これらの列の処理方法を変えたい場合には、remainderハイパーパラメータにほかの変換器（または"passthrough"）をセットする。

すべての列名をリストアップするのはあまり便利な方法ではない。そこで、scikit-learnは、数値、カテゴリなどの指定したタイプの特徴量をすべて自動的に選択するセレクタ関数を返すmake_column_selector()関数を用意している。ColumnTransformerには、列名やインデックスの代わりにこのセレクタ関数を渡せる。さらに、変換器の名前が何でもよい場合には、make_pipeline()と同じように適当な名前を選んでくれるmake_column_transformer()を使える。例えば、次に示すのは、変換器の名前が"num"、"cat"ではなく、自動的に生成された"pipeline-1"、"pipeline-2"になることを除けば、先ほどのColumnTransformerと同じものを作るコードである。

```
from sklearn.compose import make_column_selector, make_column_transformer

preprocessing = make_column_transformer(
    (num_pipeline, make_column_selector(dtype_include=np.number)),
    (cat_pipeline, make_column_selector(dtype_include=object)),
)
```

これで住宅価格データにColumnTransformerを適用できる。

```
housing_prepared = preprocessing.fit_transform(housing)
```

これで学習データセット全体を受け付け、個々の変換器を適切な列に適用し、変換した列を横に並べる（変換器は行数を変えてはならない）前処理パイプラインが完成した。ここでも返されるのはNumPy配列だが、preprocessing.get_feature_names_out()を呼び出せば、先ほどと同じように列名を取り出してデータをDataFrameにすることができる。

OneHotEncoderは疎行列、num_pipelineは密行列を返す。ColumnTransformerは、処理中に疎行列と密行列の両方が作られると、最終的な行列の粗密の程度（0以外の要素の割合）を推定し、指定されたしきい値（デフォルトではsparse_threshold=0.3）よりも低ければ疎行列を返す。この例では、密行列が返される。

プロジェクトは順調に進んでおり、あと少しで何らかのモデルを訓練できるところまで来ている。あとは今までに試してきた変換をすべて実行する1個のパイプラインを作るだけだ。パイプラインが何を行い、なぜそれを行っているのかを復習しておこう。

- 数値特徴量の欠損値は、中央値に置き換えるという形で補完する。ほとんどのMLアルゴリズムは欠損値があることを想定していないのだ。カテゴリ特徴量の欠損値は、最頻値に置き換える。
- ほとんどのMLアルゴリズムは数値入力しか取らないので、カテゴリ特徴量はワンホットエンコーディングする。
- bedrooms_ratio、rooms_per_house、people_per_houseという少数の比率を使った特徴量を計算して追加する。これらは住宅価格の中央値と相関が高いはずであり、MLモデルの構築に役立つはずだ。
- 少数のクラスタ類似特徴量も追加する。モデルからすると、これらは緯度、経度よりも役に立つはずだ。
- ほとんどのモデルでは、特徴量はおおよそ一様分布か正規分布になっていることが望ましいので、ロングテールを持つ特徴量は対数に置き換える。
- ほとんどのMLアルゴリズムでは、すべての特徴量のスケールがほぼ同じになっていることが望ましいので、数値特徴量はすべて標準化する。

以上をすべてこなすパイプラインを作るコードは、読者にとってももう見慣れたものになっているだろう。

```
def column_ratio(X):
    return X[:, [0]] / X[:, [1]]

def ratio_name(function_transformer, feature_names_in):
    return ["ratio"]  # 特徴量名を返す

def ratio_pipeline():
    return make_pipeline(
        SimpleImputer(strategy="median"),
        FunctionTransformer(column_ratio, feature_names_out=ratio_name),
        StandardScaler())

log_pipeline = make_pipeline(
    SimpleImputer(strategy="median"),
    FunctionTransformer(np.log, feature_names_out="one-to-one"),
    StandardScaler())
cluster_simil = ClusterSimilarity(n_clusters=10, gamma=1., random_state=42)
default_num_pipeline = make_pipeline(SimpleImputer(strategy="median"),
                                     StandardScaler())
preprocessing = ColumnTransformer([
        ("bedrooms", ratio_pipeline(), ["total_bedrooms", "total_rooms"]),
        ("rooms_per_house", ratio_pipeline(), ["total_rooms", "households"]),
        ("people_per_house", ratio_pipeline(), ["population", "households"]),
        ("log", log_pipeline, ["total_bedrooms", "total_rooms", "population",
                               "households", "median_income"]),
        ("geo", cluster_simil, ["latitude", "longitude"]),
        ("cat", cat_pipeline, make_column_selector(dtype_include=object)),
    ],
    remainder=default_num_pipeline)  # housing_median_ageだけまだ処理していない
```

このColumnTransformerを実行すると、すべての変換が実行され、24個の特徴量を持つNumPy配列が出力される。

```
>>> housing_prepared = preprocessing.fit_transform(housing)
>>> housing_prepared.shape
(16512, 24)
>>> preprocessing.get_feature_names_out()
array(['bedrooms__ratio', 'rooms_per_house__ratio',
       'people_per_house__ratio', 'log__total_bedrooms',
       'log__total_rooms', 'log__population', 'log__households',
       'log__median_income', 'geo__Cluster 0 similarity', [...],
       'geo__Cluster 9 similarity', 'cat__ocean_proximity_<1H OCEAN',
       'cat__ocean_proximity_INLAND', 'cat__ocean_proximity_ISLAND',
       'cat__ocean_proximity_NEAR BAY', 'cat__ocean_proximity_NEAR OCEAN',
       'remainder__housing_median_age'], dtype=object)
```

2.6 モデルを選択して学習する

今まで、問題の枠組みを明らかにし、データを入手して研究し、データセットを学習セットとテストセットに分け、機械学習アルゴリズムのためにデータを自動的にクリーンアップ、準備する変換パイプラインを書いてきた。そしてついに、機械学習モデルを選んで学習するという段階に入れることになったのである。

2.6.1 学習セットを学習、評価する

今までの準備のおかげで、しなければならないことは単純になっている。手始めに、初歩的な線形回帰モデルを学習してみよう。

```
from sklearn.linear_model import LinearRegression

lin_reg = make_pipeline(preprocessing, LinearRegression())
lin_reg.fit(housing, housing_labels)
```

これで終わりだ。使える線形回帰モデルがもう作られている。学習セットで試し、最初の5個の予測とラベルを比較してみよう。

```
>>> housing_predictions = lin_reg.predict(housing)
>>> housing_predictions[:5].round(-2)  # -2 = 丸めて百の位までの値にする
array([243700., 372400., 128800.,  94400., 328300.])
>>> housing_labels.iloc[:5].values
array([458300., 483800., 101700.,  96100., 361800.])
```

確かに動作はするが、いつもというわけではない。最初の値の予測は大きく外れており、20万ドルもオーバーになっている。しかし、ほかの予測はそれよりもよい結果だ。2つは約25％の誤差、ほかの2つは約10％の誤差である。性能指標としてRMSEを使っていることを思い出そう。そこで、scikit-learnの`mean_squared_error()`関数を使い、`squared`引数を`False`にすれば、この回帰モデルの学習セット全体に対するRMSEがわかる。

```
>>> from sklearn.metrics import mean_squared_error
>>> lin_rmse = mean_squared_error(housing_labels, housing_predictions,
...                               squared=False)
...
>>> lin_rmse
68687.89176589991
```

何もないよりはましだが、決してすばらしい成績ではない。ほとんどの区域の`median_housing_values`は、120,000ドルから265,000ドルまでの間なので、68,628ドルの予測誤差ではあまり満足できない。学習データへの過少適合だ。特徴量によい予測ができるほどの情報がないか、モデルの性能が低いとこうなる。前章でも説明したように、過少適合を解決するための王道はより強力なモデルを選ぶか、学習アルゴリズムによりよい特徴量を与えるか、モデルの制約を緩めるかである。このモデルは正則化されていないので、最後の選択肢はなくなる。特徴量を増やすこともできるが、まずはより複雑な

モデルを試してみることにしよう。

データに含まれる複雑な非線形の関係も見つけられるDecisionTreeRegressorというかなり強力なモデルを試してみよう（決定木については、6章で詳しく取り上げる）。

```
from sklearn.tree import DecisionTreeRegressor

tree_reg = make_pipeline(preprocessing, DecisionTreeRegressor(random_state=42))
tree_reg.fit(housing, housing_labels)
```

モデルを学習したので、学習セットで評価してみよう。

```
>>> housing_predictions = tree_reg.predict(housing)
>>> tree_rmse = mean_squared_error(housing_labels, housing_predictions,
...                                squared=False)
...
>>> tree_rmse
0.0
```

え、誤差なし？　このモデルが本当にそんなに完全なものになることがあるのだろうか。もちろん、モデルがデータを過学習している可能性の方がはるかに高い。どうすれば、それを確かめられるだろうか。自信の持てるモデルを本番稼働する準備が整うまではテストセットに手を付けたくないので、学習セットの一部を訓練、一部を検証のために使う必要がある。

2.6.2 交差検証を使ったよりよい評価

この決定木モデルの評価では、train_test_split()関数を使って学習セットをもとのものよりも小さい学習セットと検証セットに分割し、新しい学習セットでモデルを訓練して検証セットで評価するという方法が考えられる。少し手間だが、難しすぎるようなことは一切なく、うまく機能する。

しかし、scikit-learnの**k分割交差検証**（k-fold cross-validation）という方法も優れている。次のコードは、学習セットを**フォールド**（fold）と呼ばれる10個の別々のサブセットにランダムに分割し、1個のフォールドを評価用に残し、その他9個のフォールドで学習して、決定木モデルを10回学習、評価する。ここからは、10個の評価スコアを並べたベクトルが得られる。

```
from sklearn.model_selection import cross_val_score

tree_rmses = -cross_val_score(tree_reg, housing, housing_labels,
                              scoring="neg_root_mean_squared_error", cv=10)
```

scikit-learnの交差検証機能は、損失関数（低い方がよい）ではなく効用関数（高い方がよい）を使うので、スコア関数は、実際にはRMSEの逆になる。これは負数なので、RMSEを得る前に出力の符号転換が必要になる。

結果を見てみよう。

```
>>> pd.Series(tree_rmses).describe()
count       10.000000
mean     66868.027288
std       2060.966425
min      63649.536493
25%      65338.078316
50%      66801.953094
75%      68229.934454
max      70094.778246
dtype: float64
```

このように評価すると、決定木は先ほど思ったよりも優れたものではないように見える。それどころか、線形回帰モデルと同じくらい性能が低いようだ。交差検証を使えばモデルの性能を推定するだけでなく、推定がどれだけ正確か（すなわち、標準偏差）の測定もできる。決定木のRMSEは66,868で、標準偏差はおおよそ2,061だ。1つの検証セットを使っただけでは、この情報は得られない。しかし、交差検証にはモデルを何度も学習するコストがかかるため、いつもできるとは限らない。

線形回帰モデルで同じ指標を計算すると、RMSEの平均は69,858、標準偏差は4,182である。そのため、決定木モデルの方が線形回帰モデルよりもほんのわずかだけ性能が高いように見える。しかし、過学習があるため大差はない。過学習の問題があることは、訓練誤差が低い（実際に誤差が0）のに検証誤差が高いことからわかる。

最後にあと1つ、`RandomForestRegressor`モデルを試してみよう。7章で詳しく説明するが、ランダムフォレストは特徴量のランダムなサブセットを使って多数の決定木を学習し、それらの予測の平均を取る。種類が異なる多数のモデルから組み立てられたこのようなモデルを**アンサンブル**（ensamble）と呼ぶ。アンサンブルは、土台のモデル（この場合は決定木）よりも高い性能を発揮する。コードは先ほどのものとよく似ている。

```
from sklearn.ensemble import RandomForestRegressor

forest_reg = make_pipeline(preprocessing,
                           RandomForestRegressor(random_state=42))
forest_rmses = -cross_val_score(forest_reg, housing, housing_labels,
                                scoring="neg_root_mean_squared_error", cv=10)
```

成績を見てみよう。

```
>>> pd.Series(forest_rmses).describe()
count       10.000000
mean     47019.561281
std       1033.957120
min      45458.112527
25%      46464.031184
50%      46967.596354
75%      47325.694987
max      49243.765795
dtype: float64
```

これはずいぶん成績がよくなっている。ランダムフォレストはこのタスクではとても有望に見える。しかし、RandomForestを学習して学習セットのRMSEを計測すると、17,474ぐらいになる。これは検証セットよりもかなり低い。つまり、まだかなりの過学習があるということだ。改善方法としては、モデルを単純化するとか、モデルに制限を加えるとか（つまり、正則化する）、これよりも大幅に大量の学習データを手に入れるといったものが考えられる。しかし、ランダムフォレストに深入りしてハイパーパラメータの調整に時間をかけすぎてしまう前に、機械学習アルゴリズムのさまざまなカテゴリに属するほかの多くのモデルを試してみる必要がある（異なるカーネルによる複数のサポートベクターマシン、あるいはニューラルネットワークなど）。目標は、少数（2個から5個）の期待できるモデルのリストを作ることだ。

2.7 モデルをファインチューニングする

期待できそうなモデルのリストができたら、それらのモデルをファインチューニングしなければならない。そのための方法をいくつか見ていこう。

2.7.1 グリッドサーチ

最適なハイパーパラメータ値の組み合わせを見つけるまで、マニュアルでハイパーパラメータを操作してもよいのだが、これはかなり面倒な作業であり、多くの組み合わせを試す時間はないかもしれない。

そこで、scikit-learnのGridSearchCVに検索をさせればよい。どのハイパーパラメータを操作するか、その値として何を試すかを指定すると、GridSearchCVは、指定から得られるハイパーパラメータ値のすべての組み合わせを交差検証で評価する。例えば、次のコードは、RandomForestRegressorのハイパーパラメータ値の最高の組み合わせを探す。

```
from sklearn.model_selection import GridSearchCV

full_pipeline = Pipeline([
    ("preprocessing", preprocessing),
    ("random_forest", RandomForestRegressor(random_state=42)),
])
param_grid = [
    {'preprocessing__geo__n_clusters': [5, 8, 10],
     'random_forest__max_features': [4, 6, 8]},
    {'preprocessing__geo__n_clusters': [10, 15],
     'random_forest__max_features': [6, 8, 10]},
]
grid_search = GridSearchCV(full_pipeline, param_grid, cv=3,
                           scoring='neg_root_mean_squared_error')
grid_search.fit(housing, housing_labels)
```

パイプラインに含まれる推定器のハイパーパラメータなら、推定器が複数のパイプラインや列の変換器の奥底にネストされていても、どれでも参照できることに注意しよう。例えば、scikit-learnは、"preprocessing__geo__n_clusters"という文字列を検出すると、ダブルアンダースコアのところで文字列を分割し、パイプラインで"preprocessing"という名前の推定器を探して、ColumnTransformerを見つける。次に、ColumnTransformerの中で"geo"という名前の変換器を探し、緯度、経度属性に対して使っていたClusterSimilarity変換器を見つける。そして、この変換器のn_clustersハイパーパラメータを見つける。同様に、random_forest__max_featuresは「random_forest」という名前の推定器（もちろん、これはRandomForestモデルである）のmax_featuresハイパーパラメータを指している（max_featuresハイパーパラメータについては、7章で説明する）。

scikit-learnパイプラインに前処理ステップを組み込むと、モデルのハイパーパラメータとともに前処理のハイパーパラメータも調整できる。前処理とモデルの間には相互作用があることが多いので、これは好都合だ。例えば、n_clustersを増やすためには、max_featuresも増やさなければならない。パイプラインの変換器の適合に高い計算コストがかかるなら、パイプラインのmemoryハイパーパラメータにキャッシングディレクトリのパスを設定できる。パイプラインを初めて適合させたときに、scikit-learnは適合させた変換器をこのディレクトリに保存するようになる。同じハイパーパラメータで再度パイプラインを適合させるときには、scikit-learnはキャッシュした変換器をロードすればよい。

このparam_gridには2個の辞書があるので、GridSearchCVは、まず第1のdictで指定されたn_clusters、max_featuresハイパーパラメータの3×3＝9種類の組み合わせを評価してから、第2のdictのハイパーパラメータの2×3＝6種類の組み合わせを試す。そこで、このグリッドサーチは、全部で9+6＝15種類のハイパーパラメータ値の組み合わせを試し、3分割交差検証なので1つの組み合わせごとに3回ずつパイプラインを学習する。すると、全部で15×3＝45ラウンドの学習を行うということだ。少し時間はかかるが、終わったときには次のような最高の組み合わせのパラメータが得られる。

```
>>> grid_search.best_params_
{'preprocessing__geo__n_clusters': 15, 'random_forest__max_features': 6}
```

この例では、n_clustersを15、max_featuresを8にしたときに最良のモデルが得られた。

15はn_clustersの値として試したものの中の最大値なので、もっと高い値を使って最良のモデルを探し直した方がよいだろう。スコアはもっと上がるかもしれない。

grid_search.best_estimator_を使えば、最良の推定器にアクセスできる。refit=True（デフォルト）として初期化したGridSearchCVは、交差検証で最良の推定器を見つけたら、学習セット全体でその推定器をさらに学習する。より多くのデータを与えれば性能も上がるはずなので、一般にこれはよいことだ。

評価の結果得られたスコアは、grid_search.cv_results_にある。この値は辞書だが、DataFrameの中にラップすると、ハイパーパラメータの個々の組み合わせが個々の交差検証スプリットで示したテストスコアと、スプリット全体でのスコアの平均を示すリストが作れる。

```
>>> cv_res = pd.DataFrame(grid_search.cv_results_)
>>> cv_res.sort_values(by="mean_test_score", ascending=False, inplace=True)
>>> [...]  # このページに収まるように列名を変更し、rmse = -scoreを表示
>>> cv_res.head()  # 注:第1列は行ID
   n_clusters max_features  split0  split1  split2  mean_test_rmse
12         15            6   43460   43919   44748           44042
13         15            8   44132   44075   45010           44406
14         15           10   44374   44286   45316           44659
7          10            6   44683   44655   45657           44999
9          10            6   44683   44655   45657           44999
```

最良のモデルのRMSEスコアの平均は44,042で、これはデフォルトのハイパーパラメータ値で以前得られたスコア（47,019）よりも高い。なんと、最良のモデルをさらにファインチューニングして性能を引き上げられたのだ。

2.7.2 ランダムサーチ

グリッドサーチは、前の例のように比較的少ない数の組み合わせを探るときにはよいが、RandomizedSearchCVを使った方がよい場合が多い。特にハイパーパラメータの探索空間（search space）が大きいときにはそうだ。このクラスはGridSearchCVクラスと同じように使えるが、すべての組み合わせを試すのではなく、指定された回数だけ個々のハイパーパラメータのためにランダムに値を選び、それらを組み合わせて評価する。驚くような方法かもしれないが、このアプローチには大きなメリットがいくつかある。

- ハイパーパラメータの一部が連続値の場合（可能な値が多数ある離散値の場合も）、例えば1,000回ランダムサーチを繰り返すと、それらのハイパーパラメータのうち1,000種類の異なる値が試される。それに対し、グリッドサーチでは、リストアップした少数の値しか試せない。
- ハイパーパラメータでは実際に大きな差が出ないのに、まだそれを知らないときにどうなるかを考えてみよう。試したい値が10個だとして、それをグリッドサーチに追加すると、学習には10倍の時間がかかる。しかし、ランダムサーチなら、学習にかかる時間に大差はない。
- 試したいハイパーパラメータが6種類あり、それぞれ10種類の値を試したい場合、グリッドサーチなら100万回モデルを学習する以外の選択肢がなくなるが、ランダムサーチなら学習回数を選べる。

ランダムサーチでは、個々のハイパーパラメータについて、取り得る値のリストか確率分布を渡す。

```
from sklearn.model_selection import RandomizedSearchCV
from scipy.stats import randint

param_distribs = {'preprocessing__geo__n_clusters': randint(low=3, high=50),
```

```
                         'random_forest__max_features': randint(low=2, high=20)}

rnd_search = RandomizedSearchCV(
    full_pipeline, param_distributions=param_distribs, n_iter=10, cv=3,
    scoring='neg_root_mean_squared_error', random_state=42)

rnd_search.fit(housing, housing_labels)
```

scikit-learnでハイパーパラメータの最適値を探すクラスとしては、HalvingRandomSearchCV、HalvingGridSearchCVというものもある。その目標は、学習をスピードアップするか、ハイパーパラメータの探索空間を広げて、計算資源の使用効率を上げることだ。どのような仕組みかというと、第1ラウンドでは、グリッドサーチかランダムサーチを使ってハイパーパラメータの多数の組み合わせ（候補：candidateと呼ばれる）を生成する。いつものように、これらの候補をモデルの学習で使って交差検証で評価する。しかし、学習で使う計算資源を制限するため、この第1ラウンドはかなり高速に終わる。デフォルトでは、「計算資源の制限」とは、学習セットのごく一部だけでモデルを学習するということである。しかし、モデルが訓練のイテレーション数を設定するハイパーパラメータを持っている場合には、その数を減らすなど、ほかの制限方法も使える。すべての候補を評価すると、第2ラウンドに進めるのは上位の成績を収めた少数だけになる。そして、この第2ラウンドでは、もっと多くの計算資源を使えるようになる。数回のラウンドを経て得られた最終候補群は、制限なしで計算資源をフルに使って評価される。このような方法によって、ハイパーパラメータのファインチューニングにかかる時間が節約できる場合がある。

2.7.3 アンサンブルメソッド

性能のよいモデルを組み合わせてみるというのも、システムのファインチューニングの方法の1つだ。グループ（「アンサンブル」：ensamble）は、個別の最良のモデルよりも高い性能を発揮することが多い（決定木を組み合わせたランダムフォレストが個別の決定木よりも高い性能を発揮するように）。特に、個別のモデルが大きく異なるタイプの誤差を出すときには効果が高い。例えば、k近傍法モデルを学習、ファインチューニングしてから、ランダムフォレストの予測とこのモデルの予測の平均を予測値とするアンサンブルモデルを作成するような方法である。このテーマについては、7章で詳しく説明する。

2.7.4 最良のモデルとその誤差の分析

最良のモデルをよく調べてみると、問題について優れた知見が得られることがよくある。例えば、RandomForestRegressorは、正確な予測のために個々の属性の相対的な重要性の大小がどうなっているかを示せる。

```
>>> final_model = rnd_search.best_estimator_  # 前処理を含む
>>> feature_importances = final_model["random_forest"].feature_importances_
>>> feature_importances.round(2)
array([0.07, 0.05, 0.05, 0.01, 0.01, 0.01, 0.01, 0.19, [...], 0.01])
```

この重要性のスコアを降順にソートして、その横に対応する属性名を表示してみよう。

```
>>> sorted(zip(feature_importances,
...            final_model["preprocessing"].get_feature_names_out()),
...            reverse=True)
...
[(0.18694559869103852, 'log__median_income'),
 (0.0748194905715524, 'cat__ocean_proximity_INLAND'),
 (0.06926417748515576, 'bedrooms__ratio'),
 (0.05446998753775219, 'rooms_per_house__ratio'),
 (0.05262301809680712, 'people_per_house__ratio'),
 (0.03819415873915732, 'geo__Cluster 0 similarity'),
 [...]
 (0.00015061247730531558, 'cat__ocean_proximity_NEAR BAY'),
 (7.301686597099842e-05, 'cat__ocean_proximity_ISLAND')]
```

この情報に基づいて、あまり役に立たない特徴量を取り除いてみよう（例えば、ocean_proximityカテゴリで役に立つカテゴリは明らかに1つだけなので、その他は取り除いてみる）。

sklearn.feature_selection.SelectFromModel変換器を使うと、自動的にあまり役に立たない特徴量を捨ててくれる。データにこの変換器を適合させると、変換器はモデル（一般にランダムフォレスト）を学習し、そのfeature_importances_属性を見て最も役に立つ特徴量を選択する。そして、transform()を呼び出したときに、変換器は役に立たない特徴量を捨てる。

また、システムが生み出してしまう特定の誤差に注目し、なぜそのような誤差が出るのか、どうすれば問題を解決できるのかも検討してみるべきだ（特徴量の追加、意味のない特徴量の除去、外れ値の削除など）。

この段階は、モデルが平均的によい性能を出すというだけでなく、あらゆるカテゴリの区域で高性能になるようにすべきタイミングでもある。都会か地方か、豊かか貧しいか、北か南か、少数派かそうでないかなどである。個々のカテゴリごとに検証セットのサブセットを作るのは少々労力のかかる作業だが、重要なことだ。あるカテゴリ全体でモデルの性能が出ないなら、その問題を解決するまでそのモデルはデプロイすべきではない。少なくとも、そのカテゴリの予測には使ってはならない。その状態でモデルを使えば、よい効果よりも悪い効果の方が大きくなる。

2.7.5 テストセットでシステムを評価する

モデルをしばらくいじっているうちに、十分な性能を発揮するシステムが得られる。ここまで来たら、テストセットでそのモデルを評価してよい。このプロセスに特別な部分はない。テストセットの予測子とラベルを取り出し、final_modelを実行してデータの変換、予測をし、予測結果を評価するだけだ。

```
X_test = strat_test_set.drop("median_house_value", axis=1)
y_test = strat_test_set["median_house_value"].copy()

final_predictions = final_model.predict(X_test)
```

```
final_rmse = mean_squared_error(y_test, final_predictions, squared=False)
print(final_rmse)  # 41424.40026462184と表示
```

汎化誤差の点推定値がこの程度では本番稼働してよいという踏ん切りがつかないかもしれない。現在本番稼働しているモデルよりもたった0.1 %だけ改善されただけならどうすればよいだろうか。この推定値がどの程度正確かを知りたいところだろう。scipy.stats.t.interval()を使えば、汎化誤差の95 %**信頼区間**(confidence interval)を計算できる。

```
>>> from scipy import stats
>>> confidence = 0.95
>>> squared_errors = (final_predictions - y_test) ** 2
>>> np.sqrt(stats.t.interval(confidence, len(squared_errors) - 1,
...                          loc=squared_errors.mean(),
...                          scale=stats.sem(squared_errors)))
...
array([39275.40861216, 43467.27680583])
```

39,275から43,467までというかなり大きな区間が得られた。先ほどの点推定値41,424はその中央に近い。

ハイパーパラメータをしっかりファインチューニングした場合、評価から得られる性能は、交差検証で測定した性能よりもわずかに低くなるのが普通だ。システムは検証データに対して性能が高くなるようにファインチューニングされているので、未知のデータセットではそこまでの性能が出ないことが多いのである。テストのRMSEの方が検証のRMSEよりも低いので、この例ではそのようなことにはなっていないが、そうなっていても、ハイパーパラメータをいじってテストセットでの数値を上げたいと思う気持ちを抑えなければならない。そんなことをしても、新データには汎化しない。

これでプロジェクトは本格稼働の準備段階に入った。ソリューションのプレゼンテーションを行い、ドキュメントを書こう。プレゼンテーションでは、わかりやすい可視化と記憶に残る言葉、例えば、「住宅価格の予測では、収入の中央値がナンバーワンの予測子です」を使い、自分が学んだこと、機能したものとそうでないもの、設けた前提条件、システムの限界などをはっきりと示すことが大切だ。このカリフォルニアの住宅価格の例では、システムの最終的な性能は、専門家の推定ほど優れたものではないが(30 %ほどずれることがよくある)、それでも本番稼働させることに意味はある。特に、本番稼働によって専門家たちの時間をある程度節約でき、彼らがもっと面白く、意味のある仕事ができるようなら大きな意味がある。

2.8 システムを本番稼働、モニタリング、メンテナンスする

プレゼンテーションが評価され、本番稼働がめでたく認められたとする。次は、ソリューションを本番稼働できるようにする準備だ(コードを磨いてドキュメントとテストを書くなど)。準備が整ったら、いよいよ本番環境にモデルをデプロイできる。最も基本的な方法は、学習した中で最良のモデルを保存し、本番環境にそのファイルを転送してロードするというものだ。モデルの保存には、次のようにjoblibライブラリが使える。

```
import joblib

joblib.dump(final_model, "my_california_housing_model.pkl")
```

試してみたすべてのモデルを保存して、どのモデルにもいつでも戻れるようにしておくとよい場合が多い。交差検証のスコアと検証セットに対する実際の予測結果も保存しておくとよい。そうすると、モデル全体でスコアを簡単に比較できる。モデルが生み出す誤差のタイプも比較できる。

本番環境に転送したモデルは、ロードして使えるようになる。モデルが使っているカスタムクラス／関数をインポートし（コードを本番環境に転送するということである）、joblibを使ってモデルをロードして、モデルで予測をするということだ。

```
import joblib
[...]  # KMeans、BaseEstimator、TransformerMixin、rbf_kernelなどをインポート

def column_ratio(X): [...]
def ratio_name(function_transformer, feature_names_in): [...]
class ClusterSimilarity(BaseEstimator, TransformerMixin): [...]

final_model_reloaded = joblib.load("my_california_housing_model.pkl")

new_data = [...]  # 予測する新しい区域
predictions = final_model_reloaded.predict(new_data)
```

モデルは、例えばウェブサイトの中で使われることになるだろう。ユーザが新しい区域についてのデータを入力して「価格推定」ボタンを押すと、データを含むクエリがウェブサーバに送られ、それがウェブアプリケーションに転送され、最終的にモデルのpredict()メソッドが呼び出される（モデルは、使われるたびにロードするのではなく、サーバの起動時にロードするようにしたい）。あるいは、モデルを専用のウェブサービスでラップし、ウェブアプリケーションがREST API[*1]でクエリを送って問い合わせられるようにする方法もある（図2-20参照）。こうすれば、メインアプリケーションを中断せずに、モデルを新バージョンに簡単にアップグレードできるようになる。また、必要な数だけウェブサービスを起動し、ウェブアプリケーションからのリクエストをウェブサービス間でロードバランシングできるので、スケーリングも単純化される。さらに、ウェブアプリケーションは、Pythonだけでなく、任意の言語を使えるようにもなる。

＊1　一言で言えば、REST（またはRESTful）APIはHTTPベースのAPIで、リソースの読み出し、更新、作成、削除に標準的なHTTPの動詞（GET、POST、PUT、DELETE）を使用し、入力と出力にJSON形式を使用するという規約に従う。

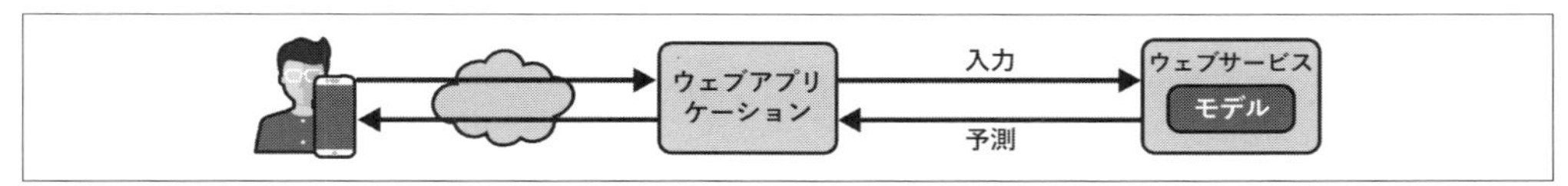

図2-20 ウェブサービスとしてデプロイされたモデルをウェブアプリケーションが使う構成

GoogleのVertex AI（以前はGoogle Cloud AI Platform、さらにその前はGoogle Cloud ML Engineと呼ばれていたもの）などのクラウドにモデルをデプロイするという方法もよく使われる。joblibを使ってモデルを保存し、Google Cloud Storage（GCS）にそれをアップロードし、Vertex AIで新しいモデルを作って、新モデルがGCSファイルを参照するようにすれば、それで完成である。こうすれば、ロードバランシングやスケーリングを自動的に処理する単純なウェブサービスが作れる。ウェブサービスは、入力データ（例えば区域）が含まれるJSONリクエストを受け取り、予測を収めたJSONレスポンスを返す。そうすれば、このウェブサービスを自分のウェブサイト（またはその他の本番環境）で使える。19章で説明するように、Vertex AIへのTensorFlowモデルのデプロイも、scikit-learnモデルのデプロイと大差はない。

しかし、デプロイで話が終わるわけではない。一定間隔で本番環境でのシステムの性能をチェックし、性能が落ちたときにアラートを生成するモニタリングコードも書かなければならない。例えば、インフラのコンポーネントの障害によって急速に性能が落ちる場合もあるが、長期に渡って実行しているうちに知らない間に緩やかに性能が落ちてくることもあるので注意する必要がある。モデルが時間とともに「腐って」くることはよくある。昨年のデータで学習したモデルは、今年のデータには対応できない場合がある。

したがって、本番稼働モデルの性能をライブでモニタリングすることは必要だ。しかし、どうすればよいのだろうか。場合による。モデルの性能が下流の指標で推定できる場合がある。例えば、モデルがレコメンドシステムの一部で、ユーザが興味を持ちそうな商品を提案している場合、レコメンドした商品が毎日どれだけ売れているかをモニタリングするのは簡単なことだ。この売れ行きの数値が（特にレコメンドしたわけではない商品と比べて）下がるようなら、モデルをまず疑うことになる。データパイプラインが壊れている場合もあるだろうが、おそらく新しいデータを使ったモデルの再学習（すぐあとで説明するようにして）が必要になるはずだ。

しかし、モデルの性能の評価には人間による分析が必要な場合もある。例えば、生産ライン上で不良品を見つける画像分類モデルを学習したとする（3章参照）。顧客に大量の不良品を出荷してしまう前にモデルの性能低下のアラートを受け取るためにはどうすればよいのだろうか。例えば、モデルが分類したすべての写真からサンプルを抜き出し（特にモデルが判断に迷った写真を選びたい）、人間の評価者に送るという方法がある。タスクによって、評価者は専門家でなければならない場合も、クラウドソーシングプラットフォーム（Amazon Mechanical Turkなど）に参加している一般人でもかまわない場合もあるだろう。ユーザにアンケートに答えてもらったり、CAPTCHA[*1]を転用したりして、ユーザ自身に評価してもらうという手もある。

いずれにしても、本番稼働しているモデルのライブモニタリングシステム（人間の評価者をともなう

*1 CAPTCHAは、ユーザがロボットではないことを確かめるためのテストで、学習データに安価にラベルを付けるための方法としてよく使われる。

もの、そうでないもの）を投入し、障害が起きたときの対処方法や障害を起こさないようにするための準備方法を定義する関連プロセスを整備しなければならない。これは大掛かりな仕事になることがある。実際、モデルの構築、学習よりもはるかに大変になることが多い。

データが絶えず進化するなら、定期的にデータセットを更新してモデルを学習し直さなければならない。そのプロセスはできる限り自動化すべきだろう。例えば、次の処理は自動化できる。

- 定期的に新鮮なデータを収集し、ラベルを付ける（例えば、人間の評価者を使って）
- 自動的にモデルを学習し、ハイパーパラメータをファインチューニングするスクリプトを書く。このスクリプトは、ニーズに基づき毎日とか毎週といった周期で自動実行すればよい。
- 更新されたテストセットを使って新モデルと従来のモデルを評価し、性能が下がっていなければモデルを本番環境にデプロイする別のスクリプトを書く（性能が下がった場合には、必ず理由を調査する）。このスクリプトは、豊かな区域と貧しい区域、都会の区域と地方の区域といったテストセットのさまざまなサブセットでモデルの性能をテストすべきだろう。

モデルの入力データの品質も評価するのを忘れないようにしよう。シグナルの品質が低い（例えば、センサーの誤動作でランダムなデータが送られてきたり、ほかのチームの出力の品質が下がっていたりするなどの理由で）と、モデルの性能がわずかに下がることがあるが、アラートが送られるほど性能が低下するまでは時間がかかるかもしれない。モデルの入力をモニタリングしていれば、この問題を早い段階でキャッチできる場合がある。例えば、ある特徴量が欠損値になっている入力が増えたり、平均値や標準偏差が学習セットからかけ離れていたり、カテゴリカルな特徴量に新たなカテゴリが追加されていたりするときにはアラートを送ればよい。

最後になるが、作成したすべてのモデルのバックアップを取り、新モデルが何らかの理由でひどい性能を示すようになったときに、すぐに前のモデルにロールバックするためのプロセスやツールを用意しておくことを忘れないようにしよう。バックアップを残しておけば、新モデルと古いモデルの比較も簡単になる。同様に、データセットの全バージョンのバックアップを残し、新しいデータセットが壊れている（例えば、新しく追加されたデータが外れ値ばかりになっているなど）ときには、前のデータセットにロールバックできるようにしておこう。データセットのバックアップがあれば、それらを使ってモデルを評価することもできる。

ご存知のように、機械学習にはさまざまなインフラが関わってくる。その一部については19章で取り上げるが、これはMLOps（ML Operations）という独立した本で取り上げるだけの価値のある大きなテーマである。したがって、初めてのMLプロジェクトを構築し、本番環境にデプロイするまでに大変な時間と労力がかかっても当然である。しかし、インフラがひと通り揃ってしまえば、アイデアが本番環境で稼働するまでの時間は大幅に短縮される。

2.9 やってみよう

この章を読み終えたみなさんは、機械学習プロジェクトがどのようなものになるかについてのイメージをつかめたことだろう。この章では、学習して優れたシステムを作るためのツールの一部も紹介した。仕事の大半は、モニタリングツールを作り、人間による評価パイプラインを準備し、定期的なモデルの学習を自動化するというデータの準備のステップにある。もちろん、機械学習アルゴリズムも大切だが、高度なアルゴリズムの探索にばかり時間を費やすよりも、プロセス全体をしっかりと把握し、3～4種類のアルゴリズムを知っている方がおそらくよい。

まだなら、今すぐノートPCを開き、興味のあるデータセットを選んで、プロセス全体を最初から最後まで取り組んでみよう。出発点としては、Kaggle（https://kaggle.com/）のようなコンテストのサイトがよい。遊べるデータセットが手に入り、明確な目標を持つことができる。そして、人々が経験を共有してくれる。

2.10 演習問題

この章の住宅価格のデータセットを使って次の問題に答えなさい。

1. SVM回帰（sklearn.svm.SVR）を試してみよう。kernel="linear"（Cハイパーパラメータにさまざまな値を指定する）、kernel="rbf"（C、gammaハイパーパラメータにさまざまな値を指定する）などさまざまなハイパーパラメータを試してほしい。SVMは大きなデータセットにはうまくスケーリングしないことに注意しよう。そのため、学習セットの最初の5,000インスタンスだけでモデルを学習することになるだろうし、3分割交差検証しか使えないだろう。そうでなければ、時間がかかりすぎる。これらのハイパーパラメータの意味については、今のところ気にしなくてよい。5章で説明する。最良のSVR予測器の性能はどのくらいか。
2. GridSearchCVをRandomizedSearchCVに取り替えてみよう。
3. 主要属性だけを選択するためのSelectFromModel変換器をデータ準備のためのパイプラインに追加してみよう。
4. fit()メソッドでk近傍回帰（sklearn.neighbors.KNeighborsRegressor）を学習し、transform()メソッドでモデルの予測を出力するカスタム変換器を作ってみよう。そして、この変換器の入力として緯度と経度を使って、前処理パイプラインにこの特徴量を追加しよう。これにより、最も近い区域の住宅価格の中央値に対応する特徴量がモデルに追加される。
5. RandomSearchCVを使って学習のためのパラメータを自動的に探ろう。
6. 改めてStandardScalerCloneクラスを最初から作り、inverse_transform()メソッドサポートを追加しよう。scaler.inverse_transform(scaler.fit_transform(X))は、Xに非常に近い配列を返さなければならない。そして、特徴量名サポートを追加する。つまり、入力がDataFrameなら、fit()メソッドでfeature_names_in_を設定するということだ。この属性は、列名のNumPy配列でなければならない。最後に、1個のオプション引数input_features=Noneを取るget_feature_names_out()を実装しよう。input_featuresが渡されているなら、メソッドはその長さがn_features_in_と一致していることをチェックしなければならない。また、feature_names_in_が定義されているなら、input_featuresとfeature_names_in_は一致していなければならない。そして、input_featuresを返す。input_featuresがNoneなら、feature_names_in_が定義されている場合には feature_names_in_、定義されていない場合には長さが n_features_in_ の np.array(["x0", "x1", ...]) を返す。

演習問題の解答は、ノートブック（https://homl.info/colab3）の2章の部分を参照のこと。

3章 分類

1章では、教師あり学習のタスクで最も一般的なものは回帰（値の予測）と分類（クラスの予測）だと説明した。2章では、線形回帰、決定木、ランダムフォレスト（これらについては、あとの章で改めて詳しく説明する）などのさまざまなアルゴリズムを使って住宅価格の予測という回帰のタスクを掘り下げていった。この章では、分類システムについて詳しく見ていこう。

3.1 MNIST

この章では、MNISTデータセットを使う。MNISTは、高校生や米国国勢調査局の職員が手書きした70,000個の数字画像のデータセットである。個々の画像には、表している数のラベルが付けられている。このデータセットは非常によく使われてきたので、機械学習のHello Worldと呼ばれることも多い。新しい分類アルゴリズムが登場するたびに、MNISTでどの程度の性能が出るのかが関心を集める。機械学習を学ぶ人々は、遅かれ早かれMNISTに挑むことになる。

scikit-learnには、よく使われるデータセットをダウンロードするためのヘルパー関数が多数含まれている。OpenML.orgのMNISTもそのようなデータセットの1つである。次のコードは、MNISTデータセットを取得する[*1]。

```
from sklearn.datasets import fetch_openml

mnist = fetch_openml('mnist_784', as_frame=False)
```

sklearn.datasetsパッケージには、主として3種類の関数が含まれている。fetch_openml()などのfetch_*関数は本物のデータセットをダウンロードし、load_*関数はscikit-learnにバンドルされている小さなデータセットをロードする（したがって、インターネットからダウンロードする必要はない）。そして、make_*関数は、テストで役に立つ偽のデータセットを生成する。生成されたデータセットは、一般に入力データとターゲットをともにNumPy配列にまとめた(X, y)タプルという形で返される。その他のデータセットはsklearn.utils.Bunchオブジェクトという辞書の形で返され、そのエントリも

＊1　sckit-learnは、デフォルトで$HOME/scikit_learn_dataディレクトリにダウンロードしたデータセットをキャッシュしている。

属性としてアクセスできる。それらは一般に次のようなエントリを含んでいる。

"DESCR"
: データセットの説明

"data"
: 入力データ。通常はNumPyの2次元配列

"target"
: ラベル。通常はNumPyの1次元配列

fetch_openml()関数は普通とはちょっと違っており、デフォルトでは入力をPandas DataFrame、ラベルをPandas Seriesという形で返す（データベースが疎でなければ）。しかし、MNISTデータベースには画像データが含まれており、DataFrameは画像には適していないので、データをNumPy配列の形で取り出すas_frame=Falseを設定した方がよい。そのような配列を見てみよう。

```
>>> X, y = mnist.data, mnist.target
>>> X
array([[0., 0., 0., ..., 0., 0., 0.],
       [0., 0., 0., ..., 0., 0., 0.],
       [0., 0., 0., ..., 0., 0., 0.],
       ...,
       [0., 0., 0., ..., 0., 0., 0.],
       [0., 0., 0., ..., 0., 0., 0.],
       [0., 0., 0., ..., 0., 0., 0.]])
>>> X.shape
(70000, 784)
>>> y
array(['5', '0', '4', ..., '4', '5', '6'], dtype=object)
>>> y.shape
(70000,)
```

70,000個の画像があり、個々の画像には784個の特徴量がある。これは、各画像が28 × 28ピクセルで、個々の特徴量は0(白)から255(黒)までの値でピクセルの明度を表しているからである。データセットの中の数字を1つ覗いてみよう（**図3-1**）。インスタンスの特徴量ベクトルを取り出し、28 × 28の配列に形状変更し、Matplotlibのimshow()関数で表示するだけのことだ。cmap="binary"を使って、0が白で255が黒になるグレースケールカラーマップを得ている。

```
import matplotlib.pyplot as plt

def plot_digit(image_data):
    image = image_data.reshape(28, 28)
    plt.imshow(image, cmap="binary")
    plt.axis("off")

some_digit = X[0]
```

```
plot_digit(some_digit)
plt.show()
```

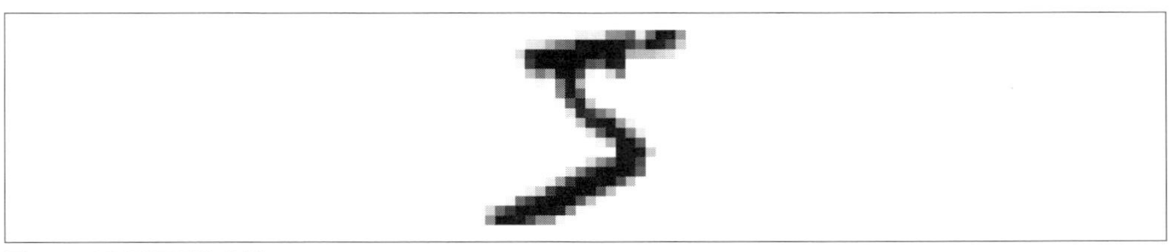

図3-1　MNIST画像の例

これは5のように見えるが、実際にラベルはそうだと言っている。

```
>>> y[0]
'5'
```

図3-2は、MNISTデータセットの中のその他の画像の一部を示している。これを見るだけでも、分類タスクの複雑さが実感できるだろう。

ちょっと待った！データを詳しく調べる前に、テストセットを作って封印しなければならないはずだ。実は、`fetch_openml()`が返すMNISTデータセットは既に学習セット（最初の6万画像）とテストセット（うしろの1万画像）に分かれている[*1]。

図3-2　MNISTデーセットに含まれている数字

＊1　`fetch_openml()`が返すデータセットは、常にシャッフルまたは分割されているとは限らない。

```
X_train, X_test, y_train, y_test = X[:60000], X[60000:], y[:60000], y[60000:]
```

学習セットは既にシャッフルされている。交差検証のフォールドが同じようなものになる（一部の数字がないフォールドができては困る）ので、これは好都合なことだ。また、一部の学習アルゴリズムは学習インスタンスの順序の影響を受け、同じようなインスタンスが立て続けに登場すると性能が劣化するが、シャッフルされていればそのような心配はない[*1]。

3.2 二値分類器の学習

とりあえず、問題を単純化して1個の数字だけを識別できるようにしてみよう。例えば5である。この5検出器は、5と5以外の2つのクラスだけを区別できる**二値分類器**（binary classifier）の例である。まず、この分類タスクのターゲットベクトルを作る。

```
y_train_5 = (y_train == '5')  # 5に対してはTrue、それ以外の数字に対してはFalse
y_test_5 = (y_test == '5')
```

では、分類器を選んで学習しよう。手始めに、scikit-learnのSGDClassifierクラスを使って、**確率的勾配降下法**（Stochastic Gradient Descent: SGD、stochastic GD）の分類器から試してみるとよい。この分類器は、非常に大規模なデータセットを効率よく扱える。その理由の一部は、後述のようにSGDが学習インスタンスを1度に1つずつ独立に扱うことにある。そのため、あとで説明するように、SGDはオンライン学習にも向いている。それでは、SGDClassifierを作り、学習セット全体で学習してみよう。

```
from sklearn.linear_model import SGDClassifier

sgd_clf = SGDClassifier(random_state=42)
sgd_clf.fit(X_train, y_train_5)
```

これで分類器を使って数字の5の画像を検出できるようになった。

```
>>> sgd_clf.predict([some_digit])
array([ True])
```

分類器は、この画像が5（True）を表していることを推測している。この特定の例については正しく推測できたようだ。それでは、このモデルの性能を評価してみよう。

3.3 性能指標

分類器の評価は回帰器の評価よりもはるかに難しいことが多いので、この章は、かなりの部分をこのテーマのために割くことになる。使われている性能指標は非常に多いので、ここでもう1杯コーヒーを飲んで、新しい概念や頭字語をたくさん学ぶ心の準備をしておこう。

---

*1 例えば時系列データ（株価の推移や天候の変化など）のように、データのシャッフルがまずい場合もある。この問題については、次章で深く掘り下げる。

3.3.1 交差検証を使った精度の測定

モデルの評価には、2章でも使った交差検証を使うとよい。`cross_val_score()`関数を使って、3フォールドのk分割交差検証で`SGDClassifier`モデルを評価してみよう。既に説明したように、k分割交差検証とは、学習セットをk個（この場合は3個）のフォールドに分割し、検証用のフォールド以外のフォールドを使って学習したモデルで検証用のフォールドを評価するものだ（2章参照）。

```
>>> from sklearn.model_selection import cross_val_score
>>> cross_val_score(sgd_clf, X_train, y_train_5, cv=3, scoring="accuracy")
array([0.95035, 0.96035, 0.9604 ])
```

なんと、すべての交差検証フォールドで95％以上の精度（accuracy：正しい予測の割合）が出ている。すばらしい数字ではないだろうか。いや、あまり興奮しすぎないうちに、すべての画像を最頻クラス（この場合は、陰性クラス。つまり5**以外**）に分類するダミー分類器を見てみよう。

```
from sklearn.dummy import DummyClassifier

dummy_clf = DummyClassifier()
dummy_clf.fit(X_train, y_train_5)
print(any(dummy_clf.predict(X_train)))  # Falseを出力:5はない
```

このモデルの精度はどれくらいだろうか。実際に見てみよう。

```
>>> cross_val_score(dummy_clf, X_train, y_train_5, cv=3, scoring="accuracy")
array([0.90965, 0.90965, 0.90965])
```

嘘ではない。90％以上の精度を示しているのである。これは、画像の約10％が5だからだということにすぎない。いつも5**ではない**と予測していれば、約90％の確率で当たる。ノストラダムスもびっくりだ。

これは、分類器の性能指標として精度が一般に好まれない理由を示している。特に**偏ったデータセット**（skewed dataset）、つまり一部のクラスがほかのクラスよりも出現頻度が高いデータセットでは精度は当てにならない。分類器の性能の評価方法としては**混同行列**（confusion matrix）の方がはるかに優れている。

交差検証の実装

scikit-learnができあいで提供してくれるものよりも交差検証をきめ細かく管理しなければならなくなることがときどきある。そのような場合には、自分で交差検証を実装すればよい。次のコードは、scikit-learnの`cross_val_score()`関数とほぼ同じことを行い、同じ結果を出力する。

```
from sklearn.model_selection import StratifiedKFold
from sklearn.base import clone
skfolds = StratifiedKFold(n_splits=3)  # データセットがまだシャッフルされていない
                                       # ならshuffle=Trueを追加する
```

```
    for train_index, test_index in skfolds.split(X_train, y_train_5):
        clone_clf = clone(sgd_clf)
        X_train_folds = X_train[train_index]
        y_train_folds = y_train_5[train_index]
        X_test_fold = X_train[test_index]
        y_test_fold = y_train_5[test_index]

        clone_clf.fit(X_train_folds, y_train_folds)
        y_pred = clone_clf.predict(X_test_fold)
        n_correct = sum(y_pred == y_test_fold)
        print(n_correct / len(y_pred))  # 0.95035、0.96035、0.9604を表示
```

StratifiedKFoldクラスは、層別サンプリング（2章参照）を行って、各クラスの比率に合ったフォールドを作る。コードは各イテレーションで分類器のクローンを作り、学習フォールドを使ってそのクローンを学習し、テストフォールドを使って予測を行う。そして、正しい予測の数を数え、正しい予測の割合を出力する。

3.3.2 混同行列

混同行列の基本的な考え方は、すべてのA/Bの組み合わせについて、クラスAのインスタンスがクラスBに分類された回数を数えるというものである。例えば、分類器が5の画像を3と混同した回数は、混同行列の第5行第3列を見ればわかる。

混同行列を計算するためには、まず、実際のターゲットと比較できる予測の集合が必要である。テストセットを予測してもよいが、今の段階ではさしあたりテストセットには手を触れずに残しておこう（テストセットは、本番稼働に回せる分類器が完成しているプロジェクトの最後の段階だけで使うべきだということを忘れてはならない）。代わりに、cross_val_predict()関数を使えばよい。

```
from sklearn.model_selection import cross_val_predict

y_train_pred = cross_val_predict(sgd_clf, X_train, y_train_5, cv=3)
```

cross_val_predict()関数は、cross_val_score()関数と同様にk分割交差検証を行うが、評価のスコアではなく、個々のテストフォールドに対する予測結果を返す。そのため、学習セットの個々のインスタンスに対するクリーンな予測が得られる（クリーンとは「サンプル外」、すなわち学習中にデータを見ていないモデルで予測が行われるという意味である）。

これで、confusion_matrix()関数を使って混同行列を得る準備が整った。この関数には、単純にターゲットクラス（y_train_5）と予測されたクラス（y_train_pred）を渡せばよい。

```
>>> from sklearn.metrics import confusion_matrix
>>> cm = confusion_matrix(y_train_5, y_train_pred)
>>> cm
array([[53892,   687],
       [ 1891,  3530]])
```

混同行列の各行は**実際のクラス**、各列は**予測したクラス**を表す。行列の第1行は5以外の画像（**陰性クラス**：negative class）であり、そのうち53,892件は正しく5以外と分類され（**真陰性**：true negative）、687件は誤って5と分類されている（**偽陽性**：false positive。**第1種の過誤**：type I errorとも言う）。それに対し、行列の第2行は5の画像（**陽性クラス**：positive class）であり、そのうち1,891件は誤って5以外と分類され（**偽陰性**：false negative、**第2種の過誤**：type II errorとも言う）、3,530件は正しく5と分類されている（**真陽性**：true positive）。分類器が完全なら真陽性と真陰性だけで、混同行列で0以外の値が含まれるのは主対角線（左上から右下）だけになる。

```
>>> y_train_perfect_predictions = y_train_5  # 完璧なふりをする
>>> confusion_matrix(y_train_5, y_train_perfect_predictions)
array([[54579,     0],
       [    0,  5421]])
```

混同行列は盛りだくさんの情報を与えてくれるが、もっと簡潔な指標がほしい場合もある。注目すべき情報は、陽性の予測の精度である。これを分類器の**適合率**（precision、精度、精密度とも訳される）と呼ぶ（**式3-1**）。

式3-1　適合率

$$\text{precision} = \frac{TP}{TP + FP}$$

TPは真陽性の数、FPは偽陽性の数である。

完璧な適合率をお手軽に実現するには、最も自信を持てる1個のインスタンスだけを陽性と予測し、それ以外はすべて陰性と予測する分類器を作ればよい。その1個の予測が正しければ、その分類器の適合率は100％になる（適合率＝1/1＝100％）。当然ながら、そのような分類器は、1個以外のすべての陽性インスタンスを無視するのであまり役に立たない。そこで、適合率は一般に**再現率**（recall）と呼ばれる別の指標と併用される。再現率は、**感度**（sensitivity）とか**真陽性率**（true positive rate: TPR）とも呼ばれる。これは分類器が正しく分類した陽性インスタンスの割合である（**式3-2**）。

式3-2　再現率

$$\text{recall} = \frac{TP}{TP + FN}$$

FNはもちろん偽陰性の数である。

混同行列で頭が混乱してしまったという方には、**図3-3**が役に立つかもしれない。

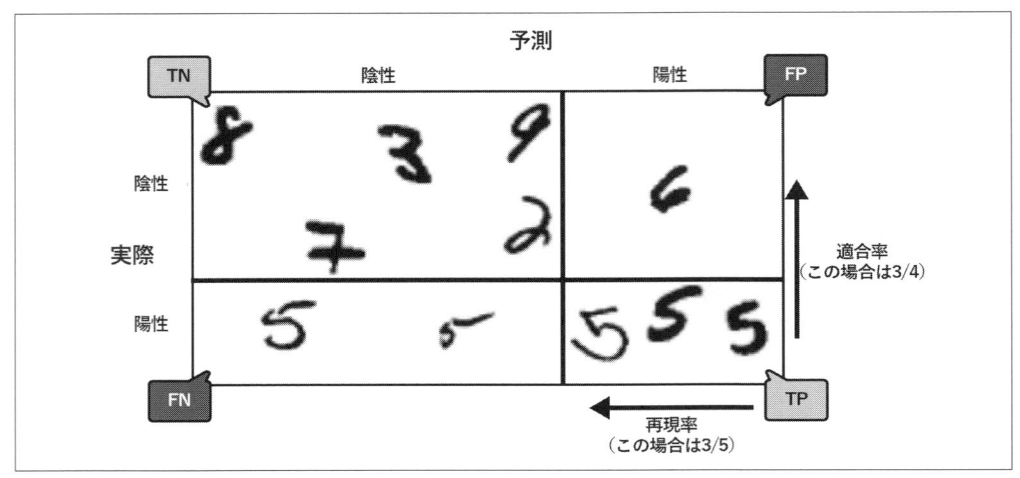

図3-3 真陰性（左上）、偽陽性（右上）、偽陰性（左下）、真陽性（右下）の例を示しているイラスト版混同行列

3.3.3 適合率と再現率

scikit-learnは、適合率や再現率を含む分類器の性能指標を計算するための関数を複数提供している。

```
>>> from sklearn.metrics import precision_score, recall_score
>>> precision_score(y_train_5, y_train_pred)  # == 3530 / (687 + 3530)
0.8370879772350012
>>> recall_score(y_train_5, y_train_pred)  # == 3530 / (1891 + 3530)
0.6511713705958311
```

適合率と再現率を見ると、ここで使う5の検出器は精度を見たときほどすばらしいものには見えないだろう。この画像は5だと言っていても、その予測が正しいのは、わずか83.7 %のときだけで、その上すべての5の65.1 %しか検出できていない。

特に2つの分類器を比較するための単純な方法が必要な場合などには、適合率と再現率を1つにまとめた**F値**（F score）が便利である。F値は適合率と再現率の**調和平均**（harmonic mean）である（**式3-3**）。通常の平均がすべての値を同じように扱うのに対し、調和平均は低い値に高い値よりもずっと大きな重みを置く。そのため、適合率と再現率の両方が高くなければ、分類器のF値は高くならない。

式3-3 F値

$$F = \frac{2}{\frac{1}{\text{precision}} + \frac{1}{\text{recall}}} = 2 \times \frac{\text{precision} \times \text{recall}}{\text{precision} + \text{recall}} = \frac{TP}{TP + \frac{FN + FP}{2}}$$

F値は、`f1_score()`関数を呼び出せば計算できる。

```
>>> from sklearn.metrics import f1_score
>>> f1_score(y_train_5, y_train_pred)
0.7325171197343846
```

F値は、適合率と再現率が同じように高い分類器を高く評価するが、いつもそれが望ましいわけではない。適合率の方が重視される場合や再現率の方が重視される場合があるだろう。例えば、子どもに見せても安心なビデオを検出する分類器を学習している場合、多くのよいビデオを排除しても（再現率が低い）安全なビデオだけを選ぶ（適合率が高い）分類器の方が、再現率が高くても少数の非常に危険なビデオが入り込む分類器よりもよいだろう（そのような場合は、分類器による選択をチェックする人間をパイプラインに追加した方がよいくらいかもしれない）。それに対し、監視ビデオから万引き犯を見つける分類器を学習している場合には、再現率が99％であれば、適合率が30％しかなくても、その分類器は使えるはずだ（確かに警備員は偽陽性のアラートを受けるが、ほとんどすべての万引き犯を捕まえられる）。

残念ながら、両方を上げることはできない。適合率が上がれば再現率が下がり、逆もまた成り立つ。**適合率と再現率はトレードオフの関係にある**。

3.3.4 適合率と再現率のトレードオフ

なぜ適合率と再現率がトレードオフになってしまうのかを理解するために、`SGDClassifier`がどのように分類を判断するかを詳しく見てみよう。`SGDClassifier`は、個々のインスタンスに対して、**決定関数**（decision function）に基づいてスコアを計算し、そのスコアがしきい値よりも高ければインスタンスは陽性クラスに、そうでなければ陰性クラスに分類される。**図3-4**は、最低スコア（左端）から最高スコア（右端）までのさまざまな数字を示している。**決定しきい値**（decision threshold）を中央の矢印（2つの5の間）に置くと、しきい値の右側には4個の真陽性（実際に5）と1個の偽陽性（実際には6）が含まれることになる。そのため、ここをしきい値とすると、適合率は80％になる（5個のうちの4個）。しかし、6個ある5のうち、分類器が検出しているのは4個だけなので、再現率は67％（4/6）になる。しきい値を上げると（右側の矢印）、偽陽性だった6が真陰性になって適合率は上がる（この場合は100％）が、1個の真陽性が偽陰性になってしまうため再現率は50％に下がる。逆に、しきい値を下げれば再現率は上がるが、適合率が下がる。

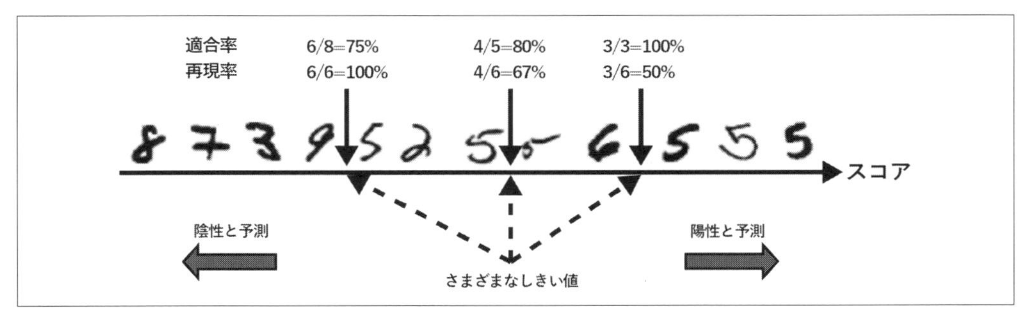

図3-4 適合率と再現率のトレードオフ。画像は分類器が付けたスコアによってランクを与えられ、決定しきい値として選択された値よりも上なら陽性と判断される。しきい値が高ければ高いほど、再現率は下がるが（一般に）適合率は上がる。

scikit-learnは、しきい値を直接設定できるようにはなっていないが、予測のときに使う決定スコアにはアクセスできるようになっている。分類器の`predict()`メソッドではなく、`decision_function()`

メソッドを呼び出すと、各インスタンスのスコアが返される。そこで、スコアに基づいて予測に使いたいしきい値を選んで予測結果を出していけばよい。

```
>>> y_scores = sgd_clf.decision_function([some_digit])
>>> y_scores
array([2164.22030239])
>>> threshold = 0
>>> y_some_digit_pred = (y_scores > threshold)
array([ True])
```

しきい値0を使っているので、このコードはpredict()メソッドと同じ結果（すなわちTrue）を返す。では、しきい値を引き上げてみよう。

```
>>> threshold = 3000
>>> y_some_digit_pred = (y_scores > threshold)
>>> y_some_digit_pred
array([False])
```

しきい値を上げると再現率が下がることが確認できる。画像は実際には5を表しており、しきい値が0なら分類器は正しく分類できるが、しきい値が3,000に上げられると間違った分類をしてしまう。

では、使うべきしきい値はどのようにして判断すればよいのだろうか。まず、cross_val_predict()関数を使って学習セットのすべてのインスタンスのスコアを計算し、今度は予測ではなく決定スコアを返させる。

```
y_scores = cross_val_predict(sgd_clf, X_train, y_train_5, cv=3,
                             method="decision_function")
```

precision_recall_curve()関数にこのスコアを渡して、可能なあらゆるしきい値の適合率と再現率を計算する（この関数は、無限のしきい値に対する最後の適合率0と最後の再現率1を追加する）。

```
from sklearn.metrics import precision_recall_curve

precisions, recalls, thresholds = precision_recall_curve(y_train_5, y_scores)
```

最後に、Matplotlibを使ってしきい値の関数として適合率と再現率をプロットする（図3-5）。私たちが選択した3,000というしきい値を示そう。

```
plt.plot(thresholds, precisions[:-1], "b--", label="Precision", linewidth=2)
plt.plot(thresholds, recalls[:-1], "g-", label="Recall", linewidth=2)
plt.vlines(threshold, 0, 1.0, "k", "dotted", label="threshold")
[...]  # グリッド、凡例、軸、ラベル、丸い点を追加して図を見やすくする
plt.show()
```

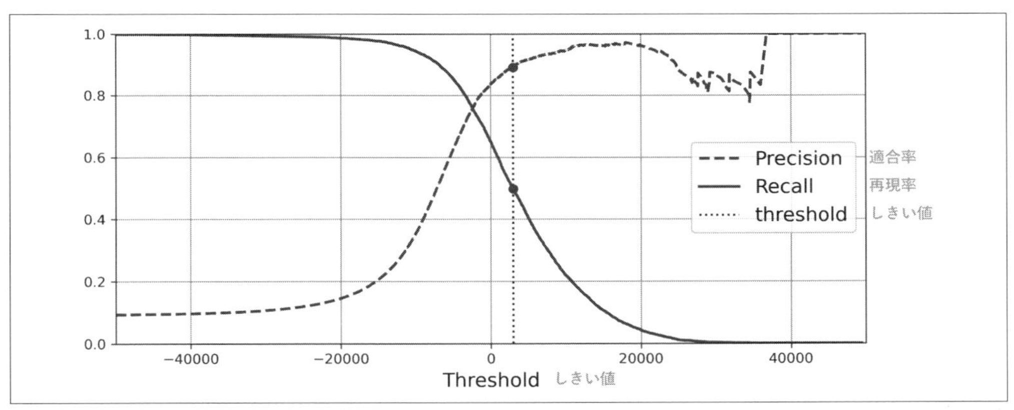

図3-5　決定しきい値と適合率、再現率

図3-5で適合率の曲線の方が再現率の曲線よりもでこぼこしているのはなぜだろうか。実は、適合率はしきい値を上げたときに下がることがときどきあるのだ（一般的には上がるはずだが）。**図3-4**に戻り、中央のしきい値からスタートして、数字1つ分右に移動したときにどうなるかを見れば、理由がわかる。適合率は4/5（80 %）から3/4（75 %）に下がってしまう。それに対し、再現率はしきい値を上げれば下がる一方なので、曲線がなめらかになる。

このしきい値では、適合率は90 %近くで再現率は50 %ほどである。適合率と再現率のバランスの取り方としては、**図3-6**のように、適合率と再現率を直接対比させる方法もある。

```
plt.plot(recalls, precisions, linewidth=2, label="Precision/Recall curve")
[...]  # ラベル、グリッド、凡例、矢印、テキストを追加して図を見やすくする
plt.show()
```

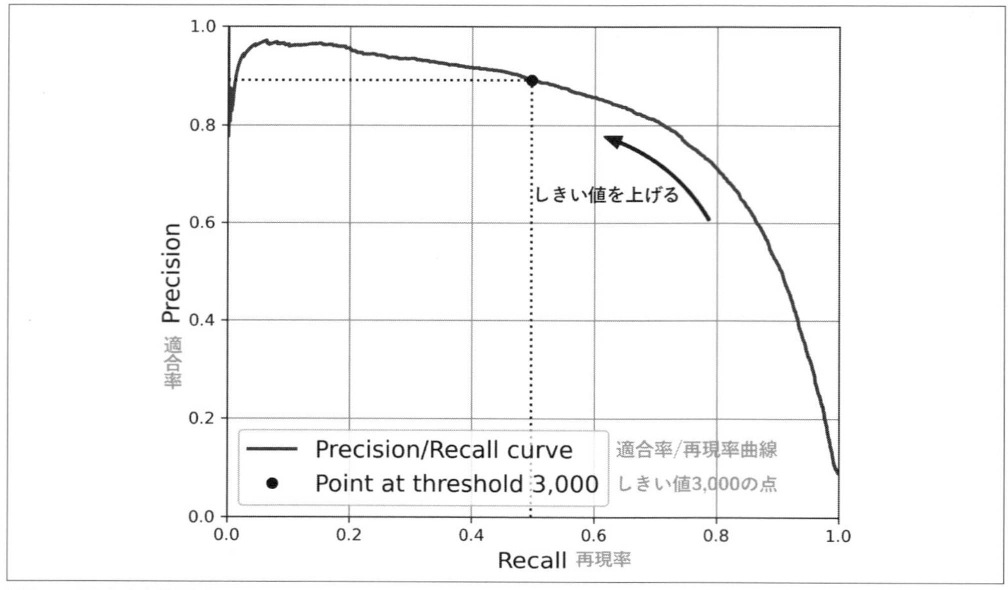

図3-6 適合率と再現率

再現率が80 %を越えたあたりから適合率が急速に落ちていくことがわかる。そのような急降下が始まる直前のところで適合率と再現率のバランスを取りたいところだ。例えば、再現率60 %のあたりである。しかし、もちろんどこを選ぶかはプロジェクト次第である。

例えば、90 %の適合率を目指すことにしたとする。最初の図で使うべきしきい値を見つけることも不可能ではないが、あまり正確ではない。それよりも、少なくとも90 %の適合率が得られる最小のしきい値がどれかを探そう。NumPy配列のargmax()メソッドを使えばよい。最大値になる最初のインデックスが返される。この場合、それはTrueになる最初のインデックスということである。

```
>>> idx_for_90_precision = (precisions >= 0.90).argmax()
>>> threshold_for_90_precision = thresholds[idx_for_90_precision]
>>> threshold_for_90_precision
3370.0194991439557
```

予測（さしあたりは学習セットの）は分類器のpredict()メソッドではなく、次のコードで行う。

```
y_train_pred_90 = (y_scores >= threshold_for_90_precision)
```

では、このようにして行った予測の適合率と再現率をチェックしてみよう。

```
>>> precision_score(y_train_5, y_train_pred_90)
0.9000345901072293
>>> recall_at_90_precision = recall_score(y_train_5, y_train_pred_90)
>>> recall_at_90_precision
0.4799852425751706
```

これはすばらしい。適合率が90 %の分類器が手に入った。こうすれば、どのような適合率の分類器でも大抵は簡単に作れる。単にしきい値を十分高くするだけだ。しかし、それでよいのだろうか。適合率がいくら高くても、再現率が低すぎれば使いものにならない。多くのアプリケーションでは、再現率48 %は全然評価できないだろう。

誰かが「99 %の適合率を目指そう」と言ったら、「再現率はどのくらいで？」ということを尋ねるべきだ。

3.3.5 ROC曲線

二値分類器では、**ROC曲線**（Receiver Operating Characteristic：受信者動作特性曲線）もツールとしてよく使われる。これは適合率／再現率のグラフとよく似ているが、再現率に対する適合率ではなく、**偽陽性率**（false positive ratio：FPR）に対する**真陽性率**（true positive rate：TPR、再現率のもう1つの名前）をプロットしたものである。FPR（フォールアウト：fall-outとも呼ばれる）は、誤って陽性と分類された陰性インスタンスの割合で、1から**真陰性率**（true negative ratio：TNR）を引いた値と等しい。TNRは、正しく陰性に分類された陰性インスタンスの割合で、**特異度**（specificity）とも呼ばれる。そのため、ROC曲線は1−特異度に対する**感度**（sensitivity：再現率のこと）をプロットした曲線だと言える。

ROC曲線を描くためには、まずroc_curve()関数を使ってさまざまなしきい値でのTPRとFPRを計算する。

```
from sklearn.metrics import roc_curve

fpr, tpr, thresholds = roc_curve(y_train_5, y_scores)
```

これでMatplotlibを使えば、FPRに対するTPRをプロットできる。次のコードで、**図3-7**のようなプロットが作られる。適合率90 %に対応する点を見つけるためには、しきい値のインデックスを見つけなければならない。この場合、しきい値は降順に並んでいるので、第1行では>=ではなく<=を使っている。

```
idx_for_threshold_at_90 = (thresholds <= threshold_for_90_precision).argmax()
tpr_90, fpr_90 = tpr[idx_for_threshold_at_90], fpr[idx_for_threshold_at_90]

plt.plot(fpr, tpr, linewidth=2, label="ROC curve")
plt.plot([0, 1], [0, 1], 'k:', label="Random classifier's ROC curve")
plt.plot([fpr_90], [tpr_90], "ko", label="Threshold for 90% precision")
[...]  # ラベル、グリッド、凡例、矢印、テキストを追加して図を見やすくする
plt.show()
```

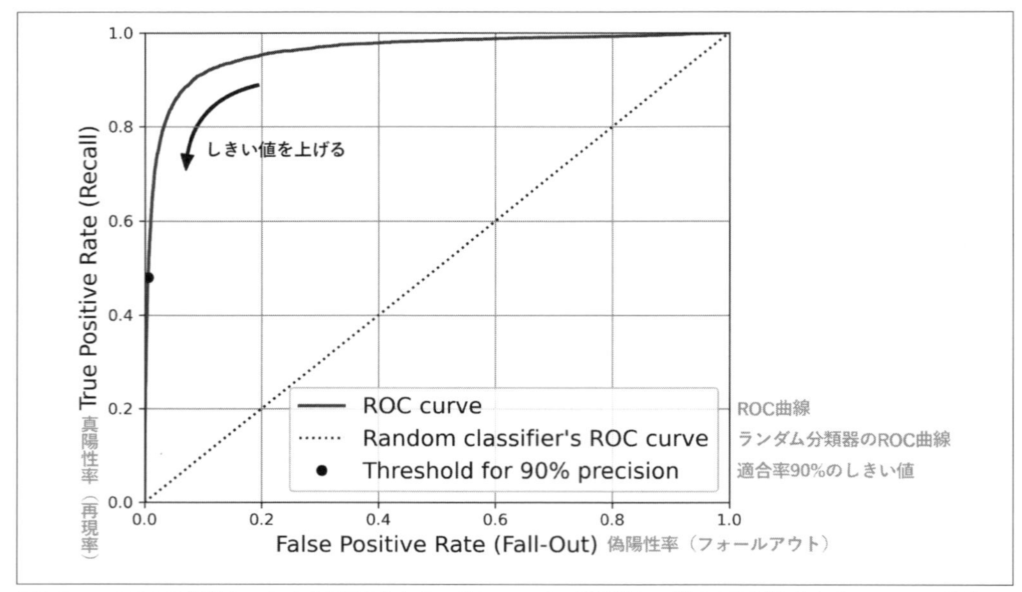

図3-7　このROC曲線は、すべての可能なしきい値について、偽陽性率に対する真陽性率を描いている。黒丸は、選択した割合（適合率90％で再現率48％）を表している。

ここでもトレードオフがある。再現率（TPR）が上がれば上がるほど、偽陽性（FPR）も上がるのである。点線は、純粋にランダム分類器のROC曲線を表している。優れた分類器は、ROC曲線がこの線からできる限り左上の方に離れた位置を通るものである。

分類器の比較には、**AUC**（area under the curve、曲線の下の面積）が使える。完璧な分類器は**ROC AUC**が1になるのに対し、純粋ランダム分類器のROC AUCは0.5になる。scikit-learnには、ROC AUCを計算する関数がある。

```
>>> from sklearn.metrics import roc_auc_score
>>> roc_auc_score(y_train_5, y_scores)
0.9604938554008616
```

ROC曲線はPR（適合率/再現率）曲線と非常によく似ているので、どちらを使ったらよいか迷うかもしれない。目安としては、陽性クラスが珍しいとか、偽陰性よりも偽陽性の方が気になるというときにPR曲線を使い、それ以外のときはROC曲線を使うとよい。例えば、先ほどのROC曲線（とROC AUCスコア）を見ると、この分類器はかなり性能が高いと思うかもしれないが、それは主として陽性（5）が陰性（5以外）と比べて少ないからである。それに対し、PR曲線を見れば、この分類器には改善の余地が十分にあることが明らかになる。曲線はもっと右上隅に近づけられる（**図3-6**をもう1度見てほしい）。

では、`RandomForestClassifier`を作って、そのPR曲線とF値を`SGDClassifier`のものと比べよう。

```
from sklearn.ensemble import RandomForestClassifier

forest_clf = RandomForestClassifier(random_state=42)
```

precision_recall_curve()関数は引数として個々のインスタンスのラベルとスコアを取るので、ランダムフォレスト分類器を学習し、それを使って各インスタンスにスコアを与えなければならない。しかし、RandomForestClassifierクラスには、動作上の理由（詳細は7章で説明する）から、decision_function()メソッドがない。ありがたいことに、RandomForestClassifierクラスには、個々のインスタンスが各クラスに属する確率を返すpredict_proba()メソッドがあるので、陽性クラスに属する確率をスコアとして使えばよい*1。次のようにcross_val_predict()関数を呼び出せば、交差検証を使ってRandomForestClassifierを学習し、個々の画像がそれぞれのクラスに属する確率を予測できる。

```
y_probas_forest = cross_val_predict(forest_clf, X_train, y_train_5, cv=3,
                                    method="predict_proba")
```

学習セットの最初の2個の画像が各クラスに属する確率を見てみよう。

```
>>> y_probas_forest[:2]
array([[0.11, 0.89],
       [0.99, 0.01]])
```

モデルは、最初の画像は89 %の確率で陽性、第2の画像は99 %の確率で陰性だと予測している。どの画像も陽性、陰性のどちらかなので、各行の確率の和は100 %になる。

これらは実際の確率ではなく、**推定**確率である。例えば、モデルが推定確率50 %から60 %で陽性と分類したすべての画像を見てみると、約94 %が実際に陽性である。そのため、この場合、モデルの推定確率はかなり低すぎるということだ。しかし、モデルが自信過剰になることもある。そこで、sklearn.calibrationパッケージには、推定確率を較正して実際の確率に近づけるツールが含まれている。詳しくは、ノートブック（https://homl.info/colab3）のこの章の部分に含まれている補足説明のセクションを参照してほしい。

陽性クラスに属する推定確率は第2列にある。そこで、precision_recall_curve()にそれを渡そう。

```
y_scores_forest = y_probas_forest[:, 1]
precisions_forest, recalls_forest, thresholds_forest = precision_recall_curve(
    y_train_5, y_scores_forest)
```

これでPR曲線を描く準備が整った。分類器の比較という意味でも、最初のPR曲線のプロットは役立つ（**図3-8**参照）。

*1 scikit-learnの分類器には、decision_function()とpredict_proba()の中のどちらかが必ずある。両方を持つ分類器もある。

```
plt.plot(recalls_forest, precisions_forest, "b-", linewidth=2,
         label="Random Forest")
plt.plot(recalls, precisions, "--", linewidth=2, label="SGD")
[...]  # ラベル、グリッド、凡例を追加して図を見やすくする
plt.show()
```

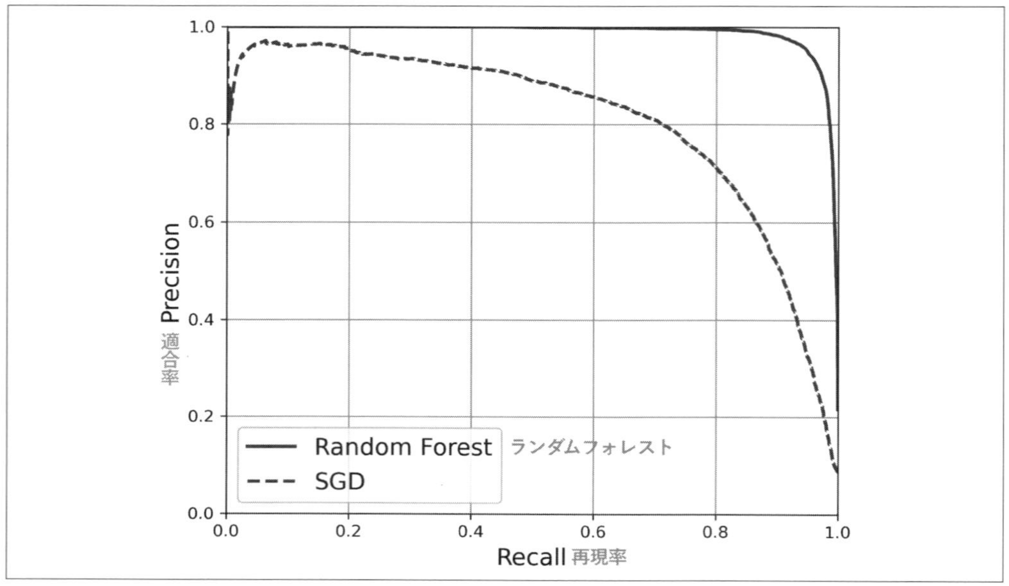

図3-8 PR曲線の比較。PR曲線が右上隅に大幅に近く、AUCが大きいため、ランダムフォレスト分類器の方がSGD分類器よりも優れている。

図3-8からもわかるように、RandomForestClassifierのPR曲線はSGDClassifierのPR曲線よりも大幅に優れているように見える。右上隅に大幅に近いのだ。ランダムフォレストはF値やROC AUCスコアでも大幅に優れている。

```
>>> y_train_pred_forest = y_probas_forest[:, 1] >= 0.5  # 正の確率≧50%
>>> f1_score(y_train_5, y_pred_forest)
0.9242275142688446
>>> roc_auc_score(y_train_5, y_scores_forest)
0.9983436731328145
```

適合率と再現率も計算してみよう。適合率が99.1 %で再現率が86.6 %となる。なかなかのものだ。

今までに二値分類器の学習、タスクの適切な指標の選択、交差検証を使った分類の評価、ニーズに合った適合率/再現率のバランスの取り方、いくつかの指標や曲線を使ったさまざまなモデルの比較方法を説明した。それでは、5かどうかだけではなくもっと多くの数字を検出できるようにしよう。

3.4　多クラス分類

二値分類器は2つのクラスの間の区別をするだけだったが、**多クラス分類器**（multiclass classifier、**多項分類器**：multinomial classifierとも呼ばれる）は、2つ以上のクラスを見分けることができる。

scikit-learn分類器の一部（例えば、LogisticRegression、RandomForestClassifier、GaussianNB）は、ネイティブに多クラスを処理できる。その他のもの（例えば、SGDClassifier、SVC）は、本質的に二値分類器である。しかし、複数の二値分類器を使って多クラス分類を行うための方法はいくつも考え出されている。

例えば、数字の画像を10個のクラス（0から9まで）に分類できるシステムを作りたければ、個々の数字のために10個の二値分類器（0検出器、1検出器、2検出器……）を学習すればよい。画像を分類するときには、個々の分類器の決定スコアを比較し、最も高いスコアを出力した分類器のクラスを選ぶ。これを**OvR法**（one-versus-the-rest）と呼ぶ（**OvA法**（one-versus-all）と呼ばれることもある）。

第2の方法として、数字のすべてのペアに対して二値分類器を学習するというものもある。0と1を区別するもので1つ、0と2を区別するもので1つ、1と2を区別するもので1つという形である。これを**OvO法**（one-versus-one）と呼ぶ。N個のクラスがある場合、$N \times (N-1) / 2$個の分類器を学習しなければならない。MNIST問題の場合、45個の二値分類器を学習することになる。分類では、1つの画像に対して45個のすべての分類器を実行し、最も多くの勝利を収めたクラスを選ぶ。OvO法の最大の利点は、学習セットのうち、区別しなければならない2つのクラスに属するインスタンスだけを対象として分類器を学習できることである。

一部のアルゴリズム（SVM分類器など）は、学習セットのサイズが大きくなると遅くなる。そのようなアルゴリズムでは、大規模な学習セットで少数の分類器を学習するよりも、小さな学習セットで多数の分類器を学習する方が早くなるので、OvO法を使った方がよい。しかし、大半の二値分類アルゴリズムでは、OvR法の方がよい。

scikit-learnは、多クラス分類のために二値分類アルゴリズムを使おうとすると、アルゴリズムの種類によって自動的にOvR法かOvO法を選んで使う。sklearn.svm.SVCクラスを使ってSVM分類器（5章参照）でこれを試してみよう。ここでは最初の2,000個の画像だけで学習する。全部で学習すると非常に時間がかかる。

```
from sklearn.svm import SVC

svm_clf = SVC(random_state=42)
svm_clf.fit(X_train[:2000], y_train[:2000])  # y_train_5ではなくy_train
```

これは簡単だ。このコードは、5かそれ以外かというターゲットクラス（y_train_5）ではなく、0から9までのもともとのターゲットクラス（y_train）を使ってSVCを学習する。10個のクラス（つまり2個よりも多いクラス）があるので、scikit-learnはOvO法を使い、45個の二値分類器を学習した。では、画像のクラスを予測してみよう。

```
>>> svm_clf.predict([some_digit])
array(['5'], dtype=object)
```

嘘ではない。このコードは実際に45回（クラスのペアごとに1回）の予測を行い、最も多くの勝利を収めたクラスを選んでいる。decision_function()メソッドを呼び出すと、インスタンスごとに10個のスコア（クラスごとに1個）が表示される。各クラスは、勝利数に引き分けの調整（最大で±0.33、分類器のスコアに基づいて決まる）を加味したスコアを獲得する。

```
>>> some_digit_scores = svm_clf.decision_function([some_digit])
>>> some_digit_scores.round(2)
array([[ 3.79,  0.73,  6.06,  8.3 , -0.29,  9.3 ,  1.75,  2.77,  7.21,
         4.82]])
```

最高スコアは9.3で、クラス5のものだということがわかる。

```
>>> class_id = some_digit_scores.argmax()
>>> class_id
5
```

分類器は、学習時にclasses_属性に値の順序でターゲットクラスのリストを格納する。この場合、classes_配列内の各クラスのインデックス（添字）はクラス自体と一致する（例えば、インデックス5のクラスは5のクラスである）が、一般に話はそこまで好都合に進まない。次のようにクラスのラベルを導き出さなければならない。

```
>>> svm_clf.classes_
array(['0', '1', '2', '3', '4', '5', '6', '7', '8', '9'], dtype=object)
>>> svm_clf.classes_[class_id]
'5'
```

scikit-learnに強制的にOvOやOvRを使わせたいときには、OneVsOneClassifierクラスかOneVsRestClassifierクラスを使う。単純にインスタンスを作り、分類器のコンストラクタへの引数として渡せばよい（二値分類器である必要さえない）。例えば、次のコードはSVCをベースにOvR法を使った多クラス分類器を作る。

```
from sklearn.multiclass import OneVsRestClassifier

ovr_clf = OneVsRestClassifier(SVC(random_state=42))
ovr_clf.fit(X_train[:2000], y_train[:2000])
```

予測をして学習した分類器の数をチェックしてみよう。

```
>>> ovr_clf.predict([some_digit])
array(['5'], dtype='<U1')
>>> len(ovr_clf.estimators_)
10
```

多クラスデータセットに対してSGDClassifierを学習し、予測をするのも同じくらい簡単だ。

```
>>> sgd_clf = SGDClassifier(random_state=42)
>>> sgd_clf.fit(X_train, y_train)
>>> sgd_clf.predict([some_digit])
array(['3'], dtype='<U1')
```

残念ながら予測誤りが起きて間違っている。今回、scikit-learnは舞台裏でOvR法を使っている。クラスが10個なので、10個の二値分類器を学習している。decision_function()メソッドは、クラスごとに1個の値を返す。SGD分類器が個々のクラスに与えたスコアを見てみよう。

```
>>> sgd_clf.decision_function([some_digit]).round()
array([[-31893., -34420.,  -9531.,   1824., -22320.,  -1386., -26189.,
        -16148.,  -4604., -12051.]])
```

分類器が自分の予測にあまり自信を持っていないことがわかる。ほとんどすべてのスコアが絶対値の大きい負数になっているのに対し、クラス3のスコアは+ 1,824であり、クラス5がそこから僅差の− 1,386で続いている。もちろん、1個の画像だけでこの分類器を評価すべきではない。各クラスにほぼ同数の画像が含まれているので、精度は悪くない。モデルの評価には、いつもと同じように、cross_val_score()関数が使える。

```
>>> cross_val_score(sgd_clf, X_train, y_train, cv=3, scoring="accuracy")
array([0.87365, 0.85835, 0.8689 ])
```

すべてのテストフォールドで85.8 %を超えている。ランダム分類器なら精度は10 %にしかならないので、これは悪くない数字だが、まだまだ改良の余地はある。例えば、単純に入力をスケーリングすれば（2章参照）、精度は89.1 %を上回る。

```
>>> from sklearn.preprocessing import StandardScaler
>>> scaler = StandardScaler()
>>> X_train_scaled = scaler.fit_transform(X_train.astype("float64"))
>>> cross_val_score(sgd_clf, X_train_scaled, y_train, cv=3, scoring="accuracy")
array([0.8983, 0.891 , 0.9018])
```

3.5 誤分類の分析

これが本物のプロジェクトなら、前章で行ったように、機械学習プロジェクトチェックリスト（付録A）に従い、データ準備オプションを研究し、複数のモデルを試し、成績のよい少数のモデルのリストを作って、GridSearchCVでハイパーパラメータをファインチューニングし、できる限り作業を自動化していくことになる。しかし、ここでは既に有望なモデルが見つかっており、その改良方法を探しているという前提で話を続けていく。そのための方法の1つは、モデルが犯す誤分類のタイプを分析することだ。

まず、混同行列を見てみよう。以前行ったように、まずcross_val_predict()関数を使って予測をしてから、confusion_matrix()にラベルと予測を渡す。しかし、今はクラスが2個ではなく10個なので、混同行列には大量の数値が含まれ、読みにくく感じるかもしれない。

カラーコーディングした混同行列を使えば分析が大幅に楽になる。次のようにConfusionMatrixDisplay.from_predictions()を使えばよい。

```
from sklearn.metrics import ConfusionMatrixDisplay

y_train_pred = cross_val_predict(sgd_clf, X_train_scaled, y_train, cv=3)
ConfusionMatrixDisplay.from_predictions(y_train, y_train_pred)
plt.show()
```

こうすると、**図3-9**の左の図が得られる。この混同行列はかなりの好成績を示しているようだ。ほとんどの画像が主対角線にある。これは正しく分類されたということだ。しかし、主対角線上の5行5列のセルは、ほかの数字のセルよりも暗い色になっている。これは、モデルが5の予測で誤りが多かったか、データセットに含まれている5の画像がほかの数字の画像よりも少ないからかもしれない。したがって、個々の値を対応する（本当の）クラスの画像数（つまり各行の数値の合計）で割って混同行列を正規化することが大切になる。これは関数呼び出しにnormalize="true"引数を追加すれば簡単に実現できる。また、values_format=".0%"引数を指定すれば、小数点なしのパーセント数が得られる。次のコードを実行すると、**図3-9**の右の図が得られる。

```
ConfusionMatrixDisplay.from_predictions(y_train, y_train_pred,
                                        normalize="true", values_format=".0%")
plt.show()
```

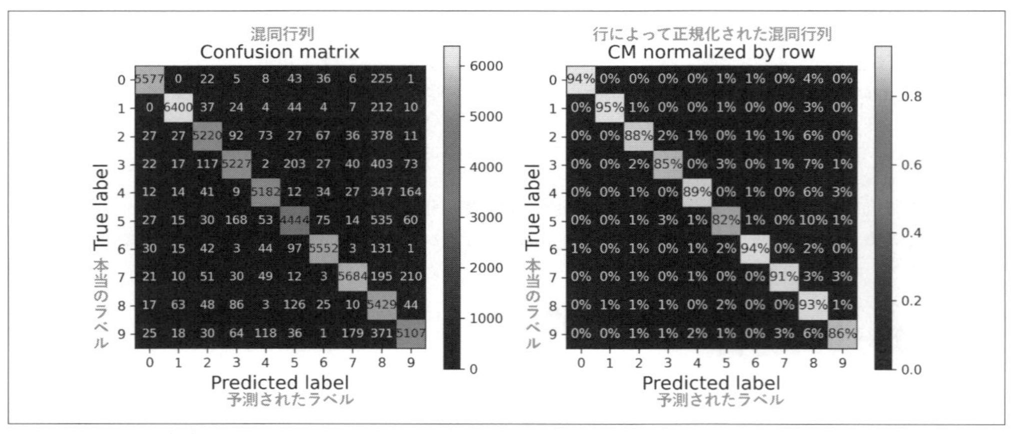

図3-9　混同行列（左）と行によって正規化した混同行列（右）

これで5の画像は82％しか正しく分類されていないことが簡単にわかる。5の画像に対してモデルが犯す誤りで最も多いのは、誤って8と分類することだ。これが全部の5の画像の10％で起きている。しかし、8のうち誤って5だと分類されているものは2％しかない。混同行列は、一般に対称的ではない。注意して見てみると、多くの数字が誤って8に分類されていることがわかるが、これはこの図からすぐにわかることではない。誤りをもっと目立つようにしたければ、正しい予測への重みを0にするとよい。

次のコードはそれを実際に行って、**図3-10**の左側を生成する。

```
sample_weight = (y_train_pred != y_train)
ConfusionMatrixDisplay.from_predictions(y_train, y_train_pred,
                                        sample_weight=sample_weight,
                                        normalize="true", values_format=".0%")
plt.show()
```

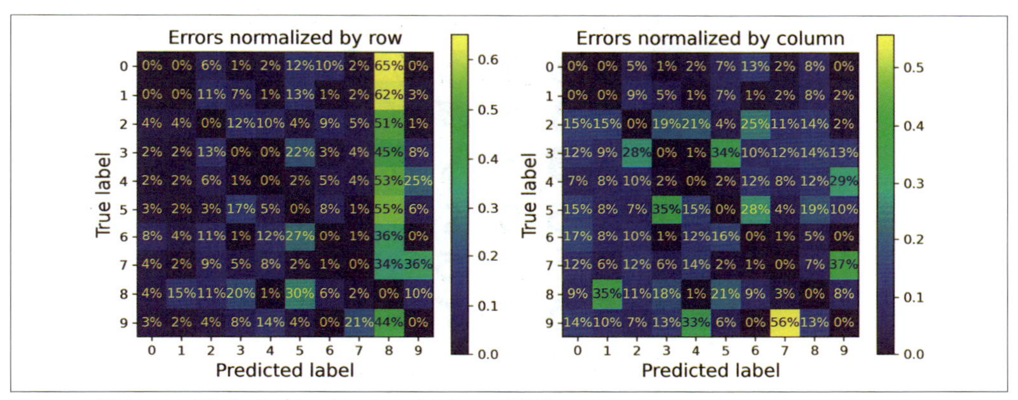

図3-10 誤りのみの混同行列。左は行、右は列によって正規化している

これで分類器がどのような誤りを犯しているのかが以前よりもかなりはっきりとわかるようになった。8の列はこれでとても明るい色になった。多くの画像が誤って8だと分類されていることがわかる。実際、ほとんどすべてのクラスで起きている最多の誤分類は、8への誤分類である。ただし、この図の割合の解釈方法には注意する。正しい予測の個数を計算から省いているということを忘れないようにしよう。例えば、7行9列の36 %は、7の画像全体の36 %が9に誤分類されているということではない。モデルが7の画像で犯した**誤り**の36 %が、9への誤分類だという意味である。実際には、7の画像の3 %だけが9に誤分類されているだけだ。これは**図3-9**の右側を見ればわかる。

混同行列は、行ではなく列で正規化することもできる。`normalize="pred"`を指定すると、**図3-10**の右側が得られる。例えば、誤って7と分類された数字の56 %が実際には9だということがわかる。

混同行列を分析すると、分類器の改善方法のアイデアが生まれることも多い。このプロットを見ると、間違って8と予測してしまう例を減らすことに力を注ぐとよさそうだ。例えば、8のように見える（けれども8ではない）数字の学習データを集めて、本物の8と区別できるように分類器を学習する。分類器を助ける新しい特徴量を作るのもよい。例えば、閉じた輪の数を数えるアルゴリズムを書くのである（8なら2個、6なら1個、5なら0個である）。さらに、画像を前処理して（scikit-image、Pillow、OpenCVなどを使う）、閉じた輪などのパターンをより目立つようにする方法もある。

個別の誤差を分析するのも、分類器が何を行っているか、なぜ分類を誤るかについて深く理解するための方法として役立つ。例えば、混同行列のスタイルで3と5の例をプロットしてみよう（**図3-11**）。

```
cl_a, cl_b = '3', '5'
X_aa = X_train[(y_train == cl_a) & (y_train_pred == cl_a)]
```

```
X_ab = X_train[(y_train == cl_a) & (y_train_pred == cl_b)]
X_ba = X_train[(y_train == cl_b) & (y_train_pred == cl_a)]
X_bb = X_train[(y_train == cl_b) & (y_train_pred == cl_b)]
[...]  # 混同行列のスタイルでX_aa、X_ab、X_ba、X_bbのすべての画像をプロット
```

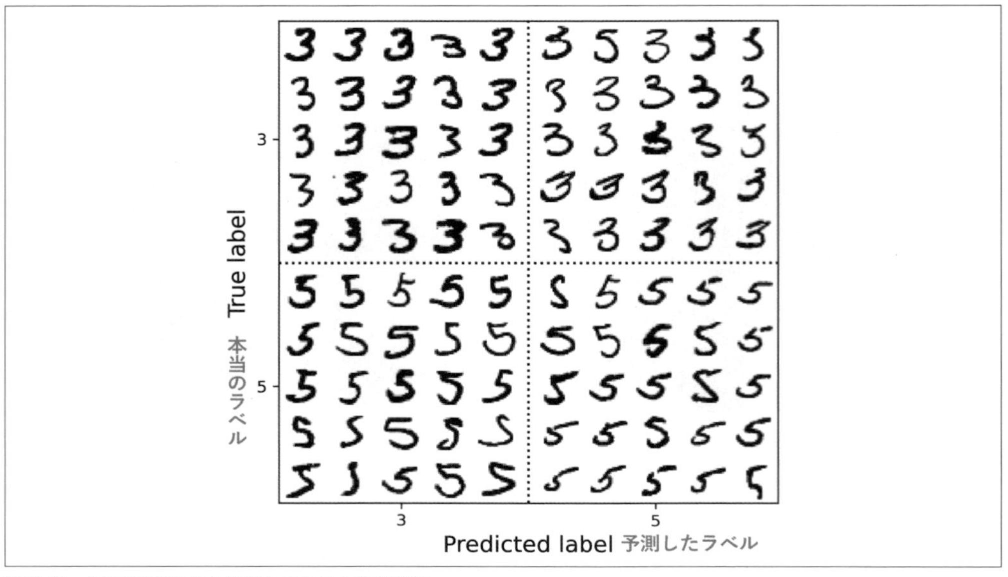

図3-11　混同行列のようにまとめた3と5の画像

このように、分類器が間違えた数字（つまり、左下と右上の部分）の中には、書き方がひどすぎて、人間でも間違えそうなものがある。しかし、誤分類された画像の大半は、人間から見れば間違いようがないものだ。分類器がなぜ間違えたのか理解しづらいかもしれない。しかし、人間の脳はすばらしいパターン認識システムになっており、人間の視覚系は情報が意識に到達する前に多数の複雑な前処理を行っていることを忘れないようにしたい。このタスクは、単純に感じられるかもしれないが、実際には単純ではないのだ。私たちが使ったのは、単純な線形モデルの`SGDClassifier`にすぎない。クラスごとに各ピクセルに重みを与え、新しい画像が与えられると、重みの合計という形で各クラスのスコアを計算する。3と5は数ピクセルしか違わないので、このモデルは簡単に両者を混同してしまう。

3と5で最も大きく違うのは、上の線と下の円弧をつなぐ短い線の位置である。この線の位置を少し左寄りにして3を描くと、分類器はそれを5に分類する。逆も同様である。つまり、この分類器は画像の平行移動と回転に敏感に反応する。画像が中央に配置されあまり回転されていない形になるように前処理すると、3と5の混同は削減されるだろう。しかし、そのためには個々の画像の正しい回転角度を予測しなければならないので難しいかもしれない。それよりも、もとの学習データを少し平行移動したり回転したりした画像を作って学習セットを補う方がはるかに簡単だ。こうすると、モデルはそのような違いに簡単に惑わされないように学習する。これを**データ拡張**（data augmentation）と呼ぶ（14章で詳しく取り上げる。章末の演習問題2も参照のこと）。

3.6 多ラベル分類

今までは、インスタンスはどれも1つのクラスに属するだけだった。しかし、個々のインスタンスに対して複数のクラスを出力するような分類器がほしい場合がある。例えば、顔認識の分類器について考えてみよう。同じ写真で複数の人を認識したときにはどうすればよいだろうか。もちろん、認識した人ごとに1つのタグを付けるべきだ。例えば、分類器がAlice、Bob、Charlieの3人の顔を認識するように学習されていたとする。その場合、AliceとCharlieが写っている写真を与えたら、分類器は[1, 0, 1]（Aliceはyes、BobはNo、Charlieはyesという意味）と出力しなければならない。このように複数の2値タグを出力する分類システムを**多ラベル分類**（multilabel classification）システムと呼ぶ。

まだ顔認識自体には深入りしないが、説明のためにもっと単純な例を使う。

```
import numpy as np
from sklearn.neighbors import KNeighborsClassifier

y_train_large = (y_train >= '7')
y_train_odd = (y_train.astype('int8') % 2 == 1)
y_multilabel = np.c_[y_train_large, y_train_odd]

knn_clf = KNeighborsClassifier()
knn_clf.fit(X_train, y_multilabel)
```

このコードは、個々の数字の画像に対して2つのターゲットラベルを持つ`y_multilabel`配列を生成する。最初のラベルは数字が大きい値（7、8、9）かどうか、第2のラベルは数字が奇数かどうかを示す。最後の2行は多ラベル分類をサポートする`KNeighborsClassifier`のインスタンスを作り、ターゲットが複数ある配列で学習する（どの分類器でもサポートするわけではない）。これで予測をすると、2つのラベルが出力されることがわかる。

```
>>> knn_clf.predict([some_digit])
array([[False,  True]])
```

そして、分類器は正しく仕事をしている。数字の5は大きな値ではなく（`False`）、奇数（`True`）である。

多ラベル分類器の評価方法は多数あり、プロジェクト次第で正しい指標の選び方は異なる。例えば、個々のラベルのF値または、今までに説明してきた二値分類器のその他の指標）を測り、単純に平均値を計算するという方法がある。次のコードは、すべてのラベルのF値の平均値を計算する。

```
>>> y_train_knn_pred = cross_val_predict(knn_clf, X_train, y_multilabel, cv=3)
>>> f1_score(y_multilabel, y_train_knn_pred, average="macro")
0.976410265560605
```

このアプローチは、すべてのラベルの重要度が等しいことを前提としているが、そうではない場合もあるだろう。例えば、BobやCharlieの写真よりもAliceの写真がずっと多い場合には、Aliceが写った写真に対するスコアに重みを与えたいかもしれない。そのような場合には、**サポート**（support：すなわちターゲットラベルを持つインスタンスの数）に応じた重みを各ラベルに与えるという単純な方法が使える。f1_score()を呼び出すときに、average="weighted"を指定すればよい[*1]。

SVCのようにネイティブでは多ラベル分類をサポートしない分類器を使いたい場合には、ラベルごとに1つのモデルを学習するという方法がある。しかし、この方法では、ラベルの間にある依存関係を学習できない。例えば、大きな数字（7、8、9）は、偶数ではなく奇数である可能性が高いが、「奇数」ラベルの分類器は、「大きい」ラベルの分類器の予測を知らない。この問題は、モデルをチェーンにまとめると解決できる。予測をするときに、もともとの入力特徴量に加えてチェーンの前の方にあるモデルのすべての予測結果を使うのである。

scikit-learnには、まさにこれをしてくれるChainClassifierというクラスがある。デフォルトでは、本物のラベルで学習をする。個々のモデルには、チェーン内での位置に基づいて適切なラベルが与えられる。しかし、cvハイパーパラメータを設定すると、学習セットのすべてのインスタンスに対して、交差検証を使って個々の学習モデルから「クリーンな」（標本外）予測を得て、チェーンのその後のすべてのモデルでその予測が使われるようになる。次のようにすれば、交差検証を使ったChainClassifierを作って学習できる。今までと同じように、処理をスピードアップするために、学習セットの最初の2,000個の画像だけを使っている。

```
from sklearn.multioutput import ClassifierChain

chain_clf = ClassifierChain(SVC(), cv=3, random_state=42)
chain_clf.fit(X_train[:2000], y_multilabel[:2000])
```

次のようにすれば、このChainClassifierを使って予測できる。

```
>>> chain_clf.predict([some_digit])
array([[0., 1.]])
```

3.7 多出力分類

この章で取り上げる分類タスクの最後のタイプは、**多出力多クラス分類**（multioutput-multiclass classification、あるいは単純に**多出力分類**：multioutput classification）と呼ばれるものである。単純に個々のラベルが多クラスでもよい（複数の値を持ってよい）という形に多ラベル分類を一般化したものだ。

具体例として、画像からノイズを取り除くシステムを作ってみよう。このシステムにノイズの入った数字の画像を与えると、MNIST画像のように、ピクセルの明度の配列という形で表現されたクリーンな数字の画像を出力する（おそらく）。分類器の出力が多ラベル（ピクセルごとに1ラベル）で、個々のラベルが複数の値（ピクセルの明度は0から255までの範囲）だということに注意しよう。したがって、これは多出力分類システムの例になっている。

---

*1 scikit-learnは、ほかにも平均の計算のためのオプションや多ラベル分類器の指標を提供している。詳しくはドキュメントを参照してほしい。

この例のように、分類と回帰の境界があいまいになる場合がある。ピクセルの明度の予測は、分類よりも回帰に近いと言えるかもしれない。また、多出力システムは、分類のタスクに限られない。インスタンスごとにクラスのラベルと値のラベルを含む複数のラベルを出力するシステムもあり得る。

まず、NumPyの`randint()`関数でMNIST画像のピクセルの明度にノイズを加えて学習セットとテストセットを作るところから始めよう。ターゲットはもとの画像である。

```
np.random.seed(42)  # このコード例を再現可能にするために引数を固定にする
noise = np.random.randint(0, 100, (len(X_train), 784))
X_train_mod = X_train + noise
noise = np.random.randint(0, 100, (len(X_test), 784))
X_test_mod = X_test + noise
y_train_mod = X_train
y_test_mod = X_test
```

テストセットの最初の画像をちょっと覗いてみよう（**図3-12**）。テストデータを覗こうとしているので、ここは眉をひそめなければならないところだ。

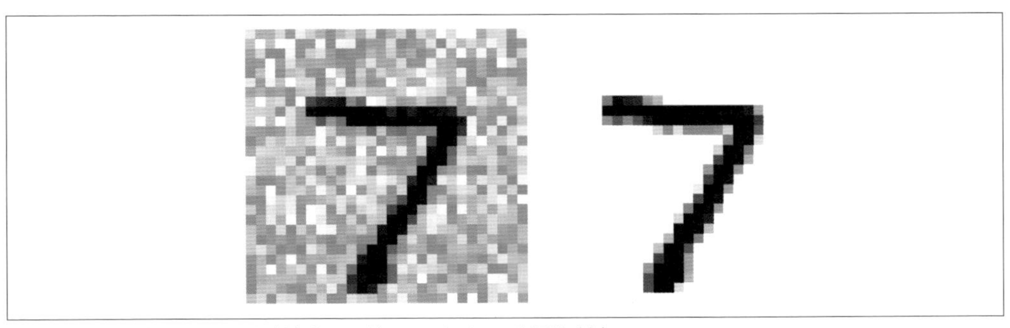

図3-12　ノイズを入れた画像（左）とターゲットのクリーンな画像（右）

左側がノイズの入った入力画像、右がクリーンなターゲット画像である。では、分類器を学習して、この画像をクリーンにしてみよう（**図3-13**）。

```
knn_clf = KNeighborsClassifier()
knn_clf.fit(X_train_mod, y_train_mod)
clean_digit = knn_clf.predict([X_test_mod[0]])
plot_digit(clean_digit)
plt.show()
```

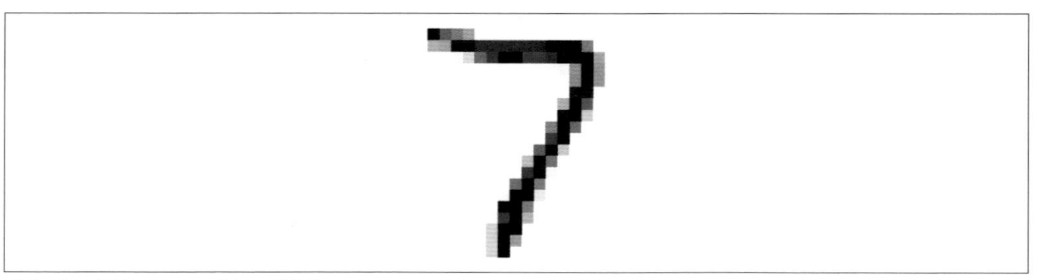

図3-13 クリーンアップされた画像

ターゲットと十分似ているようだ。私たちの分類器めぐりはこれで終わりである。みなさんは分類のタスクの優れた指標の選び方、適合率/再現率のバランスの取り方、分類器の比較方法、そしてさまざまなタスクのための優れた分類システムの構築方法を覚えたはずだ。次章では、今まで使ってきた機械学習モデルに実際に仕事をさせる方法を学ぶ。

3.8 演習問題

1. MNISTデータセット用の分類器を作り、テストセットで97%を超える精度を目指しなさい。
   ヒント：このタスクでは、`KNeighborsClassifier`が非常に効果的である。あとは、適切なハイパーパラメータ値を見つけるだけでよい（`weights`と`n_neighbors`の2つのハイパーパラメータでグリッドサーチを試してほしい）。
2. MNIST画像を任意の方向（上下左右）に1ピクセルずつずらす関数を書きなさい*1。次に、学習セットのすべての画像について、4方向に1ピクセルずつずらした4つのコピーを作り、それを学習セットに追加しなさい。最後に、この拡張学習セットを使って自分にとって最良のモデルを学習し、学習セットに対する適合率を測定しなさい。モデルの性能がさらに上がったことがわかるだろう。このように学習セットを人工的に増やすテクニックを**データ拡張**（data augmentation）とか**学習セットの拡張**（training set expansion）と呼ぶ。
3. Titanicデータセットに挑戦しなさい。Kaggle（https://www.kaggle.com/c/titanic）ページからスタートするとよい。このデータセットは、2章の住宅価格データのときと同じように、https://homl.info/titanic.tgz からダウンロードしてtarボールを解凍するという方法でも入手できる。すると、`train.csv`と`test.csv`の2個のCSVファイルが手に入る。これらは`pandas.read_csv()`でロードできる。目標は、ほかの列に基づいて`Survived`列を予測できるように分類器を学習することだ。
4. スパム分類器を作りなさい（難易度高）。
   a. Apache SpamAssassinの公開データセット（https://homl.info/spamassassin）からスパムとハムのメール例をダウンロードする。

*1 `scipy.ndimage.interpolation`モジュールの`shift()`関数を使えばよい。例えば、`shift(image, [2, 1], cval=0)`を実行すると、画像は2ピクセル下、1ピクセル右に移動する。

b. データセットを解凍し、データ形式を理解する。
c. データセットを学習セットとテストセットに分割する。
d. 個々のメールを特徴量ベクトルに変換するデータ準備のためのパイプラインを書く。準備パイプラインは、メールで使われ得る個々の単語の有無を示す（疎）ベクトルを作る。例えば、すべてのメールに含まれている単語が「Hello」、「how」、「are」、「you」の4語だけだとすると、「Hello you Hello Hello you」というメールは、[1, 0, 0, 1]というベクトルに変換される（Helloはある、howはない、areはない、youはあるという意味）。[3, 0, 0, 2]を生成して、個々の単語の出現数を数えてもよい。
準備パイプラインには、メールヘッダを取り除くかどうか、個々のメールを小文字に変換するかどうか、記号を取り除くかどうか、すべてのURLを「URL」に置換するかどうか、すべての数値を「NUMBER」に変換するかどうか、**ステミング**（stemming：つまり、単語の変化を取り除くこと。そのためのPythonライブラリが作られている）をするかどうかを指定するハイパーパラメータを追加する。
e. 最後に複数の分類器を試し、再現率と適合率の両方が高い優れたスパム分類器を構築できるかどうかを考える。

演習問題の解答は、ノートブック（https://homl.info/colab3）の3章の部分を参照のこと。

4章 モデルの学習

今までは、機械学習モデルやその学習アルゴリズムをほとんどブラックボックスのように扱ってきた。今までの章の練習問題を実際に試してみたみなさんは、舞台裏で何が行われているのかをまったく知らなくても、いかに大きなものが手に入るかを知って驚かれただろう。何しろ、実際の仕組みをまったく知らないまま、回帰システムを最適化し、数字画像の分類器を改良し、0からスパム分類器を作れたのだ。実際、実装の詳細を知る必要がない場面は多い。

しかし、動作の仕組みをよく理解できていれば、タスクに合った適切なモデル、適切な学習アルゴリズム、優れたハイパーパラメータセットに早くたどり着けるようになる。舞台裏で行われていることがわかっていれば、問題点のデバッグに役立ち、効率よく誤差を分析できる。そして、この章で取り上げるテーマの大半は、ニューラルネットワーク（本書第II部で説明する）の理解、構築、学習のために役立つ。

この章では、最も単純なモデルの1つである線形回帰モデルの詳細を見るところからスタートする。線形回帰モデルの2つの大きく異なる学習方法を取り上げる。

- モデルを学習セットにベストフィットさせるためのモデルパラメータ（つまり、学習セットに対して損失関数が最小になるようなモデルパラメータ）を直接計算する「閉形式の方程式」[*1]を使う方法。
- 学習セットに対して損失関数が最小になるように、モデルパラメータを少しずつ操作し、最終的に第1の方法と同じパラメータセットに収束する勾配降下法（GD：gradient descent）という反復的な最適化アプローチを使う方法。第II部でニューラルネットワークについて学ぶときに繰り返し使うバッチ勾配降下法、ミニバッチ勾配降下法、確率的勾配降下法を見ていく。

次に、非線形データセットにも適合できる多項式回帰という、より複雑なモデルを取り上げる。多項式回帰は線形回帰よりもパラメータが多いので、その分線形回帰よりも学習データを過学習しやすい。そこで、学習曲線を使って過学習かどうかを判別する方法を説明してから、学習セットの過学習のリス

＊1　閉形式の方程式は、有限個の定数、変数、基本演算と初等関数だけで構成される（例えば、$a = \sin(b - c)$など）。無限和、極限、積分が含まれていてはならない。

クを削減する複数の正則化手法について考える。

最後に、分類のタスクでよく使われるロジスティック回帰とソフトマックス回帰の2つのモデルについて検討する。

この章では、線形代数と微積分の基本概念を使った数式が多数登場する。これらの式を理解するためには、ベクトル、行列とは何か、どのようにして転置するか、ドット積とは何か、逆行列とは何か、偏微分とは何かを知っている必要がある。これらをよく知らない方は、オンライン補助教材のJupyterノートブック（https://github.com/ageron/handson-ml3）に含まれている線形代数（https://github.com/ageron/handson-ml3/blob/main/math_linear_algebra.ipynb）、微積分入門（https://github.com/ageron/handson-ml3/blob/main/math_differential_calculus.ipynb）チュートリアルをひと通り学習してほしい。数学アレルギーが強い方は、式を読み飛ばしながらでも、この章を読み通してほしい。おそらく、本文を読むだけでも、概念の大部分は理解できるはずだ。

4.1　線形回帰

1章では、「生活満足度」の単純な回帰モデルを取り上げた。

$$\text{life\_satisfaction} = \theta_0 + \theta_1 \times \text{GDP\_per\_capita}$$

このモデルは、`GDP_per_capita`という入力特徴量の線形関数にすぎないものだった。θ_0とθ_1はモデルパラメータである。

より一般的に、線形モデルとは、**式4-1**に示すように、入力特徴量の加重総和に、**バイアス項**（bias term、**切片項**：intercept termとも呼ばれる）という定数を加えたものである。

式4-1　線形回帰モデルによる予測

$$\hat{y} = \theta_0 + \theta_1 x_1 + \theta_2 x_2 + \cdots + \theta_n x_n$$

- $\hat{y}$は予測された値
- nは特徴量数
- x_iはi番目の特徴量の値
- θ_jはj番目のモデルのパラメータ（バイアス項のθ_0と特徴量の重みのθ_1, $\theta_2, \dots,$ θ_n）

これは、**式4-2**に示すように、ベクトル形式を使えばもっと簡潔に書ける。

式4-2　線形回帰モデルの予測（ベクトル形式）

$$\hat{y} = h_{\boldsymbol{\theta}}(\mathbf{x}) = \boldsymbol{\theta} \cdot \mathbf{x}$$

- $h_{\boldsymbol{\theta}}$はモデルパラメータ$\boldsymbol{\theta}$を使った仮説関数。
- $\boldsymbol{\theta}$はモデルの**パラメータベクトル**（parameter vector）で、バイアス項のθ_0とθ_1からθ_nまでの特徴量の重みを含む。
- $\mathbf{x}$はインスタンスの**特徴量ベクトル**（feature vector）で、x_0からx_nまでを含む。ただし、x_0は常に1である。

- $\boldsymbol{\theta} \cdot \mathbf{x}$ はベクトル $\boldsymbol{\theta}$ と $\mathbf{x}$ のドット積で、$\theta_0 x_0 + \theta_1 x_1 + \theta_2 x_2 + \cdots + \theta_n x_n$ と等しい。

機械学習では、ベクトルは1列の2次元配列である**列ベクトル**(column vector)で表されることが多い。$\boldsymbol{\theta}$ と $\mathbf{x}$ が列ベクトルなら、予測は $\hat{y} = \boldsymbol{\theta}^\mathsf{T}\mathbf{x}$ である。ただし、$\boldsymbol{\theta}^\mathsf{T}$ は $\boldsymbol{\theta}$ の**転置**(transpose:列ベクトルを行ベクトルにしたもの)で、$\boldsymbol{\theta}^\mathsf{T}\mathbf{x}$ は $\boldsymbol{\theta}^\mathsf{T}$ と $\mathbf{x}$ を行列として乗算した積である。これでももちろん予測は同じだが、スカラ値ではなく、1要素の行列になっているところが異なる。本書では、ドット積と行列の乗算の切り替えを避けるために、この記法を使う。

これが線形回帰モデルである。では、線形回帰モデルをどのようにして学習したらよいのだろうか。モデルの学習とは、モデルが学習セットに最もよく適合するようなモデルパラメータを見つけることだと思い出そう。そのためには、まず、モデルと学習データがどの程度適合しているのかを測定するための尺度が必要だ。2章で説明したように、回帰モデルの最も一般的な性能指標は、二乗平均平方根誤差(RMSE:root mean square error、**式2-1**)である。そのため、線形回帰モデルの学習では、RMSEを最小にする $\boldsymbol{\theta}$ の値を見つける必要がある。実際にはRMSEを最小にするよりも平均二乗誤差(MSE:mean square error)を最小にする方が簡単で、結果も同じになる(関数を最小にする値は、関数の平方根も最小にする)。

学習アルゴリズムは、学習中、最終モデルの評価に使われる性能指標とは異なる損失関数を最適化することがよくある。これはその関数の方が最適化しやすいか、学習中だけ必要な補助項(例えば、正則化のための)を持っているか、その両方のためである。性能指標は最終的なビジネス目標にできる限り近いものがよいのに対し、学習用の損失関数は最適化しやすく性能指標との間に強い相関関係があるものがよい。例えば、分類器は対数損失関数(Log Loss)などの損失関数を使うことが多いが(この章で後述するように)、評価には適合度/再現率(PR)を使う。対数損失関数は最小化しやすく、対数損失関数を最小化すると、通常は適合度/再現率が向上する。

学習セット $\mathbf{X}$ に対する線形回帰の仮説 $h_{\boldsymbol{\theta}}$ のMSEは、**式4-3**で計算できる。

式4-3 線形回帰モデルのMSE損失関数

$$\mathrm{MSE}(\mathbf{X}, h_{\boldsymbol{\theta}}) = \frac{1}{m} \sum_{i=1}^{m} \left(\boldsymbol{\theta}^\mathsf{T}\mathbf{x}^{(i)} - y^{(i)}\right)^2$$

記法の大半は、2章の「記法」というコラムで説明した。唯一の違いは、モデルがベクトル $\boldsymbol{\theta}$ をパラメータとしていることをはっきりさせるために、ただの h ではなく、$h_{\boldsymbol{\theta}}$ と表記しているところだけだ。ただし、これからは記法を単純化するために、$\mathrm{MSE}(\mathbf{X}, h_{\boldsymbol{\theta}})$ ではなく、$\mathrm{MSE}(\boldsymbol{\theta})$ と書くことにする。

4.1.1 正規方程式

MSEを最小にする $\boldsymbol{\theta}$ の値を見つけるために、**閉形式解**(closed-form solution)、すなわち結果を直接与えてくれる方程式が存在する。これを**正規方程式**(normal equation、**式4-4**)と呼ぶ。

式4-4 正規方程式

$$\hat{\boldsymbol{\theta}} = \left(\mathbf{X}^\intercal \mathbf{X}\right)^{-1} \mathbf{X}^\intercal \ \mathbf{y}$$

- $\hat{\boldsymbol{\theta}}$ は、損失関数を最小化する $\boldsymbol{\theta}$ の値。
- $\mathbf{y}$ は、$y^{(1)}$ から $y^{(m)}$ までのターゲット値を格納するベクトル。

では、図4-1のような線形に見えるデータを生成して、この方程式をテストしてみよう。

```
import numpy as np

np.random.seed(42)  # このコード例を再現可能にするために引数を固定にする
m = 100  # インスタンス数
X = 2 * np.random.rand(m, 1)  # 列ベクトル
y = 4 + 3 * X + np.random.randn(m, 1)  # 列ベクトル
```

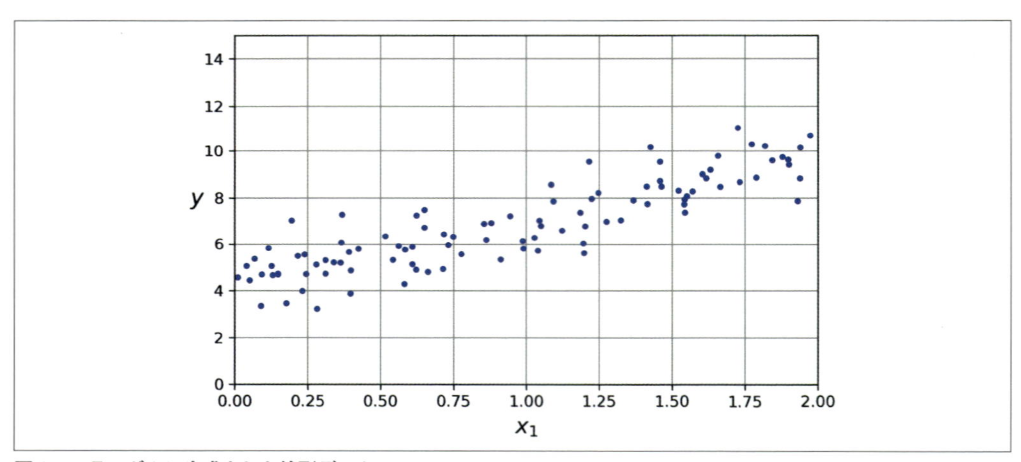

図4-1 ランダムに生成された線形データセット

そして、正規方程式を使って $\hat{\boldsymbol{\theta}}$ を計算する。NumPyの線形代数モジュール（np.linalg）のinv()関数を使って逆行列を計算し、dot()メソッドを使って行列の乗算を行う。

```
from sklearn.preprocessing import add_dummy_feature

X_b = add_dummy_feature(X)  # 各インスタンスにx0 = 1を加える
theta_best = np.linalg.inv(X_b.T @ X_b) @ X_b.T @ y
```

@演算子は行列の乗算を行う。AとBがNumPy配列だとして、A @ Bはnp.matmul(A, B)と等しい。TensorFlow、PyTorch、JAXなどのほかのライブラリの多くも@演算子をサポートする。しかし、Pythonネイティブの配列（つまり、リストのリスト）で@を使うことはできない。

データを生成するために実際に使った関数は、$y = 4 + 3x_1 +$ ガウスノイズである。方程式が見つけた値を見てみよう。

```
>>> theta_best
array([[4.21509616],
       [2.77011339]])
```

$\theta_0 = 4.215$と$\theta_1 = 2.770$ではなく、$\theta_0 = 4$と$\theta_1 = 3$の方がよかったが、十分近い。しかし、ノイズのおかげでもとの関数の正確なパラメータは復元できなくなっている。データセットが小さくノイズが大きいほど、復元は難しくなる。

これで$\hat{\boldsymbol{\theta}}$を使って予測できるようになった。

```
>>> X_new = np.array([[0], [2]])
>>> X_new_b = add_dummy_feature(X_new)  # 各インスタンスにx0=1を加える
>>> y_predict = X_new_b @ theta_best
>>> y_predict
array([[4.21509616],
       [9.75532293]])
```

このモデルの予測をプロットしてみよう（図4-2）。

```
import matplotlib.pyplot as plt

plt.plot(X_new, y_predict, "r-", label="Predictions")
plt.plot(X, y, "b.")
[...]  # ラベル、軸、グリッド、凡例を追加して図を見やすくする
plt.show()
```

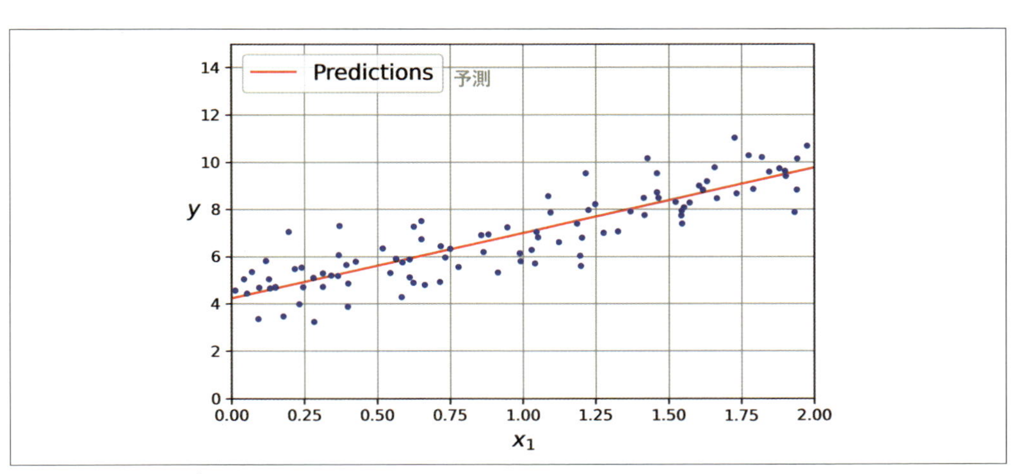

図4-2　線形回帰モデルの予測

scikit-learnを使えば、線形回帰はもっと簡単だ。

```
>>> from sklearn.linear_model import LinearRegression
>>> lin_reg = LinearRegression()
>>> lin_reg.fit(X, y)
```

```
>>> lin_reg.intercept_, lin_reg.coef_
(array([4.21509616]), array([[2.77011339]]))
>>> lin_reg.predict(X_new)
array([[4.21509616],
       [9.75532293]])
```

scikit-learnが特徴量の重み(coef_)からバイアス項(intercept_)を切り離していることに注意しよう。LinearRegressionクラスは、直接呼び出せるscipy.linalg.lstsq()関数をもとにしている(関数名は、least squares:最小二乗を縮めたもの)。

```
>>> theta_best_svd, residuals, rank, s = np.linalg.lstsq(X_b, y, rcond=1e-6)
>>> theta_best_svd
array([[4.21509616],
       [2.77011339]])
```

この関数は、$\hat{\boldsymbol{\theta}} = \mathbf{X}^{+}\mathbf{y}$を計算する。ただし、$\mathbf{X}^{+}$は$\mathbf{X}$の**擬似逆行列**(pseudoinverse:正式にはムーア・ペンローズの逆行列と呼ぶ)である。np.linalg.pinv()を使えば、擬似逆行列を直接計算できる。

```
>>> np.linalg.pinv(X_b) @ y
array([[4.21509616],
       [2.77011339]])
```

擬似逆行列自体は、**特異値分解**(SVD、Singular Value Decomposition)という行列の標準的な分解テクニックを使って計算できる。SVDは、学習セットの行列$\mathbf{X}$を$\mathbf{U}\,\boldsymbol{\Sigma}\,\mathbf{V}^{\intercal}$という3つの行列の乗算に分解する(numpy.linalg.svd()参照)。擬似逆行列は、$\mathbf{X}^{+} = \mathbf{V}\boldsymbol{\Sigma}^{+}\mathbf{U}^{\intercal}$で計算できる。行列$\boldsymbol{\Sigma}^{+}$を計算するために、アルゴリズムは$\boldsymbol{\Sigma}$の要素のうち、小さなしきい値よりも小さいものをすべて0に置き換え、0以外の値をすべて逆数に置き換えて、最後に行列を転置する。この方法は、正規方程式を計算するよりも効率がよく、境界条件をうまく処理できる。実際、$m < n$であったり、一部の特徴量が冗長であったりして$\mathbf{X}^{\intercal}\,\mathbf{X}$に逆行列が存在しなければ(つまり、特異行列なら)、正規方程式は使えないが、擬似逆行列は常に定義される。

4.1.2 計算量

正規方程式は、$(n + 1) \times (n + 1)$(ただし、nは特徴量の数)の行列の、$\mathbf{X}^{\intercal}\,\mathbf{X}$の逆行列を計算する。このような逆行列計算の**計算量**(computational complexity)は、一般に$\mathcal{O}(n^{2.4})$から$\mathcal{O}(n^{3})$である(実装によって異なる)。つまり、特徴量の数が倍になると、計算時間は$2^{2.4} = 5.3$倍から$2^{3} = 8$倍になる。

それに対し、scikit-learnのLinearRegressionクラスが使っているSVD方式の計算量は、およそ$\mathcal{O}(n^{2})$である。特徴量の数が倍になると、計算時間は4倍になる。

特徴量が数が非常に多くなると(例えば10万個)、正規方程式とSVD方式はともに非常に遅くなる。しかし、学習セットのインスタンス数に対しては線形なので($\mathcal{O}(m)$)、メモリに収まる限り、大規模な学習セットを効率的に処理できるという長所がある。

また、学習後の線形回帰モデル(正規方程式を使った場合でも、ほかのアルゴリズムを使った場合でも）は、非常に高速に予測する。計算量は、予測したいインスタンス数に対しても、特徴量数に対しても線形になる。つまり、予測の対象のインスタンス数が2倍になった場合でも、インスタンスの特徴量が2倍になった場合でも、予測にかかる時間はおおよそ2倍になるだけである。

では次に、特徴量が非常に多い場合や、学習インスタンスが多すぎてメモリに収まりきらないときに適している、正規方程式とはまったく異なる線形回帰モデルの学習方法を見てみよう。

4.2 勾配降下法

勾配降下法（gradient descent）は、非常に広い範囲の問題の最適解を見つけられる汎用性が高い最適化アルゴリズムだ。勾配降下法の一般的な考え方は、損失関数を最小にするために、パラメータを繰り返し操作することである。

山の中で濃霧のために迷子になってしまったとする。わかるのは足元の地面の傾きだけだ。谷底にいち早く到達するためには、最も急な傾きで下がっていく方向を選ぶとよい。勾配降下法はまさにそれを行う。パラメータベクトル$\boldsymbol{\theta}$について誤差関数の局所的な勾配を測定し、下に降りていく方向に進む。勾配が0になれば、最小値に達したということだ。

具体的には、$\boldsymbol{\theta}$をランダムな値で初期化し（これを**ランダム初期化**：random initializationと呼ぶ）、毎回損失関数（例えば、MSE）が小さくなるように、小さなステップでパラメータを動かしていく。最小値に収束（converge）するまでそれを繰り返す（**図4-3**）。

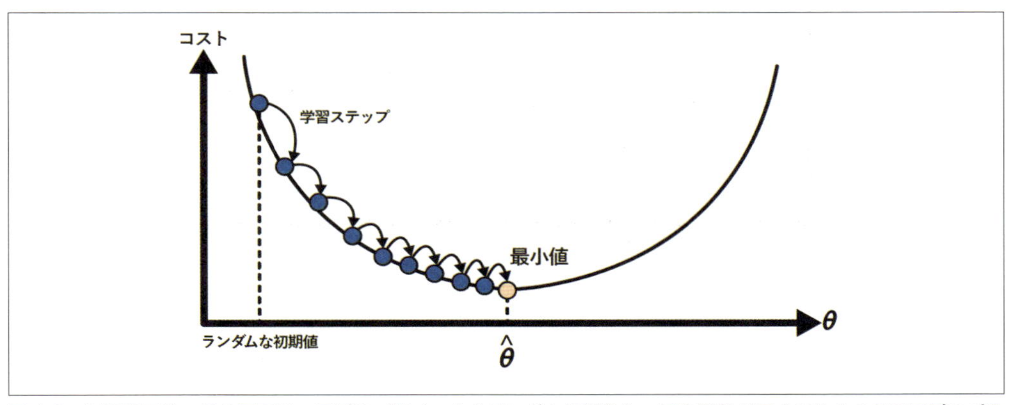

図4-3　勾配降下法：この図では、モデルパラメータをランダム初期化し、損失関数が最小になるようにモデルパラメータを少しずつ操作している。学習ステップのサイズは、損失関数の傾きに比例している。そのため、損失が最小値に近づいてくるにつれて、ステップは次第に小さくなってくる

勾配降下法で重要なパラメータの1つは、**学習率**（learning rate）ハイパーパラメータで定義されるステップのサイズだ。学習率が小さすぎると、収束までの反復数が増え、時間がかかることになる（**図4-4**）。

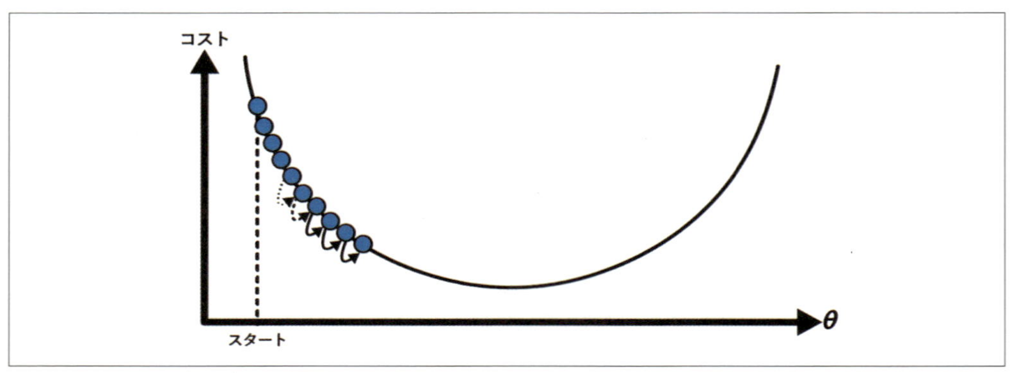

図4-4 学習率が小さすぎる

それに対し、学習率が大きすぎると谷間を挟んで反対側の斜面に飛びつき、最初よりも高い位置に行ってしまう場合さえある。学習率を大きくすればするほど、アルゴリズムは発散してよい解を見つけられなくなる（**図4-5**）。

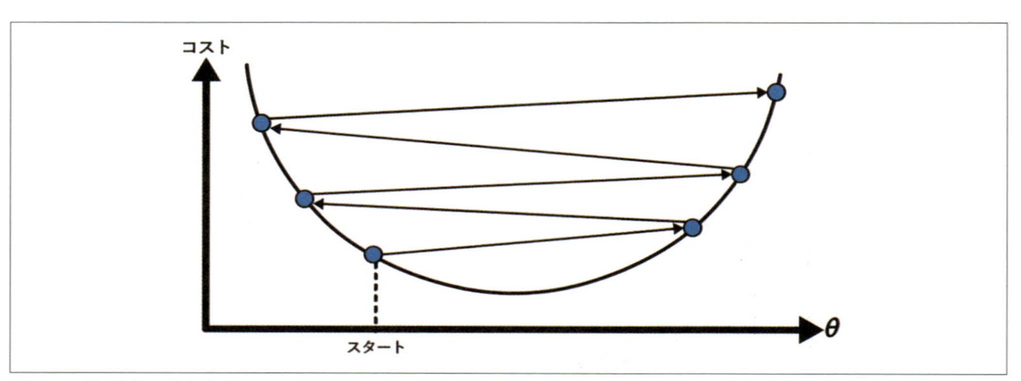

図4-5 学習率が大きすぎる

そして、どの損失関数もうまい具合にどんぶり型をしているとは限らない。穴、尾根、台地、その他あらゆるタイプの不規則性が入り込んでいると、最小値への収束は非常に難しくなる。**図4-6**は、勾配降下法が直面する2大難問を示している。左のような形でランダム初期化してアルゴリズムをスタートさせると、**全体の最小値**よりも見劣りのする**局所的な最小値（極小値）**で収束してしまう。右のような形でアルゴリズムをスタートさせると、停滞期を通りすぎるために非常に長い時間がかかり、諦めるのが早すぎると、全体の最小値に到達できない。

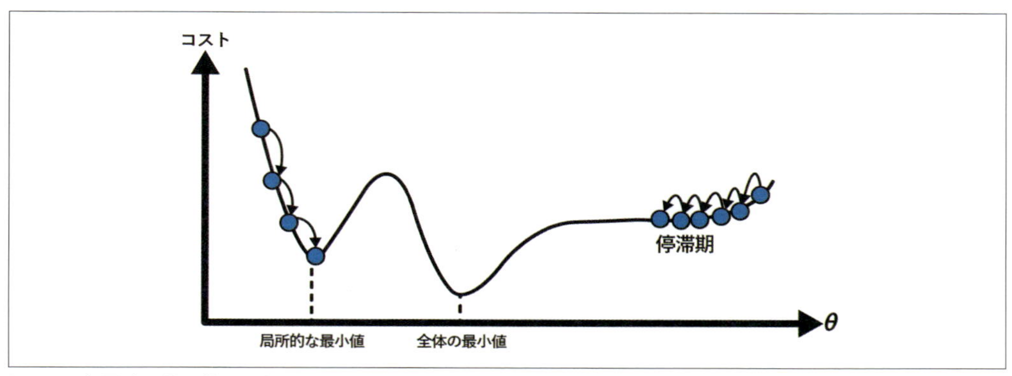

図4-6 勾配降下法の落とし穴

幸い、線形回帰モデルのMSE損失関数は**凸関数**（convex function）であり、曲線上の任意の2点を選んで線分を引いても決して曲線と交わることはない。そのため、局所的な最小値は存在せず、全体の最小値が1つあるだけだ。また、このMSE損失関数は、急激な傾きの変化がない連続関数でもある[*1]。この2つの事実には大きな意味がある。勾配降下法は、必ず全体の最小値に近づくことができるのである（学習率が大きすぎず、長い間待つなら）。

損失関数はどんぶり型だが、特徴量のスケールが大きく異なる場合は、どんぶりを引き延ばしたような形になることがある。**図4-7**は、特徴量1と特徴量2が同じスケールのときの学習セットに対する勾配降下法（左）と特徴量1が特徴量2よりもかなり小さな値になっているときの学習セットに対する勾配降下法（右）を示している[*2]。

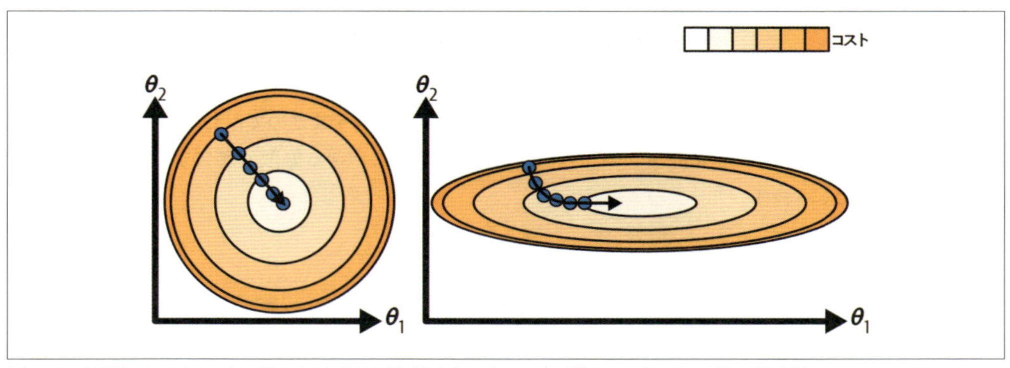

図4-7 特徴量をスケーリングした勾配降下法（左）とスケーリングしていない勾配降下法（右）

このように、左側では、勾配降下法のアルゴリズムは最小値に向かってまっすぐ進み、そのため早く最小値に到達するのに対し、右側では、全体の最小値の向きとほとんど直交するような向きに進んで

＊1　専門的に言えば、その導関数は**リプシッツ連続**（Lipschitz continuous）である。

＊2　特徴量1の方が小さいので、損失関数に影響を及ぼすためには、θ_1の方が大きい変化を必要とする。そのため、どんぶりはθ_1の軸の方向に引き延ばされた形になっている。

から、ほぼ平らな谷を延々と進んでいく。最終的には最小値に達するが、達するまで時間がかかる。

勾配降下法を使うときには、すべての特徴量が同じようなスケールになるようにすべきだ(例えば、scikit-learnの`StandardScaler`クラスを使って)。そうしなければ、収束までにかかる時間が大幅に長くなってしまう。

このグラフからは、モデルの学習とは、学習セットに対して損失関数が最小になるモデルパラメータの組み合わせを探すことだということもわかる。これは、モデルの**パラメータ空間**(parameter space)での探索である。モデルが持つパラメータの数が増えれば増えるほど、この空間の次元は増え、探索は難しくなる。300次元の干し草の山の中で針を見つけるのは、3次元の干し草の山の中で針を見つけるのと比べてはるかに難しい。幸い、線形回帰の場合、損失関数は凸関数なので、針は単純にどんぶりの底にある。

4.2.1 バッチ勾配降下法

勾配降下法を実装するためには、個々のモデルパラメータ θ_j について損失関数の勾配を計算する必要がある。つまり、θ_j をほんのわずか変更すると、損失関数がどれくらい変化するかを計算しなければならない。これを**偏微分**(partial derivative)と呼ぶ。これは、「山道を東に向かうとき、傾きはどれくらいになるか」と尋ねてから、次に北に向かう場合について(3次元以上の世界を想像できるなら、さらにほかのあらゆる方向に向かう場合について)尋ねるのと同じようなものである。

式4-5は、$\partial \text{MSE}(\boldsymbol{\theta}) / \partial\theta_j$ と記述されるMSE損失関数のパラメータ θ_j についての偏微分を計算する。

式4-5 損失関数の偏微分

$$\frac{\partial}{\partial\theta_j}\text{MSE}(\boldsymbol{\theta}) = \frac{2}{m}\sum_{i=1}^{m}\left(\boldsymbol{\theta}^\intercal\mathbf{x}^{(i)} - y^{(i)}\right)x_j^{(i)}$$

これらの偏微分を個別に計算しなくても、**式4-6**を使えば、全部をまとめて計算できる。$\nabla_{\boldsymbol{\theta}}\text{MSE}(\boldsymbol{\theta})$ と記述される勾配ベクトル(gradient vector)には、損失関数のあらゆる偏微分が含まれる(個々のモデルパラメータごとに1つずつ)。

式4-6 損失関数の勾配ベクトル

$$\nabla_{\boldsymbol{\theta}}\text{MSE}(\boldsymbol{\theta}) = \begin{pmatrix} \frac{\partial}{\partial\theta_0}\text{MSE}(\boldsymbol{\theta}) \\ \frac{\partial}{\partial\theta_1}\text{MSE}(\boldsymbol{\theta}) \\ \vdots \\ \frac{\partial}{\partial\theta_n}\text{MSE}(\boldsymbol{\theta}) \end{pmatrix} = \frac{2}{m}\mathbf{X}^\intercal(\mathbf{X}\boldsymbol{\theta} - \mathbf{y})$$

この公式には、個々の勾配降下ステップに学習セット全体の$\mathbf{X}$に対する計算が含まれていることに注意しよう。このアルゴリズムが**バッチ勾配降下法**（batch gradient descent）と呼ばれているのはそのためである。ステップごとに、学習データ全体のバッチを使うのだ（実際には、**完全勾配降下法**と言った方が適切な名前になるだろう）。そのため、このアルゴリズムは、学習セットが大規模だととてつもなく遅くなる（ただし、すぐあとでこれよりもずっと高速な勾配降下法アルゴリズムを示す）。しかし、勾配降下法は、特徴量の数が増えたときのスケーリングについては優れている。数十万個の特徴量がある線形回帰モデルの学習では、正規方程式よりも勾配降下法を使った方がずっと高速である。

勾配ベクトルを得たとき、全体として上を向いているなら、逆の方向に向かえば下に向かう。これは、$\boldsymbol{\theta}$から$\nabla_{\boldsymbol{\theta}}\mathrm{MSE}(\boldsymbol{\theta})$を引くということだ。ここで学習率$\eta$の出番がやってくる[*1]。勾配ベクトルを$\eta$倍すると、勾配を下るステップの大きさがわかる（**式4-7**）。

式4-7　勾配降下法のステップ

$$\boldsymbol{\theta}^{(\text{next step})} = \boldsymbol{\theta} - \eta \nabla_{\boldsymbol{\theta}} \mathrm{MSE}(\boldsymbol{\theta})$$

このアルゴリズムのおおよその実装を見てみよう。

```
eta = 0.1  # 学習率
n_epochs = 1000
m = len(X_b)  # インスタンス数

np.random.seed(42)
theta = np.random.randn(2, 1)  # ランダムに初期化されたモデルパラメータ

for epoch in range(n_epochs):
    gradients = 2 / m * X_b.T @ (X_b @ theta - y)
    theta = theta - eta * gradients
```

これはそれほど難しい話ではない。学習セット処理の各イテレーションは**エポック**（epoch）と呼ばれる。得られた`theta`を見てみよう。

```
>>> theta
array([[4.21509616],
       [2.77011339]])
```

なんと、これは正規方程式が見つけた値とまったく同じだ。勾配降下法は、完璧に機能したのである。しかし、学習率`eta`として別の値を使ったらどうなるだろうか。**図4-8**は、3種類の異なる学習率を使った勾配降下法の最初の20ステップを示したものである。各グラフの最も下の線は、ランダムな開始位置を示している。そして、だんだん色が濃くなっていく線が各エポックを表している。

＊1　エータ（η）は、ギリシャ文字のアルファベットの7番目の文字である。

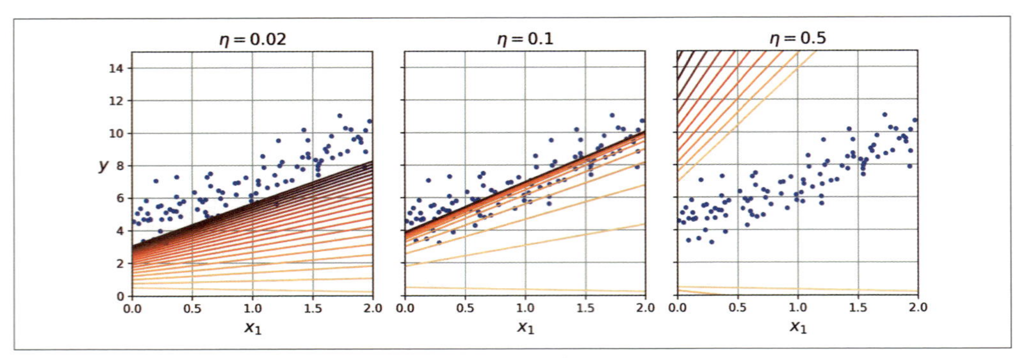

図4-8 さまざまな学習率での勾配降下法

左のグラフは学習率が低すぎる。アルゴリズムは最終的に解にたどり着くだろうが、時間がかかる。中央のグラフの学習率はよい感じに見える。数回エポックを繰り返しただけで、既に解に収束している。右のグラフは学習率が高すぎる。アルゴリズムは発散し、あちこち飛び回った挙句、実際にはステップを踏むごとに解から離れていく。

よい学習率を見つけるためには、グリッドサーチ（2章参照）を使う。ただし、時間がかかってなかなか収束しないモデルをグリッドサーチが取り除けるように、エポック数に制限を加えるとよい。

では、その反復回数はどのようにして設定すればよいだろうか。低すぎれば、アルゴリズムが止まったときでも、最適な解からは遠くかけ離れたところにいるだろう。しかし、高すぎればモデルパラメータはもう変わらなくなっているのに、時間を無駄にすることになる。簡単なのは、反復回数を非常に大きく設定しつつ、勾配ベクトルが小さくなったら（つまり、ノルムが**許容される誤差の範囲**：tolerance の ε という小さな値よりも小さくなったら）、アルゴリズムを中止することだ。勾配ベクトルが小さいということは、勾配降下法が最小値に（ほとんど）到達しているということである。

収束率

損失関数が凸関数で、傾きが急激に変わることがなければ（MSE損失関数はこの条件に合う）、学習率を固定したバッチ勾配降下法は、最終的に最適な解へ収束するが、しばらく待つ必要がある。損失関数次第では、ε の範囲内の最適解にたどり着くために $\mathcal{O}(1/\varepsilon)$ 回のイテレーションが必要となる。より正確な解を得るため許容される誤差の範囲を1/10にすると、アルゴリズムの反復回数は約10倍になる。

4.2.2 確率的勾配降下法

バッチ勾配降下法の最大の問題は、勾配を計算するために各ステップで学習セットを全部使うことにより、学習セットが大きいときには計算速度が極端に遅くなることだ。**確率的勾配降下法**（stochastic gradient descent: SGD）は、逆の極端に走り、各ステップで学習セットからランダムに1つのインスタンスを選び出し、そのインスタンスだけを使って勾配を計算する。当然ながら、イテレーションごとに操作するデータがごくわずかなので、このアルゴリズムはバッチ勾配降下法と比べて非常に高速になる。また、イテレーションごとにメモリに入れておかなければならないものが1個のインスタンスだけなので、巨大な学習セットで学習できる（SGDは、アウトオブコアアルゴリズムとして実装できる。1章参照）。

その一方で、確率的（つまりランダム）な性質を持つため、このアルゴリズムはバッチ勾配降下法と比べてかなり不規則になる。損失関数は、最小値に達するまで緩やかに小さくなっていくのではなく、上下に動きながら、平均的に減っていくだけである。時間とともに最小値に非常に近づくが、そこに到達すると上下に跳ね回り、1か所に落ち着くことがない（**図4-9**）。そのため、アルゴリズムが止まったときの最終的なパラメータは、十分よいものだが最適ではない。

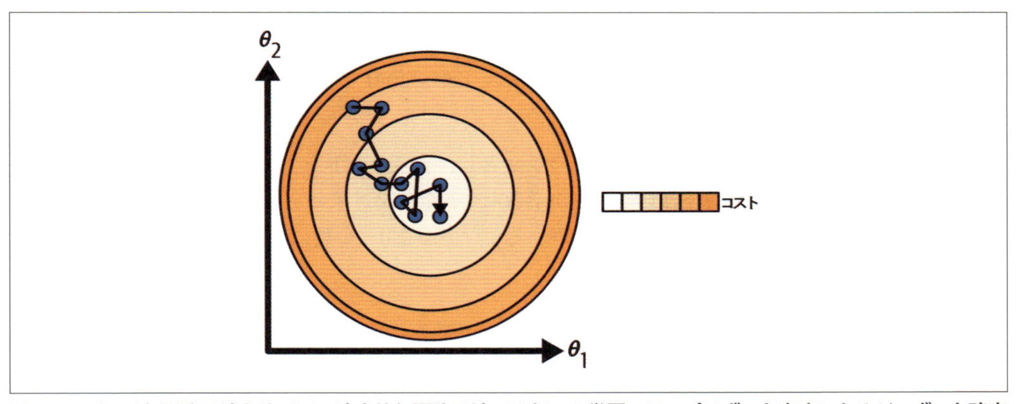

図4-9　バッチ勾配降下法と比べて、確率的勾配降下法では個々の学習ステップはずっと高速になるが、ずっと確率的にもなる。

損失関数がかなり不規則なとき（例えば**図4-6**のように）には、このような動作のために局所的な最小値の外に飛び出しやすくなるので、バッチ勾配降下法よりも確率的勾配降下法の方が全体の最小値を見つけられる確率が上がる。

つまり、ランダム性は局所的な最小値から逃れるためにはよいが、最小値に落ち着かない可能性があるという点ではよくない。このジレンマを解決するために、学習率を少しずつ小さくするという方法がある。大きなステップでスタートし（前進のペースを上げ、局所的な最小値から逃れるために役に立つ）、だんだんステップを小さくしていくと、全体の最小値で止まれるようになる。このプロセスは、溶けた金属を少しずつ冷やしていく焼きなましのプロセスに似ているので、**（擬似）焼きなまし法**（simulated annealing）と呼ばれている。各イテレーションの学習率を決める関数を**学習スケジュール**（learning schedule）と呼ぶ。学習率の下げ方が急激すぎると、局所的な最小値に引っかかったり、最小値まで到達していないのに止まってしまったりする危険がある。それに対し、学習率の下げ方が緩やかすぎると、長い間最小値の前後を飛び回り、早い段階で学習を停止すると、最適とは言えないような解しか得られない危険がある。

次のコードは、単純な学習スケジュールを使って確率的勾配降下法を実装している。

```
n_epochs = 50
t0, t1 = 5, 50  # 学習スケジュールのハイパーパラメータ

def learning_schedule(t):
    return t0 / (t + t1)

np.random.seed(42)
theta = np.random.randn(2, 1)  # ランダム初期化

for epoch in range(n_epochs):
    for iteration in range(m):
        random_index = np.random.randint(m)
        xi = X_b[random_index : random_index + 1]
        yi = y[random_index : random_index + 1]
        gradients = 2 * xi.T @ (xi @ theta - yi)  # SGDではmによる除算は不可
        eta = learning_schedule(epoch * m + iteration)
        theta = theta - eta * gradients
```

習慣として、m回のイテレーションを1ラウンドとし、各ラウンドを先ほどと同じように**エポック**（epoch）と呼ぶ。バッチ勾配降下法のコードが学習セット全体を対象とする計算を1,000回繰り返したのに対し、このコードは学習セットを50回処理するだけでかなりよい解にたどり着く。

```
>>> theta
array([[4.21076011],
       [2.74856079]])
```

図4-10は、学習の最初の20ステップを示している（ステップが不規則なことに注意してほしい）。

インスタンスがランダムに選ばれるため、エポック内で複数回選ばれるインスタンスがある一方で、全然選ばれないインスタンスもあることに注意しよう。各エポックですべてのインスタンスを処理するようにしたければ、学習セットをシャッフルしてから（入力特徴量とラベルを結合した形でシャッフルすること）インスタンスを逐次的に取り出し、終わったら再びシャッフルするという方法もある。しかし、この方法は最初の方法よりも複雑であり、一般に結果がよくならない。

確率的勾配降下法を使うときには、パラメータが平均的に全体の最適値に近づいていくように、学習インスタンスは独立同一分布（IID、independent and identically distributed）になっていなければならない。学習中にインスタンスをシャッフルすれば簡単にIIDを確保できる（例えば、個々のインスタンスをランダムに選択したり、各エポックの冒頭でインスタンスをシャッフルしたりする）。インスタンスがシャッフルされておらず、例えばラベルでソートされている場合、SGDはあるラベル、次のラベル、さらにその次のラベルに合わせて最適化を始めることとなり、全体の最小値に近づいていかない。

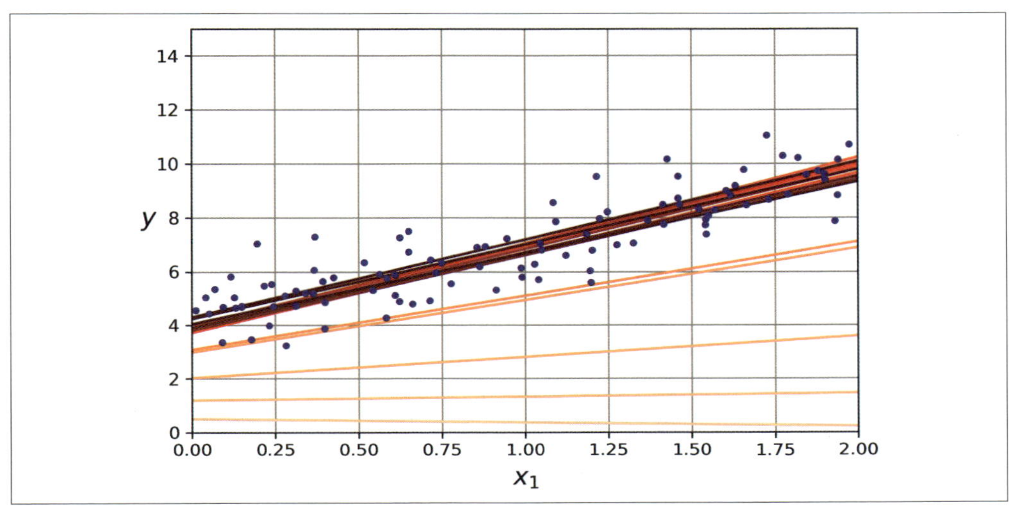

図4-10 確率的勾配降下法の最初の20ステップ

scikit-learnを使っていてSGDで線形回帰を行いたい場合には、デフォルトでMSE損失関数を最適化するSGDRegressorクラスを使えばよい。次のコードは、学習率0.01（eta0）からスタートし、デフォルト学習スケジュール（先ほどのものとは異なる）を使い、正則化なし（penalty=None。正則化についてはすぐあとで詳しく説明する）で、100エポック（n_iter_no_change）の損失低下が10^{-5}（tol）未満になるか、1,000エポックになるまで実行される（max_iter=1000, tol=1e-3）。

```
from sklearn.linear_model import SGDRegressor

sgd_reg = SGDRegressor(max_iter=1000, tol=1e-5, penalty=None, eta0=0.01,
                       n_iter_no_change=100, random_state=42)
sgd_reg.fit(X, y.ravel())  # fit()が1次元ターゲットを想定しているためy.ravel()
```

ここでも、正規方程式が返したのと非常に近い解が得られる。

```
>>> sgd_reg.intercept_, sgd_reg.coef_
(array([4.21278812]), array([2.77270267]))
```

scikit-learnの推定器は、どれもfit()メソッドで学習できるが、一部の推定器はpartial_fit()メソッドで1個以上のインスタンスを使って1回分の学習をすることもできる（このメソッドは、max_iter、tolなどのハイパーパラメータを無視する）。partial_fit()を繰り返し呼び出すと、モデルは次第に学習されていく。学習プロセスを通常よりもきめ細かく管理したいときにはこのメソッドが役に立つ。partial_fit()のない推定器は、代わりにwarm_startハイパーパラメータを持っている（両方を持つものもある）。warm_start=Trueを設定し、学習済みモデルでfit()メソッドを呼び出すと、モデルはリセットされず、max_iter、tolといったハイパーパラメータを尊重して、それまでの学習の延長線上で学習を続

ける。fit()は学習スケジュールが使っているイテレーションカウンタをリセットするのに対し、partial_fit()はリセットしないことに注意しよう。

4.2.3 ミニバッチ勾配降下法

ミニバッチ勾配降下法(mini-batch gradient descent)は、本書で取り上げる最後の勾配降下法アルゴリズムだ。バッチ勾配降下法と確率的勾配降下法を知ったあとなら、これは簡単に理解できる。ミニバッチGDは、各ステップで学習セット全部(バッチGD)でも、たった1個のインスタンス(確率的GD)でもなく、**ミニバッチ**(mini-batch)と呼ばれるランダムに選んだインスタンスの小さな集合を使って勾配を計算する。ミニバッチGDが確率的GDよりも優れているのは、特にGPUを使ったときに、行列演算のハードウェアによる最適化を利用してパフォーマンスを引き上げられるところだ。

このアルゴリズムは、SGDよりも小さな誤差でパラメータ空間を改良していく。特にかなり大規模なミニバッチを使えば誤差が小さくなる。そのため、ミニバッチGDは、SGDよりも少し最小値に近いところを動き回ることになる。しかし、(以前触れたように、MSEを使う線形回帰にはこのような問題はないが、局所的な最小値に悩まされるアルゴリズムでは)その分、局所的な最小値からは逃れにくくなる。**図4-11**は、3つの勾配降下法アルゴリズムが学習中にパラメータ空間で取る動きを示したものである。どれも最終的に最小値の近くにたどり着くが、バッチGDが本当の最小値で止まるのに対し、確率的GDとミニバッチGDはいつまでも変動がある。しかし、バッチGDは各ステップにかかる時間が非常に長いことや、確率的GDやミニバッチGDでも適切な学習スケジュールを使えば最小値に到達できることを忘れてはならない。

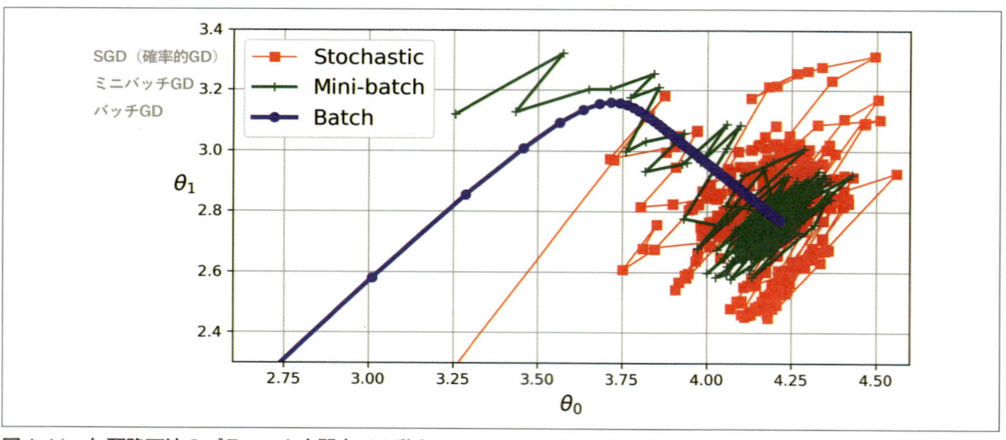

図4-11 勾配降下法のパラメータ空間内での動き

表4-1は、今までに取り上げてきた3つのアルゴリズムを線形回帰で比較したものである[*1](mは学習インスタンスの数、nは特徴量の数である)。

＊1 正規方程式は線形回帰しかできないが、勾配効果アルゴリズムはこれから示すようにほかの多くのモデルの学習で使える。

表4-1 線形回帰を対象としたときのアルゴリズムの比較

アルゴリズム	大きな m	アウトオブコアサポート	大きな n	ハイパーパラメータ数	スケーリング	scikit-learn
正規方程式	高速	なし	低速	0	不要	なし
SVD	高速	なし	低速	0	不要	`LinearRegression`
バッチGD	低速	なし	高速	2	必要	なし
確率的GD	高速	あり	高速	≥2	必要	`SGDRegressor`
ミニバッチGD	高速	あり	高速	≥2	必要	なし

学習後はほとんど差がない。これらのアルゴリズムからは非常によく似たモデルが作られ、予測もほとんど同じになる。

4.3 多項式回帰

データが単純な直線よりも複雑な場合にはどうすればよいだろうか。驚くべきことに、線形モデルは非線形データに適合させられる。簡単なのは、各特徴量の累乗を新しい特徴量として追加し、この拡張特徴量セットで線形モデルを学習する方法である。このテクニックを**多項式回帰**（polynomial regression）と呼ぶ。

具体例を使って説明しよう。まず、単純な2次方程式（$y = ax^2 + bx + c$という形の方程式）に何らかのノイズを加えたものから非線形データを生成する（図4-12）。

```
np.random.seed(42)
m = 100
X = 6 * np.random.rand(m, 1) - 3
y = 0.5 * X ** 2 + X + 2 + np.random.randn(m, 1)
```

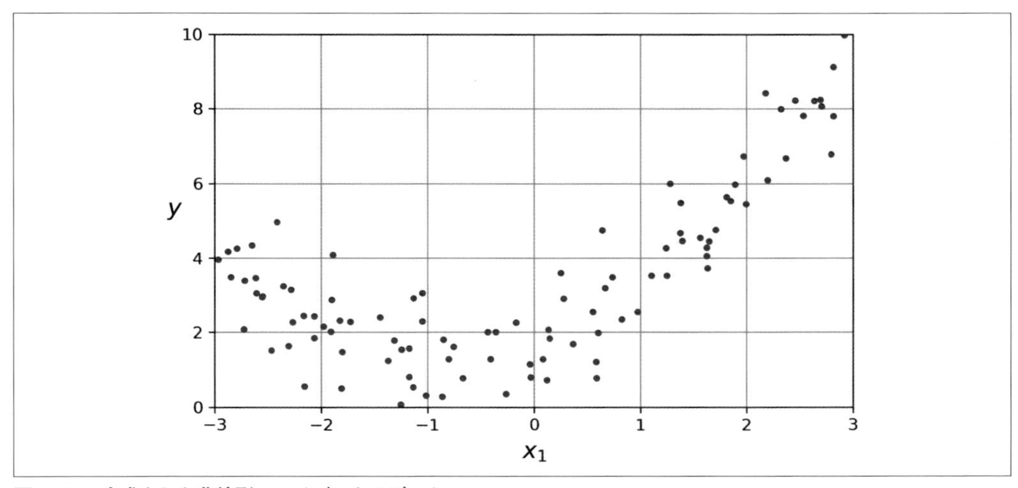

図4-12 生成された非線形でノイズのあるデータセット

直線ではこのデータに適合しないのは明らかだ。そこで、scikit-learnの`PolynomialFeatures`クラスを使い、各特徴量の二乗（2次式）を新しい特徴量として学習セットに追加する（この場合、特徴量は

1つしかない)。

```
>>> from sklearn.preprocessing import PolynomialFeatures
>>> poly_features = PolynomialFeatures(degree=2, include_bias=False)
>>> X_poly = poly_features.fit_transform(X)
>>> X[0]
array([-0.75275929])
>>> X_poly[0]
array([-0.75275929,  0.56664654])
```

X_polyは、Xのもともとの特徴量にその二乗の新しい特徴量を追加したものになっている。この拡張した学習データをLinearRegressionモデルに適合させよう(図4-13)。

```
>>> lin_reg = LinearRegression()
>>> lin_reg.fit(X_poly, y)
>>> lin_reg.intercept_, lin_reg.coef_
(array([1.78134581]), array([[0.93366893, 0.56456263]]))
```

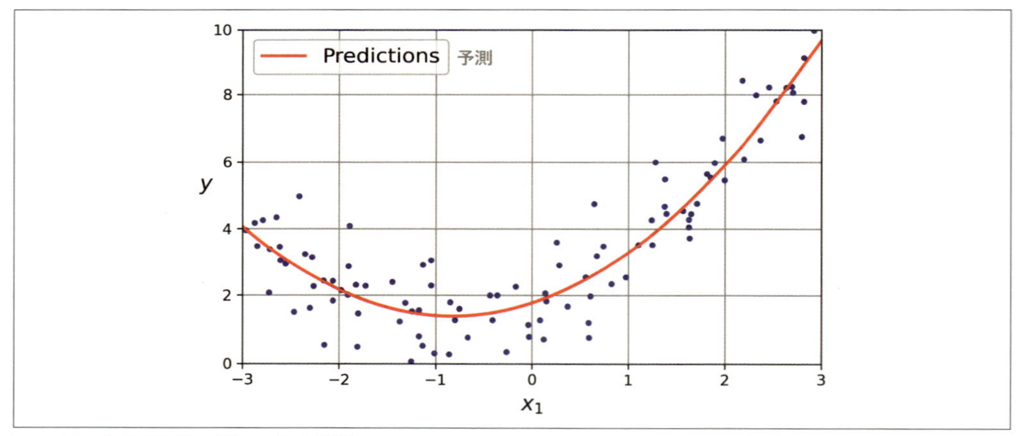

図4-13 多項式回帰モデルによる予測

なかなかのものである。もとの関数は$y = 0.5\ x_1{}^2 + 1.0\ x_1 + 2.0 +$ガウスノイズだったが、モデルは$\hat{y} = 0.56\ x_1{}^2 + 0.93\ x_1 + 1.78$を推測している。

複数の特徴量があるとき、多項式回帰は特徴量間の関係を見つけられることに注意してほしい(ただの線形回帰モデルではこんなことはできない)。そのようなことができるのは、PolynomialFeaturesが指定された次数まで特徴量の累乗のあらゆる組み合わせを追加できるからである。例えば、aとbの2つの特徴量があるとき、degree=3を指定したPolynomialFeaturesは、a^2, a^3, b^2, b^3だけでなく、これらを組み合わせたab, a^2b, ab^2といった特徴量も追加する。

PolynomialFeatures(degree=d)は、n個の特徴量を含む配列を$(n + d)!\ /\ d!n!$個の特徴量を含む配列に変換する。ここで$n!$はnの階乗(factorial)、すなわち$1 \times 2 \times 3 \times \cdots \times n$である。特徴量数が組合せ爆発を起こさないよう注意する。

4.4 学習曲線

高次の多項式回帰を実行すれば、ただの線形回帰よりも学習データにぴったりと適合させられる可能性が上がる。例えば、**図4-14**は、先ほどの学習データに300次多項モデルを適用した結果と純粋線形モデル、2次（2次多項）モデルの結果を比較したものである。300次多項モデルが学習インスタンスにできる限り近づくために蛇行していることに注意してほしい。

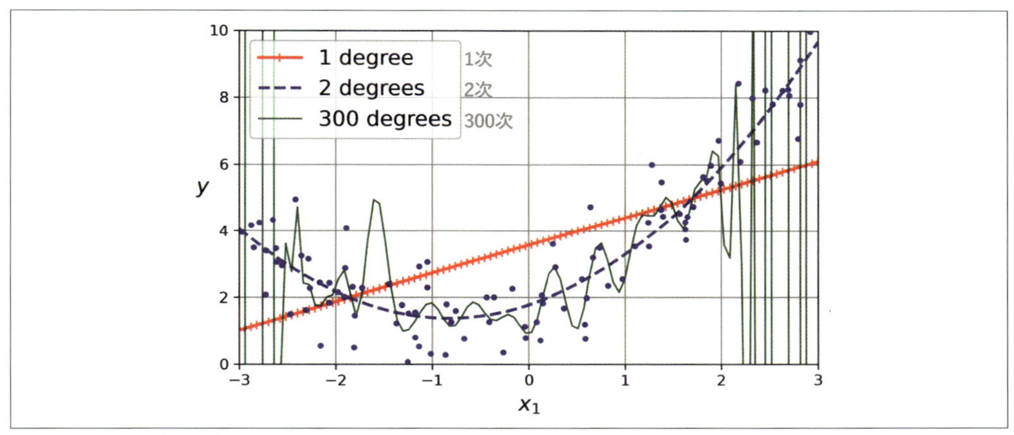

図4-14 高次多項式回帰

もちろん、この高次多項式回帰モデルは学習データをひどく過学習しており、線形回帰モデルは過少適合になっている。この場合、最もよく汎化するのは2次モデルである。もともとのデータが2次モデルで生成されているのでそれは当然だが、一般的にはどの関数がデータを生成したのかはわからない。モデルをどこまで複雑にすべきかはどうすればわかるだろうか。モデルが過学習、過少適合していることはどうすれば見分けられるだろうか。

2章では、交差検証を使ってモデルの汎化性能を推定した。モデルが学習データに対しては高い性能を発揮しても、交差検証の指標から判断してうまく汎化していないなら過学習であり、両方で性能が低ければ過少適合である。モデルが単純すぎたり複雑すぎたりしないかどうかを判断する方法の1つがこれだ。

適合の評価方法としては、**学習曲線**（learning curve）というものもある。学習曲線とは、学習イテレーションの関数としてモデルの訓練誤差と検証誤差をプロットしたものである。学習中、一定の間隔で学習セットと検証セットの両方についてモデルを評価し、結果をプロットすればよい。モデルを逐次的に学習することができない場合（つまり、モデルが`partial_fit()`や`warm_start`をサポートしない場合）には、学習セットのサブセットを使って学習し、そのサブセットを少しずつ大きくして数回学習を繰り返せばよい。

scikit-learnには、学習曲線を作るために役立つ`learning_curve()`という関数がある。`learning_curve()`は、交差検証を使ってモデルを学習、評価する。デフォルトでは、`learning_curve()`は少しずつ大きなサブセットを使ってモデルを学習し直す。しかし、モデルが逐次的学習をサポートするものなら、`learning_curve()`を呼び出すときに`exploit_incremental_learning=True`を設定すると、モデルを逐次的に学習する。learning_curve()の戻り値は、モデルの評価に使った学習セットのサイズとそのサイズでの学習スコア、そのときの交差検証フォールドの検証スコアである。この関数を使って、ごく普通の線形回帰モデルの学習曲線を作ってみよう（**図4-15**）。

```
from sklearn.model_selection import learning_curve

train_sizes, train_scores, valid_scores = learning_curve(
    LinearRegression(), X, y, train_sizes=np.linspace(0.01, 1.0, 40), cv=5,
    scoring="neg_root_mean_squared_error")
train_errors = -train_scores.mean(axis=1)
valid_errors = -valid_scores.mean(axis=1)

plt.plot(train_sizes, train_errors, "r-+", linewidth=2, label="train")
plt.plot(train_sizes, valid_errors, "b-", linewidth=3, label="valid")
[...]  # ラベル、軸、グリッド、凡例を追加して図を見やすくする
plt.show()
```

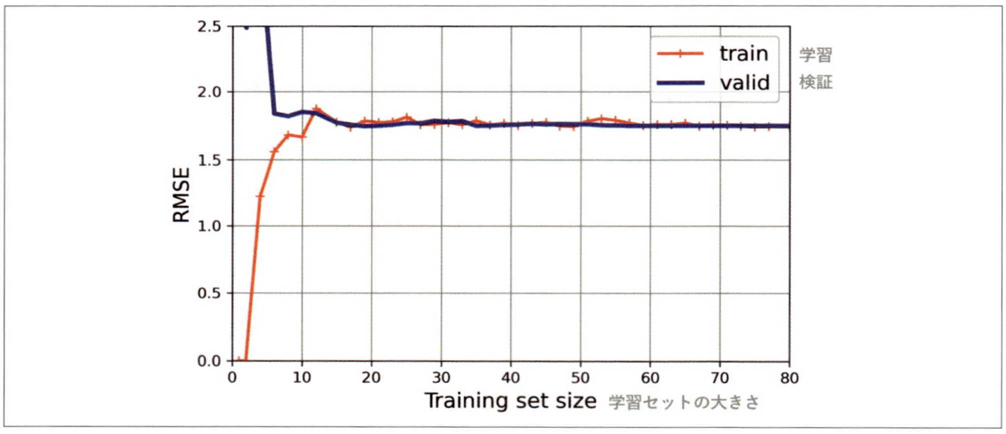

図4-15 学習曲線

このモデルは過少適合になっている。その理由を明らかにするために、まず訓練誤差を見てみよう。学習セットのインスタンスが1、2個なら、モデルはそれらに完全に適合できる。学習セットの線が0から始まっているのはそのためだ。しかし、学習セットに新しいインスタンスが追加されていくと、データにノイズが入っているとか、そもそも線形ではないといった理由で、次第にモデルは学習データに完全に適合することができなくなる。そのため、訓練誤差は次第に上がってある地点で安定する。そこまで達すると、学習データに新しいインスタンスを追加しても平均誤差はよくも悪くもならない。次に、検証セットに対する性能を見てみよう。ごくわずかな学習セットで学習されたモデルでは、十分に汎化できないため、最初のうちは検証誤差はかなり大きい。しかし、モデルに与える学習データの数が増えてくると、モデルは学習し、検証誤差はゆっくりと下がってくる。でも、直線ではデータを十分モデリングできないので、誤差は増減しなくなり、もう一方の曲線と非常に近くなる。

このような学習曲線は、過少適合モデルの典型的な例である。両方の曲線が一定の水準に達し、と

もに非常に近接しているが、全体として誤差が大きい。

モデルが学習データに過少適合している場合、学習データを追加しても改善しない。より複雑なモデルを使うか、よりよい特徴量を用意する必要がある。

では、同じデータに対する10次多項モデルの学習曲線を見てみよう（**図4-16**）。

```
from sklearn.pipeline import make_pipeline

polynomial_regression = make_pipeline(
    PolynomialFeatures(degree=10, include_bias=False),
    LinearRegression())

train_sizes, train_scores, valid_scores = learning_curve(
    polynomial_regression, X, y, train_sizes=np.linspace(0.01, 1.0, 40), cv=5,
    scoring="neg_root_mean_squared_error")
[...]  # 前のコードと同じ
```

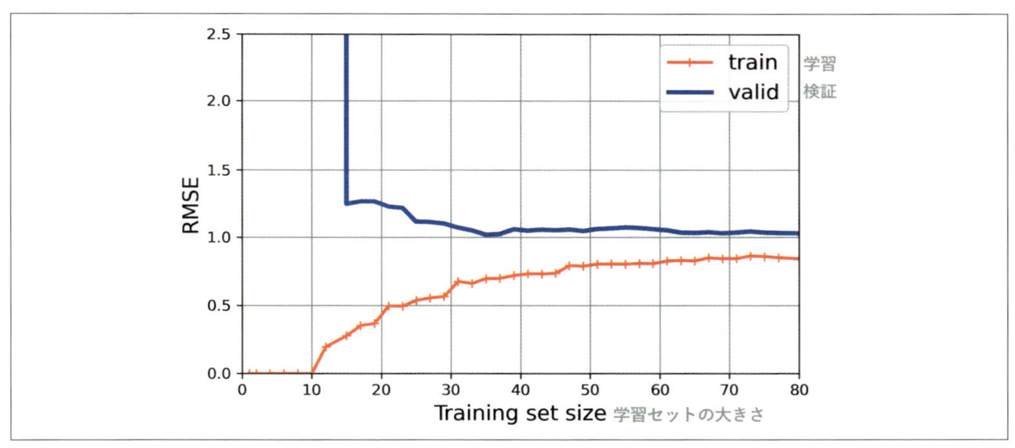

図4-16　10次多項モデルの学習曲線

新しい学習曲線は、前の学習曲線と少し似ているが、次の2つの点で大きく異なる。

- 以前よりも訓練誤差がかなり小さい。
- 2つの曲線の間に大きな隙間がある。これは、検証データに対する性能よりも学習データに対する性能の方がかなり高いということであり、過学習の顕著な特徴である。しかし、学習セットを大きくすると、2つの曲線は少しずつ近づいていく。

過学習モデルの性能を上げるためには、例えば検証誤差が訓練誤差に達するまで学習データを増やしていくとよい。

バイアスと分散のトレードオフ

統計学と機械学習の理論的な研究から、モデルの汎化誤差は、3つの非常に異なる誤差の和として表現できるという重要な事実がわかっている。

バイアス（bias）
汎化誤差のこの部分は、データが実際には2次なのに線形だと考えるなど、仮定の誤りに起因している。バイアスの高いモデルは、学習データに対して過少適合しやすい[*1]。

分散（variance）
この部分は、モデルが学習データの小さな差異に敏感すぎることに起因している。自由度（degrees of freedom）が高いモデル（高次多項式回帰モデルなど）は分散が高くなりがちであり、学習データを過学習する。

削減不能誤差（irreducable error）
この部分は、データ自体のノイズに起因している。この部分の誤差を減らせる唯一の方法は、データのクリーンアップ（壊れたセンサーなどのデータソースの修理、外れ値の検出と除去など）である。

モデルの複雑度が上がると、一般に分散が上がり、バイアスが下がる。逆に、モデルの複雑度が下がると、バイアスが上がり、分散が下がる。そのため、両者はトレードオフの関係と言われる。

4.5 線形モデルの正則化

第1、2章で説明したように、モデルの正則化（つまり、制約の強化）はモデルの過学習を防ぐ優れた方法である。自由度が下がれば下がるほど、モデルは過学習しにくくなる。例えば、多項式回帰モデルには、次数を減らすという簡単な正則化の方法がある。

線形回帰の正則化は、一般にモデルの重みを制限して実現される。ここでは、3種類の異なる方法で重みに制限を加えるリッジ回帰（ridge regression）、ラッソ回帰（lasso regression）、エラスティックネット（elastic net）を取り上げる。

4.5.1 リッジ回帰

リッジ回帰（Ridge Regression、チコノフ正則化：Tikhonov regularizationとも呼ばれる）は線形回帰の正則化で、MSEに$\frac{\alpha}{m}\sum_{i=1}^{n}\theta_i{}^2$という**正則化項**（regularization term）を加える。すると、学習アルゴリズムは、データに適合するだけでなく、モデルの重さをできる限り小さく保たなければならなくなる。正則化項は、学習中の損失関数だけに追加されることに注意しよう。モデルの学習が終わったら、モデルの性能は正則化されていないMSE（またはRMSE）で評価するのである。

ハイパーパラメータαは、モデルをどの程度正則化するかを決める。$\alpha = 0$なら、リッジ回帰はただ

*1 このバイアスの概念と線形モデルのバイアス項を混同しないように注意しよう。

の線形回帰になる。それに対し、αが非常に大きければ、すべての重みが限りなく0に近づき、結果はデータの平均値を通る水平線になる。**式4-8**は、リッジ回帰の損失関数を示している[*1]。

式4-8　リッジ回帰の損失関数

$$J(\boldsymbol{\theta}) = \mathrm{MSE}(\boldsymbol{\theta}) + \frac{\alpha}{m}\sum_{i=1}^{n} {\theta_i}^2$$

バイアス項のθ_0は正則化されないことに注意しよう（総和は$i = 0$からではなく、1から始まっている）。特徴量の重みのベクトル（θ_1からθ_n）を$\mathbf{w}$と定義すると、正則化項は、単純に$\alpha(\| \mathbf{w} \|_2)^2 / m$となる。ここで、$\| \mathbf{w} \|_2$は、重みベクトルの$\ell_2$ノルムを表す[*2]。バッチ勾配降下法では、MSE勾配ベクトルのバイアス項の勾配に対応する部分には何も加えず、特徴量の重みに対応する部分のみに$2\alpha\mathbf{w} / m$を加えればよい（**式4-6**参照）。

リッジ回帰は入力特徴量のスケールによって影響を受けるので、リッジ回帰を行う前にデータをスケーリングすることが大切だ（例えば、`StandardScaler`を使って）。これは、ほとんどの正則化モデルに当てはまることである。

図4-17は、ノイズが多い線形モデルに対して異なるα値を使って学習したリッジモデルを複数並べてみたものである。左側はプレーンなリッジモデルを使っており、予測は線形になっている。右側は、まず`PolynomialFeatures(degree=10)`を使ってデータを拡張してから`StandardScaler`を使ってスケーリングし、得られた特徴量にリッジモデルを適用したもので、リッジの正則化が行われた多項式回帰になっている。αを大きくすると、予測が平板化する（つまり、極端でなくなり、合理的になる）ことに注意してほしい。こうすると、モデルの分散は下がるが、バイアスは上がる。

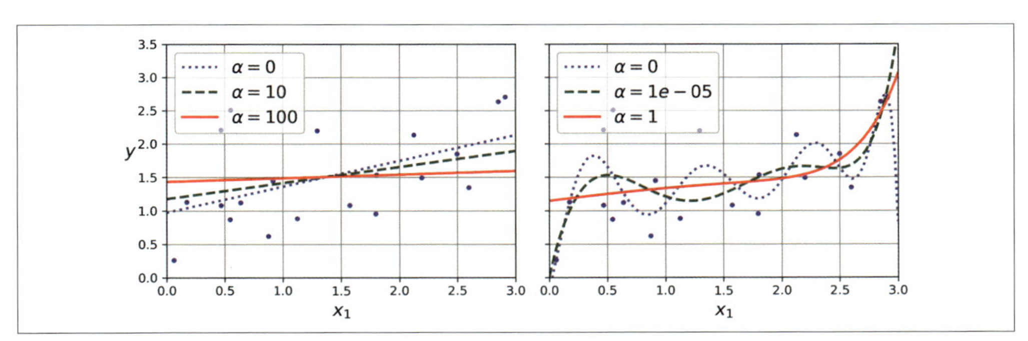

図4-17　線形モデル（左）と多項モデル（右）。どちらもさまざまなレベルでリッジの正則化が行われている。

線形回帰と同様に、リッジ回帰は閉形式の方程式の計算でも勾配降下法による学習でも実行できる。長所と短所も同じだ。**式4-9**は、閉形式解を示している（$\mathbf{A}$は、バイアス項に対応する左上のセルが0になっていることを除けば、$(n + 1) \times (n + 1)$の**単位行列**：identity matrix[*3]と同じである）。

＊1　一般に短い名前のない損失関数に対しては$J(\boldsymbol{\theta})$という記法を使う。本書では、この記法をたびたび使う。どの損失関数が話題になっているのかは、文脈から明らかになるはずだ。

＊2　ノルムについては2章参照。

＊3　単位行列とは、左上から右下に向かう主対角線上に1が並び、ほかは0の要素の正方行列のことである。

式4-9 リッジ回帰の閉形式解

$$\widehat{\boldsymbol{\theta}} = \left(\mathbf{X}^\intercal \mathbf{X} + \alpha \mathbf{A}\right)^{-1} \mathbf{X}^\intercal \mathbf{y}$$

scikit-learnで閉形式解（アンドレ・ルイ・コレスキーの行列分解テクニックを使った**式4-9**の変種）を使ってリッジ回帰をしてみよう。

```
>>> from sklearn.linear_model import Ridge
>>> ridge_reg = Ridge(alpha=0.1, solver="cholesky")
>>> ridge_reg.fit(X, y)
>>> ridge_reg.predict([[1.5]])
array([[1.55325833]])
```

勾配降下法を使ったリッジ回帰は次のようになる*1。

```
>>> sgd_reg = SGDRegressor(penalty="l2", alpha=0.1 / m, tol=None,
...                        max_iter=1000, eta0=0.01, random_state=42)
...
sgd_reg.fit(X, y.ravel())  # fit()が1次元ターゲットを想定しているためy.ravel()
>>> sgd_reg.predict([[1.5]])
array([1.55302613])
```

`penalty`ハイパーパラメータは、使う正則化項のタイプを設定する。`"l2"`を指定すると、重みベクトルのℓ_2ノルムの二乗のα倍という正則化項をMSE損失関数に加えることになる。これは、mによる除算がないことを除けばリッジ回帰に非常に近い。`alpha=0.1 / m`を渡しているのは、`Ridge(alpha=0.1)`と同じ結果を得るためである。

`RidgeCV`クラスもリッジ回帰を行うが、さらに交差検証を使ったハイパーパラメータの自動調整を行う。これは`GridSearchCV`を使うのとほぼ同じだが、`RidgeCV`はリッジ回帰に最適化されており、**大幅に**高速になる。ほかの推定器（主として線形回帰用のもの）も効率的なCV付きバージョンを持っている（`LassoCV`、`ElasticNetCV`など）。

4.5.2 ラッソ回帰

ラッソ回帰（lasso regression）は**Least Absolute Shrinkage and Selection Operator Regression**の略で、線形回帰の正則化版の1つである。リッジ回帰と同様に、損失関数に正則化項を加えるが、重みベクトルとしてℓ_2ノルムの二乗ではなく、ℓ_1ノルムを使う（**式4-10**）。リッジ回帰ではℓ_2ノルムにα/mを掛けていたのに対し、ラッソ回帰のℓ_1ノルムには2αが掛けられていることに注意しよう。これらの係数は、最適なα値が学習セットサイズに左右されないようにするために選ばれている。ノルムの違いにより係数が違うものになっている（詳しくは、scikit-learnのイシュー #15657（https://github.com/scikit-learn/scikit-learn/issues/15657）を参照）。

---

*1 solverが`"sag"`の`Ridge`クラスを使うこともできる。確率的平均勾配降下法は、確率的勾配降下法の変種である。詳しくは、ブリティッシュコロンビア大学のマーク・シュミットらのプレゼンテーション、"Minimizing Finite Sums with the Stochastic Average Gradient Algorithm"（https://homl.info/12）を参照。

式4-10 ラッソ回帰の損失関数

$$J(\boldsymbol{\theta}) = \mathrm{MSE}(\boldsymbol{\theta}) + 2\alpha\Sigma_{i=1}^{n} |\theta_i|$$

図4-18は、リッジモデルをラッソモデルに置き換え、αを変えていることを除けば、**図4-17**と同じものである。

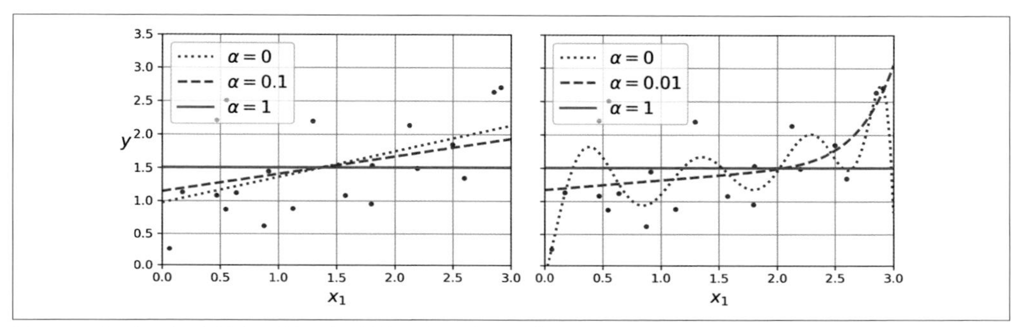

図4-18 線形モデル（左）と多項モデル（右）。どちらもさまざまなレベルでラッソの正則化が行われている。

ラッソ回帰には、重要性の低い特徴量の重みを完全に取り除いてしまう（つまり0にする）傾向があるという重要な特徴がある。例えば、**図4-18**の右側のグラフの破線（$\alpha = 0.01$）は、3次曲線のように見える。高次多項式特徴量の重みはすべて0になっている。つまり、ラッソ回帰は、自動的に特徴量を選択し、**疎なモデル**（sparse model：0以外の重みを持つ特徴量がほとんどないモデル）を出力する。

図4-19を見れば、なぜそうなるかがわかる。軸は2つのモデルパラメータを表し、背景色の輪郭線は異なる損失関数を表している。左上のグラフでは、輪郭線はℓ_1正則化（$|\theta_1| + |\theta_2|$）を表す。ℓ_1正則化は、軸に近づいている間は線形に下がる。例えば、$\theta_1 = 2$、$\theta_2 = 0.5$に初期化して勾配降下法を実行すると、両パラメータは同じように小さくなっていく（黄色い破線）。そのため、θ_2が先に0になる（最初からθ_2の方が0に近いため）。その後、勾配降下法は、$\theta_1 = 0$に達するまでガーターに入ったボーリング玉のように転がっていく）（しかし、勾配が各パラメータで-1か1なので、ℓ_1の勾配が0に近づくことは決してない）。右上のグラフでは、輪郭線はラッソの損失関数（つまりMSE損失関数とℓ_1正則化の和）を表している。小さな白い円は、$\theta_1 = 0.25$、$\theta_2 = -1$に初期化されたモデルパラメータを最適化していく過程で通る道筋を示している。ここでも、$\theta_2 = 0$にはあっという間に達し、ガーターを転がり落ちていき、最後は全体の最適値（赤の四角で表されている）のまわりで跳ね回る。αを大きくすると全体の最適値は黄色い破線に沿って左に動くのに対し、αを小さくすると全体の最適値は右に動く（この例では、正則化されていないMSEのための最適なパラメータは、$\theta_1 = 2$、$\theta_2 = 0.5$である）。

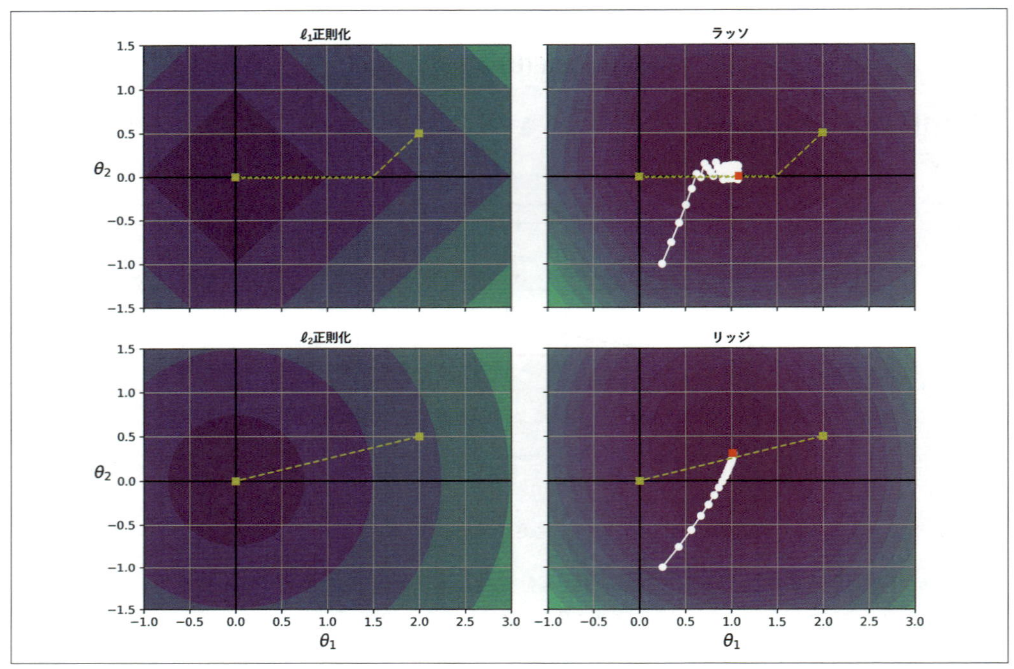

図4-19 ラッソの正則化とリッジの正則化

下の2つのグラフは、正則化項をℓ_2に変えて同じことを示している。左下のグラフでは、ℓ_2正則化は原点との距離が近づくとそれに比例して減るので、勾配降下法は原点に向かって直線の道筋をたどっていく。右下のグラフでは、輪郭線はリッジ回帰の損失関数（つまりMSE損失関数とℓ_2正則化の和）を表している。このように、全体の最適値にパラメータが近づいてくると、勾配は緩やかになる。そのため、勾配降下法は自然にゆっくりとしたペースになる。これが跳ね回りを抑え、リッジ回帰はラッソ回帰よりも早く収束する。また、最適なパラメータ（赤の四角で表されている）は、αを大きくすればするほど原点に近づくが、完全に一致することはない。

ラッソ回帰を使ったときに、勾配降下法が最後に最適値のまわりで跳ね回るのを防ぐためには、学習中に少しずつ学習率を下げる必要がある。それでもまだ最適値のまわりで跳ね回るだろうが、その幅は次第に小さくなるので、収束する。

ラッソ損失関数は、$\theta_i = 0$ $(i = 1, 2, \cdots, n)$ で微分可能ではないが、$\theta_i = 0$になるときに**劣勾配ベクトル**（subgradient vector）[*1]を使えば勾配降下法はうまく機能する。ラッソ損失関数の勾配降下法で使える劣勾配ベクトルは、**式4-11**のようになる。

＊1 微分できない点での劣勾配ベクトルは、その点の前後の勾配ベクトルの中間のベクトルだと考えればよい。

式4-11 ラッソ回帰の劣勾配ベクトル

$$g(\boldsymbol{\theta}, J) = \nabla_{\boldsymbol{\theta}} \mathrm{MSE}(\boldsymbol{\theta}) + 2\alpha \begin{pmatrix} \mathrm{sign}\ (\theta_1) \\ \mathrm{sign}\ (\theta_2) \\ \vdots \\ \mathrm{sign}\ (\theta_n) \end{pmatrix} \quad \text{ここで} \quad \mathrm{sign}\ (\theta_i) = \begin{cases} -1, & \theta_i < 0 \\ 0, & \theta_i = 0 \\ +1, & \theta_i > 0 \end{cases}$$

次に、scikit-learnのLassoクラスを使った例を示す。

```
>>> from sklearn.linear_model import Lasso
>>> lasso_reg = Lasso(alpha=0.1)
>>> lasso_reg.fit(X, y)
>>> lasso_reg.predict([[1.5]])
array([1.53788174])
```

代わりにSGDRegressor(penalty="l1", alpha=0.1)を使ってもよい。

4.5.3 エラスティックネット回帰

エラスティックネット回帰（Elastic net regression）は、リッジ回帰とラッソ回帰の中間である。正則化項はリッジ回帰とラッソ回帰の正則化項を混ぜ合わせたもので、混ぜ方は割合rで変えられる。エラスティックネットは、$r = 0$のときにはリッジ回帰と等しく、$r = 1$のときにはラッソ回帰と等しい（**式4-12**）。

式4-12 エラスティックネットの損失関数

$$J(\boldsymbol{\theta}) = \mathrm{MSE}(\boldsymbol{\theta}) + r\left(2\alpha \Sigma_{i=1}^{n} |\theta_i|\right) + (1 - r)\left(\frac{\alpha}{m} \Sigma_{i=1}^{n} \theta_i^2\right)$$

では、エラスティックネット、リッジ、ラッソ、線形回帰（正則化項なし）はどのように使い分ければよいのだろうか。ほとんどすべての場合、何らかの正則化をすべきなので、一般にプレーンな線形回帰は避けた方がよい。リッジはよいデフォルトになるが、意味がある特徴量は一部だけなのではないかと疑われるときには、先ほど説明したように役に立たない特徴量の重みを0に引き下げてくれるラッソやエラスティックネットを使った方がよい。そして、ラッソは学習インスタンスの数よりも特徴量の数の方が多いときや、複数の特徴量の間に強い相関があるときに不規則な動きを示すことがあるので、一般にラッソよりもエラスティックネットの方がよい。

scikit-learnのElasticNetクラスの使用例を示しておこう（l1_ratioは、ミックスの割合のrを表す）。

```
>>> from sklearn.linear_model import ElasticNet
>>> elastic_net = ElasticNet(alpha=0.1, l1_ratio=0.5)
>>> elastic_net.fit(X, y)
>>> elastic_net.predict([[1.5]])
array([1.54333232])
```

4.5.4 早期打ち切り

勾配降下法のような反復的な学習アルゴリズムには、検証誤差が最小値に達したところで学習を中止するという今まで紹介してきたものとは大きく異なる正則化の方法がある。これを**早期打ち切り**(early stopping)と呼ぶ。**図4-20**は、以前使った2次データセットに対してバッチ勾配降下法を使って複雑なモデル(この場合は高次多項式回帰モデル)を学習しているところを示している。エポックが増えると、アルゴリズムは学習を進め、学習セットに対する予測誤差(RMSE)は自然に下がっていき、検証セットに対する予測誤差も下がる。しかし、しばらくすると、検証誤差は下げ止まり、かえって上がっていく。これは、モデルが学習データを過学習し始めたことを示す。早期打ち切りは、検証誤差が最小になったところで、学習を中止する。早期打ち切りは、このように単純な上に効率的な正則化手法なので、ジェフリー・ヒントン(Geoffrey Hinton)はこれを「すばらしいフリーランチ」と呼んでいる。

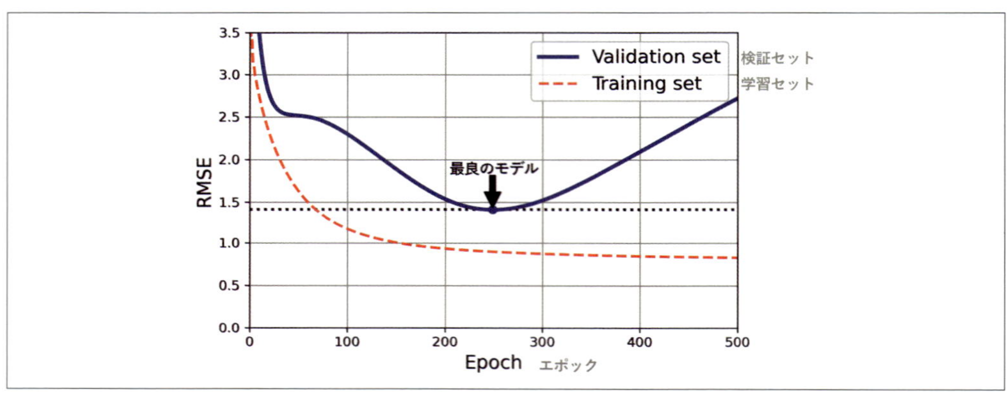

図4-20 早期打ち切り

確率的勾配降下法やミニバッチ勾配降下法では、バッチ勾配降下法ほど曲線がなめらかにならないので、最小値に達したかどうかは判断しづらいかもしれない。例えば、検証誤差がしばらくの間最小値よりも大きくなり続ける(つまり、モデルがこれ以上よくならないことがはっきりとわかる)まで待って、検証誤差が最小値になったときのモデルパラメータにロールバックすればよいだろう。

早期打ち切りの基本的な実装を示そう。

```
from copy import deepcopy
from sklearn.metrics import mean_squared_error
from sklearn.preprocessing import StandardScaler

X_train, y_train, X_valid, y_valid = [...]  # 2次データセットを分割する

preprocessing = make_pipeline(PolynomialFeatures(degree=90, include_bias=False),
                              StandardScaler())
X_train_prep = preprocessing.fit_transform(X_train)
X_valid_prep = preprocessing.transform(X_valid)
```

```
sgd_reg = SGDRegressor(penalty=None, eta0=0.002, random_state=42)
n_epochs = 500
best_valid_rmse = float('inf')

for epoch in range(n_epochs):
    sgd_reg.partial_fit(X_train_prep, y_train)
    y_valid_predict = sgd_reg.predict(X_valid_prep)
    val_error = mean_squared_error(y_valid, y_valid_predict, squared=False)
    if val_error < best_valid_rmse:
        best_valid_rmse = val_error
        best_model = deepcopy(sgd_reg)
```

このコードはまず、学習セットと検証セットの両方に多項式特徴量を追加し、すべての入力特徴量をスケーリングしている（コードは、もとの学習セットを小さな学習セットと検証セットに分割していることを前提としている）。次に、小さな学習率で正則化なしのSGDRegressorモデルを作る。学習ループでは、逐次的学習を実行するために、fit()ではなくpartial_fit()を呼び出す。そして各エポックで検証セットのRMSEを計算する。得られたRMSEがそれまでに得られたRMSEよりも小さいなら、そのモデルのコピーをbest_model変数に保存する。この実装は学習を中止しないが、学習後に最良のモデルに戻れるようにはしている。モデルのコピーでcopy.deepcopy()を使っていることに注意しよう。それは、こうすればモデルのハイパーパラメータ**と**学習したパラメータの両方をコピーできるからだ。sklearn.base.clone()では、モデルのハイパーパラメータしかコピーされない。

4.6 ロジスティック回帰

1章でも触れたように、回帰アルゴリズムの中には、分類に使えるものがある（逆もある）。**ロジスティック回帰**（logistic regression、**ロジット回帰**：logit regressionとも呼ばれる）は、インスタンスが特定のクラスに属する確率（例えば、メールがスパムである確率など）を推定するためによく使われる。推定確率が所定のしきい値（一般に50 %）よりも大きいなら、モデルはインスタンスがそのクラス（**陽性クラス**：positive class）に属すると予測する（「1」というラベルが与えられる）。そうでなければ、インスタンスはそのクラスに属さない（つまり、**陰性クラス**：negative classに属する）と予測する（「0」というラベルが与えられる）。これでロジスティック回帰は二値分類器になる。

4.6.1 確率の推定

では、ロジスティック回帰はどのような仕組みなのだろうか。ロジスティック回帰モデルは、線形回帰モデルと同様に、入力特徴量の加重総和（にさらにバイアス項を加えたもの）を計算するが、線形回帰モデルのように計算結果を直接出力するのではなく、結果の**ロジスティック**（logistic）を返す（**式4-13**）。

式4-13　ロジスティック回帰モデルが推定する確率（ベクトル形式）

$$\hat{p} = h_{\boldsymbol{\theta}}(\mathbf{x}) = \sigma\left(\boldsymbol{\theta}^\intercal \mathbf{x}\right)$$

ロジスティック関数（$\sigma(\cdot)$と書く）は、0から1までの値を出力する**シグモイド関数**（sigmoid function：

S字形）で、式4-14、図4-21のように定義される。

式4-14 ロジスティック関数

$$\sigma(t) = \frac{1}{1 + \exp(-t)}$$

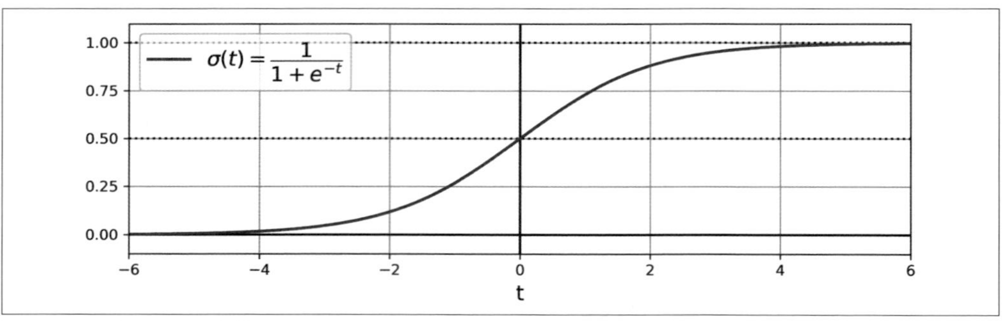

図4-21 ロジスティック関数

ロジスティック回帰モデルによってインスタンス$\mathbf{x}$が陽性クラスに属する確率 $\hat{p} = h_{\boldsymbol{\theta}}(\mathbf{x})$ が推定されたら、予測 $\hat{y}$ は簡単に得られる（式4-15）。

式4-15 ロジスティック回帰モデルによる予測（確率しきい値50 %）

$$\hat{y} = \begin{cases} 0, & \hat{p} < 0.5 \\ 1, & \hat{p} \geq 0.5 \end{cases}$$

$t<0$ なら $\sigma(t)<0.5$、$t \geq 0$ なら $\sigma(t) \geq 0.5$ になる。そのため、デフォルトの確率しきい値50 %を使うロジスティック回帰モデルは、$\boldsymbol{\theta}^{\intercal} \mathbf{x}$が正なら1、負なら0を予測する。

スコアのtは、よく**ロジット**（logit）と呼ばれるが、これはlogit(p) = log(p / (1 − p))と定義されるロジット関数がロジスティック関数の逆関数であることに由来する。実際、推定確率pのロジットを計算すると、結果はtになることがわかる。ロジットは陽性クラスの推定確率と陰性クラスの推定確率の比の対数なので、**対数オッズ**（log-odds）とも呼ばれる。

4.6.2 学習と損失関数

ロジスティック回帰が確率を推定して予測をすることはわかった。では、どのように学習すればよいのだろうか。学習の目的は、モデルが陽性インスタンス（$y = 1$）に対して高い確率、陰性インスタンス（$y = 0$）に対して低い確率を推定するようにパラメータベクトル$\boldsymbol{\theta}$を設定することだ。式4-16の単一学習インスタンス$\mathbf{x}$に対する損失関数は、それを表している。

式4-16 単一の学習インスタンスに対する損失関数

$$c(\boldsymbol{\theta}) = \begin{cases} -\log(\hat{p}), & y = 1 \\ -\log(1 - \hat{p}), & y = 0 \end{cases}$$

$-\log(t)$は、tが0に近づくと急速に大きくなるので、モデルが陽性インスタンスに対して0に近い確率を推定するとコストが非常に高くなり、陰性インスタンスに対して1に近い確率を推定するとやはりコストが非常に高くなる。一方、$-\log(t)$は、tが1に近づくと0に近づくので、モデルが陰性インスタンスに対して0に近い確率を推定するか、陽性インスタンスに対して1に近い確率を推定すると、コストは0に近づく。求められているのはまさしくこのような動作だ。

学習セット全体に対する損失関数は、単純にすべての学習インスタンスのコストの平均である。これは、Log Lossと呼ばれる1つの式（**式4-17**）で書ける。

式4-17 ロジスティック回帰の損失関数（Log Loss）

$$J(\boldsymbol{\theta}) = -\frac{1}{m}\Sigma_{i=1}^{m}\left[y^{(i)}\log\left(\hat{p}^{(i)}\right) + \left(1 - y^{(i)}\right)\log\left(1 - \hat{p}^{(i)}\right)\right]$$

Log Lossは手品のように生み出されたわけではない。インスタンスがクラスの平均周辺で正規分布に従うと想定した場合、この損失を最小化すると、**最大尤度**（maximum likelihood）を持つ最適な状態のモデルが得られることは数学的に示せる（ベイズ推定を使って）。Log Lossを使う場合、これが暗黙の前提となる。この前提から離れていればいるほど、モデルはバイアスを抱えることになる。同様に、MSEを使って線形回帰モデルを学習するときには、暗黙のうちに純粋線形分布にガウスノイズ（Gaussian noise）が加わったデータを想定している。データが線形でないとか（例えば、2次関数分布なら）ノイズがガウスノイズではない（例えば、外れ値が指数的に希少でなければ）なら、モデルはバイアスを抱える。

残念ながら、この損失関数を最小にする$\boldsymbol{\theta}$の値を計算する閉形式の方程式は知られていない（正規方程式のようなものはない）。しかし、この損失関数は凸関数なので、勾配降下法（またはその他の最適化アルゴリズム）が大域的な最小値を見つけられることは保証されている（学習率が高すぎず、長時間待つなら）。j番目のモデルパラメータθ_jについての損失関数の偏微分は、**式4-18**で得られる。

式4-18 ロジスティック回帰の損失関数の偏微分

$$\frac{\partial}{\partial\theta_j}J(\boldsymbol{\theta}) = \frac{1}{m}\sum_{i=1}^{m}\left(\sigma\left(\boldsymbol{\theta}^{\intercal}\mathbf{x}^{(i)}\right) - y^{(i)}\right)x_j^{(i)}$$

この式は、**式4-5**と非常によく似ている。個々のインスタンスについて、予測誤差を計算し、それとj番目の特徴量の値を掛けて、すべての学習インスタンスの平均値を計算しているのである。すべての偏微分を納めた勾配ベクトルを作れば、バッチ勾配降下法でそれを使うことができる。これで、ロジスティック回帰モデルの学習方法がわかった。もちろん、1度に1個のインスタンスを使えばSGD、ミニバッチを使えばミニバッチGDで学習できる。

4.6.3 決定境界

irisデータセットを使えばロジスティック回帰を実際に試せる。iris（アヤメ）は、セトサ（*Iris-Setosa*）、バーシクル（*Iris-Versicolor*）、バージニカ（*Iris-Virginica*）の3種類のアヤメのがく片（sepal）と花弁（petal）の幅と長さが収められた有名なデータセットである（**図4-22**）。

図4-22 3種のアヤメの花[*1]

では、花弁の幅特徴量だけでバージニカ種を検出する分類器を作ってみよう。まずデータをロードして、ざっと見てみる。

```
>>> from sklearn.datasets import load_iris
>>> iris = load_iris(as_frame=True)
>>> list(iris)
['data', 'target', 'frame', 'target_names', 'DESCR', 'feature_names',
 'filename', 'data_module']
>>> iris.data.head(3)
   sepal length (cm)  sepal width (cm)  petal length (cm)  petal width (cm)
0                5.1               3.5                1.4               0.2
1                4.9               3.0                1.4               0.2
2                4.7               3.2                1.3               0.2
>>> iris.target.head(3)  # インスタンスがシャッフルされていないことに注意
0    0
1    0
2    0
Name: target, dtype: int64
>>> iris.target_names
array(['setosa', 'versicolor', 'virginica'], dtype='<U10')
```

次に、データを分割して学習セットでロジスティック回帰モデルを学習する。

```
from sklearn.linear_model import LogisticRegression
from sklearn.model_selection import train_test_split

X = iris.data[["petal width (cm)"]].values
y = iris.target_names[iris.target] == 'virginica'
```

＊1 写真は対応するWikipediaページからの転載。バージニカ種の写真はFrank Mayfield撮影（クリエーティブコモンズBY-SA 2.0（https://creativecommons.org/licenses/by-sa/2.0/））、バーシクル種の写真はD. Gordon E. Robertson撮影（クリエーティブコモンズBY-SA 3.0（https://creativecommons.org/licenses/by-sa/3.0/））、セトサ種の写真はパブリックドメイン。

```
X_train, X_test, y_train, y_test = train_test_split(X, y, random_state=42)

log_reg = LogisticRegression(random_state=42)
log_reg.fit(X_train, y_train)
```

花弁の幅が0 cmから3 cmの花に対するモデルの推定確率を見てみよう[*1]。

```
X_new = np.linspace(0, 3, 1000).reshape(-1, 1)  # 列ベクトルを得るために形状変換する
y_proba = log_reg.predict_proba(X_new)
decision_boundary = X_new[y_proba[:, 1] >= 0.5][0, 0]

plt.plot(X_new, y_proba[:, 0], "b--", linewidth=2,
         label="Not Iris virginica proba")
plt.plot(X_new, y_proba[:, 1], "g-", linewidth=2, label="Iris virginica proba")
plt.plot([decision_boundary, decision_boundary], [0, 1], "k:", linewidth=2,
         label="Decision boundary")
[...] # グリッド、ラベル、軸、凡例、矢印、サンプルを追加して図を見やすくする
plt.show()
```

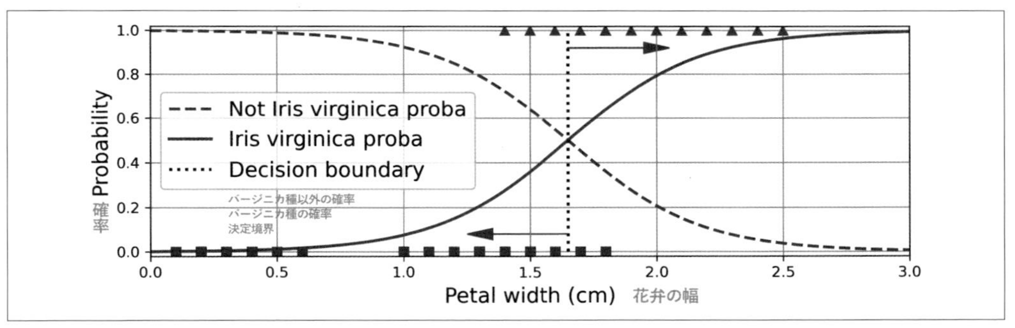

図4-23 推定確率と決定境界

バージニカ種の花弁の幅（三角形）は1.4 cmから2.5 cmだが、ほかのアヤメ（四角形）は0.1 cmから1.8 cmまでの間である。わずかながら重なり合う部分があることに注意しよう。2 cmよりも長ければ、分類器はかなり自信を持って、バージニカ種だと判断する（バージニカ種クラスに対して高い確率を出力する）。それに対し、1 cm未満なら、かなり自信を持って、バージニカ種ではないと判断する（非バージニカ種クラスに対して高い確率を出力する）。この両極端の間では、分類器は自信がなくなる。しかし、クラスの予測を求めれば（`predict_proba()`メソッドではなく、`predict()`メソッドを使う）、分類器は尤度の高い方のクラスを返す。そのため、両方の確率がともに50 %になる**決定境界**（decision boundary）は、約1.6 cmになる。分類器は、花弁の幅が1.6 cmよりも長ければバージニカ種、そうでなければ非バージニカに分類する（あまり自信はなくても）。

＊1 NumPyの`reshape()`関数は1つの次元を−1にすることができる。これは「自動」という意味で、その値は配列の長さとその他の次元から推論される。

```
>>> decision_boundary
1.6516516516516517
>>> log_reg.predict([[1.7], [1.5]])
array([ True, False])
```

図4-24は、同じデータセットを使っているが、今度は花弁の幅と長さの2つの特徴量を表示している。学習すれば、ロジスティック回帰分類器は、これら2つの特徴量に基づいて、花がバージニカ種である確率を推定できるようになる。破線は、モデルが50%の確率を推定するところを表している。これがモデルの決定境界である。この境界が線形になっていることに注意してほしい[*1]。個々の平行線は、モデルが15%(左下)から90%(右上)までの特定の確率を出力する点を表している。モデルによれば、右上の直線の向こう側の花は、90%以上の確率でバージニカ種である。

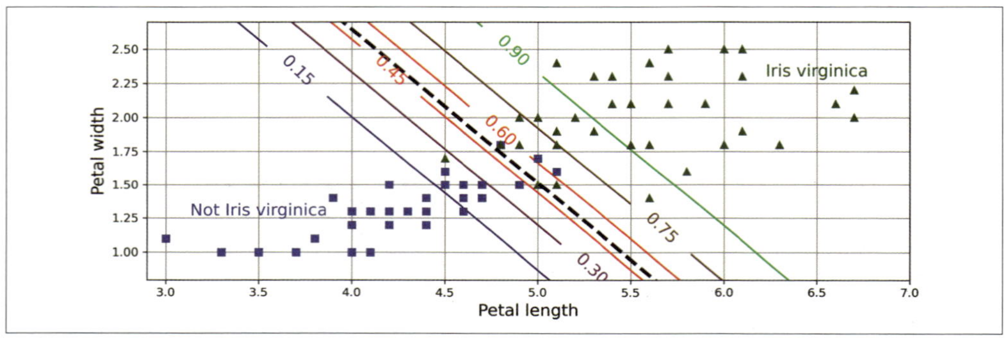

図4-24 線形の決定境界

scikit-learnの`LogisticRegression`モデルの正則化の強さを決めるハイパーパラメータは、ほかの線形モデルとは異なり、`alpha`ではなくその逆数の`C`である。`C`が大きくなればなるほど、モデルはあまり正則化**されなく**なる。

ほかの線形モデルと同様に、ロジスティック回帰モデルはℓ_1またはℓ_2を使って正則化できる。実際には、scikit-learnはデフォルトでℓ_2を加えている。

4.6.4 ソフトマックス回帰

ロジスティック回帰モデルは、3章の説明のように複数の二値分類器を学習して組み合わせなくても、複数のクラスを直接サポートするように一般化できる。これを**ソフトマックス回帰**(softmax regression)あるいは、**多項ロジスティック回帰**(multinomial logistic regression)と呼ぶ。

考え方はごく単純だ。ソフトマックス回帰モデルは、インスタンス$\mathbf{x}$を受け取ると、まず個々のクラスkのためにスコア$s_k(\mathbf{x})$を計算し、そのスコアに**ソフトマックス関数**(softmax function、**正規化指数関数**:normalized exponential functionとも呼ばれる)を適用して個々のクラスの確率を推定する。

*1 これは、直線を定義する$\theta_0 + \theta_1 x_1 + \theta_2 x_2 = 0$となるような点$\mathbf{x}$の集合である。

$s_k(\mathbf{x})$を計算する方程式（**式4-19**）は、見覚えのある形をしているだろう。線形回帰予測の方程式とよく似ているのである。

式4-19　クラスkに対するソフトマックススコア

$$s_k(\mathbf{x}) = \left(\boldsymbol{\theta}^{(k)}\right)^\top \mathbf{x}$$

個々のクラスがそれぞれ専用のパラメータベクトル$\boldsymbol{\theta}^{(k)}$を持っていることに注意しよう。一般に、これらのベクトルは全体として**パラメータ行列**（parameter matrix）$\boldsymbol{\Theta}$に格納される。

インスタンス$\mathbf{x}$のためにすべてのクラスのスコアを計算し、そのスコアにソフトマックス関数（**式4-20**）を適用すれば、インスタンスがクラスkに属する確率$\hat{p}_k$を推定できる。ソフトマックス関数は、すべてのスコアの指数を計算してから、結果を正規化する（すべての指数の合計で割る）。スコアは一般にロジットとか対数オッズと呼ばれる（実際には正規化されていない対数オッズだが）。

式4-20　ソフトマックス関数

$$\hat{p}_k = \sigma\left(\mathbf{s}(\mathbf{x})\right)_k = \frac{\exp\left(s_k(\mathbf{x})\right)}{\sum_{j=1}^{K} \exp\left(s_j(\mathbf{x})\right)}$$

- Kはクラスの数。
- $\mathbf{s}(\mathbf{x})$はインスタンス$\mathbf{x}$に対する各クラスのスコアを格納するベクトル。
- $\sigma(\mathbf{s}(\mathbf{x}))_k$は、インスタンスに対する各クラスのスコアから推定されたインスタンス$\mathbf{x}$がクラスkに属する確率。

ロジスティック回帰分類器と同様に、ソフトマックス回帰分類器は、**式4-21**に示すように、推定確率が最も高いクラス（単純に最もスコアの高いクラスのことである）を予測として返す。

式4-21　ソフトマックス回帰分類器の予測

$$\hat{y} = \underset{k}{\operatorname{argmax}}\ \sigma\left(\mathbf{s}(\mathbf{x})\right)_k = \underset{k}{\operatorname{argmax}}\ s_k(\mathbf{x}) = \underset{k}{\operatorname{argmax}}\ \left(\left(\boldsymbol{\theta}^{(k)}\right)^\top \mathbf{x}\right)$$

argmax演算子は、関数が最大になる変数の値を返す。この方程式では、推定確率$\sigma(\mathbf{s}(\mathbf{x}))_k$が最大になる$k$の値を返す。

ソフトマックス回帰分類器は、1度に1つのクラスだけを予測する（つまり、多クラスだが多出力ではない）。そのため、異なる植物種のように、相互排他的なクラスとともに使わなければならない。1枚の写真に写っている複数の人を認識するためには使えない。

モデルが確率を推定し、予測を行う仕組みはわかったので、学習について見てみよう。学習の目的は、ターゲットクラスを高い確率で推定する（その結果、ほかのクラスの推定確率は低くなる）モデルを作ることだ。**式4-22**に示す**交差エントロピー**（cross entropy）という損失関数は、ターゲットクラスに属する確率を低く推定したときにモデルにペナルティを与えるので、この目的を達することができるはずだ。交差エントロピーは、一連のクラスに対して推定された確率がターゲットクラスにどれくらい適合するかを測定するために頻繁に使われる（これからの章でも複数回使うことになる）。

式4-22 交差エントロピー損失関数

$$J(\boldsymbol{\Theta}) = -\frac{1}{m}\sum_{i=1}^{m}\sum_{k=1}^{K} y_k^{(i)}\log\left(\hat{p}_k^{(i)}\right)$$

この式で、$y_k^{(i)}$はi番目のインスタンスがクラスkに属する確率である。一般に、インスタンスがそのクラスに属するかどうかによって1または0になる。

2つのクラスしかなければ（$K = 2$）、この損失関数はロジスティック回帰の損失関数（Log Loss、**式4-17**）と同じになることに注意しよう。

交差エントロピー

交差エントロピーは、クロード・シャノンの**情報理論**（information theory）から生まれたものである。例えば、毎日天候についての情報を効率よく送りたいものとする。選択肢が8個（晴れ、雨など）なら、$2^3 = 8$なので、3ビットで各オプションをエンコードできる。しかし、ほぼ毎日晴れになると思うなら、「晴れ」を1ビットだけ（0）で表現し、ほかの7個の選択肢は4ビット（先頭が1）で表した方が効率がよい。交差エントロピーは、選択肢ごとに実際に送るビット数の平均を測定する。天候に関するこの仮定が正しければ、交差エントロピーは天気自体のエントロピー（すなわち、天気の本質的な予測不能性）と等しくなる。しかし、仮定が間違っていれば（例えば、かなり雨が多い）、交差エントロピーは**カルバック・ライブラー情報量**（Kullback-Leibler divergence）と呼ばれる量だけ多くなる。

2つの確率分布pとqの間の交差エントロピーは、$H(p, q) = -\sum_x p(x)\log q(x)$と定義される（少なくとも、分布が離散分布なら）。詳しくは、このテーマについて私が作った動画（https://homl.info/xentropy）を見てほしい。

式4-23は、$\boldsymbol{\theta}^{(k)}$についてのこの損失関数の勾配降下ベクトルを示している。

式4-23 クラスkについての交差エントロピーの勾配降下ベクトル

$$\nabla_{\boldsymbol{\theta}^{(k)}} J(\boldsymbol{\Theta}) = \frac{1}{m}\sum_{i=1}^{m}\left(\hat{p}_k^{(i)} - y_k^{(i)}\right)\mathbf{x}^{(i)}$$

これですべてのクラスについて勾配降下ベクトルが計算できるので、勾配降下法（またはその他の最適化アルゴリズム）を使えば、損失関数が最小になるパラメータ行列$\boldsymbol{\Theta}$を見つけられる。

では、ソフトマックス回帰を使ってアヤメの花を3種類のクラスに分類しよう。scikit-learnの`LogisticRegression`は、3つ以上のクラスで学習したときには自動的にソフトマックス回帰を使う（`solver="lbfgs"`を指定した場合。これがデフォルト）。また、デフォルトでℓ_2正則化が使われるが、既に説明したように、正則化はハイパーパラメータの`C`で変えられる。

```
X = iris.data[["petal length (cm)", "petal width (cm)"]].values
y = iris["target"]
```

```
X_train, X_test, y_train, y_test = train_test_split(X, y, random_state=42)

softmax_reg = LogisticRegression(C=30, random_state=42)
softmax_reg.fit(X_train, y_train)
```

次に花弁の長さ5cm、幅2cmのアヤメを見つけたときに、このモデルにどのタイプのアヤメかを尋ねれば、確率96％でバージニカ種（クラス2）だと答えるだろう（あるいは確率4％でバーシクル種）。

```
>>> softmax_reg.predict([[5, 2]])
array([2])
>>> softmax_reg.predict_proba([[5, 2]]).round(2)
array([[0.  , 0.04, 0.96]])
```

図4-25は、得られる決定境界を背景色で表現している。2つのクラスの間の決定境界が線形になっていることに注意しよう。この図には、曲線でバーシクル種の確率も示してある（例えば、0.30の曲線は、30％の確率の境界を表している）。モデルが推定確率50％未満のクラスを予測する場合があることに注意しよう。例えば、すべての決定境界が交わる点では、すべてのクラスの推定確率が33％になっている。

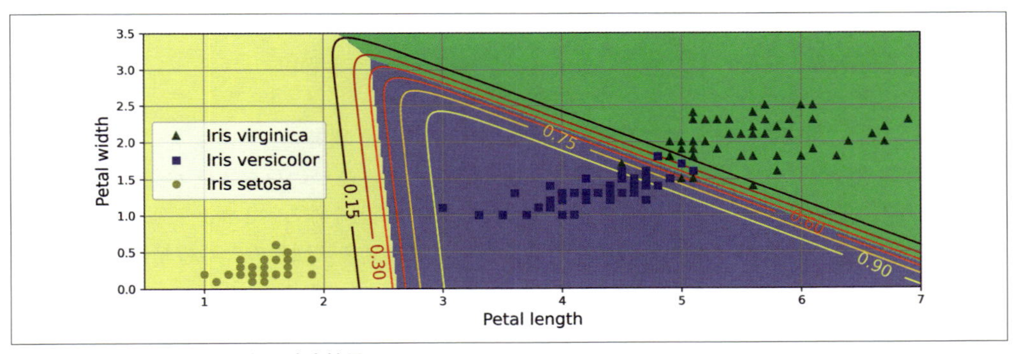

図4-25　ソフトマックス回帰の決定境界

この章では、回帰、分類の両方で線形モデルを学習するためのさまざまな方法を学んだ。線形回帰は閉形式の方程式と勾配降下法の両方で学習できること、学習中にモデルの正則化のために損失関数にさまざまなペナルティを追加できることを学んだ。その過程で、学習曲線の作成、分析方法、早期打ち切りの実装方法も学んだ。最後に、ロジスティック回帰とソフトマックス回帰の仕組みを学んだ。私たちは、機械学習の最初のブラックボックスをこじ開けたのだ。次章では、サポートベクターマシンをはじめとしてもっと多くのブラックボックスを開いていく。

4.7　演習問題

1. 数百万個もの特徴量を持つ学習セットがあるときに使える線形回帰学習アルゴリズムは何か。
2. 学習セットの特徴量のスケールがまちまちだとする。これによって悪影響を受けるアルゴリズムは何で、どのような影響があるか。その問題にはどのように対処すればよいか。

3. ロジスティック回帰モデルを学習する際、勾配降下法が局所的な最小値から抜け出せなくなることはあるか。
4. 十分な実行時間を与えれば、すべての勾配降下法アルゴリズムは同じモデルにたどり着くか。
5. バッチ勾配降下法を使っていて、エポックごとに検証誤差をプロットしているものとする。検証誤差が絶えず大きくなっていることに気付いた場合、何が起きていると考えられるか。この問題はどのように修正すればよいか。
6. 検証誤差が上がり出したときにミニバッチ勾配降下法をすぐに中止するのはよいことか。
7. 本書で取り上げた勾配降下法アルゴリズムの中で、最適な解の近辺に最も早く到達するのはどれか。それは実際に収束するか。ほかの勾配降下法はどうすれば収束するか。
8. 多項式回帰を使っているものとする。学習曲線をプロットしたところ、訓練誤差と検証誤差の間に大きな差があった。何が起きているのか。この問題を解決するための方法を3つ挙げなさい。
9. リッジ回帰を使っていて、訓練誤差と検証誤差がほとんど同じだが、非常に高いことに気付いたとする。バイアスと分散のどちらが高いとそうなるか。正則化ハイパーパラメータの α は上げるべきか、下げるべきか。
10. 以下を説明しなさい。
    a. 線形回帰(正則化項なし)ではなくリッジ回帰を使うべき理由
    b. リッジ回帰ではなくラッソ回帰を使うべき理由
    c. ラッソ回帰ではなくエラスティックネットを使うべき理由
11. 写真を屋外/屋内、日中/夜間に分類したいものとする。2つのロジスティック回帰分類器を作るべきか、それとも1つのソフトマックス回帰分類器を作るべきか。
12. scikit-learnを使わずNumPyだけを使って、ソフトマックス回帰のための早期打ち切り機能を持つバッチ勾配降下法を実装しなさい。それをirisデータセットのような分類のタスクで使いなさい。

演習問題の解答は、ノートブック(https://homl.info/colab3)の4章の部分を参照のこと。

5章 サポートベクターマシン（SVM）

サポートベクターマシン（SVM）は、線形/非線形の分類/回帰だけでなく、新規性検知（novelty detection）さえできる非常に強力で柔軟な機械学習モデルである。SVMは規模が中以下（インスタンス数が数百から数千のもの）の非線形データセットで力を発揮し、特に分類の仕事に向いている。しかし、これから示すように、非常に大規模なデータセットにはあまりうまく対応できない。

この章では、SVMの基本概念、使い方、動作の仕組みを説明する。それでは始めよう。

5.1 線形SVM分類器

SVMの基本的な考え方は、図を使って説明するとわかりやすい。**図5-1**は、4章の終わりの方で紹介したirisデータセットの一部を示している。この2つのクラスは、明らかに直線で簡単に分割できる（**線形分割可能**：lineary separableである）。左のグラフは、考え得る3種類の線形分類器の決定境界を示している。破線の決定境界を持つモデルは非常に性能が低く、クラスを正しく分割することさえできない。ほかの2つは、この学習セットに対しては完璧に機能するが、決定境界がインスタンスに近いため、新しいインスタンスに対しても同じような性能を発揮することはできないだろう。一方、右側のグラフの実線は、SVM分類器の決定境界を示している。この線は2つのクラスを分割できているだけでなく、最も近い学習インスタンスからの距離ができる限り遠くなるようにしている。SVM分類器は、クラスの間にできる限り太い道（2本の平行な破線で表されている）を通すものだと考えることができる。これを**マージンの大きい分類**と呼ぶ。

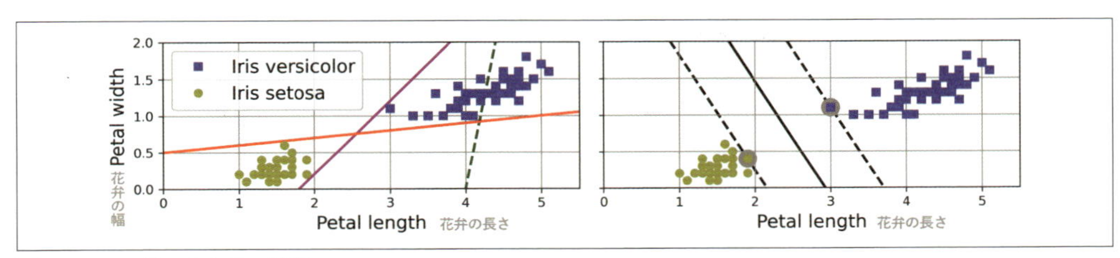

図5-1　マージンの大きい分類

「道から外れた」学習インスタンスを増やしても、決定境界に影響は及ばないことに注意しよう。決定境界は、道の際にあるインスタンスによって決まる（サポートされる）。このようなインスタンスのことを**サポートベクター**（support vector）と呼ぶ（**図5-1**で大きな丸で描かれているもの）。

図5-2からもわかるようにSVMは、特徴量のスケールの影響を受けやすい。左側のグラフでは、縦方向のスケールが横方向のスケールよりもかなり大きいので、可能な道の中で最も太いものはほとんど真横に向かうものになっている。特徴量をスケーリング（例えば、scikit-learnの`StandardScaler`で）したあとの決定境界（右側のグラフ）は、はるかによい感じに見える。

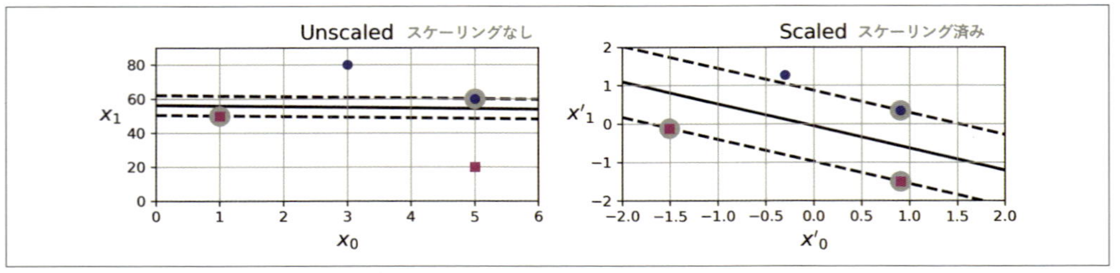

図5-2　特徴量のスケールからの影響を受けやすいSVM

5.1.1　ソフトマージン分類

すべてのインスタンスが道に引っかからず、正しい側にいることを厳密に要求する場合、それを**ハードマージン分類**（hard margine classification）と呼ぶ。ハードマージン分類には、データが線形分割できるときでなければ使えず、外れ値に敏感になりすぎるという2つの大きな問題点がある。**図5-3**は、irisデータセットに1個の外れ値を追加したものを示している。左側のグラフは、ハードマージンを見つけられないもの、右側のグラフは、外れ値のない**図5-1**とは決定境界がまったく異なり、おそらく同じようには汎化できないものである。

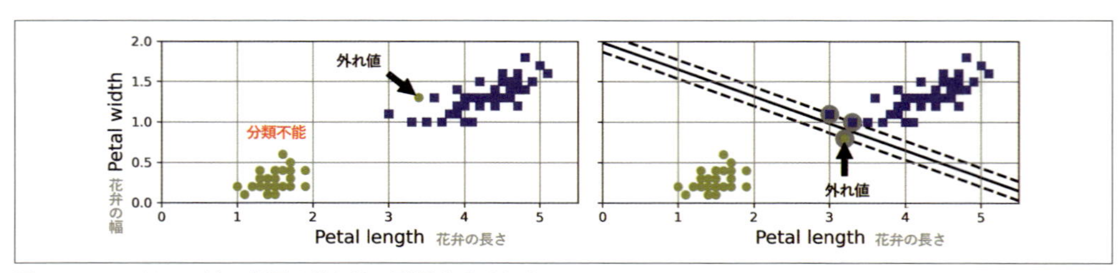

図5-3　ハードマージン分類は外れ値の影響を受けやすい

これらの問題を避けるには、もっと柔軟性の高いモデルを使う必要がある。目標は、道をできる限り太くすることと、**マージン違反**（margin violation、道の中や間違った側に入ってしまうインスタンス）を減らすこととの間でバランスを取ることだ。これを**ソフトマージン分類**（soft margin classification）と呼ぶ。

scikit-learnでSVMモデルを作るときには、指定できるハイパーパラメータがいくつかあるが、その中に`C`がある。`C`を小さくすると、**図5-4**の左側のようなモデルになり、大きくすると右側のようなモデルになる。Cを小さくすると、道は太くなるがマージン違反も増える。言い換えれば、Cを小さくすると、道をサポートするインスタンスが増え、過学習のリスクが下がる。しかし、Cを小さくしすぎると、この例のように過少適合になる。この例では、C=100のモデルの方がC=1のモデルよりも汎化性能が高くなりそうである。

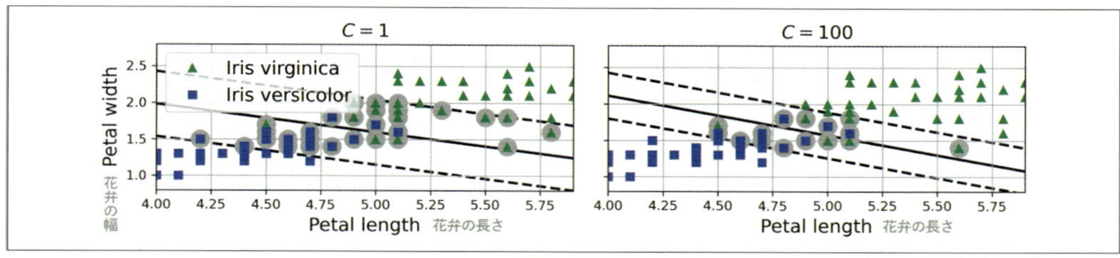

図5-4　マージンが大きいもの（左）とマージン違反が少ないもの（右）

SVMモデルが過学習している場合には、Cを小さくして正則化するとよい。

次のscikit-learnコードは、irisデータセットをロードし、バージニカ種を検出する線形SVMモデルを学習する。パイプラインはまず特徴量をスケーリングしてから、C=1を指定したLinearSVCを呼び出す。

```
from sklearn.datasets import load_iris
from sklearn.pipeline import make_pipeline
from sklearn.preprocessing import StandardScaler
from sklearn.svm import LinearSVC

iris = load_iris(as_frame=True)
X = iris.data[["petal length (cm)", "petal width (cm)"]].values
y = (iris.target == 2)  # Iris virginica

svm_clf = make_pipeline(StandardScaler(),
                        LinearSVC(C=1, random_state=42))
svm_clf.fit(X, y)
```

得られたモデルは、**図5-4**の左側のグラフに示したものである。

いつもと同じように、このモデルは予測に使える。

```
>>> X_new = [[5.5, 1.7], [5.0, 1.5]]
>>> svm_clf.predict(X_new)
array([ True, False])
```

最初のインスタンスはバージニカ種に分類されたが、第2のインスタンスはバージニカ種ではないとされている。SVMがこの分類をするために使ったスコアを見てみよう。スコアは、インスタンスと決定境界の距離を符号付きで示したものである。

```
>>> svm_clf.decision_function(X_new)
array([ 0.66163411, -0.22036063])
```

LogisticRegressionとは異なり、LinearSVCには各クラスの確率を推定するpredict_proba()はない。しかし、LinearSVCではなくSVCクラス（すぐあとで取り上げる）を使えば、probabilityハイパーパラメータがあり、これをTrueにすると学習の最後のところでSVM決定関数のスコアを推定確率に変換する新たなモデルが追加される。ただし、そのために舞台裏では5分割交差検証を使って学習セットの各インスタンスに対するサンプル外予測を生成し、LogisticRegressionモデルを学習することが必要になるため、学習率が大幅に低下する。predict_proba()、predict_log_proba()メソッドが使えるようになるのは、この追加作業を経てからである。

5.2 非線形SVM分類器

線形SVM分類器は効率的で多くの条件で驚くほどすばらしく機能するが、多くのデータセットは線形分割などとてもできない。多項式特徴量（4章参照）などの特徴量の追加は、非線形データセットの処理方法の1つである。実際、これで線形分割可能なデータセットが得られる場合がある。**図5-5**の左側のグラフを見てみよう。特徴量が1つ（x_1）の単純なデータセットだが、線形分割できない。しかし、右側のように$x_2 = (x_1)^2$という第2の特徴量を追加して2次元データセットにすれば、完全に線形分割可能だ。

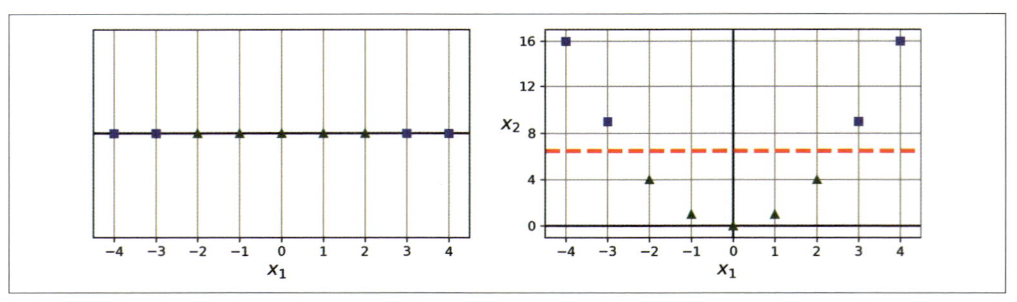

図5-5　特徴量を追加してデータセットを線形分割可能にする

scikit-learnを使ってこの考え方を実装するには、PolynomialFeatures変換器（4.3節「多項式回帰」参照）のうしろにStandardScaler、LinearSVCを組み込んだパイプラインを作ればよい。これをmoonsデータセットでテストしてみよう（**図5-6**）。moonsは、2個の半円が互い違いに組み合わさった形にデータポイントが並ぶ二値分類のための簡単なデータセットである。このデータセットは、make_moons()関数で生成できる。

```
from sklearn.datasets import make_moons
from sklearn.preprocessing import PolynomialFeatures

X, y = make_moons(n_samples=100, noise=0.15, random_state=42)
```

```
polynomial_svm_clf = make_pipeline(
    PolynomialFeatures(degree=3),
    StandardScaler(),
    LinearSVC(C=10, max_iter=10_000, random_state=42)
)
polynomial_svm_clf.fit(X, y)
```

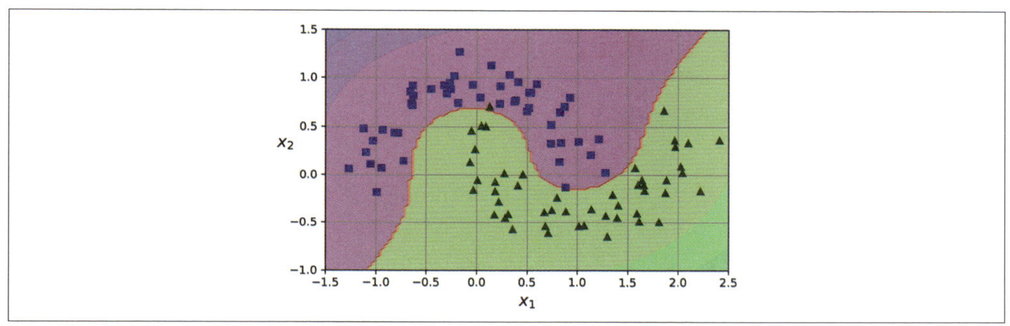

図5-6　多項式特徴量を使った線形SVM分類器

5.2.1　多項式カーネル

多項式特徴量の追加は簡単に実装でき、あらゆる種類の機械学習アルゴリズム（SVMに限らず）ですばらしく機能するが、次数が低いと非常に複雑なデータセットを処理できず、次数が高いと特徴量が膨大な数になってモデルが遅くなりすぎる。

しかし、SVMを使う場合は、**カーネルトリック**（kernel trick、すぐあとで説明する）という奇跡的な数学テクニックが使える。これを使うと、実際に特徴量を追加せずにまるで多くの多項式特徴量を追加したかのような結果が得られ、非常に高次の場合でも対応できる。しかも、実際に特徴量を追加するわけではないので、特徴量数の組合せ爆発も生じない。このトリックは、SVCクラスによって実装される。moonsデータセットでテストしてみよう。

```
from sklearn.svm import SVC

poly_kernel_svm_clf = make_pipeline(StandardScaler(),
                                    SVC(kernel="poly", degree=3, coef0=1, C=5))
poly_kernel_svm_clf.fit(X, y)
```

このコードは、3次元多項式カーネルで**図5-7**の左側のグラフが示しているSVM分類器を学習する。右側のグラフは、10次元多項式カーネルを使った別のSVM分類器を示している。当然ながら、過学習している場合は、多項式の次数を下げなければならない。逆に、モデルが過少適合しているなら、多項式の次数を上げることになる。ハイパーパラメータのcoef0で、高次多項式と低次多項式の項からどの程度の影響を認めるかを調節する。

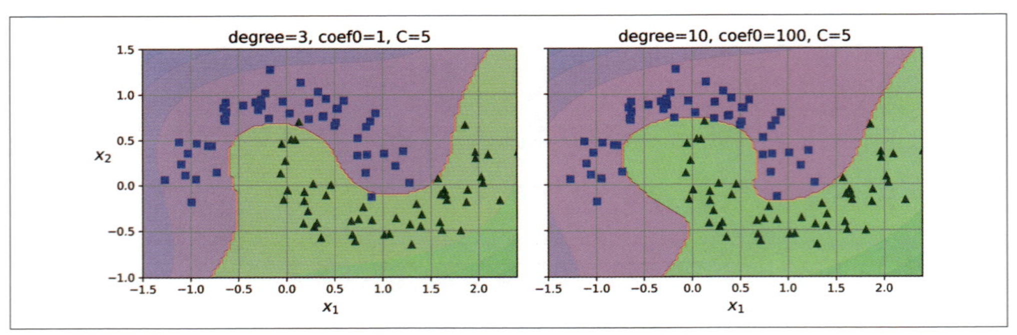

図5-7 多項式カーネルを使ったSVM分類器

一般に、ハイパーパラメータは自動的に調整されるが(例えばランダムサーチを使って)、個々のハイパーパラメータが実際に何をするか、ほかのハイパーパラメータとどのような相互作用を引き起こすかについてイメージをつかんでおくとよい。そうすれば、大幅に小さな空間にサーチを狭められる。

5.2.2 類似性特徴量の追加

非線形問題には、個々のインスタンスが特定の**ランドマーク**(landmark)にどの程度近いかを測定する**類似性関数**(similarity function)の計算結果を特徴量として追加するという方法でも対処できる(2章で地理的類似性特徴量を追加したときと同じように)。例えば、先ほど取り上げた1次元データセットを使い、$x_1 = -2$、$x_1 = 1$の2つのランドマークを追加してみよう(**図5-8**の左側のグラフ)。次に、$\gamma = 0.3$の**ガウス放射基底関数**(Gaussian Radial Basis Function、RBF)になるように類似性関数を定義する。これは、0(ランドマークから遠く離れている)から1(ランドマークそのもの)までのベル形の関数である。

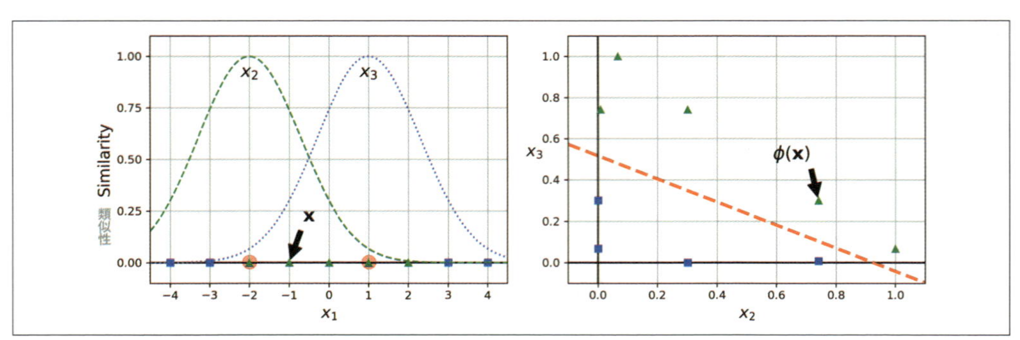

図5-8 ガウスRBFから得られた類似性特徴量

これで新しい特徴量を計算する準備が整った。例えば、$x_1 = -1$のインスタンスを見てみよう。これは第1のランドマークからは1、第2のランドマークからは2の距離にある。そこで、新特徴量は、$x_2 = \exp(-0.3 \times 1^2) \approx 0.74$、$x_3 = \exp(-0.3 \times 2^2) \approx 0.30$となる。**図5-8**の右側のグラフは、変換後のデータセット（もとの特徴量を取り除いたもの）を示している。このように、これは線形分割可能になっている。

しかし、ランドマークはどのようにして選択すればよいのだろうか。最も簡単なアプローチは、データセットの個々のインスタンスの位置にランドマークを作ることだ。そうすると、多くの次元が作られ、変換された学習セットが線形分割可能になる可能性が広がる。欠点は、この方法だとn個の特徴量を持つm個のインスタンスによる学習セットがm個の特徴量を持つm個のインスタンスによる学習セットになってしまう（もとの特徴量を捨てた場合）ことだ。学習セットが非常に大きい場合、同じように特徴量数も多くなってしまう。

5.2.3 ガウスRBFカーネル

多項式特徴量と同様に、類似性特徴量の方法はどの機械学習アルゴリズムでも使えるが、特に学習セットが大きい場合には、すべての追加特徴量を計算していると、計算量という面でコストが高くなってしまう場合がある。しかし、SVMでは、ここでもカーネルトリックが威力を発揮する。実際に類似性特徴量を追加しなくても、多数の類似性特徴量を追加したのと同じ結果が得られるのである。SVCクラスでガウスRBFカーネルを試してみよう。

```
rbf_kernel_svm_clf = make_pipeline(StandardScaler(),
                                   SVC(kernel="rbf", gamma=5, C=0.001))
rbf_kernel_svm_clf.fit(X, y)
```

このモデルは、**図5-9**の左下に示してある。ほかのグラフは、ハイパーパラメータのgamma（γ）とCの値を変えて学習したモデルである。gammaを増やすと、ベル型の曲線が狭くなり（**図5-8**の左側のグラフを参照）、その結果、各インスタンスが影響を与える範囲が狭くなる。決定境界は不規則になり、各インスタンスの周囲でくねくねと曲がる。逆に、gammaを小さくすると、ベル形曲線の幅が広くなり、各インスタンスが影響を与える範囲が広がり、決定境界はなめらかになる。つまり、γは正則化ハイパーパラメータと同じように機能する。モデルが過学習している場合にはγを小さくし、過少適合している場合にはγを大きくするとよい（同じことがCハイパーパラメータにも当てはまる）。

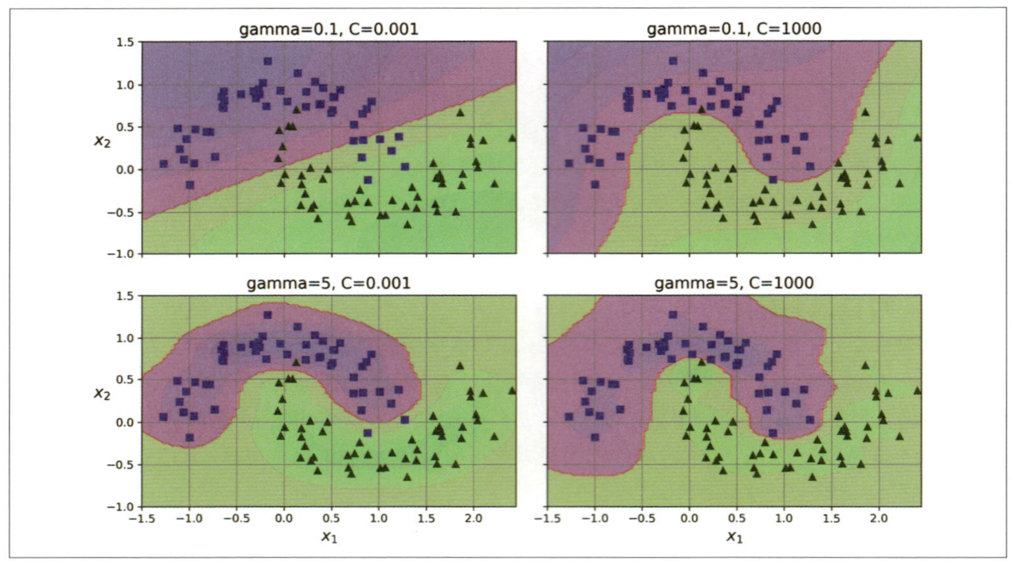

図5-9 RBFカーネルを使ったSVM分類器

カーネルはほかにもあるが、RBFカーネルと比べてごくまれにしか使われない。一部のカーネルは、特定のデータ構造に専門特化している。テキストやDNAシーケンスの分類では**文字列カーネル**(string kernel)が使われることがある(例えば、**部分文字列カーネル**:String Subsequence Kernelや**レーベンシュタイン距離**:Levenshtein distanceに基づくカーネル)。

選べるカーネルがたくさんある中で、どれを選んだらよいのだろうか。目安として、まず線形カーネルを選ぶようにしよう。学習セットが非常に大きい場合には特にそうだが、`SVC(kernel="linear")`よりも`LinearSVC`の方がはるかに高速だ。学習セットがそれほど大きくないときには、カーネルSVMも試してみてよい(まずはガウスRBFカーネルから)。うまく機能することが多い。そして、時間と計算能力に余裕がある場合には、ハイパーパラメータ探索を使ったほかのカーネルを試してみてもよい。特に学習セットのデータ構造に対する専門のカーネルがある場合には、それを試してみるべきだ。

5.2.4 SVMクラスと計算量

`LinearSVC`クラスは、線形SVMのために最適化されたアルゴリズム(https://homl.info/13)*1を実装する`liblinear`ライブラリを基礎としている。このクラスはカーネルトリックをサポートしていないが、学習スタンス数と特徴量数に対して線形にスケーリングする。このクラスによる学習の計算量は、おおよそ$\mathcal{O}(m \times n)$になる。適合率を非常に高くしなければならない場合には、アルゴリズムの実行にかかる時間は長くなる。適合率は、許容される誤差の範囲ハイパーパラメータε(scikit-learnでは`tol`

*1 Chih-Jen Lin et al., "A Dual Coordinate Descent Method for Large-Scale Linear SVM", *Proceedings of the 25th International Conference on Machine Learning* (2008): 408-415.

と呼ばれている）によって変えられるが、ほとんどの分類タスクではデフォルトの許容される誤差の範囲でよいだろう。

SVCクラスは、カーネルトリックをサポートするアルゴリズム（https://homl.info/14）[*1]を実装するlibsvmライブラリを基礎としている。学習の計算量は、通常$\mathcal{O}(m^2 \times n)$と$\mathcal{O}(m^3 \times n)$の間になる。残念ながら、これは学習インスタンス数が非常に多いと（例えば、数十万個）、とてつもなく遅くなるということだが、中小規模の非線形学習セットには向いている。また、特徴量数に対するスケーラビリティは良好で、特に**疎な特徴量**（各インスタンスが0以外の値を持つ特徴量をほとんど持っていない）ではよい。その場合、アルゴリズムは、各インスタンスが持つ0以外の特徴量の数の平均に対してほぼ線形にスケーリングする。

SGDClassifierクラスも、デフォルトでマージンの大きい分類を実行し、ハイパーパラメータ（特に正則化ハイパーパラメータのalphaとpenalty、およびlearning_rate）を調整すれば線形SVMに近い結果が得られる。学習には、逐次的学習に対応し、ほとんどメモリを消費しないSGD（4章参照）を使うため、RAMに入り切らない大規模なデータセットでモデルを学習するとき（つまり、アウトオブコア学習をするとき）にも使える。しかも、計算量が$\mathcal{O}(m \times n)$なので、スケーラビリティが非常に高い。**表5-1**は、scikit-learnのSVM分類クラスを比較したものである。

表5-1　scikit-learnのSVM分類クラスの比較

クラス	計算量	アウトオブコアサポート	スケーリング	カーネルトリック
LinearSVC	$\mathcal{O}(m \times n)$	なし	必要	なし
SVC	$\mathcal{O}(m^2 \times n)$から$\mathcal{O}(m^3 \times n)$	なし	必要	あり
SGDClassifier	$\mathcal{O}(m \times n)$	あり	必要	なし

では次に、SVMアルゴリズムが線形/非線形回帰にも使えるところを見てみよう。

5.3 SVM回帰

SVMを分類ではなく回帰のために使うためのポイントは、目標を逆にすることだ。マージン違反を減らしながら2つのクラスの間に最も太い道を通すのではなく、マージン違反を減らしながら道の中に入るインスタンスができる限り多くなるようにするのである（この場合のマージン違反は、道に入っていないことである）。道の太さは、ハイパーパラメータεによって調節される。**図5-10**は、ある線形データに対して学習した2つの線形SVM回帰モデルを示している。片方はマージンが小さく（$\varepsilon = 0.5$）、もう片方はマージンが大きい（$\varepsilon = 1.2$）。

＊1　John Platt, "Sequential Minimal Optimization: A Fast Algorithm for Training Support Vector Machines" (Microsoft Research technical report, April 21, 1998).

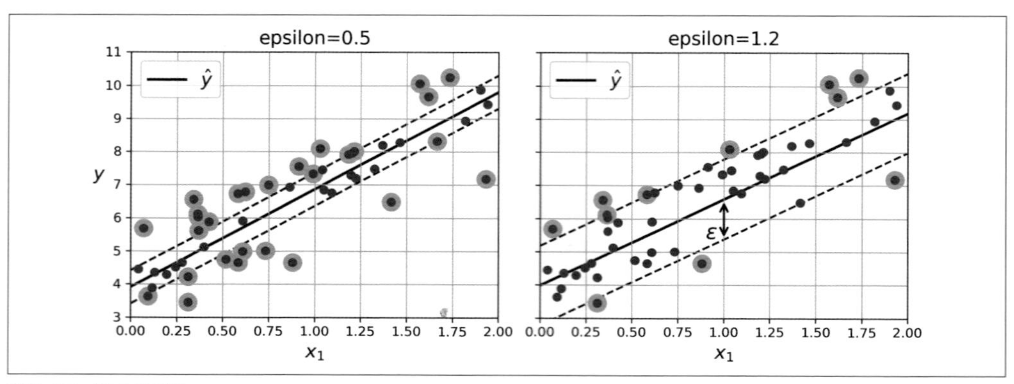

図5-10 SVM回帰

εを小さくするとサポートベクターの数が増え、モデルを正則化する。さらに、マージンに入る学習インスタンスを増やしても、モデルの予測に影響はない。そのようなことから、このモデルは、**ε不感**（ε-insensitive）だと言われている。

scikit-learnのLinearSVRクラスを使えば、線形SVM回帰を実行できる。次のコードは、**図5-11**の左側のグラフが表すモデルを作る。

```
from sklearn.svm import LinearSVR

X, y = [...]  # 線形データセット
svm_reg = make_pipeline(StandardScaler(),
                        LinearSVR(epsilon=0.5, random_state=42))
svm_reg.fit(X, y)
```

非線形回帰には、カーネルSVMモデルを使えばよい。例えば、**図5-11**は、ランダムな二次回帰学習セットに対する二次多項式カーネルを使ったSVM回帰を示している。左側のグラフはある程度正則化されているが（つまりCの値が小さい）が、右側のグラフはそれよりもかなり大きく正則化されている（つまりCの値が大きい）。

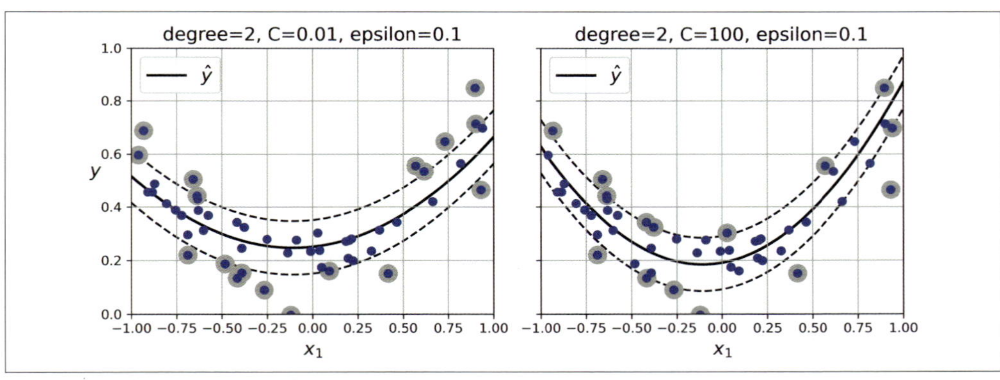

図5-11　二次多項式カーネルを使ったSVM回帰

次のコードは、scikit-learnのSVRクラス（カーネルトリックをサポートする）を使って、**図5-11**の左側のモデルを作る。

```
from sklearn.svm import SVR

X, y = [...]  # 2次データセット
svm_poly_reg = make_pipeline(StandardScaler(),
                             SVR(kernel="poly", degree=2, C=0.01, epsilon=0.1))
svm_poly_reg.fit(X, y)
```

SVRクラスはSVCクラスの回帰版と言うべきもので、同じようにLinearSVRクラスはLinearSVCクラスの回帰版である。LinearSVRクラスは学習セットのサイズに対して線形にスケーリングする（LinearSVCクラスと同様に）が、SVRクラスは学習セットが大きくなるとそれ以上に遅くなる（SVCクラスと同様に）。

SVMは新規性検知にも使える。詳しくは、9章を参照のこと。

この章のこれからの部分では、SVMが予測をする仕組み、SVMの学習アルゴリズムの仕組みを説明する。最初は線形SVM分類器からだ。機械学習の勉強を始めたばかりの方は、この部分を読み飛ばして章末の演習問題に進んでよい。SVMをもっと深く理解したくなったときにここを読んでほしい。

5.4 SVM分類器の仕組み

線形SVM分類器モデルは、新しいインスタンスxのクラスを予測するときに、単純に決定関数の$\boldsymbol{\theta}^\intercal \mathbf{x} = \theta_0 x_0 + \cdots + \theta_n x_n$を計算する（ただし、$x_0$はバイアス特徴量で常に1）。結果が正なら予測されるクラス$\hat{y}$は陽性クラス（1）、そうでなければ陰性クラス（0）になる。これはLogisticRegression（4章）とまったく同じだ。

今までは、バイアス項の θ_0 と入力特徴量の重みの θ_1 から θ_n を含むすべてのモデルパラメータを1個のベクトル $\boldsymbol{\theta}$ で表すことにしていたが、これではいちいちバイアス入力 $x_0 = 1$ に言及しなければならなくなる。バイアス項の b（θ_0 と等しい）と特徴量の重みベクトル $\mathbf{w}$（θ_1 から θ_n まで）を使う記法もよく使われている。この場合、入力特徴量重みベクトルにバイアス特徴量を加える必要はないので、線形SVMの決定関数は、$\mathbf{w}^\top \mathbf{x} + b = w_1 x_1 + \cdots + w_n x_n + b$ となる。本書はこれからこの記法を使うことにする。

したがって、線形SVM分類器による予測は単純明快だ。では、学習はどうなのだろうか。学習では、マージン違反の数を抑えつつ、道なりマージンなりをできる限り太くする重みベクトルの $\mathbf{w}$ とバイアス項 b を見つけなければならない。道の幅の方から見ていこう。幅を太くするためには、$\mathbf{w}$ を小さくしなければならない。これは**図5-12**のように2次元で見るとわかりやすい。例えば、道の端は決定関数が -1 か $+1$ の箇所だと定義しよう。左の図では、重み w_1 は1であり、$w_1 x_1 = -1$ または1となる点は $x_1 = -1$ と $x_1 = +1$ である。そのため、道のマージンは2となる。右の図では、重みは0.5であり、$w_1 x_1 = -1$ または1となる点は $x_1 = -2$ と $x_1 = +2$、マージンは4となる。だから $\mathbf{w}$ はできる限り小さくしなければならない。バイアス項 b はマージンの大きさに影響を与えないことに注意しよう。b を操作しても道の位置がずれるだけで、マージンは変わらない。

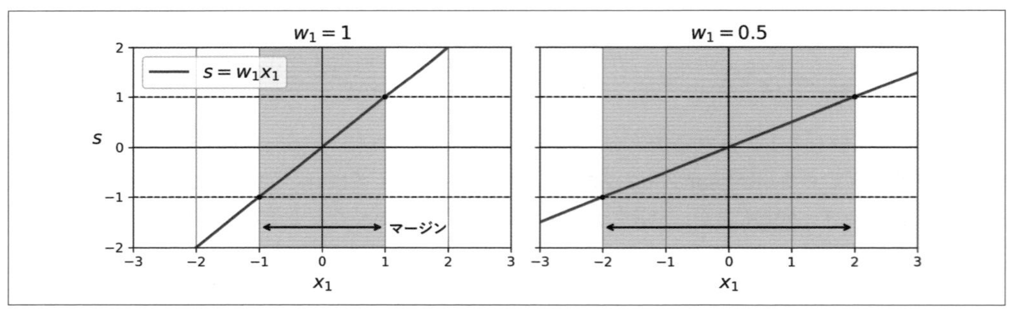

図5-12　重みベクトルが小さければマージンが大きくなる

一方で、マージン違反も避けたい。それを厳格に求めるなら（ハードマージン）、決定関数はすべての陽性の学習インスタンスで1より大きく、すべての陰性の学習インスタンスで -1 より低くしなければならない。陰性インスタンス（$y^{(i)} = 0$）なら $t^{(i)} = -1$、陽性インスタンス（$y^{(i)} = 1$）なら $t^{(i)} = 1$ と定義するとき、この制約はすべてのインスタンスで $t^{(i)}(\mathbf{w}^\top \mathbf{x}^{(i)} + b) \geq 1$ を満たすことだと表現できる。

そこで、ハードマージン線形SVM分類器の目標は、**式5-1**のような制約条件付き最適化（constrained optimization）問題として表現できる。

式5-1　ハードマージン線形SVM分類器の目標

$$\underset{\mathbf{w},b}{\text{minimize}} \quad \frac{1}{2}\mathbf{w}^\top \mathbf{w}$$

$$\text{条件：} i = 1, 2, \ldots, m \text{ について} \quad t^{(i)}(\mathbf{w}^\top \mathbf{x}^{(i)} + b) \geq 1$$

最小化している½ $\mathbf{w}^\intercal \mathbf{w}$は、$\| \mathbf{w} \|$（$\mathbf{w}$のノルム）ではなく、½$\| \mathbf{w} \|^2$と等しい。実際、$\| \mathbf{w} \|$は$\mathbf{w}=0$のときに微分できないのに対し、½$\| \mathbf{w} \|^2$は単純で扱いやすい導関数（ただの$\mathbf{w}$）を持っている。最適化アルゴリズムは、微分可能な関数の方がうまく機能する。

ソフトマージン線形SVM分類器の目標を得るためには、個々のインスタンスに**スラック変数**$\zeta^{(i)} \geq 0$を導入しなければならない[*1]。

$\zeta^{(i)}$は、i番目のインスタンスにどの程度の違反を認めるかである。私たちは、マージン違反を減らすためにスラック変数をできる限り小さくしつつ、マージンを大きくするために½ $\mathbf{w}^\intercal \mathbf{w}$をできる限り小さくするという2つの矛盾した目標を抱えている。ハイパーパラメータCの出番だ。これを使えば、2つの目標のトレードオフを調整できる。すると、**式5-2**のような制約条件付き最適化問題が得られる。

式5-2　ソフトマージン線形SVM分類器の目標

$$\underset{\mathbf{w}, b, \zeta}{\text{minimize}} \quad \frac{1}{2}\mathbf{w}^\intercal \mathbf{w} + C \sum_{i=1}^{m} \zeta^{(i)}$$

$$\text{条件：} i = 1, 2, \dots, m \text{について} \quad t^{(i)}\left(\mathbf{w}^\intercal \mathbf{x}^{(i)} + b\right) \geq 1 - \zeta^{(i)} \quad \text{かつ} \quad \zeta^{(i)} \geq 0$$

ハードマージン問題とソフトマージン問題は、どちらも線形制約のもとで凸二次関数を最適化するという問題である。この種の問題は、**二次計画**（QP：quadratic programming）問題と呼ばれる。QP問題を解決するできあいのソルバーはいくつも作られており、それらは本書では扱わないさまざまなテクニックを使っている[*2]。

QPソルバーを使うのは、SVMを学習するための方法の1つである。別の方法として、勾配降下法を使って**ヒンジ損失**（hinge loss）または**二乗ヒンジ損失**（squared hinge loss）を最小化するというものもある。陽性クラス（つまり$t = 1$）のインスタンス$\mathbf{x}$を取り出したとき、決定関数（$s = \mathbf{w}^\intercal \mathbf{x} + b$）の出力$s$が1以上なら損失は0である。インスタンスがマージンから外れ、陽性の側にいればそうなる。陰性クラス（つまり$t = -1$）のインスタンスを取り出したとき、$s \leq -1$なら損失は0である。インスタンスがマージンから外れ、陰性の側にいればそうなる。インスタンスが正しい側のマージンから遠く離れていればいるほど、損失は大きくなる。ヒンジ損失なら線形に、二乗ヒンジ損失なら二乗のオーダーで大きくなる。そのため、二乗ヒンジ損失は外れ値の影響を受けやすくなるが、データセットがクリーンなら早く収束する傾向がある。デフォルトでは、`LinearSVC`は二乗ヒンジ損失、`SGDClassifier`はヒンジ損失を使っている。どちらのクラスも、`loss`ハイパーパラメータを`"hinge"`か`"squared_hinge"`にすればデフォルトを変えられる。`SVC`クラスの最適化アルゴリズムもヒンジ損失の最小化のために同じような方法を使っている。

---

*1　ゼータ（ζ）はギリシャ文字のアルファベットの6番目の文字である。

*2　二次計画法を詳しく学びたい読者は、Stephen Boyd and Lieven Vandenberghe *Convex Optimization*（https://homl.info/15、Cambridge University Press）を読むか、Richard Brownのビデオ講義シリーズ（https://homl.info/16）を見るとよい。

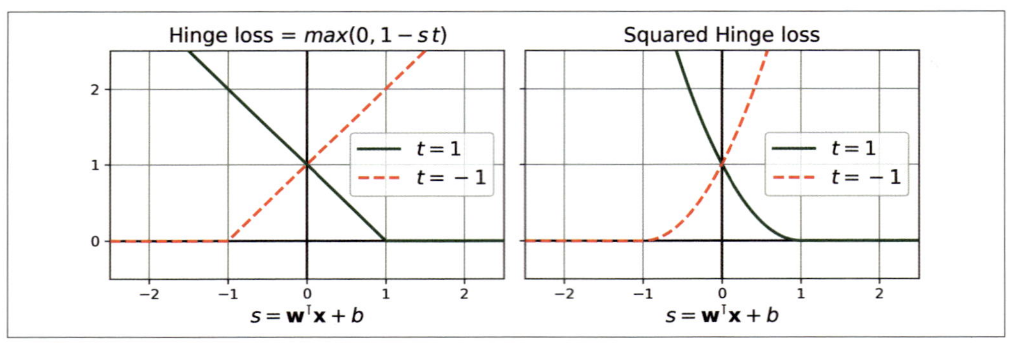

図5-13　ヒンジ損失（左）と二乗ヒンジ損失（右）

次に、双対問題を解くという線形SVM分類器の別の学習方法を見てみよう。

5.5　双対問題

制約条件付き最適化問題（これを**主問題**：primal problemと呼ぶ）は、密接な関連を持つ別の問題でも表現できる（これを**双対問題**：dual problemと呼ぶ）。双対問題の解は一般に主問題の解の下限になるが、一定の条件のもとでは主問題と同じ解を持つ場合もある。幸い、SVM問題はこの条件*1を満たすので、主問題を解くか双対問題を解くかを選べる。**式5-3**は、線形SVMの目標の双対形式を示している。主問題から双対問題を導き出す方法に興味のある読者は、Jupyterノートブック（https://homl.info/colab3）のこの章の部分に含まれているExtra Material（https://colab.research.google.com/github/ageron/handson-ml3/blob/main/05_support_vector_machines.ipynb#scrollTo=OUJmbs_lOmZ5）の節を参照してほしい。

式5-3　線形SVMの目標の双対形式

$$\underset{\boldsymbol{\alpha}}{\text{minimize}} \ \frac{1}{2}\sum_{i=1}^{m}\sum_{j=1}^{m}\alpha^{(i)}\alpha^{(j)}t^{(i)}t^{(j)}\mathbf{x}^{(i)\intercal}\mathbf{x}^{(j)} - \sum_{i=1}^{m}\alpha^{(i)}$$

$$\text{条件：} i = 1, 2, \ldots, m \quad \text{について} \quad \sum_{i=1}^{m}\alpha^{(i)}t^{(i)} = 0 \quad \text{かつ} \quad \alpha^{(i)} \geq 0$$

QPソルバーでこの方程式を最小にするベクトル$\hat{\boldsymbol{\alpha}}$を見つけたら、**式5-4**を使って主問題を最小にする$\hat{\mathbf{w}}$と$\hat{b}$を計算すればよい。なお、この方程式のn_sはサポートベクターの数を表す。

式5-4　双対問題の解から主問題の解へ

$$\hat{\mathbf{w}} = \sum_{i=1}^{m}\hat{\alpha}^{(i)}t^{(i)}\mathbf{x}^{(i)}$$

$$\hat{b} = \frac{1}{n_s}\sum_{\substack{i=1 \\ \hat{\alpha}^{(i)} > 0}}^{m}\left(t^{(i)} - \hat{\mathbf{w}}^\intercal\mathbf{x}^{(i)}\right)$$

＊1　目標の関数が凸関数で、不等式の制約が連続的に微分可能な凸関数であること。

学習インスタンスの数が特徴量の数よりも少ない場合は、双対問題を解く方が主問題を解くよりも早い。しかし、もっと重要なのは、主問題とは異なり、双対問題ならカーネルトリックが可能になることだ。では、カーネルトリックとはいったい何なのだろうか。

5.5.1 カーネルSVM

2次元学習セット（例えばmoons学習セット）に2次元多項式変換を加え、変換後の学習セットで線形SVM分類器を学習したいものとする。適用すべき2次元多項式変換関数ϕは、**式5-5**のようなものである。

式5-5 2次元多項式変換関数

$$\phi(\mathbf{x}) = \phi\left(\begin{pmatrix} x_1 \\ x_2 \end{pmatrix}\right) = \begin{pmatrix} {x_1}^2 \\ \sqrt{2}\, x_1 x_2 \\ {x_2}^2 \end{pmatrix}$$

変換後のベクトルが2次元ではなく3次元になることに注意しよう。次に、2つの2次元ベクトル$\mathbf{a}$と$\mathbf{b}$にこの2次元多項式変換を加え、変換後のベクトルのドット積[*1]を計算するとどうなるかを見てみよう（**式5-6**参照）。

式5-6 2次元多項式変換のためのカーネルトリック

$$\begin{aligned}
\phi(\mathbf{a})^\top \phi(\mathbf{b}) &= \begin{pmatrix} {a_1}^2 \\ \sqrt{2}\, a_1 a_2 \\ {a_2}^2 \end{pmatrix}^\top \begin{pmatrix} {b_1}^2 \\ \sqrt{2}\, b_1 b_2 \\ {b_2}^2 \end{pmatrix} = {a_1}^2 {b_1}^2 + 2 a_1 b_1 a_2 b_2 + {a_2}^2 {b_2}^2 \\
&= (a_1 b_1 + a_2 b_2)^2 = \left(\begin{pmatrix} a_1 \\ a_2 \end{pmatrix}^\top \begin{pmatrix} b_1 \\ b_2 \end{pmatrix}\right)^2 = (\mathbf{a}^\top \mathbf{b})^2
\end{aligned}$$

どうだろうか。変換後のベクトルのドット積は、もとのベクトルのドット積の二乗と等しい（$\phi(\mathbf{a})^\top \phi(\mathbf{b}) = (\mathbf{a}^\top \mathbf{b})^2$）。

ここからが大切なポイントだ。すべての学習インスタンスに変換ϕを加えると、この双対問題（**式5-3**）は、ドット積$\phi(\mathbf{x}^{(i)})^\top \phi(\mathbf{x}^{(j)})$を含む。しかし、$\phi$が**式5-5**で定義された2次元多項式変換なら、この変換後のベクトルのドット積は単純に$\left(\mathbf{x}^{(i)\top} \mathbf{x}^{(j)}\right)^2$に置き換えられる。したがって、実際には学習スタンスを変換する必要はまったくない。**式5-3**のドット積を二乗に置き換えるだけだ。それで実際に学習セットを変換してから線形SVMアルゴリズムを学習するという面倒な作業をしたときと同じ結果になる。しかし、このトリックを利用すれば、プロセス全体が計算としてはるかに効率よくなる。これがカーネルトリックの本質である。

---

*1 4章で説明したように、2つのベクトル$\mathbf{a}$、$\mathbf{b}$のドット積は、通常$\mathbf{a} \cdot \mathbf{b}$と書かれる。しかし機械学習では、ベクトルは列ベクトル（つまり1列の行列）という形で表現されることが多いので、その場合ドット積は$\mathbf{a}^\top\mathbf{b}$で実現されることになる。厳密に言えば、これではスカラ値ではなく1要素の行列が得られることになるが、本書のほかの部分との一貫性を保つために、ここではその違いを無視して$\mathbf{a}^\top\mathbf{b}$と書くことにする。

関数$K(\mathbf{a}, \mathbf{b}) = (\mathbf{a}^\intercal \mathbf{b})^2$は、2次元多項式カーネル（polynomial kernel）と呼ばれている。機械学習では、**カーネル**（kernel）とは、変換ϕを計算しなくても（知りさえしなくても）、もとのベクトル$\mathbf{a}$と$\mathbf{b}$だけからドット積$\phi(\mathbf{a})^\intercal \phi(\mathbf{b})$を計算できる関数のことである。よく使われるカーネルの一部をまとめると、**式5-7**のようになる。

式5-7 よく使われるカーネル

$$
\begin{aligned}
\text{線形：} \quad & K(\mathbf{a}, \mathbf{b}) = \mathbf{a}^\intercal \mathbf{b} \\
\text{多項式：} \quad & K(\mathbf{a}, \mathbf{b}) = \left(\gamma \mathbf{a}^\intercal \mathbf{b} + r\right)^d \\
\text{ガウスRBF：} \quad & K(\mathbf{a}, \mathbf{b}) = \exp\left(-\gamma \| \mathbf{a} - \mathbf{b} \|^2\right) \\
\text{シグモイド：} \quad & K(\mathbf{a}, \mathbf{b}) = \tanh\left(\gamma \mathbf{a}^\intercal \mathbf{b} + r\right)
\end{aligned}
$$

マーサーの定理

マーサーの定理（Mercer's theorem）によると、関数$K(\mathbf{a}, \mathbf{b})$が**マーサーの条件**（Mercer's conditions）という数学的条件（一部を挙げると、Kは連続関数で、$K(\mathbf{a}, \mathbf{b}) = K(\mathbf{b}, \mathbf{a})$のように引数が対称性を持つなど）を満たせば、$\mathbf{a}$、$\mathbf{b}$を別の空間（おそらくもっと高次の）に写像し、$K(\mathbf{a}, \mathbf{b}) = \phi(\mathbf{a})^\intercal \phi(\mathbf{b})$になるような関数$\phi$がある。$\phi$が何ものかはわからなくても、$\phi$が存在することはわかっているので、$K$をカーネルとして使える。ガウスRBFカーネルの場合、ϕは実際に個々の学習インスタンスを無限次元の空間に写像することがわかっているので、実際に写像しなくても済むのはすばらしいことだ。

なお、頻繁に使われるカーネルの一部（例えばシグモイドカーネル）は、マーサーの条件をすべて満たしているわけではないものの、実際には一般にカーネルとしてうまく機能することに注意してほしい。

あと1つだけ、片付けておかなければならない問題が残されている。**式5-4**は、線形SVM分類器で双対問題から主問題を解くための方法を示しているが、カーネルトリックを適用すると、結局$\phi(\mathbf{x}^{(i)})$を含む方程式になってしまう。実は、$\widehat{\mathbf{w}}$は$\phi(\mathbf{x}^{(i)})$と同じ次数でなければならないが、それは巨大な次元であったり無限次元であったりすることがあるので、そうなると計算不能になる。しかし、$\widehat{\mathbf{w}}$を知らずにどうして予測ができるのだろうか。幸い、**式5-4**の$\widehat{\mathbf{w}}$の公式は新インスタンス$\mathbf{x}^{(n)}$の決定関数につなぐことができ、入力ベクトルのドット積だけで方程式を作ることができる。それにより、再びカーネルトリックが使えるようになるのである（**式5-8**）。

式5-8 カーネルSVMによる予測

$$
\begin{aligned}
h_{\widehat{\mathbf{w}}, \widehat{b}}\left(\phi\left(\mathbf{x}^{(n)}\right)\right) &= \widehat{\mathbf{w}}^{\mathsf{T}}\phi\left(\mathbf{x}^{(n)}\right) + \widehat{b} = \left(\sum_{i=1}^{m} \widehat{\alpha}^{(i)} t^{(i)} \phi\left(\mathbf{x}^{(i)}\right)\right)^{\mathsf{T}} \phi\left(\mathbf{x}^{(n)}\right) + \widehat{b} \\
&= \sum_{i=1}^{m} \widehat{\alpha}^{(i)} t^{(i)} \left(\phi\left(\mathbf{x}^{(i)}\right)^{\mathsf{T}} \phi\left(\mathbf{x}^{(n)}\right)\right) + \widehat{b} \\
&= \sum_{\substack{i=1 \\ \widehat{\alpha}^{(i)} > 0}}^{m} \widehat{\alpha}^{(i)} t^{(i)} K\left(\mathbf{x}^{(i)}, \mathbf{x}^{(n)}\right) + \widehat{b}
\end{aligned}
$$

$\alpha^{(i)} \neq 0$なのはサポートベクターだけなので、予測のために計算するのは、新しい入力ベクトルの$\mathbf{x}^{(n)}$とサポートベクターのドット積だけで、すべてのインスタンスとのドット積を計算する必要はないことに注意しよう。もちろん、同じトリックを使ってバイアス項の$\widehat{b}$も計算しなければならない（**式5-9**）。

式5-9 カーネルトリックを使ったバイアス項の計算

$$
\begin{aligned}
\widehat{b} &= \frac{1}{n_s} \sum_{\substack{i=1 \\ \widehat{\alpha}^{(i)} > 0}}^{m} \left(t^{(i)} - \widehat{\mathbf{w}}^{\mathsf{T}} \phi\left(\mathbf{x}^{(i)}\right)\right) = \frac{1}{n_s} \sum_{\substack{i=1 \\ \widehat{\alpha}^{(i)} > 0}}^{m} \left(t^{(i)} - \left(\sum_{j=1}^{m} \widehat{\alpha}^{(j)} t^{(j)} \phi\left(\mathbf{x}^{(j)}\right)\right)^{\mathsf{T}} \phi\left(\mathbf{x}^{(i)}\right)\right) \\
&= \frac{1}{n_s} \sum_{\substack{i=1 \\ \widehat{\alpha}^{(i)} > 0}}^{m} \left(t^{(i)} - \sum_{\substack{j=1 \\ \widehat{\alpha}^{(j)} > 0}}^{m} \widehat{\alpha}^{(j)} t^{(j)} K\left(\mathbf{x}^{(i)}, \mathbf{x}^{(j)}\right)\right)
\end{aligned}
$$

頭痛がしてきたとしても決して異常なことではない。これはカーネルトリックの不幸な副作用なのである。

"Incremental and Decremental Support Vector Machine Learning"（https://homl.info/17）[*1]や"Fast Kernel Classifiers with Online and Active Learning"（https://homl.info/18）[*2]で論じられているように、逐次的学習ができるオンラインカーネルSVMを実装することもできる。これらのカーネルSVMはMatLabとC++で実装されている。しかし、大規模な非線形問題では、ランダムフォレスト（7章参照）やニューラルネットワーク（第II部参照）を使った方がよい。

5.6 演習問題

1. サポートベクターマシンの基本的な考え方は何か
2. サポートベクターマシンとは何か
3. SVMを使うときに入力をスケーリングするのが重要なのはなぜか。

＊1 Gert Cauwenberghs and Tomaso Poggio, "Incremental and Decremental Support Vector Machine Learning", *Proceedings of the 13th International Conference on Neural Information Processing Systems* (2000): 388-394.

＊2 Antoine Bordes et al., "Fast Kernel Classifiers with Online and Active Learning", *Journal of Machine Learning Research* 6 (2005): 1579-1619.

4. SVM 分類器は、インスタンスを分類するときに確信度のスコアを出力できるか。確率はどうか。
5. 特徴量が数百個、インスタンスが数百万個の学習セットでモデルを学習するとき、SVM の主問題と双対問題のどちらを使うべきか。
6. RBF カーネルを使った SVM 分類器を学習したとする。学習セットに過少適合しているように見えるが、γ (gamma) を増やすべきかそれとも減らすべきか。C はどうか。
7. モデルが **ε 不感**だとはどういう意味か。
8. カーネルトリックを使う利点は何か。
9. 線形分割可能なデータセットで `LinearSVC` を学習しなさい。次に、同じデータセットで `SVC` と `SGDClassifier` を学習しなさい。ほぼ同じモデルができるかどうかを確かめなさい。
10. `sklearn.datasets.load_wine()` でロードできるワインデータセットで SVM 分類器を学習しなさい。このデータセットには、3 社が製造した 178 種のワイン標本を化学分析した結果が格納されている。目標は、化学分析結果に基づいて製造者を予測できる分類器を学習することだ。SVM 分類器は二値分類器なので、3 つのクラスを分類するためには、OVA 法を使う必要がある。どの程度の精度が得られるか。
11. カリフォルニアの住宅価格データセットを使って SVM 分類器を学習、調整しなさい。2 章で操作したあとのバージョンではなく、`sklearn.datasets.fetch_california_housing()` でロードできるもとのデータセットを使ってよい。ターゲットは、数十万ドルの額を表している。インスタンスが 20,000 以上あるので、SVM では遅くなる可能性がある。そこで、ハイパーパラメータの調整では、非常に多くのハイパーパラメータの組み合わせを試せるようにインスタンス数を大幅に減らしてよい（例えば 2,000 個）。最良のモデルの RMSE はどれだけになったか。

演習問題の解答は、ノートブック（https://homl.info/colab3）の 5 章の部分を参照のこと。

6章
決定木

SVMと同様に**決定木**（decision tree）は、分類と回帰の両方のタスクを実行でき、多出力タスクさえこなせる柔軟性の高い機械学習アルゴリズムである。決定木は強力で、複雑なデータセットに適合できる。例えば、2章ではカリフォルニアの住宅価格データセットを使ってDecisionTreeRegressorを学習したが、うまく適合した（実際には、それを通りすぎて過学習していた）。

決定木は、現役で使われている機械学習アルゴリズムの中でも有数の力を持つランダムフォレスト（7章参照）の基本構成要素でもある。

この章では、決定木の学習、可視化、決定木による予測について説明してから、scikit-learnが使っているCART学習アルゴリズムを深く掘り下げ、さらに決定木の正則化の方法と回帰のタスクでの使い方を説明する。最後に、決定木の限界について触れる。

6.1 決定木の学習と可視化

決定木を理解するために、まずとにかく決定木を作って、どのように予測を行うのかを見てみよう。次のコードは、irisデータセット（4章参照）を使ってDecisionTreeClassifierを学習する。

```
from sklearn.datasets import load_iris
from sklearn.tree import DecisionTreeClassifier

iris = load_iris(as_frame=True)
X_iris = iris.data[["petal length (cm)", "petal width (cm)"]].values
y_iris = iris.target

tree_clf = DecisionTreeClassifier(max_depth=2, random_state=42)
tree_clf.fit(X_iris, y_iris)
```

学習した決定木を可視化するためには、まずexport_graphviz()関数でiris_tree.dotというグラフ定義ファイルを出力する。

```
from sklearn.tree import export_graphviz

export_graphviz(
```

```
        tree_clf,
        out_file="iris_tree.dot",
        feature_names=["petal length (cm)", "petal width (cm)"],
        class_names=iris.target_names,
        rounded=True,
        filled=True
    )
```

次に、graphviz.Source.from_file()を使えば、Jupyterノートブックにファイルをロードして表示できる。

```
from graphviz import Source

Source.from_file("iris_tree.dot")
```

Graphviz（https://graphviz.org）はオープンソースのグラフ可視化パッケージだ。Graphvizには、.dotファイルをPDFやPNGといったさまざまな形式に変換するdotというコマンドラインツールもある。

あなたの最初の決定木は、**図6-1**に示すようなものだ。

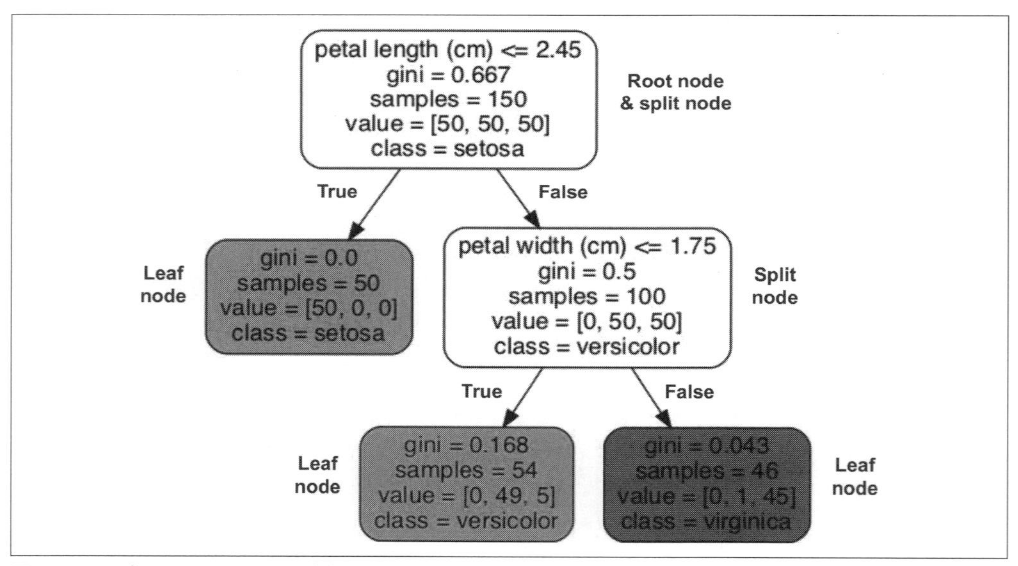

図6-1　Irisデータセットのための決定木

6.2　決定木による予測

では、**図6-1**の木がどのように予測をするのかを見てみよう。アヤメの花を見つけ、分類したいと思ったとする。ルートノード（root node：図の最上部で深さ0）からスタートする。このノードは、花弁の長さが2.45 cm以下かどうかを尋ねてくる。答えがイエスなら、ルートノードの左側の子ノードに移る（深さ1、左）。この場合、そこは**葉ノード**（leaf node：子ノードがないノードのこと）なので、それ以上質問はない。単純に予測されたクラスを見ると、決定木はその花を**セトサ**種（`class=setosa`）だと予測している。

また別の花を見つけ、今度は花弁の長さが2.45 cmよりも長いものとする。またルートノードからスタートするが、今度は右側の子ノードに移らなければならない（深さ1、右）。このノードは葉ノードではなく、**分割ノード**（split node）なので、花弁の幅は1.75 cm以下かどうかという別の質問がある。1.75 cm以下なら、その花はたぶんバーシクル種である（深さ2、左）。そうでなければ、バージニカ種である可能性が高い（深さ2、右）。実際には、これだけの単純なものである。

決定木には多くの特長があるが、その1つはデータの準備がほとんど不要だということである。特に、特徴量のスケーリングやセンタリングを必要としない。

ノードの`samples`属性は、そのノードが何個の学習インスタンスを処理したかを示す。例えば、100個の学習インスタンスの花弁の長さが2.45 cmより長く（深さ1、右）、その中の54個の花弁の幅が1.75 cm以下（深さ2、左）だとすると、`samples`は図に書かれている通りになる。ノードの`value`属性は、各クラスの学習インスタンスのうち何個がこのノードの条件に当てはまるかを示す。例えば、右下のノードの条件が当てはまるのは、セトサ種の0個、バーシクル種の1個、バージニカ種の45個だということを示している。最後に、ノードの`gini`属性はノードの**ジニ不純度**（Gini impurity）を示す。ノードの条件に当てはまるすべての学習インスタンスが同じクラスに属するなら、そのノードは「純粋」（`gini=0`）である。例えば、深さ1、左のノードに当てはまるのはセトサ種の学習インスタンスだけなので純粋であり、`gini`は0になる。**式6-1**は、学習アルゴリズムがi番目のノードのジニ不純度G_iをどのように計算するかを示している。例えば、深さ2の左ノードのジニ不純度は、$1 - (0/54)^2 - (49/54)^2 - (5/54)^2 \approx 0.168$になる。

式6-1　ジニ不純度

$$G_i = 1 - \sum_{k=1}^{n} {p_{i,k}}^2$$

- G_iはi番目のノードのジニ不純度。
- $p_{i,k}$はi番目のノードに含まれる学習インスタンスの中でkクラスに属するものの割合

scikit-learnは**二分木**（binary tree）しか作らないCARTアルゴリズムを使っており、葉ノード以外のノードには、必ず2つの子ノードがある（つまり、問いにはイエスとノーの2つの答えしかない）。しかし、ID3などのほかのアルゴリズムは、決定木の中に3つ以上の子があるノードを作れる。

図6-2は、この決定木の決定境界を示している。太い縦線は、ルートノード（深さ0）の花弁長＝2.45 cmという決定境界を示す。左側の領域は純粋（セトサ種だけ）なので、これ以上分割できない。しかし、右側は不純なので、深さ1、右のノードが花弁幅1.75 cm（破線で示されたもの）で分割している。`max_depth`が2に設定されているので、決定木はそこで止まっている。しかし、`max_depth`を3

にしていれば、深さ2の2つのノードは、もう1つの決定境界（点線で示されたもの）を設けていただろう。

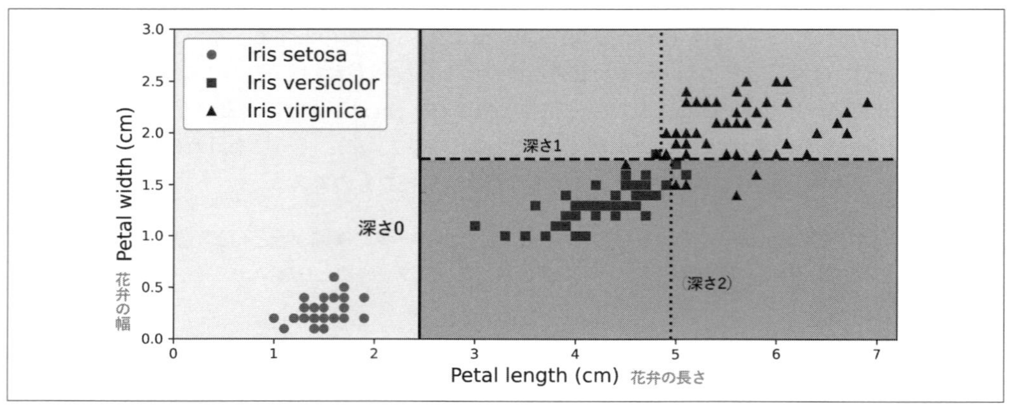

図6-2　決定木の決定境界

木構造の情報は、**図6-1**に表示されているものを含め、すべて分類器の`tree_`属性から得られる。詳細は**`help(tree_clf.tree_)`**で見てほしい。また、ノートブック（https://homl.info/colab3）のこの章の部分には例が含まれている。

モデルの解釈：ホワイトボックスとブラックボックス

このように、決定木はわかりやすく、判断は簡単に解釈できる。そのようなモデルは、**ホワイトボックスモデル**（white box model）と呼ばれることが多い。それに対し、ランダムフォレストやニューラルネットワークは、一般に**ブラックボックスモデル**（black box model）だと考えられている。ブラックボックスモデルは優れた予測を行い、モデルが予測をするために実行した計算は簡単にチェックできる。しかし、なぜそのような予測になったのかを簡単な言葉で説明することは通常は難しい。例えば、ニューラルネットワークが写真に特定の人物が写っているのを見つけたと言うとき、その予測の根拠がどこにあるのかを知るのは難しい。その人物の目を見たのか、口を見たのか、鼻なのか、それとも靴か。ひょっとして座っている長椅子か。それに対し、決定木は、必要なら手作業で当てはめていくことさえできるような単純で的確な分類規則を与えてくれる（例えば、花の分類）。**解釈可能な機械学習**（interpretable ML）は、人間が理解できるような形で自分の判断を説明できる機械学習システムを作ることを目指している。例えばシステムが不公平な判断をしないようにするなどの理由で、さまざまな分野でこれは重要なことだ。

6.3 クラスの確率の推定

決定木は、インスタンスが特定のクラスkに属する確率も推定できる。決定木は木構造をたどって当該インスタンスが属する葉ノードを見つけてから、このノードにある各クラスの学習インスタンスの割合を返す。例えば、花弁の長さが5 cmで幅が1.5 cmのアヤメを見つけたとする。対応する葉ノードは、深さ2、左ノードなので、決定木はセトサ種の確率0 %(0/54)、バーシクル種の確率90.7%(49/54)、バージニカ種の確率9.3 %(5/54)を出力する。そして、決定木にクラスの予測を求めれば、確率が最も高いバーシクル種(クラス1)を出力する。これをチェックしてみよう。

```
>>> tree_clf.predict_proba([[5, 1.5]]).round(3)
array([[0.   , 0.907, 0.093]])
>>> tree_clf.predict([[5, 1.5]])
array([1])
```

間違いない。推定される確率は、**図6-2**の右下の矩形の中ならどこでも同じになることに注意しよう。例えば、花弁の長さが6 cm、幅が1.5 cmでも同じになる(この場合、バージニカ種の確率が最も高いことはグラフからは自明だが)。

6.4 CART学習アルゴリズム

scikit-learnは、CART(Classification and Regression Tree)アルゴリズムを使って決定木(growing treeとも呼ばれる)を学習する。まず､1つの特徴量kとしきい値t_k(例えば、花弁の長さ≤2.45 cm)を使って学習セットを2つのサブセットに分割する。ではアルゴリズムは、どのようにしてkとt_kを選ぶのだろうか。答えは、最も純粋なサブセット(純粋度はサイズによって測る)を作り出す(k, t_k)のペアを探すことだ。アルゴリズムが最小化しようとする損失関数は、**式6-2**に示すものである。

式6-2 CARTの分類用損失関数

$$J(k, t_k) = \frac{m_{\text{left}}}{m} G_{\text{left}} + \frac{m_{\text{right}}}{m} G_{\text{right}}$$

$$\text{ここで} \begin{cases} G_{\text{left/right}} & \text{：左右のサブセットの不純度} \\ m_{\text{left/right}} & \text{：左右のサブセットのインスタンス数} \end{cases}$$

CARTアルゴリズムは、学習セットの2分割に成功したらサブセットを同じ論理で分割し、その次はサブサブセットの分割というように再帰的に分割する。深さの上限(`max_depth`ハイパーパラメータで定義される)に達するか、不純度を下げる分割方法が見つからなければ再帰を中止する。停止条件は、すぐあとで説明するその他のハイパーパラメータ(`min_samples_split`、`min_samples_leaf`、`min_weight_fraction_leaf`、`max_leaf_nodes`)の影響も受ける。

このように、CARTアルゴリズムは**貪欲なアルゴリズム**(greedy algorithm)である。トップレベルで最適な分割位置を貪欲に探し、各レベルで同じプロセスを繰り返す。見つけた場所で分割した場合、数レベル下りたときに不純度が最低になるかどうかをチェックしていない。貪欲なアルゴリズムは、まずまずよい解を生み出すことが多いが、最適な解を生み出すことは保証されていない。

残念ながら、最適な木を見つけるという問題は、**NP完全**（NP-Complete）問題[*1]だということがわかっている。計算量が$\mathcal{O}(\exp(m))$なので、ごく小規模な学習セットでも、手に負えなくなる。決定木の学習で「まずまずよい解」で満足しなければならないのは、そのためだ。

6.5　計算量

予測をするためには、決定木を根（ルート）から葉までたどらなければならない。決定木は一般にほぼ平衡なので、たどらなければならないノード数はおおよそ$\mathcal{O}(\log_2(m))$個である。ただし、$\log_2(m)$はmの**二進対数**（binary logarithm）であり、$\log(m) / \log(2)$と等しい。各ノードでは、1個の特徴量の値をチェックするだけでよいので、予測全体の計算量は、特徴量の数にかかわらず、$\mathcal{O}(\log_2(m))$になる。そのため、大きな学習セットを処理する場合でも、予測は非常に高速だ。

しかし、学習アルゴリズムは、各ノードですべてのサンプルのすべての特徴量を比較する場合、学習の計算量は$\mathcal{O}(n \times m \log_2(m))$になる（`max_features`が設定されている場合はそれよりも少ない）。

6.6　ジニ不純度かエントロピーか

`DecisionTreeClassifier`は、不純度の指標としてデフォルトでジニ不純度（GINI impurity）を使うが、`criterion`ハイパーパラメータを`"entropy"`にすると、**エントロピー**（entropy）を使える。エントロピーの概念は、熱力学で分子の乱雑さの指標として使ったのが最初である。分子が静止し、安定すると、エントロピーは0に近づく。この概念は、その後シャノンの情報理論（information theory）を含むさまざまな領域に拡散していった。情報理論では、4章で説明したように、メッセージの平均的な情報量を表す。すべてのメッセージが同じなら、エントロピーは0だ。機械学習では、エントロピーが不純度の指標としてよく使われる。集合が1つのクラスに属するインスタンス（要素）だけから構成されている場合、集合のエントロピーは0である。**式6-3**は、i番目のノードのエントロピーの定義を示している。例えば、**図6-1**の深さ2、左ノードのエントロピーは、$-(49/54)\log_2(49/54) - (5/54)\log_2(5/54) \approx 0.445$である。

式6-3　エントロピー

$$H_i = -\sum_{\substack{k=1 \\ p_{i,k} \neq 0}}^{n} p_{i,k} \log_2\left(p_{i,k}\right)$$

では、ジニ不純度とエントロピーのどちらを使うべきなのだろうか。実は、ほとんどの場合、どちらを使っても大差はない。どちらを使っても同じような木になる。ジニ不純度の方がわずかに高速なので、これがデフォルトになっているのはよい。しかし、両者が異なる場合、ジニ不純度は最頻出クラスを木の中の専用の枝に分離する傾向があるのに対し、エントロピーはそれよりもわずかに平衡の取れた木

*1　Pは**多項式時間**（データセットサイズの多項式で表される時間）で解決できる問題、NPは多項式時間で解を検証できる問題の集合である。NP困難問題は、既知のNP困難問題から多項式時間で還元可能な問題である。NP完全問題は、NPでありNP困難でもある問題である。P=NPかどうかは、数学の重要な未解決問題である。P≠NPなら（そうらしく見える）、NP完全問題には多項式アルゴリズムは見つからないことになる（おそらくいつか現れる量子コンピュータを除き）。

を作る傾向がある[*1]。

6.7 正則化ハイパーパラメータ

決定木は、学習データに対してほとんど先入観（assumption：仮定、前提条件）を持たない（例えば線形モデルなら、データが線形に分布していると最初から決め付けている）。制約を設けなければ、木構造は学習データに合わせて自らを調整し、学習データに密接に適合する。つまり、過学習しやすい。このようなモデルは、**ノンパラメトリックモデル**（nonparametric model）と呼ばれることが多い。それは、パラメータを持たないからではなく（むしろたくさんあることが多い）、学習に先立ってパラメータ数が決定しておらず、モデル構造がデータに密接に適合できるからである。それに対し、線形モデルなどの**パラメトリックモデル**（parametric model）は、あらかじめ決められた数のパラメータがあるため、自由度が制限され、過学習のリスクが低くなっている（しかし、過少適合のリスクは高くなっている）。

学習データへの過学習を防ぐためには、決定木の学習中の自由に制限を加える必要がある。ご存知のように、これは正則化と呼ばれるものである。正則化ハイパーパラメータは使うアルゴリズムによって異なるが、一般に少なくとも決定木の深さの上限は制限できる。scikit-learnでは、`max_depth`ハイパーパラメータで設定する。デフォルトは、無制限という意味の`None`である。`max_depth`を減らすと、モデルは正則化され、過学習のリスクが低くなる。

`DecisionTreeClassifier`クラスは、ほかにも決定木の形に制限を加えるハイパーパラメータを持っている。

`max_features`
　各ノードで分割のために評価される特徴量数の上限

`max_leaf_nodes`
　葉ノードの数の上限

`min_samples_split`
　ノードを分割するために必要なサンプル数の下限

`min_samples_leaf`
　葉ノードが持たなければならないサンプル数の下限

`min_weight_fraction_leaf`
　`min_samples_leaf`と同じだが、重み付きインスタンスの総数に対する割合で表現される

`min_*`ハイパーパラメータを増やすか`max_*`ハイパーパラメータを減らせば、モデルを正則化できる。

まず制限なしで決定木を学習してから、不要なノードを剪定（pruning：削除）していくアルゴリズムもある。子がすべて葉ノードになっているノードは、そのノードによる純粋度の向上が統計学的に有意（statistically significant）でなければ不要だと考えられる。純粋度の向

＊1　詳しくは、Sebastian Raschkaの面白い分析（https://homl.info/19）を参照。

上は偶然の結果だという**帰無仮説**（null hypothesis）の確率の推定には、**カイ二乗**（χ^2）**検定**などの標準的な統計的仮説検定が使われる。この確率（**p値**：p-valueと呼ばれる）が指定されたしきい値（一般に5％だが、ハイパーパラメータによって調節できる）よりも高ければ、ノードは不要だと考えられ、その子は削除される。この剪定作業は、不要なノードがすべて剪定されるまで続く。

5章で取り上げたmoonsデータセットで正則化の効果を試してみよう。正則化なしの決定木とmin_samples_leaf=5を指定した決定木を学習する。コードは次の通りだ。**図6-3**は、それぞれの決定境界を示している。

```
from sklearn.datasets import make_moons

X_moons, y_moons = make_moons(n_samples=150, noise=0.2, random_state=42)

tree_clf1 = DecisionTreeClassifier(random_state=42)
tree_clf2 = DecisionTreeClassifier(min_samples_leaf=5, random_state=42)
tree_clf1.fit(X_moons, y_moons)
tree_clf2.fit(X_moons, y_moons)
```

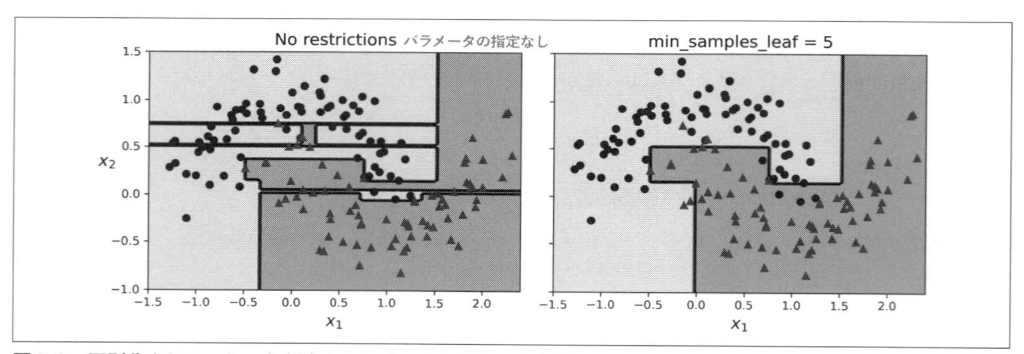

図6-3　正則化されていない木（左）とされている木（右）の決定境界

正則化されていない左側のモデルは明らかに過学習しており、右側の正則化されたモデルの方がおそらく汎化性能が高いだろう。このことは、乱数のシードを変えて作ったテストセットで両方の木を評価すれば確かめられる。

```
>>> X_moons_test, y_moons_test = make_moons(n_samples=1000, noise=0.2,
...                                         random_state=43)
...
>>> tree_clf1.score(X_moons_test, y_moons_test)
0.898
>>> tree_clf2.score(X_moons_test, y_moons_test)
0.92
```

実際、第2の木の方がテストセットでの精度が高い。

6.8 回帰

決定木は回帰のタスクもこなせる。ノイズのある2次関数データセットを使って、`max_depth=2`を指定したscikit-learnの`DecisionTreeRegressor`クラスを学習し、回帰木を作ってみよう。

```
import numpy as np
from sklearn.tree import DecisionTreeRegressor

np.random.seed(42)
X_quad = np.random.rand(200, 1) - 0.5  # 単一のランダムな入力特徴量
y_quad = X_quad ** 2 + 0.025 * np.random.randn(200, 1)

tree_reg = DecisionTreeRegressor(max_depth=2, random_state=42)
tree_reg.fit(X_quad, y_quad)
```

得られた木は**図6-4**のようになる。

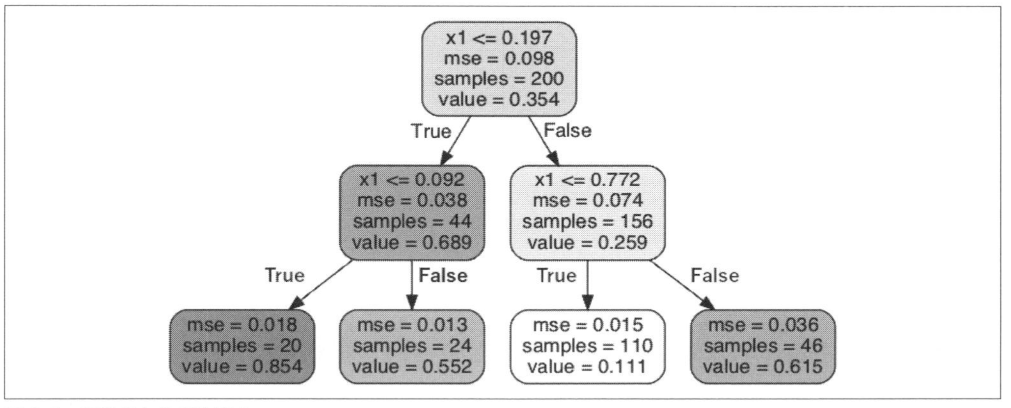

図6-4 回帰のための決定木

この木は、今までに作ってきた分類のための木とよく似ているように見える。最大の違いは、各ノードがクラスではなく値を予測していることだ。例えば、$x_1 = 0.2$の新インスタンスを予測にかけたとする。ルートノードは、$x_1 \leq 0.197$かどうかを尋ねる。そうではないので、アルゴリズムは右の子ノードに進み、$x_1 \leq 0.772$かどうかを尋ねる。その通りなので、アルゴリズムは左の子ノードに進む。ここは葉ノードなので、`value=0.111`と予測する。この予測は、この葉ノードに達した110個の学習インスタンスのターゲット値の平均値にすぎない。予測値の110個の学習インスタンスに対する平均二乗誤差は、0.015である。

このモデルの予測は、**図6-5**の左側で表されている。`max_depth=3`を指定すると、右側に表すような予測が得られる。各リージョンの予測値がそのリージョンに含まれるインスタンスのターゲット値の平均値だということに注意しよう。アルゴリズムは、ほとんどの学習インスタンスが予測値にできる限り近くなるようにリージョンを分割している。

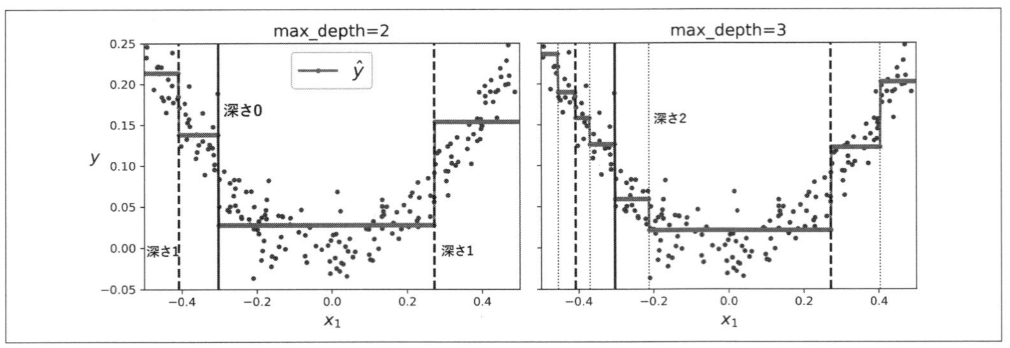

図6-5　2つの決定木回帰モデルによる予測

CARTアルゴリズムは、分類のときとほとんど同じように機能している。ただ、不純度ではなくMSEが最小になるように学習セットを分割しているところだけが異なる。**式6-4**は、アルゴリズムが最小化しようとする損失関数を示している。

式6-4　CARTの回帰のための損失関数

$$J(k, t_k) = \frac{m_{\text{left}}}{m}\text{MSE}_{\text{left}} + \frac{m_{\text{right}}}{m}\text{MSE}_{\text{right}} \quad \text{ただし} \quad \begin{cases} \text{MSE}_{\text{node}} = \dfrac{\sum_{i \in \text{node}} \left(\hat{y}_{\text{node}} - y^{(i)}\right)^2}{m_{\text{node}}} \\ \hat{y}_{\text{node}} = \dfrac{\sum_{i \in \text{node}} y^{(i)}}{m_{\text{node}}} \end{cases}$$

決定木は、回帰でも分類のときと同じように過学習しがちだ。正則化しなければ（つまり、デフォルトのハイパーパラメータを使えば）、**図6-6**の左側のグラフのような予測が得られる。これは明らかに学習セットをひどく過学習している。`min_samples_leaf=10`を設定するだけで、**図6-6**の右側のグラフのようなはるかにまともなモデルが得られる。

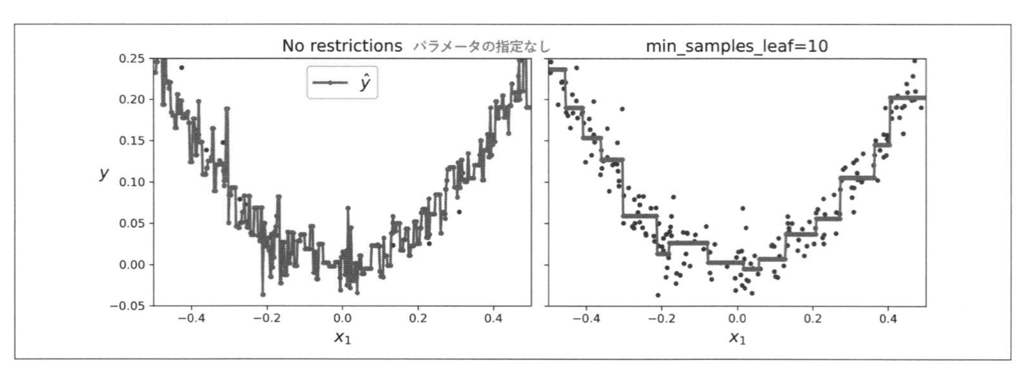

図6-6　正則化されていない回帰木（左）とされている回帰木（右）の予測

6.9 軸の向きへの過敏さ

今までの説明を読むと、決定木には長所がたくさんあると感じたはずだ。決定木は理解、解釈しやすく、使いやすく、柔軟で、強力である。しかし、決定木にも欠点はいくつかある。まず第1に、既に気づいたかもしれないが、決定木の決定境界は直交するものになる（すべての分割が軸に対して垂直になっている）。そのため、データの向きに過敏になる。例えば、**図6-7**は、単純な線形分割可能なデータセットを示している。左側は決定木で簡単に分割できているのに、データセットを45度回転した右側の決定境界は不必要に入り組んでいるように見える。どちらの決定木も学習セットに完璧に適合しているが、右側のモデルはうまく汎化しない可能性が高い。

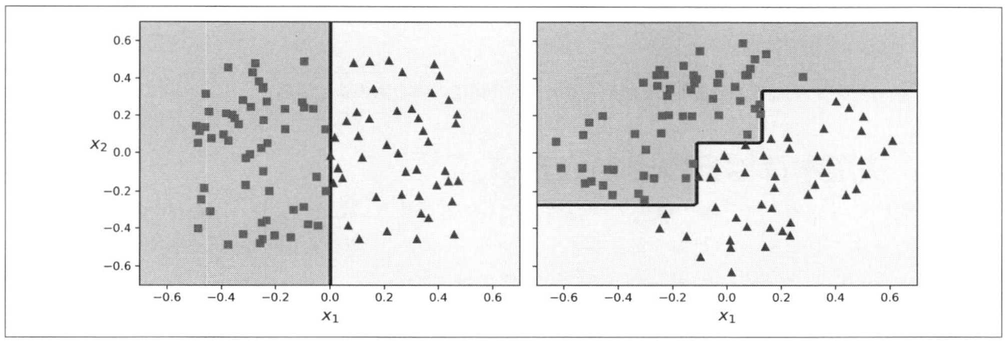

図6-7　決定木は学習セットの回転に過敏

データをスケーリングしてから主成分分析（PCA）を適用すると、この問題を軽減できる。PCAについては8章で詳しく説明するが、さしあたりここでは、PCAは特徴量間の相関を削減するような形でデータを回転するため、決定木が作りやすくなることが多い（必ずではないが）ということを覚えておけばよい。

では、データをスケーリングしてからPCAを使って回転し、`DecisionTreeClassifier`でデータを学習する小さなパイプラインを作ってみよう。**図6-8**は、その決定木の決定境界を示している。このように、回転によってz_1という1個の特徴量だけでデータセットにうまく適合するようになった。z_1は、もとの花弁の長さと幅の線形関数である。コードは次の通り。

```
from sklearn.decomposition import PCA
from sklearn.pipeline import make_pipeline
from sklearn.preprocessing import StandardScaler

pca_pipeline = make_pipeline(StandardScaler(), PCA())
X_iris_rotated = pca_pipeline.fit_transform(X_iris)
tree_clf_pca = DecisionTreeClassifier(max_depth=2, random_state=42)
tree_clf_pca.fit(X_iris_rotated, y_iris)
```

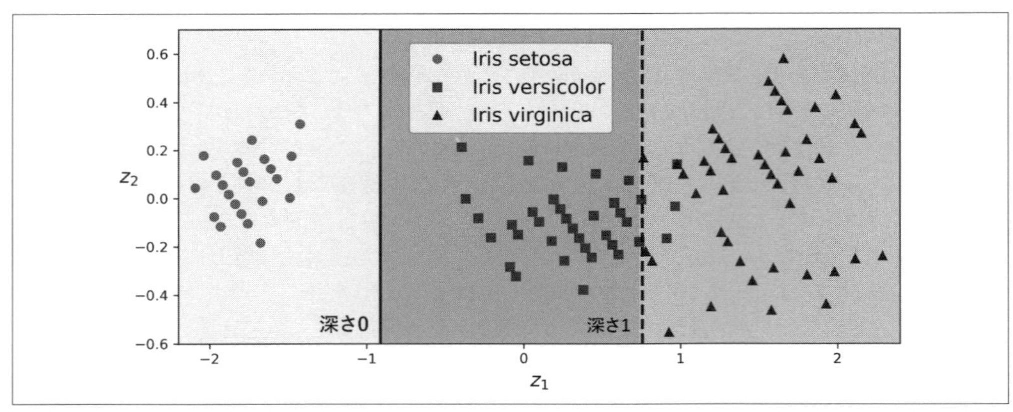

図6-8 スケーリングし、PCA回転したirisデータセット分類用の決定木の決定境界

6.10 決定木はばらつきが大きい

より一般的に言うと、決定木の最大の問題は、ばらつきが大きいことだ。ハイパーパラメータかデータに小さな変更を加えると、大きく異なるモデルが作られる。実際、scikit-learnが使っている学習アルゴリズムは確率的であり、各ノードで評価する特徴量の集合をランダムに選択している。そのため、まったく同じデータでまったく同じ決定木を再学習した場合でも、**図6-9**のような大きく異なるモデルが作られることがある（`random_state`ハイパーパラメータを設定していなければ）。このように、これは前の決定木（**図6-2**）とは大きく異なる。

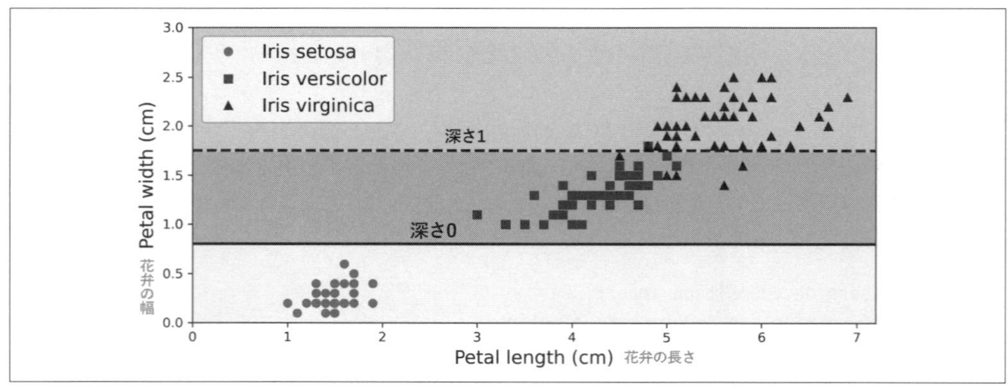

図6-9 同じデータで同じモデルを再学習しても大きく異なるモデルが作られることがある

もっとも、多くの決定木の予測の平均を取れば、ばらつきは大幅に縮小される。そのような木の**アンサンブル**（ensemble）を**ランダムフォレスト**（random forest）と呼ぶが、次章で説明するように、これは今日作れるモデルの中でも特に強力なタイプの1つだ。

6.11　演習問題

1. 百万個のインスタンスを持つ学習セットで決定木を学習するとき（無制限で）、おおよその深さはどれぐらいか。
2. ノードのジニ不純度は一般に親よりも高いか、それとも低いか。それは**一般に**高い / 低いのか、それとも**常に**高い / 低いのか。
3. 決定木が学習セットを過学習している場合、`max_depth` を下げるとよいか。
4. 決定木が学習セットに過少適合している場合、入力特徴量を増やすとよいか。
5. インスタンスが百万個ある学習セットを対象として決定木を学習するために 1 時間かかるときに、インスタンスが 1 千万個の学習セットを対象として別の決定木を学習するためにどれくらいの時間がかかるか。
   ヒント：CART アルゴリズムの計算量を考えよ。
6. 与えられた学習セットで決定木を学習するために 1 時間かかる場合、特徴量を 2 倍にすると学習にかかる時間はどれくらいになるか。
7. 次の手順で moons データセットで決定木を学習し、ファインチューニングしなさい。
   a. `make_moons(n_samples=10000, noise=0.4)` を使って moons データセットを生成しなさい。
   b. `train_test_split()` を使ってデータセットを学習セットとテストセットに分割しなさい。
   c. グリッドサーチと交差検証を使って（`GridSearchCV` クラスを使ってよい）、`DecisionTreeClassifier` のハイパーパラメータ値としてよいものを探しなさい。
      ヒント：`max_leaf_nodes` の値をいろいろと試してみるとよい。
   d. 見つけたハイパーパラメータを指定して学習セット全体を対象に学習を行い、テストセットでモデルの性能を測定しよう。85 % から 87 % の精度が得られるはずだ。
8. 次の手順で森を育てなさい。
   a. 前問に引き続き、学習セットからそれぞれ 100 個のインスタンスをランダムに選択した 1,000 個のサブセットを作りなさい。
      ヒント：scikit-learn の `ShuffleSplit` クラスを使えばよい。
   b. 前問で見つけた最良のハイパーパラメータを指定して個々のサブセットごとに 1 つの決定木を学習しなさい。そして、テストセットを対象として 1,000 個の決定木を評価しなさい。小規模なセットで学習したものなので、これらの決定木は最初の決定木よりも性能が低く、80 % くらいの精度しか得られないだろう。
   c. ここで魔法を起こす。個々のテストセットインスタンスについて、1,000 個の決定木で予測を行い、最も多くの決定木が予測した値だけを残す（SciPy の `mode()` 関数を使えばよい）。こうするとテストセットに対する**多数決予測**（majority-vote prediction）が得られる。
   d. テストセットに対する予測を評価しよう。最初のモデルと比べてわずかに高い精度が得られるはずだ（0.5 % から 1.5 % 高くなる）。おめでとう。あなたはランダムフォレスト分類器を学習したことになる。

演習問題の解答は、ノートブック（https://homl.info/colab3）の6章の部分を参照のこと。

7章 アンサンブル学習とランダムフォレスト

数千、数万の人々に片っ端から複雑な問題を尋ね、その答えを集計してみよう。このようにして得られた答えは、1人の専門家の答えよりもよいことが多い。これを**集合知**（wisdom of crowd）と呼ぶ。同様に、一群の予測器（分類器や回帰器）の予測を1つにまとめると、最も優れている1つの予測器の答えよりもよい予測が得られることが多い。このような予測器のグループを**アンサンブル**（ensemble）と呼ぶ。そして、このテクニックを**アンサンブル学習**（ensemble learning）、アンサンブル学習アルゴリズムを**アンサンブルメソッド**（ensemble method）と呼ぶ。

アンサンブルメソッドの例として、学習セットからランダムに作ったさまざまなサブセットを使って一連の決定木分類器を学習し、予測するときにはすべての木の予測を集め、多数決で全体の予測クラスを決めてみよう（6章の最後の演習問題を参照）。このような決定木のアンサンブルを**ランダムフォレスト**（random forest）と呼ぶ。ランダムフォレストは、単純でありながら今日最も強力な機械学習アルゴリズムの1つになっている。

さらに、2章でも触れたように、アンサンブルメソッドはプロジェクトの終わり近くなってから使うことが多いが、既に少数のよい予測器ができているなら、それらを組み合わせればさらによい予測器になる。実際、機械学習コンテストの優勝者は、複数のアンサンブルメソッドを使っていることが多い（最も有名なのは、Netflix賞（https://www.kaggle.com/datasets/netflix-inc/netflix-prize-data）の勝者である）

この章では、最もよく使われている投票分類器（voting classifier）、バギング（bagging）とペースティング（pasting）アンサンブル、スタッキング（stacking）アンサンブル、ブースティング（boosting）を取り上げる。

7.1 投票分類器

いくつかの分類器を学習したところ、それぞれ80％くらいの精度が得られたとする。ロジスティック回帰分類器、SVM分類器、ランダムフォレスト分類器、k近傍分類器、その他の分類器がある（**図7-1**）。

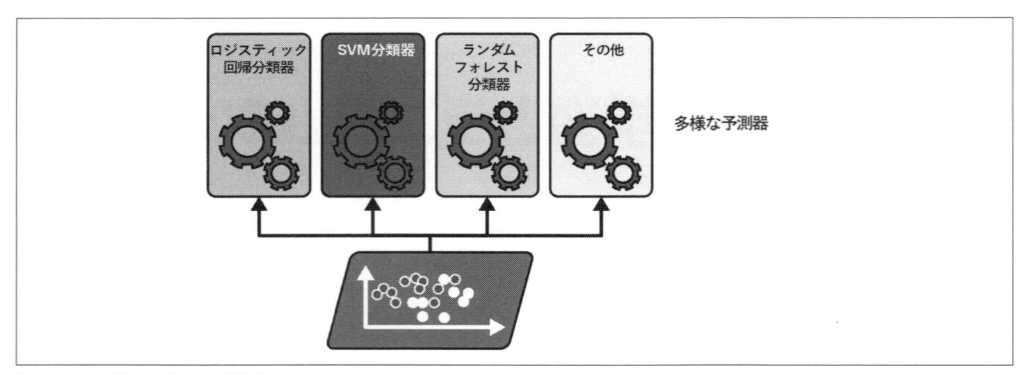

図7-1 多様な分類器の学習

これらよりも性能の高い分類器は簡単に作れる。各分類器の予測を集め、多数決で決まったクラスを全体の予測とすればよい。この多数決による分類器を**ハード投票**（hard voting）分類器と呼ぶ（**図7-2**）。

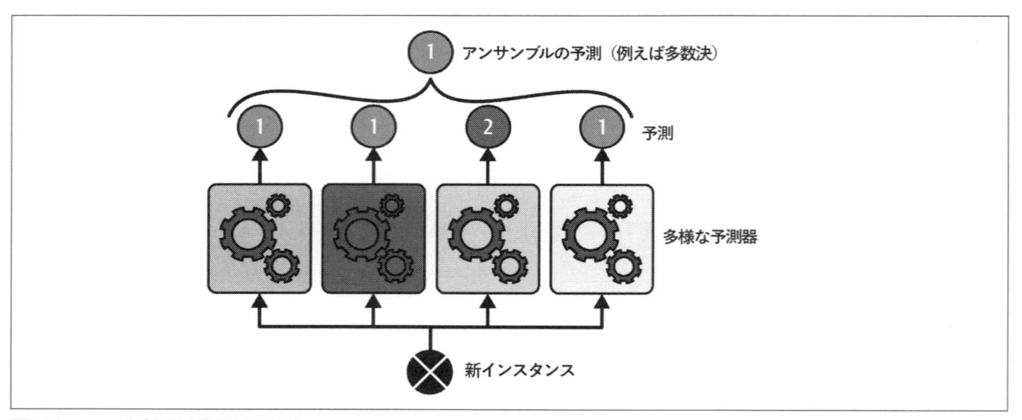

図7-2 ハード投票分類器の予測

意外だが、この投票分類器は、アンサンブルの中の最良の分類器よりも高い精度を達成することが多い。それどころか、個々の分類器が**弱学習器**（weak learner：ランダムな推測よりもわずかによい程度）でも、十分な数があり、それぞれが十分多様性に富んでいれば、アンサンブルは**強学習器**（strong learner：高い精度を達成する）になる。

そのようなことがどうしてあり得るのだろうか。謎解きに役立つかもしれないたとえ話をしよう。少しバイアスがかかっていて、表が出る確率が51 %、裏が出る確率が49 %のコインがあったとする。1,000回コイントスを行うと、510回前後は表が出て、490回前後は裏が出るので、多数決を取ると表になるだろう。実際に数学で考えると、1,000回のコイントスのあと、多数決で表になる割合は、75 %近くなる。コイントスの回数が増えれば、割合はさらに高くなる（例えば、10,000回コイントスすれば、割合は97 %を越える）。これは**大数の法則**（law of large numbers）によるものだ。コイントスを続ければ続けるほど、表が出る割合は表が出る確率（51 %）に近づいていく。**図7-3**は、このようなコイントスを10セット行ったところを示している。コイントスの回数が増えていくと、表が出る割合は51 %に近づいていく。最終的には10シリーズ全部が51 %に非常に近づき、必ず50 %を越えることがわかる。

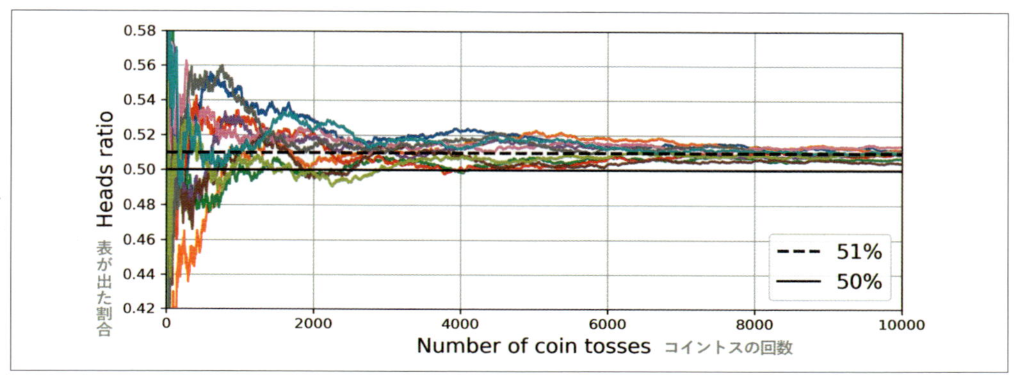

図7-3　大数の法則

同様に、1つひとつを取り出すと、正しい答えを出せる確率は51 %（ランダムな推測よりもわずかによい）という1,000個の分類器から構成されるアンサンブルを作ったとする。多数決で選ばれたクラスを予測として返すと、75 %近い精度が期待できる。しかし、これが正しいのは、すべての分類器が完全に独立していて、誤りに相関関係がない場合だけだ。同じデータで学習すれば、そのような条件は満たされない。同じタイプの誤りを犯し、多数決で間違ったクラスを予測することが多くなって、アンサンブルの精度は下がるはずだ。

アンサンブルメソッドは、予測器相互の独立性が高ければ高いほど性能が高くなる。多様な分類器を得るためには、大きく異なるアルゴリズムを使って学習するとよい。すると、誤りの犯し方が違う分類器が多数作られる可能性が高くなり、アンサンブルの精度が上がる。

scikit-learnは名前/予測器のペアを渡すだけで普通の分類器のように使える`VotingClassifier`クラスを提供している。moonsデータセット（5章参照）でこのクラスを試してみよう。moonsデータセットをロードして学習セットとテストセットに分割し、3つの異なる分類器から構成される投票分類器を作って学習する。

```
from sklearn.datasets import make_moons
from sklearn.ensemble import RandomForestClassifier, VotingClassifier
from sklearn.linear_model import LogisticRegression
from sklearn.model_selection import train_test_split
from sklearn.svm import SVC

X, y = make_moons(n_samples=500, noise=0.30, random_state=42)
X_train, X_test, y_train, y_test = train_test_split(X, y, random_state=42)
```

```
voting_clf = VotingClassifier(
    estimators=[
        ('lr', LogisticRegression(random_state=42)),
        ('rf', RandomForestClassifier(random_state=42)),
        ('svc', SVC(random_state=42))
    ]
)
voting_clf.fit(X_train, y_train)
```

VotingClassifierを学習すると、すべての推定器をクローンしてクローンを学習する。もとの推定器はestimators属性でアクセスでき、学習したクローンにはestimators_属性でアクセスできる。リストではなく辞書を使いたい場合には、named_estimators、named_estimators_を使う。まず、学習した個々の分類器がテストセットに対して示した精度を見てみよう。

```
>>> for name, clf in voting_clf.named_estimators_.items():
...     print(name, "=", clf.score(X_test, y_test))
...
lr = 0.864
rf = 0.896
svc = 0.896
```

投票分類器のpredict()メソッドを呼び出すと、ハード投票が実行される。例えば、3個のクローン分類器のうち2個がクラス1を予測したら、投票分類器はクラス1と予測する。

```
>>> voting_clf.predict(X_test[:1])
array([1])
>>> [clf.predict(X_test[:1]) for clf in voting_clf.estimators_]
[array([1]), array([1]), array([0])]
```

では、テストセットに対する投票分類器の性能を見てみよう。

```
>>> voting_clf.score(X_test, y_test)
0.912
```

今までの説明通り、投票分類器は個別の分類器のどれよりもわずかながら高い性能を示している。

すべての分類器がクラスに属する確率を推定できる（つまり、predict_proba()メソッドを持つ）場合、個別の分類器が推定する確率を平均し、最も確率の高いクラスを返すようにscikit-learnに指示することができる。これを**ソフト投票**（soft voting）と呼ぶ。この方法だと、自信の高い投票の重みが増すため、ハード投票よりも高い性能を達成することが多い。すべての分類器が所属クラスの確率を推定できることを確かめた上で、votingハイパーパラメータを"soft"に変えるだけで、ソフト投票に変えられる。SVCクラスは、デフォルトでは確率の推定をしないので、probabilityハイパーパラメータをTrueにする必要がある（こうすると、SVCクラスは交差検証を使ってクラスに属する確率を推定するようになり、predict_proba()メソッドを持つようになるが、学習のスピードが遅くなる）。これを試してみよう。

```
>>> voting_clf.voting = "soft"
>>> voting_clf.named_estimators["svc"].probability = True
>>> voting_clf.fit(X_train, y_train)
>>> voting_clf.score(X_test, y_test)
0.92
```

ソフト投票を使っただけで92 %の精度に達した。なかなかのものだ。

7.2 バギングとペースティング

前節で見たように、大きく異なる学習アルゴリズムを使えば多様性の高い分類器を用意できるが、すべての分類器で同じ学習アルゴリズムを使いつつ、学習セットからランダムに別々のサブセットをサンプリングして学習するというアプローチもある。サンプリングが**復元抽出**[*1]なら、**バギング**（https://homl.info/20）（bagging、bootstrap[*2] aggregatingの略）[*3]、**非復元抽出**なら、ペースティング（pasting）（https://homl.info/21）と呼ぶ[*4]。

つまり、バギングとペースティングはともに複数の予測器が同じ学習インスタンスを複数回サンプリングすることを認めるが、同じ予測器が同じ学習インスタンスを複数回サンプリングすることを認めるのはバギングだけである。このようなサンプリングと学習のプロセスを図にしてみよう（**図7-4**）。

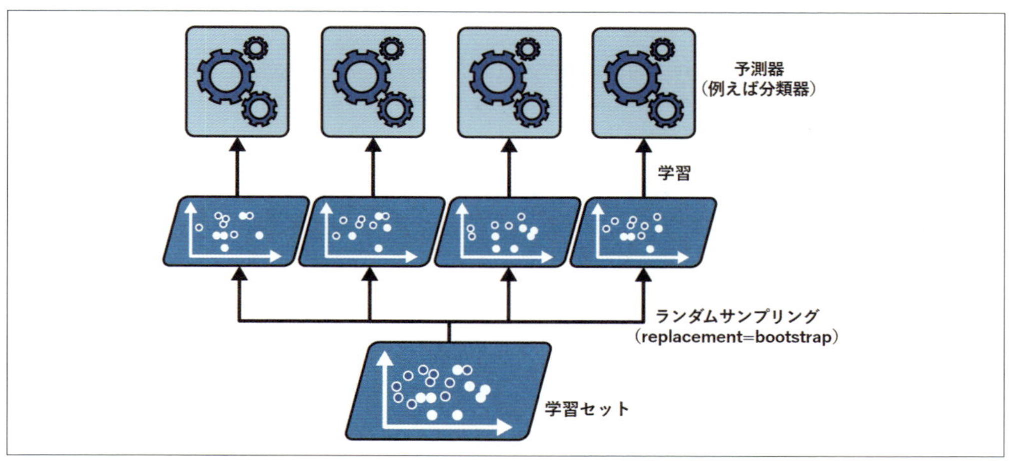

図7-4　学習セットからランダムにサンプリングした別々の標本で学習するバギングとペースティング

すべての分類器を学習したら、アンサンブルは単純にすべての予測器の予測を集計して新インスタンスに対する予測とすることができる。集計関数は、一般に分類では**統計モード**（statistical mode、ハー

＊1　トランプのデッキからランダムにカードを1枚抜き、抜いたカードを書き留めてからカードをデッキに戻し、次のカードを抜くところを想像してほしい。この方法だと、同じカードが複数回選ばれる可能性がある。

＊2　統計学では、復元抽出のリサンプリングをブートストラップ法（bootstrapping）と呼ぶ。

＊3　Leo Breiman, "Bagging Predictors", *Machine Learning* 24, no. 2 (1996): 123-140.

＊4　Leo Breiman, "Pasting Small Votes for Classification in Large Databases and On-Line", *Machine Learning* 36, no. 1-2 (1999): 85-103.

ド投票分類器と同様に、予測の最頻値を取る）になり、回帰では平均値を返す。個別の予測器は、学習セット全体を対象として学習したときよりもバイアスが高くなっているが、集計によってバイアスと分散の両方が下がる[*1]。一般に、もとの学習セット全体で1つの予測器を学習したときと比べて、アンサンブルでは、バイアスは同じようなものだが分散は下がっている。

図7-4が示すように、異なるCPUコアや異なるサーバを使ってすべての分類器を並列に学習できる。同様に、予測も並列に実行できる。バギングやペースティングの人気が高い理由の1つは、このスケーラビリティの高さである。

7.2.1 scikit-learnにおけるバギングとペースティング

scikit-learnは、バギングとペースティングの両方に対して`BaggingClassifier`クラスという単純なAPIを提供している（回帰の場合は、`BaggingRegressor`クラス）。次のコードは、500個の決定木分類器によるアンサンブルを学習する[*2]。個々の分類器は、復元抽出で学習セットから100個の学習インスタンスをランダムサンプリングする（このコードはバギングの例だが、ペースティングを使いたい場合は`bootstrap = False`を指定すればよい。`n_jobs`引数は、学習、予測のために使うCPUコアの数を指定する（`-1`にすると、scikit-learnは使えるすべてのコアを使う）。

```
from sklearn.ensemble import BaggingClassifier
from sklearn.tree import DecisionTreeClassifier

bag_clf = BaggingClassifier(DecisionTreeClassifier(), n_estimators=500,
                            max_samples=100, n_jobs=-1, random_state=42)
bag_clf.fit(X_train, y_train)
```

`BaggingClassifier`は、ベースの分類器がクラスに属する確率を推定できるとき（つまり、`predict_proba()`メソッドがあるとき）には、デフォルトでハード投票ではなく、ソフト投票を実行する。決定木分類器は、デフォルトで確率を推定できる。

図7-5は、moonsデータセットによる学習で1個の決定木を使ったときの決定境界と500個の決定木によるバギングアンサンブル（上記のコード）を使ったときの決定境界を比較したものだ。このように、アンサンブルの予測は単独の決定木による予測よりもはるかに汎化性能が高い。アンサンブルのバイアスはほぼ同じだが、分散は小さい（学習セットでの予測誤りはほぼ同じだが、決定境界の不規則度は下がる）。

バギングの方が、個々の予測器が学習に使うサブセットの多様性が若干上がるため、ペースティングよりもバイアスが少し高くなるが、それは予測器の相関が下がるということなので、アンサンブルの分散は下がる。全体として、バギングの方がよいモデルになることが多く、そのため一般に、バギングの方が好まれている。しかし、時間とCPUパワーに余裕がある場合には、バギングとペースティングを交差検証して、性能のよい方を選ぶとよい。

＊1　バイアスと分散については、4章を参照。

＊2　`max_samples`には、0.0から1.0までの浮動小数点数を与えてもよい。その場合、サンプリングされるインスタンス数の上限は、学習セットに`max_samples`を掛けた値になる。

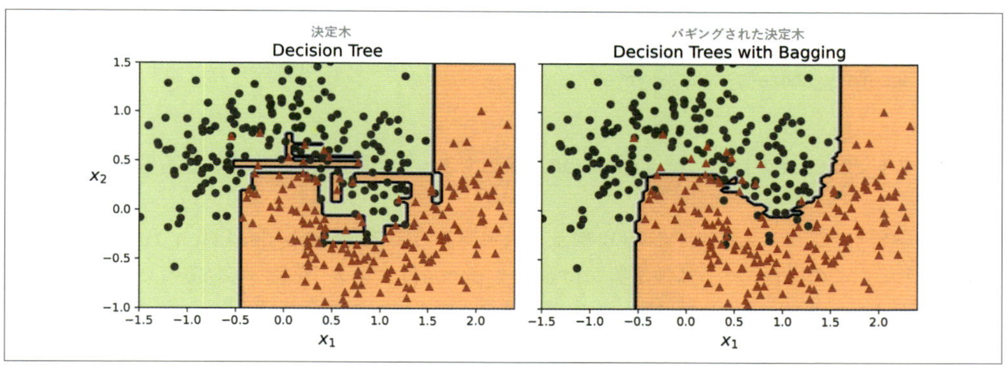

図7-5 単独の決定木（左）と500個の決定木（右）によるバギングアンサンブル

7.2.2 OOB検証

バギングでは、一部のインスタンスが同じ予測器に繰り返しサンプリングされる一方で、まったくサンプリングされないインスタンスも出てくる。デフォルトでは、BaggingClassifierは、復元抽出（bootstrap=True）でm個（学習セットのサイズ）の学習インスタンスをサンプリングする。そのため、個々の予測器にサンプリングされるのは平均で学習セットの63％だけになる[*1]。サンプリングされない残り37％の学習インスタンスは、OOB（out-of-bag）インスタンスと呼ばれる。すべての予測器で同じ37％が使われないわけではないことに注意しよう。

そこで、バギングアンサンブルは、別個の検証セットを作らなくても、このOOBインスタンスを使って検証できる。実際、予測器が十分たくさんあれば、学習セットの個々のインスタンスは複数の予測器にとってのOOBインスタンスになる。それらの予測器を使えば、そのインスタンスの公平なアンサンブル予測ができる。個々のインスタンスの予測が得られたら、アンサンブルの予測の精度（およびその他の指標）を計算できる。

scikit-learnで学習後に自動的にOOB検証したい場合には、BaggingClassifier作成時にoob_score=Trueを指定すればよい。次のコードは、それを示している。検証のスコアは、oob_score_属性から得られる。

```
>>> bag_clf = BaggingClassifier(DecisionTreeClassifier(), n_estimators=500,
...                             oob_score=True, n_jobs=-1, random_state=42)
...
>>> bag_clf.fit(X_train, y_train)
>>> bag_clf.oob_score_
0.896
```

このOOB検証によると、このBaggingClassifierは、テストセットで89.6％程度の精度を達成しそうだ。確かめてみよう。

＊1　mが大きくなると、この割合は$1 - \exp(-1) = 63$％に近づく。

```
>>> from sklearn.metrics import accuracy_score
>>> y_pred = bag_clf.predict(X_test)
>>> accuracy_score(y_test, y_pred)
0.92
```

このテストでは92 %の精度になった。OOB検証はちょっと悲観的すぎて、2 %強も低く見積もったようだ。

個々の学習インスタンスに対するOOB検証の決定関数の戻り値もoob_decision_function_属性から得られる。この場合、ベース推定器がpredict_proba()メソッドを持っているので、決定関数は個々の学習インスタンスがクラスに属する確率を返す。例えば、このOOB検証は最初の学習インスタンスが陽性クラスに属する確率を67.6 %、陰性クラスに属する確率を32.4 %と推定している。

```
>>> bag_clf.oob_decision_function_[:3]  # 最初の3インスタンスに対する確率
array([[0.32352941, 0.67647059],
       [0.3375    , 0.6625    ],
       [1.        , 0.        ]])
```

7.2.3 ランダムパッチとランダムサブスペース

BaggingClassifierクラスは、特徴量のサンプリングもサポートしている。これは、max_featuresとbootstrap_featuresの2つのハイパーパラメータで操作する。これらは、インスタンスのサンプリングではなく特徴量のサンプリングに使われることを除けば、max_samples、bootstrapと同じように動作する。つまり、入力特徴量のランダムなサブセットを使って個々の予測器を学習するのである。

これは、高次元の入力(画像など)を扱うときに特に役に立つ。学習のスピードを大幅に上げられるのだ。学習インスタンスと特徴量の両方をサンプリングすることを**ランダムパッチ**(https://homl.info/22)(random patch)メソッドと言い[*1]、学習インスタンスはすべて使い(つまり、bootstrap = False、max_samples = 1.0)、特徴量だけサンプリングする(つまり、bootstrap_features = Trueでmax_featuresは1.0未満)ことを**ランダムサブスペース**(https://homl.info/23)(random subspace)メソッドと言う[*2]。

特徴量をサンプリングすると予測器の多様性が上がり、わずかにバイアスが上がるものの分散を下げられる。

7.3 ランダムフォレスト

既に説明したように、ランダムフォレスト(https://homl.info/24)[*3]は、決定木のアンサンブルで、一般にバギングメソッドで学習され(ペースティングが使われる場合もある)、max_samplesは学習

*1 Gilles Louppe and Pierre Geurts, "Ensembles on Random Patches", *Lecture Notes in Computer Science* 7523 (2012): 346-361.

*2 Tin Kam Ho, "The Random Subspace Method for Constructing Decision Forests", *IEEE Transactions on Pattern Analysis and Machine Intelligence* 20, no. 8 (1998): 832-844.

*3 Tin Kam Ho, "Random Decision Forests", *Proceedings of the Third International Conference on Document Analysis and Recognition* 1 (1995): 278.

セットのサイズに設定される。DecisionTreeClassifierを渡してBaggingClassifierを作らなくても、RandomForestClassifierクラスを使えるようになっている。RandomForestClassifierクラスの方が便利なだけでなく、決定木に最適化されている（同様に、回帰のタスクのためにはRandomForestRegressorクラスが用意されている）[*1]。次のコードは、利用できるCPUコアをすべて使って、500個の木（それぞれ最大16個の葉ノードに制限されている）によるランダムフォレスト分類器を学習する。

```
from sklearn.ensemble import RandomForestClassifier

rnd_clf = RandomForestClassifier(n_estimators=500, max_leaf_nodes=16,
                                 n_jobs=-1, random_state=42)
rnd_clf.fit(X_train, y_train)

y_pred_rf = rnd_clf.predict(X_test)
```

RandomForestClassifierは、少数の例外を除き、木をどの育て方を調整するためにDecisionTreeClassifierのハイパーパラメータをすべて持つほか、アンサンブル自体を調整するためにBaggingClassifierのハイパーパラメータもすべて持っている。

ランダムフォレストアルゴリズムは、木を育てるときにさらにランダム性を生み出す。ノードを分割するときに最良の特徴量を探すのではなく（6章参照）、特徴量のランダムなサブセットから最良の特徴量を探す。デフォルトでは、$\sqrt{n}$個の特徴量を探す（ただし、nは特徴量の数）。その分、木の多様性は増し、それにより（繰り返しになるが）バイアスが上がるものの分散が下がって、全体としてよりよいモデルが作られる。次のBaggingClassifierは、前のRandomForestClassifierとほぼ同じである。

```
bag_clf = BaggingClassifier(
    DecisionTreeClassifier(max_features="sqrt", max_leaf_nodes=16),
    n_estimators=500, n_jobs=-1, random_state=42)
```

7.3.1 Extra-Trees

ランダムフォレストに含まれる木を育てるときに、個々のノードの分割では、特徴量のランダムなサブセットだけしか考慮されない（既述の通り）。最良のしきい値を探すのではなく（通常の決定木のように）、個々の特徴量のしきい値もランダムなものにすると、さらにランダム性が上がる。DecisionTreeClassifierを作るときには、そのためにsplitter="random"を設定する。

このように極端なランダムツリーを単純にExtremely Randomized Trees（極端にランダム化された木）（https://homl.info/25）のアンサンブル（または、短く**Extra-Trees**）と呼ぶ[*2]。これもバイアスを少し上げて分散を下げる。また、すべてのノードで個々の特徴量の最良のしきい値を見つけることは、木を育てるときに最も時間のかかるタスクの1つなので、Extra-Treesは通常のランダムフォレストと比べて短時間で学習できる。

＊1　決定木以外のもののバギングでは、BaggingClassifierクラスが使われる。

＊2　Pierre Geurts et al., "Extremely Randomized Trees", *Machine Learning* 63, no. 1 (2006): 3-42.

Extra-Trees分類器は、scikit-learnのExtraTreesClassifierクラスで作れる。APIは、RandomForestClassifierクラスと同じだ。同様に、ExtraTreesRegressorクラスはRandomForestRegressorクラスと同じAPIを持つ。

RandomForestClassifierとExtraTreesClassifierでどちらの方が性能がよいかはあらかじめ判断しにくい。一般に、両方を試して、交差検証で比較するしかない。

7.3.2 特徴量の重要度

ランダムフォレストは、各特徴量の相対的な重要度が簡単に測定できるようになる点でも優れている。scikit-learnは、その特徴量を使うノードが平均して（フォレスト内のすべての木に渡り）不純度をどれくらい減らすかを調べることにより、特徴量の重要度を測る。より正確には、各ノードに関連付けられている学習サンプルの数をノードの重みとする加重平均である（6章参照）。

scikit-learnは、学習後に各特徴量に対してこのスコアを自動的に計算し、その後、すべての重要度の合計が1になるように結果をスケーリングする。結果は、feature_importances_変数を見ればわかる。例えば、次のコードは、irisデータセット（4章参照）のRandomForestClassifierを学習し、各特徴量の重要度を出力する。最も重要な特徴量は花弁の長さ（44 %）と幅（42 %）で、それと比べるとがく片の長さと幅はそれほど重要ではないようだ（それぞれ11 %と2 %）。

```
>>> from sklearn.datasets import load_iris
>>> iris = load_iris(as_frame=True)
>>> rnd_clf = RandomForestClassifier(n_estimators=500, random_state=42)
>>> rnd_clf.fit(iris.data, iris.target)
>>> for score, name in zip(rnd_clf.feature_importances_, iris.data.columns):
...     print(round(score, 2), name)
...
0.11 sepal length (cm)
0.02 sepal width (cm)
0.44 petal length (cm)
0.42 petal width (cm)
```

同様に、MNISTデータセット（3章参照）でランダムフォレスト分類器を学習して各ピクセルの重要度をプロットすると、**図7-6**のような画像が得られる。

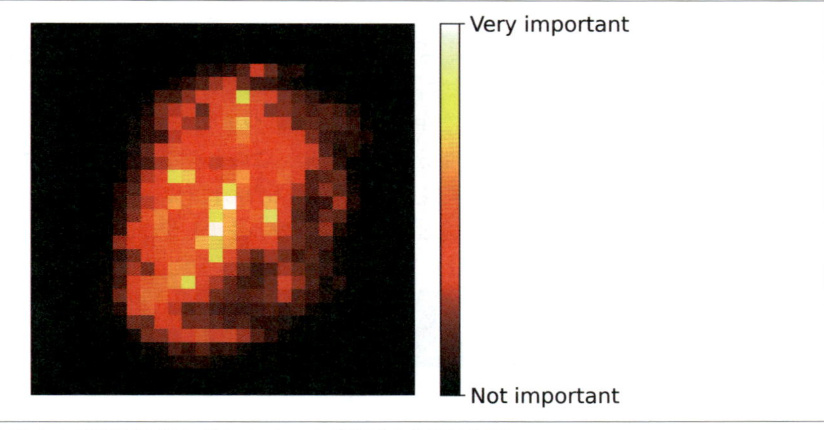

図7-6 MNISTのピクセルの重要度(ランダムフォレスト分類器の分析による)

特に特徴量の選択が必要なときなどでは、ランダムフォレストはどの特徴量が本当の意味で重要かを手っ取り早く調べるために役に立つ。

7.4 ブースティング

ブースティング(boosting、もともとは**仮説ブースティング**:hypothesis boostingと呼ばれていた)とは、複数の弱学習器を結合して強学習器を作れるアンサンブルメソッドのことだ。ほとんどのブースティングメソッドの一般的な考え方は、逐次的に予測器を学習し、それによって直前の予測器の修正を試みるというものである。ブースティングメソッドは多数あるが、群を抜いてよく使われているのは、**AdaBoost**(https://homl.info/26)(アダブースト、エイダブーストとも呼ばれる。adaptive boostingの略で、適応的ブースティングという意味)*[1]と勾配ブースティング(gradient boosting)である。AdaBoostから見ていこう。

7.4.1 AdaBoost

前の予測器が過少適合した学習インスタンスに少しだけ余分に注意を払えば、新しい予測器は前の予測器を修正できる。結果として難しい条件をどんどん深く学習していった新しい予測器が生成される。これがAdaBoostのテクニックである。

例えばAdaBoost分類器を作る場合、まずベースの分類器(決定木など)を学習し、学習セットを対象として予測をする。そして、分類に失敗した学習インスタンスの相対的な重みを上げる。次に、更新された重みを使って第2の分類器を学習し、学習セットの予測をして、重みを更新する。これを繰り返していく(**図7-7**)。

図7-8は、moonsデータセットを使って連続的に学習した5つの予測器の決定境界を示している(こ

＊1 Yoav Freund and Robert E. Schapire, "A Decision-Theoretic Generalization of On-Line Learning and an Application to Boosting", *Journal of Computer and System Sciences* 55, no. 1 (1997): 119-139.

の例では、個々の予測器は、RBFカーネルで高度に正則化されたSVM分類器である)*1。最初の分類器は多くのインスタンスで分類ミスを犯しているので、それらのインスタンスの重みが上げられている。そのため、第2の分類器は、それらの分類器で性能が上がっている。第5の分類器まで、それが繰り返されている。右側のグラフは、学習率を半分にしている(つまり、分類ミスを犯したインスタンスに対して各イテレーションが与える重みを半分にしている)。このように、この逐次的な学習手法は、勾配降下法と似ているが、AdaBoostは損失関数を最小化するために1つの予測器のパラメータを操作するのではなく、アンサンブルに予測器を追加してアンサンブルを少しずつ改良していく。

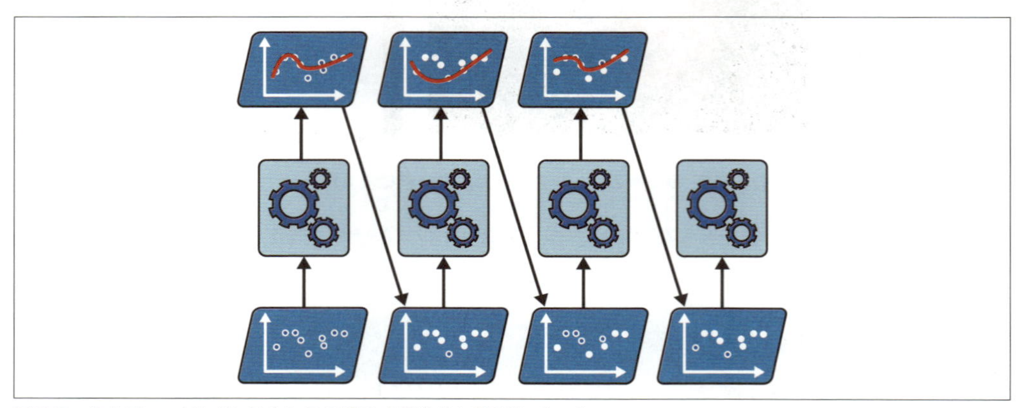

図7-7 AdaBoostはインスタンスの重みを逐次的に更新していく

すべての予測器を学習すると、アンサンブルはバギングやペースティングと似た形で予測を行う。ただし、予測器には、重みが付けられた学習セットに対する全体的な精度に基づいて異なる重みが付けられる。

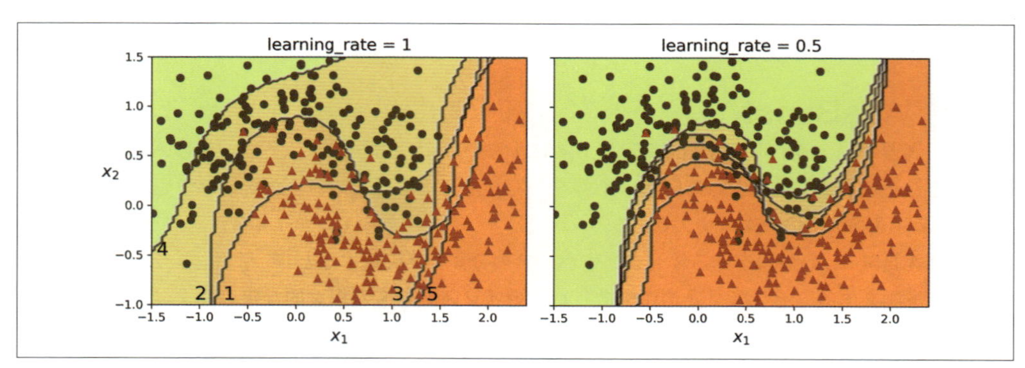

図7-8 連続する予測器の決定境界

*1 これは単純に説明のためだ。SVMは遅く、AdaBoostで使うと不安定になりがちなので、一般にAdaBoostのベース予測器としては不向きである。

AdaBoostの逐次的な学習手法には、大きな欠点が1つある。前の予測器の学習/評価が終わらなければ次の予測器を学習できないため、並列化できない（あるいは部分的にしか並列化できない）のだ。そのため、バギングやペースティングと比べてスケーラビリティが低い。

AdaBoostのアルゴリズムをもう少し詳しく見てみよう。個々のインスタンスにかけられた重み、$w^{(i)}$は、初期状態で$1/m$に設定されている。最初の予測器を学習すると、その予測器の学習セットに対する重み付きの誤り率r_1が計算される（**式7-1**参照）。

式7-1　j番目の予測器の重み付き誤り率

$$r_j = \sum_{\substack{i=1 \\ \hat{y}_j^{(i)} \neq y^{(i)}}}^{m} w^{(i)} \quad \text{ここで} \hat{y}_j^{(i)} \text{は} i \text{番目のインスタンスに対する} j \text{番目の予測器の予測}$$

次に**式7-2**を使って予測器の重みα_jが計算される。ただし、ηは学習率ハイパーパラメータである（デフォルトで1）[*1]。予測器が正確になればなるほど、重みは高くなる。ランダムな推測なら、重みは0に近づく。しかし、予測が間違っていることの方が多ければ（つまり、ランダムな推測よりも不正確）、重みは負数になる。

式7-2　予測器の重み

$$\alpha_j = \eta \log \frac{1 - r_j}{r_j}$$

次に**式7-3**を使ってインスタンスの重みを更新する。誤った分類をされたインスタンスの重みは大きくなる。

式7-3　重みの更新規則

$$w^{(i)} \leftarrow \begin{cases} w^{(i)}, & \widehat{y_j}^{(i)} = y^{(i)} \\ w^{(i)} \exp\left(\alpha_j\right), & \widehat{y_j}^{(i)} \neq y^{(i)} \end{cases}$$

すると、すべてのインスタンスの重みが正規化される（つまり、$\Sigma_{i=1}^{m} w^{(i)}$によって割られる）。

最後に更新された重みを使って新しい予測器を学習し、これまでの全体を繰り返す（新しい予測器の重みを計算し、インスタンスの重みを更新し、次の予測器を学習することが反復される）。予測器の数が指定された数に達するか、完全な予測器が見つかると、アルゴリズムは反復を止める。

AdaBoostの予測は、単純にすべての予測器の予測を計算し、予測器の重みα_jを使って予測に重みを与えた上で、重み付きの多数決で選ばれたクラスを予測結果とする（**式7-4**）。

＊1　オリジナルのAdaBoostアルゴリズムは、学習率ハイパーパラメータを使っていない。

式7-4 AdaBoostの予測

$$\hat{y}(\mathbf{x}) = \underset{k}{\operatorname{argmax}} \sum_{\substack{j=1 \\ \hat{y}_j(\mathbf{x})=k}}^{N} \alpha_j \quad \text{ここで} N \text{は予測器の数}$$

scikit-learnは、実際にはSAMME（https://homl.info/27）（stagewise additive modeling using a multiclass exponential loss function：マルチクラス指数損失関数を使ったステージ別加法モデリング））というマルチクラスバージョンのAdaBoostを使っている[*1]。クラスが2つだけなら、SAMMEとAdaBoostは同じである。また、予測器がクラスに属する確率を推定できる（つまり、`predict_proba()`メソッドを持つ）場合には、scikit-learnはSAMMEの変種の**SAMME.R**（Rはreal：実数という意味）を使える。SAMME.Rは、予測ではなくクラスに属する確率を使うもので、一般にSAMMEよりも性能が高い。

次のコードは、scikit-learnの`AdaBoostClassifier`クラス（読者の予想通りに`AdaBoostRegressor`クラスもある）で30個の決定株（decision stump）によるAdaBoost分類器を学習する。決定株は`max_depth=1`の決定木、すなわち1つの判断ノードと2つの葉ノードから構成される決定木で、`AdaBoostClassifier`クラスのデフォルトベース推定器である。

```
from sklearn.ensemble import AdaBoostClassifier

ada_clf = AdaBoostClassifier(
    DecisionTreeClassifier(max_depth=1), n_estimators=30,
    learning_rate=0.5, random_state=42)
ada_clf.fit(X_train, y_train)
```

AdaBoostアンサンブルが学習セットを過学習する場合、推定器の数を減らすか、ベース推定器を強く正則化すればよい。

7.4.2 勾配ブースティング

勾配ブースティング（gradient boosting: https://homl.info/28）もよく使われているブースティングアルゴリズムである[*2]。勾配ブースティングも、AdaBoostと同様に、アンサンブルに前の予測器を改良した予測器を逐次的に加えていく。しかし、AdaBoostのようにイテレーションごとにインスタンスの重みを調整するのではなく、新予測器を前の予測器の**残差**（residual error）に適合させようとする。

では、ベース予測器として決定木を使った単純な回帰の例で説明しよう。これを**勾配ブースティング木**（gradient tree boosting）とか**勾配ブースティング回帰木**（GBRT：gradient boosted regression tree）と呼ぶ。まず、学習セット（例えば、ノイズのある2次関数学習セット）に`DecisionTreeRegressor`を

＊1　詳しくは、Ji Zhu et al., "Multi-Class AdaBoost," Statistics and Its Interface 2, no. 3 (2009): 349-360. を参照。

＊2　Leo Breimanの1997年の論文 "Arcing the Edge"（https://homl.info/arcing）で初めて提案され、Jerome H. Friedmanの1999年の論文 "Greedy Function Approximation: A Gradient Boosting Machine"（https://homl.info/gradboost）でさらに発展した。

適合させよう。

```
import numpy as np
from sklearn.tree import DecisionTreeRegressor

np.random.seed(42)
X = np.random.rand(100, 1) - 0.5
y = 3 * X[:, 0] ** 2 + 0.05 * np.random.randn(100)  # y = 3x² + ガウスノイズ

tree_reg1 = DecisionTreeRegressor(max_depth=2, random_state=42)
tree_reg1.fit(X, y)
```

次に、第1の予測器が作った残差を使って第2のDecisionTreeRegressorを学習する。

```
y2 = y - tree_reg1.predict(X)
tree_reg2 = DecisionTreeRegressor(max_depth=2, random_state=43)
tree_reg2.fit(X, y2)
```

そして、第2の予測器が作った残差を使って第3の回帰器を学習する。

```
y3 = y2 - tree_reg2.predict(X)
tree_reg3 = DecisionTreeRegressor(max_depth=2, random_state=44)
tree_reg3.fit(X, y3)
```

これで3つの木を含むアンサンブルができた。このアンサンブルは、すべての木の予測を単純に加算するという形で新しいインスタンスの予測を実行できる。

```
>>> X_new = np.array([[-0.4], [0.], [0.5]])
>>> sum(tree.predict(X_new) for tree in (tree_reg1, tree_reg2, tree_reg3))
array([0.49484029, 0.04021166, 0.75026781])
```

図7-9は、左側にこれら3つの決定木の予測、右側にアンサンブルの予測を示している。第1行では、アンサンブルに含まれているのは1つの決定木だけなので、アンサンブルの予測は第1の決定木の予測とまったく同じだ。第2行では、第1の決定木の残差で新しい決定木を学習している。右側のアンサンブルの予測は、最初の2つの決定木の和だということがわかるはずだ。同様に、第3行では第2の木の残差で新しい木を学習している。新たな決定木を追加するたびに、アンサンブルの予測が次第に改善されていくことがわかるだろう。

scikit-learnのGradientBoostingRegressorクラスを使えば、もっと簡単にGBRTアンサンブルを学習できる（分類のためのGradientBoostingClassifierもある）。RandomForestRegressorクラスと同様に、このクラスには決定木の成長を制御するハイパーパラメータ（max_depth、min_samples_leafなど）とアンサンブル学習を調整するハイパーパラメータ（n_estimators）がある。次のコードは、先ほどと同じアンサンブルを作る。

```
from sklearn.ensemble import GradientBoostingRegressor

gbrt = GradientBoostingRegressor(max_depth=2, n_estimators=3,
                                 learning_rate=1.0, random_state=42)
gbrt.fit(X, y)
```

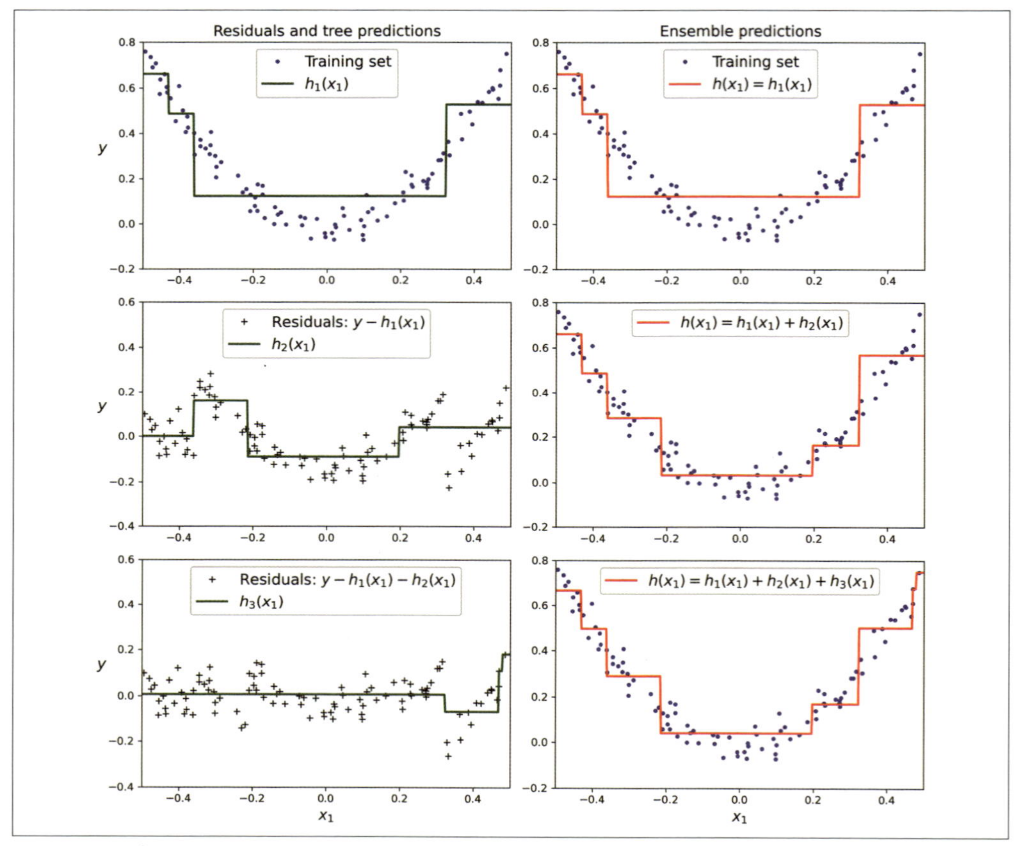

図7-9　勾配ブースティング：第1の予測器（第1行左）は通常のように学習され、そのあとの予測器（第2行左、第3行左）は前の予測器の残差を使って学習されている。右列はその行の学習の結果得られたアンサンブルの予測を示す

learning_rateハイパーパラメータは、個々の木の影響力を調整する。0.05などの低い値に設定すると、学習セットへの適合のためにアンサンブルに多くの決定木を追加しなければならなくなるが、通常は予測の汎化性能が上がる。これは、**収縮**（shrinkage）という正則化手法である。**図7-10**は、低い学習率で学習した2つのGBRTアンサンブルを示している。左側は決定木の数が少なすぎて学習セットに適合できていないのに対し、右側はほぼ適量になっている。これ以上決定木を追加すると、GBRTは学習セットを過学習し始める。

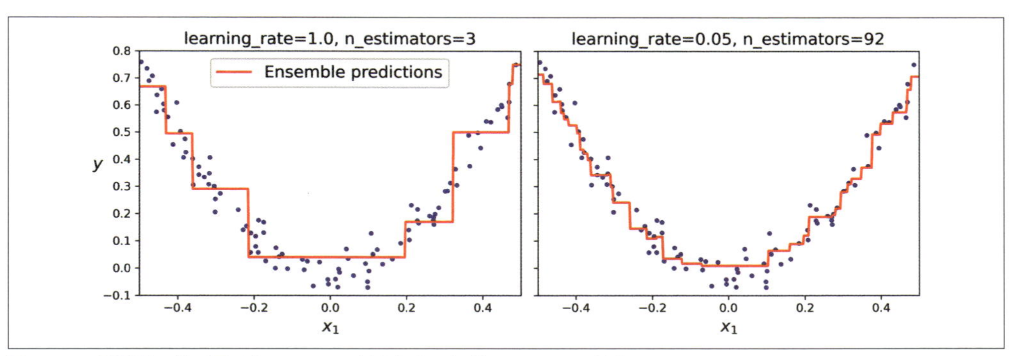

図7-10　予測器の数が足りないGBRT（左）とちょうどよいGBRT（右）

決定木の最適な数は、いつものようにGridSearchCVやRandomizedSearchCVを使って交差検証すればわかるが、もっと簡単な方法もある。n_iter_no_changeハイパーパラメータとして10のような整数値を指定すると、GradientBoostingRegressorは、最後の10個の木が役に立たないと判断したときに自動的に木の追加を止める。これは単純な早期打ち切り（4章参照）だが、忍耐度がわずかに追加されている。改善なしのイテレーションを数回我慢してから打ち切っているのだ。早期打ち切りを使ったアンサンブルを学習してみよう。

```
gbrt_best = GradientBoostingRegressor(
    max_depth=2, learning_rate=0.05, n_estimators=500,
    n_iter_no_change=10, random_state=42)
gbrt_best.fit(X, y)
```

n_iter_no_changeを小さくしすぎると学習が早く終わりすぎてモデルは過少適合になるが、大きくしすぎると過学習になる。ここでは学習率をかなり小さくし、推定器の数を増やしてもいるが、学習後のアンサンブルの推定器の数は、早期打ち切りのおかげで大幅に少なくなる。

```
>>> gbrt_best.n_estimators_
92
```

n_iter_no_changeを設定すると、fit()メソッドは自動的に学習セットを小さな学習セットと検証セットに分割する。そのおかげで、新しい決定木を追加するたびにモデルの性能を評価できる。検証セットの大きさはvalidation_fractionハイパーパラメータで設定でき、デフォルトは10％となっている。性能向上と見なす割合の最大値は、tolハイパーパラメータで設定でき、デフォルトは0.0001である。

GradientBoostingRegressorクラスには、個々の決定木を学習するために使う学習インスタンスの割合を指定するsubsampleというハイパーパラメータもある。例えば、subsample=0.25なら、個々の決定木は学習セットからランダムに抽出した25％のインスタンスで学習される。お気づきのように、このテクニックはバイアスを上げて分散を下げている。また、学習スピードをかなり上げている。これを**確率的勾配ブースティング**（stochastic gradient boosting）と呼ぶ。

7.4.3 ヒストグラムベースの勾配ブースティング

scikit-learnは、大規模なデータセット向けに最適化された**ヒストグラムベースの勾配ブースティング**（histogram-based gradient boosting、HGB）というGBRTの実装も提供している。HGBは、入力特徴量をビンに分割し、整数に置き換える。ビンの数は、max_binsハイパーパラメータによって設定できる。ビンの数はデフォルトで255になっており、それよりも大きくすることはできない。ビンにまとめることにより、学習アルゴリズムが評価しなければならないしきい値の数は大幅に削減される。しかも、操作対象が整数になることにより、高速でメモリ効率のよいデータ構造を使えるようになる。そして、このような形でビンを作ることにより、個々の決定木を学習するときに特徴量をソートする必要がなくなる。

そのため、この実装は計算量が$\mathcal{O}(n \times m \times \log(m))$ではなく$\mathcal{O}(b \times m)$になる。ただし、$b$はビンの数、$m$は学習インスタンス数、$n$は特徴量の数である。これは、大規模なデータセットでは、HGBは通常のGBRTと比べて数百倍も高速に学習できるということだ。ただし、ビンにまとめることにより適合率は下がる。ビンへの分割は正則化として機能するのである。データセットによっては、これによって過学習が抑えられるが、過少適合を起こす危険性もある。

scikit-learnはHGBのためにHistGradientBoostingRegressorとHistGradientBoostingClassifierの2つのクラスを提供している。これらは、GradientBoostingRegressorとGradientBoostingClassifierによく似ているが、次のような注意すべき違いがある。

- インスタンス数が10,000よりも大きければ、早期打ち切りが自動的に有効になる。ただし、early_stoppingハイパーパラメータをTrue、Falseにすれば早期停止を常時オン、またはオフにすることができる。
- サブサンプリングはサポートされない。
- n_estimatorsはmax_iterに名称変更されている。
- 決定木のハイパーパラメータで操作できるものは、max_leaf_nodes、min_samples_leaf、max_depthだけになっている。

HGBクラスには、カテゴリ特徴量と欠損値をサポートするという2つのありがたい特長もある。これにより前処理が大幅に単純化される。ただし、カテゴリ特徴量は、0からmax_binsまでの整数で表現しなければならない。そのためには、OrdinalEncoderが使える。例えば次のようにすれば、カリフォルニアの住宅価格データセット（2章参照）のためのパイプラインを構築、学習できる。

```
from sklearn.pipeline import make_pipeline
from sklearn.compose import make_column_transformer
from sklearn.ensemble import HistGradientBoostingRegressor
from sklearn.preprocessing import OrdinalEncoder

hgb_reg = make_pipeline(
    make_column_transformer((OrdinalEncoder(), ["ocean_proximity"]),
                            remainder="passthrough"),
    HistGradientBoostingRegressor(categorical_features=[0], random_state=42)
)
```

```
hgb_reg.fit(housing, housing_labels)
```

パイプライン全体がインポート行と同じ行数になっている。…imputer、…scaler、ワンホットエンコーダといったものが不要になるのでとても便利だ。ただし、categorical_featuresにはカテゴリ列のインデックス（または論理値の配列）を指定しておく。このモデルはハイパーパラメータの調整なしで47,600ほどのRMSEになる。なかなかのものだ。

PythonのMLエコシステムには、これ以外にも勾配ブースティングの最適化実装がいくつかある。特に注目すべきものとしては、XGBoost（https://github.com/dmlc/xgboost）、CatBoost（https://catboost.ai）、LightGBM（https://lightgbm.readthedocs.io）がある。これらのライブラリは、登場してからもう数年経っている。どれも勾配ブースティングに特化しており、APIはscikit-learnのものとよく似ている。そして、GPUアクセラレーションなどの追加機能を提供している。ぜひこれらもチェックすべきだ。また、TensorFlowデシジョンフォレストライブラリ（https://tensorflow.org/decision_forests）は、プレーンなランダムフォレスト、Extra-Trees、GBRT、その他数種の最適化実装を提供している。

7.5 スタッキング

この章で最後に取り上げるアンサンブルメソッドは、スタッキング（stacking、**スタック汎化**（https://homl.info/29）: stacked generalizationの略）である[*1]。基礎となるアイデアは単純で、アンサンブルに含まれるすべての予測器の予測を集計するときに、ハード投票のようなつまらない関数を使ったりせずに、集計まで行うようにモデルを学習すればよいのではないかというものだ。**図7-11**は、新しいインスタンスに対して回帰のタスクを行うそのようなアンサンブルを示している。下部に描かれている3つの予測器が異なる値を予測し（3.1、2.7、2.9）、最後の予測器（**ブレンダ**：blenderとか、**メタ学習器**：meta learnerと呼ばれる）がそれらの予測を入力として最終的な予測（3.0）を返す。

ブレンダの学習では、最初にブレンディング学習セットを作らなければならない。アンサンブルの各予測器のcross_val_predict()を使えばもとの学習セットの各インスタンスに対する標本外予測が得られる。これをブレンダを学習するための入力特徴量として使う。ターゲットは、単純にもとの学習セットからコピーすればよい。もとの学習セットの特徴量の数（この場合は1個だけ）にかかわらず、ブレンディング学習セットには予測器ごと（この場合、予測器は3個）に1個の入力特徴量が作られることに注意しよう。ブレンダを学習したら、最後に1度だけもとの学習セット全部を使ってベース予測器を再学習する。

＊1　David H. Wolpert, "Stacked Generalization", *Neural Networks* 5, no. /2 (1992): 241-259.

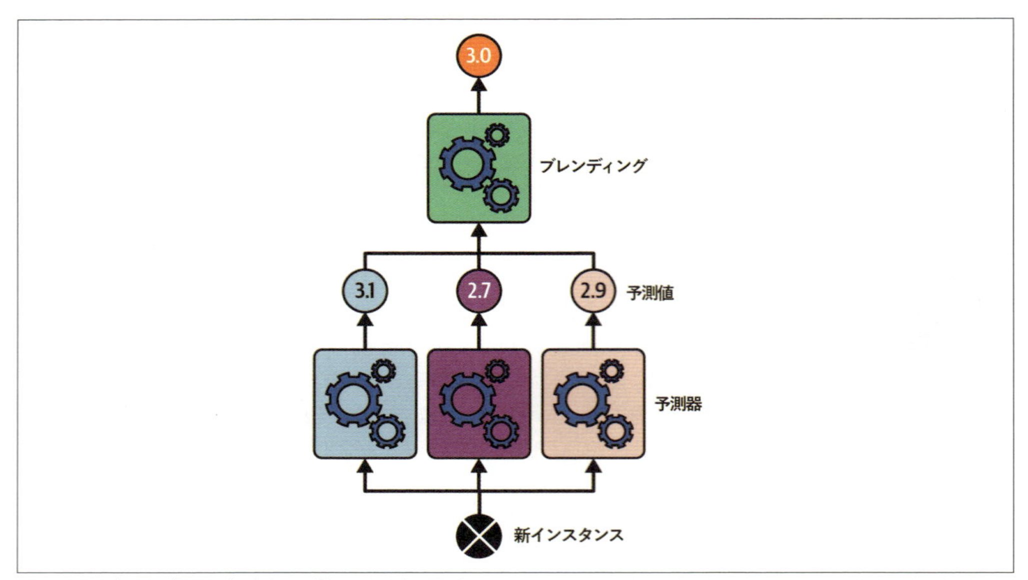

図7-11 ブレンディング予測器を使った予測の集計

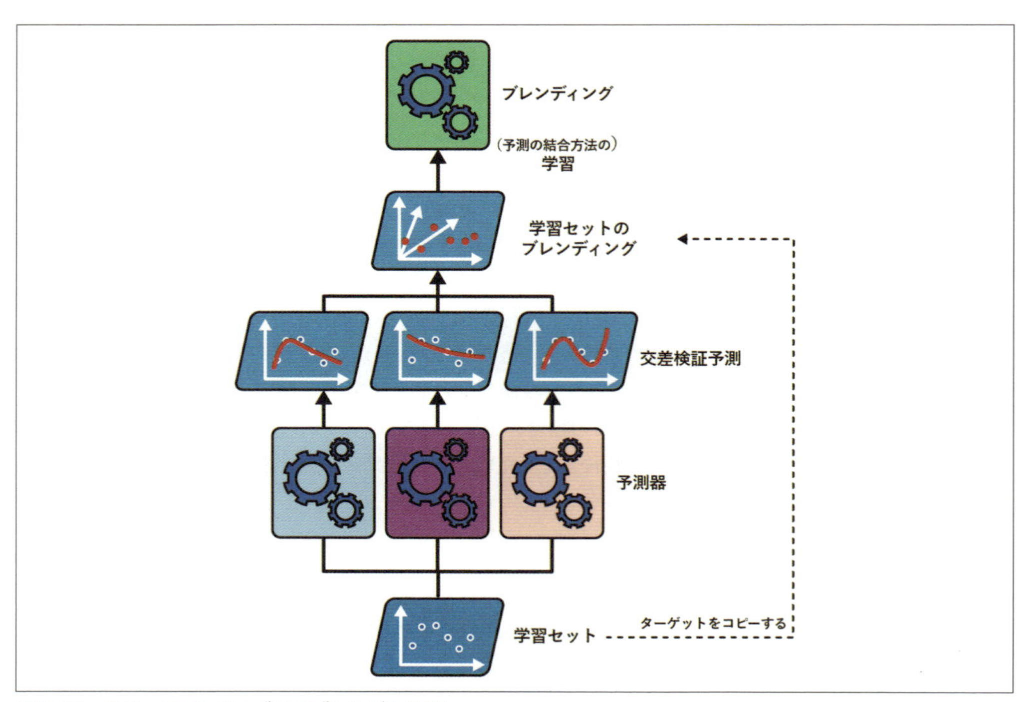

図7-12 スタックアンサンブルのブレンダの学習

実際には、図7-13に示すように、この方法で複数の異なるブレンダを学習して（例えば、1つは線形回帰、もう1つはランダムフォレスト回帰を使うなど）ブレンダの階層構造を作り、その上に最終的な予測をする別のブレンダを追加するという形を取れる。こうすればほんのわずかながら性能を引き上げられるが、学習時間が余分にかかり、システムが複雑になるというコストがかかる。

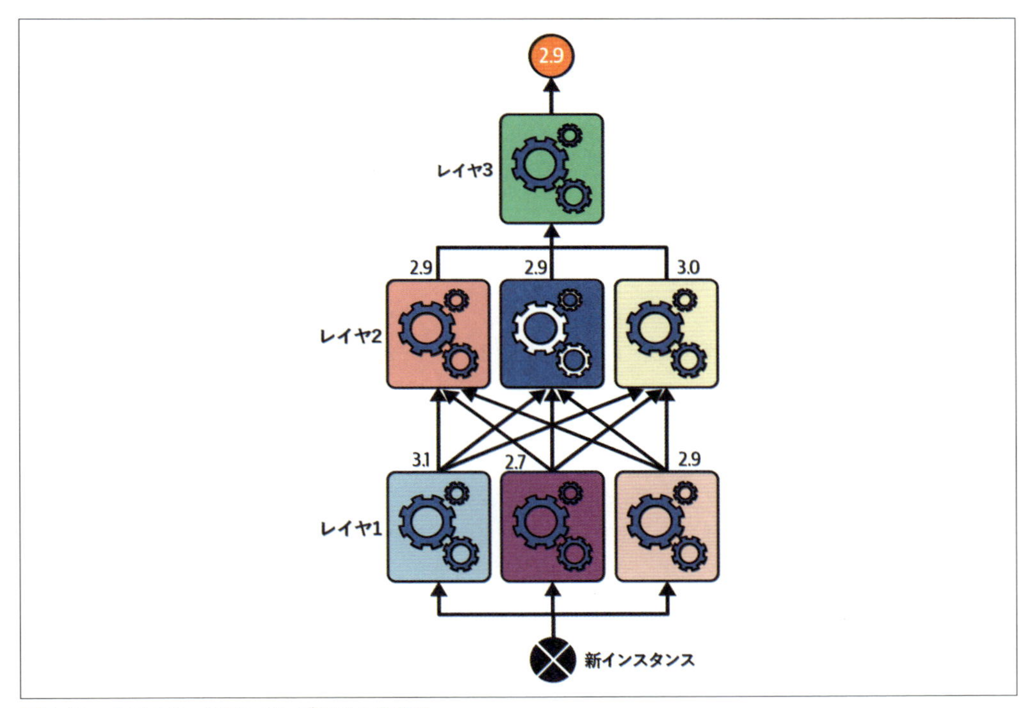

図7-13　多層スタックアンサンブルによる予測

scikit-learnは、スタックアンサンブルのためにStackingClassifier、StackingRegressorの2つのクラスを提供している。例えばStackingClassifierは、この章の冒頭でmoonsデータセットの分類のために使ったVotingClassifierの代わりに使える。

```
from sklearn.ensemble import StackingClassifier

stacking_clf = StackingClassifier(
    estimators=[
        ('lr', LogisticRegression(random_state=42)),
        ('rf', RandomForestClassifier(random_state=42)),
        ('svc', SVC(probability=True, random_state=42))
    ],
    final_estimator=RandomForestClassifier(random_state=43),
    cv=5  # 交差検証のフォールド数
)
stacking_clf.fit(X_train, y_train)
```

スタッキング分類器は、個々の分類器がpredict_proba()を持っていればそれを呼び出し、持っていなければdecision_function()にフォールバックする。それもなければ、最後の手段としてpredict()を呼び出す。ブレンダを指定していなければ、StackingClassifierはLogisticRegression、StackingRegressorはRidgeCVを使う。

テストセットでこのスタッキングモデルを評価すると、精度92.8 %が得られる。これは精度92 %だった投票分類器（ソフト投票）よりもわずかに高い成績だ。

まとめると、アンサンブルメソッドは柔軟、強力で簡単に使える。ランダムフォレスト、AdaBoost、GBRTはほとんどの機械学習のタスクでまず試してみたいモデルだ。これらは、多様な内容の表形式データで特に力を発揮する。しかも、前処理がほとんど不要なので、素早くプロトタイプを立ち上げるために役立つ。そして、投票分類器やスタッキング分類器は、システムのパフォーマンスを極限まで引き上げるために役立つ。

7.6 演習問題

1. まったく同じ学習データを使って5個の異なるモデルを学習し、それらがすべての95 %の適合率を達成したとき、それらのモデルを組み合わせたらもっとよい結果が得られる可能性はあるか。もしそうだとすれば、どうすればそのような結果が得られるのか。そうでないとすれば、それはなぜか。
2. ハード投票分類器とソフト投票分類器の違いは何か。
3. 複数のサーバで分散処理することによってバギングアンサンブルのスピードを上げることはできるか。ペースティングアンサンブル、ブースティングアンサンブル、ランダムフォレスト、スタッキングアンサンブルではどうか。
4. OOB検証の長所は何か。
5. Extra-Trees分類器が通常のランダムフォレストよりもランダムな振る舞いをするのは何によるものか。この余分にランダムな振る舞いをすることにはどのような意味があるか。Extra-Treesは、通常のランダムフォレストと比べて遅いか、それとも速いか。
6. 手元のAdaBoostアンサンブルが学習データに過少適合している場合、どのハイパーパラメータをどのように調整すべきか。
7. 勾配ブースティングアンサンブルが学習セットを過学習している場合、学習率を上げるべきか下げるべきか。
8. MNISTデータ（3章参照）をロードし、それらを学習セット、検証セット、テストセットに分割し（例えば、50,000インスタンスを学習セット、10,000インスタンスを検証セット、100,000インスタンスをテストセットにする）、ランダムフォレスト分類器、Extra-Trees分類器、SVM分類器などのさまざまな分類器を学習しよう。次に、それらの分類器をソフト投票分類やハード投票分類などのアンサンブルに結合し、検証セットを対象として個別のすべての分類器よりも性能の高いものを探そう。そのようなものが見つかったらテストセットで試してみよう。個別の分類器と比べてどれくらい高い性能が得られたか。
9. 検証セットを対象として前問の個別の分類器で予測を行い、その予測結果から新しい学習セットを作りなさい。その学習セットの個々の学習インスタンスは、画像に対してすべての分類器が返した予測をまとめたベクトルで、ターゲットは画像のクラスである。この新しい学習セットで分類器を学習しなさい。おめでとう、これであなたはブレンダを学習したことになる。ブレンダと分類器は全部まとめてスタッキングアンサンブルを形成している。では、テストセットを使ってアンサンブルを評価してみよう。テストセットに含まれる個々の画像について、すべての分類器で予測を行い、その結果をブレンダに送ってアンサンブルとしての予測を行う。前問で学習した投票分類器と比較して性能はどうなっているか。次に、`StackingClassifier`を試してみよう。あなたの方が高い性能を得られただろうか。得られたとしたら、それはなぜか。

演習問題の解答は、ノートブック（https://homl.info/colab3）の7章の部分を参照のこと。

8章
次元削減

機械学習問題の多くは、学習インスタンスごとに数千、いや数百万もの特徴量を相手にすることになる。そのために学習が極端に遅くなるだけでなく、よい解を見つけることが困難になっている。この問題は、**次元の呪い**（curse of dimentionality）と呼ばれている。

幸い、現実の問題では特徴量の数をかなり減らせることが多く、手に負えないような問題を扱い切れる問題に変えられる。例えば、MNISTの画像（3章参照）について考えてみよう。画像の境界線のピクセルはほとんど必ず白であり、学習セットからこの部分のピクセルを取り除いても情報はほとんど失われない。前章の**図7-6**を見れば、分類の仕事ではこれらのピクセルは無意味だということがわかる。さらに、2つの隣り合うピクセルには高い相関があることが多い。これらを1つのピクセルにマージしても（例えば、2つのピクセルの明度の平均で）、あまり情報は失われない。

次元削減は確実にある程度の情報を失う（画像をJPEGに圧縮すると品質が下がるのと同じように）。そのため、次元削減は学習にかかる時間を短縮するだけでなく、システムの性能を少し劣化させる。また、次元削減によってパイプラインは少し複雑になり、メンテナンスしにくくなる。そこで、最初はオリジナルデータでシステムを学習し、時間がかかりすぎるときに限り次元削減を考えるようにすべきだ。もっとも、学習データの次元削減により、ノイズや不必要な細部が消えてモデルの性能がかえって上がる場合もある。しかし、普通はそのようなことはなく、学習のスピードが上がるだけである）。

次元削減は、学習スピードを上げる以外にも、データの可視化という点で役に立つ。次元を2（または3）まで下げると、高次元の学習セットをグラフにプロットできるようになり、クラスタなどのパターンが目で見てわかるようになる。また、可視化はデータサイエンティストではない人々、特に決定権を握る人々にデータから得られた結論を伝えるためにも重要な意味を持つ。

この章では、まず次元の呪いとはどのようなことかを探り、高次元空間で何が起きているかについての感覚をつかむ。次に、射影と多様体学習という次元削減のための2つの主要アプローチを紹介し、PCA、ランダム射影、LLEという3つのよく使われている次元削減テクニックを説明する。

8.1　次元の呪い

私たちは3次元の世界に慣れきっているので[*1]、高次元空間を想像しようとしても直観は得られない。基本的な4次元超立方体でさえ頭の中で描くのは難しいくらいなので（**図8-1**）、1,000次元空間で湾曲している200次元の楕円体などとてもわからない。

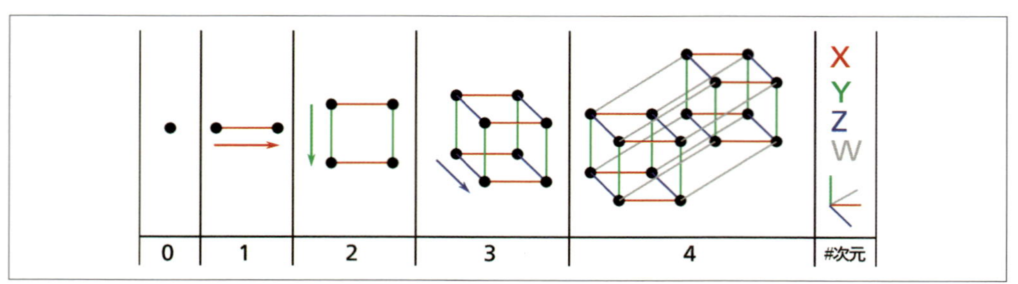

図8-1　点、線分、正方形、立方体、正八胞体（0次から4次までの超立方体）[*2]

高次元空間では多くのものが異なる振る舞いを示すことがわかっている。例えば、単位正方形（1×1の正方形）の中の点をランダムに選んだとき、境界から0.001以内の位置にある確率は0.4%程度でしかない（つまり、ランダムに選んだ点が任意の次元の「極点」（extreme point）である確率は非常に低い）。しかし、10,000次元の単位超立方体では、この確率は99.999999％よりも高い。高次元超立方体では、ほとんどの点が境界の間近にある[*3]。

高次元空間ではもっとやっかいな違いもある。単位正方形でランダムに2つの点を選ぶと、その距離は平均で約0.52になる。3次元の単位立方体でランダムに2つの点を選ぶと、その距離は平均で約0.66になる。では、1,000,000次元の超立方体でランダムに2つの点を選ぶとどうなるだろうか。信じられないかもしれないが、その平均距離は、約408.25（おおよそ$\sqrt{1,000,000/6}$）になる。これは直観に大いに反する。同じ単位超立方体の中にある2つの点がそんなに離れることがあるのだろうか。この事実は、高次元空間が広大だということを示している。そのため、多次元データセットは非常に疎になるリスクがある。つまり、ほとんどの学習インスタンスが互いに遠くかけ離れている可能性がある。それは新しいインスタンスがどの学習インスタンスからも遠くかけ離れている可能性があるということでもある。距離が離れると、予測の中で外挿が働く部分が広がるので、次元が低いときと比べて予測の信頼性は大幅に下がってしまう。つまり、学習セットの次元が高ければ高いほど、過学習のリスクが高くなるのである。

理論的には、学習インスタンスが十分密になるまで学習セットの規模を大きくすれば、次元の呪いの解決方法の1つになる。しかし、実際には、指定された水準まで密にするために必要な学習インスタンスの数は、次数の増加とともに指数的に増えていく。わずか100個の特徴量でも（MNIST問題と比べ

＊1　時間を数えれば4次元になる。ひも理論の研究者ならさらにいくつか次元を加えられるだろう。

＊2　https://homl.info/30では、3次元に射影された回転する正八胞体が見られる。この画像は、WikipediaユーザのNerdBoy1392が作成したもの（Creative Commons BY-SA 3.0（https://creativecommons.org/licenses/by-sa/3.0/））。https://en.wikipedia.org/wiki/Tesseractからの転載

＊3　面白い事実がある。十分な次元を考慮に入れれば、あなたの知人は誰もが少なくとも1つの次元（例えば、コーヒーに砂糖を何個入れるかなど）で極端な人である。

るとかなり少ない)、すべての次元で偏りなく散らばっているとすると、平均で学習インスタンスの距離が0.1以内になるようにするためには、観察可能な宇宙に含まれる原子よりも多くの学習インスタンスが必要になる。

8.2 次元削減のための主要なアプローチ

個々の次元削減アルゴリズムに入り込む前に、射影と多様体学習という次元削減のための2つの主要アプローチについて見ておこう。

8.2.1 射影

現実世界のほとんどの問題において、学習インスタンスはすべての次元で偏りなく散らばっている**わけではない**。多くの特徴量はほぼ一定で、特徴量間で高い相関関係を持つ場合もある(MNISTについて以前示したように)。そのため、学習インスタンス全体は、実際には高次元空間と比べてはるかに次数の低い部分空間(subspace)に収まっている(または近接している)。こう言っても抽象的なので、具体例を示す。**図8-2**には、小さな球で表現された3次元データによるデータセットが描かれている。

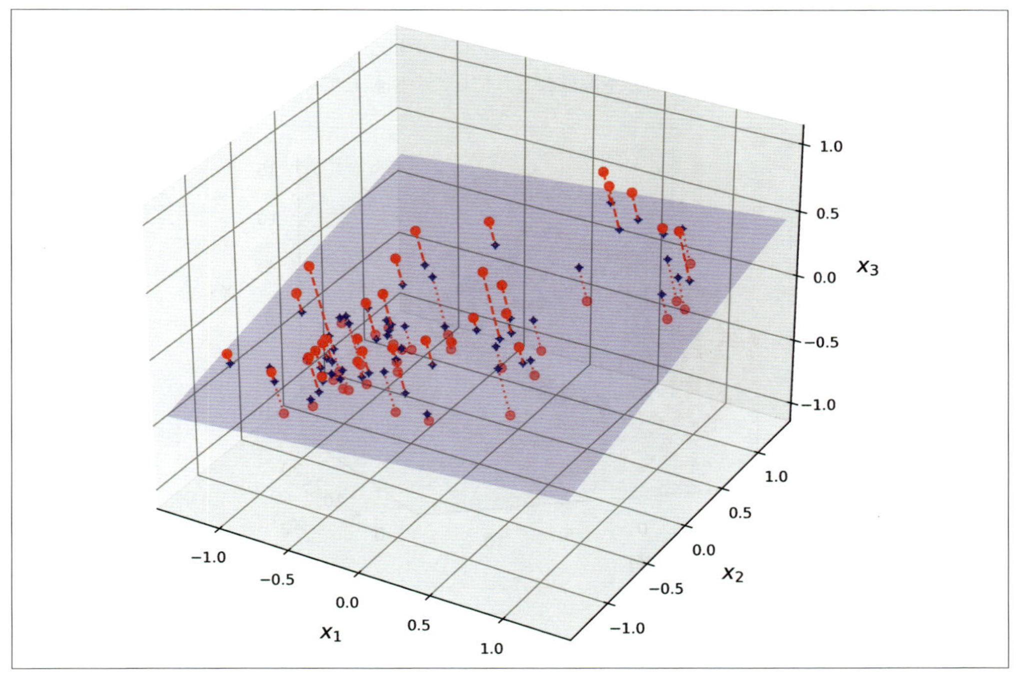

図8-2　2次元部分空間に近接している3次元データセット

すべての学習インスタンスがある平面の近くにあることに注意しよう。これは高次元(3D)空間内の低次元(2D)部分空間である。すべての学習インスタンスをこの部分空間に垂直に射影すると(インスタンスと平面を結ぶ短い線が表すように)、**図8-3**のような新しい2次元データセットが得られる。ジャジャーン。私たちはたった今、データセットを3次元から2次元に次元削減した！ 新しい特徴量の軸が z_1 と z_2（平面への射影後の座標）になっていることに注意しよう。

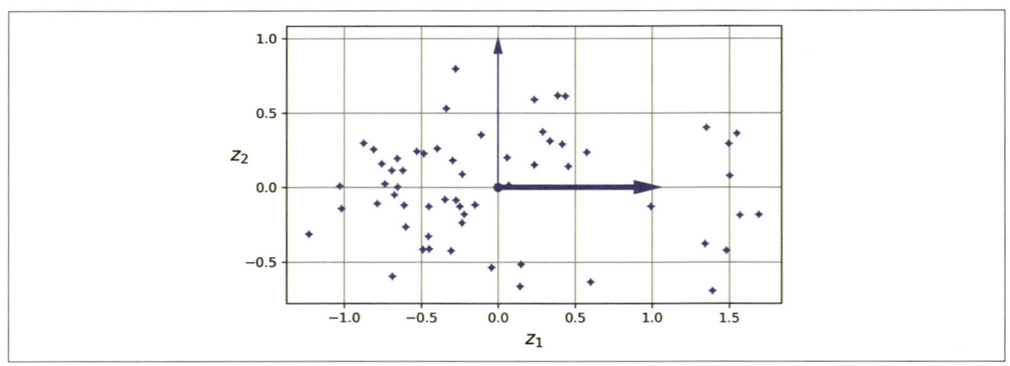

図8-3 射影後の新しい2次元データセット

8.2.2 多様体学習

しかし、射影はいつも次元削減のための最良のアプローチになるわけではない。図8-4の有名なスイスロールデータセットのように、部分空間はねじれていたり回転していたりすることが多い。

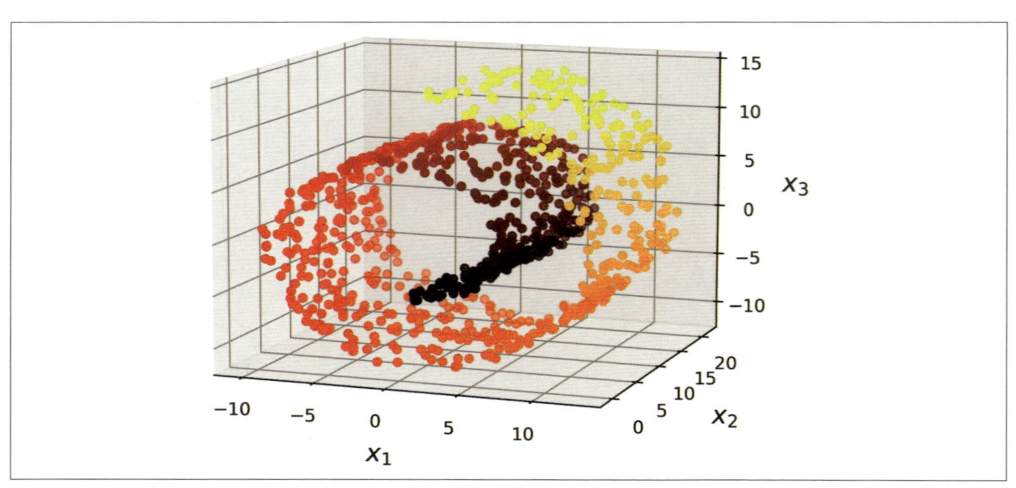

図8-4 スイスロールデータセット

平面に単純に射影すると（例えば、x_3 を取り除くなどして）、図8-5の左のグラフのように、スイスロールの別々の層が混ざってしまう。スイスロールのロールを開いて、図8-5の右側のグラフのような2次元データセットを手に入れたい。

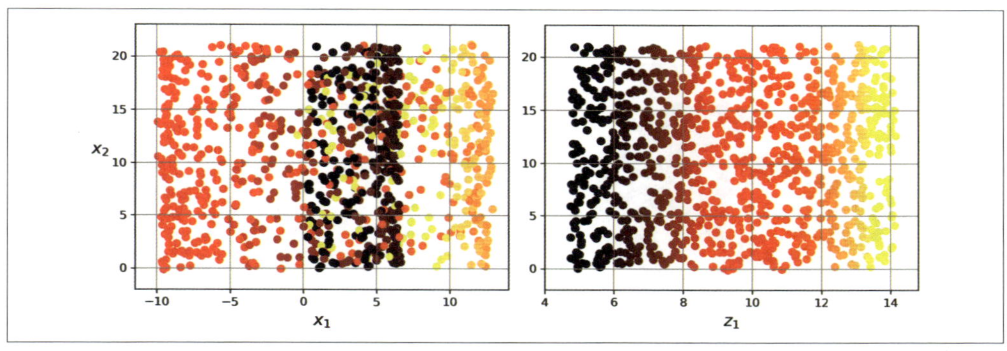

図8-5 スイスロールの層の違いを押しつぶしてしまった平面への射影（左）と層の違いをきれいに残す展開（右）

スイスロールは2次元**多様体**（manifold）の例である。簡単に言うと、2次元多様体は、高次元空間でねじったり回転したりできる2次元図形のことだ。一般にd次元多様体は、n次元空間の一部（$d < n$）で局所的にd次元超平面に似ているものである。スイスロールの場合、$d = 2$、$n = 3$である。局所的に2次元平面に似ているが、3次元にロールされているのである。

次元削減アルゴリズムの多くは、学習インスタンスが乗っている多様体をモデリングする。これを**多様体学習**（manifold learning）と言う。多様体学習は、実世界の高次元データセットは、それよりもずっと低次元の多様体に近いという**多様体仮説**（manifold hyphothesis、**多様体仮定**：manifold assumptionとも言う）に依拠している。この仮説は、経験的に頻繁に観察される。

もう1度MNISTデータセットについて考えてみよう。手書きの数字には、類似点がいくつかある。これらはつながった線から構成され、境界線は白で、多少なりとも中央にまとまっているといったことだ。ランダムに画像を生成しても、それが手書きの数字に似ているのはばかばかしいくらいにわずかなものだけだろう。つまり、数字の画像を作りたいときに与えられる自由度は、好きな画像を自由に描くことが認められているときの自由度と比べて極端に低い。データセットは、このような制約によって低次元の多様体に圧縮できることが多い。

多様体仮説には暗黙のうちに別の仮説がともなうことが多い。それは、与えられたタスク（分類や回帰など）は、多様体の低次元空間で表現されればずっと単純になるということである。例えば、**図8-6**の上の段では、スイスロールが2つのクラスに分割されている。3次元空間（左側）では決定境界はかなり複雑だが、回転を開いた2次元多様体空間（右側）では決定境界は単純な直線になっている。

しかし、この暗黙の仮説はいつも成立するわけではない。例えば、**図8-6**の下の段では、$x_1 = 5$のところに決定境界が設けられている。この決定境界はもとの3次元空間では単純に見えるが（垂直の平面）、回転を開いた2次元多様体空間ではそれよりも複雑になってしまう（4本の独立した線分のコレクション）。

つまり、モデルを学習する前に学習セットの次元を削減すると、学習のスピードは間違いなく速くなるが、必ずしもよりよい、あるいはより単純な解にたどり着くとは限らない。次元削減の効果は、あくまでもデータセット次第である。

次元の呪いとは何か、次元削減アルゴリズムがこの問題をどのように単純化するか（特に多様体仮説が成り立つときに）についてかなりイメージがつかめてきたことだろう。この章のこれからの部分では、最もよく使われているアルゴリズムの一部を説明していく。

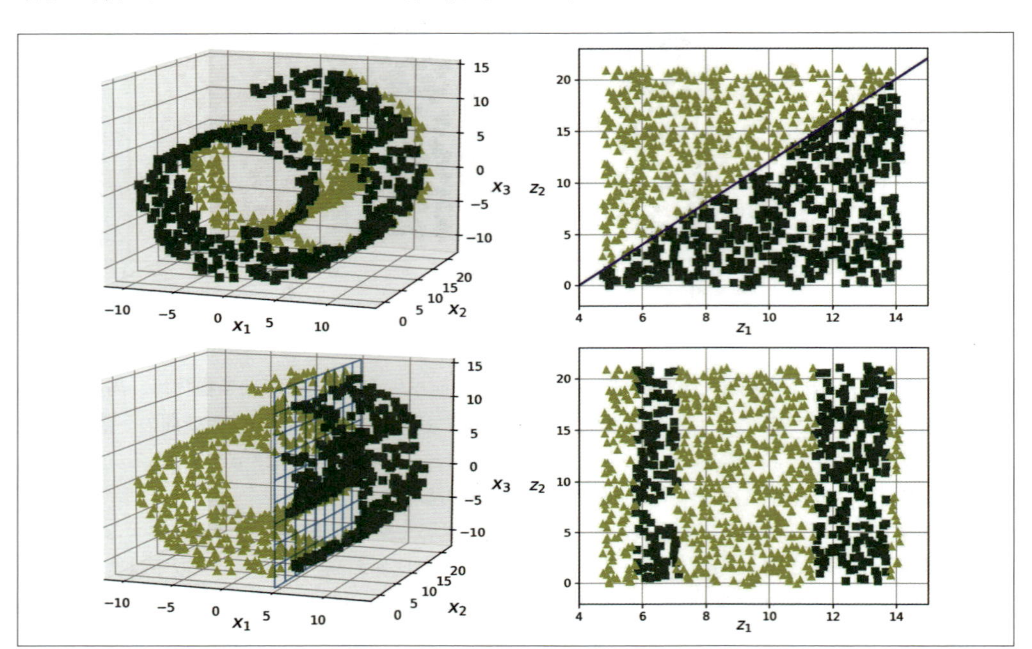

図8-6　次元を下げたからと言って決定境界がいつも単純になるとは限らない

8.3 PCA

PCA (principal component analysis: **主成分分析**) は、群を抜いてよく使われる次元削減アルゴリズムである。PCAは、まずデータに最も近接する超平面を見つけ、そこにデータを射影する (**図8-2**のように)。

8.3.1 分散の維持

学習セットを低次元超平面に射影するためには、まず、正しい超平面を選ぶ必要がある。例えば、**図8-7**の左側には単純な2次元データセットと3本の軸 (すなわち1次元超平面) が示してある。右側のグラフは、これら3本の軸のそれぞれにデータセットを射影した結果である。このように、実線に対する射影 (上) が分散を最大限に維持するのに対し、点線に対する射影 (中央) は分散をほとんど維持しない。破線に対する射影 (下) は、両者の中間程度に分散を維持している。

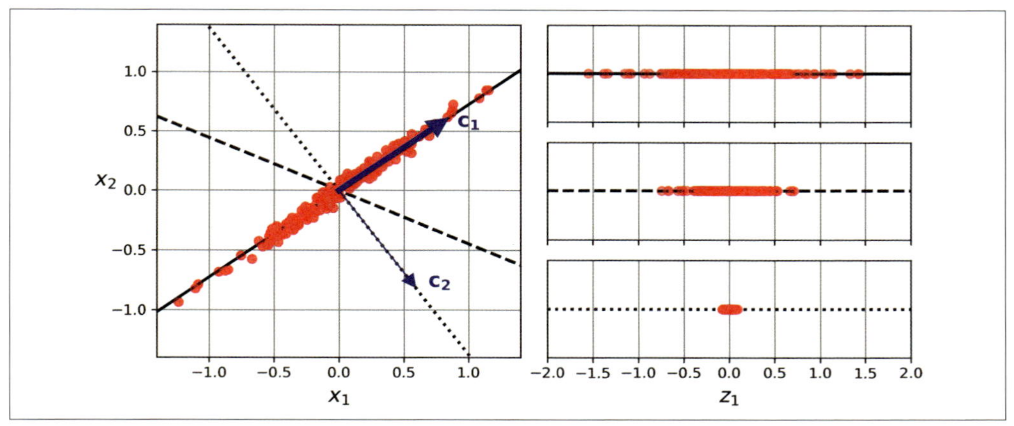

図8-7　画像を射影する部分空間の選択

この場合、ほかの射影を使うよりも情報の消失が少なくなるので、分散を最大限に維持する軸を選ぶことが合理的に感じられる。この選択は、もとのデータセットと軸への射影との平均二乗距離（mean squared distance）が最も近くなる軸だとも表現できる。PCAを支えているのは、この比較的単純な考え方である[*1]。

8.3.2　主成分

PCAは、学習セットの分散を最大限に維持する軸を見つけ出す。**図8-7**では、実線がそれに当たる。PCAは、第1の軸と直交するもう1つの軸も見つけ出してくる。この軸は、第1の軸が拾い切れなかった分散を示している。この2次元の例では点線であり、第3の軸が入る余地はない。もっと次元の高いデータセットでは、PCAはそれまでの2本の軸に直交する第3の軸、さらに第4、第5の軸も見つけ出す。軸は、データセットの次元数と同じだけ見つかる。

i番目の軸をi番目の**主成分**（principal component: PC）と呼ぶ。**図8-7**の場合、第1主成分はベクトル$\mathbf{c}_1$が乗っている軸、第2主成分はベクトル$\mathbf{c}_2$が乗っている軸である。**図8-2**の場合、第1主成分と第2主成分は、射影された平面上にあり、第3主成分はその平面と直交する軸だ。射影後の**図8-3**では、第1主成分はz_1軸、第2主成分はz_2軸に対応する。

PCAは、個々の主成分として、原点からの単位ベクトルを見つけてくる。このベクトルが示す向きが主成分の向きだ。しかし、軸には反対向きの単位ベクトルが2つあるので、PCAが返す単位ベクトルの向きは安定しない。学習セットを少し混ぜ変えて再びPCAを実行すると、最初に返された単位ベクトルとは真逆を指す単位ベクトルが返されることがあるが、それらが同じ軸にあることに違いはない。2つの単位ベクトルが回転したりひっくり返ったりすることがあるが、それでも軸によって定義される平面は一般に同じままになる。

＊1　Karl Pearson, “On Lines and Planes of Closest Fit to Systems of Points in Space”, *The London, Edinburgh, and Dublin Philosophical Magazine and Journal of Science* 2, no. 11 (1901): 559-572.åå

では、学習セットの主成分を見つけるにはどうすればよいのだろうか。幸い、学習セット行列$\mathbf{X}$を$\mathbf{U}\ \mathbf{\Sigma}\ \mathbf{V}^{\mathsf{T}}$の3行列のドット積に分解できる**特異値分解**（SVD：singular value decomposition）という標準的な行列分解（matrix factorization）テクニックがある。この$\mathbf{V}$には、私たちが探しているすべての主成分を定義する単位ベクトルが含まれている（**式8-1**参照）。

式8-1　主成分行列

$$\mathbf{V} = \begin{pmatrix} | & | & & | \\ \mathbf{c}_1 & \mathbf{c}_2 & \cdots & \mathbf{c}_n \\ | & | & & | \end{pmatrix}$$

次のPythonコードは、NumPyの`svd()`関数を使って3次元学習セットの主成分をすべて取り出し、最初の2つのPCを定義する2つの単位ベクトルを抽出している。

```
import numpy as np

X = [...]  # 小さな3次元データセットを作る
X_centered = X - X.mean(axis=0)
U, s, Vt = np.linalg.svd(X_centered)
c1 = Vt[0]
c2 = Vt[1]
```

PCAは、データセットが原点を中心としてセンタリングされていることを前提としている。これから示すように、scikit-learnのPCAクラスは、あなたに代わってデータのセンタリングをしてくれる。しかし、自分でPCAを実装するとき（先ほどの例のように）やほかのライブラリを使うときには、まずデータをセンタリングすることを忘れてはならない。

8.3.3　低次のd次元への射影

すべての主成分が見つかったら、最初のd個の成分が定義する超平面に射影すれば、データセットをd次元に次元削減できる。このようにして超平面を選択すれば、射影しても分散が最大限に維持されることが保証される。例えば、**図8-2**では、最初の2つの主成分が定義する2次元平面に3次元データセットを射影しているが、データセットの分散は最大限に維持されている。そのため、2次元射影は、もとの3次元データセットと非常によく似ている。

学習セットを超平面に射影し、d次元に削減されたデータセット$\mathbf{X}_{d\text{-proj}}$を得るためには、学習セット行列$\mathbf{X}$と行列$\mathbf{W}_d$の間で行列の乗算を行う（**式8-2**）。$\mathbf{W}_d$は、$\mathbf{V}$の最初の$d$列を含む行列である。

式8-2　学習セットを低次のd次元に削減する

$$\mathbf{X}_{d\text{-proj}} = \mathbf{X}\mathbf{W}_d$$

次のPythonコードは、最初の2つの主成分が定義する平面に学習セットを射影する。

```
W2 = Vt[:2].T
X2D = X_centered @ W2
```

これだけだ。これでできる限り分散を維持しながら、任意のデータセットを任意の次数に次元削減する方法がわかった。

8.3.4 scikit-learnを使った方法

scikit-learnのPCAクラスは、私たちが先ほど行ったのと同じように特異値分解を使ってPCAを実装している。次のコードは、データセットを2次元に次元削減するためにPCAを使っている(データのセンタリングは自動的に行われることに注意してほしい)。

```
from sklearn.decomposition import PCA

pca = PCA(n_components=2)
X2D = pca.fit_transform(X)
```

データセットにPCA変換器を適合させると、components_属性には、$\mathbf{W}_d$の転置行列が含まれている。転置行列には、最初のd個の主成分のそれぞれに対する行が含まれている。

8.3.5 寄与率

explained_variance_ratio_属性から得られる個々の主成分の寄与率(explained variance ratio)も重要な情報である。この値は、個々の主成分が指す方向の分散が分散全体の中でどれだけの割合になるかを示す。例えば、**図8-2**で表されている3次元データセットの最初の2つの成分の寄与率を見てみよう。

```
>>> pca.explained_variance_ratio_
array([0.7578477 , 0.15186921])
```

この出力は、データセットの分散の76%が第1軸の方向のものであり、15%が第2軸の方向のものだということを表している。残る9%は第3軸の方向のものであり、この部分にはほとんど情報はないと考えて間違いないだろう。

8.3.6 適切な次数の選択

次数をいくつまで削減するかを当てずっぽうに選択するよりも、各成分の寄与率の合計が十分な割合(例えば95%)になるように次数を選ぶ方が単純でよい。もちろん、可視化のために次元削減を行う場合は話が別であり、その場合は2次元か3次元を選ぶことになるだろう。

次のコードはMNISTデータセット(3章参照)をロード、分割し、次元を削減せずにPCAを計算してから、学習セットの分散の95%を維持するために必要な最小の次数を計算する。

```
from sklearn.datasets import fetch_openml

mnist = fetch_openml('mnist_784', as_frame=False)
X_train, y_train = mnist.data[:60_000], mnist.target[:60_000]
X_test, y_test = mnist.data[60_000:], mnist.target[60_000:]
```

```
pca = PCA()
pca.fit(X_train)
cumsum = np.cumsum(pca.explained_variance_ratio_)
d = np.argmax(cumsum >= 0.95) + 1  # dは154になる
```

そこでn_components=dとしてからもう1度PCAを実行すればよさそうに見えるが、もっとよい方法がある。n_componentsには、維持したい主成分の数ではなく、維持したい分散の割合を表す0.0から1.0までの間の浮動小数点数で設定できるのだ。

```
pca = PCA(n_components=0.95)
X_reduced = pca.fit_transform(X_train)
```

実際の主成分数は学習中に判断され、n_components_に格納される。

```
>>> pca.n_components_
154
```

次数の関数として寄与率をプロットするという方法もある（単純に前の前のコードのcumsumをプロットすればよい。図8-8）。通常は、寄与率の伸びが鈍化する屈曲点があるはずだ。この場合、100次元くらいまで次元削減しても、寄与率はそれほど下がらない。

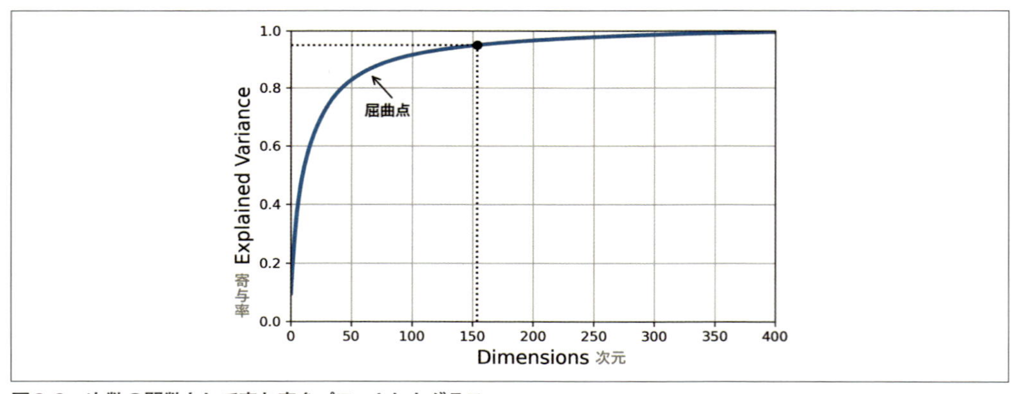

図8-8 次数の関数として寄与率をプロットしたグラフ

なお、教師あり学習（例えば分類）の前処理として次元削減を使っているときには、ほかのハイパーパラメータの調整と同じように次元数を調整してよい。例えば、次のコード例は、まずPCAで次元削減してからランダムフォレストを使って分類するという2ステップのパイプラインを作る。次に、RandomizedSearchCVはPCAとランダムフォレスト分類器の両方にとって適切なハイパーパラメータの組み合わせを探す。この例は、調整するハイパーパラメータを2個に絞り、学習するインスタンスはわずか1,000個で、実行するイテレーションは10回だけという手軽なサーチだが、時間があればもっと徹底的な検索をしてもよいだろう。

```
from sklearn.ensemble import RandomForestClassifier
from sklearn.model_selection import RandomizedSearchCV
from sklearn.pipeline import make_pipeline

clf = make_pipeline(PCA(random_state=42),
                    RandomForestClassifier(random_state=42))
param_distrib = {
    "pca__n_components": np.arange(10, 80),
    "randomforestclassifier__n_estimators": np.arange(50, 500)
}
rnd_search = RandomizedSearchCV(clf, param_distrib, n_iter=10, cv=3,
                                random_state=42)
rnd_search.fit(X_train[:1000], y_train[:1000])
```

見つかった最良のハイパーパラメータを見てみよう。

```
>>> print(rnd_search.best_params_)
{'randomforestclassifier__n_estimators': 465, 'pca__n_components': 23}
```

最適なコンポーネント数の低さには興味深いものがある。784次元のデータセットをわずか23次元に削減したのだ。これは、強力なモデルであるランダムフォレストを使ったことと関係がある。`SGDClassifier`のような線形モデルを使っていれば、もっと多くの次元を残せという結果になっていただろう。

8.3.7 圧縮のためのPCA

当然ながら、次元削減後の学習セットが占有するスペースは大幅に小さくなる。例えば、分散が95％維持されるようにMNISTデータセットにPCAを実行すると、個々のインスタンスの特徴量数はオリジナルの784から150ちょっとに減っていることがわかる。データセットのサイズはもとのサイズの20％に減っているのに、分散は5％しか失われていないのだ。これはなかなかよい圧縮率であり、これによって分類アルゴリズムが大幅にスピードアップされることは容易に想像できるだろう。

PCA射影の逆変換を行えば、次元削減されたデータセットを784次元に戻すこともできる。もちろん、最初の射影である程度情報が消失しているので（落としてもよいことにした5％の分散の範囲で）、これでもとのデータが戻ってくるわけではないが、もとのデータにかなり近いものが得られる。オリジナルデータと再構築されたデータの平均二乗距離を**再構築誤差**（reconstruction error）と呼ぶ。

次元削減したMNISTデータセットを784次元に戻すには、`inverse_transform()`メソッドを使う。

```
X_recovered = pca.inverse_transform(X_reduced)
```

図8-9は、もとの学習セットの数字（左側）とそれを圧縮、再構築したあとの数字（右側）を示したものである。画像の品質が若干落ちているものの、数字はほとんど変わらず同じものに見える。

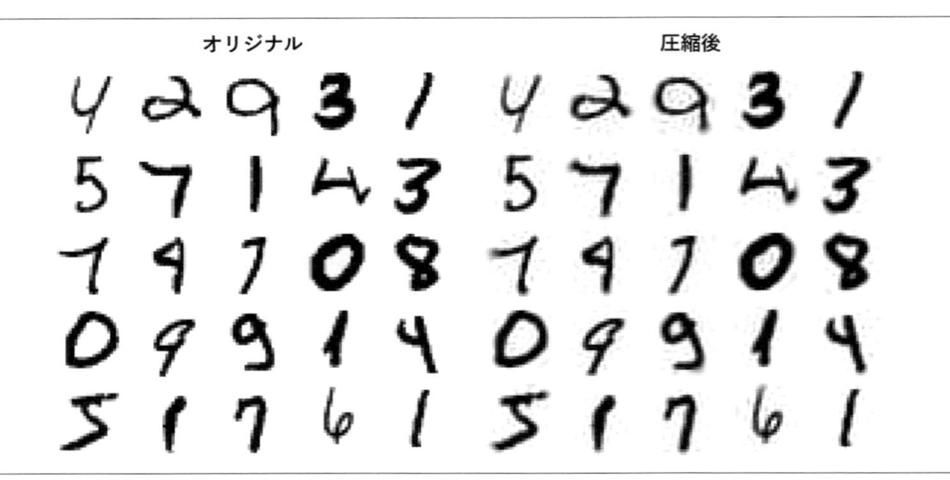

図8-9 分散の95%を維持してMNISTを圧縮

逆変換の式を**式8-3**に示す。

式8-3 PCA逆変換：圧縮後、もとの次元数に戻した画像

$$\mathbf{X}_{\text{recovered}} = \mathbf{X}_{d\text{-proj}} \mathbf{W}_d^{\top}$$

8.3.8 ランダム化PCA

svd_solverを"randomized"にすると、scikit-learnは最初のd個の主成分の概数を高速に見つけ出してくる**ランダム化PCA**（randomized PCA）という確率的アルゴリズムを使う。完全な特異値分解を使うと計算量は$\mathcal{O}(m \times n^2) + \mathcal{O}(n^3)$だが、ランダム化PCAなら計算量は$\mathcal{O}(m \times d^2) + \mathcal{O}(d^3)$なので、$d$が$n$よりもかなり小さいときには大幅に高速になる。

```
rnd_pca = PCA(n_components=154, svd_solver="randomized", random_state=42)
X_reduced = rnd_pca.fit_transform(X_train)
```

実は、svd_solverのデフォルトは"auto"になっており、scikit-learnはmax(m, n) > 500でn_componentsがmin(m, n)の80％よりも小さい整数なら自動的にランダム化PCAを使い、完全なSVDを使うのはそれ以外のときだけである。上のコードではsvd_solver="randomized"を削除したとしても、154＜0.8×784なので、ランダム化PCAアルゴリズムを使うことになる。scikit-learnに完全なSVDを強制したい場合には、svd_solverとして"full"を指定すればよい。

8.3.9 逐次学習型PCA

今まで説明してきたPCAの実装には、学習セット全体がメモリに収まっていなければアルゴリズムを実行できないという問題がある。そこで、学習セットをミニバッチに分割して1度に1つずつミニバッチを渡せる**逐次学習型PCA**（Incremental PCA：IPCA）というアルゴリズムが開発されている。これは大規模な学習セットを相手にするときや、PCAをオンライン実行（つまり、新しいインスタンスが届いたときにその場で実行）したいときに役立つ。

次のコードは、MNISTデータセットを100個のミニバッチに分割し（NumPyのarray_split()関数で）、それをscikit-learnのIncrementalPCAクラス（https://homl.info/32）*1に渡して、154次元に削減する（前と同じ）。学習セット全体を対象としてfit()メソッドを呼び出すのではなく、個々のミニバッチを対象としてpartial_fit()メソッドを呼び出さなければならないことに注意しよう。

```
from sklearn.decomposition import IncrementalPCA

n_batches = 100
inc_pca = IncrementalPCA(n_components=154)
for X_batch in np.array_split(X_train, n_batches):
    inc_pca.partial_fit(X_batch)

X_reduced = inc_pca.transform(X_train)
```

NumPyのmemmapクラスを使う方法もある。memmapを使えば、ディスク上のバイナリファイルに格納された大規模な配列がまるでメモリ内にあるかのように操作できる。memmapは、データが必要になったときに必要なだけのデータをメモリにロードする。実際に試してみよう。まずメモリマップトファイルを作り、MNIST学習セットをそこにコピーしてからflush()を呼び出してキャッシュ内にまだあるデータもディスクに保存されるようにする。実際の仕事では、X_trainはメモリに収まり切らないのが普通なので、チャンクごとにメモリにロードし、個々のチャンクをメモリマップトファイルの適切な位置に保存することになるだろう。

```
filename = "my_mnist.mmap"
X_mmap = np.memmap(filename, dtype='float32', mode='write', shape=X_train.shape)
X_mmap[:] = X_train  # 通常はデータをチャンクごとに保存するループを使うはず
X_mmap.flush()
```

次に、メモリマップトファイルをロードし、通常のNumPy配列のように使う。次元削減のためにはIncrementalPCAクラスを使おう。このアルゴリズムが1度に使うのは配列のごく一部だけなので、メモリ消費は管理可能な範囲に収まる。こうすると、partial_fit()ではなくいつものfit()を呼び出せるので便利だ。

```
X_mmap = np.memmap(filename, dtype="float32", mode="readonly").reshape(-1, 784)
batch_size = X_mmap.shape[0] // n_batches
inc_pca = IncrementalPCA(n_components=154, batch_size=batch_size)
inc_pca.fit(X_mmap)
```

ディスクに保存されるのは未処理のバイナリデータだけなので、ロードするときには配列のデータ型と形状を指定しておく。形状の指定を省略すると、np.memmap()は1次元配列を返す。

*1 scikit-learnはDavid A. Ross et al., "Incremental Learning for Robust Visual Tracking", *International Journal of Computer Vision* 77, no. 1-3 (2008): 125-141. に書かれているアルゴリズム（https://homl.info/32）を使っている。

非常に高次元のデータセットでは、PCAは遅くなりすぎることがある。先ほど示したように、ランダム化PCAを使ったとしても、計算量は$\mathcal{O}(m \times d^2) + \mathcal{O}(d^3)$になるだけなので、ターゲット次元の$d$は大きすぎてはならない。特徴量が数万以上のデータセット（例えば画像）を扱おうとすると、学習が遅くなりすぎる場合がある。そのような場合には、ランダム射影を使うことを検討すべきだ。

8.4 ランダム射影

名前からもわかるように、ランダム射影は、ランダムに線形射影を選んでデータを低次元空間に射影する。むちゃくちゃだと感じるかもしれないが、ウィリアム・B・ジョンソン（William B. Johnson）とヨラム・リンデンシュトラウス（Joram Lindenstrauss）が有名な補題で数学的に示したように、実際にはそのようなランダム射影は距離をかなりよく保つ可能性が高い。そのため、似ているインスタンスは射影後も似ているし、大きく異なるインスタンスは射影後も大きく異なる。

当然ながら、次元を大きく引き下げれば引き下げるほど、失われる情報は多くなり、距離の歪みも大きくなる。では、最適な次元数はどのようにして選べばよいのだろうか。ジョンソンとリンデンシュトラウスは、（高い確率で）距離が指定された許容限度以上に変わらないようにする次元数の最小値を計算するための数式を用意してくれている。例えば、それぞれ$n = 20{,}000$個の特徴量を持つ$m = 5{,}000$個のインスタンスを含むデータセットを持っていて、任意の2個のインスタンスの二乗距離が$\varepsilon = 10\,\%$以上変わらないようにしたい場合[*1]、$d \geq 4 \log(m) / (\frac{1}{2}\varepsilon^2 - \frac{1}{3}\varepsilon^3)$を満たす$d$次元、すなわち7,300次元以上まで次元を下げて射影してよい。これはかなり大幅な次元削減だ。この式がmとεだけを使っていてnを使っていないことに注意しよう。この式は、`johnson_lindenstrauss_min_dim()`関数で実装されている。

```
>>> from sklearn.random_projection import johnson_lindenstrauss_min_dim
>>> m, ε = 5_000, 0.1
>>> d = johnson_lindenstrauss_min_dim(m, eps=ε)
>>> d
7300
```

あとは、平均0、分散$1 / d$の正規分布からランダムにサンプリングした要素で$[d, n]$という形状のランダム行列$\mathbf{P}$を生成し、それを使ってn次元のデータセットをd次元に射影すればよい。

```
n = 20_000
np.random.seed(42)
P = np.random.randn(d, n) / np.sqrt(d)  # 標準偏差=分散の平方根

X = np.random.randn(m, n)  # フェイクデータセットの生成
X_reduced = X @ P.T
```

しなければならないのはこれだけだ。単純、効率的で学習要らずである。アルゴリズムがランダム行列を作るために必要なのは、データセットの形状情報だけだ。データ自体はまったく使われない。

＊1　εはギリシャ文字のイプシロンで、微小値のためによく使われる。

scikit-learnは、ランダム射影を用いて次元削減を行うGaussianRandomProjectionクラスを提供している。このクラスのオブジェクトのfit()メソッドを呼び出すと、johnson_lindenstrauss_min_dim()を使って出力の次元数を判定し、ランダム行列を生成してcomponents_属性に格納する。そのあとでtransform()メソッドを呼び出すと、ランダム行列を使って射影を実行する。ε（デフォルトは0.1）を変えたい場合にはeps、ターゲット次元を特定の値dに強制したい場合にはn_componentsをtransform()メソッド呼び出し時に指定すればよい。次のコード例は、先ほどのコードと同じ結果になる（gaussian_rnd_proj.components_がPと等しいことも確かめられる）。

```
from sklearn.random_projection import GaussianRandomProjection

gaussian_rnd_proj = GaussianRandomProjection(eps=ε, random_state=42)
X_reduced = gaussian_rnd_proj.fit_transform(X)  # 上と同じ結果が得られる
```

scikit-learnはSparseRandomProjectionという第2のランダム射影変換器も提供している。同じような形でターゲット次元を判定し、同じ形状のランダム行列を生成し、同じように射影を行う。最大の違いは、ランダム行列が疎行列になっていることだ。そのため、メモリの消費量が大幅に減る。先ほどの例では1.2 GBだったが、こちらを使えば25 MBほどになる。そして、ランダム行列の生成と次元削減の両方でかなり高速になる。この場合なら50 %も高速になる。さらに、入力が疎行列なら変換後も疎行列になる（dense_output=Trueを指定しない限り）。しかも、距離の維持の効果は前の方法とまったく同じであり、次元削減の品質も大差ない。要するに、通常は最初に紹介した変換器ではなく、こちらの変換器を使うべきだということだ。特に、データセットが大きくて疎であれば効果が大きい。

疎なランダム行列の0以外の要素の割合rは、その行列の**密度**（density）と呼ばれる。デフォルトでは、$1/\sqrt{n}$と等しい。特徴量が20,000なら、ランダム行列の141個の要素のうち1個だけが0でないということである。かなり疎だ。densityハイパーパラメータは別の値に変えられる。疎なランダム行列の個々の要素は確率rで0以外の値であり、それらの値は$-v$、$+v$（ただし、$v=1/\sqrt{dr}$）のどちらかである（どちらになるかの確率は同じ）。

逆変換をしたい場合は、Scipyのpinv()関数で主成分行列の擬似逆行列を計算してから、次元削減後の行列に擬似逆行列の転置行列を乗算する。

```
components_pinv = np.linalg.pinv(gaussian_rnd_proj.components_)
X_recovered = X_reduced @ components_pinv.T
```

pinv()の計算量は、$d<n$なら$\mathcal{O}(dn^2)$、それ以外なら$\mathcal{O}(nd^2)$なので、主成分行列が大きい場合、擬似逆行列の計算には非常に長い時間がかかる場合がある。

以上をまとめると、ランダム射影は単純、高速でメモリ効率がよく、驚異的に強力な次元削減アルゴリズムであり、高次元のデータセットを扱うときには特にその存在を覚えておくようにすべきだ。

大規模なデータセットの次元削減のためにいつもランダム射影が使われるわけではない。例えば、サンジョイ・ダスグプタ（Sanjoy Dasgupta）らの2017年の論文（https://homl.info/flies）*1は、ミバエの脳が密な低次元嗅覚入力を個々のにおいを要素とする疎な高次元2進出力に変換するランダム射影的なものを実現していることを示した。活性化されるのは、出力ニューロンのごく一部だけだが、似たにおいを吸い込むと多くの共通するニューロンが活性化される。これは**局所性鋭敏型ハッシュ**（locality sensitive hashing、LSH）という有名なアルゴリズムとよく似ている。似た文書をグループにまとめる検索エンジンは、一般にこちらを使っている。

8.5 LLE

LLE（Locally Linear Embedding、**局所線形埋込み**）（https://homl.info/lle）*2は**非線形次元削減**（nonlinear dimensionality reduction、NLDR）テクニックの1つだ。LLEは、PCAやランダム射影とは異なり、射影に依存しない多様体学習手法である。簡単に言えば、LLEは、まず個々の学習インスタンスが最近傍インスタンスと線形にどのような関係になっているかを測定してから、その局所的な関係が最もよく保存される学習セットの低次元表現を探す（詳細はすぐあとで説明する）。そのため、特にノイズがあまり多くないときには、曲がりくねった多様体の展開で力を発揮する。

例えば、次のコードはスイスロールを作った上で、scikit-learnの`LocallyLinearEmbedding`クラスを使ってスイスロールを展開する。

```
from sklearn.datasets import make_swiss_roll
from sklearn.manifold import LocallyLinearEmbedding

X_swiss, t = make_swiss_roll(n_samples=1000, noise=0.2, random_state=42)
lle = LocallyLinearEmbedding(n_components=2, n_neighbors=10, random_state=42)
X_unrolled = lle.fit_transform(X_swiss)
```

`t`変数は、スイスロールの丸められた軸に基づいて個々のインスタンスの位置を格納する1次元NumPy配列だ。この例では使わないが、非線形回帰タスクのターゲットとして使える。

得られた2次元データセットは、**図8-10**のようになる。スイスロールが完全に展開されているだけでなく、局所的なインスタンス間の距離もよく維持されている。しかし、離れたインスタンス間の距離は維持されていない。ロールを開いたスイスロールは、このように引っ張られ、曲げられた帯のような形ではなく、矩形でなければならない。それでも、LLEは多様体のモデリングとしてはかなりよい仕事をしている。

＊1　Sanjoy Dasgupta et al., "A neural algorithm for a fundamental computing problem", *Science* 358, no. 6364 (2017): 793-796.

＊2　Sam T. Roweis and Lawrence K. Saul, "Nonlinear Dimensionality Reduction by Locally Linear Embedding", *Science* 290, no. 5500 (2000): 2323-2326.

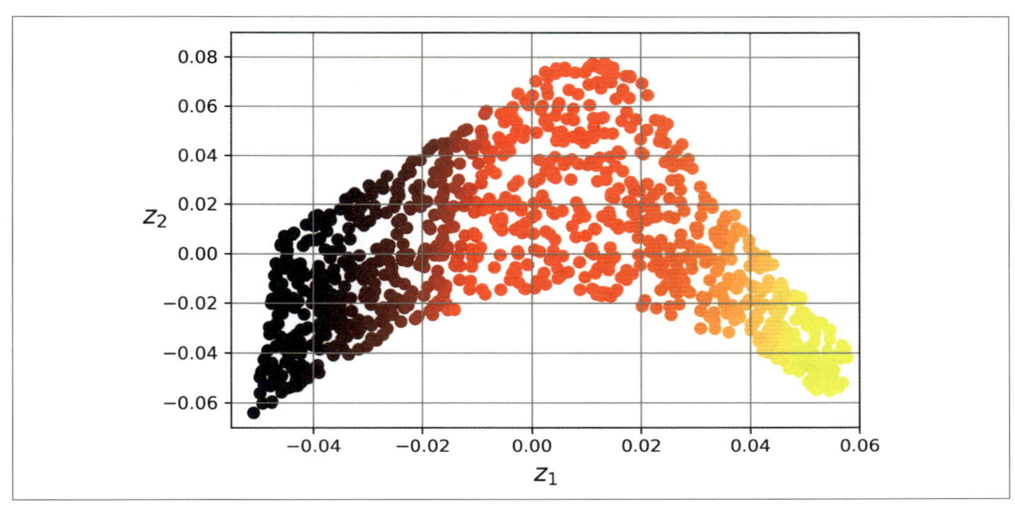

図8-10 LLEを使って展開されたスイスロール

では、LLEの仕組みはどのようになっているのだろうか。このアルゴリズムは、インスタンス（$\mathbf{x}^{(i)}$）ごとにk個（上のコードでは$k = 10$）の最近傍インスタンスを判定し、それらの最近傍インスタンスの線形関数として$\mathbf{x}^{(i)}$を再構築しようとする。もっと具体的に言うと、$\mathbf{x}^{(j)}$が$\mathbf{x}^{(i)}$のk個の最近傍インスタンスの1つではなければ$w_{i,j} = 0$として、$\mathbf{x}^{(i)}$と$\sum_{j=1}^{m} w_{i,j}\mathbf{x}^{(j)}$の二乗距離が最も小さくなるような重み$w_{i,j}$を見つけてくる。そこで、LLEの最初のステップは、**式8-4**のような制約付き最適化問題になる。ただし、$\mathbf{W}$はすべての重み$w_{i,j}$を格納する重み行列である。第2の制約は、単純に個々の学習インスタンス$\mathbf{x}^{(i)}$のために重みを正規化している。

式8-4 LLEステップ1：局所的な関係の線形モデリング

$$\widehat{\mathbf{W}} = \underset{\mathbf{W}}{\operatorname{argmin}} \sum_{i=1}^{m} \left(\mathbf{x}^{(i)} - \sum_{j=1}^{m} w_{i,j} \mathbf{x}^{(j)} \right)^2$$

$$\text{条件：} \begin{cases} w_{i,j} = 0 & \mathbf{x}^{(j)}\text{が}\mathbf{x}^{(i)}\text{の}k\text{個の最近傍でないとき} \\ \sum_{j=1}^{m} w_{i,j} = 1 & \text{ただし}i = 1, 2, \ldots, m \end{cases}$$

このステップが終了すると、重み行列$\widehat{\mathbf{W}}$（重み$\widehat{w}_{i,j}$を格納する）は、学習インスタンス間の局所的な線形関係をエンコードしたものになる。第2ステップでは、この局所的な関係を最大限維持しながら学習インスタンスをd次元（ただし、$d < n$）にマッピングする。$\mathbf{z}^{(i)}$をこのd次元空間での$\mathbf{x}^{(i)}$とすると、この$\mathbf{z}^{(i)}$と$\sum_{j=1}^{m} \widehat{w}_{i,j}\mathbf{z}^{(j)}$の二乗距離をできる限り小さくしたい。これを式にすると、**式8-5**のような制約なしの最適化問題になる。これは第1ステップの式とよく似ているが、インスタンスを固定して最適な重みを見つけるのではなく、逆に重みを固定して低次元空間でのインスタンスの最適な位置を見つけている。なお、$\mathbf{Z}$はすべての$\mathbf{z}^{(i)}$を格納する行列である。

式8-5 LLEステップ2：関係を維持しながらの次元削減

$$\widehat{\mathbf{Z}} = \underset{\mathbf{Z}}{\operatorname{argmin}} \sum_{i=1}^{m} \left(\mathbf{z}^{(i)} - \sum_{j=1}^{m} \widehat{w}_{i,j} \mathbf{z}^{(j)} \right)^2$$

scikit-learnのLLE実装の計算量は、k個の最近傍インスタンスを見つけるために$\mathcal{O}(m \log(m) n \log(k))$、重みの最適化のために$\mathcal{O}(mnk^3)$、低次元表現の構築のために$\mathcal{O}(dm^2)$である。残念ながら、最後の$m^2$のせいで、大規模なデータセットへのスケーラビリティは低い。

以上のように、LLEは射影のテクニックとは大きく異なり射影よりもはるかに複雑だが、特にデータが非線形の場合には、大幅に扱いやすい低次元表現を構築できる。

8.6 その他の次元削減テクニック

この章を締めくくる前に、scikit-learnに含まれているその他の次元削減テクニックを簡単に紹介しておこう。

`sklearn.manifold.MDS`

多次元尺度法（MDS：multidimensional scaling）は、インスタンス間の距離を維持しつつ次元削減を行う。ランダム射影は高次元データでそれを行うが、低次元データではうまく機能しない。

`sklearn.manifold.Isomap`

Isomapは、個々のインスタンスと複数の最近傍インスタンスを結んでグラフを作ってから、インスタンス間の**測地距離**（geodesic distance）をできる限り維持しながら次元を削減する。2つのノード間の測地距離とは、それらのノード間の最短パス上にあるノード数のことである。

`sklearn.manifold.TSNE`

t-SNE（t-distributed stochastic neighbor embedding：t分布型確率的近傍埋め込み法）は、似ているインスタンスを近くに保ち、似ていないインスタンスを遠くに遠ざけようとしながら次元を削減する。可視化、特に高次空間のインスタンスのクラスタを視覚化するために使われることが多い。例えば、この章の演習問題では、MNIST画像の2次元写像の可視化のためにt-SNEを使う）。

`sklearn.discriminant_analysis.LinearDiscriminantAnalysis`

線形判別分析（LDA：linear discriminant analysis）は線形分類アルゴリズムだが、学習中にクラスを最も特徴的に分ける軸を学習し、それらの軸を使ってデータを射影する超空間を定義する。利点は、射影によってクラスが可能な限り遠くに引き離されることだ。そのため、LDAはSVM分類器などのその他の分類アルゴリズムを実行する前の次元削減テクニックとして優れている。

図8-11は、スイスロールに対してMDS、Isomap、t-SNEを実行した結果を示している。MDSは大域的な曲率を失わずにスイスロールを平坦化しているが、Isomapは曲率を完全に捨てている。大域的な構造の維持は、下流のタスク次第で好都合な場合もそうでない場合もある。t-SNEは、曲率をわずかに残しつつクラスタを増強し、ロールを完全に分解してしている。しかし、これが効果的かどうかはやはり下流のタスク次第だ。

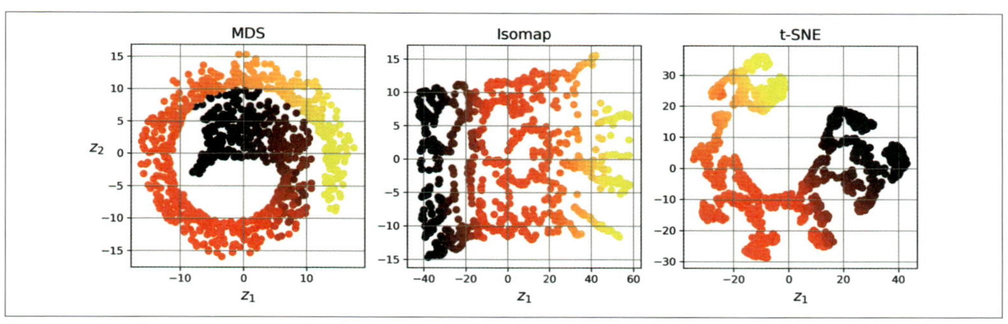

図8-11　さまざまなテクニックを使ったスイスロールの2次元への次元削減

8.7 演習問題

1. データセットを次元削減する主要な理由は何か。次元削減の主要な欠点は何か。
2. 次元の呪いとは何か。
3. データセットを次元削減したあとで、次元をもとに戻すことはできるか。できるならどのようにしてするのか。できないならなぜか。
4. PCA は、高次非線形データセットの次元削減に使えるか。
5. 寄与率を 95 % に設定して 1,000 次元のデータセットに PCA を適用する場合、得られるデータセットの次元はどの程度になるか。
6. 通常の PCA、逐次学習型 PCA、ランダム化 PCA、ランダム射影はどのように使い分けるか。
7. データセットに対する次元削減アルゴリズムの性能はどのようにすれば評価できるか。
8. 2 つの異なる次元削減アルゴリズムを続けて使うことに意味はあるか。
9. MNIST データセット（3 章参照）をロードして、学習セットとテストセットに分割しなさい（最初の 60,000 件を学習用、10,000 件をテスト用にする）。このデータセットを使ってランダムフォレスト分類器を学習し、かかった時間を測定してから、得られたモデルの性能をテストセットで評価しなさい。次に、寄与率 95 % の PCA で次元削減しなさい。次元削減後のデータセットで新しいランダムフォレスト分類器を学習し、かかった時間を計測しなさい。大幅に高速になっただろうか。次に、テストセットで分類器を評価し、前の分類器と性能を比較しなさい。`SGDClassifier` で同じことを試しなさい。今度は PCA がどれだけ役に立っただろうか。
10. t-SNE を使って MNIST データセットの先頭 5,000 個の画像を 2 次元に次元削減し、Matplotlib を使って結果をグラフにしなさい。10 色で個々の画像のターゲットクラスを表現する散布図を使うこと。個々のインスタンスの位置に色付きの数字を表示したり、スケールダウンした数字画像自体をプロットしたりしてもよい（すべての数字画像をプロットすると、グラフがごちゃごちゃした感じになるので、ランダムに抽出したサンプルを描くか、近い距離にほかのインスタンスがプロットされていなければインスタンスを描くというようにするとよい）。数字のクラスタがはっきりと分かれたよい感じのグラフが得られるはずだ。

PCA、LLE、MDSなど、ほかの次元削減アルゴリズムも試して、得られた可視化を比較してみよう。

演習問題の解答は、ノートブック（https://homl.info/colab3）の8章の部分を参照のこと。

9章 教師なし学習のテクニック

今日の機械学習のほとんどの応用は教師あり学習を基礎としている（そのため、投資もほとんどこの分野に偏っている）が、利用できるデータの大多数にはラベルが付けられていない。入力特徴量**X**があっても、ラベル**y**はないのだ。コンピュータサイエンティストのヤン・ルカン（Yann LeCun）は「人工知能をケーキにたとえれば、教師なし学習はケーキそのものだが、教師あり学習はケーキの中の飾り、強化学習はケーキの上のサクランボにすぎない」という有名な発言をしている。つまり、私たちがようやく真剣に考えるようになり始めた教師なし学習にはとてつもない可能性が開けている。

工場の製造ラインで個々の製品について数枚の写真を取り、その製品が不良品どうかを判定するシステムを作りたいものとする。自動的に写真を撮るシステムは比較的簡単に作ることができ、作れば毎日数千枚の写真が集まる。ほんの数週間で十分大規模なデータセットが作れるだろう。しかし、ラベルがない！製品が不良かどうかを予測する通常の二値分類器を学習したいなら、すべての写真に「不良」、「正常」のラベルを付けなければならない。一般に、そのためには人間の専門家に手作業ですべての写真を見てもらう必要がある。これは時間がかかり面倒でコストのかかる作業なので、ごく一部の写真だけについてすることになるだろう。ラベル付きのデータセットはごく小規模になり、分類器の性能は残念なものになってしまう。しかも、製品に少し変更を加えるたびに、すべての作業を最初からやり直すことになる。すべての写真に人間がラベルを付けなくても、ラベルなしのデータを活用できるアルゴリズムがあれば、その方がよいのではないだろうか。教師なし学習の出番だ。

8章では、次元削減という最も広く使われている教師なし学習タスクを見てきた。この章では、それ以外の教師なし学習タスクをもう少し見ておきたい。

クラスタリング

似ているインスタンスを**クラスタ**（cluster）というグループにまとめることを目指す。クラスタリングはデータ分析、顧客セグメンテーション、レコメンドシステム、検索エンジン、画像セグメンテーション、半教師あり学習、次元削減などで役に立つ。

異常検知（anomaly detection、外れ値検知：outlier detection とも呼ばれる）

「正常な」データがどのような形かを学習し、その知識を使って異常なインスタンスを検出する。異常なインスタンスのことを**異常値**（anomaly）、**外れ値**（outlier、アウトライアー）、そうでないものをinlier（インライアー）と呼ぶ。異常検知は詐欺検知、製造ライン上の不良品発見、時系列データ内の新しいトレンドの発見、ほかのモデルを学習する前のデータセットからの外れ値除去（これは得られたモデルの性能を大幅に向上させる）など、さまざまな応用で役に立っている。

密度推定（density estimation）

データセットを生成したランダムなプロセスの確率密度関数（PDF：probability density function）を推定する。密度推定は、一般に異常検知のために使われる。非常に低密度な領域にあったインスタンスは異常値である可能性が高い。密度推定は、データ分析や可視化でも役に立つ。

食欲が出てきただろうか。この章では、まずk平均法とDBSCANを使ったクラスタリングを取り上げる。次に混合ガウスモデルを取り上げ、密度推定、クラスタリング、異常検知での混合ガウスモデルの使い方を説明する。

9.1 クラスタリングアルゴリズム：k平均法とDBSCAN

山にハイキングに行くと、今まで見たことがないような植物を見かけることがある。まわりを見回すとほかにもそういうものがある。個体としては同じではないが、十分よく似ているので、あなたは同じ種（少なくとも同じ属）だと考える。それが何という種なのかは、植物学者がいなければわからないが、同じように見えるもののグループを見分けるために専門家はいらない。これを**クラスタリング**（clustering）という。クラスタリングとは、同じようなインスタンスを見分けて**クラスタ**（cluster）、すなわち同種のインスタンスのグループに振り分けることである。

分類と同じように、個々のインスタンスはグループに振り分けられる。しかし、分類とは異なり、クラスタリングは教師なし学習である。**図9-1**を見てみよう。左側はirisデータセット（4章参照）であり、各インスタンスの生物種（すなわちクラス）は異なるマーカーによって表されている。irisはラベル付きデータセットであり、ロジスティック回帰、SVM、ランダムフォレスト分類器などの分類アルゴリズムで処理するのに適している。右は同じデータセットだが、ラベルがないのでもう分類アルゴリズムは使えない。クラスタリングアルゴリズムの出番だ。多くのクラスタリングアルゴリズムは、左下のクラスタを簡単に検知できるだろう。それは私たちの目でも同じである。しかし、右上のクラスタが実際には2つの異なるサブクラスタから構成されていることは自明ではない。とは言え、このデータセットにはこのグラフには表現されていない花弁の長さと幅という2つの特徴量が含まれており、クラスタリングアルゴリズムはそれらすべての特徴量を活用できる。実際、クラスタリングアルゴリズムも3つのクラスタを十分正しく見分けられる（例えば、混合ガウスモデルを使った場合、150個のインスタンスのうち誤ったクラスタに振り分けられたのは5個だけである）。

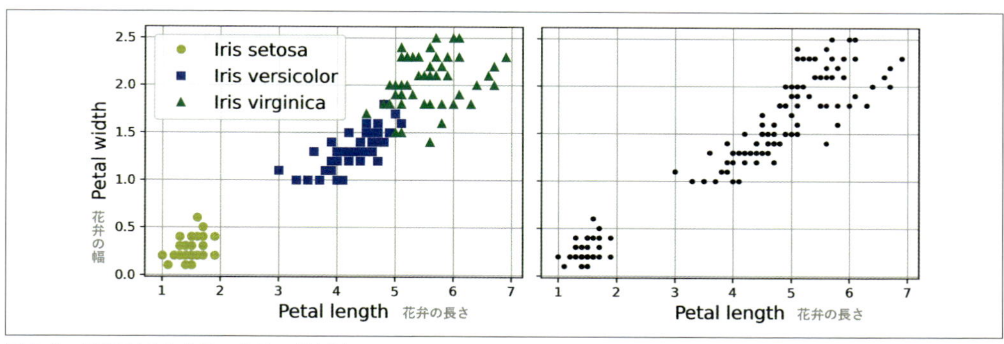

図9-1　分類（左）とクラスタリング（右）

クラスタリングは、次に示すようにさまざまなアプリケーションで使われている。

顧客セグメンテーション

顧客は購入したものとウェブサイトでの操作内容に基づいてクラスタリングできる。これは、顧客が誰で何を必要とするかを理解し、製品や販促キャンペーンを顧客セグメントに合わせて修正するために役立つ。例えば、顧客セグメンテーションは、同じクラスタに属するほかのユーザが評価したコンテンツを提案する**レコメンドシステム**（recommendation system）で役に立つ。

データ分析

新しいデータセットを分析するときには、クラスタリングアルゴリズムを実行し、個々のクラスタを別々に解析すると役に立つことがある。

次元削減

データセットをクラスタリングすると、通常は個々のインスタンスの各クラスタに対する**アフィニティ**（affinity）を測定できる。アフィニティとは、インスタンスがクラスタにどの程度適合するかの尺度のことだ。その場合、個々のインスタンスの特徴量ベクトル**x**は、クラスタアフィニティのベクトルに置き換えられるようになる。*k*個のクラスタがあれば、このベクトルは*k*次元になる。このベクトルは、オリジナルの特徴量ベクトルよりもかなり低次元になるはずだが、さらなる処理のために役立つ情報を十分に持っている。

特徴量エンジニアリング

クラスタへのアフィニティは、追加の特徴量として役立つことが多い。例えば、2章ではk平均法を使ってカリフォルニアの住宅価格データセットに地域クラスタへのアフィニティ特徴量を追加し、それが性能向上に役立っている。

異常検知（外れ値検知とも呼ばれる）

すべてのクラスタに対してアフィニティが低いインスタンスは、異常値である可能性が高い。例えば、行動に基づいてウェブサイトのユーザをクラスタリングした場合、毎秒異常な数のリクエストを送るなど、異常な行動をするユーザが見つかるだろう。

半教師あり学習

一部のデータだけがラベルを持つ場合、クラスタリングを使えば同じクラスタのすべてのインスタンスにラベルを付けられる。このテクニックは、そのあとの教師あり学習アルゴリズムで使えるラベルの数を大幅に増やし、性能を上げられる。

検索エンジン

一部の検索エンジンは、参照画像に似た画像を検索できる。そのようなシステムを作るときに、まずデータベース内のすべての画像にクラスタリングアルゴリズムを実行すれば、類似画像は同じクラスタにまとまる。ユーザが参照画像を提供してきたときには、学習されたクラスタリングモデルを使って参照画像のクラスタを見つけ、同じクラスタに属するすべての画像を返せばよい。

画像セグメンテーション

色に基づいてピクセルをクラスタリングし、各ピクセルの色をそのクラスタの平均の色に置き換えると、画像内の色の数を大幅に減らせる。こうすると、対象物の輪郭を検出しやすくなる。多くの物体検知、追跡システムでは、このような画像セグメンテーションが使われてる。

クラスタとは何かについての普遍的な定義はない。使われる文脈によってクラスタの意味は変わり、アルゴリズムが異なればクラスタとして捉えられるものも変わる。**重心**（centroid）と呼ばれる特定の点の周囲にあるインスタンスを探すアルゴリズムがある一方で、インスタンスが密に詰まっている連続領域を探すアルゴリズムもある。後者のクラスタはさまざまな形を取り得る。階層的なアルゴリズムは、クラスタのクラスタを探す。挙げていけばきりがない。

この節では、クラスタリングアルゴリズムの中でも特によく使われているk平均法とDBSCANの2つを取り上げ、非線形次元削減、半教師あり学習、異常検知などの応用分野の一部について掘り下げていく。

9.1.1 k平均法

図9-2のように表されるラベルなしデータセットについて考えてみよう。図を見れば、インスタンスのブロップ（塊）が5つあることがはっきりとわかるだろう。k平均法は、この種のデータセットのクラスタリングを素早く効率的に実行できる単純なアルゴリズムである（数回のイテレーションで済むことがよくある）。1957年にベル研究所のステュアート・P・ロイド（Stuart P. Lloyd）がパルス符号変調のためのテクニックとして提案したが、社外に向けて発表（https://homl.info/36）されたのは1982年になってからだった[*1]。1965年には、エドワード・W・フォーギー（Edward W. Forgy）がほぼ同じアルゴリズムを発表しており、k平均法は、ロイド・フォーギーアルゴリズムと呼ばれることもある。

---

*1 Stuart P. Lloyd, "Least Squares Quantization in PCM", *IEEE Transactions on Information Theory* 28, no. 2 (1982): 129-137.

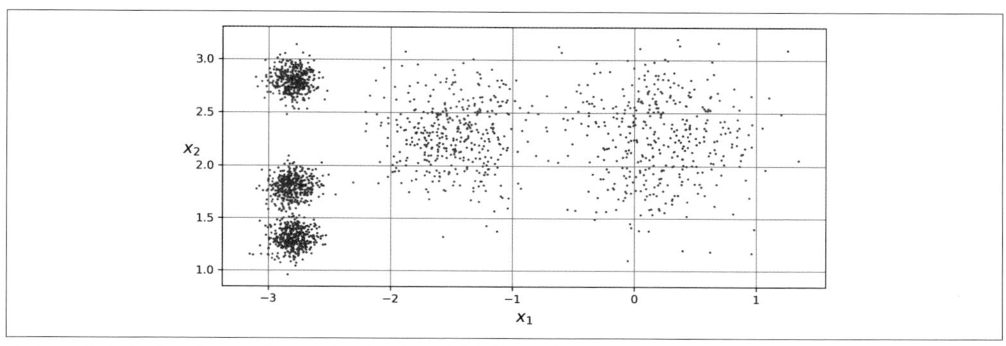

図9-2　5つのインスタンスのブロッブがあるラベルなしデータセット

では、このデータセットでk平均クラスタリング器を学習してみよう。クラスタリング器は、個々のブロッブの中心を見つけて各インスタンスを最も近いブロッブに振り分ける。

```
from sklearn.cluster import KMeans
from sklearn.datasets import make_blobs

X, y = make_blobs([...])  # ブロッブを作る:yにはクラスタIDが格納されるが
                          # ここでは使わない。yは私たちが予測したい値である
k = 5
kmeans = KMeans(n_clusters=k, random_state=42)
y_pred = kmeans.fit_predict(X)
```

アルゴリズムに見つけさせるクラスタ数kを指定しておくことに注意しよう。この例では、データを見ればkを5にすべきことは簡単にわかるが、一般にはそれほど簡単なことではない。これについては、すぐあとで説明する。

個々のインスタンスは、5個のクラスタのどれかに割り振られる。クラスタリングでは、インスタンスの**ラベル**（label）とは、アルゴリズムがインスタンスを振り分けたクラスタのインデックスのことだ。分類アルゴリズムのクラスラベルと混同しないように注意してほしい（クラスタリングはあくまでも教師なし学習である）。KMeansのインスタンスは、学習に使われたインスタンスのラベルのコピーを管理しており、labels_インスタンス変数でアクセスできる。

```
>>> y_pred
array([4, 0, 1, ..., 2, 1, 0], dtype=int32)
>>> y_pred is kmeans.labels_
True
```

アルゴリズムが見つけた5個の重心も見られる。

```
>>> kmeans.cluster_centers_
array([[-2.80389616,  1.80117999],
       [ 0.20876306,  2.25551336],
       [-2.79290307,  2.79641063],
```

```
       [-1.46679593,  2.28585348],
       [-2.80037642,  1.30082566]])
```

新しいインスタンスは、重心が最も近くにあるクラスタに振り分けることができる。

```
>>> import numpy as np
>>> X_new = np.array([[0, 2], [3, 2], [-3, 3], [-3, 2.5]])
>>> kmeans.predict(X_new)
array([1, 1, 2, 2], dtype=int32)
```

クラスタの決定境界をプロットすると、ボロノイ分割（voronoi tessellation：**図9-3**参照）が得られる。**図9-3**では、重心は×で表されている。

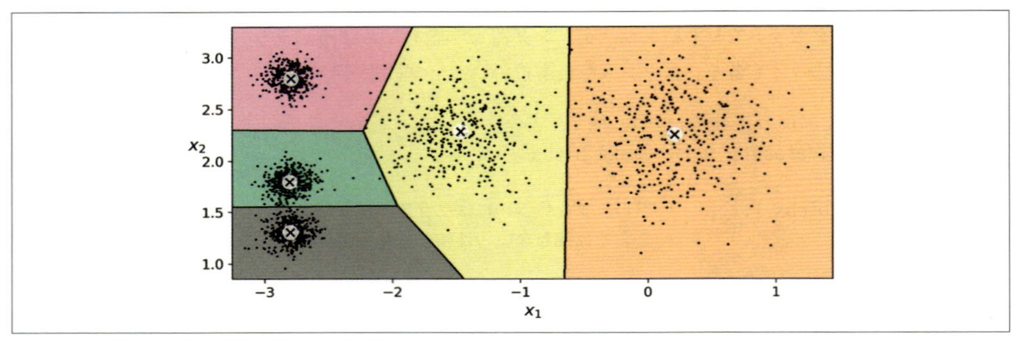

図9-3　k平均法の決定境界（ボロノイ分割）

大多数のインスタンスは、適切なクラスタに振り分けられるが、一部のインスタンスはおそらく間違ったラベルを与えられている（特に、左上のクラスタと中央のクラスタの境界線の近く）。実際、k平均法は、インスタンスをクラスタに振り分けるときにインスタンスとクラスタの重心との距離しか考慮しないので、ブロッブの直径がまちまちだとうまく機能しない。

個々のインスタンスに1つのクラスタを与える（これを**ハードクラスタリング**：hard clusteringと呼ぶ）のではなく、各インスタンスにクラスタごとのスコアを与える（これを**ソフトクラスタリング**：soft clusteringと呼ぶ）とよい場合がある。スコアは、インスタンスとクラスタの重心との距離でもよいが、ガウスRBF（5章参照）のような類似度のスコア（アフィニティ）でもよい。`KMeans`クラスの`transform()`メソッドは、インスタンスと各重心の距離を計測する。

```
>>> kmeans.transform(X_new).round(2)
array([[2.81, 0.33, 2.9 , 1.49, 2.89],
       [5.81, 2.8 , 5.85, 4.48, 5.84],
       [1.21, 3.29, 0.29, 1.69, 1.71],
       [0.73, 3.22, 0.36, 1.55, 1.22]])
```

この例では、`X_new`の最初のインスタンスは第1の重心から2.81、第2の重心から0.33、第3の重心から2.90、第4の重心から1.49、第5の重心から2.89離れている。高次元データセットをこのように変換すると、k次元のデータセットになる。この変換は、効率のよい非線形次元削減テクニックになる。また、この距離は、2章のようにほかのモデルを学習するための追加の特徴量としても使える。

9.1.1.1　k平均法のアルゴリズム

では、k平均法のアルゴリズムはどのような仕組みになっているのだろうか。重心の集合があらかじめ用意されていれば、データセットのすべてのインスタンスにラベルを与えるのは簡単なことだ。重心が最も近いクラスタに各インスタンスを振り分けていけばよい。逆に、すべてのインスタンスのラベルがわかっていれば、各クラスタのインスタンスの平均を計算するだけですべての重心が簡単に見つかる。しかし実際には、最初の時点ではラベルも重心も与えられていない。どこから手を付ければよいのだろうか。実は、まずランダムに重心を決めて（例えば、ランダムにk個のインスタンスを選び、その位置を重心として使う）インスタンスにラベルを付け、次に重心を更新してインスタンスにラベルを付け、さらに重心を更新して…ということを繰り返して、重心が動かなくなったところで止める。このアルゴリズムは、有限の回数で収束することが保証されている（通常は少ない回数で）。インスタンスと最も近い重心との平均二乗距離は各ステップで減る一方であり、マイナスにはなり得ないので、必ず収束するのだ。

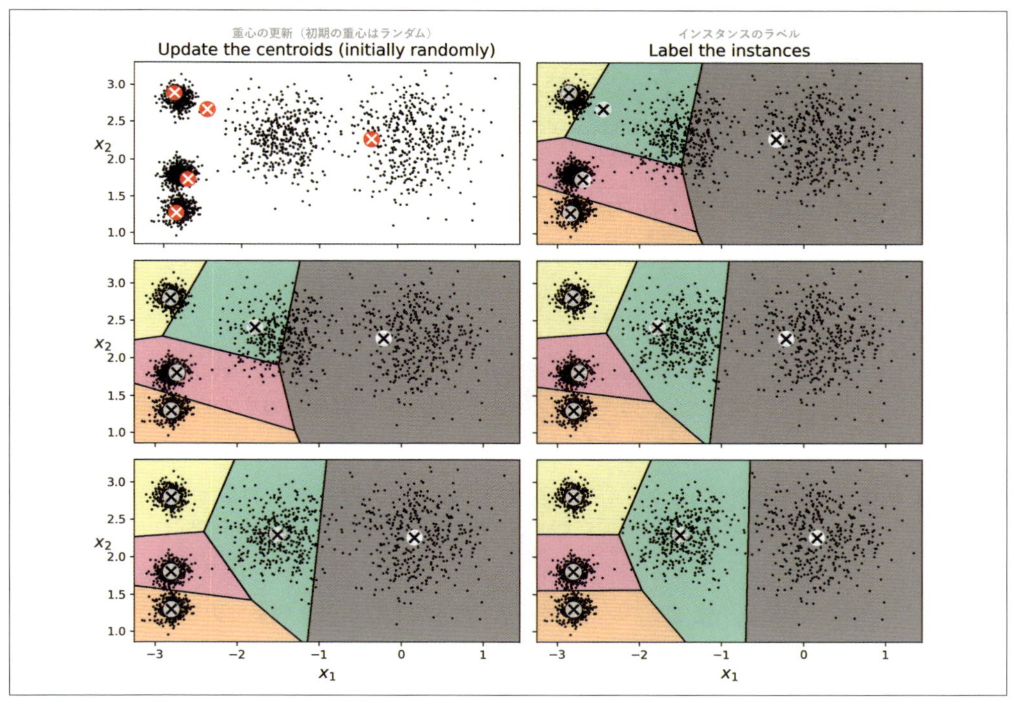

図9-4　k平均法のアルゴリズム

図9-4から、アルゴリズムがどのように動くかがわかる。まず、重心がランダムに初期化され（左上）、インスタンスにラベルが与えられ（右上）、重心が更新され（中央左）、インスタンスのラベルが更新さ

れる（中央右）。このように、アルゴリズムはわずか3回のイテレーションで最適に近いクラスタリングに達している。

このアルゴリズムの計算量は、一般にインスタンス数m、クラスタ数k、次元数nのいずれに対しても線形である。もっとも、それはデータにクラスタリング構造がある場合だけだ。データにそのような構造がなければ、最悪の場合、計算量はインスタンス数の増加とともに指数的に上がっていく。しかし、実際にそのようなことが起こることはまれで、k平均法は最も高速なクラスタリングアルゴリズムの1つである。

k平均法は収束することが保証されているが、正しいところに収束するとは限らない（つまり、局所最適解に収束することがある）。どのように収束するかは、重心をどのように初期化するかによって左右される。**図9-5**は、ランダムな初期化のステップで運が悪かったときに収束してしまう2つの非最適解を示している。

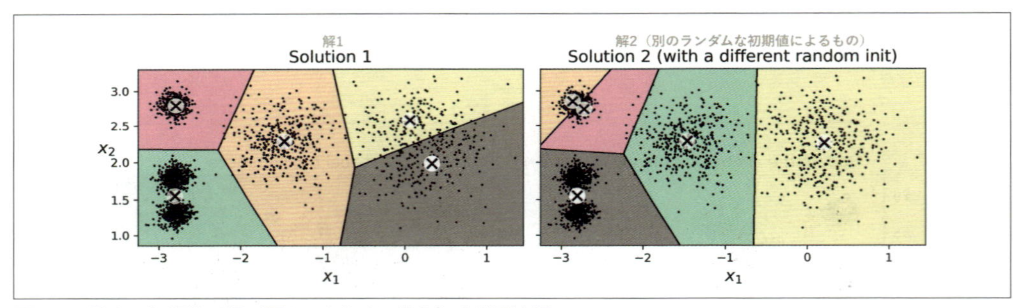

図9-5　重心の初期化で運が悪かったために作られる非最適解

では、重心の初期化を改善してこのリスクを軽減するための方法をいくつか見てみよう。

9.1.1.2　重心の初期化方法

例えば、重心をどこにすべきかおおよその位置がわかっていれば（例えば、既に別のクラスタリングアルゴリズムを実行している場合など）、`init`ハイパーパラメータに重心のリストを格納したNumPy配列を指定し、`n_init`ハイパーパラメータを1にするという方法がある。

```
good_init = np.array([[-3, 3], [-3, 2], [-3, 1], [-1, 2], [0, 2]])
kmeans = KMeans(n_clusters=5, init=good_init, n_init=1, random_state=42)
kmeans.fit(X)
```

複数のランダムな初期値を使ってアルゴリズムを何度も実行し、最良解を更新していくという方法もある。ランダムな初期化の回数は`n_init`ハイパーパラメータで制御できる。デフォルトでは`10`であり、`fit()`を呼び出すと、scikit-learnは先ほど説明したアルゴリズムを10回実行して、最良解を更新していく。しかし、scikit-learnはどのようにしてある解を最良だと判断するのだろうか。性能指標を使うのである。その指標はモデルの**慣性**（inertia）と呼ばれ、各インスタンスと最近傍重心の平均二乗距離である。**図9-5**の左のモデルでは219.4、右側のモデルでは258.6だが、**図9-3**のモデルではわずか211.6になる（いずれも近似値）。KMeansクラスは、n_init回アルゴリズムを実行し、慣性が最も小さいモデルを残す。この例では、**図9-3**のモデルが残される（ランダム初期化がn_init回連続で不運な結果にならない限り）。モデルの慣性はinertia_変数で操作できるので、興味があればいじってみるとよい。

```
>>> kmeans.inertia_
211.59853725816836
```

一方score()メソッドは負の慣性を返す（負数なのは、予測器のscore()メソッドはscikit-learnの「大きいものはいいものだ」というルールに従わなければならないからだ。予測がほかの予測よりもよい場合、score()メソッドはより大きいスコアを返さなければならない）。

```
>>> kmeans.score(X)
-211.5985372581684
```

2006年になって、デビッド・アーサー（David Arthur）とセルゲイ・ワシリヴィツキー（Sergei Vassilvitskii）がk平均法の重要な改善方法となるk-Means++論文（https://homl.info/37）を発表した[*1]。彼らは離れた位置の重心が選ばれやすくなる初期化方法を提案し、それによりk平均法は非最適解に収束しにくくなった。彼らは、優れた初期化方法のために計算量が増えても、最適解を見つけるためにアルゴリズムを実行しなければならない回数が大幅に減る分、十分得だということを示した。k-Means++の初期化アルゴリズムは次のようになっている。

1. データセットから一様ランダムに1個の重心 $\mathbf{c}^{(1)}$ を選ぶ。
2. インスタンス $\mathbf{x}^{(i)}$ と既に選ばれている最近傍重心との距離を $D(\mathbf{x}^{(i)})$ として、確率 $D\left(\mathbf{x}^{(i)}\right)^2 / \sum_{j=1}^{m} D\left(\mathbf{x}^{(j)}\right)^2$ でインスタンス $\mathbf{x}^{(i)}$ を選び、新しい重心 $\mathbf{c}^{(i)}$ とする。この確率分布を使うことにより、従来の方法よりもはるかに高い確率で既に選ばれた重心から遠く離れたインスタンスが新たな重心として選ばれやすくなる。
3. 重心を k 個選ぶまで、ステップ2を繰り返す。

KMeansクラスはデフォルトでこの初期化方式を使っている。

9.1.1.3 Accelerated k-Meansとミニバッチk平均法

チャールズ・エルカーン（Charles Elkan）も、2003年の論文（https://homl.info/38）でk平均法に対する重要な改良を提案している[*2]。彼のアルゴリズムは、多数の不要な距離計算の省略により、多数のクラスタがある大きなデータセットの一部でアルゴリズムのスピードを大きく改善できる。エルカーンは、三角不等式（つまり、2つの点の間の最短距離は常に直線になるということ[*3]）を利用し、インスタンスと重心の間の距離の上限と下限を管理してこれを実現した。しかし、エルカーンのアルゴリズムは

＊1 David Arthur and Sergei Vassilvitskii, "k-Means++: The Advantages of Careful Seeding", *Proceedings of the 18th Annual ACM-SIAM Symposium on Discrete Algorithms* (2007): 1027-1035.

＊2 Charles Elkan, "Using the Triangle Inequality to Accelerate k-Means", *Proceedings of the 20th International Conference on Machine Learning* (2003): 147-153.

＊3 三角不等式とは、A、B、Cを3個の点、AB、AC、BCをそれらの点の間の距離として、AC≦AB＋BCとなることである。

いつも学習を高速化するわけではなく、かえって学習のスピードを大幅に低下させることもある。どちらになるかはデータセット次第だ。それでも、`algorithm="elkan"`を設定すれば試せる。

デビッド・スカリー（David Sculley）も、2010年の論文（https://homl.info/39）でk平均法に対する重要な改良を提案している[*1]。彼のアルゴリズムは、各イテレーションでデータセット全体ではなくミニバッチを使えるので、イテレーションごとに重心を少しずつ動かせる。こうすると、アルゴリズムは高速になり（一般に3倍から4倍）、メモリに収まり切らない巨大データセットをクラスタリングできるようになる。scikit-learnsは`MiniBatchKMeans`クラスでこのアルゴリズムを実装しており、このクラスは`KMeans`クラスと同じように使える。

```
from sklearn.cluster import MiniBatchKMeans

minibatch_kmeans = MiniBatchKMeans(n_clusters=5, random_state=42)
minibatch_kmeans.fit(X)
```

データセットがメモリに収まり切らない場合、逐次学習型PCA（8章）でもしたように`memmap`クラスを使うのが最も簡単な方法だ。それに対し、`partial_fit()`メソッドにミニバッチを1つずつ渡していく方法もあるが、複数回初期化して最良のものを自分で選ばなければならないので、仕事が大幅に増えてしまう。

ミニバッチk平均法は、通常のk平均法よりもずっと高速だが、慣性の品質は一般にほんのわずかながら劣る。**図9-6**はこのことを示している。左のグラフは、クラスタ数*k*をさまざまに変えてミニバッチk平均法と通常のk平均法の慣性を比較したものだ。2つの曲線には小さいが目に見える差がある。右のグラフでは、このデータセットに対してはミニバッチk平均法の方が通常のk平均法よりも3.5倍も高速だということがわかる。

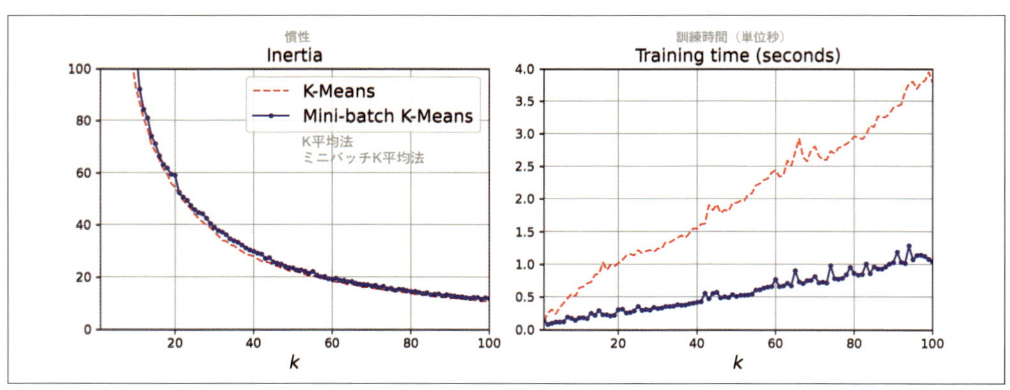

図9-6　ミニバッチk平均法はk平均法よりも慣性が少し高くなる（左）が、ずっと高速であり、特に*k*が大きくなるとスピードの差が広がる（右）

＊1　David Sculley, "Web-Scale K-Means Clustering", *Proceedings of the 19th International Conference on World Wide Web* (2010): 1177-1178.

9.1.1.4 最適なクラスタ数の見つけ方

今まではクラスタ数kとして5を使っていたが、それはデータを見れば正しいクラスタ数がわかったからだ。しかし、一般的にはkをいくつにすべきかはそう簡単にはわからないだろう。そして、指定した値が適切でなければ、結果はひどいものになる。**図9-7**からもわかるように、kを3や8にすると、モデルはひどいものになる。

それなら慣性が最も低いモデルを選べばいいのではないかと思われるかもしれないが、残念ながら話はそれほど単純ではない。$k=3$にしたときの慣性は約653.2で、$k=5$のときの211.6よりもずっと高いが、$k=8$のときの慣性はわずか119.1である。慣性は、kを大きくしていくと低くなる一方なので、よい性能指標にはならない。実際、クラスタが増えれば増えるほど、個々のインスタンスにとって最も近い重心はどんどん近づいてくるはずであり、慣性も小さくなる。kの関数として重心をプロットしてみよう（**図9-8**参照）。こうすると、曲線には**屈曲点**（elbow、ひじという意味）と呼ばれる屈曲点ができることが多い。

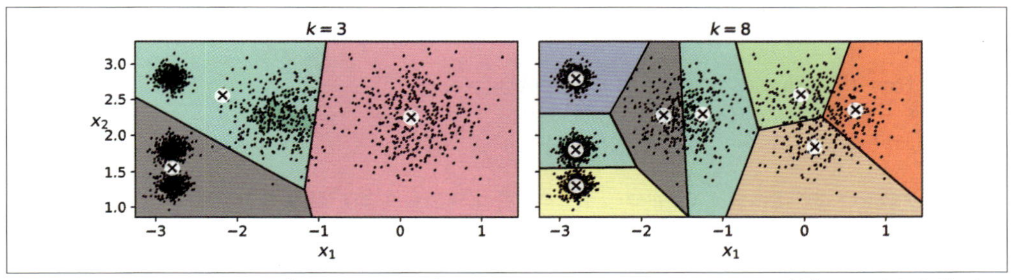

図9-7　クラスタ数の選択のまずさ：kが小さすぎると別々のクラスタが1つにまとめられ（左）、kが大きすぎると一部のクラスタが分割されてしまう（右）

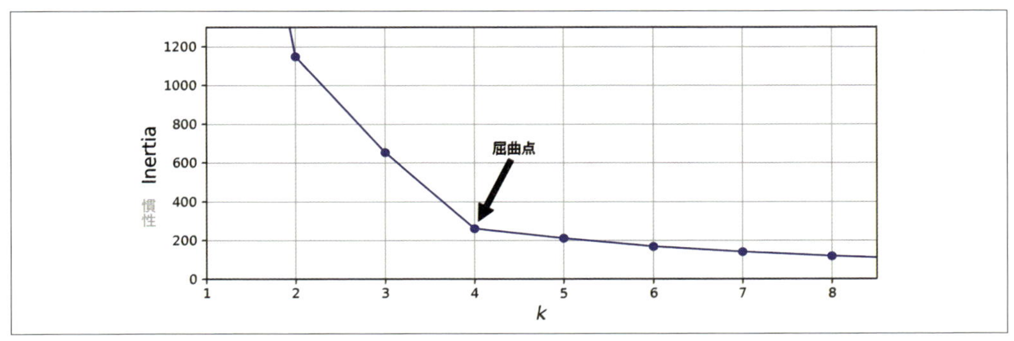

図9-8　クラスタ数kの関数として慣性をプロットしたもの

kを大きくしていくと4までは急激に慣性が低くなっていくが、kが4を越えると急激に慣性の低下のペースが緩やかになる。この曲線は大雑把に言って腕のような形をしており、$k=4$のところにひじ（屈曲点）がある。したがって、このデータの性質について今あるような知識がなければ、$k=4$はよい選択である。4よりも小さければ慣性が極端に高くなり、4よりも大きくしても慣性が大幅に下がるわけではなく、十分クラスタらしくなっているものを大した理由もなく半分に分割することになりかねない。

この方法は、最良のクラスタ数の選び方としてはまだ雑だ。すべてのインスタンスの**シルエット係数**（silhouette coefficient）の平均である**シルエットスコア**（silhouette score）と呼ばれるものを使った方が正確になる（ただし計算コストは高くなる）。同じクラスタ内のほかのインスタンスまでの距離の平均値（mean intra-cluster distance：平均クラスタ内距離）をa、インスタンス自体のクラスタを除く、次に最も近いクラスタのインスタンスまでの距離の平均値を計算し、計算結果が最も小さいクラスタを最近傍クラスタとして、その最近傍クラスタに属するインスタンスまでの距離の平均値（mean nearest-cluster distance：平均最近傍クラスタ間距離）をbとしたとき、インスタンスのシルエット係数は$(b-a) / \max(a, b)$である。シルエット係数は、-1から$+1$までの間になる。係数が$+1$に近いということは、インスタンスが自分のクラスタのほかのインスタンスと近い位置にいるのに対し、ほかのクラスタからは離れていることを意味する。それに対し、係数が0に近いということは、クラスタ境界に近いということである。係数が-1に近ければ、インスタンスは不適切なクラスタに割り振られているかもしれない。

シルエットスコアは、scikit-learnの`silhouette_score()`関数にデータセット内のすべてのインスタンスとそのラベルを渡せば計算できる。

```
>>> from sklearn.metrics import silhouette_score
>>> silhouette_score(X, kmeans.labels_)
0.655517642572828
```

クラスタ数をさまざまに変えてシルエットスコアを比較してみよう（**図9-9**参照）。

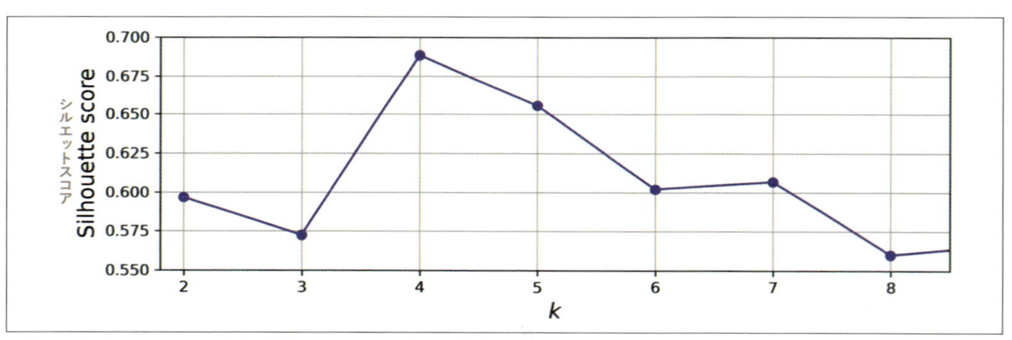

図9-9 シルエットスコアを利用したクラスタ数kの選択

このグラフは、先ほどのグラフよりもずっと豊かな情報を与えてくれる。$k=4$がよい選択だとしているものの、$k=5$も$k=6$または7よりもずっとよい選択だということを示している。慣性を比較してもそこまではわからない。

すべてのインスタンスのシルエット係数を割り振られたクラスタごとに分類した上で、係数の値順に並べたグラフを作ると、情報量はさらに豊かになる。このグラフを**シルエット図**（silhouette diagram）と呼ぶ（**図9-10**参照）。グラフには、クラスタごとに1つずつナイフ状のものが表示される。ナイフの高さはクラスタに含まれるインスタンス数を示し、幅はクラスタ内のインスタンスのシルエット係数をソートしたものを表す（長ければ長いほどよい）。

縦の破線は、それぞれのクラスタ数での平均シルエットスコアを表している。あるクラスタのほとんどのインスタンスのシルエット係数がこのスコアよりも低い場合（つまり、多くのインスタンスが破線の手前、つまり左側に留まっている場合）、そのクラスタのインスタンスはほかのクラスタに近すぎるので、そのクラスタリングのできはよくない。$k = 3$と$k = 6$には、そのようなクラスタがある。しかし、$k = 4$と$k = 5$では、クラスタはよくできているように見える。ほとんどのインスタンスが破線を越えて右側まで伸びており、1.0に近い。$k = 4$では、インデックス1のクラスタ（上から3番目）が少々大きい。$k = 5$では、すべてのクラスタがほぼ同じ大きさになっている。そのため、$k = 4$の方が$k = 5$よりも全体のシルエットスコアは少し大きいが、クラスタがどれも同じような大きさになっている$k = 5$の方がよさそうに見える。

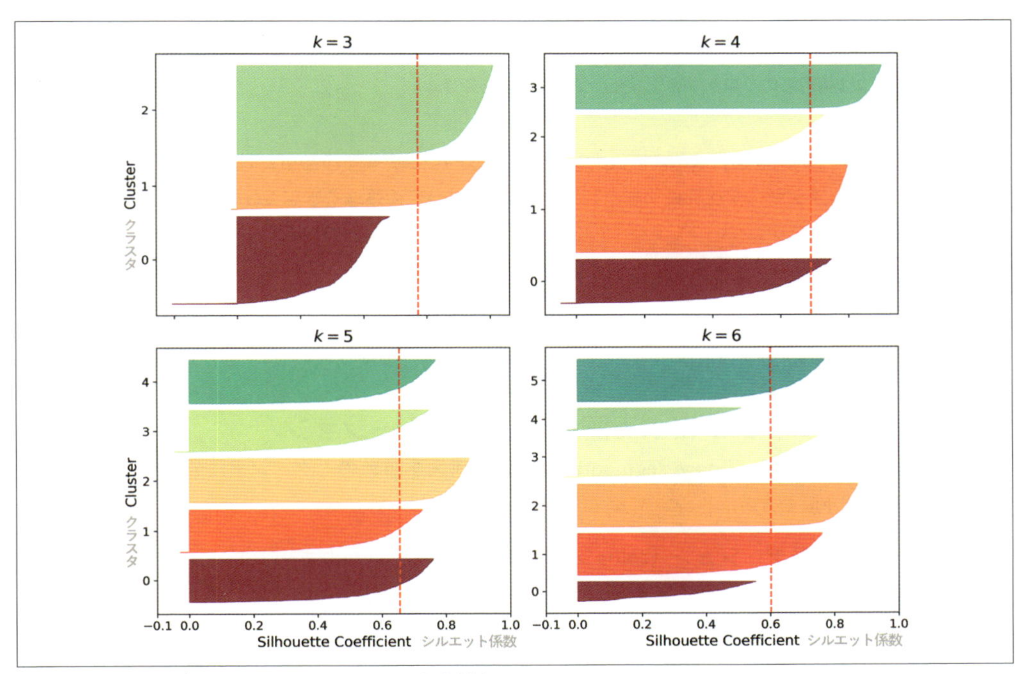

図9-10　kをさまざまな値にしてシルエット図を分析する

9.1.2　k平均法の限界

k平均法は、高速でスケーラビリティがあることをはじめとして、さまざまなメリットがあるとは言え、完璧ではない。既に説明したように、非最適解に引っかからないようにするために、アルゴリズムを複数回実行しなければならない上に、クラスタ数を指定しなければならず、そのために大仕事になる場合がある。しかも、クラスタのサイズや密度がまちまちであったり、形が円形でなかったりすると、k平均法はうまく機能しない。例えば、大きさ、密度、向きが異なる3つの楕円形クラスタを含むデータセットをk平均法でクラスタリングすると、**図9-11**のようになってしまう。

このように、どちらの解もよくない。それでも左の方がましだが、中央のクラスタの25％を切り取って右側のクラスタに割り振っている。右の解は、左よりも慣性こそ低いがまったくでたらめである。そのため、データによっては、k平均法以外のクラスタリングアルゴリズムの方がうまく機能することがある。このような楕円形のクラスタでは、混合ガウスモデルが効果的である。

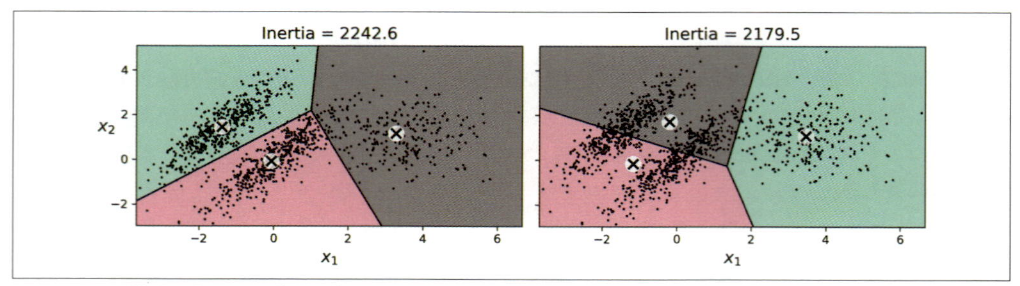

図9-11　k平均法は楕円形のブロッブを正しくクラスタリングできない

k平均法を実行する前に入力特徴量をスケーリングすることが大切だ。スケーリングしなければクラスタが細長くなって、k平均法ではうまく処理できなくなる。特徴量をスケーリングしたからといってすべてのクラスタがうまく円形になるわけではないが、それでも一般にk平均法は仕事をしやすくなる。

では次に、クラスタリングがどのように活用できるかを見てみよう。説明では引き続きk平均法を使っていくが、ほかのクラスタリングアルゴリズムも試してみていただいてかまわない。

9.1.3　クラスタリングによる画像セグメンテーション

画像セグメンテーション（image segmentation）は、画像を複数のセグメントに分割するタスクだ。さらに次のように分類できる。

- **カラーセグメンテーション**（color segmentation）は、色が似ているピクセルを同じセグメントにまとめる。多くのアプリケーションではこれで十分だ。例えば、衛星写真を分析してある地域の森林の面積を測りたいなら、カラーセグメンテーションで十分役に立つ。
- **セマンティックセグメンテーション**（semantic segmentation）は、同じオブジェクトタイプに属するすべてのピクセルを同じセグメントにまとめる。例えば、自動運転車のビジョンシステムでは、歩行者の画像に属するすべてのピクセルを「歩行者」というセグメントに割り振る（すべての歩行者のために1つのセグメントを設ける）。
- **インスタンスセグメンテーション**（instance segmentation）は、同じ対象物に属するすべてのピクセルを同じセグメントにまとめる。この場合、1人ひとりの歩行者が別のセグメントになる。

今日のセマンティックセグメンテーションやインスタンスセグメンテーションの最先端は、畳み込みニューラルネットワーク（14章参照）に基づく複雑なアーキテクチャを使っている。この章では、k平均法を使ったカラーセグメンテーションというこれよりもずっと単純なものについて考えることにする。

まず、Pillowパッケージ（Pythonイメージングライブラリ：Python Imaging Library、PILの後継パッケージ）をインポートし、それを使ってladybug.pngの画像（**図9-12**の左上の画像）をロードする（filepathに格納されているものとする）。

```
>>> import PIL
>>> image = np.asarray(PIL.Image.open(filepath))
>>> image.shape
(533, 800, 3)
```

画像は3次元配列で表現されている。第1次元は高さ、第2次元は幅、第3次元はカラーチャネルの数であり、この場合は赤、緑、青の3つである（RGB）。つまり、個々のピクセルのために、赤、青、緑の輝度（intensity）を0から255までの8ビット符号なし整数で表す3次元ベクトルが用意される。画像の中にはこれよりもチャネル数が少ないものもある（例えばグレースケール画像のチャネルは1個）。逆に透明度を表すアルファチャネル（alpha channel）を追加する画像や、さまざまな光の波長（例えば赤外線）のためにチャネルを用意することが多い衛星画像のようにチャネルが3つよりも多い画像もある。

次のコードは、画像の配列の形を変えてRGBカラーの長いリストを作り、k平均法を使ってそれらの色を8個のクラスタに分割する。そして、各ピクセル（つまり各ピクセルのクラスタの平均の色）から最も近いクラスタ中心を格納するsegmented_img配列を作る。第3行はNumPyの高度な添字操作を使っている。例えば、kmeans_.labels_の最初の10個のラベルが1なら、segmented_imgの先頭10色はkmeans.cluster_centers_[1]と等しくなる。

```
X = image.reshape(-1, 3)
kmeans = KMeans(n_clusters=8, random_state=42).fit(X)
segmented_img = kmeans.cluster_centers_[kmeans.labels_]
segmented_img = segmented_img.reshape(image.shape)
```

このコードは、**図9-12**の右上の画像を出力する。図に示すように、クラスタ数をさまざまに変えて試すことができる。8色未満になると、テントウムシの鮮やかな赤に独立したクラスタが与えられなくなり、環境の色と混ざってしまうことに注意しよう。これは、k平均法が同じようなサイズのクラスタを作ろうとするからである。テントウムシは画像に含まれるほかのものと比べてはるかに小さいので、目立つ色をしているものの、k平均法ではテントウムシに独立したクラスタを与えられない。

図9-12　カラークラスタ数をさまざまに変えてk平均法でカラーセグメンテーションをした結果

これはそれほど難しいことではなかったはずだ。では、クラスタリングの次の応用に移ろう。

9.1.4　半教師あり学習の一部としてのクラスタリング

クラスタリングは、膨大な数のラベルなしインスタンスとごく少数のラベル付きインスタンスがあるときの半教師あり学習の一部としても使える。この節では、digitsデータセットを使う。digitsは、0から9までの数字を表す1,797個の8×8ピクセルの画像を集めたMNISTと似たデータセットだ。まず、データセットをロードして分割しよう（シャッフルは既にしてある）。

```
from sklearn.datasets import load_digits

X_digits, y_digits = load_digits(return_X_y=True)
X_train, y_train = X_digits[:1400], y_digits[:1400]
X_test, y_test = X_digits[1400:], y_digits[1400:]
```

私たちは最初の50インスタンスだけがラベルを持つかのようなつもりで作業を進める。最低限の性能がどの程度になるかを知るために、これら50個のラベル付きインスタンスのロジスティック回帰モデルを学習しよう。

```
from sklearn.linear_model import LogisticRegression

n_labeled = 50
log_reg = LogisticRegression(max_iter=10_000)
log_reg.fit(X_train[:n_labeled], y_train[:n_labeled])
```

次に、テストセットを使ってこのモデルの精度を計測する（テストセットにはラベルがなければならないことに注意）。

```
>>> log_reg.score(X_test, y_test)
0.7481108312342569
```

このモデルの精度は74.8％しかなく、残念なものだ。学習セット全体でモデルを学習すれば、精度は90.7％ほどになる。では、改善方法を考えてみよう。まず、学習セットを50個のクラスタにクラスタリングする。次に、各クラスタについて、重心に最も近い画像を見つけ出してくる。この画像を**代表画像**（representative image）と呼ぶことにしよう。

```
k = 50
kmeans = KMeans(n_clusters=k, random_state=42)
X_digits_dist = kmeans.fit_transform(X_train)
representative_digit_idx = np.argmin(X_digits_dist, axis=0)
X_representative_digits = X_train[representative_digit_idx]
```

50個の代表画像は**図9-13**に示す通りである。

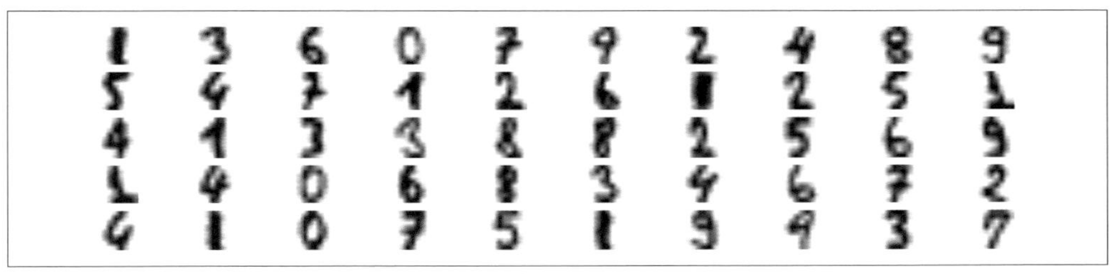

図9-13　50個の代表画像の数字（クラスタごとに1つ）

個々の画像を見て、手作業でラベルを付けていこう。

```
y_representative_digits = np.array([1, 3, 6, 0, 7, 9, 2, ..., 5, 1, 9, 9, 3, 7])
```

これでちょうど50個のラベル付きインスタンスを持つデータセットが得られた。しかし、これらのインスタンスはランダムなものではなく、クラスタの代表画像である。性能が上がったかどうかを見てみよう。

```
>>> log_reg = LogisticRegression(max_iter=10_000)
>>> log_reg.fit(X_representative_digits, y_representative_digits)
>>> log_reg.score(X_test, y_test)
0.8488664987405542
```

まだ50個のインスタンスでモデルを学習しているだけなのに、なんと精度が74.8％から84.9％に一気に上がった。インスタンスへのラベル付けは、特に専門家の手作業を頼りにするとコストがかかる苦しい作業なので、この例のようにランダムに取り出したインスタンスではなく、代表的なインスタンスにラベルを付けると効果的だ。

しかし、ここで満足せず、もう一歩先に進むことができるはずだ。同じクラスタのほかのすべてのインスタンスにも同じラベルを付けてみたらどうだろうか。これを**ラベル伝播**（label propagation）という。

```
y_train_propagated = np.empty(len(X_train), dtype=np.int64)
for i in range(k):
```

```
        y_train_propagated[kmeans.labels_ == i] = y_representative_digits[i]
```

もう1度モデルを学習して性能を見てみよう。

```
>>> log_reg = LogisticRegression()
>>> log_reg.fit(X_train, y_train_propagated)
>>> log_reg.score(X_test, y_test)
0.8942065491183879
```

またも精度を大幅に上げることに成功した。しかし、クラスタ中心からの距離が最も大きい1％のインスタンスを無視したらどうなるだろうか。これは外れ値の一部を取り除くということだ。次のコードは、各インスタンスについて最も近いクラスタ中心との距離を計算してから、各クラスタについて長い方から1％の距離を−1にする。最後に、距離−1のインスタンスを取り除いた学習セットを作る。

```
percentile_closest = 99

X_cluster_dist = X_digits_dist[np.arange(len(X_train)), kmeans.labels_]
for i in range(k):
    in_cluster = (kmeans.labels_ == i)
    cluster_dist = X_cluster_dist[in_cluster]
    cutoff_distance = np.percentile(cluster_dist, percentile_closest)
    above_cutoff = (X_cluster_dist > cutoff_distance)
    X_cluster_dist[in_cluster & above_cutoff] = -1

partially_propagated = (X_cluster_dist != -1)
X_train_partially_propagated = X_train[partially_propagated]
y_train_partially_propagated = y_train_propagated[partially_propagated]
```

では、この部分的にラベル伝播したデータセットを使ってもう1度モデルを学習してみよう。精度はどれぐらいになるだろうか。

```
>>> log_reg = LogisticRegression(max_iter=10_000)
>>> log_reg.fit(X_train_partially_propagated, y_train_partially_propagated)
>>> log_reg.score(X_test, y_test)
0.9093198992443325
```

わずか50個のラベル付きインスタンス（クラス当たり平均で5個ずつの例）で、90.9％もの精度が得られた。なかなかのものだ。完全なラベル付きdigitsデータセットで学習したロジスティック回帰モデルの性能（90.7％）よりもわずかによくなっている。こうなった理由の一部は外れ値を捨てたためであり、伝播されたラベルがかなり高品質だったためだ。伝播されたラベルの精度は、次のコードが示すように約97.5％だったのである。

```
>>> (y_train_partially_propagated == y_train[partially_propagated]).mean()
0.9755555555555555
```

scikit-learnは自動的にラベル伝播できるクラスも提供している。sklearn.semi_supervisedパッケージのLabelSpreadingとLabelPropagationがそれだ。どちらのクラスも、すべてのインスタンスの間で類似度行列（similarity matrix）を作り、ラベル付きインスタンスから類似するラベルなしインスタンスに反復的にラベル伝播する。同じパッケージには、SelfTrainingClassifierという大きく異なるクラスもある。このクラスのオブジェクトに例えばRandomForestClassifierのようなベース分類器（base classifier）を与えると、オブジェクトはラベル付きインスタンスでそのベース分類器を学習し、それによってラベルなしサンプルのラベルを予測する。そして、学習セットに最も自信のあるラベルを付けていく。この学習とラベル付加は、ラベルを追加できるインスタンスがなくなるまで繰り返される。これらのテクニックは万能薬になるわけではないが、モデルの性能を少し上げられる場合がある。

能動学習

モデルと学習セットをさらに改良したい場合、次のステップは**能動学習**（active learning）だ。能動学習とは、人間の専門家が学習アルゴリズムとやり取りし、アルゴリズムが特定のインスタンスのラベルを教えてくれと要求してきたときに、ラベルを与えてやることである。能動学習にはさまざまな方法があるが、特によく使われているものとして、**不確実性のサンプリング**（uncertainty sampling）がある。その仕組みを紹介しよう。

1. モデルはそれまでに集められたラベル付きインスタンスで学習されており、すべてのラベルなしインスタンスの予測に使われている。
2. モデルから見て最も確信が持てないインスタンス（つまり、推定確率が最も低いインスタンス）を専門家に渡してラベルを付けてもらう。
3. ラベル付与の労力に見合うだけの性能向上が見られなくなるまで、このプロセスを繰り返す。

ほかにも、モデルを最も大きく変えるようなインスタンス、モデルの検証誤差を最も大きく下げるインスタンス、ほかのモデル（例えばSVMやランダムフォレスト）で予測結果が異なるインスタンスにラベルを付ける方法が使われている。

混合ガウスモデルに移る前に、広く使われているクラスタリングアルゴリズムの別の例としてDBSCANを取り上げたい。DBSCANは、局所密度推定に基づくまったく異なるアプローチを取る。このアプローチなら、形の違いにかかわらず、クラスタを見分けられる。

9.1.5 DBSCAN

DBSCAN（density-based spatial clustering of applications with noise）アルゴリズムは、クラスタを高密度が続く領域と定義する。仕組みを説明しよう。

- 個々のインスタンスについて、短い距離 ε（イプシロン）の中に何個のインスタンスがあるかを数える。この領域をインスタンスの **ε近傍**（ε-neighborhood）と呼ぶ。
- インスタンスの ε 近傍内に少なくとも min_samples 個のインスタンスがある場合（個数にはインスタンス自身を含む）、そのインスタンスを**コアインスタンス**（core instance）と見なすことにする。つまり、コアインスタンスとは密な領域にあるインスタンスのことである。
- コアインスタンスの近くのすべてのインスタンスは同じクラスタに属する。近傍インスタンスには、ほかのコアインスタンスが含まれる場合もある。そのため、近くにあるコアインスタンスの長いシーケンスが1つのクラスタを形成する。
- コアインスタンスではなく、近くにコアインスタンスのないインスタンスは、異常値と見なされる。

すべてのクラスタが低密度の領域で区切られている場合、このアルゴリズムは高い性能を発揮する。scikit-learnのDBSCANクラスは、ほかのクラスと同様に使いやすい。moonsデータセット（5章参照）で試してみよう。

```
from sklearn.cluster import DBSCAN
from sklearn.datasets import make_moons

X, y = make_moons(n_samples=1000, noise=0.05)
dbscan = DBSCAN(eps=0.05, min_samples=5)
dbscan.fit(X)
```

学習後のlabels_属性には、すべてのインスタンスのラベルが格納されている。

```
>>> dbscan.labels_
array([ 0,  2, -1, -1,  1,  0,  0,  0,  2,  5, [...], 3,  3,  4,  2,  6,  3])
```

クラスタインデックスが−1になっているインスタンスがあるが、これらはアルゴリズムが異常値と見なしたインスタンスだ。コアインスタンスのインデックスは、core_sample_indices_属性、コアインスタンス自体はcomponents_属性でアクセスできる。

```
>>> dbscan.core_sample_indices_
array([  0,   4,   5,   6,   7,   8,  10,  11, [...], 993, 995, 997, 998, 999])
>>> dbscan.components_
array([[-0.02137124,  0.40618608],
       [-0.84192557,  0.53058695],
       [...],
       [ 0.79419406,  0.60777171]])
```

このクラスタリングを描くと、**図9-14**の左側のようになる。異常値が多数含まれ、7個のクラスタがあると言っている。なんとも残念な結果だ。しかし、epsを0.2にして各インスタンスの近傍の範囲を広げると、右側のようなクラスタリングになる。これはほぼ完璧に見える。このモデルで話を続けよう。

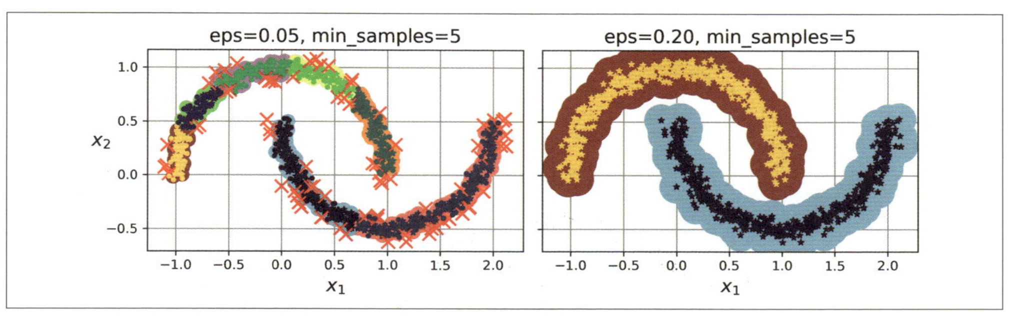

図9-14　近傍の範囲を変えた2種類のDBSCANクラスタリング

意外なことに、DBSCANクラスにはpredict()メソッドがない。しかし、fit_predict()ならある。つまり、DBSCANは新しいインスタンスが属するクラスタを予測できない。作者たちは、タスクが変わればうまく機能する分類アルゴリズムも変わるはずであり、どれを使うかはユーザの選択に任せようと考えて、このような実装にしたのである。しかも、そのようなアルゴリズムの実装は難しくない。例えば、KNeighborsClassifierを学習してみよう。

```
from sklearn.neighbors import KNeighborsClassifier

knn = KNeighborsClassifier(n_neighbors=50)
knn.fit(dbscan.components_, dbscan.labels_[dbscan.core_sample_indices_])
```

新しいインスタンスを与えると、インスタンスがどのクラスタに属する可能性が高いかはもちろん、各クラスタに属する推定確率がどれくらいかまで予測できるようになった。

```
>>> X_new = np.array([[-0.5, 0], [0, 0.5], [1, -0.1], [2, 1]])
>>> knn.predict(X_new)
array([1, 0, 1, 0])
>>> knn.predict_proba(X_new)
array([[0.18, 0.82],
       [1.  , 0.  ],
       [0.12, 0.88],
       [1.  , 0.  ]])
```

分類器はコアインスタンスだけで学習されていることに注意しよう。すべてのインスタンス、あるいは異常値以外のすべてのインスタンスで学習することもできるが、どれを選ぶかは最終的なタスク次第である。

決定境界は、**図9-15**に描かれている（X_newの4個の新インスタンスは+記号で表されている）。学習セットに異常値が含まれていないので、分類器はクラスタがかなり遠いところにあっても必ずクラスタを選ぶ。距離の上限を設けるのは簡単なことであり、その場合、どちらのクラスタからも離れた位置にある2つのインスタンスは異常値に分類されるだろう。そのためには、KNeighborsClassifierのkneighbors()を使う。このメソッドにインスタンスの集合を渡すと、学習セット内のk個の最近傍インスタンスとの距離と最近傍インスタンスのインデックス（ともに列がk個の行列）が返される。

```
>>> y_dist, y_pred_idx = knn.kneighbors(X_new, n_neighbors=1)
>>> y_pred = dbscan.labels_[dbscan.core_sample_indices_][y_pred_idx]
>>> y_pred[y_dist > 0.2] = -1
>>> y_pred.ravel()
array([-1,  0,  1, -1])
```

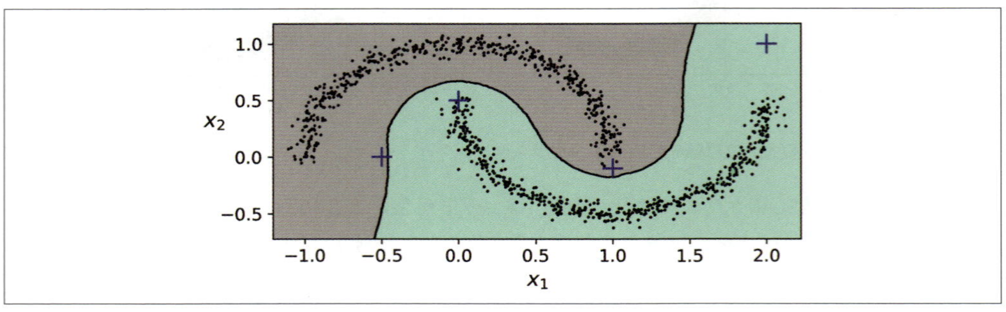

図9-15　2つのクラスタの間の決定境界

このように、DBSCANは、任意の形の任意の個数のクラスタを見分けられる単純だが強力なアルゴリズムだ。外れ値に対しても強く、ハイパーパラメータは2つ（epsとmin_samples）しかない。しかし、クラスタによって密度が大きく異なる場合やクラスタのまわりに低密度の領域が十分にない場合には、すべてのクラスタを適切に捉えるために苦労する。しかも、計算量はおおよそ$\mathcal{O}(m^2n)$で、大規模なデータセットにはうまく対応できない。

scikit-learn-contribプロジェクト（https://github.com/scikit-learn-contrib/hdbscan/）で実装されている**階層DBSCAN**（Hierarchical DBSCAN、HDBSCAN）は、密度の異なるクラスタの検出では一般にDBSCANよりも性能が高いので、試してみてほしい。

9.1.6　その他のクラスタリングアルゴリズム

scikit-learnは、これら以外にも試してみたいクラスタリングアルゴリズムがいくつも実装している。それらすべてを詳しく説明することはできないので、概要を簡単に紹介しておく。

凝集クラスタリング（agglomerative clustering）

ボトムアップでクラスタの階層構造を組み立てていく。水面に無数の小さな泡が浮かんでおり、次第にそれがくっついていって、1つの大きな泡の塊ができるところを想像してみよう。凝集クラスタリングの各イテレーションでは、それと同じように、最も近くにあるクラスタの対が結合される（最初は個別のインスタンスから始まる）。結合したクラスタの対を枝とする木構造を描くと、クラスタの二分木が作られる。葉は個別のインスタンスである。このアプローチはさまざまな形状のクラスタを捉えられるほか、クラスタの規模を強制的に選ばされることなく柔軟で情報量の多い木構造を作れ、対象として任意の対の距離を使える。どのインスタンスの対が近傍にあるかを示す接続行列（connectivity matrix）という$m \times m$の疎行列（例えば、sklearn.neighbors.kneighbors_graph()から返されるもの）を用意すると、大量のインスタンスにもうまくスケーリングする。ただし、接続行列がなければ、大規模なデータセットに対してはうまくスケーリングしない。

BIRCH（balanced iterative reducing and clustering using hierarchies）

大規模なデータセットで使うことを目的として設計されたアルゴリズムで、特徴量が多すぎなければ（< 20）バッチk平均法よりも高速で、同じような結果が得られる。学習中、BIRCHは、木構造内のすべてのインスタンスを格納することなく、新インスタンスを素早くクラスタに振り分けるために必要なだけの情報を収めた木構造を作っていく。このアプローチにより、BIRCHは限られたメモリだけで膨大なデータセットを処理できる。

平均値シフト法（mean-shift）

まず、各インスタンスを中心として円を置いていき、次に、個々の円について、その中に入っているすべてのインスタンスの平均値を計算し、得られた平均値が中心になるように円をずらす。すべての円が動きを止めるまで（つまり、すべての円の中心が円に含まれているインスタンスの平均値になるまで）この平均計算とシフトのステップを反復する。平均値シフト法は、個々の円が局所的な最高密度を見つけるまで、密度の高い方に円をずらしていく。最後に、円が同じ位置（または非常に近い位置）になったすべてのインスタンスを同じクラスタに振り分ける。平均値シフト法は、任意の形状の任意の数のクラスタを見つけられるとか、ハイパーパラメータが非常に少ないとか（**帯域幅**：bandwidthと呼ばれる円の半径のみ）、局所密度推定を使っているといった点でDBSCANと似ている。しかし、DBSCANとは異なり、内部密度にばらつきがあるときには平均値シフト法はクラスタを分割する傾向がある。また、計算量が$\mathcal{O}(m^2n)$なので、大規模なデータセットには適していない。

アフィニティ伝播法（affinity propagation）

すべてのインスタンスが自分の代表としてほかのインスタンス（または自分自身）を選ぶまで、インスタンス間で繰り返しメッセージを送り合う。選ばれたインスタンスを**代表インスタンス**（exemplar）と呼ぶ。代表インスタンスとそれを代表インスタンスとして選んだすべてのインスタンスが1個のクラスタを形成する。人間社会の政治では、人々は自分と考え方が似ている候補者に投票するが、選んだ人を当選させたいとも考える。そのため、完全に意見が一致していなくても、強い支持を得ている候補者に投票することがある。そのため、選挙は人気投票になりがちだ。アフィニティ伝播法にもそれと似たところがあり、k平均法と同様に、クラスタの中心近くのインスタンスが代表インスタンスに選ばれやすい。しかし、k平均法とは異なり、あらかじめクラスタ数を決めておく必要はない。クラスタ数は学習の過程で決まる。しかも、サイズが異なるクラスタをうまく処理できる。残念ながら計算量が$\mathcal{O}(m^2)$なので、大規模なデータセットには適していない。

スペクトルクラスタリング（spectral clustering）

インスタンス間の類似度行列から低次元の埋め込みを作り（つまり、次元削減し）、この低次元空間で別のクラスタリングアルゴリズムを使う（scikit-learnの実装はk平均法を使っている）。スペクトラルクラスタリングは複雑なクラスタ構造を捉えることができ、グラフの切断にも使える（例えば、社会ネットワーク内の友だちのクラスタを明らかにするために）。大量のインスタンスに対してはうまくスケーリングせず、クラスタのサイズがまちまちだとあまりうまく機能しない。

では、密度推定、クラスタリング、異常検知のいずれにも使える混合ガウスモデルに進もう。

9.2 混合ガウスモデル

混合ガウスモデル（GMM：gaussian mixture model）は、パラメータがわからない複数の正規分布（ガウス分布）を組み合わせたものからインスタンスが生成されていることを前提とする確率的なモデルである。1つの正規分布から生成されたすべてのインスタンスは、一般に楕円体のような形になるクラスタを形成する。個々のクラスタは、**図9-11**のように、異なる形、サイズ、密度、向きを持てる。1つのインスタンスを取り出したとき、それは正規分布の中のどれかから生成されていることは間違いないが、それがどの分布かはわからず、分布のパラメータがどうなっているかもわからない。

GMMのクラスは複数用意されている。最も単純なGaussianMixtureクラスの場合、正規分布の数kをあらかじめ指定しておく。データセット$\mathbf{X}$は、次のような確率的プロセスによって生成されたものと仮定される。

- 個々のインスタンスに対し、k個のクラスタからランダムに1つが選択される。j番目のクラスタが選ばれる確率は、クラスタの重み$\phi^{(j)}$である[*1]。i番目のインスタンスのために選ばれたクラスタのインデックスは、$z^{(i)}$と記述する。
- i番目のインスタンスがj番目のクラスタに振り分けられているなら（つまり、$z^{(i)}=j$）、このインスタンスの位置$\mathbf{x}^{(i)}$は、平均が$\boldsymbol{\mu}^{(j)}$、共分散行列が$\boldsymbol{\Sigma}^{(j)}$の正規分布からランダムにサンプリングされる。これを$\mathbf{x}^{(i)} \sim \mathcal{N}(\boldsymbol{\mu}^{(j)}, \boldsymbol{\Sigma}^{(j)})$と記述する。

では、このようなモデルで何ができるのだろうか。$\mathbf{X}$というデータセットが与えられたとき、まずは重み$\boldsymbol{\phi}$と分布のすべてのパラメータ、すなわち$\boldsymbol{\mu}^{(1)}$から$\boldsymbol{\mu}^{(k)}$と$\boldsymbol{\Sigma}^{(1)}$から$\boldsymbol{\Sigma}^{(k)}$を推定したいところだ。scikit-learnのGaussianMixtureクラスはこれをとてつもなく簡単にしてくれる。

```
from sklearn.mixture import GaussianMixture

gm = GaussianMixture(n_components=3, n_init=10)
gm.fit(X)
```

アルゴリズムが推定したパラメータを見てみよう。

```
>>> gm.weights_
array([0.39025715, 0.40007391, 0.20966893])
>>> gm.means_
array([[ 0.05131611,  0.07521837],
       [-1.40763156,  1.42708225],
       [ 3.39893794,  1.05928897]])
>>> gm.covariances_
array([[[ 0.68799922,  0.79606357],
        [ 0.79606357,  1.21236106]],
```

*1　Phi（大文字でΦ、小文字でϕ）はギリシャ文字のアルファベットの21番目の文字ファイである。

```
        [[ 0.63479409,  0.72970799],
         [ 0.72970799,  1.1610351 ]],

        [[ 1.14833585, -0.03256179],
         [-0.03256179,  0.95490931]]])
```

見事なものだ。実際、3個のクラスタのうち2個はそれぞれ500個のインスタンスを含み、第3のクラスタは250個のインスタンスだけを含んでいる。そのため、実際のクラスタの重みはそれぞれ0.4、0.4、0.2だが、これはアルゴリズムが見つけた値と近い。実際の平均と共分散行列もアルゴリズムが見つけてきたものと非常に近くなっている。しかし、どのようにして推定したのだろうか。このクラスは、k平均法アルゴリズムと似ている点が多い**期待値最大化**（expectation-maximization、EM）アルゴリズムを使っている。クラスタのパラメータをランダムに選び、収束するまで、クラスタにインスタンスを割り振り（**期待値ステップ**：expectation stepと呼ぶ）、クラスタを更新する（**最大化ステップ**：maximization stepと呼ぶ）という2ステップの処理を繰り返すのだが、聞き覚えのある話ではないだろうか。EMは、クラスタの中心（$\boldsymbol{\mu}^{(1)}$から$\boldsymbol{\mu}^{(k)}$）だけでなく、クラスタのサイズ、形状、向き（$\boldsymbol{\Sigma}^{(1)}$から$\boldsymbol{\Sigma}^{(k)}$）、さらにはクラスタの相対的な重み（$\phi^{(1)}$から$\phi^{(k)}$）を見つけ出してくるので、クラスタリングという文脈ではEMはk平均法の一般形だと考えられる。しかし、EMはk平均法とは異なり、ハードクラスタリングではなく、ソフトクラスタリングを使う。EMの期待値ステップは、各インスタンスが各クラスタに属する確率を推定し（現在のクラスタパラメータに基づき）、最大化ステップはデータセットに含まれるすべてのインスタンスを使って（当該クラスタに属する確率によりインスタンスに重みを付けて）クラスタを更新する。この確率を、クラスタのインスタンスに対する**責任**（responsibility）と呼ぶ。最大化ステップでは、各クラスタは自分が特に大きな責任を負っているインスタンスの影響を強く受ける。

EMは、k平均法と同様に、非最適解に収束することがあるので、何度か実行して最良解を残す必要がある。`n_init`に10を渡しているのはそのためである。`n_init`のデフォルトは1なので注意が必要だ。

EMアルゴリズムが収束したかどうか、収束までに何回のイテレーションがかかったかは確認できる。

```
>>> gm.converged_
True
>>> gm.n_iter_
4
```

各クラスタの位置、サイズ、形状、向き、相対的な重みが推定できたので、モデルは、各インスタンスを最も尤度の高いクラスタに振り分けたり（ハードクラスタリング）、特定のクラスタに属する尤度を推定したり（ソフトクラスタリング）することができる。ハードクラスタリングでは`predict()`メソッド、ソフトクラスタリングでは`predict_proba()`メソッドを使えばよい。

```
>>> gm.predict(X)
array([0, 0, 1, ..., 2, 2, 2])
```

```
>>> gm.predict_proba(X).round(3)
array([[0.977, 0.   , 0.023],
       [0.983, 0.001, 0.016],
       [0.   , 1.   , 0.   ],
       ...,
       [0.   , 0.   , 1.   ],
       [0.   , 0.   , 1.   ],
       [0.   , 0.   , 1.   ]])
```

混合ガウスモデルはモデルから新しいインスタンスをサンプリングできる生成的なモデル（generative model）である（インスタンスはクラスタインデックス順に並べられる）。

```
>>> X_new, y_new = gm.sample(6)
>>> X_new
array([[-0.86944074, -0.32767626],
       [ 0.29836051,  0.28297011],
       [-2.8014927 , -0.09047309],
       [ 3.98203732,  1.49951491],
       [ 3.81677148,  0.53095244],
       [ 2.84104923, -0.73858639]])
>>> y_new
array([0, 0, 1, 2, 2, 2])
```

score_samples()メソッドで任意の位置におけるモデルの密度を推定することもできる。このメソッドは、与えられた各インスタンスの位置の**確率密度関数**（probability density function: PDF）の対数（対数確率密度）を推定する。このスコアが大きければ大きいほど、密度も高い。

```
>>> gm.score_samples(X).round(2)
array([-2.61, -3.57, -3.33, ..., -3.51, -4.4 , -3.81])
```

スコアを指数として計算すれば、そのインスタンスの位置のPDFが得られる。PDFが表すのは確率ではなく、確率密度である。0から1までだけではなく、任意の正数値を取れる。インスタンスが特定の領域に含まれる確率を推定するには、領域全体でPDFを積分しなければならない（インスタンスの位置となり得る空間全体で積分を行えば、結果は1になる）。

このモデルのクラスタ平均（×）、決定境界（破線）、密度等高線を描くと**図9-16**のようになる。

すばらしい。このアルゴリズムが優れた解を見つけたことは間違いない。もちろん、ここでは2次元正規分布の集合を使ってデータを生成しており、それがアルゴリズムの仕事を助けている部分はある（現実のデータは必ずしも正規分布ではなく、低次元でもない）。しかも、アルゴリズムには正しいクラスタ数を与えている。次元が高く、クラスタが多く、インスタンスが少なければ、EMは最適解に収束するために四苦八苦する。アルゴリズムが学習しなければならないパラメータの数を制限してタスクの難易度を下げなければならない場合もあるかもしれない。例えば、クラスタが持ち得る形や向きに制限を加えればよい。そのためには、covariance_typeハイパーパラメータを次の中のどれかにする。

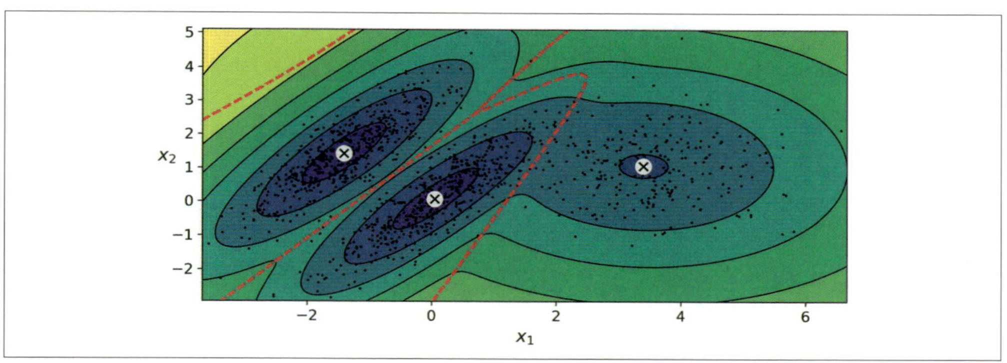

図9-16　学習された混合ガウスモデルのクラスタ平均、決定境界、密度等高線

"spherical"
: すべてのクラスタが円形でなければならない。ただし、直径はまちまちでよい（つまり、分散は異なっていてよい）。

"diag"
: クラスタは楕円体であればどのような形でもよいし、サイズもまちまちでよい。しかし、楕円体の軸は座標軸と平行でなければならない（つまり、共分散行列は対角行列でなければならない。

"tied"
: すべてのクラスタの楕円体の形、サイズ、向きが同じでなければならない（つまり、すべてのクラスタが同じ共分散行列を共有しなければならない）。

covariance_typeのデフォルトは、クラスタごとに形、サイズ、向きがばらばらでよいという意味の"full"になっている（クラスタごとに独自の無制約な共分散行列がある）。図9-17は、covariance_typeが"tied"や"spherical"に設定されているときの解がどのようになるかを示している。

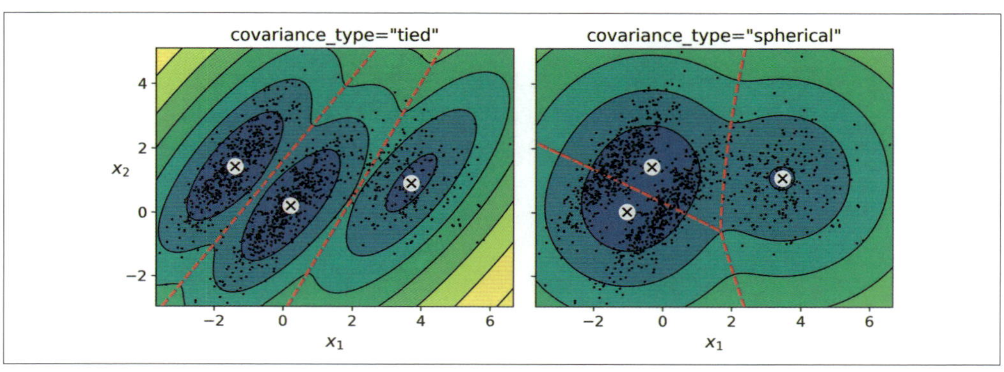

図9-17　形、サイズ、向きが同じクラスタ（左）と円形クラスタ（右）の混合ガウスモデル

GaussianMixtureモデルの学習にかかる計算量は、インスタンス数m、次元数n、クラスタ数k、共分散行列に対する制約によってまちまちになる。covariance_typeが"spherical"や"diag"なら、データにクラスタ構造があるものとして、計算量は$\mathcal{O}(kmn)$になる。covariance_typeが"tied"や"full"なら、計算量は$\mathcal{O}(kmn^2 + kn^3)$であり、特徴量の数が多いときにはうまくスケーリングしない。

混合ガウスモデルは、異常検知にも使える。その方法を説明しよう。

9.2.1　混合ガウスモデルを使った異常検知

混合ガウスモデルを使った異常検知はごく簡単なことで、密度の低い領域にあるインスタンスを異常値と見なせばよい。ただし、密度のしきい値を定義しなければならない。例えば、不良品を弾きたい製造会社では、不良品の比率は周知のものとなっているだろう。例えば2％とする。その場合、密度がしきい値よりも低い領域に入るインスタンスが全体の2％になるようにしきい値を設定する。偽陽性（まったく問題ないのに不良品のフラグが付けられたもの）が多すぎる場合には、しきい値を下げればよい。逆に、偽陰性（不良品なのに不良品のフラグが付けられていないもの）が多すぎる場合には、しきい値を上げればよい。これはいつもの適合率と再現率のトレードオフである（3章参照）。低密度の2パーセンタイルをしきい値として外れ値を見つける（つまり、インスタンスの約2％に異常値のフラグを付ける）には、次のようにする。

```
densities = gm.score_samples(X)
density_threshold = np.percentile(densities, 2)
anomalies = X[densities < density_threshold]
```

図9-18は、このようにして見つかった異常値をアスタリスク（*）で表している。

これと密接に関連するタスクとして**新規性検知**（novelty detection）があるが、新規性検知は外れ値によって汚れていない「クリーン」なデータセットで学習されることが前提となっている点で、そのような前提のない異常検知とは異なる。実際、異常検知はデータセットをクリーンにするために使われることが多い。

混合ガウスモデルは外れ値を含むすべてのデータに適合しようとするので、異常値が多すぎると、モデルの「正常性」の解釈にバイアスがかかり、外れ値の一部が正常値と見なされてしまう。そのような場合には、とりあえずモデルを学習し、最も極端な外れ値を検知、除去して少しクリーンアップされたデータセットを改めて学習するとよい。堅牢な共分散推定メソッド（EllipticEnvelopeクラス参照）を使うという方法もある。

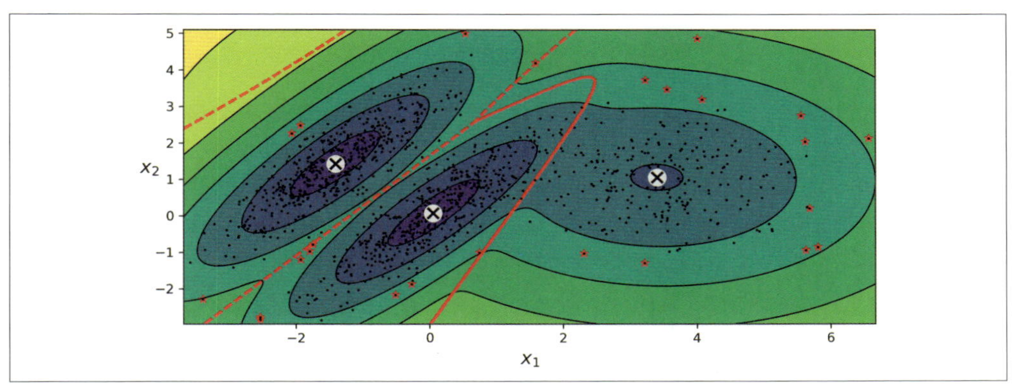

図9-18　混合ガウスモデルを使った異常検知

GaussianMixtureクラスのアルゴリズムは、k平均法と同様に、クラスタ数を指定しておく。クラスタ数はどのようにして判定すればよいのだろうか。

9.2.2　クラスタ数の選択

k平均法では適切なクラスタ数の選択のために慣性やシルエットスコアが使えるが、クラスタが円形でなかったりクラスタのサイズがまちまちだったりする混合ガウス法ではこれらの方法は使えない。代わりに、**ベイズ情報量規準**（BIC：Bayesian Information Criterion）や**赤池情報量規準**（AIC：Akaike Information Criterion）といった**理論的な情報量規準**（式9-1参照）を最小化するモデルを見つければよい。

式9-1　ベイズ情報量規準（BIC）と赤池情報量規準（AIC）

$$BIC = \log(m)p - 2\log(\widehat{\mathscr{L}})$$
$$AIC = 2p - 2\log(\widehat{\mathscr{L}})$$

- mはインスタンス数。
- pはモデルが学習するパラメータの数
- $\widehat{\mathscr{L}}$はモデルの**尤度関数**を最大化する値

BICとAICは、ともに学習するパラメータが多い（例えば、クラスタ数が多い）モデルにペナルティを与え、データによく適合するモデルに報酬を与える。両者は同じモデルを選ぶことが多いが、両者に差が出る場合には、BICが選ぶモデルはAICが選ぶモデルよりも単純（パラメータが少ない）なものの、データにあまり適合しないものになる傾向がある（データセットが大きいときには特にこの傾向が顕著になる）。

尤度関数

日常会話では「確からしさ」(probability) と「もっともらしさ」(likelihood) は同じ意味の言葉として使われることが多いが、統計学では両者の意味は大きく異なる。何らかのパラメータ $\boldsymbol{\theta}$ を持つ統計モデルがあるとき、「確率」(probability) という用語は、将来 $\mathbf{x}$ という結果がどの程度の割合で起こるかを説明するために使われるのに対し、「尤度」(likelihood) という用語は、$\mathbf{x}$ という結果がわかっているときに、特定のパラメータの集合 $\boldsymbol{\theta}$ がどの程度正しそうかを示すために使われる。

−4と1を中心(平均)とする2つの正規分布の1次元混合モデルについて考えてみよう。話を単純にするために、このモデルには、両分布の標準偏差を管理する θ という単一のパラメータがあるものとする。**図9-19**の左上の等高線グラフは、x と θ の両方の関数としてのモデル $f(x; \theta)$ 全体を示している。将来の結果 x の確率分布を推定するためには、モデルのパラメータ θ を与えなければならない。例えば、θ を1.3にすれば(横線)、左下のグラフに示すような確率密度関数 $f(x; \theta = 1.3)$ が得られる。ここで、x が−2から+2までの間に入る確率を推定したいなら、この範囲のPDFの積分(つまり、影を付けた領域の面積)を計算することになる。しかし、θ を知らず、代わりに $x = 2.5$ という単一のインスタンスの観測値(左上のグラフの縦線)だけがわかっている場合にはどうすればよいだろうか。この場合、右上のグラフのような尤度関数 $\mathcal{L}(\theta|x = 2.5) = f(x = 2.5; \theta)$ が得られる。

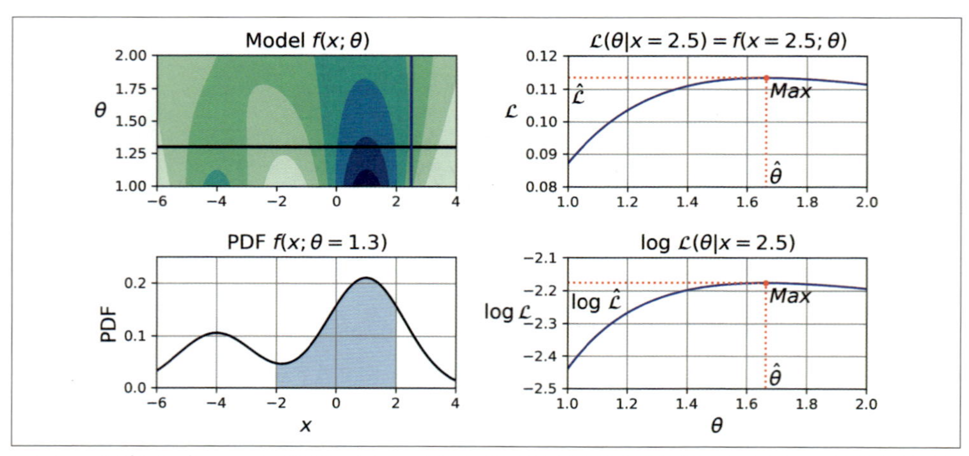

図9-19　モデルのパラメータ関数(左上)とその派生関数である確率密度関数(PDF、左下)、尤度関数(右上)、対数尤度関数(右下)

つまり、確率密度関数は x の関数(θ は固定)であるのに対し、尤度関数は θ の関数(x は固定)なのである。尤度関数が確率分布**ではない**ことを理解するのは大切だ。x が取り得るあらゆる値で確率分布を積分すると、必ず1になるが、θ が取り得るあらゆる値で尤度関数を積分すると、結果は何らかの正の値になる。

データセット**X**が与えられたら、一般にモデルパラメータとして最も尤度の高い値を推定しようとするものだ。そのためには、**X**が与えられたときに尤度関数を最大化する値を見つけなければならない。この例のように単一のインスタンス$x = 2.5$を観測した場合、θの**最尤推定**（maximum likelihood estimate）は$\hat{\boldsymbol{\theta}} = 1.65$だ。$\theta$に事前確率分布$g$がある場合、単に$\mathscr{L}(\theta|x)$を最大化するのではなく$\mathscr{L}(\theta|x)g(\theta)$を最大化すれば、$g$を考慮に入れられる。これを**最大事後確率**（MAP：maximum a-posteriori）推定という。MAPはパラメータが取れる値を制約するので、MLEの正則化バージョンだと考えてよい。

尤度関数を最大化するのは、対数尤度関数（**図9-20**の右下のグラフで表されている）を最大化するのと同じだということに目を付けよう。対数は狭義単調増加関数なので、θが対数尤度を最大化するなら、尤度も最大化する。そして、一般に尤度を最大化させるよりも対数尤度を最大化させる方が簡単だ。例えば、$x^{(1)}$から$x^{(m)}$までという複数の独立インスタンスを観測した場合、個々の尤度関数の積を最大化するθの値を見つけなければならなくなるが、積を和に変換する対数の手品（$\log(ab) = \log(a) + \log(b)$）のおかげで、これは対数尤度関数の総和（総乗ではなく）を最大化させるθを探すのと同じになる。この方がずっと簡単だ。

尤度関数を最大化させるθである$\hat{\boldsymbol{\theta}}$を推定したら、AICとBICの計算に必要な$\hat{\mathscr{L}} = \mathscr{L}\left(\hat{\boldsymbol{\theta}}, \mathbf{X}\right)$を計算できる。これは、モデルがデータにどれだけ適合しているかを示す尺度だと考えてよい。

BICとAICの計算には、bic()、aic()メソッドを呼び出す。

```
>>> gm.bic(X)
8189.747000497186
>>> gm.aic(X)
8102.521720382148
```

図9-20は、さまざまな値のkに対するBICを示している。このように、BIC、AICはともに$k = 3$のときに最も低く、それが最良の選択だと考えられる。

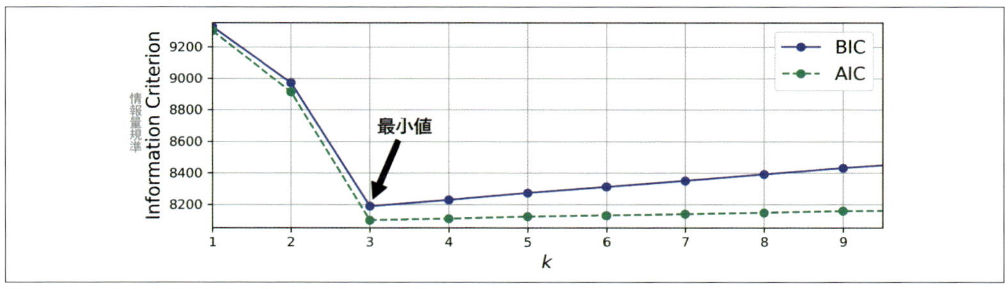

図9-20　kをさまざまな値に変えたときのAICとBIC

9.2.3 混合ベイズガウスモデル

最適なクラスタ数は、手作業で探さなくても、BayesianGaussianMixtureで探せる。このクラスは、不要なクラスタの重みを0（またはそれに近い値）にすることができる。n_componentsに、最適なクラスタ数よりも明らかに大きい値を指定すると（そのため、問題について最低限の知識があることが前提になる）、アルゴリズムが自動的に不要なクラスタを捨ててくれる。例えば、クラスタ数を10にするとどうなるかを見てみよう。

```
>>> from sklearn.mixture import BayesianGaussianMixture
>>> bgm = BayesianGaussianMixture(n_components=10, n_init=10, random_state=42)
>>> bgm.fit(X)
>>> bgm.weights_.round(2)
array([0.4 , 0.21, 0.4 , 0.  , 0.  , 0.  , 0.  , 0.  , 0.  , 0.  ])
```

アルゴリズムが必要なクラスタは3個だけだと判断し、それらのクラスタは**図9-16**とほぼ同じになっている。

混合ガウスモデルについて最後に触れておくべきことがある。混合ガウスモデルは楕円形のクラスタではうまく機能するが、楕円とは大きく異なる形のデータセットにはうまく適合しない。例えば、moonsデータセットのクラスタリングのために混合ベイズガウスモデルを使ったらどうなるかを見てみよう（**図9-21**）

楕円形を必死に探すあまり、2個ではなく8個のクラスタを見つけてしまった。密度推定はそれほど悪くないので、このモデルはおそらく異常検知には使えるが、2つの月を見つけることはできていない。では、この章を締めくくる前に、任意の形のクラスタを扱えるクラスタリングアルゴリズムを少し見ておこう。

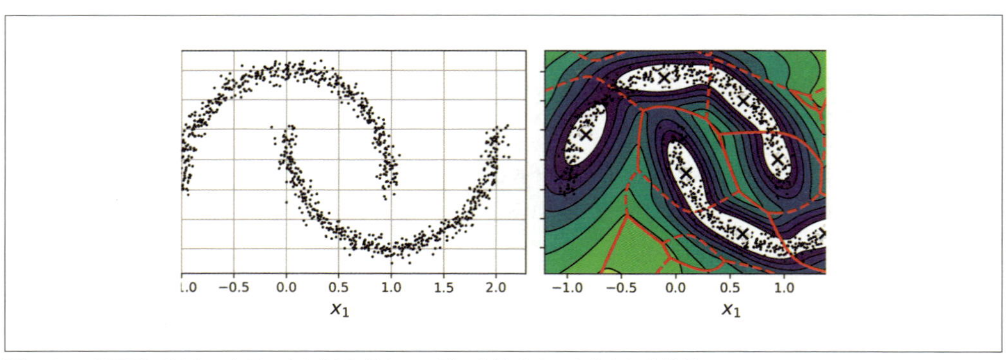

図9-21　楕円形ではないクラスタに混合ガウスモデルを適合させようとした結果

9.2.4　異常／新規性検知のためのその他のアルゴリズム

scikit-learnは、異常/新規性検知専用のその他のアルゴリズムも実装している。

高速最小共分散行列式（Fast-MCD：fast minimum covariance determinant）

`EllipticEnvelope`クラスが実装しているアルゴリズムで、特にデータセットのクリーンアップで役に立つ。正常値（inlier）は、複数の正規分布の混合ではなく、単一の正規分布から生成されることを前提としている。また、この正規分布から生成されたわけではない外れ値によってデータセットが汚れていることも前提としている。正規分布のパラメータ（つまり、正常値を囲む楕円のエンベロープの形)の推定では、外れ値だと思われるインスタンスをていねいに判定して無視する。このテクニックは、楕円のエンベロープの推定に優れており、そのため外れ値検出にも適している。

アイソレーションフォレスト(isolation forest)

特に高次データセットで効率のよい外れ値検出アルゴリズムである。個々の決定木がランダムに成長するランダムフォレストを構築する。つまり、個々のノードでランダムに特徴量を選び、最小値と最大値の間からランダムなしきい値を選んで、データセットを2つに分割する。データセットは次第にばらばらになっていき、最終的にはすべてのインスタンスがほかのインスタンスから切り離されるようになる。異常値は一般にほかのインスタンスから離れたところにあるので、平均して(決定木全体を通じて)正常なインスタンスよりも早い段階で孤立する。

局所外れ値因子法(LOF:local outlier factor)

これも外れ値検出に役立つアルゴリズムで、与えられたインスタンスの周囲のインスタンスの密度と近傍インスタンスの周囲の密度を比較する。異常値はk個の最近傍インスタンスよりも孤立していることが多い。

1クラスSVM

新規性検知では、ほかのアルゴリズムよりも適している。カーネルSVM分類器がまず(暗黙のうちに)すべてのインスタンスを高次空間に変換してから、この高次空間で線形SVM分類器を使って2つのクラスに分割していることを思い出そう(5章参照)。インスタンスのクラスが1つしかない1クラスSVMは、最初から高次空間でインスタンスを原点から切り離そうとする。これは、もとの空間ですべてのインスタンスを囲む小さな領域を探すのと同じ意味になる。新規インスタンスがこの領域に入らなければ、そのインスタンスは異常値である。操作できるハイパーパラメータとして通常のカーネルSVMのハイパーパラメータに加えて、マージンのハイパーパラメータがある。これは新インスタンスが本当は正常値なのに誤って新規の値だと判断される確率に対応している。特に高次データセットで高い性能を発揮するが、SVMの常として、大規模なデータセットにはうまくスケーリングしない。

PCA(および`inverse_transform()`メソッドによるその他の次元削減テクニック)

正常なインスタンスの再構築誤差と異常値の再構築誤差を比較すると、一般に後者の方がかなり大きい。これは単純で多くの場合は効率的な異常検知アプローチである(このアプローチの例については、この章の演習問題を参照のこと)。

9.3 演習問題

1. クラスタリングをどのように定義するか自分の考えを述べなさい。また、クラスタリングアルゴリズムをいくつか挙げなさい。
2. クラスタリングアルゴリズムの主要な応用分野をいくつか挙げなさい。
3. k平均法を使うときに適切なクラスタ数を選択するための方法を2つ説明しなさい。
4. ラベル伝播とは何か、なぜそのようなものを実装するのか、またどうすれば実装できるかを説明しなさい。
5. 大規模なデータセットに対するスケーラビリティが高いクラスタリングアルゴリズムを2

つ挙げなさい。また、高密度の領域を探すクラスタリングアルゴリズムを2つ挙げなさい。

6. 能動学習が役に立つユースケースを挙げなさい。また、どのように実装するか答えなさい。
7. 異常検知と新規性検知の違いは何か。
8. 混合ガウスモデルとは何か。どのようなタスクで使えるか。
9. 混合ガウスモデルを使うときに適切なクラスタ数を選択するための方法を2つ説明しなさい。
10. 64 × 64 ピクセルのグレースケール画像が400個含まれているオリベッティ顔画像データセットという古典的なデータセットがある。40人の顔写真が10回ずつ撮影されており、個々の画像は4,096要素の1次元ベクトルに平坦化されている。一般に個々の写真が誰を撮ったものかを予測するための練習問題として使われている。`sklearn.datasets.fetch_olivetti_faces()` 関数でデータセットをロードし、学習セット、検証セット、テストセットに分割しなさい（データセットは既に0から1の間にスケーリングされていることに注意）。データセットの規模が小さいので、階層化サンプリングを使って同一人物の写真が各セットに同数ずつ入るようにすること。次に、k平均法を使って画像をクラスタリングしなさい。クラスタ数は、この章で説明したテクニックのどれかを使って妥当なものを選ぶようにすること。最後にクラスタを可視化しなさい。各クラスタに同じ人の顔が含まれているだろうか。
11. 引き続きオリベッティ顔画像データセットを使い、個々の写真が誰を撮ったものかを予測する分類器を学習し、検証セットで性能を評価しなさい。次に、次元削減ツールとしてk平均法を使い、次元削減後のデータセットで分類器を学習しなさい。分類器が最高性能を出せるクラスタ数を探そう。どの程度の性能が得られたか。次元削減後のデータセットの特徴量をもとのデータセットに追加したらどうか（ここでも、最良のクラスタ数を探すこと）。
12. オリベッティ顔画像データセットで混合ガウスモデルを学習しなさい。アルゴリズムを高速化するために、おそらくデータセットの次元削減が必要になる（例えば、分散の99%を維持する形でPCAを使ってみよう）。作ったモデルで新しい顔画像を生成し（`sample()` メソッドを使う）、可視化しなさい（PCAを使った場合には、PCAの `inverse_transform()` メソッドを使えばよい）。また、一部の画像に変更を加え（例えば回転、反転、暗色化）、モデルが異常を検知するかどうかを試してみよう（正常な画像と異常にした画像で `score_samples()` メソッドの出力を比較すればよい）。
13. 次元削減テクニックの中には、異常検知にも使えるものもある。例えば、分散の99%を維持しながらオリベッティ顔画像データセットをPCAで次元削減し、個々の画像の再構築誤差を計算しなさい。次に、前問でもとの画像を変形して作った画像の一部を取り出し、その再構築誤差を計算しなさい。再構築誤差が大きくなったはずだ。再構築後の画像をプロットすればその理由がわかる。再構築アルゴリズムは、正常な顔写真を再構築しようとしていたのだ。

演習問題の解答は、ノートブック（https://homl.info/colab3）の9章の部分を参照のこと。

第Ⅱ部
ニューラルネットと深層学習

10章 人工ニューラルネットワークとKerasの初歩

鳥が飛行機のヒントとなり、オナモミが面ファスナー（いわゆるマジックテープ）のヒントになったように、自然界はさまざまな発明のヒントを提供している。そのことを考えれば、知的なマシンの構築方法のヒントを得るために脳の構造を調べようとするのは当然のことだろう。これが**人工ニューラルネットワーク**（artificial neural networks、ANN）を生み出した論理である。ANNは、人間の脳内にある生物学的ニューロンのネットワークからヒントを得た機械学習モデルだ。しかし、鳥にヒントを得て作られた飛行機が翼をはばたかせなくてよいように、ANNは次第に生物学的なニューロンネットワークからはかけ離れたものとなってきた。研究者の中には、生物学的に妥当な枠の範囲にクリエイティビティを押し込めないように、生物学的な類推を取り除くべきだと論じる人々さえいる（例えば、「ニューロン」ではなく「ユニット」という言葉を使うことによって）*1。

深層学習（deep learning、ディープラーニング）のコアにはANNがある。ANNは柔軟、強力、スケーラブルで、数十億の画像を分類したり（例えば、Google画像検索）、音声認識サービスを支えたり（例えば、AppleのSiri）、毎日数億人のユーザにお勧めビデオをレコメンドしたり（例えば、YouTube）、囲碁の対局で世界チャンピオンを負かせる方法を学習する（DeepMindのAlphaGo）といった大規模で高度に複雑な機械学習タスクに挑戦するためには理想的な存在である。

この章の前半では、最初期のANNアーキテクチャから今日多用されている多層パーセプトロン（multi-layer perceptron、MLP）に至るまでのANNの歴史を簡単に見ていく（その他のアーキテクチャはあとの章で見ていく）。後半では、広く使われているKeras APIを使ってニューラルネットワークを実装する方法を見ていく。Kerasは、ニューラルネットワークを構築、学習、評価、実行するための単純で高水準なAPIとして見事なできばえになっている。しかし、Kerasの単純さに騙されてはならない。Kerasには、さまざまなニューラルネットワークアーキテクチャを構築できるだけの表現力と柔軟性がある。実際、ほとんどのユースケースはKerasで十分だろう。そして、さらに柔軟性が必要であれば、12章で説明するように、Kerasの低水準APIを使ってKerasカスタムコンポーネントを作ったり、TensorFlowを直接操作したりすればよい。

しかしその前に、時間をさかのぼって人工ニューラルネットワークがどのようにして今日の姿に成長

＊1　機能する限り、生物学的にあり得ないようなモデルを作ることを恐れずに、生物学からのヒントにも心を開くようにすれば、両方の世界のいいとこ取りができる。

してきたのかを見てみよう。

10.1 生物学的ニューロンから人工ニューロンへ

意外にも、ANNの考え方はかなり古くからある。神経生理学者のウォーレン・S・マカロック（Warren S. McCulloch）と数学者のウォルター・ピッツ（Walter Pitts）が1943年に初めてこの考え方を提案した。彼らは、記念碑的な論文、「神経活動に内在する思考の論理的計算」（https://homl.info/43）*1の中で、動物の脳の生物学的ニューロンが共同作業で命題論理（propositional logic）を駆使して複雑な計算を実行する仕組みについての単純化された計算モデルを示した。これが最初の人工ニューラルネットワーク・アーキテクチャである。これから見ていくように、その後さまざまなアーキテクチャが考え出されていった。

初期のANNの成功により、多くの人々が本当の意味で知的なマシンと会話できる日が近いと考えるようになった。しかし、1960年代になってこの約束が少なくともすぐには果たされないことが明らかになると、資金は別の分野に投入されるようになり、ANNは長い暗黒時代に入った。1980年代始めになって、新しいネットワークアーキテクチャの発明と従来よりも優れた学習テクニックの開発により、**コネクショニズム**（connectionism：ニューラルネットワーク研究）への関心は再び蘇った。しかし、その進歩は遅く、1990年代までにサポートベクターマシン（5章参照）などのほかの機械学習手法が発明されていった。それらの方がよい結果を生み出し、ANNよりも理論的な基礎がしっかりしているように見えたのである。そのため、ニューラルネットワーク研究は再び停滞した。

しかし、最近になってANNに対する新たな関心の高まりを目撃することになった。この波は、今までの波と同じように消えてしまうのだろうか。いや、今度は違う。今度こそANNは私たちの生活に従来よりもはるかに大きな影響を与える。そう考えてよい理由がいくつかある。

- 今はニューラルネットワークを学習するための膨大なデータがある。そして、極端に大規模で複雑な問題では、ANNはほかの機械学習テクニックよりも高い性能を示すことが頻繁にある。
- 1990年代以降のコンピュータの爆発的な性能の向上により、今では大規模なニューラルネットワークを合理的な時間内に学習できるようになった。これはムーアの法則（過去50年に渡って、集積回路に収まる部品の数は約2年ごとに倍になってきている）のおかげであり、数百万単位の強力なGPUカードを生み出してきたゲーム産業のおかげでもある。そして、クラウドプラットフォームによって誰もがこの計算能力にアクセスできるようになった。
- 学習アルゴリズムが改良されてきている。公平に言って、1990年代のアルゴリズムとの違いはごくわずかだが、この比較的小さな改良が莫大なプラスの効果を生み出している。
- ANNの理論的な限界のいくつかが実際には無害だということが明らかになった。例えば、多くの人々がANNの学習アルゴリズムは局所的な最適値に捕まってしまうため失敗を免れないと考えてきたが、実際にはそれは大した問題ではないことが明らかになった（特に大きなニューラルネットワークでは）。多くの場合、局所最適値は全体の最適値と大差がないのだ。

---

*1 Warren S. McCulloch and Walter Pitts, "A Logical Calculus of the Ideas Immanent in Nervous Activity", *The Bulletin of Mathematical Biology* 5, no. 4 (1943): 115-113.

- ANNは、資金を獲得して進歩するよい循環に入ったように見える。ANNを基礎とする優れた製品がコンスタントに新聞の見出しを飾り、それによってANNに対する関心と資金がさらに集まり、結果として進歩が早まり、さらにすばらしい製品が生み出されている。

10.1.1 生物学的ニューロン

人工ニューロンについて話す前に、生物学的なニューロン（**図10-1**）について簡単に見ておこう。ニューロンは、主として動物の大脳皮質に見られる通常とは異なる形の細胞で、核と細胞の複雑な内容物の大半を収める**細胞体**（cell body）と**樹状突起**（dendrite）と呼ばれる細かく分岐した突起、**軸索**（axon）と呼ばれる非常に長い突起から構成される。軸索は、細胞体の長さのわずか数倍から数万倍までの長さになる。軸索の先端近くは、**終末分枝**（telodendria）と呼ばれる多数の枝に分かれ、それらの枝の先端には**シナプス終端**（synaptic terminal、あるいは単純に**シナプス**：synapse）と呼ばれる小さい構造体が付いている。シナプスは、ほかのニューロンの樹状突起または細胞体に接続している[*1]。生物学的ニューロンはシナプスを介して**活動電位**（AP：action potential）あるいは単純に**信号**（signal）と呼ばれる短い電気的な刺激を生み出し、それが軸索を伝わってシナプスに**神経伝達物質**（neurotransmitter）と呼ばれる化学信号を放出させる。ニューロンは、数ミリ秒のうちに十分な量の神経伝達物質を受け取ると、自分自身で独自の電気刺激を発する（実際には、ニューロンの発火を禁止する神経伝達物質もあり、電気刺激を発するかどうかは神経伝達物質次第である）。

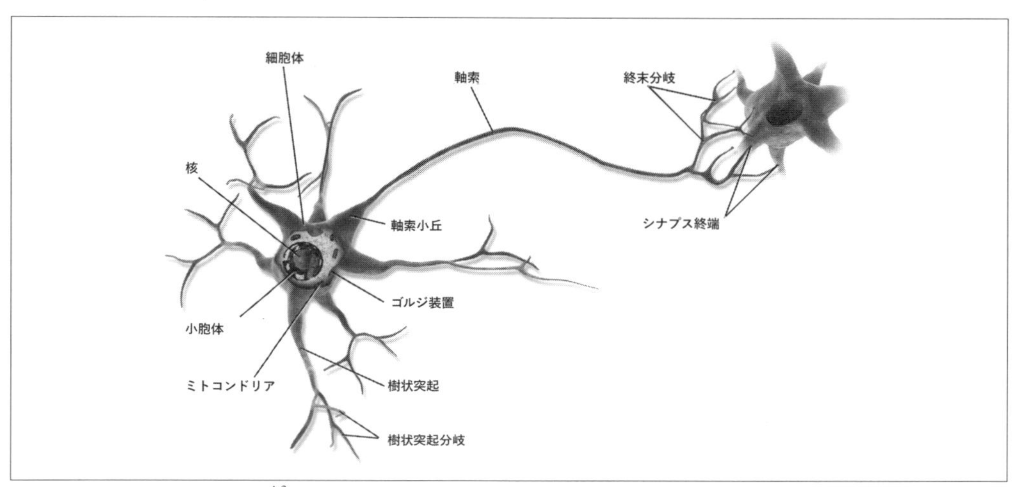

図10-1 生物学的ニューロン[*2]

このように、個別の生物学的ニューロンは比較的単純に振る舞うように見えるが、これらは数十億個のニューロンの巨大なネットワークに組織されており、一般に1つのニューロンは数千個のほかのニューロンと結び付いている。単純なアリの共同作業によって複雑な蟻塚が出現するのと同じように、

*1 実際には接続しておらず、化学信号を高速に交換できるくらい近接しているだけである。
*2 Bruce Blaus制作（クリエイティブコモンズ3.0（https://creativecommons.org/licenses/by/3.0/）。https://en.wikipedia.org/wiki/Neuronからの転載。

ごく単純なニューロンの巨大なネットワークによって高度に複雑な計算を実行できるようになる。生物学的ニューラルネットワーク（BNN）*1のアーキテクチャは依然として活発な研究対象だが、脳の一部は既に解析されている。そして、ニューロンは、**図10-2**に示すように、連続的な層にまとめられていることが多いことがわかっている（特に大脳皮質、つまり脳の最も外側の階層では）。

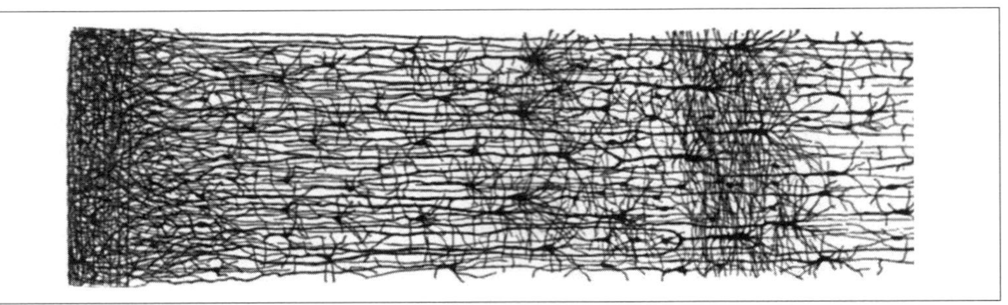

図10-2　多層的な生物学的ニューラルネットワーク（ヒトの大脳皮質） *2

10.1.2　ニューロンによる論理演算

マカロックとピッツが提案した生物学的ニューロンの非常に単純なモデルは、のちに**人工ニューロン**（artificial neuron）と呼ばれるようになった。人工ニューロンは、1つ以上のバイナリ（オンまたはオフ）入力と1つのバイナリ出力を持つ。人工ニューロンは、一定数を越える入力が活性化したときに出力を活性化させる。マカロックとピッツは、そのように単純化されたモデルでも、任意の論理命題を計算する人工ニューロンのネットワークを構築できることを示した。例えば、少なくとも2つの入力が活性化するとニューロンが活性化されるものとして、さまざまな論理演算を実行するANNをいくつか作ってみよう（**図10-3**）。

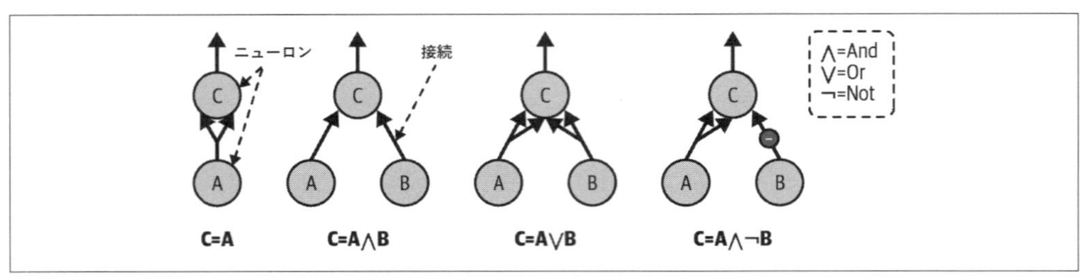

図10-3　単純な論理演算を実行するANN

このネットワークは次のように動作する。

- 最も左のネットワークは、単純な恒等写像であり、ニューロンAが活性化すると、ニューロンCも同じように活性化される（ニューロンAから2つの入力信号を受け取るため）。し

---

*1　機械学習を話題にする際は、「ニューラルネットワーク」という用語は一般にBNNではなくANNを指す。
*2　S. Ramon y Cajalによる大脳皮質層構造の描画（パブリックドメイン）。https://en.wikipedia.org/wiki/Cerebral_cortexからの転載。

かし、ニューロンAが非活性化すると、ニューロンCも同じように非活性化する。

- 第2のネットワークは、論理ANDを実行する。ニューロンCが活性化されるのは、ニューロンA、Bの両方が活性化されたときだけである（1つの入力信号だけでは、ニューロンCを活性化させるには足りない）。
- 第3のネットワークは、論理ORを実行する。ニューロンCは、ニューロンAかニューロンB（またはその両方）が活性化すると活性化される。
- 最後に、入力によってニューロンの活性化を禁止できるものとすると（生物学的ニューロンの場合にはこれができる）、第4のネットワークは、これらのものよりも少し複雑な論理命題を計算できる。ニューロンCが活性化されるのは、ニューロンAが活性化されていて、ニューロンBが活性化されていないときだけである。ニューロンAが常に活性化していれば、論理NOTになる。つまり、ニューロンCは、ニューロンBが活性化されていなければ活性化し、ニューロンBが活性化されていれば活性化しない。

これらのネットワークを組み合わせれば複雑な論理式が計算できることは容易に想像できるだろう（章末の演習問題参照）。

10.1.3 パーセプトロン

パーセプトロン（perceptron）は、ANNアーキテクチャでも最も単純なものの1つで、1957年にフランク・ローゼンブラット（Frank Rosenblatt）によって考え出された。TLU（threshold logic unit：しきい値論理素子）またはしばしばLTU（linear threshold unit：線形しきい値素子）と呼ばれるわずかに異なる人工ニューロン（**図10-4**）を基礎としており、入出力は数値（オン/オフのバイナリ値ではなく）で、個々の入力の結合部には重み（結合重み）が与えられる。TLUは、入力の線形関数（$z = w_1 x_1 + w_2 x_2 + \cdots + w_n x_n + b = \mathbf{w}^\intercal \mathbf{x} + b$）を計算し、計算結果に**ステップ関数**（step function：$h_\mathbf{w}(\mathbf{x}) = \mathrm{step}(z)$）を適用する。そういうわけで、ほとんどロジスティック回帰のようだが、ロジスティック関数（4章参照）ではなくステップ関数を使っているところが異なる。ロジスティック回帰と同様に、モデルのパラメータは入力の重み$\mathbf{w}$とバイアス項bだ。

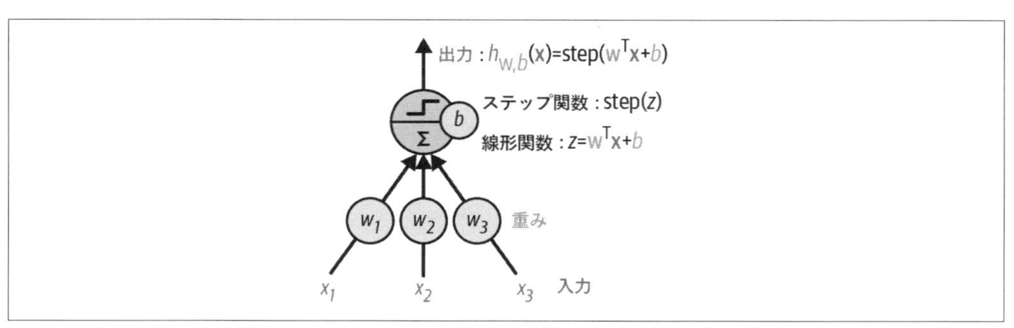

図10-4　TLU：入力の線形関数（$\mathbf{w}^\intercal \mathbf{x} + b$）にステップ関数を適用したものを計算する人工ニューロン

パーセプトロンで最もよく使われるステップ関数は、**ヘビサイドステップ関数**（heaviside step function、**式10-1**）で、代わりに符号関数（sign function）が使われることもある。

式10-1 パーセプトロンでよく使われるステップ関数(しきい値＝0と仮定した場合)

$$\text{heaviside}(z) = \begin{cases} 0, & z < 0 \\ 1, & z \geq 0 \end{cases} \qquad \text{sgn}(z) = \begin{cases} -1, & z < 0 \\ 0, & z = 0 \\ +1, & z > 0 \end{cases}$$

単純な線形二値分類は、1つのTLUで実現できる。TLUは入力の線形結合を計算し、結果がしきい値を越えたら陽性クラス、そうでなければ陰性クラスを出力する。ロジスティック回帰分類器(4章)や線形SVM(5章)を思い出すような話だ。例えば、1個のTLUがあれば、花弁の長さと幅に基づいてアヤメの花を分類できる。TLUを学習するということは、w_1、w_2、bの適切な値を見つけるということだ(学習アルゴリズムについては、すぐあとで説明する)。

パーセプトロンは、個々のTLUがすべての入力に結合され、単層にまとめられた1個以上のTLUから構成される。そのような層は**全結合層**(fully connected layer)、または**密層**(dense layer)と呼ばれる。入力ニューロンは**入力層**(input layer)を形成する。そして、TLUの層は最終出力を生み出すので、**出力層**(output layer)と呼ばれる。例えば、2個の入力と3個の出力を持つパーセプトロンは、**図10-5**のように表せる。

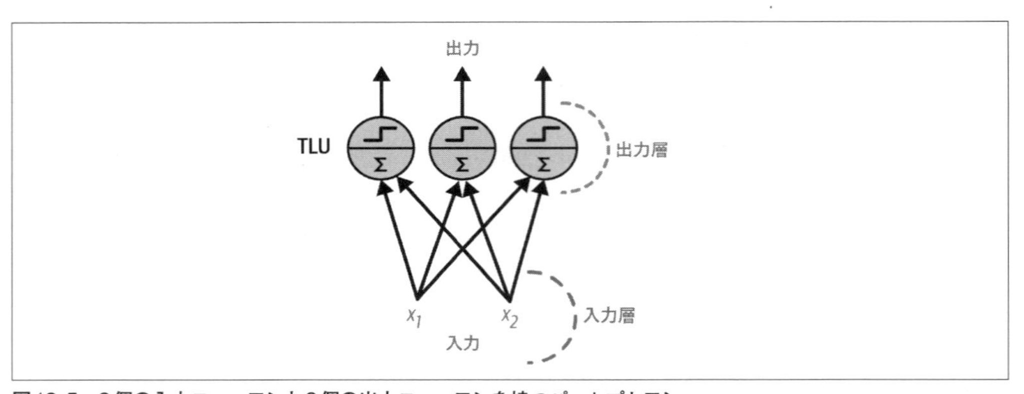

図10-5 2個の入力ニューロンと3個の出力ニューロンを持つパーセプトロン

このパーセプトロンは、インスタンスを同時に3種類の異なるバイナリクラスに分類できる多ラベル分類器になっている。多クラス分類器としても使える。

線形代数の手品により、複数のインスタンスに対する人工ニューロンの1つの層の出力は**式10-2**で効率よく計算できる。

式10-2 全結合層の出力の計算

$$h_{\mathbf{W},\mathbf{b}}(\mathbf{X}) = \phi(\mathbf{XW} + \mathbf{b})$$

- $\mathbf{X}$は、いつもと同じように入力特徴量の行列を表す。行列の各行はインスタンス、各列は特徴量を表す。
- 重み行列$\mathbf{W}$には、すべての結合の重みが含まれている。行列の各行は入力、各列はニューロンを表す。

- バイアスベクトル **b** には、すべてのバイアス項が含まれている。バイアス項はニューロンごとに1個ずつある。
- 関数 ϕ は**活性化関数**（activate function）と呼ばれる。人工ニューロンがTLUなら、活性化関数はステップ関数である（しかし、すぐあとでほかのタイプの活性化関数を紹介する）。

数学では、行列とベクトルの和は未定義だが、データサイエンスでは「ブロードキャスト」を認め、行列に対するベクトルの加算は行列の各行へのベクトルの加算とする。そこで、**XW** + **b**は、まず**X**に**W**を掛けてから（乗算後の行列の各行はインスタンス、各列は出力を表す）、乗算後の行列の各行にベクトル**b**を加算する。これは、すべてのインスタンスについて、個々の出力に対応する個々のバイアス項を加算するということだ。さらに、得られた行列の各項に ϕ が適用される。

では、パーセプトロンはどのようにして学習されるのだろうか。ローゼンブラットが提案したパーセプトロンの学習アルゴリズムは、基本的に**ヘッブの法則**（Hebb's rule）をヒントにしたものだ。ドナルド・ヘッブ（Donald Hebb）は、1949年に出版された*The Organization of Behavior*, Wiley（邦訳「行動の機構」、岩波書店）の中で、生物学的ニューロンでは、ニューロンがほかのニューロンを発火するうちに、両者の間のつながりが強化されるとした。のちにジークリッド・レーヴェル（Siegrid Löwel）がこの考え方を「ともに発火する細胞は、強く結び付けられる」とわかりやすく表現した。つまり、2つのニューロンが同時に発火すると、この2つのニューロンを結ぶ結合重みは増えていく。この法則は、のちにヘッブの法則（または**ヘッブ学習**：Hebbian learning）と呼ばれるようになった。パーセプトロンは、ネットワークが予測するときの誤差を考慮に入れたこの法則の変種を使って学習される。この学習ルールは、誤差が削減されるように接続を強化する。具体的に説明すると、パーセプトロンは、1度に1個の学習インスタンスを与えられ、個々のインスタンスに対して予測を行う。そして、誤った予測を生み出した個々の出力ニューロンについて、正しい予測を生み出すために役立ったはずの入力ニューロンからの接続の重みを上げる。**式10-3**は、この規則を示している。

式10-3 パーセプトロンの学習規則（重みの更新）

$$w_{i,j}^{(\text{next step})} = w_{i,j} + \eta\left(y_j - \hat{y}_j\right)x_i$$

- $w_{i,j}$は i 番目の入力ニューロンと j 番目の出力ニューロンを結ぶ結合重み
- x_i は現在の学習インスタンスの i 番目の入力値
- $\hat{y}_j$ は現在の学習インスタンスの j 番目の出力ニューロンの出力
- y_j は現在の学習インスタンスの j 番目の出力ニューロンのターゲット出力。
- η は学習率（4章参照）。

各出力ニューロンの決定境界は線形なので、パーセプトロンは複雑なパターンを学習することはできない（ロジスティック回帰分類器と同様に）。しかし、ローゼンブラットは、学習インスタンスが線形分離可能なら、このアルゴリズムが解に収束することを示した[*1]。これを**パーセプトロンの収束定理**

*1　この解は一意ではないことに注意してほしい。データが線形分離可能なら、それらを分離できる超平面は無限にある。

(perceptron convergence theorem)と呼ぶ。

scikit-learnは、単一のTLUネットワークを実装するPerceptronクラスを提供しており、このクラスは予想通りの動きをする。例えば、irisデータセット(4章参照)で学習するときには、次のように書く。

```
import numpy as np
from sklearn.datasets import load_iris
from sklearn.linear_model import Perceptron

iris = load_iris(as_frame=True)
X = iris.data[["petal length (cm)", "petal width (cm)"]].values
y = (iris.target == 0)  # セトサ種

per_clf = Perceptron(random_state=42)
per_clf.fit(X, y)

X_new = [[2, 0.5], [3, 1]]
y_pred = per_clf.predict(X_new)  # これら2種類の花に対して真偽を予測する
```

パーセプトロンの学習アルゴリズムが確率的勾配降下法(4章参照)とよく似ていることに気付かれたかもしれない。実際、scikit-learnのPerceptronクラスは、ハイパーパラメータをloss="perceptron"、learning_rate="constant"、eta0=1(学習率)、penalty=None(正則化なし)に設定したSGDClassifierと同じである。

マービン・ミンスキー(Marvin Minsky)とシーモア・パパート(Seymour Papert)は、1969年の著書*Perceptrons*(邦訳『パーセプトロン』、パーソナルメディア)で、パーセプトロンの重大な弱点をいくつか指摘しているが、ごく簡単な問題(例えば、排他的OR:exclusive OR分類問題。**図10-6**の左側を参照)を解決できないこともその中に含まれている。もちろん、これはほかの線形分類モデル(ロジスティック回帰分類器など)にも当てはまることだが、研究者たちはパーセプトロンにもっと大きなものを期待していたので、落胆の度合いも大きかった。そのため、多くの研究者たちがニューラルネットワーク研究を捨て、論理、問題解決、探索などの高水準の問題に転向した。実用的な応用がないこともそれに拍車をかけた。

しかし、パーセプトロンの限界の一部は、複数のパーセプトロンを積み上げることによって取り除けることがわかった。そのようなANNを**MLP**(multi-layer perceptron:多層パーセプトロン)と呼ぶ。MLPは、個々の入力の組み合わせに対して**図10-6**の右側に描かれているMLPの出力を計算すれば確かめられるように、XOR問題を解決できる。ネットワークは、入力が(0, 0)か(1, 1)なら0、入力が(0, 1)か(1, 0)なら1を出力する。このネットワークが本当にXOR問題を解けることを検証してみてほしい[*1]。

---

*1 例えば、入力が(0, 1)なら、左下のニューロンは$0 \times 1 + 1 \times 1 - 3 / 2 = -1 / 2$を計算し、結果が負数なので0を出力する。右下のニューロンは$0 \times 1 + 1 \times 1 - 1 / 2 = 1 / 2$を計算し、結果が正数なので1を出力する。出力ニューロンは、入力として最初の2個のニューロンの出力を受け取り、$0 \times (-1) + 1 \times 1 - 1 / 2 = 1 / 2$を計算し、結果が正数なので1を出力する。

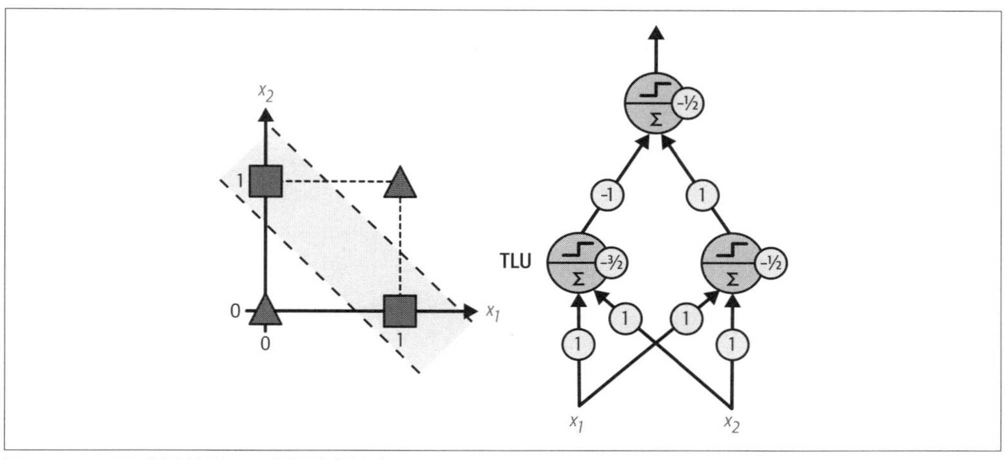

図10-6 XOR分類問題とこの問題を解決するMLP

ロジスティック回帰分類器とは異なり、パーセプトロンはクラスの確率を出力しない。これは、パーセプトロンよりもロジスティック回帰の方がよいとされる理由の1つである。さらに、パーセプトロンはデフォルトでは正則化を一切行わず、学習セットで予測誤りが起きなくなると学習を終了してしまうので、ロジスティック回帰分類器や線形SVM分類器よりも汎化しない。しかし、パーセプトロンはこれらよりも少し短時間で学習できる。

10.1.4 MLPとバックプロパゲーション

MLPは、1つの**入力層**（input layer）と**隠れ層**（hidden layer）と呼ばれる1つ以上のTLU層、**出力層**（output layer）と呼ばれる最後の1つのTLU層から構成される（**図10-7**）。一般に、入力層に近い層は**下位層**（lower layer）、出力層に近い層は**上位層**（upper layer）と呼ばれる。

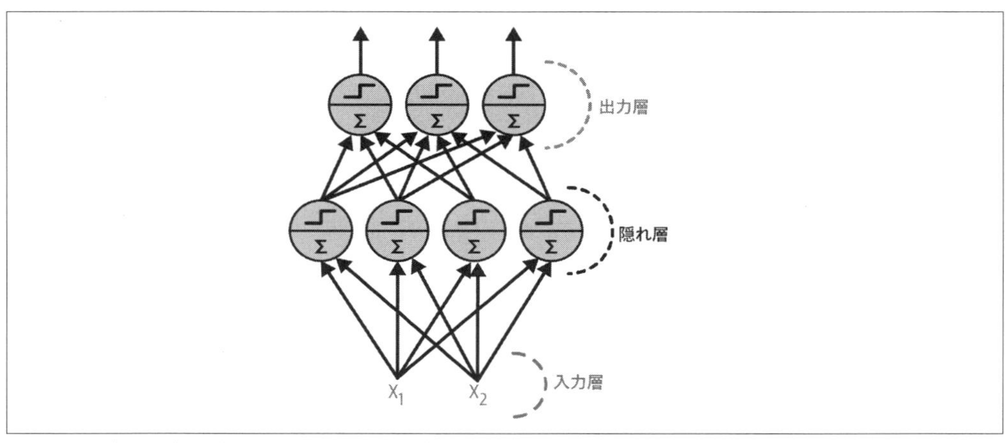

図10-7 2個の入力、4個のニューロンによる1個の隠れ層、3個の出力ニューロンを持つMLPのアーキテクチャ

信号が入力から出力への一方通行なので、このアーキテクチャは**順伝播型ニューラルネットワーク**（FNN：feedforward neural network）の一例になっている。

ANNが深い隠れ層を保つ場合*1、そのANNは**深層ニューラルネットワーク**（DNN：deep neural network）と呼ばれる。深層学習という研究分野はDNNを研究している。もっとも、より一般的に多くのモデルには深い計算スタックが含まれているが、深層学習という言葉が使われる場合には、その話題にはニューラルネットワークが関わっていることが多い（スタックが浅くても）。

研究者たちは、MLPを学習する方法を見つけようとして長年に渡って苦闘を続けてきたが、なかなか成功しなかった。1960年代初めには、複数の研究者たちがニューラルネットワークの学習のために勾配降下法を使えないかという議論をしていた。しかし、4章で説明したように、そのためにはモデルのパラメータについて誤差の勾配を計算しなければならない。当時のコンピュータの貧弱な能力で多数のパラメータを持つ複雑なモデルに対して効率よく勾配降下法を実行する方法は、まだ明らかになっていなかった。

その後、1970年になってセッポ・リンナインマー（Seppo Linnainmaa）という研究者が、すべての勾配を自動的に効率よく計算するテクニックを修士論文にまとめた。このアルゴリズムは、現在、**リバースモード自動微分**（reverse-mode automatic differentiation、reverse-mode autodiff）と呼ばれており、ネットワークを2パスする（1回は前進、もう1回は後退）だけで、すべてのモデルパラメータについてニューラルネットワークの誤差の勾配を計算できる。言い換えれば、個々の結合重みと個々のバイアスをどのように調整すれば、ニューラルネットワークの誤差を削減できるかを示せるのだ。明らかになった勾配は勾配降下法で使える。勾配を自動計算して勾配降下法を実行するという作業を繰り返すと、ニューラルネットワークの誤差は次第に小さくなり、最終的に最小値に達する。今では、このリバースモード自動微分と勾配降下法の組み合わせを**バックプロパゲーション**（backpropagation：誤差逆伝播法）と呼んでいる。

自動微分には、それぞれ長所、短所を持つさまざまな手法があるが、**リバースモード自動微分**は、多数の変数（例えば、結合重みとバイアス）を含む関数を微分するときに適している。自動微分を詳しく学びたい読者は、付録Bを参照してほしい。

バックプロパゲーションは、実際にはニューラルネットワークに限らず、あらゆるタイプの計算グラフに応用できる。実際、リンナインマーの修士論文はニューラルネットワークを対象としたものではなく、もっと一般的なものだった。ニューラルネットワークの学習にバックプロパゲーションが使われるようになったのは数年後のことだが、そのときでもまだ主流にはなっていなかった。1985年になって、デビッド・ラメルハート（David Rumelhart）、ジェフリー・ヒントン（Geoffrey Hinton）、ロナルド・ウィリアムズ（Ronald Williams）が、バックプロパゲーションによってニューラルネットワークが有用な内部表現を学

＊1　1990年代には、複数の隠れ層があるANNはDNNだと考えられていた。しかし、数十、いや数百もの層を重ねたANNが普通に見られるようになった現在では、深層の定義は曖昧になっている。

習する仕組みを分析する画期的な論文（https://homl.info/44）[*1]を発表した。彼らの成果は非常にめざましいものだったので、この分野ではバックプロパゲーションが急速に普及した。今日では、バックプロパゲーションは、圧倒的な大差で最も広く使われているニューラルネットワーク学習手法となっている。

このアルゴリズムがすることを最初から最後までもう少し詳しく見てみよう。

- 1度に1個のミニバッチ（例えば、32インスタンスずつ入っているもの）を処理し、完全な学習セットを複数回繰り返す。学習データセットを一通り処理することを、エポック（epoch）という単位で数える。
- 個々のミニバッチは、入力層からネットワークに入る。次にミニバッチのすべてのインスタンスについて、最初の隠れ層のすべてのニューロンの出力を計算する。出力は次の層に渡され、その層の出力が計算されてさらにその次の層に渡される。最後の層である出力層の出力が得られるまで、それを繰り返す。これが**フォワードパス**であり、予測とよく似ているが、リバースパスで必要になる計算の中間結果を全部残しておくところが異なる。
- 次に、アルゴリズムはネットワークの出力誤差を測定する（つまり、損失関数を実行して、望ましい出力とネットワークの実際の出力を比較し、誤差の何らかの指標を返す）。
- 次に、個々のバイアスと個々の出力結合部が誤差にどれだけ影響を及ぼしたかを計算する。計算は連鎖律（おそらく微積分学で最も基礎的な規則）を適用して分析的に行われるため、このステップは高速で正確である。
- 次に、再び連鎖律を使って1つ下の層の結合部が誤差にどれだけの影響を及ぼしているかを計算する。入力層に達するまでこれを繰り返す。先ほども触れたように、このリバースパスは、ネットワークの手前の方に誤差の勾配を伝えていって（そのため、アルゴリズムの名前がバックプロパゲーションになっている）、ネットワークのすべての結合重みとバイアスで誤差の勾配を効率よく測定する。
- 最後に、アルゴリズムは計算したばかりの誤差の勾配を使ってネットワークのすべての結合重みを調整する勾配降下ステップを実行する。

すべての隠れ層の結合重みをランダムに初期化することが大切であり、そうしないと学習が失敗する。例えば、すべての重みとバイアスを0で初期化すると、その層のすべてのニューロンが完全に同じになり、バックプロパゲーションはそれらに同じように影響を与えるため、重みはすべて同じままになってしまう。つまり、1つの層に数百個ものニューロンを用意しても、モデルはまるで層に1つのニューロンしかないのと同じようになってしまうのだ。これでは賢くなっていかない。重みをランダムに初期化すれば、**対称性が破られ**、バックプロパゲーションは多様なニューロンを学習できるようになる。

一言で言うと、バックプロパゲーションは、まずミニバッチに対して予測を行い（フォワードパス）、誤差を測定し（連鎖律）、各層を後退しながら個々のパラメータが誤差にどの程度の影響を与えたかを計測し（バックワードパス）、最後に誤差が小さくなるように結合重みを調整する（勾配降下ステップ）。

---

*1 David Rumelhart et al., "Learning Internal Representations by Error Propagation" (Defense Technical Information Center technical report, September 1985).

このアルゴリズムを正しく動作させるために、ラメルハートらはMLPのアーキテクチャに重要な変更を加えた。ステップ関数を$\sigma(z) = 1 / (1 + \exp(-z))$というロジスティック関数（**シグモイド関数**とも呼ばれる）に置き換えたのである。ステップ関数は平坦な線分だけで構成されるため、操作できる勾配がない（勾配降下法は、平面では動きが取れない）が、シグモイド関数なら、あらゆる位置に明確に定義された非0の導関数があるため、勾配降下法は各ステップで何らかの形で前に進める。実際には、バックプロパゲーションは、シグモイド関数以外の活性化関数も使える。シグモイド関数以外でよく使われる2つの活性化関数を紹介しよう。

双曲線正接（hyperbolic tangent）関数：$\tanh(z) = 2\sigma(2z) - 1$

シグモイド関数と同様に、S字形で連続で微分可能だが、出力は−1から1までの範囲になる（シグモイド関数のように0から1まででではなく）ので、学習を始めたばかりのときの各層の出力のばらつきが0を中心としたものになる傾向があり、これが収束までの時間を短縮するために役立つことが多い。

ReLU関数：ReLU(z) = max(0, z)

連続関数だが$z = 0$で微分可能でなく（ここで傾きが急激に変わるため、勾配降下法が跳ね回る場合がある）、$z < 0$での導関数が0になってしまう。しかし、実際に使ってみるとよく機能し、短時間で計算できるというメリットがあるため、今やデフォルトになっている[*1]。特に重要なのは、出力の最大値がないことが勾配降下法の問題軽減に役立つことである（このことについては11章で再び取り上げる）。

これらよく使われる活性化関数とその導関数をグラフにすると、**図10-8**のようになる。しかし、ちょっと待ってほしい。そもそもなぜ活性化関数が必要なのだろうか。それは、線形関数をいくつつなげても線形変換しか得られないからだ。例えば、$f(x) = 2x + 3$、$g(x) = 5x - 1$としたとき、この2つの線形関数をつなげても、$f(g(x)) = 2(5x - 1) + 3 = 10x + 1$になるだけである。そのため、層と層の間に何らかの非線形性を入れなければ、層を深く積み重ねたところで単層しかないのと同じになってしまい、複雑な問題は解けない。逆に、非線形の活性化関数をともなう十分に大規模なDNNは、理論的にはあらゆる連続関数に近似させられる。

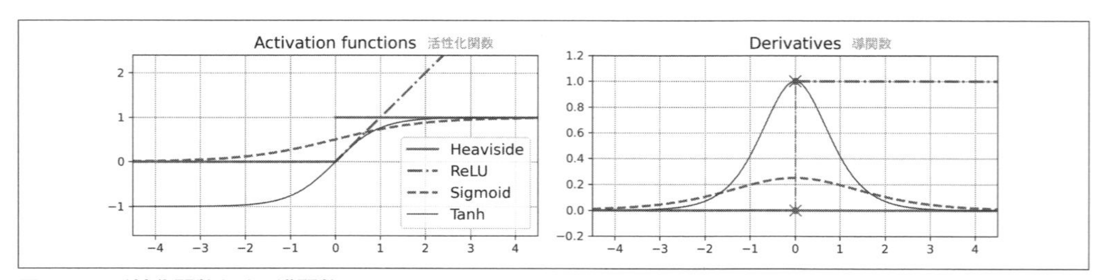

図10-8 活性化関数とその導関数

*1 生物学的ニューロンは、おおよそシグモイド（S字形）活性化関数を使っているように見えるため、研究者たちは長い間シグモイド関数に捕らわれていた。しかし、ANNでは一般にReLUの方が性能がよいことがわかっている。これは、生物学からの類推がうまくいかない例の1つである。

これでニューラルネットがどこから生まれ、どのようなアーキテクチャで、どのように出力を計算するかがわかった。バックプロパゲーションアルゴリズムもわかった。しかし、実際のところANNで何ができるのだろうか。

10.1.5 回帰MLP

まず、MLPは回帰のタスクで使える。予測したいのが1つの値なら（例えば、さまざまな特徴量から住宅の価格を知りたい場合）、出力ニューロンは1つだけあればよい。そして、その出力は予測した値である。多変量回帰（つまり、複数の値を同時に予測する）では、出力次元ごとに1つの出力ニューロンが必要になる。例えば、画像内の物体の中心を探したいときには、2次元座標を予測しなければならないので、出力ニューロンは2つ必要だ。物体を囲むバウンディングボックスの位置も得たい場合には、さらに物体の幅と高さのあと2つの出力が必要になる。そのため、出力ニューロンは4個になる。

scikit-learnにはMLPRegressorクラスがあるので、それぞれ50個のニューロンから構成される3つの隠れ層を持つMLPを作り、カリフォルニアの住宅価格データセットで学習してみよう。データのロードでは、コードを単純にするためにscikit-learnのfetch_california_housing()関数を使う。このデータセットは数値特徴量しかなく（ocean_proximity特徴量はない）欠損値もないので、2章で使ったものよりも単純だ。次のコードはデータセットを取得、分割してから、入力特徴量をMLPRegressorに送る前に標準化するパイプラインを作る。ニューラルネットワークでは標準化はきわめて重要だ。ニューラルネットワークは勾配降下法を使って学習されるが、4章で説明したように、特徴量のスケールが大きく異なると勾配降下法はうまく収束しない。最後に、コードはモデルを学習して検証誤差を評価する。このモデルは隠れ層でReLU活性化関数を使っており、平均二乗誤差の最小化のためにAdam（11章参照）という勾配降下法の変種を使っている。そして、ℓ_2正則化を少し使っている（正則化の度合いはalphaハイパーパラメータで操作できる）。

```
from sklearn.datasets import fetch_california_housing
from sklearn.metrics import mean_squared_error
from sklearn.model_selection import train_test_split
from sklearn.neural_network import MLPRegressor
from sklearn.pipeline import make_pipeline
from sklearn.preprocessing import StandardScaler

housing = fetch_california_housing()
X_train_full, X_test, y_train_full, y_test = train_test_split(
    housing.data, housing.target, random_state=42)
X_train, X_valid, y_train, y_valid = train_test_split(
    X_train_full, y_train_full, random_state=42)

mlp_reg = MLPRegressor(hidden_layer_sizes=[50, 50, 50], random_state=42)
pipeline = make_pipeline(StandardScaler(), mlp_reg)
pipeline.fit(X_train, y_train)
y_pred = pipeline.predict(X_valid)
rmse = mean_squared_error(y_valid, y_pred, squared=False)  # 約0.505
```

検証RMSEは約0.505になった。これはランダムフォレスト分類器を使ったときの値に匹敵する。ファーストトライとしては上々だ。

このMLPは出力層のために活性化関数を使っていないことに注意しよう。そのため、MLPは好きなように値を出力できる。一般にこれで問題はないが、出力を必ず正の値にしたい場合には、出力層でReLU活性化関数を使う。ReLUをスムーズにしたものとも言える**ソフトプラス**（softplus）活性化関数、softplus(z) = log(1 + exp(z))でもよい。ソフトプラス関数は、zが負数なら0に近くなり、zが正数ならzに近くなる。一定の範囲内の値を予測値として出力したい場合には、シグモイド関数や双曲線正接関数を使い、ターゲットを適切な範囲にスケーリングすればよい。シグモイド関数なら0から1、双曲線正接関数なら−1から1である。残念ながら、`MLPRegressor`クラスは出力層の活性化関数をサポートしていない。

scikit-learnがわずか数行のコードで標準的なMLPを構築、学習できるのはとても便利だが、このニューラルネットワーク機能でできることは限られている。この章の2節からKerasに乗り換えるのはそのためだ。

`MLPRegressor`クラスは平均二乗誤差を使っており、回帰では一般にそれでよいが、学習セットに外れ値がたくさん含まれている場合には、平均絶対誤差を使った方がよいかもしれない。両方を組み合わせた**フーバー損失**（Huber loss）関数を使った方がよい場合もある。フーバー損失関数は、誤差がしきい値δ（一般に1）よりも小さければ2次関数、δよりも大きければ線形関数になる。線形関数部は平均二乗誤差よりも外れ値に敏感にならず、2次関数部は平均絶対誤差よりも早く収束し正確だ。しかし、`MLPRegressor`はMSEしかサポートしない。

回帰MLPの典型的なアーキテクチャをまとめると、**表10-1**のようになる。

表10-1 回帰MLPの典型的なアーキテクチャ

ハイパーパラメータ	一般的な値
隠れ層の数	問題次第だが、一般的には1から5
隠れ層ごとのニューロン数	問題次第だが、一般的には10から100
出力ニューロン数	予測次元当たり1個
隠れ層の活性化関数	ReLU
出力層の活性化関数	なし、またはReLU/ソフトプラス（出力を正にしたい場合）、シグモイド/双曲線正接（出力の範囲が決まっている場合）
損失関数	平均二乗誤差、外れ値が多ければフーバー

10.1.6 分類MLP

MLPは分類タスクでも使える。二値分類問題では、シグモイド活性化関数を使う1個の出力ニューロンがあればよい。出力は0から1までの数値になるが、それを陽性クラスになる推定確率と解釈する。陰性クラスになる推定確率は、1から出力を引いた値になる。

MLPは、多ラベル二値分類のタスク（3章参照）も簡単に処理できる。例えば、受信した個々のメールがハムかスパムか、緊急性の高いメールかそうでないメールかを同時に予測するメール分類システムを作るとする。この場合、ともにシグモイド活性化関数を使う2個の出力ニューロンが必要になる。第1の出力ニューロンはメールがスパムである確率、第2の出力ニューロンはメールが緊急である確率を出力する。より一般的に言えば、個々の陽性クラスに1つの出力ニューロンを当てる。出力される確率を合計しても必ずしも1にならないことに注意しよう。そのため、モデルはラベルの任意の組み合わせを出力できる。緊急でないハム、緊急のハム、緊急でないスパム、緊急のスパム（おそらくそれは間違っているはずだが）があり得るということだ。

個々のインスタンスが3個以上のクラスの中のどれか1つにしか所属できない場合（例えば、数字画像の分類での0から9までのクラス）には、クラスごとに1つずつの出力ニューロンを用意し、出力層全体で1つのソフトマックス関数を使うように変更される（**図10-9**）。ソフトマックス関数（4章参照）はすべてのクラスの推定確率が0から1までの値になり、さらにクラスが相互排他的なのでそれらを合計すると1になるようにしてくれる。3章でも説明したように、これは多クラス分類と呼ばれる。

損失関数については、確率分布を予測しているので、一般に**交差エントロピー**損失関数（対数損失関数とも呼ばれる。4章参照）が適切である。

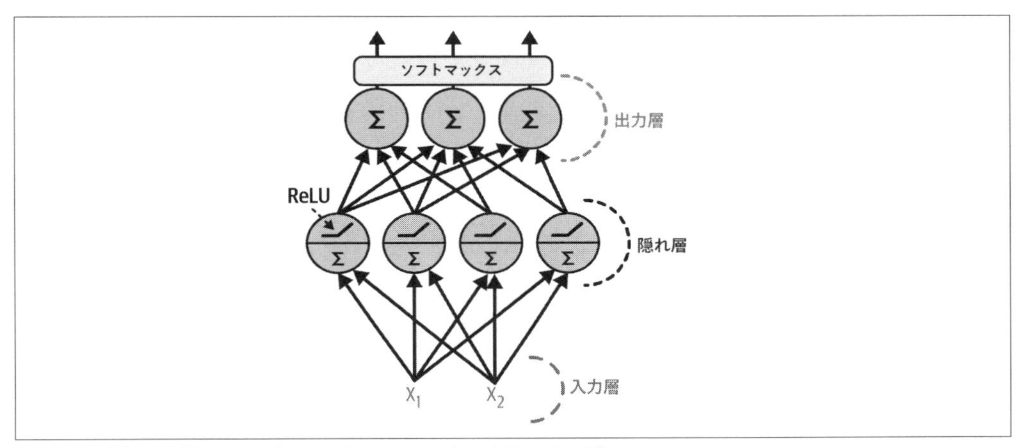

図10-9　最新の分類用MLP（ReLUとソフトマックスを使っている）

scikit-learnの`sklearn.neural_network`パッケージには`MLPClassifier`クラスがある。MSEではなく交差エントロピーを最小化することを除けば、`MLPRegressor`とほぼ同じだ。irisデータセットを使って試してみよう。ほぼ線形のタスクなので、5個から10個のニューロンを持つ単層で十分だ（特徴量のスケーリングを忘れないように）。

分類MLPの典型的なアーキテクチャをまとめると、**表10-2**のようになる。

表10-2　分類MLPの典型的なアーキテクチャ

ハイパーパラメータ	二値分類	多ラベル二値分類	多クラス分類
隠れ層	タスクによるが一般的に1から5層		
出力ニューロン数	1	二値ラベルごとに1	クラスごとに1
出力層活性化関数	シグモイド	シグモイド	ソフトマックス
損失関数	交差エントロピー	交差エントロピー	交差エントロピー

先に進む前に、章末の演習問題1をひと通り試してみることをお勧めする。TensorFlow playgroundを使ってさまざまなニューラルネットワークアーキテクチャをいじり、出力を視覚化できる。ハイパーパラメータ（隠れ層やニューロンの数、活性化関数など）の効果を含めMLPの理解を深めるためにとても役に立つはずだ。

KerasでMLPを実装するために理解していなければならない概念はこれですべて理解できた。早速Kerasに進もう。

10.2 KerasによるMLPの実装

Kerasは、あらゆるタイプのニューラルネットワークを簡単に構築、学習、評価、実行できる高水準深層学習APIだ。オリジナルのKerasライブラリは、フランソワ・ショレ（François Chollet）が研究プロジェクトの一部として実装したもので*1、2015年5月にオープンソースプロジェクトとしてリリースされている。Kerasは、使いやすく柔軟で設計が優れているため、あっという間に人気を集めた。

以前のKerasは、TensorFlow、PlaidML、Theano、Microsoft Cognitive Toolkit（CNTK）といった複数のバックエンドをサポートしていたが（残念ながら、最後の2つは開発終了となった）、ver. 2.4以来、KerasはTensorFlow専用になった。同様に、TensorFlowは複数の高水準APIを使っていたが、TensorFlow 2がリリースされたときに、正式にKerasを推奨高水準APIにした。TensorFlowをインストールすると自動的にKerasもインストールされ、KerasはTensorFlowがインストールされていなければ動作しない。KerasとTensorFlowは恋に落ちて結婚したというわけだ。深層学習ライブラリとしてほかに人気を集めているものとしては、MetaのPyTorch（https://pytorch.org）とGoogleのJAX（https://github.com/google/jax）がある*2。

では、Kerasを使ってみよう。まず、画像分類のためのMLPを作る。

Colabランタイムには、TensorFlowとKerasの最近のバージョンがプレインストールされている。しかし、手持ちのマシンにこれらをインストールしたいという場合には、https://homl.info/installでインストール方法を参照してほしい。

10.2.1 シーケンシャルAPIを使った画像分類器の構築

まずデータセットをロードしておく。この章では、MNIST（3章）の代わりになるFashion MNISTを使う。形式はMNISTとまったく同じ（それぞれ28×28ピクセルの70,000個のグレースケール画像で

*1 Project ONEIROS (Open-ended Neuro-Electronic Intelligent Robot Operating System). ショレは2015年にGoogleに入社し、引き続きKerasプロジェクトのリーダーを務めている。

*2 PyTorchのAPIはKerasのAPIと非常によく似ており、Kerasを覚えればPyTorchに転向するのは難しくない（そうしたいというのなら）。PyTorchのユーザは2018年に指数的に増えたが、それは主として単純でドキュメントが優れていたからである。TensorFlow 1.xは、この点では見劣りがしていた。しかし、公式高水準APIとしてKerasを採用し、APIのそれ以外の部分も大幅に単純化され、クリーンアップされたTensorFlow 2.0は、PyTorchと同じくらい単純になっている。ドキュメントも完全に再構成され、必要な箇所がすぐに見つかるようになった。同様にPyTorchの大きな弱点（可搬性の低さ、計算グラフ分析機能の欠如）もPyTorch 1.0で大幅に改善された。健全な競争はすべての人々の利益になる。

10クラスに分類できる）だが、画像の内容が手書きの数字ではなく、ファッションアイテムになっている。そのため、同じクラスの中でも画像のばらつきが大きく、MNISTよりもかなり難しい問題になっている。例えば、MNISTなら単純な線形モデルでも92％の精度が得られるが、Fashion MNISTでは83％の精度しか得られない。

10.2.1.1 Kerasを使ったデータセットのロード

Kerasにも、MNIST、Fashion MNISTなどのよく使われるデータセットを取得、ロードするユーティリティ関数がある。それを使ってFasion MNISTをロードしよう。既にシャッフルされ、学習セット（60,000画像）とテストセット（10,000画像）に分割されているが、学習セットの最後の5,000画像を検証用にさらに分割する。

```
import tensorflow as tf

fashion_mnist = tf.keras.datasets.fashion_mnist.load_data()
(X_train_full, y_train_full), (X_test, y_test) = fashion_mnist
X_train, y_train = X_train_full[:-5000], y_train_full[:-5000]
X_valid, y_valid = X_train_full[-5000:], y_train_full[-5000:]
```

TensorFlowは通常`tf`としてインポートされているので、Keras APIには`tf.keras`でアクセスできる。

Kerasを使ってMNISTやFasion MNISTをロードすると、scikit-learnを使ったときとは異なり、サイズが784の1次元配列ではなく、28 × 28の配列で各画像が表現される。また、ピクセルの明度が浮動小数点数（0.0から255.0）ではなく、整数（0から255）で表現される。学習セットの形状とデータ型を見てみよう。

```
>>> X_train.shape
(55000, 28, 28)
>>> X_train.dtype
dtype('uint8')
```

話を単純にするために、ピクセルの明度を255.0で割って（同時に浮動小数点数への変換も行われる）、ピクセルの明度を0から1の範囲で表現しよう。

```
X_train, X_valid, X_test = X_train / 255., X_valid / 255., X_test / 255.
```

MNISTでは、ラベルが5なら画像は手書きの数字の5を表しているので話が簡単だが、Fasion MNISTでは、クラス名のリストがなければ画像が何なのかがわからない。

```
class_names = ["T-shirt/top", "Trouser", "Pullover", "Dress", "Coat",
               "Sandal", "Shirt", "Sneaker", "Bag", "Ankle boot"]
```

例えば、学習セットの最初の画像はショートブーツを表している。

```
>>> class_names[y_train[0]]
'Ankle boot'
```

Fashion MNISTデータセットの画像例を**図10-10**に示す。

図10-10　Fashion MNISTの画像の例

10.2.1.2　シーケンシャルAPIを使ったモデルの作成

では、ニューラルネットワークを作ろう。次に示すのは、2個の隠れ層を持つ分類MLPだ。

```
tf.random.set_seed(42)
model = tf.keras.Sequential()
model.add(tf.keras.layers.Input(shape=[28, 28]))
model.add(tf.keras.layers.Flatten())
model.add(tf.keras.layers.Dense(300, activation="relu"))
model.add(tf.keras.layers.Dense(100, activation="relu"))
model.add(tf.keras.layers.Dense(10, activation="softmax"))
```

各行の意味を詳しく見ていこう。

- まず、結果を再現可能にするためにTensorFlowの乱数のシードを設定しよう。これで、ノートブックを何度実行しても隠れ層と出力層のランダムな重みは毎回同じになる。TensorFlow、Python（`random.seed()`）、NumPy（`np.random.seed()`）の乱数のシードをまとめて設定してくれる`tf.keras.utils.set_random_seed()`を使ってもよい。
- 次に、`Sequential`モデルを作る。これはKerasのニューラルネットワークモデルで最も単純なタイプのもので、層をシーケンシャルに積み重ねて作られた1つのスタックで構成されている。このモデルをシーケンシャルAPIと呼んでいる。
- 次に、第1の層（`Input`層）を作り、モデルに追加する。入力の`shape`を指定するが、ここにはバッチサイズは含まれず、インスタンスの形状だけを指定する。Kerasは、最初の隠れ層の結合重み行列の形状を決めるために、入力の形状を知る必要がある。
- 次に、`Flatten`層を追加する。この層の役割は、個々の入力画像を1次元配列に変換することだ。例えば、[32, 28, 28] という形のバッチを受け取ったら、それを [32, 784] に変える。つまり、X という入力データを受け取ったら、X.reshape(-1, 784) を実行する。この層にはパラメータはなく、単純な前処理をするだけだ。

- 次に、300個のニューロンを持つ Dense 隠れ層を追加する。活性化関数は ReLU だ。個々の Dense 層は、ニューロンとその入力のすべての結合重みを格納する専用の重み行列を管理している。Dense 層はバイアス行のベクトル（ニューロンごとに1つ）も管理している。何らかの入力データを受け取ると、**式10-2**の計算を行う。
- 次に、100個のニューロンを持ち、同じく ReLU を活性化関数とする第2の Dense 隠れ層を追加する。
- 最後に、10個のニューロン（クラスごとに1個）を持ち、ソフトマックスを活性化関数とする Dense 出力層を追加する。ソフトマックス活性化関数を使っているのは、クラスが相互排他的だからだ。

activation="relu"は、activation=tf.keras.activations.reluと同じ意味である。tf.keras.activationsパッケージには、ほかの活性化関数も含まれており、本書ではその多くを使っていく。すべての活性化関数のリストは、https://keras.io/api/layers/activationsを参照のこと。12章では、カスタム活性化関数の定義もする。

多くの場合、このように層を1つずつ追加するのではなく、Sequentialモデルを作るときに層のリストを渡した方が便利だろう。Input層を省略し、第1層でinput_shapeを指定することもできる。

```
model = tf.keras.Sequential([
    tf.keras.layers.Flatten(input_shape=[28, 28]),
    tf.keras.layers.Dense(300, activation="relu"),
    tf.keras.layers.Dense(100, activation="relu"),
    tf.keras.layers.Dense(10, activation="softmax")
])
```

モデルのsummary()メソッドを呼び出すと、モデルの各層の名前（層の名前は作成時に指定しなければ自動生成される）、出力の形状（Noneはバッチサイズがいくつでもかまわないことを示す）、パラメータの数が表示され、最後に、パラメータの数の合計と学習できるパラメータ、学習できないパラメータの内数が表示される[*1]。この例に含まれているのは、学習できるパラメータだけである（学習できないパラメータの例はこの章の中でも示す）。

```
>>> model.summary()
Model: "sequential"

_________________________________________________________________
 Layer (type)                Output Shape              Param #
=================================================================
 flatten (Flatten)           (None, 784)               0
```

*1　tf.keras.utils.plot_model()を使えば、モデルの画像を生成できる。

```
 dense (Dense)              (None, 300)             235500

 dense_1 (Dense)            (None, 100)             30100

 dense_2 (Dense)            (None, 10)              1010

=================================================================
Total params: 266,610
Trainable params: 266,610
Non-trainable params: 0
_________________________________________________________________
```

Dense層は、**膨大な**数のパラメータを持つことが多いことに注意しよう。例えば、第1の隠れ層は784×300の結合重みと300個のバイアス項を持つため、235,500個ものパラメータを持つことになる。その分、モデルは学習データに柔軟に適合させられるが、特に学習データがそれほど多くない場合には、過学習のリスクを抱えることにもなる。このテーマについてはまたあとで取り上げる。

モデルの各層は一意な名前を持たなければならない（例えば、"dense_2"）。コンストラクタのname引数を使えば層の名前を指定できるが、一般に私たちがしたようにKerasに自動的に名前を付けさせた方が簡単だ。Kerasは層のクラス名をスネークケースに変換する（例えば、MyCoolLayerクラスにはデフォルトで"my_cool_layer"という名前が与えられる。Kerasは同じクラスでもモデルが異なれば名前が大域的に一意になるようにするので、必要に応じて"dense_2"のように添字を追加する。しかし、そもそもモデルごとに一意な名前を付けなければならないのはなぜなのだろうか。こうすれば、名前の衝突が起きないようにしながら、モデルを簡単にマージできるからだ。

Kerasが管理している大域的な状態情報は、すべて**Kerasセッション**（Keras session）に格納されており、tf.keras.backend.clear_session()を使えばその内容をクリアできる。クリアすると、名前カウンタもリセットされる。

モデルの層のリストはlayers属性で簡単に得られる。また、get_layer()メソッドを使えば、名前で指定した層を操作できる。

```
>>> model.layers
[<keras.layers.core.flatten.Flatten at 0x7fa1dea02250>,
 <keras.layers.core.dense.Dense at 0x7fa1c8f42520>,
 <keras.layers.core.dense.Dense at 0x7fa188be7ac0>,
 <keras.layers.core.dense.Dense at 0x7fa188be7fa0>]
>>> hidden1 = model.layers[1]
>>> hidden1.name
'dense'
>>> model.get_layer('dense') is hidden1
True
```

層のget_weights()、set_weights()メソッドを使えば、層のすべてのパラメータを読み書きできる。Dense層の場合、パラメータは結合重みとバイアス項の両方だ。

```
>>> weights, biases = hidden1.get_weights()
>>> weights
array([[ 0.02448617, -0.00877795, -0.02189048, ...,  0.03859074, -0.06889391],
       [ 0.00476504, -0.03105379, -0.0586676 , ..., -0.02763776, -0.04165364],
       ...,
       [ 0.07061854, -0.06960931,  0.07038955, ..., 0.00034875,  0.02878492],
       [-0.06022581,  0.01577859, -0.02585464, ..., 0.00272203, -0.06793761]],
       dtype=float32)
>>> weights.shape
(784, 300)
>>> biases
array([0., 0., 0., 0., 0., 0., 0., 0., 0., ...,  0., 0., 0.], dtype=float32)
>>> biases.shape
(300,)
```

Dense層は結合重みをランダムな値で初期化し（先ほど説明したように対称性を破るために必要）、バイアス項を0で初期化していることがわかる。これとは異なる初期化方法を使いたいときには、層を作るときにkernel_initializer（カーネルは、結合重み行列の別名）、bias_initializerを呼び出す。初期化子については11章で詳しく説明するが、https://keras.io/api/layers/initializersに行けば完全なリストを見られる。

重み行列の形は、入力数によって左右される。モデルを作るときにinput_shapeを指定したのはそのためだ。しかし、入力の形は指定しなくてもよい。Kerasは実際に入力の形状がわかるのを待って、モデルパラメータを構築する。層にデータを与えたり（例えば学習中に）、層のbuild()メソッドを呼び出したりすると、Kerasに形状情報が与えられる。しかし、モデルが実際に構築されるまで層は重みを持たないので、その状態のモデルは、サマリの表示や保存などの処理ができない。そのため、モデル作成時に入力の形がわかっている場合には、指定した方がよい。

10.2.1.3 モデルのコンパイル

モデルを作ったら、compile()メソッドを呼び出してモデルが使う損失関数とオプティマイザを指定しておく。オプションで、学習、評価中に計算する指標のリストも指定できる。

```
model.compile(loss="sparse_categorical_crossentropy",
              optimizer="sgd",
              metrics=["accuracy"])
```

loss="sparse_categorical_crossentropy"はloss=tf.keras.losses.sparse_categorical_crossentropyと同じ意味であり、同様にoptimizer="sgd"はoptimizer=tf.keras.optimizers.SGD()、metrics=["accuracy"]はmetrics=[tf.keras.metrics.sparse_categorical_accuracy]と同じ意味である（この損失関数を使う場合）。本書で

は、その他のさまざまな損失関数、オプティマイザ、指標を使っていく。完全なリストは、https://keras.io/api/losses、https://keras.io/api/optimizers、https://keras.io/api/metricsを参照のこと。

このコードには説明が必要だ。まず、"sparse_categorical_crossentropy"を指定しているのは、ラベルが疎で（この場合、個々のインスタンスに対して0から9までのターゲットクラスインデックスがあるだけだ）、クラスが相互排他的だからである。各インスタンスでクラスごとにターゲット確率を指定する場合（例えば、[0., 0., 0., 1., 0., 0., 0., 0., 0., 0.]でクラス3を表すようなワンホットベクトルを使う場合）には、"categorical_crossentropy"損失関数を使わなければならない。二値分類や多ラベル二値分類をする場合、出力層の活性化関数として"softmax"ではなく"sigmoid"、損失関数として"binary_crossentropy"を使うことになる。

疎なラベル（つまり、クラスインデックス）をワンホットベクトルラベルに変換したい場合には、tf.keras.utils.to_categorical()関数を使う。逆方向の変換には、axis=1を指定したnp.argmax()関数を使う。

オプティマイザとして指定した"sgd"は、単純な確率的勾配降下法を使ってモデルを学習するということである。つまり、Kerasは先ほど説明したバックプロパゲーションアルゴリズム（リバースモードの自動微分と勾配降下法の組み合わせ）を実行する。11章ではこれよりも効率のよいオプティマイザを取り上げる。それらは勾配降下法の部分を効率化するが、自動微分の部分はそのままである。

SGDオプティマイザを使うときには、学習率の調整が重要だ。そこで、一般的には単純にoptimizer="sgd"とするのではなく（これではデフォルトで学習率が0.01になってしまう）、optimizer=tf.keras. optimizers.SGD(learning_rate=__???__)を使って学習率を指定したい。

そして、これは分類器なので、学習、評価時に（精度）を計測すると役立つ。そこで、metrics =["accuracy"]を設定している。

10.2.1.4 モデルの学習と評価

これでモデルは学習できる状態になった。単純にモデルのfit()メソッドを呼び出すだけでよい。

```
>>> history = model.fit(X_train, y_train, epochs=30,
...                     validation_data=(X_valid, y_valid))
...
Epoch 1/30
1719/1719 [==============================] - 2s 989us/step
  - loss: 0.7220 - sparse_categorical_accuracy: 0.7649
  - val_loss: 0.4959 - val_sparse_categorical_accuracy: 0.8332
Epoch 2/30
1719/1719 [==============================] - 2s 964us/step
  - loss: 0.4825 - sparse_categorical_accuracy: 0.8332
```

```
  - val_loss: 0.4567 - val_sparse_categorical_accuracy: 0.8384
[...]
Epoch 30/30
1719/1719 [==============================] - 2s 963us/step
  - loss: 0.2235 - sparse_categorical_accuracy: 0.9200
  - val_loss: 0.3056 - val_sparse_categorical_accuracy: 0.8894
```

引数として入力特徴量（X_train）とターゲットクラス（y_train）のほか、学習のエポック数（指定しなければデフォルトで1になるが、よい解に収束するためには1ではとても足りない）を指定する。オプションで検証セットも渡している。こうすると、Kerasはエポック終了ごとに検証セットに対する損失その他の指標も計測して表示するようになり、モデルの実際の性能を知るためにとても役立つ。学習セットでの性能が検証セットでの性能よりもはるかに優れているなら、モデルはおそらく学習セットを過学習している（でなければ、学習セットと検証セットでデータにずれがあるなどのバグがある）。

特に初心者のうちは、形状エラーがよく起こるので、エラーメッセージの意味をよく理解しておくようにすべきだ。間違った形の入力、ラベル、またはその両方を使ってモデルを学習し、どのようなエラーが表示されるかを見ておこう。同様に、loss="sparse_categorical_crossentropy"ではなく、loss="categorical_crossentropy"を指定してモデルをコンパイルしたり、Flatten層を削除したりしてみるとよい。

これだけだ。ニューラルネットワークは学習されている。学習中の各エポックでは、Kerasはプログレスバーの左側にそれまでに処理したミニバッチの数を表示してくれる。バッチサイズはデフォルトで32で、学習セットの画像数は55,000なので、モデルはエポックごとに1,719バッチを処理する。そのうち1,718個はサイズが32、1個はサイズが24だ。プログレスバーの右には、サンプル当たりの平均学習時間と学習セットと検証セットの両方の損失と精度（その他要求した指標）が表示される。学習の損失が下がっているのはよい兆候であり、検証セットでの精度が30エポック後に88.94％に達している。これは学習セットの精度よりもわずかに低いので、若干の過学習があるということだが、大幅なものではない。

validation_data引数で検証セットを渡さなくても、validation_splitでKerasに検証用データとして学習セットのどれくらいの割合を使わせるかを指定するという方法もある。例えば、validation_split=0.1とすれば、Kerasはシャッフルする前のデータから末尾の10％を抽出して検証用に使う。

学習セットが偏っていて、実際と比べて要素が多すぎるクラスや少なすぎるクラスがある場合には、fit()メソッドを呼び出すときにclass_weight引数を指定すれば、要素が少なすぎるクラスの重みを大きくし、多すぎるクラスの重みを小さくできる。このようにして設定された重みは、Kerasが損失を計算するときに使われる。インスタンスごとに重みを設定する場合には、sample_weight引数を使う。class_weightとsample_weightの両方が指定されていれば、Kreasは両者の積を使う。専門家がラベルを付けたインスタンスとクラウドソーシングプラットフォームがラベルを付けたインスタンスがあるときには、インスタンスごとの重みが役に立つ。もちろん、前者の重みを大きくしたいところだろう。また、validation_dataタプルの第3要素として検証セットにサンプルの重みを指定することもできる（ただし、クラスの重みは指定できない）。

fit()メソッドは、学習で使ったパラメータ（history.params）、実行されたエポックのリスト（history.epoch）、学習セットと検証セット（ある場合）の各エポックの最後に計測した損失とその他の指標をまとめた辞書（history.history）を格納するHistoryオブジェクトを返す。この辞書を使ってPandasのDataFrameを作ってそのplot()メソッドを呼び出すと、**図10-11**のような学習曲線が得られる。

```
import matplotlib.pyplot as plt
import pandas as pd

pd.DataFrame(history.history).plot(
    figsize=(8, 5), xlim=[0, 29], ylim=[0, 1], grid=True, xlabel="Epoch",
    style=["r--", "r--.", "b-", "b-*"])
plt.show()
```

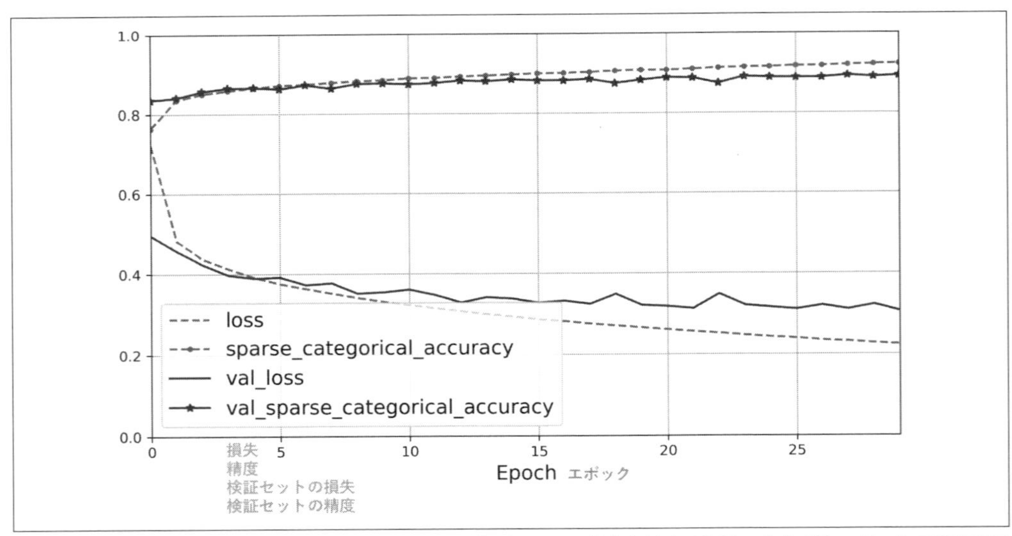

図10-11　学習曲線：各エポックを通じて計測された学習セットの損失と精度の平均、および各エポックの終了時に計測された検証セットの損失と精度の平均

学習セットでの精度と検証セットでの精度が学習を通じて着実に上がり、学習セットでの損失と検証セットでの損失が下がっていることがわかる。これはよい。しかし、検証セットの曲線は学習セットの曲線の近くにあるものの、時間とともに距離が広がっており、若干の過学習が起きていることがわかる。この例では、学習の開始時には検証セットでの成績の方が学習セットでの成績よりも高いように見えるが、実際にはそうではない。検証誤差は各エポックの**最後**に計算されるのに対し、訓練誤差は各エポックの**途中**で移動平均を使って計算されている。そのため、学習セットの曲線は、半エポック分左にずらすべきところなのである。実際にそうすると、学習セットと検証セットの曲線は、学習開始時にはほぼ完全に重なり合うことがわかる。

学習セットでの成績は、最終的に検証セットでの成績を上回っているが、十分長い間学習をすればそうなる。それでも、検証セットの損失がまだ下がり続けているので、モデルはまだ収束に達していない。学習はもう少し続けるべきだ。再度fit()を呼び出せば、Kerasは前の学習が終わったときのモデルから学習を続行できるので、そうすればよい。学習セットの精度は100 %まで上がり続けるだろうが、検証セットでの精度は89.8 %あたりで落ち着く（いつもそうなるわけではないが）。

モデルの性能に満足できない場合には、引き返してハイパーパラメータを調整しよう。まずチェックすべきは学習率である。それでも性能が変わらなければ、別のオプティマイザを試してみよう（ハイパーパラメータを変更したときには、必ず学習率も調整し直すこと）。まだ性能が上がらない場合には、層の数、層当たりのニューロンの数、個々の隠れ層で使われる活性化関数のタイプなど、モデルのさまざまなハイパーパラメータを調整してみる。バッチサイズ（fit()呼び出しでbatch_size引数を使えば設定できる）などのその他のハイパーパラメータも調整できる。ハイパーパラメータの調整については、この章の最後の部分で再び取り上げる。モデルの検証セットでの精度に満足できたら、テストセットでモデルを評価して、汎化誤差を評価してから、モデルを本番環境にデプロイしよう。テストセットによる評価は、evaluate()メソッドで簡単にできる（evaluate()は、batch_size、ample_weightなどの引数もサポートしている。詳細はドキュメントを参照してほしい）。

```
>>> model.evaluate(X_test, y_test)
313/313 [==============================] - 0s 626us/step
  - loss: 0.3243 - sparse_categorical_accuracy: 0.8864
[0.32431697845458984, 0.8863999843597412]
```

2章で説明したように、テストセットでは検証セットよりも少し性能が下がるのが普通である。それは、ハイパーパラメータが検証セットでチューニングされており、テストセットではチューニングされていないからだ（しかし、この例ではハイパーパラメータのチューニングをしていないので、精度が下がったとすれば、それは運が悪かったということである）。テストセットでハイパーパラメータをチューニングしたくなる誘惑を何としても抑えるようにしよう。誘惑に負けると、汎化誤差の推定が楽観的すぎるものになる。

10.2.1.5 モデルを使った予測

では、モデルのpredict()メソッドを使って新インスタンスがどれに分類されるかを予測してみよう。実際の新インスタンスというものは手元にないので、テストセットの最初の3つのインスタンスを使うことにする。

```
>>> X_new = X_test[:3]
>>> y_proba = model.predict(X_new)
>>> y_proba.round(2)
array([[0.  , 0.  , 0.  , 0.  , 0.  , 0.01, 0.  , 0.02, 0.  , 0.97],
       [0.  , 0.  , 0.99, 0.  , 0.01, 0.  , 0.  , 0.  , 0.  , 0.  ],
       [0.  , 1.  , 0.  , 0.  , 0.  , 0.  , 0.  , 0.  , 0.  , 0.  ]],
```

```
      dtype=float32)
```

モデルは個々のインスタンスに対して0から9までのクラスごとにそのクラスに属する確率を推定する。これはscikit-learn分類器のpredict_proba()メソッドと似ている。例えば、最初の画像に対しては、クラス9(ショートブーツ)の確率が97%、クラス7(スニーカー)の確率が2%、クラス5(サンダル)の確率が1%、ほかのクラスの確率は無視できると予測している。つまり、モデルは最初の画像が履物だということに強固な自信を持っており、たぶんショートブーツだろうけれども、ひょっとするとサンダルやスニーカーかもしれないと思っている。推定確率が最も高いクラスがわかればよいのであれば(その確率がかなり低くても)、argmax()メソッドを使えば個々のインスタンスで最も確率の高いクラスのインデックスが得られる。

```
>>> import numpy as np
>>> y_pred = y_proba.argmax(axis=-1)
>>> y_pred
array([9, 2, 1])
>>> np.array(class_names)[y_pred]
array(['Ankle boot', 'Pullover', 'Trouser'], dtype='<U11')
```

この例では、分類器は3個の画像を正しく分類できた(実際の画像は、**図10-12**に示す通り)。

```
>>> y_new = y_test[:3]
>>> y_new
array([9, 2, 1], dtype=uint8)
```

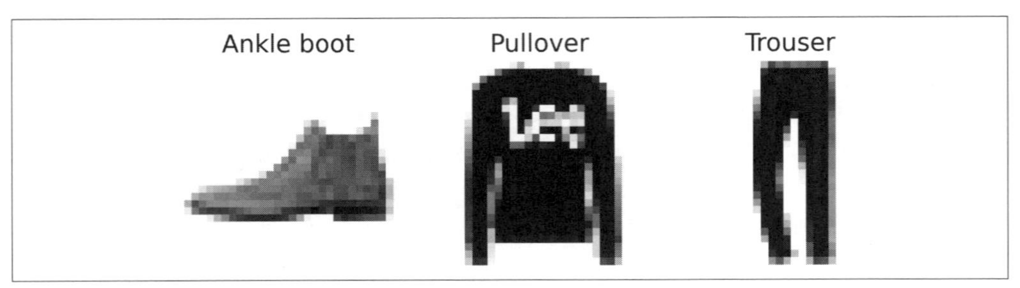

図10-12 正しく分類されたFashion MNIST画像

シーケンシャルAPIを使って分類MLPを構築、学習、評価し、予測のために使う方法は以上である。では、回帰はどうなのだろう?

10.2.2 シーケンシャルAPIを使った回帰MLPの構築

カリフォルニアの住宅価格データに切り替え、それぞれニューロンが50個の3つの隠れ層を持つ先ほどと同じMLPを今度はKerasで作ってみよう。

シーケンシャルAPIを使って回帰MLPを構築、学習、評価し、予測のために使う方法は、分類のときとよく似ている。最大の違いは、出力層のニューロンが1個だけで(予測したいのは1つの値だけなので)、活性化関数を使わず、損失関数が平均二乗誤差で指標がRMSEであり、scikit-learnの

MLPRegressorと同様にAdamオプティマイザを使っていることだ。さらに、この例ではFlatten層は不要で、最初の層としてNormalizationを使っている。Normalizationはscikit-learnのStandardScalerと同じことをするが、モデルのfit()メソッドを呼び出す**前**にNormalizationのadapt()メソッドを呼び出して学習データを標準化しなければならない（Kerasには、これ以外にも前処理層があるが、それについては13章で説明する）。コードを見てみよう。

```
tf.random.set_seed(42)
norm_layer = tf.keras.layers.Normalization(input_shape=X_train.shape[1:])
model = tf.keras.Sequential([
    norm_layer,
    tf.keras.layers.Dense(50, activation="relu"),
    tf.keras.layers.Dense(50, activation="relu"),
    tf.keras.layers.Dense(50, activation="relu"),
    tf.keras.layers.Dense(1)
])
optimizer = tf.keras.optimizers.Adam(learning_rate=1e-3)
model.compile(loss="mse", optimizer=optimizer, metrics=["RootMeanSquaredError"])
norm_layer.adapt(X_train)
history = model.fit(X_train, y_train, epochs=20,
                    validation_data=(X_valid, y_valid))
mse_test, rmse_test = model.evaluate(X_test, y_test)
X_new = X_test[:3]
y_pred = model.predict(X_new)
```

Normalization層は、adapt()メソッドが呼び出されたときに学習データの特徴量の平均と標準偏差を学ぶ。しかし、model.summary()を実行すると、これらの統計量は学習不能と表示される。それは、これらのパラメータが勾配降下法の影響を受けないからだ。

以上のように、シーケンシャルAPIはとてもクリーンでわかりやすい。そしてSequentialモデルはほかのタイプのモデルよりも圧倒的に多いが、もっと複雑なトポロジのニューラルネットワークや入力や出力が複数あるニューラルネットワークを構築すると役に立つことがある。そのために、Kerasは関数型APIを提供している。

10.2.3 関数型APIを使った複雑なモデルの構築

非シーケンシャルニューラルネットワークの一例として、**ワイド・アンド・ディープ**ニューラルネットワークがある。2016年にHeng-Tze Chengらが発表したものだ[*1]。このネットワークは、**図10-13**のように、入力のすべてまたは一部を直接出力層に接続する。このアーキテクチャは、ディープパターン（ディープパスを使う）と単純ルール（ワイドモデルのショートパスを使う）の両方を学習するニューラルネットワークを作れる[*2]。それに対し、通常のMLPは、すべてのデータにフルスタックの層を通過す

---

*1 Heng-Tze Cheng et al., "Wide & Deep Learning for Recommender Systems" (https://homl.info/widedeep), *Proceedings of the First Workshop on Deep Learning for Recommender Systems* (2016): 7-10.

*2 ワイドモデルのショートパスは手作業で作った特徴量をニューラルネットワークに送り込むためにも使える。

ることを強制する。そのため、データに含まれる単純なパターンは、長い変換シーケンスによって歪められてしまうことがある。

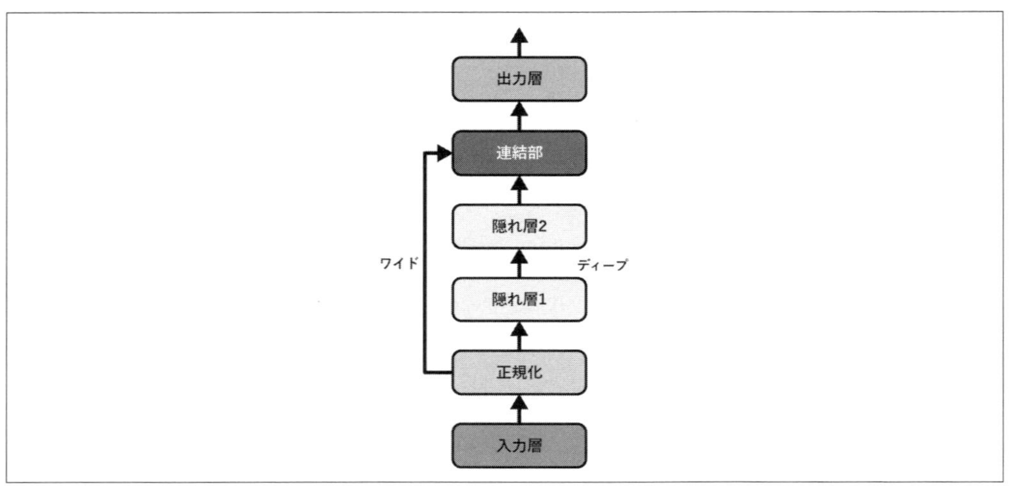

図10-13　ワイド・アンド・ディープニューラルネットワーク

カリフォルニアの住宅価格問題を解くために、このようなタイプのニューラルネットワークを作ってみよう。

```
normalization_layer = tf.keras.layers.Normalization()
hidden_layer1 = tf.keras.layers.Dense(30, activation="relu")
hidden_layer2 = tf.keras.layers.Dense(30, activation="relu")
concat_layer = tf.keras.layers.Concatenate()
output_layer = tf.keras.layers.Dense(1)

input_ = tf.keras.layers.Input(shape=X_train.shape[1:])
normalized = normalization_layer(input_)
hidden1 = hidden_layer1(normalized)
hidden2 = hidden_layer2(hidden1)
concat = concat_layer([normalized, hidden2])
output = output_layer(concat)

model = tf.keras.Model(inputs=[input_], outputs=[output])
```

あらすじを言うと、最初の5行でモデルを構築するために必要な層をすべて作り、中間の6行でこれらの層を関数のように使って入力から出力まで進み、最後の1行で入力と出力を指定してKerasの`Model`オブジェクトを作っている。では、コードをもっと詳しく見てみよう。

- まず、5個の層を作る。内訳は、入力を標準化するための1個の`Normalization`層、それぞれ30個のニューロンを持ち、ReLU活性化関数を使う2個の`Dense`層、1個の`Concatenate`層、活性化関数なしでニューロンが1個の出力層となる`Dense`層である。

- 次にInputオブジェクトを作る（変数名をinput_としているのは、Pythonの組み込み関数input()との名前の重複を避けるためである）。このオブジェクトは、shape、オプションのdtypeなど、モデルが受け付ける入力のタイプを定義する。すぐあとで示すように、モデルは複数の入力を取ることがある。
- 次に、まるで関数のようにInputオブジェクトを渡してNormalization層を使う。関数型APIと呼ばれる理由がここにある。Inputオブジェクトはデータの仕様にすぎないので、ここでは層の接続方法をKerasに指示しているだけで、実際にはまだデータは処理されていないことに注意しよう。つまり、これはシンボリックな入力なのだ。呼び出しの出力もシンボリックである。normalizedは実際のデータを格納せず、モデルを構築するために使われるだけだ。
- 同様に、hidden_layer1にnormalizedを渡すとhidden1が出力され、hidden_layer2にhidden1を渡すとhidden2が出力される。
- ここまでは層をシーケンシャルにつなげてきたが、ここではconcat_layerを使って入力と第2の隠れ層の出力を結合している。この場合でも、実際のデータはまだ結合されていない。モデルを構築するためのシンボル操作である。
- そして、output_layerにconcatを渡すと、output_layerが最終的なoutputを組み立てる。
- 最後に、使う入力と出力を指定して、KerasのModelを作る。

Kerasモデルを作ってしまえばあとは今までと同じなので、ここでは詳しい説明を繰り返さない。モデルをコンパイルし、Normalization層で入力を標準化し、モデルを学習、評価し、モデルを予測に使えばよい。

しかし、特徴量の一部をワイドモデルのショートパスに流し、それとは別のサブセット（重なり合う部分はあってよい）をディープパスに流したいときにはどうすればよいのだろうか（**図10-14**参照）。1つの方法は、入力を複数に分けることだ。例えば、ワイドモデルのショートパスに5個の特徴量（0から4）を送り、ディープパスに6個の特徴量（2から7）を送りたい場合にはどうすればよいのだろうか。次のようにすればよい。

```
input_wide = tf.keras.layers.Input(shape=[5])  # 特徴量0から4
input_deep = tf.keras.layers.Input(shape=[6])  # 特徴量2から7
norm_layer_wide = tf.keras.layers.Normalization()
norm_layer_deep = tf.keras.layers.Normalization()
norm_wide = norm_layer_wide(input_wide)
norm_deep = norm_layer_deep(input_deep)
hidden1 = tf.keras.layers.Dense(30, activation="relu")(norm_deep)
hidden2 = tf.keras.layers.Dense(30, activation="relu")(hidden1)
concat = tf.keras.layers.concatenate([norm_wide, hidden2])
output = tf.keras.layers.Dense(1)(concat)
model = tf.keras.Model(inputs=[input_wide, input_deep], outputs=[output])
```

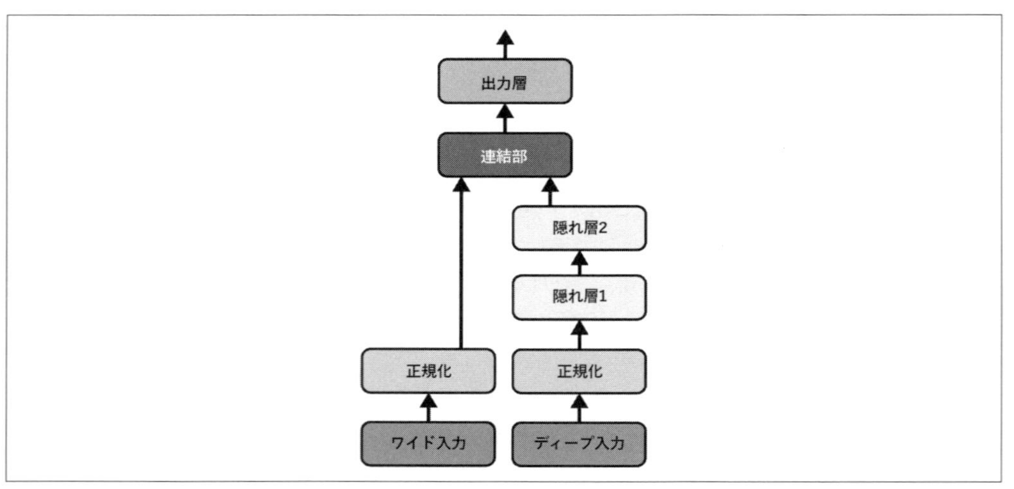

図10-14 複数の入力の処理

このコード例には、前のコード例との比較で触れておかなければならないことがいくつかある。

- ここでは2つのDense層の作成、呼び出しを同じ行で行っている。明確さを失わずにコードが簡潔になるので、一般にこのようなコードが使われている。しかし、Normalization層の場合、モデルを学習する前にadapt()メソッドを呼び出せるようにするために層の参照が必要なので、同じようにするわけにはいかない。
- ここのtf.keras.layers.concatenate()はConcatenateを作った上で、与えられた入力に対して作ったばかりのConcatenateオブジェクトを呼び出している。
- 入力が2つあるので、モデルを作るときにinputs=[input_wide, input_deep]を指定している。

モデルのコンパイルはいつもと同じようにできるが、fit()メソッドを呼び出すときに、X_trainという1個の入力行列を渡すのではなく、(X_train_wide, X_train_deep)という2個の行列を渡さなければならない。同じことがevaluate()を呼び出すときのX_valid、predict()を呼び出すときのX_testとX_newにも当てはまる。

```
optimizer = tf.keras.optimizers.Adam(learning_rate=1e-3)
model.compile(loss="mse", optimizer=optimizer, metrics=["RootMeanSquaredError"])

X_train_wide, X_train_deep = X_train[:, :5], X_train[:, 2:]
X_valid_wide, X_valid_deep = X_valid[:, :5], X_valid[:, 2:]
X_test_wide, X_test_deep = X_test[:, :5], X_test[:, 2:]
X_new_wide, X_new_deep = X_test_wide[:3], X_test_deep[:3]

norm_layer_wide.adapt(X_train_wide)
norm_layer_deep.adapt(X_train_deep)
history = model.fit((X_train_wide, X_train_deep), y_train, epochs=20,
```

```
                    validation_data=((X_valid_wide, X_valid_deep), y_valid))
mse_test = model.evaluate((X_test_wide, X_test_deep), y_test)
y_pred = model.predict((X_new_wide, X_new_deep))
```

入力を作るときにname="input_wide"とname="input_deep"を設定すれば(input_wide = tf.keras.layers.Input(shape=[5], name="input_wide")のように)、fit()にタプルの(X_train_wide, X_train_deep)ではなく、辞書の{"input_wide": X_train_wide, "input_deep": X_train_deep}を渡せる。入力が多数あるときには、コードをわかりやすくするとともに、入力の順序を間違えて正しくない入力を渡すのを防ぐためにぜひそうすべきだ。

複数の出力を使いたいユースケースも多数ある。

- タスク自体が複数の出力を必要とするとき。例えば、写真に含まれるメインの被写体を見つけて分類したい場合、回帰タスク(被写体の中心の座標と幅、高さを明らかにする)と分類タスクの両方が含まれる。
- 同様に、同じデータから複数の独立したタスクを実行したいとき。タスクごとに別のニューラルネットワークを学習することもできないわけではないが、すべてのタスクのために単一のニューラルネットワークを学習し、タスクごとに出力を1つずつ与えた方がよい結果が得られることが多い。なぜなら、ニューラルネットワークはすべてのタスクで役に立つ特徴量を学習できるからだ。例えば、顔写真を入力として、表情(微笑んでいる、驚いているなど)の分類と眼鏡をかけているかどうかの分類の2つの出力を生成する**マルチタスク分類**(multitask classification)をする場合などである。
- 正則化手法(つまり、過学習を防ぎ、モデルの汎化能力を上げるために学習に制約をかける)というユースケースもある。例えば、ネットワークの下位層だけで上位層の助けを借りずに独自に何か役立つ情報を学習できるようにするために、ニューラルネットワーク・アーキテクチャに補助出力を追加するような場合である(図10-15参照)。

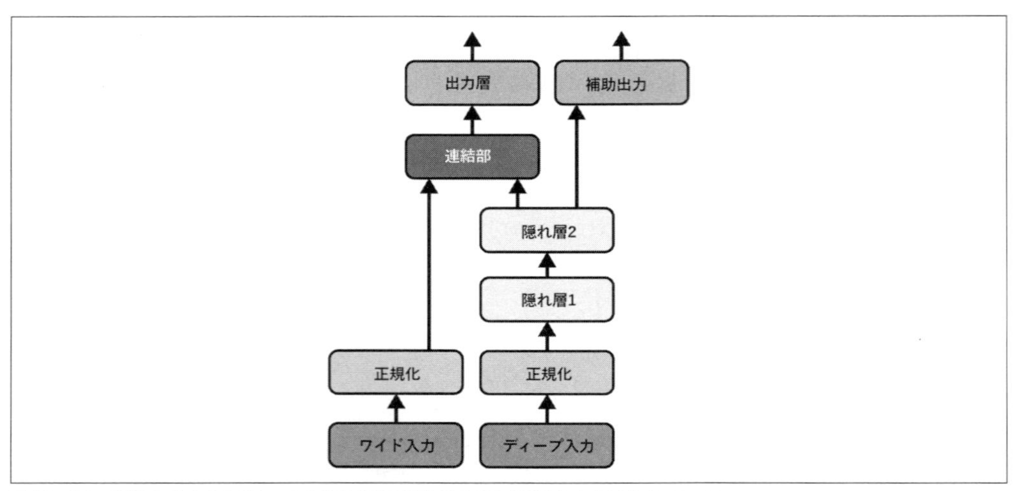

図10-15 複数の出力の処理：この場合は正則化のために補助出力を追加している

補助出力は簡単に追加できる。補助出力を適切な層と結合し、モデルの出力リストに追加すればよい。例えば、次のコードは**図10-15**のネットワークを構築する。

```
[...]  # メインの出力層までは前のコードと同じ
output = tf.keras.layers.Dense(1)(concat)
aux_output = tf.keras.layers.Dense(1)(hidden2)
model = tf.keras.Model(inputs=[input_wide, input_deep],
                       outputs=[output, aux_output])
```

個々の出力は、専用の損失関数を必要とする。そこで、モデルをコンパイルするときには、損失関数のリストを渡す。1つの損失関数を渡すと、Kerasはすべての出力で同じ損失関数を使わなければならないものと解釈する。デフォルトでは、Kerasはこれらの損失をすべて計算し、単純に合計して学習用の最終的な損失として使う。しかし、正則化のために使われるだけの補助出力よりもメイン出力の方がずっと大切なので、メイン出力の損失に大きな重みを与えたい。損失の重みは、モデルをコンパイルするときに指定できるようになっている。

```
optimizer = tf.keras.optimizers.Adam(learning_rate=1e-3)
model.compile(loss=("mse", "mse"), loss_weights=(0.9, 0.1), optimizer=optimizer,
              metrics=["RootMeanSquaredError"])
```

`output = keras.layers.Dense(1, name="main_output")(concat)`のように、出力層を作るときに`name="output"`と`name="aux_output"`を追加すれば、`compile()`メソッドを呼び出すときに`loss=("mse", "mse")`のようなタプルではなく、`loss={"output": "mse", "aux_output": "mse"}`のような辞書を渡せるようになる。入力の場合と同様に、こうすればコードがわかりやすくなり、出力が多数あるときの指定順の間違いの危険がなくなる。`loss_weights`にも辞書を渡せるようになる。

モデルを学習するときには、それぞれの出力に対してラベルを指定する必要がある。この場合、メイン出力と補助出力は同じものを予測しようとするので、同じラベルを使わなければならない。そこで、y_trainではなく、(y_train, y_train)を渡さなければならない。出力に"output"、"aux_output"という名前を付けている場合には、{"output": y_train, "aux_output": y_train}という辞書を渡せる。y_validとy_testについても同じことが当てはまる。

```
norm_layer_wide.adapt(X_train_wide)
norm_layer_deep.adapt(X_train_deep)
history = model.fit(
    (X_train_wide, X_train_deep), (y_train, y_train), epochs=20,
    validation_data=((X_valid_wide, X_valid_deep), (y_valid, y_valid))
)
```

モデルの評価では、Kerasは損失の重み付きの合計とすべての個別の損失と誤差指標を返す。

```
eval_results = model.evaluate((X_test_wide, X_test_deep), (y_test, y_test))
weighted_sum_of_losses, main_loss, aux_loss, main_rmse, aux_rmse = eval_results
```

return_dict=Trueを設定すれば、evaluate()は大きなタプルではなく辞書を返す。

同様に、predict()メソッドは個々の出力の予測を返す。

```
y_pred_main, y_pred_aux = model.predict((X_new_wide, X_new_deep))
```

predict()メソッドはタプルを返し、辞書を受け付けるreturn_dict引数を持っていない。しかし、model.output_namesを使えば辞書を作れる。

```
y_pred_tuple = model.predict((X_new_wide, X_new_deep))
y_pred = dict(zip(model.output_names, y_pred_tuple))
```

このように、関数型APIを使えば、あらゆるタイプのアーキテクチャを構築できる。では次にKerasモデルの最後の作成方法を見ておこう。

10.2.4 サブクラス化APIを使ったダイナミックなモデルの構築

シーケンシャルAPIと関数型APIは、ともに宣言的だ。どのような層を作り、どのように接続するかを宣言してからでなければ、学習、予測のためにデータをモデルに渡すことはできない。この方法にはさまざまな利点がある。モデルを簡単に保存、クローン作成、共有でき、構造を表示、分析できる。フレームワークは形状を推測し、型をチェックできるので、早い段階で（つまり、データがモデルに与えられる前に）エラーを見つけられる。モデル全体が層の静的なグラフになっているので、デバッグも簡単だ。しかし、弱点はそのようにスタティックなところである。モデルの中には、ループを含んだり、形状を変更したり、条件分岐したりといったダイナミックな動作を必要とするものがある。そのようなクラスを作りたい場合や、単純に命令型プログラミングのスタイルの方が扱いやすいという場合には、サブクラス化APIが使える。

この方法は、単純にModelクラスをサブクラス化し、コンストラクタで必要とされる層を作り、call()メソッドで考えている通りの層の計算を実行する。例えば、次のWideAndDeepModelクラスのインスタンスを作ると、関数型APIで作ったのと同じモデルが得られる。

```
class WideAndDeepModel(tf.keras.Model):
    def __init__(self, units=30, activation="relu", **kwargs):
        super().__init__(**kwargs)  # モデルの命名に必要
        self.norm_layer_wide = tf.keras.layers.Normalization()
        self.norm_layer_deep = tf.keras.layers.Normalization()
        self.hidden1 = tf.keras.layers.Dense(units, activation=activation)
        self.hidden2 = tf.keras.layers.Dense(units, activation=activation)
        self.main_output = tf.keras.layers.Dense(1)
        self.aux_output = tf.keras.layers.Dense(1)

    def call(self, inputs):
        input_wide, input_deep = inputs
        norm_wide = self.norm_layer_wide(input_wide)
        norm_deep = self.norm_layer_deep(input_deep)
        hidden1 = self.hidden1(norm_deep)
        hidden2 = self.hidden2(hidden1)
        concat = tf.keras.layers.concatenate([norm_wide, hidden2])
        output = self.main_output(concat)
        aux_output = self.aux_output(hidden2)
        return output, aux_output

model = WideAndDeepModel(30, activation="relu", name="my_cool_model")
```

このコード例は前のコード例と似ているが、層の作成をコンストラクタ[*1]、層の利用をcall()メソッドに分割しているところが異なる。そして、Inputオブジェクトを作る必要はない。call()メソッドのinput引数を使えばよいのである。

モデルのインスタンスを作ったら、関数型APIのときと同じように、コンパイルし、標準化（例えば、model.norm_layer_wide.adapt(...)とmodel.norm_layer_deep.adapt(...)を使って）、学習、評価して、予測のために利用できる。

大きな違いは、call()メソッド内でほとんど何でも好きなことができることだ。forループ、if文、低水準TensorFlow操作…。想像力が及ぶ範囲で何でもできる（12章参照）。そのため、特に研究者などが新しいアイデアを試したいときに役立つすばらしいAPIになっている。しかし、この柔軟性の高さには代償がある。モデルのアーキテクチャがcall()メソッド内に隠されてしまうため、Kerasは簡単にモデルを精査できないし、tf.keras.models.clone_model()でクローンを作ることもできない。

*1 KerasのModelクラスにはoutput属性があるので、メイン出力層の名前をoutputとするわけにはいかない。名前をmain_outputに変えているのはそのためである。

そして、summary()メソッドを呼び出しても、層のリストが得られるだけで、層がどのように接続されているかについての情報は得られない。しかも、Kerasが事前にモデルの型と形をチェックできないため、ミスを犯しやすい。そこで、どうしてもこの柔軟性が必要だというのでない限り、シーケンシャルAPIや関数型APIを使った方がよい。

Kerasモデルは通常の層と同じように使えるため、モデルと層を結合すれば、複雑なアーキテクチャを簡単に作れる。

以上でKerasを使ってニューラルネットワークを構築、学習する方法はわかった。あとはニューラルネットワークの保存方法を知りたいところだ。

10.2.5 モデルの保存と復元

学習したKerasモデルの保存は、ごくごく簡単だ。

```
model.save("my_keras_model", save_format="tf")
```

save_format="tf"[*1]を設定すると、KerasはTensorFlowのSavedModel形式で保存する。SavedModelは、複数のファイルとサブディレクトリを格納するディレクトリで、そのディレクトリには指定した名前が付けられる。この中で特に重要なのは、saved_model.pbファイルで、このファイルがシリアライズされた計算グラフという形でモデルのアーキテクチャとロジックを格納するため、モデルのソースコードをデプロイしなくても、SavedModelさえあれば本番環境でモデルを使える（その仕組みについては12章で説明する）。そのほか、keras_metadata.pbには、Kerasが必要とする情報が格納される。variablesサブディレクトリにはすべてのパラメータの値が保存される（結合重み、バイアス、標準化のための統計量（平均値や標準偏差）、オプティマイザのハイパーパラメータなど）。モデルが非常に大きい場合には、複数のファイルに分割される。最後に、assetsディレクトリにはデータサンプル、特徴量名、クラス名といったもののファイルが含まれる場合がある。デフォルトでは、assetsディレクトリは空だ。オプティマイザも、ハイパーパラメータや状態情報付で保存されるため、必要ならモデルをロードしたあとに学習を続けられる。

save_format="h5"を設定するか、.h5、.hdf5、.kerasで終わるファイル名を使うと、KerasはHDF5ベースのKeras固有形式に従う1個のファイルにモデルを保存する。しかし、TensorFlowデプロイツールの大半は、SavedModel形式以外のものを受け付けない。

一般に、モデルを学習して保存する1つのスクリプトとモデルをロードして評価、予測のために使う1つまたは複数のスクリプト（またはウェブサービス）を作ることになるだろう。モデルのロードも保存と同じくらい簡単だ。

---

*1 現在はこれがデフォルトだが、Kerasチームは将来のバージョンのデフォルトになるかもしれない新ファイル形式を開発しているので、私は将来への備えとしてファイル形式を明示的に設定するようにしている。

```
model = tf.keras.models.load_model("my_keras_model")
y_pred_main, y_pred_aux = model.predict((X_new_wide, X_new_deep))
```

パラメータの値だけを保存、ロードするsave_weights()、load_weights()もある。対象は、結合重み、バイアス、前処理情報、オプティマイザのパラメータなどだ。パラメータは、1個以上のmy_weights.data-00004-of-00052のようなファイル、my_weights.indexのようなインデックスファイルに保存される。

重みだけを保存すればモデル全体を保存するよりも早く消費ディスク容量も少ないので、学習中のチェックポイントの保存には最適だ。大規模なモデルの学習は数時間から数日かかるので、コンピュータがクラッシュしたときの備えとして定期的にチェックポイントを保存しなければならない。しかし、どうすればfit()メソッドにチェックポイントの保存を指示できるのだろうか。コールバックを使うのである。

10.2.6 コールバックの使い方

fit()メソッドはcallbacks引数を持っており、学習の開始・終了時、各エポックの開始・終了時、さらにはバッチを1つ処理する前後にKerasが呼び出すオブジェクトのリストを指定できるようになっている。例えば、ModelCheckpointコールバックは、学習中、定期的な間隔で（デフォルトでは各エポック終了後）モデルのチェックポイントを保存する。

```
checkpoint_cb = tf.keras.callbacks.ModelCheckpoint("my_checkpoints",
                                                   save_weights_only=True)
history = model.fit([...], callbacks=[checkpoint_cb])
```

学習中に検証セットを使っている場合は、ModelCheckpointを作るときにsave_best_only=Trueを設定すると、検証セットでの性能がそれまでで最高になったときだけモデルを保存できるようになる。こうすると、モデルが過学習になるのを気にせずに済むようになる。単純に、学習後最後に保存されたモデルを復元すればよい。それが検証セットで最も高い性能を示したモデルだ。これは早期打ち切り（4章参照）の実装方法の1つになる。ただし、この方法は学習を実際に打ち切りにするわけではない。

早期打ち切りには、EarlyStoppingコールバックを使うという方法もある。こうすると、patience引数で指定されたエポック数に渡って検証セットに対する性能が上がらなければ、学習が中止される。そして、restore_best_weights=Trueを設定していれば、学習終了時に最良のモデルにロールバックする。定期的な保存と性能向上をチェックしながらの保存の両方のコールバックを使えば、モデルのチェックポイントを保存しつつ（コンピュータのクラッシュに備えて）、性能が上がらなくなったときに学習を早期打ち切りにできる（時間とリソースの浪費や過学習を防ぐために）。

```
early_stopping_cb = tf.keras.callbacks.EarlyStopping(patience=10,
                                                     restore_best_weights=True)
history = model.fit([...], callbacks=[checkpoint_cb, early_stopping_cb])
```

進歩がなくなったら自動的に学習は中止されるので、エポック数は大きな値にしてよい（ただし、学習率が過度に小さくならないようにすること。でなければ、最後までゆっくりと進み続けることになる)。EarlyStoppingコールバックは最高の重みをRAMに格納し、学習終了時にそれを復元する。

tf.keras.callbacksパッケージ(https://keras.io/api/callbacks)には、ほかにもさまざまなコールバックが用意されている。

用意されたコールバック以外の形で学習を制御したいときには、カスタムコールバックが簡単に作れる。例えば、次のカスタムコールバックは、学習中の検証セットの損失と学習セットの損失の比率を表示する(例えば、過学習の検知に使える)。

```
class PrintValTrainRatioCallback(tf.keras.callbacks.Callback):
    def on_epoch_end(self, epoch, logs):
        ratio = logs["val_loss"] / logs["loss"]
        print(f"Epoch={epoch}, val/train={ratio:.2f}")
```

このコードから予想されるように、on_train_begin()、on_train_end()、on_epoch_begin()、on_epoch_end()、on_batch_begin()、on_batch_end()メソッドを実装できる。コールバックは、評価、予測中にも使える(例えば、デバッグ用に)。評価時には、on_test_begin()、on_test_end()、on_test_batch_begin()、on_test_batch_end()が使える(evaluate()に呼び出される)。予測時には、on_predict_begin()、on_predict_end()、on_predict_batch_begin()が使える(predict()に呼び出される)。

では次に、Kerasを使うときに使いこなせるようにしておきたいツールをもう1つ見ておこう。TensorBoardのことである。

10.2.7　TensorBoardによる可視化

TensorBoardは、学習中に学習曲線を表示したり、複数の実行で学習曲線を比較したり、計算グラフを可視化したり、学習の統計量を分析したり、モデルが生成した画像を表示したり、複雑な多次元データを3次元に射影して自動的にクラスタリングしたり、ネットワークを**プロファイリング**(ボトルネックを見つけるためにスピードを計測する)したり、その他さまざまなことのために使える優れた対話的可視化ツールだ。

TensorBoardは、TensorFlowをインストールしたときに自動でインストールされているが、プロファイリングデータを見るためにはTensorBoardプラグインが必要だ。https://homl.info/installの指示に従って完全ローカル実行している場合は既にプラグインがインストールされているが、Colabを使っている場合は次のコマンドを実行しなければならない。

```
%pip install -q -U tensorboard-plugin-profile
```

TensorBoardを使うためには、可視化したいデータを**イベントファイル**(event file)という特別なバイナリファイルに出力するようにプログラムを書き換えなければならない。個々のバイナリデータレコードは、**サマリ**（summary）と呼ばれる。TensorBoardサーバはログディレクトリを監視し、自動的に変更箇所を取り出して表示を更新する。そのため、学習中の学習曲線のような生きたデータを可視化できる（若干の遅れは生じるが）。一般に、TensorBoardサーバはルートログディレクトリを参照し、プログラムは実行ごとに別々のサブディレクトリに出力を書き込むように設定する。こうすれば、同じTensorBoardサーバインスタンスでプログラムの複数の実行から得られたデータをまぜこぜにすることなく、表示、比較できる。

では、ルートログディレクトリにmy_logsという名前を与え、現在の日時に基づいてサブディレクトリパスを生成してサブディレクトリが実行ごとに異なるものになるようにする小さな関数を書こう。

```
from pathlib import Path
from time import strftime

def get_run_logdir(root_logdir="my_logs"):
    return Path(root_logdir) / strftime("run_%Y_%m_%d_%H_%M_%S")

run_logdir = get_run_logdir()  # 例:my_logs/run_2022_08_01_17_25_59
```

実は、Kerasはログディレクトリの作成の面倒を見てくれる（必要ならログディレクトリの親ディレクトリも）便利なTensorBoard()コールバックを提供しており、Kerasは学習中にそこにイベントファイルを作ってサマリを書き込む。コールバックはモデルの学習、検証の損失と指標（この場合はMSEとRMSE）を計測し、ニューラルネットワークのプロファイリングもする。使い方は簡単だ。

```
tensorboard_cb = tf.keras.callbacks.TensorBoard(run_logdir,
                                                profile_batch=(100, 200))
history = model.fit([...], callbacks=[tensorboard_cb])
```

これだけでよい。この例では、最初のエポックでバッチ100から200までネットワークをプロファイリングする。しかしなぜ100と200なのだろうか。ニューラルネットワークは「ウォームアップ」のために数バッチかかることが多いので、早すぎるタイミングでプロファイリングしたくない。そして、プロファイリングはリソースを使うので、バッチごとにプロファイリングするようなことは避けた方がよいのである。

次に学習率を0.001から0.002に変え、新しいログサブディレクトリを使って改めてコードを実行してみよう。次のようなディレクトリ構造ができるはずだ。

```
my_logs
├── run_2022_08_01_17_25_59
│   ├── train
│   │   ├── events.out.tfevents.1659331561.my_host_name.42042.0.v2
│   │   ├── events.out.tfevents.1659331562.my_host_name.profile-empty
│   │   └── plugins
│   │       └── profile
│   │           └── 2022_08_01_17_26_02
│   │               ├── my_host_name.input_pipeline.pb
│   │               └── [...]
```

```
│   └── validation
│       └── events.out.tfevents.1659331562.my_host_name.42042.1.v2
└── run_2022_08_01_17_31_12
    └── [...]
```

実行ごとに1つのディレクトリが作られ、そのディレクトリには、学習ログと評価ログのサブディレクトリが含まれている。どちらのサブディレクトリにもイベントファイルが含まれているが、学習ログにはプロファイリングトレースも含まれる。

イベントファイルの準備ができたので、TensorBoardサーバを起動しよう。これは、JupyterのTensorBoardエクステンションを使って、JupyterやColabの中で直接実行できる。エクステンションは、TensorBoardライブラリとともにインストールされる。Colabには、このエクステンションがプレインストールされている。次のコードは第1行でJupyterのTensorBoardエクステンションをロードする。第2行で`my_logs`ディレクトリを対象としてTensorBoardサーバを起動し、サーバに接続してJupyter内にユーザインターフェイスを直接表示する。サーバは6006以上で最初の利用可能TCPポートをリスンする（`--port`オプションで使いたいポートを指定してもよい）。

```
%load_ext tensorboard
%tensorboard --logdir=./my_logs
```

あなたのマシンですべてを実行している場合、端末で`tensorboard --logdir=./my_logs`を実行すれば、TensorBoardを起動できる。まず、TensorBoardがインストールされているConda環境をアクティブにして、`handson-ml3`ディレクトリに移動しなければならない。サーバが起動したら、http://localhost:6006に移動しよう。

これでTensorBoardのユーザインターフェイスが表示されているはずだ。SCALARSタブをクリックすれば学習曲線が表示される（**図10-16**参照）。左下の部分で可視化したいログを選択し（例えば、1度目と2度目の実行の学習ログ）、`epoch_loss`スカラをクリックする。どちらの実行でも学習損失はいい感じに下がっているが、学習率が高いおかげで2度目の実行の方が少し早く下がっている。

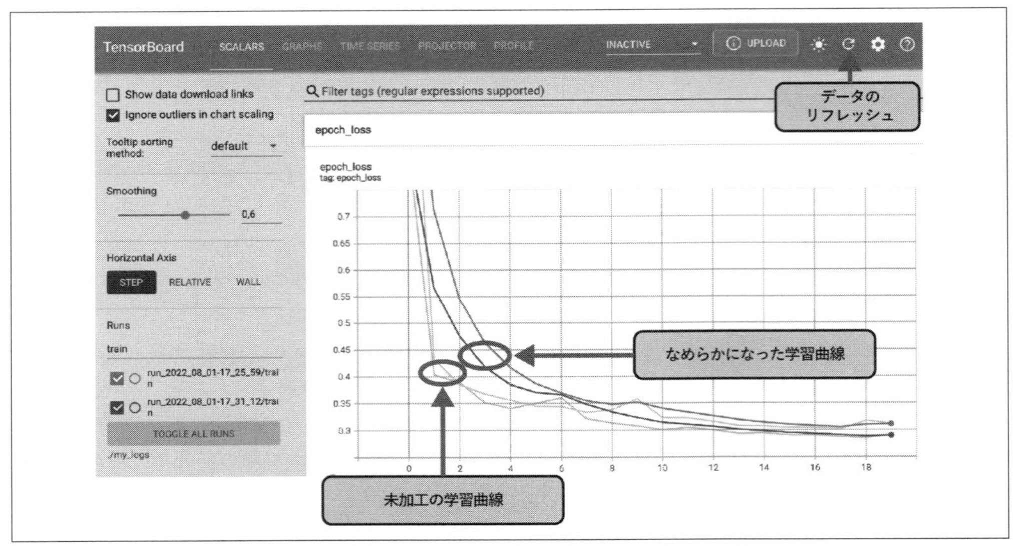

図10-16　TensorBoardによる学習曲線の可視化

GRAPHSタブでは計算グラフを可視化でき、PROJECTORタブでは学習した重みを3D表示に射影できる。PROFILEタブではトレースをプロファイリングできる。TensorBoard()コールバックには追加のデータをロギングするためのオプションもある（詳しくはドキュメントを参照してほしい）。右上のリフレッシュボタン（⟳）をクリックすれば、TensorBoardはデータをリフレッシュする。設定ボタン（⚙）をクリックすれば、リフレッシュの間隔を指定して自動リフレッシュを有効にできる。

TensorFlowは、tf.summaryパッケージで低水準APIも提供している。次のコードは、create_file_writer()関数を使ってSummaryWriterを作り、このライターをスカラ、ヒストグラム、画像、音声、テキストをロギングするためのPythonコンテキストとして使う。これらはみな、あとでTensorBoardを使って可視化できる。

```
test_logdir = get_run_logdir()
writer = tf.summary.create_file_writer(str(test_logdir))
with writer.as_default():
    for step in range(1, 1000 + 1):
        tf.summary.scalar("my_scalar", np.sin(step / 10), step=step)

        data = (np.random.randn(100) + 2) * step / 100  # 大きくする
        tf.summary.histogram("my_hist", data, buckets=50, step=step)

        images = np.random.rand(2, 32, 32, 3) * step / 1000  # 明るくする
        tf.summary.image("my_images", images, step=step)

        texts = ["The step is " + str(step), "Its square is " + str(step ** 2)]
        tf.summary.text("my_text", texts, step=step)
```

```
sine_wave = tf.math.sin(tf.range(12000) / 48000 * 2 * np.pi * step)
audio = tf.reshape(tf.cast(sine_wave, tf.float32), [1, -1, 1])
tf.summary.audio("my_audio", audio, sample_rate=48000, step=step)
```

このコードを実行してTensorBoardのリフレッシュボタンをクリックすると、IMAGES、AUDIO、DISTRIBUTIONS、HISTOGRAMS、TEXTタブが追加される。IMAGESタブをクリックし、画像の上のスライダーを操作すると、異なるタイムステップでの画像を表示できる。同様に、AUDIOタブでは、異なるタイムステップでの音声を聞ける。このように、TensorBoardはTensorFlowや深層学習に留まらない便利なツールなのである。

この章の今までの部分で学んだことをまとめておこう。ニューラルネットワークが生まれた経緯、MLPとは何で、分類、回帰タスクでどのように使えるか、KerasのシーケンシャルAPIを使ったMLPの構築方法、関数型APIやサブクラス化APIを使ったより複雑なモデル構造の構築方法（ワイド・アンド・ディープモデルと複数の入力、出力を持つモデル）、モデルの保存と復元の方法、チェックポイントの保存や早期打ち切りなどのためのコールバックの使い方、TensorBoardを使った可視化の方法である。あなたはもうニューラルネットワークを使って多くの問題に挑戦することができる。しかし、隠れ層をいくつにしたらよいか、ネットワークのニューロンの数はどうするかといったハイパーパラメータの選び方で悩んでしまうかもしれない。次は、その部分を説明しよう。

10.3 ニューラルネットワークのハイパーパラメータのファインチューニング

ニューラルネットワークの柔軟性の高さは、ニューラルネットワークの最大の欠点でもある。何しろ、操作しなければならないハイパーパラメータがたくさんある。想像できるあらゆるネットワークアーキテクチャが使えるだけでなく、最も単純なMLPであっても、層の数、層ごとのニューロンの数や活性化関数のタイプ、重みの初期化ロジック、利用するオプティマイザのタイプ、学習率、バッチサイズなどの多くの設定項目がある。自分のタスクにとって最も適切なハイパーパラメータの組み合わせを見つけるためにはどうすればよいだろうか。

Kerasモデルをscikit-learn推定器に変換し、2章でしたように`GridSearchCV`や`RandomizedSearchCV`でハイパーパラメータをファインチューニングするというのも1つの方法だ。そのためには、SciKerasライブラリ（詳細はhttps://github.com/adriangb/scikerasを参照）の`KerasRegressor`、`KerasClassifier`ラッパークラスが使える。しかしもっとよい方法がある。Kerasモデルのハイパーパラメータチューニングライブラリ、Keras Tunerを使うのである。このライブラリは複数のチューニング戦略を提供し、カスタマイズ性に優れ、TensorBoardと密接に統合されている。これの使い方を見ていこう。

https://homl.info/installの指示に従って完全ローカル実行している場合は既にプラグインがインストールされているが、Colabを使っている場合は`%pip install -q -U keras-tuner`を実行しなければならない。次に、`kt`として`keras_tuner`をインポートし、Kerasモデルを構築、コンパイルして返す関数を書く。その関数は、引数として`kt.HyperParameters`オブジェクト（hp）を取らなければならない。関数は、これを使ってハイパーパラメータ（整数、浮動小数点数、文字列など）とその範囲や取り得る値を定義する。これらのハイパーパラメータは、モデルを構築、コンパイルするときに使える。例えば、次の関数は、Fashion MNIST画像を分類するMLPを構築、コンパイルするものだが、隠れ層の数（n_hidden）、層ごとのニューロンの数（n_neurons）、学習率（learning_rate）、使うオプティマイザのタイプ（optimizer）といったハイパーパラメータを使っている。

```
import keras_tuner as kt

def build_model(hp):
    n_hidden = hp.Int("n_hidden", min_value=0, max_value=8, default=2)
    n_neurons = hp.Int("n_neurons", min_value=16, max_value=256)
    learning_rate = hp.Float("learning_rate", min_value=1e-4, max_value=1e-2,
                             sampling="log")
    optimizer = hp.Choice("optimizer", values=["sgd", "adam"])
    if optimizer == "sgd":
        optimizer = tf.keras.optimizers.SGD(learning_rate=learning_rate)
    else:
        optimizer = tf.keras.optimizers.Adam(learning_rate=learning_rate)

    model = tf.keras.Sequential()
    model.add(tf.keras.layers.Flatten())
    for _ in range(n_hidden):
        model.add(tf.keras.layers.Dense(n_neurons, activation="relu"))
    model.add(tf.keras.layers.Dense(10, activation="softmax"))
    model.compile(loss="sparse_categorical_crossentropy", optimizer=optimizer,
                  metrics=["accuracy"])
    return model
```

関数は、最初の部分でハイパーパラメータを定義している。例えば、hp.Int("n_hidden", min_value=0, max_value=8, default=2)はHyperParametersオブジェクトのhpに既に"n_hidden"という名前のハイパーパラメータがあるかどうかをチェックし、あればその値を返す。そうでなければ、"n_hidden"という名前の新しい整数ハイパーパラメータを登録する。このハイパーパラメータが取り得る値は0以上8以下で、明示的に指定されなければ2というデフォルト値を返す（defaultが設定されていなければ、min_valueが返される）。"n_neurons"ハイパーパラメータも同じように登録される。"learning_rate"ハイパーパラメータは10^{-4}から10^{-2}までの浮動小数点数として登録され、sampling="log"なので対数スケールで値が平等にサンプリングされる。最後に、optimizerハイパーパラメータは"sgd"か"adam"のどちらかの値を取り得るものとして登録される（デフォルトは最初の値で、この場合は"sgd"だ）。optimizerの値により、指定された学習率でSGDオプティマイザかAdamオプティマイザを使う。

関数の後半部分は、単純に指定されたハイパーパラメータを使ってモデルを構築する。作るのは、Flatten層を先頭とし、要求された数（n_hiddenハイパーパラメータによって決まる）のReLU活性化関数を使う隠れ層が続き、ソフトマックス活性化関数を使い、10個のニューロン（クラスごとに1個）を持つ出力層を持つSequentialモデルである。最後に、関数はモデルをコンパイルして返す。

基本的なランダムサーチをしたければ、コンストラクタにbuild_model関数を渡して

kt.RandomSearchチューナーを作り、チューナーのsearch()メソッドを呼び出す。

```
random_search_tuner = kt.RandomSearch(
    build_model, objective="val_accuracy", max_trials=5, overwrite=True,
    directory="my_fashion_mnist", project_name="my_rnd_search", seed=42)
random_search_tuner.search(X_train, y_train, epochs=10,
                           validation_data=(X_valid, y_valid))
```

RandomSearchチューナーは、まず空のHyperparametersオブジェクトを引数としてbuild_model()を1度呼び出すが、それはハイパーパラメータの仕様を集めるためだ。次に、この例では5回の試行を行う。個々の試行では、指定された範囲からランダムにサンプリングしたハイパーパラメータを使ってモデルを構築し、10エポックに渡って学習し、my_fashion_mnist/my_rnd_searchディレクトリのサブディレクトリに保存する。overwrite=Trueにしてあるので、学習を開始する前にmy_rnd_searchディレクトリは削除される。2度目にoverwrite=Falseとmax_als=10を指定してこのコードを実行すると、チューナーは前回終了時の状態から継続して5回の試行を追加実行する。つまり、1度ですべての試行を実行する必要はないということだ。objectiveが"val_accuracy"に設定されているため、チューナーは検証セットでの精度が高いものを高く評価する。そこで、サーチが終了したときに次のようにすれば、最良のモデルが得られる。

```
top3_models = random_search_tuner.get_best_models(num_models=3)
best_model = top3_models[0]
```

最良のモデルのkt.HyperParametersを得るためにget_best_hyperparameters()を呼び出すという方法もある。

```
>>> top3_params = random_search_tuner.get_best_hyperparameters(num_trials=3)
>>> top3_params[0].values  # 最良のハイパーパラメータ値
{'n_hidden': 5,
 'n_neurons': 70,
 'learning_rate': 0.00041268008323824807,
 'optimizer': 'adam'}
```

各チューナーはいわゆる**オラクル**（oracle：神託という意味がある）に導かれている。チューナーは、個々の試行の前に次の試行は何にすべきかをオラクルに尋ねる。RandomSearchはRandomSearchOracleを使うが、先ほども触れたように、これは次の試行をランダムに選択するだけだ。オラクルがすべての試行の結果を管理しているので、最良の試行が何だったのかはオラクルに尋ねればわかるし、その試行のサマリを表示できる。

```
>>> best_trial = random_search_tuner.oracle.get_best_trials(num_trials=1)[0]
>>> best_trial.summary()
Trial summary
Hyperparameters:
n_hidden: 5
n_neurons: 70
```

```
learning_rate: 0.00041268008323824807
optimizer: adam
Score: 0.8736000061035156
```

サマリを表示すると、最良のハイパーパラメータ（これは先ほどと同じ）と検証セットでの精度がわかる。すべての指標に直接アクセスすることもできる。

```
>>> best_trial.metrics.get_last_value("val_accuracy")
0.8736000061035156
```

最良のモデルの性能に満足できたら、学習セット全体（X_train_fullとy_train_full）であと数エポック学習を続け、テストセットで評価し、本番にデプロイしてよい（9章参照）。

```
best_model.fit(X_train_full, y_train_full, epochs=10)
test_loss, test_accuracy = best_model.evaluate(X_test, y_test)
```

データの前処理のハイパーパラメータやmodel.fit()の引数（バッチサイズなど）のファインチューニングをしたい場合もあるだろう。このような場合には少し異なるテクニックを使わなければならない。build_model()関数を書くのではなく、kt.HyperModelクラスのサブクラスを作り、build()とfit()の2つのメソッドを定義するのである。build()メソッドは、build_model()関数とまったく同じことをする。fit()メソッドはmodel.fit()のすべての引数のほか、HyperParametersオブジェクトとコンパイル済みのモデルを引数として取り、モデルを学習してHistoryオブジェクトを返す。重要なのは、fit()メソッドがデータの前処理やバッチサイズの操作などを判断するためにHyperParametersを使うことだ。例えば、次のクラスは上と同じモデル、同じハイパーパラメータを使って同じモデルを作るが、それだけでなく、モデルを学習する前に学習データを標準化するかどうかを決める"normalize"という論理値のハイパーパラメータも取る。

```
class MyClassificationHyperModel(kt.HyperModel):
    def build(self, hp):
        return build_model(hp)

    def fit(self, hp, model, X, y, **kwargs):
        if hp.Boolean("normalize"):
            norm_layer = tf.keras.layers.Normalization()
            X = norm_layer(X)
        return model.fit(X, y, **kwargs)
```

そして、使いたいチューナーに、build_model関数ではなくこのクラスのインスタンスを渡す。例えば、MyClassificationHyperModelインスタンスを使ってkt.Hyperbandチューナーを作ってみよう。

```
hyperband_tuner = kt.Hyperband(
    MyClassificationHyperModel(), objective="val_accuracy", seed=42,
    max_epochs=10, factor=3, hyperband_iterations=2,
    overwrite=True, directory="my_fashion_mnist", project_name="hyperband")
```

このチューナーは2章で取り上げたHalvingRandomSearchCVと似ている。最初の数エポックは多くの種類のモデルを学習するが、その後ダメなモデルを捨てていき、上位1 / factor個（つまり、この場合は上位1/3個）だけを残す。そして、残ったモデルが1個になるまで、この選択プロセスを繰り返す[*1]。max_epochs引数は、最良のモデルを学習するエポック数の上限を指定する。この場合、プロセス全体が2回繰り返される（hyperband_iterations=2）。個々のhyperbandイテレーションでのモデル全体の学習エポック数は、おおよそmax_epochs * (log(max_epochs) / log(factor)) ** 2であり、この例の場合は44エポックになる。ほかの引数は、kt.RandomSearchと同じだ。

では、Hyperbandチューナーを実行してみよう。TensorBoardコールバックを使うが、今回はルートログディレクトリを参照する（試行ごとにサブディレクトリを変えることについてはチューナーが処理する）。そして、EarlyStoppingコールバックも使う。

```
root_logdir = Path(hyperband_tuner.project_dir) / "tensorboard"
tensorboard_cb = tf.keras.callbacks.TensorBoard(root_logdir)
early_stopping_cb = tf.keras.callbacks.EarlyStopping(patience=2)
hyperband_tuner.search(X_train, y_train, epochs=10,
                       validation_data=(X_valid, y_valid),
                       callbacks=[early_stopping_cb, tensorboard_cb])
```

--logdirでmy_fashion_mnist/hyperband/tensorboardを参照してTensorBoardをオープンすると、進行とともにすべての試行の結果が見られる。忘れずにHPARAMSタブを見てほしい。ここには、試したすべてのハイパーパラメータ（およびその値）の組み合わせのサマリが表示される。HPARAMSタブの中にTABLE VIEW（表）、PARALLEL COORDINATES VIEW（並行座標プロット）、SCATTERPLOT MATRIX VIEW（散布図行列）の3つのタブがある。左のパネルの下の方にあるMetricsの部分でvalidation.epoch_accuracy以外のすべての指標のチェックを外すと、グラフがわかりやすくなる。平行座標プロットビューでvalidation.epoch_accuracy列の値が大きいものだけの範囲を選択してみよう。こうすると、高い性能を示したハイパーパラメータの組み合わせだけがフィルタリングされる。そのような組み合わせの中のどれかをクリックすると、対応する学習曲線がページ下部に表示される。時間をかけて個々のタブを見てみよう。個々のハイパーパラメータが性能にどのような影響を及ぼすか、ハイパーパラメータ同士がどのような相互作用を及ぼすかがわかってくるだろう。

Hyperbandはリソースの割り当て方という点で純粋なランダムサーチよりも賢いことをしているが、ハイパーパラメータ空間をランダムに探っているという本質に変わりはない。高速だが雑だ。しかし、Kerasチューナーにはkt.BayesianOptimizationというものもある。このアルゴリズムは、**ガウス過程**（Gaussian process）という確率モデルの学習を通じてハイパーパラメータ空間のどの部分を操作すると最も効果的かを次第に学習する。漸進的に最良のハイパーパラメータに注意を引き付けていけるのだ。欠点は、このアルゴリズム自体がハイパーパラメータを持っていることだ。alphaは試行全体を通じて性能計測値が持つと予想するノイズの水準（デフォルトは10^{-4}）を表し、betaは、ハイパーパラ

---

*1 実際には、Hyperbandは半分への絞り込みの繰り返しよりも少し高度なことをしている。Lisha Li et al., "Hyperband: A Novel Bandit-Based Approach to Hyperparameter Optimization", *Journal of Machine Learning Research* 18 (April 2018): 1-52.（https://arxiv.org/abs/1603.06560）

メータ空間内の操作に適した部分として既知の箇所を単純に探るのではなく、このアルゴリズムにどれだけ深く探らせたいかを指定する（デフォルトは2.6）。このチューナーも、この部分以外は今までのものと同じように使える。

```
bayesian_opt_tuner = kt.BayesianOptimization(
    MyClassificationHyperModel(), objective="val_accuracy", seed=42,
    max_trials=10, alpha=1e-4, beta=2.6,
    overwrite=True, directory="my_fashion_mnist", project_name="bayesian_opt")
bayesian_opt_tuner.search([...])
```

ハイパーパラメータの調整は今も活発に研究が進められている分野であり、これら以外にも多くのアプローチが研究されている。例えば、DeepMindが2017年に発表した優れた論文（https://homl.info/pbt）[*1]では、モデルの集合とそのハイパーパラメータをまとめて最適化する進化的アルゴリズムが使われている。Googleも、単にハイパーパラメータを探すだけではなく、モデルアーキテクチャのあらゆる側面に探りを入れていく進化的なアプローチを使っており、Google Vertex AIのAutoMLサービスで使っている（19章参照）。AutoMLという言葉は、大部分のMLワークフローを支えるあらゆるシステムを指している。進化的アルゴリズムは個別のニューラルネットワークの学習で成功を収めてきており、広く普及した勾配降下法を駆逐する勢いだ。例えば、深層ニューロエボリューション（Deep Neuroevolution）のテクニックが紹介されているUberの2017年のブログ（https://homl.info/neuroevol）を読むとよい。

しかし、このような進化が見られ、新しいツールとサービスが生まれてきても、個々のハイパーパラメータに適した値はどのようなものかについて頭の中にイメージがあると、プロトタイプを作ったり探索空間を狭めたりするために役に立つ。以下の節では、MLPの隠れ層やニューロンの数の選び方、その他主要なハイパーパラメータの一部の適切な値の選び方についての目安を示していきたい。

10.3.1 隠れ層の数

多くの問題では、隠れ層が1つだけの状態からスタートしても、十分まともな結果が得られる。実際、理論的には、ニューロンが十分にあれば、隠れ層が1つだけのMLPでも、最も複雑な関数の数々をモデリングできることが示されている。しかし、複雑な問題では、深いネットワークは浅いネットワークよりも**パラメータ効率**（parameter efficiency）が高い。深いネットワークは、浅いネットワークよりも指数的に少ないニューロンで複雑な関数をモデリングでき、学習データの量が同じでもずっと高い性能を出せる。

なぜだろうか。何らかの描画ソフトウェアを使って森の絵を描くことを頼まれたとする。ただし、コピペを使ってはならないことになっている。葉を1枚1枚、そのような葉が集まった枝を1本1本、さらにそのような枝を集めた木を1本1本描かなければならない。それでは膨大な時間がかかるだろう。しかし、葉を1枚描いたらそれをコピペして枝を描き、その枝をコピペして木を描き、さらにその木をコピペして森を描いてもよいのなら、仕事はあっという間に終わるだろう。現実世界のデータはこのように階層構造になっていることが多く、DNNは自動的にその事実を利用できる。下位の隠れ層は低水準

*1 Max Jaderberg et al., "Population Based Training of Neural Networks", arXiv preprint arXiv:1711.09846 (2017).

の構造（例えば、さまざまな図形の一部となっている線分とその向き）をモデリングし、中間レベルの隠れ層はこれらの低水準構造を組み合わせて中間レベルの構造（例えば、正方形や円）をモデリングし、最上位の隠れ層と出力層は、これらの中間レベルの構造を組み合わせて高水準の構造（例えば、顔）をモデリングする。

このような階層構造は、DNNがよい解に早く収束するのを助けるだけでなく、新しいデータセットに対する汎化能力も高める。例えば、写真に含まれる顔を認識するモデルを既に学習してあり、ヘアスタイルを認識する新しいニューラルネットワークを学習したい場合、第1のネットワークの下位層の結果を再利用するところから作業を始められる。新しいニューラルネットワークの下位のいくつかの層の重みとバイアスをランダムに初期化するのではなく、第1のネットワークの下位層の重みとバイアスを使って初期化できるのである。こうすれば、ほとんどの写真に含まれている下位層の構造を最初から学習する必要はない。高水準の構造（例えば、ヘアスタイル）だけを学習すればよいのである。これを**転移学習**（transfer learning）と呼ぶ。

要するに、多くの問題では、最初は隠れ層を1、2個にしておいても十分に機能する。例えば、MNISTデータセットでは、数百個のニューロンを持つ隠れ層を1つ使うだけで簡単に97％以上の精度に達することができ、ニューロン数の合計は同じままで隠れ層を2つにすればほぼ同じ学習時間で98％以上の精度が得られる。もっと複雑な問題では、隠れ層の数を少しずつ増やしていき、学習セットを過学習し始めたら止めるようにすればよい。大規模な画像分類や音声認識などの非常に複雑なタスクは、一般に数十もの隠れ層を持つネットワーク（数百の全結合ではない隠れ層を使うこともある。14章参照）と、膨大な量の学習データを必要とする。しかし、そのようなネットワークを0から学習しなければならないことはまずない。同じようなタスクをこなす学習済みの最先端ネットワークの部品を再利用することの方がはるかに多い。そうすれば、学習はずっと早く済ませられ、必要なデータは減る（11章参照）。

10.3.2 隠れ層当たりのニューロン数

入力層と出力層のニューロンの数は、タスクが必要とする入力と出力のタイプによって決まる。例えば、MNISTを使ったタスクは、28 × 28 = 784個の入力ニューロンと10個の出力ニューロンを必要とする。

隠れ層のニューロン数については、層ごとにニューロン数を減らして漏斗のような形になるようにするのが一般的だった。多数の低水準特徴量が融合して少数の高水準特徴量になるということである。例えば、MNIST用の典型的なニューラルネットワークは、隠れ層が3個で、第1の隠れ層が300ニューロン、第2の隠れ層が200ニューロン、第3の隠れ層が100ニューロンといったところだろう。しかし、従来の方法は使われなくなってきている。なぜかというと、すべての隠れ層で同じ数のニューロンを使っても、多くの場合はうまく機能し、かえってその方がよい場合さえある上に、調整するハイパーパラメータが層ごとに1つではなく、全体で1つになるからだ。とは言っても、データセットによっては、最初の隠れ層をほかの隠れ層よりも大きくすると効果的な場合がある。

層の数と同様に、ニューロン数もネットワークが過学習し始めるまで増やしていけばよい。しかし、実際には、本当に必要な数よりも多くの層とニューロンを持つモデルを選び、早期打ち切りやその他の正則化手法を使って過学習を防いだ方が簡単だ。Googleのサイエンティスト、ヴィンセント・ヴァンホーク（Vincent Vanhoucke）は、これを「ストレッチパンツ」アプローチと呼んでいる。自分のサイズにぴったり合うズボンを探して時間を浪費するのではなく、少し大きめで適切なサイズに縮むストレッチパンツを買えばよいということだ。この方法なら、ボトルネックになってモデルが台無しになるような層を作ってしまうのを防げる。逆に言えば、ニューロン数が少なすぎる層があると、入力に含まれている使える情報を全部残しておけるだけの表現力が得られなくなる（例えば、ニューロンが2個の層は2次元データしか出力できないため、その層で3次元データを処理すると、一部の情報が必ず失われることになる）。ネットワークのその他の部分がいかに大きく強力でも、失われた情報は二度と復元できない。

一般に、層当たりのニューロン数を増やすよりも層の数を増やした方が大きな効果が得られる。

10.3.3 学習率、バッチサイズ、その他のハイパーパラメータ

MLPで調整できるハイパーパラメータは、隠れ層やニューロンの数だけではない。特に重要なハイパーパラメータとその設定の目安をまとめておこう。

学習率

学習率はおそらく最も重要なハイパーパラメータだ。一般に、最適な学習率は、最大の学習率（学習アルゴリズムが発散し始める寸前の学習率。4章参照）の半分である。よい学習率を選ぶためには、例えば学習率が低い状態（例えば10^{-5}）からスタートし次第に学習率を上げて極端に高い値（例えば10）になるところまで数百回学習を繰り返すとよい。学習率を上げるときには、イテレーションごとに定数を掛けていく（例えば、$(10 / 10^{-5})^{1/500}$を定数として使うと、10^{-5}から500イテレーションで10になる）。学習率の関数として損失をグラフにすると（学習率は対数軸を使うこと）、最初のうちは損失が下がっていく。しかし、しばらくすると学習率が高くなりすぎ、損失がかえって上がっていくようになる。最適な学習率は、損失が反転して上がっていく点よりも少し低いところである（一般に、反転の位置の1/10ほど）。そのあとは、このよい学習率を使って普通にモデルを初期化し直して学習する。学習率の最適化テクニックについては、11章でさらに取り上げる。

オプティマイザ

古くから使われているミニバッチ勾配降下法（およびハイパーパラメータの調整）よりも優れたオプティマイザを選ぶことも重要である。11章では、高度なオプティマイザをいくつか見ていく。

バッチサイズ

バッチサイズは、モデルの性能と学習時間に大きな影響を与えることがある。バッチサイズを大きくすると、GPUなどのハードウェアアクセラレータの処理効率が上がり（19章参照）、学習アルゴリズムが同じ時間で参照できるインスタンス数が増える。大きなバッチサイズの最大の利点はここだろう。そこで、多くの研究者や実務家は、GPUのRAMに収まる範囲で最大のバッチサイズを使うことを勧めている。しかし、大きなバッチサイズには落とし穴がある。バッチサイズを大きくすると特に学習初期では学習が不安定になることがよくあり、得られたモデルは小さなバッチサイ

ズで学習したモデルよりもうまく汎化しないことがあるのだ。ヤン・ルカン（Yann LeCun）は、ドミニク・マスターズ（Dominic Masters）とカルロ・ルスキ（Carlo Luschi）の2018年の論文（https://homl.info/smallbatch）[*1]（バッチサイズが小さい方が短い学習時間でよいモデルが作れるので、バッチサイズは2から32という小さい数がよいという内容のもの）を参照しながら、2018年4月に「友だちが32よりも大きいミニバッチを使うなと言っている」というツイートさえしている。しかし、逆の指示をしている論文もある。例えば、2017年には、エラッド・ホッファー（Elad Hoffer）らの論文（https://homl.info/largebatch）[*2]とプリヤ・ゴヤル（Priya Goyal）らの論文（https://homl.info/largebatch2）[*3]は、学習率のウォームアップ（小さな学習率で学習を開始し、次第に学習率を上げていく方法。11章で取り上げる）などのさまざまなテクニックを使えば、非常に大きなバッチサイズ（8,192まで）が使えるし、世代ギャップを起こさず学習時間を短縮できることを示した。そこで、学習率ウォームアップを使って大きなバッチサイズを試してみて、学習が不安定になったり最終的な性能が満足できないものだったりするときに小さなバッチサイズを試してみるとよいかもしれない。

活性化関数

活性化関数の選び方についてはこの章の前の方で説明した。一般に、隠れ層ではReLUがよいデフォルトになるが、出力層の活性化関数はタスク次第で変わる。

イテレーション数

ほとんどの場合、学習のイテレーション数を操作する必要はない。代わりに早期打ち切りを使うようにしよう。

最適な学習率はほかのハイパーパラメータ（特にバッチサイズ）によって左右されるので、ハイパーパラメータを変えたときには学習率も更新するのを忘れてはならない。

ニューラルネットワークのハイパーパラメータの調整に関するその他のベストプラクティスについては、レスリー・N・スミス（Leslie N. Smith）の2018年のすばらしい論文（https://homl.info/1cycle）[*4]を参照してほしい。

人工ニューラルネットワークとKerasによる実装の初歩についての説明は以上だ。このあとの数章では、まず深層ネットワークの学習テクニックを説明する。また、TensorFlowの低水準APIを使ってモデルをカスマイズする方法やtf.data APIを使ってデータを効率よくロード、前処理する方法も取り上げる。そして、その他の広く使われているニューラルネットワーク・アーキテクチャも見ていく。画

＊1　Dominic Masters and Carlo Luschi, "Revisiting Small Batch Training for Deep Neural Networks", arXiv preprint arXiv:1804.07612 (2018).

＊2　Elad Hoffer et al., "Train Longer, Generalize Better: Closing the Generalization Gap in Large Batch Training of Neural Networks", *Proceedings of the 31st International Conference on Neural Information Processing Systems* (2017): 1729-1739.

＊3　Priya Goyal et al., "Accurate, Large Minibatch SGD: Training ImageNet in 1 Hour", arXiv preprint arXiv:1706.02677 (2017).

＊4　Leslie N. Smith, "A Disciplined Approach to Neural Network Hyper-Parameters: Part 1—Learning Rate, Batch Size, Momentum, and Weight Decay", arXiv preprint arXiv:1803.09820 (2018).

像処理に適した畳み込みニューラルネットワーク、シーケンシャルデータやテキストに適した再帰型ニューラルネットワークとTransformer、表現を学習するオートエンコーダ、データをモデリングして生成する敵対的生成ネットワークなど、その他の広く使われているニューラルネットワーク・アーキテクチャも見ていく[*1]。

10.4 演習問題

1. TensorFlow playground（https://playground.tensorflow.org）は、TensloFlowチームが作った使いやすいニューラルネットワーク・シミュレータだ。この演習問題では、数クリックで複数の二値分類器を作り、モデルのアーキテクチャやハイパーパラメータを操作して、ニューラルネットワークの仕組みやハイパーパラメータの機能を直観的に理解しよう。少し時間を割いて、次のことを試してみよう。

   a. **ニューラルネットが学習するパターン**
   実行ボタン（左上）をクリックしてデフォルトニューラルネットワークを学習してみよう。分類タスクのよい解が早い段階で見つかることがわかるはずだ。最初の隠れ層のニューロンは単純なパターンを学習し、第2の隠れ層のニューロンは第1の隠れ層が見つけた単純なパターンを組み合わせて複雑なパターンを学習する。一般に、隠れ層が多ければ多いほど、複雑なパターンを学習できる。

   b. **活性化関数**
   活性化関数をtanh（双曲線正接）からReLUに変えてネットワークを学習し直してみよう。解を見つけるのがさらに早くなるものの、境界が線形になる。これはReLU関数の形によるものである。

   c. **局所的な最小値に引っかかるリスク**
   隠れ層をニューロンが3個の1層だけにして、複数回学習してみよう（再生ボタンの左のリセットボタンをクリックすればネットワークの重みをリセットできる）。学習時間の長さがまちまちになり、局所的な最小値につまづくことさえあるはずだ。

   d. **ニューラルネットワークが小さすぎるときに起こること**
   ニューロンをさらに減らして2個だけにしよう。何度試してもニューラルネットワークは適切な解を見つけられなくなるはずだ。モデルのパラメータが少なすぎ、学習セットに対して常に過少適合になる。

   e. **ニューラルネットワークが十分大きいときに起こること**
   ニューロンの数を8個にしてネットワークを数回学習してみよう。いつも高速で、非最適解に引っかからなくなる。これは、ニューラルネットワーク理論が発見した重要なポイントを示している。大規模なニューラルネットワークは局所的な最小値に引っかかることがまずなく、たとえ引っかかっても、その局所最適解は大域的最適解に匹敵する。しかし、長期に渡って長い停滞期に引っかかることはある。

---

*1 https://homl.info/extra-annsのオンラインノートブックでは、これら以外のANNアーキテクチャも紹介している。

f. **深層ネットワークで勾配が消えるリスク**

渦巻のデータセット（DATAの下のデータセットのうち右下にあるもの）を選択し、それぞれ8個のニューロンを持つ4個の隠れ層を持つようにネットワークアーキテクチャを変更する。学習にかかる時間が大幅に長くなり、長時間に渡って停滞期に引っかかることが多くなるはずだ。また、最上層（最も右）のニューロンが最下層（最も左）よりも高速に変化するはずだ。この問題は**勾配の消失**（vanishing gradients）と呼ばれ、重みのよりよい初期設定などのテクニック、よりよいオプティマイザ（AdaGradやAdamなど）、バッチ正規化（11章参照）などで防止できる。

g. **さらに**

1時間ほどかけてほかのパラメータを操作し、それらがどのようなことをしているのかを理解し、頭の中にニューラルネットワークについての直観的な理解を築き上げよう。

2. オリジナルの人工ニューロン（**図10-3**のようなもの）を使って $A \oplus B$（$\oplus$はXOR演算を表すものとする）を計算するANNを描きなさい。
ヒント：$A \oplus B = (A \wedge \neg B) \vee (\neg A \wedge B)$
3. 一般に古典的なパーセプトロン（パーセプトロン学習アルゴリズムで学習された単層のTLU）よりもロジスティック回帰分類器を使った方がよいのはなぜか。パーセプトロンにどのような操作を加えれば、ロジスティック回帰分類器と同等になるか。
4. 最初のMLPの学習でシグモイド活性化関数が重要な構成要素だったのはなぜか。
5. よく使われる活性化関数の名前を3つ挙げなさい。
グラフも描きなさい。
6. 10個のパススルーニューロンを持つ1個の入力層、50個の人工ニューロンを持つ1つの隠れ層、3個の人工ニューロンを持つ1つの出力層から構成され、すべての人工ニューロンがReLU活性化関数を使っているMLPについて次の問いに答えなさい。
   a. 入力行列$\mathbf{X}$はどのような形状になるか。
   b. 隠れ層の重み行列ベクトル$\mathbf{W}_h$とバイアスベクトル$\mathbf{b}_h$はどのような形状になるか。
   c. 出力層の重み行列$\mathbf{W}_o$とバイアスベクトル$\mathbf{b}_o$はどのような形になるか。
   d. ニューラルネットワークの出力行列$\mathbf{Y}$はどのような形になるか。
   e. $\mathbf{X}, \mathbf{W}_h, \mathbf{b}_h, \mathbf{W}_o, \mathbf{b}_o$の関数としてニューラルネットワークの出力行列$\mathbf{Y}$を計算する式を書きなさい。
7. 電子メールをスパムかハムかに分類したいとき、出力層で必要なニューロンは何個か。出力層ではどのような活性化関数を使うべきか。メールではなく、MNISTの分類をするときには、出力層で必要なニューロンは何個で、どのような活性化関数を使うべきか。さらに、ニューラルネットワークに2章の住宅価格の予測をさせるときについても、同じ問いに答えなさい。
8. バックプロパゲーションとは何で、どのような仕組みか。バックプロパゲーションとリバースモード自動微分の違いは何か。
9. 基本的なMLPで調整できるすべてのハイパーパラメータを示しなさい。MLPが学習データを過学習する場合、問題解決のためにそれらのハイパーパラメータをどのように調整すればよいか。

10. MNIST データセットで深層 MLP を学習し（`keras.datasets.mnist.load_data()` でロードできる）、手作業のハイパーパラメータ調整で 98 % を越える精度が得られるかどうかを試してみよう。この章で説明した技法（つまり、学習率を指数的に上げ、損失をグラフにし、損失が反転上昇する点を明らかにする）を使って最適な学習率を探そう。次に、Keras Tuner でチェックポイントの保存、早期打ち切りの利用、TensorBoard を使った学習曲線のプロットなど、あらゆる技法を駆使して調整してみよう。

演習問題の解答は、ノートブック（https://homl.info/colab3）の10章の部分を参照のこと。

11章
深層ニューラルネットワークの学習

10章では、読者にとって最初の人工ニューラルネットワークを構築、学習、調整した。しかし、作ったのは隠れ層がわずかな浅いネットワークだった。高解像度画像の数百種の物体タイプを検出するといった複雑な問題に挑戦しなければならないときにはどうすればよいだろうか。おそらく10層以上で、各層が数百個のニューロンを持ち、それらが数十万もの接続でつながっているようなはるかに深いANNを学習しなければならないだろう。これは簡単な話ではない。遭遇する問題の一部を挙げてみよう。

- 学習中、DNNを逆戻りするときに、勾配が小さくなり続けたり大きくなり続けたりする問題（勾配消失/爆発問題：vanishing and exploding gradients problems）に遭遇する場合がある。どちらの場合でも、下位層の学習が難しくなる。
- ネットワークが大規模なのに十分な学習データがない。あるいは、ラベルを付けるためにコストがかかりすぎる。
- 学習に極端に時間がかかる。
- 数百万ものパラメータを持つモデルは、学習セットを過学習するリスクが高い。特に、学習インスタンスの数が不十分だったり、ノイズが多かったりするときにはリスクが高くなる。

この章では、これらの問題を順に取り上げていき、解決方法を示す。まず、勾配消失/爆発問題を掘り下げ、よく使われている解決方法をいくつか紹介する。次に、ラベル付きデータがあまりないときでも複雑なタスクに挑戦しやすくする転移学習と、教師なし事前学習を取り上げる。そして、大規模なモデルの学習を大幅にスピードアップさせるさまざまなオプティマイザについて学ぶ。最後に、大規模なニューラルネットワークでよく使われている正則化手法をいくつか見ていく。

これらのツールを揃えれば、非常に深いニューラルネットワークを学習できるようになる。深層学習の世界にようこそ！

11.1　勾配消失/爆発問題

10章で説明したように、バックプロパゲーションの第2段階は誤差勾配を伝えながら出力層から入力層に向かって進んでいく。バックプロパゲーションは、ネットワークの各パラメータについて損失関数の勾配を計算すると、勾配降下ステップに入ってからその勾配を使って各パラメータを更新していく。

しかし、アルゴリズムが下位層に進んでいくにつれて、勾配はどんどん緩やかになっていくことが多い。そのため、勾配降下法による更新では下位層の接続の重みはほとんど変わらず、学習はよい解に収束しなくなる。これを**勾配消失**（vanishing gradient）問題と呼ぶ。逆に、勾配がどんどん急になり、複数の層が異常に大きな重みの更新を行い、アルゴリズムが発散してしまうこともある。これを**勾配爆発**（exploding gradient）問題と呼び、特に再帰型ニューラルネットワーク（14章参照）でよく起こる。より一般的に言えば、深層ニューラルネットワークは不安定な勾配によって問題を起こす。層によって学習率が大きくばらけてしまうのだ。

この残念な挙動は、かなり前から観測されており、深層ニューラルネットワークが2000年代初頭に見捨てられてしまった理由の1つにもなっていた。DNNの学習中になぜ勾配が不安定になるのかはわからないままでいたが、ゼイビア・グロロ（Xavier Glorot）とヨシュア・ベンジオ（Yoshua Bengio）の2010年の論文（https://homl.info/47）*1によって少し光が見えてきた。彼らは、当時最も広く使われていたシグモイド（ロジスティック）活性化関数と重み初期化テクニック（平均が0で標準偏差が1の正規分布を使ったもの）などに対する疑問点を提出したのである。それを一言で言うと、この活性化関数と初期化方法では、各層の出力の分散が入力の分散よりもずっと大きくなってしまうということだ。ネットワークを順方向に進んでいくと、各層を通過するたびに分散は大きくなり続け、上位層にいるうちに活性化関数が飽和する。しかも、シグモイド関数の平均は0ではなく0.5なので、この問題はさらに悪化してしまう（双曲線正接関数は平均が0なので、深層ネットワークではシグモイド関数よりもわずかに挙動がましになる）。

シグモイド活性化関数（**図11-1**）を見ると、入力の絶対値が大きくなると関数は0か1で飽和し、導関数は極端に0に近くなる（つまり、両極で曲線が平坦になる）。そのため、アルゴリズムがスタートしたときから、ネットワークに伝える勾配はほとんどない。しかも、そのわずかな勾配さえ、上位層にいるうちにどんどん弱まり、下位層にはほとんど何も残らない。

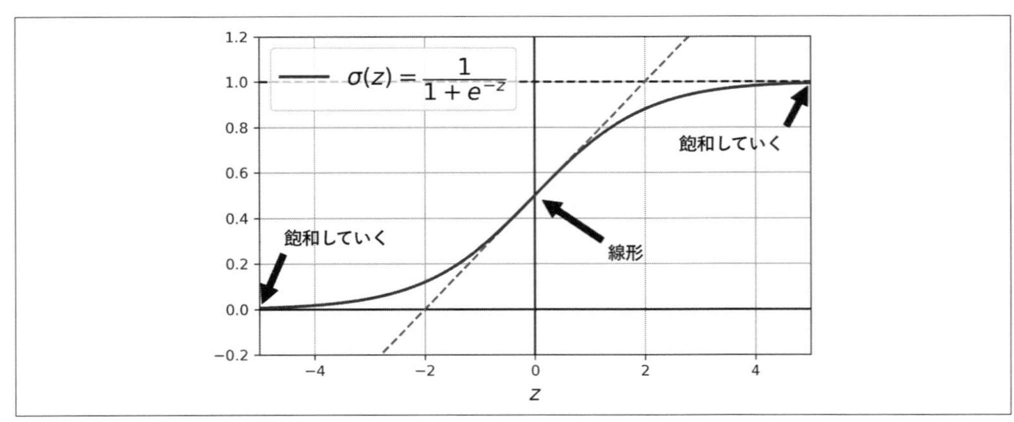

図11-1 シグモイド活性化関数の飽和

*1 Xavier Glorot and Yoshua Bengio, "Understanding the Difficulty of Training Deep Feedforward Neural Networks", *Proceedings of the 13th International Conference on Artificial Intelligence and Statistics* (2010): 249-256.

11.1.1　GlorotとHeの初期値

グロロとベンジオは、上記の論文の中で、不安定な勾配問題を大幅に防止する方法を提案している。必要なのは、予測をする順方向と勾配をバックプロパゲーションするときの逆方向の両方向で適切に流れていく信号である。信号がなくなったり、爆発、飽和したりするのは困る。信号を適切に流すためには、各層の出力の分散と入力の分散を等しくする必要があり[*1]、逆方向に層を通過する前とあととで勾配の分散も等しくなければならないと著者たちは言う（数学的な細部を知りたい方は、論文を読んでほしい）。実際には、各層の入力と出力の接続数（これらの数を層のファンイン：fan-in、ファンアウト：fan-outと呼ぶ）が同じでなければ、両方を保証することはできない。しかし、彼らはかなりよい妥協を提案しており、よく機能することが実証されている。それは、各層の結合重みを**式11-1**のようにランダムに初期化するというものである（ただし、$fan_{avg} = (fan_{in} + fan_{out}) / 2$）。この初期化方法を論文の第一著者の名前から**Xavierの初期値**（Xavier initialization）、あるいは**Glorotの初期値**（Glorot initialization）と呼ぶ。

式11-1　Glorotの初期値（シグモイド活性化関数を使う場合）

$$\text{平均が0で分散が}\ \sigma^2 = \frac{1}{fan_{avg}}\ \text{の正規分布}$$

$$\text{または}-r\text{と}+r\text{の間の一様分布。ただし}\ r = \sqrt{\frac{3}{fan_{avg}}}$$

式11-1のfan_{avg}をfan_{in}に変えると、ヤン・ルカンが1990年代に提案した初期化法になる。彼はそれをLeCunの初期値と呼んだ。ジュヌヴィエーヴ・オア（Genevieve Orr）とクラウス-ロバート・ミューラー（Klaus-Robert Müller）は、1998年の著書*Neural Networks: Tricks of the Trade*（Springer）でこの初期値を推奨までした。LeCunの初期値は、$fan_{in} = fan_{out}$ならGlorotの初期値と同じになる。研究者たちがこのトリックの重要性に気付くまで10年以上かかったのである。Glorotの初期値を使うと、学習は大幅に高速になる。これは深層学習の成功を導いた要因の1つだ。

別の論文[*2]がほかの活性化関数についても同じような方法を提案している。これらの方法の違いは、**表11-1**に示すように、fan_{avg}とfan_{in}のどちらを使うかだけだ（一様分布については、$r = \sqrt{3\sigma^2}$を使う）。ReLU活性化関数（およびその変種）の初期化法は、論文（https://homl.info/48）の第一著者の名前（何愷明：ホー・カイミン）から、**He初期値**（He initialization）あるいは**Kaiming初期値**（Kaiming initialization）と呼ばれている。この章で後述するSELU活性化関数はLeCun初期値（正規分布の方が望ましい）を使う。これらの活性化関数はすべてすぐあとで取り上げる。

＊1　たとえ話で説明しよう。マイクの音量を0に近づけすぎると声は伝わらないが、上限に近づけすぎると声は飽和状態になり何を言っているのか理解不能になる。そのような音量スイッチがずらっとつながっているところを想像してみよう。最後のスイッチを通過したあとで大きな音量ではっきりした声が出るようにするためには、それらすべての音量スイッチを適切に設定する。声が音量スイッチに入ってきたときと同じ大きさで音量スイッチから出ていけばそうなる。

＊2　E.g., Kaiming He et al., "Delving Deep into Rectifiers: Surpassing Human-Level Performance on ImageNet Classification," *Proceedings of the 2015 IEEE International Conference on Computer Vision* (2015): 1026-1034.

表11-1　さまざまな活性化関数の初期値

初期値	活性化関数	σ^2（正規分布の分散）
Glorot	なし、tanh、シグモイド、ソフトマックス	$1 / fan_{avg}$
He	ReLU, leaky ReLU, ELU, GELU, Swish, Mish	$2 / fan_{in}$
LeCun	SELU	$1 / fan_{in}$

Kerasは、デフォルトでは一様分布のGlorot初期値を使う。層を作るときには、次のようにkernel_initializer="he_uniform"かkernel_initializer="he_normal"を指定してHe初期値に変える。

```
import tensorflow as tf

dense = tf.keras.layers.Dense(50, activation="relu",
                              kernel_initializer="he_normal")
```

VarianceScaling初期化子を使えば、**表11-1**に含まれる初期値やそれ以外のものを使える。例えば、一様分布のHe初期値でfan_{in}ではなくfan_{avd}をベースにしたい場合には、次のコードを使えばよい。

```
he_avg_init = tf.keras.initializers.VarianceScaling(scale=2., mode="fan_avg",
                                                    distribution="uniform")
dense = tf.keras.layers.Dense(50, activation="sigmoid",
                              kernel_initializer=he_avg_init)
```

11.1.2　よりよい活性化関数

グロロとベンジオの2010年の論文は、勾配が不安定になる問題の理由の一部が活性化関数の選び方のまずさにあることも示していた。それまでは、母なる自然が生物学的ニューロンでほぼシグモイド活性化関数と言えるものを使うことを選んだのだから、それはすばらしい選択であるに違いないと、ほとんどの人々が思っていた。しかし、深層ニューラルネットワークでは、ほかの活性化関数の方がはるかに優れた挙動を示すことがわかった。特に、正の値では飽和せず、素早く計算できるReLU関数である。

しかし、ReLU活性化関数は完璧ではない。学習中に一部のニューロンが0以外の値を出力しなくなり、実質的に死んでしまうdying ReLUと呼ばれる問題を抱えている。特に大きな学習率を使うと、ネットワークのニューロンの半分が死んでしまうことさえある。ニューロンは、学習セットのすべてのインスタンスでReLU関数の入力（つまりニューロンの入力の加重総和とバイアス項の和）が負数になるように重みを操作すると死んでしまう。これが起こると、ReLU関数の勾配は入力が負数なら0なので、ニューロンは0を出力し続け、勾配降下法でニューロンを操作できなくなってしまう[*1]。

この問題を解決するために、*leaky ReLU*などのReLU関数の変種を使うようにしたい。

11.1.2.1　leaky ReLU

leaky ReLU関数は、$\text{LeakyReLU}_\alpha(z) = \max(\alpha z, z)$と定義されている（**図11-2**参照）。ハイパーパラメータのαは、関数がどの程度「リーク」するか、つまり$z<0$のときの傾きを定義する。$z<0$のと

＊1　ただし、時間とともに入力が大きくなり、ReLU活性化関数に再び正の入力を与えられるような範囲に入れば、ニューロンが生き返ることはある。例えば、勾配降下法が死んだニューロンよりも下位の層のニューロンを操作すればそのようなことが起き得る。

きに傾きがあるおかげで、leaky ReLUは決して死なない。長い昏睡状態に入ることはあるが、最終的に目覚める可能性が残されている。徐冰（シー・ビン）らの2015年の論文（https://homl.info/49）[*1]は、ReLU活性化関数の複数の変種を比較した、結論の1つとしてleaky ReLUの方が純粋ReLUよりも常に高い性能を発揮すると述べている。それどころか、$\alpha = 0.2$（かなり大きなリーク）の方が$\alpha = 0.01$（小さなリーク）よりも性能が高くなるようだ。彼らは、学習中には指定された範囲からランダムにαを選び、テスト中にはαを平均値に固定するrandomized leaky ReLUも評価している。これもよい性能を示し、正則化器（学習セットへの過学習のリスクを軽減する手段）としても機能するようだ。最後に、彼らはαを学習中に学習することを認める（ハイパーパラメータにせず、バックプロパゲーションの過程でほかのパラメータとともに変更できるモデルのパラメータにする）parametric leaky RELU（PReLU）も評価した。この方法は、大規模な画像データセットではReLUを大幅に超える性能を示すが、小規模なデータセットでは学習セットの過学習のリスクが高くなる。

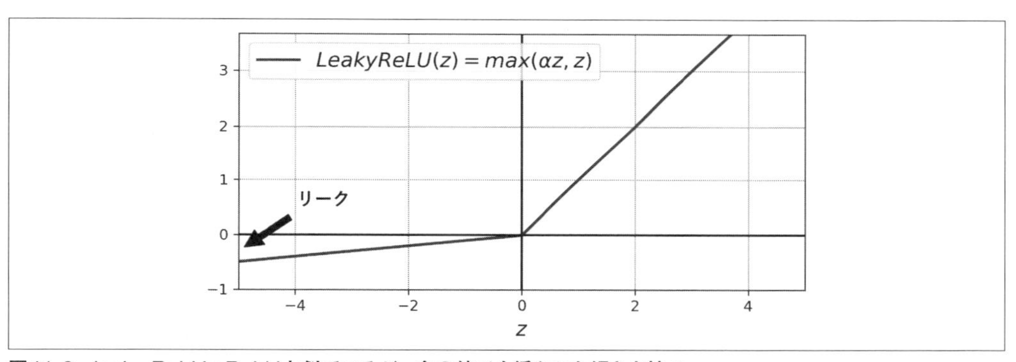

図11-2　leaky ReLU：ReLUと似ているが、負の値でも緩やかな傾きを持つ

Kerasは`tf.keras.layers`パッケージで`LeakyReLU`、`PReLU`クラスをサポートしている。ReLUのほかの変種と同様に、これらでは次のようにHe初期値を使う。

```
leaky_relu = tf.keras.layers.LeakyReLU(alpha=0.2)  # デフォルトはalpha=0.3
dense = tf.keras.layers.Dense(50, activation=leaky_relu,
                              kernel_initializer="he_normal")
```

必要なら、`LeakyReLU`はモデルの独立の層として使ってもよい。学習、予測で違いはない。

```
model = tf.keras.models.Sequential([
    [...]  # ほかの層
    tf.keras.layers.Dense(50, kernel_initializer="he_normal"),  # 活性化関数なし
    tf.keras.layers.LeakyReLU(alpha=0.2),  # 独立した層として利用
    [...]  # 他の層
])
```

＊1　Bing Xu et al., "Empirical Evaluation of Rectified Activations in Convolutional Network," arXiv preprint arXiv:1505.00853 (2015).

PReLUを使う場合は、LeakyReLUの部分をPReLUにすればよい。現在のところ、KerasにRReLUの正式な実装はないが、独自版は簡単に実装できる（その方法は12章の演習問題を参照）。

ReLU、leaky ReLU、PReLUはすべてなめらかな関数ではないという欠点を持っている。$z=0$で導関数が突然変わるのだ。4章でラッソ回帰を取り上げたときに述べたように、このような非連続性があると、勾配降下法は最適値の周囲を跳ね回り、なかなか収束しない。そこで、ReLU活性化関数の変種の中でなめらかな関数になっているものを見てみよう。最初はELUとSELUだ。

11.1.2.2 ELUとSELU

2015年にドワーク - アーネ・クレバート（Djork-Arné Clevert）らの論文（https://homl.info/50）[*1]が**ELU**（exponential linear unit）という新しい活性化関数を提案した。彼らの実験によればReLUのあらゆる変種よりも高性能で、学習時間が短縮され、ニューラルネットワークはテストセットで高成績を示した。**式11-2**は、この活性化関数の定義を示している。

式11-2 ELU活性化関数

$$\mathrm{ELU}_{\alpha}(z) = \begin{cases} \alpha(\exp(z) - 1), & z < 0 \\ z, & z \geq 0 \end{cases}$$

ELUはReLU関数とよく似ているが、大きな違いがいくつかある。

- $z<0$のときには負数になり、平均出力が0に近くなる。これは、勾配消失問題の防止に役立つ。ハイパーパラメータのαは、zが負数として絶対値が大きくなったときにELU関数が近づく値と正負が反転した値で定義される。通常は1に設定されるが、ほかのハイパーパラメータと同様に、調整できる。
- $z<0$で0ではないの勾配を持つため、ニューロンが死ぬ問題を回避できる。
- αが1なら、$z=0$の前後を含めてあらゆる場所でなめらかになるため、$z=0$近辺で関数が跳ね回ることがなく、勾配降下法を高速にする。

Kerasでは、`activation="elu"`を設定するだけでELUを使える。ほかのReLUの変種と同様に、He初期値を使わなければならないELU活性化関数の最大の欠点は、ReLUとその変種よりも計算に時間がかかることだ（指数関数を使っているため）。学習中は収束までの時間が短いことにより相殺されるが、テスト中はELUネットワークはReLUネットワークよりも少し遅くなる。

＊1 Djork-Arné Clevert et al., "Fast and Accurate Deep Network Learning by Exponential Linear Units (ELUs)," *Proceedings of the International Conference on Learning Representations*, arXiv preprint (2015).

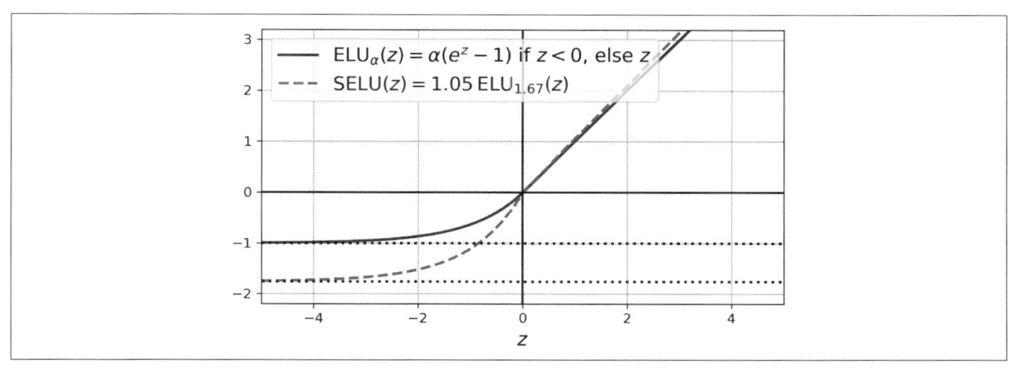

図11-3 ELU活性化関数とSELU活性化関数

それからほどなくして、ギュンター・クラムバウザー(Günter Klambauer)らの2017年の論文(https://homl.info/selu)[*1]でScaled ELU(SELU)活性化関数が提案された。名前が示す通り、これはELU活性化関数のスケーリング版である($\alpha \approx 1.67$を使って、ELUの約1.05倍にしている)。著者たちは、全結合層のスタックだけで構成されたニューラルネットワーク(つまりMLP)ですべての隠れ層がSELU活性化関数を使うと、ネットワークが**自己正規化**(self-normalize)することを示した。学習中の各層の出力は、平均0、標準偏差1を維持する傾向があり、それによって勾配消失/爆発問題が解決される。そのため、MLP(特に深いもの)では、SELUはほかの活性化関数よりも大幅に高い性能を示すことが多い。KerasでSELU活性化関数を使うには、`activation="selu"`を設定すればよい。しかし、自己正規化を発生させるためには条件がある(数学的根拠は論文を参照のこと)。

- 入力特徴量は標準化(つまり平均0、標準偏差1になるように)されていなければならない。
- すべての隠れ層の重みが正規分布のLeCun初期化されていなければならない。Kerasの場合、`kernel_initializer="lecun_normal"`を指定するということである。
- 論文が自己正規化を保証しているのは、プレーンなMLPだけである。再帰型ネットワーク(15章参照)や**スキップ接続**(skip connection、つまりワイド・アンド・ディープネットワークのように途中の階層を飛び越した接続)を持つネットワークでは、おそらくELUよりも高性能にはならない。
- ℓ_1、ℓ_2正則化、最大ノルム正則化、バッチ正規化、通常ドロップアウトなどの正則化手法(これらはこの章で後述する)は使えない。

これらは大きな制約であり、約束の大きさの割にはSELUは大きな支持を集められなかった。しかも、ほとんどのタスクでほとんど一貫してSELUよりも高い性能を発揮するように見える3つの活性化関数(GELU、Swish、Mish)が登場している。

*1 Günter Klambauer et al., "Self-Normalizing Neural Networks", *Proceedings of the 31st International Conference on Neural Information Processing Systems* (2017): 972-981.

11.1.2.3 GELU、Swish、Mish

GELU（Gaussian Error Linear Units、ガウス誤差線形ユニット）は、ダン・ヘンドリクス（Dan Hendrycks）とケビン・ギンペル（Kevin Gimpel）の2016年の論文（https://homl.info/gelu）で提案された[*1]。これもReLU活性化関数のなめらか版と考えられる。その定義は**式11-3**である。ただし、Φは標準正規分布の累積分布関数（CDF）であり、$\Phi(z)$は平均0、分散1の標準正規分布からランダムサンプリングした値がzよりも小さい確率に対応している。

式11-3　GELU活性化関数

$$\mathrm{GELU}(z) = z\Phi(z)$$

図11-4からもわかるように、GELUはReLUに似ている。入力zが負数なら絶対値が大きくなるほど0に近づき、正数なら絶対値が大きくなるほどz自身に近づく。しかし、今まで取り上げてきた活性化関数がすべて凸関数で単調関数[*2]だったのに対し、GELU関数はどちらでもない。左から右に向かってまず直線的に進むが、小刻みに下向きになって最小値−0.17（z≈ −0.75近辺）になり、そこから上昇して最後は右上に向かう直線になる。GELUが特に複雑なタスクで高い性能を示すのは、このかなり複雑な形とすべての点でなめらかなことによるのかもしれない。勾配降下法は複雑なパターンの方が適合しやすいようだ。実際、GELUは今まで取り上げてきた活性化関数のどれよりも高い性能を示すことが多い。しかし、GELUはほかの活性化関数よりも計算負荷が高く、GELUによる性能向上はいつもそのマイナスを補うほどの価値があるとは限らない。とは言え、GELUは$z\sigma(1.702\,z)$とほぼ等しいことが示されている（σとはシグモイド関数のことである）。この近似値も高い性能を示し、しかも高速に計算できる。

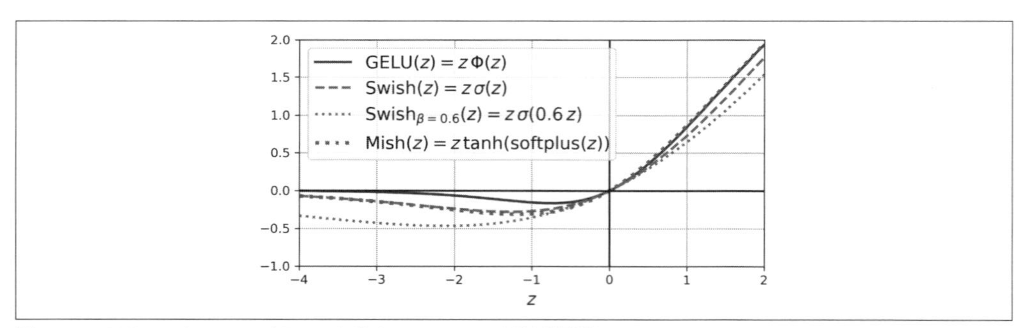

図11-4　GELU、Swish、パラメータ化Swish、Mish活性化関数

GELU論文は、$z\sigma(z)$と等しい**SiLU**（Sigmoid Linear Unit、シグモイド線形ユニット）関数も提案したが、著者たちのテストではGELUの方が性能がよかった。面白いことに、プラジット・ラマチャンドラン（Prajit Ramachandran）らの2017年の論文（https://homl.info/swish）[*3]は、よい活性化関数を自動

＊1　Dan Hendrycks and Kevin Gimpel, "Gaussian Error Linear Units (GELUs)", arXiv preprint arXiv:1606.08415 (2016).

＊2　曲線上の任意の2点を結ぶ線分を描いたときに、その線分が決して曲線の下にならない関数は凸関数である。単調関数では、値は上昇もしくは下降する一方である。

＊3　Prajit Ramachandran et al., "Searching for Activation Functions", arXiv preprint arXiv:1710.05941 (2017).

的に探す過程でSiLUを再発見した。著者たちはこれにSwishという名前を与え、このアルゴリズムはその名前で知られるようになった。彼らの論文では、SwishはGELUを含むほかのすべての活性化関数よりも高い性能を示した。その後、ラマチャンドランらはシグモイド関数の入力のスケーリングのためにβというハイパーパラメータを追加してSwishを汎化した。汎化版のSwish関数は$\text{Swish}_\beta(z) = z\sigma(\beta z)$なので、GELUは$\beta = 1.702$の汎化版Swish関数で近似化できることになる。$\beta$はほかのハイパーパラメータと同じようにチューニングできるが、βを学習可能にして勾配降下法で最適化するという方向も取り得る。こうすればPReLUと同様にモデルはより強力になり得るが、データの過学習のリスクもある。

ディガンタ・ミスラ（Diganta Misra）の2019年の論文（https://homl.info/mish）[*1]が提案したMishもよく似た活性化関数だ。これは$\text{mish}(z) = z\tanh(\text{softplus}(z))$というもので、$\text{softplus}(z) = \log(1 + \exp(z))$である。SwishもGELUやSwishと同様になめらかで凸関数ではなく、単調関数でもないReLUの変種で、著者は多数の実験を通じてMishがほかの活性化関数（僅差ながらSwish、GELUも含む）よりも高い性能を発揮することを示した。**図11-4**は、GELU、Swish（$\beta = 1$と$\beta = 0.6$の2つ）、Mishを示している。Mishは、zが負数のときはSwishとほぼ完全に重なり合い、zが正数のときはGELUとほぼ完全に重なり合う。

では、深層ニューラルネットワークの隠れ層の活性化関数としてはどれを使ったらよいのだろうか。単純なタスクでは、ReLUが依然としてよいデフォルトになる。ReLUはより高度な活性化関数とほぼ同程度の性能を発揮し、かつ計算が高速であり、多くのライブラリやハードウェアアクセラレータがReLU専用の最適化を提供している。しかし、より複雑なタスクでは、Swishの方がおそらくよいデフォルトになる。特に複雑なタスクでは、学習可能なβパラメータを持つSwishを試してもよい。Mishはわずかによい結果を示すかもしれないが、計算量が多くなる。実行時の待ち時間が気になる場合はleaky ReLU、比較的複雑なタスクではパラメータ化されたleaky ReLUの方がよいかもしれない。深いMLPではSELUを試してみるとよいが、先ほど説明した制約を意識しなければならない。時間と計算パワーに余裕があるなら、交差検証でほかの活性化関数も評価してみるとよい。

KerasはGELUとSwishを直接サポートしている。`activation="gelu"`や`activation="swish"`を指定すればよい。しかし、Mishや汎化版Swishはまだサポートしていない（でも、12章で独自の活性化関数と層を実装する方法を説明する）。

活性化関数については以上だ。次に、不安定な勾配問題を解決するまったく別の方法、バッチ正規化を見てみよう。

11.1.3 バッチ正規化

He初期値とReLU（またはその変種）を使えば、学習開始時点での勾配消失/爆発の問題は大幅に防止されるが、学習中にこの問題が戻ってこないという保証はない。

セルゲイ・ヨッフェ（Sergey Ioffe）とクリスチアン・セゲディ（Christian Szegedy）は、この問題に対

[*1] Diganta Misra, "Mish: A Self Regularized Non-Monotonic Activation Function", arXiv preprint arXiv:1908.08681 (2019).

処するテクニックとして2015年の論文(https://homl.info/51)[*1]で**バッチ正規化**(batch normalization、BN)というものを提案した。このテクニックは、各隠れ層の活性化関数の直前か直後で、入力を標準化し(平均0、標準偏差1にし)、層ごとに2つの新しいパラメータ(スケーリング用とシフト用)のベクトルを使ってスケーリングとシフトを行うというものである。つまり、各層の入力の最適なスケールと平均をモデルに学習させるのである。多くの場合、ニューラルネットワークの最初の層としてバッチ正規化(BN)層を追加すると、学習セットを標準化する(例えば、`StandardScaler`を使って)必要はなくなり、BN層が代わりをしてくれるようになる(ただし、BN層は1度に1つのバッチを見るだけであり、入力特徴量ごとにスケーリングとシフトの度合いが変わり得るので、おおよその話だが)。

バッチ正規化アルゴリズムは、入力の標準化のために、入力の平均と標準偏差を推定しなければならない。そのために、バッチ正規化は、現在のミニバッチに含まれる入力の平均と標準偏差を計算する(「バッチ正規化」という名前はここに由来している)。行うこと全体をステップ別にまとめると、**式11-4**のようになる。

式11-4 バッチ正規化のアルゴリズム

$$1.\quad \boldsymbol{\mu}_B = \frac{1}{m_B}\sum_{i=1}^{m_B} \mathbf{x}^{(i)}$$

$$2.\quad {\boldsymbol{\sigma}_B}^2 = \frac{1}{m_B}\sum_{i=1}^{m_B} \left(\mathbf{x}^{(i)} - \boldsymbol{\mu}_B\right)^2$$

$$3.\quad \widehat{\mathbf{x}}^{(i)} = \frac{\mathbf{x}^{(i)} - \boldsymbol{\mu}_B}{\sqrt{{\boldsymbol{\sigma}_B}^2 + \varepsilon}}$$

$$4.\quad \mathbf{z}^{(i)} = \boldsymbol{\gamma} \otimes \widehat{\mathbf{x}}^{(i)} + \boldsymbol{\beta}$$

ただし、

- $\boldsymbol{\mu}_B$ は入力ごとにミニバッチ B 全体での平均値を計算して得たベクトル(入力ごとに1個の要素が含まれる)。
- m_B はミニバッチに含まれるインスタンス数。
- $\boldsymbol{\sigma}_B$ は入力ごとにミニバッチ B 全体での標準偏差を計算して得たベクトル(入力ごとに1個の要素が含まれる)。
- $\widehat{\mathbf{x}}^{(i)}$は、標準化されたインスタンス i を集めたベクトル。
- ε は0による除算を防ぎ、勾配が大きくなりすぎないようにするための小さな値(一般に 10^{-5})で**平滑化項**(smoothing term)と呼ばれる。
- $\boldsymbol{\gamma}$ はこの層の出力スケールパラメータのベクトル(入力ごとに1個の要素が含まれる)。
- $\otimes$は要素ごとの乗算を表す(個々の入力と対応する出力スケールパラメータを掛ける)
- $\boldsymbol{\beta}$ は層に対する出力シフト(オフセット)パラメータベクトル(入力ごとに1個のオフセットパラメータが含まれる)。個々の入力は、対応するオフセットパラメータの値だけシフト

*1 Sergey Ioffe and Christian Szegedy, "Batch Normalization: Accelerating Deep Network Training by Reducing Internal Covariate Shift", *Proceedings of the 32nd International Conference on Machine Learning* (2015): 448-456.

される。

- $\mathbf{z}^{(i)}$は BN の出力。入力に改めてスケーリングとシフトを施したもの。

学習中はBNが入力を標準化し、改めてスケーリング、シフトしてくれる。すばらしい。では、テスト時にはどうなるのだろうか。話はそう単純ではない。インスタンスのバッチではなく、個々のインスタンスの予測をしなければならないかもしれない。その場合、個々の入力の平均と標準偏差を計算することはできない。たとえインスタンスのバッチが与えられたとしても、小さすぎたり、インスタンスが独立しておらず、同じように分布していないかもしれない。そのようなバッチで平均や標準偏差を計算しても信頼性に乏しいだろう。この問題の解決方法として、学習が終わるのを待ち、学習セット全体をニューラルネットワークに渡してBN層の入力の平均と標準偏差を計算するというものが考えられる。予測時には、バッチ入力の平均と標準偏差ではなく、この「最終的な」入力の平均と標準偏差を使うのである。しかし、バッチ正規化のほとんどの実装は、学習中に層の入力平均と標準偏差の移動平均を使って最終的な平均と標準偏差を推定する。Kerasで`BatchNormalization`層を使ったときにもこれが自動的に行われる。まとめると、個々のBN層では4個のパラメータによるベクトルが学習される。$\boldsymbol{\gamma}$（出力スケールベクトル）と$\boldsymbol{\beta}$（出力オフセットベクトル）は通常のバックプロパゲーションで学習され、$\boldsymbol{\mu}$（最終的な入力平均ベクトル）と$\boldsymbol{\sigma}$（最終的な入力標準偏差ベクトル）は指数移動平均を使って推定される。$\boldsymbol{\mu}$と$\boldsymbol{\sigma}$は学習中に推定されるものの、学習後になって初めて使われる（**式11-4**のバッチ入力の平均と標準偏差の代わりとして）ことに注意しよう。

ヨッフェとセゲディは、実験に使ったすべての深層ニューラルネットワークがバッチ正規化によってかなり改善され、ImageNet分類タスクの大幅な改善につながったことを示している（ImageNetは多数のクラスに分類された画像の大規模なデータベースで、コンピュータビジョンシステムを評価するために広く使われている）。勾配消失問題は大幅に防止され、活性化関数として双曲線正接やシグモイド関数のような飽和する関数さえ使えるようになった。ネットワークが重みの初期値から受ける影響も下がった。従来よりも大きな学習率を使えるようになり、学習プロセスが大幅に高速化した。具体的には、彼らは次のように言っている。

> 最先端の画像分類モデルで使ってみたところ、バッチ正規化は14分の1の学習ステップ数で同じ精度を達成し、もとのモデルを大幅に上回った。[...] バッチ正規化されたネットワークのアンサンブルを使ったところ、ImageNet分類の公表されている最高の結果を上回った。トップ5の検証誤差が4.9 %（テスト誤差が4.8 %）に達し、人間の評価者の精度を越えた。

しかも、バッチ正規化は正則化器としても機能し、ほかの正則化手法（例えば、この章で後述するドロップアウトなど）が必要な場面が減る。

しかし、バッチ正規化は、モデルを複雑にする（既に述べたように、入力データの標準化は不要になるが）。そして、実行時にペナルティがかかる。各層で余分な計算が必要とされるため、ニューラルネットワークの予測が遅くなるのである。もっとも、BN層と前の層は学習後にまとめられることが多く、そうすれば実行時ペナルティは避けられる。これは、前の層の重みとバイアスを更新して、直接適切なスケールとオフセットで出力できるようにするということである。例えば、前の層が$\mathbf{XW} + \mathbf{b}$を計算すると、BN層は$\boldsymbol{\gamma} \otimes (\mathbf{XW} + \mathbf{b} - \boldsymbol{\mu}) / \boldsymbol{\sigma} + \boldsymbol{\beta}$（分母に入れる平滑化項の$\varepsilon$を無視して）を計算する。

$\mathbf{W}' = \boldsymbol{\gamma} \otimes \mathbf{W} / \boldsymbol{\sigma}$ と $\mathbf{b}' = \boldsymbol{\gamma} \otimes (\mathbf{b} - \boldsymbol{\mu}) / \boldsymbol{\sigma} + \boldsymbol{\beta}$ を定義すると、方程式は $\mathbf{XW}' + \mathbf{b}'$ に単純化される。そこで、前の層の重みとバイアス（$\mathbf{W}$ と $\mathbf{b}$）を更新後の重みとバイアス（$\mathbf{W}'$ と $\mathbf{b}'$）に置き換えると、BN層を取り除ける（LiteRTのコンバータはこれを自動的に行う。19章参照）。

バッチ正規化を使うと各エポックにかかる時間が大幅に長くなるので、学習がかなり遅くなる感じるかもしれない。しかし、BNによって収束が大幅に早くなり、同じ性能に達するまでのエポック数が少なくなるためにその分は相殺される。通常、全体としての**実測時間**（wall time：壁時計で測った時間）は短縮される。

11.1.3.1　Kerasによるバッチ正規化の実装

バッチ正規化の実装も、Kerasを使えばほかのほとんどのものと同じように単純でわかりやすい。個々の隠れ層の活性化関数の前かうしろにBatchNormalization層を追加するだけだ。オプションでモデルの最初の層としてBatchNormalizationを追加してもよいが、この位置ではプレーンなNormalizationでも同程度の性能を発揮する（欠点は、最初にadapt()メソッドを呼び出さなければならないことだけだ）。例えば、次のコードはすべての隠れ層のあとにBNを実行し、モデルの最初の層（入力画像の平坦化のあと）としてもBNを実行している。

```
model = tf.keras.Sequential([
    tf.keras.layers.Flatten(input_shape=[28, 28]),
    tf.keras.layers.BatchNormalization(),
    tf.keras.layers.Dense(300, activation="relu",
                          kernel_initializer="he_normal"),
    tf.keras.layers.BatchNormalization(),
    tf.keras.layers.Dense(100, activation="relu",
                          kernel_initializer="he_normal"),
    tf.keras.layers.BatchNormalization(),
    tf.keras.layers.Dense(10, activation="softmax")
])
```

これだけだ。隠れ層が2個のこのような例では、バッチ正規化が大きな効果を生むことはあまりないが、もっと深いネットワークではとても大きな差が出る場合がある。

モデルのサマリを見てみよう。

```
>>> model.summary()
Model: "sequential"
_________________________________________________________________
Layer (type)                 Output Shape              Param #
=================================================================
flatten (Flatten)            (None, 784)               0
_________________________________________________________________
batch_normalization (BatchNo (None, 784)               3136
_________________________________________________________________
dense (Dense)                (None, 300)               235500
_________________________________________________________________
```

```
batch_normalization_1 (Batch (None, 300)              1200
_________________________________________________________________
dense_1 (Dense)              (None, 100)              30100
_________________________________________________________________
batch_normalization_2 (Batch (None, 100)              400
_________________________________________________________________
dense_2 (Dense)              (None, 10)               1010
=================================================================
Total params: 271,346
Trainable params: 268,978
Non-trainable params: 2,368
_________________________________________________________________
```

ここからもわかるように、各BN層は、入力当たり4個のパラメータ（γ、β、μ、σ）を追加する（例えば、最初のBN行は3,136個のパラメータを追加するが、これは4 × 784だ）。最後の2個のパラメータ（μ、σ）は移動平均であり、バックプロパゲーションの影響を受けないので、Kerasはこれらを「学習不能」と呼んでいる[*1]（BNパラメータの合計（3,136+1,200+400）を計算し、2で割ると、このモデルの学習不能パラメータの数2,368が得られる）。

最初のBN層のパラメータを見てみよう。そのうち2個は学習可能（バックプロパゲーションによって）で2個は学習不能である。

```
>>> [(var.name, var.trainable) for var in model.layers[1].variables]
[('batch_normalization/gamma:0', True),
 ('batch_normalization/beta:0', True),
 ('batch_normalization/moving_mean:0', False),
 ('batch_normalization/moving_variance:0', False)]
```

バッチ正規化論文の著者たちは、活性化関数の後ろ（私たちが今したように）ではなく前に追加する方がよいと論じている。しかし、どちらがよいかはタスク次第で変わるように見えるため、この点については論争がある。あなたのデータセットでどちらが適しているかは、実際に試してみればわかる。活性化関数の前にBN層を追加するには、隠れ層から活性化関数を取り除き、BN層のうしろに別の層として活性化関数を追加しなければならない。さらに、BN層は入力ごとに1個のオフセットパラメータを持っているため、前の層を作るときにuse_bias=Falseを指定して前の層のバイアス項を取り除ける。そして、最初のBN層は、2個のBN層で最初の隠れ層をはさむのを避けるために取り除ける。更新後のコードは次のようになる。

```
model = tf.keras.Sequential([
    tf.keras.layers.Flatten(input_shape=[28, 28]),
    tf.keras.layers.Dense(300, kernel_initializer="he_normal", use_bias=False),
    tf.keras.layers.BatchNormalization(),
    tf.keras.layers.Activation("relu"),
```

＊1　しかし、これらのパラメータは学習中、学習データに基づいて推定されるので、**学習可能**だと言うべきだろう。Kerasの「学習不能」とは「バックプロパゲーションの影響を受けない」という意味である。

```
    tf.keras.layers.Dense(100, kernel_initializer="he_normal", use_bias=False),
    tf.keras.layers.BatchNormalization(),
    tf.keras.layers.Activation("relu"),
    tf.keras.layers.Dense(10, activation="softmax")
])
```

BatchNormalizationクラスには、操作できるハイパーパラメータがたくさんある。通常はデフォルトでうまく機能するが、momentum（モーメンタム。11.3.1節「モーメンタム最適化」参照）の調整はときどき必要になるかもしれない。このハイパーパラメータは、BatchNormalizationが指数移動平均を更新するときに使う。BatchNormalizationは、新しい$\mathbf{v}$（現在のバッチで計算された入力の平均、または標準偏差の新しいベクトル）を与えられると、次の式を使って移動平均$\widehat{\mathbf{v}}$を更新する。

$$\widehat{\mathbf{v}} \leftarrow \widehat{\mathbf{v}} \times \mathrm{momentum} + \mathbf{v} \times (1 - \mathrm{momentum})$$

一般に、momentumの適切な値は、0.9、0.99、0.999など1に近い値だ（データセットが大きくなるか、ミニバッチが小さくなれば9の数を増やしていく）。

どの軸を標準化するかを決めるaxisも重要なハイパーパラメータだ。デフォルトでは、最後の軸を標準化する−1である（ほかの軸全体で計算した平均と標準偏差を使って）。入力バッチが2次元なら（つまり、バッチの形が[バッチサイズ, 特徴量]）、これはバッチのすべてのインスタンスの平均と標準偏差に基づいて個々の入力特徴量が標準化されるということになる。例えば、前のコードの最初のBN層は、784個の入力特徴量のそれぞれを独立に標準化（そしてスケーリング、シフト）する。最初のBN層をFlatten層の前に移すと、入力バッチは[バッチサイズ, 高さ, 幅]の3次元になる。そこで、BN層は28個の平均と28個の標準偏差を計算するようになる（ピクセル列当たり1個、バッチのすべてのインスタンスで当該列のすべての行について計算する）。そして、その列のすべてのピクセルを同じ平均と標準偏差で標準化する。同じように28個のスケールパラメータと28個のシフトパラメータが使われる。このような形のバッチでも784個のピクセルを独立に扱いたいなら、axis=[1, 2]を使う。

Batch正規化は深層ニューラルネットワーク、特に深層畳み込みニューラルネットワーク（14章参照）で最もよく使われる層の1つになり、アーキテクチャダイアグラムではよく省略されるようにさえなった（すべての層のうしろにBNが追加されるという前提で）。では、学習中の勾配を安定化されるための最後のテクニック、勾配クリッピングを見てみよう。

11.1.4 勾配クリッピング

勾配爆発を軽減するためのテクニックとしては、単純にバックプロパゲーションステップで勾配をクリッピングし、一定のしきい値を決して越えないようにする方法もよく使われている。これを**勾配クリッピング**（https://homl.info/52）（gradient clipping）と呼ぶ[*1]。このテクニックが最も多用されているのは、バッチ正規化が使いにくい再帰型ニューラルネットワーク（15章）である。

Kerasでは、次のように、オプティマイザを作るときにclipvalueかclipnormのどちらかの引数を設定するだけで勾配クリッピングを実装できる。

---

*1 Razvan Pascanu et al., “On the Difficulty of Training Recurrent Neural Networks”, *Proceedings of the 30th International Conference on Machine Learning* (2013): 1310-1318.

```
optimizer = tf.keras.optimizers.SGD(clipvalue=1.0)
model.compile([...], optimizer=optimizer)
```

このオプティマイザは、勾配ベクトルのすべての要素を−1.0から1.0までの間にクリッピングする。つまり、損失のすべての偏微分（すべての学習可能パラメータについての）は、−1.0から1.0の間に収まるようにクリッピングされる。このしきい値は調整できるハイパーパラメータだ。しきい値によって勾配ベクトルの向きが変わることがあるので注意しよう。例えば、もとの勾配ベクトルが[0.9, 100.0]なら主として第2軸の方を向いたベクトルになるが、値をクリッピングすると[0.9, 1.0]になり、2本の軸の中間の方を向くことになる。実際には、このアプローチはうまく機能する。勾配クリッピングによって勾配ベクトルの向きが変わるのは困るという場合には、`clipvalue`ではなく`clipnorm`を指定してノルムをクリップする。こうすると、ℓ_2ノルムが指定されたしきい値よりも大きくなると、勾配全体がクリッピングされる。例えば、`clipnorm=1.0`を指定した場合、ベクトル[0.9, 100.0]は[0.00899964, 0.9999595]にクリッピングされる。向きは変わらないが、第1軸の要素はほとんど消えてしまう。学習中に勾配爆発が見られる場合（TensorBoardを使えば勾配の大きさを追跡できる）、しきい値を変えながら値によるクリッピングとノルムによるクリッピングの両方を試して、検証セットで最も性能が高いのはどれかを調べてみるとよい。

11.2 事前学習済みの層の再利用

一般に、大規模なDNNを0から学習するのはあまりよくない。挑戦したいタスクとよく似たタスクをこなしている既存のニューラルネットワークを探すようにすべきだ（探し方は14章で説明する）そのようなニューラルネットワークが見つかったら、一般に上位の一部を除き、その層の大半を再利用できる。このテクニックを**転移学習**（transfer learning）と呼ぶ。こうすると、学習にかかる時間が大幅に短縮できるだけでなく、必要な学習データも少なくなる。

例えば、写真に写っている特定のタイプの車両を分類するDNNを学習しようとしていて、写真を動物、植物、乗り物、日常品などの100種類のカテゴリに分類するように学習されたDNNにアクセスできるものとする。2つのタスクはよく似ており、一部は重なり合っているので、既存DNNの一部を再利用することを検討すべきだ（**図11-5**）。

新しいタスクの入力となる写真のサイズが既存のタスクで使われている写真のサイズと異なる場合は、既存モデルが想定しているサイズに新タスクの写真のサイズを揃えるための前処理ステップを追加しなければならない。より一般的に、転移学習がうまく機能するのは、両方の入力が同じような低レベル特徴量を持つ場合だけである。

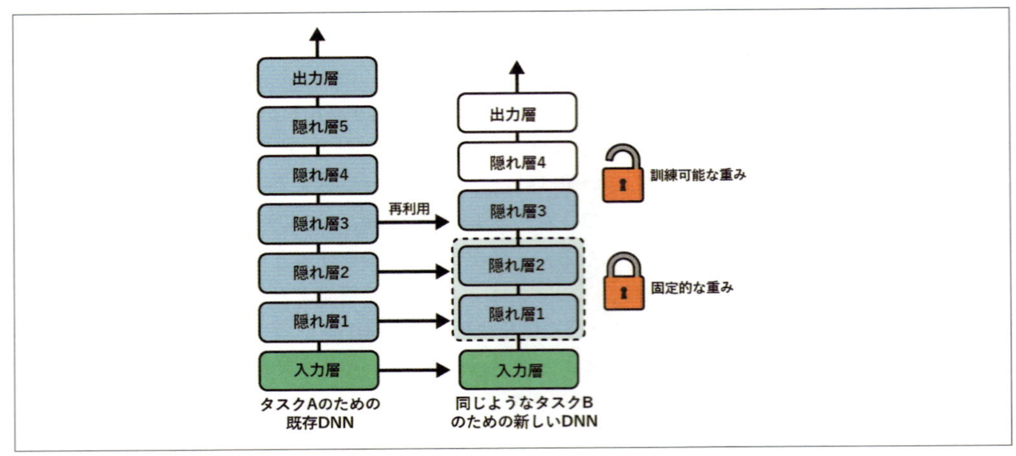

図11-5　学習済みの層の再利用

もとのモデルの出力層は、新しいタスクではまったく役に立たず、新タスクにとって適切な出力数でさえないかもしれないので、通常は新しいものに交換する。

同様に、もとのモデルの上位の隠れ層は下位の隠れ層ほど役に立たないはずだ。新タスクで最も役に立つ上位特徴量は、もとのタスクで最も役に立っていた上位特徴量とは大きく異なるだろう。再利用する層の適切な数を見極めなければならない。

タスクが似ていれば似ているほど、再利用したい層の数は増える（下位層から数えて）。よく似ているタスクなら、すべての隠れ層を残して出力層だけを置き換えることも試してみてよい。

まず、再利用の層を凍結し（つまり、重みを学習不能にして勾配降下法で重みが変わらないようにする）、モデルを学習して性能を見る。次に、上位の1、2個の層の凍結を解除して、バックプロパゲーションによる調整を許し、性能が向上するかどうかを見る。学習データが多ければ多いほど、凍結を解除できる層が増える。再利用の層の凍結を解除するときには、学習率を下げると、細かく調整した重みが覆るのを防げる。

それでもよい性能が得られず、学習データが少ない場合には、上位の隠れ層を捨て、残りの隠れ層を再び凍結してみよう。再利用できる層の数がわかるまでそれを繰り返す。学習データがたくさんある場合には、上位の隠れ層を捨てるのではなく、交換したり、隠れ層を増やしたりしてみてよい。

11.2.1　Kerasによる転移学習

では具体例を見てみよう。Fashion MNISTデータセットには、8種類のクラスしか含まれていないものとする（例えば、サンダルとシャツがない）。誰かがそのようなデータセットを使ってKerasモデルを構築、学習したところ、まずまずの性能（精度90％超）が得られたとして、これをモデルAと呼ぶことにする。あなたは別のタスクに挑戦したい。あなたの手元にはTシャツとプルオーバーの画像があり、それを使って二値分類器（陽性はTシャツ/トップ、陰性はサンダル）を学習したい。あなたのデータセットは小規模で、ラベル付きの画像が200件しかないものとする。モデルAと同じアーキテクチャでこのタスクのための新モデル（モデルBと呼ぶことにする）を学習してみたところ、テスト正確率91.85%が得られた。あなたは、朝のコーヒーを飲みながら、このタスクはタスクAと似ているので転移学習が役に立つのではないかと考えている。それを確かめてみよう。

まず、モデルAをロードし、その層に基づいて新モデルを作る。出力層以外のすべての層を再利用することにしよう。

```
[...]  # モデルAは学習済みで、"my_model_A"に保存されているものとする
model_A = tf.keras.models.load_model("my_model_A")
model_B_on_A = tf.keras.Sequential(model_A.layers[:-1])
model_B_on_A.add(tf.keras.layers.Dense(1, activation="sigmoid"))
```

model_Aとmodel_B_on_Aが同じ層を共有していることに注意してほしい。model_B_on_Aを学習すると、model_Aにも影響が及ぶ。それを避けたければ、再利用の前にmodel_Aの**クローン**を作る必要がある。clone_model()でモデルAのアーキテクチャのクローンを作ってから、重みをコピーすればよい。

```
model_A_clone = tf.keras.models.clone_model(model_A)
model_A_clone.set_weights(model_A.get_weights())
```

tf.keras.models.clone_model()はアーキテクチャをクローンするだけであり、重みはクローンされない。set_weights()を使って手作業でコピーしなければ、クローンしたモデルを最初に作ったときにランダムに初期化される。

これでタスクBのためにmodel_B_on_Aを学習できるようになったが、新しい出力層はランダムに初期化されているので、大きな誤差を生むだろう（少なくとも最初の数エポックのうちは）。その誤差により大きな誤差勾配が生まれ、再利用した重みが壊れてしまう。これを避けるためには、例えば、最初の数エポックのうちは再利用した層を凍結し、新しい層に妥当な重みを学習するための時間を与えるとよい。そこで、すべての層のtrainable属性をFalseにして、モデルをコンパイルしよう。

```
for layer in model_B_on_A.layers[:-1]:
    layer.trainable = False

optimizer = tf.keras.optimizers.SGD(learning_rate=0.001)
model_B_on_A.compile(loss="binary_crossentropy", optimizer=optimizer,
                     metrics=["accuracy"])
```

層を凍結したり凍結解除したりしたときには、必ずモデルをコンパイルしなければならない。

これでモデルを数エポック学習してから、再利用の層の凍結を解除して（このときにもモデルのコンパイルが必要）学習を続け、再利用の層をタスクBに合わせてファインチューニングする。再利用の層

の凍結を解除したあとは、それらの層の重みを壊さないように学習率を下げるとよい。

```
history = model_B_on_A.fit(X_train_B, y_train_B, epochs=4,
                           validation_data=(X_valid_B, y_valid_B))

for layer in model_B_on_A.layers[:-1]:
    layer.trainable = True

optimizer = tf.keras.optimizers.SGD(learning_rate=0.001)
model_B_on_A.compile(loss="binary_crossentropy", optimizer=optimizer,
                     metrics=["accuracy"])
history = model_B_on_A.fit(X_train_B, y_train_B, epochs=16,
                           validation_data=(X_valid_B, y_valid_B))
```

最終結果はどうなっただろうか。このモデルのテストセット精度は93.85％であり、転移学習によって91.85％からちょうど2％上がったことになる。転移学習によって誤り率が約25％になったのだ。

```
>>> model_B_on_A.evaluate(X_test_B, y_test_B)
[0.2546142041683197, 0.9384999871253967]
```

なるほどと思ってはいけない。私はずるをしている。私はさまざまな設定を試して最も大きく性能が上がったものをここで紹介しているモデルを作った。クラスや乱数のシードを変えて試してみれば、性能の向上の度合いは下がり、下手をすればまったく消えてなくなったり、かえって性能が下がったりすることがわかるだろう。私がしたことは「データを拷問にかけて自白に追い込む」ようなことだ。論文がよすぎる話をする際は疑いの目を持った方がよい。おそらく、その目覚ましい新テクニックはたいして役に立たない（それどころか、性能を下げてしまう場合さえある）。しかし、著者たちはさまざまな変化を付けて最高の結果を生み出したものだけを報告している（その結果は単に運よく出てしまったものかもしれない）。その過程で何度も失敗していることには触れないのだ。ほとんどの場合、これは悪意でしていることではない。科学の世界で多くの発見が再現されない理由の1つにすぎない。

ではなぜずるをしたのだろうか。転移学習は小規模な全結合ネットワークではあまりうまくいかないことがわかっている。おそらく、小規模なネットワークは覚えるパターンが少なく、全結合ネットワークは汎用性の低いパターンを学習するので、ほかのタスクではあまり役に立たないのだろう。転移学習が最もうまく機能するのは、汎用性の高い特徴検出を学習する（特に下位層で）深層畳み込みニューラルネットワークだ。転移学習については14章で、先ほど説明したテクニックを使う形で再度取り上げる。そのときにはずるはなしだと約束する。

11.2.2 教師なし事前学習

ラベル付きの学習データがあまりない上に、似たタスクで学習されたモデルも見つからない複雑なタスクに取り組むことになったとしても、希望を捨ててはならない。まず、当然ながら、ラベル付きの学習データをもっと集めるようにすべきだ。しかし、それが大変な場合でも、**教師なし事前学習**（unsupervised pretraining、**図11-6**）が使える可能性がある。実際、ラベルなしの学習データは低コストで集められるものの、ラベルを付けようとするとコストがかかる場合は多い。ラベルなしの学習データがたくさん集められるなら、それを使ってオートエンコーダや敵対的生成ネットワーク（GAN）などの教師なしモデル（17章参照）を学習してみるとよい。そして、オートエンコーダの下位層やGANの判別器の下位層を再利用し、あなたのタスクのための出力層を最上位に追加する。そして、教師あり学習で最終的なネットワークをファインチューニングする（つまり、ラベル付きの学習データを使って）。

これは、ジェフリー・ヒントン（Geoffrey Hinton）のチームが2006年に使って、ニューラルネットワークのリバイバルと深層学習の成功を導いたテクニックでもある。2010年までは、深層学習には教師なし事前学習が欠かせなかった（一般に制限付きボルツマンマシン：RBMを使って。RBMについてはノートブックのhttps://homl.info/extra-annsを参照）。純粋に教師あり学習を使ってDNNを学習するのが普通になったのは、勾配消失問題が防止されてからである。しかし、複雑なタスクを解決しなければならなくて、再利用できる類似モデルがなく、ラベル付きの学習データはあまりないものの、ラベルなし学習データはたくさんある場合には、今でも教師なし事前学習（現在では、一般にRBMではなくオートエンコーダやGANを使って行われる）は効果的だ。

深層学習の初期の時代には、深層モデルの学習は難しかったので、**層ごとの貪欲な事前学習**（greedy layer-wise pretraining、図11-6参照）というテクニックが使われていた。まず、教師なし学習で単層の学習をする（一般にRBMを使って）。次に、その層を凍結し、その上に新しい層を追加して、モデルを学習し直す（実質的には新しい層を学習することになる）。そして、その層も凍結して、新しい層をその上に追加して、モデルを学習し直す。これを何度も続ける。しかし、今では教師なし事前学習はずいぶん単純になった。一般に完全な教師なしモデルをまとめて学習し、RBMではなくオートエンコーダやGANを使う。

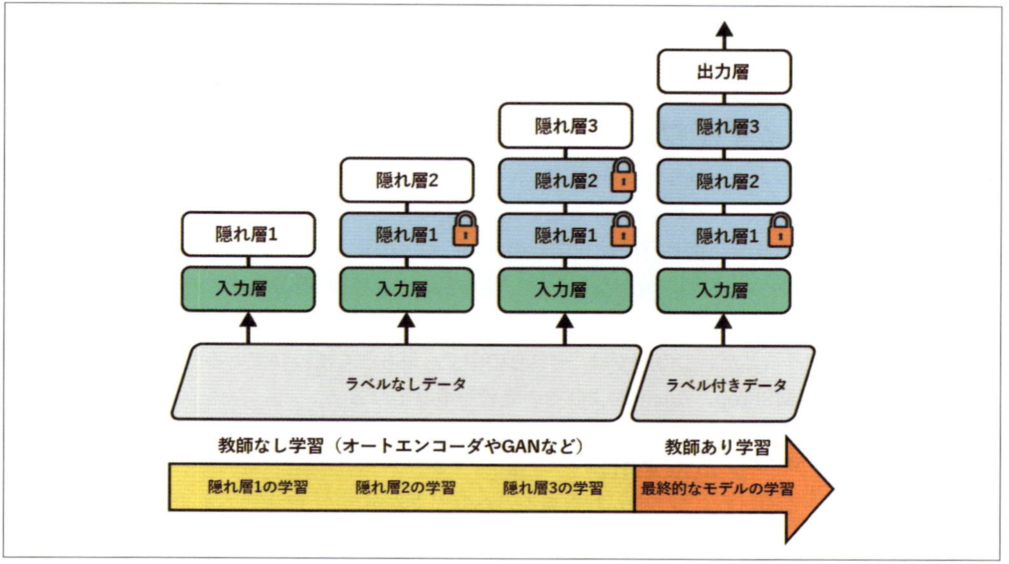

図11-6　教師なし事前学習では、教師なし学習テクニックでラベルなしデータを含むすべてのデータを使ってモデルを学習してから、ラベル付きデータだけで教師あり学習テクニックを使って最終的なタスクのためにファインチューニングする。教師なしの部分は、ここに示すように1度に1層ずつ学習してもかまわないが、モデル全体を直接学習してもよい

11.2.3 関連タスクの事前学習

ラベル付きの学習データがあまりないときの最後の手段として、簡単にラベル付き学習データを入手または生成できる補助タスクのために第1のニューラルネットワークを学習してから、実際のタスクでそのネットワークの下位層を再利用する方法がある。第1のネットワークの下位層は、第2のニューラルネットワークでも再利用できるような特徴検出機能を持つはずだ。

例えば、顔を認識するシステムを作りたいけれども、個々人の写真は少なく、優れた分類器を作るには明らかに不十分だとする。個々人の写真を何百枚も集めるのは、現実的ではないだろう。しかし、インターネットでさまざまな人が写っている写真を大量に集め、2枚の異なる写真に同じ人が写っているかどうかを検出する第1段階のニューラルネットを学習することはできるのではないか。そのようなネットワークは顔の特徴の優れた検出器になるだろうし、その下位層を再利用すれば少数の学習データで優れた顔分類器を学習できるだろう。

自然言語処理（NLP：natural language processing）アプリケーションの開発では、数百万のテキスト文書から構成されるコーパスをダウンロードし、そこからラベル付きデータを自動生成できる。例えば、一部の単語をランダムに隠せば、欠損語は何かを予測するモデルを学習することができる（例えば、このモデルは、「What ___ you saying?」という文の欠損語はおそらく「are」か「were」だと予測する）。このタスクで性能の高いモデルを学習できたら、そのモデルは言語について既にかなりの知識を持っているので、取り組んでいる何らかのタスクに間違いなく再利用でき、ラベル付きデータでファインチューニングできるはずだ（事前学習については15章でもさらに取り上げる）。

テキストの一部をマスキングする例のようにデータ自体からラベルを自動生成し、そのようにして得られた「ラベル付き」データセットで教師あり学習手法を使ってモデルを学習することを**自己教師あり学習**（self-supervised learning）と呼ぶ。

11.3 オプティマイザの高速化

非常に大規模な深層ニューラルネットワークの学習は、苦痛を感じるほど時間がかかる。私たちは今までに学習をスピードアップする4つの方法を見てきた（そしてよりよいソリューションを得た）。結合重みの初期化方法の改善、優れた活性化関数の利用、バッチ正規化の利用、学習済みネットワーク（関連タスクのために作ったもの。教師なし学習を使うものを含む）の部品の再利用である。学習の大幅なスピードアップが期待できる方法はもう1つある。通常の勾配降下法オプティマイザよりも高速なオプティマイザを使うことだ。この節では、それらの中でも最も広く使われているモーメンタム最適化、NAG、AdaGrad、RMSProp、Adamおよびその変種を取り上げる。

11.3.1 モーメンタム最適化

ボウリングのボールがなめらかに磨かれた緩やかな斜面を転がっていくところを想像してみよう。最初はゆっくりと転がっていても、どんどん運動量（momentum）が上がって終端速度に達する（摩擦や空気抵抗があっても）。ボリス・T・ポリヤク（Boris T. Polyak）が1964年（https://homl.info/54）に提案した**モーメンタム最適化**を支えていたのは、このイメージだ[*1]。ただの勾配降下法は、それとは対照的に傾きが緩やかなときには小さなステップ、傾きが急なときには大きなステップで勾配を下っていくだけで、スピードを考慮しない。そのため、ただの勾配降下法はモーメンタム最適化と比べて底に達するまではるかに長い時間がかかる。

勾配降下法は、重みの損失関数$J(\boldsymbol{\theta})$の勾配（$\nabla_{\boldsymbol{\theta}}J(\boldsymbol{\theta})$）と学習率$\eta$の積を直接減算するという形で重み$\boldsymbol{\theta}$を更新していることを思い出そう。式にすれば、$\boldsymbol{\theta} \leftarrow \boldsymbol{\theta} - \eta\nabla_{\boldsymbol{\theta}}J(\boldsymbol{\theta})$である。以前の勾配がどうだったかを考慮しない。局所的な勾配が緩やかなら、進行は非常に遅くなる。

モーメンタム最適化は、それまでの勾配がどうだったかを重視する。**モーメンタムベクトル**（momentum vector）$\mathbf{m}$から局所的な勾配（と学習率ηの積）を引き、重みに減算後のモーメンタムベクトルを加えて重みを更新する（**式11-5**）。つまり、勾配は速度ではなく、加速度のために使われる。摩擦抵抗をシミュレートし、運動量が大きくなりすぎないようにするために、このアルゴリズムは**モーメンタム**（momentum）と呼ばれる新しいハイパーパラメータβを導入する。βは0（摩擦が高い）から1（摩擦なし）までの間で設定する。一般的に、モーメンタムの値としては0.9が使われている。

式11-5　モーメンタムのアルゴリズム

$$
\begin{aligned}
&1.\quad \mathbf{m} \leftarrow \beta\mathbf{m} - \eta\nabla_{\boldsymbol{\theta}} J(\boldsymbol{\theta}) \\
&2.\quad \boldsymbol{\theta} \leftarrow \boldsymbol{\theta} + \mathbf{m}
\end{aligned}
$$

勾配が同じままなら、終端速度（すなわち重みの更新に使われる値の最大）は勾配に学習率ηを掛け、さらに$1 / (1 - \beta)$を掛けた値になる（符号は無視する）。例えば、$\beta = 0.9$なら、終端速度は勾配×学習率の10倍になる。つまり、モーメンタム最適化は勾配降下法よりも10倍も速くなるのだ。そのため、モーメンタム最適化は、勾配降下法よりもずっと短い時間で停滞期から逃れられる。4章で示したように、入力のスケールがまちまちだと、損失関数は横に引き伸ばしたどんぶりのようになる（**図4-7**）。勾配降下法は、急坂なら非常に速く降りられるが、谷間に着いてから最も低い位置に進むまで時間がかかる。それに対し、モーメンタム最適化なら、最も低い位置（最適値）に着くまで、どんどんスピードを上げていく。バッチ正規化を使わない深層ニューラルネットワークでは、上位層はスケールがまちまちの入力を持つことになることが多いので、モーメンタム最適化には大きな効果がある。局所的な最適値に引っかからないようにするためにも役立つ。

弾みがついているために、モーメンタムオプティマイザは目的地を通りすぎ、戻ろうとしてまた通りすぎるという振り子のような振動を繰り返してから最適値に収束することがある。システムに摩擦の要素を少し導入していることがここで意味を持つ。摩擦によりこの振動が減り、収束までの時間が短くなるのである。

Kerasを使っていれば、何も考えなくてもモーメンタム最適化を実装できる。オプティマイザとしてSGDを使い、そのmomentumハイパーパラメータを設定するだけだ。

```
optimizer = tf.keras.optimizers.SGD(learning_rate=0.001, momentum=0.9)
```

*1　Boris T. Polyak, "Some Methods of Speeding Up the Convergence of Iteration Methods", USSR Computational Mathematics and Mathematical Physics 4, no. 5 (1964): 1-17.

モーメンタム最適化には、調節すべきハイパーパラメータが1つ増えてしまう欠点がある。しかし、実際には0.9でたいていはうまく動作し、ほとんど必ず通常の勾配降下法よりも高速になる。

11.3.2 NAG

1983年(https://homl.info/55)にユーリ・ネステロフ(Yurii Nesterov)が提案した*1モーメンタム最適化のちょっとした変種は、ただのモーメンタム最適化よりもほぼ必ず高速になる。このNAG(Nesterov Accelerated Gradient:**ネステロフ加速勾配法**)、または**ネステロフモーメンタム最適化**(Nesterov Momentum optimization)は、現在位置$\boldsymbol{\theta}$ではなく、モーメンタム(運動量)が働く方向に少し進んだ$\boldsymbol{\theta} + \beta \mathbf{m}$で勾配を測る(**式11-6**)。

式11-6 NAGのアルゴリズム

$$1.\quad \mathbf{m} \leftarrow \beta \mathbf{m} - \eta \nabla_{\boldsymbol{\theta}} J(\boldsymbol{\theta} + \beta \mathbf{m})$$

$$2.\quad \boldsymbol{\theta} \leftarrow \boldsymbol{\theta} + \mathbf{m}$$

この小さなひねりがしっかりと効果を生み出す。**図11-7**に示すように、一般に慣性ベクトルは正しい方向(つまり最適値の方向)に向いているので、元の位置の勾配を使うよりも、慣性の方向に少し進んだところで測定された勾配を使う方がわずかに正確なのだ(ただし、∇_1は出発点の$\boldsymbol{\theta}$、∇_2は$\boldsymbol{\theta} + \beta \mathbf{m}$の位置で測定した損失関数の勾配を表している)。

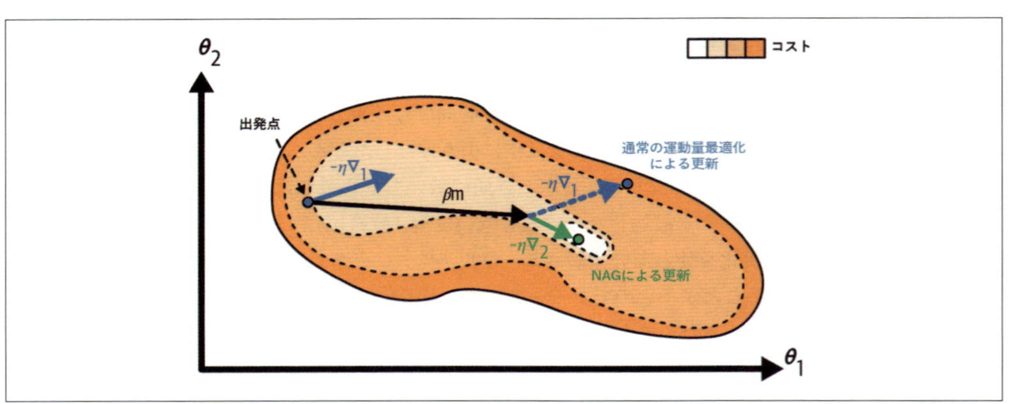

図11-7 通常のモーメンタム最適化とNAGのモーメンタム最適化。前者は運動量ステップの前に計算した勾配を使うが、後者は運動量ステップ後に計算した勾配を使う

ネステロフの更新点は、最適値に近いことがわかる。この小さな差が積み重なってNAGは通常のモーメンタム最適化よりもかなり高速になる。しかも、運動量のために重みが谷を越えてしまった場合、∇_1は谷を越えた彼方の方に向かい続けるが、∇_2は逆に谷底の方に押し戻すことに注意しよう。これが振動を減らし、収束を早める。

NAGは、SGDオプティマイザを作るときに、`nesterov=True`を指定すれば使える。

---

*1 Yurii Nesterov, "A Method for Unconstrained Convex Minimization Problem with the Rate of Convergence $O(1/k^2)$," *Doklady AN USSR* 269 (1983): 543-547.

```
optimizer = tf.keras.optimizers.SGD(learning_rate=0.001, momentum=0.9,
                                    nesterov=True)
```

11.3.3 AdaGrad

横に引き延ばされたどんぶりの問題をもう1度考えよう。勾配降下法は、最初のうちは急坂を勢いよく降りていくが、全体の最適値にまっすぐ進むわけではない。そして、最後は非常にゆっくりと谷底に向かっていく。アルゴリズムが早い段階で全体の最適値にもう少し近い点を指すように向きを修正すればもっとよくなるはずだ。**AdaGrad**アルゴリズム（https://homl.info/56）*1は、最も急な次元の勾配ベクトルをスケールダウンしてこの修正を実現する（**式11-7**）。

式11-7 AdaGradのアルゴリズム

$$1.\quad \mathbf{s} \leftarrow \mathbf{s} + \nabla_{\boldsymbol{\theta}} J(\boldsymbol{\theta}) \otimes \nabla_{\boldsymbol{\theta}} J(\boldsymbol{\theta})$$

$$2.\quad \boldsymbol{\theta} \leftarrow \boldsymbol{\theta} - \eta\, \nabla_{\boldsymbol{\theta}} J(\boldsymbol{\theta}) \oslash \sqrt{\mathbf{s} + \varepsilon}$$

第1ステップは、ベクトル$\mathbf{s}$に勾配の二乗を足し込む（⊗は、要素ごとの乗算を表すことを思い出そう）。このベクトル形式の式は、ベクトル$\mathbf{s}$の各要素s_iについて、$s_i \leftarrow s_i + (\partial J(\boldsymbol{\theta}) / \partial \theta_i)^2$を計算するのと同じ意味だ。つまり、個々の$s_i$に損失関数のパラメータ$\theta_i$の偏微分の二乗を足し込んでいる。$i$次元の方向の損失関数が急なら、$s_i$はイテレーションごとにどんどん大きくなる。

第2ステップは勾配降下法とほとんど同じだが、大きな違いが1つある。勾配ベクトルを$\sqrt{\mathbf{s} + \varepsilon}$で割ってスケールダウンしているのだ（⊘は要素ごとの除算を表す。εは0による除算を防ぐための平滑化項で一般に10^{-10}）。このベクトル形式の式は、すべてのパラメータθ_iで同時に$\theta_i \leftarrow \theta_i - \eta\, \partial J(\boldsymbol{\theta}) / \partial \theta_i / \sqrt{s_i + \varepsilon}$を計算するのと同じである。

要するに、このアルゴリズムは学習率を下げるが、傾きが緩やかな次元よりも傾きが急な次元で大きく学習率を下げる。これを**適応学習率**（adaptive learning rate）と呼ぶ。これは全体の最適値に近い方に向かって値を更新していくために役立つ（**図11-8**）。また、学習率ηの調整がかなり楽になるという付随的な効果もある。

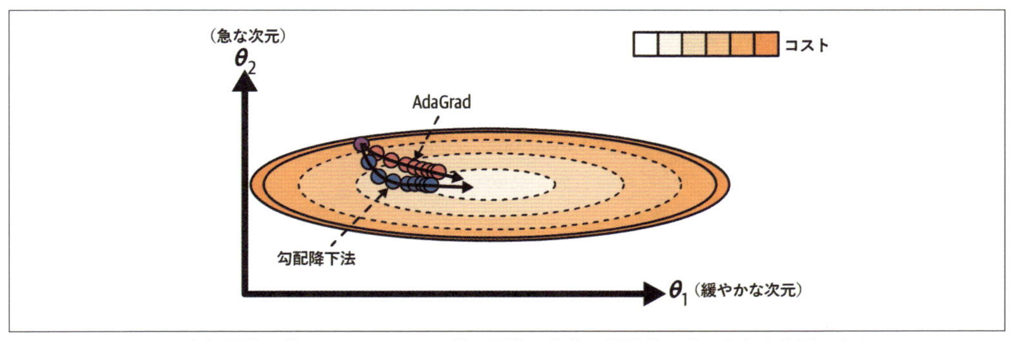

図11-8 AdaGradと勾配降下法：AdaGradは、早い段階で全体の最適値の方に向きを修正できる

＊1 John Duchi et al., "Adaptive Subgradient Methods for Online Learning and Stochastic Optimization", *Journal of Machine Learning Research* 12 (2011): 2121-2159.

AdaGradは、単純な2次元問題では性能が高くなることが多いが、ニューラルネットワークの学習では早すぎる位置で止まってしまうことが多い。学習率が大きく下がるため、全体の最適値に到達する前にアルゴリズムが止まってしまうのである。そういうわけで、KerasにはAdagradオプティマイザがあるが、深いニューラルネットワークを学習するときには使わない方がよい（しかし、線形回帰などの単純なタスクでは効果的な場合がある）。それでも、AdaGradを理解していると、ほかの適応学習率オプティマイザを理解するために役立つ。

11.3.4 RMSProp

先ほど説明したように、AdaGradは早すぎる時点でスローダウンしてしまい、全体の最適値に収束しない場合があるが、RMSPropアルゴリズム[*1]は、直近数回のイテレーションの勾配だけ（学習の最初からのすべての勾配ではなく）を足し込むことによって、この問題を解決している。そのために、最初のステップで指数関数的減衰を使っている（**式11-8**）。

式11-8 RMSPropのアルゴリズム

$$1. \quad \mathbf{s} \leftarrow \rho\mathbf{s} + (1-\rho)\nabla_{\boldsymbol{\theta}} J(\boldsymbol{\theta}) \otimes \nabla_{\boldsymbol{\theta}} J(\boldsymbol{\theta})$$
$$2. \quad \boldsymbol{\theta} \leftarrow \boldsymbol{\theta} - \eta\, \nabla_{\boldsymbol{\theta}} J(\boldsymbol{\theta}) \oslash \sqrt{\mathbf{s} + \varepsilon}$$

減衰率のρは一般に0.9に設定される[*2]。またハイパーパラメータが増えてしまったということだが、このデフォルト値はうまく機能することが多いので、調整しなくて済むだろう。

当然予想されることだが、KerasにはRMSpropオプティマイザがある。

```
optimizer = tf.keras.optimizers.RMSprop(learning_rate=0.001, rho=0.9)
```

非常に単純な問題を除けば、このオプティマイザはAdaGradよりもほとんど必ず高い性能を示す。実際、Adam最適化が登場するまでは、多くの研究者が薦める最適化アルゴリズムだったのである。

11.3.5 Adam

Adam（https://homl.info/59）[*3]は、**適応運動量推定**（adaptive moment estimation）の略で、モーメンタム最適化とRMSPropのアイデアを組み合わせたものである。Adamは、モーメンタム最適化と同じように過去の勾配の指数関数的減衰平均を管理し、RMSPropと同じように過去の勾配の二乗の指数関数的減衰平均を管理する（**式11-9**）。これらは、勾配の平均と（センタリングされていない）分散の推定値である。平均は**第1モーメント**（first moment）、分散は**第2モーメント**（second moment）と呼ばれることが多く、これがアルゴリズムの名前に反映している。

＊1　このアルゴリズムは、2012年にジェフリー・ヒントンとタイメン・ティールマン（Tijmen Tieleman）が作ったもので、ヒントンがニューラルネットワークについてのCourseraの授業で使っている（スライド：https://homl.info/57、動画https://homl.info/58）。面白いのは、彼らがこのアルゴリズムを説明する論文を書いていないため、研究者たちが「講義6のスライド29」のような形で引用していることだ。

＊2　ρはローと読むギリシャ文字である。

＊3　Diederik P. Kingma and Jimmy Ba, "Adam: A Method for Stochastic Optimization", arXiv preprint arXiv:1412.6980 (2014).

式11-9 Adamのアルゴリズム

$$
\begin{aligned}
&1. \quad \mathbf{m} \leftarrow \beta_1 \mathbf{m} - (1 - \beta_1) \nabla_{\boldsymbol{\theta}} J(\boldsymbol{\theta}) \\
&2. \quad \mathbf{s} \leftarrow \beta_2 \mathbf{s} + (1 - \beta_2) \nabla_{\boldsymbol{\theta}} J(\boldsymbol{\theta}) \otimes \nabla_{\boldsymbol{\theta}} J(\boldsymbol{\theta}) \\
&3. \quad \widehat{\mathbf{m}} \leftarrow \frac{\mathbf{m}}{1 - {\beta_1}^t} \\
&4. \quad \widehat{\mathbf{s}} \leftarrow \frac{\mathbf{s}}{1 - {\beta_2}^t} \\
&5. \quad \boldsymbol{\theta} \leftarrow \boldsymbol{\theta} + \eta \, \widehat{\mathbf{m}} \oslash \sqrt{\widehat{\mathbf{s}} + \varepsilon}
\end{aligned}
$$

ただし、tは、イテレーション番号（1から始まる）を表す。

ステップ1、2、5だけを見れば、Adamはモーメンタム最適化とRMSPropの両方に似ている。β_1はモーメンタム最適化のβ、β_2はRMSPropのρに対応している。唯一の違いは、ステップ1が指数関数的減衰総和ではなく指数関数的減衰平均を計算していることだが、この2つは定数項を除けば同じである（減衰平均は、減衰総和の$1-\beta_1$倍にすぎない）。ステップ3、4は、技術的な細部と言ってよいものである。**m**と**s**は0で初期化されるので、学習の最初の時点では0に向かってバイアスがかかっている。そこで、この2つのステップは学習の最初の時点で**m**と**s**の動きを大きくしているのである。

運動量減衰ハイパーパラメータのβ_1は0.9、スケーリング減衰ハイパーパラメータのβ_2は0.999で初期化されることが多い。平滑化項のεは、通常10^{-7}のような小さな値で初期化される。これらはAdamクラスのデフォルト値だ。Kerasでは、次のようにしてAdamオプティマイザを作る。

```
optimizer = tf.keras.optimizers.Adam(learning_rate=0.001, beta_1=0.9,
                                     beta_2=0.999)
```

Adamは適応学習率アルゴリズム（AdaGradやRMSPropのように）なので、学習率ハイパーパラメータηの調整が必要な場合は少なく、デフォルトの$\eta = 0.001$を使えることが多い。そのため、Adamは勾配降下法よりも簡単に使える。

テクニックが多すぎて自分のタスクに適しているものをどのように選べばよいのか途方に暮れてしまったかもしれない。心配はいらない。章末で実践的なガイドラインを示す。

最後に、Adamの3つの変種（AdaMax、Nadam、AdamW）に触れておきたい。

11.3.6 AdaMax

Adam論文はAdaMaxも提案している。**式11-9**のステップ2で、Adamが勾配の二乗を**s**に足し込んでいる（新しい勾配には重みを大きくして）ことに注意しよう。ステップ5でεとステップ3、4を無視すれば（これらは技術的な細部にすぎない）、パラメータの更新を**s**の平方根で割って小さくしている。つまり、Adamは時間減衰した勾配のℓ_2ノルムでパラメータの更新を縮小しているのである（ℓ_2ノルムは、二乗総和の平方根であることを思い出そう）。

AdaMaxは、ℓ_2ノルムではなくℓ_∞(最大値の小洒落た言い方)を使っている。具体的には**式11-9**のステップ2を$\mathbf{s} \leftarrow \max(\beta_2\mathbf{s}, \text{abs}(\nabla_{\boldsymbol{\theta}} J(\boldsymbol{\theta})))$に置き換え、ステップ4を省略し、ステップ5では勾配更新を時間減衰した勾配の最大値になった$\mathbf{s}$で割ってスケーリングする。

実際に使うと、その分AdaMaxはAdamよりも安定する場合があるが、それはデータセット次第であり、一般的にはAdamの方が性能が高い。そのため、Adamで問題が起きたときに代わりに試せるオプティマイザが1つ増えたと考えればよい。

11.3.7 Nadam

Nadam最適化はAdam最適化にネステロフのトリックを加味したものであり、そのためAdamよりも少し早く収束することが多い。ティモシー・ドサット(Timothy Dosat)は、このテクニックを提案した論文(https://homl.info/nadam)*1の中で、各種オプティマイザを多くのタスクで比較し、Nadamは一般にAdamよりも性能が高いがときどきRMSPropに負けることを明らかにした。

11.3.8 AdamW

AdamW(https://homl.info/adamw)*2は、**重み減衰**(weight decay)という正則化手法を組み込んだAdamの変種だ。重み減衰は、学習イテレーションごとに重みに0.99などの減衰因子を掛けてモデルの重みを小さくする。こう言うと、4章で取り上げたℓ_2正則化を思い出すかもしれない。ℓ_2正則化も重みを小さく保つことを目指したもので、実際、ℓ_2正則化は、数学的にSGDを使っているときの重み減衰と等価であることを示せる。しかし、Adamとその変種を使っているときのℓ_2正則化と重み減衰は等価**ではない**。実際、Adamとℓ_2正則化を結合しても、SGDで作ったものほど汎化しないモデルにしかならないことが多い。AdamWは、Adamと重み減衰を適切に結合することによって、この問題を解決する。

適応的な最適化手法(RMSProp、Adam、AdaMax、Nadam、AdamW最適化)はよい解に早く収束してうまく機能することが多い。しかし、アシア・C・ウィルソン(Ashia C. Wilson)らによる2017年の論文(https://homl.info/60)*3は、これらの手法が一部のデータセットでは汎化性能が不十分なソリューションを生み出す可能性があることを示した。モデルの性能が上がらなくて困ったときには、NAGを試してみるとよい。あなたのデータセットは適応的な勾配にアレルギーがあるのかもしれない。また、研究は速いペースで進んでいるので、最新の研究にもチェックを怠らないようにしよう。

KerasでNadam、AdaMax、AdamWを使う場合は、`tf.keras.optimizers.Adam`の部分を`tf.keras.optimizers.Nadam`、`tf.keras.optimizers.Adamax`、`tf.keras.optimizers.experimental.AdamW`に変えればよい。AdamWを使う場合には、おそらく`weight_decay`ハイパーパラメータの調整が必要になるだろう。

---

*1 Timothy Dozat, "Incorporating Nesterov Momentum into Adam" (2016).

*2 Ilya Loshchilov, and Frank Hutter, "Decoupled Weight Decay Regularization", arXiv preprint arXiv:1711.05101 (2017).

*3 Ashia C. Wilson et al., "The Marginal Value of Adaptive Gradient Methods in Machine Learning", *Advances in Neural Information Processing Systems* 30 (2017): 4148-4158.

今までに取り上げてきた最適化テクニックは、すべて**1次偏導関数**（first-order partial derivative、**ヤコビ行列**：Jacobian matrix）だけを使っている。最適化の文献には、ヤコビ行列の偏導関数である**2次偏導関数**（second-order partial derivative、**ヘッセ行列**：Hessian matrix）に基づく驚異的なアルゴリズムも含まれている。しかし、これらのアルゴリズムは、1度にn個のヤコビ行列ではなくn^2個のヘッセ行列を出力するので、深層ニューラルネットワークへの応用は難しい（nはパラメータの数）。DNNは、一般に数万個のパラメータを持つので、2次最適化アルゴリズムはメモリに入り切らないことが多く、入ったとしてもヘッセ行列の計算は遅すぎる。

疎なモデルの学習

今までに取り上げてきた最適化アルゴリズムは、すべて密なモデルを作る。つまり、ほとんどのパラメータが0以外の値になる。しかし、実行フェーズで高速に動作するモデルや、メモリの消費量が少ないメモリが必要なら、疎なモデルを作った方がよいかもしれない。

簡単なのは、いつもと同じようにモデルを学習して、重みの小さいものを取り除く（0にする）方法だ。しかし、これではあまり疎なモデルにはならないのが普通であり、モデルの性能を下げる場合もある。

それよりも、学習中に強力なℓ_1正則化をかける方がよい（その方法はこの章の中で後述する）。ℓ_1正則化は、できる限り多くの重みを0にする方向にオプティマイザを誘導する（4章でラッソ回帰を取り上げたときに説明したように）。

これらのテクニックで不十分な場合には、TensorFlow Model Optimization Toolkit（TF-MOT）（https://homl.info/tfmot）を試してみよう。TF-MOTには、学習中に大きさに基づいて反復的に接続を取り除けるプルーニングAPIが含まれている。

今までに説明してきたすべてのオプティマイザを比較すると、**表11-2**のようになる（⋆は低性能、⋆⋆は平均、⋆⋆⋆は高性能）。

表11-2　オプティマイザの比較

クラス	収束までのスピード	収束の品質
SGD	⋆	⋆⋆⋆
SGD(momentum=...)	⋆⋆	⋆⋆⋆
SGD(momentum=..., nesterov=True)	⋆⋆	⋆⋆⋆
Adagrad	⋆⋆⋆	⋆（停止が早すぎる）
RMSprop	⋆⋆⋆	⋆⋆または⋆⋆⋆
Adam	⋆⋆⋆	⋆⋆または⋆⋆⋆
AdaMax	⋆⋆⋆	⋆⋆または⋆⋆⋆
Nadam	⋆⋆⋆	⋆⋆または⋆⋆⋆
AdamW	⋆⋆⋆	⋆⋆または⋆⋆⋆

11.4　学習率スケジューリング

よい学習率を見つけるのは大切だ。学習率を高くしすぎると、学習は発散してしまう場合がある（「4.2　**勾配降下法**」で説明したように）。学習率を低くしすぎると、学習は最終的に収束するものの、非常に時間がかかってしまう。少し高めに設定すると、最初のうちは早く進むが、最適値の前後で振動し、いつまでも落ち着かない。計算資源にかけられる予算が限られている場合には、適切に収束する前に学習を中止し、最適とは言えない解で満足しなければならない場合もある（**図11-9**）

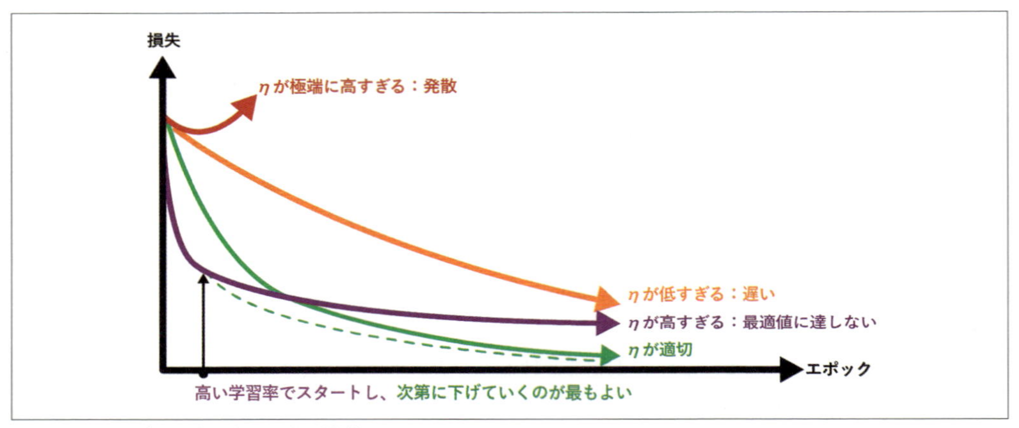

図11-9　さまざまな学習率ηの学習曲線

10章で説明したように、最初は低い学習率から指数的に学習率を上げていきながら数百イテレーションをかけてモデルを学習し、学習曲線を描いて、損失が上がっていく境界点よりもわずかに低い学習率を選び出すと、学習率の適切な値が得られる。ここでモデルを初期化し直し、得られた学習率でモデルを学習するとよい。

しかし、一定の学習率を使うよりもよい方法がある。高い学習率でスタートし、コスト低減のペースが下がったら学習率を下げると、一定の学習率で最適なものよりも早くよい解にたどり着ける。学習中に学習率を下げるための方法はたくさんある。例えば、最初は低い学習率で始め、学習率を上げ、最後にまた下げるという方法も効果的だ。これらの方法を**学習スケジュール**（learning schedule）と呼ぶ（この概念については4章で簡単に触れた）。最もよく使われているものを簡単に説明しておこう。

パワースケジューリング（power scheduling）

学習率をt: $\eta(t) = \eta_0 / (1 + t/s)^c$というイテレーション数の関数にする。ハイパーパラメータは、初期学習率のη_0、指数のc（一般に1）、ステップ数のsの3つである。学習率はステップごとに下がっていく。sステップがすぎると$\eta_0 / 2$、さらにsステップがすぎると$\eta_0 / 3$、そして$\eta_0 / 4$、$\eta_0 / 5$となっていく。つまり、このスケジュールは最初は急速に下がり、だんだんゆっくり下がるようになる。もちろん、パワースケジューリングを使うときには、η_0とs（場合によってはc）の調整が必要になる。

指数スケジューリング（exponential scheduling）

学習率を $\eta(t) = \eta_0\ 0.1^{t/s}$ にする。学習率は、sステップごとに1/10に下がっていく。パワースケジューリングはだんだん学習率を下げるペースを緩めていくが、指数スケジューリングはsステップごとに1/10のペースを保つ。

各部一定スケジューリング（Piecewise constant scheduling）

一定のエポック数は同じ学習率を保ち（例えば、5エポックの間は $\eta_0 = 0.1$）、次も決められたエポック数だけ新たな学習率を保つ（例えば、50エポックの間、$\eta_1 = 0.001$）。これを続ける。この方法でもうまく機能することがあるが、適切な学習率と継続期間を明らかにするためには試行錯誤が必要になる。

パフォーマンススケジューリング（performance scheduling）

Nステップごとに検証誤差を測定し（早期打ち切りと同様に）、誤差の低下が止まると λ で除算して学習率を減らしていく。

1サイクルスケジューリング（1cycle scheduling）

1サイクル法はレスリー・スミス（Leslie Smith）の2018年の論文（https://homl.info/1cycle）[*1]で提案された方法で、ほかのアプローチとは異なり、学習の半ばまでは初期学習率 η_0 を線形に η_1 まで上げていく。そして、学習の後半で学習率を再び η_0 まで線形に下げてくる。学習の最後の数エポックでは、数桁分も小さくなるように学習率を下げる（それでも線形を保つ）。学習率の最大値 η_1 は、最適な学習率を探したときと同じ方法で選び、初期学習率 η_0 はその約1/10の値を選ぶ。モーメンタム最適化を使う場合、最初は高い運動量（例えば0.95）を選び、学習の前半部分では低い値に下げる（例えば、線形に0.85まで）。そして、後半で最大値（例えば、0.95）まで戻し、最後の数エポックはその最大値を維持する。スミスは多くの実験をして、この方法で学習時間が大幅に短縮され、性能が向上することを示している。例えば、広く使われているCIFAR10画像データセットの場合、標準のアプローチでは800エポックで検証セットでの精度が90.3 %だが、このアプローチなら100エポックで91.9 %の精度に達する（同じニューラルネットワーク・アーキテクチャで）。この結果は、**超収束**（super-convergence）と呼ばれた。

アンドリュー・シニアらの2013年の論文（https://homl.info/63）[*2]は、モーメンタム最適化を使って音声認識のための深層ニューラルネットワークを学習するときに特によく使われている数種の学習スケジュールの性能を比較した。著者たちは、この条件のもとでは、パフォーマンススケジューリングと指数スケジューリングの性能がよいという結果を得たが、実装が単純で調整しやすく、最適解にわずかに早く収束したことから指数スケジューリングがよいと考えた。彼らはパフォーマンススケジューリングよりも指数スケジューリングの方が実装が簡単だとも述べたが、Kerasではどちらでも簡単だ。とはいえ、1サイクルスケジューリングの方が性能が高いように見える。

Kerasでは、パワースケジューリングが最も組み込みやすい。オプティマイザを作るときにdecayと

*1 Leslie N. Smith, "A Disciplined Approach to Neural Network Hyper-Parameters: Part 1—Learning Rate, Batch Size, Momentum, and Weight Decay", arXiv preprint arXiv:1803.09820 (2018).

*2 Andrew Senior et al., "An Empirical Study of Learning Rates in Deep Neural Networks for Speech Recognition", *Proceedings of the IEEE International Conference on Acoustics, Speech, and Signal Processing* (2013): 6724-6728.

いうハイパーパラメータを指定するだけでよい。

```
optimizer = tf.keras.optimizers.SGD(learning_rate=0.01, decay=1e-4)
```

decayはs（学習率を再度割るまでのステップ数）の逆数で、cは1だという前提になっている。

指数スケジューリングと各部一定スケジューリングも簡単に組み込める。まず、現在のエポックを引数として学習率を返す関数を定義しておく。例えば、指数関数的スケジューリングは次のようにして実装できる。

```
def exponential_decay_fn(epoch):
    return 0.01 * 0.1 ** (epoch / 20)
```

η_0とsをハードコードしたくなければ、これらを設定して設定済み関数を返す関数を作ればよい。

```
def exponential_decay(lr0, s):
    def exponential_decay_fn(epoch):
        return lr0 * 0.1 ** (epoch / s)
    return exponential_decay_fn

exponential_decay_fn = exponential_decay(lr0=0.01, s=20)
```

次に、スケジュール関数を引数としてLearningRateSchedulerコールバックを作り、そのコールバックをfit()メソッドに渡す。

```
lr_scheduler = tf.keras.callbacks.LearningRateScheduler(exponential_decay_fn)
history = model.fit(X_train, y_train, [...], callbacks=[lr_scheduler])
```

LearningRateSchedulerは、各エポックの冒頭でオプティマイザのlearning_rate属性を更新する。通常、学習率はエポックごとに1度ずつ更新すれば十分だが、例えばステップごとのようにそれよりも頻繁に更新したい場合には、独自コールバックを作れる（具体例はこの章のノートブックの「Exponential Scheduling」を参照）。エポックに含まれるステップが多ければ、ステップごとに学習率を更新するのも役に立つかもしれない。すぐあとで説明するkeras.optimizers.schedulesを使う方法もある。

学習後も、history.history["lr"]を使えば学習中の学習率リストにアクセスできる。

スケジューリング関数は、オプションで第2引数として現在の学習率を受け付けられる。例えば、次のスケジュール関数は、それまでの学習率に$0.1^{1/20}$を掛けて、同じような指数関数的減衰を実装している（ただし、減衰がステップ1からではなく、ステップ0から起こるところが異なる）。

```
def exponential_decay_fn(epoch, lr):
    return lr * 0.1 ** (1 / 20)
```

この実装は、オプティマイザの初期学習率に依存しているので（前の実装とは異なり）、初期学習率を適切に設定することが大切だ。

モデルを保存すると、オプティマイザと学習率も一緒に保存される。そのため、この新しいスケジュール関数を使っている場合には、学習途中のモデルをロードすれば、そこから学習を続行できる。しかし、スケジュール関数がepoch引数を使っている場合には、そう簡単にはいかない。epochは保存されず、fit()メソッドを呼び出すたびに0にリセットされる。中断した学習を再開する場合、非常に大きな学習率でスタートすることになり、モデルが学習してきた重みにダメージを与えてしまう。この問題は、例えばfit()メソッドのinitial_epoch引数を自分で設定してepochが適切な値から始まるようにすれば解決できる。

各部一定スケジューリングは、次のようなスケジュール関数を作り（必要なら、先ほどと同じようにもっと汎用性の高い関数を定義できる。具体例はノートブックの「Piecewise Constant Scheduling」を参照）、指数スケジューリングのときと同じように、この関数を引数として受け付けるLearningRateSchedulerコールバックを作り、それをfit()関数に渡す。

```
def piecewise_constant_fn(epoch):
    if epoch < 5:
        return 0.01
    elif epoch < 15:
        return 0.005
    else:
        return 0.001
```

パフォーマンススケジューリングでは、ReduceLROnPlateauコールバックを使う。例えば、fit()メソッドに次のコールバックを渡すと、5エポック連続で最良の検証損失が向上しなければ、学習率に0.5を掛けていくようになる（ほかのオプションもある。詳しくはドキュメントを参照のこと）。

```
lr_scheduler = tf.keras.callbacks.ReduceLROnPlateau(factor=0.5, patience=5)
history = model.fit(X_train, y_train, [...], callbacks=[lr_scheduler])
```

最後に、Kerasは学習率スケジューリングの別の設定方法を用意している。tf.keras.optimizers.schedulesのクラスの1つを使って学習率を定義し、この学習率をオプティマイザに渡すのである。このアプローチは、エポックごとではなくステップごとに学習率を更新する。例えば、先ほど定義したexponential_decay_fn()関数と同じ指数スケジューリングは、次のようにしても実装できる。

```
import math

batch_size = 32
n_epochs = 25
n_steps = n_epochs * math.ceil(len(X_train) / batch_size)
scheduled_learning_rate = tf.keras.optimizers.schedules.ExponentialDecay(
    initial_learning_rate=0.01, decay_steps=n_steps, decay_rate=0.1)
optimizer = tf.keras.optimizers.SGD(learning_rate=scheduled_learning_rate)
```

これはわかりやすく単純で、モデルを保存するときに学習率とスケジュール（およびその状態）も保存できる。

Kerasがサポートしていない1サイクルスケジューリングも、30行未満のコードで実装できる。イテレーションごとに学習率を変更するカスタムコールバックを作るだけのことだ。オプティマイザの学習率を更新するために、コールバックの`on_batch_end()`メソッドから`tf.keras.backend.set_value(self.model.optimizer.learning_rate, new_learning_rate)`を呼び出さなければならない。コード例はノートブックの「1Cycle Scheduling」を参照のこと。

結論を言えば、指数スケジューリング、パフォーマンススケジューリング、1サイクルスケジューリングは収束までの時間を大幅に短縮する。ぜひ試してみてほしい。

11.5 正則化による過学習の防止

> 私は、4個のパラメータで象に適合でき、5個で象の胴体を小刻みに動かせる。
>
> ── ジョン・フォン・ノイマン（エンリコ・フェルミが*Nature* 427で引用）

数千のパラメータがあれば、動物園全体に適合できる。深層ニューラルネットワークは、一般に数万ものパラメータを持ち、パラメータの数は数百万にもなることがある。それだけ多くのパラメータがあれば、ネットワークはとてつもなく大きな自由度を与えられ、多種多様な複雑データセットに適合できる。しかし、それだけ柔軟性があるということは、学習セットの過学習が避けられないということでもある。過学習の防止のために正則化が必要になることが多い。

最高の正則化手法の1つである早期打ち切りは、既に10章で取り上げた。また、バッチ正規化はもともと不安定な勾配問題を解決するために編み出されたものだが、優れた正則化器としても機能する。この節では、ニューラルネットワークでよく使われているその他の正則化手法として、ℓ_1およびℓ_2正則化、ドロップアウト、最大ノルム正則化を取り上げる。

11.5.1 ℓ_1およびℓ_2正則化

4章で単純な線形モデルを対象として行ったのと同じように、ℓ_2正則化を使えばニューラルネットワークの結合重みを制限でき、ℓ_1正則化を使えば疎なモデル（多くの重みが0）を作れる。次のコードは、正則化率0.01でKerasの層の結合重みにℓ_2正則化を行う方法を示している。

```
layer = tf.keras.layers.Dense(100, activation="relu",
                              kernel_initializer="he_normal",
                              kernel_regularizer=tf.keras.regularizers.l2(0.01))
```

`l2()`関数は、正則化損失を計算するために学習中の各ステップで呼び出される正則化器を返す。正則化損失は、最終的な損失に加算される。ℓ_1正則化をしたい場合には、`keras.regularizers.l1()`を使えばよい。ℓ_1とℓ_2の両方の正則化が必要なら、`keras.regularizers.l1_l2()`を使う（両方の正則化率を指定する）。

すべての隠れ層で同じ初期化方法と活性化関数を使うのと同じように、普通はネットワークのすべての層で同じ正則化器を使いたいところなので、同じ引数を繰り返し指定する羽目になるだろう。しかし、同じことを繰り返し書いていたのではコードが汚くなり、エラーを起こしやすくなる。この問題は、ループを使うようにコードをリファクタリングすれば解決する。また、呼び出し可能オブジェクトに対して何らかのデフォルト引数を渡す薄いラッパーを作れるPythonの`functools.partial()`関数を使う手もある。

```
from functools import partial

RegularizedDense = partial(tf.keras.layers.Dense,
                           activation="relu",
                           kernel_initializer="he_normal",
                           kernel_regularizer=tf.keras.regularizers.l2(0.01))

model = tf.keras.Sequential([
    tf.keras.layers.Flatten(input_shape=[28, 28]),
    RegularizedDense(100),
    RegularizedDense(100),
    RegularizedDense(10, activation="softmax")
])
```

SGD、モーメンタム最適化、ネステロフモーメンタム最適化では効果的だが、Adamとその変種では効果的ではない。重み減衰つきのAdamを使いたいときには、ℓ_2正則化を使わず、AdamWを使うようにすべきだ。

11.5.2 ドロップアウト

ドロップアウトは、深層ニューラルネットワークで最もよく使われる正則化手法の1つだ。ジェフリー・ヒントンらが2012年の論文（https://homl.info/64）[*1]で提案し、ニティシュ・スリヴァスタヴァ（Nitish Srivastavaらが2014年の論文（https://homl.info/65）[*2]でさらに詳しく論じたもので、大きな効果があることが実証されている。最先端のニューラルネットワークでも、ドロップアウトを追加するだけで、精度が1～2％上がる。これはそれほど大きなことではないように聞こえるかもしれないが、モデルの精度が既に95％に達している場合、精度が2％上がるということは、誤り率がほとんど40％も下がっている（5％が3％に下がっている）ということだ。

ドロップアウトはごく単純なアルゴリズムである。すべての学習ステップで、すべてのニューロン（入力ニューロンは含まれるが出力ニューロンは含まれない）がpという確率で一時的に「ドロップアウト」される。つまり、その学習ステップではそれらのニューロンは完全に無視されるが、次の学習ステップではアクティブに使われるかもしれない（**図11-10**）。ハイパーパラメータのpは、**ドロップアウト率**（dropout rate）と呼ばれ、一般に10％から50％の間に設定される。再帰型ネットワーク（15章参照）では20％から30％、畳み込みニューラルネットワーク（14章参照）では40％から50％にされることが多い。学習後は、ニューロンがドロップアウトされることはない。それだけのことだ（このあと説明す

---

*1 Geoffrey E. Hinton et al., "Improving Neural Networks by Preventing Co-Adaptation of Feature Detectors", arXiv preprint arXiv:1207.0580 (2012).

*2 Nitish Srivastava et al., "Dropout: A Simple Way to Prevent Neural Networks from Overfitting", *Journal of Machine Learning Research* 15 (2014): 1929-1958.

る技術的な細部を除けば)。

このような乱暴な感じのテクニックが機能すると聞くと、最初はびっくりするかもしれない。社員に毎朝コイントスをして出社するかどうかを決めろ、と指示するような会社の業績が上がったりするものだろうか。そんなことは誰にもわからないが、たぶんうまくいく。その会社は、このような組織形態に適応することを強制される。コーヒーマシンの操作でもほかの重要なタスクでも、1人の人に頼り切るわけにはいかないので、その専門能力は複数の人々に拡散する。社員は一部だけではなく、多くの同僚とうまくやっていかなければならない。会社の回復力は大幅に上がる。1人が辞めても、たいして変わらなくなる。このような考え方が会社で本当に通用するかどうかはわからないが、ニューラルネットワークでは間違いなく通用する。ドロップアウトで学習されたニューロンは、近隣のニューロンに頼り切るわけにはいかない。自分だけの力で役に立たなければならない。また、ごく少数の入力ニューロンだけに過度に依存することもできない。1つひとつの入力ニューロンに注意を払わなければならない。入力のわずかな変化に過敏になることはなくなる。その結果、汎化能力が上がったより堅牢なネットワークが得られる。

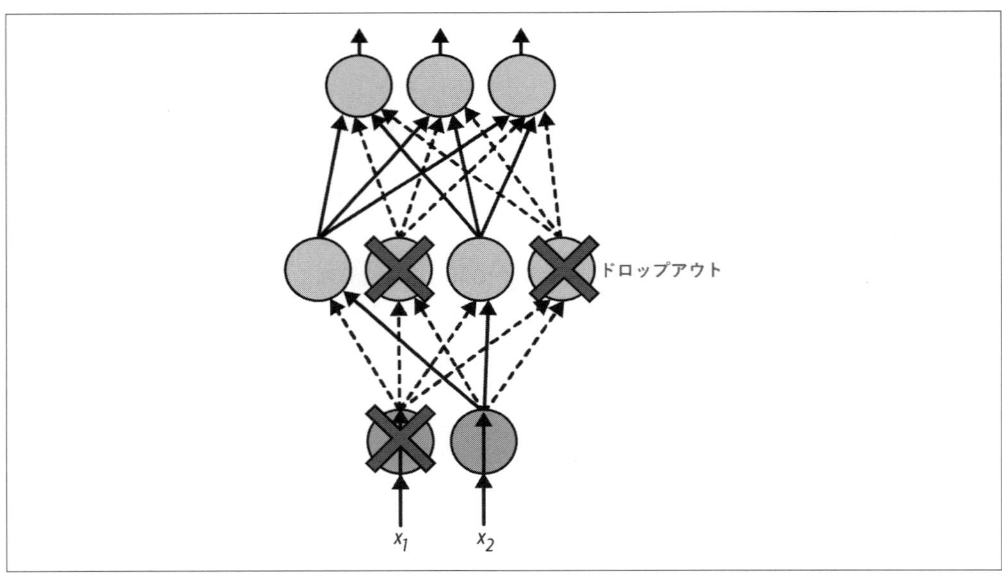

図11-10　ドロップアウト正則化では、各学習イテレーションで1つ以上の階層（出力層を除く）のニューロン全体からランダムに選ばれた一部が「ドロップアウト」される。これらのニューロンは、そのイテレーションでは0を出力する（破線の矢印で示されている）

ドロップアウトによって学習ステップのたびに別のニューラルネットワークが生成されると考えることでも、ドロップアウトの威力は実感できるだろう。どのニューロンも参加、不参加の両方の可能性があるので、全部で2^N種類のネットワークを作れる（Nはドロップアウトされる可能性のあるニューロンの数)。これは大きな数であり、同じニューラルネットワークが2回サンプリングされることはまずない。1万回学習ステップを実行すれば、1万種の異なるニューラルネットワークを学習したことになる（それぞれたった1つの学習インスタンスで)。これらのニューラルネットワークは、重みの多くを共有しているので、明らかに独立した存在ではないが、どれも異なっている。得られるニューラルネットワークは、これら小さなニューラルネットワークすべてを平均化するアンサンブルと見ることができる。

実際には、ドロップアウトが適用できるのは通常上位1個から3個の層(出力層を除く)のニューロンだけだ。

技術的な細部についてひとつ重要なことがある。$p = 75\,\%$とした場合、学習中は各ステップで全ニューロンの約25 %しかアクティブでないことになる。学習後の個々のニューロンは、学習中の4倍もの入力ニューロンと接続されるわけだ。そのため、学習中は個々の入力ニューロンの重みを4倍にする必要がある。そうしなければ、ニューラルネットワークは学習中と学習後で別のデータを見せられることになり、うまく機能しない。より一般的に言うと、学習中は個々の入力の結合重みを**キープ率**(keep probability)の$1 - p$で割る必要がある。

Kerasでドロップアウトを実装するには、`tf.keras.layers.Dropout`層を使う。この層は、学習中、ランダムに一部の入力をドロップし(0にする)、その他の入力をキープ率で割る。学習後は何もしない。単に入力を次の層に渡すだけだ。次のコードは、すべての全結合層(`Dense`)の手前でドロップ率0.2のドロップ正則化を行っている。

```
model = tf.keras.Sequential([
    tf.keras.layers.Flatten(input_shape=[28, 28]),
    tf.keras.layers.Dropout(rate=0.2),
    tf.keras.layers.Dense(100, activation="relu",
                          kernel_initializer="he_normal"),
    tf.keras.layers.Dropout(rate=0.2),
    tf.keras.layers.Dense(100, activation="relu",
                          kernel_initializer="he_normal"),
    tf.keras.layers.Dropout(rate=0.2),
    tf.keras.layers.Dense(10, activation="softmax")
])
[...]  # モデルをコンパイル、学習する
```

ドロップアウトは学習中にしか行われないので、訓練誤差と検証誤差を比較するのは誤解のもとになる。特に、学習セットを過学習していても、訓練誤差と検証誤差が同じような値になることがある。そのため、訓練誤差はドロップアウトなしで(つまり、学習後に)測定するようにしよう。

モデルが過学習しているようなら、ドロップアウト率を上げるとよい。逆に、モデルが学習セットに過少適合しているようなら、ドロップアウト率を下げる。また、大規模な層ではドロップアウト率を上げ、小規模な層ではドロップアウト率を下げるとよいかもしれない。さらに、最新のアーキテクチャの多くはドロップアウトを最後の隠れ層のあとだけで使っているので、フルドロップアウトでは効果が強

すぎるときにはこれを試してみよう。

ドロップアウトは収束を大幅に遅らせる傾向があるが、適切に調節すればよいモデルが得られることが多い。一般に、時間と労力に余裕があるときには試す価値がある（特に大規模なモデルでは）。

SELU活性化関数を使った自己正規化ネットワーク（この章で既述）を正則化したい場合は、入力の平均と標準偏差を維持するドロップアウトの変種の**アルファドロップアウト**（alpha dropout）を使うようにしよう。これは、通常のドロップアウトでは自己正規化が崩れてしまうため、SELUと同じ論文で提案されたものである。

11.5.3 モンテカルロ（MC）ドロップアウト

2016年に、ヤリン・ギャル（Yarin Gal）とズービン・ガラマーニ（Zoubin Ghahramani）の論文（https://homl.info/mcdropout）*1がドロップアウトを使う新たな理由を追加した。

- 第一に、この論文はドロップアウトネットワーク（Dropout層を含むニューラルネットワーク）と近似ベイズ推定の間に密接な関係があることを示し*2、ドロップアウトに数学的な正当性を与えた。
- 第二に、著者たちは学習済みドロップアウトモデルを再学習せず、それどころか一切変更することなく、その性能を引き上げられる**MCドロップアウト**（MC dropout）という強力なテクニックを提案した。MCドロップアウトは、モデルの不確実性についてのはるかに優れた計測手段も提供する上、数行のコードで実装できる。

変なトリックの宣伝のように聞こえるなら、次のコードを見てほしい。これはMCドロップアウトの完全な実装であり、先ほど学習したドロップアウトモデルを再学習することなくモデルの性能を引き上げる。

```
import numpy as np

y_probas = np.stack([model(X_test, training=True)
                     for sample in range(100)])
y_proba = y_probas.mean(axis=0)
```

model(X)は、NumPy配列ではなくテンソルを返し、training引数をサポートすることを除けばmodel.predict(X)と同じようなものだということに注意してほしい。このコード例では、training=Trueを設定してDropout層をアクティブにしているので、すべての予測が少しずつ異なる。そこで、テストセット全体で100回の予測を行い、その平均を計算している。より具体的に言うと、モデルの毎回の呼び出しは、インスタンスごとに1行、クラスごとに1列の行列を返す。テストセットには10,000個のインスタンスと10個のクラスがあるので、これは[10000, 10]という形の行列になる。そ

---

*1 Yarin Gal and Zoubin Ghahramani, "Dropout as a Bayesian Approximation: Representing Model Uncertainty in Deep Learning", _Proceedings of the 33rd International Conference on Machine Learning_ (2016): 1050-1059.

*2 具体的には、彼らは、ドロップアウトネットワークの学習が、深層ガウス過程（deep gaussian process）と呼ばれる確率的モデルの近似ベイズ推定と数学的に等価だということを示した。

のような行列を100個スタックするので、y_probasは[100, 10000, 10]という形の3次元行列になる。最初の次元の平均を取ると、1回の予測で得られるのと同じ[10000, 10]という形の行列y_probaが得られる。それだけだ。ドロップアウトを有効にした複数の予測の平均を取ると、一般にドロップアウトをオフにした1回の予測の結果よりも信頼性の高いモンテカルロ推定が得られる。例えば、ドロップアウトをオフにして、Fashion MNISTテストセットの最初のインスタンスに対するこのモデルの予測を見てみよう。

```
>>> model.predict(X_test[:1]).round(3)
array([[0.   , 0.   , 0.   , 0.   , 0.   , 0.024, 0.   , 0.132, 0.   ,
        0.844]], dtype=float32)
```

モデルはかなりの自信を持って（84.4 %）この画像をクラス9（ショートブーツ）だと予測している。これをMCドロップアウトの予測と比べてみよう。

```
>>> y_proba[0].round(3)
array([0.   , 0.   , 0.   , 0.   , 0.   , 0.067, 0.   , 0.209, 0.001,
       0.723], dtype=float32)
```

モデルはまだクラス9を予測しているが、自信は72.3 %に落ち、クラス5(サンダル)とクラス7(スニーカー)の推定確率が上がっている。これらもフットウェアだということを考えると、最もな迷いだ。

MCドロップアウトは、モデルの確率推定の信頼性を向上させる傾向がある。これは、間違っていることに自信を持ちにくいということだ。間違った自信は危険である。自動運転車が自信満々で停止信号を無視したらどうなるかを想像してみよう。正しいかもしれないほかのクラスをしっかりと把握できるのも役に立つ。しかも、確率推定の標準偏差（https://xkcd.com/2110）さえ見られる。

```
>>> y_std = y_probas.std(axis=0)
>>> y_std[0].round(3)
array([0.   , 0.   , 0.   , 0.001, 0.   , 0.096, 0.   , 0.162, 0.001,
       0.183], dtype=float32)
```

クラス9の確率推定にかなり大きな分散があることは明らかだ。標準偏差は0.183であり、それと0.723という推定確率を比較してみよう。リスクに敏感でなければならないシステム（例えば、医療システムや金融システム）を構築するときには、そのような不確実な予測には最大限の注意を払わなければならないだろう。そのような予測を84.4 %の自信がある予測と同じように扱うわけにはいかない。モデルの精度も、87.0 %から87.2 %に微増している。

```
>>> y_pred = y_proba.argmax(axis=1)
>>> accuracy = (y_pred == y_test).sum() / len(y_test)
>>> accuracy
0.8717
```

使うモンテカルロサンプルの数(この例では100)は、操作できるハイパーパラメータである。サンプル数が多ければ多いほど、予測と不確実推定も正確になる。しかし、サンプル数を倍にすれば、予測時にかかる時間も倍になる。それに、サンプル数が一定の数を越えると、性

能の向上がほとんど見られなくなる。アプリケーションごとに予測にかかる時間と精度の正しいトレードオフを見極めることが大切だ。

モデルに学習中特別な振る舞いをする層（例えばBatchNormalization層）が含まれている場合には、今したような学習モードを強制すべきではない。Dropout層の代わりに次のようなMCDropoutクラスを使うようにすべきだ[*1]。

```
class MCDropout(tf.keras.layers.Dropout):
    def call(self, inputs, training=False):
        return super().call(inputs, training=True)
```

このコードは、Dropout層をサブクラス化して、training引数が必ずTrueになるようにcall()メソッドをオーバーライドしている。同様に、AlphaDropoutクラスをサブクラス化してMCAlphaDropoutクラスを定義することもできる。0からモデルを作るなら、DropoutではなくMCDropoutを使えばよい。しかし、既にDropoutを使って学習したモデルがあるなら、Dropout層がMCDropoutになっている以外は既存のモデルと同じ新モデルを作ってから、既存モデルの重みを新しいモデルにコピーする必要がある。

以上をまとめると、MCドロップアウトは、ドロップアウトモデルの性能を向上させ、よりよい不確実推定を提供するすばらしいテクニックである。もちろん、学習中は通常のドロップアウトと同じなので、正則化器としても機能する。

11.5.4 最大ノルム正則化

ニューラルネットワークの正則化手法としては、**最大ノルム正則化**（max-norm regularization）もよく使われている。個々のニューロンについて、入力接続の重み$\mathbf{w}$が$\|\mathbf{w}\|_2 \leq r$になるように制限する。ただし、rは最大ノルムハイパーパラメータ、$\|\cdot\|_2$はℓ_2ノルムである。

最大ノルム正則化は、全体の損失関数に正則化損失の項を追加するわけではない。一般にこの正則化は、個々の学習ステップのあとで$\|\mathbf{w}\|_2$を計算し、必要なら$\mathbf{w}$をスケーリングし直して（$\mathbf{w} \leftarrow \mathbf{w}\, r\, /\, \|\mathbf{w}\|_2$）実装される。

rを小さくすると正則化の度合いが上がり、過学習が抑制される。最大ノルム正則化は、不安定な勾配問題の防止にも役立つ（バッチ正規化を使っていない場合）。

Kerasで最大ノルム正則化を実装するには、次のように、個々の隠れ層のkernel_constraint引数に適切な上限値を指定したmax_norm()制約を設定する。

```
dense = tf.keras.layers.Dense(
    100, activation="relu", kernel_initializer="he_normal",
    kernel_constraint=tf.keras.constraints.max_norm(1.))
```

個々の学習イテレーションが終わると、モデルのfit()メソッドは、max_norm()が返してきたオブジェクトに層の重みを渡して呼び出し、スケーリングし直された重みを受け取ってその層の重みにす

---

*1 このMCDropoutクラスは、シーケンシャルAPIを含むKeras APIと共存する。関数型APIかサブクラス化APIに対応できればよいのなら、MCDropoutクラスを作る必要はない。training=Trueを指定して通常のDropout層を作ればよい。

る。12章で説明するように、必要なら独自のカスタム制約関数を定義し、それをkernel_constraintとして使うことができる。また、bias_constraint引数を設定してバイアス項に制限を加えることもできる。

max_norm()関数には、デフォルトで0になっているaxis引数がある。Dense層は通常[入力数, ニューロン数]という形の重みを持っているので、axis=0を使うということは、個々のニューロンの重みベクトルに独立に最大ノルム制限が適用されるということだ。畳み込み層(14章参照)で最大ノルム制限を使いたい場合には、max_norm()のaxis引数を適切に設定するように注意する(通常は、axis=[0, 1, 2])。

11.6 まとめと実践的なガイドライン

この章ではさまざまなテクニックを取り上げてきたので、どれを使ったらよいか迷ってしまうかもしれない。使うべきテクニックはタスク次第で決まり、明確なコンセンサスのようなものはないが、私の感じでは**表11-3**のような構成にすると、ほとんどのケースでそれほど苦労せずにハイパーパラメータがうまく調整される。とはいえ、これはデフォルトであり、厳格なルールのように考えないでほしい。

表11-3 DNNのデフォルト構成

ハイパーパラメータ	デフォルト値
初期値	He初期値
活性化関数	浅い場合はReLU、深い場合はSwish
正規化	浅い場合はなし、深い場合はバッチ正規化
正則化	早期打ち切り(必要なら重み減衰)
オプティマイザ	NAGまたはAdamW
学習率スケジューリング	パフォーマンススケジューリングまたは1サイクル

ネットワークが全結合層の単純なスタックなら、自己正規化が使える。その場合は、**表11-4**のような構成を使うとよい。

表11-4 自己正規化ネットワーク用の構成

ハイパーパラメータ	デフォルト値
初期値	LeCun初期値
活性化関数	SELU
正規化	なし(自己正規化)
正則化	必要ならアルファドロップアウト
オプティマイザ	NAG
学習率スケジューリング	パフォーマンススケジューリングまたは1サイクル

入力特徴量の正規化を忘れてはならない。同じような問題を解く学習済みのニューラルネットワークが見つかるならその一部を再利用したり、ラベルなしデータが大量にあるなら教師なし事前学習を使ったり、同じようなタスクのためのラベル付きデータがたくさんあるなら関連タスクの事前学習を使ったりすることも試してみよう。

ほとんどの場合は先ほどのガイドラインで対応できるが、次のような例外もある。

- 疎なモデルが必要なら ℓ_1 正則化を追加してみる(さらに、オプションで学習後の重みがごく小さいものを0にしてみる)。さらに疎なモデルが必要なら、TF-MOT (TensorFlow

Model Optimization Toolkit）を使うとよい。この場合、自己正規化が崩れてしまうので、デフォルト構成を使うようにする。

- 低レイテンシモデル（予測が非常に高速なモデル）が必要なら、層の数を減らし、leaky ReLUやただのReLUといった高速な活性化関数を使い、学習後にバッチ正規化層を前の層に畳み込むようにすべきだ。疎なモデルも予測の高速化に役立つ。そして、浮動小数点数の精度を32ビットから16ビット、あるいは8ビットに下げることも検討しよう（**「19.2 モバイル／組み込みデバイスへのモデルのデプロイ」**参照）。また、ここでもTF-MOTが役に立つ。
- リスクに敏感でなければならないアプリケーションを構築している場合や、推論の待ち時間があまり気にならない場合には、MCドロップアウトを使えば予測性能が上がり、信頼性の高い確率推定、不確実推定が得られる。

これらのガイドラインに従えば、非常に深いニューラルネットワークを学習できる。Keras APIだけでも多くのことができることがしっかり納得できたはずだ。しかし、Kerasでできる以上の細かいモデル制御が必要になることがある。例えば、カスタム損失関数を書いたり、学習アルゴリズムをファインチューニングしたいときだ。そのような場合には、次章で取り上げるTensorFlowの低水準APIを使う必要がある。

11.7 演習問題

1. Glorot初期値やHe初期値が解決を目指している問題は何か。
2. He初期値でランダムに選んだ値であれば、すべての重みを同じ値で初期化してもよいか。
3. バイアス項を0で初期化してもよいか。
4. この章で説明した活性化関数を使うべき条件はどのようなものか。活性化関数ごとに答えなさい。
5. `SGD`オプティマイザを使うときに、`momentum`ハイパーパラメータを1に近づけすぎると（例えば、0.99999）どうなるか。
6. 疎なモデルを作るための方法を3つ挙げなさい。
7. ドロップアウトは学習率を下げるか。推論（つまり、新しいインスタンスに対する予測）速度はどうか。また、MCドロップアウトはどうか。
8. 次の条件でCIFAR10画像データセットを使って深層ニューラルネットワークを学習しなさい。
    a. それぞれニューロンが100個ずつある20個の隠れ層（これは多すぎだが、そこにこの問題のポイントがある）を持ち、He初期値とSwish活性化関数を使うDNNを構築しなさい。
    b. Nadam最適化と早期打ち切りを使ってCIFAR10データセットでネットワークを学習しなさい。データセットは、`tf.keras.datasets.cifar10.load_data()`でロードできる。このデータセットは、10クラスに分類された60,000枚の32×32ピクセルカラー画像（50,000枚が学習用、10,000枚がテスト用）から構成されているので、10個のニューロンを持つソフトマックス出力層が必要になる。モデルのアーキテクチャやハイパーパラメータを変更するたびに、適切な学習率を探すことを忘れないように。

c. バッチ正規化を追加し、学習曲線を比較しなさい。以前よりも早く収束するようになったか。よりよいモデルが得られたか。学習率にどのような影響があったか。
d. バッチ正規化をSELUに取り替え、ネットワークが自己正規化する（つまり、入力特徴量を標準化し、正規分布のLeCun初期化を使い、DNNに全結合層のシーケンスだけが含まれるようにする）ために必要な調整を加えなさい。
e. アルファドロップアウトでモデルを正則化しなさい。そして、モデルを再学習することなく、MCドロップアウトを使って精度が向上するかどうかを観察しなさい。
f. サイクルスケジューリングを使ってモデルを学習し直し、学習スピードやモデルの精度が改善されるかどうかを確かめなさい。

演習問題の解答は、ノートブック（https://homl.info/colab3）の11章の部分を参照のこと。

12章 TensorFlowで作るカスタムモデルとその学習

今まではFensorFlowの高水準APIであるKerasだけを使っていたが、それでもかなりのことができた。バッチ正規化、ドロップアウト、学習率スケジューリングなどのさまざまなテクニックを駆使して、回帰ネットワーク、分類ネットワーク、ワイド・アンド・ディープネットワーク、自己正規化ネットワークを含むさまざまなニューラルネットワーク・アーキテクチャを作ってきた。実際、あなたが遭遇するユースケースの95 %は、Keras（およびtf.data、13章参照）以外のものを必要としない。しかし、この章ではTensorFlowの奥深くに入り込み、低水準Python API（https://homl.info/tf2api）を覗いてみよう。カスタムの損失関数、指標、層、モデル、初期値、正則化器、重み制約などを書くために低水準の制御機能が必要になったときには、この知識が役に立つ。単なる勾配クリッピングではなく勾配に特別な変換や制約を加えたいときや、ネットワークの異なる部分のために複数のオプティマイザを使いたいときなど、学習ループを完全制御しなければならない場合もある。この章では、これらの条件をすべて取り上げるほか、TensorFlowのAutoGraph生成機能を使ってカスタムモデルや学習アルゴリズムの性能を上げる方法も見ていく。しかし、まずはTensorFlowの概要を紹介することにしよう。

12.1 TensorFlow弾丸ツアー

ご存知のように、TensorFlowは数値計算のための強力なライブラリで、特に大規模な機械学習に合わせて細かく調整され、適切なものになっている（しかし、重い計算が必要なほかのユースケースでも使える）。Google Brainチームによって開発され、Google Cloud Speech、Googleフォト、Google検索などのGoogleの大規模サービスの多くのエンジンになっている。2015年11月にオープンソース化され、現在では業界で最も広く使われている深層学習ライブラリになっている[*1]。無数のプロジェクトが、画像の分類、自然言語処理、レコメンドシステム、時系列データによる予想など、あらゆるタイプの機械学習タスクでTensorFlowを使っている。

では、TensorFlowは何を与えてくれるのだろうか。簡単にまとめると、次のようになる。

＊1　ただし、現在の学術界ではMetaのPyTorchライブラリの方が人気がある。TensorFlowやKerasを引用する論文よりもPyTorchを引用する論文の方が多い。さらに、GoogleのJaxライブラリが特に学術界で弾みを付けてきている。

- コアの部分はNumPyとよく似ているが、GPUサポートがある。
- 分散コンピューティング（複数のデバイス、サーバを使った計算）をサポートしている。
- 計算速度やメモリの使用効率を最適化するために、一種のJIT（just-in-time）コンパイラを内蔵している。Python関数から計算グラフを抽出し、それを最適化して（例えば未使用ノードを切り落とすなど）、最終的に関数を効率よく実行する（例えば、独立した演算を自動的に並列実行するなどして）。
- ポータブルな形式で計算グラフをエキスポートできるため、例えば、Linux上のPythonで学習したTensorFlowモデルをAndroidデバイス上のJavaで実行するようなことができる。
- リバースモードの自動微分（10章、付録B参照）を実装するとともに、RMSPropやNadamなどの優れたオプティマイザ（11章参照）を提供しているので、あらゆるタイプの損失関数を簡単に最小化できる。

TensorFlowはこれらのコア機能の上にたくさんのほかの機能を構築している。最も重要なのは、もちろんKerasだが[*1]、データのロードや前処理（`tf.data`、`tf.io`など）、画像処理（`tf.image`）、信号処理（`tf.signal`）、その他多くの（演算を提供している（TensorFlowのPython APIの概要は**図12-1**にまとめてある）。

本書ではTensorFlow APIのさまざまなパッケージ、関数を取り上げるが、全部を取り上げることはできないので、少し時間を割いてAPIをざっと見てみることをお勧めする。APIが豊かであることとしっかりドキュメントされていることがわかるはずだ。

最低水準のTensorFlow演算（operationを縮めてopと呼ばれる）は、効率のよいC++コードで実装されている[*2]。多くの演算は、カーネル（kernel）と呼ばれる複数の実装を持っている。個々のカーネルは、CPU、GPU、さらにはTPU（Tensor Processing Unit）など、特定のデバイスタイプに特化している。ご存知のように、GPUは、計算を多くの小さなチャンクに分割し、それらを多数のGPUスレッドで並列実行して、計算を飛躍的に高速化する。TPUはさらにそれよりも速い。TPUは深層学習演算専用に構築されたカスタムASICチップである[*3]（GPUやTPUとともにTensorFlowを使うための方法については、19章で説明する）。

＊1　TensorFlowには、Estimators APIという別の深層学習APIも含まれているが、現在は非推奨になっている。
＊2　もし必要になることがあれば（たぶんないだろうが）、C++ APIで独自演算を書ける。
＊3　TPUとその仕組みの詳細は、https://homl.info/tpus参照。

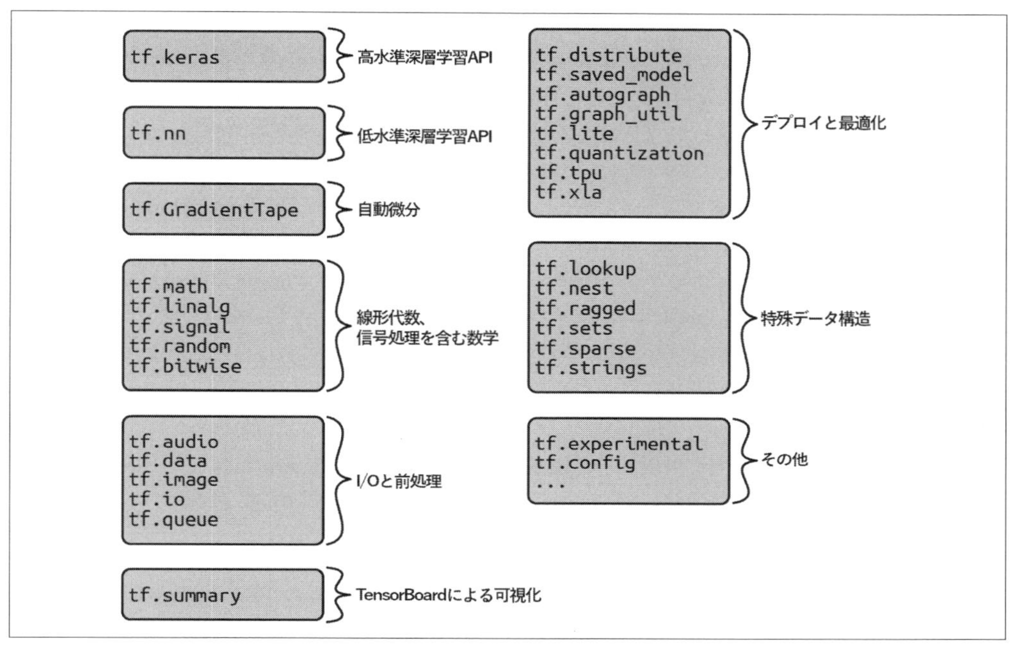

図12-1　TensorFlowのPython API

TensorFlowのアーキテクチャは、**図12-1**のように描ける。ほとんどの場合、ユーザコードは高水準APIを使っているが（特にKerasとtf.data）、もっと柔軟性が必要な場合には、低水準Python APIを使ってテンソルを直接操作することになる。いずれにしても、TensorFlowの実行エンジンは、指示されれば複数のデバイスやマシンにまたがる形も含め、演算を効率よく実行するために必要なことを引き受ける。

TensorFlowは、Windows、Linux、macOSだけでなく、iOSやAndroidのモバイルデバイスでも（LiteRTを使う形で）実行できる（19章参照）。Python APIを使いたくない場合には、C++、Java、Swift APIを使えばよい。ブラウザ内で直接モデルを実行できるTensorFlow.jsというJavaScript実装さえある。

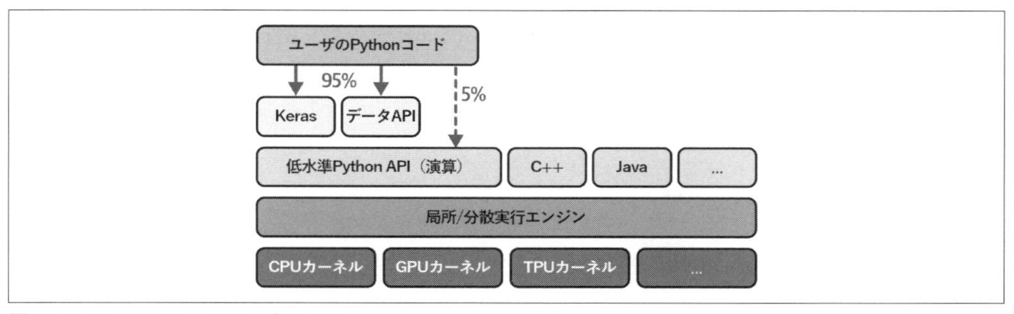

図12-2　TensorFlowのアーキテクチャ

ライブラリだけがTensorFlowのすべてではない。TensorFlowは、ライブラリの大きなエコシステムの中心に位置する。まず、可視化のためのTensorBoardがある（10章参照）。次に、GoogleがTensorFlowプロジェクトの大量生産のために作ったライブラリセットのTensorFlow Extended（TFX）(https://tensorflow.org/tfx)がある。TFXには、データの検証、前処理、モデルの分析、サービング（TF Servingを使う。19章参照）のためのツールが含まれている。GoogleのTensorFlow Hubは、学習済みニューラルネットワークを簡単にダウンロード、再利用するために使える。TensorFlowのモデルガーデン（https://github.com/tensorflow/models）では、さまざまなニューラルネットワーク・アーキテクチャ（一部は学習済み）を入手できる。TensorFlow Resources（https://tensorflow.org/resources）とhttps://github.com/jtoy/awesome-tensorflowにも、TensorFlowベースのその他のプロジェクトが多数ある。GitHubにはTensorFlowベースのプロジェクトが数百も含まれているので、何かしてみたいことがあるときには既存コードが簡単に見つかることが多い。

MLの論文とその実装は次々に公開されており、学習済みモデルが付いている場合さえある。https://paperswithcode.com/を見れば、話題の論文が簡単に見つかる。

そして、TensrFlowには、熱心で頼りになる開発者たちの専門チームと、TensorFlowの改良に一役買っている大きなコミュニティがある。技術的な疑問点があるときには、「tensorflow」と「python」ののタグを付けてhttp://stackoverflow.com/で尋ねるとよい。バグ報告と機能の要望はGitHub（https://github.com/tensorflow/tensorflow）でできる。TensorFlow Forum（https://discuss.tensorflow.org）に参加すれば、TensorFlowに関するさまざまな話ができる。

では、コーディングを始めよう。

12.2 TensorFlowのNumPyのような使い方

TensorFlowのAPIは**テンソル**（tensor）を中心として動いており、テンソルが演算から演算へと流れて（flow）いく。TensorFlowという名前はそこに由来している。テンソルはNumPyのndarrayとよく似ていて通常は多次元配列だが、スカラ（42のような1個だけの単純な値）も格納できるところがndarrayとは異なる。カスタムの損失（コスト）関数、指標、層といったものを作るときにはこれらのテンソルが重要になるので、テンソルの作成、操作方法をまず見ておこう。

12.2.1 テンソルと演算

テンソルは、tf.constant()で作る。例えば、2行3列の浮動小数点数の行列を表すテンソルは次のようにして作る。

```
>>> import tensorflow as tf
>>> t = tf.constant([[1., 2., 3.], [4., 5., 6.]])  # 行列
>>> t
<tf.Tensor: shape=(2, 3), dtype=float32, numpy=
array([[1., 2., 3.],
```

```
        [4., 5., 6.]], dtype=float32)>
```

tf.Tensorには、ndarrayと同様に形(shape)とデータ型(dtype)がある。

```
>>> t.shape
TensorShape([2, 3])
>>> t.dtype
tf.float32
```

添字(インデックス)はNumPyと同じように機能する。

```
>>> t[:, 1:]
<tf.Tensor: shape=(2, 2), dtype=float32, numpy=
array([[2., 3.],
       [5., 6.]], dtype=float32)>
>>> t[..., 1, tf.newaxis]
<tf.Tensor: shape=(2, 1), dtype=float32, numpy=
array([[2.],
       [5.]], dtype=float32)>
```

何よりも大切なのは、あらゆるタイプのテンソル操作が実行できることだ。

```
>>> t + 10
<tf.Tensor: shape=(2, 3), dtype=float32, numpy=
array([[11., 12., 13.],
       [14., 15., 16.]], dtype=float32)>
>>> tf.square(t)
<tf.Tensor: shape=(2, 3), dtype=float32, numpy=
array([[ 1.,  4.,  9.],
       [16., 25., 36.]], dtype=float32)>
>>> t @ tf.transpose(t)
<tf.Tensor: shape=(2, 2), dtype=float32, numpy=
array([[14., 32.],
       [32., 77.]], dtype=float32)>
```

t + 10と書けば、tf.add(t, 10)と同じ意味になる(実際には、Pythonはt.__add__(10)という特殊メソッドを呼び出すが、このメソッドはtf.add(t, 10)を呼び出すだけだ)。-、*などの演算子もサポートされている。Python 3.5では、行列の乗算のために@演算子が追加されたが、tf.matmul()関数を呼び出せば同じことができる。

多くの関数やクラスに別名がある。例えば、tf.add()とtf.math.add()は同じ関数だ。そのため、TensorFlowは、パッケージの構造に秩序を保ちながら、最もよく使われる演算に簡潔な名前を与えられるようになっている[*1]。

*1 顕著な例外はtf.math.log()である。この関数はよく使われるが、ロギングするのとまぎらわしいので、tf.log()という別名はない。

テンソルにはスカラー値も格納できる。その場合、shapeは空にする。

```
>>> tf.constant(42)
<tf.Tensor: shape=(), dtype=int32, numpy=42>
```

Keras APIにも独自の低水準APIがあり、tf.keras.backendにまとめられている。このパッケージは、簡潔にKとしてインポートされるのが普通だ。以前はK.square()、K.exp()、K.sqrt()などの関数を使っており、既存コードでもよく見かけるはずだ。Kerasが複数のバックエンドをサポートしていた頃は、ポータブルなコードを書くためにこれらが役立っていたが、今のKerasはTensorFlow専用なので、TensorFlowの低水準APIを呼び出すようにすべきだ(例えば、K.square()ではなくtf.square()を使う)。K.square()などは今も下位互換性のために残っているが、tf.keras.backendパッケージのドキュメントにはclear_session()(10章で触れた)などの一部のユーティリティ関数しか掲載されていない。

基本的な算術/数学演算(tf.add()、tf.multiply()、tf.square()、tf.exp()、tf.sqrt()など)とNumPyに含まれている演算の大半(tf.reshape()、tf.squeeze()、tf.tile()など)はすべて含まれている。一部、NumPyとは名前が異なる関数がある。例えば、tf.reduce_mean()、tf.reduce_sum()、tf.reduce_max()、tf.math.log()は、np.mean()、np.sum()、np.max()、np.log()と同じものだ。名前が違う場合はたいてい理由がある。例えば、NumPyではt.Tと書けるものが、TensorFlowではtf.transpose(t)と書かなければならない。それは、tf.transpose()関数が行うことがNumPyのT属性と微妙に異なるからだ。NumPyのt.Tは同じデータを転置した形で見せるだけだが、TensorFlowでは転置されたデータを自ら持つ新しいテンソルが作られる。同様に、tf.reduce_sum()がこのような名前なのは、GPUカーネル(GPU用の実装)が要素の追加順序を保証しない簡易アルゴリズム(reduced algorithm)を使うからだ。32ビット浮動小数点数は精度が低いので、この演算は呼び出すたびに結果が微妙に異なる場合がある。同じことがtf.reduce_mean()にも言える(しかし、tf.reduce_max()の結果は当然変わらない)。

12.2.2 テンソルとNumPy

テンソルはNumPyと相性がよい。NumPy配列からテンソルを作ることも、その逆も可能だ。NumPy配列にTensorFlow演算を実行したり、テンソルにNumPy演算を実行したりすることもできる。

```
>>> import numpy as np
>>> a = np.array([2., 4., 5.])
>>> tf.constant(a)
<tf.Tensor: id=111, shape=(3,), dtype=float64, numpy=array([2., 4., 5.])>
>>> t.numpy()  # あるいはnp.array(t)を使う
array([[1., 2., 3.],
       [4., 5., 6.]], dtype=float32)
>>> tf.square(a)
<tf.Tensor: id=116, shape=(3,), dtype=float64, numpy=array([4., 16., 25.])>
>>> np.square(t)
```

```
array([[ 1.,  4.,  9.],
       [16., 25., 36.]], dtype=float32)
```

NumPyがデフォルトで64ビットの精度を使っているのに対し、TensorFlowの精度は32ビットだということを意識しよう。ニューラルネットワークでは、32ビットの精度があれば一般に十分な上に、高速に実行できRAMの消費量が減る。そこで、NumPy配列からテンソルを作るときには、dtype=tf.float32を指定するのを忘れないようにしよう。

12.2.3 型変換

型変換は処理性能を大きく引き下げるが、自動的に行われるものは気付かないうちに安易に実行されてしまう。そこで、TensorFlowは自動型変換を一切行わない。非互換の型のテンソルに対して演算を実行しようとすると、単純に例外が生成される。浮動小数点数のテンソルと整数のテンソルの加算はもちろん、32ビット浮動小数点数と64ビット浮動小数点数の加算さえできない。

```
>>> tf.constant(2.) + tf.constant(40)
[...] InvalidArgumentError: [...] expected to be a float tensor [...]
>>> tf.constant(2.) + tf.constant(40., dtype=tf.float64)
[...] InvalidArgumentError: [...] expected to be a float tensor [...]
```

最初は面倒に思われるかもしれないが、正当な理由がある。そして本当に型変換が必要な場合には、tf.cast()を使う。

```
>>> t2 = tf.constant(40., dtype=tf.float64)
>>> tf.constant(2.0) + tf.cast(t2, tf.float32)
<tf.Tensor: id=136, shape=(), dtype=float32, numpy=42.0>
```

12.2.4 変数

今まで見てきたtf.Tensorの値はイミュータブルであり、書き換えられない。そのため、バックプロパゲーションで書き換えなければならないニューラルネットワークの重みのために通常のテンソルは使えないということになる。時間とともに書き換えなければならないパラメータはほかにもある（例えば、運動量オプティマイザは、過去の勾配を管理する）。このようなときに必要になるのがtf.Variableだ。

```
>>> v = tf.Variable([[1., 2., 3.], [4., 5., 6.]])
>>> v
<tf.Variable 'Variable:0' shape=(2, 3) dtype=float32, numpy=
array([[1., 2., 3.],
       [4., 5., 6.]], dtype=float32)>
```

tf.Variableはtf.Tensorと同じように振る舞う。同じ演算を実行でき、NumPyと相性がよく、型にうるさい。しかし、tf.Tensorとは異なり、assign()メソッド（または、assign_add()、assign_sub()。これらは引数を加減算する）で値を書き換えられる。また、セル（またはスライス）のassign()メソッドやscatter_update()、scatter_nd_update()メソッドを使えば、個々のセル（またはスライス）を書き換えられる。

```
v.assign(2 * v)           # vは[[2., 4., 6.], [8., 10., 12.]]に
v[0, 1].assign(42)        # vは[[2., 42., 6.], [8., 10., 12.]]に
v[:, 2].assign([0., 1.])  # vは[[2., 42., 0.], [8., 10., 1.]]に
v.scatter_nd_update(      # vは[[100., 42., 0.], [8., 10., 200.]]に
    indices=[[0, 0], [1, 2]], updates=[100., 200.])
```

セルへの直接の代入はできない。

```
>>> v[1] = [7., 8., 9.]
[...] TypeError: 'ResourceVariable' object does not support item assignment
```

実際には手作業で変数を作らなければならなくなることはまずない。すぐあとで示すように、Kerasには変数作成の面倒を見るadd_weight()メソッドがある。また、一般にモデルのパラメータはオプティマイザによって直接更新されるため、手作業で変数を更新する必要もまずない。

12.2.5 その他のデータ構造

TensorFlowは、これら以外にも次のようなデータ構造をサポートしている（詳しくは、この章のノートブックの「Other Data Structures」や付録Cを参照）。

疎テンソル（`tf.SparseTensor`）

要素の大半が0のテンソルを効率よく表現する。疎テンソルに対する演算は、`tf.sparse`パッケージに含まれている。

テンソル配列（`tf.TensorArray`）

テンソルのリストである。デフォルトではサイズが固定されているが、オプションで拡張可能にできる。配列に含まれるすべてのテンソルは、形とデータ型が同じでなければならない。

不規則なテンソル（`tf.RaggedTensor`）

階数とデータ型が同じだが、サイズが異なるテンソルのリストを表す。テンソルのサイズが異なる次元を**不規則な次元**（ragged dimension）と呼ぶ。不規則なテンソルのための演算は`tf.ragged`パッケージに含まれている。

文字列テンソル

`tf.string`型の通常のテンソルである。この種のテンソルは、Unicode文字列ではなくバイト列を表すため、Unicode文字列（例えば、`"café"`のようなPython 3文字列）を使って文字列テンソルを作ると、自動的にUTF-8にエンコードされる（例えば、`b"caf\xc3\xa9"`）。`tf.int32`型のテンソルを使えば、個々の要素がUnicodeコードポイントを表すUnicode文字列（例えば、`[99, 97, 102, 233]`）を表現できる。`tf.strings`パッケージ（複数形のsが付いている）には、バイト列とUnicode文字列のための演算（および両者の相互変換のための演算）が含まれている。大切なのは、`tf.string`がアトミックであり、長さがテンソルの形状情報の一部に含まれないことである。`tf.string`をUnicodeテンソル（つまり、Unicodeコードポイントを格納する`tf.int32`型のテンソル）に変換すると、長さが形の一部になる。

集合

通常のテンソル（または疎テンソル）で表現される。例えば、tf.constant([[1, 2], [3, 4]])は、{1, 2}と{3, 4}の2個の集合を表す。より一般的に言うと、個々の集合は、テンソルの最後の軸のベクトルによって表現される。集合は、tf.setsパッケージの演算で操作できる。

キュー（待ち行列）

複数のステップに渡ってテンソルを格納する。TensorFlowは、単純な先入れ先出し（FIFO）キュー（FIFOQueue）、一部の要素を優先的に扱うキュー（PriorityQueue）、要素をシャッフルするキュー（RandomShuffleQueue）、パディングによって異なる形の要素を1つにまとめるキュー（PaddingFIFOQueue）というさまざまな種類のキューをサポートする。これらのクラスはすべてtf.queueパッケージに含まれている。

テンソル、演算、変数、その他のデータ構造のことがわかったので、モデルと学習アルゴリズムのカスタマイズに進もう。

12.3　モデルと学習アルゴリズムのカスタマイズ

単純で一般的なユースケースであるカスタム損失関数から始めることにしよう。

12.3.1　カスタム損失関数

回帰モデルを学習したいが、学習セットにはかなりノイズが混ざっているものとする。もちろん、最初に外れ値を取り除いたり修正したりしてデータセットをクリーンアップしているが、それでは不十分らしく、データセットはまだノイズをたくさん含んでいる。こういうときにはどんな損失関数を使うべきだろうか。平均二乗誤差（MSE）では大きな誤差に対するペナルティが強すぎて、モデルが不正確になってしまう。平均絶対誤差なら外れ値に対するペナルティはそれほど強くないが、学習の収束までに時間がかかり、学習されたモデルはそれほど正確ではない場合がある。ここは古きよきMSEではなく、フーバー損失関数（10章参照）を試してみるとよいかもしれない。Kerasにはフーバー損失関数があるが（tf.keras.losses.Huberクラスのインスタンスを使えばよい）、そんなものはないことにしよう。フーバー損失関数の実装はとても簡単だ。引数としてラベルとモデルの予測を取る関数を作り、TensorFlow演算を使ってすべての損失（サンプルごとに1つ）を計算すればよい。

```
def huber_fn(y_true, y_pred):
    error = y_true - y_pred
    is_small_error = tf.abs(error) < 1
    squared_loss = tf.square(error) / 2
    linear_loss  = tf.abs(error) - 0.5
    return tf.where(is_small_error, squared_loss, linear_loss)
```

性能を上げるために、この例のようにベクトル化実装を使うようにしよう。また、TensorFlowのグラフ最適化機能を使いたい場合には、TensorFlow演算だけを使うようにする。

サンプルごとに損失を返すのではなく平均損失を返すこともできるが、必要なときにクラスの重みやサンプルの重みを使えなくなるので推奨できない（10章参照）。

これでKerasモデルをコンパイルするときにこのフーバー損失関数を指定していつもと同じようにモデルを学習できる。

```
model.compile(loss=huber_fn, optimizer="nadam")
model.fit(X_train, y_train, [...])
```

これだけのことだ。学習中、Kerasは個々のバッチに対してhuber_fn()関数を呼び出して損失を計算し、すべてのモデルパラメータについてリバースモード自動微分を使って損失の勾配を計算し、最後に勾配降下ステップを実行する（この例ではNadamオプティマイザを使っている）。さらに、エポックの最初からの損失の合計を管理し、平均損失を表示する。

しかし、モデルを保存するときにこのカスタム損失関数はどうなるのだろうか。

12.3.2 カスタムコンポーネントを含むモデルの保存とロード

カスタム損失関数を含むモデルの保存はうまくいくが、モデルをロードするときには、関数名を実際の関数にマッピングする辞書を与えなければならない。より一般的に、カスタムオブジェクトを含むモデルをロードするときには、名前をオブジェクトにマッピングする辞書が必要だ。

```
model = tf.keras.models.load_model("my_model_with_a_custom_loss",
                                   custom_objects={"huber_fn": huber_fn})
```

@keras.utils.register_keras_serializable()でhuber_fn()関数をデコレートすれば、huber_fn()は自動的にload_model()関数でロードできるようになり、custom_objects辞書に追加する必要はなくなる。

現在の実装では、−1から1までの誤差は「小さい」と見なされる。しかし、しきい値を変えたい場合にはどうすればよいだろうか。例えば、このような設定を組み込んだ損失関数を作る関数を用意すればよい。

```
def create_huber(threshold=1.0):
    def huber_fn(y_true, y_pred):
        error = y_true - y_pred
        is_small_error = tf.abs(error) < threshold
        squared_loss = tf.square(error) / 2
        linear_loss  = threshold * tf.abs(error) - threshold ** 2 / 2
        return tf.where(is_small_error, squared_loss, linear_loss)
    return huber_fn

model.compile(loss=create_huber(2.0), optimizer="nadam")
```

しかし、モデルを保存するときに、thresholdが保存されない。そのため、モデルをロードするときにthresholdの値を指定しておくことになる（名前として使うのはKerasに与えた"huber_fn"であり、この関数を作った関数の名前ではないことに注意しよう)。

```
model = tf.keras.models.load_model(
    "my_model_with_a_custom_loss_threshold_2",
    custom_objects={"huber_fn": create_huber(2.0)}
)
```

この問題は、keras.losses.Lossクラスのサブクラスを作り、そのget_config()メソッドを実装すれば解決できる。

```
class HuberLoss(tf.keras.losses.Loss):
    def __init__(self, threshold=1.0, **kwargs):
        self.threshold = threshold
        super().__init__(**kwargs)

    def call(self, y_true, y_pred):
        error = y_true - y_pred
        is_small_error = tf.abs(error) < self.threshold
        squared_loss = tf.square(error) / 2
        linear_loss  = self.threshold * tf.abs(error) - self.threshold**2 / 2
        return tf.where(is_small_error, squared_loss, linear_loss)

    def get_config(self):
        base_config = super().get_config()
        return {**base_config, "threshold": self.threshold}
```

コードの詳細を見てみよう。

- コンストラクタが **kwargs を受け付け、親コンストラクタに渡しているので、親コンストラクタが標準ハイパーパラメータを処理する。標準ハイパーパラメータは、損失関数のnameと個々のインスタンスの損失を集計するために使うreductionアルゴリズムである。reductionのデフォルトは"AUTO"で、これは"SUM_OVER_BATCH_SIZE"と等しい。損失はインスタンスの損失にサンプルの重み(そういうものがあれば)を加味したものの合計をバッチサイズで割ったものである(重みの総和で割るわけではないので、これは加重平均で**はない**)[*1]。ほかに指定できる値は、"SUM"と"NONE"である。
- call()メソッドは引数としてラベルと予測を取り、すべてのインスタンスの損失を計算して結果を返す。
- get_config()メソッドは、個々のハイパーパラメータ名を値にマッピングする辞書を返す。まず親クラスのget_config()メソッドを呼び出し、返された辞書に新しいハイパーパラメータを追加する[*2]。

---

*1 加重平均を使うのはよくない。加重平均を使った場合、バッチの重みの合計次第で、別のバッチに含まれている同じ重みの2つのインスタンスが学習に与える影響の大きさがまちまちになってしまう。

*2 {**x, [...]}という構文は、辞書xのキー/バリューペアをほかの辞書にマージするためのもので、Python 3.5で追加された。Python 3.9以降は、x | y(ただし、xとyは2つの辞書)というもっとよい構文が使えるようになった。

これでモデルをコンパイルするときにこのクラスのインスタンスを使えるようになる。

```
model.compile(loss=HuberLoss(2.), optimizer="nadam")
```

モデルを保存するときにしきい値もそれと一緒に保存される。そして、モデルをロードするときには、クラス名からクラスそのものを引き出せばよい。

```
model = tf.keras.models.load_model("my_model_with_a_custom_loss_class",
                                   custom_objects={"HuberLoss": HuberLoss})
```

モデルを保存すると、Kerasは損失インスタンスの`get_config()`メソッドを呼び出し、SavedModel形式で設定を保存する。モデルをロードすると、Kerasは`HuberLoss`クラスの`from_config()`クラスメソッドを呼び出す。このメソッドは、基底クラス（`Loss`）で実装されており、コンストラクタに`**config`を渡してクラスのインスタンスを作る。

これで損失関数の問題は片付いた。カスタムの活性化関数、初期化子、正則化器、制約も同じように簡単に作れる。では、次にそれを見ていこう。

12.3.3 カスタム活性化関数、初期化子、正則化器、制約

損失関数、正則化器、制約、初期化子、指標、活性化関数、層はもとよりモデル全体まで、Kerasが提供している機能の大半は、同じような方法でカスタマイズできる。ほとんどの場合、適切な入出力を定義した単純な関数を書くだけでよい。次に示すのは、カスタム活性化関数（`tf.keras.activations.softplus()`または`tf.nn.softplus()`と同等のもの）、カスタムGlorot初期化子（`tf.keras.initializers.glorot_normal()`と同等のもの）、カスタムℓ_1正則化器（`tf.keras.regularizers.l1(0.01)`と同等のもの）、重みがすべて正になるようにするカスタム制約（`tf.keras.constraints.nonneg()`または`tf.nn.relu()`と同等のもの）の例である。

```
def my_softplus(z):
    return tf.math.log(1.0 + tf.exp(z))

def my_glorot_initializer(shape, dtype=tf.float32):
    stddev = tf.sqrt(2. / (shape[0] + shape[1]))
    return tf.random.normal(shape, stddev=stddev, dtype=dtype)

def my_l1_regularizer(weights):
    return tf.reduce_sum(tf.abs(0.01 * weights))

def my_positive_weights(weights):  # 戻り値はただのtf.nn.relu(weights)
    return tf.where(weights < 0., tf.zeros_like(weights), weights)
```

このように、引数はカスタム関数のタイプによって変わる。これらのカスタム関数は、例えば次のように普通に使える。

```
layer = tf.keras.layers.Dense(1, activation=my_softplus,
                              kernel_initializer=my_glorot_initializer,
```

```
                   kernel_regularizer=my_l1_regularizer,
                   kernel_constraint=my_positive_weights)
```

活性化関数はこのDense層の出力に適用され、その結果は次の層に渡される。層の重みは、初期化子から返された値を使って初期化される。個々の学習ステップで、正則化損失を計算するために重みは正則化器に渡され、結果は主損失に加算されて、学習で使われる最終的な損失になる。最後に、制約関数は、個々の学習ステップが終わると呼び出され、層の重みは制約を受けた重みに置き換えられる。

関数がモデルとともに保存すべきハイパーパラメータを持っている場合には、tf.keras.regularizers.Regularizer、tf.keras.constraints.Constraint、tf.keras.initializers.Initializer、tf.keras.layers.Layerなどの適切なクラスをサブクラス化する（活性化関数を含むすべての層で）。次に示すのは、factorというハイパーパラメータを保存するℓ_1正則化のための単純なクラスで、カスタム損失のときと同じようなことをしている（この場合、親クラスがコンストラクタやget_config()メソッドを定義していないので、これらを呼び出す必要はない）

```
class MyL1Regularizer(tf.keras.regularizers.Regularizer):
    def __init__(self, factor):
        self.factor = factor

    def __call__(self, weights):
        return tf.reduce_sum(tf.abs(self.factor * weights))

    def get_config(self):
        return {"factor": self.factor}
```

損失、層（活性化関数を含む）、モデルではcall()メソッドを実装しなければならないのに対し、正則化器、初期化子、制約では__call__()メソッドを実装しなければならないことに注意しよう。指標についてはちょっと異なる部分があるので、次節で取り上げる。

12.3.4 カスタム指標

損失と指標は概念的には同じものではない。損失（例えば交差エントロピー）は、モデルの**学習**のために勾配降下法が使うので微分可能でなければならないし（少なくとも評価される箇所では）、勾配はどこでも0になってはならない。そして、人間が簡単に解釈できなくてもかまわない。それに対し、指標（例えば、精度）はモデルの**評価**のために使われるので、損失よりも簡単に解釈できなければならないし、どこかで微分可能でなかったり勾配が0であったりしてもかまわない。

とは言っても、ほとんどの場合、カスタム指標関数の定義は、カスタム損失関数の定義とまったく同じだ。実際、先ほど作ったフーバー損失関数は、指標としても使えるし[*1]、きちんと機能するだろう（そして永続化も同じように使える。この場合、関数名の"huber_fn"だけを保存すればよい）。

```
model.compile(loss="mse", optimizer="nadam", metrics=[create_huber(2.0)])
```

*1 ただし、フーバー損失が指標として使われることはまずない。MAEやMSEの方が好まれる。

学習中、Kerasは個々のバッチのためにこの指標を計算し、エポックの最初からの指標の平均を管理する。ほとんどの場合はそれでよいだろう。しかし、いつもそれでよいわけではない。例えば、二値分類器の適合率について考えてみよう。3章で説明したように、適合率は、真陽性の数を陽性予測（真陽性と偽陽性の両方を含む）で割った値だ。例えば、モデルが最初のバッチで5個のインスタンスを陽性と予測し、そのうち4個が正しかったとすると、適合率は80％である。しかし、第2のバッチで3個のインスタンスを陽性と予測したものの、すべて誤っていた場合、第2バッチの適合率は0％である。この2個の適合率の平均を単純にとれば40％になる。しかし、これは2個のバッチ全体としてのモデルの適合率ではない。実際には、8個の陽性予測（5+3）のうち、4個の真陽性（4+0）があったので、全体としての適合率は40％ではなく、50％だ。必要なものは、真陽性の数と偽陽性の数を管理でき、要求されたときに適合率を計算できるオブジェクトである。`tf.keras.metrics.Precision`クラスが行っているのはまさにこれである。

```
>>> precision = tf.keras.metrics.Precision()
>>> precision([0, 1, 1, 1, 0, 1, 0, 1], [1, 1, 0, 1, 0, 1, 0, 1])
<tf.Tensor: shape=(), dtype=float32, numpy=0.8>
>>> precision([0, 1, 0, 0, 1, 0, 1, 1], [1, 0, 1, 1, 0, 0, 0, 0])
<tf.Tensor: shape=(), dtype=float32, numpy=0.5>
```

この例では、`Precision`オブジェクトを作り、それを関数のように扱って第1バッチのラベルと予測を渡し、次に第2バッチのラベルと予測を渡している（必要なら、オプションでサンプルの重みも渡せる）。真陽性と偽陽性の数は、今取り上げた例と同じにしてある。最初のバッチを処理したあとは、適合率として80％を返している。そして、第2バッチを処理したあとは、50％を返している（これは第2バッチだけの適合率ではなく、それまでのすべてのバッチの適合率である）。この種の指標はバッチごとに少しずつ更新されるので、**ストリーミング指標**（streaming metric）または**ステートフル指標**（stateful metric）と呼ぶ。

任意の時点で`result()`メソッドを呼び出すと、その時点での指標の値が得られる。また、`variables`属性を使えばオブジェクトが管理している変数（真陽性と偽陽性の数を管理している変数）も見られる。そして、`reset_states()`メソッドを使えば変数をリセットできる。

```
>>> precision.result()
<tf.Tensor: shape=(), dtype=float32, numpy=0.5>
>>> precision.variables
[<tf.Variable 'true_positives:0' [...], numpy=array([4.], dtype=float32)>,
 <tf.Variable 'false_positives:0' [...], numpy=array([4.], dtype=float32)>]
>>> precision.reset_states()  # 両変数の値は0.0にリセットされる
```

この種のストリーミング指標が必要なときには、`tf.keras.metrics.Metric`クラスのサブクラスを作る。次に示すのは、全体としてのフーバー損失とそれまでに処理したインスタンス数を管理する単純な例である。このクラスは、結果を要求されると単純にフーバー損失の平均値を返す。

```
class HuberMetric(tf.keras.metrics.Metric):
    def __init__(self, threshold=1.0, **kwargs):
        super().__init__(**kwargs)  # 基本的な引数(例:dtype)を処理
        self.threshold = threshold
        self.huber_fn = create_huber(threshold)
        self.total = self.add_weight("total", initializer="zeros")
        self.count = self.add_weight("count", initializer="zeros")

    def update_state(self, y_true, y_pred, sample_weight=None):
        sample_metrics = self.huber_fn(y_true, y_pred)
        self.total.assign_add(tf.reduce_sum(sample_metrics))
        self.count.assign_add(tf.cast(tf.size(y_true), tf.float32))

    def result(self):
        return self.total / self.count

    def get_config(self):
        base_config = super().get_config()
        return {**base_config, "threshold": self.threshold}
```

コードの詳細を見てみよう[*1]。

- コンストラクタは、複数のバッチを通じて指標の状態を管理するために必要な変数を作るために add_weight() メソッドを使っている。この場合は、すべてのフーバー損失の総和（total）とそれまでに見てきたインスタンスの数（count）である。この種の変数は、手作業でも作れる。Keras は属性として設定された tf.Variable を追跡する（より一般的に、層やモデルといった追跡可能オブジェクトは追跡される）
- update_state() メソッドは、このクラスのインスタンスを関数として使ったときに（先ほど Precision オブジェクトでしたように）呼び出される。引数として 1 バッチのラベルと予測（およびサンプルの重み。ただし、ここでは使っていない）を受け取って変数を更新する。
- result() メソッドは、最終結果を計算して返す。この場合は、全インスタンスの平均フーバー損失である。このクラスのインスタンスを関数として使うと、まず update_state() メソッドが呼び出されてから result() メソッドが呼び出され、その出力が返される。
- モデルとともに threshold も保存されるように、get_config() メソッドも実装している。
- reset_states() メソッドのデフォルト実装は、すべての変数を 0.0 にリセットする（必要ならオーバーライドできる）。

変数の永続化はKerasがシームレスに処理してくれるので、プログラマが手を出す必要はない。

---

*1 このクラスには説明用の意味しかない。tf.keras.metrics.Meanをサブクラス化した方が単純でよい実装になる。コード例は、この章のノートブックの「Streaming Metrics」を参照。

単純な関数を使って指標を定義すると、今手作業でしたのと同じように、Kerasが自動的に各バッチのためにそれを呼び出し、エポックごとの平均を管理してくれる。私たちのHuberMetricクラスの利点は、thresholdが保存されるようになることだけだ。しかし、適合率のような指標は、バッチごとの数値の平均を単純に取るわけにはいかない。そのような場合には、ストリーミング指標を実装するしかない。

ストリーミング指標の作成を経験したら、カスタム層を作るのはばかばかしいほど簡単だろう。

12.3.5 カスタム層

ときどき、TensorFlowがデフォルト実装を提供していないような特殊な層を持つネットワークアーキテクチャが必要になることがあるだろう。あるいは、複数の層による同じ形のブロックが何度も繰り返される反復的なアーキテクチャを作りたい場合には、個々のブロックを1個の層として扱えれば便利だろう。そのような場合には、カスタム層を作るとよい。

層の中には、tf.keras.layers.Flattenやtf.keras.layers.ReLUのように重みを持たないものがある。同じように重みを持たないカスタム層を作りたい場合、最も簡単なのは、関数を書いてそれをtf.keras.layers.Lambda層でくるむという方法だ。例えば、次の層は、ネイピア数を底とし入力を指数とするべき乗を計算する。

```
exponential_layer = tf.keras.layers.Lambda(lambda x: tf.exp(x))
```

このカスタム層は、シーケンシャルAPI、関数型API、サブクラス化APIを使ってほかの層と同じように使える。また活性化関数としても、activation=tf.expという形でも使える。指数層は、予測値のスケールが大きく散らばっているとき（例えば、0.001、10、1,000のように）回帰モデルの出力層で使われることがある。実際、指数関数はKerasの標準活性化関数の1つとなっており、activation="exponential"を指定すれば使える。

もう気付かれているかもしれないが、カスタムのステートフル層（つまり重みを持つ層）を作りたい場合には、tf.keras.layers.Layerクラスのサブクラスを作らなければならない。例えば、次のクラスは、Dense層を単純化したものを実装している。

```
class MyDense(tf.keras.layers.Layer):
    def __init__(self, units, activation=None, **kwargs):
        super().__init__(**kwargs)
        self.units = units
        self.activation = tf.keras.activations.get(activation)

    def build(self, batch_input_shape):
        self.kernel = self.add_weight(
            name="kernel", shape=[batch_input_shape[-1], self.units],
            initializer="glorot_normal")
        self.bias = self.add_weight(
            name="bias", shape=[self.units], initializer="zeros")

    def call(self, X):
```

```
        return self.activation(X @ self.kernel + self.bias)

    def get_config(self):
        base_config = super().get_config()
        return {**base_config, "units": self.units,
                "activation": tf.keras.activations.serialize(self.activation)}
```

コードの詳細を見てみよう。

- コンストラクタは、引数としてすべてのハイパーパラメータ（この例では、unitsとactivation）のほかに**kwargsを取るが、これが重要だ。コンストラクタは親クラスのコンストラクタを呼び出してkwargsを渡す。これによってinput_shape、trainable、nameなどの標準引数が処理される。次に、引数のハイパーパラメータを属性として保存する。このとき、activation引数は、tf.keras.activations.get()関数（引数として、関数か"relu"や"swish"のような標準文字列かNoneを受け付ける）を使って適切な活性化関数に変換される。
- build()メソッドは、個々の重みのためにadd_weight()メソッドを呼び出して層の変数を作る。build()メソッドは、層が初めて使われるときに呼び出される。その時点では、Kerasはこの層の入力の形を知っており、それをbuild()メソッドに渡す[*1]。一部の重みでは、入力の形についての情報が必要になることがよくある。例えば、結合重み行列（つまり、"kernel"）を作るためには前の層のニューロン数の知識が必要になるが、それは入力の最後の次元のサイズに等しい。build()メソッドは、最後の部分で親のbuild()メソッドを呼び出さなければならない（呼び出すのは最後の部分でなければならない）。親のbuild()呼び出しは、Kerasに層が構築されたことを知らせる（親の実装はself.built=Trueを実行するだけだ）。
- call()メソッドは、層に求められる処理を行う。この場合は、入力のXと層のカーネルで行列の乗算を行い、バイアスベクトルを加算してから、その結果を活性化関数に渡している。この関数の出力が層の出力になる。
- get_config()メソッドは、先ほどのカスタムクラスと同じ意味である。活性化関数の設定全体を保存するためにtf.keras.activations.serialize()を呼び出していることに注意しよう。

これでほかの層と同じようにMyDense層を使えるようになった。

層がダイナミックな場合（すぐあとで具体例を示す）を除き、出力の形はKerasが自動的に推論する。このまれな条件では、TensorShapeオブジェクトを返すcompute_output_shape()メソッドを実装しなければならない。

複数の入力を持つ層（Concatenateのようなもの）を作るときには、call()メソッドの引数は、すべ

*1　Keras APIはこの引数をinput_shapeと呼んでいるが、この引数にはバッチの次元も含まれているので、私はこの引数をbatch_input_shapeと呼んでいる。

ての入力を含むタプルになっていなければならない。複数の出力を持つ層を作るときには、call()メソッドは出力のリストを返さなければならない。例えば、次の層(実用性はない)は、2個の入力を取り、3個の出力を返す。

```
class MyMultiLayer(tf.keras.layers.Layer):
    def call(self, X):
        X1, X2 = X
        return X1 + X2, X1 * X2, X1 / X2
```

この層は、ほかの層と同じように使えるが、もちろん関数型、サブクラス化API専用であり、シーケンシャルAPI(入力が1個で出力が1個の層しか取らない)では使えない。

学習中とテスト中とで層の振る舞いを変えなければならない場合(例えば、Dropout、BatchNormalization層を使う場合)、call()メソッドにtraining引数を追加し、この引数を使ってどちらの処理をするかを判断しなければならない。例えば、学習中にはガウスノイズを加える(正則化のため)が、テスト中には何もしない層を作ってみよう(Kerasには、tf.keras.layers.GaussianNoiseという同じことをする層がある)。

```
class MyGaussianNoise(tf.keras.layers.Layer):
    def __init__(self, stddev, **kwargs):
        super().__init__(**kwargs)
        self.stddev = stddev

    def call(self, X, training=False):
        if training:
            noise = tf.random.normal(tf.shape(X), stddev=self.stddev)
            return X + noise
        else:
            return X
```

これで必要なカスタム層は、作れるようになった。次はカスタムモデルを作ろう。

12.3.6 カスタムモデル

カスタムモデルクラスの作り方は10章でサブクラス化APIを取り上げたときにも見た[*1]。これは簡単なことで、tf.keras.Modelクラスをサブクラス化し、コンストラクタで層と変数を作り、モデルでしたいことをするcall()メソッドを実装すればよい。例えば、**図12-3**のようなモデルを作りたいものとする(ResidualBlockはすぐあとで作るカスタム層)。

＊1 Kerasでは、「サブクラス化API」という用語は、サブクラス化によるカスタムモデルの作成だけを指すものだが、この章で見てきたように、サブクラス化を使えばほかの多くのものも作れる。

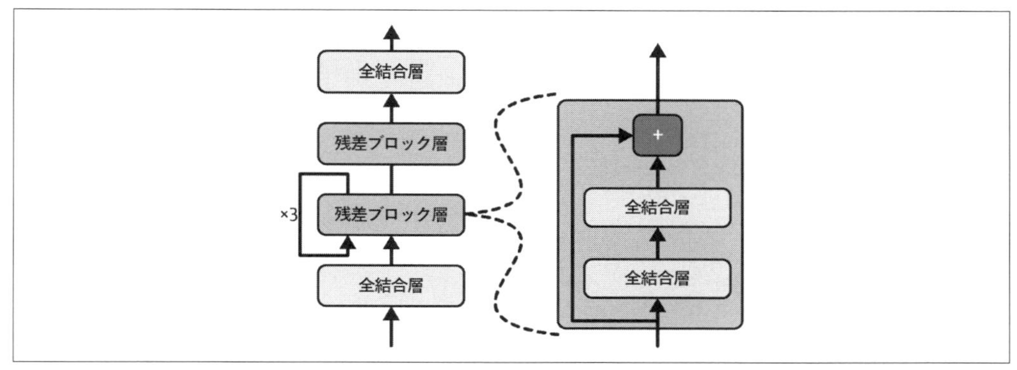

図12-3　カスタムモデルの例：スキップ接続を含むカスタムResidualBlock（残差ブロック）層を含んでいる

入力は最初の全結合層に入り、2つの全結合層と加算操作から構成される**残差ブロック**（residual block、14章で説明するように、残差ブロックは入力と出力を加算する）を通過し、同じ残差ブロックをあと3回通過してから第2の残差ブロックを通過し、最後に全結合層の出力層を通る。モデルのイメージがつかめなくても気にしなくてよい。どんなモデルでも（ループやスキップ接続が含まれていても）簡単に作れることを示す例にすぎない。このモデルを作るときには、同じブロックを4回作ることになることから（そして、ほかのモデルで再利用できるかもしれないので）、まずResidualBlock層を作るとよい。

```
class ResidualBlock(tf.keras.layers.Layer):
    def __init__(self, n_layers, n_neurons, **kwargs):
        super().__init__(**kwargs)
        self.hidden = [tf.keras.layers.Dense(n_neurons, activation="relu",
                                             kernel_initializer="he_normal")
                       for _ in range(n_layers)]

    def call(self, inputs):
        Z = inputs
        for layer in self.hidden:
            Z = layer(Z)
        return inputs + Z
```

この層は、ほかの層を含んでいる点で少し特殊なところがあるが、Kerasは透明に処理してくれる。Kerasは、hidden属性から追跡可能オブジェクト（この場合は層）が含まれていることを自動的に検知し、そのオブジェクトのための変数をこの層の変数リストに自動的に追加する。このクラスのほかの部分は説明不要だろう。次に、サブクラス化APIを使ってモデル自体を定義する。

```
class ResidualRegressor(tf.keras.Model):
    def __init__(self, output_dim, **kwargs):
        super().__init__(**kwargs)
        self.hidden1 = tf.keras.layers.Dense(30, activation="relu",
                                             kernel_initializer="he_normal")
```

```
        self.block1 = ResidualBlock(2, 30)
        self.block2 = ResidualBlock(2, 30)
        self.out = tf.keras.layers.Dense(output_dim)

    def call(self, inputs):
        Z = self.hidden1(inputs)
        for _ in range(1 + 3):
            Z = self.block1(Z)
        Z = self.block2(Z)
        return self.out(Z)
```

コンストラクタで層を作り、call()メソッドでその層を使う。このモデルは、ほかのモデルと同じように使える(コンパイル、学習、評価して、予測のために使える)。このモデルをsave()メソッドで保存し、keras.models.load_model()関数でロードできるようにするためには、ResidualBlockクラスとResidualRegressorクラスの両方でget_config()メソッドを実装しなければならない。save_weights()、load_weights()を実装すれば重みを保存、ロードできるようになる。

Modelクラスはlayerクラスのサブクラスなので、モデルは層と同じように定義して使える。しかし、モデルには層にない機能がある。compile()、fit()、evaluate()、predict()(およびその変種)はもちろんのこと、get_layers()メソッド(名前やインデックスを引数としてモデルに含まれる層を返す)とsave()メソッド(そしてkeras.models.load_model()とkeras.models.clone_model()のサポートコード)が必要になる。

モデルが層よりも多くの機能を提供するというなら、すべての層をモデルとして定義すればよいのではないだろうか。もちろんそうできないわけではないが、モデル自体(学習するオブジェクト)とモデルの内部コンポーネント(つまり、層や再利用可能な層のブロック)は区別した方がコードがクリーンになる。そこで、内部コンポーネントはLayerクラス、モデル自体はModelクラスをサブクラス化して作る。

これらの知識があれば、シーケンシャルAPI、関数型API、サブクラス化API、またはそれらの組み合わせを使って、論文に書かれているほぼあらゆるモデルを自然かつ簡潔に構築できるようになる。しかし、「ほぼ」あらゆるモデルとはどういうことだろうか。実はまだ知らなければならないことが残っているのである。第1にモデルの内部状態に基づいて損失や指標を定義する方法、第2にカスタム学習ループの作成方法を学ばなければならない。

12.3.7 モデルの内部状態に基づく損失や指標の定義

先ほど定義したカスタム損失とカスタム指標は、すべてラベルと予測(およびオプションでサンプルの重み)だけで計算できるものだった。しかし、隠れ層の重みや活性化関数など、モデルのほかの部分に基づいて損失を定義したい場合がある。そうすると、正則化のために役に立つほか、モデルの内部動作のモニタリングにも使える。

モデルの内部状態に基づいてカスタム損失を定義するためには、モデルの中の必要な部分に基づいて損失を計算し、結果をadd_loss()メソッドに渡せばよい。例えば、5個の隠れ層と出力層から構成されるカスタム回帰MLPモデルを作ってみよう。このカスタムモデルは、最上位の隠れ層で補助出力もする。この補助出力に関連する損失は、**再構築損失**（reconstruction loss）と呼ばれるもので、再構築されたデータともともとの入力の平均二乗誤差である。メインの損失にこの再構築損失を加えることにより、回帰タスク自体に直接役立つわけではない情報も含め、隠れ層でできる限り多くの情報を残すようにしている。実際は、この損失は汎化性能を上げることがある（正則化損失になっている）。モデルのadd_metricメソッドでカスタム指標の追加もできる。カスタム再構築損失の計算を含むこのカスタムモデルのコードは次のようになる。

```
class ReconstructingRegressor(tf.keras.Model):
    def __init__(self, output_dim, **kwargs):
        super().__init__(**kwargs)
        self.hidden = [tf.keras.layers.Dense(30, activation="relu",
                                             kernel_initializer="he_normal")
                       for _ in range(5)]
        self.out = tf.keras.layers.Dense(output_dim)
        self.reconstruction_mean = tf.keras.metrics.Mean(
            name="reconstruction_error")

    def build(self, batch_input_shape):
        n_inputs = batch_input_shape[-1]
        self.reconstruct = tf.keras.layers.Dense(n_inputs)

    def call(self, inputs, training=False):
        Z = inputs
        for layer in self.hidden:
            Z = layer(Z)
        reconstruction = self.reconstruct(Z)
        recon_loss = tf.reduce_mean(tf.square(reconstruction - inputs))
        self.add_loss(0.05 * recon_loss)
        if training:
            result = self.reconstruction_mean(recon_loss)
            self.add_metric(result)
        return self.out(Z)
```

コードの詳細を見てみよう。

- コンストラクタは、5個の隠れ全結合層と1個の出力全結合層によるDNNを作る。学習中の再構築誤差を管理するために、Meanというストリーミング指標も作る。
- build()メソッドは、モデルの入力を再構築するために使われる追加の全結合層を作る。この層をここで作らなければならないのは、ユニット数を入力数と等しくしなければならないが、入力数はbuild()メソッドが呼び出されるまでわからないからである。

- call() メソッドは、5個の隠れ層で入力を処理し、その結果を再構築層に渡す。再構築層は、再構築データを作る。
- call() メソッドは、さらに再構築損失（再構築データと入力の平均二乗誤差）を計算し、add_loss() メソッドを使ってモデルの損失リストに追加する[*1]。0.05（これは調整可能なハイパーパラメータにできる）を掛けて再構築損失をスケールダウンしていることに注意しよう。こうすることにより、再構築損失が損失の中で支配的な存在になることを避けている。
- 次に、学習中に限り、call() メソッドは再構築誤差を後進してモデルに追加し、表示できるようにする。実際には、このコードの代わりに self.add_metric(recon_loss) 呼び出しを置けばコードを単純化できる。こうすれば、Kerasが自動的に平均を管理してくれる。
- 最後に、call() メソッドは隠れ層の出力を出力層に渡し、その出力を返す。

損失全体も再構築損失も学習とともに下がっていく。

```
Epoch 1/5
363/363 [========] - 1s 820us/step - loss: 0.7640 - reconstruction_error: 1.2728
Epoch 2/5
363/363 [========] - 0s 809us/step - loss: 0.4584 - reconstruction_error: 0.6340
[...]
```

ほとんどの場合、今まで説明してきた知識があれば、アーキテクチャ、損失、指標が複雑でも、作りたいモデルは何でも作れるが、GANのような一部のアーキテクチャでは、学習ループ自体をカスタマイズしなければならない。しかし、カスタム学習ループの作り方の前に、TensorFlowで自動的に勾配を計算する方法を見ておく必要がある。

12.3.8 自動微分を使った勾配の計算

自動微分（10章、付録B参照）を使った勾配の自動計算の方法を理解するために、次の簡単な関数について考えてみよう。

```
def f(w1, w2):
    return 3 * w1 ** 2 + 2 * w1 * w2
```

微積分学を知っていれば、この関数のw1についての偏微分が6 * w1 + 2 * w2であり、w2についての偏微分が2 * w1だということは解析によって簡単にわかるだろう。例えば、(w1, w2) = (5, 3)という点では、これらの偏微分はそれぞれ36と10であり、この点での勾配ベクトルは(36, 10)である。しかし、ニューラルネットワークを相手にすると、関数ははるかに複雑になり、パラメータは数万個になって、手作業の解析で偏微分を見つけるのはほぼ不可能になる。そこで、対応するパラメータを操作したときに関数の出力がどの程度変わるかを計測して個々の偏微分の近似値を計算してみよう。

```
>>> w1, w2 = 5, 3
>>> eps = 1e-6
```

＊1　モデルはすべての層から再帰的に損失を集めてくるので、add_loss() はモデル内のどの層からも呼び出せる。

```
>>> (f(w1 + eps, w2) - f(w1, w2)) / eps
36.000003007075065
>>> (f(w1, w2 + eps) - f(w1, w2)) / eps
10.000000003174137
```

おおむね正しそうだ。けっこう性能もよいし簡単に実装できる。しかし、これは近似値にすぎないし、大切なことだが、引数ごとに少なくとも1回ずつf()を呼び出さなければならない（f(w1, w2)は1度で計算できるので、2度ではない）。パラメータ1つにつき少なくとも1回ずつf()を呼び出さなければならないとなると、大規模なニューラルネットワークではこの方法は手に負えなくなる。したがって、リバースモード自動微分を使わなければならない。TensorFlowはこれをごく単純な仕事にしてくれる。

```
w1, w2 = tf.Variable(5.), tf.Variable(3.)
with tf.GradientTape() as tape:
    z = f(w1, w2)

gradients = tape.gradient(z, [w1, w2])
```

まずw1とw2の2個の変数を定義し、次に1個の変数に対するすべての演算を自動的に記録するtf.GradientTapeコンテキストを作り、最後にこのテープに[w1, w2]の両変数について結果zへの勾配を計算せよと指示するのである。TensorFlowが計算した勾配を見てみよう。

```
>>> gradients
[<tf.Tensor: shape=(), dtype=float32, numpy=36.0>,
 <tf.Tensor: shape=(), dtype=float32, numpy=10.0>]
```

完璧だ。結果が正確なだけでなく（浮動小数点数誤差以外に精度を下げるものはない）、変数がいくつあってもgradient()メソッドは記録された計算を1度参照するだけなので（逆方向に）、とても効率的になっている。まるで手品のようだ。

メモリを節約するために、tf.GradientTape()ブロックには必要最低限のものだけを入れるようにしよう。tf.GradientTape()ブロックの中にwith tape.stop_recording()ブロックを作って記録を一時停止してもよい。

テープは、gradient()メソッドを呼び出した直後に自動的に消去されるので、gradient()を2回呼び出そうとすると例外が起きる。

```
with tf.GradientTape() as tape:
    z = f(w1, w2)

dz_dw1 = tape.gradient(z, w1)  # 36.0のテンソルを返す
dz_dw2 = tape.gradient(z, w2)  # RuntimeErrorを起こす
```

gradient()を複数回呼び出さなければならない場合には、テープを永続化し、不要になるたびに削

除してリソースを解放しなければならない[*1]。

```
with tf.GradientTape(persistent=True) as tape:
    z = f(w1, w2)

dz_dw1 = tape.gradient(z, w1)  # 36.0のテンソルを返す
dz_dw2 = tape.gradient(z, w2)  # 10.0のテンソルを返す。今度はうまく動作する
del tape
```

デフォルトでは、テープは変数が関わる演算だけを追跡するので、変数以外のものについてzの勾配を計算しようとすると結果はNoneになる。

```
c1, c2 = tf.constant(5.), tf.constant(3.)
with tf.GradientTape() as tape:
    z = f(c1, c2)

gradients = tape.gradient(z, [c1, c2])  # [None, None]を返す
```

しかし、テープに指定したテンソルの監視を指示すると、それに関係のあるすべての演算が記録されるようになる。すると、まるで変数であるかのようにそれらのテンソルについての勾配を計算できる。

```
with tf.GradientTape() as tape:
    tape.watch(c1)
    tape.watch(c2)
    z = f(c1, c2)

gradients = tape.gradient(z, [c1, c2])  # [tensor 36., tensor 10.]を返す
```

これは、入力にほとんど差がなくても大きな差が出る活性化にペナルティを与える正則化損失を実装したいときなどに役に立つ。損失は、活性化関数の入力についての勾配に基づいて決まるようになる。入力は変数ではないので、テープに入力を監視するように指示する必要がある。

勾配テープは、ほとんどの場合、一連の値（通常はモデルパラメータ）についての単一の値（通常は損失）の勾配を計算するために使われる。このようなときには、フォワードパスを1回、リバースパスを1回実行するだけですべての勾配がまとめて得られるリバースモードの自動微分が効果的だ。例えば、ベクトル（複数の損失を格納するものなど）の勾配を計算しようとすると、TensorFlowはベクトルの総和の勾配を計算する。しかし、個別の勾配が必要なら（例えば、モデルパラメータについてのそれぞれの損失の勾配）、テープのjacobian()メソッドを呼び出さなければならない。このメソッドは、ベクトルの各要素について1度ずつリバースモード自動微分を行う（デフォルトで並列実行）。2次偏導関数（ヘッセ行列、偏導関数の偏導関数）を計算することさえできるが、これが実際に必要になることはまずない（具体例はこの章のノートブックの「Computing Gradients with Autodiff」を参照）。

ニューラルネットワークの一部についてバックプロパゲーションによる勾配操作を中止したい場合が

*1 例えばテープを使っていた関数が制御を返すなどして、テープがスコープから外れると、Pythonのガベージコレクタが自動的にテープを削除してくれる。

ある。そういう場合には、tf.stop_gradient()関数を使わなければならない。この関数は、フォワードパスの間は入力を返す（tf.identity()と同様に）が、バックプロパゲーションでは勾配の操作を認めない（定数のように振る舞う）。

```
def f(w1, w2):
    return 3 * w1 ** 2 + tf.stop_gradient(2 * w1 * w2)

with tf.GradientTape() as tape:
    z = f(w1, w2)  # フォワードパスはstop_gradient()によって影響を受けない

gradients = tape.gradient(z, [w1, w2])  # [tensor 30., None]を返す
```

最後に、勾配を計算する際に数値的な問題が起こることがある。例えば、$x = 10^{-50}$で平方根関数の勾配を計算すると、結果は無限大になる。実際には、その点の勾配は無限ではないが、32ビット浮動小数点数では処理できない。

```
>>> x = tf.Variable(1e-50)
>>> with tf.GradientTape() as tape:
...     z = tf.sqrt(x)
...
>>> tape.gradient(z, [x])
[<tf.Tensor: shape=(), dtype=float32, numpy=inf>]
```

この問題は、平方根を計算するときに小さな値x（10^{-6}など）を加えると解決できることが多い。

あっという間に大きくなる指数関数も頭痛の種になることが多い。例えば、先ほどのmy_softplus()の定義方法は、数値的安定性がない。my_softplus(100.0)を計算すると、正しい結果（約100）ではなく無限大が返される。しかし、この関数は数値的安定性を持つように書き換えられる。ソフトプラス関数は$\log(1 + \exp(z))$と定義されるが、これは$\log(1 + \exp(-|z|)) + \max(z, 0)$とも等しい（数学的証明についてはノートブックを参照）。後者の形式には、指数項が爆発的に大きくならないという利点がある。そこで、my_softplus()は次のような実装にすると改善される。

```
def my_softplus(z):
    return tf.math.log(1 + tf.exp(-tf.abs(z))) + tf.maximum(0., z)
```

しかし、まれに数値的安定性のある関数でも数値的に不安定な勾配を返すことがある。そのような場合には、TensorFlowに自動微分を使わせず、勾配計算のために使う式をTensorFlowに教えなければならない。そのためには、関数を定義するときに@tf.custom_gradientデコレータを使い、関数の通常の結果と勾配を計算する関数の両方を返さなければならない。例えば、数値的安定性のある勾配関数も返すようにmy_softplus()関数を書き換えてみよう。

```
@tf.custom_gradient
def my_softplus(z):
    def my_softplus_gradients(grads):  # grads = 上位層からバックプロパゲーションされてきた勾配
        return grads * (1 - 1 / (1 + tf.exp(z)))  # ソフトプラスの数値的安定性のある勾配
```

```
    result = tf.math.log(1 + tf.exp(-tf.abs(z))) + tf.maximum(0., z)
    return result, my_softplus_gradients
```

微分の知識があれば(ノートブックにはこのテーマについてのチュートリアルが含まれている)、$\log(1 + \exp(z))$の導関数が$\exp(z) / (1 + \exp(z))$だということはわかる。しかし、この形式は安定していない。zが大きな値なら、無限大を無限大で割ることになりNaNになってしまう。しかし、ちょっとした代数的な操作を加えると、これが$1 - 1 / (1 + \exp(z))$でもあることを示せる。これは数学的に**安定**している。my_softplus_gradients()関数は、この式を使って勾配を計算している。この関数が入力としてmy_softplus()関数までバックプロパゲーションされてきた勾配を受け付け、連鎖の規則に従ってこの関数の勾配をそれに掛けていることに注目しよう。

これでmy_softplus()関数の勾配を計算するときには、入力値が大きい場合でも適切な結果が得られるようになった。

これでどんな関数の勾配でも計算できるようになった(勾配を計算したい点で微分可能であれば)。必要ならバックプロパゲーションをブロックして独自のカスタム勾配関数を書くことさえできる。次節で見ていくように、カスタム学習ループを構築するときでも、これ以上の柔軟性が必要になることはまずないだろう。

12.3.9 カスタム学習ループ

fit()メソッドは、学習のためにしなければならないことに十分対応できないことがときどきある。例えば、10章で取り上げたワイド・アンド・ディープ論文(https://homl.info/widedeep)は、ワイドモデルのショートパス用とディープパス用とで2個の異なるオプティマイザを使う。fit()メソッドは1個のオプティマイザしか使わないので(モデルをコンパイルするときに指定するもの)、この論文を実装するためにはカスタム学習ループを書かなければならない。

そうでなくても、学習ループが意図した通りのことをしているという確信を得るためにカスタム学習ループを書きたい場合があるかもしれない(おそらく、fit()メソッドの細部についてはっきりしない部分があるのだろう)。すべてを白日のもとにさらした方が安全に感じることがあるものだ。しかし、カスタム学習ループを書けば、コードは長くなり、エラーが起きやすくなり、メンテナンスが難しくなることは忘れてはならない。

学習のためであったり、通常では得られない柔軟性がどうしても必要な場合でない限り、独自学習ループを実装するよりもfit()メソッドを使うようにした方がよい。特にチームで仕事をする際にはそうだ。

まず、単純なモデルを作ろう。手作業で学習ループを処理するので、モデルをコンパイルする必要はない。

```
l2_reg = tf.keras.regularizers.l2(0.05)
model = tf.keras.models.Sequential([
    tf.keras.layers.Dense(30, activation="relu", kernel_initializer="he_normal",
```

```
                          kernel_regularizer=l2_reg),
    tf.keras.layers.Dense(1, kernel_regularizer=l2_reg)
])
```

次に、学習セットからインスタンスのバッチをランダムに抽出してくる簡単な関数を作る（13章で取り上げるtf.data APIを使えばもっとよい方法が得られる）。

```
def random_batch(X, y, batch_size=32):
    idx = np.random.randint(len(X), size=batch_size)
    return X[idx], y[idx]
```

ステップ数、ステップの総数、エポック開始からの平均損失（これの計算のためにMean指標を使う）その他の指標で学習ステータスを表示する関数も定義しよう。

```
def print_status_bar(step, total, loss, metrics=None):
    metrics = " - ".join([f"{m.name}: {m.result():.4f}"
                          for m in [loss] + (metrics or [])])
    end = "" if step < total else "\n"
    print(f"\r{step}/{total} - " + metrics, end=end)
```

Pythonの文字列整形の書式がよくわからないというのでもない限り、このコードは自明だろう。{m.result():.4f}は、小数点4桁で浮動小数点数を表示する。そして\r（キャリッジリターン）とend=""を併用すると、同じ行に必ずステータスバーが表示されるようになる。

上記の準備のもとで仕事に取り掛かろう。まず、ハイパーパラメータを定義し、オプティマイザ、損失関数、指標（この場合はただのMAE）を選ぶ。

```
n_epochs = 5
batch_size = 32
n_steps = len(X_train) // batch_size
optimizer = tf.keras.optimizers.SGD(learning_rate=0.01)
loss_fn = tf.keras.losses.mean_squared_error
mean_loss = tf.keras.metrics.Mean(name="mean_loss")
metrics = [tf.keras.metrics.MeanAbsoluteError()]
```

これでカスタムループを構築するための準備が整った。

```
for epoch in range(1, n_epochs + 1):
    print("Epoch {}/{}".format(epoch, n_epochs))
    for step in range(1, n_steps + 1):
        X_batch, y_batch = random_batch(X_train_scaled, y_train)
        with tf.GradientTape() as tape:
            y_pred = model(X_batch, training=True)
            main_loss = tf.reduce_mean(loss_fn(y_batch, y_pred))
            loss = tf.add_n([main_loss] + model.losses)

        gradients = tape.gradient(loss, model.trainable_variables)
```

```
            optimizer.apply_gradients(zip(gradients, model.trainable_variables))
            mean_loss(loss)
            for metric in metrics:
                metric(y_batch, y_pred)

            print_status_bar(step, n_steps, mean_loss, metrics)

        for metric in [mean_loss] + metrics:
            metric.reset_states()
```

このコードでは多くのことが行われているのでていねいに読んでいこう。

- 2つのネストされたループを作っている。1つはエポック、もう1つはエポック内のバッチのためのものである。
- 次に、学習セットからランダムにバッチを抽出している。
- tf.GradientTape()ブロックでは、1つのバッチの予測をして（モデルを関数として使って）、損失を計算している。損失は、メインの損失にほかの損失（このモデルでは、層ごとに1つの正則化損失がある）を加えたものである。mean_squared_error()関数は、インスタンス当たり1つの損失を返すので、tf.reduce_mean()を使ってバッチ全体の平均を計算する（個々のインスタンスに異なる重みを適用したい場合には、ここでそうする）。正則化損失は既に単一のスカラにまとめてあるので、あとは両方を加算するだけだ（形とデータ型が同じになっている複数のテンソルの総和を計算するtf.add_n()を使って）。
- 次に、個々の学習できる変数についての（すべての変数**ではなく**）損失の勾配をテープに計算してもらい、勾配降下ステップを実行するためにオプティマイザを適用する。
- そして、平均損失と指標（現在のエポック全体の）を更新し、ステータスバーを表示する。
- 各エポックの終了時平均損失と指標をリセットする。

勾配クリッピング（11章参照）を実行したければ、オプティマイザのclipnormまたはclipvalueハイパーパラメータを設定する。勾配にその他の変換を加えたい場合には、apply_gradients()メソッドを呼び出す前にすればよい。モデルに重み制約を加えたい場合（例えば、層を作るときにkernel_constraintまたはbias_constraintを設定して）、apply_gradients()呼び出しの直後に次のようにして制約を加えるように学習ループを書き換える。

```
for variable in model.variables:
    if variable.constraint is not None:
        variable.assign(variable.constraint(variable))
```

学習ループでモデルを呼び出すときにtraining=Trueを設定するのを忘れてはならない。特に学習とテストでモデルの振る舞いを変えるときはそうだ（例えば、BatchNormalizationやDropoutを使う場合）。カスタムモデルの場合は、モデルが呼び出す層にtraining引数を引き継いでいかなければならない。

このように、正しく処理するためにしなければならないことはたくさんあり、簡単にミスが起こる。

しかし、自分ですべてを制御できるということでもある。

以上で、モデル[*1]と学習アルゴリズムのあらゆる部分のカスタマイズの方法がわかった。次に、TensorFlowの自動グラフ生成機能の使い方を見ておこう。これを使えばカスタムコードのスピードを大きく上げられる。TensorFlowがサポートするプラットフォームへの可搬性も得られる。

12.4 TensorFlow関数とグラフ

TensorFlow 1では、グラフは（そのため、グラフの複雑さも）避けられないものだったが、それはグラフがTensorFlowのAPIの中心的な部分だったからだ。TensorFlow 2（2019年リリース）以降もグラフは残っているが、中心ではなくなり、ずっと簡単に使えるようになった。いかに簡単かを示すために、入力の3乗を計算する簡単な関数で試してみよう。

```
def cube(x):
    return x ** 3
```

当然ながら、この関数は整数や浮動小数点数などのPythonのデータ型の値を渡して呼び出せる。そして、テンソルを渡して呼び出すこともできる。

```
>>> cube(2)
8
>>> cube(tf.constant(2.0))
<tf.Tensor: shape=(), dtype=float32, numpy=8.0>
```

さらに、`tf.function()`でこのPython関数をTensrFlow関数に変換しよう。

```
>>> tf_cube = tf.function(cube)
>>> tf_cube
<tensorflow.python.eager.def_function.Function at 0x7fbfe0c54d50>
```

このTF関数は、もとのPython関数とまったく同じように使え、まったく同じ結果を返す（ただし、テンソルという形で）。

```
>>> tf_cube(2)
<tf.Tensor: shape=(), dtype=int32, numpy=8>
>>> tf_cube(tf.constant(2.0))
<tf.Tensor: shape=(), dtype=float32, numpy=8.0>
```

しかし舞台裏では、`tf.function()`は`cube()`関数が行う計算を解析し、同等の計算グラフを生成しているのだ。このように、面倒なことではない（仕組みについてはすぐあとで説明する）。`tf.function`はデコレータという形でも使える。実際、このような使い方の方が多い。

```
@tf.function
def tf_cube(x):
```

＊1　オプティマイザを除く。オプティマイザをカスタマイズするのはごくわずかな人々だけだ。具体例については、この章のノートブックの「Custom Optimizers」を参照のこと。

```
    return x ** 3
```

もとのPython関数は、必要ならTF関数のpython_function属性からアクセスできる。

```
>>> tf_cube.python_function(2)
8
```

TensorFlowは、使われていないノードを切り落とし、式を単純化し（例えば、1 + 2は3に置き換えられる）、その他さまざまなことをして計算グラフを最適化する。そして、最適化された計算グラフが完成すると、TF関数は適切な順序で（可能であれば並列に）計算グラフ内の演算を効率よく実行するため、特に複雑な計算をする場合では、TF関数はもとのPython関数よりもずっと高速に実行される[*1]。ほとんどの場合、それ以上のことを知る必要はない。Python関数を高速化したければ、TF関数に変換せよというだけである。

とは言え、tf.function()を呼び出すときにjit_compile=Trueを設定すれば、TensorFlowはXLA（accelerated linear algebra）を使ってしばしば複数の演算を融合しながらグラフのために専用カーネルをコンパイルする。例えば、TF関数がtf.reduce_sum(a * b + c)を呼び出している場合、XLAがなければ、TF関数はa * bを計算して結果を一時変数に格納してからその一時変数にcを加え、最後にその和を引数としてtf.reduce_sum()を呼び出さなければならない。しかし、XLAを有効にすれば、大きな一次変数を使わずにtf.reduce_sum(a * b + c)を一発で計算する単一のカーネルに計算全体がコンパイルされる。これで大幅に高速化されるだけでなく、使うRAMも劇的に少なくなる。

しかも、カスタムの損失関数、指標、層、その他の独自関数を書き、それをKerasモデルで使ったときには（この章全体でしてきたように）、Kerasが自動的にその関数をTF関数に変換してくれるので、tf.function()を使う必要はない。したがって、ほとんどの場合、この手品は100％透明になっている。そして、KerasにXLAを使わせたければ、compile()メソッドを呼び出すときにjit_compile=Trueを設定するだけでよい。簡単だ。

カスタム層やカスタムモデルを作るときにdynamic=Trueを指定すると、KerasはPython関数をTF関数に変換**しなくなる**。モデルのcompile()メソッドを呼び出すときにrun_eagerly=Trueを指定しても同じ効果が得られる。

デフォルトでは、TF関数は、入力の形とデータ型の組み合わせごとに新しい計算グラフを生成し、その後の呼び出しのためにキャッシングする。例えば、tf_cube(tf.constant(10))を呼び出すと、[]という形のint32テンソルのための新しい計算グラフが生成される。そのあとでtf_cube(tf.constant(20))を呼び出した場合には同じ計算グラフが再利用されるが、tf_cube(tf.constant([10, 20]))を呼び出すと、形が[2]のint32テンソルのために新しい計算グラフが生成される。これがTF関数のポリモーフィズム（さまざまな引数型と形）への対処方法である。しかし、これが当てはまるのはテンソル引数だけだ。TF関数にPythonの数値型の値を渡すと、値ごとに新しい計算グラフが生成される（例えば、tf_cube(10)とtf_cube(20)の2つの呼び出しは2つの計算グラフを

＊1 この単純な例では計算グラフが小さすぎて最適化できる部分がないので、tf_cube()はcube()よりもかなり遅くなる。

生成する)。

Pythonの数値型の異なる値を指定して何度もTF関数を呼び出すと、多くの計算グラフが生成されてプログラムのスピードが落ち、膨大な量のRAMを消費する(メモリを解放するためには、TF関数を削除しなければならない)。そこで、Pythonの数値を引数として使うのは、ハイパーパラメータ(例えば、層ごとのニューロン数)のようにごく少数の値しか使われないときだけにすべきだ。そうすれば、TensorFlowは少しずつ異なるモデルをうまく最適化できるようになる。

12.4.1 AutoGraphとトレース

では、TensorFlowはどのようにして計算グラフを生成しているのだろうか。まず、Python関数のソースコードを解析して、forループ、whileループ、if文のほか、break、continue、return文も含めたフロー制御構文を捕捉する。この最初のステップは**AutoGraph**(自動グラフ)と呼ばれている。TensorFlowがソースコードを解析しなければならないのは、Pythonが制御フロー構文を捕捉するための方法をほかに提供していないからだ。Pythonには、+や*といった演算子を捕捉するための__add__()、__mul__()といったマジックメソッドはあるが、__while__()とか__if__()といったマジックメソッドはない。AutoGraphは、関数のコードを解析すると、それらフロー制御文を適切なTensorFlow演算(ループのためのtf.while_loop()、if文のためのtf.cond()など)に置き換えた関数のアップグレードバージョンを出力する。例えば、**図12-4**では、AutoGraphはPython関数のsum_squares()関数のソースコードを解析し、tf__sum_squares()関数を出力している。この関数では、forループはloop_body()関数(内容は、もとのforループの本体)の定義とそのあとのfor_stmt()関数呼び出しに置き換えられている。この呼び出しは、計算グラフの中で適切なtf.while_loop()演算になる。

次に、TensorFlowはこの「アップグレード」された関数を呼び出すが、このときに渡すのは引数ではなく、**シンボリックテンソル**(symbolic tensor)、すなわち値のない名前、形、データ型だけのテンソルだ。例えば、sum_squares(tf.constant(10))を呼び出すと、データ型がint32で形が[]のシンボリックテンソルを引数としてtf__sum_squares()関数が呼び出される。そして、関数は**グラフモード**(graph mode)で実行される。つまり、個々のTensorFlow演算は、自分自身と出力テンソルを表すノードを計算グラフに追加していく(**Eager実行**:eager executionとか、**Eagerモード**:eager modeと呼ばれる通常実行とは異なる)。グラフモードでは、TensorFlow演算は実際の計算をしない。TensorFlow 1では、グラフモードがデフォルトモードだった。**図12-4**では、tf__sum_squares()関数はシンボリックテンソル(この場合は、形が[]のint32テンソル)を引数として呼び出されており、トレースの過程で最終的なグラフが生成されている。ノードは演算を表し、矢印はテンソルを表す(生成される関数、グラフはともに単純化されている)。

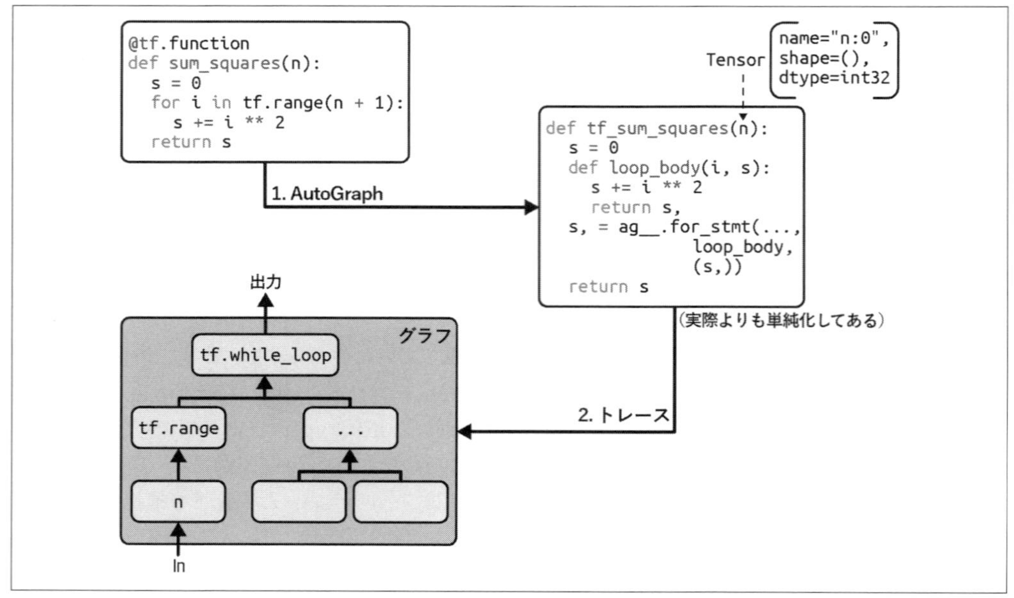

図12-4　TensorFlowがAutoGraphとトレースを使って計算グラフを生成する仕組み

`tf.autograph.to_code(sum_squares.python_function)`を呼び出せば、生成された関数のソースコードを表示できる。きれいな表示を意図したものではないが、デバッグの役に立つことはあるだろう。

12.4.2　TF関数のルール

ほとんどの場合、TensorFlow演算を実行するPython関数をTF関数に変換するのは簡単だ。`@tf.function`でデコレートするか、Kerasに任せるかでよい。しかし、尊重すべきルールがいくつかある。

- 外部ライブラリ（NumPyや標準ライブラリさえこれに含まれる）を呼び出す場合、それが実行されるのはトレース時だけだ。外部ライブラリは計算グラフの一部にはならない。実際、TensorFlowグラフには、TensorFlowの構成要素（テンソル、演算、変数、データセットなど）しか入れられない。そのため、`np.sum()`ではなく`tf.reduce_sum()`、組み込みの`sorted()`関数ではなく`tf.sort()`を使うようにしなければならない（本当にトレース時だけコードを実行したい場合を除き）。これはさらに次のような意味を持っている。
  - `np.random.rand()`を返すだけのTF関数`f(x)`を定義すると、乱数は関数がトレースされるときだけ生成されるため、`f(tf.constant(2.))`と`f(tf.constant(3.))`は同じ乱数を返すが、`f(tf.constant([2., 3.]))`は別の乱数を返す。`np.random.rand()`を`tf.random.uniform([])`にすれば演算が計算グラフの一部になるため、呼び出しのたびに乱数が生成されるようになる。

  - 非TensorFlowコードに副作用（何かのログを書くとか、Pythonカウンタを更新するとか）がある場合、その副作用は関数がトレーシングされるときに発生するだけであり、TF関数を呼び出すたびに発生すると思ってはならない。
  - `tf.py_function()`演算は任意のPythonコードをラップできるが、そうするとTensorFlowがそのコードに対してグラフ最適化を実行できなくなるため、処理性能が下がる。また、その計算グラフはPythonが使える（そして適切なライブラリがインストールされている）プラットフォームでなければ実行できなくなるため、可搬性が下がる。
- ほかのPython関数やTF関数を呼び出すことはできるが、TensorFlowが計算グラフにその演算を取り込むので、それらは同じルールに従っていなければならない。なお、それらの関数は、`@tf.function`でデコレートしなくてよい。
- 関数がTensorFlow変数（または、データセットやキューなどのステートフルなTensorFlowオブジェクト）を作る場合、それは最初の呼び出しだけで作らなければならない。そうでなければ例外が起こる。変数はTF関数外で作ることが望ましい（例えば、カスタム層の`build()`メソッド内）。変数に新しい値を代入したい場合、`=`演算子ではなく変数の`assign()`メソッドを呼び出すようにしなければならない。
- Python関数のソースコードは、TensorFlowからアクセスできるようにしておかなければならない。ソースコードにアクセスできなければ（例えば、ソースコードへのアクセスを与えないPythonシェル内で関数を定義した場合や、本番環境にコンパイル済みの`*.pyc`ファイルしかデプロイしていない場合）、グラフ生成処理は失敗するか機能を限定される。
- TensorFlowは、テンソルか`tf.data.Dataset`（13章参照）を反復処理する`for`ループしか捕捉しない。そのため、`for i in range(x)`ではなく`for i in tf.range(x)`を使うようにしなければ、ループは計算グラフ内に取り込まれなくなり、トレーシング時に実行されることになる（例えば、ニューラルネットワークの各層を作るときなどのように、計算グラフの構築のための`for`ループならこれが適切な動作かもしれない）。
- いつもと同じように、性能上の理由から、可能な限りループを使わずベクトル化実装を使うようにする。

では、まとめに入ろう。この章では、TensorFlowの簡単な概要紹介からスタートし、テンソル、演算、変数、特殊データ構造などのTensorFlowの低水準APIを見てから、これらのツールを使ってKeras APIのほぼすべてのコンポーネントをカスタマイズした。最後に、TF関数が性能を引き上げる仕組み、AutoGraphとトレーシングで計算グラフを作る過程、TF関数を書くときに従うべきルールを説明した（生成された計算グラフを探ってみるなど、ブラックボックスをもう少し開けたい場合には、付録Dで説明されている技術的な細部を参照のこと）。

次章では、TensorFlowで効率よくデータをロード、前処理する方法を見ていく。

12.5 演習問題

1. 短い文章でTensorFlowとは何かを説明しなさい。主機能は何か。深層学習ライブラリではほかに広く使われているものは何か。

2. TensorFlowはNumPyの代わりのライブラリとしてドロップインできるか。両者の主要な違いは何か。
3. `tf.range(10)`と`tf.constant(np.arange(10))`で同じ結果が得られるか。
4. TensorFlowのデータ構造のうち、通常のテンソル以外の6種類は何か。
5. カスタム損失関数は、関数を直接書くか、`tf.keras.losses.Loss`クラスをサブクラス化して定義することができる。どのようなときにどちらを使うか。
6. 同様に、カスタム指標も、関数を直接書くか`tf.keras.metrics.Metric`クラスをサブクラス化して定義できる。どのようなときにどちらを使うか。
7. カスタム層を作るべきときとカスタムモデルを作るべきときをどのように区別するか。
8. 独自のカスタム学習ループを書かなければならないユースケースを説明しなさい。
9. カスタムKerasコンポーネントはPythonコードを自由に使えるか、それともTF関数に変換できるものでなければならないか。
10. 関数をTF関数に変換可能なものにしたいときに守らなければならない最も重要なルールは何か。
11. ダイナミックKerasモデルを作らなければならないのはどのようなときか。どのようにして作るか。すべてのモデルをダイナミックにしないのはなぜか。
12. **層正規化**（layer normalization）を実行するカスタム層を実装しなさい（15章ではこの種の層を使う）。
    a. `build()`メソッドは、ともに形が`input_shape[-1:]`でデータ型が`tf.float32`の学習可能な重み$\boldsymbol{\alpha}$と$\boldsymbol{\beta}$を定義する。$\boldsymbol{\alpha}$は1、$\boldsymbol{\beta}$は0で初期化する。
    b. `call()`メソッドは、各インスタンスの特徴量の平均μと標準偏差σを計算する。この部分では、すべてのインスタンスの平均μと分散σ^2を返す`tf.nn.moments(inputs, axes=-1, keepdims=True)`を使えばよい（標準偏差は分散の平方根である）。そして、$\boldsymbol{\alpha} \otimes (\mathbf{X} - \mu)/(\sigma + \varepsilon) + \boldsymbol{\beta}$を計算して返す。ただし、$\otimes$は要素ごとの乗算（`*`）、$\varepsilon$は平滑化項（0による除算を防ぐための小さな定数、例えば0.001）を表す。
    c. 作ったカスタムレイヤは、`tf.keras.layers.LayerNormalization`層と同じ（または非常に近い）出力を生成しなければならない。
13. カスタム学習ループを使ってFashion MNISTデータセット（10章参照）でモデルを学習しなさい。
    a. イテレーションごとにエポック、イテレーション、平均学習損失、エポック全体を通じての平均精度、エポック終了後に評価損失と精度を表示しなさい。
    b. 上位層と下位層とで異なる学習率を使った異なるオプティマイザを使うようにしなさい。

演習問題の解答は、ノートブック（https://homl.info/colab3）の12章の部分を参照のこと。

13章 TensorFlowによるデータのロードと前処理

2章では、データのロードと前処理があらゆる機械学習プロジェクトの重要な一部であることを学んだ。Pandasを使って（修正済み）カリフォルニアの住宅価格データセット（CSVファイルに格納されている）をロードして内容を検討し、scikit-learnの変換器を使って前処理をした。これらのツールは非常に便利であり、特にデータの内容を探ったり実験したりするときにはこれらを多用しているだろう。

しかし、大規模なデータセットでTensorFlowモデルを学習するときには、`tf.data`というTensorFlow自身のデータロード前処理APIを使った方がよい。`tf.data`はきわめて効率のよいデータのロードと前処理、マルチスレッドとキュー操作を使った複数のファイルの並列読み出し、サンプルのシャッフル、バッチへの分割といった機能を備えている。しかも、これらすべてをまとめて実行できる。GPUやTPUが現在バッチをせっせと学習している間でも、複数のCPUコアを使って次のバッチをロード、前処理できるのだ。

tf.data APIはメモリに入り切らないようなデータセットも処理でき、ハードウェアリソースをフル活用できるので、学習をスピードアップさせられる。特に拡張を加えなくても、tf.data APIはテキストファイル（CSVファイルなど）、固定サイズレコードを格納するバイナリファイル、TensorFlowのTFRecord形式を使うバイナリファイル（可変サイズレコードをサポートする）を読み出せる。

TFRecordは柔軟で効率的なバイナリ形式で、通常はプロトコルバッファ（オープンソースのバイナリ形式）を格納する。tf.data APIには、SQLデータベースからの読み出しのサポートもある。さらに、GoogleのBigQueryサービス（https://tensorflow.org/io参照）を始めとするありとあらゆるタイプのデータソースからデータを読み出すためのオープンソースのエクステンションが作られている。

Kerasにも、強力だが使いやすい前処理層が含まれており、モデルに組み込めるようになっている。そのため、本番環境にデプロイしたモデルは、別に前処理コードを追加しなくても生データを直接インジェストできる。おかげで、学習中の前処理コードと本番で使う前処理コードに不一致が生じる「Training-Serving Skew」のリスクがなくなる。そして、異なるプログラミング言語で書かれた複数のアプリケーションでモデルをデプロイする場合でも、同じ前処理コードを何度も実装し直す必要はない。これも不一致のリスクを下げる。

これから説明するように、両APIは併用できる。例えば、tf.dataの効率のよいデータロードとKerasの便利な前処理層の両方のメリットを享受できる。

この章では、まず、tf.data APIとTFRecord形式について説明する。次に、Kerasの前処理層を掘り下げ、tf.data APIとの併用の方法を説明する。最後に、TensorFlow Dataset、TensorFlow Hubなど、データのロードと前処理で便利な関連ライブラリを簡単に見ていく。では始めよう。

13.1 tf.data API

tf.data APIは、データ要素のシーケンスである`tf.data.Dataset`という概念を中心に動いている。普通なら、データセットはディスクから少しずつデータを読み出すために使うが、ここでは話をわかりやすくするために、`tf.data.Dataset.from_tensor_slices()`を使って単純なデータテンソルからデータセットを作ろう。

```
>>> import tensorflow as tf
>>> X = tf.range(10)  # 任意のデータテンソル
>>> dataset = tf.data.Dataset.from_tensor_slices(X)
>>> dataset
<TensorSliceDataset shapes: (), types: tf.int32>
```

`from_tensor_slices()`関数は、引数としてテンソルを受け付け、`X`の第1次元のスライスを要素とする`tf.data.Dataset`を作るので、このデータセットには0, 1, 2, ..., 9の10個の要素が含まれている。この場合、`tf.data.Dataset.range(10)`でも同じデータセットが得られる（ただし、要素は32ビット整数ではなく64ビット整数になる）。

データセットの要素は、次のようにして簡単に反復処理できる。

```
>>> for item in dataset:
...     print(item)
...
tf.Tensor(0, shape=(), dtype=int32)
tf.Tensor(1, shape=(), dtype=int32)
[...]
tf.Tensor(9, shape=(), dtype=int32)
```

tf.data APIはストリーミングAPIであり、データセットの要素を非常に効率よく反復処理できるが、インデクシングやスライシングに向くようには設計されていない。

データセットには、テンソルのタプルや名前/テンソルペアをはじめとして、ネストされたタプルやテンソルの辞書さえ格納できる。タプル、辞書、ネスト構造をスライシングするときには、タプル/辞書構造を維持し、格納されているテンソルだけをスライシングする。例えば次の通り。

```
>>> X_nested = {"a": ([1, 2, 3], [4, 5, 6]), "b": [7, 8, 9]}
>>> dataset = tf.data.Dataset.from_tensor_slices(X_nested)
>>> for item in dataset:
...     print(item)
...
{'a': (<tf.Tensor: [...]=1>, <tf.Tensor: [...]=4>), 'b': <tf.Tensor: [...]=7>}
```

```
{'a': (<tf.Tensor: [...]=2>, <tf.Tensor: [...]=5>), 'b': <tf.Tensor: [...]=8>}
{'a': (<tf.Tensor: [...]=3>, <tf.Tensor: [...]=6>), 'b': <tf.Tensor: [...]=9>}
```

13.1.1 変換の連鎖

データセットを手に入れたら、その変換メソッドを呼び出してあらゆるタイプの変換を実行できる。変換メソッドは新しいデータセットを返すので、次のように連鎖的に変換をかけていける（このコードがしていることは**図13-1**のように描ける）。

```
>>> dataset = tf.data.Dataset.from_tensor_slices(tf.range(10))
>>> dataset = dataset.repeat(3).batch(7)
>>> for item in dataset:
...     print(item)
...
tf.Tensor([0 1 2 3 4 5 6], shape=(7,), dtype=int32)
tf.Tensor([7 8 9 0 1 2 3], shape=(7,), dtype=int32)
tf.Tensor([4 5 6 7 8 9 0], shape=(7,), dtype=int32)
tf.Tensor([1 2 3 4 5 6 7], shape=(7,), dtype=int32)
tf.Tensor([8 9], shape=(2,), dtype=int32)
```

このコードは、まずもとのデータセットに対してrepeat()メソッドを呼び出し、repeat()はもとのデータセットを3回繰り返して3倍の大きさにした新しいデータセットを返す。もちろん、この処理はメモリ内のすべてのデータを3回ずつコピーしているわけではない。このメソッドを引数なしで呼び出すと、新データセットはもとのデータセットを無限回反復したものになるので、呼び出し元はどこで反復を止めるかを決めなければならない。

次に、この新しいデータセットを対象としてbatch()メソッドを呼び出し、batch()が新しいデータセットを作る。この関数は、前のデータセットの要素を7個ずつのバッチにまとめる。

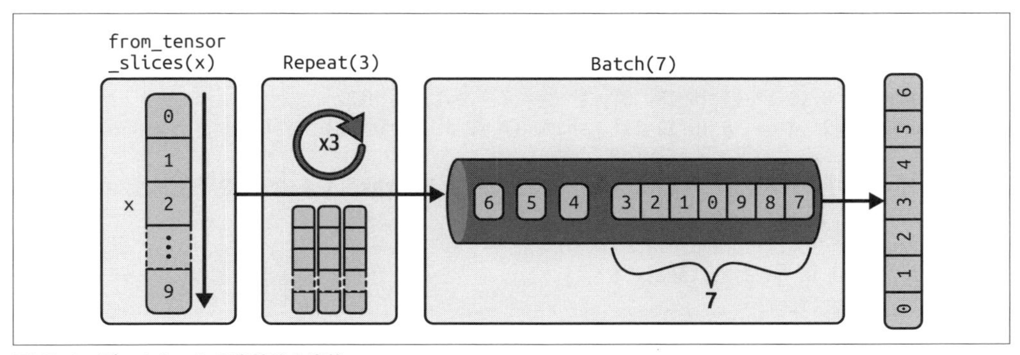

図13-1　データセットの連鎖的な変換

最後の行は、この最後のデータセットの要素を反復処理する。このようにbatch()メソッドは、最後のバッチとして要素が7個ではなく2個のものを出力しなければならなかったが、このような端数のバッチを取り除いてすべてのバッチを同じサイズにしたければ、drop_remainder=Trueを呼び出せばよい。

データセットメソッドはデータセットを**書き換えず**、新しいデータセットを作るので、新しいデータセットの参照を残しておくことを忘れてはならない（例えば、dataset=...を使って)。そうでなければ、処理をしたつもりでも何も起きなくなってしまう。

map()メソッドでも、要素を変換できる。例えば、次のコードは、すべての要素に2を掛けた新しいデータセットを作る。

```
>>> dataset = dataset.map(lambda x: x * 2)  # xは先ほどのバッチ
>>> for item in dataset:
...     print(item)
...
tf.Tensor([ 0  2  4  6  8 10 12], shape=(7,), dtype=int32)
tf.Tensor([14 16 18  0  2  4  6], shape=(7,), dtype=int32)
[...]
```

データに前処理を施すときに呼び出すのは、まさにこのmap()メソッドだ。前処理の中には、画像の形を変えたり回転したりするような力仕事が含まれることもあるので、スピードアップのために複数のスレッドを立ち上げたいところだろう。そのためには、num_parallel_calls引数で実行したいスレッド数かtf.data.AUTOTUNEを指定すればよい。map()メソッドに渡す関数はTF関数に変換できるものでなければならないことに注意しよう（12章参照)。

filter()メソッドを使ってデータセット単純にフィルタリングすることもできる。例えば、次のコードは合計が50よりも大きいバッチだけを含むデータセットを作る。

```
>>> dataset = dataset.filter(lambda x: tf.reduce_sum(x) > 50)
>>> for item in dataset:
...     print(item)
...
tf.Tensor([14 16 18  0  2  4  6], shape=(7,), dtype=int32)
tf.Tensor([ 8 10 12 14 16 18  0], shape=(7,), dtype=int32)
tf.Tensor([ 2  4  6  8 10 12 14], shape=(7,), dtype=int32)
```

データセットの一部の要素だけを使いたいことがよくある。take()メソッドを使えば要素を抽出できる。

```
>>> for item in dataset.take(2):
...     print(item)
...
tf.Tensor([14 16 18  0  2  4  6], shape=(7,), dtype=int32)
tf.Tensor([ 8 10 12 14 16 18  0], shape=(7,), dtype=int32)
```

13.1.2 データのシャッフル

4章で説明したように、勾配降下法は、学習セットのインスタンスが独立同一分布（IID：

independent and identically distributed）になっているときに最もうまく機能する。shuffle()メソッドを使って要素をシャッフルすれば、この条件を簡単に満たせる。shuffle()は、まず、ソースデータセットの最初の方の要素をバッファに書き込む。要素を要求されると、バッファからランダムに要素を取り出して返し、ソースデータセットにデータが残っている限り、ソースデータセットから新しいデータを取り出してバッファのその位置に書き込む。ソースデータセットのデータがなくなったら、バッファが空になるまでバッファからランダムにデータを取り出すことを続ける。バッファサイズはあなたが指定しておくが、十分大きくすることが大切だ。大きくなければ、シャッフルの効果は下がってってしまう[*1]。持っているRAMの容量を越えるわけにはいかないが、RAMが豊富でもデータセットのサイズを越えるバッファはいらない。プログラムを実行するたびに同じ順序にしたければ、乱数のシードを指定できる。例えば、次のコードは、0から9までの整数を2回繰り返したデータセットを作り、バッファサイズとして4、乱数のシードとして42を指定してシャッフルし、バッチサイズ7でバッチを作って表示している。

```
>>> dataset = tf.data.Dataset.range(10).repeat(2)
>>> dataset = dataset.shuffle(buffer_size=4, seed=42).batch(7)
>>> for item in dataset:
...     print(item)
...
tf.Tensor([3 0 1 6 2 5 7], shape=(7,), dtype=int64)
tf.Tensor([8 4 1 9 4 2 3], shape=(7,), dtype=int64)
tf.Tensor([7 5 0 8 9 6], shape=(6,), dtype=int64)
```

シャッフルしたデータセットを対象としてrepeat()を呼び出すと、デフォルトでイテレーションごとに新しい順序でデータを生成する。一般にこれは妥当な動作だが、どのイテレーションでも同じ順序を再利用したい場合には（例えば、テスト、デバッグなどのために）、shuffle()呼び出しでreshuffle_each_iteration=Falseを指定すればよい。

メモリに収まり切らないような大規模なデータセットの場合、バッファがデータセットと比べて小さすぎるためにこの単純なバッファを使ったシャッフルでは不十分かもしれない。この問題は、ソースデータ自体をシャッフルすれば解決する（例えば、Linuxでは、shufコマンドでテキストファイルをシャッフルできる。こうすれば、シャッフルの効果は大幅に向上する。しかし、ソースデータがシャッフルされていても、通常はさらにシャッフルをかけたいところだろう。そうしなければ、各エポックで同じ順序が繰り返され、モデルにバイアスがかかってしまう場合がある（例えば、ソースデータの順序に偶然馬鹿げたパターンが現れたために）。インスタンスをさらにシャッフルするためによく使われているのは、ソースデータを複数のファイルに分割し、学習中にランダムな順序で読み出すというものである。しかし、これでは同じファイルに配置されたインスタンスは互いに近くに並ぶことになってしまう。それを避けるには、複数のファイルをランダムに選び、同時に読み出して、レコードを互い違いに

*1　左側にマークと数の順番がきれいに揃ったトランプが一組あるところを想像してみよう。上から3枚取り出し、シャッフルして1枚を右に置く。ほかの2枚は持ったまま、左の山から1枚取り出し、3枚をシャッフルして1枚を右に置く。これを繰り返して左の山がなくなり、右にカードの山ができた。そのトランプはきちんとシャッフルされていると思えるだろうか。

する（インターリーブする）。さらにshuffle()メソッドを使ったシャッフルのためのバッファを追加するとよい。このように説明すると、大層な仕事になりそうな気がするかもしれないが、心配はいらない。tf.data APIを使えば、ほんの数行でこれらすべてを実現できる。では、その方法を見てみよう。

13.1.3 複数のファイルから読んだ行のインターリーブ

まず、カリフォルニアの住宅価格データセットをロードし、（まだシャッフルされていなければ）シャッフルし、学習セット、検証セット、テストセットに分割しているものとする。次に、各セットを次のような感じの多数のCSVファイルに分割する（各行には8個の入力特徴量とターゲットの住宅価格の中央値が含まれている）。

```
MedInc,HouseAge,AveRooms,AveBedrms,Popul…,AveOccup,Lat…,Long…,MedianHouseValue
3.5214,15.0,3.050,1.107,1447.0,1.606,37.63,-122.43,1.442
5.3275,5.0,6.490,0.991,3464.0,3.443,33.69,-117.39,1.687
3.1,29.0,7.542,1.592,1328.0,2.251,38.44,-122.98,1.621
[...]
```

さらに、train_filepathsには学習ファイルパスのリストが含まれているものとする（valid_filepathsとtest_filepathsも同様だとする）。

```
>>> train_filepaths
['datasets/housing/my_train_00.csv', 'datasets/housing/my_train_01.csv', ...]
```

train_filepaths = "datasets/housing/my_train_*.csv"のようなワイルドカードも使える。では、これらのファイルパスだけが含まれたデータセットを作ろう。

```
filepath_dataset = tf.data.Dataset.list_files(train_filepaths, seed=42)
```

デフォルトでは、list_files()関数はファイルパスをシャッフルしたデータセットを返す。一般にこのデフォルトは妥当なはずだが、何らかの理由でシャッフルしない方がよければ、引数にshuffle=Falseを追加する。

次にinterleave()メソッドを呼び出せば、同時に5個のファイルから行を読み出し、それらの行を互い違いにできる。skip()メソッドを使えば見出し行になっている各ファイルの先頭行を読み飛ばせる。

```
n_readers = 5
dataset = filepath_dataset.interleave(
    lambda filepath: tf.data.TextLineDataset(filepath).skip(1),
    cycle_length=n_readers)
```

interleave()メソッドは、filepath_datasetから5個のファイルパスを抜き出し、個々のファイルに対して引数で指定された関数を実行して（この例ではラムダを使っている）新しいデータセット（この場合はTextLineDatasetデータセット）を作る。話がややこしくなってきたのではっきりさせておくと、この段階では全部で7個のデータセットがある。ファイルパスデータセット（全部のファイルパス）、インターリーブデータセット、インターリーブデータセットが内部に作った5個のTextLineDatasetである。インターリーブデータセットは、ループ処理にかけると、5個のTextLineDatasetを順に参照しながらそれぞれから1行ずつを読み出す。すべてのTextLineDatasetの行がなくなるまでこれを繰り返すと、インターリーブデータセットは、filepath_datasetから新たに5個のファイルパスを取り出し、同じようにインターリーブして行を読み出す。そして、filepath_datasetに残っている未処理ファイルがなくなるまでこれを繰り返す。インターリーブの効果を上げるためには、同じ長さのファイルを使うことが望ましい。そうでなければ、最も長いファイルの最後の方はインターリーブされなくなる。

デフォルトでは、interleave()は並列処理を使わない。個々のファイルから1度に1行ずつシーケンシャルに読み出すだけだ。ファイルを並列に読ませたい場合には、num_parallel_calls引数で使いたいスレッド数を指定する（map()メソッドにもこの引数があることに注意しよう）。スレッド数としてtf.data.AUTOTUNEを指定すれば、使えるCPUの数に基づいてTensorFlowに最適なスレッド数を動的に選択させることさえできる。では、データセットの内容がどうなったのかを見てみよう。

```
>>> for line in dataset.take(5):
...     print(line)
...
tf.Tensor(b'4.5909,16.0,[...],33.63,-117.71,2.418', shape=(), dtype=string)
tf.Tensor(b'2.4792,24.0,[...],34.18,-118.38,2.0', shape=(), dtype=string)
tf.Tensor(b'4.2708,45.0,[...],37.48,-122.19,2.67', shape=(), dtype=string)
tf.Tensor(b'2.1856,41.0,[...],32.76,-117.12,1.205', shape=(), dtype=string)
tf.Tensor(b'4.1812,52.0,[...],33.73,-118.31,3.215', shape=(), dtype=string)
```

これは5個のCSVファイルをランダムに選んで先頭行（見出し行を無視して）を読み出したものになっている。うまくいっているようだ。これはすばらしい。

TextLineDatasetのコンストラクタにファイルパスのリストを渡すこともできる。コンストラクタは、個々のファイルパスを順に回って1行ずつ読み出す。num_parallel_reads引数に2以上の値を指定すれば、データセットは指定された数のファイルを並列に読み出し、それらの行をインターリーブする（interleave()メソッドを呼び出す必要はない）。しかし、これではファイルをシャッフル**せず**、ヘッダー行を読み飛ばさない。

13.1.4 データの前処理

個々のインスタンスをバイト列を格納したテンソルという形で返す住宅価格データセットが手に入ったので、このデータをパースしてスケーリングするなどの前処理が必要だ。前処理を行う2個のカスタム関数を作ろう。

```
X_mean, X_std = [...]  # 学習セットの各特徴量の平均と標準偏差
n_inputs = 8

def parse_csv_line(line):
    defs = [0.] * n_inputs + [tf.constant([], dtype=tf.float32)]
```

```
    fields = tf.io.decode_csv(line, record_defaults=defs)
    return tf.stack(fields[:-1]), tf.stack(fields[-1:])

def preprocess(line):
    x, y = parse_csv_line(line)
    return (x - X_mean) / X_std, y
```

コードをじっくり読もう。

- まず、このコードは学習セットの各特徴量の平均と標準偏差が計算済みになっていることを前提としている。X_mean と X_std は、入力特徴量当たり 1 個ずつ、合計 8 個の浮動小数点数を格納する 1 次元テンソル（または NumPy 配列）にすぎない。この計算は、データセットの十分大きいランダムなサンプルを対象として scikit-learn の StandardScaler を呼び出せばできる。この章のあとの方では、代わりに Keras の前処理層を使う。
- parse_csv_line() 関数は、CSV から 1 行を取り出してパースするが、そのために 2 個の引数を取る tf.io.decode_csv() 関数を使っている。引数はパースする行と CSV ファイルの各列のデフォルト値を格納した配列だ。この配列（defs）は、TensorFlow に各列のデフォルト値だけでなく、1 行の列数とそのデータ型も知らせる。この例では、特徴量の列はすべて浮動小数点数で、欠損値はデフォルトで 0 にすべきことを知らせているが、最後の列（ターゲット）のデフォルト値としては tf.float32 型の空配列を指定している。この配列は、この列には浮動小数点数が格納されるが、デフォルト値はないことを TensorFlow に知らせている。そのため、ターゲットに欠損値があれば、TensorFlow は例外を起こす。
- tf.io.decode_csv() 関数はスカラテンソル（列当たり 1 個）のリストを返すが、parse_csv_line() 関数は 1 次元テンソル配列を返さなければならない。そこで、最後のテンソル（ターゲット）以外のすべてのテンソルで tf.stack() を呼び出している。これでテンソルは 1 次元配列に詰め込まれる。そして、ターゲットについても同じことをする（そのため、ターゲットはスカラテンソルではなく、1 個の値を格納する 1 次元テンソル配列になる）。これで tf.io.decode_csv() の仕事は終わりなので、入力特徴量とターゲットを返す。
- 最後に、カスタムの preprocess() 関数は parse_csv_line() 関数を呼び出し、入力特徴量から特徴量平均を引き、特徴量標準偏差で割って入力特徴量を標準化し、標準化後の特徴量とターゲットを格納したタプルを返す。

この前処理関数をテストしてみよう。

```
>>> preprocess(b'4.2083,44.0,5.3232,0.9171,846.0,2.3370,37.47,-122.2,2.782')
(<tf.Tensor: shape=(8,), dtype=float32, numpy=
 array([ 0.16579159,  1.216324  , -0.05204564, -0.39215982, -0.5277444 ,
        -0.2633488 ,  0.8543046 , -1.3072058 ], dtype=float32)>,
 <tf.Tensor: shape=(1,), dtype=float32, numpy=array([2.782], dtype=float32)>)
```

よさそうだ。preprocess() 関数はインスタンスをバイト列から標準化されたテンソルに変換し、ラベルも付けている。データセットの map() メソッドを使ってデータセットの個々のサンプルに

preprocess()を実行しよう。

13.1.5 1つにまとめる

コードを再利用できるようにするために、今までに説明してきたコードを1つの小さなヘルパー関数にまとめよう。この関数は、複数のCSVファイルからカリフォルニアの住宅価格データを効率よく読み出し、前処理、シャッフルして、バッチにまとめる(図13-2参照)。

```
def csv_reader_dataset(filepaths, n_readers=5, n_read_threads=None,
                       n_parse_threads=5, shuffle_buffer_size=10_000, seed=42,
                       batch_size=32):
    dataset = tf.data.Dataset.list_files(filepaths, seed=seed)
    dataset = dataset.interleave(
        lambda filepath: tf.data.TextLineDataset(filepath).skip(1),
        cycle_length=n_readers, num_parallel_calls=n_read_threads)
    dataset = dataset.map(preprocess, num_parallel_calls=n_parse_threads)
    dataset = dataset.shuffle(shuffle_buffer_size, seed=seed)
    return dataset.batch(batch_size).prefetch(1)
```

最後の行でprefetch()メソッドを使っていることに注意しよう。すぐあとで説明するように、これは性能上大切な意味を持っている。

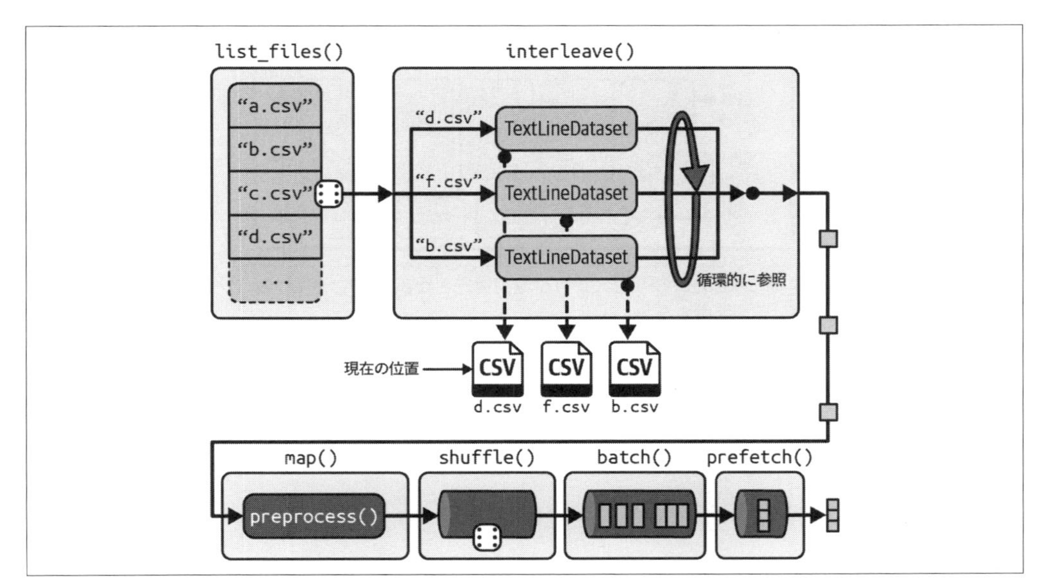

図13-2 複数のCSVファイルからのデータのロードと前処理

13.1.6 プリフェッチ

csv_reader_dataset()関数は、最後のところでprefetch(1)を呼び出すことにより、常に1バッチを先に準備しておくよう最大限努力するデータセットを作っている*1。つまり、学習アルゴリズムが1つのバッチを処理している間に、並列処理されているデータセットが次のバッチを用意しているのだ(例えば、ディスクからデータを読み出し前処理している)。**図13-3**からもわかるように、これは処理速度を大幅に上げる。

さらに、ロードと前処理をマルチスレッド化すれば(`interleave()`と`map()`を呼び出すときに`num_parallel_calls`を指定して)、CPUの複数のコアを活用して、GPUで学習ステップを実行するよりも短い時間でデータの1バッチを準備できる場合がある。こうすれば、GPUはほぼ100%活用されるようになり(ただし、CPUからGPUまでのデータ転送時間を除く)*2、学習はずっと高速になる。

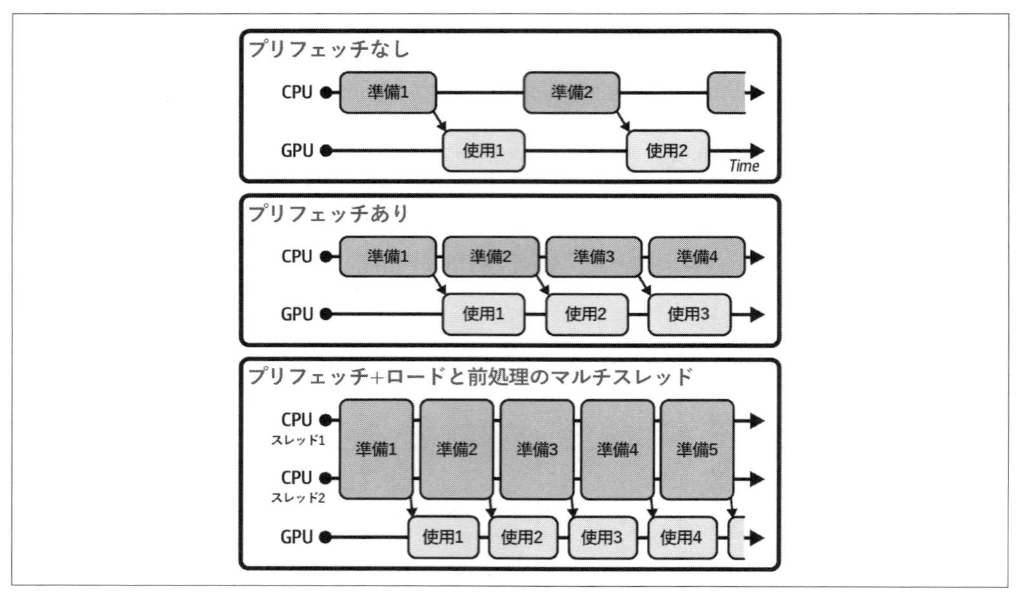

図13-3 プリフェッチを有効にすると、CPUとGPUが並列実行される。GPUが1つのバッチの処理をしている間にCPUは次のバッチを準備する

GPUカードを買うつもりなら、その処理能力とメモリサイズは当然とても重要である(特に、コンピュータビジョンや自然言語処理では、大容量RAMが必須になる)。処理性能を上げるには、**メモリ帯域幅**(memory bandwidth)、つまり毎秒GPUのRAMに何GBのデータが出入りするかも大切である。

---

*1 一般に、プリフェッチするバッチは1個だけでよいが、状況によってはもっとプリフェッチしておかなければならない場合もある。`prefetch()`に`tf.data.AUTOTUNE`を渡して、どれだけプリフェッチするかをTensorFlowに判断させてもよい。

*2 ただし、GPUに直接データをプリフェッチできる`tf.data.experimental.prefetch_to_device()`関数を試してみよう。名前に`experimental`が入っているTensorFlow関数やクラスは、将来のバージョンで予告なく変更される可能性がある。実験的な関数がエラーを起こすようになったら、`experimental`という単語を取り除いてみよう。コアAPIになっているかもしれない。うまくいかなければ、ノートブックを見てみよう。ノートブックのコードは常に最新の状態を保つようにしている。

データセットがメモリに入る程度に小さい場合には、データセットのcache()メソッドを使ってその内容をRAMにキャッシュすれば、学習時間が大幅に短縮される。一般に、RAMへのキャッシングは、データをロード、前処理したあと、シャッフル、リピート、バッチへの分割、プリフェッチをする前に行う。こうすれば、個々のインスタンスの読み出しと前処理は全体で1度だけ（エポックごとに1度だけではなく）になる一方で、エポックごとにデータはシャッフルされ、次のバッチはあらかじめ準備されるようになる。

これで複数のテキストファイルからデータをロードし、前処理する効率的な入力パイプラインの作り方がわかった。最もよく使われるデータセットメソッドは取り上げた。しかし、concatenate()、zip()、window()、reduce()、shard()、flat_map()、apply()、unbatch()、padded_batch()などの機能も見ておきたいところだ。また、Pythonジェネレータから新しいデータセットを作るfrom_generator()とテンソルリストから新しいデータセットを作るfrom_tensors()の2つのクラスメソッドも知っておきたい。詳しくはAPIドキュメントを参照してほしい。また、tf.data.experimentalには実験的な機能が含まれており、その多くは将来のリリースではコアAPIになるはずだ（例えば、CsvDatasetクラスや各列のデータ型を推論するmake_csv_dataset()メソッドなどを見ておこう）。

13.1.7 Kerasのもとでのデータセットの使い方

csv_reader_dataset()を使えば学習セットのためのデータセットを作れるようになった。検証セットとテストセットのためのデータセットも作れる。学習セットはエポックごとにシャッフルされる（必要ではないが、検証セットとテストセットもシャッフルされることに注意しよう）。

```
train_set = csv_reader_dataset(train_filepaths)
valid_set = csv_reader_dataset(valid_filepaths)
test_set = csv_reader_dataset(test_filepaths)
```

これらのデータセットを使えば、Kerasモデルを簡単に構築、学習できるようになった。モデルのfit()メソッドを呼び出すときに、X_train, y_trainではなくtrain_set、validation_data=(X_valid, y_valid)ではなくvalidation_data=valid_setを渡せるようになり、fit()メソッドはエポックごとに順序をランダムに変えながら各エポック1回ずつデータセットの学習を繰り返せるようになった。

```
model = tf.keras.Sequential([...])
model.compile(loss="mse", optimizer="sgd")
model.fit(train_set, validation_data=valid_set, epochs=5)
```

同様に、evaluate()、predict()メソッドにもデータセットを渡せる。

```
test_mse = model.evaluate(test_set)
new_set = test_set.take(3)  # 3個の新しいサンプルがあるふりをする
y_pred = model.predict(new_set)  # NumPy配列を渡してもよい
```

ほかのデータセットとは異なり、通常new_setにはラベルが含まれていない。含まれていても、この例のようにKerasは無視する。これらのどの条件でも、依然としてデータセットの代わりにNumPy

配列も使えることに注意しよう（もちろん、先にロード、前処理が必要である）。

カスタム学習ループを作りたい場合（12章参照）には、ごく自然に学習セットを反復処理できる。

```
n_epochs = 5
for epoch in range(n_epochs):
    for X_batch, y_batch in train_set:
        [...]  # 1回の勾配降下法ステップを実行
```

実際、1回のエポック全体でモデルを学習するTF関数（12章参照）も作れる。

```
@tf.function
def train_one_epoch(model, optimizer, loss_fn, train_set):
    for X_batch, y_batch in train_set:
        with tf.GradientTape() as tape:
            y_pred = model(X_batch)
            main_loss = tf.reduce_mean(loss_fn(y_batch, y_pred))
            loss = tf.add_n([main_loss] + model.losses)
        gradients = tape.gradient(loss, model.trainable_variables)
        optimizer.apply_gradients(zip(gradients, model.trainable_variables))

optimizer = tf.keras.optimizers.SGD(learning_rate=0.01)
loss_fn = tf.keras.losses.mean_squared_error
for epoch in range(n_epochs):
    print("\rEpoch {}/{}".format(epoch + 1, n_epochs), end="")
    train_one_epoch(model, optimizer, loss_fn, train_set)
```

Kerasでは、学習のための個々の`tf.function`呼び出しで`fit()`メソッドが処理するバッチ数を`compile()`メソッドの`steps_per_execution`引数で定義できる。デフォルトは1だが、50にすると性能を大幅に上げられる。ただし、Kerasの`on_batch_*()`メソッド群は、50バッチごとにしか呼び出されなくなる。

これでtf.data APIを使って強力な入力パイプラインを作る方法がわかった。しかし、今まで使ってきたのはCSVファイルである。CSVファイルは、確かに単純便利でよく使われているが、あまり効率的でなく、大規模なデータ構造や複雑なデータ構造（例えば画像や音声など）を十分サポートしていない。次は、CSVの代わりにTFRecordを使いたいときにはどうするかを見てみよう。

CSVファイル（その他実際に使っているほかの形式でも）で満足であれば、TFRecordを使う必要はない。よく言われるように、壊れていないものを直そうとしてはならない。TFRecordは、データのロード、パースが学習中のボトルネックになっているときに役立つ。

13.2 TFRecord形式

TFRecord形式は、大量のデータを格納し、効率よく読みたいときにTensorFlowで推奨されているデータ形式だ。可変サイズのバイナリレコードのシーケンスを格納しているだけの単純なバイナリデータ形式である（各レコードは、長さ情報、その長さ情報が壊れていないことをチェックするためのCRC

チェックサム、実データ、実データのためのチェックサムが続く形式になっている)。TFRecordファイルは、tf.io.TFRecordWriterクラスで簡単に作れる。

```
with tf.io.TFRecordWriter("my_data.tfrecord") as f:
    f.write(b"This is the first record")
    f.write(b"And this is the second record")
```

そして、tf.data.TFRecordDatasetクラスを使えば、1つ以上のTFRecordファイルを読み出せる。

```
filepaths = ["my_data.tfrecord"]
dataset = tf.data.TFRecordDataset(filepaths)
for item in dataset:
    print(item)
```

このコードは次のように出力する。

```
tf.Tensor(b'This is the first record', shape=(), dtype=string)
tf.Tensor(b'And this is the second record', shape=(), dtype=string)
```

デフォルトでは、TFRecordDatasetはファイルを1つずつシーケンシャルに読み出すが、コンストラクタにファイルパスのリストを渡し、num_parallel_readsに2以上の値を指定すれば、複数のファイルを並列に読み出してレコードをインターリーブできる。複数のCSVファイルを読み出したときのように、list_files()、interleave()を使っても同じ結果が得られる。

13.2.1 TFRecordファイルの圧縮

特にネットワークを介してデータをロードしておくときなどは、TFRecordファイルを圧縮すると役に立つことがある。圧縮TFRecordファイルは、options引数を指定すれば作れる。

```
options = tf.io.TFRecordOptions(compression_type="GZIP")
with tf.io.TFRecordWriter("my_compressed.tfrecord", options) as f:
    f.write(b"Compress, compress, compress!")
```

圧縮TFRecordファイルを読み出すときには、圧縮タイプを指定しておく。

```
dataset = tf.data.TFRecordDataset(["my_compressed.tfrecord"],
                                  compression_type="GZIP")
```

13.2.2 プロトコルバッファ入門

TFRecordファイルの個々のレコードはどのバイナリ形式でもかまわないが、通常はシリアライズされたプロトコルバッファ(Protocol Buffers、protobufとも呼ばれる)になっている。protobufは、可搬性、拡張性が高く効率のよいバイナリ形式で、Googleが2001年に開発し、2008年にオープンソース化した。現在は広く使われており、特にGoogleのRPCシステムであるgRPC(https://grpc.io)でよく使われている。protobufは、次のような単純な言語を使って定義される。

```
syntax = "proto3";
message Person {
    string name = 1;
    int32 id = 2;
    repeated string email = 3;
}
```

この定義は、protobuf形式のバージョン3を使っていることを示した上で、個々のPersonオブジェクト[*1]が（オプションで）string型のname、int32型のid、string型の0個以上のemailフィールドを持てることを規定している。1、2、3の数字はフィールドIDで、各レコードのバイナリ表現の中で使われる。.protoファイルにこのような定義を格納したら、定義をコンパイルできる。コンパイルはPython（またはほかの数種の言語）のアクセスクラスを生成する処理で、protobufコンパイラのprotocを必要とする。私たちがTensorFlowで一般に使うprotobuf定義は既にコンパイル済みで、PythonクラスはTensorFlowライブラリの一部になっているので、protocを使う必要はない。知らなければならないのは、Pythonのprotobufアクセスクラスの**使い方**だけだ。Person protobufのために生成されたアクセスクラスを使った単純な例を使って基本的なところを見てみよう。

```
>>> from person_pb2 import Person  # 生成済みのアクセスクラスをインポートする
>>> person = Person(name="Al", id=123, email=["a@b.com"])  # Personを作る
>>> print(person)  # Personを表示する
name: "Al"
id: 123
email: "a@b.com"
>>> person.name  # フィールドを読み出す
'Al'
>>> person.name = "Alice"  # フィールドを書き換える
>>> person.email[0]  # 反復のあるフィールドは配列のようにアクセスできる
'a@b.com'
>>> person.email.append("c@d.com")  # メールアドレスを追加する
>>> serialized = person.SerializeToString()  # オブジェクトをバイト列にシリアライズする
>>> serialized
b'\n\x05Alice\x10{\x1a\x07a@b.com\x1a\x07c@d.com'
>>> person2 = Person()  # 新しいPersonを作る
>>> person2.ParseFromString(serialized)  # バイト列(長さ27バイト)をパースする
27
>>> person == person2  # 両者は等しい
True
```

要するに、protocで生成されたPersonクラスをインポートし、そのインスタンスを作って操作し、可視化して、一部のフィールドを読み書きし、SerializeToString()メソッドでシリアライズしている。シリアライズによって得られたものは、保存したり、ネットワークを介して転送したりすることができるバイナリデータだ。このデータを読み出したり受信したりしたときには、ParseFromString()

*1 protobufオブジェクトはシリアライズして転送することを意識しているので、**メッセージ**（message）とも呼ばれる。

メソッドでパースすると、シリアライズされる前のオブジェクトのコピーが得られる[*1]。

シリアライズされたPersonオブジェクトはTFRecordファイルに保存でき、保存されたオブジェクトはロード、パースできる。これですべてがうまくいきそうだ。しかし、ParseFromString()はTensorFlow演算ではない。そのため、この関数はtf.dataパイプラインに前処理関数として組み込めない（12章で説明したようにtf.py_function()でラップすれば組み込めるが、そうするとコードは遅くなり、可搬性が下がる）。もっとも、tf.io.decode_proto()がある。この関数は、protobuf定義を与えれば任意のprotobufをパースできる（具体例はノートブック参照）。とは言え、一般的にはこの関数ではなく、TensorFlowが専用のパース演算を用意している定義済みのprotobufを使った方がよい。次節では、その定義済みprotobufについて説明しよう。

13.2.3 TensorFlow Protobuf

TFRecordで一般に使われているメインのprotobufは、データセットに含まれる1インスタンスを表現するExample protobufだ。この中には、名前付き特徴量のリストが含まれ、個々の特徴量はバイト列のリスト、浮動小数点数のリスト、整数のリストのどれかにできる。Exampleのprotobuf定義は次のようになっている（TensorFlowのソースコードから引用）。

```
syntax = "proto3";
message BytesList { repeated bytes value = 1; }
message FloatList { repeated float value = 1 [packed = true]; }
message Int64List { repeated int64 value = 1 [packed = true]; }
message Feature {
    oneof kind {
        BytesList bytes_list = 1;
        FloatList float_list = 2;
        Int64List int64_list = 3;
    }
};
message Features { map<string, Feature> feature = 1; };
message Example { Features features = 1; };
```

BytesList、FloatList、Int64Listの定義はごくわかりやすいものだろう。繰り返しを含む数値フィールドで効率的なエンコーディングを使えるように、[packed = true]が使われていることに注目しよう。Featureには、BytesList、FloatList、Int64Listのどれかが含まれる、Features（sが付いている方）には、特徴量の名前から特徴量の値にアクセスするための辞書が含まれている。そして、Exampleには、Featuresオブジェクトだけが含まれる。

Featuresオブジェクトしか含まれていないのに、なぜExampleが定義されたのだろうか。TensorFlowの開発者たちは、いつかフィールドを追加しようと思っているのかもしれない。新しいExampleの定義に同じIDでfeaturesフィールドが含まれている限り、下位互換性は維持される。このような拡張性の高さは、protobufの優れた特長の1つである。

---

*1　この章では、TFRecordを使うために最低限必要なprotobufの知識しか説明していない。protobufについてもっと詳しく学びたいなら、https://homl.info/protobuf を参照のこと。

先ほどと同じ人を表すtf.train.Exampleを作るには、次のようにする。

```
from tensorflow.train import BytesList, FloatList, Int64List
from tensorflow.train import Feature, Features, Example

person_example = Example(
    features=Features(
        feature={
            "name": Feature(bytes_list=BytesList(value=[b"Alice"])),
            "id": Feature(int64_list=Int64List(value=[123])),
            "emails": Feature(bytes_list=BytesList(value=[b"a@b.com",
                                                          b"c@d.com"]))
        }))
```

このコードは少々長ったらしく、繰り返しが多いが、小さなヘルパー関数で簡単にラップできる。Example protobufを作ったら、SerializeToString()メソッドを呼び出してシリアライズし、得られたデータをTFRecordファイルに書き込める。連絡先が複数あるふりをするために、これを5回書き込もう。

```
with tf.io.TFRecordWriter("my_contacts.tfrecord") as f:
    for _ in range(5):
        f.write(person_example.SerializeToString())
```

通常は5個のExampleよりもはるかに多くのデータを書き込む。一般に、現在の形式（例えばCSVファイル）からデータを読み出し、個々のインスタンスのためにExample protobufを作り、シリアライズして複数のTFRecordファイルに保存する変換スクリプトを作ることになるだろう（できれば、途中でシャッフルしておきたい）。これはちょっとした手間になるので、本当にTFRecordが必要かどうかを確認しよう（おそらく、あなたのパイプラインはCSVファイルでも動作するはずだ）。

シリアライズされたExampleを含むTFRecordファイルができた。これをロードしてみよう

13.2.4 Exampleのロードとパース

シリアライズされたExample protobufのロードでは、再びtf.data.TFRecordDatasetを使う。そして、個々のExampleのパースにはtf.io.parse_single_example()を使う。パースには、少なくともシリアライズされたデータを格納する文字列スカラテンソルと個々の特徴量の記述の2つの引数が必要になる。記述は、個々の特徴量名からtf.io.FixedLenFeature記述子かtf.io.VarLenFeature記述子を引き出してくる辞書になっている。tf.io.FixedLenFeature記述子は特徴量の形、データ型、デフォルト値を示すのに対し、f.io.VarLenFeature記述子はデータ型しか示さない（"emails"特徴量のように、特徴量リストの長さが可変のときに使われる）。

次のコードは、記述辞書を定義してTFRecordDatasetを作り、作ったTFRecordDatasetを引数としてカスタム前処理関数を呼び出してこのデータセットに含まれているシリアライズされたExample protobufをパースする。

```
feature_description = {
    "name": tf.io.FixedLenFeature([], tf.string, default_value=""),
    "id": tf.io.FixedLenFeature([], tf.int64, default_value=0),
    "emails": tf.io.VarLenFeature(tf.string),
}

def parse(serialized_example):
    return tf.io.parse_single_example(serialized_example, feature_description)

dataset = tf.data.TFRecordDataset(["my_contacts.tfrecord"]).map(parse)
for parsed_example in dataset:
    print(parsed_example)
```

パースによって固定長特徴量は通常のテンソルになるが、可変長特徴量は疎テンソルになる。tf.sparse.to_dense()を使えば疎テンソルを密テンソルに変換できるが、この場合は値にアクセスした方が簡単だ。

```
>>> tf.sparse.to_dense(parsed_example["emails"], default_value=b"")
<tf.Tensor: [...] dtype=string, numpy=array([b'a@b.com', b'c@d.com'], [...])>
>>> parsed_example["emails"].values
<tf.Tensor: [...] dtype=string, numpy=array([b'a@b.com', b'c@d.com'], [...])>
```

しかし、tf.io.parse_single_example()でExampleを1つずつパースするのではなく、tf.io.parse_example()でバッチごとにパースした方がよい。

```
def parse(serialized_examples):
    return tf.io.parse_example(serialized_examples, feature_description)

dataset = tf.data.TFRecordDataset(["my_contacts.tfrecord"]).batch(2).map(parse)
for parsed_examples in dataset:
    print(parsed_examples)  # 1回に2つの例を含む
```

BytesListには、シリアライズされたオブジェクトを含め、あらゆるバイナリデータを格納できる。例えば、tf.io.encode_jpeg()を使えばJPEG形式で画像をエンコードし、得られたバイナリデータをBytesListに格納できる。その後、TFRecordを読み出すときには、まずExampleをパースしてから、tf.io.decode_jpeg()でデータをさらにパースしてもとの画像に戻す（任意のBMP、GIF、JPEG、PNG画像をデコードできるtf.io.decode_image()を使ってもよい）。BytesListには任意のテンソルも格納できる。まず、tf.io.serialize_tensor()でテンソルをシリアライズしてから、得られたバイト列をBytesListに詰め込む。その後、もとのテンソルが必要になったら、tf.io.parse_tensor()でデータをパースすればよい。画像とテンソルをTFRecordファイルに格納する例は、https://homl.info/colab3のノートブックを参照のこと。

以上からもわかるように、Example protobufは柔軟性が高く、ほとんどのユースケースはExample protobufで十分対応できる。しかし、リストのリストを扱うときには、Exampleでは煩雑に思われるかもしれない。例えば、テキストの文書を分類したいとする。個々の文書は文のリスト、個々の文は単語のリストとして表現できる。そして、文書にはコメントのリストが付随し、個々のコメントは単語のリストとして表現される。さらに、文書の著作者、タイトル、発行日付などのメタデータも付随する。このようなユースケースのために、TensorFlowにはSequenceExampleというprotobufもある。

13.2.5 SequenceExample protobufを使ったリストのリストの処理

SequenceExample protobufは、次のように定義されている。

```
message FeatureList { repeated Feature feature = 1; };
message FeatureLists { map<string, FeatureList> feature_list = 1; };
message SequenceExample {
    Features context = 1;
    FeatureLists feature_lists = 2;
};
```

SequenceExampleにはメタデータのためのFeaturesオブジェクト（context）と1つ以上の名前付きFeatureListを格納するFeatureListsオブジェクトが含まれている（例えば、"content"という名前のFeatureListと"comments"という名前のFeatureList）。個々のFeatureListには、Featureオブジェクトのリストが含まれ、個々のFeatureオブジェクトはバイト列のリスト、64ビット整数のリスト、浮動小数点数のリストのどれかになっている（この例では、個々のFeatureは、おそらく単語識別子のリストという形で文かコメントを表現する）。SequenceExampleの構築、シリアライズ、パースは、Exampleの構築、シリアライズ、パースとよく似ているが、1つのSequenceExampleのパースにはtf.io.parse_single_sequence_example()、バッチのパースにはtf.io.parse_sequence_example()を使わなければならない。どちらの関数も、メタデータの特徴量（辞書形式）と特徴量リスト（同じく辞書形式）のタプルを返す。特徴量リストに可変長のシーケンスが含まれている場合（先ほどの例のように）、tf.RaggedTensor.from_sparse()を使って不規則なテンソルに変換するとよいかもしれない（完全なコードはノートブックを参照）。

```
parsed_context, parsed_feature_lists = tf.io.parse_single_sequence_example(
    serialized_sequence_example, context_feature_descriptions,
    sequence_feature_descriptions)
parsed_content = tf.RaggedTensor.from_sparse(parsed_feature_lists["content"])
```

tf.data API、TFRecord、protobufを使った効率のよいデータの格納、ロード、パース、前処理の方法がわかったので、次はKeras前処理層を見ていこう。

13.3 Kerasの前処理層

データをニューラルネットワークに与えられる状態にするためには、数値特徴量の正規化、カテゴリ特徴量とテキストのエンコード、画像のトリミングとサイズ変更といった処理が必要になる。そのための方法には複数の選択肢がある。

- NumPy、Pandas、scikit-learnなどの好みのツールを使って、学習データファイルを作る前に前処理をするという方法がある。本番モデルが学習時と同じように前処理された入力を受け付けられるようにするために、本番とまったく同じ前処理ステップを実行する必要がある。

- この章で既に示したように、tf.dataでデータをロードするときにデータセットのmapメソッドでデータセットのすべての要素を処理するという形でも前処理を実行できる。この場合も、本番と同じ前処理ステップを実行する必要がある。
- モデルに前処理層を直接組み込み、学習中にすべての入力データを前処理し、本番環境でも同じ前処理層を使うという方法もある。この章のこれからの部分は、この最後のアプローチを見ていく。

Kerasはモデルに組み込めるさまざまな前処理層を提供している。それらは数値特徴量、カテゴリ特徴量、画像、テキストを処理できる。以下の小節では、数値特徴量とカテゴリ特徴量、テキストの基本的な前処理を説明する。画像の前処理は14章、テキストのより高度な前処理は16章で取り上げる。

13.3.1 Normalization層

10章で説明したように、Kerasは入力特徴量の標準化に使えるNormalization層を提供している。層を作るときに平均と分散を指定することもできるが、より単純にモデルを学習する前にこの層のadapt()メソッドに学習セットを渡してもよい。すると、Normalization層が学習前に自分で特徴量の平均と分散を計算してくれる。

```
norm_layer = tf.keras.layers.Normalization()
model = tf.keras.models.Sequential([
    norm_layer,
    tf.keras.layers.Dense(1)
])
model.compile(loss="mse", optimizer=tf.keras.optimizers.SGD(learning_rate=2e-3))
norm_layer.adapt(X_train)  # すべての特徴量の平均と分散を計算
model.fit(X_train, y_train, validation_data=(X_valid, y_valid), epochs=5)
```

adapt()に渡すデータサンプルはデータセットを代表できる程度には大きくなければならないが、学習セット全体である必要はない。Normalizationの場合、通常は学習セットからランダムにサンプリングした数百インスタンスを渡せば、特徴量の平均、分散のよい推定値が得られる。

モデルにNormalization層を組み込んだので、もう標準化のことを心配せずに本番環境にモデルをデプロイできる。標準化はモデルが対応してくれる（**図13-4**参照）。これはすばらしいことだ。学習時と本番環境とで異なる前処理コードを保守管理することにしたものの、片方を更新したときにもう片方を更新し忘れると前処理の不一致が起こる。すると、本番モデルは予想外の方法で前処理されたデータを受け取ることになる。運がよければ明らかなバグが生まれて問題が発覚するが、運が悪ければ知らないうちにモデルの正確性が失われる。モデルにNormalization層を組み込めば、前処理の不一致のリスクは完全に取り除かれる。

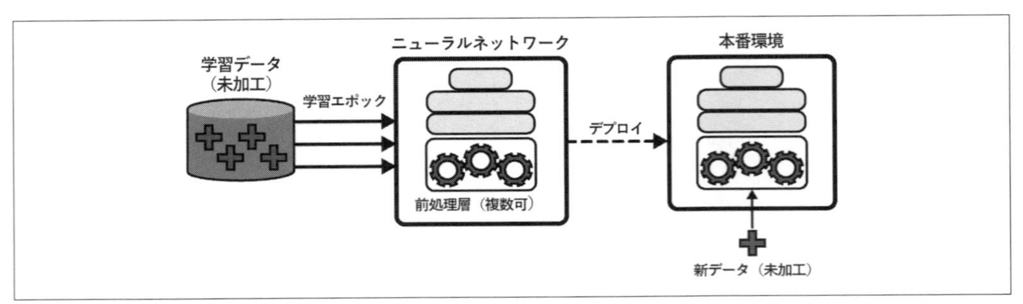

図13-4 モデルへの前処理層の組み込み

モデルに直接前処理層を組み込むのはわかりやすくてよい方法だが、学習の速度を低下させる（Normalization層の場合はごくわずかだが）。実際、学習中に前処理を実行するので、エポックごとに毎回前処理が実行されることになる。学習前に学習セット全体に1度だけ標準化した方がずっとよい。そのためには、学習から独立した形でNormalization層を使えばよい（scikit-learnのStandardScalerと似た形である）。

```
norm_layer = tf.keras.layers.Normalization()
norm_layer.adapt(X_train)
X_train_scaled = norm_layer(X_train)
X_valid_scaled = norm_layer(X_valid)
```

これで、Normalization層を組み込むことなく、標準化されたデータでモデルを学習できるようになる。

```
model = tf.keras.models.Sequential([tf.keras.layers.Dense(1)])
model.compile(loss="mse", optimizer=tf.keras.optimizers.SGD(learning_rate=2e-3))
model.fit(X_train_scaled, y_train, epochs=5,
          validation_data=(X_valid_scaled, y_valid))
```

これで学習は少しスピードアップする。しかし、今度はモデルを本番環境にデプロイしたときにモデルが入力を前処理しなくなる。この問題は、学習時にadapt()されたNormalization層と学習したばかりのモデルをラップする新しいモデルを作るだけで解決される。本番環境にこの新モデルをデプロイすれば、新モデルは入力の前処理と予測の両方を行う（**図13-5**参照）

```
final_model = tf.keras.Sequential([norm_layer, model])
X_new = X_test[:3]  # 数個の新インスタンス(スケーリングされていない)があるふりをする
y_pred = final_model(X_new)  # データを前処理して予測する
```

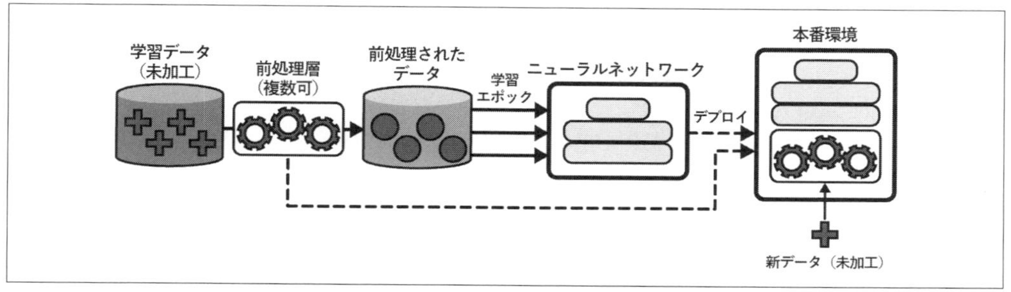

図13-5　前処理層を使って学習前に1度だけデータを前処理し、本番用モデルに前処理層を組み込む

これで両方のいいとこ取りができる。学習が始まる前に1度だけデータを前処理するので学習は高速になり、本番モデルは予測の前に入力を前処理できるので、前処理の不一致のリスクはない。

しかも、Kerasの各種前処理層はtf.data APIとうまく連携している。例えば、前処理層のadapt()メソッドにはtf.data.Datasetを渡せる。データセットのmap()メソッドを使えば、tf.data.DatasetをKerasの前処理層で処理できる。例えば、adapt()後のNormalization層でデータセットの各バッチの入力特徴量を前処理するには、次のようにすればよい。

```
dataset = dataset.map(lambda X, y: (norm_layer(X), y))
```

そして、Kerasの前処理層が提供する以上の機能が必要であれば、12章で説明したように独自のKeras層を書くという最後の手段がある。例えば、Normalization層というものがなかったとすれば、次のカスタム層で同じような結果が得られる。

```
import numpy as np

class MyNormalization(tf.keras.layers.Layer):
    def adapt(self, X):
        self.mean_ = np.mean(X, axis=0, keepdims=True)
        self.std_ = np.std(X, axis=0, keepdims=True)

    def call(self, inputs):
        eps = tf.keras.backend.epsilon()  # 小さな平滑化項
        return (inputs - self.mean_) / (self.std_ + eps)
```

では次にKerasのもう1つの前処理層として、数値特徴量用のDiscretization層を見てみよう。

13.3.2 Discretization層

Discretization層は、数値特徴量を範囲（ビンと呼ばれる）にマッピングしてカテゴリ特徴量に変換する。このような変換は、多峰分布を示す特徴量やターゲットとの間で非線形の関係を持つ特徴量などで役に立つことがある。例えば、次のコードはageという数値特徴量を18歳未満、18歳以上50歳未満、50歳以上の3つのカテゴリに変換する。

```
>>> age = tf.constant([[10.], [93.], [57.], [18.], [37.], [5.]])
>>> discretize_layer = tf.keras.layers.Discretization(bin_boundaries=[18., 50.])
>>> age_categories = discretize_layer(age)
>>> age_categories
<tf.Tensor: shape=(6, 1), dtype=int64, numpy=array([[0],[2],[2],[1],[1],[0]])>
```

この例では、ビンの境界(bin_boundaries)を指定しているが、作りたいビンの数を指定してDiscretization層のadapt()メソッドを呼び出せば、Discretization層が値の割合に基づいて適切なビン境界を見つけてくれる。例えば、num_bins=3と指定すれば、33、66パーセンタイル直下がビン境界になって上のビンに分類される(この例では、10と37)。

```
>>> discretize_layer = tf.keras.layers.Discretization(num_bins=3)
>>> discretize_layer.adapt(age)
>>> age_categories = discretize_layer(age)
>>> age_categories
<tf.Tensor: shape=(6, 1), dtype=int64, numpy=array([[1],[2],[2],[1],[2],[0]])>
```

この種のカテゴリ識別子の値は意味のある比較ができないので、一般にニューラルネットワークに直接渡すべきではない。例えばワンホットエンコーディングなどを使って、符号化する。次は、その方法を見てみよう。

13.3.3 CategoryEncoding層

カテゴリが少数なら(例えば2ダース未満)、ワンホットエンコーディングが適切な変換方法になることが多い(2章で説明したように)。KerasはそのためにCategoryEncoding層を提供している。例えば、今作ったage_categoriesをワンホットエンコーディングしてみよう。

```
>>> onehot_layer = tf.keras.layers.CategoryEncoding(num_tokens=3)
>>> onehot_layer(age_categories)
<tf.Tensor: shape=(6, 3), dtype=float32, numpy=
array([[0., 1., 0.],
       [0., 0., 1.],
       [0., 0., 1.],
       [0., 1., 0.],
       [0., 0., 1.],
       [1., 0., 0.]], dtype=float32)>
```

同時に複数のカテゴリ特徴量を符号化したい場合(それらすべてが同じカテゴリを使っていなければ無意味だが)、CategoryEncodingクラスはデフォルトで**マルチホットエンコーディング**(multi-hot encoding)を行う。出力テンソルは、入力特徴量の**どれか**を含んでいるカテゴリが1、そうでないカテゴリが0になる。

```
>>> two_age_categories = np.array([[1, 0], [2, 2], [2, 0]])
>>> onehot_layer(two_age_categories)
<tf.Tensor: shape=(3, 3), dtype=float32, numpy=
```

```
array([[1., 1., 0.],
       [0., 0., 1.],
       [1., 0., 1.]], dtype=float32)>
```

各カテゴリに属する値が何個あるかがわかるようにしたい場合には、CategoryEncoding層を作るときにoutput_mode="count"を設定する。すると、出力テンソルは、各カテゴリに属する値の個数を示すようになる。先ほどの例では、第2行だけが[0., 0., 2.]と出力されるように変わる。

マルチホットエンコーディングであれ、カウントエンコーディングであれ、何番目の特徴量によってカテゴリが1（以上）になるのかがわからないので、情報を失っている。例えば、[0, 1]と[1, 0]は、ともに[1., 1., 0.]と符号化される。この情報喪失を防ぎたければ、個々の特徴量を別個にワンホットエンコーディングし、その結果をずらずらと1列に並べるしかない。すると、[0, 1]は[1., 0., 0., 0., 1., 0.]（前半の3個が入力の第1要素、後半の3個が入力の第2要素を表している）、[1, 0]は[0., 1., 0., 1., 0., 0.]と符号化される。カテゴリの識別子が重なり合わないように識別子を操作しても同じ結果が得られる。例えば次の通り。

```
>>> onehot_layer = tf.keras.layers.CategoryEncoding(num_tokens=3 + 3)
>>> onehot_layer(two_age_categories + [0, 3])  # 第2特徴量に3を加える
<tf.Tensor: shape=(3, 6), dtype=float32, numpy=
array([[0., 1., 0., 1., 0., 0.],
       [0., 0., 1., 0., 0., 1.],
       [0., 0., 1., 1., 0., 0.]], dtype=float32)>
```

出力の第3要素までは第1の特徴量、第4要素以降は第2の特徴量を表している。これでモデルは2つの特徴量を区別できるようになる。しかし、この方法ではモデルに与える特徴量の数が増えてしまい、そのためモデルパラメータも増えてしまう。1個のマルチホットエンコーディングと特徴量ごとのワンホットエンコーディングのどちらが適切かをあらかじめ知るのは難しい。タスク次第でどちらにでもなることであり、両方を試さなければならない場合もある。

これで整数のカテゴリ特徴量をワンホット、またはマルチホットエンコーディングに符号化できるようになった。では、テキストのカテゴリ特徴量はどうすればよいだろうか。そのために、StringLookup層が作られている。

13.3.4 StringLookup層

citiesという特徴量をワンホットエンコーディングするために、KerasのStringLookup層を使ってみよう。

```
>>> cities = ["Auckland", "Paris", "Paris", "San Francisco"]
>>> str_lookup_layer = tf.keras.layers.StringLookup()
>>> str_lookup_layer.adapt(cities)
>>> str_lookup_layer([["Paris"], ["Auckland"], ["Auckland"], ["Montreal"]])
<tf.Tensor: shape=(4, 1), dtype=int64, numpy=array([[1], [3], [3], [0]])>
```

最初にStringLookup層を作ってから、層にデータを教えて（adapt()して）いる。層は3つのカテ

ゴリがあることを覚える。次に、この層を使っていくつかの都市名を符号化している。カテゴリはデフォルトで整数で符号化される。この場合の"Montreal"のように教えられていないカテゴリは0にマッピングされる。教えられたカテゴリは、頻出カテゴリからまれなカテゴリへという順序で1以上の値にマッピングされる。

StringLookup層を作るときにoutput_mode="one_hot"を設定すると、各カテゴリに対して整数の識別子ではなくワンホットベクトルを出力するようになる。

```
>>> str_lookup_layer = tf.keras.layers.StringLookup(output_mode="one_hot")
>>> str_lookup_layer.adapt(cities)
>>> str_lookup_layer([["Paris"], ["Auckland"], ["Auckland"], ["Montreal"]])
<tf.Tensor: shape=(4, 4), dtype=float32, numpy=
array([[0., 1., 0., 0.],
       [0., 0., 0., 1.],
       [0., 0., 0., 1.],
       [1., 0., 0., 0.]], dtype=float32)>
```

Kerasには、StringLookup層と似ているが、入力として文字列ではなく整数を受け付けるIntegerLookup層もある。

学習セットが非常に大きい場合には、StringLookup層には学習セットのサブセットだけを覚えさせられれば十分な場合があるだろう。実際、今までに説明してきたように、StringLookupのadapt()メソッドはまれなカテゴリの一部を区別しない形で学習する。デフォルトでは、それらはすべてカテゴリ0にマッピングされ、モデルはそれらを区別できなくなるわけだ。しかし、そこまで極端に少数派グループをまとめたくはないが、学習セットを徹底的にグループ分けするつもりもない場合には、num_oov_indices引数に2以上の整数を指定すればよい。指定した数は、語彙外（out-of-vocabulary：OOV）バケットの数となる。教えられていないカテゴリは、ハッシュ関数をバケット数で割ったときの剰余によって擬似乱数的にOOVバケットのどれかにマッピングされる。こうすれば、モデルはまれなカテゴリの一部を区別できるようになる。例を示す。

```
>>> str_lookup_layer = tf.keras.layers.StringLookup(num_oov_indices=5)
>>> str_lookup_layer.adapt(cities)
>>> str_lookup_layer([["Paris"], ["Auckland"], ["Foo"], ["Bar"], ["Baz"]])
<tf.Tensor: shape=(4, 1), dtype=int64, numpy=array([[5], [7], [4], [3], [4]])>
```

OOVバケットが5個あるので、学習で教えられたカテゴリのIDは5（"Paris"）から始まることになる。しかし、"Foo"、"Bar"、"Baz"は教えられていないので、これらは5個のOOVバケットのどれかにマッピングすればよい。この場合、"Bar"は運よく専用バケット（ID 3）を手に入れたが、"Foo"と"Baz"は運悪く同じバケット（ID 4）に振り分けられてしまい、モデルは両者を区別できない。これを**ハッシュ衝突**（hashing collision）と呼ぶ。ハッシュ衝突を減らすためには、OOVバケットの数を増やすしかない。しかし、そうするとカテゴリ数も増えてしまい、カテゴリをワンホットエンコーディングするときに必要なRAMの容量とモデルパラメータが増えてしまう。したがって、OOVバケットを無節操に増やすべきではない。

このように擬似乱数的にカテゴリをバケットにマッピングすることを**ハッシュトリック**(hashing trick)と呼ぶ。Kerasはそのための専用の層としてHashing層を提供している。

13.3.5 Hashing層

KerasのHashing層は、ハッシュ、すなわちハッシュ関数をバケット数で割った剰余を計算する。マッピングは完全に擬似乱数的だが、ランやプラットフォームが違っていても同じ値になる安定性を持っている(つまり、ビンの数が変わらない限り、同じカテゴリは同じ整数にマッピングされる。例として、Hashing層を使っていくつかの都市名を符号化してみよう。

```
>>> hashing_layer = tf.keras.layers.Hashing(num_bins=10)
>>> hashing_layer([["Paris"], ["Tokyo"], ["Auckland"], ["Montreal"]])
<tf.Tensor: shape=(4, 1), dtype=int64, numpy=array([[0], [1], [9], [1]])>
```

この層の利点は、adapt()が不要なことだ。アウトオブコア(データセットがメモリに入り切らない場合)などではこれが役に立つ。しかし、ここでもハッシュ衝突が起きている。"Tokyo"と"Montreal"が同じIDにマッピングされ、モデルが両者を区別できなくなってしまうのだ。したがって、通常はStringLookup層を使うようにした方がよい。

次に、これとは別のカテゴリの符号化方法である学習可能な埋め込みを見てみよう。

13.3.6 埋め込みを使ったカテゴリ特徴量のエンコード

埋め込みとは、カテゴリや語彙の中の単語といった高次元データの密な表現のことである。50,000種類の要素を持つカテゴリでワンホットエンコーディングを使うと50,000次元の疎ベクトル(つまり、ほとんどが0を格納している)を作ることになるが、埋め込みなら例えば100次元程度の比較的小さな密ベクトルになる。

深層学習では、埋め込みは通常ランダムに初期化され、ほかのモデルパラメータとともに勾配降下法で学習される。例えば、カリフォルニアの住宅価格データセットの"NEAR BAY"カテゴリは初期状態で[0.131, 0.890]のような乱数ベクトルで表現され、"NEAR OCEAN"カテゴリは[0.631, 0.791]のような別の乱数ベクトルで表現される。この例では2次元埋め込みを使っているが、次元数は操作できるハイパーパラメータである。

埋め込みは学習できるので、学習を通じて次第によくなってくる。そして、これらはかなり似ているカテゴリを表しているので、勾配降下法は全体が近くに集まるような圧力をかけていく。ただし、それらは"INLAND"カテゴリの埋め込みから引き離されていくだろう(**図13-6**参照)。実際、表現が適切であればあるほどニューラルネットワークは正確な予測をしやすくなるので、学習は埋め込みをカテゴリの有用な表現にしていく。これを**表現学習**(representation learning)と呼ぶ(17章では、別のタイプの表現学習が登場する)。

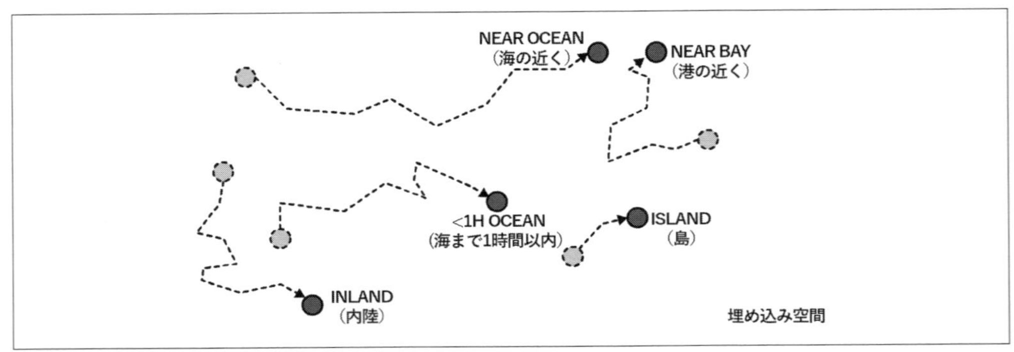

図13-6 埋め込みは学習を通じて次第によくなる

単語埋め込み

埋め込みは、目先のタスクで役に立つ表現になるだけでなく、ほかのタスクでも再利用できることが多い。これの最も一般的な例が**単語埋め込み**（word embedding：つまり個々の単語の埋め込み）だ。自然言語処理のタスクをするなら、自分で独自の埋め込みを学習するよりも事前学習済みの単語埋め込みを再利用した方がよい。

ベクトルを使って単語を表現するという発想は、1960年代までさかのぼれる。そして、ニューラルネットワークを使うものも含め、多くの高度なテクニックがベクトルを生成するために使われてきた。しかし、本当の意味で単語埋め込みが確立したのは、2013年にトマシュ・ミコロフ（Tomáš Mikolov）を始めとするGoogleの研究者たちがニューラルネットワークを使って単語埋め込みを学習する効率的なテクニックについての論文（https://homl.info/word2vec）[*1]を発表し、従来の試みよりも高い性能を実現してからである。彼らはこのテクニックにより巨大なテキストコーパスから単語埋め込みを学習できるようにした。彼らは、任意の単語の近くにある単語群を予測できるニューラルネットワークを学習したのである。例えば、同義語は非常に近い埋め込みを持ち、France、Spain、Italyなどの意味的に関連する単語は近くに集まるようになった。

しかし、関連する単語同士が単に近くに配置されるという話だけではない。彼らの単語埋め込みは、埋め込み空間内の意味のある軸に沿って整頓されていたのである。有名な例を挙げよう。「King − Man + Woman」を計算すると（これらの単語の埋め込みベクトルの加算、減算という意味）、結果はQueenという単語の埋め込みの近くになる（**図13-7**参照）。つまり、単語の埋め込みはジェンダーの概念を符号化していたのだ。同様に、「Madrid − Spain + France」を計算すると、結果はParisの近くになる。この埋め込みには、首都の概念も符号化されていたようだ。

*1 Tomáš Mikolov et al., "Distributed Representations of Words and Phrases and Their Compositionality", *Proceedings of the 26th International Conference on Neural Information Processing Systems* 2 (2013): 3111-3119.

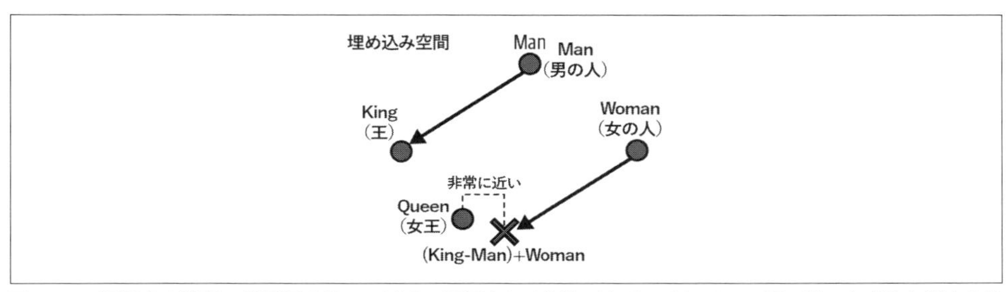

図13-7　類似する単語の単語埋め込みは近くに配置される傾向がある。そして、一部の軸は意味的な概念を符号化しているように感じられる

残念ながら、単語埋め込みはときどきひどいバイアスを捉えてしまうことがある。例えば、「ManとKingの関係がWomanとQueenの関係に対応する」ことを正しく学習するが、「ManとDoctorの関係がWomanとNurseの関係に対応する」とも学習してしまうようだ。これではジェンダー上の偏見もはなはだしい。公平を期するために言っておくと、この例は、マルビナ・ミシム（Malvina Nissim）らの2019年の論文（https://homl.info/fairembeds）*1が指摘するように、誇張されているようだ。しかし、深層学習アルゴリズムで公平性を確保することは重要で活発に研究されているテーマである。

Kerasは、**埋め込み行列**（embedding matrix）をラップするEmbedding層を提供している。この行列はカテゴリごとに1行、埋め込みの次元ごとに1列を使っている。デフォルトでは、ランダムに初期化される。Embedding層は、カテゴリIDを埋め込みに変換するために単純に行列をルックアップしてカテゴリに対応する行を返す。ただそれだけだ。例えば、5行で2次元のEmbedding層を初期化し、カテゴリの符号化のために使ってみよう。

```
>>> tf.random.set_seed(42)
>>> embedding_layer = tf.keras.layers.Embedding(input_dim=5, output_dim=2)
>>> embedding_layer(np.array([2, 4, 2]))
<tf.Tensor: shape=(3, 2), dtype=float32, numpy=
array([[-0.04663396,  0.01846724],
       [-0.02736737, -0.02768031],
       [-0.04663396,  0.01846724]], dtype=float32)>
```

このように、カテゴリ2は`[-0.04663396,  0.01846724]`という2次元ベクトルとして符号化され（2回）、カテゴリ4は`[-0.02736737, -0.02768031]`に符号化されている。層をまだ学習していないので、符号化されたベクトルはランダムな状態だ。

Embedding層はランダムに初期化されるので、学習済みの重みで初期化するのでない限り、単独の前処理層としてモデルの外で使っても無意味だ。

*1　Malvina Nissim et al., "Fair Is Better Than Sensational: Man Is to Doctor as Woman Is to Doctor", arXiv preprint arXiv:1905.09866 (2019).

カテゴリとして使われるテキスト属性を埋め込みたければ、次のように単純にStringLookup層とEmbedding層を連鎖させればよい。

```
>>> tf.random.set_seed(42)
>>> ocean_prox = ["<1H OCEAN", "INLAND", "NEAR OCEAN", "NEAR BAY", "ISLAND"]
>>> str_lookup_layer = tf.keras.layers.StringLookup()
>>> str_lookup_layer.adapt(ocean_prox)
>>> lookup_and_embed = tf.keras.Sequential([
...     str_lookup_layer,
...     tf.keras.layers.Embedding(input_dim=str_lookup_layer.vocabulary_size(),
...                               output_dim=2)
... ])
...
>>> lookup_and_embed(np.array([["<1H OCEAN"], ["ISLAND"], ["<1H OCEAN"]]))
<tf.Tensor: shape=(3, 2), dtype=float32, numpy=
array([[-0.01896119,  0.02223358],
       [ 0.02401174,  0.03724445],
       [-0.01896119,  0.02223358]], dtype=float32)>
```

埋め込み行列の行数は語彙のサイズと等しくなければならない。それは既知のカテゴリ数とOOVバケット数（デフォルトは1個だけ）の和ということだ。この数値は、StringLookupクラスのvocabulary_size()メソッドで得られる。

この例では2次元埋め込みを使ったが、一般的な目安として埋め込みは10次元から300次元ほどになる。次元数は、タスク、語彙の規模、学習セットの大きさによって左右される。次元数はハイパーパラメータであり、チューニングが必要だ。

以上をまとめると、通常の数値特徴量とともにテキストのカテゴリ特徴量を処理し、個々のカテゴリ（および個々のOOVバケット）の埋め込みを学習できるKerasモデルを作れる。

```
X_train_num, X_train_cat, y_train = [...]  # 学習セットをロードする
X_valid_num, X_valid_cat, y_valid = [...]  # 検証セットも

num_input = tf.keras.layers.Input(shape=[8], name="num")
cat_input = tf.keras.layers.Input(shape=[], dtype=tf.string, name="cat")
cat_embeddings = lookup_and_embed(cat_input)
encoded_inputs = tf.keras.layers.concatenate([num_input, cat_embeddings])
outputs = tf.keras.layers.Dense(1)(encoded_inputs)
model = tf.keras.models.Model(inputs=[num_input, cat_input], outputs=[outputs])
model.compile(loss="mse", optimizer="sgd")
history = model.fit((X_train_num, X_train_cat), y_train, epochs=5,
                    validation_data=((X_valid_num, X_valid_cat), y_valid))
```

このモデルは、num_inputとcat_inputの2つの入力を受け付けている。num_inputはインスタンス当たり8個の数値特徴量、cat_inputはインスタンス当たり1個のテキストによるカテゴリ特徴量だ。

このモデルは、先ほど作ったlookup_and_embedモデルを使って個々の「海からの近さ」カテゴリを対応する学習可能な埋め込みに符号化する。次に、concatenate()関数を使って数値入力と埋め込みを連結し、ニューラルネットワークに与えられる完全に符号化された入力を作る。ここからはあらゆる種類のニューラルネットワークを追加できるが、ここでは話を単純にするために1個の出力全結合層を追加する。そして、定義した入力と出力でKerasModelを作る。さらに、モデルをコンパイル、学習して、数値とカテゴリの両方の入力を与える。

10章で説明したように、Input層には"num"と"cat"という名前を付けているので、fit()メソッドに学習データを渡すところでは、タプルではなく{"num": X_train_num, "cat": X_train_cat}という辞書を渡してもよい。また、((X_batch_num, X_batch_cat), y_batch)とか({"num": X_batch_num, "cat": X_batch_cat}, y_batch)という形で表現されるバッチを格納するtf.data.Datasetを渡してもよい。そしてもちろん、検証データについても同じことが当てはまる。

Dense層（活性化関数、バイアスなし）の後ろにワンホットエンコーディングが続いたものは、Embedding層と同等の機能を果たす。ただし、Embedding層は膨大な数の0による乗算を避けているので演算数が大幅に少なく、埋め込み行列のサイズが大きくなると性能の差がはっきり現れる。Dense層の重み行列は埋め込み行列の役割を果たす。例えば、サイズ20のワンホットベクトルと10ユニットのDense層を使うのは、input_dim=20でoutput_dim=10のEmbedding層を使うのと同じだ。そのため、Embedding層の後ろの層のユニット数よりも多くの埋め込み次元を使うのは無駄である。

カテゴリ特徴量の符号化の方法はこれでわかった。今度はテキストの前処理を見ていこう。

13.3.7 テキストの前処理

Kerasは、テキストの基本的な前処理のためのTextVectorization層を提供している。StringLookup層と同様に、作成時に語彙を与えるか、adapt()メソッドで一部の学習データから語彙を学習させせなければならない。具体例を示す。

```
>>> train_data = ["To be", "!(to be)", "That's the question", "Be, be, be."]
>>> text_vec_layer = tf.keras.layers.TextVectorization()
>>> text_vec_layer.adapt(train_data)
>>> text_vec_layer(["Be good!", "Question: be or be?"])
<tf.Tensor: shape=(2, 4), dtype=int64, numpy=
array([[2, 1, 0, 0],
       [6, 2, 1, 2]])>
```

「Be good!」と「Question: be or be?」の2つの文は、それぞれ[2, 1, 0, 0]と[6, 2, 1, 2]に符号化されている。語彙（「be」= 2、「to」= 3など）は、学習データの4つの文から学習したものだ。adapt()は、語彙を構築するために、まず学習データの文を小文字に変換し、句読点などの記号を取り除いている。「Be」、「be」、「be?」がすべて「be」= 2にエンコードされるのはそのためだ。次に、文を空白で分割し、得られた単語を頻出語から順にソートすると、最終的な語彙が得られる。文を符号化するとき、語彙にない単語は1に符号化される。そして、符号化のために与えられた2つの文のうち、最初の文の方が第2の文よりも短いので、最初の文の空白部分が0でパディングされている。

TextVectorization層には多数のオプションがある。例えば、大文字と小文字の区別と句読点を残したい場合にはstandardize=Noneを指定する。standardize引数では、これらの操作のための関数を指定することもできる。split=Noneを指定すれば分割を禁止でき、None以外の引数で分割関数を指定できる。output_sequence_length引数を使えば、すべての出力を指定した長さに切り取ったり、パディングしたりすることができる。また、ragged=Trueを指定すれば、通常のテンソルではなく不規則なテンソルが返されるようにできる。その他のオプションはドキュメントを参照してほしい。

単語IDは、Embedding層などを使って符号化しなければならない。これは16章で説明する。TextVectorizationのoutput_mode引数に"multi_hot"か"count"を設定すれば、対応する符号化方式が使える。しかし、単純に語数を数えるのでは一般に不十分だ。「to」とか「the」といった単語は頻出しすぎで分析に役立たない。「basketball」のような比較的出現度の低い単語の方が多くの情報を与えてくれる。そこで、output_modeは、一般に"multi_hot"や"count"などではなく"tf_idf"にした方がよい。TF-IDFは、term-frequency × inverse-document-frequency（単語の出現頻度 - 逆文書頻度）の略だ。"count"と似ているが、学習データで頻出する単語の重みは下げられ、まれな単語の重みは上げられる。例を示す。

```
>>> text_vec_layer = tf.keras.layers.TextVectorization(output_mode="tf_idf")
>>> text_vec_layer.adapt(train_data)
>>> text_vec_layer(["Be good!", "Question: be or be?"])
<tf.Tensor: shape=(2, 6), dtype=float32, numpy=
array([[0.96725637, 0.6931472 , 0. , 0. , 0. , 0.        ],
       [0.96725637, 1.3862944 , 0. , 0. , 0. , 1.0986123 ]], dtype=float32)>
```

TF-IDFには多数の変種があるが、TextVectorization層は個々の語数に$\log(1 + d/(f + 1))$という重みを掛けるように実装されている。ただし、dは学習データ中の文の総数（すなわちドキュメント）、fは学習用の文にその単語が含まれている個数である。例えば、この例では、学習データには$d = 4$個の文が含まれており、「be」という単語はそのうちの$f = 3$個に含まれている。「Question: be or be?」という文には「be」という単語が2回使われているので、$2 \times \log(1 + 4 / (1 + 3)) \approx 1.3862944$とエンコードされる。「question」という単語は1回しか使われていないが、「be」ほど頻出しないので、$1 \times \log(1 + 4 / (1 + 1)) \approx 1.0986123$とほぼ同じくらいに重くエンコードされる。未知の単語に対しては平均の重みが使われていることに注意しよう。

テキストを符号化するためのこのアプローチは簡単に使えて、基本的な自然言語処理ではかなりよい結果を生み出すが、重要な限界もいくつかある。単語をスペースで区切る言語でなければ動作せず、同形同音異義語（「耐える」という動詞の意味も「熊」という名詞の意味も持つ「bear」など）を区別できない。「evolution」と「evolutionary」のような単語に関連性があることをモデルに伝えられないなどだ。そして、マルチホット、カウント、TF-IDFエンコーディングを使うと、語順の情報は失われる。ではほかにどのような選択肢があるのだろうか。

1つは、TextVectorizationよりも高度な前処理機能を提供するTensorFlow Textライブラリ（https://tensorflow.org/text）だ。例えば、TensofFlow Textには、テキストを単語よりも小さいトークンに分割できるサブワードトークナイザが含まれており、「evolution」と「evolutionary」に共通点があることを簡単に検出できる（サブワードトークン化については16章で詳しく説明する）。

事前学習済みモデルのコンポーネントを使うという方法もある。次はこれを見てみよう。

13.3.8 事前学習済みモデルのコンポーネントの利用

テキスト、画像、音声などを処理するモデルで学習済みモデルのコンポーネントを再利用したいときには、TensorFlow Hubライブラリ（https://tensorflow.org/hub）が役に立つ。これらのモデルコンポーネントは、**モジュール**（module）と呼ばれる。TF Hubリポジトリ（https://tfhub.dev）に行き、必要なモデルを見つけ出し、プロジェクトにコード例をコピーするだけで、モジュールが自動的にダウンロードされ、自分のモデルに直接組み込めるKeras層にバンドルされる。一般に、モジュールには前処理コードと事前学習済みの重みが含まれており、それ以上学習する必要はない（もちろん、あなたのモデルのその他の部分は間違いなく学習が必要だが）。

言語モデルでも強力な事前学習済みモデルがいくつかある。最も強力なものは恐ろしく大規模なので（数GB）、手軽に使えるものの例としてnnlm-en-dim50モジュールのver.2を使ってみよう。このモジュールは、入力として未加工のテキストを受け付け、50次元の文埋め込み（sentence embedding）を出力する。ここでは、TensorFlow Hubをインポートし、それを使ってnnlm-en-dim50をロードし、モジュールを使って2個の文をベクトルに符号化する[*1]。

```
>>> import tensorflow_hub as hub
>>> hub_layer = hub.KerasLayer("https://tfhub.dev/google/nnlm-en-dim50/2")
>>> sentence_embeddings = hub_layer(tf.constant(["To be", "Not to be"]))
>>> sentence_embeddings.numpy().round(2)
array([[-0.25,  0.28,  0.01,  0.1 ,  [...] ,  0.05,  0.31],
       [-0.2 ,  0.2 , -0.08,  0.02,  [...] , -0.04,  0.15]], dtype=float32)
```

hub.KerasLayer層は、指定されたURLからモジュールをダウンロードする。ここでダウンロードしたモジュールは**文エンコーダ**（sentense encoder）だ。このモジュールは、入力として文字列を取り、文を1個のベクトル（この場合は50次元のベクトル）に符号化する。モジュールは文字列をパースし（スペースで単語を区切る）、Google News 7Bという巨大なコーパス（70億語）で既に学習してある埋め込み行列を使って個々の単語を埋め込みに符号化する。次にすべての単語の埋め込みの平均を計算し、計算結果が文埋め込みになる[*2]。

自分のモデルにhub_layerを組み込むだけでモジュールが使えるようになる。今回使った言語モデルは英語で学習されたものだが、ほかの言語のモデルや多言語のモデルもある。

最後になったが、自分のモデルに強力な言語モデルを簡単に組み込めるHugging Faceの

＊1 TensorFlow HubはTensorFlowにバンドルされていないが、Colabを使っているかhttps://homl.info/installの指示に従ってノートブックをインストールしていれば、既にインストールされている。

＊2 正確に言うと、文埋め込みは単語埋め込みの平均に文の語数の平方根を掛けた値である。n個の乱数ベクトルの平均はnの増加とともに小さくなるので、その分を補っているということだ。

Transformers（https://huggingface.co/docs/transformers）というすばらしいオープンソースライブラリを見逃すわけにはいかない。Hugging Face Hub（https://huggingface.co/models）に行き、使いたいモデルを選び、提供されているコード例を使って作業を始めればよい。以前は言語モデルしかなかったが、現在は画像モデル等も含むように拡張された。

自然言語処理については16章でもっと詳しく取り上げる。今はKerasの画像前処理層に目を移すことにしよう。

13.3.9　画像前処理層

Kerasの前処理APIには3つの画像前処理層が含まれている。

- `tf.keras.layers.Resizing`は入力画像を指定した大きさに変える。例えば、`Resizing(height=100, width=200)`を実行すると、個々の画像のサイズが100 × 200に変更される（おそらく画像は歪む）。`crop_to_aspect_ratio=True`を指定すると、画像はターゲットサイズに合わせてトリミングされ、歪みを防げる。
- `tf.keras.layers.Rescaling`はピクセルの値をリスケーリングする。例えば、`Rescaling(scale=2/255, offset=-1)`は、0から255までの値を－1から1までに変換する。
- `tf.keras.layers.CenterCrop`は、画像中央の指定した高さと幅の部分だけが残るように画像をトリミングする。

例として、2枚のサンプル画像をロードしてセンタークロップをしてみよう。画像のロードには、scikit-learnの`load_sample_images()`関数を使う。この関数は2枚のカラー写真をロードする。1枚は中国の寺院、もう1枚は花の写真である（Pillowライブラリが必要だが、Colabを使っているかインストール方法の説明に従っていれば既にインストールされているはずだ）。

```
from sklearn.datasets import load_sample_images

images = load_sample_images()["images"]
crop_image_layer = tf.keras.layers.CenterCrop(height=100, width=100)
cropped_images = crop_image_layer(images)
```

Kerasにはデータ拡張のための`RandomCrop`、`RandomFlip`、`RandomTranslation`、`RandomRotation`、`RandomZoom`、`RandomHeight`、`RandomWidth`、`RandomContrast`といった層も含まれている。これらの層は学習中しか機能せず、入力画像にランダムに変換を加える（層名からもわかるように）。データ拡張とは学習セットの画像数を人工的に増やす操作のことで、変換後の画像がリアルなら（データ拡張で作られたように見えないなら）モデルの性能を向上させられることが多い。画像処理については、次章で詳しく取り上げる。

Keras前処理層は、舞台裏でTensorFlowの低水準APIを使っている。例えば、Normalization層は平均と標準偏差の計算のためにtf.nn.moments()を使っている。Discretization層はtf.math.bincount()、CategoricalEncoding層はtf.math.bincount()、IntegerLookupとStringLookupはtf.lookupパッケージ、Embeddingはtf.nn.embedding_lookup()、画像前処理層はtf.imageパッケージを使っている。Keras前処理層では自分のニーズを満たせない場合には、TensorFlowの低水準APIを直接操作することが必要になるかもしれない。

では最後にTensorFlowで簡単かつ効率的にデータをロードするもう1つの方法を見てみよう。

13.4 TFDSプロジェクト

TFDS（TensorFlow Datasets）（https://tensorflow.org/datasets）プロジェクトは、MNISTやFashion MNISTのような小規模なものからImageNetのような巨大なもの（かなりのディスクスペースが必要になる）まで、広く使われているデータセットを非常に簡単にロードできるようにした。対象データセットには、画像データセット、テキストデータセット（翻訳データセットを含む）、音声や動画のデータセット、時系列データセットが含まれている。https://homl.info/tfdsに行けば、データセットの完全なリスト（簡単な説明付き）を見られる。TFDSが提供する多くのデータセットを探り、知るためのKnow Your Data（https://knowyourdata.withgoogle.com）ツールも見ておきたい。

TFDSはTensorFlowにバンドルされていないが、Colabを使っているかhttps://homl.info/installの指示に従っていれば既にインストールされている。tensorflow_datasetsをtfdsという名前でインポートし、tfds.load()関数を呼び出せば、必要なデータをダウンロードし（既にダウンロードされている場合を除く）、データセットの辞書という形でデータが返される（普通は学習用とテスト用に分けて）。例えば、MNISTをダウンロードしてみよう。

```
import tensorflow_datasets as tfds

datasets = tfds.load(name="mnist")
mnist_train, mnist_test = datasets["train"], datasets["test"]
```

これでデータセットに加えたい操作（一般的にはシャッフル、バッチ、プリフェッチ）を加えてモデルの学習を始められる。次に単純な例を示す。

```
for batch in mnist_train.shuffle(10_000, seed=42).batch(32).prefetch(1):
    images = batch["image"]
    labels = batch["label"]
    # [...] 画像とラベルに何らかの操作を加える
```

load()関数は、ダウンロードするファイルをシャッフルできる。shuffle_files=Trueを設定すればよい。しかし、これでは不十分かもしれないので、学習データはさらにシャッフルするとよい。

データセットの個々の要素が特徴量とラベルの両方を含む辞書になっていることに注意しよう。しかし、Kerasは個々の要素が2要素タプル（2要素とは、特徴量とラベルのことである）になっていることを前提として動作する。次のようにmap()メソッドでデータセットを変換すれば要件を満たせる。

```
mnist_train = mnist_train.shuffle(buffer_size=10_000, seed=42).batch(32)
mnist_train = mnist_train.map(lambda items: (items["image"], items["label"]))
mnist_train = mnist_train.prefetch(1)
```

しかし、as_supervised=Trueを指定してload()関数に変換をしてもらう方が簡単だ（当然ながら、これはラベル付きデータセットでしか動作しない）。

そして、TFDSはデータを分割するためのsplit引数という便利なものを提供している。例えば、学習セットの先頭90％を学習用、残りの10％を検証用、テストセット全部をテスト用に使いたい場合には、split=["train[:90%]", "train[90%:]", "test"]を指定すればよい。load()関数は3つのセットを返す。TFDSでMNISTデータセットをロード、分割し、これらを使って単純なKerasモデルを学習、評価する例を示そう。

```
train_set, valid_set, test_set = tfds.load(
    name="mnist",
    split=["train[:90%]", "train[90%:]", "test"],
    as_supervised=True
)
train_set = train_set.shuffle(buffer_size=10_000, seed=42).batch(32).prefetch(1)
valid_set = valid_set.batch(32).cache()
test_set = test_set.batch(32).cache()
tf.random.set_seed(42)
model = tf.keras.Sequential([
    tf.keras.layers.Flatten(input_shape=(28, 28)),
    tf.keras.layers.Dense(10, activation="softmax")
])
model.compile(loss="sparse_categorical_crossentropy", optimizer="nadam",
              metrics=["accuracy"])
history = model.fit(train_set, validation_data=valid_set, epochs=5)
test_loss, test_accuracy = model.evaluate(test_set)
```

おめでとう。かなり専門的なこの章がとうとう終わった。この章の内容はニューラルネットワークの抽象美からは程遠いと思われるかもしれない。しかし、深層学習は大量のデータを扱わなければならないことが多く、データを効率よくロード、パース、前処理する方法を知っていることは、必要不可欠なスキルなのだ。次章では、畳み込みニューラルネットワークを取り上げる。畳み込みニューラルネットワークは、画像処理その他の応用で最も大きな成功を収めているニューラルネットワークアーキテクチャの1つだ。

13.5 演習問題

1. tf.data API を使う理由は何か。
2. 大規模なデータセットを複数のファイルに分割することのメリットは何か。
3. 学習中入力パイプラインがボトルネックになっているかどうかをどのようにして判断するか。ボトルネックになっている場合、どのような対処をしたらよいか。
4. TFRecord ファイルにはバイナリデータを保存できるか、それともシリアライズされたプロトコルバッファしか保存できないか。
5. 手間を掛けてあらゆるデータを `Example` protobuf 形式に変換しているのはなぜか。なぜ独自の protobuf 定義を使わないのか。
6. TFRecord を使っている場合、どのようなときに圧縮を有効にしようと思うか。システマティックに圧縮しないのはなぜか。
7. データの前処理には、①データファイルに書き込むときに直接する、② tf.data パイプライン内でする、③モデル内の前処理層でするという選択肢がある。それぞれの方法の長所と短所を指摘しなさい。
8. カテゴリ特徴量を符号化するために使えるテクニックをいくつか挙げなさい。テキスト特徴量はどうか。
9. Fashion MNIST データセット（10 章参照）をロードし、学習セット、検証セット、テストセットに分割し、学習セットをシャッフルした上で、それぞれのデータセットを TFRecord ファイルに保存しなさい。個々のレコードは、シリアライズされた画像（`tf.io.serialize_tensor()` を使ってシリアライズする）とラベルの 2 つの特徴量を持つ `Example` protobuf をシリアライズしたものでなければならない[*1]。データセットの作成では、効率のよいものが作れる tf.data を使う。そして、Keras モデルを使ってデータセットを学習しなさい。モデルには、入力特徴量を標準化する前処理層を入れること。TensorBoard でプロファイリングデータを可視化して入力パイプラインをできる限り効率のよいものにしなさい。
10. この演習問題では、あるデータセットをダウンロードし、分割し、`tf.data.Dataset` を作り、そのデータセットを効率よくロード、前処理してから、`Embedding` 層を含む二値分類モデルを構築、学習する。
    a. Internet Movie Database（IMDb）（https://imdb.com）に掲載された 50,000 本の映画評をまとめた Large Movie Review Dataset（https://homl.info/imdb）をダウンロードしなさい。データは、`train` と `test` の 2 つのディレクトリに分かれており、それぞれ 12,500 本の肯定的な評価を集めた `pos` と 12,500 本の否定的な評価を集めた `neg` サブディレクトリに分かれている。個々の映画評は別個のテキストファイルに格納されている。ほかのファイルやフォルダ（前処理済みのバッグオブワーズなど）もあるが、この演習問題ではそれらは無視する。
    b. テストセットを検証セット（15,000 件）とテストセット（10,000 件）に分割しなさい。

---

*1　もっと大きな画像では、`tf.io.encode_jpeg()` を使った方がよいかもしれない。この関数を使うと、サイズが大幅に縮小されるが、画質が少し失われる場合がある。

c. tf.dataを使って、各セットから効率のよいデータセットを作りなさい。
d. 個々の映画評を前処理するためにTextVectorization層を使い、二値分類モデルを作りなさい。
e. Embedding層を追加し、個々の評価の平均埋め込みを計算した上で、語数の平方根を掛けなさい（16章参照）。このようにスケーリングし直された平均埋め込みは、モデルのほかの部分に渡せるようになる。
f. モデルを学習し、精度を出しなさい。学習時間ができる限り短縮されるようにパイプラインを最適化すること。
g. TFDSを使って同じデータセットをもっと簡単にロードしなさい（tfds.load("imdb_reviews")）。

演習問題の解答は、ノートブック（https://homl.info/colab3）の13章の部分を参照のこと。

14章 畳み込みニューラルネットワークを使った深層コンピュータビジョン

IBMのDeep Blueスーパーコンピュータは、1996年という早い時期にチェスの世界チャンピオン、ガルリ・カスパロフ（Garry Kasparov）を破っているが、つい最近に至るまで、コンピュータは写真から子犬を見つけ出すとか、話し言葉を認識するといった一見簡単なことでも信頼できる形では実行できなかった。私たち人間は、これらのことをなぜやすやすと行うことができるのだろうか。答えは、私たちの意識の領域の外にある脳内の視覚、聴覚、その他の知覚モジュールの中で認知が行われることにある。知覚情報には、私たちの意識に到達するまでに既に高水準の特徴量が付け加えられているのだ。例えば、かわいい子犬の写真を見たとき、子犬を**見ない**こと、そのかわいさに**気付かない**ことを選択することはできない。かわいい子犬を**どのようにして**認識するのかを説明することもできない。ただ、自明なこととしてわかるのである。そのため、私たちは自分たちの主観的な経験を信頼することはできない。認知は決して単純なものではなく、認知を理解するためには、知覚モジュールがどのような仕組みで機能しているのかに着目しなければならない。

畳み込みニューラルネットワーク（CNN：convolutional neural network）は、脳の視覚野の研究から生まれたもので、1980年代からコンピュータによる画像の認識で使われてきている。この10年の間に、計算能力の向上、利用できる学習データの増加、11章で説明した深層ニューラルネットワークの学習技法の発達のおかげで、CNNは一部の複雑な視覚的タスクで人間を越える性能を達成できるようになった。CNNは、画像検索サービス、自動運転車、自動動画分類システムなどの原動力となっている。しかも、CNNは視覚的な認識だけに制限された技術ではない。音声認識（voice recognition）、自然言語処理（NLP：natural language processing）などの多くのタスクでも成功を収めている。しかし、さしあたりは視覚的な応用だけに焦点を絞ろう。

この章では、CNNがどこから生まれたか、その部品はどのようになっているか、KerasでCNNをどのように実装するかを説明する。次に、最良のCNNアーキテクチャのいくつかを示す。さらに、物体検知（object detection：画像に含まれる複数の物体を分類し、バウンディングボックスで囲む）やセマンティックセグメンテーション（semantic segmentation：属する物体のクラスによって個々のピクセルを分類する）などのその他の視覚関連のタスクを取り上げる。

14.1 視覚野のアーキテクチャ

デビッド・H・ヒューベル（David H. Hubel）とトルステン・N・ウィーゼルは1958年（https://homl.info/71）*1と1959年（https://homl.info/72）*2に猫、（そして数年後に猿（https://homl.info/73）*3）で一連の実験を行い、視覚野の構造についてきわめて重要な知見を得た（著者たちは、この業績により、1981年にノーベル医学生理学賞を受賞している）。特に、彼らは視覚野の多くのニューロンが小さな**局所受容野**（local receptive field）を持っており、視野の中の限られた領域の視覚的刺激だけに反応していることを明らかにした（**図14-1**参照。破線の円で5個のニューロンの局所受容野を示している）。異なるニューロンの受容野は重なり合っている場合があり、それら全体を組み合わせて全体の視野が作られる。

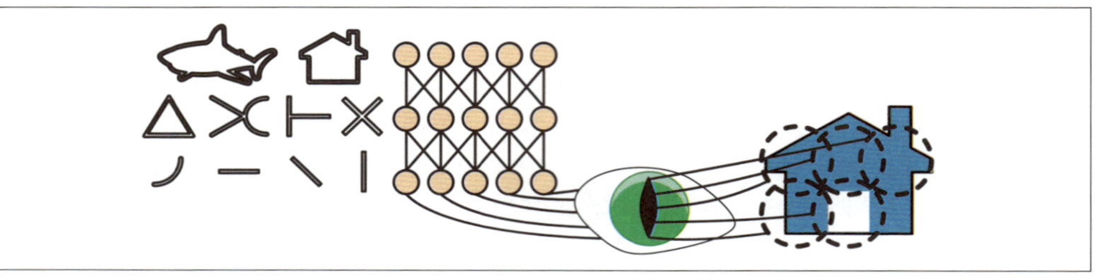

図14-1　視覚野の生物学的ニューロンは、視野の中の受容野と呼ばれる小さな領域に含まれる特定のパターンだけに反応する。視覚信号は脳内の連続したモジュールを通過し、ニューロンは次第に大きな受容野の中の複雑なパターンに反応するようになる

さらに、彼らは横線だけに反応するニューロンがある一方で、別の向きの線だけに反応するニューロンもあることを明らかにした（2つのニューロンが同じ受容野を持ちながら、異なる向きの線に反応する場合がある）。また、一部のニューロンがほかのニューロンよりも大きな受容野を持っており、下位レベルのパターンが組み合わさった複雑なパターンに反応していることにも気付いた。このような観察結果から、高水準のニューロンは近隣にある低水準のニューロンの出力を基礎として機能しているという考え方が生まれた（**図14-1**では、各ニューロンが前の層のニューロンの一部だけとつながっていることに注意しよう）。この強力なアーキテクチャは、視野の任意の領域に含まれるあらゆる複雑なパターンを検知できる。

視覚野についてのこれらの研究が1980年に提唱されたネオコグニトロン（https://homl.info/74）*4のアイデアを触発し、それが少しずつ進化して、畳み込みニューラルネットワーク（convolutional neural network）と呼ばれるものになった。その過程で重要な節目となったのが、ヤン・ルカン（Yann

*1　David H. Hubel, "Single Unit Activity in Striate Cortex of Unrestrained Cats", *The Journal of Physiology* 147 (1959): 226-238.

*2　David H. Hubel and Torsten N. Wiesel, "Receptive Fields of Single Neurons in the Cat' s Striate Cortex", *The Journal of Physiology* 148 (1959): 574-591.

*3　David H. Hubel and Torsten N. Wiesel, "Receptive Fields and Functional Architecture of Monkey Striate Cortex", *The Journal of Physiology* 195 (1968): 215-243.

*4　福島邦彦「位置ずれに影響されないパターン認識機構の神経回路のモデル―ネオコグニトロン―」(1979)。Kunihiko Fukushima, "Neocognitron: A Self-Organizing Neural Network Model for a Mechanism of Pattern Recognition Unaffected by Shift in Position," *Biological Cybernetics* 36 (1980): 193-202.

LeCun）らの1998年の論文（https://homl.info/75）*1である。この論文は、手書きのチェックナンバーの認識のために銀行で広く使われている有名なLeNet-5アーキテクチャを提案した。このアーキテクチャは、全結合層、シグモイド活性化関数などのみなさんが既に知っている部品を使っているが、さらに**畳み込み層**（convolutional layer）と**プーリング層**（pooling layner）の2つの新しい部品を導入した。それらについて見てみよう。

画像認識では、なぜ全結合層による通常の深層ニューラルネットワークを使わないのだろうか。小さな画像（例えばMNIST）ではそれでも機能するが、大きな画像では莫大な数のパラメータを必要とするために機能しなくなってしまうからだ。例えば、100×100ピクセルの画像は10,000個のピクセルを持ち、最初の層が1,000個のニューロンを持つとすると（これでも既に次の層に送れる情報の量に重大な制約を加えている）、全部で1千万の接続が必要になる。最初の層だけでこのようになってしまうのだ。CNNは、部分的に接続された層と重みの共有を使ってこの問題を解決する。

14.2 畳み込み層

畳み込み層（convolutional layer）*2は、CNNで最も重要な部品だ。最初の畳み込み層のニューロンは、入力画像のすべてのピクセルと接続されているわけではなく、受容野に含まれるピクセルとだけ接続されている（**図14-2**）。同じように、第2の畳み込み層のニューロンは、最初の畳み込み層の小さな長方形に含まれるニューロンとだけ接続されている。このようなアーキテクチャにすると、最初の隠れ層は下位レベルの特徴量に集中し、次の隠れ層ではそれらをより高水準の特徴量に組み立てられる。現実世界の画像ではこのような階層構造が一般的であり、CNNが画像認識でうまく機能する理由の1つになっている。

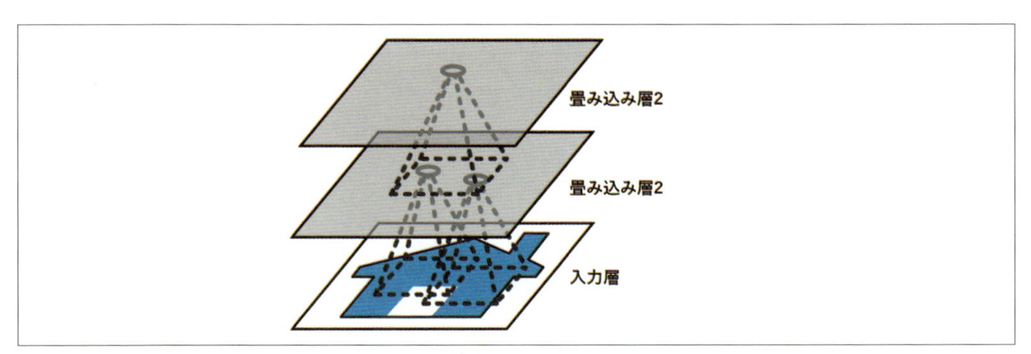

図14-2　長方形の局所受容野を持つCNNの階層構造

＊1　Yann LeCun et al., "Gradient-Based Learning Applied to Document Recognition", *Proceedings of the IEEE* 86, no. 11 (1998): 2278-2324.

＊2　畳み込み（convolution）とは、ある関数の上でほかの関数をずらし、点ごとの積を積分する数学的操作のことである。フーリエ変換やラプラス変換と密接な関係を持ち、信号処理で多用されている。畳み込み層は、実際には相互相関を使っているが、相互相関は畳み込みと非常に近い（詳細はhttps://homl.info/76を参照。

今まで私たちが取り上げてきた多層ニューラルネットワークはニューロンの長い線から作られていたので、ニューラルネットワークに与える前に入力画像を1次元に平坦化しなければならなかった。しかし、CNNでは各層が2次元で表現されるので、ニューロンと対応する入力が簡単に対応付けられる。

ある層のi行j列のニューロンは、前の層のiから$i + f_h - 1$行、jから$j + f_w - 1$列までのニューロンの出力と接続される。ただし、f_hとf_wはそれぞれ受容野の高さと幅を表している（**図14-3**）。高さと幅が前の層と同じになるように、この図に示すように入力の周囲に0を追加するのが普通だ。これを**ゼロパディング**（zero padding）と呼ぶ。

図14-4に示すように、受容野を離すと大きな入力層をずっと小さな層に接続できる。こうすると、モデルの計算量が大幅に下がる。ひとつの受容野から次の受容野までのステップサイズを**ストライド**（stride）と呼ぶ。この図では、3×3の受容野と2のストライドを使って、5×7の入力層（およびゼロパディング）を3×4の層に接続している（この例では、縦と横とで同じストライドを使っているが、そうしなければならないわけではない）。上位層のi行j列のニューロンは、前の層の$i \times s_h$行から$i \times s_h + f_h - 1$行まで、$j \times s_w$列から$j \times s_w + f_w - 1$列までのニューロンと接続されている。ただしs_hとs_wは、それぞれ縦と横のストライドである。

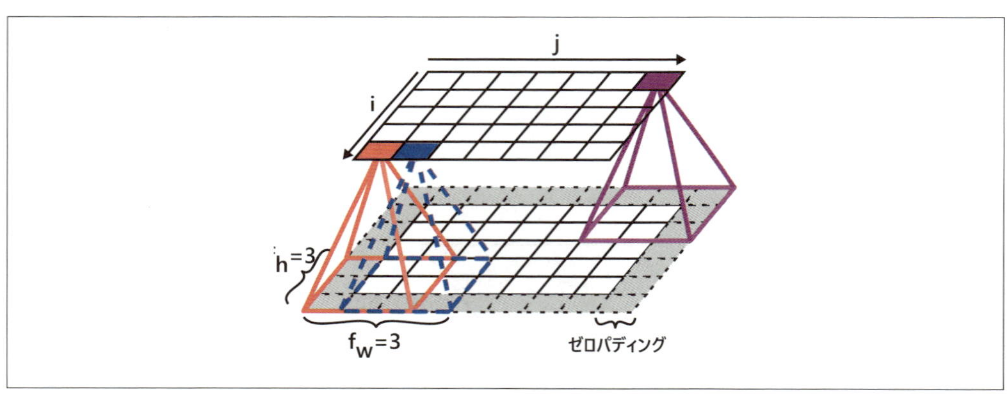

図14-3　層とゼロパディングの接続

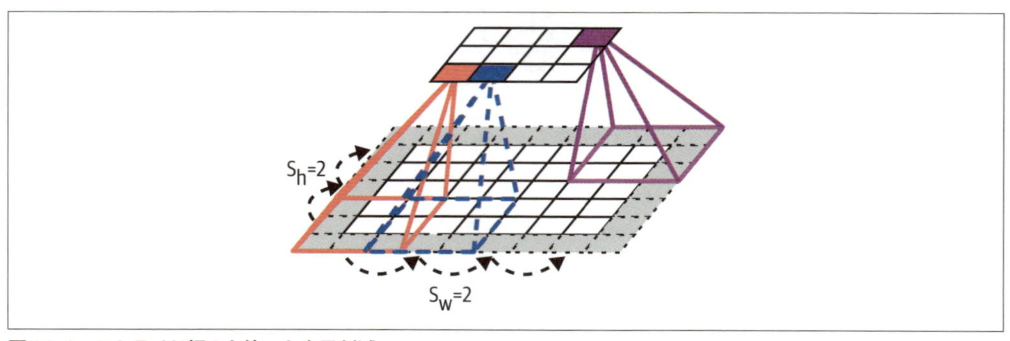

図14-4　ストライド幅2を使った次元削減

14.2.1 フィルタ

ニューロンの重みは、受容野のサイズの小さな画像として表現できる。例えば、**図14-5**は**フィルタ**（filter、または**畳み込みカーネル**：convolutional kernel、**カーネル**：kernel）と呼ばれる2つの重みのセットを示している。第1のフィルタは黒い正方形で、中央に白い縦線が入っている（1になっている中央の列以外は0の7×7行列）。この重みを使うニューロンは、中央の縦線以外の受容野をすべて無視する（中央の縦線にある以外の入力には、すべて0が掛けられる）。第2のフィルタは、中央に白い横線が入った黒の正方形である。ここでも、中央の横線以外の受容野はすべて無視される。

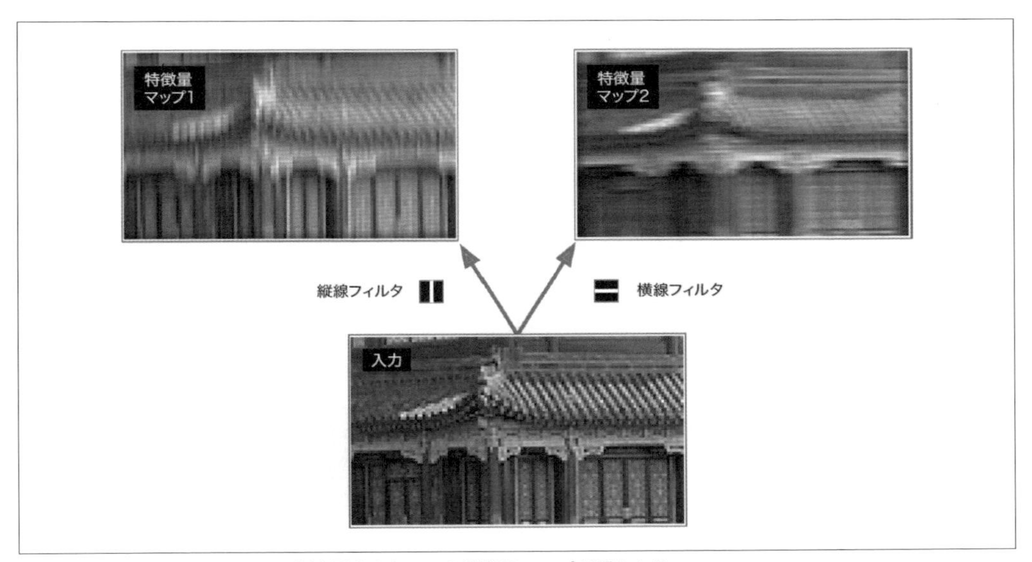

図14-5　2つの異なるフィルタを適用すると2つの特徴量マップが得られる

ニューラルネットワークに**図14-5**の下部に示した入力画像を渡し、最初の層のすべてのニューロンが同じ縦線フィルタ（および同じバイアス項）を使ったとすると、その層は左上の画像を出力する。縦の白線に対応する部分が強調され、それ以外はぼやけることがわかる。同様に、右上の画像は、すべてのニューロンが横線フィルタを使ったときに得られるものである。横の白線に対応する部分が強調され、それ以外はぼやける。このように、同じフィルタを使うニューロンで満たされた層を使うと、画像の中でフィルタを最も活性化させた部分が強調される**特徴量マップ**（feature map）が得られる。もちろん、フィルタを手作業で定義する必要はない。畳み込み層は学習中に自分のタスクに役立つフィルタを見つけ出し、それよりも上の層はそれらを結合してより複雑なパターンを作ることを学習する。

14.2.2 複数の特徴量マップの積み上げ

今までは、話を単純にするために個々の畳み込み層の出力を2次元の層として表現してきたが、実際の畳み込み層は複数のフィルタ（その数はあなたが決める）を持ち、フィルタごとに1つの特徴量マップを出力するので、3次元の方が正確に表現できる（**図14-6**参照）。畳み込み層は、個々の特徴量マップでピクセル当たり1ニューロンを持ち、同じ特徴量マップではすべてのニューロンが同じパラメータ

（重みとバイアス項）を共有しているが、異なる特徴量マップのニューロンは異なるパラメータを使っている。ニューロンの受容野は今までの説明と同じだが、前の層のすべての特徴量マップに拡大される。つまり、畳み込み層は、入力に対して複数の学習可能フィルタを同時に適用する。それにより、畳み込み層は入力のある位置に存在する複数の特徴量を検知できる。

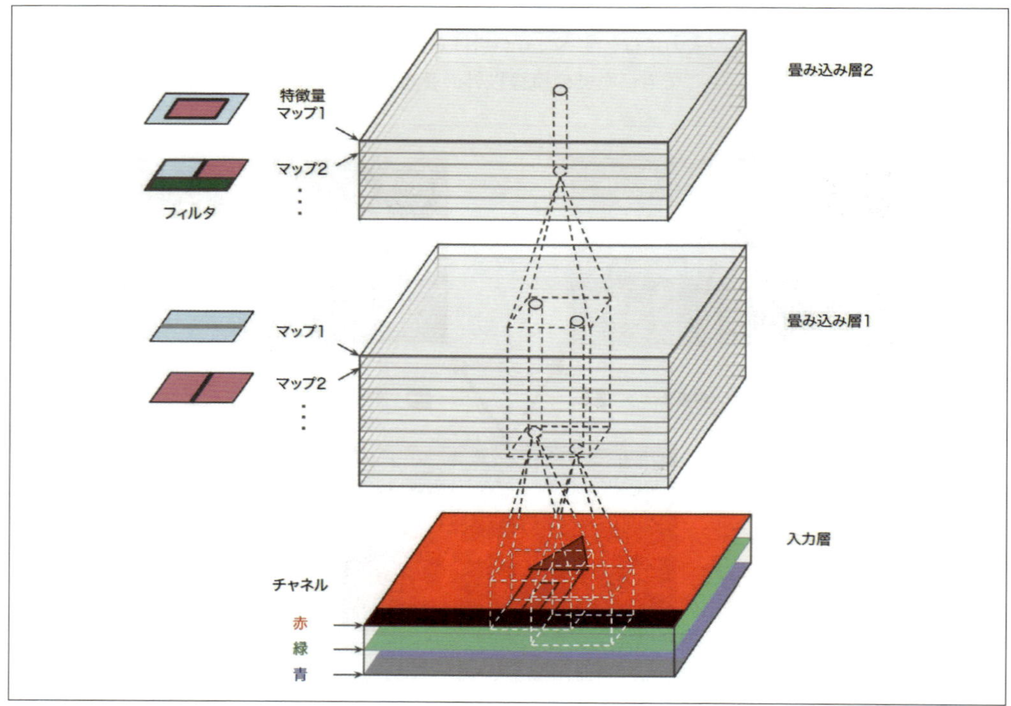

図14-6 2つの畳み込み層。各層は、複数のフィルタ（カーネル）を持ち、3つのカラーチャネルでカラー画像を処理し、フィルタごとに1つの特徴量マップを出力する

同じ特徴量マップのすべてのニューロンが同じパラメータを共有するため、モデルパラメータの数は劇的に削減される。しかもCNNは、ある位置でパターンの認識を学習すると、ほかの位置にあってもそのパターンを認識できる。それに対し通常のDNNは、ある位置でパターンを認識しても、その特定の位置にあるパターンしか認識できない。

入力層も複数の下位層から構成される。つまり、**カラーチャネル**（color channel）ごとに1つの下位層がある。9章で触れたように、カラーチャネルは一般に赤、緑、青（RGB）の3つである。グレースケール画像のチャネルは1つだけだが、もっと多くのチャネルを持つ画像もある。例えば、衛星画像はそれ以外の周波数の光（赤外線など）も捉えている。

具体的には、畳み込み層l特徴量マップkのi行j列のニューロンは、前の$l-1$層に含まれるすべての特徴量マップの$i \times s_h$行から$i \times s_h + f_h - 1$行、$j \times s_w$列から$j \times s_w + f_w - 1$列のニューロンの出力と接続されている。同じ層のi行j列にあるすべてのニューロンは、異なる特徴量マップに含まれていても、すべて前の層の同じニューロンの出力と接続されていることに注意しよう。

式14-1は、これらの説明を1つの大規模な数式にまとめたもので、畳み込み層の特定のニューロンの出力をどのように計算するかを示している。さまざまなインデックスが入り乱れているため少し醜いが、すべての入力の加重総和を計算してバイアス項を加えているだけである。

式14-1 畳み込み層に含まれるニューロンの出力の計算

$$z_{i,j,k} = b_k + \sum_{u=0}^{f_h-1} \sum_{v=0}^{f_w-1} \sum_{k'=0}^{f_{n'}-1} x_{i',j',k'} \times w_{u,v,k',k} \quad \text{ここで} \begin{cases} i' = i \times s_h + u \\ j' = j \times s_w + v \end{cases}$$

- $z_{i,j,k}$は、畳み込み層（l層）の特徴量マップkのi行j列にあるニューロンの出力。
- s_hとs_wは縦と横のストライド、f_hとf_wは受容野の高さと幅、$f_{n'}$は前の層（$l-1$層）の特徴量マップの数（以前の説明の通り）。
- $x_{i',j',k'}$は$l-1$層の特徴量マップk'（前の層が入力層ならチャネルk'）のi'行j'列のニューロンからの出力。
- b_kはl層の特徴量マップkのバイアス項。これは、特徴量マップkの全体の明るさを操作するためのノブだと考えてよい。
- $w_{u,v,k',k}$はl層の特徴量マップkと特徴量マップk'のu行v列（ニューロンの受容野内での相対的な位置）にある入力との間の結合重み。

では、Kerasで畳み込み層を作って使う方法を見てみよう。

14.2.3 Kerasによる畳み込み層の実装

まず、scikit-learnの`load_sample_image()`関数とKerasの`CenterCrop`、`Rescaling`層でサンプル画像をロードして前処理を加えてみよう（これらはすべて13章で取り上げた）。

```
from sklearn.datasets import load_sample_images
import tensorflow as tf

images = load_sample_images()["images"]
images = tf.keras.layers.CenterCrop(height=70, width=120)(images)
images = tf.keras.layers.Rescaling(scale=1 / 255)(images)
```

`images`テンソルの形を見てみよう。

```
>>> images.shape
TensorShape([2, 70, 120, 3])
```

おっと、4次元テンソルだ。このようなものはまだ見たことがない。各次元にどのような意味があるのだろうか。まず、サンプル画像は2枚ある。最初の次元はそのことを表している。画像のサイズはどちらも70 × 120だ。なぜかというと、`CenterCrop`層を作ったときにそのように指定したからである（もとの画像は427 × 640だった）。これで第2、第3次元の意味もわかった。そして、各ピクセルはカラーチャネルごとに1個の値を持っており、カラーチャネルは赤、緑、青で3個ある。これで最後の次元の意味もわかった。

では、2次元畳み込み層を作り、これらの画像を与えたら何が出てくるのかを見てみよう。Kerasは畳み込み層のためにConvolution2D層、別名Conv2Dを提供している。舞台裏を覗くと、この層はTensorFlowのtf.nn.conv2d()演算を使っている。では、32個の7×7のフィルタを持つ畳み込み層を作り（kernel_size=7を指定して。これはkernel_size=(7 , 7)を指定したのと同じ意味になる）、2枚の画像という小さなバッチを通してみよう。

```
conv_layer = tf.keras.layers.Conv2D(filters=32, kernel_size=7)
fmaps = conv_layer(images)
```

2次元畳み込み層と言うとき、「2次元」の部分は**空間的な**次元（高さと幅）という意味だ。実際には、この層は4次元の入力を取る。すぐ前で説明したように、これ以外の2次元はバッチサイズ（第1次元）とチャネル数（第4次元）だ。

まず、出力の形を見てみよう。

```
>>> fmaps.shape
TensorShape([2, 64, 114, 32])
```

出力の形は入力の形と似ているが、大きな違いが2つある。第1に、チャネルが3ではなく32になった。これはfilters=32を指定したからで、32個の特徴量マップが出力されている。各点の赤、緑、青の強さではなく、各点における各特徴量の強さが返されている。第2に、高さと幅が6ピクセルずつ小さくなった。Conv2D層はデフォルトでゼロパディングを使わないため、出力特徴量マップの外周の部分で数ピクセル分の情報を失ったのである。どれだけ失われるかはフィルタのサイズによって変わる。この場合、カーネルのサイズが7なので、縦方向で6ピクセル、横方向で6ピクセルずつ（つまり外周3ピクセル分ずつ）の情報が失われている。

デフォルトのオプションはpadding="valid"という意外な名前だが、その実際の意味はゼロパディングなしなのだ。この名前は、すべてのニューロンの受容野が入力内の**有効**な位置に収まっている（境界の外に出ていない）という意味である。これはKerasの名前の付け方の特殊な癖というわけではなく、誰もがこの奇妙な命名法に従っている。

デフォルトではなく、padding="same"を指定すれば、入力のすべての辺に十分なゼロパディングが追加され、出力特徴量マップは入力と**同じ**サイズになる（だからsameという名前が使われている）。

```
>>> conv_layer = tf.keras.layers.Conv2D(filters=32, kernel_size=7,
...                                     padding="same")
...
>>> fmaps = conv_layer(images)
>>> fmaps.shape
TensorShape([2, 70, 120, 32])
```

図14-7は、これら2つのパディングオプションの効果を示したものだ。図を単純にするために横方向のことしか描いていないが、もちろん縦方向にも同じロジックが適用される。

どちらの向きであれ、ストライドを2以上にするとpadding="same"を指定しても出力サイズは入力サイズと同じではなくなる。例えば、strides=2（または同じ意味だがstrides=(2, 2)）を指定すると、出力特徴量マップは35×60になる。縦、横とも半分ということだ。**図14-8**は、2種類のpaddingオプションでstrides=2を指定したときにどうなるかを示している。

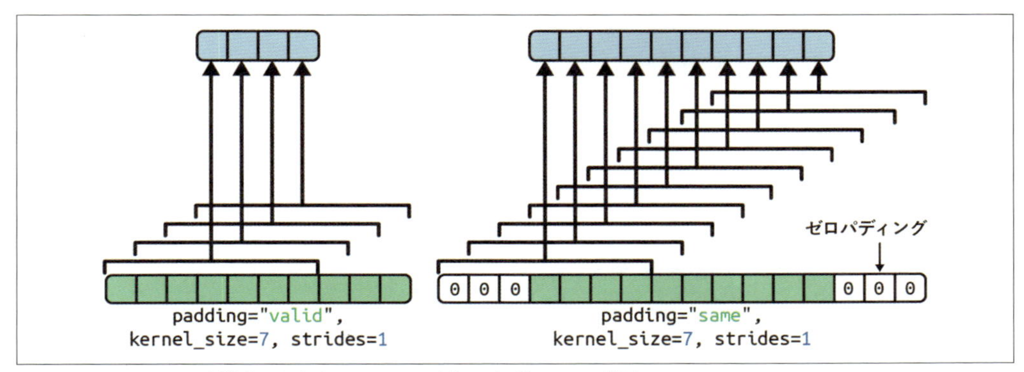

図14-7　strides=1を指定したときの2つのpaddingオプションの効果

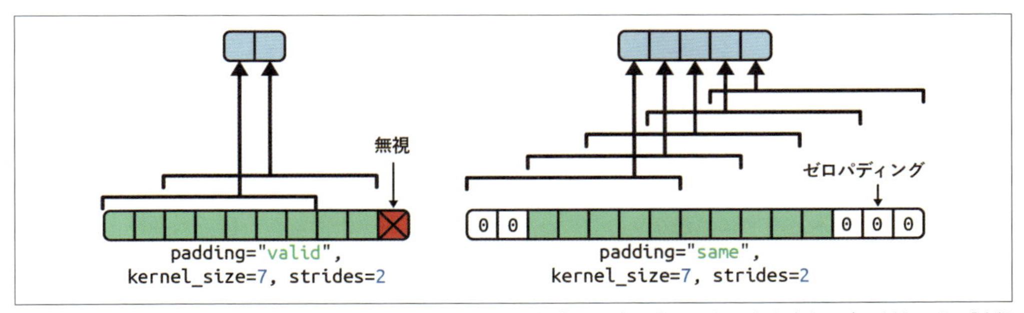

図14-8　ストライドを2以上にすると、padding="same"を指定しても出力はかなり小さくなる（padding="valid"なら一部の入力が無視される）

興味のある読者のために、出力サイズの計算方法を示しておこう。

- padding="valid"を指定した場合、入力の幅がi_hなら出力の幅は$(i_h - f_h + s_h) / s_h$を計算して小数点を切り捨てた値になる。f_hはカーネルの幅、s_hは水平方向のストライドの幅である。除算で剰余が出た場合、入力画像の右の部分で無視される列が出る。出力の高さにも同じロジックが適用され、入力画像の下の部分で無視される行が出る。
- padding="same"を指定した場合、出力の幅はi_h / s_hで小数点以下は切り上げになる。これを実現するために、適切な数の0の列が入力画像の左右にパディングされる（可能なら同じ数だが、そうでなければ右側の方が1列多くなる）。出力の幅がo_wだとすると、パディングされる0の列の数は$(o_w - 1) \times s_h + f_h - i_h$になる。ここでも、出力の高さとパディングされる行の数には同じロジックが適用される。

次に、層の重み（**式14-1**で$w_{u, v, k', k}$とb_kで表されていたもの）を見てみよう。Dense層と同様に、Conv2D層もカーネルとバイアス項を含む層のすべての重みを保持している。カーネルはランダムに初期化されるが、バイアス項は0に初期化される。これらの重みにはweights属性を介してTF変数としてアクセスできる。また、get_weights()メソッドを介してNumPy配列としてアクセスすることもできる。

```
>>> kernels, biases = conv_layer.get_weights()
>>> kernels.shape
(7, 7, 3, 32)
>>> biases.shape
(32,)
```

kernels配列の形は[*kernel_height, kernel_width, input_channels, output_channels*]という形の4次元配列だが、biases配列は[*output_channels*]という形の1次元配列になっている。出力チャネルの数は出力特徴量マップの数と等しく、フィルタ数とも等しい。

何よりも重要なことだが、カーネルの形の中に入力画像の高さと幅が含まれていないことに注意しよう。これは、既に説明したように出力特徴量マップのすべてのニューロンが同じ重みを共有するからだ。そのため、カーネルと同じサイズ以上でチャネル数（この場合は3）が同じなら、この層には任意のサイズの画像を送り込める。

最後になるが、一般にConv2D層を作るときには活性化関数（ReLUなど）を指定し、対応するカーネル初期値（He初期値など）も指定した方がよい。これはDense層と同じ理由だ。畳み込み層は線形演算を実行するため、活性化関数なしで複数の畳み込み層を積み上げても1個の畳み込み層を入れたのと同じになってしまい、本当に複雑なものを学習できなくなってしまう。

このように、畳み込み層にはかなりの数のハイパーパラメータがある。filters、kernel_size、padding、strides、activation、kernel_initializerなどだ。ハイパーパラメータの適切な値はいつものように交差検証でも探せるが、それではあまりにも時間がかかりすぎる。この章のあとの方では、ハイパーパラメータの値としてどれが実際にうまく機能するかの手がかりを示すために、よく使われるCNNアーキテクチャについて見ていく。

14.2.4 メモリ要件

CNNには、特に学習中に畳み込み層が膨大な量のRAMを必要とするという問題もある。これは、バックプロパゲーションのリバースパスで、フォワードパス中に計算した中間値がすべて必要になるからだ。

例えば、200個の5×5のフィルタを使い、ストライド1、"same"パディングの畳み込み層について考えてみよう。入力が150×100のRGB画像（3チャネル）なら、パラメータ数は(5×5×3+1)×200=15,200になる（+1はバイアス項に対応している）。これは、全結合層と比べればかなり少ない[*1]。しかし、200個の特徴量マップのそれぞれが150×100のニューロンを持ち、これら1つひとつのニュー

*1 全結合層で同じサイズの出力を生成するためには、それぞれが150×100×3のすべての入力に接続された200×150×100個のニューロンを必要とする。すると、パラメータは200×150×100×(150×100×3+1)≈1350億個になる。

ロンが5×5×3＝75の入力の加重総和を計算しなければならない。全部で2億2500万回の浮動小数点数乗算である。全結合層よりはましだとはいえ、計算の負荷はかなり重い。さらに、特徴量マップが32ビット浮動小数点数を使って表現されている場合、畳み込み層の出力は、200×150×100×32＝9,600万ビット（12 MB）のRAMを占有する*1。たった1つのインスタンスでこれだけの容量である。学習バッチに100個のインスタンスが含まれているなら、この層は1.2GBものRAMを使うことになる。

推論（つまり、新しいインスタンスに対する予測）を行っているときは、1つの層が占有するRAMは、次の層の計算終了後ただちに解放できるので、必要なRAMは2つの連続する層が必要とする容量だけになる。しかし、学習中は、リバースパスのためにフォワードパスで計算したすべての値を残しておかなければならないので、必要なRAMは、（少なくとも）すべての層が必要とするRAMの合計になる。

メモリを使い切って学習がクラッシュしたときには、ミニバッチサイズを小さくしてみるとよい。また、ストライドを使ったり層を削減したりして次元削減する方法もある。さらに、32ビット浮動小数点数の代わりに16ビット浮動小数点数を試すのもよいだろう。そして、複数のデバイスにCNNを分散する方法も残っている（その方法は19章で説明する）。

では次に、CNNの第2の主要コンポーネントである**プーリング層**（pooling layer）について見てみよう。

14.3 プーリング層

畳み込み層の仕組みがわかれば、プーリング層は簡単に理解できる。プーリング層の目的は、計算の負荷、メモリ使用量、パラメータ数を削減して過学習の防止の効果も得るために入力画像を**サブサンプリング**（subsample：縮小）することだ。

プーリング層のニューロンも、畳み込み層と同様に、前の層に含まれるニューロンの出力の一部（小さな長方形の受容野に含まれるもの）だけと接続される。サイズ、ストライド、パディングタイプを指定しておくのも畳み込み層と同じだ。しかし、プーリング層のニューロンには重みはない。プーリング層のニューロンは、max（最大値）やmean（平均）といった集計関数を使って入力を集計するだけである。**図14-9**は、プーリング層でよく見られるタイプである**最大値プーリング層**（max pooling layer）を示している。この例では、2×2の**プーリングカーネル**（pooling kernel）*2とストライド2、パディングなしを使っている。個々の受容野のうち、最も大きな入力値だけが次の層に送られ、その他の入力は捨てられる。例えば、**図14-9**の左下の受容野の場合、入力値は1、5、3、2なので、最大値の5だけが次の層に送られる。ストライドが2なので、出力される画像は幅、高さとも入力画像の半分になる（パディングを使っていないので、端数は切り捨てになる）。

*1　国際単位系（SI）では1 MB＝1,000KB＝1,000×1,000バイト＝1,000×1,000×8ビット、1 MiB＝1,024kiB＝1,024×1,024バイトなので、12 MB≈11.44MiBになる。

*2　今まで取り上げてきたほかのカーネルは重みを持っていたが、プーリングカーネルはただのステートレスなスライディングウィンドウであり、重みを持たない。

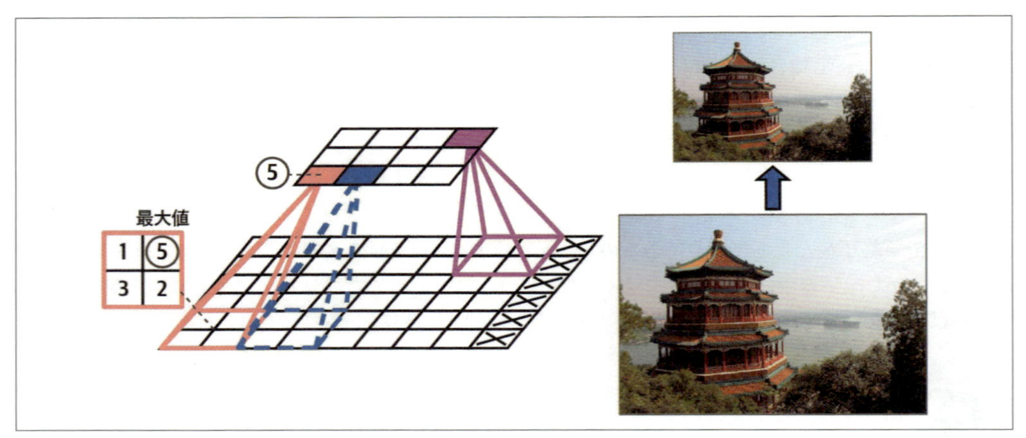

図14-9 最大値プーリング層（2×2のプーリングカーネル、ストライド2、パディングなし）

一般に、プーリング層はすべての入力チャネルに対して独立に機能するため、出力の深度（チャネル数）は入力の深度と同じになる。

最大値プーリング層は、計算、メモリ使用量、パラメータ数を削減するだけでなく、**図14-10**に示すように小さな平行移動を変換不変（invariance）にする。図の明るいピクセルは暗いピクセルよりも値が小さいものとしよう。3個の画像（A、B、C）がストライド2で2×2のカーネルを持つ最大値プーリング層を通過している。3つの画像は同じだが、Bは1ピクセル、Cは2ピクセル右にずれている。このとき、AとBの最大値プーリングの出力は同じになる。これが平行移動の変換不変である。画像Cの出力は、1ピクセル右にずれていて、A、Bとは異なるが、それでも50％の変換不変が維持されている。CNNの中に数階層ごとに最大値プーリング層を挿入すれば、ある程度大きな規模で平行移動の変換不変が実現される。さらに、最大値プーリング層は、わずかな回転の変換不変とごくわずかなスケールの変換不変を提供する。このような変換不変は、分類タスクのようにこのような細部のために予測が変わっては困るときに役に立つ。

しかし、最大値プーリングには欠点もある。まず第1に、破壊力が大きい。小さな2×2のカーネル、ストライド2でも、出力は両方向で半分になり（面積は1/4になる）、入力の75％をただ捨ててしまう。そして、応用によっては変換不変では困ることがある。例えば、セマンティックセグメンテーション（この章で後述する画像内の各ピクセルを所属する物体によって分類するタスク）について考えてみよう。入力画像が右に1ピクセル平行移動したら、出力も右に1ピクセル平行移動してくれなければ困る。この場合の目標は、不変ではなく**同変**（equivariance）だ。入力にわずかな変化があれば、出力にもそれに対応するわずかな変化がなければならない。

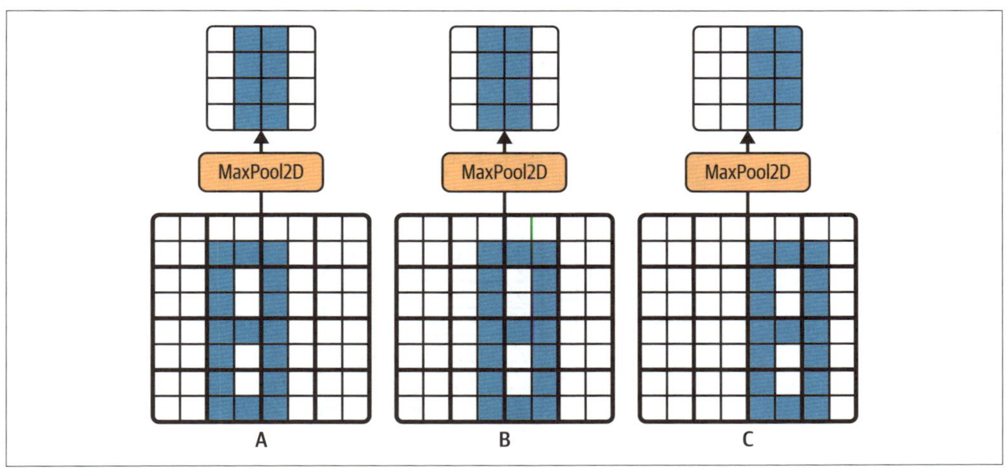

図14-10 小さな平行移動の変換不変

14.4 Kerasによるプーリング層の実装

次のコードは2×2のカーネルを使ってMaxPooling2D層、別名MaxPool2Dを作る。ストライドはデフォルトでカーネルサイズと同じになるので、この層のストライドは2になる（縦横とも）。そして、デフォルトでパディングは"valid"になる（つまりパディングなし）。

```
max_pool = tf.keras.layers.MaxPool2D(pool_size=2)
```

平均値プーリング層（average pooling layer）を作りたい場合は、MaxPool2DではなくAveragePooling2D、別名AvgPool2Dを使えばよい。みなさんの予想通り、平均値プーリング層は、最大値ではなく平均を計算することを除けば最大値プーリング層と同じだ。以前は平均値プーリング層も広く使われていたが、今は一般に性能がよい最大値プーリングが圧倒的によく使われている。最大値よりも平均の方が失われる情報が少ないので、これは意外に感じられるかもしれない。しかし裏を返せば、最大値プーリングは最も強い特徴量だけを残し、無意味な特徴量をすべて捨てるので、次の層にはよりクリーンな信号が送られることになる。また、最大値プーリングは平均値プーリングよりも平行移動の変換不変が強いので、必要な計算が減る側面もある。

最大値プーリングと平均値プーリングは、空間次元（縦と横）ではなく、深度の次元でも実行できる（縦横のプーリングよりも使用頻度は低いが）。これを利用すると、CNNはさまざまな特徴の変換不変を学習できる。例えば、同じパターン（手書きの数字など）が異なる回転角度で現れていることを検知するフィルタを学習できる。**図14-11**では、深度次元の最大値プーリング層を使って回転の有無にかかわらず出力が同じになるようにしている。CNNは、これと同じようにして密度、明るさ、歪み、色など、あらゆる属性の変換不変を学習できる。

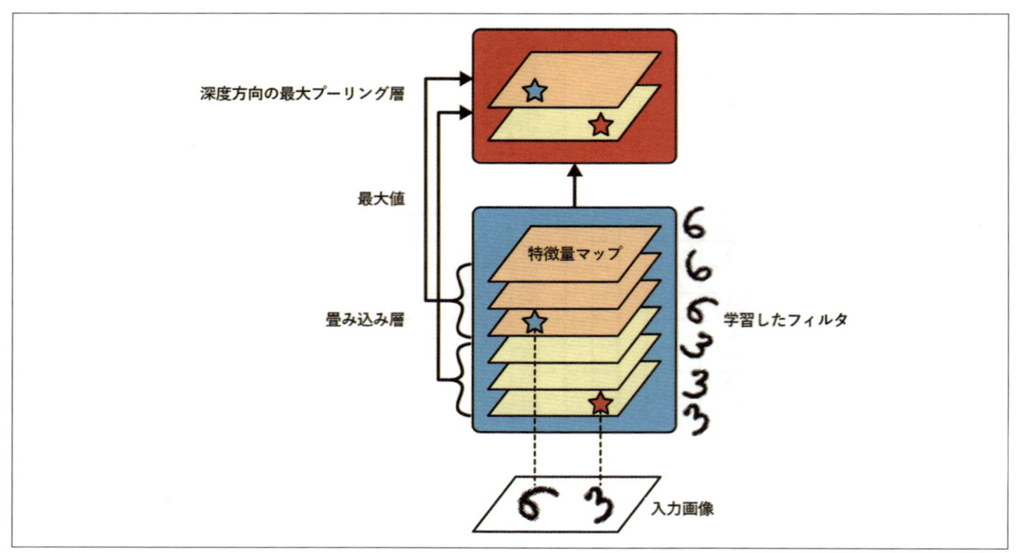

図14-11 深度方向の最大値プーリングはCNNがさまざまな変換不変を学習できるようにする

Kerasは深度方向の最大値プーリング層を持っていないが、そのためのカスタム層の実装はそれほど難しくない。

```
class DepthPool(tf.keras.layers.Layer):
    def __init__(self, pool_size=2, **kwargs):
        super().__init__(**kwargs)
        self.pool_size = pool_size

    def call(self, inputs):
        shape = tf.shape(inputs)  # shape[-1]はチャネル数
        groups = shape[-1] // self.pool_size  # チャネルグループ数
        new_shape = tf.concat([shape[:-1], [groups, self.pool_size]], axis=0)
        return tf.reduce_max(tf.reshape(inputs, new_shape), axis=-1)
```

この層は変えたいサイズ（`pool_size`）のグループにチャネルを分割するために入力の形を変えてから`tf.reduce_max()`を呼び出して各グループの最大値を計算する。この実装は、ストライドがプールサイズと等しいことを前提としているが、一般に望んでいるのはそういうことだ。TensorFlowの`tf.nn.max_pool()`を使い、Lambda層でラップしてKerasモデル内で使えるようにするという方法もあるが、この演算が深度方向のプーリングを実装しているのはCPUだけであり、GPUでは実装されていない。

今のアーキテクチャでよく見かけるプーリング層としては、あと1つ、**グローバル平均プーリング層**（global average pooling layer）というものもあるが、動作がかなり異なる。グローバル平均プーリング層は、特徴量マップ全体の平均を計算するだけだ（入力と空間次元のサイズが同じプーリングカーネルを使った平均値プーリング層のようなものである）。つまり、1つのインスタンスの1つの特徴量マップ当たり1個の数値しか出力しない。もちろん、これは極端に破壊的だが（特徴量マップの情報の大半が失われる）、この章の中で後述するように、出力層の直前では役に立つ。この種の層は、GlobalAvgPool2Dクラス、別名GlobalAvgPool2Dクラスで作れる。

```
global_avg_pool = tf.keras.layers.GlobalAvgPool2D()
```

これは、空間次元（縦と横）の全ピクセルの平均を計算する次のLambda層と同じ意味だ。

```
global_avg_pool = tf.keras.layers.Lambda(
    lambda X: tf.reduce_mean(X, axis=[1, 2]))
```

例えば、入力画像をこの層に通すと、各画像の赤、緑、青の平均的な強さがわかる。

```
>>> global_avg_pool(images)
<tf.Tensor: shape=(2, 3), dtype=float32, numpy=
array([[0.64338624, 0.5971759 , 0.5824972 ],
       [0.76306933, 0.26011038, 0.10849128]], dtype=float32)>
```

これで畳み込みニューラルネットワークの部品はすべてわかった。次は部品の組み立て方を学ぼう。

14.5　CNNのアーキテクチャ

よくあるCNNアーキテクチャは、いくつかの畳み込み層を積み上げてから（一般に個々の畳み込み層のうしろにはReLU層が続く）プーリング層をはさみ、さらにいくつかの畳み込み層（およびReLU層）を積み上げてプーリング層をはさむという形を繰り返すものである。画像は、ニューラルネットワークを進むうちに小さくなるが、畳み込み層のおかげで一般に深くもなっていく（つまり、特徴量マップが増える。図14-12参照）。スタックトップには、いくつかの全結合層（およびReLU層）から構成される通常のフィードフォワードニューラルネットワークが追加される。そして、最後の層が予測を出力する（例えば、予測されるクラスの確率を出力するソフトマックス層）。

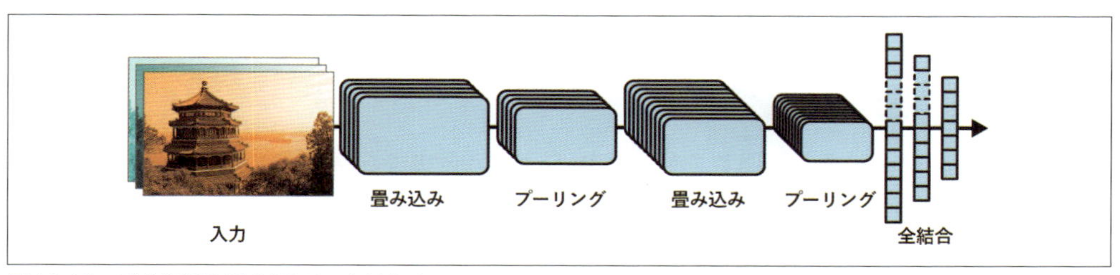

図14-12　ごく普通のCNNのアーキテクチャ

よくある誤りは、使用する畳み込みカーネルが大きすぎるというものだ。例えば、5×5のカーネルを持つ畳み込み層を使わなくても、3×3のカーネルの畳み込み層を2つ積み上げればよい。パラメータ数が減り、計算も少なくなる上に、通常はより高い性能が得られる。ただし、最初の畳み込み層は例外で、一般に大きなカーネル（例えば5×5）と2以上のストライドを使ってよい。こうするとあまり大きく情報を失わずに空間次元を削減できる上、一般に入力画像は3チャネルだけなので、コストがかかりすぎることもない。

次のようにすれば、Fashion MNIST（10章参照）を処理する初歩的なCNNを実装できる。

```
from functools import partial

DefaultConv2D = partial(tf.keras.layers.Conv2D, kernel_size=3, padding="same",
                        activation="relu", kernel_initializer="he_normal")
model = tf.keras.Sequential([
    DefaultConv2D(filters=64, kernel_size=7, input_shape=[28, 28, 1]),
    tf.keras.layers.MaxPool2D(),
    DefaultConv2D(filters=128),
    DefaultConv2D(filters=128),
    tf.keras.layers.MaxPool2D(),
    DefaultConv2D(filters=256),
    DefaultConv2D(filters=256),
    tf.keras.layers.MaxPool2D(),
    tf.keras.layers.Flatten(),
    tf.keras.layers.Dense(units=128, activation="relu",
                          kernel_initializer="he_normal"),
    tf.keras.layers.Dropout(0.5),
    tf.keras.layers.Dense(units=64, activation="relu",
                          kernel_initializer="he_normal"),
    tf.keras.layers.Dropout(0.5),
    tf.keras.layers.Dense(units=10, activation="softmax")
])
```

コードを詳しく見ていこう。

- `functools.partial()` 関数を使って `DefaultConv2D` を定義している。`DefaultConv2D` は `Conv2D` と同じように動作するが、デフォルト引数が異なる。カーネルサイズが3と小さく、`"same"` パディング、ReLU活性化関数とHe初期値を使う。
- 次に `Sequential` モデルを作る。その最初の層は、64個のかなり大きなフィルタ（7 × 7）を持つ `DefaultConv2D` である。入力画像がそれほど大きくないので、デフォルトストライドの1を使う。画像が28 × 28ピクセルでカラーチャネルが1個（つまりグレースケール）なので `input_shape=[28, 28, 1]` を設定している。Fashion MNISTデータセットをロードするときに、個々の画像がこの形になるようにしなければならない。チャネル次元を追加するために `np.reshape()` か `np.expanddims()` を使わなければならなくなる可能性がある。そうでなければ、モデルの最初の層としてReshape層を使うという方法もあり得る。

- 次に、デフォルトプールサイズの2を使う最大値プーリング層を入れる。そのため、2つの空間次元がそれぞれ1/2になる。
- そのあとで2つの畳み込み層と1つの最大値プーリング層という同じ構造を2回繰り返している。大きな画像を処理する場合には、この構造をあと数回繰り返すことになる。反復の回数は、調整できるハイパーパラメータの1つだ。
- CNNを出力層に向かって上がっていくと、フィルタ数が増えていくことに注意しよう（最初は64、次は128、その次は56）。低水準の特徴量（例えば、小さな円、横線）の数は少ないことが多いが、それらを組み合わせて作る高水準の特徴量にはさまざまな種類があり得るので、これは妥当なことだ。プーリング層を通過するたびにフィルタ数を倍にするのは一般的な方法である。プーリング層は縦横をそれぞれ1/2にするので、次の層では、パラメータ数、メモリ使用量、計算負荷が過大になるという恐れなしに特徴量マップの数を倍にできるということだ。
- 最後に2つの全結合隠れ層と全結合出力層から構成される全結合ネットワークが続く。タスクが10個のクラスへの分類なので、出力層は10ユニットであり、活性化関数としてソフトマックスを使っている。全結合ネットワークでは各インスタンスの特徴量が1次元配列になっていることが前提となるので、まず入力を平坦化しなければならないことに注意しよう。さらに、過学習を防ぐために、ドロップアウト率50％の2個のDropout層を追加している。

"sparse_categorical_crossentropy"損失関数を使ってこのモデルをコンパイルし、Fashion MNIST学習セットで学習すると、テストセットで92％以上の精度が得られる。時代の最先端を行くものではないが、かなり優れたものであり、10章の全結合ネットワークよりも明らかに高い成績を出している。

長い年月に渡って、この基本的なアーキテクチャのバリアント（変種）がいくつも作られ、この分野は目覚ましい進歩を遂げている。ILSVRCのImageNet challenge (https://image-net.org) などのコンテストにおける誤り率が進歩のよい指標になる。このコンテストのトップ5誤り率（システムのトップ5予測に正解が含まれなかったテスト画像の割合）は、わずか6年間で26％以上から2.3％まで下がっている。ここで使われる画像はサイズが大きく（高さ256ピクセル）、クラスは1,000種類あり、一部の差はかなり微妙である（120の犬種を見分けようとしている）。このコンテストの優勝モデルの発展過程から、CNNの仕組みを理解し、深層学習研究がどのように進歩してきたかを効果的に学ぶことができる。

まず古典的なLeNet-5アーキテクチャ（1998年）を見てから、AlexNet（2012年）、GoogLeNet（2014年）、ResNet（2015年）、SENet（2017年）というILSVRCチャレンジの優勝アーキテクチャを見ていく。その過程で、VGGNet、Xception、ResNeXt、DenseNet、MobileNet、CSPNet、EfficientNetといったアーキテクチャにも触れる。

14.5.1 LeNet-5

LeNet-5アーキテクチャ（https://homl.info/lenet5）*1は、おそらく最も広く知られているCNNアーキテクチャだろう。既に触れたように、ヤン・ルカン（Yann LeCun）が1998年に開発し、手書きの数字の認識（MNIST）で広く使われている。LeNet-5は、**表14-1**の各層で構成されている。

表14-1 LeNet-5アーキテクチャ

層	タイプ	マップ数	サイズ	カーネルサイズ	ストライド	活性化関数
出力	全結合	—	10	—	—	RBF
F6	全結合	—	84	—	—	tanh
C5	畳み込み	120	1 × 1	5 × 5	1	tanh
S4	平均値プーリング	16	5 × 5	2 × 2	2	tanh
C3	畳み込み	16	10 × 10	5 × 5	1	tanh
S2	平均値プーリング	6	14 × 14	2 × 2	2	tanh
C1	畳み込み	6	28 × 28	5 × 5	1	tanh
入力	入力	1	32 × 32	—	—	—

このように、これは私たちのFashion MNISTモデル（畳み込み層とプーリング層のスタックの後ろに全結合ネットワークが続く）とよく似ている。最近の分類CNNとの最大の違いは活性化関数だろう。今はtanhではなくReLU、RBFではなくソフトマックスを使うだろう。ほかにもあまり大きな意味はない小さな違いがいくつかある。興味のある読者のために、ノートブック（https://homl.info/colab3）のこの章の部分にはそれをリストアップしてある。ヤン・ルカンのウェブサイト（http://yann.lecun.com/exdb/lenet）にも、LnNet-5の数字分類の優れたデモがある。

14.5.2 AlexNet

AlexNet CNNアーキテクチャ（https://homl.info/80）*2は2012年のImageNet ILSVRCチャレンジで2位に大差を付けて優勝した。AlexNetは17％というトップ5誤り率を達成したが、2位は26％に留まったのである。アレックス・クリジェフスキー（Alex Krizhevsky）（AlexNetの名前の由来）、イリヤ・サツケバー（Ilya Sutskevr）、ジェフリー・ヒントン（Geoffrey Hinton）によって開発された。はるかに大規模で深いことを除けば、LeNet-5とよく似ているが、個々の畳み込み層の上にプーリング層を乗せず、畳み込み層の上に畳み込み層を重ねた最初のアーキテクチャである。このアーキテクチャは、**表14-2**のようになっている。

---

*1 Yann LeCun et al., "Gradient-Based Learning Applied to Document Recognition", *Proceedings of the IEEE* 86, no. 11 (1998): 2278-2324.

*2 Alex Krizhevsky et al., "ImageNet Classification with Deep Convolutional Neural Networks", *Proceedings of the 25th International Conference on Neural Information Processing Systems* 1 (2012): 1097-1105.

表14-2 AlexNetアーキテクチャ

層	タイプ	マップ数	サイズ	カーネルサイズ	ストライド	パディング	活性化関数
出力	全結合	—	1,000	—	—	—	ソフトマックス
F10	全結合	—	4,096	—	—	—	ReLU
F9	全結合	—	4,096	—	—	—	ReLU
S8	最大値プーリング	256	6 × 6	3 × 3	2	`valid`	—
C7	畳み込み	256	13 × 13	3 × 3	1	`same`	ReLU
C6	畳み込み	384	13 × 13	3 × 3	1	`same`	ReLU
C5	畳み込み	384	13 × 13	3 × 3	1	`same`	ReLU
S4	最大値プーリング	256	13 × 13	3 × 3	2	`valid`	—
C3	畳み込み	256	27 × 27	5 × 5	1	`same`	ReLU
S2	最大値プーリング	96	27 × 27	3 × 3	2	`valid`	—
C1	畳み込み	96	55 × 55	11 × 11	4	`valid`	ReLU
入力	入力	3 (RGB)	227 × 227	—	—	—	—

著者たちは、過学習を防ぐために、2つの正則化手法を使っている。1つは、学習中F9、F10層の出力にドロップアウト（ドロップアウト率50 %、ドロップアウトについては11章参照）を行ったこと、もう1つは、学習画像をランダムにさまざまな距離でシフトし、横方向に反転し、ライティング（光の当て方）の条件を変化させてデータ拡張（data augmentation）を行ったことである。

データ拡張

データ拡張は、個々の学習インスタンスからリアルなバリアントを多数生成して人工的に学習セットを膨らませるものだ。こうすると過学習が防止され、正則化手法として使える。生成するインスタンスは、できる限りリアルな感じのものがよい。拡張学習セットの画像を見せられても、変更されているのかどうか人間の目でも見分けがつかないくらいにするとよい。ただ単にホワイトノイズを加えただけでは役に立たない。加える変更は学習可能なものでなければならないのだ（ホワイトノイズは学習可能ではない）。

例えば、学習セットに含まれるすべての写真をさまざまな度合いで少しずつ平行移動、回転、拡大/縮小して、得られた画像を学習セットに追加する（**図14-13**参照）。13章で取り上げたKerasのデータ拡張層（例えば、`RandomCrop`、`RandomRotation`など）を使えばよい。こうすると、モデルは写真内の物体の位置、回転、サイズに惑わされにくくなる。ライティングの変化に強くしたければ、さまざまなコントラストの画像を生成すればよい。一般に、水平方向に反転するのもよい（ただし、テキストや非対称の物体は除く）。これらの変換を組み合わせれば、学習セットのサイズを大幅に増やせる。

図14-13 既存のインスタンスから新しい学習インスタンスを生成する

データ拡張は、手持ちのデータセットのバランスが悪いときにも役に立つ。インスタンスの少ないクラスのサンプルを増やすために使えるということだ。この手法は、SMOTE（synthetic minority oversampling technique）と呼ばれる。

AlexNetは、C1、C3層のReLUステップの直後でLRN（local response normalization：局所応答正規化）と呼ばれる競合正規化ステップも使っている。最も強く活性化しているニューロンが近隣の特徴量マップの同じ位置のニューロンを活性化させることを禁止するというものだ。生物学的ニューロンでは、このような優位性による活性化が見られる。こうすると、異なる特徴量マップが専門化して互いに離れていき広い範囲の特徴量を探るようになって、汎化性能を上げる効果がある。**式14-2**は、LRNの適用方法を示している。

式14-2 LRN（局所応答正規化）

$$b_i = a_i\left(k + \alpha \sum_{j=j_{\text{low}}}^{j_{\text{high}}} {a_j}^2\right)^{-\beta} \quad \text{ここで} \begin{cases} j_{\text{high}} = \min\left(i + \frac{r}{2}, f_n - 1\right) \\ j_{\text{low}} = \max\left(0, i - \frac{r}{2}\right) \end{cases}$$

- b_i は、特徴量マップ i の u 行 v 列にあるニューロンの正規化された出力（この式では、この行、列にあるニューロンのことだけを考えるので u、v は示していない）。
- a_i は、ReLUステップのあと正規化される前のニューロンの活性化関数。
- k、α、β、r はハイパーパラメータで、k は**バイアス**（bias）、r は**深度半径**（depth radius）と呼ばれる。
- f_n は特徴量マップの数。

例えば、$r=2$で、ニューロンが強く活性化している場合、特徴量マップのすぐ上とすぐ下のニューロンの活性化は禁止される。

AlexNetでは、ハイパーパラメータは、$r=5$、$\alpha=0.0001$、$\beta=0.75$、$k=2$に設定されている。このステップは、TensorFlowの`tf.nn.local_response_normalization()`関数で実装できる（Kerasモデルでこの関数を使いたい場合には、`Lambda`層でラップできる）。

マシュー・D・ザイラー（Matthew D. Zeiler）とロブ・ファーガス（Rob Fergus）が開発した**ZFNet**（https://homl.info/zfnet）[*1]はAlexNetのバリアントで、2013年のILSVRCチャレンジで優勝した。これは、基本的にハイパーパラメータ（特徴量数、カーネルサイズ、ストライドなど）を調整したAlexNetである。

14.5.3 GoogLeNet

GoogLeNet architecture（https://homl.info/81）[*2]はクリスティン・セゲディ（Christian Szegedy）らGoogle Researchの研究者たちによって開発され、トップ5誤り率を7％未満まで下げて2014年のILSVRCチャレンジで優勝した。このすばらしい性能は、主として従来のCNNよりもネットワークがはるかに深いことから得られたものである（**図14-14**参照）。これは、**インセプションモジュール**（inception module）[*3]というサブネットワークによって可能になったもので、GoogLeNetは、これによって従来のネットワークよりもはるかに効率的にパラメータを使えるようになった。実際、GoogLeNetは、AlexNetと比べるとパラメータ数が1/10以下になっている（約6千万ではなく約6百万）。

インセプションモジュールのアーキテクチャは、**図14-14**のようになっている。3×3 + 1(S)は、3×3のカーネル、ストライド1、`"same"`パディングを意味する。入力信号は、4つの異なる層に並列に送られる。畳み込み層は、すべてReLU活性化関数を使う。最上位の畳み込み層が異なるカーネルサイズ（1×1、3×3、5×5）を使っていることに注意しよう。これによってサイズの異なるパターンを見つけられるようになっている。また、すべての層（最大値プーリング層までも）がストライド1と`"same"`パディングを使っているため、出力の幅と高さが入力と同じになっていることに注意しよう。こうすることにより、最後の**深度連結層**（depth concat layer）で深度次元に沿ってすべての出力を連結（つまり、最上位の4つの畳み込み層の特徴量マップを積み上げる）できるようになっている。この連結層は、Kerasの`Concatenate()`層で実装できる（デフォルトの`axis=-1`を指定して）。

＊1 Matthew D. Zeiler and Rob Fergus, "Visualizing and Understanding Convolutional Networks", *Proceedings of the European Conference on Computer Vision* (2014): 818-833.

＊2 Christian Szegedy et al., "Going Deeper with Convolutions", *Proceedings of the IEEE Conference on Computer Vision and Pattern Recognition* (2015): 1-9.

＊3 2010年の映画「インセプション」では、登場人物たちは夢の多層構造を深く深く降りていく。モジュールの名前はここから来ている。

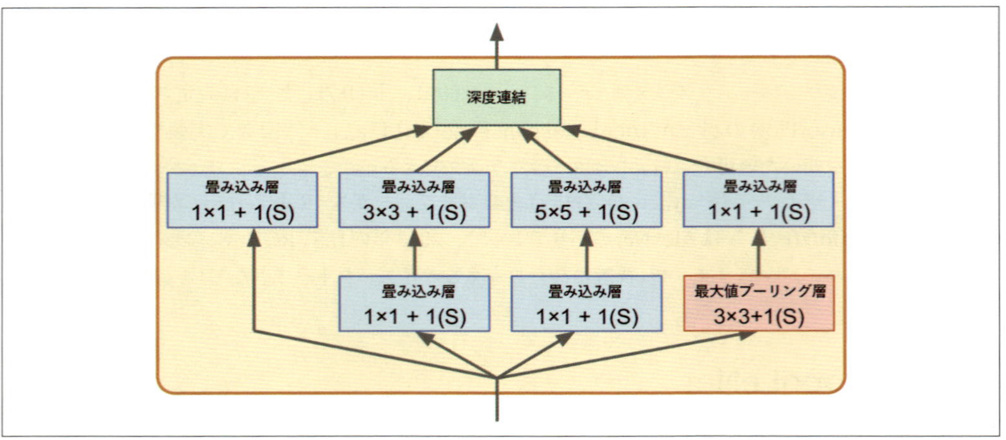

図14-14 インセプションモジュール

インセプションモジュールが1×1カーネルの畳み込み層を持っているのはなぜだろうか。たしかに、これらの層は、1度に1ピクセルしか見ていないので、どのような特徴量もキャッチできないはずだ。実は、これらの層には次の3つの役割がある。

- これらでは空間パターンは把握できないが、深度次元の（つまり複数チャネルにまたがる）パターンは把握できる。
- これらの層は入力よりも少ない特徴量マップを出力するように構成されており、次元削減を行う**ボトルネック層**（bottleneck layer）として機能する。計算コストとパラメータ数が削減されるため、学習時間が短くなり、汎化性能が上がる。
- 畳み込み層の各ペア（[1 × 1, 3 × 3] と [1 × 1, 5 × 5]）は、より複雑なパターンをキャッチできる単一の強力な畳み込み層のように機能する。1個の畳み込み層は画像全体から深度層をかき集めるのと同じだ（畳み込み層は各位置で小さな受容野だけに注目する）。これら畳み込み層のペアは画像全体から2層ニューラルネットワークをかき集めるのと同じ働きをする。

要するに、インセプションモジュールは、全体としてさまざまなサイズの複雑なパターンを捉えた特徴量マップを出力できる強化版の畳み込み層と考えることができる。

では、GoogLeNet CNNのアーキテクチャを見てみよう（**図14-15**参照）。畳み込み層とプーリング層が出力する特徴量マップ数は、カーネルサイズの前に書かれている。非常に深いので3行に分けて描かなければならなかったが、実際には、GoogLeNetは9個のインセプションモジュール（独楽の絵が描かれているボックス。実際にはそれぞれ3層ずつになる）を含む1本の高いスタックである。インセプションモジュールのボックスに描かれている6個の数字は、モジュール内の個々の畳み込み層が出力する特徴量マップの数を示す（**図14-14**と同じ順序で）。すべての畳み込み層がReLU活性化関数を使っていることに注意してほしい。

ネットワークの詳細を見ていこう。

- 最初の2層は、計算負荷を下げるために画像の高さと幅を4で割る（そのため、画像は16分割になる）。大きなカーネルサイズ（7 × 7）を使っているので、情報の大半は維持される。
- 次のLRN（局所応答正規化）層は、それまでの層がさまざまな特徴量を学習できるようにしている（先ほど説明したように）。
- そのあとに続く2つの畳み込み層のうち、最初のものはボトルネック層のように機能する。先ほど説明したように、このペアは1つの賢い畳み込み層と考えられる。
- 再びLRN層によって前の層がさまざまなパターンをキャッチできるようにしている。
- 次の最大値プーリング層は、計算のスピードを上げるために画像の高さと幅を2で割る。
- 次はCNNの**屋台骨**である。次元削減とスピードアップのための最大値プーリング層を間にはさんだ9個のインセプションモジュールの高いスタックが続く。
- 次のグローバル平均プーリング層は、個々の特徴量マップの平均を出力する。こうすると、残っていた空間情報は失われてしまうが、この時点では既に空間情報はたいして残されていないので問題はない。実際、GoogLeNetの入力画像は、一般に224 × 224ピクセルであり、5個の最大値プーリング層（それぞれ幅と高さを1/2にしていく）を通過したあとは7 × 7にまで縮んでいる。しかも、これは分類タスクで位置特定タスクではないので、物体がどこにあってもかまわない。この層による次元削減のおかげで、CNNの最上部にAlexNetのように全結合層を複数並べる必要がなくなる。これはネットワークのパラメータ数を大幅に削減し、過学習のリスクを軽減する。
- 最後の方は自明だろう。正則化のためのドロップアウト層と、1,000ユニットの全結合層（クラスが1,000種類あるので）、所属クラスの推定確率を出力するソフトマックス活性化関数である。

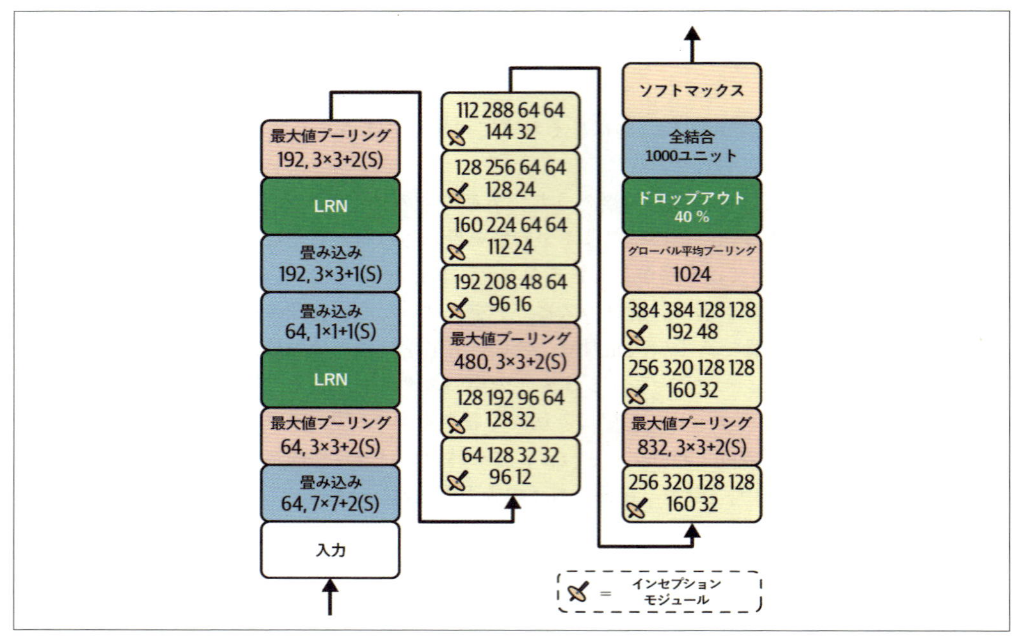

図14-15 GOogleNetアーキテクチャ

オリジナルのGoogLeNetには、第3、第6インセプションモジュールの上に合計2個の補助分類器が含まれていた。これらはどちらも1個の平均値プーリング層、1個の畳み込み層、2個の全結合層、1個のソフトマックス活性化層から構成されていた。学習中、これらによる損失(70 %にスケールダウンされたもの)が全体の損失に加えられていた。目標は、勾配消失問題を防止し、ネットワークを正則化することだったが、その後になってその効果は比較的小さいことがわかっている。

その後、Googleの研究者たちはGoogLeNetアーキテクチャの複数のバリアントを提案している。それらはInception-v3、Inception-v4を含むもので、わずかに異なるインセプションモジュールを使ってさらに高い性能を引き出している。

14.5.4 VGGNet

2014年のILSVRCチャレンジで準優勝になったのは、オックスフォード大学VGG(Visual Geometry Group)のカレン・サイモニアン(Karen Simonyan)とアンドリュー・ジサーマン(Andrew Zisserman)が開発したVGGNet(https://homl.info/83)*1だった。VGGNetは、2、3個の畳み込み層のあとに1個プーリング層が続く構造を続け(バリアントによって異なるが、畳み込み層は16個か19個になった)、最後に2個の隠れ層と全結合層、出力層が入る単純で古典的なアーキテクチャだった。使っていたフィルタは小さな3×3のものだけだが、多数に上った。

*1 Karen Simonyan and Andrew Zisserman, "Very Deep Convolutional Networks for Large-Scale Image Recognition", arXiv preprint arXiv:1409.1556 (2014).

14.5.5 ResNet

2015年のILSVRCは、何恺明（ホー・カイミン、Kaiming He）らの残差ネットワーク（https://homl.info/82）（Residual Network、ResNet）[*1]が3.6％という驚異的なトップ5誤り率で優勝した。優勝したバリアントは、152層という極端に深いCNNを使っていた（その他のバリアントは、34、50、101層だった）。これにより、モデルを深くし、パラメータを減らしていくトレンドが定着した。そのように深いネットワークを学習できるようにしたポイントは、ある層に与えられた信号をそれよりも少し上位の層の出力に追加する**スキップ接続**（skip connection、**ショートカット接続**：shortcut connectionとも呼ばれる）を使ったことにある。なぜこれに効果があるのかを考えてみよう。

ニューラルネットワークの学習の目標は、ターゲット関数$h(\mathbf{x})$をモデリングすることである。ネットワークの出力に入力$\mathbf{x}$を加算すると（つまり、スキップ接続を追加すると）、ネットワークは$h(\mathbf{x})$ではなく、$f(\mathbf{x}) = h(\mathbf{x}) - \mathbf{x}$をモデリングさせられる。これを**残差学習**（residual learning）と呼ぶ（**図14-16**参照）。

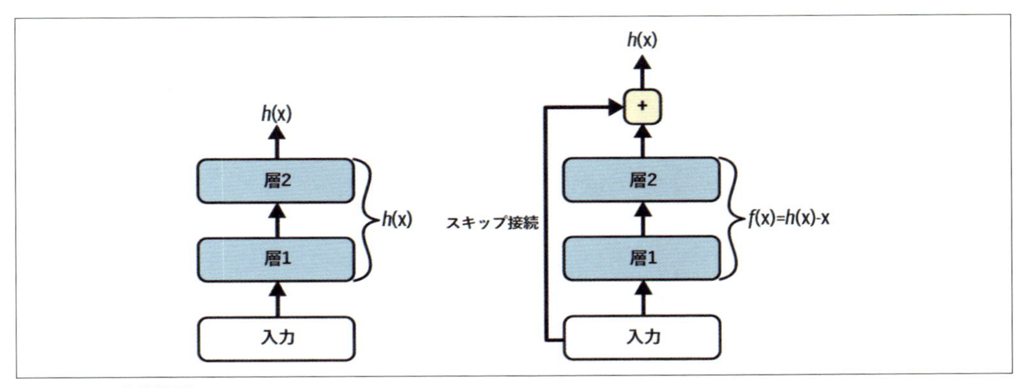

図14-16 残差学習

通常のニューラルネットワークを初期化するとき、その重みは0に近いので、ネットワークは0に近い値を出力する。スキップ接続を追加すると、ネットワークは入力のコピーを出力するだけになる。つまり、最初は恒等関数をモデリングしている。ターゲット関数が恒等関数にかなり近ければ（そうなることが多い）、これによって学習はかなりスピードアップする。

さらに、スキップ接続を多数追加すると、ネットワークはいくつかの層がまだ学習を始めていなくても、先に進められるようになる（**図14-17**）。スキップ接続のおかげで、信号はネットワーク全体に簡単に行き渡るようになる。深層残差ネットワークは、**残差ユニット**（RU：residual unit）のスタックと見ることができる。個々の残差ユニットは、スキップ接続を持つ小さなニューラルネットワークである。

では、ResNetのアーキテクチャを見てみよう（**図14-18**参照）。驚くほど単純な作りで、最初と最後はGoogLeNetとまったく同じである（ただし、ドロップアウト層はない）。そして、その間に非常に深い単純残差ユニットのスタックが挟まっている。個々の残差ネットは、バッチ正規化（BN）、ReLU活性化関数、3×3カーネルで空間サイズを維持する（ストライド1、`"same"`パディング）2つの畳み込み層から構成されている。

＊1 Kaiming He et al., "Deep Residual Learning for Image Recognition", arXiv preprint arXiv:1512:03385 (2015).

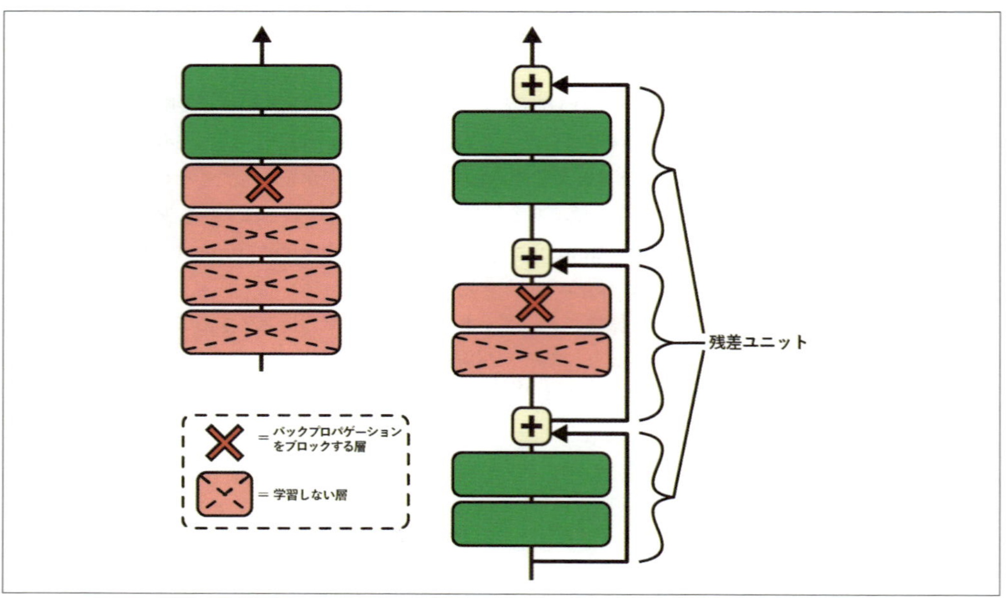

図14-17 通常の深層ニューラルネットワーク（左）と深層残差ネットワーク（右）

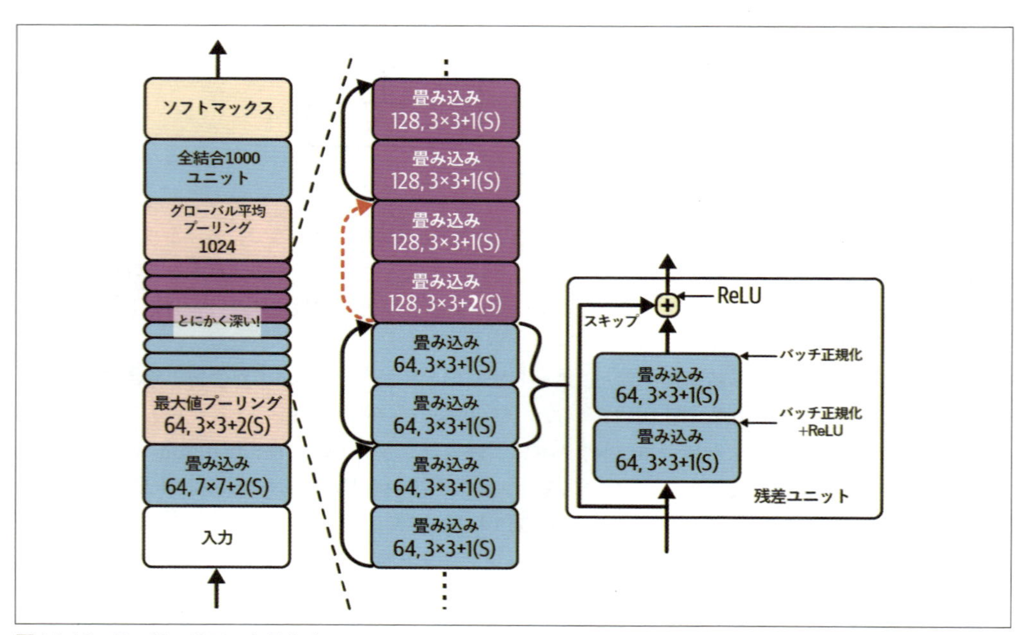

図14-18 ResNetのアーキテクチャ

特徴量マップの数が残差ユニットを数個通過するごとに倍になり、それと同時に特徴量マップの高さと幅が半分になっている（ストライド2の畳み込み層を使って）ことに注意しよう。これが起こると、残差ユニットの入力と出力の形が異なるため、残差ユニットの出力に入力を直接加算できなくなる（例えば、この問題は**図14-18**の破線で示されたスキップ接続に影響を与える）。この問題を解決するために、ストライドが2で出力特徴量マップ数が適切な数の1×1の畳み込み層に入力を通す（**図14-19**）。

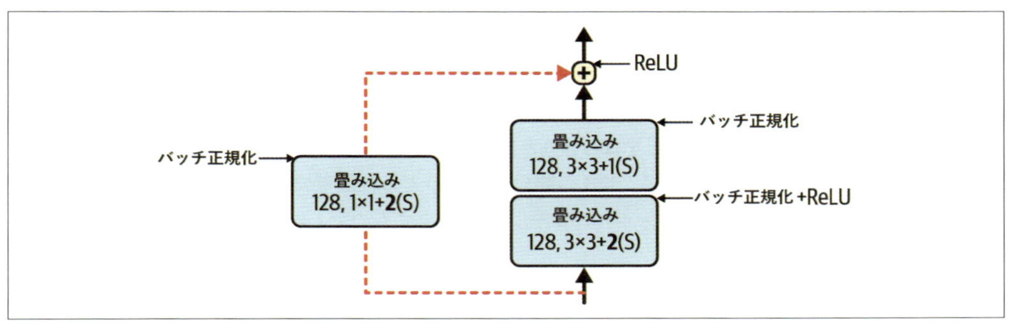

図14-19　特徴量マップのサイズと深度を変更するときのスキップ接続

このアーキテクチャには、層の数が異なるバリアントがいくつかある。ResNet-34は、64個の特徴量マップを出力する3個の残差ユニット、128個のマップを出力する4個の残差ユニット、256個のマップを出力する6個の残差ユニット、512個のマップを出力する3個の残差ユニットを含む34層（畳み込み層と全結合層だけを数えて）[*1]のResNetである。このアーキテクチャは、この章のあとの方で実装する。

GoogleのInception-v4（https://homl.info/84）[*2]アーキテクチャは、GoogLeNetとResNetのアイデアを1つにまとめ、ImageNet分類で3％に近いトップ5の誤り率を達成した。

それ以上に深いRes-Net152などは、わずかに異なる残差ユニットを使う。（例えば）256個の特徴量マップを出力する3×3の畳み込み層ではなく、3個の畳み込み層を使う。最初の1×1の畳み込み層は特徴量マップが64個だけで（1/4）、ボトルネック層（既述）の役割を果たす。次の3×3の畳み込み層は64個の特徴量マップを出力し、最後の1×1の畳み込み層は、もとの深度を復元する256個の特徴量マップ（64の4倍）を出力する。ResNet-152には、256個のマップを出力する3個のそのような残差ユニット、512個のマップを出力する8個の残差ユニット、1,024個のマップを出力する36個の残差ユニット、最後に2,048個のマップを出力する3個の残差ユニットが含まれる。

14.5.6 Xception

GoogLeNetのバリアントで触れておきたいものがもう1つある。それは2016年にフランソワ・ショレ（Francois Chollet、Kerasの作者）が提案したXception（https://homl.info/xception）[*3]（Extreme Inceptionという意味）であり、大規模なビジョンタスク（3億5千万個の画像と17,000個のクラス）

＊1　ニューラルネットワークを記述するときに、パラメータのある層だけを勘定に入れるのは、一般的な習慣である。

＊2　Christian Szegedy et al., "Inception-v4, Inception-ResNet and the Impact of Residual Connections on Learning", arXiv preprint arXiv:1602.07261 (2016).

＊3　Francois Chollet, "Xception: Deep Learning with Depthwise Separable Convolutions", arXiv preprint arXiv:1610.02357 (2016).

でInception-v3を大きく引き離す性能を示した。Inception-v4と同様にXceptionはGoogLeNetとResNetのアイデアを1つにまとめたものだが、インセプションモジュールの代わりに**深さ方向分離可能畳み込み層**(depthwise separable convolution layer、または短く**分離可能畳み込み層**:separable convolution layer*1)と呼ばれる特殊なタイプの層を使っている。この種の層は、以前から一部のCNNアーキテクチャで使われていたが、Xceptionアーキテクチャのように中心的な意味を果たすものではなかった。通常の畳み込み層は空間パターン(例えば楕円)と交差チャネルパターン(例えば口+鼻+目=顔)を同時に捉えるためにフィルタを使うが、分離可能畳み込み層は空間パターンと交差チャネルパターンは別々にモデリングできることをはっきりと前提としている(**図14-20**)。そのため、分離可能畳み込み層は2つの部分から構成される。第1の部分は個々の入力特徴量マップに対して単一の空間フィルタを適用し、第2の部分は交差チャネルパターンだけを探すもので1×1のフィルタを持つ通常の畳み込み層である。

分離可能畳み込み層は入力チャネル当たり1個の空間フィルタしかないので、入力層などのチャネル数が少なすぎる層のあとでは使わないようにした方がよい(たしかに**図14-20**に描かれているのはそういう層だが、これは説明のための方便である)。このような理由から、Xceptionアーキテクチャは2個の通常の畳み込み層からスタートしているが、そのあとの部分では分離可能畳み込み層(全部で34個)といくつかの最大値プーリング層、通常の上位層(グローバル平均プーリング層と全結合出力層)しか使っていない。

インセプションモジュールが含まれていないのにXceptionがGoogLeNetのバリアントだと考えられているのはなぜだろうか。先ほど説明したように、インセプションモジュールには、交差チャネルパターンだけを探す1×1のフィルタがある。しかし、それらの上にある畳み込み層は、空間パターンと交差チャネルパターンの両方を探す通常の畳み込み層だ。そのため、インセプションモジュールは、通常の畳み込み層(空間パターンと交差チャネルパターンの両方を同時に探す)と分離可能畳み込み層(両者を別々に探す)の中間的な形態だと考えられる。実際には、分離可能畳み込み層の方が一般に性能が高いようだ。

*1 空間的に分離可能な畳み込み層も「分離可能畳み込み層」と呼ばれることが多いので、この名前は曖昧になる場合がある。

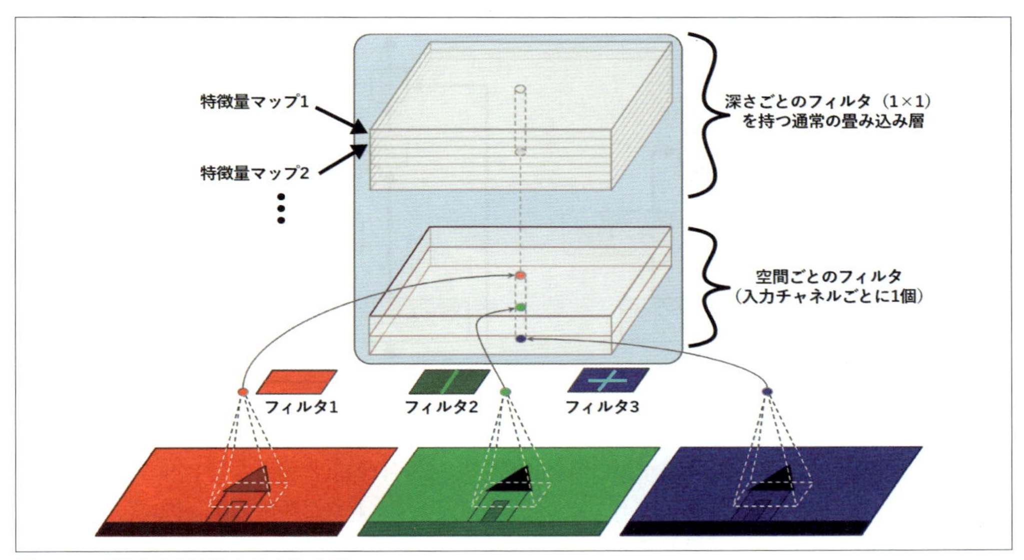

図14-20 深度分離可能な畳み込み層

分離可能畳み込み層は、通常の畳み込み層よりもパラメータ、メモリ使用量、計算量が少ない上に一般に性能が高いので、チャネルが少ない層（入力層など）のあとを除き、デフォルトでこちらを使うことを検討すべきだ。Kerasでは、`Conv2D`を`SeparableConv2D`に置き換えるだけでよい。これはドロップイン置換であり、悪影響はない。Kerasは、深度分離可能畳み込み層の最初の部分（つまり、入力特徴量マップに）を実装する（つまり、個々の入力特徴量マップに対して単一の空間フィルタを適用する）`DepthwiseConv2D`層も提供する。

14.5.7 SENet

2017年のILSVRCチャレンジで優勝したのは、胡杰（Jie Hu）らのSqueeze-and-Excitation Network（SENet、https://homl.info/senet）[*1]だった。このアーキテクチャは、インセプションネットワークやResNetといった既存のアーキテクチャを拡張し、それらの性能を引き上げた。それによってSENetは、2.25％という驚異的なトップ5誤り率を達成してコンテストのチャンピオンになったのである。インセプションネットワークとResNetの拡張版は、それぞれ**SE-Inception**、**SE-ResNet**と呼ばれている。性能が上がっている理由は、**図14-21**に示すように、もとのアーキテクチャのすべてのユニット（つまり、すべてのインセプションモジュールとすべての残差ユニット）に**SEブロック**（SE block）という小さなニューラルネットワークを追加したことにある。

＊1 Jie Hu et al., "Squeeze-and-Excitation Networks", *Proceedings of the IEEE Conference on Computer Vision and Pattern Recognition* (2018): 7132-7141.

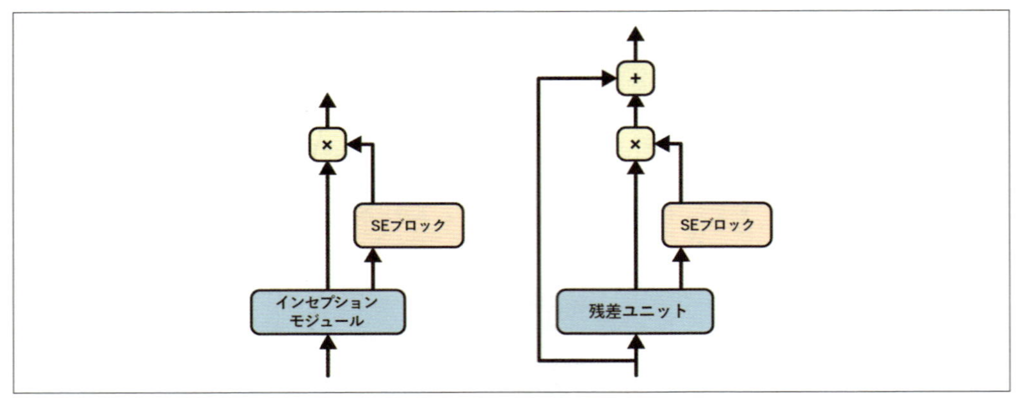

図14-21 SEiInceptionモジュール（左）とSE-ResNetユニット（右）

SEブロックは接続しているユニットの出力を解析する。解析は深度次元のみで（空間パターンは探さない）、通常最も強く一緒に活性化されている特徴量がどれとどれかを学習する。そして、その情報をもとに、**図14-22**のように特徴量マップを再較正する。例えば、SEブロックは、写真の中ではたいてい口、鼻、目が一緒に活性化されていることを学習したとする。口と鼻が検出されるなら目もあるはずだ。そこで、SEブロックは、口と目の特徴量マップに強く活性化されている部分を検知したのに、目の特徴量マップの活性化の度合いが緩やかなら、目の特徴量マップをブーストする（より正確に言えば、無関係な特徴量マップを弱める）。目が何かほかのものと混同されていた場合、この特徴量マップの再較正を通じて曖昧さが取り除かれる。

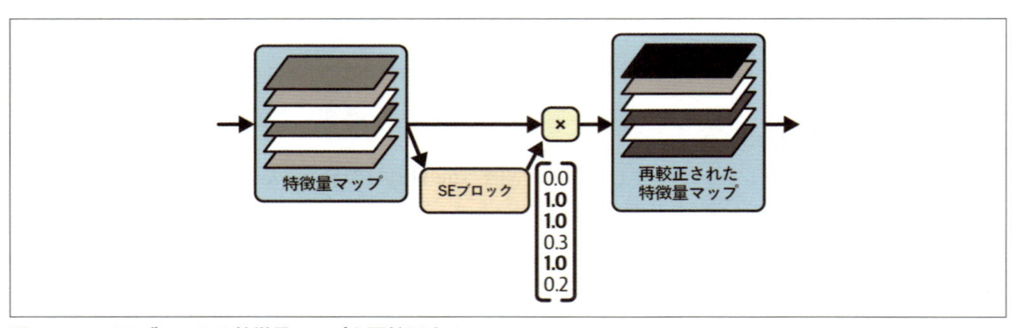

図14-22 SEブロックは特徴量マップを再較正する

SEブロックは、わずか3層で構成される。グローバル平均プーリング層、ReLU活性化関数を使う全結合隠れ層、シグモイド活性化関数を使う全結合出力層である（**図14-22**参照）。

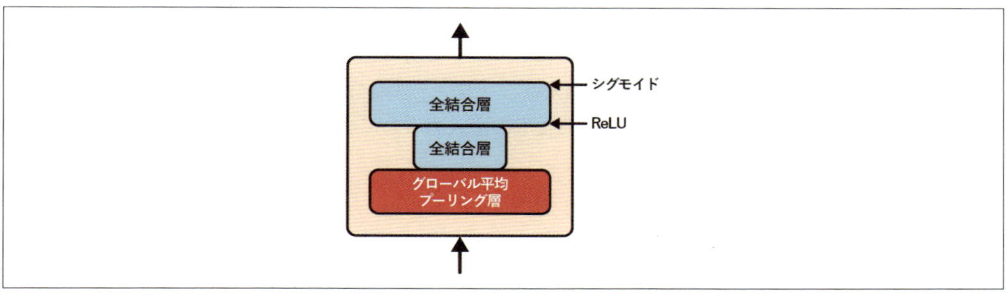

図14-23 SEブロックのアーキテクチャ

グローバル平均プーリング層は、今までに示したものと同じように、個々の特徴量マップの平均を計算する。例えば、入力に256個の特徴量マップが含まれている場合、個々のフィルタの全体的な反応レベルを表す256個の数値を出力する。次の層では「squeeze」(搾り出し)が行われる。この層のニューロンは256よりもかなり少なくなる。一般に、特徴量マップの1/16(例えば16ニューロン)であり、このようにして256個の数値を小さなベクトル(例えば16次元)に圧縮する。これは、特徴量反応の分布の低次元ベクトル表現(つまり埋め込み)である。このボトルネックステップにより、SEブロックは特徴量の組み合わせの一般的な表現を学習する(この原理は、17章でオートエンコーダを説明するときに再度実践的に取り上げる)。最後に、出力層はこの埋め込みをもとに特徴量マップごとに0から1までの数値を格納する再較正ベクトル(例えば256次元)を出力する。特徴量マップにこの再較正ベクトルが掛けられ、重要でない特徴量(再較正スコアが低いもの)はスケールダウンされ、重要な特徴量(再較正スコアが1に近いもの)が残る。

14.5.8 その他の注目すべきアーキテクチャ

ほかにも見るべきCNNアーキテクチャはたくさんある。特に注目すべきものの一部を簡単に紹介しておこう。

ResNeXt (https://homl.info/resnext) [*1]

ResNeXtは、ResNetの残差ユニットを改良した。最良のResNetモデルの残差ユニットはそれぞれたった3個の畳み込み層しか持っていなかったが、ResNeXtの残差ユニットはそれぞれ3個の畳み込み層を持つ多数(例えば32個)の並列スタックから構成される。しかし、個々のスタックの最初の2層はごく少数のフィルタ(例えば4個)しか使わないので、パラメータの総数はResNetと変わらない。すべてのスタックの出力が合算され、その結果が(スキップ接続とともに)次の残差ユニットに渡される。

DenseNet (https://homl.info/densenet) [*2]

DenseNetは、それぞれ少数の密接続された畳み込み層によって構成される密結合ブロック(dense

*1 Saining Xie et al., "Aggregated Residual Transformations for Deep Neural Networks", arXiv preprint arXiv:1611.05431 (2016).

*2 Gao Huang et al., "Densely Connected Convolutional Networks", arXiv preprint arXiv:1608.06993 (2016).

block）から構成される。このアーキテクチャは比較的少ないパラメータでめざましい精度を達成した。「密接続された」とはどういう意味だろうか。各層の出力が、同じブロックにある後続のすべての層の入力になるということだ。例えば、ブロック内の第4層は、入力として同じブロックの第1、第2、第3層の出力の深度を連結したものを入力として受け取る。密結合ブロックは、少数の移行層（transition layer）で分けられている。

MobileNet（https://homl.info/mobilenet）*1

MobileNetは高速軽量を目指して設計された無駄のないモデルで、モバイル/ウェブアプリケーションで広く使われている。Xceptionと同様に、深度分離可能畳み込み層を使っている。著者たちは、精度を少し犠牲にして高速で小さいモデルを作る複数のバリアントも提案している。

CSPNet（https://homl.info/cspnet）*2

CSPNet（Cross Stage Partial Network）はDenseNetと似ているが、密結合ブロックの入力の一部がブロック内を通過せず、ブロックの出力に直接連結されるところが異なる。

EfficientNet（https://homl.info/efficientnet）*3

このリストで最も重要なモデルはおそらくEfficientNetだろう。著者たちは、原則に基づいて深さ（層の数）、幅（層ごとのフィルタの数）、解像度（入力画像のサイズ）を統一的に増やすことによってあらゆるCNNを効率よくスケーリングする方法を提案した。これを**複合スケーリング**（compound scaling）と呼ぶ。彼らはニューラルアーキテクチャ検索でImageNetのスケールダウンバージョン（画像の数もサイズも小さい）に適したアーキテクチャを選び、複合スケーリングを使ってこのアーキテクチャの拡大版を次々に作り出した。登場時のEfficientNetモデルは、必要とする計算資源量（compute budget）を問わず、既存のすべてのモデルを大幅に引き離して最高性能を示した。現在でも、最良のモデルの1つであり続けている。

CNNの理解を深めるためには（特にCNNアーキテクチャをスケーリングしなければならない場合）、EfficientNetの複合スケーリングの原理を知っていると役に立つ。複合スケーリングは、計算資源量の対数（ϕで表す）に基づいている。計算資源量が2倍になると、ϕは1増える。学習で使われる浮動小数点数演算数は、2^ϕに比例するという言い方もある。CNNアーキテクチャの深さ、幅、解像度は、それぞれα^ϕ、β^ϕ、γ^ϕで表される。因子のα、β、γは1よりも大きくなければならず、$\alpha \times \beta^2 \times \gamma^2$は2に近くなければならない。これらの因子の最適値はCNNのアーキテクチャによって変わる。著者たちは、EfficientNetアーキテクチャにとっての最適値を見つけるために、$\phi = 1$の小さなベースラインモデル（EfficientNetB0）からスタートして単純にグリッドサーチをかけ、$\alpha = 1.2$、$\beta = 1.1$、$\gamma = 1.1$にたどり着いた。彼らは、ϕの値を大きくしながら、EfficientNetB1からEfficientNetB7までの大きなアーキテクチャを作った。

*1 Andrew G. Howard et al., "MobileNets: Efficient Convolutional Neural Networks for Mobile Vision Applications", arXiv preprint arxiv:1704.04861 (2017).

*2 Chien-Yao Wang et al., "CSPNet: A New Backbone That Can Enhance Learning Capability of CNN", arXiv preprint arXiv:1911.11929 (2019).

*3 Mingxing Tan and Quoc V. Le, "EfficientNet: Rethinking Model Scaling for Convolutional Neural Networks", arXiv preprint arXiv:1905.11946 (2019).

14.5.9 適切なCNNアーキテクチャの選択

たくさんのCNNアーキテクチャがある中で、あなたのプロジェクトに最適なものはどのようにして選べばよいのだろうか。それは何を重要視するかによって変わる。精度か、モデルの大きさか（例えば、モバイルデバイスへのデプロイを考えている場合）、CPU、またはGPU上での予測時間か。現在Kerasで作れる最良の学習済みモデルをサイズの小さいものからまとめると、**表14-3**のようになる（この表の使い方は、この章の中で後述する）。完全なリストは、https://keras.io/api/applications に掲載されている。表では、個々のモデルについてKerasで使うクラス名（`tf.keras.applications`パッケージ）、モデルのサイズ（単位MB）、検証セットでのトップ1、トップ5精度、パラメータ数（単位百万個）、CPUとGPUでの予測にかかる時間（十分強力なハードウェア[*1]で32画像のバッチを使ったときのもの）をまとめてある。各列で最高値は強調表示している。このように、サイズの大きいモデルは一般に精度が高いが、必ずしもそうとは限らない。例えば、`EfficientNetB2`は、サイズと精度の両方で`InceptionV3`よりも優れている。それでもこのリストに`InceptionV3`を残したのは、CPUでは`EfficientNetB2`の2倍も高速だからだ。同様に、`InceptionResNetV2`はCPUで高速であり、`ResNet50V2`と`ResNet101V2`はGPUでは非常に高速である。

表14-3 Kerasで使用できる事前学習済みモデル

クラス名	サイズ（MB）	トップ1精度	トップ5精度	パラメータ数	CPU（m秒）	GPU（m秒）
MobileNetV2	14	71.3%	90.1%	3.5M	25.9	3.8
MobileNet	16	70.4%	89.5%	4.3M	22.6	3.4
NASNetMobile	23	74.4%	91.9%	5.3M	27.0	6.7
EfficientNetB0	29	77.1%	93.3%	5.3M	46.0	4.9
EfficientNetB1	31	79.1%	94.4%	7.9M	60.2	5.6
EfficientNetB2	36	80.1%	94.9%	9.2M	80.8	6.5
EfficientNetB3	48	81.6%	95.7%	12.3M	140.0	8.8
EfficientNetB4	75	82.9%	96.4%	19.5M	308.3	15.1
InceptionV3	92	77.9%	93.7%	23.9M	42.2	6.9
ResNet50V2	98	76.0%	93.0%	25.6M	45.6	4.4
EfficientNetB5	118	83.6%	96.7%	30.6M	579.2	25.3
EfficientNetB6	166	84.0%	96.8%	43.3M	958.1	40.4
ResNet101V2	171	77.2%	93.8%	44.7M	72.7	5.4
InceptionResNetV2	215	80.3%	95.3%	55.9M	130.2	10.0
EfficientNetB7	256	84.3%	97.0%	66.7M	1578.9	61.6

主要なCNNアーキテクチャをめぐる旅はいかがだっただろうか。では次に、その中の1つをKerasで実装する方法を見てみよう。

14.6 Kerasを使ったResNet-34 CNNの実装

今まで説明してきたほとんどのCNNアーキテクチャは、Kerasでとても自然に実装できる（もっとも、普通は後述するように事前学習済みネットワークをロードするが）。具体例として、Kerasを使ってResNet-34を0から実装してみよう。まず、`ResidualUnit`層を作る。

＊1 IBPBを有効にした92コアAMD EPYC CPU、1.7TBのRAM、Nvidia Tesla A100 GPU。

```
DefaultConv2D = partial(tf.keras.layers.Conv2D, kernel_size=3, strides=1,
                        padding="same", kernel_initializer="he_normal",
                        use_bias=False)

class ResidualUnit(tf.keras.layers.Layer):
    def __init__(self, filters, strides=1, activation="relu", **kwargs):
        super().__init__(**kwargs)
        self.activation = tf.keras.activations.get(activation)
        self.main_layers = [
            DefaultConv2D(filters, strides=strides),
            tf.keras.layers.BatchNormalization(),
            self.activation,
            DefaultConv2D(filters),
            tf.keras.layers.BatchNormalization()
        ]
        self.skip_layers = []
        if strides > 1:
            self.skip_layers = [
                DefaultConv2D(filters, kernel_size=1, strides=strides),
                tf.keras.layers.BatchNormalization()
            ]

    def call(self, inputs):
        Z = inputs
        for layer in self.main_layers:
            Z = layer(Z)
        skip_Z = inputs
        for layer in self.skip_layers:
            skip_Z = layer(skip_Z)
        return self.activation(Z + skip_Z)
```

このように、このコードは**図14-19**をかなり忠実に写し取っている。必要な層はすべてコンストラクタですべて作っている。メインの階層は図の右側で、図の左側はスキップ層だ（ストライドが1よりも大きいときだけ作られる）。`call()`メソッドは入力をメイン階層とスキップ層（ある場合）に送り、両方の出力を加算して活性化関数を適用する。

ResNet-34は層の長いシーケンスなので、これで`Sequential`モデルを使ってResNet-34を構築できる。`ResidualUnit`クラスを定義してあるので、残差ユニットは1つの層として扱える。コードは**図14-18**を忠実に写し取っている。

```
model = tf.keras.Sequential([
    DefaultConv2D(64, kernel_size=7, strides=2, input_shape=[224, 224, 3]),
    tf.keras.layers.BatchNormalization(),
    tf.keras.layers.Activation("relu"),
    tf.keras.layers.MaxPool2D(pool_size=3, strides=2, padding="same"),
])
prev_filters = 64
```

```
for filters in [64] * 3 + [128] * 4 + [256] * 6 + [512] * 3:
    strides = 1 if filters == prev_filters else 2
    model.add(ResidualUnit(filters, strides=strides))
    prev_filters = filters

model.add(tf.keras.layers.GlobalAvgPool2D())
model.add(tf.keras.layers.Flatten())
model.add(tf.keras.layers.Dense(10, activation="softmax"))
```

このコードで少し難しい部分があるとすれば、それはモデルにResidualUnit層を追加するループだろう。最初の3個のRUは64個のフィルタを持ち、次の4個のRUは128個のフィルタを持ち、という形が続く。次に、フィルタが前のRUと同じならストライドを1、そうでなければ2にする。そして、ResidualUnitを追加し、最後にprev_filtersを更新する。

40行ほどのコードで2015年のILSVRCチャンレンジの優勝モデルを構築できるのは驚くべきことだ。これはResNetモデルの美しさとKeras APIの表現力がきわだっていることを示している。ほかのCNNアーキテクチャの実装は少し長くなるが、それほど難しくなるわけではない。しかし、Kerasには、これらのアーキテクチャの一部が組み込みで含まれているので、それを使わない手はないだろう。

14.7 Kerasで事前学習済みモデルを使う方法

一般に、GoogLeNetやResNetのような標準モデルはtf.keras.applicationsパッケージに1行で作れる形で含まれているので、手作業で作る必要はない。

例えば、ImageNetで事前学習済みのResNet-50モデルは、次の1行でロードできる。

```
model = tf.keras.applications.ResNet50(weights="imagenet")
```

これだけだ。このコードはResNet-50モデルを作り、ImageNetデータセットで事前学習された重みをダウンロードする。このモデルを使うためには、まず画像が正しいサイズになっていなければならない。ResNet-50モデルは、224×224ピクセルの画像を想定しているので（ほかのモデルは299×299など、別のサイズを想定している）、KerasのResizing層（13章参照）を使って2枚のサンプル画像のサイズを変更しよう（ターゲットのアスペクト比になるようにトリミングしたあとで）。

```
images = load_sample_images()["images"]
images_resized = tf.keras.layers.Resizing(height=224, width=224,
                                          crop_to_aspect_ratio=True)(images)
```

事前学習済みモデルは、画像が決まった方法で前処理されていることを前提としている。例えば、入力は0から1とか−1から1までにスケーリングされていなければならない場合がある。各モデルは、画像を前処理するために使えるpreprocess_input()関数を持っている。これらの関数は、ピクセルの値が0から255までになっていることを前提としているが、この場合はそうなっている。

```
inputs = tf.keras.applications.resnet50.preprocess_input(images_resized)
```

これで学習済みモデルを使って予測ができるようになった。

```
>>> Y_proba = model.predict(inputs)
>>> Y_proba.shape
(2, 1000)
```

いつものように、出力のY_probaは、画像ごとに1行、クラスごとに1列（この場合、クラスは1,000個ある）の行列だ。トップK予測としてクラス名とクラスごとの推定確率を表示したい場合には、decode_predictions()関数を使う。この関数は、画像ごとにトップK予測を返す。個々の予測は、クラスID[*1]、クラス名、確信度スコアの配列という形になっている。

```
top_K = tf.keras.applications.resnet50.decode_predictions(Y_proba, top=3)
for image_index in range(len(images)):
    print(f"Image #{image_index}")
    for class_id, name, y_proba in top_K[image_index]:
        print(f"  {class_id} - {name:12s} {y_proba:.2%}")
```

出力は次のようになる。

```
Image #0
  n03877845 - palace       54.69%
  n03781244 - monastery    24.72%
  n02825657 - bell_cote    18.55%
Image #1
  n04522168 - vase         32.66%
  n11939491 - daisy        17.81%
  n03530642 - honeycomb    12.06%
```

正しいクラスはpalace（宮殿）とdahlia（ダリア）なので、モデルは最初の画像では正解を出せたが、第2の画像では間違ったということになる。しかし、それは1,000種類のImageNetクラスにdahliaが含まれていないからだ。それを考えると、vase（花瓶）は妥当な推測である（おそらく花瓶に花が挿してあったのではないか？）。daisy（デイジー）も、ダリアとデイジーがともにキク科植物であることを考えると悪い選択ではない。

このように、事前学習済みモデルを使って優れた画像分類器を作るのはとても簡単だ。**表14-3**で示したように、tf.keras.applicationsには、軽くて高速なものから大規模で正確なものまでさまざまな画像分類モデルが含まれている。

しかし、ImageNetの一部になっていない画像クラスを対象として画像分類器を使いたいときにはどうすればよいのだろうか。そのようなときでも、転移学習をすれば事前学習済みモデルを活用できる。

14.8　事前学習済みモデルを使った転移学習

11章で説明したように、画像分類器を作りたいけれども十分な量の学習データが集まらない場合には、事前学習済みモデルの下位層を再利用するとよいことが多い。例えば、事前学習済みのXception

＊1　ImageNetデータセットでは、個々の画像にはWordNetデータセット（https://wordnet.princeton.edu）の単語が対応付けられている。そのため、クラスIDはWordNetIDになっている。

モデルを使って花の画像を分類するモデルを学習してみよう。まず、TFDS（TensorFlow DataSets、13章参照）を使ってデータセットをロードする。

```
import tensorflow_datasets as tfds

dataset, info = tfds.load("tf_flowers", as_supervised=True, with_info=True)
dataset_size = info.splits["train"].num_examples  # 3670
class_names = info.features["label"].names  # ["dandelion", "daisy", ...]
n_classes = info.features["label"].num_classes  # 5
```

with_info=Trueを指定すればデータセットについての情報が得られることに注意しよう。ここでは、データセットのサイズとクラス名を取得している。残念ながら、"train"データセットしかなく、テストセットや検証セットはないので、学習セットを分割しなければならない。そこで、tfds.load()を再び呼び出すが、今度はデータセットの最初の10 %をテスト用、次の15 %を検証用、残りの75 %を学習用にする。

```
test_set_raw, valid_set_raw, train_set_raw = tfds.load(
    "tf_flowers",
    split=["train[:10%]", "train[10%:25%]", "train[25%:]"],
    as_supervised=True)
```

3つのデータセットには個別の画像が含まれている。そこで画像をバッチにまとめなければならないが、その前にすべての画像を同じサイズにしなければバッチ化が失敗する。この作業にはResizing層が使える。また、Xceptionモデルに適したように画像を前処理するtf.keras.applications.xception.preprocess_input関数も呼び出さなければならない。最後に、学習セットをシャッフルし、プリフェッチを使う。

```
batch_size = 32
preprocess = tf.keras.Sequential([
    tf.keras.layers.Resizing(height=224, width=224, crop_to_aspect_ratio=True),
    tf.keras.layers.Lambda(tf.keras.applications.xception.preprocess_input)
])
train_set = train_set_raw.map(lambda X, y: (preprocess(X), y))
train_set = train_set.shuffle(1000, seed=42).batch(batch_size).prefetch(1)
valid_set = valid_set_raw.map(lambda X, y: (preprocess(X), y)).batch(batch_size)
test_set = test_set_raw.map(lambda X, y: (preprocess(X), y)).batch(batch_size)
```

これで、各バッチには、サイズが224×224ピクセル、ピクセル値が−1から1までの32枚の画像が含まれるようになった。ばっちりだ。

データセットがあまり大きくないので、ちょっとデータ拡張を加えると間違いなく効果がある。最終的なモデルに組み込まれるデータ拡張モデルを作ろう。学習中、この部分は画像をランダムに左右反転したり、若干回転したり、コントラストを変えたりする。

```
data_augmentation = tf.keras.Sequential([
    tf.keras.layers.RandomFlip(mode="horizontal", seed=42),
```

```
    tf.keras.layers.RandomRotation(factor=0.05, seed=42),
    tf.keras.layers.RandomContrast(factor=0.2, seed=42)
])
```

tf.keras.preprocessing.image.ImageDataGeneratorクラスを使えば、簡単にディスクから画像をロードしてさまざまな形でデータ拡張できる。画像の変換方法には、シフト、回転、拡大/縮小、左右/上下反転、せん断などがあり、それ以外にも使いたい変換関数があれば使える。単純なプロジェクトでは、これが便利だ。しかし、tf.dataパイプラインを作れば、それほど複雑にならずに、一般に高速になる。さらに、GPUがあり、モデルの中に前処理、データ拡張層を組み込んでいれば、学習中にGPUアクセラレーションを活用できる。

次に、ImageNetで事前学習したXceptionモデルをロードしよう。ただし、include_top=Falseを指定してネットワークの最上位を取り除く。取り除かれるのは、グローバル平均プーリング層と全結合出力層だ。次に、独自のグローバル平均プーリング層を追加し（ここにベースモデルの出力を与える）、クラスごとに1ユニットの全結合出力層（ソフトマックス活性化関数を使う）をそのうしろに追加する。最後にこれらすべてをラップするKerasのModelを作る。

```
base_model = tf.keras.applications.xception.Xception(weights="imagenet",
                                                     include_top=False)
avg = tf.keras.layers.GlobalAveragePooling2D()(base_model.output)
output = tf.keras.layers.Dense(n_classes, activation="softmax")(avg)
model = tf.keras.Model(inputs=base_model.input, outputs=output)
```

11章で説明したように、少なくとも学習の初期段階では、一般に事前学習済み層の重みを凍結しておくとよい。

```
for layer in base_model.layers:
    layer.trainable = False
```

このモデルはbase_modelオブジェクト自体ではなく、ベースモデルの階層を直接使っているので、base_model.trainable=Falseを実行しても効果はない。

最後にモデルをコンパイルして学習を始める。

```
optimizer = tf.keras.optimizers.SGD(learning_rate=0.1, momentum=0.9)
model.compile(loss="sparse_categorical_crossentropy", optimizer=optimizer,
              metrics=["accuracy"])
history = model.fit(train_set, validation_data=valid_set, epochs=3)
```

Colabで実行している場合は、GPUを使ったランタイムを使うようにしよう。「ランタイム」の「ランタイムのタイプの変更」を選び、開いたダイアログで「ハードウェアアクセラレータ」として「GPU」を選んで「保存」をクリックすればよい。GPUなしの学習は不可能ではないが、恐ろしく遅くなる（エポック当たり数秒単位ではなく数分単位の時間がかかる）。

モデルを数エポック学習すると、検証セットでの精度が80％を少し超えた程度に達し、そこで進歩が止まる。これは上位層が十分学習されたというサインであり、ベースモデルの上位層の凍結を解除して学習を続行できる状態になっている。例えば、56層以上の凍結を解除してみよう（層名をリストアップすればわかるように、これは14個の残差ユニットの7番目の先頭だ）。

```
for layer in base_model.layers[56:]:
    layer.trainable = True
```

階層の凍結、解凍をしたときには、モデルのコンパイルを忘れないようにしよう。今度は、事前学習済みの重みを破壊しないように、学習率を大幅に下げる。

```
optimizer = tf.keras.optimizers.SGD(learning_rate=0.01, momentum=0.9)
model.compile(loss="sparse_categorical_crossentropy", optimizer=optimizer,
              metrics=["accuracy"])
history = model.fit(train_set, validation_data=valid_set, epochs=10)
```

数分の学習で（GPUを使った場合の話だが）、このモデルはテストセットで精度が92％前後になるはずだ。ハイパーパラメータをファインチューニングし、学習率を下げ、それまでよりもかなり時間をかけて学習を続ければ、精度は95％から97％まで上げられる。ここから驚異的な成績を収める画像分類器の学習がスタートする。しかし、コンピュータビジョンは分類だけではない。例えば、写真のどこに花があるかを知りたい場合にはどうすればよいだろうか。次はこれを見ていこう。

14.9　分類と位置特定

画像内での物体の位置の特定は、10章で説明したように回帰タスクとして表現できる。物体を囲むバウンディング（境界）ボックスの予測では、物体の幅と高さに加え、物体の中心の位置を予測するのが一般的な方法である。つまり、4個の数値を予測するということだ。モデルを大きく変更する必要はない。4個のユニットを持つ第2の全結合層を追加し（一般に上位のグローバル平均プーリング層の上に）、MSE損失関数で学習すればよい。

```
base_model = tf.keras.applications.xception.Xception(weights="imagenet",
                                                     include_top=False)
avg = tf.keras.layers.GlobalAveragePooling2D()(base_model.output)
class_output = tf.keras.layers.Dense(n_classes, activation="softmax")(avg)
loc_output = tf.keras.layers.Dense(4)(avg)
model = tf.keras.Model(inputs=base_model.input,
                       outputs=[class_output, loc_output])
model.compile(loss=["sparse_categorical_crossentropy", "mse"],
              loss_weights=[0.8, 0.2],  # 何を重視するかに依存
              optimizer=optimizer, metrics=["accuracy"])
```

しかし、ここで問題に遭遇する。花のデータセットは、花のまわりにバウンディングボックスを付けてはいないのだ。私たちが自分でボックスを追加しなければならない。このようなラベルの獲得は、機械学習プロジェクトの中でも最も難しくコストがかかる部分になることが多い。このようなときこそ時

間を割いて適切なツールを探すべきだ。画像にバウンディングボックスのアノテーションを付けるには、VGG Image Annotator、LabelImg、OpenLabeler、ImgLabなどのオープンソースの画像ラベリングツールか、LabelBoxかSuperviselyといった市販ツールを使うとよいだろう。アノテーションが必要な画像が大量にある場合には、Amazon Mechanical Turkなどのクラウドソーシングプラットフォームを使うことも検討した方がよいかもしれない。しかし、クラウドソーシングプラットフォームは準備が大変だ。ワーカーたちに送るフォームを用意し、ワーカーたちを監督し、彼らが作るバウンディングボックスの品質を良好に保ち、労力をかけただけの意味があるものにしなければならない。アドリアナ・コバシュカ（Adriana Kovashka）らがコンピュータビジョンにおけるクラウドソーシングについての実践的な論文（https://homl.info/crowd）[*1]を書いているので、クラウドソーシングを使う予定がなくても読んでおくことをお勧めする。ラベルを付けなければならない画像が数百から2千枚程度で、ラベル付与作業がそれほど頻繁にあるわけでなければ、自分でやってしまった方がよいかもしれない。適切なツールがあれば数日しかかからないし、データセットとタスクの理解を深められる。

では、花のデータセットのすべての画像にバウンディングボックスを追加したとする（さしあたり、画像当たり1個のバウンディングボックスがあるものとする）。次は、クラスのラベルとバウンディングボックスを持つ前処理済み画像のバッチを要素とするデータセットを作らなければならない。個々の要素は、`(images, (class_labels, bounding_boxes))`という形式のタプルとする。これでモデルを学習する準備が整った。

バウンディングボックスは、幅、高さ、縦横の座標がどれも0から1までの間の値になるように正規化しなければならない。また、一般的には、幅と高さを直接予測するのではなく、それらの平方根を予測する。そのため、大きなバウンディングボックスの10ピクセルの誤差は、小さなバウンディングボックスの10ピクセルの誤差ほど大きなペナルティにならない。

MSEは、モデルを学習するための損失関数としてはうまく機能することが多いが、モデルがバウンディングボックスをどれだけ適切に予測できたかを評価するための指標としてはあまり効果的ではない。この目的で最もよく使われているのは、**IoU**（intersection over union）、すなわち予測したバウンディングボックスとターゲットバウンディングボックスが重なり合う部分（intersection）の面積を両者全体（union）の面積で割った値である（図14-24参照）。Kerasでは、`tf.keras.metrics.MeanIoU`クラスがこれを実装している。

これで1つの物体を分類し、位置を特定する作業はうまくできるようになった。しかし、画像に複数の物体が含まれている場合（花のデータセットにはよくあることだ）にはどうすればよいだろうか。

---

*1 Adriana Kovashka et al., "Crowdsourcing in Computer Vision", *Foundations and Trends in Computer Graphics and Vision* 10, no. 3 (2014): 177-243.

図14-24　2つのバウンディングボックス全体のうちの重なり合う部分の割合（IoU）

14.10　物体検知

1つの画像に含まれる複数の物体を分類し、位置を特定するタスクを**物体検知**（object detection）と呼ぶ。つい数年前までは、**図14-25**に示すように画像のほぼ中央にある1つの物体を分類、位置特定できるように学習したCNNを画像内でずらし、各ステップで予測をするのが一般的だった。CNNは、一般に所属クラス確率とバウンディングボックスだけでなく**物体検出スコア**（objectness score）も予測するように学習される。物体検出スコアは、中央近くを中心として画像に物体が含まれている推定確率であり、二値分類の出力だ。この種のCNNは**BCE損失**（二値交差エントロピー損失、binary cross-entropy loss）で学習され、シグモイド活性化関数を使う1ユニットの全結合出力層で生み出せる。

物体検出スコアではなく、「物体なし」クラスが追加されることもあったが、一般にこれはうまく機能しなかった。「物体があるか」という問いと「それはどのようなタイプの物体か」という問いは別々に答えた方がよい。

図14-25は、スライディングCNNのアプローチを示している。この例では、画像は5×7のグリッドに分割され、太い黒線で表されたCNNがすべての3×3の領域をスライドし、各ステップで予測をする。

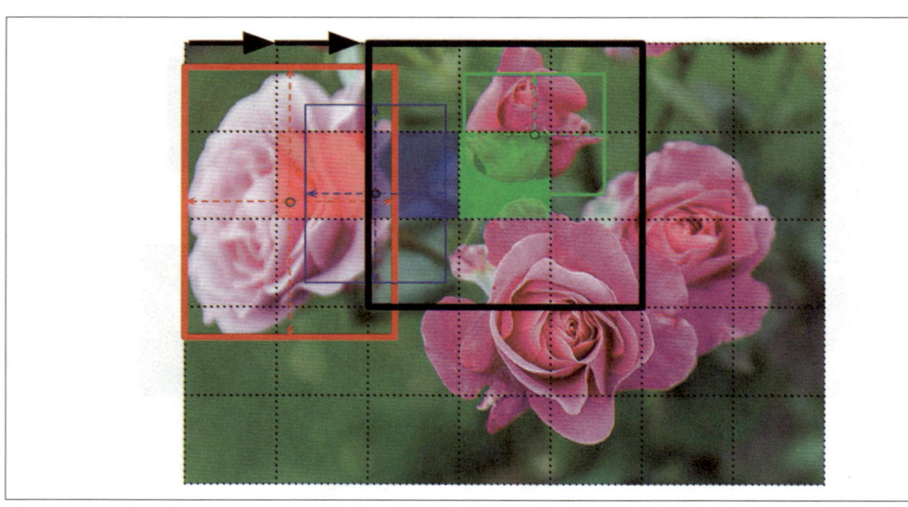

図14-25 画像全体でCNNをスライドさせて複数の物体を検知する

この図では、CNNは既に3つの3×3領域で予測をしている。

- CNNは、左上の3×3領域（中心は薄赤く塗られた2行2列目のグリッドセル）を見たときに、左端のバラを検知している。予測したバウンディングボックスがこの3×3領域の境界を越えていることに注意しよう。これはまったく問題ないことだ。CNNはバラの下の部分を見られていないが、それがどこにあるかを十分合理的に推測できているのである。CNNはクラス確率も予測しており、「rose」クラスに高い確率を与えている。そして、バウンディングボックスの中央が中央のグリッドセルにかかっているので、かなり高い物体検出スコアを予測している（この図では物体検出スコアはバウンディングボックスの太さで示している）。
- グリッドセル1個分右の次の3×3領域（中心は薄青く塗られたセル）を見ると、その領域の中心で花を検出していないので、予測した物体検出スコアは非常に低い。これは、予測されたバウンディングボックスとクラス確率を無視しても問題はないということだ。予測されたバウンディングボックスが無意味なことは見てわかる通りである。
- さらにグリッドセル1個分右の次の3×3領域（中心は黄色で薄く塗られたセル）を見たときに、CNNは完全な形ではないが上のバラを検出している。このバラの中心はこの領域の中央にしっかりと入っていないので、物体検出スコアの予測値はあまり高くない。

画像全体でCNNをスライドしていくと、3×5のグリッドにまとめられた形で全部で15個のバウンディングボックスが予測され、個々のバウンディングボックスについて物体検出スコアとクラス確率が予測されることがわかるだろう。物体のサイズはさまざまなので、より大きい4×4の領域でCNNをスライドしていけば、さらに多くのバウンディングボックスが得られる。

このテクニックはわかりやすいが、同じ物体を少し異なる位置で何度も検知することになる。そこで、不要なバウンディングボックスを取り除くための後処理が必要になる。この目的でよく使われるのは、

NMS（非極大抑制、non-max suppression）と呼ばれる手法だ。

1. まず、物体検出スコアが何らかのしきい値に満たないバウンディングボックスをすべて取り除く。CNNはその位置には物体がないと確信しているので、そのバウンディングボックスは不要だ。
2. 残ったバウンディングボックスの中から物体検出スコアが最も高いものを見つけ、それと大きく重なり合うほかのすべてのバウンディングボックス（例えばIoUが60％以上のもの）を取り除く。例えば、**図14-25**では、物体検出スコアが最も高いバウンディングボックスは、左端のバラを囲む太いバウンディングボックスだ。同じバラに触れているほかのバウンディングボックスはこの最大のバウンディングボックスと大きく重なり合うので取り除かれる（この例では、既に前のステップで取り除かれているが）。
3. 削除すべきバウンディングボックスがなくなるまでステップ2を繰り返す。

この単純なアプローチによる物体検知は、なかなかよく機能するが、CNNを何度も実行しなければならないのでかなり遅い。幸い、画像の上でもっと素早くCNNをスライドさせる方法がある。それは、FCN（全層畳み込みネットワーク、fully convolutional network）を使うものである。

14.10.1 FCN（全層畳み込みネットワーク）

FCNのアイデアが最初に提案されたのは、ジョナサン・ロング（Jonathan Long）らの2015年の論文（https://homl.info/fcn）[*1]で、それはセマンティックセグメンテーション（画像に含まれるすべてのピクセルを属する物体のクラスによって分類するタスク）のためのものだった。著者たちは、CNN最上部の全結合層は畳み込み層に置き換えられることを指摘した。例を使って考えよう。それぞれサイズ（カーネルサイズではなく、特徴量マップのサイズ）が7×7の100個の特徴量マップを出力する畳み込み層の上に200ニューロンの全結合層があるものとする。個々のニューロンは、畳み込み層の100×7×7のニューロンの活性化の度合いとバイアス項の加重総和を計算する。では、この全結合層の代わりに7×7の200個のフィルタを持つ`"valid"`パディングの畳み込み層を使ったらどうなるだろうか。この層はそれぞれ1×1（カーネルが入力特徴量マップのサイズであり、`"valid"`パディングを使っているため）の200個の特徴量マップを出力する。つまり、全結合層と同じように200個の数値を出力する。そして、畳み込み層が行う計算をよく見ると、全結合層が生成する数値とまったく同じだということがわかる。違いは、全結合層の出力が[バッチサイズ, 200]という形のテンソルであるのに対し、畳み込み層の出力が[バッチサイズ, 1, 1, 200]という形のテンソルであることだけだ。

全結合層を畳み込み層に変換するには、畳み込み層のフィルタ数が全結合層のユニット数と等しく、フィルタサイズが入力特徴量マップのサイズと等しく、`"valid"`パディングを使っていなければならない。すぐあとで示すように、ストライドは1以上にしてよい。

このことがなぜ重要なのだろうか。全結合層は特定の入力サイズを要求する（入力特徴量ごとに1個

＊1 Jonathan Long et al., "Fully Convolutional Networks for Semantic Segmentation", *Proceedings of the IEEE Conference on Computer Vision and Pattern Recognition* (2015): 3431-3440.

の重みを持つので）のに対し、畳み込み層は画像がどのようなサイズでも文句を言わずに処理するからだ*1（ただし、各カーネルが入力チャネルごとに異なる重みセットを持つので、入力が特定の数のチャネルを持つことは要求する）。FCNには畳み込み層しか含まれていないので（厳密には同じ特性を持つプーリング層も含まれる）、どのようなサイズの画像でも学習、予測に使える。

例えば、花の分類と位置特定のために既にCNNを学習していたとする。学習には224×224の画像が使われ、10個の数値が出力される。

- 出力0から4はソフトマックス活性化関数に送られ、クラス確率（クラスごとに1つ）が計算される。
- 出力5はシグモイド活性化関数に送られ、物体検出スコアの計算に使われる。
- 出力6、7はバウンディングボックスの中央の座標を表す。これらも0から1までの範囲に収めるためにシグモイド活性化関数に送られる。
- 最後に、出力8、9はバウンディングボックスの高さと幅を表す。活性化関数には送られず、バウンディングボックスは画像の境界を越えて広がってもいてもよいようになっている。

これでCNNの全結合層を畳み込み層に変換できる。実際、再学習の必要さえない。全結合層の重みを畳み込み層にコピーするだけでよいのだ。学習の前にCNNをFCNに変換してもよい。

さて、ネットワークに224×224の画像が与えられると、出力層の前の最後の畳み込み層（ボトルネック層とも呼ばれる）は7×7の特徴量マップを出力する（**図14-26**の左側）ものとしよう。この場合、FCNに448×448の画像を与えると（**図14-26**の右側）、ボトルネック層は14×14の特徴量マップを出力する*2。全結合層の代わりに、サイズが7×7の10個のフィルタと`"valid"`パディング、ストライド1の畳み込み層を使っているので、出力はサイズが8×8（14－7＋1＝8なので）の10個の特徴量マップになる。つまり、FCNは画像全体を1度で処理し、個々のセルが10個の数値（5個がクラス確率、1個が物体検出スコア、4個がバウンディングボックスの座標）を持つ8×8のグリッドを出力する。これは、行当たり8ステップ、列当たり8ステップでもとのCNNを画像全体でスライドさせているのと同じだ。もとの画像を14×14のグリッドに分割し、グリッド全体で7×7のウィンドウをスライドさせるところを想像してみよう。ウィンドウが取り得る位置は8×8＝64あるため、8×8の予測が得られる。しかし、FCNの場合、ネットワークは同じ画像を1度しか見ないので、はるかに効率がよい。実際、次節で取り上げる物体検知アーキテクチャは、**YOLO**（You look only once）と呼ばれている。

＊1　小さな例外が1つだけある。`"valid"`パディングを使う畳み込み層は、入力サイズがカーネルサイズよりも小さいとエラーを起こす。

＊2　これは、ネットワークの中で`"same"`パディングだけを使っていることを前提としている。`"valid"`パディングを使っていれば、特徴量マップのサイズは小さくなっているはずだ。さらに、448は2で何度も割り切れ（最後に7にたどり着く）、丸め誤差がない。1、2以外のストライドを使っている層があれば、丸め誤差が発生し、特徴量マップはもっと小さくなっている可能性がある。

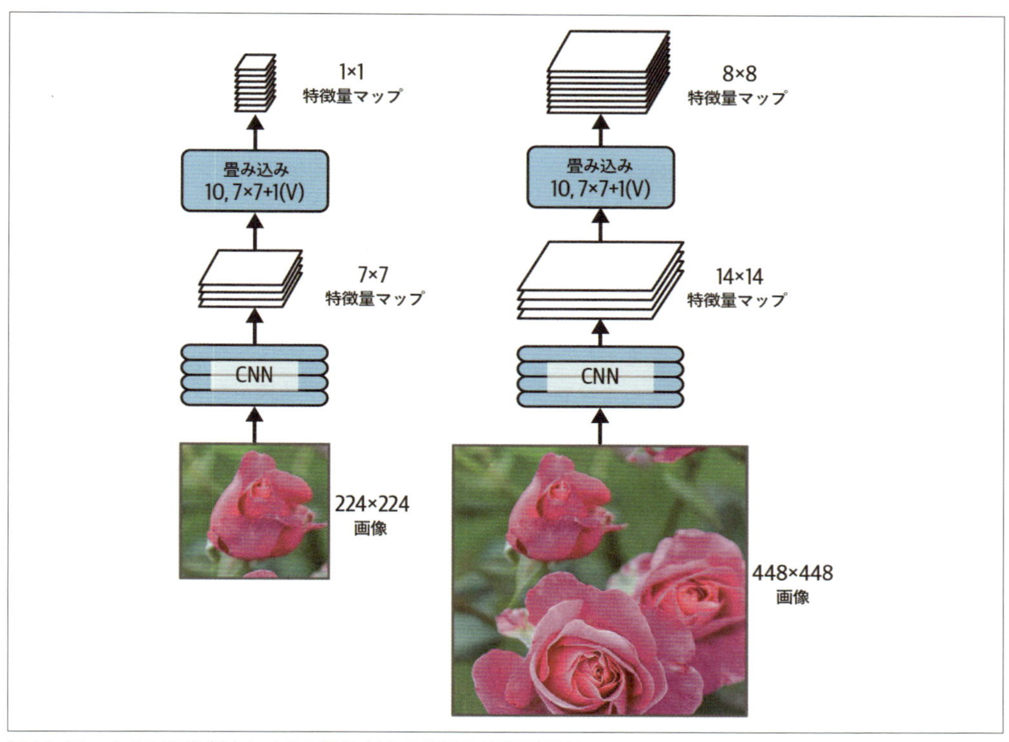

図14-26 小さな画像（左）と大きな画像（右）を処理する同じFCN

14.10.2 YOLO（You Only Look Once）

YOLOは、ジョゼフ・レドモン（Joseph Redmon）らが2015年の論文（https://homl.info/yolo）*1で提案した。レドモンのデモ（https://homl.info/yolodemo）が示すように、動画をリアルタイムで処理できるぐらい高速だ。YOLOのアーキテクチャは、先ほど説明したばかりのものと近いが、重要な違いがいくつかある。

- YOLOが個々のグリッドセルで考慮するバウンディングボックスは、中心がそのセルにあるものだけだ。バウンディングボックスの座標はセルからの相対座標で、(0, 0)はセルの左上隅、(1, 1)は右下隅を表す。しかし、バウンディングボックスの高さと幅はセルの外まで広がっていてよい。
- YOLOはグリッドセルごとに2個（1個ではなく）のバウンディングボックスを出力する。これは2個の物体が非常に近いところにあり、それぞれのバウンディングボックスの中心が同じセルに含まれている場合にも対処できるようにするためだ。個々のバウンディングボックスは、自分専用の物体検出スコアを持つ。

*1 Joseph Redmon et al., "You Only Look Once: Unified, Real-Time Object Detection", *Proceedings of the IEEE Conference on Computer Vision and Pattern Recognition* (2016): 779-788.

- YOLOはグリッドセルごとにクラス確率分布としてグリッドセル当たり20個のクラス確率予測も出力する。これはYOLOが20個のクラスを持つPASCAL VOCデータセットで学習されているためだ。これにより大雑把な**クラス確率マップ**（class probability map）が出力される。クラス確率分布を予測するのがバウンディングボックスごとではなく、グリッドセルごとだというところに注意しよう。しかし、後処理中に個々のバウンディングボックスがクラス確率マップの各クラスにどの程度マッチするかを測ることにより、バウンディングボックスごとのクラス確率も推定できる。例えば、車の前に人が立っている写真を想像してみよう。この場合、車のための横長の大きなバウンディングボックスと人のための縦長の小さなバウンディングボックスが作られるだろう。2つのバウンディングボックスの中心は同じグリッドセルに含まれるかもしれない。どうすれば、これらのバウンディングボックスに割り当てるクラスをどれにするかを判断できるだろうか。クラス確率マップは、「car」クラスが優勢な大きな領域を検出するとともに、その一部に「person」クラスが優勢な小さな領域を検出するだろう。うまい具合に、車のバウンディングボックスが「car」の領域、人のバウンディングボックスが「person」の領域に一致すれば、個々のバウンディングボックスに正しいクラスを割り当てられる。

YOLOはもともとジョゼフ・レドモンが開発したオープンソースの深層学習フレームワーク、Darknetを使って開発されていたが、すぐにTensorFlow、Keras、PyTorchその他に移植された。また、ジョゼフ・レドモンらのYOLOv2、YOLOv3、YOLO9000、アレクセイ・ボシコフスキー（Alexey Bochkovskiy）らのYOLOv4、グレン・ジョーカー（Glenn Jocher）らのYOLOv5、シエン・ロン（Xiang Long）らのPP-YOLOという形で何年もかけて改良されてきた。

各バージョンがさまざまなテクニックを駆使してスピードと正確性を向上させている。例えば、YOLOv3は、anchor priorによって精度を大幅に上げた。これは、クラスによってバウンディングボックスの形が特定のタイプのものになりやすいことを利用している（例えば、人間のバウンディングボックスは縦長になることが多いが、車のバウンディングボックスは普通は縦長にはならない）。YOLOの新しいバージョンは、グリッドセル当たりのバウンディングボックスの数を増やし、もっと多くのクラスを持つ複数のデータセットで学習され（YOLO9000の場合、9,000未満のクラスが階層構造にまとめられている）、CNNで失われる空間分解能の回復のためにスキップ接続を追加する（これについては、すぐあとでセマンティックセグメンテーションを取り上げるときに簡単に触れる）といったこともしている。これらのモデルのバリアントも多数ある。例えば、YOLOv4-tinyは、処理能力が弱いマシンでの学習に最適化され、恐ろしく高速に実行できる（1秒当たり1,000フレーム以上）が、mAP（mean average precision）は若干低くなる。

mAP（mean Average Precision）

物体検知タスクの評価指標としてよく使われているものの1つとしてmAP（mean Average Precision：平均適合率の平均）というものがある。Mean Averageと平均を表す単語が2つ続いていて違和感を覚えるかもしれない。この指標を理解するために、3章で説明した2つの古典的な指標（適合率と再現率）に戻ろう。そのときにも説明したように、両者には、再現率が高ければ高いほど適合率が低くなるというトレードオフの関係がある。可視化すると、**図3-6**のような適合率/再現率曲線になる。曲線の下の面積（AUC）を計算すれば、この曲線を1個の数値で要約できる。しかし、適合率/再現率曲線には、再現率が上がっているのに適合率も上がっている部分が少し含まれている。そのような部分は、特に再現率が低いところに多い（**図3-6**の左上にもそういう部分がある）。mAPという指標が作られた理由の1つがここにある。

分類器が再現率10 %では適合率が90 %であるのに対し、再現率20 %では適合率が96 %だとする。この場合、トレードオフはない。この分類器は再現率を10 %にするのではなく、20 %にして使った方が再現率も適合率も上がって得だ。そこで、再現率が**10%**のところでの適合率ではなく、再現率が10 %**以上**のところでの**最高**適合率に注目すると、90 %ではなく96 %になる。すると、モデルの性能を公平に評価するには、再現率が0 %以上、10 %以上、20 %以上……、100 %のときに得られる最高適合率を計算し、最後にこれらの最高適合率の平均を計算すればよいということになる。この指標を**平均適合率**（AP）と呼ぶ。そして、クラスが3種類以上ある場合、個々のクラスのAPを計算してその平均を取ると、まさに平均AP、つまりmAPになる。

物体検知システムでは、複雑さのレベルが一段上がる。システムが正しいクラスを検知したのに位置が間違っていたとき（つまり、バウンディングボックスが物体とまったく重なり合わない）ときにはどうすればよいだろうか。これを正しい予測の1つに数えてはならないことは間違いない。そこで、IoUのしきい値を設けるというアプローチがある。例えば、IoUが0.5以上で予測したクラスが正しいときに限り予測が正しいと考えるようにするのである。これに対応するmAPはmAP@0.5（またはmAP@50 %、AP_{50}）と表記する。PASCAL VOCチャレンジをはじめとする一部のコンテストでも、この指標が使われている。ほかのコンテスト（例えばCOCO）では、異なるIoUしきい値（0.50, 0.55, 0.60, . . . , 0.95）でmAPを計算し、それらすべてのmAPを平均したものを最終的な指標としている（mAP@[.50:.95]またはmAP@[.50:0.05:.95]と表記される）。これはmAPの平均、平均の平均の平均だ。

TensorFlow Hubには、YOLOv5[*1]、SSD（https://homl.info/ssd）[*2]、Faster R-CNN（https://homl.info/fasterrcnn）[*3]、EfficentDet（https://homl.info/efficientdet）[*4]といった多数の物体検知モデルが掲

＊1　TensorFlow Modelsプロジェクト（https://homl.info/yolotf）にはYOLOv3、YOLOv4、それらの小さなバリアントがある。

＊2　Wei Liu et al., "SSD: Single Shot Multibox Detector", *Proceedings of the 14th European Conference on Computer Vision* 1 (2016): 21-37.

＊3　Shaoqing Ren et al., "Faster R-CNN: Towards Real-Time Object Detection with Region Proposal Networks", *Proceedings of the 28th International Conference on Neural Information Processing Systems* 1 (2015): 91-99.

＊4　Mingxing Tan et al., "EfficientDet: Scalable and Efficient Object Detection", arXiv preprint arXiv:1911.09070 (2019).

載されており、その多くは事前学習した重みが付いている。

SSDとEfficientDetは、YOLOと同様の「Look Once」(1度見るだけ) モデルだ。EfficientDetはEfficientNetアーキテクチャをベースとしている。Faster R-CNNはもっと複雑だ。画像はまずCNNを通過し、その出力がRPN (region proposal network) に渡される。RPNは、物体が含まれている可能性の高いバウンディングボックスを提案する。次に個々のバウンディングボックスに対してCNNからトリミングされた出力をもとに分類器を実行する。これらのモデルは、TensorFlow Hubのオブジェクト検出Colab (https://homl.info/objdet) でまず試してみるとよい。

今までは1枚の画像で物体を検知することだけを考えてきたが、動画はどうすればよいだろうか。各フレームで物体を検知するだけでなく、時間に沿って追跡していかなければならない。ここで物体追跡について簡単に見ておこう。

14.11 物体追跡

物体追跡は難しいタスクだ。物体は動き、カメラに近づけば大きくなり、カメラから離れていけば小さくなる。物体の外見も、向きを変えたりライティングの条件や背景が変わったりすると変わることがある。そして一時的にほかの物体の影に隠れることもある。

物体追跡システムの中でも特に広く使われているものの1つとして、DeepSORT (https://homl.info/deepsort) がある*1。DeepSORTは、古典的なアルゴリズムと深層学習の組み合わせでできている。

- 物体は一定の速度で動く傾向があるという前提のもと、以前の検知に基づいて物体の現在の位置を推定するために、**カルマンフィルタ** (Kalman filter) を使う。
- 新しい検知と既存の追跡物体の類似性を計測するために深層学習モデルを使う。
- 既存の (または新規の) 追跡オブジェクトに新しい検知オブジェクトをマッピングするために**ハンガリアンアルゴリズム** (Hungarian algorithm) を使う。このアルゴリズムは、外見の相違を最小限に保ちつつ、追跡物体の予測位置と検知した物体の位置の距離が最小限になるようにして検知した物体と追跡物体の対応関係を効率よく判断する。

例えば、赤いボールが青いボールに当たって、青いボールが反対方向に跳ね返ったとする。カルマンフィルタは、2個のボールの以前の位置に基づき、2個のボールがすれ違ったと予測する。実際、カルマンフィルタは物体が一定速度で動くことを前提としており、跳ね返るということを予想していない。ハンガリアンアルゴリズムが位置だけに注目していれば、ボールの新しい位置の判断を誤っていたはずだ。まるで2個のボールがすれ違い、色がぱっと変わったと判断してしまうということである。しかし、外見の類似性という尺度があるため、ハンガリアンアルゴリズムはそのような判断には問題があることに気付く。2個のボールがよほど似たものでない限り、ハンガリアンアルゴリズムは2個のボールの正しい位置を判断する。

---

*1 Nicolai Wojke et al., "Simple Online and Realtime Tracking with a Deep Association Metric", arXiv preprint arXiv:1703.07402 (2017).

GitHubには、TensorFlowで実装したYOLOv4+DeepSORTのhttps://github.com/theAIGuysCode/yolov4-deepsortなど、DeepSORTの実装が複数ある。

今まではバウンディングボックスで物体の位置を示していた。それで十分な場合も多いが、テレビ会議で人物の背景を取り除くときのように、物体の位置をもっと正確に把握しなければならない場合がある。個々のピクセルがどの物体に属するかを正確に判断する方法を見てみよう。

14.12 セマンティックセグメンテーション

セマンティックセグメンテーション（semantic segmentation）は、**図14-27**に示すように、属する物体のクラス（例えば道路、自動車、歩行者、建物など）によってピクセルを分類する。同じクラスの異なる物体は区別**しない**ことに注意しよう。例えば、右側のすべての自転車は、分類後の画像では1つの大きなピクセルの塊になってしまう。このタスクの難しいところは、画像を普通のCNNに通してしまうと、空間解像度が次第に失われていく（2以上のストライドの層のために）ことだ。つまり、普通のCNNでは、画像の左下のどこかに人がいることがわかるだけで、それ以上の正確なことは決してわからない。

図14-27　セマンティックセグメンテーション

物体検知と同様に、この問題を解くためのアプローチは多数あり、中には複雑なものもある。しかし、先ほど取り上げたジョナサン・ロング（Jonathan Long）らの全層畳み込みネットワーク（FCN）についての2015年の論文がかなり単純なソリューションを提案した。著者たちは事前学習済みのCNNからスタートして、それをFCNに変身させた。CNNは、入力イメージに全部で（つまり、1よりも大きい分を全部合計して）32のストライドを適用している。最後の層が出力する特徴量マップは、入力イメージの1/32の大きさしかないということだ。これでは明らかに粗すぎる。そこで、著者たちは解像度を32倍にする**アップサンプリング層**（upsampling layer）を追加した。

アップサンプリング（画像サイズの拡大）にも、バイリニア補間（bilinear interpolation）をはじめとする複数の方法があるが、それでまずまずの結果が得られるのは、せいぜい4倍か8倍までだ。彼らが使ったのは、**転置畳み込み層**（transposed convolutional layer）である[*1]。これは、空行と空列（中身が全部0）を挿入して画像を拡大してから通常の畳み込みを実行するのと同じだ（**図14-28**参照）。同じことを分数のストライド（例えば、**図14-27**では1/2）を使った通常の畳み込みだと考える人々もいる。転置畳み込み層は、線形補間に近いことを実行するように初期化することができるが、学習できる層なので学習中にもっとよい方法を学習していく。Kerasでは、`Conv2DTranspose`層が使える。

転置畳み込み層では、ストライドはフィルタステップのサイズではなく、入力をどの程度引き伸ばすかを定義する。そのため、ストライドが大きければ大きいほど出力も大きくなる（畳み込み層やプーリング層のときとは異なる）。

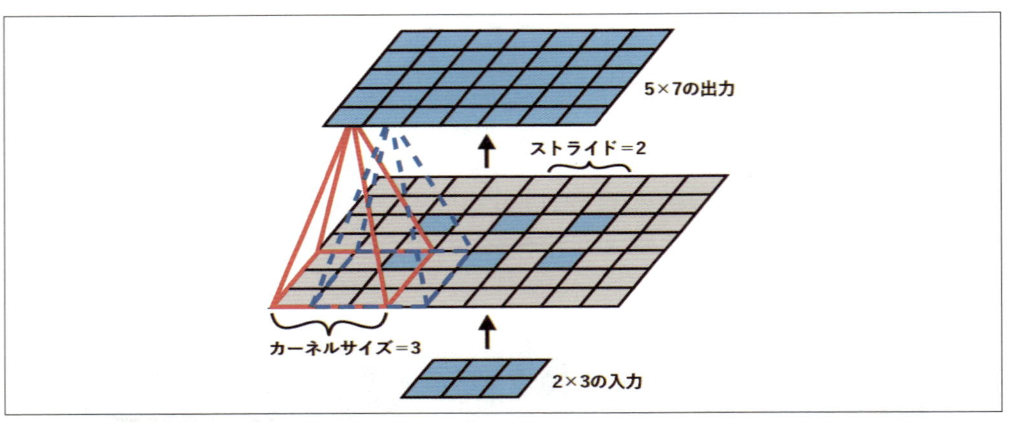

図14-28　転置畳み込み層を使ったアップサンプリング

Kerasのその他の畳み込み層

Kerasはこれら以外の畳み込み層も提供している。

`tf.keras.layers.Conv1D`
: 15章で取り上げるが、時系列データやテキスト（文字や単語のシーケンス）といった1次元入力のための畳み込み層を作る。

`tf.keras.layers.Conv3D`
: 3次元PETスキャンなどの3次元入力のための畳み込み層を作る。

`dilation_rate`
: 畳み込み層の`dilation_rate`（拡張率）ハイパーパラメータを2以上にすると、**Atrous畳み込み層**（Atrousはフランス語で「穴空き」の意味）になる。これは0の行、列（つまり穴）を挿入して膨らませたフィルタを持つ通常の畳み込み層を使うのと同じだ。例えば、1×3の

[*1] この種の層は、**逆畳み込み層**（deconvolution layer）と呼ばれることもあるが、数学者たちが逆畳み込みと呼んでいることはしていない。そのため、逆畳み込み層という呼び方は避けた方がよい。

[[1,2,3]]というフィルタを**膨張率**4で膨張させると、[[1, 0, 0, 0, 2, 0, 0, 0, 3]]という**膨張フィルタ**(dilated filter)になる。これを利用すると、畳み込み層は、計算コストや追加のパラメータを使わずに大きな受容野を持てるようになる。

転置畳み込み層を使ったアップサンプリングは許容範囲だが、まだ不正確すぎる。そこで、ロングらは下位層からのスキップ接続を追加した。例えば、出力画像を2倍(32倍ではなく)にアップサンプリングし、同じように出力の倍の解像度を持っていた下位層の出力を加算した。そのあとで16倍にアップサンプリングして32倍の画像を作った(**図14-29**参照)。こうすると、以前のプーリング層によって失われた空間解像度の一部が復元される。著者たちの最高のアーキテクチャでは、同じようなスキップ接続をもう1つ使って、さらに下位の層からの精細な情報を復元した。つまり、もとのCNNの出力は、×2のアップサンプリング、下位層の出力の加算(適切なスケールでの)、×2のアップスケーリング、さらに下位の層の出力の加算、×8のアップスケーリングという新たな処理を受けるようになった。もとの画像のサイズを越えてさらにスケールアップすることもできる。これは画像の解像度を上げるために使えるテクニックで、**超解像技術**(super-resolution)と呼ばれている。

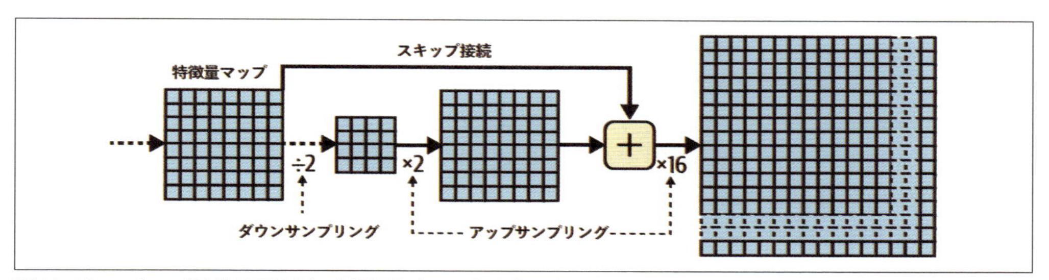

図14-29 スキップ接続は下位層の空間解像度の一部を復元する

インスタンスセグメンテーション(instance segmentation)は、セマンティックセグメンテーションと似ているが、同じクラスのすべての物体を1つの大きな塊にまとめてしまうのではなく、個々の物体を互いに区別する(例えば、1つひとつの自転車を区別する)。例えば、何愷明(ホー・カイミン)らの2017年の論文(https://homl.info/maskrcnn)*1が提案したMask R-CNNアーキテクチャは、Faster R-CNNを拡張して個々のバウンディングボックスのために新たにピクセルマスクを作っている。そのため、個々の物体を囲むバウンディングボックスと物体の推定クラス確率の集合だけでなく、バウンディングボックス内のオブジェクトに属するピクセルの位置を示すピクセルマスクも得られる。このモデルは、COCO 2017データセットで学習済みの形でTensorFlow Hubで入手できる。この分野は急ピッチで進歩しているので、最新最高のモデルを試してみたければ、https://paperswithcode.comの最新研究のセクションをチェックしてほしい。

以上見てきたように、深層コンピュータビジョンという分野は広大で大変な勢いで前進している。毎年ありとあらゆる種類のアーキテクチャが生まれており、それらのほぼすべてが畳み込みニューラルネットワークを基礎としている。しかし、2020年以降、新たなニューラルネットワークアーキテクチャ

---

*1 Kaiming He et al., "Mask R-CNN", arXiv preprint arXiv:1703.06870 (2017).

チャがコンピュータビジョンの世界に参入してきた。Transformerである（16章で取り上げる）。過去10年の進歩は驚くべきものであり、研究者たちは、**敵対的学習**（adversarial learning：ネットワークの裏をかくことを意図して作られた画像に対して抵抗力のあるネットワークを作る試み）、**説明可能性**（explainability：ネットワークが特定の分類をした理由の理解）、リアルな**画像生成**（image generation: 17章で取り上げる）、**シングルショット学習**（single-shot learning: 1度見ただけで物体を認識できるシステム）、動画の次のフレームの予測、テキストと画像のタスクの結合などのより難しい問題に研究の軸足を移していっている。

次章では、再帰型ニューラルネットワークや畳み込みニューラルネットワークを使った時系列データなどのシーケンシャルデータの処理方法を見ていく。

14.13　演習問題

1. NNは画像分類で全結合DNNよりもどのような点で優れているか。
2. それぞれ3 × 3のカーネルを持ち、ストライド2で`"same"`パディングの3つの畳み込み層を持つCNNがある。下位層は100個、中間層は200個、上位層は400個の特徴量マップを出力する。入力画像は、200 × 300ピクセルのRGB画像である。
    a. CNNのパラメータ数は全部でいくつになるか。
    b. 32ビット浮動小数点数を使っている場合、このネットワークが1個のインスタンスの予測をするために少なくともどれだけのRAMが必要になるか。
    c. 50画像のミニバッチを学習するときに必要なRAMはどうか。
3. GPUがCNNの学習中にメモリを使い切ってしまったとき、問題解決のために試せる5つのこととは何か。
4. 同じストライドの畳み込み層ではなく、最大値プーリング層を追加した方がよいと考えられるとき、その理由は何か。
5. LRN（局所応答正規化）層はどのようなときに追加すべきか。
6. LeNet-5と比べたとき、AlexNetの最大のイノベーションと呼ぶべきものは何か。同様に、GoogLeNet、ResNet、Xception、EfficientNetの最大のイノベーションは何か。
7. FCN（全層畳み込みネットワーク）とは何か。どうすれば全結合層を畳み込み層に置き換えられるか。
8. セマンティックセグメンテーションで技術的に最も難しいのはどの部分か。
9. ゼロから独自CNNを構築し、MNISTで最高の精度を目指しなさい。
10. 大規模な画像分類のために次の手順で転移学習をしてみよう。
    a. クラスごとに少なくとも100個の画像が揃っているデータセットを作りなさい。例えば、場所（海岸、山、都市など）に基づいて自前の写真を分類するのでも、TensorFlow Datasetsなどの既存のデータセットを利用するのでもよい。
    b. 作ったデータセットを学習セット、検証セット、テストセットに分割しなさい。
    c. 適切な前処理とデータ拡張（オプション）を含む入力パイプラインを作りなさい。
    d. このデータセットに基づき、事前学習済みモデルを調整しなさい。

11. TensorFlow の Style Transfer（画風変換）チュートリアル（https://homl.info/styletuto）を実際に試してみよう。画風変換は、深層学習を使ってアートを生成する。

演習問題の解答は、ノートブック（https://homl.info/colab3）の14章の部分を参照のこと。

15章 RNNとCNNを使ったシーケンスの処理

友だちが言おうとしていることを思い浮かべるときであれ、朝食のコーヒーの匂いを思い浮かべるときであれ、未来の予想は人が始終行っていることだ。この章では、未来を予測できる（もちろん、限界はあるが）タイプのニューラルネットワークである**再帰型ニューラルネットワーク**（RNN：recurrent neural network）を取り上げる。RNNは、あなたのウェブサイトに毎日やってくるユーザの数、住んでいる街の気温、近くにいる車の進路などの時系列データを分析できる。RNNは、過去のデータに含まれているパターンを学習すると、その知識を活用して未来を予測できるようになる。もちろん、それは過去のパターンが今後も続くという仮定のもとでだが。

より一般的に言うと、RNNは長さが決められた入力ではなく、任意の長さのシーケンス（sequence）を操作できる。例えば、入力として文、文書、音声サンプルなどを受け付け、自動翻訳や音声認識などの自然言語処理（NLP：natural language processing）システムできわめて有効に活用する。

この章ではまず、RNNを支える基本概念と時間をさかのぼるバックプロパゲーションでRNNを学習する方法を説明してから、RNNを使って時系列データを予測する。その過程で、時系列データの予測でよく使われるARMAファミリのモデルを取り上げ、それをベースとしてRNNと比較する。そのあとで、RNNが直面する2つの大きな難問について考える。

- 不安定な勾配（11章参照）。この問題は、再帰ドロップアウトや再帰的層正規化などのテクニックで緩和できる。
- （非常に）短い記憶。記憶の期間はLSTMセルやGRUセルで延ばせる。

シーケンシャルデータを処理できるニューラルネットワークはRNNだけではない。小規模なシーケンスなら、普通の全結合ネットワークでも処理できる。音声サンプルやテキストといった非常に長いシーケンスでは、CNNもRNNと同じくらいうまく機能する。この章では、両方の可能性を取り上げる。そして、最後に数万のタイムステップを持つシーケンスを処理できるCNNアーキテクチャ、WaveNetを実装する。それでは始めよう。

15.1 再帰ニューロンとその層

これまでは前進していくニューラルネットワーク、活性化の流れが入力層から出力層に向かって一方通行で進んでいくネットワークを見てきた。再帰型ニューラルネットワークは、うしろ向きの接続も持っていることを除けば、このような順伝播型ニューラルネットワークとよく似ている。

可能な限りで最も単純なRNNを見てみよう。それは、入力を受け付け、出力を生成するが、その出力を自分自身に送る1つのニューロンだけから構成される（**図15-1**の左側参照）。この**再帰ニューロン**（recurrent neuron）は、個々の**タイムステップ**（timestep、**フレーム**：frameとも呼ばれる）tで、入力の$\mathbf{x}_{(t)}$と前のタイムステップでの自分の出力、$\hat{y}_{(t-1)}$の両方を受け取る。最初のタイムステップでは、前の出力はないので$\hat{y}_{(t-1)}$は0に初期化される。この小さなネットワークを時間軸に沿って表現すると、**図15-1**の右側のようになる（タイムステップごとに同じ再帰ニューロンが描かれている）。これを**時系列に沿ってネットワークを展開する**と表現する（タイムステップごとに1つずつ描かれているのは同じ再帰ニューロンである）。

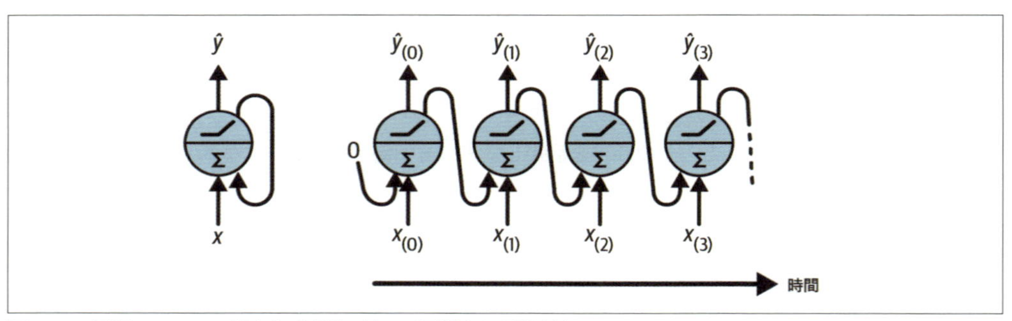

図15-1 再帰ニューロン（左）と時間軸に沿って展開された形（右）

このような再帰ニューロンの層は簡単に作れる。個々のタイムステップtにおいて、すべてのニューロンは**図15-2**に示すように入力ベクトルの$\mathbf{x}_{(t)}$と前のタイムステップの出力ベクトル$\hat{\mathbf{y}}_{(t-1)}$を受け取る。今度は入力と出力の両方がベクトルになることに注意しよう（ニューロンが1つだけのときには、出力はスカラだった）。

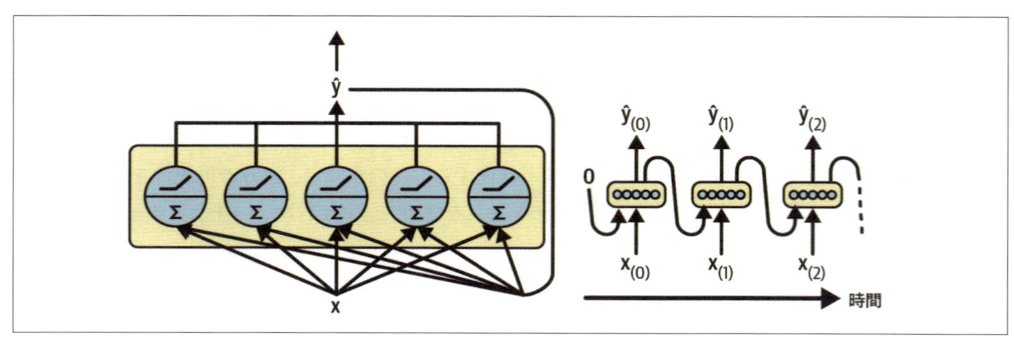

図15-2 再帰ニューロンの層（左）と時間軸に沿って展開された形（右）

個々の再帰ニューロンは、入力$\mathbf{x}_{(t)}$のものと前のタイムステップの出力$\hat{\mathbf{y}}_{(t-1)}$のものとで2つの重みの集合を持つ。これら2つの重みベクトルを$\mathbf{w}_x$、$\mathbf{w}_{\hat{y}}$と呼ぶことにしよう。1個の再帰ニューロンだけではなく、再帰層全体のことを考えるなら、すべての重みベクトルを$\mathbf{W}_x$と$\mathbf{W}_{\hat{y}}$の2つの重み行列に入れられる。

1つの再帰層全体の出力ベクトルは、容易に想像できるような形で計算できる。それは、**式15-1**に示すようなものだ（$\mathbf{b}$はバイアスベクトル、$\phi(\cdot)$は例えばReLU[*1]などの活性化関数である）。

式15-1 単一のインスタンスに対する再帰層の出力

$$\hat{\mathbf{y}}_{(t)} = \phi\left(\mathbf{W}_x{}^\mathsf{T}\mathbf{x}_{(t)} + \mathbf{W}_{\hat{y}}{}^\mathsf{T}\,\hat{\mathbf{y}}_{(t-1)} + \mathbf{b}\right)$$

順伝播型ニューラルネットワークと同様に、タイムステップtにおけるすべての入力を入力行列$\mathbf{X}_{(t)}$に置けば、ミニバッチ全体に対する再帰層の出力を一度に計算できる（**式15-2**）。

式15-2 ミニバッチに含まれるすべてのインスタンスに対する再帰層の出力

$$\begin{aligned}\hat{\mathbf{Y}}_{(t)} &= \phi\left(\mathbf{X}_{(t)}\mathbf{W}_x + \hat{\mathbf{Y}}_{(t-1)}\mathbf{W}_{\hat{y}} + \mathbf{b}\right)\\ &= \phi\left(\left[\mathbf{X}_{(t)} \quad \hat{\mathbf{Y}}_{(t-1)}\right]\mathbf{W} + \mathbf{b}\right) \text{ ここで } \mathbf{W} = \begin{bmatrix}\mathbf{W}_x\\ \mathbf{W}_{\hat{y}}\end{bmatrix}\end{aligned}$$

- $\hat{\mathbf{Y}}_{(t)}$は、タイムステップtにおけるミニバッチの各インスタンスに対する層の出力を格納する$m \times n_{\text{neurons}}$行列（$m$はミニバッチ内のインスタンス数、$n_{\text{neurons}}$はニューロン数）。
- $\mathbf{X}_{(t)}$は、すべてのインスタンスに対する入力を格納する$m \times n_{\text{inputs}}$行列（$n_{\text{inputs}}$は入力特徴量の数）
- $\mathbf{W}_x$は、現在のタイムステップの入力に対する結合重みを格納する$n_{\text{inputs}} \times n_{\text{neurons}}$の行列。
- $\mathbf{W}_{\hat{y}}$は、直前のタイムステップの出力に対する結合重みを格納する$n_{\text{neurons}} \times n_{\text{neurons}}$の行列。
- $\mathbf{b}$は、各ニューロンのバイアス項を格納するサイズn_{neurons}のベクトル。
- 重み行列の$\mathbf{W}_x$と$\mathbf{W}_{\hat{y}}$は縦に連結されて、$(n_{\text{inputs}} + n_{\text{neurons}}) \times n_{\text{neurons}}$という形の1つの重み行列$\mathbf{W}$にされることが多い（**式15-2**の第2行参照）。
- $[\mathbf{X}_{(t)}\ \hat{\mathbf{Y}}_{(t-1)}]$という記法は、行列$\mathbf{X}_{(t)}$と$\hat{\mathbf{Y}}_{(t-1)}$を横に連結したものを表す。

$\hat{\mathbf{Y}}_{(t)}$は$\mathbf{X}_{(t)}$と$\hat{\mathbf{Y}}_{(t-1)}$の関数であり、$\hat{\mathbf{Y}}_{(t-1)}$は$\mathbf{X}_{(t-1)}$と$\hat{\mathbf{Y}}_{(t-2)}$の関数、$\hat{\mathbf{Y}}_{(t-2)}$は$\mathbf{X}_{(t-2)}$と$\hat{\mathbf{Y}}_{(t-3)}$の関数である。このような関係が延々と続く。そのため$\hat{\mathbf{Y}}_{(t)}$は、時間$t = 0$以来のすべての入力（つまり、$\mathbf{X}_{(0)}, \mathbf{X}_{(1)}, \ldots, \mathbf{X}_{(t)}$）の関数だということになる。最初のタイムステップである$t = 0$のときには、まだない前の出力はすべて0として扱われる。

*1 RNNでは、多くの研究者がReLU活性化関数よりもtanh（双曲線正接）活性化関数を使うべきだとしていることに注意しよう。例えば、ヴー・ファム（Vu Pham）らの2013年の論文（https://homl.info/91）、"Dropout Improves Recurrent Neural Networks for Handwriting Recognition"を参照のこと。しかし、Quoc V. Leらの2015年の論文（https://homl.info/92）、「A Simple Way to Initialize Recurrent Networks of Rectified Linear Units」が示すように、ReLUベースのRNNも可能ではある。

15.1.1 メモリセル

タイプステップtにおける再帰ニューロンの出力はそれまでのタイムステップに対するすべての入力の関数なので、再帰ニューロンは、一種の**記憶**を持っていると言えるだろう。タイムステップを越えて何らかの状態情報を保持するニューラルネットワークの部分のことを**メモリセル**（memory cell、記憶セル、または単純に**セル**：cell）と呼ぶ。単一の再帰ニューロンや再帰ニューロンの層は、短いパターン（一般的に10ステップほど。ただし、タスクによってステップ数には違いがある）しか学習しない初歩的な**ベーシックセル**（basic cell）だが、この章のあとの方では、長いパターン（約10倍長い。ただし、これもタスクによって変わる）を学習できるもっと複雑で強力なセルタイプを紹介する。

一般に、タイムステップtにおけるセルの状態は$\mathbf{h}_{(t)}$と書かれ（hはhidden、すなわち隠れているということを意味する）、そのステップにおける何らかの入力と前のタイムステップが終了した時点での状態の関数、

$\mathbf{h}_{(t)} = f(\mathbf{x}_{(t)}, \mathbf{h}_{(t-1)})$である。タイムステップ$t$におけるセルの出力$\hat{\mathbf{y}}_{(t)}$も前の状態と現在の入力の関数である。今まで説明してきたベーシックセルの場合、出力は単純に状態と等しいが、もっと複雑なセルでは、**図15-3**に示すように、必ずしもそうはならない。

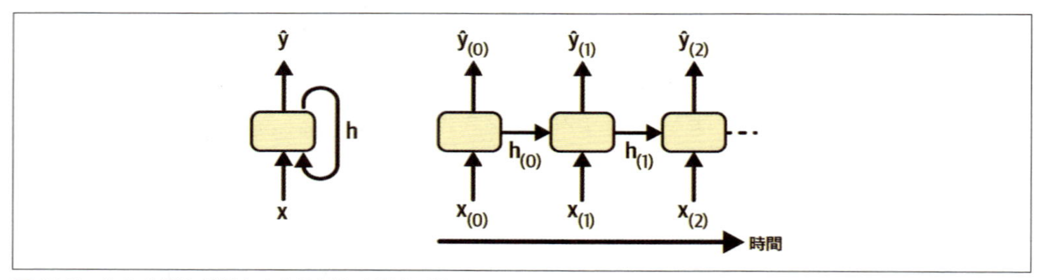

図15-3 セルの隠れ状態と出力は異なる場合がある

15.1.2 入出力シーケンス

RNNは、入力シーケンスをまとめて受け取り、出力シーケンスをまとめて生成することができる（**図15-4**の左上のネットワークを参照）。このような**Seq2Seq（シーケンスツーシーケンス）ネットワーク**は、家庭の毎日の電力消費のような時系列データの予測に役立つ。過去N日分のデータを与えられたネットワークは、未来に向かって1日ずらした日の電力消費量を出力する（つまり、$N-1$日前から明日まで）。

入力ではシーケンスを渡しつつ、最後の1日以外の出力を無視するという方法もあり得る（**図15-4**の右上参照）。これは、**Seq2Vec（シーケンスツーベクトル）ネットワーク**である。例えば、1つの映画評を構成する単語のシーケンスをネットワークに与えると、ネットワークは感情スコア（例えば最低を表す0から最高を表す1まで）を出力する。

逆に、各タイムステップで同じ入力ベクトルを繰り返し与え続け、シーケンスを出力させる形もある（**図15-4**の左下参照）。これは**Vec2Seq（ベクトルツーシーケンス）ネットワーク**だ。例えば、画像（またはCNNの出力）を1つ入力して、その画像のタイトルを出力する場合である。

最後に、**エンコーダ**（encoder）と呼ばれるSeq2Vecネットワークの後ろに**デコーダ**（decoder）と呼ば

れるVec2Seqネットワークを配置する形がある（**図15-4**の右下参照）。この形は、例えばある言語で書かれた文を別の言語の文に翻訳するために使える。ネットワークにある言語で書かれた文を与えると、エンコーダがこの文を単一のベクトル表現に変換し、デコーダがそのベクトルを別の言語の文に展開する。この2ステップのモデルは**エンコーダ-デコーダ**（https://homl.info/seq2seq）（encoder-decoder）と呼ばれ[*1]、1つのSeq2Seq RNN（**図15-4**の左上参照）でその場その場の変換をしていく方法よりもずっとよい結果を生み出す。翻訳では、文の最後の方の単語が翻訳後の文の最初の方の単語に影響を及ぼすことがあるため、文全体を見てから変換しなければならない。エンコーダ－デコーダの実装方法は、16章で説明する（実際のエンコーダ－デコーダ**図15-4**から想像されるものよりも少し複雑である）。

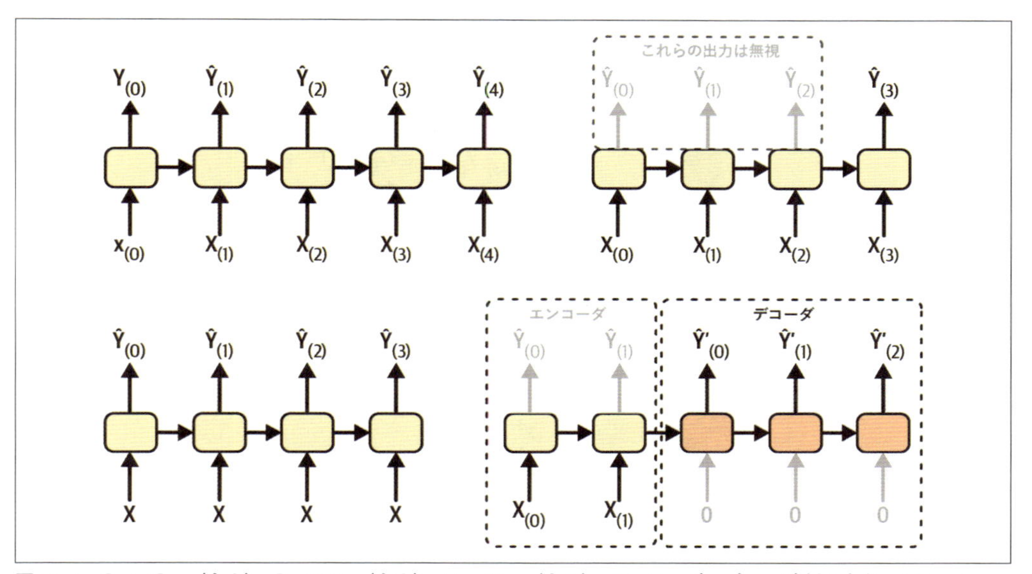

図15-4 Seq2Seq（左上）、Seq2Vec（右上）、Vec2Seq（左下）、エンコーダ-デコーダ（右下）ネットワーク

このような多様性を持つことには期待できそうだ。しかし、RNNはどのように学習すればよいのだろうか。

15.2 RNNの学習

RNNの学習のポイントは、時系列に沿って展開してから（先ほどしたように）、単純に通常のバックプロパゲーションを行うことだ（**図15-5**）。この方法を**BPTT**（backpropagation through time：通時的逆伝播）と呼ぶ。

＊1 Nal Kalchbrenner and Phil Blunsom, "Recurrent Continuous Translation Models", *Proceedings of the 2013 Conference on Empirical Methods in Natural Language Processing* (2013): 1700-1709.

通常のバックプロパゲーションと同様に、まず展開されたネットワークを最初から最後まで通り抜けるフォワードパスがある（図では破線の矢印で示されている）。次に、$\mathscr{L}(\mathbf{Y}_{(0)}, \mathbf{Y}_{(1)}, \dots, \mathbf{Y}_{(T)}; \hat{\mathbf{Y}}_{(0)}, \hat{\mathbf{Y}}_{(1)}, \dots, \hat{\mathbf{Y}}_{(T)}$（ただし、$\mathbf{Y}_{(i)}$は$i$番目のターゲット、$\hat{\mathbf{Y}}_{(i)}$は$i$番目の予測、$T$は最後のタイムステップ）という損失関数を使って出力シーケンスを評価する。この損失関数は、図に示すように一部の出力を無視することに注意しよう。例えば、Seq2Vec RNNは、最後の出力以外のすべての出力を無視する。図15-5では、損失関数は最後の3つの出力だけで計算される。そして、損失関数の勾配を展開されたネットワークの先頭に向かって後退しながら伝えていく（実線の矢印で示されている）。この例では、$\hat{\mathbf{Y}}_{(0)}$と$\hat{\mathbf{Y}}_{(1)}$の出力は損失の計算に使われていないので、その勾配は伝えられない。伝えられるのは、$\hat{\mathbf{Y}}_{(2)}$、$\hat{\mathbf{Y}}_{(3)}$、$\hat{\mathbf{Y}}_{(4)}$だけだ。さらに、各タイムステップで同じ$\mathbf{W}$、$\mathbf{b}$が使われるので、それらの勾配はバックプロパゲーションの過程で複数回調整される。後退フェーズが終了し、すべての勾配が計算されると、BPTTは勾配降下ステップを実行してパラメータをパラメータを更新できる（これは通常のバックプロパゲーションと変わらない）。

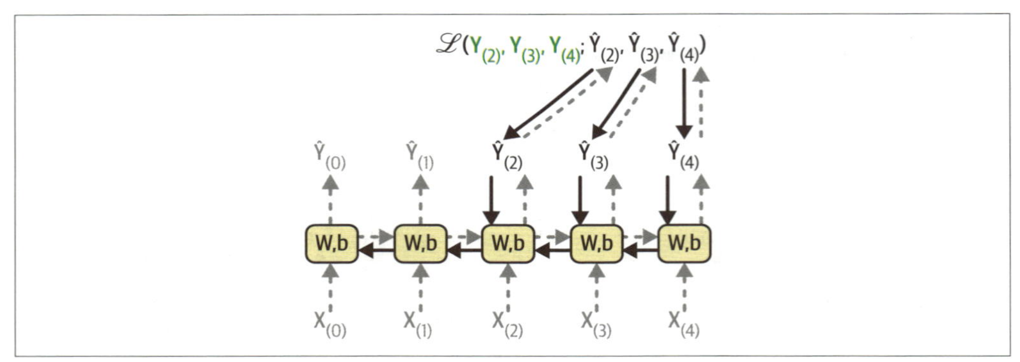

図15-5 BPTT

これから見ていくように、この複雑な処理はすべてKerasが面倒を見てくれる。しかし、その前に私たちが扱っているものは何なのかについての理解を深め、基本的な指標を得るために、時系列データをロードして昔ながらのツールを使って分析するところから始めよう。

15.3 時系列データの予測

というわけで、あなたはCTA（シカゴ交通局）にデータサイエンティストとして採用されたものとする。最初の仕事は、バスと電車の翌日の利用者数を予測できるモデルの構築だ。そのために、2001年以降の日々の利用者数のデータが与えられている。このデータをどのように料理するかを見ていこう。まずはデータのロードとクリーンアップだ[*1]。

```
import pandas as pd
from pathlib import Path
```

＊1 CTA提供の最新データは、Chicago Data Portal（https://homl.info/ridership）で参照できる。

```
path = Path("datasets/ridership/CTA_-_Ridership_-_Daily_Boarding_Totals.csv")
df = pd.read_csv(path, parse_dates=["service_date"])
df.columns = ["date", "day_type", "bus", "rail", "total"]  # 名前を短く
df = df.sort_values("date").set_index("date")
df = df.drop("total", axis=1)  # bus + railにすぎないものであり不要
df = df.drop_duplicates()  # 重複月を削除(2011-10と2014-07)
```

CSVファイルをロードし、短い列名を設定し、日付順にソートして重複行を削除した。次に、最初の数行がどのような感じかをチェックしよう。

```
>>> df.head()
           day_type     bus    rail
date
2001-01-01        U  297192  126455
2001-01-02        W  780827  501952
2001-01-03        W  824923  536432
2001-01-04        W  870021  550011
2001-01-05        W  890426  557917
```

2001年1月1日には、シカゴの市バスに297,192人が乗車し、鉄道に126,455人が乗車した。day_type列は、ウィークデーがW、土曜日（Saturday）がA、日曜日（Sunday）と祝祭日がUになっている。

では、データがどのような感じのものかをつかむために、2019年の数ヶ月についてバスと鉄道の利用者数の推移をグラフにしてみよう（**図15-6**）。

```
import matplotlib.pyplot as plt

df["2019-03":"2019-05"].plot(grid=True, marker=".", figsize=(8, 3.5))
plt.show()
```

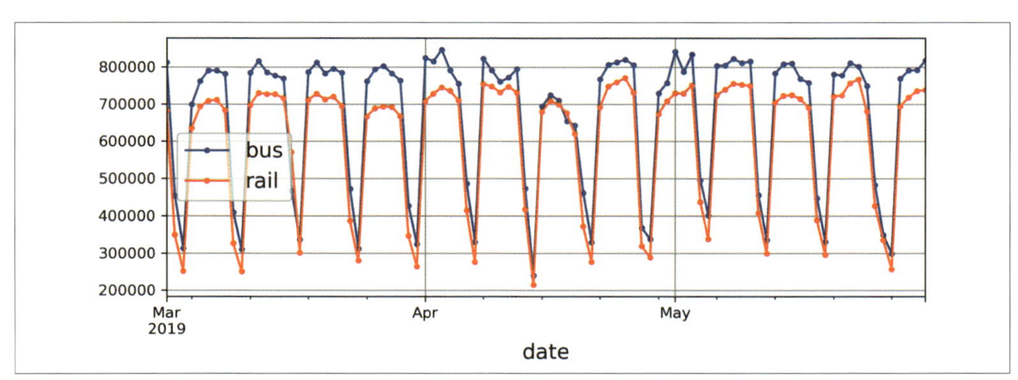

図15-6　シカゴ市営交通の日別利用者数

Pandasが指定した先頭の月と末尾の月をともに取り込んでおり、このグラフには3月1日から5月31日までのデータが含まれていることに注意しよう。これは**時系列**（time series）データだ。通常は一定の間隔で並んだタイムステップごとに値を持つデータということである。より厳密に言うと、タイムス

テップごとに複数の値があるので、**多変量時系列**（multivariate time series）データになっている。例えばbus列だけを見ていれば、タイムステップごとに1つの値しかない**単変量時系列**（univariate time series）データだったところだ。時系列データを扱うときの最も一般的なタスクは将来の値の推定（つまり予測）である。その他のタスクとしては、補完（過去の欠損値の推定）、分類、異常値検出などがある。

図15-6から、毎週同じようなパターンが繰り返されていることがはっきりとわかる。これを**曜日効果**（weekly seasonality）と言う。より一般的には**季節性**、**季節効果**（seasonality）と言う。実際、この場合は曜日効果が非常に強いので、翌日の利用者数の予測は、1週間前の値をコピーするだけでもそこそこのレベルになるだろう。このように単純に過去の値を予測に使うことを**単純予測**（naive forecasting）と呼ぶ。単純予測はベースラインとして優れていることが多く、それ以上の予測をすることが難しいことさえある。

一般に、単純予測とは最新の既知の値をコピーすることである（例えば、明日も今日と同じと予測する）。しかし、ここでは、曜日効果が大きいため、前の週の同じ曜日の値をコピーした方が効果的だ。

こういった単純予測を可視化するために、2つの時系列データ（バスと鉄道）や1週間のずれのある同じ時系列データを点線で重ね合わせてみよう。両者の差分（つまり、t時点の値から$t-7$時点の値を引いた値）もグラフにしてみる。これを**差分法**（differencing method）と呼ぶ（**図15-7**参照）

```
diff_7 = df[["bus", "rail"]].diff(7)["2019-03":"2019-05"]

fig, axs = plt.subplots(2, 1, sharex=True, figsize=(8, 5))
df.plot(ax=axs[0], legend=False, marker=".")  # もとの時系列
df.shift(7).plot(ax=axs[0], grid=True, legend=False, linestyle=":")  # 遅らせる
diff_7.plot(ax=axs[1], grid=True, marker=".")  # 7日間の差分の時系列
plt.show()
```

なかなかのものだ。1週遅れの時系列データが実際の時系列データと非常に近いことがわかる。時系列データが一定時間ずらした同じデータと相関を持つ場合、その時系列データは**自己相関**（autocorrelation）を持つという。このように、大半の差分は5月末を除いてごくわずかだ。その時期に祝祭日があったのではないだろうか。day_type列をチェックしてみよう。

```
>>> list(df.loc["2019-05-25":"2019-05-27"]["day_type"])
['A', 'U', 'U']
```

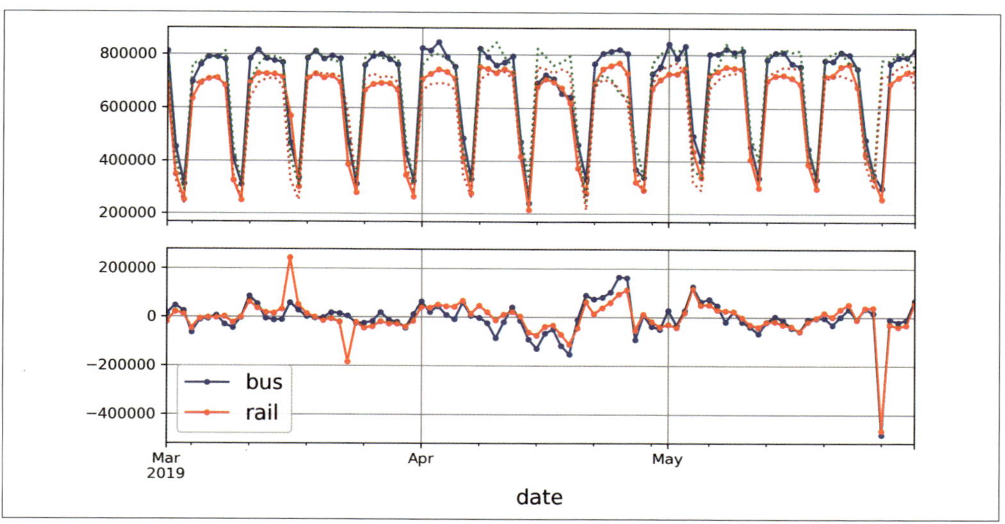

図15-7　上は7日前の時系列データを重ね合わせた時系列データのグラフ、下はtと$t-7$の差分を描いたグラフ

実際、そのときの週末は長かったのだ。月曜日が戦没者追悼記念日だったのである。day_type列を活用すれば、予測性能の向上に役立ちそうだ。しかし、今は適当に選んで調べてみた2019年3、4、5月の単純予測の平均絶対誤差（MAE）を計算してみよう。

```
>>> diff_7.abs().mean()
bus     43915.608696
rail    42143.271739
dtype: float64
```

私たちの単純予測のMAEはバスの利用者で約43,916、鉄道の利用者で約42,143である。この数値を見ても、よいのか悪いのかはよくわからない。まして、それがどの程度なのかはまったくわからない。そこで、対象の値の数でこれらの値を割ってみよう。

```
>>> targets = df[["bus", "rail"]]["2019-03":"2019-05"]
>>> (diff_7 / targets).abs().mean()
bus     0.082938
rail    0.089948
dtype: float64
```

私たちが今計算したものは、**平均絶対パーセント誤差**（MAPE、Mean Absolute Percentage Error）と呼ばれるものだ。私たちの単純予測のMAPEはバスで約8.3 %、鉄道で約9.0 %だということになる。MAEでは鉄道の予測の方がバスの予測よりもわずかに高成績のように見えたが、MAPEでは逆になっているところが面白い。これはバスの利用者の方が鉄道の利用者よりも多いからで、予測ミスの絶対件数はバスの方が多くなるが、誤り率ということで言えば、バスの方が鉄道よりもわずかに高成績になっているのである。

MAE、MAPE、MSE（平均二乗誤差）は予測の評価のために使える指標の中で最も一般的なものだ。毎度のことながら、適切な指標はタスクによって変わる。例えば、誤差が大きくなると二乗のオーダーで悪影響が及ぶようなプロジェクトでは、ほかの指標よりも大きな誤差を重大視するMSEの方が適している。

先ほどのデータを見た限りでは、月単位の季節性はあまり大きくないように見えるが、年単位の季節性があるのかどうかを、2001年から2019年までのデータから確認してみよう。データスヌーピング（data snooping：盗み見、カンニングということ）のリスクを軽減するために、より最近のデータは使わないようにする。長期的なトレンドを可視化するために、12か月移動平均も合わせてプロットしてみよう（**図15-8**参照）。

```
period = slice("2001", "2019")
df_monthly = df.resample('M').mean()  # 各月の平均を計算する
rolling_average_12_months = df_monthly[period].rolling(window=12).mean()

fig, ax = plt.subplots(figsize=(8, 4))
df_monthly[period].plot(ax=ax, marker=".")
rolling_average_12_months.plot(ax=ax, grid=True, legend=False)
plt.show()
```

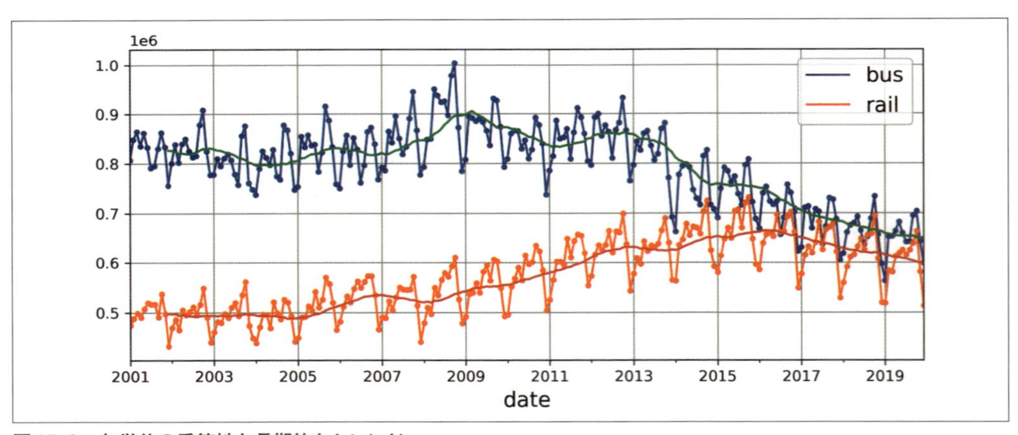

図15-8　年単位の季節性と長期的なトレンド

なんと、曜日効果と比べればノイズが大きいものの年単位の季節性というのも確かにある。さらに、バスよりも鉄道でそれが顕著に現れている。毎年同じ時期に山と谷があるのだ。前月との差分を取るとどうなるかをチェックしてみよう（**図15-9**）。

```
df_monthly.diff(12)[period].plot(grid=True, marker=".", figsize=(8, 3))
plt.show()
```

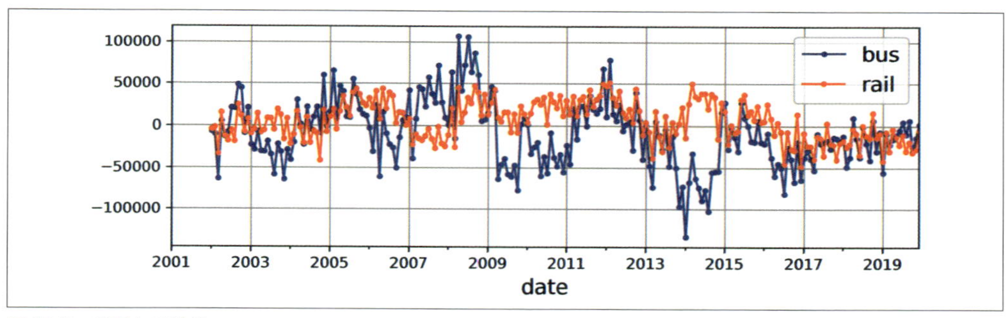

図15-9 前月との差分

差分を取ることによって、年間の季節性が消え、長期的なトレンドも消えてしまっている。例えば、2016年から2019年にかけて年間時系列データでは線形下降のトレンドがあったが、差分の時系列データではほぼ一定のマイナス値になっている。実際、差分法は時系列データからトレンドや季節性を取り除くためのテクニックとして使われている。季節性やトレンドがなく、時間が経過しても統計的な性質が一定に保たれている**安定した**時系列データの方が分析が簡単なのである。差分時系列データで正確な予測ができるようになったら、差分データを作るために引いていた過去値を足し戻すことによって実際の時系列データを予測できる。

明日の利用者数を予想したいだけなので、長期的なパターンは短期的なパターンと比べてごくわずかな意味しか持たないのではないかと思われるかもしれない。まったくその通りだ。しかし、長期的なパターンを計算に入れることによって性能がごくわずか上げられるかもしれない。例えば、2017年10月には1日のバスの利用者数が約2,500人減っている。これは週に570人ずつ減っていることになる。そこで、2017年10月末に明日の利用者数を予測するなら、先週の値から570を引いた値を予測値として提出すべきだろう。トレンドを計算に入れると、平均して予測が少し正確になる。

これでCTA時系列データの性質とともに、曜日効果などの季節性、トレンド、差分法、移動平均といった時系列データ分析の最重要概念も理解できたので、時系列データ分析で広く使われている統計モデル群を見ておこう。

15.3.1 ARMA系モデル

自己回帰移動平均（ARMA）モデル（autoregressive moving average model）から見ていこう。これは1930年代にヘルマン・ウォルド（Herman Wold）が開発したモデルで、ラグ値（lagged value）の単純加重合計を使って予測値を計算し、移動平均を加算して予測値を修正する。先ほど説明してきたのと非常によく似た方法だ。移動平均部は、具体的には最近の少数の予測誤差の加重合計を使って計算する。**式15-3**は、ARMAモデルの予測方法を示している。

式15-3 ARMAモデルを使った予測

$$\widehat{y}_{(t)} = \sum_{i=1}^{p} \alpha_i y_{(t-i)} + \sum_{i=1}^{q} \theta_i \varepsilon_{(t-i)}$$

$$\text{ここで } \varepsilon_{(t)} = y_{(t)} - \widehat{y}_{(t)}$$

- $\widehat{y}_{(t)}$はタイムステップtに対するモデルの予測値

- $y_{(t)}$はタイムステップtにおける時系列値
- 第1の総和式は時系列データの過去p個の値の加重合計で、重みとしては学習したα_iを使っている。数値pはハイパーパラメータで、モデルがどれぐらいまで過去のデータを見るかを決める。この加重合計がモデルの**自己回帰**（autoregressive）の部分である。過去の値に基づいて回帰を実行する。
- 第2の総和式は過去q個の予測誤差$\varepsilon_{(t)}$の加重合計で、重みとしては学習したθ_iを使っている。qの値はハイパーパラメータである。この総和式は、モデルの移動平均部になっている。

重要なのは、このモデルが時系列データを安定したものと想定していることだ。時系列データが一定でない場合には、差分法が役に立つことがある。タイムステップの値そのものではなく差分を使うと、時系列データを微分するような効果がある。実際、差分は各タイムステップの時系列データの傾きを示している。線形のトレンドは定数値に変換されて消えてしまうということだ。例えば、`[3, 5, 7, 9, 11]`という時系列値に差分法を1ステップ適用すると、`[2, 2, 2, 2]`になる。

もとの時系列データが線形のトレンドではなく2次関数的なトレンドを持つ場合には、1ステップの差分法では不十分になる。例えば、`[1, 4, 9, 16, 25, 36]`という時系列データに1ステップの差分法を適用すると`[3, 5, 7, 9, 11]`になるが、2ステップの差分法を適用すると`[2, 2, 2, 2]`になる。そこで、2ステップの差分法を適用すれば、2次関数的なトレンドは消える。より一般的に、dステップの差分法を適用すると、時系列データのd次導関数の近似値が計算され、d次多項式のトレンドが消える。このハイパーパラメータdを**和分の次数**と呼ぶ。

差分法は、1970年にジョージ・ボックス（George Box）とグウィリム・ジェンキンス（Gwilym Jenkins）が共著書*Time Series Analysis*（Wiley）で発表した**自己回帰和分移動平均法**（ARIMA）の第1の業績だ。このモデルはdステップの差分法を実行して時系列モデルを安定化させてから、通常のARMAモデルを適用する。予測をするときにはこのARMAモデルを使い、差分法で取り除いた項を戻していく。

ARMA系モデルのメンバーとしては**SARIMA**（季節自己回帰和分移動平均法、seasonal ARIMA）もある。ARIMAと同じように時系列をモデリングするだけでなく、ARIMAとまったく同じアプローチを使って周期（例えば各週）として指定される季節性もモデリングする。SARIMAには全部で7個のハイパーパラメータがある。p、d、qはARIMAと同じで、それに加えて季節性のモデリングのためにP、D、Qというハイパーパラメータを使い、さらにsという季節性の周期を表すハイパーパラメータを使う。P、D、Qハイパーパラメータはp、d、qと同じようなものだが、$t - s$、$t - 2s$、$t - 3s$等々の時系列データをモデリングするために使われる。

では、鉄道の時系列データでSARIMAモデルを学習し、学習したモデルで明日の利用者数を予測する方法を見ていこう。今日は2019年5月31日だとし、翌日の2019年6月1日の利用者数を予測したいものとする。Pythonには、ARMAとそのバリアント（`ARIMA`クラス）を含むさまざまな統計モデルを収めた`statsmodels`ライブラリがあるので、それを使おう。

```
from statsmodels.tsa.arima.model import ARIMA

origin, today = "2019-01-01", "2019-05-31"
```

```
rail_series = df.loc[origin:today]["rail"].asfreq("D")
model = ARIMA(rail_series,
              order=(1, 0, 0),
              seasonal_order=(0, 1, 1, 7))
model = model.fit()
y_pred = model.forecast()  # 427,758.6を返す
```

このコードは次のように動作する。

- まずARIMAクラスをインポートし、続いて2019年からtodayまでの鉄道利用者データを読み込む。asfreq("D")を使って時系列データの周期は1日に設定する。この場合、データは既に日次データになっているので変わりはしないが、これを指定しなければARIMAクラスが自分で周期を推測しなければならなくなり、警告が表示される。
- 次に、「今日」（2018年5月31日）までのすべてのデータを渡し、ハイパーパラメータを指定してARIMAのインスタンスを作る。order=(1, 0, 0)は$p = 1$、$d = 0$、$q = 0$という意味であり、seasonal_order=(0, 1, 1, 7)は$P = 0$、$D = 1$、$Q = 1$、$s = 7$という意味である。statsmodelsAPIは、fit()メソッドではなく構築時にモデルデータを渡すという点で、scikit-learn APIとは異なることに注意しよう。
- 次にモデルを学習し、そのモデルで「明日」（2018年6月1日）の利用者数を予測する。

予測した利用者は427,759人だったが、実際の利用者は379,044人だった。12.9 %もの誤差がある。これはかなりひどい。実際、426,932人で12.6 %の誤差という単純予測よりも少し悪い。しかし、その日はたまたま運が悪かっただけなのではないだろうか。このことは、3月から5月までの毎日についてループで同じコードを実行し、期間全体のMAEを計算すればチェックできる。

```
origin, start_date, end_date = "2019-01-01", "2019-03-01", "2019-05-31"
time_period = pd.date_range(start_date, end_date)
rail_series = df.loc[origin:end_date]["rail"].asfreq("D")
y_preds = []
for today in time_period.shift(-1):
    model = ARIMA(rail_series[origin:today],  # 「今日」までのデータで学習
                  order=(1, 0, 0),
                  seasonal_order=(0, 1, 1, 7))
    model = model.fit()  # 毎日モデルを再学習していることに注意！
    y_pred = model.forecast()[0]
    y_preds.append(y_pred)

y_preds = pd.Series(y_preds, index=time_period)
mae = (y_preds - rail_series[time_period]).abs().mean()  # 戻り値は32,040.7
```

だいぶよくなった。MAEは約32,041で単純予測のMAE（42,143）よりも大幅に低い。このモデルは完璧ではないものの、平均的には単純予測を大きく上回るものになった。

では、SARIMAモデルのよいハイパーパラメータはどのようにして選べばよいのだろうか。アプローチは複数あるが、わかりやすくてまず試してみるべきものは力ずくの方法だ。グリッドサーチである。

評価したい個々のモデル（つまりハイパーパラメータの個々の組み合わせ）ごとに、ハイパーパラメータの値を変えながら先ほどのコード例を実行するのだ。一般に、p、q、P、Qの値としてよいものは小さい（一般に0から2、ときどき5から6くらいまで）。そして、dとDは一般に0か1でときどき2くらいというところだ。sすなわちメインの季節性の周期は、ここでは、強い曜日効果があるため7だった。MAEが最小になったモデルが選択すべきモデルだ。もちろん、ビジネス目標にもっと合う指標があれば、MAEではない指標を使えばよい。それだけだ[*1]。

15.3.2 機械学習モデルのためのデータの準備

単純予測とSARIMAという2つのベースラインを確保したので、時系列データの予測のために今までに学んできた機械学習モデルを試してみよう。最初は基本的な線形モデルだ。目標は、過去8週間（56日）の利用者数のデータに基づいて翌日の利用者数を予測することだ。そのため、このモデルの入力はシーケンス（モデルが本番稼働したら毎日1個のシーケンス）になる。そのシーケンスにはタイムステップ$t-55$からtまでの値が含まれる。モデルは、入力シーケンスごとにタイムステップ$t+1$の予測という1個の値を出力する。

しかし、学習データとして何を使ったらよいのだろうか。ポイントはここであり、学習データとしては過去の連続した56日分のデータウィンドウのすべて、そのターゲットとしては最終日の翌日の値が使える。

Kerasには、学習セットの準備に役立つ`tf.keras.utils.timeseries_dataset_from_array()`というよいユーティリティ関数がある。この関数は入力として時系列データを取り、指定した長さを持つすべてのウィンドウの`tf.data.Dataset`と対応するターゲットを生成する。次に、0から5までの時系列データから作れる3種類の長さ3のウィンドウと対応するターゲットをすべて作り、サイズ2のバッチにまとめる例を示す。

```
import tensorflow as tf

my_series = [0, 1, 2, 3, 4, 5]
my_dataset = tf.keras.utils.timeseries_dataset_from_array(
    my_series,
    targets=my_series[3:],  # ターゲットは3ステップ先
    sequence_length=3,
    batch_size=2
)
```

このデータセットの中身を見てみよう。

```
>>> list(my_dataset)
[(<tf.Tensor: shape=(2, 3), dtype=int32, numpy=
```

*1 優れたハイパーパラメータを選ぶための方法としてより原則的なものとしては、**自己相関関数**（ACF、AutoCorrelation Function）や**偏自己相関関数**（PACF、Partial AutoCorrelation Function）の分析に基づく方法、第9章で説明したAICやBIC（パラメータが多すぎるモデルにペナルティを与えて過学習のリスクを下げる）の最小化を目指す方法などがあるが、出発点としてはグリッドサーチもよい選択肢だ。ACF-PACFによるアプローチの詳細はジェイソン・ブラウンリー（Jason Brownlee）の非常にすばらしい投稿（https://homl.info/arimatuning）を読むとよい。

```
   array([[0, 1, 2],
          [1, 2, 3]], dtype=int32)>,
   <tf.Tensor: shape=(2,), dtype=int32, numpy=array([3, 4], dtype=int32)>),
  (<tf.Tensor: shape=(1, 3), dtype=int32, numpy=array([[2, 3, 4]], dtype=int32)>,
   <tf.Tensor: shape=(1,), dtype=int32, numpy=array([5], dtype=int32)>)]
```

データセットに含まれる個々のサンプルは長さ3のウィンドウで、対応するターゲット（つまり、ウィンドウの直後の値）を持つ。ウィンドウは[0, 1, 2]、[1, 2, 3]、[2, 3, 4]で、それぞれのターゲットは3、4、5である。全部で3個のウィンドウがあるが、これはバッチサイズの倍数ではないので、最後のバッチには2個ではなく1個のウィンドウしか含まれていない。

tf.dataのDatasetクラスのwindow()メソッドを使っても同じ結果が得られる。こちらの方が複雑だが、ウィンドウの作り方を完全に管理できるのでこの章の後半で役に立つ。だから、どのように動作するのかを見ておこう。window()メソッドは、ウィンドウデータセットのデータセットを返す。

```
>>> for window_dataset in tf.data.Dataset.range(6).window(4, shift=1):
...     for element in window_dataset:
...         print(f"{element}", end=" ")
...     print()
...
0 1 2 3
1 2 3 4
2 3 4 5
3 4 5
4 5
5
```

この例では、データセットには6個のウィンドウがあり、どのウィンドウも前のものよりも1ステップずつ先にシフトしている。そして、4番目から6番目のウィンドウは時系列データの末尾に当たってしまうため、1番目から3番目のウィンドウよりも短い。一般に、この4番目から6番目の3個のウィンドウは取り除きたいところだ。window()メソッドにdrop_remainder=Trueを渡せばこれら小さいウィンドウを削除できる。

window()メソッドは、リストのリストとよく似た**ネストされたデータセット**を返す。データセットメソッドを呼び出して個々のウィンドウを変換したいとき（例えばシャッフルしたりバッチにまとめたりしたいとき）にはこれが役に立つ。しかし、このモデルは入力としてデータセットではなくテンソルを想定しているので、ネストされたデータセットは直接学習には使えない。

そのため、ネストされたデータを**平坦なデータセット**（格納しているものがデータセットではなくテンソルになっているデータセット）に変換するflat_map()メソッドが必要になる。例えば、{1, 2, 3}がテンソル1、2、3のシーケンスを格納するデータセットを表すものとする。ネストされたデータセット{{1, 2}, {3, 4, 5, 6}}を平坦化すると、{1, 2, 3, 4, 5, 6}というデータセットが返される。

さらに、flat_map()メソッドは引数として関数を取れる。それを使えば、平坦化する前にネストされたデータセットの中の個々のデータセットを変換できる。例えば、flat_map()にlambda ds: ds.batch(2)関数を渡すと、{{1, 2}, {3, 4, 5, 6}}というネストされたデータセットが{[1, 2],

[3, 4], [5, 6]}という平坦なデータセットに変換される。変換後のデータセットには、それぞれサイズが2の3個のテンソルが含まれる。

以上を覚えておけば、データセットを平坦化できる。

```
>>> dataset = tf.data.Dataset.range(6).window(4, shift=1, drop_remainder=True)
>>> dataset = dataset.flat_map(lambda window_dataset: window_dataset.batch(4))
>>> for window_tensor in dataset:
...     print(f"{window_tensor}")
...
[0 1 2 3]
[1 2 3 4]
[2 3 4 5]
```

個々のウィンドウデータセットにはちょうど4個の要素が含まれているので、ウィンドウのbatch(4)を呼び出せばサイズ4の1個のテンソルが作れる。すばらしい。これでテンソルという形で表された連続するウィンドウを格納するデータセットを作れる。データセットからウィンドウを抽出する作業を楽にする小さなヘルパー関数を作ろう。

```
def to_windows(dataset, length):
    dataset = dataset.window(length, shift=1, drop_remainder=True)
    return dataset.flat_map(lambda window_ds: window_ds.batch(length))
```

最後にmap()メソッドを使って個々のウィンドウを入力とターゲットに分割する。得られたウィンドウをサイズ2のバッチにまとめることもできる。

```
>>> dataset = to_windows(tf.data.Dataset.range(6), 4)  # 3個の入力+1個のターゲット=4
>>> dataset = dataset.map(lambda window: (window[:-1], window[-1]))
>>> list(dataset.batch(2))
[(<tf.Tensor: shape=(2, 3), dtype=int64, numpy=
  array([[0, 1, 2],
         [1, 2, 3]])>,
  <tf.Tensor: shape=(2,), dtype=int64, numpy=array([3, 4])>),
 (<tf.Tensor: shape=(1, 3), dtype=int64, numpy=array([[2, 3, 4]])>,
  <tf.Tensor: shape=(1,), dtype=int64, numpy=array([5])>)]
```

これで先ほどtimeseries_dataset_from_array()関数から得られたのと同じ出力を生成できるようになった。少し余分にしなければならないことがあったが、その労力はすぐあとで報われる。

学習を始める前にデータを学習ピリオド、検証ピリオド、テストピリオドに分割しなければならない。今は鉄道の利用者だけを考える。また、データを百万単位にして値が0-1の範囲に近づくようにする。こうすると、デフォルトの重み初期化と学習率で好都合になる。

```
rail_train = df["rail"]["2016-01":"2018-12"] / 1e6
rail_valid = df["rail"]["2019-01":"2019-05"] / 1e6
rail_test = df["rail"]["2019-06":] / 1e6
```

時系列データを処理するときには、一般に時間に沿ってデータを分割するとよい。しかし、ほかの次元で分割した方が学習に使える期間が長くなる場合がある。例えば、2001年から2019年までの1万社の金融健全性データがある場合、会社ごとにデータを分割するという方法が考えられる。しかし、これらの会社の多くは強い相関関係を持つだろう（例えば、経済セクター全体が上がったり下がったりした場合）。そして、相関する会社が学習セットとテストセットに分かれて入ってしまうと、汎化誤差に楽観的な方向のバイアスがかかり、テストセットが役に立たなくなる。

次に、`timeseries_dataset_from_array()`を使って学習、検証用のデータセットを作る。4章で説明したように、勾配降下法は学習セットのインスタンスが独立同一分布（IID）になっていることを想定しているので、学習ウィンドウをシャッフルするために`shuffle=True`引数を指定しておく（ただし、ウィンドウの内容はシャッフルしない）。

```
seq_length = 56
train_ds = tf.keras.utils.timeseries_dataset_from_array(
    rail_train.to_numpy(),
    targets=rail_train[seq_length:],
    sequence_length=seq_length,
    batch_size=32,
    shuffle=True,
    seed=42
)
valid_ds = tf.keras.utils.timeseries_dataset_from_array(
    rail_valid.to_numpy(),
    targets=rail_valid[seq_length:],
    sequence_length=seq_length,
    batch_size=32
)
```

これであらゆる回帰モデルを構築、学習できるようになった。

15.3.3 線形モデルを使った予測

まず、線形回帰モデルを試してみよう。フーバー損失関数を使うことにする。4章で説明したように、この方がMAEを直接最小化するよりもよい結果になる。また、早期打ち切りも使う。

```
tf.random.set_seed(42)
model = tf.keras.Sequential([
    tf.keras.layers.Dense(1, input_shape=[seq_length])
])
early_stopping_cb = tf.keras.callbacks.EarlyStopping(
    monitor="val_mae", patience=50, restore_best_weights=True)
opt = tf.keras.optimizers.SGD(learning_rate=0.02, momentum=0.9)
model.compile(loss=tf.keras.losses.Huber(), optimizer=opt, metrics=["mae"])
history = model.fit(train_ds, validation_data=valid_ds, epochs=500,
```

```
                    callbacks=[early_stopping_cb])
```

このモデルの検証MAEは約37,866になる（読者の環境では違う値になるかもしれない）。これは単純予測よりも上だが、SARIMAモデルには負けている[*1]。

RNNにすればもっとよい成績が得られるだろうか？試してみよう。

15.3.4 単純なRNNを使った予測

図15-1で示した再帰ニューロンを1個だけ持つ再帰層が1個だけあるという最も初歩的なRNNを試してみよう。

```
model = tf.keras.Sequential([
    tf.keras.layers.SimpleRNN(1, input_shape=[None, 1])
])
```

Kerasのすべての再帰層は、［**バッチサイズ，タイムステップ，次元**］という形の3次元入力を取る。**次元**は単変量時系列データなら1だが、多変量時系列データなら2以上になる。`input_shape`引数は第1次元（つまりバッチサイズ）を無視し、再帰層は任意の長さの入力シーケンスを受け付けられるので、第2次元には「任意のサイズ」という意味の`None`を設定できる。そして、単変量時系列データを処理したいので、最後の次元サイズは1にしなければならない。入力の形として`[None, 1]`を指定したのはそのためで、「任意の長さの単変量シーケンス」という意味になる。データセットに実際に含まれている入力の形は［**バッチサイズ，タイムステップ**］で、最後の次元数1のデータがないが、この場合はKerasがそれを追加してくれる。

このモデルは、先ほど説明した通りの動作をする。初期状態$h_{(init)}$は0に設定され、それが最初のタイムステップの値$x_{(0)}$とともに1個だけの再帰ニューロンに渡される。再帰ニューロンはこれらの値の加重合計にバイアス項を加算して活性化関数（デフォルトで双曲線正接関数）に渡す。その結果は最初の出力y_0になる。単純RNNでは、この出力が新しい状態h_0にもなる。この新状態は、次の入力値$x_{(1)}$とともに同じ再帰ニューロンに渡される。このプロセスが最後のタイムステップまで繰り返される。最後に、再帰層は最終的に得た値を出力する。ここでは、シーケンスの長さは56ステップなので、最後の値はy_{55}になる。以上がバッチ内のすべてのシーケンス（この場合、32個）で同時に実行される。

Kerasの再帰層は、デフォルトで最終出力だけを返す。タイムステップごとの出力を返させるためには、あとで示すように`return_sequences=True`を設定する。

これが私たちの最初の再帰モデルだ。Seq2Vecモデルになっている。出力ニューロンは1つなので、出力ベクトルのサイズは1である。

このモデルをコンパイル、学習、検証すると、全然だめだということがわかる。検証MAEは100,000を超えてしまう。しかし、これは次の2つの理由から予想されたことだ。

＊1　検証ピリオドが2019年1月1日からなので、最初の予測は8週間後の2019年2月26日に対するものになる。ベースラインモデルを評価したときには、最初の予測は3月1日だった。しかし、両者はごく近いと考えてよいだろう。

1. このモデルは再帰ニューロンが1つしかないので、各タイムステップで予測のために使えるデータはそのタイムステップの入力値と前のタイムステップの出力値だけだ。これではとても足りない。言い換えれば、この RNN の記憶は極端に小さい。前のタイムステップの出力という1個の数値だけだ。そして、このモデルが持っているパラメータの数を数えてみよう。わずか2個の入力値を持つ1個の再帰ニューロンしかないので、モデル全体で3個のパラメータしかない（2個の重みと1個のバイアス項）。この時系列データを処理するためにはとても十分だとは言えない。それに対し、1つ前のモデルは56個の値をすべて見ることができ、全部で57個のパラメータを持っていた。
2. この時系列データには0から1.4くらいの値が含まれているが、デフォルト活性化関数が双曲線正接なので、再帰層は−1から+1までの値しか出力できない。そもそも、1.0から1.4までの間の値を予測できないのだ。

これら2つの問題を解決しよう。32個の再帰ニューロンを持つ大きな再帰層を持つモデルを作る。そして、その上に1個の出力ニューロンを持ち活性化関数を使わない1個の出力全結合層を追加する。再帰層は次のタイムステップに対して今までよりもずっと多くの情報を伝えられるようになり、出力全結合層は値の範囲に制約を設けることなく、32次元のデータから1次元の最終出力を投射するようになる。

```
univar_model = tf.keras.Sequential([
    tf.keras.layers.SimpleRNN(32, input_shape=[None, 1]),
    tf.keras.layers.Dense(1)  # デフォルトにより活性化関数なし
])
```

このモデルを先ほどのモデルと同じようにコンパイル、学習、検証すると、検証MAEは27,703まで下がる。今まで学習してきたモデルの中で最高であり、SARIMAモデルさえこれには及ばない。なかなかの成果だ。

私たちはトレンドや季節性を取り除かず、時系列データを正規化しただけだが、モデルは高い性能を発揮している。これは便利なことで、前処理にあまり神経を注がなくても有望なモデルを素早く探せる。しかし、最高の性能を引き出したいなら、例えば差分化を使うなどして、時系列データをもっと安定化させせることを検討すべきだ。

15.3.5 深層RNNを使った予測

図15-10に示すように、普通は複数の層を積み上げるものだ。こうすると、**深層RNN**（deep RNN）が得られる。

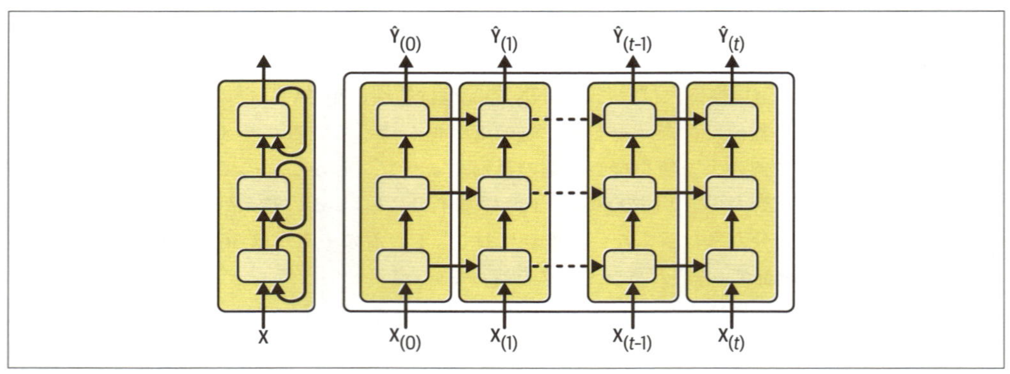

図15-10　深層RNN(左)。右は時間軸に沿って展開した形

Kerasで深層RNNを実装するのは簡単であり、再帰層を積み重ねればよい。次の例では、3個のSimpleRNN層を使う(しかし、LSTM層やGRU層といった別のタイプの再帰層を使ってもよい。これらの層についてはすぐあとで説明する)。最初の2個はSeq2Seq層、最後の1個はSeq2Vec層だ。最後に、Dense層がモデルの予測を作り出す(これはVec2Vec層と考えられる)。そのため、このモデルは**図15-10**で示したようなものだと考えてよい。ただし、$\hat{\mathbf{Y}}_{(0)}$から$\hat{\mathbf{Y}}_{(t-1)}$までの出力は無視され、$\hat{\mathbf{Y}}_{(t)}$の上に密層が置かれ、それが実際の予測を出力するところが異なる。

```
deep_model = tf.keras.Sequential([
    tf.keras.layers.SimpleRNN(32, return_sequences=True, input_shape=[None, 1]),
    tf.keras.layers.SimpleRNN(32, return_sequences=True),
    tf.keras.layers.SimpleRNN(32),
    tf.keras.layers.Dense(1)
])
```

すべての再帰層でreturn_sequences=Trueを必ず設定するようにしよう(ただし、最終出力だけが必要だということなら、最後の再帰層は例外となる)。再帰層のどれかでこのパラメータを設定し忘れると、その層はすべてのタイムステップの出力を含む3次元配列ではなく、最後のタイムステップの出力だけを含む2次元配列を出力する。すると、期待していた3次元形式でシーケンスが与えられないために、次の再帰層でエラーが起こる。

このモデルを学習、評価すると、MAEは約31,211になる。これは2つのベースラインよりも好成績だが、もっと「浅い」RNNには勝てていない。このRNNは、このタスクでは少し大げさすぎるようだ。

15.3.6 多変量時系列データの予測

ニューラルネットワークの優れた特徴の1つは柔軟性だ。特に、アーキテクチャをほとんど変えることなく多変量時系列データも処理できるようになるのはすばらしい。例えば、バスと鉄道の両方のデータを入力として鉄道の時系列データの予測をしてみよう。いや、それだけではなく、曜日タイプも投入しよう。明日がウィークデーか週末、祭日かはあらかじめわかっているので、曜日タイプを1日先に進めると、モデルの入力として翌日の曜日タイプを与えられる。コードを単純にするためにこの処理は

Pandasで行う。

```
df_mulvar = df[["bus", "rail"]] / 1e6  # 入力としてバスと鉄道の両方の時系列データを使う
df_mulvar["next_day_type"] = df["day_type"].shift(-1)  # 翌日の曜日タイプはわかっている
df_mulvar = pd.get_dummies(df_mulvar)  # 曜日タイプをワンホットエンコーディングする
```

これでdf_mulvarは5列のデータフレームになる。バスと鉄道のデータに加え、翌日の曜日タイプのワンホットエンコーディングを格納する3つの列である（曜日タイプには、W、A、Uの3種類があることを思い出そう）。あとは前と同じように作業を進めていく。まず、データを学習、検証、テストの3つのピリオドに分割する。

```
mulvar_train = df_mulvar["2016-01":"2018-12"]
mulvar_valid = df_mulvar["2019-01":"2019-05"]
mulvar_test = df_mulvar["2019-06":]
```

次にデータセットを作る。

```
train_mulvar_ds = tf.keras.utils.timeseries_dataset_from_array(
    mulvar_train.to_numpy(),  # 5列全部を入力として使う
    targets=mulvar_train["rail"][seq_length:],  # 鉄道の時系列データだけを予測する
    [...]  # ほかの4つの引数は以前と同じ
)
valid_mulvar_ds = tf.keras.utils.timeseries_dataset_from_array(
    mulvar_valid.to_numpy(),
    targets=mulvar_valid["rail"][seq_length:],
    [...]  # ほかの2つの引数は以前と同じ
)
```

そして最後にRNNを作る。

```
mulvar_model = tf.keras.Sequential([
    tf.keras.layers.SimpleRNN(32, input_shape=[None, 5]),
    tf.keras.layers.Dense(1)
])
```

先ほど作ったunivar_modelというRNNとの違いは入力の形だけだ。このモデルは、各タイムステップで1個ではなく5個の入力を受け取る。このモデルは22,062という検証MAEを達成した。これは大きな前進だ。

実際、バスと鉄道の両方の利用者数を予測するRNNを作るのは難しいことではない。データセットを作るときのターゲットを変えるだけだ。学習セットではmulvar_train[["bus", "rail"]][seq_length:]、検証セットではmulvar_valid[["bus", "rail"]][seq_length:]とすればよい。2つの値を予測しなければならなくなったので、出力Dense層のニューロンも増やす必要がある。1個は翌日のバスの利用者数、もう1個は翌日の鉄道の利用者数のためのものだ。これだけでよい。

10章で説明したように、タスクごとに別々のモデルを使うよりも複数の関連するタスクのために1個のモデルを使う方が結果がよくなることが多い。その理由は、一方のタスクで学習した特徴がもう一方

のタスクでも役に立つ場合があること、そして複数のタスクで高い性能を生まなければならなくなるとモデルの過学習が防げること（これは一種の正則化の形になっている）にある。しかし、そうなるかどうかはタスク次第であり、この事例では、バスと鉄道の両方の利用者数を予測するマルチタスクRNNは、どちらか片方を予測する専用モデル（5つの列を全部入力として使うもの）よりも性能が劣る。それでも、検証MAEは鉄道で25,330、バスで26,369に達するのでなかなかの成績ではある。

15.3.7 数タイムステップ先の予測

今までは次のタイムステップの値を予測していただけだが、ターゲットを適切に変更すれば数ステップ先の値も簡単に予測できるようになる（例えば、今から2週間後の利用者数を予測するには、ターゲットを1日先ではなく14日先に変えればよい）。しかし、翌日からの14個の値を予測したい場合はどうすればよいだろうか。

第1の方法は、先ほど学習したunivar_modelのRNNで次の値を予測し、その値を入力に加え、実際に予測値通りになったかのようにその次の値を予測するというものである。その後の値の予測でもそのモデルを繰り返し使っていく。次のコードのようにすればよい。

```
import numpy as np

X = rail_valid.to_numpy()[np.newaxis, :seq_length, np.newaxis]
for step_ahead in range(14):
    y_pred_one = univar_model.predict(X)
    X = np.concatenate([X, y_pred_one.reshape(1, 1, 1)], axis=1)
```

このコードは、検証ピリオドの最初の56日分の鉄道の利用者データを取り出し、[1, 56, 1]という形のNumPy配列に変換する（再帰層は3次元の入力を要求することを思い出そう）。次に、このモデルを繰り返し使って次の値を予測し、時間軸に沿って（axis=1）予測値を入力に追加していく。得られた予測をグラフにすると、**図15-11**のようになる。

モデルがあるタイムステップで誤差を生むと、次のタイムステップの予測にもその影響が及ぶ。誤差は蓄積していく傾向がある。そのため、このテクニックを使うのはステップ数が少ないときだけにした方がよい。

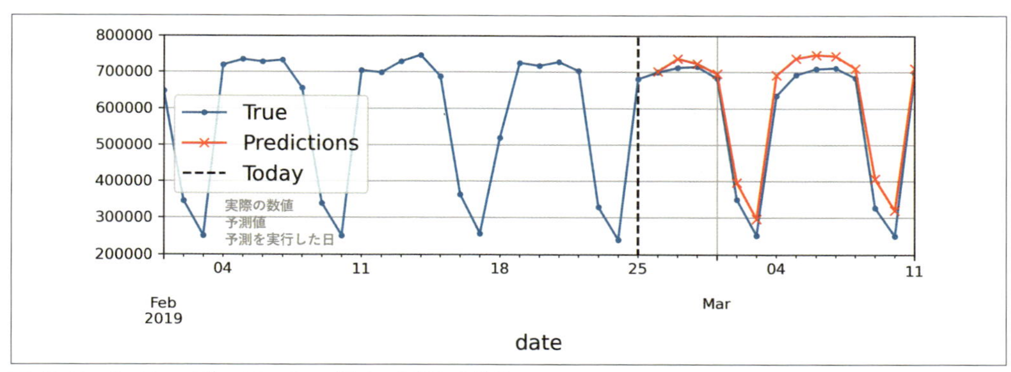

図15-11 1ステップずつ14ステップ先まで予測した結果

第2の方法は、次の14個の値をまとめて予測するようにRNNを学習するというものだ。この方法でもSeq2Vecモデルを使えるが、1個の値ではなく14個の値を出力することになる。しかし、ターゲットを次の14個の値を持つベクトルに変えなければならない。ここでも`timeseries_dataset_from_array()`を使えるが、ターゲットなしで（`targets=None`）長いシーケンス（`seq_length + 14`）を出力するように指示する。そして、データセットの`map()`メソッドを使ってシーケンスの個々のバッチに対してカスタム関数を実行し、シーケンスを入力とターゲットに分割する。この例では、入力として多変量時系列データを使い（5列を全部使う）、今後14日間の鉄道の利用者数を予測する[*1]。

```
def split_inputs_and_targets(mulvar_series, ahead=14, target_col=1):
    return mulvar_series[:, :-ahead], mulvar_series[:, -ahead:, target_col]

ahead_train_ds = tf.keras.utils.timeseries_dataset_from_array(
    mulvar_train.to_numpy(),
    targets=None,
    sequence_length=seq_length + 14,
    [...]  # ほかの3個の引数は前と同じ
).map(split_inputs_and_targets)
ahead_valid_ds = tf.keras.utils.timeseries_dataset_from_array(
    mulvar_valid.to_numpy(),
    targets=None,
    sequence_length=seq_length + 14,
    batch_size=32
).map(split_inputs_and_targets)
```

出力層には、1個ではなく14個のユニットを持たせなければならない。

```
ahead_model = tf.keras.Sequential([
    tf.keras.layers.SimpleRNN(32, input_shape=[None, 5]),
```

＊1　このモデルは改造してみてほしい。例えば、今後14日間のバスと鉄道の両方の利用者数を予測してみるとよい。両者を入れるためにターゲットを操作し、14個ではなく28個の値を予測するといった作業が必要になる。

```
        tf.keras.layers.Dense(14)
    ])
```

このモデルを学習したら、次のように14個の値をまとめて予測できるようになる。

```
X = mulvar_valid.to_numpy()[np.newaxis, :seq_length]  # 形は[1, 56, 5]
Y_pred = ahead_model.predict(X)  # 形は[1, 14]
```

この方法は見事に機能する。翌日の予想は14日後の予想よりも明らかに優れているが、前の方法のように誤差を蓄積したりはしない。それでもまだ改良の余地はある。Seq2Seqモデルを使うということだ。

15.3.8 Seq2Seqモデルを使った予測

最後のタイムステップだけで次の14個の値を予測するのではなく、すべてのタイムステップで次の14個の値を予測するようにモデルを学習できる。つまり、このSeq2Vec RNNをSeq2Seq RNNに変身させられるということだ。このテクニックには、損失関数に最後のタイムステップでの出力に対する項だけでなく、すべてのタイムステップでのRNNの出力に対する項が含まれるという利点がある。

つまり、モデルに含まれる誤差勾配の数がはるかに多くなる。そして、勾配は必ずしもタイムステップ全体のものでなくてもかまわない。最後のタイムステップだけでなく、個々のタイムステップの出力からの勾配も考慮に入れられる。こうすれば、勾配が安定するとともに、学習にかかる時間が短くなる。

どういうことかをはっきりさせておこう。モデルは、タイムステップ0ではタイムステップ1から14までの予測を格納するベクトルを出力し、タイムステップ1ではタイムステップ2から15までの予測をする。そのため、ターゲットは連続したウィンドウのシーケンスになり、ウィンドウはタイムステップごとに1タイムステップ分ずつずれていく。このようなターゲットはもはやベクトルではなく、入力と同じ長さでステップごとに14次元のベクトルを格納するシーケンスになる。

個々のインスタンスが入力としてウィンドウ、出力としてウィンドウのシーケンスを持つことになるので、データセットの準備は大変になる。1つの方法として先ほど作ったto_windows()関数を立て続けに2回呼び出し、連続するウィンドウのウィンドウを作るというものが考えられる。例えば、0から6までの数値をそれぞれ長さ3の4個の連続するウィンドウを含むシーケンスに変換してみよう。

```
>>> my_series = tf.data.Dataset.range(7)
>>> dataset = to_windows(to_windows(my_series, 3), 4)
>>> list(dataset)
[<tf.Tensor: shape=(4, 3), dtype=int64, numpy=
 array([[0, 1, 2],
        [1, 2, 3],
        [2, 3, 4],
        [3, 4, 5]])>,
 <tf.Tensor: shape=(4, 3), dtype=int64, numpy=
 array([[1, 2, 3],
        [2, 3, 4],
```

```
         [3, 4, 5],
         [4, 5, 6]])>]
```

そしてmap()メソッドを使い、このウィンドウのウィンドウを入力とターゲットに分割する。

```
>>> dataset = dataset.map(lambda S: (S[:, 0], S[:, 1:]))
>>> list(dataset)
[(<tf.Tensor: shape=(4,), dtype=int64, numpy=array([0, 1, 2, 3])>,
  <tf.Tensor: shape=(4, 2), dtype=int64, numpy=
  array([[1, 2],
         [2, 3],
         [3, 4],
         [4, 5]])>),
 (<tf.Tensor: shape=(4,), dtype=int64, numpy=array([1, 2, 3, 4])>,
  <tf.Tensor: shape=(4, 2), dtype=int64, numpy=
  array([[2, 3],
         [3, 4],
         [4, 5],
         [5, 6]])>)]
```

これでデータセットは入力として長さ4のシーケンス、ターゲットとして入力の個々のタイムステップごとにそのあとに続く2ステップずつを格納するものになる。例えば、最初の入力シーケンスは[0, 1, 2, 3]だが、この個々のタイムステップごとにそのあとに続く2ステップをまとめた[[1, 2], [2, 3], [3, 4], [4, 5]]がターゲットになる。あなたの頭の回転が私よりもずっと速いということでなければ、以上を理解するために数分かかるだろう。ここは時間をかけて理解してほしい。

入力に含まれていた値がターゲットにも含まれることになるのは、ちょっと驚くかもしれない。これはカンニングではないだろうか。全然そのようなことはない。各タイムステップで、モデルは過去のタイムステップしか知らないので、先読みはできない。このモデルは、**因果**(causal)モデルと呼ばれている。

それでは、Seq2Seqモデルで使えるデータセットを準備するための新しいユーティリティ関数を作ろう。この関数はシャッフル(オプション)とバッチ化もサポートする。

```
def to_seq2seq_dataset(series, seq_length=56, ahead=14, target_col=1,
                       batch_size=32, shuffle=False, seed=None):
    ds = to_windows(tf.data.Dataset.from_tensor_slices(series), ahead + 1)
    ds = to_windows(ds, seq_length).map(lambda S: (S[:, 0], S[:, 1:, 1]))
    if shuffle:
        ds = ds.shuffle(8 * batch_size, seed=seed)
    return ds.batch(batch_size)
```

この関数を使えばデータセットを作れる。

```
seq2seq_train = to_seq2seq_dataset(mulvar_train, shuffle=True, seed=42)
seq2seq_valid = to_seq2seq_dataset(mulvar_valid)
```

最後にSeq2Seqモデルを作ろう。

```
seq2seq_model = tf.keras.Sequential([
    tf.keras.layers.SimpleRNN(32, return_sequences=True, input_shape=[None, 5]),
    tf.keras.layers.Dense(14)
])
```

前のモデルとほとんど同じだ。違いは、SimpleRNN層でreturn_sequences=Trueを指定していることだけである。これにより、モデルは最後のタイムステップで1個のベクトルを出力するのではなく、ベクトル（要素数32個）のシーケンスを出力するようになる。Dense層は。入力がシーケンスになっても対処できる。Dense層はタイムステップごとに使われ、32次元ベクトルの入力から14次元のベクトルを出力する。実際、カーネルサイズが1のConv1D層（Conv1D(14, kernel_size=1)）を使っても同じ結果が得られる。

Kerasは、すべてのタイムステップで入力シーケンスのすべてのベクトルに対してVec2Vec層を適用するためのTimeDistributed層を提供している。TimeDistributedは、各タイムステップが別個のインスタンスとして扱われるように入力の形を変え、処理終了後に層の出力に時間次元を戻すという方法でこれを効率よく行っている。ここでは、Dense層が既に入力としてシーケンスをサポートしているので、これを使う必要はない。

学習コードはいつもと同じだ。学習中はモデルのすべての出力が使われるが、学習後に必要なのは最後のタイムステップの出力だけなので、それ以外のものは無視される。例えば、今後14日間の鉄道の利用者数は次のようにして予測できる。

```
X = mulvar_valid.to_numpy()[np.newaxis, :seq_length]
y_pred_14 = seq2seq_model.predict(X)[0, -1]  # 最後のタイムステップの出力のみ
```

このモデルの$t+1$に対する予測を評価すると、検証MAEは25,519になる。MAEは、$t+2$では26,274になり、その先の予測ではさらに少しずつ落ちていく。$t+14$では、MAEは34,322になる。

数ステップ先を予測する2つの方法は組み合わせて使うこともできる。例えば、14日後までの予測ができるモデルを学習したら、その出力を入力の後ろにつなげ、モデルを再度実行してさらに14日先までの予測をする。これを繰り返していくのである。

単純RNNは、時系列データやその他のシーケンスをうまく処理できるが、時系列データやシーケンスが長くなると性能が落ちてくる。その理由を明らかにするとともに、長いシーケンスにも対応できる方法を見てみよう。

15.4 長いシーケンスの処理

長いシーケンスのためにRNNを学習するためには、多数のタイムステップでRNNを実行しなければならないので、展開されたRNNは非常に深いネットワークになる。深いニューラルネットワークの常として、このようなRNNは11章で取り上げた不安定な勾配問題に直面する。学習に長い時間がかかったり、学習結果が不安定になったりする。しかも、RNNは長いシーケンスを処理すると、次第にシーケンスの最初の方の入力を忘れていく。この2つの問題について考えよう。まずは不安定な勾配問題だ。

15.4.1 不安定な勾配問題への対処

パラメータの適切な初期値、オプティマイザの高速化、ドロップアウトなど、不安定な勾配問題を緩和するために深層ネットワークで使ったテクニックの多くは、RNNでも使える。しかし、飽和しない活性化関数（例えばReLU）は、ここではあまり役に立たない。それどころか、この種の活性化関数は、学習中のRNNをさらに不安定にする。なぜだろうか。例えば、勾配降下によって、最初のタイムステップの出力をわずかに大きくするように重みが更新されたとする。すべてのタイムステップで同じ重みが使われるので、第2のタイムステップの出力もわずかに大きくなり、第3、第4のタイムステップでもそれが続けば出力が爆発する。そして、飽和しない活性化関数を使ってもこれは防げない。

学習率を小さくしたり双曲線正接のような飽和する活性化関数を使ったりすれば、このリスクは軽減される（だから、双曲線正接がデフォルトになっている）。

同様に、勾配自体が爆発することもある。学習が不安定になっていることに気づいたら、勾配の大きさをモニタリングし（例えば、TensorBoardで）、おそらく勾配クリッピングを使った方がよい。

さらに、RNNではバッチ正規化は深層順伝播型ネットワークほど効率よく使えない。それどころか、タイムステップ間では使えず、再帰層間で使えるだけである。

より正確に言うと、メモリセルにBN層を追加することは技術的に可能で（すぐあとで示すように）、そうすれば、各タイムステップにBN層を適用することはできる（そのタイムステップに対する入力と前のタイムステップからの隠れ状態の両方に）。しかし、入力と隠れ状態の実際のスケール、オフセットにかかわらず、同じパラメータの同じBN層が各タイムステップに使われてしまう。セザール・ローラン（César Laurent）らが2015年の論文（https://homl.info/rnnbn）[*1]で示したように、実際にはこれではよい結果にならない。著者たちは、BNは隠れ状態ではなく、入力に適用したときだけほんの少し役に立つことを明らかにした。つまり、BNは再帰層内（横に）ではなく、再帰層間で（縦に）適用したときにわずかに効果があるということだ。Kerasでは、個々の再帰層の前に`BatchNormalization`層を追加すればBNを適用できるが、学習が遅くなる上にあまり効果がないかもしれない。

RNNでは、**層正規化**（layer normalization）という別の形の正規化の方がうまく機能する。このアイデアは、ジミー・レイ・バー（Jimmy Lei Ba）らの2016年の論文（https://homl.info/layernorm）[*2]で提案されたものだ。バッチ正規化とよく似ているが、バッチ正規化がバッチ次元で正規化するのに対し、

＊1 César Laurent et al., "Batch Normalized Recurrent Neural Networks", *Proceedings of the IEEE International Conference on Acoustics, Speech, and Signal Processing* (2016): 2657-2661.

＊2 Jimmy Lei Ba et al., "Layer Normalization", arXiv preprint arXiv:1607.06450 (2016).

層正規化は特徴量次元で正規化する。この方法には、個々のタイムステップで各インスタンスのために独立にその場で必要な統計量を計算できるメリットがある。これは、BNとは異なり、学習中とテスト中で同じように振る舞うということでもある。そして、学習セットのインスタンス全体で特徴量の統計を推定するためにBNのように指数移動平均を使う必要もない。層正規化は、BNと同じように、個々の入力のためにスケーリングとオフセットを学習する。RNNでは、層正規化は一般に入力と隠れ状態の線形結合の直後に使われる。

では、Kerasを使って単純なメモリセルの中で層正規化を実装しよう。そのためにはカスタムメモリセルを定義する必要がある。これは通常の層とよく似ているが、`call()`メソッドが現在のタイムステップの`inputs`と前のタイムステップの隠れ`states`の2個の引数を取るところだけが異なる。

`states`引数は、1個以上のテンソルを含むリストだということに注意しよう。単純なRNNセルの場合、ここには前のタイプステップの出力と等しい1個のテンソルが含まれることになるが、ほかのセルは複数の状態テンソルを持つ場合がある（例えば、すぐあとで取り上げる`LSTMCell`は、長期状態と短期状態の2個を持つ）。セルは、`state_size`属性と`output_size`属性も持たなければならない。単純なRNNでは、両者はともにユニット数と等しい。次のコードは、各タイムステップで層正規化を適用することを除けば、`SimpleRNNCell`と動作がよく似ているカスタムメモリセルを実装する。

```
class LNSimpleRNNCell(tf.keras.layers.Layer):
    def __init__(self, units, activation="tanh", **kwargs):
        super().__init__(**kwargs)
        self.state_size = units
        self.output_size = units
        self.simple_rnn_cell = tf.keras.layers.SimpleRNNCell(units,
                                                             activation=None)
        self.layer_norm = tf.keras.layers.LayerNormalization()
        self.activation = tf.keras.activations.get(activation)

    def call(self, inputs, states):
        outputs, new_states = self.simple_rnn_cell(inputs, states)
        norm_outputs = self.activation(self.layer_norm(outputs))
        return norm_outputs, [norm_outputs]
```

このコードをじっくり読んでみよう。

- 私たちの`LNSimpleRNNCell`クラスは、カスタムレイヤの常として`tf.keras.layers.Layer`クラスを継承している。
- コンストラクタは、引数としてユニット数と活性化関数を取り、`state_size`、`output_size`属性を設定し、活性化関数なしで`SimpleRNNCell`を作る（線形演算のあと、活性化関数の前に層正規化を実行したいので）*[1]。次に、コンストラクタは`LayerNormalization`層を作り、引数で指定された活性化関数をメンバー変数として取り込む。

*1 `SimpleRNNCell`を継承していれば、内蔵の`SimpleRNNCell`を作ったり、`state_size`、`output_size`属性を処理したりする必要がなくなり、もっと簡単になっていたが、ここでの目標はゼロからカスタムセルを作る方法を示すことだ。

- call() メソッドは、まず simpleRNNCell を実行する。simpleRNNCell は、現在の入力と直前の隠れ状態を線形結合し、2個の値を返す（実際には、SimpleRNNCell の中では、出力は隠れ状態と等しい。つまり、new_states[0] は outputs と等しいので、call() メソッドのその後の部分では new_states を無視できる）。次に、call() は層正規化を行い、活性化関数を実行する。そして、最後に2個の出力を返す（1個は出力、もう1個は新しい隠れ状態として）。このカスタムセルは、セルインスタンスを引数として tf.keras.layers.RNN を作るだけで使えるようになる。

```
custom_ln_model = tf.keras.Sequential([
    tf.keras.layers.RNN(LNSimpleRNNCell(32), return_sequences=True,
                        input_shape=[None, 5]),
    tf.keras.layers.Dense(14)
])
```

同様に、タイムステップとタイムステップの間でドロップアウトを実行するためにカスタムセルを作ることもできるが、これにはもっと簡単な方法がある。Kerasが提供するほとんどの再帰層とセルには、各タイムステップで入力に適用するドロップアウト率を定義するdropoutと、タイムステップ間で隠れ状態に適用するドロップアウト率を定義するrecurrent_dropoutというハイパーパラメータがあるのだ。そのため、RNNの各タイムステップでドロップアウトを適用するためにカスタムセルを作る必要はない。

不安定な勾配問題はこれらのテクニックで緩和され、RNNをずっと効率よく学習できるようになる。では次に、記憶が短期に限られる問題の対処方法を見ていこう。

時系列データの予測をするときには、予測とともに何らかのエラーバーを作ると役立つことが多い。例えば、11章で説明したMCドロップアウトを使う方法がある。学習中にrecurrent_dropoutを使い、model(X, training=True)を使ってモデルを呼び出すことによって予測時にもドロップアウトをアクティブにしておく。これを数回繰り返して複数の微妙に異なる予測を得たら、タイムステップごとにそれらの予測の平均と標準偏差を計算するのである。

15.4.2 短期記憶問題への対処

データがRNNを通過するときの変換のために、タイムステップごとに情報の一部は失われていく。しばらくすると、RNNの状態には、最初の入力の痕跡がほとんど残らなくなる。これが大きな問題になることがある。魚のドリー[*1]が長い文を訳そうとして苦労しているところを想像してみよう。彼女は、文を読み終わった頃には、文の最初の方を忘れてしまう。この問題に対処するために、さまざまなタイプの長期メモリセルが提案されている。これらが成功を収めたため、ベーシックセルはもうあまり使われていない。それでは、これらの長期メモリセルで最もよく使われているLSTMセルをまず見てみよう。

＊1　映画「ファインディング・ニモ」と「ファインディング・ドリー」のキャラクターで、短期記憶障害がある。

15.4.2.1　LSTMセル

LSTM（long short-term memory：長期短期記憶）セルは、セップ・ホッホライター（Sepp Hochreiter）とユルゲン・シュミットフーバー（Jurgen Schmidhuber）が1997年に提案し（https://homl.info/93）*1、アレックス・グレイブズ（Alex Graves）（https://homl.info/graves）、ハシム・ザック（Haşim Sak）（https://homl.info/94）*2、ヴォイジェック・ザレンバ（Wojciech Zaremba）（https://homl.info/95）*3といった人々の研究によって少しずつ改良されてきた。LSTMセルをブラックボックスとして扱うと、恐ろしく性能が高いことを除けば、ベーシックセルとほぼ同じように使える。学習は短時間で収束し、データ内の長期的なパターンを検出できる。Kerasでは、`SimpleRNN`層の代わりに`LSTM`層を使えばよい。

```
model = tf.keras.Sequential([
    tf.keras.layers.LSTM(32, return_sequences=True, input_shape=[None, 5]),
    tf.keras.layers.Dense(14)
])
```

汎用の`tf.keras.layers.RNN`層に引数として`LSTMCell`を渡して使うという方法もある。しかし、`LSTM`層は、GPU上で実行したときに最適な実装を使っているので（19章参照）、一般的にはこちらを使った方がよい（`RNN`層は、先ほどのように主としてカスタムセルを定義するときに役に立つ）。

では、LSTMセルはどのような仕組みなのだろうか。そのアーキテクチャは**図15-12**のようになっている。箱の中を見なければ、状態が$\mathbf{h}_{(t)}$と$\mathbf{c}_{(t)}$（cはcellという意味である）の2つのベクトルに分割されていることを除き、LSTMセルは通常のセルとまったく同じように見える。$\mathbf{h}_{(t)}$は短期的な状態、$\mathbf{c}_{(t)}$は長期的な状態と考えてよい。

＊1　Sepp Hochreiter and Jurgen Schmidhuber, "Long Short-Term Memory", *Neural Computation* 9, no. 8 (1997): 1735-1780.

＊2　Haşim Sak et al., "Long Short-Term Memory Based Recurrent Neural Network Architectures for Large Vocabulary Speech Recognition", arXiv preprint arXiv:1402.1128 (2014).

＊3　Wojciech Zaremba et al., "Recurrent Neural Network Regularization", arXiv preprint arXiv:1409.2329 (2014).

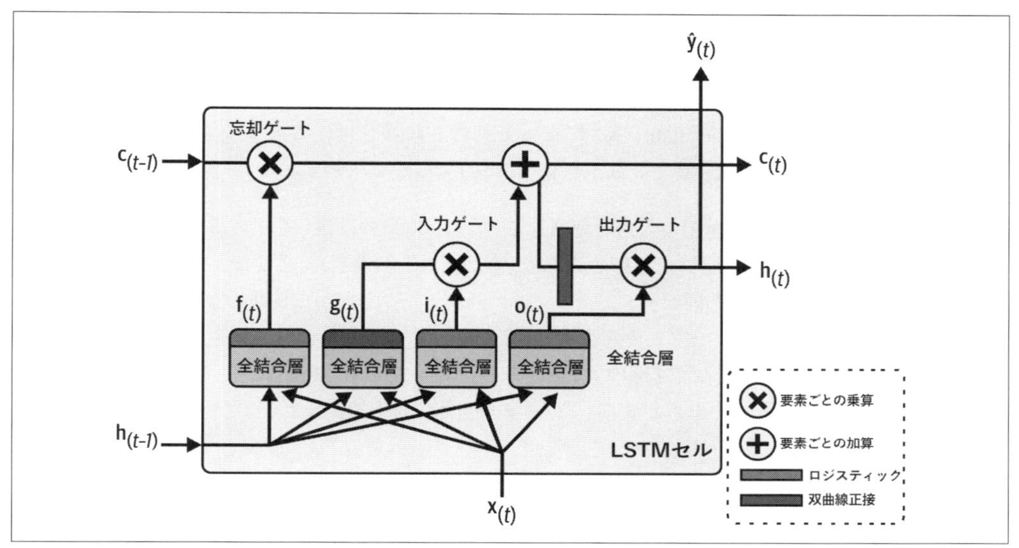

図15-12　LSTMセル

では、箱を開けてみよう。アイデアとして重要なのは、ネットワークが長期的な状態に格納すべきもの、長期的な状態から捨てるべきもの、読み取るべきものを学習できることだ。長期状態$\mathbf{c}_{(t-1)}$は、左から右にネットワークを通過する過程で、まず**忘却ゲート**（forget gate）を通過して一部の記憶を捨て、加算によって新しい記憶を追加する（記憶に加えるのは、**入力ゲート**（input gate）が選択したものだ）。そのようにして得られた$\mathbf{c}_{(t)}$は、それ以上変換を受けずにそのまま外に送り出される。つまり、タイムステップごとに、一部の記憶を捨て、一部の記憶を追加するのである。さらに、加算後の長期状態はコピーされ、双曲線正接関数を通過し、その結果は**出力ゲート**（output gate）でフィルタリングされる。短期的な状態の$\mathbf{h}_{(t)}$は、このようにして作られる（このタイムステップの出力である$\mathbf{y}_{(t)}$と等しい）。では、新しい記憶がどこからやってくるのか、ゲートがどのように機能するのかを見てみよう。

まず、現在の入力ベクトル$\mathbf{x}_{(t)}$と直前の短期状態$\mathbf{h}_{(t-1)}$が4つの異なる全結合層に与えられる。全結合層にはそれぞれ別の目的がある。

- メインの層は、$\mathbf{g}_{(t)}$を出力するものである。この層は、現在の入力の$\mathbf{x}_{(t)}$と直前の（短期）状態の$\mathbf{h}_{(t-1)}$を解析するというRNNの通常の役割を果たす。ベーシックセルにはこの層以外のものはなく、その出力が$\mathbf{y}_{(t)}$と$\mathbf{h}_{(t)}$に直接送られる。しかし、LSTMセルではこの層の出力はそのまま出ていくのではなく、最も重要な部分が長期状態に格納される（その他の部分は捨てられる）。
- ほかの3つの層は**ゲートコントローラ**（gate controller）である。ロジスティック活性化関数を使っているので、出力は0から1までの範囲になる。図からもわかるように、これらの層の出力は要素ごとの乗算に送られ、0を出力した場合はゲートを閉じ、1を出力した場合はゲートを開けることになる。個々の層を具体的に見ていこう。
  — 忘却ゲート（forget gate、$\mathbf{f}_{(t)}$によって制御される）は、長期状態のどの部分を消去するかを決める。

— 入力ゲート（input gate、$\mathbf{i}_{(t)}$ によって制御される）は、$\mathbf{g}_{(t)}$ のどの部分を長期状態に加えるかを決める。

— 出力ゲート（output gate、$\mathbf{o}_{(t)}$ によって制御される）は、このタイムステップで長期状態のどの部分を読み出し、$\mathbf{h}_{(t)}$ と $\mathbf{y}_{(t)}$ に出力するかを決める。

要するに、LSTMセルは、重要な入力を認識して（入力ゲートの役割）それを長期状態に格納すること、必要な限り長期に渡って記憶を保持すること（忘却ゲートの役割）、必要なときに記憶を取り出すことを学習する。LSTMが時系列データ、長い文章、録音データなどから長期的なパターンを取り出すことに恐ろしく大成功する理由はここから説明できる。

式15-4は、各タイムステップで1個のインスタンスに対してセルの長期状態、短期状態、出力をどのように計算するかをまとめたものである（ミニバッチ全体に対する式もよく似ている）。

式15-4　LSTMの計算

$$
\begin{aligned}
\mathbf{i}_{(t)} &= \sigma\left(\mathbf{W}_{xi}{}^{\top}\mathbf{x}_{(t)} + \mathbf{W}_{hi}{}^{\top}\mathbf{h}_{(t-1)} + \mathbf{b}_i\right) \\
\mathbf{f}_{(t)} &= \sigma\left(\mathbf{W}_{xf}{}^{\top}\mathbf{x}_{(t)} + \mathbf{W}_{hf}{}^{\top}\mathbf{h}_{(t-1)} + \mathbf{b}_f\right) \\
\mathbf{o}_{(t)} &= \sigma\left(\mathbf{W}_{xo}{}^{\top}\mathbf{x}_{(t)} + \mathbf{W}_{ho}{}^{\top}\mathbf{h}_{(t-1)} + \mathbf{b}_o\right) \\
\mathbf{g}_{(t)} &= \tanh\left(\mathbf{W}_{xg}{}^{\top}\mathbf{x}_{(t)} + \mathbf{W}_{hg}{}^{\top}\mathbf{h}_{(t-1)} + \mathbf{b}_g\right) \\
\mathbf{c}_{(t)} &= \mathbf{f}_{(t)} \otimes \mathbf{c}_{(t-1)} + \mathbf{i}_{(t)} \otimes \mathbf{g}_{(t)} \\
\mathbf{y}_{(t)} &= \mathbf{h}_{(t)} = \mathbf{o}_{(t)} \otimes \tanh\left(\mathbf{c}_{(t)}\right)
\end{aligned}
$$

- $\mathbf{W}_{xi}$, $\mathbf{W}_{xf}$, $\mathbf{W}_{xo}$, $\mathbf{W}_{xg}$ は、入力ベクトル $\mathbf{x}_{(t)}$ と個々の全結合層との結合重み行列。
- $\mathbf{W}_{hi}$, $\mathbf{W}_{hf}$, $\mathbf{W}_{ho}$, $\mathbf{W}_{hg}$ は、直前の短期状態 $\mathbf{h}_{(t-1)}$ と個々の全結合層との結合重み行列。
- $\mathbf{b}_i$, $\mathbf{b}_f$, $\mathbf{b}_o$, $\mathbf{b}_g$ は、個々の全結合層のバイアス項。TensorFlowは、0ではなく1を集めたベクトルで $\mathbf{b}_f$ を初期化することに注意しよう。こうすることによって、学習の最初にすべてを忘れるのを防いでいる。

LSTMセルには複数の変種がある。その中で特によく使われているものとしてGRUセルがある。次はそれを見てみよう。

15.4.2.2　GRUセル

GRU（gated recurrent unit：ゲート付き回帰型ユニット）はチョ・ギョンヒョン（조 경현、Kyunghyun Cho）らの2014年の論文（https://homl.info/97）で提案された[*1]。この論文は、この章の前の方で触れたエンコーダ－デコーダも提案している。

＊1　Kyunghyun Cho et al., "Learning Phrase Representations Using RNN Encoder–Decoder for Statistical Machine Translation", *Proceedings of the 2014 Conference on Empirical Methods in Natural Language Processing* (2014): 1724–1734.

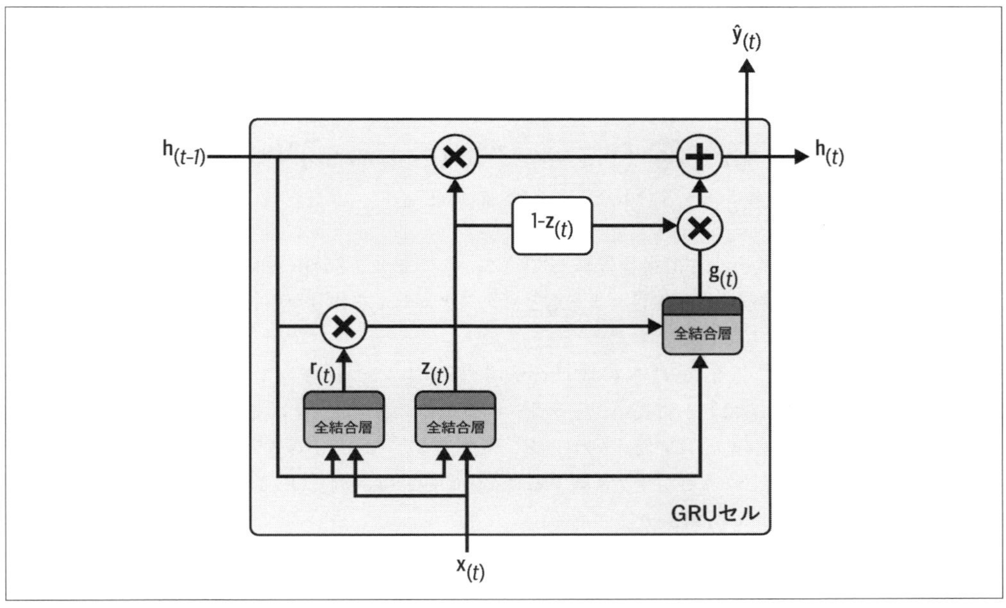

図15-13 GRUセル

GRUセルはLSTMセルを単純化したもので、まったく同じように機能するように見える*1（人気が集まってきている理由でもある）。単純化の主要なポイントは次の通りだ。

- 2つの状態ベクトルが結合されて1つのベクトル $\mathbf{h}_{(t)}$ になっている。
- $\mathbf{z}_{(t)}$ という1つのゲートコントローラで忘却ゲートと入力ゲートの両方を制御している。ゲートコントローラが1を出力すると忘却ゲートが開き（= 1）、入力ゲートが閉じる（1 − 1 = 0）。0を出力するとその逆の動作になる。つまり、記憶を格納しなければならないときには、まずそれが格納される場所を先に消去しておくということである。実際、これはLSTMセルのバリアントで一般的な方法である。
- 出力ゲートがない。すべてのタイムステップで完全な状態ベクトルが出力される。しかし、直前の状態のどの部分をメイン層（$\mathbf{g}_{(t)}$）に示すかを制御する新しいゲートコントローラ $\mathbf{r}_{(t)}$ が追加されている。

式15-5は、各タイムステップで1個のインスタンスに対してセルの状態をどのように計算するかをまとめたものである。

＊1 Klaus Greffらの "LSTM: A Search Space Odyssey" (https://homl.info/98), *IEEE Transactions on Neural Networks and Learning Systems* 28, no. 10 (2017): 2222-2232.参照。この論文は、LSTMのすべてのバリアントがおおよそ同じように動作することを示しているようだ。

式15-5 GRUの計算

$$
\begin{aligned}
\mathbf{z}_{(t)} &= \sigma\left(\mathbf{W}_{xz}{}^{\mathsf{T}}\mathbf{x}_{(t)} + \mathbf{W}_{hz}{}^{\mathsf{T}}\mathbf{h}_{(t-1)} + \mathbf{b}_z\right)\\
\mathbf{r}_{(t)} &= \sigma\left(\mathbf{W}_{xr}{}^{\mathsf{T}}\mathbf{x}_{(t)} + \mathbf{W}_{hr}{}^{\mathsf{T}}\mathbf{h}_{(t-1)} + \mathbf{b}_r\right)\\
\mathbf{g}_{(t)} &= \tanh\left(\mathbf{W}_{xg}{}^{\mathsf{T}}\mathbf{x}_{(t)} + \mathbf{W}_{hg}{}^{\mathsf{T}}\left(\mathbf{r}_{(t)} \otimes \mathbf{h}_{(t-1)}\right) + \mathbf{b}_g\right)\\
\mathbf{h}_{(t)} &= \mathbf{z}_{(t)} \otimes \mathbf{h}_{(t-1)} + \left(1 - \mathbf{z}_{(t)}\right) \otimes \mathbf{g}_{(t)}
\end{aligned}
$$

Kerasは`tf.keras.layers.GRU`層を提供している。この層は、`SimpleRNN`や`LSTM`の代わりに`GRU`とするだけで使える。Kerasは、GRUセルをもとにカスタムセルを作りたいときのために、`tf.keras.layers.GRUCell`も提供している。

LSTM、GRUセルは、近年のRNNの成功の大きな理由の1つになっている。しかし、LSTMやGRUは単純なRNNよりもはるかに長いシーケンスを処理できるとは言え、その記憶はかなり短期的なものに限られ、音声サンプル、長い時系列データ、長い文など100タイムステップ以上のシーケンスで長期的なパターンを学習しようとすると苦戦する。この問題には、例えば1次元畳み込み層を使って入力シーケンスを短くするという解決方法がある。

15.4.2.3 1次元畳み込み層を使ったシーケンスの処理

14章では、複数のかなり小さいカーネル（またはフィルタ）を画像の端から端までスライドさせて複数の（カーネルごとに1つの）2次元特徴量マップを作るという2次元畳み込み層を見てきた。同様に、1次元畳み込み層は、複数のカーネルをシーケンスの端から端までスライドさせてカーネルごとに1つずつ特徴量マップを作る。個々のカーネルは、非常に短い（カーネルサイズを越えない）シーケンスのパターンを検出することを学ぶ。10個のカーネルを使えば、層の出力は10個の1次元シーケンス（どれも同じ長さ）になる。この出力は1つの10次元シーケンスと見ることもできる。これは、RNNと1次元CNN（あるいは1次元プーリング層）を組み合わせたニューラルネットワークが作れるということだ。ストライドが1で`"same"`パディングの1次元畳み込み層を使うと、出力シーケンスは入力シーケンスと同じ長さになるが、`"valid"`パディングや1よりも大きいストライドを使えば、出力シーケンスは入力シーケンスよりも短くなるので、ターゲットを調整しなければならない。

例えば、次のモデルは、ストライドが2の1次元畳み込み層で入力シーケンスを1/2の長さにダウンサンプリングしていることを除けば、前のモデルと同じである。カーネルサイズがストライドよりも大きいので、層の出力の計算にはすべての入力が使われる。そのため、モデルは重要ではない細部だけを捨て、役に立つ情報を残すことを学習する。1次元畳み込み層は、シーケンスを短縮することにより、`GRU`層が長いパターンを検知するのを助けられる場合がある。そのため、入力シーケンスの長さを112日に倍増させられる。ターゲットから最初の3タイムステップ分を捨てなければならないこと（カーネルサイズが4なので、畳み込み層の最初の出力はタイムステップ0から3までによって作られ、最初の予測はステップ1から14ではなくステップ4から17に対するものになる）また、ストライドのため、ターゲットを1/2にダウンサンプリングしなければならないことに注意しよう。

```
conv_rnn_model = tf.keras.Sequential([
    tf.keras.layers.Conv1D(filters=32, kernel_size=4, strides=2,
```

```
                                activation="relu", input_shape=[None, 5]),
    tf.keras.layers.GRU(32, return_sequences=True),
    tf.keras.layers.Dense(14)
])

longer_train = to_seq2seq_dataset(mulvar_train, seq_length=112,
                                       shuffle=True, seed=42)
longer_valid = to_seq2seq_dataset(mulvar_valid, seq_length=112)
downsampled_train = longer_train.map(lambda X, Y: (X, Y[:, 3::2]))
downsampled_valid = longer_valid.map(lambda X, Y: (X, Y[:, 3::2]))
[...]  # ダウンサンプリングされたデータセットを使ってモデルをコンパイル、学習する
```

このモデルを学習、検証すると、前のモデルよりも高性能になっていることがわかるはずだ(僅差だが)。実際、RNN層を全部捨てて1次元畳み込み層だけにしても使えるくらいだ。

15.4.2.4 WaveNet

アーロン・ファン・デン・オード(Aaron van den Oord)をはじめとするDeepMindの研究者たちが2016年の論文(https://homl.info/wavenet)[*1]で**WaveNet**という新アーキテクチャを提案した。彼らは各層の膨張率(dilation rate、個々のニューロンの入力がどれだけ離れているか)を倍にしながら1次元畳み込み層を積み上げた。最初の畳み込み層は1度に2タイムステップを見るだけだが、次の畳み込み層は、まとめて4タイムステップを見る(受容野の長さが4タイムステップ)。さらにその次の畳み込み層はまとめて8タイムステップを見る(**図15-14**参照)。こうすると、下位層は短期的なパターン、上位層は長期的なパターンを学習する。膨張率を次々に倍にしているため、このネットワークはきわめて長いシーケンスを効率よく処理できる。

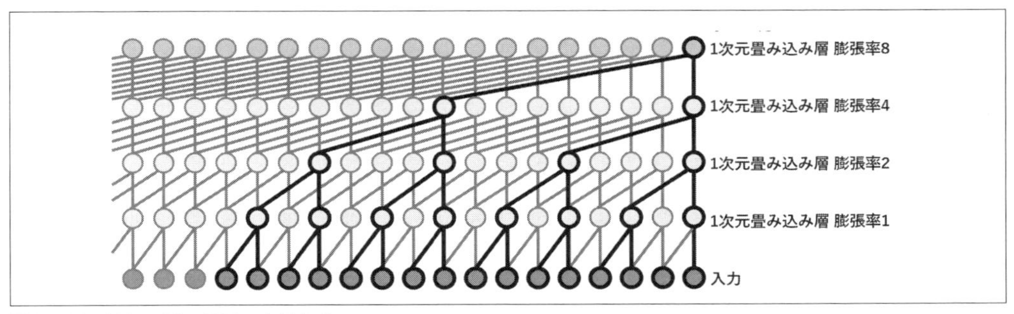

図15-14 WaveNetのアーキテクチャ

WaveNet論文の著者たちは、実際に膨張率が1, 2, 4, 8, ..., 256, 512の10個の畳み込み層を積み上げ、同様の10個の畳み込み層によるブロック(膨張率は同じく1, 2, 4, 8, ..., 256, 512)をさらに2つ積み上げた。彼らは、10個の畳み込み層によるブロックを3個も積み上げたのは、この種のブロックがカーネルサイズ1,024の効率的な畳み込み層と同じように機能する(ただし、ずっと高速、強力で、パラメータ

*1 Aaron van den Oord et al., "WaveNet: A Generative Model for Raw Audio", arXiv preprint arXiv:1609.03499 (2016).

数は大幅に少ない）からだと説明している。彼らは、ネットワーク全体でシーケンスの長さが同じになるように、各層の入力シーケンスの先頭に膨張率に合わせて適切な数のゼロをパディングしている。

次のコードは、単純化されたWaveNet*1で先ほどと同じシーケンスを処理している。

```
wavenet_model = tf.keras.Sequential()
wavenet_model.add(tf.keras.layers.Input(shape=[None, 5]))
for rate in (1, 2, 4, 8) * 2:
    wavenet_model.add(tf.keras.layers.Conv1D(
        filters=32, kernel_size=2, padding="causal", activation="relu",
        dilation_rate=rate))
wavenet_model.add(tf.keras.layers.Conv1D(filters=14, kernel_size=1))
```

このSequentialモデルは、まず入力層を明示的に指定してから（ループ内の最初の層だけにinput_shapeを設定するよりも簡単なので）、"causal"パディングを使った1次元畳み込み層のブロックを追加する。"causal"パディングは、畳み込み層が予測をするときに未来を覗き見しないようにするためのもので、入力の両端ではなく先頭だけにゼロをパディングすることを除けば、"same"パディングをするのと同じだ。1次元畳み込み層のブロックは膨張率が1、2、4、8と大きくなっていく4層のもので、コードはこのブロックを2つ積み上げている。最後に、出力層として14個のフィルタを持ちカーネルサイズが1で活性化関数なしの畳み込み層を追加する。以前にも説明したように、このような畳み込み層は、14個のユニットを持つDense層と同じだ。"causal"パディングのおかげで、すべての畳み込み層は入力シーケンスと同じ長さのシーケンスを出力する。そのため、学習中に使うターゲットは112日のフルシーケンスでよい。切り捨てたりダウンサンプリングしたりする必要はない。

この節で取り上げたモデルは、CTAの利用者数予測のタスクでは同じような性能を発揮するが、タスクや使えるデータの量によって結果が大きく変わる場合もある。WaveNet論文では、著者らはさまざまな音声データタスク（アーキテクチャの名前はここに由来する）で最高レベルの性能を達成した。音声合成タスクでは、複数の言語で恐ろしくリアルな音声を生成している。著者らはこのモデルを使って1度に1サンプルずつ生成し、音楽を作ることもしている。1秒のオーディオには数万のタイムステップが含まれる場合があることを知っていれば、これがいかにすごい達成かがわかる。LSTMやGRUでも、このような長いシーケンスを処理することはできない。

2020年スタートのテストピリオドで最高性能のCTA利用者モデルを評価すると、予想よりも大幅に性能が低いことに驚くだろう。なぜだろうか。2020年はCovid-19の流行が始まった年であり、Covid-19は公共輸送機関に大きな影響を及ぼした。既に説明したように、これらのモデルが機能するのは、過去から学んだパターンが未来も続いたときに限られる。いずれにしても、モデルを本番環境にデプロイするときには、最新データでの性能を確認すべきだ。本番稼働後も、必ず定期的に性能をモニタリングしよう。

以上であらゆるタイプの時系列データに挑戦できるようになった。16章でも引き続きRNNを扱い、さまざまな自然言語処理（NLP）のタスクにも使えることを示す。

---

*1 完全なWaveNetは、ResNetと同じようなスキップ接続、GRUセルに代表されるゲート付き活性化ユニットなどのトリックを使っている。詳細はこの章のノートブックを参照。

15.5 演習問題

1. Seq2Seq RNNの応用方法を考えて答えなさい。Seq2Vec RNN、Vec2Seq RNNについても答えなさい。
2. RNN層の入力は何次元を必要とするか。個々の次元は何を表しているか。出力は何を表しているか。
3. 深層Seq2Seq RNNを構築したい場合、`return_sequences=True`を指定しておくRNN層はどれか。Seq2Vec RNNではどうか。。
4. 単変量の日次データがあり、次の7日分のデータを予測したいものとする。どのRNNアーキテクチャを使うべきか。
5. RNNを学習するとき最も大きな問題になることは何か。それにはどのように対処すればよいか。
6. LSTMセルのアーキテクチャの概略を説明しなさい。
7. RNNの中で1次元畳み込み層を使おうと思うのはどのようなときか。
8. 動画の分類に使えるニューラルネットワーク・アーキテクチャはどれか。
9. TFDSに含まれているSketchRNNデータセットの分類モデルを学習しなさい。
10. バッハコラール（https://homl.info/bach）データセットをダウンロード、解凍しなさい。このデータセットには、ヨハン・セバスティアン・バッハが作曲した382曲のコラールが含まれている。個々のコラールは100から640タイムステップであり、個々のタイムステップには4個の整数が含まれている。これらの整数は、音符に対応するピアノの鍵盤の位置を表している（値0は例外で、音を出さないことを意味する）。コラールのタイムステップのシーケンスを与えると、次のタイムステップの4つの音符を予測できるモデル（RNN、CNNまたは両方）を学習しなさい。次に、そのモデルを使って1度に音符を1つ鳴らし、バッハ風の音楽を生成しなさい。モデルにコラールの先頭部分を与え、次のタイムステップを予測させ、入力シーケンスにこのタイムステップの音を追加し、さらに次の音符をモデルに予測させることを繰り返せばよい。また、GoogleのCoconetモデル（https://homl.info/coconet）を必ず参照すること。これはバッハのためのGoogle Doodleとして使われたものである。

演習問題の解答は、ノートブック（https://homl.info/colab3）の15章の部分を参照のこと。

16章 RNNとアテンションメカニズムによる自然言語処理

アラン・チューリング（Alan Turing）が1950年に有名なチューリングテスト（https://homl.info/turingtest）[*1]を考えた目的は、機械が人間の知性にどれだけ追いつけるかを評価することだった。検証方法としては、写真の中の猫を見分けられるか、チェスを指せるか、音楽を作曲できるか、迷路から抜け出せるかなど、さまざまなものが考えられたはずだが、面白いことに彼が選んだのは言語操作能力だった。もっと具体的に言えば、彼は人が機械と話しているのにそうだとは気が付かないような**チャットボット**（chatbot）を考え出したのである[*2]。このテストには弱点がある。無防備な人やあまり頭のよくない人を騙せる定石のような質問があるのだ（例えば、質問に特定のキーワードが含まれていれば、あらかじめ用意されたあいまいな答えを返す、おかしな返答をごまかすために冗談を言っているふりや酔っ払っているふりをする、難しい質問を投げかけられたときに質問を返して回答を避けるなど）。そして、人間の知性のさまざまな側面（例えば、顔の表情といった言語によらないコミュニケーションの解釈能力とか、手作業を学習できることとか）を無視している弱点もある。しかし、このテストは、言語の習得が**人類**の持つ最も重要な認知能力であることを強調している。

私たちは自然言語を読み書きできる機械を作れるだろうか。これは自然言語処理（NLP）の究極の目標だが、目標としてはいささか大きすぎる。そこで、研究者たちは文章の分類、翻訳、要約、質問応答など、より具体的な課題に取り組んでいる。

自然言語に関連するタスクは、再帰型ニューラルネットワークでアプローチするのが一般的である。したがって、この章でも15章で紹介したRNNについて引き続き学んでいく。まず、文の次の文字を予測するように学習された**文字RNN**（character RNN）を取り上げる。これを使えばオリジナルのテキストを生成できる。まず、**ステートレスRNN**（stateless RNN：各イテレーションではほかの部分についての情報を持たずにテキストのランダムな一部を与えられそれについて学習する）を使ってから、**ステートフルRNN**（stateful RNN：前の学習イテレーションの隠し状態を維持し、前のイテレーションまでに読んだ部分の続きを読めるRNNで、長いパターンを学習できる）を構築する。次に、感情分析（例えば、

＊1　Alan Turing,「Computing Machinery and Intelligence」, *Mind* 49 (1950): 433-460.

＊2　もちろん、**チャットボット**という言葉が生まれたのはもっとあとである。彼は自分のテストを**模倣ゲーム**（immitation game）と呼んでいた。機械Aと人間Bが人間の質問者Cとテキストメッセージで会話する。質問者は、AとBのどちらが機械かを見破るために質問を投げかける。人間Bが質問者を支援しているにもかかわらず、機械が質問者をだませれば機械の勝ちである。

映画のレビューを読んで、評価者が映画についてどう感じているかを判断する）のためにRNNを構築する。ここでは、文を文字のシーケンスではなく、単語のシーケンスとして扱う。そして、RNNを応用して英語からスペイン語へのニューラル機械翻訳（NMT）を実行できるエンコーダ－デコーダアーキテクチャを構築する方法を示す。

この章の次の部分では、**アテンションメカニズム**（attention mechanism、注意機構）について見ていく。名前からもわかるように、アテンションメカニズムとは、各タイムステップでモデルのほかの部分が分析に集中すべき部分を入力から選び出してくるニューラルネットワーク・コンポーネントのことである。まず、アテンションメカニズムを使ってRNNベースのエンコーダ－デコーダアーキテクチャの性能を引き上げる方法を見てから、RNNを全部取り除き、アテンションメカニズムだけで成功を収めているTransformerというアーキテクチャを使って翻訳モデルを作る。次に、ともにTransformerを基礎とするGPTとBERTというとてつもなく強力な言語モデルをはじめとして、近年のNLP分野で最も重要な進歩の一部を見ていく。最後に、Hugging FaceのすばらしいTransformersライブラリの使い方を説明する。

では、シェイクスピアっぽい文を書ける単純で面白いモデルから始めよう。

16.1 文字RNNを使ったシェイクスピア風テキストの生成

アンドレイ・カルパシー（Andrej Karpathy）は、2015年に発表した「The Unreasonable Effectiveness of Recurrent Neural Networks」というタイトルの有名なブログ投稿（https://homl.info/charrnn）で、文の次の文字を予測するRNNの学習方法を示した。この**文字RNN**（character RNN、Char-RNN）を使えば、1度に1文字ずつ生成して新しいテキストを作れる。次に示すのは、シェイクスピアの全作品で学習された文字RNNモデルで生成した小さなテキストの例である。

> PANDARUS:
> Alas, I think he shall be come approached and the day
> When little srain would be attain'd into being never fed,
> And who is but a chain and subjects of his death,
> I should not sleep.

名作とまでは言えないが、文に現れる次の文字の予測を学習しただけで、このモデルが単語、文法、適切な句読点などを学習できていることには驚かされる。これは私たちの最初の**言語モデル**（language model）の例だ。最新のNLPの核となっているのは、この章で後述する同じような（しかし、ずっと強力な）言語モデルである。この節では、ステップ・バイ・ステップで文字RNNの作り方を見ていこう。最初はデータセットの作り方である。

16.1.1 学習データセットの作成

Kerasの便利な`tf.keras.utils.get_file()`関数を使って、アンドレイ・カルパシーの文字RNNプロジェクト（https://github.com/karpathy/char-rnn）からシェイクスピアの全作品のデータをダウンロードしよう。

```
import tensorflow as tf

shakespeare_url = "https://homl.info/shakespeare"  # 短縮URL
filepath = tf.keras.utils.get_file("shakespeare.txt", shakespeare_url)
with open(filepath) as f:
    shakespeare_text = f.read()
```

最初の数行を表示してみよう。

```
>>> print(shakespeare_text[:80])
First Citizen:
Before we proceed any further, hear me speak.

All:
Speak, speak.
```

シェイクスピアのデータは正しく取り込めているようだ。

次に、tf.keras.layers.TextVectorizationでこのテキストをエンコードする。split="character"で単語レベルのエンコードではなく文字レベルのエンコードを実行し、standardize="lower"でテキストを小文字に変換する（こうするとタスクが単純になる）。

```
text_vec_layer = tf.keras.layers.TextVectorization(split="character",
                                                   standardize="lower")
text_vec_layer.adapt([shakespeare_text])
encoded = text_vec_layer([shakespeare_text])[0]
```

各文字が2から始まる整数にマッピングされる。TextVectorization層は値0をパディングトークン、値1を未知の文字のために予約している。さしあたり、これらのトークンは不要なので、文字IDから2を引き、文字の種類数と文字の総数を計算しよう。

```
encoded -= 2  # 使わないトークン0(パディング)と1(未知の文字)の分を引く
n_tokens = text_vec_layer.vocabulary_size() - 2  # 文字は39種類
dataset_size = len(encoded)  # 文字の総数は1,115,394字
```

次に、15章と同じようにこの非常に長い1個のシーケンスをウィンドウのデータセットに変換して、Seq2Seq RNNの学習に使えるようにしよう。ターゲットは入力とよく似ているが、「未来」に向かって1タイムステップ分進んだものになる。例えば、データセットのあるサンプルの入力が「to be or not to b」というテキスト（最後の「e」はない）を表す文字IDのシーケンスになっている場合、対応するターゲットは「o be or not to be」というテキストを表す文字IDのシーケンスになる（最後の「e」はあるが、先頭の「t」がない）。では、長い文字IDのシーケンスを入力/ターゲットのウィンドウペアのデータセットに変換する小さなユーティリティ関数を書こう。

```
def to_dataset(sequence, length, shuffle=False, seed=None, batch_size=32):
    ds = tf.data.Dataset.from_tensor_slices(sequence)
    ds = ds.window(length + 1, shift=1, drop_remainder=True)
```

```
    ds = ds.flat_map(lambda window_ds: window_ds.batch(length + 1))
    if shuffle:
        ds = ds.shuffle(buffer_size=100_000, seed=seed)
    ds = ds.batch(batch_size)
    return ds.map(lambda window: (window[:, :-1], window[:, 1:])).prefetch(1)
```

この関数の冒頭の部分は、15章で作った`to_windows()`カスタム関数とよく似ている。

- 入力としてシーケンス（つまりエンコードされたテキスト）を受け取り、指定された長さのすべてのウィンドウを含むデータセットを作る。
- ターゲットとして次の文字が必要なので、長さに1を加える。
- そして、オプションでウィンドウをシャッフルし、ウィンドウをバッチにまとめ、入力とターゲットのペアに分割し、プリフェッチを有効にする。

図16-1は、データセット準備ステップの要約を示している。この図のウィンドウのサイズは11で、バッチサイズは3だ。各ウィンドウの先頭のインデックスはウィンドウの横に示してある。

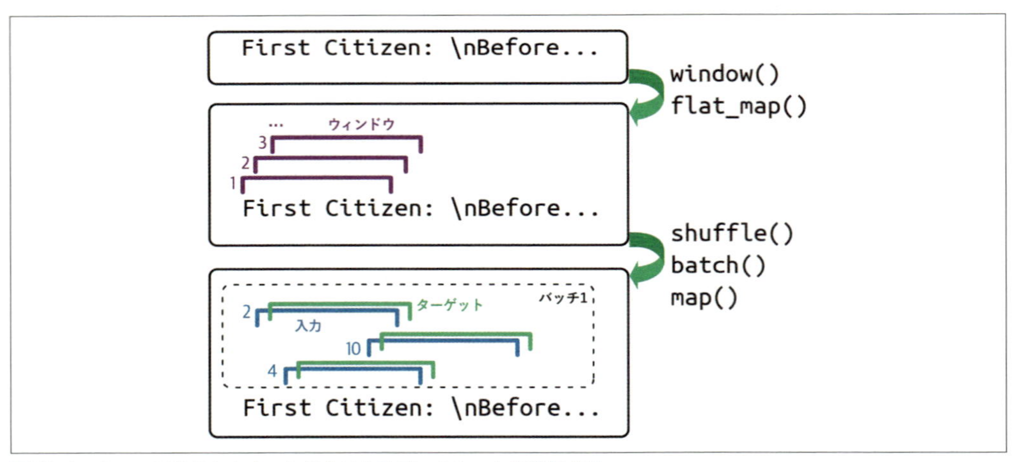

図16-1　シャッフルされたウィンドウによるデータセットを準備する

これで学習セット、検証セット、テストセットを作る準備が整った。テキストの約90%を学習、5%を検証、5%をテストに使うことにしよう。

```
length = 100
tf.random.set_seed(42)
train_set = to_dataset(encoded[:1_000_000], length=length, shuffle=True,
                       seed=42)
valid_set = to_dataset(encoded[1_000_000:1_060_000], length=length)
test_set = to_dataset(encoded[1_060_000:], length=length)
```

ウィンドウのサイズを100にしたが、この大きさはチューニングの余地がある。入力シーケンスが短い方がRNNの学習は簡単で高速だが、そのRNNは`length`よりも長いパターンを学習できなくなる。だから、小さくしすぎてはならない。

これでよし。データセットの準備は最も大変な部分だったのである。次はモデルを作ろう。

16.1.2　文字RNNモデルの構築と学習

このデータセットはかなり大規模であり、言語のモデリングは難しいタスクなので、再帰ニューロンが数個という程度の単純なRNN以上のものが必要だ。128個のユニットを持つ1個のGRU層を持つモデルを構築、学習しよう（必要なら、層とユニットの数はあとで操作できる）。

```
model = tf.keras.Sequential([
    tf.keras.layers.Embedding(input_dim=n_tokens, output_dim=16),
    tf.keras.layers.GRU(128, return_sequences=True),
    tf.keras.layers.Dense(n_tokens, activation="softmax")
])
model.compile(loss="sparse_categorical_crossentropy", optimizer="nadam",
              metrics=["accuracy"])
model_ckpt = tf.keras.callbacks.ModelCheckpoint(
    "my_shakespeare_model", monitor="val_accuracy", save_best_only=True)
history = model.fit(train_set, validation_data=valid_set, epochs=10,
                    callbacks=[model_ckpt])
```

このコードを詳しく見ていこう。

- 最初の層としては、文字IDをエンコードするために`Embedding`層を使う（埋め込みについては13章で説明した）。`Embedding`層の入力次元数は文字IDの種類と同数であり、出力次元数はチューニングできるハイパーパラメータである。さしあたり16としておく。`Embedding`層の入力は［**バッチサイズ，ウィンドウサイズ**］という形の2次元テンソル、出力は［**バッチサイズ，ウィンドウサイズ，埋め込みサイズ**］という形の3次元テンソルになる。
- 出力層としては、`Dense`層を使う。テキストには39種類の文字が含まれているので、ユニットは39個（`n_tokens`）必要だ。そして、どのような確率でどのような文字であり得るかを示すものになる（タイムステップごとに）。各タイムステップで39個の出力確率の合計は1にならなければならないので、`Dense`層の出力にはソフトマックス活性化関数を通過させる。
- 最後に`"sparse_categorical_crossentropy"`損失関数とNadamオプティマイザを使ってモデルをコンパイルし、数エポックにわたって学習する[*1]。学習の進行とともに検証時の

*1　入力ウィンドウが重なり合っているので、この場合**エポック**の概念はあまり明確ではない。Kerasによって実装された各エポックでは、モデルは同じ文字を複数回見ることになる。

精度が最も高いモデルを保存するために、ModelCheckpointコールバックを使う。

GPUを有効にしたColabでこのコードを実行すると、学習には1、2時間かかる。そこまで待ちたくなければエポック数を減らしてよいが、もちろんモデルの精度は下がるだろう。Colabセッションがタイムアウトしたら、すぐに再接続しよう。そうしなければ、Colabランタイムは壊されてしまう。

このモデルはテキストの前処理を行っていないので、最初の層としてtf.keras.layers.TextVectorization、第2の層として今は使っていないパディングと未知の文字の分の2を文字IDから引くtf.keras.layers.Lambda層を含む最終的なモデルでラップしよう。

```
shakespeare_model = tf.keras.Sequential([
    text_vec_layer,
    tf.keras.layers.Lambda(lambda X: X - 2),  # <PAD>、<UNK>トークンなし
    model
])
```

これで文の次の文字を予測できるようになった。

```
>>> y_proba = shakespeare_model.predict(["To be or not to b"])[0, -1]
>>> y_pred = tf.argmax(y_proba)  # 最も確率の高い文字IDを選択
>>> text_vec_layer.get_vocabulary()[y_pred + 2]
'e'
```

モデルは次の文字を正しく予測した。では、このモデルを使ってシェイクスピアのふりをしよう。

16.1.3 シェイクスピア風の偽テキストの生成

文字RNNモデルで新しいテキストを生成するためには、モデルに何らかのテキストを与え、モデルに次の文字として最も適切なものを予測させ、その文字をテキストの末尾に付加し、拡張後のテキストをモデルに与えて次の文字を予測させることを繰り返せばよさそうだ。これを**貪欲デコード**(greedy decoding)と呼ぶ。しかし、実際にこれをしてみると、同じ単語が何度も繰り返されることがよくある。それよりも、TensorFlowのtf.random.categorical()関数を使って推定確率と同じ確率で次の文字をランダムに選んだ方がよい。この方が多様で面白いテキストを作れる。categorical()は、クラスの対数確率(ロジット)を受け付け、それに基づいてランダムなクラスインデックスを抽出する。例えば次の通り。

```
>>> log_probas = tf.math.log([[0.5, 0.4, 0.1]])  # probas = 50%、40%、10%
>>> tf.random.set_seed(42)
>>> tf.random.categorical(log_probas, num_samples=8)  # 8つのサンプルを抽出
<tf.Tensor: shape=(1, 8), dtype=int64, numpy=array([[0, 1, 0, 2, 1, 0, 0, 1]])>
```

生成されるテキストの多様性をより細やかに調整したいなら、**温度**(temperature)と呼ばれる自由に操作できる数値でロジットを割ればよい。0に近い温度にすると確率の高い文字が選ばれやすくなるの

に対し、温度を高くするとすべての文字が同じ確率で選ばれるようになる。数式のように厳密で正確性が要求されるテキストを生成するときには温度を下げた方がよい。それに対し、多様でクリエーティブなテキストを生成したければ温度を高くする。次のカスタムヘルパー関数next_char()は、このアプローチを使って入力テキストに追加する次の文字を選択する。

```
def next_char(text, temperature=1):
    y_proba = shakespeare_model.predict([text])[0, -1:]
    rescaled_logits = tf.math.log(y_proba) / temperature
    char_id = tf.random.categorical(rescaled_logits, num_samples=1)[0, 0]
    return text_vec_layer.get_vocabulary()[char_id + 2]
```

次に、next_char()を繰り返し呼び出して指定された数の文字を手に入れ、引数のテキストに追加する小さな関数を書く。

```
def extend_text(text, n_chars=50, temperature=1):
    for _ in range(n_chars):
        text += next_char(text, temperature)
    return text
```

これでテキスト生成の準備が整った。さまざまな温度を試してみよう。

```
>>> tf.random.set_seed(42)
>>> print(extend_text("To be or not to be", temperature=0.01))
To be or not to be the duke
as it is a proper strange death,
and the
>>> print(extend_text("To be or not to be", temperature=1))
To be or not to behold?

second push:
gremio, lord all, a sistermen,
>>> print(extend_text("To be or not to be", temperature=100))
To be or not to bef ,mt'&o3fpadm!$
wh!nse?bws3est--vgerdjw?c-y-ewznq
```

シェイクスピアは熱波にやられてふらふらになっているようだ。もっとそれらしいテキストを生成したいなら、上位k文字だけからサンプリングするとか、確率の合計があるしきい値を超える上位の少数の文字だけからサンプリングする**nucleus sampling**（中核サンプリング）という方法がある。この章で後述する**ビームサーチ**（beam search）を試したり、GRU層を増やしたり、層当たりのニューロン数を増やしたり、学習にもっと時間をかけたり、何らかの正則化を追加したりすることもできる。さらに、現在のモデルは、length（ちょうど100字）よりも長いパターンを学習できないことにも注意しよう。ウィンドウを大きくしてもよいが、そうすると学習も大変になる。LSTMやGRUでも、非常に長いシーケンスを処理することはできない。では、ステートフルRNNを使ったらどうだろうか。

16.1.4 ステートフルRNN

今まではステートレスRNN（stateless RNN）しか使ってこなかった。モデルは、個々の学習イテレーションの冒頭でゼロのみの隠れ状態からスタートし、タイムステップごとに隠れ状態を更新していく。そして、最後のタイムステップがすぎると、もう不要になったということで隠れ状態を捨ててしまう。しかし、1つの学習バッチの処理が終わっても、その最終状態を残し、次の学習バッチの初期状態として使うようにRNNに指示したらどうだろうか。こうすれば、モデルは短いシーケンスをバックプロパゲーションするだけでも長いパターンを学習できる。このようなRNNを**ステートフルRNN**(stateful RNN）と呼ぶ。では、その作り方を見ていこう。

まず、ステートフルRNNは、バッチ内の個々の入力シーケンスが前のバッチの対応するシーケンスの終了地点から開始していなければ意味がないことに注意しよう。そのため、ステートフルRNNを作るためには、まず第一にシーケンシャルで重複のない入力シーケンス（ステートレスRNNの学習で使ったようなシャッフルされ、重複のあるシーケンスではない）を使う必要がある。`window()`メソッドを呼び出して`tf.data.Dataset`を作るときには、`shift=length`（`shift=1`ではなく）を使わなければならない。また、`shuffle()`メソッドを呼び出してはならない。

しかも、ステートフルRNNのためのデータセットの準備はステートレスRNNのデータセットの準備よりも難しくなる。`batch(32)`を呼び出すと、32個の連続したウィンドウが同じバッチに入ってしまい、次のバッチはこれらのウィンドウのそれぞれが終了したところからはスタートしない。最初のバッチにはウィンドウ1から32、第2のバッチにはウィンドウ33から64が入る。そこで、各バッチの第1ウィンドウ（つまりウィンドウ1と33）は連続していない。この問題を最も簡単に解決するには、1個のウィンドウだけを含む「バッチ」を作ればよい。次のカスタムユーティリティ関数`to_dataset_for_stateful_rnn()`は、この方法でステートフルRNNのためのデータセットを準備する。

```
def to_dataset_for_stateful_rnn(sequence, length):
    ds = tf.data.Dataset.from_tensor_slices(sequence)
    ds = ds.window(length + 1, shift=length, drop_remainder=True)
    ds = ds.flat_map(lambda window: window.batch(length + 1)).batch(1)
    return ds.map(lambda window: (window[:, :-1], window[:, 1:])).prefetch(1)

stateful_train_set = to_dataset_for_stateful_rnn(encoded[:1_000_000], length)
stateful_valid_set = to_dataset_for_stateful_rnn(encoded[1_000_000:1_060_000],
                                                 length)
stateful_test_set = to_dataset_for_stateful_rnn(encoded[1_060_000:], length)
```

この関数の主要なステップをまとめると、**図16-2**のようになる。

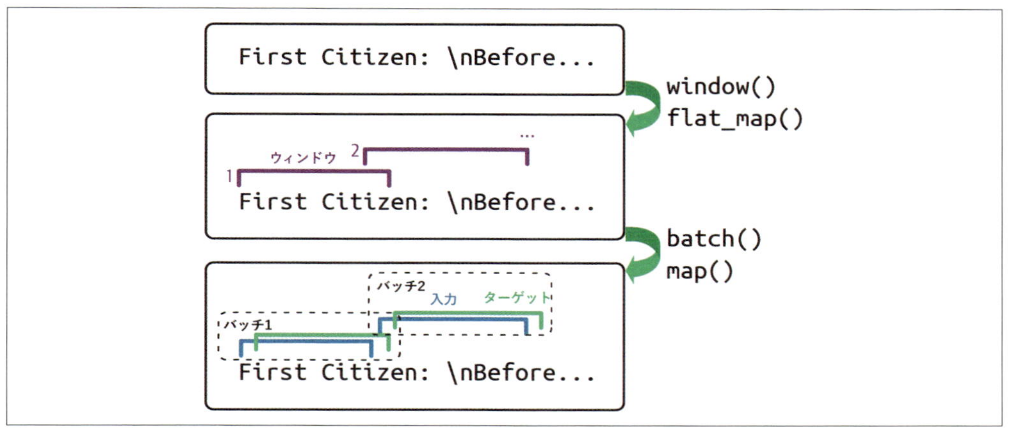

図16-2　ステートフルRNNのためにシーケンスの断片を連続した形で並べたデータセットを準備する

バッチ化はステートレスRNNよりも難しいが不可能ではない。例えば、シェイクスピアのテキストを同じ長さの32個のテキストに分割し、それぞれの中で連続した入力シーケンスからなる1つのデータセットを作る。そして最後に`tf.data.Dataset.zip(datasets).map(lambda *windows: tf.stack(windows))`を呼び出せば、バッチ内のn番目の入力シーケンスが前のバッチの*n*番目のシーケンスの終了地点からスタートする適切なバッチが作れる（完全なコードはJupyterノートブックを参照のこと）。

では、ステートフルRNNを作ってみよう。まず、1つひとつの再帰層を作るときに`stateful=True`を指定する必要がある。第2に、ステートフルRNNはバッチサイズを知る必要があるので（バッチ内の各入力シーケンスの状態を維持するため）、最初の層で`batch_input_shape`を指定しておく。入力の長さに要件はないので、第2次元は指定しなくてよいことに注意しよう。

```
model = tf.keras.Sequential([
    tf.keras.layers.Embedding(input_dim=n_tokens, output_dim=16,
                              batch_input_shape=[1, None]),
    tf.keras.layers.GRU(128, return_sequences=True, stateful=True),
    tf.keras.layers.Dense(n_tokens, activation="softmax")
])
```

各エポック終了後、テキストの先頭に戻る前にステートをリセットする必要がある。これについては、小さなカスタムKerasコールバックを使えばよい。

```
class ResetStatesCallback(tf.keras.callbacks.Callback):
    def on_epoch_begin(self, epoch, logs):
        self.model.reset_states()
```

これでモデルをコンパイルし、コールバックを使って学習することができる。

```
model.compile(loss="sparse_categorical_crossentropy", optimizer="nadam",
              metrics=["accuracy"])
```

```
history = model.fit(stateful_train_set, validation_data=stateful_valid_set,
                    epochs=10, callbacks=[ResetStatesCallback(), model_ckpt])
```

このモデルを学習すると、学習中に使ったのと同じサイズのバッチしか予測できなくなる。この問題を避けるためには、**ステートレス**で同じモデルを作り、ステートフルモデルの重みをそのモデルにコピーすればよい。

文字RNNモデルは次の文字を予測するように学習されただけのものだが、このように一見単純なタスクでも、もっと高いレベルのタスクが必要になるのが面白いところだ。例えば、「Great movie, I really」の次の文字を探すとき、この文章が肯定的な文脈で書かれていることを理解できていれば、次に続く文字は「hated」の先頭の「h」ではなく、「loved」の先頭の「l」になる可能性が高いと考えるだろう。実際、OpenAIのアレック・ラドフォード(Alec Radford)らによる2017年の論文(https://homl.info/sentimentneuron)[*1]は、著者たちが大規模なデータセットを使って大規模な文字RNN風モデルを学習したときに、あるニューロンが感情分析分類器として大きな役割を果たしたと述べている。このモデルはラベルなしで学習したものだが、**感情ニューロン**(sentiment neuron)と彼らが呼ぶものによって感情分析ベンチマークで最先端の性能を示したのである。これが先駆けとなってNLPで教師なし事前学習が注目を浴びるようになった。

しかし、教師なし事前学習に踏み込む前に、単語レベルのモデルを使った教師ありの感情分析に目を向けよう。その過程でマスキングを使った可変長シーケンスの処理方法も学ぶ。

16.2 感情分析

テキストの生成は面白いし勉強になるが、実用的なプロジェクトで最も一般的なNLPの応用は分類、特に感情分析だ。コンピュータビジョンにはMNISTという「hello world」があるが、自然言語処理にはIMDbレビューデータセットという「hello world」がある。有名なInternet Movie Database(https://imdb.com)から英語で書かれた5万本の映画レビュー(25,000本が学習用、25,000本がテスト用)を抽出し、個々のレビューが映画に対して好意的か(1)、そうでないか(0)を表す二値ターゲットを付けたものだ。IMDbレビューが広く使われていることには理由がある(MNISTと同様に)。ノートPCでもあまり時間をかけずに試せる程度に単純だが、面白くて満足感が得られる。

13章で説明したTensorFlow Datasetsを使ってIMDbデータセットをロードしよう。学習セットの最初の90%を学習用、残りの10%を検証用に使う。

```
import tensorflow_datasets as tfds

raw_train_set, raw_valid_set, raw_test_set = tfds.load(
    name="imdb_reviews",
    split=["train[:90%]", "train[90%:]", "test"],
    as_supervised=True
)
```

*1 Alec Radford et al., "Learning to Generate Reviews and Discovering Sentiment", arXiv preprint arXiv:1704.01444 (2017).

```
tf.random.set_seed(42)
train_set = raw_train_set.shuffle(5000, seed=42).batch(32).prefetch(1)
valid_set = raw_valid_set.batch(32).prefetch(1)
test_set = raw_test_set.batch(32).prefetch(1)
```

Kerasは、IMDbデータセットをロードするための`tf.keras.datasets.imdb.load_data()`関数も持っているので、こちらを使ってもよい。この場合、レビューは前処理済みで単語IDのシーケンスになっている。

レビューの一部を覗いてみよう。

```
>>> for review, label in raw_train_set.take(4):
...     print(review.numpy().decode("utf-8"))
...     print("Label:", label.numpy())
...
This was an absolutely terrible movie. Don't be lured in by Christopher [...]
Label: 0
I have been known to fall asleep during films, but this is usually due to [...]
Label: 0
Mann photographs the Alberta Rocky Mountains in a superb fashion, and [...]
Label: 0
This is the kind of film for a snowy Sunday afternoon when the rest of the [...]
Label: 1
```

一部のレビューは簡単に分類できる。例えば、最初のレビューは、最初の文に「ひどい映画」(「terrible movie」)という言葉が入っている。しかし、多くの場合、話はそれほど単純ではない。例えば、第3のレビューは肯定的な感じで始まっているが、最終的には批判的な評価(ラベル0)を与えられている。

このタスクのためのモデルを作るためにはテキストの前処理が必要だが、今度は文字ではなく単語に分割する。そのために、ここでも`tf.keras.layers.TextVectorization`層を使う。この層は単語の区切りを判断するためにスペース文字を使っているが、言語によってはそれではうまくいかない。例えば、中国語や日本語は単語と単語をスペースで区切っていないし、ベトナム語は単語の中でもスペースを使う。ドイツ語などは、スペースなしで複数の単語を1つにまとめてしまう。英語でも、スペースを使っていればいつでもテキストをトークン化できるというわけではない。「San Francisco」や「#ILoveDeepLearning」といった例もある。

しかし、こういった問題には解決方法が提供されている。エジンバラ大学のリコ・センリッチ(Rico Sennrich)らは、2016年の論文(https://homl.info/rarewords)[*1]でサブワードレベルでテキストをトークン化、デトークン化するための複数の手法を掘り下げている。こうすることによって、今まで見たことのないまれな語彙に行き当たったときでも、モデルはその意味を推測できるようになる。例えば、モデルが学習中に「smartest」という単語を見たことがない場合でも、「smart」という単語を学習し、「est」

*1 Rico Sennrich et al., "Neural Machine Translation of Rare Words with Subword Units", *Proceedings of the 54th Annual Meeting of the Association for Computational Linguistics* 1 (2016): 1715-1725.

という接尾語には「最も、最大、最高の」という意味があることを学習していれば、「smartest」の意味を推測できる。著者たちが評価したテクニックの1つが**バイトペア符号化**（byte pair encoding、BPE）である。BPEは、学習セット全体を個々の文字（スペースを含む）に分割し、語彙が目的のサイズに達するまで隣り合う文字として最頻出のものを繰り返し結合する。

Googleの工藤拓の2018年の論文（https://www.anlp.jp/proceedings/annual_meeting/2018/pdf_dir/B1-5.pdf）[*1]は、トークン化に先立つ言語固有の前処理の必要性を取り除いていくことを通じてサブワードのトークン化をさらに前進させた。それ以上に重要なのは、この論文が**サブワード正則化**（subword regularization）という新しい正則化手法を提案したことだ。このテクニックは、学習中のトークン化にある程度のランダム性を導入して精度と頑健性を向上させた。例えば、「New England」は、「New」+「England」、「New」+「Eng」+「land」、「New England」（全体で1個のトークン）などにトークン化される。GoogleのSentencePiece（https://github.com/google/sentencepiece）プロジェクトがオープンソースの実装を提供しており、工藤拓とジョン・リチャードソン（John Richardson）の論文（https://homl.info/sentencepiece）[*2]がその内容を説明している。

TensorFlow Text（https://homl.info/tftext）ライブラリもWordPiece（https://homl.info/wordpiece）[*3]などのトークン化戦略を実装している。最後になったが見逃せないのが、Hugging FaceのTokenizersライブラリ（https://homl.info/tokenizers）で、きわめて高速なトークナイザを多数実装している。

しかし、英語で書かれているIMDbのタスクでは、スペースをトークンの境界として使うので十分だろう。そこで、`TextVectorization`層を作り、学習セットに合わせて調整する。まず、語彙を1,000トークンに制限する。頻出語998語とパディングトークンと未知の単語のトークンである。このタスクで珍しい語彙が重要な意味を持つことはごくまれだろうし、語彙の大きさを制限すると、モデルが学習しなければならないパラメータの数が減る。

```
vocab_size = 1000
text_vec_layer = tf.keras.layers.TextVectorization(max_tokens=vocab_size)
text_vec_layer.adapt(train_set.map(lambda reviews, labels: reviews))
```

これでモデルを作って学習できるようになった。

```
embed_size = 128
tf.random.set_seed(42)
model = tf.keras.Sequential([
    text_vec_layer,
    tf.keras.layers.Embedding(vocab_size, embed_size),
    tf.keras.layers.GRU(128),
    tf.keras.layers.Dense(1, activation="sigmoid")
```

＊1　工藤拓「サブワード正則化：複数のサブワード分割候補を用いたニューラル機械翻訳」、Taku Kudo, "Subword Regularization: Improving Neural Network Translation Models with Multiple Subword Candidates", arXiv preprint arXiv:1804.10959 (2018).（https://homl.info/subword）

＊2　Taku Kudo and John Richardson, "SentencePiece: A Simple and Language Independent Subword Tokenizer and Detokenizer for Neural Text Processing", arXiv preprint arXiv:1808.06226 (2018).

＊3　Yonghui Wu et al., "Google's Neural Machine Translation System: Bridging the Gap Between Human and Machine Translation", arXiv preprint arXiv:1609.08144 (2016).

```
])
model.compile(loss="binary_crossentropy", optimizer="nadam",
              metrics=["accuracy"])
history = model.fit(train_set, validation_data=valid_set, epochs=2)
```

最初の層は、今準備したTextVectorization層で、単語IDを埋め込みに変換するEmbedding層が続く。埋め込み行列は、語彙に含まれるトークンごとに1行（vocab_size）、埋め込みの次元ごとに1列（この例では128次元としているが、チューニングできるハイパーパラメータである）を用意しなければならない。次に、GRU層が入り、1ニューロンでシグモイド活性化関数を使うDense層を使うが、それはこのタスクが二値分類だからだ。モデルの出力は、レビューが映画に対してどの程度肯定的な感情を持っているかを表す確率である。次にモデルをコンパイルし、以前準備したデータセットで2エポックに渡って学習する（エポック数を増やせばよりよい結果が得られるだろう）。

残念だが、このコードを実行するとモデルが何も学習していないことがわかる。精度は50％近くに留まり、ランダムな判定と大差がない。なぜそんなことになるのだろうか。レビューは長さがまちまちなので、TextVectorization層はレビューをトークンIDのシーケンスに変換するときにパディングトークン（ID 0）を使ってバッチ内の最長のシーケンスと同じ長さにする。そのため、ほとんどのシーケンスは多数のパディングトークンで終わることになる（数十はざらで数百にもなることがある）。SimpleRNN層よりもはるかに優れているGRU層を使ってはいるが、その短期記憶はあまり優れておらず、多数のパディングトークンを見せると、レビューがどのようなものだったかを忘れてしまう。この問題は、同じ長さの文をバッチにまとめてモデルに与えれば解決できる（これで学習のスピードも上がる）。また、RNNにパディングトークンを無視させるという方法でも解決できる。これはマスキングを使えば実現できる。

16.2.1 マスキング

Kerasを使えば、モデルにパディングトークンを無視させるのは簡単で、Embedding層を作るときにmask_zero=Trueを追加すればよい。するとパディングトークン（ID 0）が下流のすべての層でむしされるようになる。それだけだ。前のモデルを数エポックに渡って再学習すると、すぐに検証セットでの精度が80％を超えるようになるはずだ。

こうすると、Embedding層はtf.math.not_equal(inputs, 0)と等しい**マスクテンソル**（mask tensor）を作る。マスクテンソルは入力と同じ形の論理テンソルで、単語IDが0のところはFalse、それ以外のところはTrueになっている。このマスクテンソルは、モデルによって次の層にも自動的に引き継がれる。引き継いだ層のcall()メソッドがmask引数を取っていれば、自動的にマスクが受け継がれ、適切なタイムステップを無視できるようになる。層によってマスクの処理方法は変えられるが、一般的にはマスクされたタイムステップ（つまり、マスクがFalseになっているタイムステップ）を単純に無視する。例えば、再帰層がマスクされたタイムステップを検出した場合、前のタイプステップの出力を単純にコピーする。

その層のsupports_masking属性がTrueなら、マスクは自動的に次の層に引き継がれる。引き継いだ層がsupports_masking=Trueを指定している限り、マスクの引き継ぎは続けられる。例えば、再帰層のsupports_masking属性は、return_sequences=TrueならTrue、return_sequences

=FalseならFalseになる（この場合、もうマスクの必要はないため）。そこで、複数のreturn_sequences=Trueの再帰層が続いたあと、return_sequences=Falseの再帰層が続くと、マスクは自動的に最後の再帰層まで引き継がれる。その層はマスクを使ってマスクされたタイムステップを無視するが、その先の層にはマスクを引き継がせない。同様に、今作った感情分析モデルのEmbedding層を作るときにmask_zero=Trueを設定すると、GRU層は自動的にマスクを受け取って使うが、return_sequencesをTrueにしていないのでマスクは引き継がれない。

層の中には、次の層にマスクを引き継ぐ前にマスクを更新しなければならないものがある。そのような層は、入力と変更前のマスクの2個の引数を取るcompute_mask()を実装し、新しいマスクを計算して返す。compute_mask()のデフォルト実装は、引数のマスクを変更せずにそのまま返す。

Kerasの多くの層はマスキングをサポートする。SimpleRNN、GRU、LSTM、Bidirectional、Dense、TimeDistributed、Addなどがそうだ（すべてtf.keras.layersパッケージに含まれている）。しかし、畳み込み層（Conv1Dを含む）は、マスキングをサポートしない。畳み込み層がマスキングをサポートするとして、どうすればよいかは自明とは言えないだろう。

マスクが出力層まで引き継がれていった場合、損失関数にも適用されるが、マスクされたタイムステップは損失には影響を与えない（損失は0になる）。これはモデルがシーケンスを出力することを前提としているが、今作っている感情分析モデルはそうではない。

LSTM、GRU層は、NvidiaのcuDNNライブラリを使ったGPU用最適化実装を持っている。しかし、この実装は、パディングトークンがすべてシーケンスの末尾にまとめられていない限り、マスキングをサポートしない。また、activation、recurrent_activation、recurrent_dropout、unroll、use_bias、reset_afterハイパーパラメータはデフォルト値を使わなければならない。この条件が満たされない層は、デフォルトのGPU実装にフォールバックする（かなり遅くなる）。

マスキングをサポートする独自カスタム層を実装したい場合には、call()メソッドにmask引数を追加し、当然ながらマスクを使うようにcall()メソッドを実装しなければならない。また、マスクを次の層に引き継がなければならない場合には、コンストラクタでself.supports_masking=Trueを実行する。引き継ぐ前にマスクの更新が必要なら、compute_mask()メソッドを実装しなければならない。

モデルの先頭でEmbedding層を使わない場合、代わりにtf.keras.layers.Masking層を使える。この層はデフォルトでマスクをtf.math.reduce_any(tf.math.not_equal(X, 0), axis=-1)に設定する。これは、最後の次元が0だけのタイムステップは後続の層でマスクアウトされるという意味だ。

マスキング層とマスクの自動引き継ぎは、単純なモデルで最もうまく機能する。Conv1D層とRNN層を併用しなければならないときのような複雑なモデルでは、必ずしもうまく機能するとは限らない。そのような場合は、明示的にマスクを計算し、関数型APIかサブクラス化APIを使って適切な層に渡さなければならなくなる。例えば、次のモデルは先ほどのモデルと同じだが、関数型APIを使ってマスキングを手作業で処理している。また、先ほどのモデルは若干過学習気味なので、わずかなドロップアウトを追加している。

```
inputs = tf.keras.layers.Input(shape=[], dtype=tf.string)
token_ids = text_vec_layer(inputs)
mask = tf.math.not_equal(token_ids, 0)
Z = tf.keras.layers.Embedding(vocab_size, embed_size)(token_ids)
Z = tf.keras.layers.GRU(128, dropout=0.2)(Z, mask=mask)
outputs = tf.keras.layers.Dense(1, activation="sigmoid")(Z)
model = tf.keras.Model(inputs=[inputs], outputs=[outputs])
```

マスキングには、モデルに不規則なテンソルを渡すという方法もある[*1]。これは、TextVectorization層を作るときにragged=Trueを設定し、入力シーケンスを不規則なテンソルとして表現するだけで実現される。

```
>>> text_vec_layer_ragged = tf.keras.layers.TextVectorization(
...     max_tokens=vocab_size, ragged=True)
...
>>> text_vec_layer_ragged.adapt(train_set.map(lambda reviews, labels: reviews))
>>> text_vec_layer_ragged(["Great movie!", "This is DiCaprio's best role."])
<tf.RaggedTensor [[86, 18], [11, 7, 1, 116, 217]]>
```

この不規則なテンソル表現と次のようなパディングトークンを使っている規則的なテンソル表現を比較してみよう。

```
>>> text_vec_layer(["Great movie!", "This is DiCaprio's best role."])
<tf.Tensor: shape=(2, 5), dtype=int64, numpy=
array([[ 86,  18,   0,   0,   0],
       [ 11,   7,   1, 116, 217]])>
```

Kerasの再帰層は組み込みで不規則なテンソルをサポートしているので、ほかにしなければならないことはない。モデルでこのTextVectorization層を使うだけだ。mask_zero=Trueを渡したり、マスクを明示的に処理したりする必要はない。全部が実装されている。これは便利だ。しかし、2022年初めの段階では、Kerasの不規則なテンソルサポートは実装されたばかりであり、まだ荒削りなところが残っている。例えば、現時点ではGPU上で実行するときのターゲットとして不規則なテンソルを使うことはできない（しかし、読者がこの部分を読む頃にはこの問題は解決されているかもしれない）。

どのマスキング方式を使うかにかかわらず、数エポック学習すると、マスキングをサポートするモデルはレビューが好意的なものかどうかをうまく判断するようになる。tf.keras.callbacks.TensorBoard()コールバックを使えば、TensorBoardで埋め込みが学習されていく様子を可視化できる。「awesome」とか「amazing」といった単語が次第に埋め込み空間の一方に集まり、「awful」とか「terrible」といった単語が反対側に集まっていくのを見るのは楽しい。単語の中には「good」のように予想ほど好意的な単語に分類されないものがある（少なくともこのモデルでは）。これは、否定的なレビューの多くに「not good」というフレーズが含まれているからだろう。

＊1　不規則なテンソルは12章で初めて登場し、付録Cで詳しく説明されている。

16.2.2 事前学習済みの埋め込みの再利用

このモデルがわずか25,000件の映画のレビューから役に立つ単語埋め込みを学習できるのはすごいことだ。数十億ものレビューがあれば、どれだけすばらしい埋め込みができることだろうか。残念ながらIMDbにはそこまで多くのレビューはないが、映画評だけでなくてもほかの（非常に）大規模なテキストコーパス（例えば、TensorFlowデータセットで利用できるAmazonのレビュー）で学習した単語埋め込みの再利用は可能なはずだ。要するに、「amazing」という単語は、映画評であろうとほかのタイプの文章であろうと一般に同じ意味を持つということである。さらに、ほかのタスクで学習された単語埋め込みでさえ、感情分析で役に立つだろう。「awesome」や「amazing」は同じような意味を持つので、ほかのタスク（例えば、文の次の単語の予想）の埋め込み空間でもクラスタを形成するに違いない。肯定的な意味を持つすべての単語と否定的な意味を持つすべての単語がクラスタを形成するなら、それは感情分析でも役に立つはずだ。では、単語埋め込みを学習する代わりに、GoogleのWord2vec（https://homl.info/word2vec）、StanfordのGloVe（https://homl.info/glove）、MetaのFastText（https://fasttext.cc）といった事前学習済みの埋め込みを再利用できないかどうかを確かめてみよう。

事前学習済みの単語埋め込みの利用は数年間に渡って広く使われたテクニックだが、このアプローチには限界がある。特に重要なのは、単語が文脈にかかわらず1個の表現しか持たないことだ。例えば、「right」という単語は、「右」と「正しい」という2つのかけ離れた意味を持っているが、同じように符号化される。マシュー・ピーターズ（Matthew Peters）は、この限界に対処するために2018年の論文（https://homl.info/elmo）[*1]で**ELMo**（Embeddings from Language Models）を提案した。ELMoは、深層双方向言語モデルの内部状態から学習した文脈に基づく単語埋め込みである。モデル内では事前学習済みの埋め込みを使うだけではなく、事前学習済みの言語モデルの一部を再利用する。

それとほぼ同じ時期に、ジェレミー・ハワード（Jeremy Howard）とセバスティアン・ルーダー（Sebastian Ruder）のULMFIT（Universal Language Model Fine-Tuning）論文（https://homl.info/ulmfit）[*2]は、NLPタスクでの教師なし事前学習の有効性を示した。著者たちは、自己教師あり学習（つまり、データから自動的にラベルを生成する）を使って巨大なテキストコーパスからLSTM言語モデルを学習した。彼らのモデルは6種類のテキスト分類タスクで当時の最先端モデルを大差で破った（ほとんどで18％から24％も誤り率を下げた）。しかも、著者たちはわずか100個のラベル付きサンプルでファインチューニングした事前学習済みモデルが、10,000個のサンプルを使って0から学習したモデルと同等の性能を発揮することを示した。ULMFIT論文以前は、事前学習済みモデルが一般的なものとして使われていたのはコンピュータビジョンの分野だけであり、NLPでは事前学習は単語埋め込みに限られていた。ULMFIT論文はNLPの新時代の始まりを告げた。現在では、事前学習済み言語モデルの再利用が一般的となっている。

例えば、Googleの研究者たちの2018年の論文（https://homl.info/139）[*3]が提唱したUnversal Sentence Encoderモデルアーキテクチャをもとに分類器を構築してみよう。このモデルは、この章で後

---

*1 Matthew Peters et al., "Deep Contextualized Word Representations", *Proceedings of the 2018 Conference of the North American Chapter of the Association for Computational Linguistics: Human Language Technologies* 1 (2018): 2227-2237.

*2 Jeremy Howard and Sebastian Ruder, "Universal Language Model Fine-Tuning for Text Classification", *Proceedings of the 56th Annual Meeting of the Association for Computational Linguistics* 1 (2018): 328-339.

*3 Daniel Cer et al., "Universal Sentence Encoder", arXiv preprint arXiv:1803.11175 (2018).

述するTransformerアーキテクチャを基礎としている。ありがたいことに、このモデルはTensorFlow Hubで入手できる。

```
import os
import tensorflow_hub as hub

os.environ["TFHUB_CACHE_DIR"] = "my_tfhub_cache"
model = tf.keras.Sequential([
    hub.KerasLayer("https://tfhub.dev/google/universal-sentence-encoder/4",
                   trainable=True, dtype=tf.string, input_shape=[]),
    tf.keras.layers.Dense(64, activation="relu"),
    tf.keras.layers.Dense(1, activation="sigmoid")
])
model.compile(loss="binary_crossentropy", optimizer="nadam",
              metrics=["accuracy"])
model.fit(train_set, validation_data=valid_set, epochs=10)
```

このモデルはかなり大きく、1 GB近くの大きさがある。そのため、ダウンロードに時間がかかる場合がある。TensorFlow Hubモデルは、デフォルトで一時ディレクトリに保存されており、プログラムを実行するたびに繰り返しダウンロードされる。これを避けるために、環境変数`TFHUB_CACHE_DIR`に適切なディレクトリをセットしよう。そうすれば、モジュールはそのディレクトリに保存され、1度しかダウンロードされなくなる。

TenslrFlow HubモジュールのURLの最後の部分がこのモデルのver.4を要求していることに注意しよう。このバージョン指定により、モデルの新しいバージョンがTensorFlow Hubにリリースされても、それによって使っているモデルが壊されることを防げる。ウェブブラウザでバージョンなしのURLを入力すると、このモジュールのドキュメントが表示される。

`hub.KerasLayer`を作ったときに`trainable=True`を設定していることにも注意しよう。こうすると、事前学習済みのUniversal Sentence Encoderが学習によってファインチューニングされる。TensorFlow Hubモジュールがすべてファインチューニングできるわけではないので、使ってみたい学習済みモジュールごとにドキュメントをチェックするようにしよう。

学習後、このモデルの検証セットでの精度は90 %を超えるようになる。実際のところ、これは本当によいことだ。自分だけでこのタスクに立ち向かうと、レビューの多くには肯定的なコメントと否定的なコメントの両方が含まれているので、ごくわずかに改善されるだけに終わるだろう。このようなあいまいなレビューの分類はコイントスのようなものだ。

ここまでは、文字RNNを使ったテキストの生成と単語レベルのRNNモデル（学習可能な埋め込みに基づく）とTensorFlow Hubの強力な事前学習済み言語モデルによる感情分析を取り上げてきた。次はNLPのもう1つの重要タスクであるニューラル機械翻訳（NMT：neural machine translation）について見てみよう。

16.3 ニューラル機械翻訳のためのエンコーダーデコーダネットワーク

英語の文をスペイン語に翻訳する簡単なNMTモデル(https://homl.info/103)*1を見るところから始めよう。

一言で言えばアーキテクチャは次のようになっている。入力として英語の文をエンコーダに与えると、デコーダがスペイン語に翻訳された文を出力する。スペイン語に翻訳された文は学習中にデコーダに対する入力としても使われるが、1ステップシフトバックする。つまり、デコーダは、入力として前のステップで出力**すべき**だった単語を受け付ける(実際に何を出力したかにかかわらず)。これは学習のスピードを大幅に上げ、モデルの性能を引き上げるテクニックで、**教師強制**(teacher forcing)と呼ばれる。デコーダには、最初の単語に対してSOS(start-of-sequence)トークンが与えられる。デコーダは、EOS(end-of-sequence)トークンで文を終わる。

個々の単語は、最初はIDで表現される(例えば、「soccer」という単語は854)。次に、`Embedding`層が単語埋め込みを返す。エンコーダとデコーダに実際に渡されるのは、こういった単語埋め込みである。

デコーダは、個々のステップで出力語彙(つまりスペイン語)の個々の単語に対するスコアを出力し、ソフトマックス活性化関数がこれらのスコアを確率に変換する。例えば、最初のステップでは、「Me」という単語が確率7%、「Yo」が確率1%というようになる。確率が最も高い単語が出力される。これは通常の分類タスクとよく似ている、そのため、モデルは文字RNNモデルのときと同じように、`"sparse_categorical_crossentropy"`損失関数で学習できる。

学習後の予測時には、デコーダに与えるターゲット文はないことに注意しよう。代わりに、**図16-4**に示すように、単純に前のステップで出力した単語をデコーダに与えなければならない(図には描かれていない埋め込みルックアップが必要になる)。

*1 Ilya Sutskever et al., "Sequence to Sequence Learning with Neural Networks", arXiv preprint (2014).

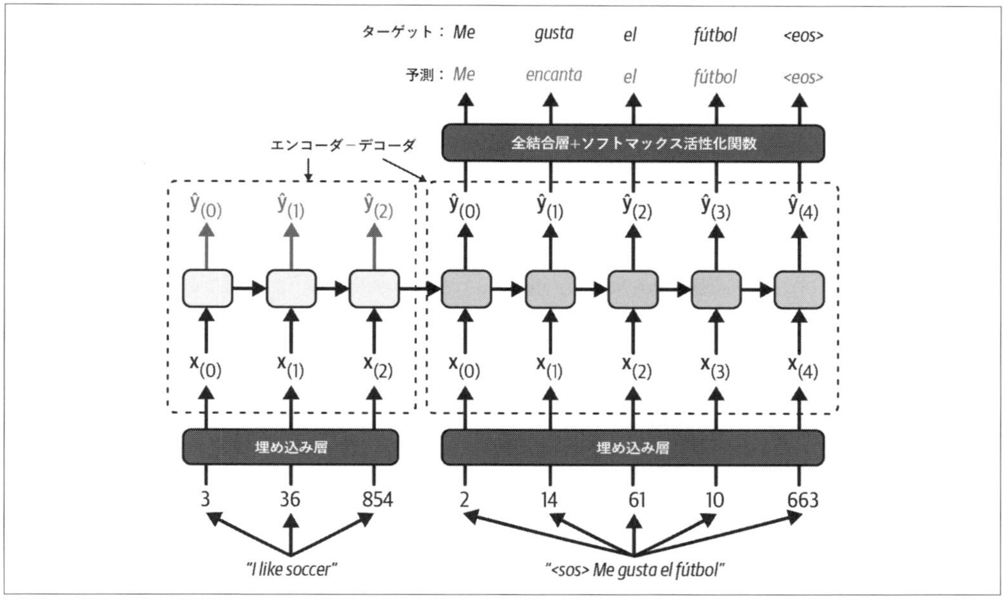

図16-3　単純な機械翻訳モデル

サミー・ベンジオ（Samy Bengio）らが、2015年の論文（https://homl.info/scheduledsampling）[*1]で、最初のうちはデコーダに前の**ターゲット**トークンを渡し、次第に前の**出力**トークンを渡すように切り替えていく方法を提案した。

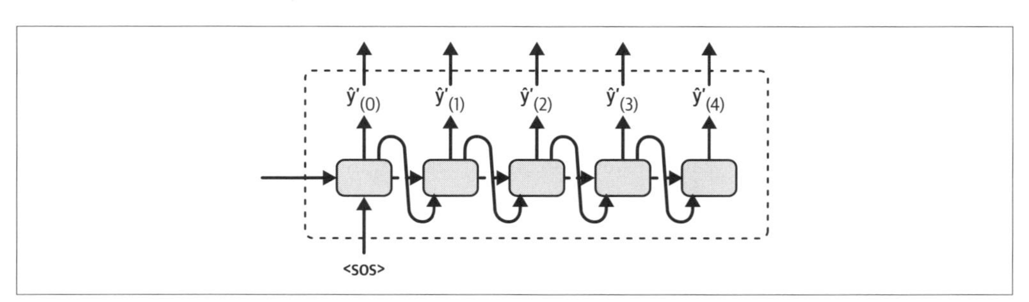

図16-4　予測時には、前のタイムステップで出力された単語を入力としてデコーダに与える

＊1　Samy Bengio et al., "Scheduled Sampling for Sequence Prediction with Recurrent Neural Networks", arXiv preprint arXiv:1506.03099 (2015).

ではこのモデルを構築、学習しよう。まず、英語とスペイン語の文をペアにしてあるデータセットをダウンロードしておく[*1]。

```
url = "https://storage.googleapis.com/download.tensorflow.org/data/spa-eng.zip"
path = tf.keras.utils.get_file("spa-eng.zip", origin=url, cache_dir="datasets",
                               extract=True)
text = (Path(path).with_name("spa-eng") / "spa.txt").read_text()
```

各行には英語の文と対応するスペイン語の文がタブで区切られた形で含まれている。まず、TextVectorization層が処理しないスペイン語の「¡」と「¿」を取り除こう。そして、文のペアをパースし、シャッフルする。最後に、言語ごとに異なる2個のリストにそれらを分割する。

```
import numpy as np

text = text.replace("¡", "").replace("¿", "")
pairs = [line.split("\t") for line in text.splitlines()]
np.random.shuffle(pairs)
sentences_en, sentences_es = zip(*pairs)  # ペアを2つのリストに分割
```

最初の3個の文のペアを見てみよう。

```
>>> for i in range(3):
...     print(sentences_en[i], "=>", sentences_es[i])
...
How boring! => Qué aburrimiento!
I love sports. => Adoro el deporte.
Would you like to swap jobs? => Te gustaría que intercambiemos los trabajos?
```

次に、言語ごとに1個ずつで2個のTextVectorization層を作り、テキストにアダプテーションをかける。

```
vocab_size = 1000
max_length = 50
text_vec_layer_en = tf.keras.layers.TextVectorization(
    vocab_size, output_sequence_length=max_length)
text_vec_layer_es = tf.keras.layers.TextVectorization(
    vocab_size, output_sequence_length=max_length)
text_vec_layer_en.adapt(sentences_en)
text_vec_layer_es.adapt([f"startofseq {s} endofseq" for s in sentences_es])
```

ここで注意してほしいことがいくつかある。

- ここでは語彙のサイズを1,000に制限している。これはかなり少ない。こうしているのは、

*1 このデータセットは、Tatoebaプロジェクト（https://tatoeba.org）のコントリビュータたちが作った文によって構成されている。https://manythings.org/ankiサイトの作者たちが約120,000個の文例のペアを選んでいる。このデータセットは、Creative Commons Attribution 2.0 Franceライセンスのもとでリリースされている。ほかの言語のペアもある。

学習セットがあまり大きくないからであり、この値を小さくすると学習のスピードが上がるからだ。最先端の翻訳モデルは、一般にもっと大きな語彙（例えば、30,000語）、もっと大きな学習セット（GB級）、もっと大きなモデル（数百から数千MB）を使っている。例えば、ヘルシンキ大学のOpus-MTモデルやMetaのM2M-100モデルを見てみるとよい。

- データセットに含まれるすべての文は50語以内なので、output_sequence_lengthを50に設定している。こうすると、入力シーケンスは長さが50トークンになるまで自動的にゼロパディングされるようになる。学習セットに50トークンよりも長い文があれば、その文は50トークンに切り詰められる。
- TextVectorization層のアダプテーションを実行するときに、スペイン語の各文に「startofseq」と「endoofseq」を追加する。これらの単語はSOS、EOSトークンとして使われる。スペイン語で実際に使われていない単語であれば、ほかの単語でもかまわない。

両言語の語彙のうち最初の10個のトークンを覗いてみよう。先頭はパディングトークン、未知単語トークン、SOSとEOSのトークン（これはスペイン語の語彙のみ）、そして最頻出語から順に並べられた実際の単語である。

```
>>> text_vec_layer_en.get_vocabulary()[:10]
['', '[UNK]', 'the', 'i', 'to', 'you', 'tom', 'a', 'is', 'he']
>>> text_vec_layer_es.get_vocabulary()[:10]
['', '[UNK]', 'startofseq', 'endofseq', 'de', 'que', 'a', 'no', 'tom', 'la']
```

次に、学習セットと検証セットを作ろう（必要ならテストセットも作ってよい）。学習には最初の100,000個の文のペアを使い、それ以外を検証用に使う。デコーダの入力は、SOSプレフィックスとスペイン語の文である。ターゲットはスペイン語の文にEOFサフィックスを付けたものだ。

```
X_train = tf.constant(sentences_en[:100_000])
X_valid = tf.constant(sentences_en[100_000:])
X_train_dec = tf.constant([f"startofseq {s}" for s in sentences_es[:100_000]])
X_valid_dec = tf.constant([f"startofseq {s}" for s in sentences_es[100_000:]])
Y_train = text_vec_layer_es([f"{s} endofseq" for s in sentences_es[:100_000]])
Y_valid = text_vec_layer_es([f"{s} endofseq" for s in sentences_es[100_000:]])
```

これで翻訳モデルを構築する準備は整った。このモデルはシーケンシャルではないので、関数型APIを使う。入力としてエンコーダ用とデコーダ用で2個のテキストが必要だ。まずそれを準備する。

```
encoder_inputs = tf.keras.layers.Input(shape=[], dtype=tf.string)
decoder_inputs = tf.keras.layers.Input(shape=[], dtype=tf.string)
```

次に、先ほど準備したTextVectorization層を使ってこれらの文をエンコードし、mask_zero=Trueを設定してマスキングを自動的に処理するようにした各言語用のEmbedding層に通す。埋め込みのサイズはいつものようにチューニングできるハイパーパラメータだ。

```
embed_size = 128
encoder_input_ids = text_vec_layer_en(encoder_inputs)
```

```
decoder_input_ids = text_vec_layer_es(decoder_inputs)
encoder_embedding_layer = tf.keras.layers.Embedding(vocab_size, embed_size,
                                                    mask_zero=True)
decoder_embedding_layer = tf.keras.layers.Embedding(vocab_size, embed_size,
                                                    mask_zero=True)
encoder_embeddings = encoder_embedding_layer(encoder_input_ids)
decoder_embeddings = decoder_embedding_layer(decoder_input_ids)
```

2つの言語に共通の単語が多数ある場合には、エンコーダとデコーダで同じ埋め込みそうを使うと性能が上がるかもしれない。

次に、エンコーダを作り、埋め込みをした入力を通す。

```
encoder = tf.keras.layers.LSTM(512, return_state=True)
encoder_outputs, *encoder_state = encoder(encoder_embeddings)
```

話を単純にするためにLSTM層を1個使っているだけだが、複数のLSTM層を積み上げてもよい。層の最終状態に対する参照を得るために、return_state=Trueも設定している。LSTM層を使っているので、短期と長期の2つの状態がある。LSTM層はこれらの状態を別々に返すので、両状態をリストにまとめるために*encoder_stateが必要になる[*1]。この2つの状態は、デコーダの初期状態として使える。

```
decoder = tf.keras.layers.LSTM(512, return_sequences=True)
decoder_outputs = decoder(decoder_embeddings, initial_state=encoder_state)
```

次に、デコーダの出力をソフトマックス活性化関数付きのDense層に渡すと、各ステップの単語の確率が得られる。

```
output_layer = tf.keras.layers.Dense(vocab_size, activation="softmax")
Y_proba = output_layer(decoder_outputs)
```

出力層の最適化

出力語彙が大規模な場合、すべての単語に対して確率を出力するとかなり低速になる。ターゲットの語彙に1,000個ではなく50,000個のスペイン語単語が含まれている場合、デコーダは50,000次元のベクトルを出力することになり、このような巨大なベクトルに対してソフトマックス関数を計算すると計算の負荷が非常に重くなる。これを避けるための方法の1つとして、正しい単語に対してモデルが出力したロジットと間違った単語のランダムなサンプルのロジットだけを取り出し、これらのロジットだけで損失の近似値を計算するというものが考えられる。この**サンプリングソフトマックス**（sampled softmax）というテクニックは、セバスティアン・ジーン（Sebastien Jean）らが

---

*1　Pythonでは、a, *b = [1, 2, 3, 4]と書くと、aは1、bは[2, 3, 4]になる。

2015年に提案（https://homl.info/104）したものである[*1]。TensorFlowでは、学習時に`tf.nn.sampled_softmax_loss()`関数を使い、予測時に通常のソフトマックス関数を使えばよい（サンプリングソフトマックスはターゲットの知識を必要とするため、予測時には使えない）。

学習の高速化のためにできてサンプリングソフトマックスと両立できる方法がもう1つある。出力層の重みをデコーダの埋め込み行列の転置行列に揃えるのである（重みの均等化は17章で説明する）。こうすると、モデルのパラメータ数が大幅に減り、学習が高速化するだけでなく、モデルの精度まで上がることがある。学習データがあまりなければ特に効果が大きい。埋め込み行列はワンホットエンコーディングの後ろにバイアス項が続いたものと等価で、ワンホットベクトルを埋め込み空間にマッピングする活性化関数はない。出力層はその逆を行う。そこで、転置行列と逆行列が極めて類似した埋め込み行列（そのような行列を**直交行列**：orthogonal matrixと呼ぶ）をモデルが見つけられれば、出力層のために別の重みセットを学習する必要はなくなる。

これだけだ。あとはKerasの`Model`を作り、コンパイル、学習すればよい。

```
model = tf.keras.Model(inputs=[encoder_inputs, decoder_inputs],
                       outputs=[Y_proba])
model.compile(loss="sparse_categorical_crossentropy", optimizer="nadam",
              metrics=["accuracy"])
model.fit((X_train, X_train_dec), Y_train, epochs=10,
          validation_data=((X_valid, X_valid_dec), Y_valid))
```

学習が終わったら、このモデルを使って新しい英語の文をスペイン語に翻訳できる。しかし、`model.predict()`を呼び出せばよいという単純な話にはならない。それは、デコーダが前のタイムステップで予測した単語を入力として必要とするからだ。そのための方法の1つとして、前の出力を覚え、次のタイムステップでエンコーダにそれを渡すカスタムメモリセルを作るというものが考えられる。しかし、ここでは話を単純にするために、モデルを何度も呼び出し、毎回1単語ずつ予測していくことにする。そのための小さなユーティリティ関数を書こう。

```
def translate(sentence_en):
    translation = ""
    for word_idx in range(max_length):
        X = np.array([sentence_en])  # エンコーダの入力
        X_dec = np.array(["startofseq " + translation])  # デコーダの入力
        y_proba = model.predict((X, X_dec))[0, word_idx]  # 最後のトークンの確率
        predicted_word_id = np.argmax(y_proba)
        predicted_word = text_vec_layer_es.get_vocabulary()[predicted_word_id]
        if predicted_word == "endofseq":
            break
        translation += " " + predicted_word
```

*1 Sebastien Jean et al., "On Using Very Large Target Vocabulary for Neural Machine Translation", *Proceedings of the 53rd Annual Meeting of the Association for Computational Linguistics and the 7th International Joint Conference on Natural Language Processing of the Asian Federation of Natural Language Processing* 1 (2015): 1-10.

```
        return translation.strip()
```

この関数は単純に毎回1単語ずつ予測して翻訳の完了に向けて少しずつ前進し、EOSトークンを検出すると翻訳を終了する。これを試してみよう。

```
>>> translate("I like soccer")
'me gusta el fútbol'
```

よしよし、動いている。少なくとも、非常に短い文なら翻訳できている。しばらくこのモデルをいじっていると、まだバイリンガルという域には達していないことがわかる。特に長めの文では苦労している。例えば、次の例を見てみよう。

```
>>> translate("I like soccer and also going to the beach")
'me gusta el fútbol y a veces mismo al bus'
```

このスペイン語は、「サッカーは好きだしときどきバスでさえ好きだ」と言っている。どうすれば改善できるだろうか。1つの方法は、学習セットのサイズを大きくして、エンコーダ、デコーダともLSTM層を増やすことだ。しかし、それではあまり大きな改善は望めない。もっと高度なテクニックを見てみよう。まずは双方向再帰層だ。

16.3.1　双方向RNN

通常の再帰層は、個々のタイムステップで過去と現在の入力だけを見て出力を生成する。つまり**因果的**（causal）であり、未来を先読みできない。このタイプのRNNは、時系列データの予測やSeq2Seqモデルのデコーダでは妥当だが、テキスト分類のようなタスクやSeq2Seqモデルのエンコーダでは、与えられた単語をエンコードする前に後続の単語をいくつか先読みした方がよいことが多い。

例えば、「the right arm」、「the right person」、「the right to criticize」などのフレーズを見れば、「right」という単語を正しくエンコードするためには、先読みが必要なことがわかるだろう。同じ入力に対して2つの再帰層を実行し、1つは左から右、もう1つは右から左に単語を読むようにして、各タイムステップで両者の出力を結合すれば（一般に連結によって）、解決方法の1つになる。**双方向再帰層**（bidirectional recurrent layer）はこれを行う（**図16-5**参照）。

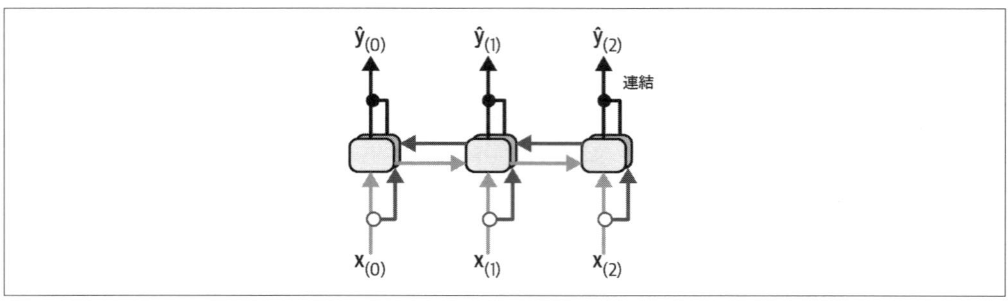

図16-5　双方向再帰層

Kerasで双方向再帰層を実現するには、tf.keras.layers.Bidirectional層で再帰層をラップすればよい。例えば、次のBidirectional層は、私たちの翻訳モデルのエンコーダとして使える。

```
encoder = tf.keras.layers.Bidirectional(
    tf.keras.layers.LSTM(256, return_state=True))
```

Bidirectional層は、GRU層のクローンを作り（ただし逆向きで）、両方を実行して出力を連結する。そのため、GRU層のユニット数は10だが、Bidirectional層はタイムステップ当たり20個の値を出力する。

しかし、問題が1つある。この層は2個ではなく4個の状態を返すことになる。前進LSTM層の最終的な短期状態と長期状態、後退LSTM層の最終的な短期状態と長期状態だ。デコーダのLSTM層の初期状態としてこの4個の層を直接使うことはできない。この層が想定しているのは2個の状態（短期状態と長期状態）だけだ。また、デコーダは因果的なままでなければならないので、双方向にするわけにはいかない。そうでなければ、学習中にカンニングをしてしまって動作しなくなる。しかし、2個の短期状態を連結し、2個の長期状態を連結することならできる。

```
encoder_outputs, *encoder_state = encoder(encoder_embeddings)
encoder_state = [tf.concat(encoder_state[::2], axis=-1),  # 短期状態(0と2)
                 tf.concat(encoder_state[1::2], axis=-1)]  # 長期状態(1と3)
```

では次に、予測時の翻訳モデルの性能を大幅に向上させられるもう1つの広く使われているテクニック、ビームサーチを見てみよう。

16.3.2 ビームサーチ

あなたはエンコーダ－デコーダモデルを学習していて、それを使って「I like soccer」という文をスペイン語に翻訳したいとする。モデルが「me gusta el futbol」という正しい翻訳を出力してくれることを期待していたが、残念ながら出力は「me gustan los jugadores」だった。これでは、「私はプレイヤーが好きだ」という意味になってしまう。学習セットをよく見てみると、「I like cars」のような文が「me gustan los autos」と訳される例が多数含まれているので、モデルが「I like」を見たあとで「me gustan los」と出力するのは無理のないことだ。しかし、この場合「soccer」は単数形なので、それでは間違いになる。モデルは後戻りしてそれを修正できないので、できる限りの範囲で文を完結させようとした。この場合、その方法とは「jugadores」という単語を使うことだった。モデルが後戻りして以前に犯した間違いを修正できるようにするにはどうすればよいだろうか。特によく使われている方法の1つとして、**ビームサーチ**（beam search）がある。*k*個（例えば3個）の最も正解に近そうな文のリストを管理し、デコーダの処理ステップごとにそれらに1語を追加して、*k*個の最も可能性の高い文だけを残す。パラメータ*k*は、**ビーム幅**（beam width）と呼ばれる。

例えば、ビーム幅3のビームサーチを使って「I like soccer」という文を翻訳したとする。モデルは、最初のデコーダステップで翻訳後の文の次に来そうな単語の推定確率を出力する。上位3語は、「me」（推定確率75％）、「a」（3％）、「como」（1％）であり、この時点でのリストはこの3語である。次に、モデルを使って各文の次の単語を探す。最初の文（「me」）の場合、モデルはおそらく「gustan」という単語に対して36 %、「gusta」という単語に対して32 %、「encanta」という単語に対して16 %という確率を出力する。これらは文が「me」で始まるならという**条件確率**（conditional probability）になっていることに注意しよう。第2のモデルは、「a」で始まる文を完成させようとし、「me」に条件確率50 %などの結果を出力する。語彙に1,000語が含まれているとすると、文ごとに1,000個の確率を出力することになる。

次に、候補に上がった3,000種（3 × 1,000）の2語が文で使われる確率を計算する。そのために、最初の単語の推定確率と2語になったときの推定確率を乗算する。例えば、「me」で始まる推定確率は75 %、先頭が「me」だったとして、「gustan」が続く条件確率は36 %だったので、「me gustan」となる推定確率は75 % × 36 %で27 %である。3,000種類の2語の組み合わせについて確率を計算した上で、上位3個を残す。先頭の単語はどれも「me」で、「me gustan」が27 %、「me gusta」が24 %、「me encanta」が12 %のようになるはずだ。現時点では「me gustan」がトップだが、「me gusta」の可能性は消えていない。

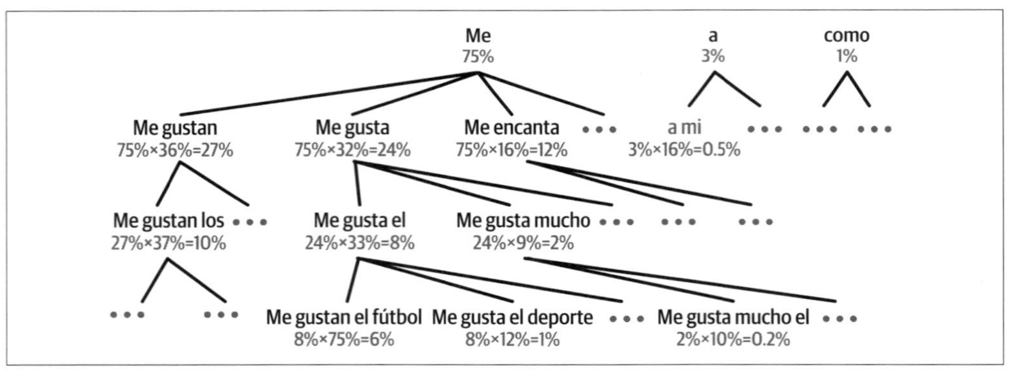

図16-6 ビーム幅3のビームサーチ

このプロセスを続けていく。モデルを使ってこれらの3つのフレーズの次の単語を予測し、3,000種類の3語のフレーズの確率を計算する。ここでの上位3種類は、おそらく「me gustan los」が10 %、「me gusta el」が8 %、「me gusta mucho」が2 %のようになるだろう。次のステップでは、「me gusta el futbol」が6 %、「me gusta mucho el」が1 %、「me gusta el deporte」が0.2 %のようになるだろう。「me gustan」が消え、3つのとてもまともに見える翻訳が残っていることがわかる。学習を増やすのではなく、学習を賢く使ってエンコーダ－デコーダモデルの性能を引き上げたのである。

TensorFlow Addonsライブラリ[*1]には、ビームサーチなどのアテンションメカニズム付きのエンコーダ－デコーダモデルを構築できる完全なSeq2Seq APIが含まれている。しかし、現状ではドキュメントがしっかりしていない。ビームサーチの実装は演習問題として優れているので、ぜひ挑戦してみてほしい。ノートブックのこの章の部分には、解答例が含まれている。

＊1 訳注：TensorFlow Addonsは翻訳時点で非推奨となっており、代わりにKerasNLPを使うことが推奨されている。

このようにすれば、ごく短い文ではよい翻訳が得られるようになるしかし、長い文の翻訳は、このモデルではとても太刀打ちできない。問題の原因は、またしてもRNNの短期記憶の弱さだ。この問題に適切に対処して、状況を一変させるイノベーションになったのが**アテンションメカニズム**である。

16.4 アテンションメカニズム

図16-3で「soccer」という単語から「futbol」という訳語にたどり着くまでの道のりは長いものだった。つまり、この単語の表現（およびその他の単語の表現）は、実際に使われるまで無数のステップで受け渡していかなければならない。この道のりを短くすることはできないだろうか。

ドミトリー・バーダナウ（Dzmitry Bahdanau）らの2014年の画期的な論文（https://homl.info/attention）[*1]のアイデアの核心はここにある。彼らは、デコーダが個々のタイムステップで適切な単語（エンコーダによってエンコードされた形のもの）に注意を集められるようにするテクニックを提案した。例えば、デコーダが「futbol」という単語を出力しなければならないタイムステップでは、「soccer」という単語に注意を集中させる。これで単語が入力されてから訳語を出力するまでの道のりが大幅に短縮され、RNNの短期記憶の弱さの影響が大幅に緩和される。アテンションメカニズムは、特に長い文（30語以上）の翻訳などの技術の最先端で大幅な進歩を実現し、ニューラル機械翻訳（そして深層学習全般）に革命を引き起こした。

NMTで最も広く使われている指標は、モデルが作った個々の訳文と人間が作った複数のよい訳文を比較する**BLEU**（bilingual evaluation understudy）だ。目標の訳文のどれかに含まれるnグラム（n個の単語のシーケンス）の数を数え、nグラムが含まれている頻度でスコアを調整する。

アテンションメカニズム付きのエンコーダ－デコーダモデルのアーキテクチャを示すと、**図16-7**のようになる。左側にはエンコーダとデコーダがある。エンコーダの最終的な隠れ状態と各ステップの直前のターゲット単語（図には描かれていないがこれも含まれている）だけでなく、エンコーダのすべての出力をデコーダに送る。デコーダはエンコーダのすべての出力を1度に処理することはできないので、デコーダのメモリセルは各タイムステップでエンコーダの出力全体の加重総和を計算する。これによってそのステップでどの単語に注意を集中させるかを決める。$\alpha_{(t, i)}$という重みは、デコーダのタイムステップtにおけるi番目のエンコーダの出力の重みである。例えば、$\alpha_{(3, 2)}$が$\alpha_{(3, 0)}$や$\alpha_{(3, 1)}$よりもずっと大きいなら、デコーダは少なくともこのタイムステップでは、ほかの2語よりも単語番号2（「soccer」）に注意を払う。それを除けば、デコーダは以前と同じように動作する。各タイムステップでメモリセルは先ほど説明した入力に加えて直前のタイムステップの隠れ状態を受け取り、最後に（これも図には描かれていないが）直前のタイムステップのターゲット単語（予測時には、直前のタイムステップの出力）を受け取る。

---

*1　Dzmitry Bahdanau et al., "Neural Machine Translation by Jointly Learning to Align and Translate", arXiv preprint arXiv:1409.0473 (2014).

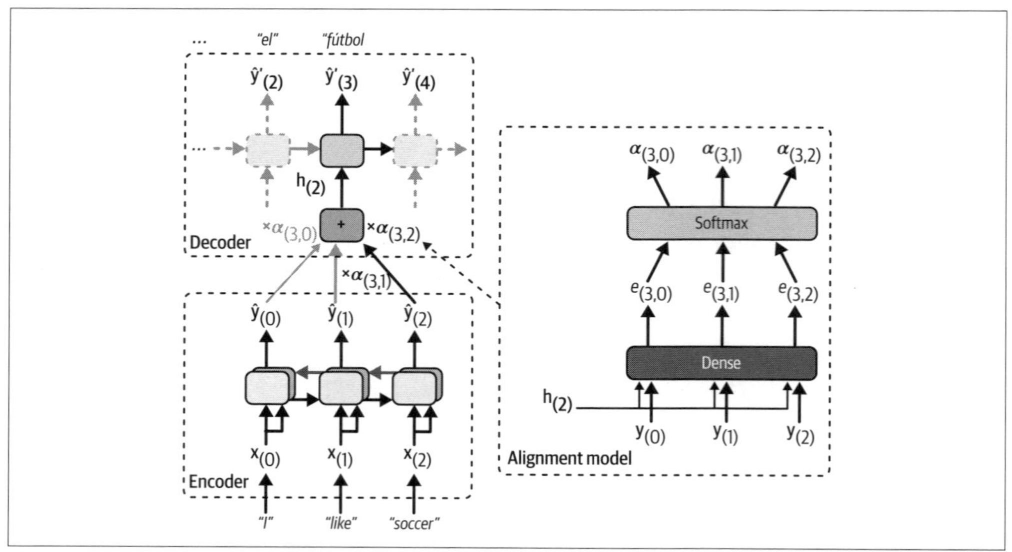

図16-7 アテンションモデル付きのエンコーダーデコーダネットワークを使ったニューラル機械翻訳

しかし、これら$\alpha_{(t,i)}$の重みはどこから手に入れるのだろうか。**アライメントモデル**（alignment model、**アテンション層**: attention layer、注意層とも呼ばれる）という小さなニューラルネットワークから生成されるのである。アライメントモデルは、エンコーダ－デコーダモデルのその他の部分と一緒に学習される。**図16-7**の右側がそれを示している。アライメントモデルの先頭はニューロンが1個で個々のエンコーダの出力とデコーダの前の隠れ層（例えば$\mathbf{h}_{(2)}$）を処理するDense層だ。この層は、個々のエンコーダ出力（例えば$e_{(3,2)}$）のスコア（またはエネルギー）を出力する。このスコアは、デコーダの直前の隠れ状態と個々の出力の歩調がどの程度揃っているかを示す。例えば、**図16-7**では、モデルは既に「me gusta el」（「I like」という意味）を出力しているので、次は名詞が来るだろうと思っている。「soccer」という単語は現在の状態に最も合った（align）単語なので、高いスコアを得る。最後にすべてのスコアをソフトマックス層に送り、エンコーダ出力の最終的な重み（例えば$\alpha_{(3,2)}$）が得られる。同じデコーダタイムステップにおける重みの合計は1になる。この特定のアテンションメカニズムを論文の第一著者にちなんで**Bahdanauアテンション**（Bahdanau attention）と呼ぶ。エンコーダの出力とデコーダの前の隠れ状態を連結しているので**連結アテンション**（concatenative attention）とか**加法アテンション**（additive attention）と呼ぶこともある。

入力の文がn語なら、出力される文もほぼ同じ長さだと考えると、このモデルは約n^2の重みを計算する必要がある。しかし、長い文であっても数千語になったりはしないので、この二乗計算量はまだ十分扱える範囲内である。

それからまもなく、2015年のミン・タング・ルオン（Minh-Thang Luong）らの2015年の論文（https://

homl.info/luongattention)[*1]が**Luongアテンション**、あるいは**乗法アテンション**(multiplicative attention)と呼ばれる広く使われているもう1つのアテンションメカニズムを提案した。アライメントモデルの目標は、エンコーダの出力の1つとデコーダの直前の隠れ状態の類似性を測定することなので、著者たちは単純にこれら2つのベクトルのドット積(4章参照)を計算することを提案した。ドット積は類似性のよい指標になることが多い上に、最近のハードウェアはとても効率的に計算できる。ドット積を計算するためには、2つのベクトルの次元が同じでなければならない。ドット積はスコアとなり、特定のデコーダタイムステップのすべてのスコアがソフトマックス層に送られて最終的な重みになるのはBahdanauアテンションと同じだ。ルオンが提案したもう1つの単純化は、直前のタイムステップではなく現在のタイムステップのデコーダの隠れ状態(つまり$\mathbf{h}_{(t-1)}$ではなく$\mathbf{h}_{(t)}$を使い、あとでアテンションメカニズムの出力($\widetilde{\mathbf{h}}_{(t)}$)を直接使って、デコーダの現在の隠れ状態ではなくデコーダの予測を計算することである。また、エンコーダの出力をまず全結合層(バイアス項なし)に送ってから、ドット積を計算するというドット積メカニズムのバリアントも提案した。これを、「一般」ドット積アプローチと呼ぶ。彼らは、両方のドット積アプローチと連結アテンションメカニズム(パラメータ再スケーリングベクトルの$\mathbf{v}$を追加したもの)を比較し、2つのドット積方式の方が連結アテンションよりも性能が高いことを明らかにした。このような理由から、連結アテンションは以前と比べてあまり使われなくなった。**式16-1**は、これら3種類のアテンションメカニズムの式をまとめたものである。

式16-1 アテンションメカニズム

$$
\begin{aligned}
&\widetilde{\mathbf{h}}_{(t)} = \sum_i \alpha_{(t,i)} \mathbf{y}_{(i)} \\
&\text{ここで } \alpha_{(t,i)} = \frac{\exp\left(e_{(t,i)}\right)}{\sum_{i'} \exp\left(e_{(t,i')}\right)} \\
&\text{かつ } e_{(t,i)} = \begin{cases} {\mathbf{h}_{(t)}}^\top \mathbf{y}_{(i)} & \text{ドット} \\ {\mathbf{h}_{(t)}}^\top \mathbf{W} \mathbf{y}_{(i)} & \text{一般} \\ \mathbf{v}^\top \tanh\left(\mathbf{W}\left[\mathbf{h}_{(t)}; \mathbf{y}_{(i)}\right]\right) & \text{連結} \end{cases}
\end{aligned}
$$

KerasはLuongアテンションのために`tf.keras.layers.Attention`層、Bahdanauアテンションのために`AdditiveAttention`層を提供している。私たちのエンコーダ-デコーダモデルにLuongアテンションを追加しよう。`Attention`層にはエンコーダのすべての出力を渡さなければならないので、まずエンコーダを作るときに`return_sequences=True`を設定する。

```
encoder = tf.keras.layers.Bidirectional(
    tf.keras.layers.LSTM(256, return_sequences=True, return_state=True))
```

次にアテンション層を作り、それにデコーダの状態とエンコーダの出力を渡す。しかし、各タイムステップのデコーダの状態にアクセスするためにはカスタムメモリセルを書かなければならない。そこで、単純化のためにデコーダの状態ではなく出力を使うことにしよう。これでも十分うまく機能し、コー

[*1] Minh-Thang Luong et al., "Effective Approaches to Attention-Based Neural Machine Translation", *Proceedings of the 2015 Conference on Empirical Methods in Natural Language Processing* (2015): 1412-1421.

ディングはずっと楽だ。そして、Luongアテンション論文が提案しているように、アテンション層の出力を直接出力層に渡す。

```
attention_layer = tf.keras.layers.Attention()
attention_outputs = attention_layer([decoder_outputs, encoder_outputs])
output_layer = tf.keras.layers.Dense(vocab_size, activation="softmax")
Y_proba = output_layer(attention_outputs)
```

これだけだ。このモデルを学習すると、もっと長い文も処理できるようになったことがわかる。例えば次の通り。

```
>>> translate("I like soccer and also going to the beach")
'me gusta el fútbol y también ir a la playa'
```

要するに、アテンション層は、モデルのアテンションを入力の一部に集中させる手段を提供するということだ。しかし、この層には別の見方もできる。アテンション層は、微分可能な記憶取り出しメカニズムとして機能していると考えるのだ。

例えば、エンコーダが「I like soccer」という入力文を分析し、「I」という単語が主語で「like」という単語が述語だということを理解し、これらの単語の出力にその情報をエンコードしたとする。一方、デコーダは既に主語を翻訳し、次は述語を翻訳したいとする。そのためには、デコーダは入力文から述語の動詞を取り出さなければならない。これは辞書のルックアップに似ている。まるでエンコーダが`{"subject": "They", "verb": "played", ...}`という辞書を作り、デコーダが`"verb"`（述語）というキーに対応するバリューを参照したいかのようだ。

しかし、モデルはキーを表現するトークン（`"subject"`：主語や`"verb"`：動詞、述語）を持っていない。持っているのは学習中に学んだことをベクトル化した表現であり、ルックアップのために使うクエリは辞書のキーと完全に一致することはない。この問題の解決のために行っていることは、クエリと辞書内の個々のキーの間の類似性の数値であり、それはあとでソフトマックス関数によって合計すると1になる類似性スコアに変換される。先ほど説明したように、これはアテンション層が行っていることだ。述語を表すキーとクエリの類似度が抜群に高ければ、キーの重みは1に近くなる。

次に、アテンション層は対応するバリューの加重総和を計算する。`"verb"`キーの重みが1に近ければ、加重総和は「played」という単語の表現に非常に近くなる。

Kerasの`Attention`、`AdditiveAttention`層がともに入力として2個か3個の要素（**クエリ**、**バリュー**とオプションの**キー**）を格納するリストを受け付けるのはそのためだ。キーを省略した場合は、バリューがキーとして使われる。そこで、先ほどのコード例を再び見ると、デコーダの出力はクエリであり、エンコーダの出力はキーとバリューの両方だ。アテンション層は、個々のデコーダ出力（つまり個々のクエリ）に対してそれに最も近いエンコーダ出力の加重総和（つまりキーとバリュー）を返す。

要するに、アテンション層は学習可能なメモリ検索システムなのである。非常に強力なので、アテンションメカニズムだけで最先端のモデルを構築できる。では、Transformerアーキテクチャを見てみよう。

16.4.1 必要なものはアテンションだけ：Transformerアーキテクチャ

Googleの研究者たちのチームは、画期的な2017年の論文（https://homl.info/transformer）[*1]の中で、「必要なものはアテンションだけ」という考え方を提案した。彼らは、RNN層やCNN層をまったく使わず[*2]、アテンションメカニズム（および埋め込み層、全結合層、正規化層、その他若干の部品）だけでNMTの最先端を大幅に前進させたのである。このモデルは再帰的ではないので、RNNのような勾配消失、勾配爆発の影響を大きく受けず、少ないステップで学習でき、複数のGPUで並列実行しやすい。そして、RNNよりも長いパターンを捉えられる。**図16-8**は、オリジナルの2017年に提案されたTransformerアーキテクチャを描いたものだ。

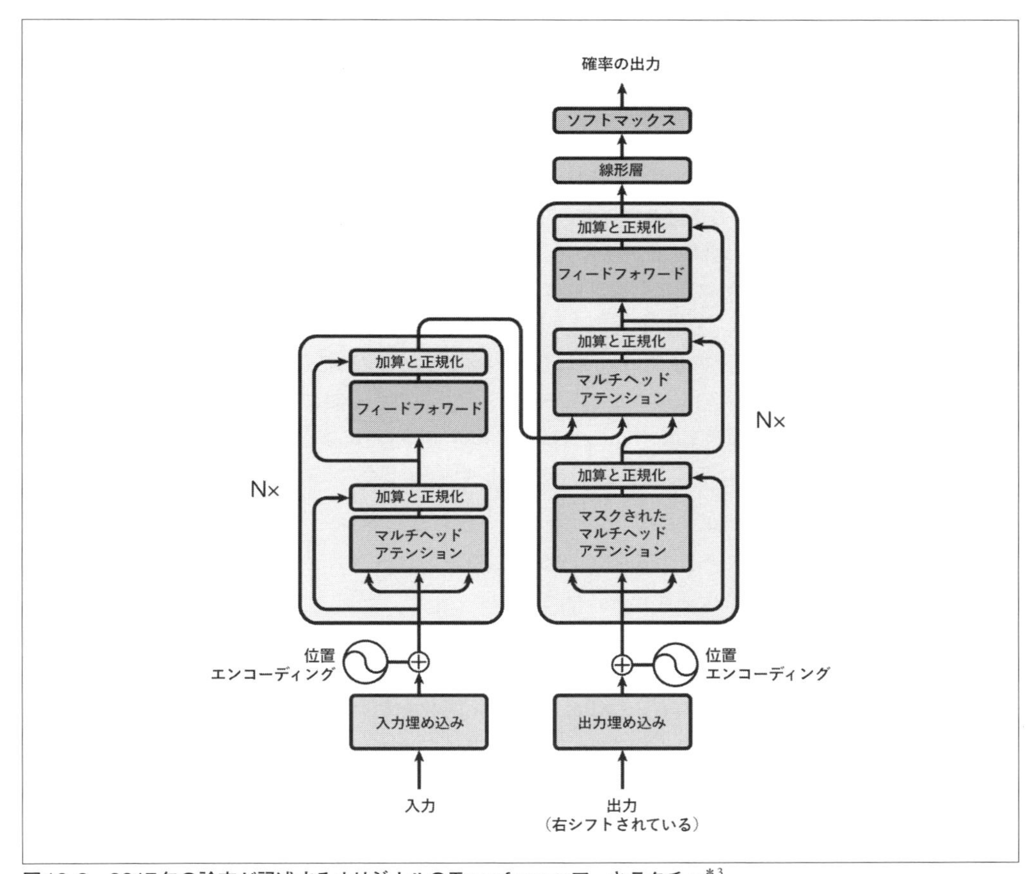

図16-8　2017年の論文が記述するオリジナルのTransformerアーキテクチャ[*3]

---

*1　Ashish Vaswani et al., "Attention Is All You Need", *Proceedings of the 31st International Conference on Neural Information Processing Systems* (2017): 6000-6010.

*2　Transformerは`TimeDistributed(Dense)`層を使っているので、カーネルサイズ1の1次元畳み込み層を使っていると言う余地はある。

*3　この図は、「必要なものはアテンションだけ」論文の図1である。著者たちの許可に基づき再録。

簡単に言えば、**図16-8**の左側はエンコーダ、右側はデコーダである。個々の埋め込み層は、[**バッチサイズ，シーケンスの長さ，埋め込みサイズ**]という形の3次元テンソルになっている。埋め込み層を通過したあと、テンソルはTransformerを通過する過程で少しずつ変換されるが、その形状は同じままだ。

NMTでTransformerを使う場合、学習中はエンコーダに英語の文、デコーダに対応するスペイン語の訳文を与えなければならない。各文の先頭にはSOSトークンを挿入する。予測時には、Transformerを複数回呼び出し、1度に1語ずつ訳を生み出し、各ラウンドでデコーダに部分訳を与える。これは、以前に`translate()`関数で行ったのと同じだ。

エンコーダの役割は、各単語の表現が文脈の中での単語の意味を完全に捉えるまで、入力（英文の単語の表現）を少しずつ変換していくことだ。例えば、エンコーダに「I like soccer」という文を送り込んだ場合、「like」という単語は文脈によって異なる意味（「好きだ」と「のような」）になるので（「I like soccer」と「It's like that」を思い浮かべてほしい）、最初の時点ではあいまいな表現になる。しかし、エンコーダを通過すると、単語表現はその文における「like」の正しい意味（「好きだ」）のほか、翻訳のために必要な各種情報（例えば、述語であり動詞であることなど）を含んだものになる。

デコーダの役割は、翻訳前の文に含まれている個々の単語の表現を翻訳後の文の次の単語の表現に少しずつ変換することだ。例えば、翻訳前の文が「I like soccer」なら、デコーダの入力文は「<SOS> me gusta el futbol」である。デコーダを通過するうちに、「el」という単語の表現は「futbol」という単語の表現に変換される。同様に、「futbol」という単語の表現はEOSトークンの表現に変換される。

デコーダを通過すると、個々の単語の表現は最後のソフトマックス活性化関数つき`Dense`層を通過する。次の単語として正しいものにはここで高い確率、それ以外の単語には低い確率が出力される（はずだ）。すると、予測される翻訳文は、「me gusta el futbol <EOS>」になるだろう。

以上はおおよその話である。ここからはもう少し詳しく**図16-8**をたどっていこう。

- まず、エンコーダ、デコーダとも、N個積み上げられたモジュールを含んでいることに注意しよう。論文では、$N = 6$となっている。このエンコーダスタック全体の最終出力は、デコーダのNレベルの各モジュールに与えられる。
- ズームインすると、ほとんどのコンポーネントが既に知っているものだということがわかる。2個の埋め込み層、それぞれ正規化層を後ろに従えたいくつかのスキップ接続、それぞれ2個の全結合層（前のものはReLU活性化関数を使い、後ろのものは活性化関数を使わない）から構成されるいくつかのフィードフォワードモジュール、そして最後の出力層はソフトマックス活性化関数を使う全結合層だ。アテンション層とフィードフォワードモジュールの後ろには、必要ならちょっとドロップアウトを入れてよい。これらの層はすべて`TimeDistributed()`でラップされているので、個々の単語は他の単語から独立したものとして扱われる。しかし、単語を完全に独立した形で扱うことによって文を翻訳するにはどうすればよいのだろうか。そんなことはできない。そこで、ここに新しいコンポーネントが入ってくる。
  - エンコーダのマルチヘッドアテンション（multi-head attention）層は、同じ文の中のほかのすべての単語に注意を払うことによって個々の単語表現を更新する。「like」のような単語のあいまいな単語表現は、文の中での正確な意味を捉えることによって豊かで正確な単語表現になる。これがどのような仕組みなのかはすぐあとで説明する。

— デコーダのマスクされたマルチヘッドアテンション（masked multi-head attention）層も同じことを行うが、因果的な層なので後ろにある単語には注意を払わない。例えば、「gusta」という単語を処理するときには、「<SOS> me gusta」だけに注意を払い、「el futbol」を無視する（無視しなければカンニングになってしまう）。

— デコーダの上の方のマルチヘッドアテンション層は、英語の文に含まれる単語に注意を払う。これはセルフ（self、自己）アテンションではなくクロス（cross、交差）アテンションと呼ばれる。例えば、デコーダは「el」という単語を処理するときに「soccer」という単語に注意を払い、「futbol」という単語の表現なかに「el」という単語の表現を溶け込ます。

— 位置エンコーディング（positional encoding）は、文の中での個々の単語の位置を表す密ベクトル（単語埋め込みと同様）だ。各文のn番目の単語の単語埋め込みにはn番目の位置エンコーディングが追加される。Transformerアーキテクチャのすべての層は単語の位置を無視するため、これが必要になる。位置エンコーディングがなければ、入力シーケンスをシャッフルするようなものであり、出力シーケンスも同じようにシャッフルされる。当然ながら、単語の順序は重要であり、Transformerにも何らかの方法で位置情報を与えなければならない。単語表現への位置エンコーディングの追加は、これを実現するためのよい方法だ。

図16-8では、マルチヘッドアテンション層に入る最初の2個の矢印はキーとバリューを表し、第3の矢印はクエリを表す。セルフアテンション層では3つとも前の層の単語表現出力だが、デコーダの上位のアテンション層ではキーとバリューはエンコーダの最終的な単語表現、クエリは前の層が出力した単語表現である。

では、Transformerアーキテクチャで新しく登場したコンポーネントをもう少し詳しく見ていこう。

16.4.1.1 位置エンコーディング

位置エンコーディングは、単語の文の中での位置をエンコードする密ベクトルである。単純に文のi番目の単語の単語埋め込みには、i番目の位置エンコーディングが追加される。これを実装するための最も簡単な方法は、0からバッチ内のシーケンスの最長位置までのすべての位置情報を`Embedding`層にエンコードさせて結果を単語埋め込みに追加することだ。ブロードキャストのルールにより、すべての入力シーケンスで確実に位置エンコーディングが行われる。例えば、エンコーダとデコーダの入力には、次のようにして位置エンコーディングを追加する。

```
max_length = 50  # 学習セット全体での長さの上限
embed_size = 128
pos_embed_layer = tf.keras.layers.Embedding(max_length, embed_size)
batch_max_len_enc = tf.shape(encoder_embeddings)[1]
encoder_in = encoder_embeddings + pos_embed_layer(tf.range(batch_max_len_enc))
```

```
batch_max_len_dec = tf.shape(decoder_embeddings)[1]
decoder_in = decoder_embeddings + pos_embed_layer(tf.range(batch_max_len_dec))
```

この実装では、埋め込みが不規則なテンソルではなく規則的なテンソルで表現されていることを前提としていることに注意しよう[*1]。エンコーダとデコーダの埋め込みサイズが同じなので(そうなる場合が多い)、両者は位置エンコーディングのために同じEmbedding層を共有している。

Transformer論文の著者たちは、学習可能な位置エンコーディングではなく、周波数の異なる正弦、余弦関数で定義された固定の位置埋め込みを使っている。位置埋め込み行列Pは**式16-2**によって定義され、**図16-9**の上部(転置してある)で表されている。ここで、$P_{p,i}$は、文の中でp番目の位置にある単語の埋め込みのi番目のコンポーネントである。

式16-2 正弦/余弦位置エンコーディング

$$P_{p,i} = \begin{cases} \sin\left(p/10000^{i/d}\right), & i\text{は偶数} \\ \cos\left(p/10000^{(i-1)/d}\right), & i\text{は奇数} \end{cases}$$

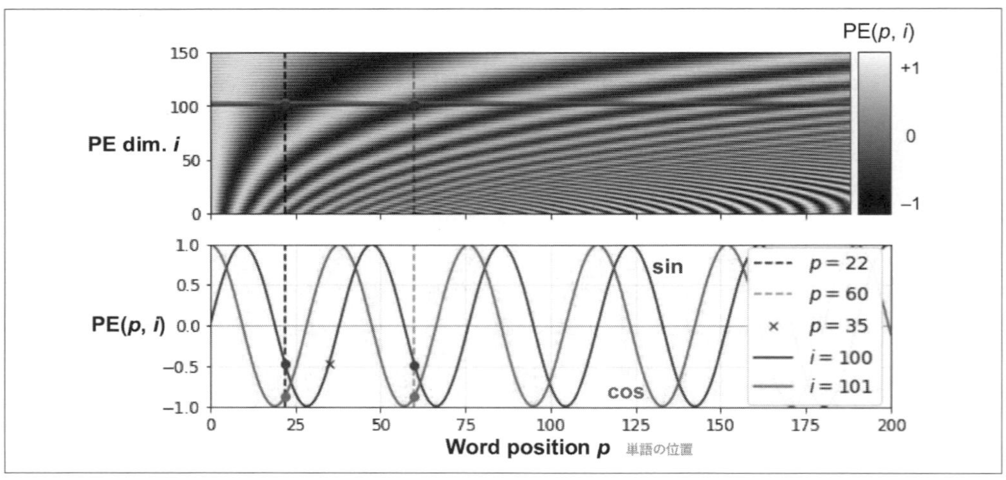

図16-9 正弦/余弦位置埋め込み行列(上、転置してある)とiの2つの値に注目したときの位置埋め込み(下)

この方法は、学習された位置埋め込みと同性能だが、モデルにパラメータを追加せずに長い文に拡張できるので、著者たちはこの固定ソリューションを使っている(しかし、事前学習済みデータが大量にある場合には、学習可能な位置エンコーディングの方が一般によい)。単語埋め込みに位置埋め込みを追加すると、個々の位置に対して一意な位置埋め込みがあるため、モデルのほかの部分は文内の個々の単語の絶対位置にアクセスできる(例えば、ある文の22番目の単語の位置埋め込みは、**図16-9**の上部の縦の破線で表されているが、この位置によって一意に決まっていることがわかる)。また、振動関数(正弦と余弦)を選んでいるので、モデルは相対的な位置も学習できる。例えば、**図16-9**からもわか

*1 最新バージョンのTensorFlowを使っている場合には、不規則なテンソルを使える。

るように、位置$p = 22$の単語と38語離れた位置$p = 60$)の単語は、埋め込み次元$i = 100$と$i = 101$で同じ埋め込み値になる。これは、個々の周波数で正弦と余弦の両方が必要な理由にもなっている。正弦（$i = 100$の青い波形）だけを使っていたら、モデルは位置$p = 22$と$p = 35$（×で示されている）を区別できないだろう。

TensorFlowには`PositionalEncoding`層はないが、自作するのはそれほど難しくない。処理効率上の理由から、位置エンコーディング行列はコンストラクタで事前に計算している。`call()`メソッドは、このエンコーディング行列を入力シーケンスの最大長まで縮小し、入力に加算する。また、入力の自動マスクを次の層に伝えるために、`supports_masking=True`も設定している。

```
class PositionalEncoding(tf.keras.layers.Layer):
    def __init__(self, max_length, embed_size, dtype=tf.float32, **kwargs):
        super().__init__(dtype=dtype, **kwargs)
        assert embed_size % 2 == 0, "embed_size must be even"
        p, i = np.meshgrid(np.arange(max_length),
                           2 * np.arange(embed_size // 2))
        pos_emb = np.empty((1, max_length, embed_size))
        pos_emb[0, :, ::2] = np.sin(p / 10_000 ** (i / embed_size)).T
        pos_emb[0, :, 1::2] = np.cos(p / 10_000 ** (i / embed_size)).T
        self.pos_encodings = tf.constant(pos_emb.astype(self.dtype))
        self.supports_masking = True

    def call(self, inputs):
        batch_max_length = tf.shape(inputs)[1]
        return inputs + self.pos_encodings[:, :batch_max_length]
```

この層を使ってエンコーダの入力に位置エンコーディングを追加しよう。

```
pos_embed_layer = PositionalEncoding(max_length, embed_size)
encoder_in = pos_embed_layer(encoder_embeddings)
decoder_in = pos_embed_layer(decoder_embeddings)
```

では、Transformerモデルの核心であるマルチヘッドアテンション層を深く見てみよう。

16.4.1.2 マルチヘッドアテンション層

マルチヘッドアテンション層の仕組みを理解するためには、まずその基礎となっている**縮小付きドット積アテンション**（scaled dot-product attention）層を理解しなければならない。**式16-3**は、ベクトル形式の方程式である。スケーリングファクタを除けばLuongアテンションと同じだ。

式16-3　縮小ドット積アテンション

$$\text{Attention}(\mathbf{Q}, \mathbf{K}, \mathbf{V}) = \text{softmax}\left(\frac{\mathbf{Q}\mathbf{K}^\top}{\sqrt{d_{\text{keys}}}}\right)\mathbf{V}$$

- **Q**は**クエリ**当たり1行ずつの行列で、形は$[n_{\text{queries}}, d_{\text{keys}}]$である。ただし、$n_{\text{queries}}$はクエリの数、$d_{\text{keys}}$は個々のクエリと個々のキーの次元数である。

- **K**はキー当たり1行ずつの行列で、形は$[n_{\text{keys}}, d_{\text{keys}}]$である。ただし、$n_{\text{keys}}$はキーとバリューの数である。
- **V**はバリュー当たり1行ずつの行列で、形は$[n_{\text{keys}}, d_{\text{values}}]$である。ただし、$d_{\text{values}}$は個々のバリューの次元数である。
- $\mathbf{Q}\,\mathbf{K}^{\top}$の形は$[n_{\text{queries}}, n_{\text{keys}}]$で、個々のクエリ / キーの対について1個ずつの類似性スコアが収められている。この行列が巨大になりすぎないようにするために、入力シーケンスを大きくしすぎてはならない（この制限を取り除く方法はこの章の中で後述する）。ソフトマックス関数の出力も形は同じだが、行を合計すると1になるようになっている。最終的な出力の形は$[n_{\text{queries}}, d_{\text{values}}]$で、クエリ当たり1行になっており、各行はクエリの結果を表している（バリューの加重総和）。
- スケーリングファクタ$1 / (\sqrt{d_{\text{keys}}})$は、ソフトマックス関数が飽和して勾配がとても小さくなるのを避けるために類似性スコアを縮小する。
- ソフトマックスを計算する直前の段階で、対応する類似性スコアに絶対値が非常に大きい負の値を加えれば、一部のキー / バリューペアをマスクアウトできる。これは、マスクされたマルチヘッドアテンション層で役に立つ。

`tf.keras.layers.Attention`層を作るときに`use_scale=True`引数を指定すると、その層が類似性スコアを適切に縮小する方法を学習するための追加のパラメータが作られる。Transformerモデルで使われている縮小付きドット積アテンション層もそれとほぼ同じだが、いつも$1 / (\sqrt{d_{\text{keys}}})$という同じスケーリングファクタで類似性スコアを縮小するところが異なる。

`Attention`層の入力は、バッチ次元（第1次元）が追加されていることを除けば、同じ**Q**、**K**、**V**である。`Attention`層は、1回の`tf.matmul(queries, keys)`呼び出しだけでバッチ内のすべての文のすべてのアテンションスコアを計算する。これは非常に効率的だ。実際、TensorFlowでは、`A`と`B`が3次元以上のテンソルなら（例えば、それぞれの形が`[2, 3, 4, 5]`、`[2, 3, 5, 6]`なら）、`tf.matmul(A, B)`はこれらのテンソルを各セルが行列になっている2×3配列として扱い、対応する行列同士を乗算する。`A`の*i*行*j*列の行列が`B`の*i*行*j*列の行列と乗算される。4×5行列と5×6行列の積は4×6行列なので、`tf.matmul(A, B)`は`[2, 3, 4, 6]`という形の配列を返す。

これでやっとマルチヘッドアテンション層を見られるようになった。そのアーキテクチャは、**図16-10**のように描ける。

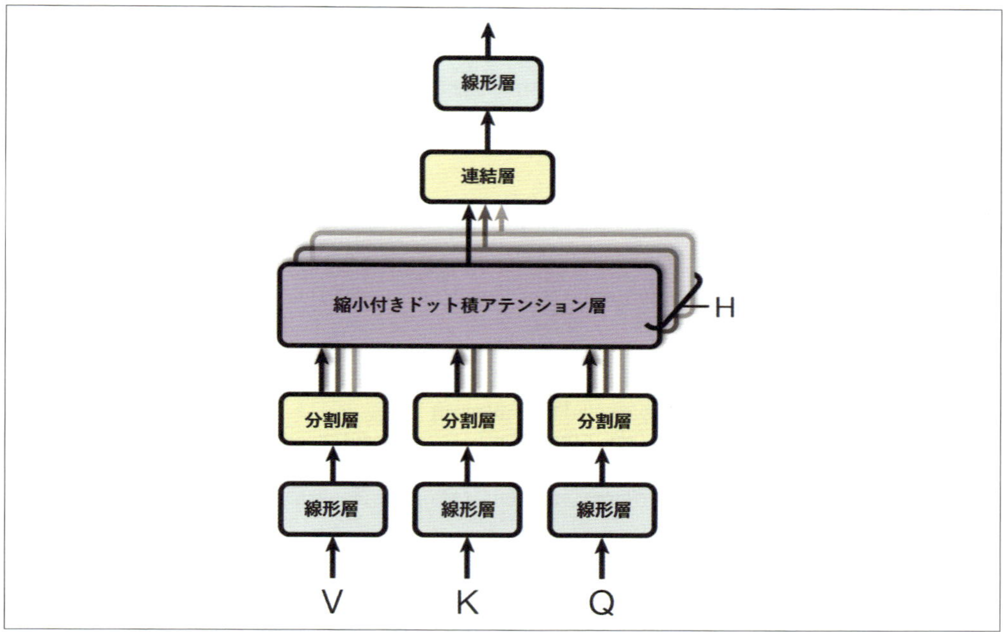

図16-10　マルチヘッドアテンション層のアーキテクチャ[*1]

図からもわかるように、マルチヘッドアテンション層は、それぞれ前にバリュー、キー、クエリの線形変換（つまり、活性化関数なしの`TimeDistributed(Dense)`層）が配置された縮小付きドット積アテンション層の塊である。出力はすべて単純に連結され、最後の線形変換に進む（これも`TimeDistributed()`にラップされている）。

しかし、なぜだろうか。このアーキテクチャは、どのような直観に導かれたものなのだろうか。先ほど取り上げた「I like soccer」の中の「like」という単語についてもう一度考えてみよう。エンコーダは十分賢く、この単語が動詞だという事実をエンコードできている。しかし、この語の単語表現には、位置エンコーディングによりこの単語のテキスト内での位置の情報が含まれているほか、この単語が現在形になっていることなど、この単語の翻訳に役立つ多くの特徴量が単語表現の中に含まれている。つまり、単語表現は単語の多種多様な特徴をエンコードしているのだ。縮小付きドット積アテンション層が1つだけなら、これだけ多くの情報があっても1度しか問い合わせられない。

マルチヘッドアテンション層がキー、バリュー、クエリに対して複数の異なる線形変換を行うのはそのためである。こうすることにより、モデルはさまざまな向きから単語に光を当て、それぞれ単語の特性の異なる側面を専門とする下位空間に射影するのである。おそらく、線形層の1つは、この単語が動詞であるという情報だけが残るような下位空間に単語を射影し、別の線形層は、この単語が現在形であるという情報だけを抽出する下位空間に単語を射影する。そのあとの縮小付きドット積アテンション層は、ルックアップを実装し、最後にすべての結果を連結して、もとの空間に射影する。

＊1　この図は、Transformer論文の図2の右側の部分である。著者たちの許可に基づき再録。

今のKerasにはtf.keras.layers.MultiHeadAttention層があるので、Transformerを作るために必要なものはすべて揃っている。では、エンコーダから作ってみよう。これは**図16-8**に示すものと似ているが、学習セットがあまり大きくないので6個ではなく2個のブロック（N = 2）のスタックを使い、若干のドロップアウトも加える。

```
N = 2  # 6ではなく
num_heads = 8
dropout_rate = 0.1
n_units = 128  # 個々のフィードフォワードブロックの最初の全結合層で使う値
encoder_pad_mask = tf.math.not_equal(encoder_input_ids, 0)[:, tf.newaxis]
Z = encoder_in
for _ in range(N):
    skip = Z
    attn_layer = tf.keras.layers.MultiHeadAttention(
        num_heads=num_heads, key_dim=embed_size, dropout=dropout_rate)
    Z = attn_layer(Z, value=Z, attention_mask=encoder_pad_mask)
    Z = tf.keras.layers.LayerNormalization()(tf.keras.layers.Add()([Z, skip]))
    skip = Z
    Z = tf.keras.layers.Dense(n_units, activation="relu")(Z)
    Z = tf.keras.layers.Dense(embed_size)(Z)
    Z = tf.keras.layers.Dropout(dropout_rate)(Z)
    Z = tf.keras.layers.LayerNormalization()(tf.keras.layers.Add()([Z, skip]))
```

このコードは基本的にわかりやすいはずだが、マスキングだけは例外だ。本稿執筆時点では、MultiHeadAttention層は自動マスキングをサポートしていない*1ので、手作業で処理しなければならない。どうすればよいだろうか。

MultiHeadAttention層は、attention_mask引数を受け付ける。これは[**バッチサイズ, クエリの長さの上限, バリューの長さの上限**]という形の論理テンソルで、すべてのクエリシーケンスのすべてのトークンに対し、このマスクは対応するバリューシーケンスのどのトークンに注意すべきかを知らせる。ここでは、MultiHeadAttention層にバリュー内のすべてのパディングトークンを無視せよと指示したい。そこで、まずtf.math.not_equal(encoder_input_ids, 0)を使ってパディングマスクを計算する。この呼び出しは、[**バッチサイズ, シーケンスの長さの上限**]という形の論理テンソルを返す。次に、[:, tf.newaxis]を使って第2の軸を挿入し、[**バッチサイズ, 1, シーケンスの長さの上限**]という形のマスクを手に入れる。これで、MultiHeadAttention層を呼び出すときに、attention_maskとしてこのマスクを使えるようになる。ブロードキャストのおかげで、各クエリのすべてのトークンで同じマスクが使われる。これでバリューの中のパディングトークンは正しく無視されるようになる。

しかし、MultiHeadAttention層はパディングトークンを含むすべてのクエリトークンに対して出力を計算する。そこで、パディングトークンに対応する出力をマスクしなければならない。Embedding層

*1 おそらく本書が出版される頃には状況が変わっているはずだ。詳しくは、Kerasのイシュー #16248（https://github.com/keras-team/keras/issues/16248）を参照してほしい。ここが解決されたらattention_mask引数を設定する必要はなくなり、encoder_pad_maskを作る必要もなくなる。

でmask_zeroを使い、PositionalEncoding層でsupports_maskingをTrueにしたことを思い出そう。そのため、自動マスクはMultiHeadAttention層の入力(encoder_in)まで伝わっている。スキップ接続ではこれをうまく利用できる。実際、Add層は自動マスキングをサポートするので、Zとskip(初期状態ではencoder_inと等しい)を加えると、出力は自動的に正しくマスキングされる[*1]。やれやれ、コードよりもマスキングのために長々と説明する羽目になった。

では、次はデコーダだ。ここでも、マスキングが唯一の難問になるので、そこから説明しよう。最初のマルチヘッドアテンション層はエンコーダと同様にセルフアテンション層だが、それは**マスクされた**マルチヘッドアテンション層であり、因果的である。そのため、未来のトークンをすべて無視しなければならない。そこで、パディングマスクと因果的マスク(causal mask)の2つのマスクが必要になる。まず、これらを作ろう。

```
decoder_pad_mask = tf.math.not_equal(decoder_input_ids, 0)[:, tf.newaxis]
causal_mask = tf.linalg.band_part(  # 下三角行列を作る
    tf.ones((batch_max_len_dec, batch_max_len_dec), tf.bool), -1, 0)
```

パディングマスクはエンコーダ用に作ったものとほぼ同じだが、エンコーダではなくデコーダの入力に基づくものだというところが異なる。因果マスクはtf.linalg.band_part()関数で作られる。この関数はテンソルを取り、対角帯外のすべての値を0にしたコピーを返す。これらの引数を指定すると、サイズがbatch_max_len_dec(バッチ内の入力シーケンスで最長の長さ)で左下の三角が1、右上の三角が0の正方行列が得られる。このマスクをアテンションマスクとして使うと、ほしいものが手に入る。つまり、最初のクエリトークンは最初のバリュートークンだけを注意し、第2のクエリトークンは最初の2個のバリュートークンだけを注意する。第3のクエリトークンは最初の3個のバリュートークンだけを注意するという形である。つまり、クエリトークンは、未来のバリュートークンを注意できないということだ。

ではデコーダを組み立てよう。

```
encoder_outputs = Z  # エンコーダの最終出力を保存する
Z = decoder_in  # デコーダは自分の入力で処理を開始する
for _ in range(N):
    skip = Z
    attn_layer = tf.keras.layers.MultiHeadAttention(
        num_heads=num_heads, key_dim=embed_size, dropout=dropout_rate)
    Z = attn_layer(Z, value=Z, attention_mask=causal_mask & decoder_pad_mask)
    Z = tf.keras.layers.LayerNormalization()(tf.keras.layers.Add()([Z, skip]))
    skip = Z
    attn_layer = tf.keras.layers.MultiHeadAttention(
        num_heads=num_heads, key_dim=embed_size, dropout=dropout_rate)
    Z = attn_layer(Z, value=encoder_outputs, attention_mask=encoder_pad_mask)
    Z = tf.keras.layers.LayerNormalization()(tf.keras.layers.Add()([Z, skip]))
    skip = Z
```

*1 現在のところ、Z + skipは自動マスキングをサポートしない。だから、tf.keras.layers.Add()([Z, skip])と書かなければならなかった。これも、本書が出版される頃には変わっているはずだ。

```
    Z = tf.keras.layers.Dense(n_units, activation="relu")(Z)
    Z = tf.keras.layers.Dense(embed_size)(Z)
    Z = tf.keras.layers.LayerNormalization()(tf.keras.layers.Add()([Z, skip]))
```

最初のアテンション層では、causal_mask & decoder_pad_maskを使い、パディングトークンと未来のトークンの両方をマスクする。因果マスクは2次元しかない。バッチ次元がないのだ。しかし、バッチ次元はブロードキャストによってバッチ内のすべてのインスタンスにコピーされるので問題はない。

第2のアテンション層には特別なところはない。注意すべきは、decoder_pad_maskではなくencoder_pad_maskを使っているところだ。これはアテンション層が値としてエンコーダの最終出力を使っているからである。

もうほとんど完成だ。あとは最後の出力層を追加し、モデルを作ってコンパイル、学習するだけだ。

```
Y_proba = tf.keras.layers.Dense(vocab_size, activation="softmax")(Z)
model = tf.keras.Model(inputs=[encoder_inputs, decoder_inputs],
                       outputs=[Y_proba])
model.compile(loss="sparse_categorical_crossentropy", optimizer="nadam",
              metrics=["accuracy"])
model.fit((X_train, X_train_dec), Y_train, epochs=10,
          validation_data=((X_valid, X_valid_dec), Y_valid))
```

おめでとう。Transformerを最初から構築し、自動翻訳できるように学習できた。これはかなり高度なことだ。

Kerasチームは Transformerをもっと簡単に構築するためのAPIを含むKeras NLPプロジェクト(https://github.com/keras-team/keras-nlp)を完成させた。コンピュータビジョンのための新しいKeras CV(https://github.com/keras-team/keras-cv)プロジェクトにも興味を持つかもしれない。

しかし、この分野はそこで止まってはいない。最近の発展の一部を探ってみよう。

16.5 雪崩を打つように出現したTransformerモデルの数々

2018年は「NLPのImageNet期」と呼ばれている。それ以来の進歩は驚異的なものであり、膨大なデータセットで学習された巨大なTransformerベースのアーキテクチャが次々に現れた。

まず、アレック・ラドフォードらのOpenAIの研究者たちのGPT論文(https://homl.info/gpt)[*1]が、その前のELMo、ULMFiT論文と同様に教師なし事前学習の有効性を示したが、今度はTransformer風のアーキテクチャを使ったところに特徴がある。著者らは、オリジナルのTransformerのデコーダのようなマスクされたマルチヘッドアテンション層だけを使った12個のTransformerモジュールのスタックから構成される大規模ながらごく単純なアーキテクチャの事前学習を行った。彼らはシェイクスピア風テキストを出力する文字RNNで使ったのと同じ自己回帰テクニック(次のトークンの予測)を使い、

*1 Alec Radford et al., "Improving Language Understanding by Generative Pre-Training" (2018).

非常に大規模なデータセットでGPTを学習した。これは自己教師あり学習の一形態だと言える。それからさまざまな言語タスクのためにGPTをファインチューニングしたが、タスクに合わせた修正はごくわずかなものだった。対象のタスクは多種多様なもので、テキスト分類、**含意**（entailment）関係認識（Aという文からの必然的な帰結としてBという文の意味が導き出されるかどうかの判定）[*1]、類似度判定（similarity：例えば、「今日はいい天気だ」と「晴れている」は非常に近い）、質問応答（question answering：コンテキストを提供する数パラグラフのテキストを与えられたモデルが複数の選択肢を持つ問いに答える）などが含まれる。

次に、GoogleのBERT論文（https://homl.info/bert）[*2]が登場した。BERTもGPTとよく似たアーキテクチャを使って事前自己教師あり学習の有効性を示したが、こちらはオリジナルTransformerのエンコーダのようにマスクされていないマルチヘッドアテンション層だけを使っている。そのため、このモデルは自然な形で双方向になる。BERT（Bidirectional Encoder Representations from Transformers）のBは双方向だ。何よりも重要なのは、著者たちがこのモデルの長所の大半を説明する2つの事前学習タスクを示したことである。

マスクされた言語モデル（MLM：Masked Language Model）

文に含まれる単語は15％の確率でマスクされ、マスクされた単語を予測するようにモデルを学習する。例えば、もとの文が「She had fun at the birthday party」だった場合、モデルには「She <マスク> fun at the <マスク> party」という文が与えられ、「had」と「birthday」を予測しなければならない（その他の出力は無視される）。もう少し正確に言うと、選択された単語は80％の確率でマスクされ、10％の確率でランダムな別の単語に置き換えられる（ファインチューニング時にはモデルには<マスク>トークンが与えられない。そこで、事前学習時とファインチューニング時の不一致を縮小するためにこのようにしている）、10％の確率でそのまま残される（正答に向かうようにモデルにバイアスをかけるため）。

次文予測（NSP：Next Sentence Prediction）

2つの文が続いているかどうかを予測できるようにモデルを学習する。例えば、「犬が寝ている」と「犬は大いびきをかいている」は続いている文だが、「犬が寝ている」と「地球は太陽のまわりを回っている」は連続していない。その後の研究でNSPは最初に考えられていたほど重要ではないことがわかり、最新のアーキテクチャでは取り除かれている。

モデルは同時に2つのタスクを学習する（**図16-11**参照）。NSPのタスクのために、著者たちはすべての入力の先頭にクラストークン（<CLS>）を挿入している。モデルの予測（文Bは文Aに続いている、または続いていない）は、対応する出力トークンが表す。2つの入力文は特別な分割トークン（<SEP>）を間にはさむだけで連結され、入力としてモデルに与えられる。個々の入力トークンがどの文に属するものかをモデルに知らせるために、各トークンの位置埋め込みの上に**セグメント埋め込み**（segment

---

＊1　例えば、「ジェーンは友人のバースデーパーティでとても楽しい時間を過ごした」は「ジェーンはパーティを楽しんだ」という文の意味を含んでいるが、「誰もがそのパーティで嫌な思いをした」とは矛盾し、「地球は平面である」とは無関係である。

＊2　Jacob Devlin et al., “BERT: Pre-Training of Deep Bidirectional Transformers for Language Understanding”, *Proceedings of the 2018 Conference of the North American Chapter of the Association for Computational Linguistics: Human Language Technologies* 1 (2019).

embedding）を追加する。セグメント埋め込みは、文A用と文B用の2種類だけしかない。MLMタスクのために、入力の一部の単語はマスクされ（先ほど説明したように）、モデルはそれらの単語が何だったかを予想する。損失はNSPの予測とマスクされたトークンだけで計算され、マスクされていないトークンは対象外になる。

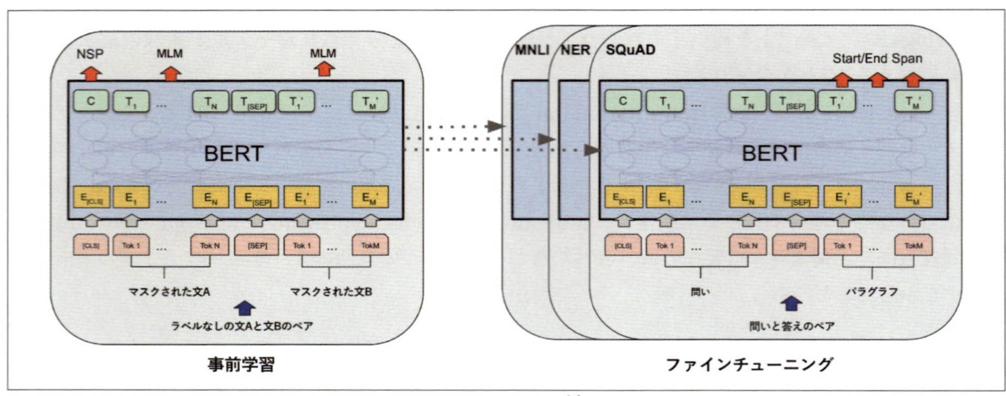

図16-11 BERTの事前学習とファインチューニングのプロセス[*1]

非常に大規模なテキストコーパスでこの教師なし事前学習フェーズを実行したあと、モデルはさまざまなタスクでファインチューニングされるが、各タスクによる変更はごくわずかだ。例えば、感情分析などのテキスト分類では、出力トークンは最初のクラストークンに対応するもの以外は全部無視される。そして、前の出力層（NSPの二値分類層だったもの）が新しい出力層に置き換えられる。

BERTが発表されてからわずか数か月後の2019年2月、アレック・ラドフォード、ジェフリー・ウー（Jeffrey Wu）などのOpenAIの研究者たちがGPT-2論文（https://homl.info/gpt2）[*2]でGPTと非常によく似ているが、さらに巨大なもの（パラメータ15億個）を発表した。著者たちは、新しい改良されたGPIモデルが**ZSL**（ゼロショット学習：zero-shot learning）を実行できることを示した。これは、ファインチューニングなしで多くのタスクで好成績を達成できるということである。これがより大きなモデルを目指す競争のスタートとなった。Googleが2021年1月に発表したSwitch Transformers（https://homl.info/switch）[*3]は1兆個のパラメータを使っていたが、北京智源人工智能研究院（Beijing Academy of Artificial Intelligence、BAAI）が2021年6月に発表したWu Dao 2.0モデルなど、もっと大きなモデルがすぐあとに登場した。

巨大モデルを目指すことがトレンドになったおかげで、豊富な資金を持つ組織でなければそのようなモデルを学習できないという残念な結果が生まれた。そのようなモデルには数十万ドル以上のコストがかかる。そして、1つのモデルを学習するために必要な電力は、米国の家庭電力消費量数年分にもなる。エコフレンドリーからはほど遠い。これらのモデルの多くは大きすぎて、通常のハードウェアでは実行

*1 この図は論文の図1である。著者たちの許可に基づき再録。
*2 Alec Radford et al., "Language Models Are Unsupervised Multitask Learners"(2019).
*3 William Fedus et al., "Switch Transformers: Scaling to Trillion Parameter Models with Simple and Efficient Sparsity"(2021).

できない。RAMに収まりきらず、恐ろしく遅い。コストがかかりすぎて公開リリースされていないものさえある。

幸い、独創力のある研究者たちがTransformerをダウンサイジングする新しい方法を見つけ、Transformerのデータ効率を引き上げている。例えば、Hugging Faceのビクター・サン（Victor Sanh）らが2019年に発表したDistilBERTモデル（https://homl.info/distilbert）*1は、BERTをベースとする小さくて高速なTransformerだ。このモデルはHugging Faceの優れたモデルハブでほかの数千ものモデル（その例はこの章のあとの部分で登場する）とともに入手できる。

DistilBERTは**蒸留**（distillation）を使って学習されている（名前はそれに由来している）。蒸留とは教師モデルから生徒モデルに知識を移送することで、生徒モデルは一般に教師モデルよりも大幅に小さくなる。蒸留は、教師の各学習インスタンスに対する予測確率を生徒のターゲットとして使って行われる。意外にも、教師と同じデータセットで0から学習するよりも蒸留の方がよい成績を上げることが多い。教師の細やかなニュアンスを持つラベルが生徒のために役立っているのだ。

BERTのあとも多くのTransformerアーキテクチャがほとんど月に1つずつくらいのペースで発表され、それらはすべてのNLPタスクを通じて最高成績を更新していることが多い。XLNet（2019年6月）、RoBERTa（2019年7月）、StructBERT（2019年8月）、ALBERT（2019年9月）、T5（2019年10月）、ELECTRA（2020年3月）、GPT3（2020年5月）、DeBERTa（2020年6月）、Switch Transformers（2021年1月）、Wu Dao 2.0（2021年6月）、Gopher（2021年12月）、GPT-NeoX-20B（2022年2月）、Chinchilla（2022年3月）、OPT（2022年5月）などがあり、このリストはまだまだ延びていくだろう。これらのモデルはそれぞれ新しいアイデアやテクニックを導入している*2が、私が特に気に入っているのは、Googleの研究者たちによるT5論文（https://homl.info/t5）*3だ。この論文は、すべてのNLPタスクにエンコーダ-デコーダTransformerによるテキストツーテキスト変換という枠組みを与えている。例えば、「I like soccer」をスペイン語に翻訳したいときには、「translate English to Spanish: I like soccer」という入力文だけをモデルに与えると、モデルは「me gusta el futbol」を出力する。パラグラフを要約させたい場合には、「summarize:」と入力した上で、そのパラグラフを続けると、モデルは要約を出力する。分類させたい場合には、プレフィックスを「classify:」に変えるだけで、モデルはテキスト形式でクラス名を出力する。これでモデルの利用は単純化され、もっと多くのタスクのために事前学習させられるようにもなる。

最後になってしまったが、2022年4月にGoogleの研究者たちが**Pathways**という新しい大規模学習プラットフォームと6,000基のTPUを使って、5,400億個というとてつもなく多くのパラメータを持つ巨大言語モデル**Pathways Language Model**（PaLM、https://homl.info/palm）*4を学習したのは大きなできごとだった。とてつもないサイズだということを別にすれば、PaLMはデコーダ（つまり、マスクされたマルチヘッドアテンション層）だけを使う標準的なTransformerであり、ひねりを加えた

*1 Victor Sanh et al., "DistilBERT, A Distilled Version of Bert: Smaller, Faster, Cheaper and Lighter", arXiv preprint arXiv:1910.01108 (2019).

*2 マリヤ・ヤオ（Mariya Yao）がhttps://homl.info/yaopostでこれらのモデルの多くを簡潔にまとめている。

*3 Colin Raffel et al., "Exploring the Limits of Transfer Learning with a Unified Text-to-Text Transformer", arXiv preprint arXiv:1910.10683 (2019).

*4 Aakanksha Chowdhery et al., "PaLM: Scaling Language Modeling with Pathways", arXiv preprint arXiv:2204.02311 (2022).

部分はごくわずかだ（詳しくは論文を参照）。このモデルはあらゆるタイプのNLPタスクで信じられないほどの高い性能を示したが、特に自然言語理解（NLU、Natural language understanding）の成績がすごいものだった。ジョークの説明、質問に対する詳細なステップバイステップの解答などで高成績を収め、コーディングさえできた。高成績はモデルのサイズによる部分もあるが、Googleの研究者たちの別のチームが数か月前に発表した**思考連鎖プロンプティング**（https://homl.info/ctp）：Chain of thought prompting*1というテクニックによるところも大きい。

質問応答タスクにおいて、通常、典型的なプロンプトには、いくつかの質問と応答の例が含まれている。例えばこのようなものだ。「質問：ロジャーは5個のテニスボールを持っています。彼はテニスボール缶をあと2缶買いました。1本の缶には3個のテニスボールが入っています。彼は今いくつのテニスボールを持っているでしょうか？回答：11」そして、プロンプトは実際の質問に移る。「質問：ジョンは10匹の犬を飼っています。毎日1匹当たり0.5時間ずつ散歩するので、世話をしてあげなければなりません。彼は犬の世話に週に何時間使うでしょうか？ 回答：」モデルの仕事はプロンプトに回答を追加することだ。この場合、「35」となる。

しかし、思考連鎖プロンプティングでは、回答例に結論が導かれるまでの論理ステップがすべて含まれる。例えば、「応答：11」ではなく、「応答：ロジャーは最初に5個のボールを持っていました。3個のテニスボールが入っている2本の缶には6個のテニスボールが入っています。5 + 6 = 11です」のように答えてくる。すると、モデルは実際の質問に対して詳細な回答を返そうとするようになる。例えばこうだ。「質問：ジョンは10匹の犬を飼っています。毎日1匹当たり0.5時間ずつ散歩するので、世話をしてあげなければなりません。そこで、1日に10 × .5 = 5時間ずつかかります。そして、1週間では、1日5時間×週7日 = 35時間かかります。答えは週に35時間です」これは実際に論文に掲載されている例だ。

PaLMは通常のプロンプティングよりも正解することがずっと多いだけではなく（モデルに、じっくり考えるように促しているので）、思考ステップをすべて展開してくれる。これはモデルの回答の背後にある思考をより深く理解するために役立つ。

NLPではTransformerが他を圧倒することになった。しかし、Transformerはそれだけに留まらない。まもなくコンピュータビジョンにも拡張されたのだ。

16.6 Vision Transformer（ViT）

NMT以外でアテンションメカニズムが最初に応用された分野の1つは、ビジュアルアテンション（https://homl.info/visualattention）*2を使った画像のタイトルの生成だ。まず、CNNで画像を処理していくつかの特徴量マップを出力すると、アテンションメカニズムを持つデコーダRNNが1度に1語ずつタイトルを生成する。

個々のデコーダタイムステップ（つまり、個々の単語）で、デコーダはアテンションモデルを使って画像の適切な部分だけに注意を集中させる。例えば、**図16-11**では、モデルは「A woman is throwing a frisbee in a park」（女性が公園でフリスビーを投げている）というタイトルを生成している。「frisbee」

*1 Jason Wei et al., "Chain of Thought Prompting Elicits Reasoning in Large Language Models", arXiv preprint arXiv:2201.11903 (2022).

*2 Kelvin Xu et al., "Show, Attend and Tell: Neural Image Caption Generation with Visual Attention", *Proceedings of the 32nd International Conference on Machine Learning* (2015): 2048-2057.

という単語を出力したいときにデコーダが注意を集中させているのが入力画像のどの部分かわかるだろうか。もちろん、それはフリスビーの部分である。

図16-12　ビジュアルアテンション：入力画像（左）と「frisbee」という単語を生成する直前にモデルが注目している箇所（右）[*1]

説明可能性

アテンションメカニズムには、モデルが出力を生成した原因、理由が理解しやすくなるというメリットがある。これを**説明可能性**（explainability）と言う。説明可能性は、モデルが誤りを犯したときに特に役に立つ。例えば、雪が降る中を犬が歩いている画像に「雪が降る中を歩いているオオカミ」というタイトルがついた場合には、「wolf」という単語を出力したときにモデルが注意を集中させていた部分をチェックできる。すると、例えばモデルが犬だけではなく雪にも注意を払っていたことがわかるかもしれない。モデルは周囲に大量の雪があるかどうかを犬とオオカミの違いとして学習していたようだという説明のヒントが得られるわけだ。それなら、雪が一緒に写っていないオオカミの写真と、雪が一緒に写っている犬の写真を使ってモデルを学習すれば、問題を解決できる。この例は、マルコ・テュリオ・リベイロ（Marco Tulio Ribeiro）らによるすばらしい2016年の論文（https://homl.info/explainclass）[*1]から引用したものだ。この論文は、分類器の予測をめぐって、局所的に解釈可能なモデルの学習という説明可能性に対する新しいアプローチを使っている。

説明可能性は、モデルのデバッグツールに留まらない場合がある。法的な要件になることもあるのだ（相手に対する融資を認めるかどうかを決めるシステムのことを考えてみよう）。

Transformerが2017年に登場し、人々がNLP以外の分野でもTransformerを試すようになった当初、TransformerはCNNに取って代わるのではなく、CNNと並行して使われた。それに対し、例え

＊1　この画像は、論文の図3の一部である。著者たちの許可に基づき再録。

＊1　Marco Tulio Ribeiro et al., "'Why Should I Trust You?' : Explaining the Predictions of Any Classifier", *Proceedings of the 22nd ACM SIGKDD International Conference on Knowledge Discovery and Data Mining* (2016): 1135-1144.

ば画像タイトル生成などの分野ではTransformerはRNNの代わりに使われるようになった。物体検知のためにCNNとTransformerのハイブリッドアーキテクチャを提案したMetaの研究者たちの2020年の論文（https://homl.info/detr）*1により、Transformerはわずかにビジュアルの世界に近づいた。この論文でも、入力画像はまずCNNが処理して特徴量マップを出力する。次に、特徴量マップがシーケンスに変換されてTransformerに与えられ、Transformerがバウンディングボックスの予測を出力する。しかし、ビジュアルの仕事の大半はまだCNNが行っていた。

その後、2020年10月になって、Googleの研究者チームが**Vision Transformer（ViT）**という完全にTransformerベースのビジョンモデルを提案する論文（https://homl.info/vit）*2を発表した。その考え方は意外なほど単純だ。画像を16×16の正方形に分割し、正方形のシーケンスを単語表現のシーケンスのように扱うのである。もう少し正確に言うと、正方形はまず16×16×3＝768次元のベクトルに平坦化される（3はRGBチャンネルのためだ）。それらのベクトルは線形層を通過して変換されるが、次元数は維持される。このようにして得られたベクトル層は単語埋め込みのシーケンスと同じように扱える。つまり、位置埋め込みを追加して、結果をTransformerに渡せる。それだけだ。このモデルは最先端のImageNet画像分類を破ったが、公平のために言っておくと、著者たちは3億枚を超える追加画像を使って学習をしなければならなかった。TransformerはCNNほど**帰納バイアス**（inductive bias）を持たないため、CNNが暗黙のうちに前提にしていることを学ぶだけのために追加データが必要になるわけで、それはやむを得ないことだったのだ。

モデルがアーキテクチャ上暗黙の前提としていることを帰納バイアスと言う。例えば、線形モデルは暗黙のうちにデータが線形になっていることを前提としている。CNNは、ある位置で学んだパターンが別の位置でも役に立つだろうということを前提としている。RNNは、入力が順序立っていて、最近のトークンの方が古いトークンよりも重要だということを前提としている。モデルが持つ帰納バイアスが多く、それらが正しいなら、モデルが必要とする学習データは少なくなる。しかし、暗黙の前提が間違っていれば、大規模なデータセットで学習しても性能が上がらない場合がある。

それからちょうど2か月後、Metaの研究者たちが**DeiT**（data-efficient image transformers）を提案する論文（https://homl.info/deit）*3を発表した。彼らのモデルは、学習のために追加データを必要とすることなく、ImageNetで見事な結果を達成した。このモデルのアーキテクチャはオリジナルのViTとほぼ同じだが、蒸留のテクニックを使って最先端のCNNモデルの知識を自分たちのモデルに移転していた。

2021年3月になって、DeepMindが**Perceiver**アーキテクチャを提案する重要な論文（https://homl.info/perceiver）*4をリリースした。PerceiverはマルチモーダルTransformerであり、テキスト、画像、音声、その他ほぼあらゆる形式のデータを処理できる。それまでのTransformerは、アテンション層

*1 Nicolas Carion et al., "End-to-End Object Detection with Transformers", arXiv preprint arxiv:2005.12872 (2020).
*2 Alexey Dosovitskiy et al., "An Image Is Worth 16x16 Words: Transformers for Image Recognition at Scale", arXiv preprint arxiv:2010.11929 (2020).
*3 Hugo Touvron et al., "Training Data-Efficient Image Transformers & Distillation Through Attention", arXiv preprint arxiv:2012.12877 (2020).
*4 Andrew Jaegle et al., "Perceiver: General Perception with Iterative Attention", arXiv preprint arxiv:2103.03206 (2021).

の性能とRAMのボトルネックのために、かなり短いシーケンスに制限されていた。そのため、音声や動画は処理できなかったし、画像はピクセルのシーケンスではなくパッチのシーケンスとして扱わなければならなかった。このボトルネックの原因となっていたのは、すべてのトークンがほかのすべてのトークンに注意を注がなければならないセルフアテンションである。入力シーケンスがM個のトークンを持っていれば、セルフアテンション層は$M \times M$行列を計算しなければならない。Mが非常に大きければ、それはとてつもなく大きくなる。Perceiverは、N個（一般的には数百程度）のトークンから構成される入力の**潜在表現**（latent representation）を少しずつ改良することによってこの問題を解決する（latentは「潜在的な」とか「隠れた」といった意味を持つ）。Perceiverモデルはクロスアテンション層だけを使い、これにクエリとして潜在表現を与えると値として（おそらく大きい）入力が得られるようにしている。これで$M \times N$行列を計算するだけで済むようになり、計算量はMの二乗時間ではなくMの線形時間になる。すべてがうまくいけば、複数のクロスアテンション層を通過するうちに、潜在表現は入力に含まれている重要な特徴をすべて取り込む。Perceiver論文の著者たちは、連続するクロスアテンション層の間で重みを共有することも提案した。こうすると、Perceiverは実質的にRNNになる。実際、共有されたクロスアテンション層は、異なるタイムステップで同じメモリセルとして見ることができ、潜在表現はセルのコンテキストベクトルと対応する。メモリセルには、すべてのタイムステップで同じ入力が繰り返し与えられる。結局RNNは死ななかったかのようだ。

それからちょうど1か月後、マチルド・キャロン（Mathilde Caron）らがDINO（https://homl.info/dino）[*1]を発表した。DINOは自己教師あり学習だけでラベルを使わずに学習されているが、高精度のセマンティックセグメンテーションを実行できる。このモデルは学習中にコピーが作られ、片方が教師、もう片方が生徒として機能するようになる。勾配降下は生徒だけに影響を与え、教師の重みは生徒の重みの指数移動平均にすぎない。生徒は教師の予測に一致するように学習される。両者はほぼ同じモデルなので、これを**自己蒸留**と呼ぶ。各学習ステップで入力画像は教師と生徒で異なる形で増補されるため、両者はまったく同じ画像を見るわけではないが、予測は一致しなければならない。そのため、両者は高水準の表現を用意しなければならなくなる。教師と生徒が入力を完全に無視していつも同じものを出力する**モード崩壊**（mode collapse）を防ぐために、DINOは教師の出力の移動平均を管理し、教師の予測が0、すなわち平均を中心としたものになるように操作している（**中心化**：centering）。DINOは教師が自分の予測に強い自信を持つように強制しており、これを**先鋭化**（sharpening）と呼んでいる。中心化と先鋭化により、教師の出力の多様性を維持しているのである。

Googleの研究者たちは、2021年の論文（https://homl.info/scalingvits）[*2]で、データ量によってViTを拡張/縮小する方法を示した。彼らは20億パラメータの巨大なモデルを作り、ImageNetで90.4 %を超えるトップ1精度を叩き出した。逆に、わずか10,000枚の画像（クラス当たり10画像）でスケールダウンモデルも作り、ImageNetで84.8 %を超えるトップ1精度を確保した。

その後もビジュアルなTransformerの進歩は着実に進んでいる。例えば、2022年3月のミッチェル・ワーツマン（Mitchell Wortsman）らの論文（https://homl.info/modelsoups）[*3]は、最初に複数の

*1 Mathilde Caron et al., "Emerging Properties in Self-Supervised Vision Transformers", arXiv preprint arxiv:2104.14294 (2021).

*2 Xiaohua Zhai et al., "Scaling Vision Transformers", arXiv preprint arxiv:2106.04560v1 (2021).

*3 Mitchell Wortsman et al., "Model Soups: Averaging Weights of Multiple Fine-tuned Models Improves Accuracy Without Increasing Inference Time", arXiv preprint arxiv:2203.05482v1 (2022).

Transformerを学習してその重みの平均を使えば、新しい改良モデルを作れることを示した。これはアンサンブル（7章参照）に似ているが、最終的に1個のモデルが残るだけなので、予測時の遅れがなくなる。

Transformerの最新のトレンドは、大規模なマルチモーダルモデル（多くはゼロショットまたはフューショット：few-shot学習を実現する）の構築だ。例えば、OpenAIの2021年のCLIP論文（https://homl.info/clip）*1は、画像に合ったタイトルを見つけ出すように事前学習させた大規模なTransformerを提案した。このモデルは、「猫の写真」のような簡単なテキストプロンプトを使った画像分類などのタスクでも直接使える。それからすぐ、OpenAIはテキストプロンプトからすばらしい画像を生成できるDALL·E（https://homl.info/dalle）*2を発表した。DALL·E 2（https://homl.info/dalle2）*3は、拡散モデルを使ってそれ以上の品質の画像を生成する。

2022年4月には、DeepMindがFlamingo論文（https://homl.info/flamingo）*4を発表し、テキスト、画像、動画などの多様な形式のデータを対象として多様なタスクを実行できるように事前学習しているモデルファミリを提案した。1個のモデルで質問応答、画像タイトル生成などの多様なタスクをこなせるのである。直後の2022年5月には、DeepMindが強化学習（RL、reinforcement learning。18章で取り上げる）のポリシーとして使えるマルチモーダルモデルGATO（https://homl.info/gato）*5を発表した。「わずか」12億パラメータの同じTransformerがユーザとチャットしたり、画像にタイトルを付けたり、Atariゲームをプレイしたり、（シミュレーションの）ロボットアームを操作したりすることができる。発展はまだまだ続くだろう。

このような驚異的な進歩を見て、一部の研究者たちは人間レベルのAIは近い、「必要なものはスケールだけ」、これらのモデルの一部は「わずかに意識的だ」と主張している。それに対し、進歩は目覚ましいが、これらのモデルにはまだ人間の知性が持つ信頼性や適応力、1つの例を一般化する象徴思考能力がないと指摘する研究者もいる。

このようにTransformerはあらゆるところに浸透している。しかも、TensorFlow HubやHugging Faceのモデルハブから多くの事前学習済みのモデルをすぐに入手できるので、普通は自分でTransformerを実装する必要もない。TF Hubのモデルの使い方は既に説明したので、Hugging Faceのエコシステムを簡単に紹介してこの章を締めくくろう。

16.7 Hugging FaceのTransformersライブラリ

今日のTransformerは、Hugging Faceを無視して語ることはできない。Hugging Faceは、NLP、ビジョン、その他の使いやすいオープンソースツールのエコシステムを構築したAI企業だ。Transformersライブラリは Hugging Faceのエコシステムの重要な構成要素で、ユーザは対応するトー

---

*1 Alec Radford et al., "Learning Transferable Visual Models From Natural Language Supervision", arXiv preprint arxiv:2103.00020 (2021).

*2 Aditya Ramesh et al., "Zero-Shot Text-to-Image Generation", arXiv preprint arxiv:2102.12092 (2021).

*3 Aditya Ramesh et al., "Hierarchical Text-Conditional Image Generation with CLIP Latents", arXiv preprint arxiv:2204.06125 (2022).

*4 Jean-Baptiste Alayrac et al., "Flamingo: a Visual Language Model for Few-Shot Learning", arXiv preprint arxiv:2204.14198 (2022).

*5 Scott Reed et al., "A Generalist Agent", arXiv preprint arxiv:2205.06175 (2022).

クナイザ込みで事前学習済みモデルを簡単にダウンロードでき、必要ならファインチューニングをかけられる。しかも、このライブラリはTensorFlow、PyTorch、JAX（およびFlaxライブラリ）をサポートしている。

Transformersライブラリの最も簡単な使い方は、`transformers.pipeline()`関数だ。この関数は、実行したいタスク（例えば感情分析）を指定するだけで、デフォルトのすぐに使える事前学習済みモデルをダウンロードする。これ以上単純な形はないだろう。

```
from transformers import pipeline

classifier = pipeline("sentiment-analysis")  # ほかにも多数のタスクを指定できる
result = classifier("The actors were very convincing".)
```

入力テキスト当たり1個の辞書から構成されるPythonリストが返される。

```
>>> result
[{'label': 'POSITIVE', 'score': 0.9998071789741516}]
```

この例では、99.98 %を超える確信度でこの文が肯定的な評価だということを正しく判定している。もちろん、モデルには文のバッチも渡せる。

```
>>> classifier(["I am from India.", "I am from Iraq."])
[{'label': 'POSITIVE', 'score': 0.9896161556243896},
 {'label': 'NEGATIVE', 'score': 0.9811071157455444}]
```

バイアス（偏見）と公平性

この出力からもわかるように、この分類器はインド人に好感を抱いているが、イラク人にひどいバイアスを持っている。自分の国や都市でこのコードを試してみるとよいだろう。このような望ましくないバイアスは、大部分が学習データ自体によるものだ。この場合、学習データ内にイラク戦争関連のマイナスイメージの文が大量に含まれていた。モデルはpositiveとnegativeの2つのクラスのどちらかしか選べないため、このバイアスはファインチューニングの過程で増幅されている。ファインチューニング時に中立クラスを追加すれば、国に対するバイアスはほとんど消える。しかし、バイアスの原因は学習データだけではない。モデルのアーキテクチャ、学習で使われている損失、正則化、オプティマイザなどもモデルが何を学ぶかに影響を与え得る。聞き取り調査の質問でバイアスを煽れるのと同じように、基本的に偏りのないモデルを**利用して**バイアスを生み出すこともできる。

AIにおけるバイアスを知り、そのマイナスの効果を緩和する方法は活発に研究されている分野の1つだが、確実なことが1つある。モデルを本番稼働させる前に立ち止まってよく考えなければならないということだ。たとえ間接的であっても、モデルがどのようにして害を生み出すかを考えよう。例えば、モデルの予測を使って誰かに融資をするかどうかを決めるときには、プロセスは公平なものでなければならない。そこで、モデルの性能を評価するときには、テストセット全体に対する平均的な性能だけではなく、さまざまなサブセットに対する性能を見る必要がある。例えば、モデルの平均的な性能は非常に高くても、一部の分類に属する人々に対してはひどい性能を示す場合がある。事実に反する例を使ったテストも実行すべきだ。例えば、評価対象の人の性別を逆にしただけでモデルの予測が変わらないことをチェックしよう。

モデルの平均的な性能がよければそれを本番稼働に移してほかの仕事に移りたくなるかもしれない。もっと大規模なシステムの部品の1つにすぎなければ、その気持ちは強くなるだろう。しかし、あなたがバイアスの問題を解決しなければ、ほかに解決してくれる人はいないのが普通だ。そしてあなたのモデルはよいことよりも悪いことをするようになるだろう。解決方法は問題によって異なる。データセットのバランスを取り直す、別のデータセットでファインチューニングする、ほかの事前学習済みモデルに切り替える、モデルのアーキテクチャやハイパーパラメータを操作するといったことが必要になるかもしれない。

pipeline()関数は、指定されたタスクのデフォルトモデルを使う。例えば、感情分析などのテキスト分類タスクでは、本稿執筆時点のデフォルトはdistilbert-base-uncased-finetuned-sst-2-englishだった。これは大文字小文字を区別しないトークナイザを使い、英語Wikipediaと英語の本のコーパスで学習され、Stanford Sentiment Treebank v2 (SST 2)タスクでファインチューニングされたDistilBERTモデルである。自分で別のモデルを指定することもできる。例えば、MultiNLI(Multi-Genre Natural Language Inference)でファインチューニングされ、2つの文を3つのクラス(矛盾、含意、いずれでもない)に分類するDistilBERTモデルを使うなら、次のようにする。

```
>>> model_name = "huggingface/distilbert-base-uncased-finetuned-mnli"
>>> classifier_mnli = pipeline("text-classification", model=model_name)
>>> classifier_mnli("She loves me. [SEP] She loves me not.")
[{'label': 'contradiction', 'score': 0.9790192246437073}]
```

使えるモデルはhttps://huggingface.co/modelsで探せる。また、タスクのリストはhttps://huggingface.co/tasksに掲載されている。

パイプラインAPIは単純で便利だが、動作をもっと細かく制御したい場合もある。そのようなときのために、Transformersライブラリはあらゆるタイプのトークナイザ、モデル、構成、コールバックを含む多数のクラスを提供している。例えば、TFAutoModelForSequenceClassification、AutoTokenizerを使って、同じDistilBERTモデルと対応するトークナイザをロードしてみよう。

```
from transformers import AutoTokenizer, TFAutoModelForSequenceClassification

tokenizer = AutoTokenizer.from_pretrained(model_name)
model = TFAutoModelForSequenceClassification.from_pretrained(model_name)
```

次に、文の対を2組トークン化する。このコードでは、パディングを有効にし、PythonリストではなくTensorFlowテンソルを指定している。

```
token_ids = tokenizer(["I like soccer. [SEP] We all love soccer!",
                       "Joe lived for a very long time. [SEP] Joe is old."],
                      padding=True, return_tensors="tf")
```

トークナイザには、"Sentence 1 [SEP] Sentence 2"の代わりに("Sentence 1", "Sentence 2")というタプルも渡せる。

出力は、BatchEncodingクラスの辞書風のインスタンスで、トークンIDのシーケンスとパディングトークンのためのマスクの0である。

```
>>> token_ids
{'input_ids': <tf.Tensor: shape=(2, 15), dtype=int32, numpy=
array([[ 101, 1045, 2066, 4715, 1012,  102, 2057, 2035, 2293, 4715,  999,
          102,    0,    0,    0],
       [ 101, 3533, 2973, 2005, 1037, 2200, 2146, 2051, 1012,  102, 3533,
         2003, 2214, 1012,  102]], dtype=int32)>,
 'attention_mask': <tf.Tensor: shape=(2, 15), dtype=int32, numpy=
array([[1, 1, 1, 1, 1, 1, 1, 1, 1, 1, 1, 1, 0, 0, 0],
       [1, 1, 1, 1, 1, 1, 1, 1, 1, 1, 1, 1, 1, 1, 1]], dtype=int32)>}
```

トークナイザを呼び出すときにreturn_token_type_ids=Trueを設定すると、各トークンがどの文に属するかを示すテンソルも返されるようになる。一部のモデルではこれが必要になるが、DistilBERTでは不要だ。

このBatchEncodingオブジェクトはモデルに直接渡せる。返されるのは、予測されるクラスロジットを格納するTFSequenceClassifierOutputオブジェクトだ。

```
>>> outputs = model(token_ids)
>>> outputs
TFSequenceClassifierOutput(loss=None, logits=[<tf.Tensor: [...] numpy=
array([[-2.1123817 ,  1.1786783 ,  1.4101017 ],
       [-0.01478387,  1.0962474 , -0.9919954 ]], dtype=float32)>], [...])
```

最後に、ソフトマックス活性化関数でこれらのロジットをクラス確率に変換できる。そしてargmax()関数を使えば、入力文の個々の対で最も確率の高いクラスを予測できる。

```
>>> Y_probas = tf.keras.activations.softmax(outputs.logits)
>>> Y_probas
<tf.Tensor: shape=(2, 3), dtype=float32, numpy=
array([[0.01619702, 0.43523544, 0.5485676 ],
       [0.08672056, 0.85204804, 0.06123142]], dtype=float32)>
>>> Y_pred = tf.argmax(Y_probas, axis=1)
>>> Y_pred  # 0 = 矛盾, 1 = 含意, 2 = いずれでもない
<tf.Tensor: shape=(2,), dtype=int64, numpy=array([2, 1])>
```

この例では、モデルは第1の対を正しく「矛盾でも含意でもない」と分類し（私がサッカーが好きだからといって、ほかの誰もがサッカー好きだとは言えない）、第2の対を含意と分類している（ジョーは本当にかなり年を取っているのだろう）。

このモデルを自分のデータセットでファインチューニングしたい場合、メソッドがいくつか追加されただけの普通のKerasモデルなので、いつもと同じようにKerasでモデルを学習できる。ただし、モデルは確率ではなくロジットを出力するので、通常の"sparse_categorical_crossentropy"損失関数ではなく、tf.keras.losses.SparseCategoricalCrossentropy(from_logits=True)損失関数を使わなければならない。さらに、モデルは学習中にBatchEncodingの入力をサポートしないので、そのdata属性を使って通常の辞書を手に入れなければならない。

```
sentences = [("Sky is blue", "Sky is red"), ("I love her", "She loves me")]
X_train = tokenizer(sentences, padding=True, return_tensors="tf").data
y_train = tf.constant([0, 2])  # # 矛盾、いずれでもない
loss = tf.keras.losses.SparseCategoricalCrossentropy(from_logits=True)
model.compile(loss=loss, optimizer="nadam", metrics=["accuracy"])
history = model.fit(X_train, y_train, epochs=2)
```

Hugging Faceは、標準データセット（IMDbなど）やカスタムデータセットを簡単にダウンロードしてモデルのファインチューニングに使えるようにするために、Datasetsライブラリも作っている。これはTensorFlow Datasetsと似ているが、その場でマスキングなどの一般的な前処理を実行するためのツールも提供している。データセットのリストは、https://huggingface.co/datasetsで参照できる。

Hugging Faceのエコシステムは以上の説明で使えるようになるはずだ。もっと詳しいことを学びたい場合には、https://huggingface.co/docsにドキュメントがある。ここには多数のチュートリアルノートブック、動画、APIなどが掲載されている。また、ルイス・タンストール（Lewis Tunstall）、リアンドロ・ヴォン・ウェラ（Leandro von Werra）、トーマス・ウルフ（Thomas Wolf）というHugging Faceチームのメンバーたちが書いているO'Reillyの『機械学習エンジニアのためのTransformers—最先端の自然言語処理ライブラリによるモデル開発』（https://www.oreilly.co.jp/books/9784873119953/）も読んでみるとよいだろう。

次章では、オートエンコーダを使って教師なしで深層表現を学習する方法やGAN（generative adversarial network：敵対的生成ネットワーク）を使った画像の生成などを取り上げる。

16.8 演習問題

1. ステートレスRNNではなくステートフルRNNを使うことによるメリット、デメリットは何か。
2. 自動翻訳のために通常のシーケンス－シーケンスRNNではなく、エンコーダ－デコーダRNNを使うのはなぜか。
3. 可変長入力シーケンスはどのようにすれば処理できるか。可変長出力シーケンスはどうか。
4. ビームサーチとは何でどのような理由で使うか。ビームサーチを実装するために使えるツールは何か。

5. アテンションメカニズムとは何か。どのように役立つのか。
6. Transformer アーキテクチャで最も重要な層は何か。その目的は何か。
7. サンプリングソフトマックスを使わなければならないのはどのようなときか。
8. ホッホライター（Hochreiter）とシュミットフーバー（Schmidhuber）の LSTM 論文（https://homl.info/93）では、ERG（embedded Reber grammar：埋め込み Reber 文法）が使われていた。ERG は、「BPBTSXXVPSEPE」のような文字列を生成する人工文法である。このテーマについてのジェニー・オア（Jenny Orr）のすばらしい入門記事（https://homl.info/108）を読み、特定の ERG（例えば、ジェニー・オアのページに掲載されているもの）を選んで、文字列がその文法に従っているかどうかを判定する RNN を学習しなさい。まず、50 % の文字列が文法に従い、50 % の文字列が文法に従っていない学習バッチを生成できる関数を書く必要がある。
9. 日付文字列の形式を変換できる（例えば、「April 22, 2019」から「2019-04-22」へ）エンコーダ－デコーダモデルを学習しなさい。
10. Keras ウェブサイトの "Natural language image search with a Dual Encoder"（https://homl.info/dualtuto）（デュアルエンコーダによる自然言語画像検索）の例をしっかりと読みなさい。同じ埋め込み空間内で画像とテキストの両方を表現できるモデルの構築方法がわかるはずだ。この方法を使えば、OpenAI の CLIP モデルのように、テキストプロンプトで画像を検索できるようになる。
11. Hugging Face Transformers ライブラリを使ってテキストを生成できる事前学習済み言語モデル（例えば GPT）をダウンロードし、本文よりもシェイクスピア風な感じが強いテキストを生成しなさい。モデルの `generate()` メソッドを使わなければならなくなるはずだ。詳細は Hugging Face のドキュメントを参照しなさい。

演習問題の解答は、ノートブック（https://homl.info/colab3）の16章の部分を参照のこと。

17章
オートエンコーダ、GAN、拡散モデル

オートエンコーダは、教師なしで（つまり、ラベルのない学習セットで）**潜在表現**（latent representation）とか**コーディング**（coding）と呼ばれる入力データの深層表現を学習できる人工ニューラルネットワークである。一般にコーディングは入力データよりも次数がずっと少ないため、オートエンコーダは次元削減、特に視覚化のための次元削減に役立つ（8章参照）。また、強力な特徴量検出器として機能し、深層ニューラルネットワークの教師なし事前学習でも使える（11章参照）。そして、一部のオートエンコーダは**生成モデル**（generative model）にもなる。生成モデルは、学習データとよく似た感じの新しいデータをランダムに生成できる。例えば、顔写真でオートエンコーダを学習すると、新しい顔の画像を生成できる。

GAN（generative adversarial network：敵対的生成ネットワーク）もデータを生成できるニューラルネットワークだ。実際、GANは説得力のある顔画像を生成でき、そのような顔の人が存在しないとは信じられないほどになる。StyleGANという新しいGANアーキテクチャが生成した顔の画像を表示するhttps://thispersondoesnotexist.com/に行って、実際に自分の目で確かめてみよう。GANが生成したAirbnbのベッドルームリストを表示しているhttps://thisrentaldoesnotexist.com/もある。現在、GANは超解像度（画像の解像度アップ）、カラライゼーション（https://github.com/jantic/DeOldify）、強力な画像編集（例えば、写真に写り込んだ不要な人やものをリアルな背景に置き換えるなど）、単純なスケッチの写真級のリアルな画像への変換、動画の次のフレームの予測、データセットの拡張（ほかのモデルの学習用）、ほかのタイプのデータ（テキスト、音声、時系列データなど）の生成、ほかのモデルの弱点の識別と強化といった、幅広い目的のために広く使われている。

拡散モデルはこれらよりも新しい生成学習のメンバーだ。2021年に拡散モデルはGANよりも多様で高い品質の画像を生成することに成功した。しかも学習はずっと簡単だ。ただし、拡散モデルはGANよりも実行速度がかなり遅い。

オートエンコーダ、GAN、拡散モデルはいずれも教師なしであり、潜在表現を学習し、生成モデルとして使え、多くの類似する応用分野を持っているが、動作原理は大きく異なる。

- オートエンコーダは単純に入力を出力にコピーすることを学習する。これは、つまらないタスクに聞こえるかもしれないが、これから見ていくように、ネットワークにさまざまな形で制約を与えると難しくなる。例えば、潜在表現のサイズを制限したり、入力にノイズを加え

た上でオリジナルの入力を復元するように学習するということだ。これらの制約が加わると、オートエンコーダは入力を直接出力にコピーすることができなくなり、データを表現する効率的な方法を学習せざるを得なくなる。つまり、コーディングは、オートエンコーダが何らかの制約のもとで恒等関数を学習したときの副産物なのである。

- GANは学習データにできるだけ似たデータを生成する**生成器**（generator）と、本物のデータと偽のデータを見分ける**判別器**（discriminator）という2つのニューラルネットワークから構成される。このアーキテクチャは、学習中、生成器と判別器が互いに相手を出し抜こうとして競い合う点で、深層学習の中でもきわめて独創的である。生成器はリアルな偽札を作ろうとする犯罪者、判別器は真札と偽札を見分けようとする警察の調査官にたとえられる。**敵対的学習**（Adversarial training：競い合うニューラルネットワークの学習）は、2010年代のイノベーションの中で特に重要なものの1つとして広く認められている。例えばヤン・ルカン（Yann LeCun）は、2016年に「ここ10年の機械学習で最も面白いアイデアだ」と言っている。
- **ノイズ除去拡散確率モデル**（DDPM、denoising diffusion probabilistic model）は、画像からわずかなノイズを取り除くことを学習される。DDPMを学習してから画像にガウスノイズを加え、その画像に対して繰り返し拡散モデルを実行すると、次第に学習画像と似た高品質の画像が出現する（しかし同じではない）。

この章では、まずオートエンコーダの仕組みを深く掘り下げ、次元削減、特徴量抽出、教師なし事前学習、生成モデルなどに応用する方法を探っていく。ここから自然にGANが導かれる。まず、偽の画像を生成する単純なGANを作るが、GANの学習は難しくなることが多いことを学ぶ。敵対的学習が直面する主要な難点を挙げてから、それらに対処するための主要なテクニックの一部を紹介する。最後にDDPMを構築、学習し、それを使って画像を生成する。ではオートエンコーダから見ていこう。

17.1 効率のよいデータ表現

次の2つの数列の中で覚えやすいのはどちらだろうか。

- 40, 27, 25, 36, 81, 57, 10, 73, 19, 68
- 50, 48, 46, 44, 42, 40, 38, 36, 34, 32, 30, 28, 26, 24, 22, 20, 18, 16, 14

一見したところ、ずっと短い第1の数列の方が覚えやすそうだ。しかし、第2の数列をじっくりと見ると、50から14までの偶数を並べただけであることがわかる。このパターンに気付けば、パターン（つまり、減っていく偶数）と先頭、末尾の数値（それぞれ50と14）だけを覚えておけばよいので、第2の数列の方が第1の数列よりもずっと覚えやすい。ここで注意しておきたいのは、非常に長い数列を素早く苦もなく記憶できれば、第2の数列にパターンがあることなどどうでもよくなってしまうことだ。すべての数値を丸暗記してしまえばそれで終わりである。パターンを認識すると役に立つのは、長い数列を覚えるのが難しいからだ。学習中に制約を加えられたオートエンコーダが、データの中のパターンを見つけて活用しないわけにはいかないように追い込まれる理由は、ここから明らかになるだろう。

記憶、認識、パターンマッチングの関係では、1970年代始めのウィリアム・G・チェイス（William

G. Chase) とハーバート・A・サイモン (Herbert A. Simon) による研究 (https://homl.info/111) [*1]が有名だ。彼らは、優れたチェス棋士がたった5秒盤面を見ただけで、すべての駒の位置を記憶できることを明らかにした。ほとんどの人にはとてもできない芸当だ。しかし、それは駒が実戦上現実的な位置に配置されているときに限られ、駒がデタラメに並べられているときには記憶できない。チェスのエキスパートは、私たちよりもずっと優れた記憶力を持っているわけではなく、試合の経験を積んでいるためにチェスのパターンを簡単に把握できるだけのことなのだ。パターンに気付けることが情報の効率的な保存を助けているのである。

この記憶実験のチェス棋士と同じように、オートエンコーダは入力を見て、それを効率のよい潜在表現に変換し、(うまくいけば) 入力と近いものを出力する。オートエンコーダは、必ず**エンコーダ** (encoder、または**認識ネットワーク**：recognition network) と**デコーダ** (decoder、または**生成ネットワーク**：generative network) の2つの部分から構成される。エンコーダが入力を潜在表現に変換し、デコーダが潜在表現を出力に変換する (**図17-1**参照)。

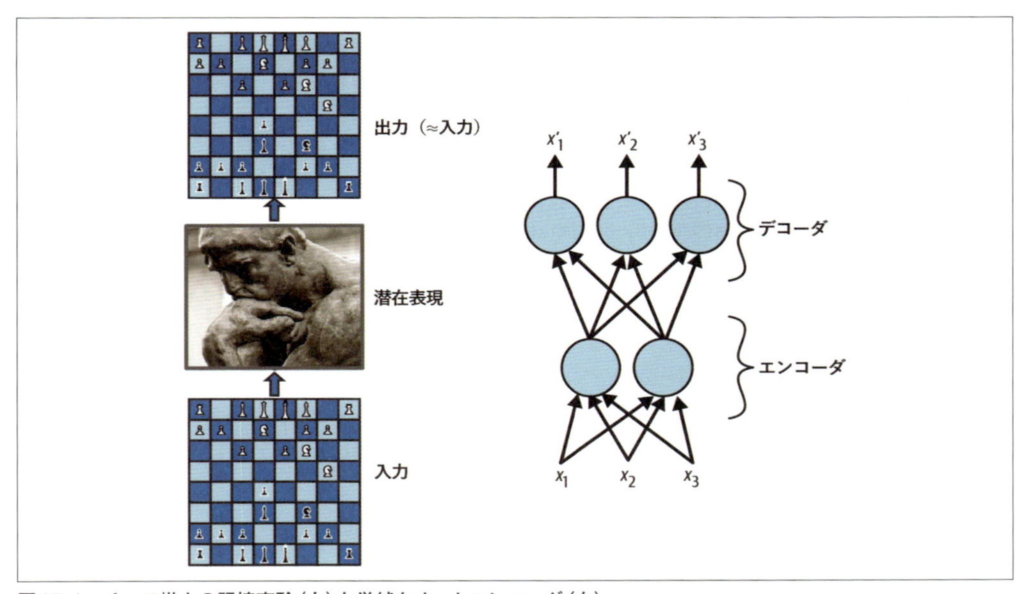

図17-1 チェス棋士の記憶実験 (左) と単純なオートエンコーダ (右)

ここからもわかるように、オートエンコーダは、出力層のニューロンが入力数と等しくなければならないことを除けば、MLP (Multi-Layer Perception：多層パーセプトロン、10章参照) と同じアーキテクチャになっている。この例では、2つのニューロンから構成される1つの隠れ層 (エンコーダ) と3つのニューロンから構成される出力層 (デコーダ) があるだけだ。オートエンコーダは入力を作り直そうとするので、出力は**再構築** (reconstruction) と呼ばれることが多い。そして、損失関数には、再構築が入力と異なるときにモデルにペナルティを与える**再構築損失** (reconstruction loss) が含まれる。

＊1 William G. Chase and Herbert A. Simon, "Perception in Chess", *Cognitive Psychology* 4, no. 1 (1973): 55-81.

内部表現は、入力データよりも次数が低いため（3次元ではなく2次元になっている）、オートエンコーダは**不完備**（undercomplete）だと言われる。不完備なオートエンコーダは、入力を単純にコーディングにコピーするわけにいかないので、入力のコピーを出力する方法を探さなければならない。入力データの中で最も重要な特徴量がどれかを学習する（そして、そうでない特徴量を捨てる）ことを余儀なくさせられるのである。

では、次元削減用の単純な不完備オートエンコーダの作り方を見てみよう。

17.2 不完備線形オートエンコーダによるPCA

オートエンコーダが線形活性化しか使わず、損失関数がMSE（平均二乗誤差）しか使わないなら、それは結局PCA（主成分分析、8章参照）を行っているのだということを示せる。

次のコードは、3Dデータセットを対象としてPCAを実行し2Dに射影する単純な線形オートエンコーダを作る。

```
import tensorflow as tf

encoder = tf.keras.Sequential([tf.keras.layers.Dense(2)])
decoder = tf.keras.Sequential([tf.keras.layers.Dense(3)])
autoencoder = tf.keras.Sequential([encoder, decoder])

optimizer = tf.keras.optimizers.SGD(learning_rate=0.5)
autoencoder.compile(loss="mse", optimizer=optimizer)
```

このコードは、実際には今までの章で作ってきたMLPと大差はないが、注意すべきポイントがいくつかある。

- オートエンコーダはエンコーダとデコーダの2つのサブコンポーネントを持つものとして構成されている。どちらも1つの`Dense`層を持つ普通の`Sequential`モデルで、オートエンコーダは、エンコーダのうしろにデコーダが続く`Sequential`モデルになっている（モデルはほかのモデルの中で層として使えることを思い出そう）。
- オートエンコーダの出力数と入力数は等しい（つまり、3）。
- PCAを実行するため、活性化関数を使っておらず（つまり、すべてのニューロンが線形）、損失関数がMSEになっている。これはPCAが線形変換だからだ。もっと複雑なオートエンコーダはすぐあとで示す。

では、生成された単純な3次元データセットでモデルを学習し、そのモデルで同じデータセットをエンコード（つまり2次元に射影）してみよう。

```
X_train = [...]  # 8章と同じように3次元データセットを生成する
history = autoencoder.fit(X_train, X_train, epochs=500, verbose=False)
codings = encoder.predict(X_train)
```

`X_train`が入力とターゲットの両方で使われていることに注意しよう。**図17-2**の左側はもとの3次元データセット、右側はオートエンコーダの隠れ層（つまり、コーディング層）の出力を示している。ここからもわかるように、オートエンコーダはデータを射影するために最も優れた2次元平面を見つけ、データ内の分散をできる限り残している（PCAと同じように）。

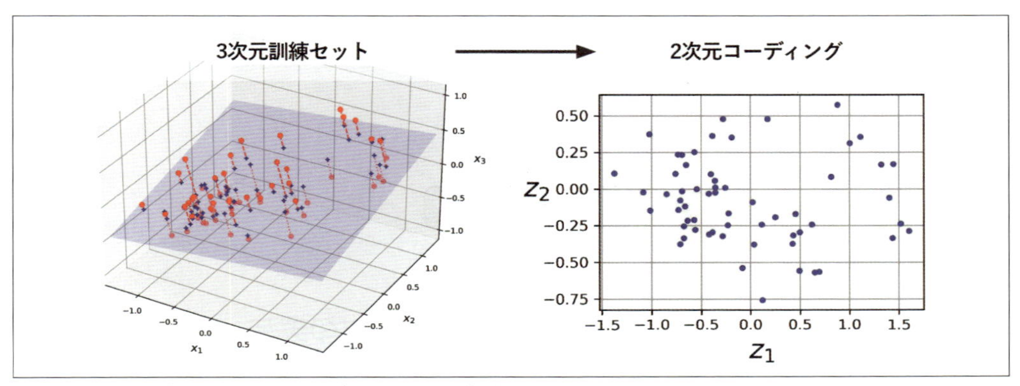

図17-2　不完備線形オートエンコーダが行うPCA近似処理

オートエンコーダは、自動生成されたラベル（この場合は単純に入力と同じ）で教師あり学習のテクニックを使っているので、一種の自己教師あり学習を実行していると考えられる。

17.3 スタックオートエンコーダ

今まで取り上げてきたほかのニューラルネットワークと同様に、オートエンコーダは複数の隠れ層を持てる。このようなオートエンコーダを**スタックオートエンコーダ**（stacked autoencoder）、または**深層オートエンコーダ**（deep autoencoder）と呼ぶ。層を増やせば、オートエンコーダはもっと複雑なコーディングを学習しやすくなる。しかし、オートエンコーダは、あまり強力にしすぎないように注意する。きわめて強力なために、個々の入力を単一のランダムな数値に変換してしまうオートエンコーダを想像してみよう（デコーダは逆の変換を学習する）。そのようなオートエンコーダは学習データを完全に再構築するだろうが、その過程で使えるデータ表現を学習することはないだろう。新しいインスタンスにはうまく汎化しないはずだ。

スタックオートエンコーダのアーキテクチャは、一般に中央の隠れ層（コーディング層）を中心として対称的に作られる。平たく言えば、サンドイッチのようになる。例えば、MNIST（3章参照）用のオートエンコーダは784個の入力を持ち、100個のニューロンを持つ隠れ層、30個のニューロンを持つ中央の隠れ層、100個のニューロンを持つ第3の隠れ層、最後に794個のニューロンを持つ出力層が続く。**図17-3**は、このスタックオートエンコーダを示している。

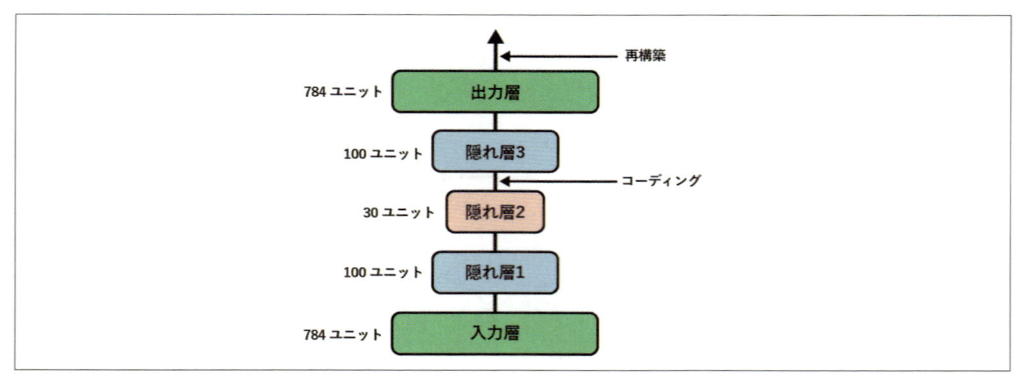

図17-3 スタックオートエンコーダ

17.3.1 Kerasによるスタックオートエンコーダの実装

スタックオートエンコーダは、通常の深層MLPと同じように作ることができる。

```
stacked_encoder = tf.keras.Sequential([
    tf.keras.layers.Flatten(),
    tf.keras.layers.Dense(100, activation="relu"),
    tf.keras.layers.Dense(30, activation="relu"),
])
stacked_decoder = tf.keras.Sequential([
    tf.keras.layers.Dense(100, activation="relu"),
    tf.keras.layers.Dense(28 * 28),
    tf.keras.layers.Reshape([28, 28])
])
stacked_ae = tf.keras.Sequential([stacked_encoder, stacked_decoder])

stacked_ae.compile(loss="mse", optimizer="nadam")
history = stacked_ae.fit(X_train, X_train, epochs=20,
                         validation_data=(X_valid, X_valid))
```

コードをじっくり読んでみよう。

- 以前と同じように、オートエンコーダモデルをエンコーダとデコーダの2つのサブモデルに分割している。
- エンコーダは、28 × 28 ピクセルのグレースケール画像を受け付け、それを平坦化して個々の画像がサイズ784のベクトルで表現されるようにしてから、2つのDense層（ともにReLU活性化関数を使っている）を使ってサイズを縮小する（まず100ユニットに、次に30ユニットに）。エンコーダは、個々の入力に対してサイズが30のベクトルを出力する。
- デコーダは、サイズが30のコーディング（エンコーダの出力）を受け取り、2個のDense層でサイズを拡大する（まず100ユニットに、次に784ユニットに）。そして、最終的なベクトルの形を28 × 28 配列に変換し、デコーダの出力がエンコーダの入力と同じ形になるようにする。
- スタックオートエンコーダのコンパイルでは、MSE損失関数とNadam最適化を使う。
- 最後に、X_trainを入力とターゲットの両方として使ってモデルを学習する。同様に、検証入力、ターゲットとしてもX_validを使っている。

17.3.2 再構築の可視化

入力と出力の比較は、オートエンコーダが正しく学習されたかどうかを確かめる方法の1つである。両者の差が大きすぎてはならない。検証セットの一部の画像とその再構築を可視化してみよう。

```
import numpy as np

def plot_reconstructions(model, images=X_valid, n_images=5):
    reconstructions = np.clip(model.predict(images[:n_images]), 0, 1)
    fig = plt.figure(figsize=(n_images * 1.5, 3))
    for image_index in range(n_images):
        plt.subplot(2, n_images, 1 + image_index)
        plt.imshow(images[image_index], cmap="binary")
        plt.axis("off")
        plt.subplot(2, n_images, 1 + n_images + image_index)
        plt.imshow(reconstructions[image_index], cmap="binary")
        plt.axis("off")

plot_reconstructions(stacked_ae)
plt.show()
```

図17-4は、得られた画像を示している。

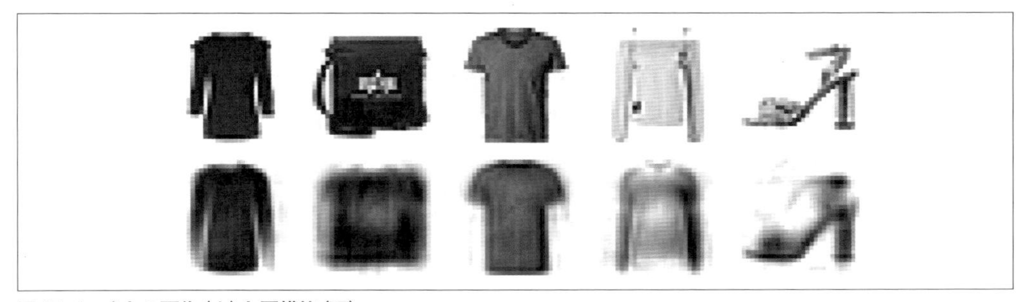

図17-4 もとの画像(上)と再構築(下)

再構築は見分けがつく状態ではあるが、少し劣化が激しすぎる。学習を長くするか、エンコーダとデコーダをもっと深くするか、コーディングを大きくする必要があるかもしれない。しかし、ネットワークを強力にしすぎると、データの中の使えるパターンを学習せずに完全な再構築を作ろうとするようになる。さしあたりは、このモデルで満足することにしよう。

17.3.3 Fashion MNISTデータセットの可視化

スタックオートエンコーダを学習したので、それを使ってデータセットの次元削減をしてみよう。オートエンコーダは、ほかの次元削減アルゴリズム（8章で取り上げたものなど）と比べて、可視化ではそれほどすばらしい結果を生み出すわけではないが、インスタンス、特徴量が多い大規模なデータセットを処理できるという大きな利点を持っている。そこで、オートエンコーダを使って扱いやすいレベルまで次元削減してから、別の次元削減アルゴリズムで可視化するとよい。この方法でFashion MNISTを可視化してみよう。まず、スタックオートエンコーダのエンコーダ部分を使って次元を30まで下げてから、scikit-learnのt-SNE実装を使って可視化できる2まで次元を下げる。

```
from sklearn.manifold import TSNE

X_valid_compressed = stacked_encoder.predict(X_valid)
tsne = TSNE(init="pca", learning_rate="auto", random_state=42)
X_valid_2D = tsne.fit_transform(X_valid_compressed)
```

これでデータセットをプロットできるようになる。

```
plt.scatter(X_valid_2D[:, 0], X_valid_2D[:, 1], c=y_valid, s=10, cmap="tab10")
plt.show()
```

図17-5は、このようにして得られた散布図である（画像の一部を表示して少し見栄えをよくしている）。t-SNEアルゴリズムは数個のクラスタを検出しているが、それはクラスとかなり一致している（各クラスは別の色で表されている）。

このように、オートエンコーダは次元削減に使える。もう1つの応用として、教師なし事前学習がある。

17.3.4 スタックオートエンコーダを使った教師なし事前学習

11章でも説明したように、複雑な教師ありタスクに取り組んでいるものの、ラベル付きの学習データがあまりない場合の対処方法の1つは、同じようなタスクを実行するニューラルネットワークを見つけてきて、その下位層を再利用することだ。下位特徴量をいちいち学習しなくても済むようになるので、わずかな学習データで高性能のモデルを作れる。既存のネットワークが学習した特徴量検出器を再利用するのだ。

同様に、大規模なデータセットはあるものの、その大半にラベルが付いていない場合には、まずすべてのデータを使ってスタックオートエンコーダを学習し、実際のタスクを行うニューラルネットワークを作るときにその下位層を再利用してラベル付きデータで学習すればよい。例えば、**図17-6**は、スタックオートエンコーダを使って分類用のニューラルネットワークのために教師なし事前学習を行う方法を示している。分類器を学習するときに、本当にラベル付き学習データがあまりない場合には、事前学習済みの層（少なくとも下位のいくつかの層）を凍結するとよい。

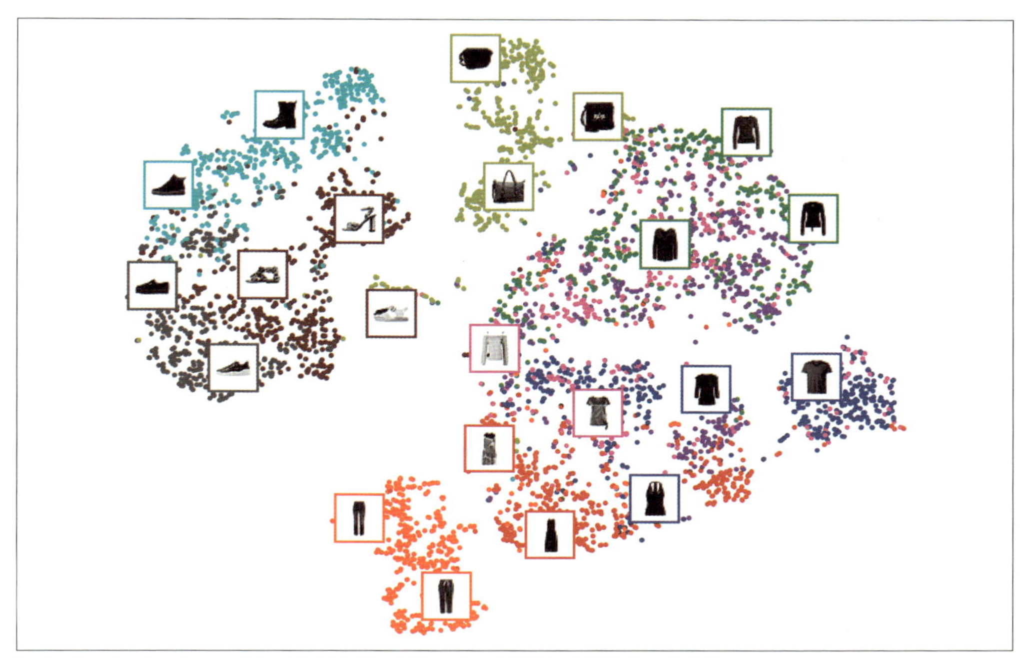

図17-5　オートエンコーダとt-SNEを使ってFashion MNISTを可視化したもの

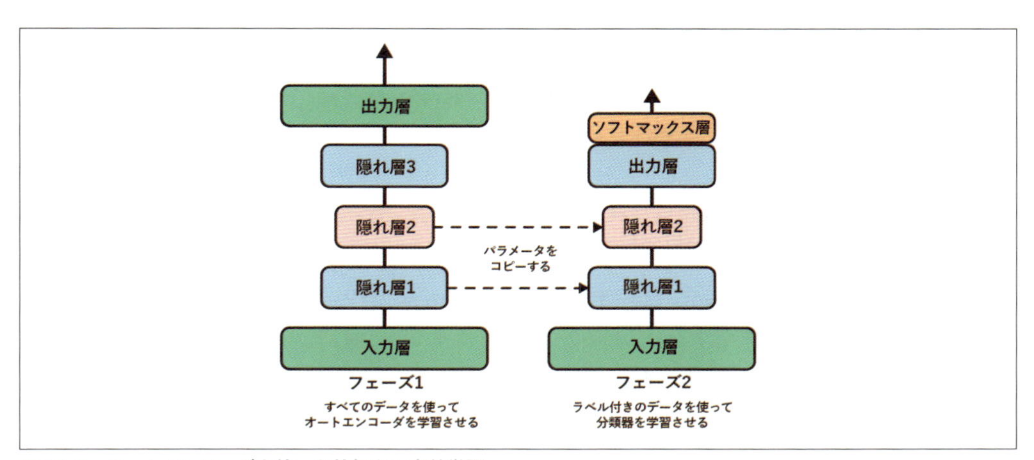

図17-6　オートエンコーダを使った教師なし事前学習

ラベルなしデータが山ほどあっても、ラベル付きデータはほとんどないことはよくある。大規模なラベルなしのデータセットは低コストで作れても（例えば、簡単なスクリプトを書けば、インターネットから数百万枚もの画像をダウンロードできる）、確実なラベル（例えば、イメージがかわいいかどうか）は人間でなければ付けられない。インスタンスにラベルを付けるには時間とコストがかかるため、ラベル付きインスタンスを数千個しか作らないことはごく普通にある。

実装に特別なところは何もない。すべての学習データ（ラベル付きとラベルなし）を使ってオートエンコーダを学習し、新しいニューラルネットワークを作るときにそのエンコーダ層を再利用するだけだ（具体例は、章末の演習問題を参照）。

では次に、スタックオートエンコーダを学習するためのテクニックを少し見ておこう。

17.3.5　重みの均等化

今作ったもののように、オートエンコーダがきちんと対称的に作られている場合には、デコーダ層とエンコーダ層の**重みの均等化**（tying weight：同じ重みを使う）というテクニックがよく使われる。こうすると、モデルの重みの数が半分になり、学習のスピードが上がり、過学習のリスクが緩和される。具体的には、オートエンコーダがN個の層（入力層以外で）を持ち、L番目の層の重みを$\mathbf{W}_L$で表す場合（例えば、層1は最初の隠れ層、層$N/2$はコーディング層、層Nは出力層を表す）、デコーダ層の重みは、$\mathbf{W}_L = \mathbf{W}_{N-L+1}^{\mathsf{T}}$（ただし$L = N / 2 + 1, ..., N$）で表される。

Kerasを使って層の重みの均等化を実装するために、カスタム層を定義しよう。

```
class DenseTranspose(tf.keras.layers.Layer):
    def __init__(self, dense, activation=None, **kwargs):
        super().__init__(**kwargs)
        self.dense = dense
        self.activation = tf.keras.activations.get(activation)

    def build(self, batch_input_shape):
        self.biases = self.add_weight(name="bias",
                                      shape=self.dense.input_shape[-1],
                                      initializer="zeros")
        super().build(batch_input_shape)

    def call(self, inputs):
        Z = tf.matmul(inputs, self.dense.weights[0], transpose_b=True)
        return self.activation(Z + self.biases)
```

このカスタム層は、通常のDense層と同じように機能するが、ほかのDense層の重みを転置して使う（transpose_b=Trueを指定するのは、第2引数を転置するのと同じ意味だが、matmul()の中で転置を実行するため効率がよい）。しかし、バイアスベクトルは自分のものを使う。これを使って前のものとよく似た新しいスタックオートエンコーダを作るが、デコーダのDense層とエンコーダのDense層の重みは均等化される。

```
dense_1 = tf.keras.layers.Dense(100, activation="relu")
dense_2 = tf.keras.layers.Dense(30, activation="relu")

tied_encoder = tf.keras.Sequential([
    tf.keras.layers.Flatten(),
    dense_1,
    dense_2
```

```
])

tied_decoder = tf.keras.Sequential([
    DenseTranspose(dense_2, activation="relu"),
    DenseTranspose(dense_1),
    tf.keras.layers.Reshape([28, 28])
])

tied_ae = tf.keras.Sequential([tied_encoder, tied_decoder])
```

このモデルは前のモデルと再構築誤差がほぼ同じだが、パラメータ数はほぼ半分に減る。

17.3.6 オートエンコーダの層ごとの学習

今行ったように、スタックオートエンコーダ全体を1度で学習するのではなく、**図17-7**のように、1度に1つずつ浅いオートエンコーダを学習し、それらを積み上げて1つのスタックオートエンコーダを作る方法がある。このテクニックは以前ほど使われなくなっているが、「層ごとの貪欲な学習」に言及している論文に遭遇することはまだあるので、どういう意味なのかは知っておくとよいだろう。

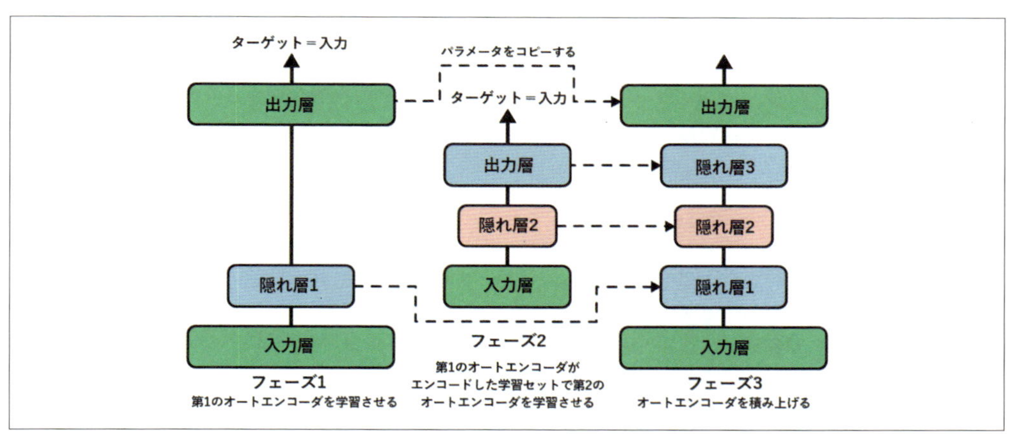

図17-7　1度に1つずつオートエンコーダを学習する

学習の最初のフェーズでは、最初のオートエンコーダが入力の再構築方法を学習する。そして、この第1のオートエンコーダを使って学習セット全体をエンコードし、新しい（圧縮された）学習セットを手に入れる。第2のオートエンコーダはこの新しいデータセットで学習する。これが学習の第2フェーズである。最後に、**図17-7**が示すようにこれらすべてのオートエンコーダを使って大きなサンドイッチを作る（つまり、まず各オートエンコーダの隠れ層を積み上げてから出力層を逆順に積み上げる）。これで最終的なスタックオートエンコーダが得られる（実装はこの章のノートブックの「Training One Autoencoder at a Time」を参照）。このようにすれば、学習するオートエンコーダを増やして深いスタックオートエンコーダを作るのが簡単になる。

既に述べたように、現在、深層学習が爆発的に流行しているきっかけの1つは、ジェフリー・ヒントン（Geoffrey Hinton）らの2006年の論文（https://homl.info/136）が貪欲な層ごとの学習を使って、教師なしでDNNの事前学習を実行できることを明らかにしたことである。彼らが使ったのは制限付きボルツマンマシン（https://homl.info/extra-anns参照）だったが、ヨシュア・ベンジオ（Yoshua Bengio）らの2007年の論文（https://homl.info/112）[*1]がオートエンコーダでも同じようにできることを示した。それからの数年間、11章で紹介した多くのテクニックによって1度にまとめて深層ネットワークを学習できるようになるまでは、これが深層ネットワークを効率よく学習する唯一の方法だった。

オートエンコーダは深層ネットワークに限られたものではない。畳み込みオートエンコーダも実装できる。次は、それを見てみよう。

17.4 畳み込みオートエンコーダ

画像を扱う場合には、今まで見てきたようなオートエンコーダではあまりうまく機能しない（画像が非常に小さい場合以外）。14章でも説明したように、画像操作では、畳み込みニューラルネットワークの方が深層ネットワークよりもはるかに適している。そこで、画像用のオートエンコーダを作りたいなら（例えば、教師なし事前学習や次元削減のために）、**畳み込みオートエンコーダ**（https://homl.info/convae）（convolutional autoencoder）[*2]を作る必要がある。エンコーダは、畳み込み層とプーリング層から構成される通常のCNNである。一般に、入力の深さ（つまり、特徴量マップの数）を増やしながら、入力の空間次元（つまり、高さと幅）を削減する。デコーダは、逆をしなければならない（画像を拡大し、深さを元の次元まで戻す）。そして、この目的のために転置畳み込み層を使う（アップサンプリング層と畳み込み層を結合してもよい）。次に示すのは、Fasion MNIST用の単純な畳み込みオートエンコーダだ。

```
conv_encoder = tf.keras.Sequential([
    tf.keras.layers.Reshape([28, 28, 1]),
    tf.keras.layers.Conv2D(16, 3, padding="same", activation="relu"),
    tf.keras.layers.MaxPool2D(pool_size=2),  # 出力: 14×14 x 16
    tf.keras.layers.Conv2D(32, 3, padding="same", activation="relu"),
    tf.keras.layers.MaxPool2D(pool_size=2),  # 出力: 7×7 x 32
    tf.keras.layers.Conv2D(64, 3, padding="same", activation="relu"),
    tf.keras.layers.MaxPool2D(pool_size=2),  # 出力: 3×3 x 64
    tf.keras.layers.Conv2D(30, 3, padding="same", activation="relu"),
    tf.keras.layers.GlobalAvgPool2D()  # 出力: 30
])
conv_decoder = tf.keras.Sequential([
    tf.keras.layers.Dense(3 * 3 * 16),
    tf.keras.layers.Reshape((3, 3, 16)),
    tf.keras.layers.Conv2DTranspose(32, 3, strides=2, activation="relu"),
    tf.keras.layers.Conv2DTranspose(16, 3, strides=2, padding="same",
                                    activation="relu"),
```

＊1 Yoshua Bengio et al., "Greedy Layer-Wise Training of Deep Networks", *Proceedings of the 19th International Conference on Neural Information Processing Systems* (2006): 153-160.

＊2 Jonathan Masci et al., "Stacked Convolutional Auto-Encoders for Hierarchical Feature Extraction", *Proceedings of the 21st International Conference on Artificial Neural Networks* 1 (2011): 52-59.

```
    tf.keras.layers.Conv2DTranspose(1, 3, strides=2, padding="same"),
    tf.keras.layers.Reshape([28, 28])
])
conv_ae = tf.keras.Sequential([conv_encoder, conv_decoder])
```

RNNなどのほかのアーキテクチャタイプでオートエンコーダを作ることもできる（具体例はノートブックを参照）。

ここで少し後ろに下がって大きな視野で見てみよう。今まで、さまざまな種類のオートエンコーダ（初歩的、スタック、畳み込み）を取り上げ、それらの学習方法（1度にまとめてか、層ごとか）を見てきた。また、データの可視化と教師なし事前学習という2種類の応用方法も見てきた。

今までは、オートエンコーダに注目すべき特徴量をむりやり学習させるために、コーディング層の次元を下げ、不完備にしていた。しかし、使える制約の種類はほかにもたくさんあり、その中にはコーディング層と入力層を同じ大きさにするものや、コーディング層を入力層よりも大きくする**過完備オートエンコーダ**（overcomplete autoencoder）さえある。以下の数節では、そのようなアプローチの一部として、ノイズ除去オートエンコーダ、スパース・オートエンコーダ、変分オートエンコーダを見てみよう。

17.5 ノイズ除去オートエンコーダ

オートエンコーダに役立つ特徴量を強制的に学習させる方法の中には、入力にノイズを加えてオリジナルのノイズのない入力を復元できるように学習するものがある。この考え方は1980年代からある（例えば、ヤン・ルカンの1987年の修士論文で触れられている）ものだが、パスカル・ビンセント（Pascal Vincent）らは、2008年の論文（https://homl.info/113）[*1]でオートエンコーダが特徴量の抽出にも使えることを示した。そして、2010年の論文（https://homl.info/114）[*2]では、ビンセントらはノイズ除去スタックオートエンコーダ（stacked denoising autoencoder）を提案した。

ノイズは、入力に加えた純粋なガウスノイズでも、ドロップアウト（11章参照）のようにランダムに入力をオフにしたものでもよい。**図17-8**は、両方を示している。

実装は簡単で、エンコーダの入力を追加の`Dropout`層（または`GaussianNoise`層）に通すことを除けば、通常のスタックオートエンコーダである。`Dropout`層（または`GaussianNoise`層）がアクティブになるのは、学習中だけだ。

```
dropout_encoder = tf.keras.Sequential([
    tf.keras.layers.Flatten(),
    tf.keras.layers.Dropout(0.5),
    tf.keras.layers.Dense(100, activation="relu"),
    tf.keras.layers.Dense(30, activation="relu")
])
dropout_decoder = tf.keras.Sequential([
    tf.keras.layers.Dense(100, activation="relu"),
```

*1 Pascal Vincent et al., "Extracting and Composing Robust Features with Denoising Autoencoders", *Proceedings of the 25th International Conference on Machine Learning* (2008): 1096-1103.

*2 Pascal Vincent et al., "Stacked Denoising Autoencoders: Learning Useful Representations in a Deep Network with a Local Denoising Criterion", *Journal of Machine Learning Research* 11 (2010): 3371-3408.

```
    tf.keras.layers.Dense(28 * 28),
    tf.keras.layers.Reshape([28, 28])
])
dropout_ae = tf.keras.Sequential([dropout_encoder, dropout_decoder])
```

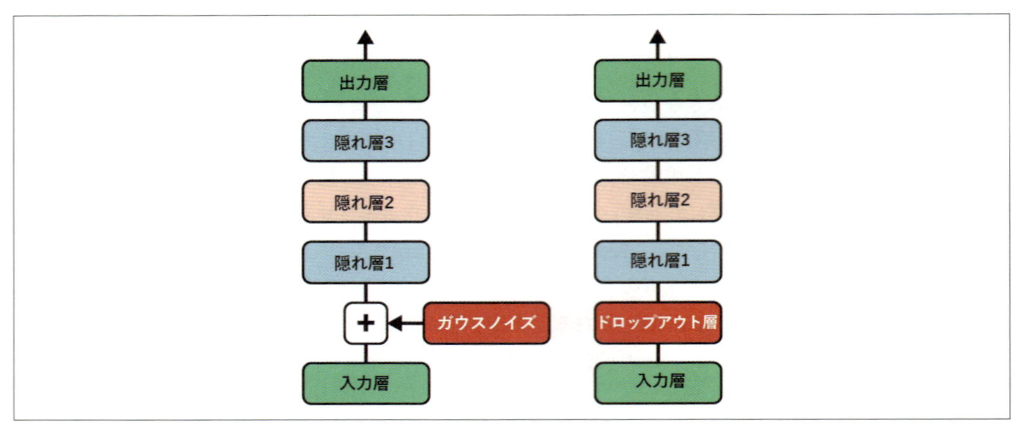

図17-8　ガウスノイズ（左）、ドロップアウト（右）を使ったノイズ除去オートエンコーダ

図17-9は、ノイズを入れた画像（ピクセルの半分をオフにしている）とドロップアウトベースのノイズ除去オートエンコーダで再構築した画像を示している。オートエンコーダが入力に含まれていない細部を推測していることに注目しよう。例えば、下行の左から4番目の画像では、入力にはなかった白いシャツの上部を推測できている。ノイズ除去オートエンコーダは、今まで示してきたほかのオートエンコーダと同様にデータの可視化や教師なし事前学習に使えるほか、効率よく単純に画像からノイズを取り除くことができる。

図17-9　ノイズを入れた画像（上）とそれらから再構築した画像（下）

17.6　スパース・オートエンコーダ

特徴量の抽出のために効果的な制約としては、**疎**（sparse）にすること、つまり損失関数に適切な項を追加して、コーディング層のニューロンの中で活性化されているものの数を減らすことも含まれる。例えば、コーディング層のニューロンのうち、有意に活性化されているものを平均でわずか5％に抑え

ると、オートエンコーダは、少数の活性化ニューロンの組み合わせで個々の入力を表現しなければならない。その結果、コーディング層の個々のニューロンの大半は、役立つ特徴量を表現するようになる（1か月の間にしゃべってよい単語がわずかなら、聞く意味のあることを話そうとするだろう）。

単純な方法としては、コーディング層でシグモイド活性化関数を使う（コーディング層の値は0から1までに制限される）、大きなコーディング層を使う（例えば300ユニット）、コーディング層の活性化関数にℓ_1正則化を加え、デコーダは通常のデコーダを使うといったものがある。

```
sparse_l1_encoder = tf.keras.Sequential([
    tf.keras.layers.Flatten(),
    tf.keras.layers.Dense(100, activation="relu"),
    tf.keras.layers.Dense(300, activation="sigmoid"),
    tf.keras.layers.ActivityRegularization(l1=1e-4)
])
sparse_l1_decoder = tf.keras.Sequential([
    tf.keras.layers.Dense(100, activation="relu"),
    tf.keras.layers.Dense(28 * 28),
    tf.keras.layers.Reshape([28, 28])
])
sparse_l1_ae = tf.keras.Sequential([sparse_l1_encoder, sparse_l1_decoder])
```

ここで使っている`ActivityRegularization`層は入力をそのまま返すだけだが、副作用として、入力の絶対値の合計に等しい学習損失を加える。これは学習だけに影響を与える。`ActivityRegularization`層を取り除き、前の層で`activity_regularizer=tf.keras.regularizers.l1(1e-4)`を指定しても同じ効果が得られる。ペナルティをこのようにすると、ニューラルネットワークは0に近いコーディングを生成しやすくなるが、入力を正しく再構築しなければペナルティが与えられるので、少なくとも少数の0ではない値を出力しなければならない。ℓ_2ノルムではなくℓ_1ノルムを使うことにより、ニューラルネットワークは入力画像にとって不要なコーディングを取り除き、最も重要なコーディングを残す（単純にすべてのコーディングを小さくするのではなく）。

これよりもよい結果を残すことが多い別の方法として、各学習イテレーションでコーディング層が実際にどの程度疎か（スパース性）を測定し、ターゲットとスパース性が異なるときにモデルにペナルティを与えるものもある。そのために、学習バッチ全体でコーディング層の各ニューロンの平均活性度を計算する。バッチサイズが小さくなりすぎないようにしなければならない。そうでなければ、平均が正確にならない。

ニューロンごとの平均活性度が得られたら、損失関数に**スパース性損失**（sparsity loss）を加えて、活性度が高すぎるニューロンや低すぎるニューロンにペナルティを与える。例えば、あるニューロンの平均活性度が0.3なのに、ターゲットのスパース性が0.1なら、活性度が下がるようなペナルティを与えなければならない。損失関数に単純に二乗誤差$(0.3 - 0.1)^2$を加えるという方法も考えられるが、実際には、カルバック・ライブラー（KL）情報量（4章で簡単に取り上げた）を使った方が、**図17-10**に示すように平均二乗誤差よりも強い勾配が出てよい。

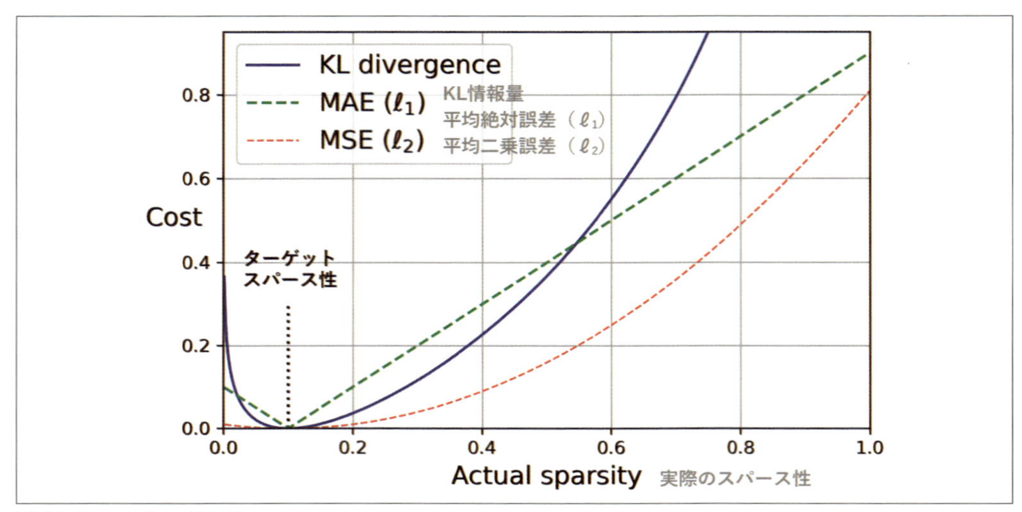

図17-10 スパース性損失

2つの異なる確率分布PとQがあるとき、2つの確率分布の間のKL情報量は、$D_{KL}(P \parallel Q)$と記述し、**式17-1**で計算される。

式17-1 カルバック・ライブラー（KL）情報量

$$D_{KL}(P \parallel Q) = \sum_i P(i) \log \frac{P(i)}{Q(i)}$$

ここでは、コーディング層のニューロンが活性化するターゲット確率pと実際の確率q（つまり、学習バッチ全体での平均活性度）の間の相違度（情報量）を計算する。そのため、KL情報量は、**式17-2**のように単純化される。

式17-2 ターゲットスパース性pと実際のスパース性qの間のKL情報量

$$D_{KL}(p \parallel q) = p \log \frac{p}{q} + (1-p) \log \frac{1-p}{1-q}$$

コーディング層の各ニューロンのスパース性損失を計算したら、損失の合計を計算し、結果を損失関数に加える。スパース性損失と再構築損失の重要度のバランスを取るために、スパース性損失にはスパース性重みのハイパーパラメータを掛けてよい。この重みが高すぎると、モデルはターゲットスパース性に近づくが、入力を適切に再構築できなくなり、モデルが無意味になる。逆に、重みが低すぎると、モデルはスパース性の目的を無視し、注目すべき特徴量を学習しなくなる。

KL情報量に基づいてスパース・オートエンコーダを実装するために必要なものはすべて揃った。まず、KL情報量正則化を行うカスタム正則化器を作ろう。

```
kl_divergence = tf.keras.losses.kullback_leibler_divergence

class KLDivergenceRegularizer(tf.keras.regularizers.Regularizer):
    def __init__(self, weight, target):
```

```
        self.weight = weight
        self.target = target

    def __call__(self, inputs):
        mean_activities = tf.reduce_mean(inputs, axis=0)
        return self.weight * (
            kl_divergence(self.target, mean_activities) +
            kl_divergence(1. - self.target, 1. - mean_activities))
```

このKLDivergenceRegularizerをコーディング層の活性化関数として使えば、スパース・オートエンコーダを構築できる。

```
kld_reg = KLDivergenceRegularizer(weight=5e-3, target=0.1)
sparse_kl_encoder = tf.keras.Sequential([
    tf.keras.layers.Flatten(),
    tf.keras.layers.Dense(100, activation="relu"),
    tf.keras.layers.Dense(300, activation="sigmoid",
                          activity_regularizer=kld_reg)
])
sparse_kl_decoder = tf.keras.Sequential([
    tf.keras.layers.Dense(100, activation="relu"),
    tf.keras.layers.Dense(28 * 28),
    tf.keras.layers.Reshape([28, 28])
])
sparse_kl_ae = tf.keras.Sequential([sparse_kl_encoder, sparse_kl_decoder])
```

Fashion MNISTでこのスパース・オートエンコーダを学習すると、コーディング層のニューロンのスパース性はおおよそ10％になる。

17.7 変分オートエンコーダ

ディーデリック・キングマ（Diederik Kingma）とマックス・ウェリング（Max Welling）が2013年の論文（https://homl.info/115）[*1]でオートエンコーダの重要カテゴリを生み出し、あっという間に最も広く使われているオートエンコーダの1つにのし上がった。それが**変分オートエンコーダ**（VAE：variational autoencoders）である。

変分オートエンコーダは今までに取り上げてきたどのオートエンコーダとも大きく異なるが、特に大きな違いは次の2つだ。

- 変分オートエンコーダは**確率的オートエンコーダ**（probalilistic autoencoder）である。つまり、変分オートエンコーダの出力は、学習後であっても、出力が部分的に偶然によって決まる（学習中のみランダム性を使うノイズ除去オートエンコーダとはこの部分が異なる）。
- 何よりも重要なのは、変分オートエンコーダが**生成オートエンコーダ**（generative

＊1　Diederik Kingma and Max Welling, "Auto-Encoding Variational Bayes", arXiv preprint arXiv:1312.6114 (2013).

autoencoder）であり、学習セットからサンプリングされたかのように見える新しいインスタンスを生成できることだ。

この2つの特徴により、変分オートエンコーダは、むしろRBM（制限付きボルツマンマシン）に似たものになっているが、変分オートエンコーダの方が学習が簡単であり、サンプリングプロセスははるかに高速だ（RBMでは、ネットワークが安定して「熱平衡」状態になるのを待たなければ新しいインスタンスをサンプリングできない）。実際、名前からもわかるように、変分オートエンコーダは、近似ベイズ推定を効率よく行う方法である変分ベイズ推定を行う。ベイズ推定とは、ベイズの定理から導かれる式を使って新しいデータに基づき確率分布を更新することだということを思い出そう。もとの確率分布は**事前分布**（prior distribution）と呼ばれ、更新後の確率分布は**事後分布**（posterior distribution）と呼ばれる。ここでは、ほしいものはデータ分布のよい近似だ。近似分布が得られたら、そこからサンプリングできる。

では、VAE（変分オートエンコーダ）の仕組みを見てみよう。**図17-11**（左）は、変分オートエンコーダを示している。ここにはエンコーダのあとにデコーダが続く（この場合、両者とも2つずつの隠れ層を含んでいる）というあらゆるオートエンコーダの基本構造が認められるが、ちょっとしたひねりが加えられている。入力に対するコーディングを直接作るのではなく、エンコーダは**コーディング平均**（mean coding）の $\boldsymbol{\mu}$ と標準偏差 $\boldsymbol{\sigma}$ を作っている。実際のコーディングは、平均 $\boldsymbol{\mu}$ と標準偏差 $\boldsymbol{\sigma}$ で定義される正規分布からランダムにサンプリングされる。そして、デコーダは、サンプリングされたコーディングを普通にデコードする。図の右側の部分は、このオートデコーダを通過する学習インスタンスを示している。まずエンコーダが $\boldsymbol{\mu}$ と $\boldsymbol{\sigma}$ を作ると、コーディングがランダムにサンプリングされる（正確に $\boldsymbol{\mu}$ の位置になっていないことに注意しよう）。そして、最後にこのコーディングがデコードされ、最終出力は学習インスタンスとよく似たものになる。

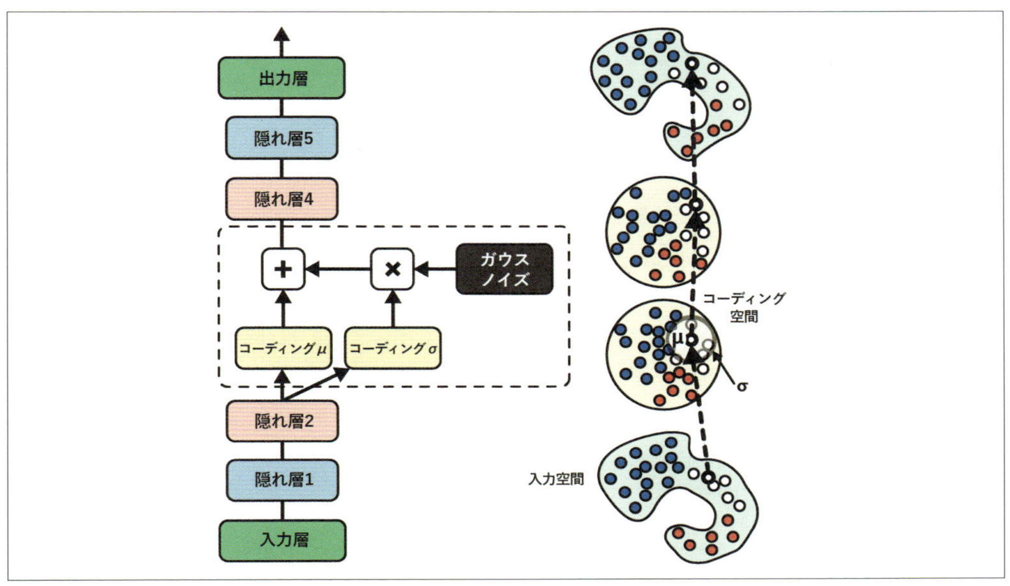

図17-11　変分オートエンコーダ（左）とそれを通過するインスタンス（右）

図からもわかるように、入力が複雑な分布をしていても、変分オートエンコーダは単純な正規分布（ガウス分布）からサンプリングされたかのように見えるコーディングを生成する[*1]。学習中、損失関数（すぐあとで説明する）は、コーディングが**コーディング空間**（coding space、**潜在空間**：latent spaceとも呼ぶ）内で少しずつ動いて、ガウス点の雲のように表示される。これにより、変分オートエンコーダを学習したあとは、新インスタンスが簡単に生成できるようになるという大きな効果が得られる。正規分布からランダムにコーディングをサンプリングしてデコードすると、それが新インスタンスになるのだ。

では、損失関数に移ろう。損失関数は2つの部分から構成されていて、第1の部分は、オートエンコーダが入力を再現する方向に働きかける通常の再構築損失だ。この目的では先ほどと同じようにMSEが使える。第2の部分は、オートエンコーダが単純な正規分布からサンプリングされたかのように見えるコーディングを持つ方向に働きかける**潜在損失**（latent loss）である。この損失とは、ターゲット分布（つまり、正規分布）と実際のコーディングの分布の間のKL情報量のことだ。数学的には、特にガウスノイズのおかげでスパース・オートエンコーダよりも少し複雑になるが、これのおかげでコーディング層に移される情報量が制限される。そのため、役立つ特徴量を学習する方向にオートエンコーダを追い込む。幸い、方程式は単純化され、潜在損失は**式17-3**を使って簡単に計算できる[*2]。

式17-3　変分オートエンコーダの潜在損失

$$\mathscr{L} = -\frac{1}{2}\sum_{i=1}^{n}\left[1 + \log\left(\sigma_i^2\right) - \sigma_i^2 - \mu_i^2\right]$$

＊1　変分オートエンコーダは、実際にはもっと一般的であり、コーディングは正規分布に限られない。

＊2　数学的な詳細については、変分オートエンコーダのオリジナル論文かCarl Doerschが2016年に書いたすばらしいチュートリアル（https://homl.info/116）を参照してほしい。

式の$\mathscr{L}$は潜在ロス、nはコーディングの次元、μ_iとσ_iはコーディングのi番目のコンポーネントの平均と標準偏差である。エンコーダは、**図17-11**（左）が示すように、ベクトル$\boldsymbol{\mu}$と$\boldsymbol{\sigma}$（すべてのμ_iとσ_iを収めている）を出力する。

エンコーダに$\boldsymbol{\sigma}$ではなく、対数分散の$\boldsymbol{\gamma} = \log(\boldsymbol{\sigma}^2)$を出力させるバリアントも一般的だ。この場合、潜在損失は**式17-4**のようにして計算する。この方法の方が数値的に安定し、学習率が上がる。

式17-4　$\gamma = \log(\sigma^2)$を使って書き換えた変分オートエンコーダの潜在損失

$$\mathscr{L} = -\frac{1}{2}\sum_{i=1}^{n}\left[1 + \gamma_i - \exp\left(\gamma_i\right) - {\mu_i}^2\right]$$

では、Fashion MNISTのための変分オートエンコーダを作ってみよう（**図17-11**のような形だが、潜在損失として$\boldsymbol{\gamma}$を使うバリアントで）。まず、$\boldsymbol{\mu}$と$\boldsymbol{\gamma}$からコーディングをサンプリングするカスタム層が必要だ。

```
class Sampling(tf.keras.layers.Layer):
    def call(self, inputs):
        mean, log_var = inputs
        return tf.random.normal(tf.shape(log_var)) * tf.exp(log_var / 2) + mean
```

このSampling層は、mean（$\boldsymbol{\mu}$）とlog_var（$\boldsymbol{\gamma}$）の2つの入力を取る。そして、tf.random.normal()関数を使って、平均0、標準偏差1の標準正規分布からランダムにベクトル（$\boldsymbol{\gamma}$と同じ形のもの）をサンプリングする。このベクトルにexp($\boldsymbol{\gamma}$ / 2)を掛け（これは簡単に確かめられるように$\boldsymbol{\sigma}$と等しい）、最後に$\boldsymbol{\mu}$を加えて結果を返す。これで、平均$\boldsymbol{\mu}$、標準偏差$\boldsymbol{\sigma}$の正規分布からコーディングベクトルをサンプリングできる。

これでエンコーダが作れるが、モデルが完全なシーケンシャルではないので、関数型APIを使う。

```
codings_size = 10

inputs = tf.keras.layers.Input(shape=[28, 28])
Z = tf.keras.layers.Flatten()(inputs)
Z = tf.keras.layers.Dense(150, activation="relu")(Z)
Z = tf.keras.layers.Dense(100, activation="relu")(Z)
codings_mean = tf.keras.layers.Dense(codings_size)(Z)  # μ
codings_log_var = tf.keras.layers.Dense(codings_size)(Z)  # γ
codings = Sampling()([codings_mean, codings_log_var])
variational_encoder = tf.keras.Model(
    inputs=[inputs], outputs=[codings_mean, codings_log_var, codings])
```

codings_mean（$\boldsymbol{\mu}$）とcodings_log_var（$\boldsymbol{\gamma}$）を出力するDense層が同じ入力（つまり、第2のDense層の出力）を受け取っていることに注意しよう。次に、Sampling層にcodings_meanとcodings_log_varの両方を渡す。最後に、variational_encoderは、3つの出力を生成する。実際に使うのはcodingだけだが、値を知りたくなったときのためにcodings_meanとcodings_log_varも追加している。では、デコーダを作ろう。

```
decoder_inputs = tf.keras.layers.Input(shape=[codings_size])
x = tf.keras.layers.Dense(100, activation="relu")(decoder_inputs)
x = tf.keras.layers.Dense(150, activation="relu")(x)
x = tf.keras.layers.Dense(28 * 28)(x)
outputs = tf.keras.layers.Reshape([28, 28])(x)
variational_decoder = tf.keras.Model(inputs=[decoder_inputs], outputs=[outputs])
```

このデコーダは私たちが今まで作ってきたデコーダの多くとまったく同じように層を単純に積み上げたものなので、関数型APIではなくシーケンシャルAPIを使ってもよかったところだ。最後に、変分オートエンコーダモデルを作ろう。

```
_, _, codings = variational_encoder(inputs)
reconstructions = variational_decoder(codings)
variational_ae = tf.keras.Model(inputs=[inputs], outputs=[reconstructions])
```

エンコーダの最初の2つの出力を無視していることに注意しよう（デコーダにはコーディングだけを与えればよい）。最後に潜在損失と再構築損失を追加しなければならない。

```
latent_loss = -0.5 * tf.reduce_sum(
    1 + codings_lcg_var - tf.exp(codings_log_var) - tf.square(codings_mean),
    axis=-1)
variational_ae.add_loss(tf.reduce_mean(latent_loss) / 784.)
```

まず、**式17-4**を使ってバッチ内の各インスタンスの潜在損失を計算する（最後の軸を合計している）。次に、バッチ内のすべてのインスタンスの損失の平均を計算し、再構築損失との比較で適切なスケールになるように784で割っている。実際には、変分オートエンコーダの再構築損失は、ピクセルの再構築誤差の総和とされているが、Kerasが`"mse"`損失を計算するときには、784個のピクセルの総和ではなく平均を計算する。そのため、再構築損失は、必要な値の784分の1になっている。平均ではなく総和を計算するカスタムロスを定義してもよいのだが、潜在損失を784で割った方が早い（最終的な損失は本来の損失の784分の1になるが、これはもっと大きな学習率を使うべきだということだ）。

最後に、オートエンコーダをコンパイル、学習する。

```
variational_ae.compile(loss="mse", optimizer="nadam")
history = variational_ae.fit(X_train, X_train, epochs=25, batch_size=128,
                             validation_data=(X_valid, X_valid))
```

17.8 Fashion MNIST風の画像の生成

では、変分オートエンコーダを使ってファッションアイテムのような画像を生成してみよう。正規分布からランダムにコーディングをサンプリングしてデコードすればよい。

```
codings = tf.random.normal(shape=[3 * 7, codings_size])
images = variational_decoder(codings).numpy()
```

図17-12は、このようにして生成した21個の画像である。

図17-12　変分オートエンコーダが生成したFashion MNIST風の画像

これらの画像の大部分は、少々不明瞭なところがあっても、それなりの説得力がある。それ以外のものはぱっとしないが、オートエンコーダを厳しく批判しすぎないようにすべきだろう。与えられた学習時間はわずか数分だったのである。

変分オートエンコーダは、**セマンティック補間**（semantic interpolation）を実行できるようにする。2つの画像からピクセルレベルで補間するのではなく（これでは2つの画像が重ね合わせられたように見える）、コーディングレベルで補間できるということだ。例えば、潜在空間の任意の線に沿っていくつかのコーディングを取り出し、デコードしてみよう。パンツが少しずつセーターに変わっていく連続画像が得られる（**図17-13**参照）。

```
codings = np.zeros([7, codings_size])
codings[:, 3] = np.linspace(-0.8, 0.8, 7)  # この場合は軸3が最善に見える
images = variational_decoder(codings).numpy()
```

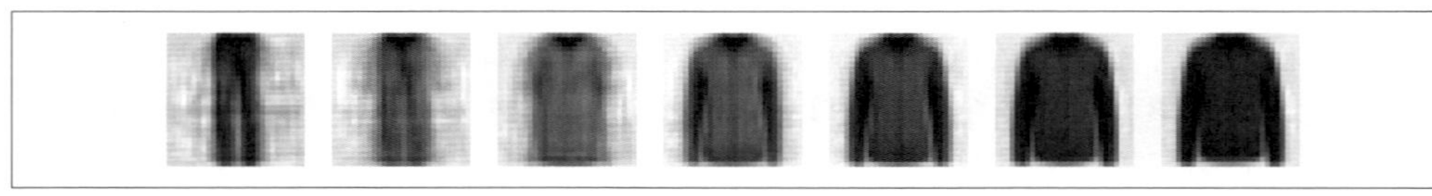

図17-13　セマンティック補完

では、GANに話題を移そう。GANはオートエンコーダよりも学習が難しいが、うまく動作させられれば、すばらしい画像を作れる。

17.9　GAN（敵対的生成ネットワーク）

GAN（generative advesarial network、敵対的生成ネットワーク）は、イアン・グッドフェロー（Ian Goodfellow）らの2014年の論文（https://homl.info/gan）[*1]で提案され、研究者たちはほとんどすぐにそのアイデアに魅了されたが、GANの学習にともなう難点を克服するために数年の時間がかかった。優れたアイデアの多くがそうだが、後知恵で見ればずいぶん単純なことのように感じる。2つのニュー

*1　Ian Goodfellow et al., "Generative Adversarial Nets", *Proceedings of the 27th International Conference on Neural Information Processing Systems* 2 (2014): 2672-2680.

ラルネットワークを互いに競わせれば、両方が優れたものになるのではないかということだ。図17-14に示すように、GANは2つのニューラルネットワークから構成される。

生成器（generator）

入力として確率分布を受け取り（一般にガウスノイズ）、何らかのデータ（一般に画像）を出力する。ランダムな入力は、生成される画像の潜在表現（コーディング）と考えられる。そこで、生成器は変分オートエンコーダのデコーダと同じ機能を果たし、新しい画像の生成のために同じように使える（何らかのガウスノイズを渡せば、まったく新しい画像が出力される）。しかし、すぐあとで示すように、学習方法が大きく異なる。

判別器（discriminator）

入力として生成器が作った偽の画像か学習セットから抽出された本物の画像を受け取り、その真贋を見分けなければならない。

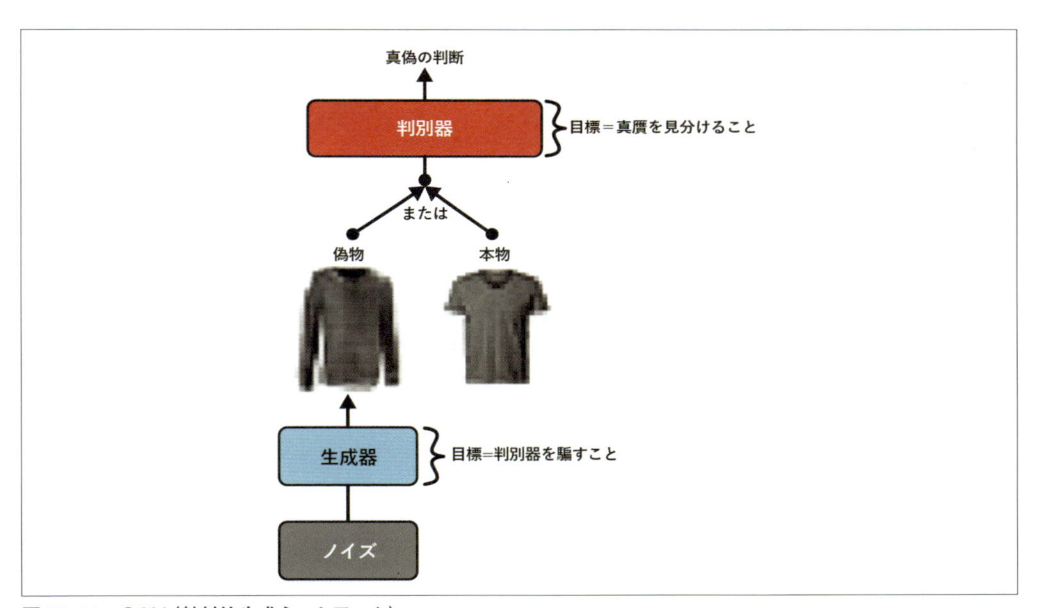

図17-14　GAN（敵対的生成ネットワーク）

学習中の生成器と判別器の目標は相反するものになっている。判別器は本物の画像と偽物の画像を見分けようとするのに対し、生成器は判別器を騙せるくらいにリアルな画像を作ろうとする。GANは相反する目的を持つ2つのネットワークから構成されているため、通常のニューラルネットワークのようには学習できない。学習イテレーションは、2段階に分かれている。

- 第1段階では判別器を学習させる。学習セットから本物の画像のバッチをサンプリングし、生成器が作った偽画像も同数加える。偽画像には0、本物の画像には1のラベルが付けられている。判別器は、このラベル付きバッチと二値交差エントロピー損失を使って1ステップで学習される。この段階ではバックプロパゲーションは判別器の重みだけを最適化するということが重要なポイントだ。

- 第2段階では、生成器を学習させる。まず、生成器を使って偽画像のバッチを作り、判別器を使って画像の真贋を見分けさせる。今回はバッチに本物の画像を入れず、すべてのラベルを1（本物）にする。つまり、判別器が（間違って）本物だと考えるような画像を生成器には生成させようということである。この段階では判別器の重みを凍結し、バックプロパゲーションは生成器の重みだけを最適化するということが重要なポイントだ。

生成器は、決して本物の画像を見ないが、本物のような説得力のある偽画像の生成方法を少しずつ学んでいく。生成器が得る勾配は、判別器を通過して送られてきたものである。しかし、判別器が得る情報がよければよいほど、この判別器から得られた勾配に含まれる本物の画像についての情報は多くなり、生成器は大きく前進できる。

では、Fashion MNISTのための簡単なGANを作ってみよう。

まず、生成器と判別器を構築しなければならない。生成器はオートエンコーダのデコーダに似ており、判別器は通常の二値分類器（入力として画像を受け取り、最後に1ユニットでシグモイド活性化関数を使うDense層が配置されている）である。学習イテレーションの第2段階では、生成器のうしろに判別器が続く完全なGANモデルも必要になる。

```
codings_size = 30

Dense = tf.keras.layers.Dense
generator = tf.keras.Sequential([
    Dense(100, activation="relu", kernel_initializer="he_normal"),
    Dense(150, activation="relu", kernel_initializer="he_normal"),
    Dense(28 * 28, activation="sigmoid"),
    tf.keras.layers.Reshape([28, 28])
])
discriminator = tf.keras.Sequential([
    tf.keras.layers.Flatten(),
    Dense(150, activation="relu", kernel_initializer="he_normal"),
    Dense(100, activation="relu", kernel_initializer="he_normal"),
    Dense(1, activation="sigmoid")
])
gan = tf.keras.Sequential([generator, discriminator])
```

次に、これらのモデルをコンパイルしなければならない。判別器は二値分類器なので、二値交差エントロピー損失を使えばよい。ganモデルも二値分類器なので、二値交差エントロピーロスを使える。しかし、生成器はganモデルを通じて学習されるだけなので、コンパイルの必要はない。重要なのは、第2段階で判別器を学習してはならないことである。そこで、ganモデルをコンパイルする前に判別器を学習不能にする。

```
discriminator.compile(loss="binary_crossentropy", optimizer="rmsprop")
discriminator.trainable = False
```

```
gan.compile(loss="binary_crossentropy", optimizer="rmsprop")
```

Kerasがtrainable属性を考慮するのはモデルをコンパイルするときだけなので、このコードを実行したあとも、discriminatorでfit()メソッドやtrain_on_batch()メソッド（あとで使う予定）を呼び出したときにはdiscriminatorは学習可能だが、ganモデルでこれらのメソッドを呼び出したときには、discriminatorは学習不能になる。

学習ループが特殊なので通常のfit()メソッドは使えない。代わりに、カスタム学習ループを書く。まず、画像を反復処理するためのDatasetを作らなければならない。

```
batch_size = 32
dataset = tf.data.Dataset.from_tensor_slices(X_train).shuffle(buffer_size=1000)
dataset = dataset.batch(batch_size, drop_remainder=True).prefetch(1)
```

これで学習ループを書く準備が整った。train_gan()関数で学習ループをラップしよう。

```
def train_gan(gan, dataset, batch_size, codings_size, n_epochs):
    generator, discriminator = gan.layers
    for epoch in range(n_epochs):
        for X_batch in dataset:
            # 第1段階—判別器の学習
            noise = tf.random.normal(shape=[batch_size, codings_size])
            generated_images = generator(noise)
            X_fake_and_real = tf.concat([generated_images, X_batch], axis=0)
            y1 = tf.constant([[0.]] * batch_size + [[1.]] * batch_size)
            discriminator.train_on_batch(X_fake_and_real, y1)
            # 第2段階—生成器の学習
            noise = tf.random.normal(shape=[batch_size, codings_size])
            y2 = tf.constant([[1.]] * batch_size)
            gan.train_on_batch(noise, y2)

train_gan(gan, dataset, batch_size, codings_size, n_epochs=50)
```

先ほども説明したように、各イテレーションは2段階に分かれる。

- 第1段階では、生成器にガウスノイズを渡して偽の画像を生成し、同数の本物の画像を連結してバッチを完成させる。ターゲットのy1は、偽画像なら0、本物の画像なら1にする。そして、このバッチを使って判別器を学習する。この段階では判別器が学習可能だが、生成器には触れていないことを覚えておこう。
- 第2段階では、GANにガウスノイズを送る。GANの生成器はまず偽画像の生成を始め、判別器はこれらの画像の真贋を推測しようとする。この段階では、生成器を改良しようとしており、判別器を失敗させようとしている。画像が偽なのにターゲットのy2がすべて1に設定されるのはそのためだ。この段階では、判別器は学習**不能**なので、ganモデルで改良されるのは生成器だけである。

これだけだ。学習が終わったら、新しい画像を生成するために、正規分布から何らかのコーディングをランダムにサンプリングして生成器に送ることができる。

```
codings = tf.random.normal(shape=[batch_size, codings_size])
generated_images = generator.predict(codings)
```

生成された画像を表示すると（**図17-15**参照）、第1エポックの終わり頃には早くも（ノイズの多い）Fashion MNIST画像のように見える。

図17-15 1エポックの学習を終えたあとのGANが生成する画像

残念ながら、画像がそれよりも大きく改善されることはない。GANが、学習したことを忘れたのではないかと思うようなエポックさえある。それはなぜだろうか。GANの学習は難しいということだ。その理由を見ていこう。

17.9.1 GANの学習の難しさ

学習中、生成器と判別器は絶えず相手を出し抜こうとしてゼロサムゲームを繰り広げる。学習が進むと、ゲームは数学者のジョン・ナッシュ（John Nash）にちなんでゲーム理論の研究者たちが**ナッシュ均衡**（Nash equilibrium）と名付けた状態に落ち着くことがある。これは、ゲームの相手が戦略を変えないことを前提に、自分の方も戦略を変えない方がよい状態である。例えば、ドライバーたちが全員（右側通行の米国なのに）左側通行しているときはナッシュ均衡に達しており、自分だけが反対側を走るよりは左側通行を続けた方がよい。もちろん、全員が正しく**右側通行**する際にも第2のナッシュ均衡に達する。初期状態やダイナミクスが異なれば、達する均衡も異なる場合がある。この例では、均衡に達してしまったあとは最適な戦略は1つだけになるが（つまり、ほかの全員と同じ側を走る）、ナッシュ均衡によって複数の競合する戦略が残される場合もある（例えば、捕食者が被食者を追いかけている場合、被食者は逃げようとするが、どちらも戦略を変えるわけにはいかない）。

では、GANの場合はどうだろうか。論文の著者たちは、GANが1つのナッシュ均衡にしか達しないことを示した。それは、生成器が完璧に本物そっくりの画像を生成するようになったときで、判別器は

50％を本物、50％を偽物と推測せざるを得ない。この事実には非常に勇気づけられる。十分時間をかけてGANを学習すれば、いずれこの均衡に達して、完璧な生成器が手に入る。しかし、話はそれほど単純ではない。いずれこの均衡に達するという保証はないのだ。

最も大きな問題は、**モード崩壊**（mode collapse）と呼ばれるものである。これは、生成器の出力が次第に多様性を失っていくことだ。どのようにしてそうなるのだろうか。生成器がほかのクラスよりも説得力のある靴を描くことに上達してきたとする。すると、靴では判別器を出し抜けるチャンスが増えてくるので、もっと靴の画像を作ろうとするようになる。すると、次第にほかの画像の作り方を忘れていく。一方、判別器の方も、目にする偽画像が靴だけになってくると、ほかのクラスの偽画像の判別方法を忘れていく。判別器が本物の靴と偽の靴を見分けられるようになると、生成器はほかのクラスのものをもっと描かざるを得なくなる。すると、シャツの偽画像の描き方がうまくなるかもしれないが、靴のことを忘れていく。判別器もそれに追随する。GANは次第に少数のクラスの間で循環するようになり、どのクラスについても本当に得意になることがなくなってしまう。

しかも、生成器と判別器は絶えず互いに相手の足を引っ張り合うので、パラメータは揺れ動き、不安定になる。学習がうまく始まっても、この不安定性のために突然わけもわからずおかしな方向に逸れていってしまうことがある。そしてこの複雑なダイナミクスに影響を与える要素が多いため、GANはハイパーパラメータにとても敏感なところがある。ハイパーパラメータのファインチューニングに大きな労力を費やさなければならなくなってしまうのだ。実際、モデルをコンパイルするときにNadamではなくRMSPropを使ったのはそのためである。Nadamを使ったときに、ひどいモード崩壊が起きたのだ。

2014年以来、研究者たちはこれらの問題のためにてんてこ舞いだった。このテーマについて実に多くの論文が発表された。新しい損失関数を提案するものもあれば[*1]（ただし、Googleの研究者たちの2018年の論文（https://homl.info/gansequal）[*2]は、その有効性に疑問を呈している）、学習を安定化させるテクニックやモード崩壊を回避する方法を示すものもあった。例えば、**経験再生**（experience replay）と呼ばれる有名なテクニックは、生成器が各イテレーションで作った画像を再生バッファに格納し（古い画像は少しずつ捨てていく）、本物の画像とこのバッファの偽画像（現在の生成器が作った偽画像だけでなく）を使って判別器を学習する。こうすると、判別器が最新の生成器の出力を過学習するリスクを緩和できる。**ミニバッチ判別**（mini-batch discrimination）というテクニックもよく使われている。バッチ内の画像の類似度を測定し、この情報を判別器に与えて、判別器が多様性の乏しい偽画像のバッチを簡単にはねつけられるようにするのである。こうすると、生成器は多様性に満ちた画像を作る方向に誘導され、モード崩壊に陥りにくくなる。このように有効なテクニックを提案する論文がある一方で、たまたま高い性能を出したアーキテクチャを提案する論文も多かった。

要するに、GANの難点の克服は今もまだ活発に研究されている分野であり、GANのダイナミクスはまだ完全に解明されてはいない。しかし、以前と比べれば大きな進歩を遂げており、本当に驚異的な結果を生み出しているものもある。そこで、最も成功しているアーキテクチャの一部を見ていこう。

＊1　主要なGAN損失関数を比較したイ・ファルスク（Hwalsuk Lee）の優れたGitHubプロジェクト（https://homl.info/ganloss）を参照。

＊2　Mario Lucic et al., “Are GANs Created Equal? A Large-Scale Study”, *Proceedings of the 32nd International Conference on Neural Information Processing Systems* (2018): 698-707

まず、つい数年前までこの分野の最先端だった深層畳み込みGANを説明してから、それよりも新しい(そして複雑な)2つのアーキテクチャを取り上げる。

17.9.2 DCGAN

最初のGAN論文も畳み込み層を試していたが、小さな画像を生成していただけだった。しかしその直後から、多くの研究者たちが、もっと大きな画像を生成する深い畳み込みネットワークでGANを作ろうとしてきた。これは、学習が不安定になるため難しい課題だったが、多くのアーキテクチャとハイパーパラメータを試した末にアレック・ラドフォード(Alec Radford)らが2015年の終わりについに成功し、**DCGAN**(https://homl.info/dcgan)(deep convolutional GAN、深層畳み込みGAN)と名付けて発表した[*1]。彼らが安定した畳み込みGANを作るために提案した主要な指針は次のものである。

- プーリング層を、判別器ではストライド付きの畳み込み層に、生成器では転置畳み込み層に置き換える。
- 生成器の出力層と判別器の入力層を除き、生成器と判別器の両方でバッチ正規化を使う。
- アーキテクチャをより深くするために全結合隠れ層を取り除く。
- 生成器では、出力層を除くすべての層でReLU活性化関数を使う。出力層では双曲線正接関数を使う。
- 判別器では、すべての層でleaky ReLU活性化関数を使う。

これらの指針はうまく機能することが多いが、必ず機能するわけでないので、依然としてさまざまなハイパーパラメータを試す必要がある。実際、乱数のシードを変更して同じモデルを学習するだけでうまく機能するようになることがある。例えば、次に示す小さなDCGANは、Fashion MNISTでまずまずの結果を出せる。

```
codings_size = 100

generator = tf.keras.Sequential([
    tf.keras.layers.Dense(7 * 7 * 128),
    tf.keras.layers.Reshape([7, 7, 128]),
    tf.keras.layers.BatchNormalization(),
    tf.keras.layers.Conv2DTranspose(64, kernel_size=5, strides=2,
                                    padding="same", activation="relu"),
    tf.keras.layers.BatchNormalization(),
    tf.keras.layers.Conv2DTranspose(1, kernel_size=5, strides=2,
                                    padding="same", activation="tanh"),
])
discriminator = tf.keras.Sequential([
    tf.keras.layers.Conv2D(64, kernel_size=5, strides=2, padding="same",
                           activation=tf.keras.layers.LeakyReLU(0.2)),
    tf.keras.layers.Dropout(0.4),
```

*1 Alec Radford et al., "Unsupervised Representation Learning with Deep Convolutional Generative Adversarial Networks", arXiv preprint arXiv:1511.06434 (2015).

```
    tf.keras.layers.Conv2D(128, kernel_size=5, strides=2, padding="same",
                           activation=tf.keras.layers.LeakyReLU(0.2)),
    tf.keras.layers.Dropout(0.4),
    tf.keras.layers.Flatten(),
    tf.keras.layers.Dense(1, activation="sigmoid")
])
gan = tf.keras.Sequential([generator, discriminator])
```

生成器はサイズが100のコーディングを受け取り、それを6,272次元（$7 \times 7 \times 128$）に射影し、結果を形状変更して$7 \times 7 \times 128$テンソルにする。このテンソルはバッチ正規化され、ストライド2の転置畳み込み層で7×7から14×14にアップサンプリングされ、深さを128から64に下げられる。この結果は再びバッチ正規化され、ストライド2の別の転置畳み込み層が14×14から28×28にアップサンプリングし、深さを64から1に下げる。この層はtanh活性化関数を使っているため、結果は−1から1までの範囲になる。そこで、GANを学習する前に学習セットを同じ範囲にスケール変更する必要がある。また、形状変更してチャネル次元を追加しなければならない。

```
X_train_dcgan = X_train.reshape(-1, 28, 28, 1) * 2. - 1. # 形状変更とスケール変更
```

判別器は、二値分類のための通常のCNNとよく似ているが、画像のダウンサンプリングのためにマックスプーリング層を使うのではなく、ストライド2の畳み込み層を使っている。また、活性化関数としてleaky ReLUを使っていることに注意しよう。判別器で`BatchNormalization`層ではなく`Dropout`層を使っていること（そうしないと、この例では学習が不安定になった）を除けば、このモデルはDCGANの指針に従っている。このアーキテクチャは自由に変更していただいてかまわない。DCGANがハイパーパラメータに敏感に反応することがわかるだろう（特に、2つのネットワークの相対学習率は大きな影響を与える）。

データセットの構築、モデルのコンパイル、学習では、私たちは先ほどとまったく同じコードを使った。50エポックの学習後、生成器は**図17-16**のような画像を生成した。まだ完璧ではないが、画像の多くにはなるほどと思わせる説得力がある。

図17-16　50エポックの学習後にDCGANが生成した画像

このアーキテクチャをスケールアップし、大規模な顔の画像のデータセットで学習すると、かなりリアルな画像が得られる。実際、**図17-17**に示すように、DCGANはかなり意味のある潜在表現を学習できる。ここでは多くの画像を生成した上で手作業で9枚を選んだ（左上）。その中にはメガネをかけた3人の男性、メガネをかけていない3人の男性、メガネをかけていない3人の女性が含まれている。これらのカテゴリの中で画像の生成に使ったコーディングの平均を取り、その平均コーディングで画像を生成すると左下の3枚のようになる。つまり、左下の3枚の画像は、その上の3枚の画像の平均を表している。しかし、これはピクセルレベルで計算した単純な平均ではなく（それでは3人分の顔が重なり合っているような画像になる）、潜在空間内で計算した平均なので、画像は通常の顔のように見える。驚いたことに、メガネをかけた男性からメガネをかけていない男性を引いてメガネをかけていない女性を足し（個々の項には、先ほど計算した3つの平均コーディングを使う）、得られたコーディングから画像を生成すると、右側の3×3の画像の中の中央の画像、つまりメガネをかけた女性になる。そのまわりの8枚の画像は、同じベクトルに少しノイズを加えて生成したもので、DCGANのセマンティック補間機能を示している。顔の算術演算ができるなんてまるでSFの世界のようだ。

しかし、DCGANは完璧ではない。例えば、DCGANで大きな画像を作ろうとすると、それらしいという説得力を持つ部分があっても全体としてはおかしな画像（例えば、一方の袖がもう一方の袖よりも極端に長いシャツ、異なるイヤリング、逆の方を見ている目など）を生成することが多い。この問題はどうすれば解決できるだろうか。

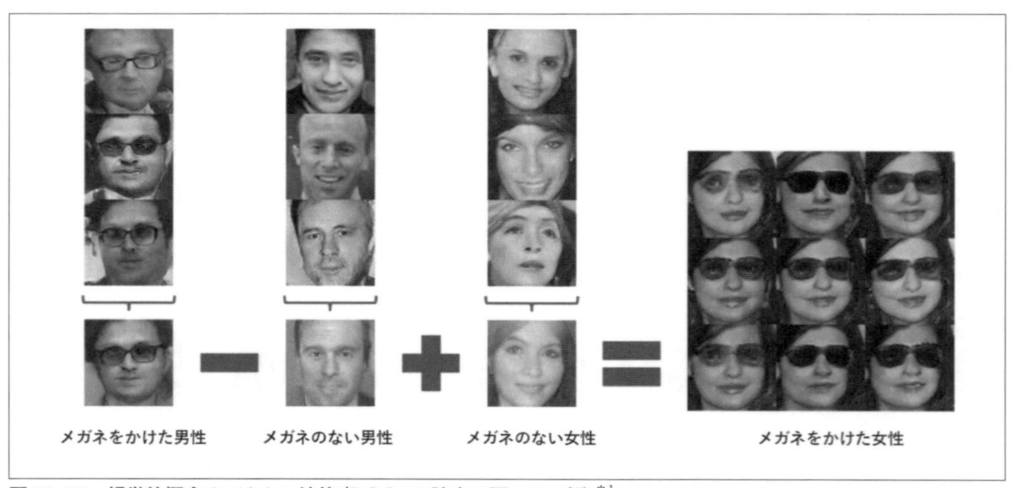

図17-17　視覚的概念のベクトル演算（DCGAN論文の図7の一部）[*1]

生成器と判別器に補助入力として画像のクラスを追加すると、両者はともに個々のクラスがどのような形かを学習し、生成器が作る個々の画像のクラスをコントロールできる。これを**CGAN**（conditional GAN）[*2]（https://homl.info/cgan）と呼ぶ。

＊1　著者たちの許可に基づき再録。

＊2　Mehdi Mirza and Simon Osindero, "Conditional Generative Adversarial Nets", arXiv preprint arXiv:1411.1784 (2014).

17.9.3　PGGAN（Progressive Growing of GANs）

NVIDIAの研究者、テロ・ケラス（Tero Karras）らが2018年の論文（https://homl.info/progan）[*1]で重要なテクニックを提案した。学習の最初の時点では小さな画像を生成し、次第に生成器と判別器の両方に畳み込み層を加えていって、画像サイズを大きくしていく（4×4、8×8、16×16、……、512×512、1,024×1,024）というものだ。これは、スタックオートエンコーダの層ごとの貪欲な学習と似ている。新たな層は、生成器の末尾と判別器の冒頭に追加される。そして以前学習された層は、学習可能なままに保たれる。

例えば、生成器の出力を4×4から8×8に拡大するとき（**図17-18**参照）には、既存の畳み込み層（「畳み込み層1」）にアップサンプリング層（最近傍フィルタリングを使う）を追加して8×8の特徴量マップを出力し、それを新しい畳み込み層（「畳み込み層2」）に与える。この層の出力はまた新しい出力畳み込み層に与えられる。学習された畳み込み層1の重みを壊さないようにするために、2つの新しい畳み込み層（**図17-18**で破線で表されているもの）を少しずつフェードインさせ、もとの出力層をフェードアウトさせていく。最終的な出力は、αを0から1に少しずつ増やしながら、もとの出力層（重み$1-\alpha$）と新しい出力層（重みα）の加重総和を計算したものになっている。判別器に新しい畳み込み層を追加するときにも同じようなフェードイン/フェードアウトのテクニックが使われている（その後ろにはダウンサンプリングのための平均プーリング層が続く）。すべての畳み込み層が`"same"`パディングとストライド1を使っているので、画像の幅と高さが入力と同じになっていることに注意しよう。これには最初の畳み込み層も含まれ、この層の出力は8×8になる（入力が8×8になったので）。最後に、出力層はカーネルサイズ1を使う。これらは入力を適切なカラーチャネル数（一般に3）に射影する。

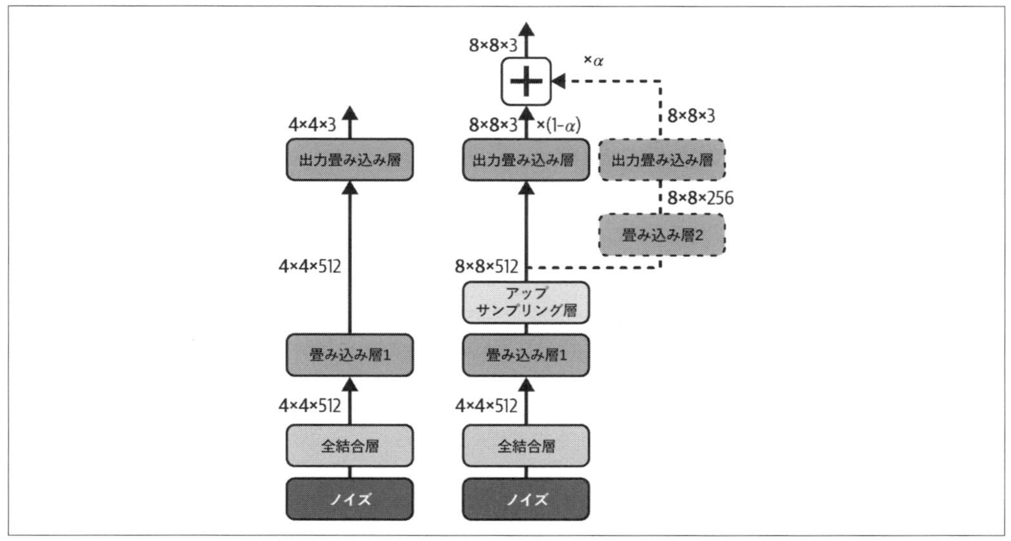

図17-18　PGGAN：4×4のカラー画像を出力するGAN生成器（左）を8×8の画像を出力するもの（右）に拡張する

*1　Tero Karras et al., "Progressive Growing of GANs for Improved Quality, Stability, and Variation", *Proceedings of the International Conference on Learning Representations* (2018).

PGGAN論文は、出力の多様性を上げてモード崩壊を防ぐためのテクニックや学習を安定化させるためのテクニックをほかにも提案している。

ミニバッチ標準偏差層（minibatch standard deviation layer）

判別器の最後の方に追加される。入力の個々の点で、バッチに含まれる全インスタンスの全チャネルを通じての標準偏差を計算する（`S = tf.math.reduce_std(inputs, axis=[0, -1])`）。さらに、すべての点の標準偏差の平均を計算して1つの値にまとめる（`v = tf.reduce_mean(S)`）。最後に、バッチ内の各インスタンスに新しい特徴量マップを追加し、計算した値をセットする（`tf.concat([inputs, tf.fill([batch_size, height, width, 1], v)], axis=-1)`）。これは何の役に立つのだろうか。生成器が多様性に乏しい画像を生成すると、判別器内の特徴量マップ間の標準偏差は小さくなる。判別器は、この層のおかげでこの指標に簡単にアクセスできるようになり、多様性の乏しすぎる画像を生成している生成器に騙されにくくなる。すると、生成器は多様性に富んだ出力を生成する方向に誘導され、モード崩壊のリスクが軽減される。

学習率の均等化（Equalized learning rate）

He初期値ではなく、平均0標準偏差1の標準正規分布を使ってすべての重みを初期化する。しかし、重みは実行時（つまり、層が実行されるたび）にHe初期値と同じスケーリングファクタでスケールダウンされる。具体的には、n_{inputs}を層の入力数として、$\sqrt{2/n_{\text{inputs}}}$で割るのである。PGGAN論文は、このテクニックによって、RMSProp、Adamなどの適応的な勾配オプティマイザを使ったときのGANの性能が大幅に上がることを示した。実際、これらのオプティマイザは、それぞれが推定した標準偏差で勾配更新を正規化する（11章参照）ので、ダイナミックレンジ[*1]が大きいパラメータは学習に時間がかかるのに対し、ダイナミックレンジが小さいパラメータは学習にかかる時間が短すぎて学習を不安定にする要因になる。このアプローチは、初期化時にリスケーリングするのではなく、モデル自体の一部として重みをリスケーリングすることによって、学習中を通じてすべてのパラメータでダイナミックレンジが同じになるようにしているので、どのパラメータも同じスピードで学習する。そのため、学習がスピードアップするとともに、安定する。

ピクセル単位の正規化層（pixelwise normalization layer）

生成器の個々の畳み込み層のうしろにこの正規化層を追加する。個々の活性度は、同じ画像や同じ位置のすべての活性度に基づいてではなく、同じチャネルのすべての活性度に基づいて正規化される（活性度の平均二乗値の平方根で割る）。TensorFlowコードにすると、これは、`inputs / tf.sqrt(tf.reduce_mean(tf.square(X), axis=-1, keepdims=True) + 1e-8)`となる（0による除算を避けるために平滑化項`1e-8`が必要になる）。このテクニックは、生成器と判別器の競争がヒートアップして活性度が爆発するのを防いでいる。

これらすべてのテクニックの組み合わせにより、著者たちは驚くほど本物っぽいという説得力がある顔の高解像度画像（https://homl.info/progandemo）を生成することに成功した。しかし、私たちが「説得力」と言っているものは具体的に何なのだろうか。評価は、GANを扱うときの難問の1つだ。生成された画像の多様性を自動的に評価することはできるが、その品質を評価するのは主観的なことであり、

＊1 変数のダイナミックレンジとは、変数が取り得る最大値と最小値の割合のことである。

課題としてははるかに難しい。人間に評価してもらう方法はあるが、時間とコストがかかる。そこで、著者たちは生成された画像と学習画像の局所的な画像構造の類似性を計測することを提案した。このアイデアから、彼らは新たにStyleGANという大きなイノベーションを生み出した。

17.9.4 StyleGAN

高解像度画像生成の最先端は、同じNVIDIAチームの2018年の論文(https://homl.info/stylegan)*1が提案したStyleGANアーキテクチャによってさらに大きく前進した。著者たちは、生成器の中で**スタイル変換**(style transfer)テクニックを使い、生成された画像があらゆるスケールで学習画像と同じ局所構造を持つようにしたが、これによって生成された画像の品質が大幅に向上した。この論文では判別器と損失関数は変更されておらず、生成器が変更されただけである。StyleGANの生成器は、次の2つのネットワークから構成されている(**図17-19**参照)。

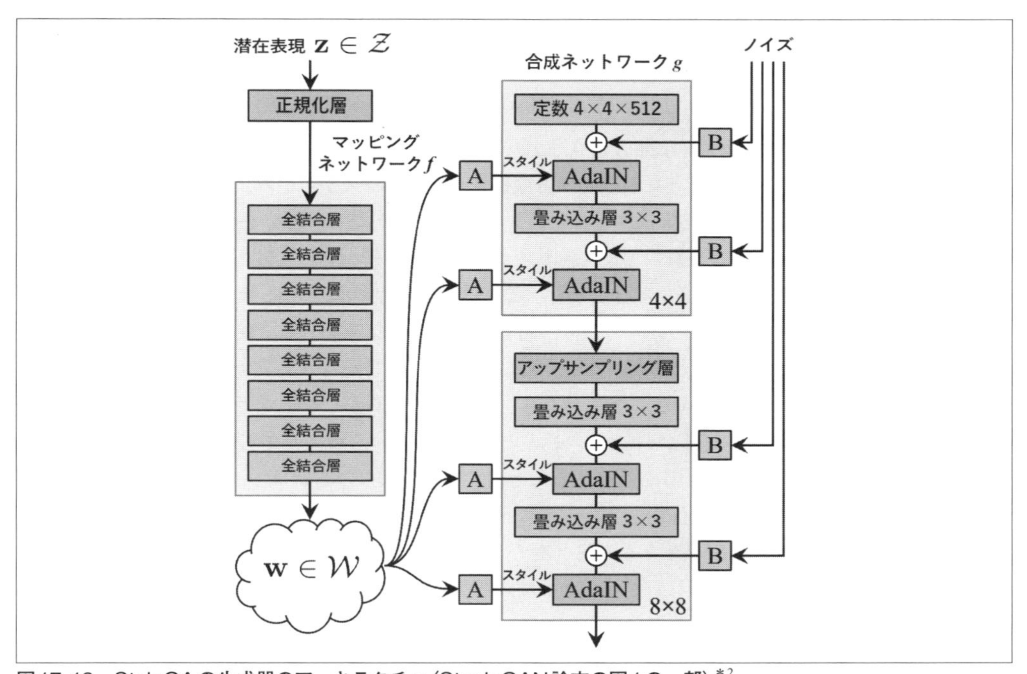

図17-19 StyleGAの生成器のアーキテクチャ(StayleGAN論文の図1の一部)*2

マッピングネットワーク(mapping network)

潜在表現**z**(コーディング)をベクトル**w**に変換する8層のMLP。このベクトルは、複数の**アフィン変換**(affine transformation:活性化関数のないDense層で、**図17-19**ではAというボックスで示されている)に送られ、そこで複数のベクトルが生成される。これらのベクトルは、細かいテク

*1 Tero Karras et al., "A Style-Based Generator Architecture for Generative Adversarial Networks", arXiv preprint arXiv:1812.04948 (2018).

*2 著者たちの許可に基づき再録。

スチャ（例えば髪の色）から高水準の特徴量（例えば、大人か子どもか）までのさまざまなレベルで生成される画像のスタイルを制御する。一言で言えば、マッピングネットワークは、コーディングを複数のスタイルベクトルにマッピングする。

合成ネットワーク（synthesis network）

画像を生成する。合成ネットワークは、以前と同じように定数の学習された入力を持ち（正確に言うと、この入力が定数になるのは学習**後**であり、学習**中**はバックプロパゲーションによって絶えず調整されている）、以前と同じようにこの入力を複数の畳み込み層とアップサンプリング層で処理するが、2点の変更が加えられている。第1に、入力と畳み込み層のすべての出力（活性化関数を実行する前）にはノイズが加えられる。第2に、個々のノイズ層のうしろには、**適応インスタンス正規化**（AdaIN: adaptive instance normalization）層が続く。AdaIN層は、個々の特徴量マップを独立に標準化し（特徴量マップの平均を引き、その標準偏差で割って）、スタイルベクトルを使って個々の特徴量マップのスケールとオフセットを判断する（スタイルベクトルには、個々の特徴量マップのためのスケールとバイアス項が1個ずつ含まれている）。

コーディングとは独立にノイズを加えるアイデアは非常に重要だ。画像には、そばかすや毛髪の正確な位置のようにかなりランダムな部分が含まれている。初期のGANでは、このランダム性はコーディングから送り込むか、生成器自身が生成する擬似ランダムノイズから生み出すしかなかった。コーディングから送り込む場合、生成器はコーディングの表現力のかなりの部分をノイズの格納のために使わなければならなかったが、これはとても無駄なことだ。さらに、ノイズはネットワークを通過して生成器の最終層まで届かなければならなかった。これは不要な制約に感じられるが、そのために学習はかなりスローダウンしていただろう。そして、同じノイズを異なるレベルで使ったために画面に変なアーティファクトが生成されることがあった。それに対し、生成器が自分で擬似ランダムノイズを作ろうとした場合、そのノイズはあまり説得力を持たず、そのためにおかしな視覚効果がさらに生まれていた。しかも、生成器の重みの一部が擬似ランダムノイズの生成のために充てられていたはずで、それも無駄なことだ。新たにノイズ入力を追加することにより、これらの問題はすべて解消される。GANは与えられたノイズを使って、画像の個々の部分に適切な量の確率性を加味できる。

加えられるノイズは各レベルで異なる。個々のノイズ入力は、ガウスノイズで満たされた1つの特徴量マップから構成され、これが同じレベルのすべての特徴量マップにブロードキャストされ、特徴量ごとに学習されたスケーリングファクタに従ってスケーリングされてから（**図17-19**のBと書かれたボックスはこれを表している）画像に加えられる。

最後に、StyleGANは、2つの異なるコーディングを使って生成される画像の一部ずつを作る**混合正則化**（mixing regularization、**スタイル混合**：style mixing）というテクニックを使っている。具体的には、$\mathbf{c}_1$と$\mathbf{c}_2$というコーディングがマッピングネットワークを通過し、$\mathbf{w}_1$と$\mathbf{w}_2$というスタイルベクトルになる。そして、合成ネットワークは、前の方のレベルでスタイル$\mathbf{w}_1$、そのあとのレベルでスタイル$\mathbf{w}_2$に基づき画像を生成する。切り替えが行われるレベルはランダムに選ばれる。こうすることにより、ネットワークは、隣り合ったレベルのスタイルが相関していると想定しなくなり、GANの中で局所性が尊重される。つまり、個々のスタイルベクトルは、生成された画像の中の限られた数の特徴量だけに影響を与える。

このように、作られているGANにはさまざまなものがあり、それらすべてを取り上げようと思えば1冊の本が必要になるだろう。しかし、この入門的解説でも基本的な考え方は理解できたはずだ。何よりも大切なことはもっと学んでみたいと思っていただくことだ。最初は学習がうまくいかなくても、そこでめげないで独自のGANを実装してみよう。残念ながら、最初はうまくいかないのが普通であり、うまく動作するまでは並々ならぬ忍耐が必要だ。しかし、結果は、我慢をしただけの甲斐があるものになる。実装の細部で困ったことがあれば、参考にできるKerasやTensorFlowの実装がいくつもある。実際、手っ取り早くすばらしい結果がほしいだけなら、事前学習済みモデルを使えばよい（例えば、Kerasで使える事前学習済みStyleGANモデルがある）。

オートエンコーダとGANを見たので、この種のアーキテクチャの最後のタイプである拡散モデルを見てみよう。

17.10　拡散モデル

拡散モデルを支える考え方はずっと前からあったおものだが、初めて現代的な形にまとめたのは、ヤッシャ・ソールディクスタイン（Jascha Sohl-Dickstein）をはじめとするスタンフォード大学とカリフォルニア大学バークレー校の研究者たちによる2015年の論文（https://homl.info/diffusion）[*1]だ。著者たちは、熱力学のツールをもとに、紅茶のカップにひとしずくのミルクが拡散していくのとよく似た拡散過程をモデリングした。アイデアのポイントは、モデルに逆のプロセスを学習させることだ。つまり、完全に混ざった状態からスタートして、少しずつ紅茶からミルクを分離していくのである。彼らはこのアイデアを使って画像生成で期待できる結果をつかんでいたが、当時はGANの方が説得力のある画像を作れていたので、拡散モデルはGANほど注目を浴びなかった。

その後、カリフォルニア大学バークレー校のジョナサン・ホー（Jonathan Ho）らが非常にリアルな画像を生成できる拡散モデルの構築に成功し、**DDPM**（ノイズ除去拡散確率モデル：denoising diffusion probabilistic model）と名付けて2020年の論文（https://homl.info/ddpm）[*2]で発表した。数か月後、OpenAIのアレックス・ニコル（Alex Nichol）とプラフーラ・ダーリワル（Prafulla Dhariwal）の2021年の論文（https://homl.info/ddpm2）[*3]がDDPMアーキテクチャを分析し、いくつかの改良を提案したことにより、DDPMはついにGANに勝てるようになった。DDMPはGANよりも学習が大幅に楽なだけでなく、生成される画像に多様性があり、高品質でさえある。DDPMの最大の欠点は、これから見ていくように、GANやVAEと比べて画像の生成に非常に長い時間がかかることだ。

では、DDPMの仕組みは正確なところどうなっているのだろうか。最初に猫の写真（**図17-20**のようなもの）を用意したとする。これを$\mathbf{x}_0$とし、タイムステップtごとにわずかなガウスノイズ（平均0、分散β_t）を加えていく。このノイズはピクセルごとに独立だが、それを**等方的**（isotropic）と表現する。ノイズを加えると、最初に画像$\mathbf{x}_1$、次に画像$\mathbf{x}_2$が得られる。ノイズで猫が隠れて完全に見えなくなるまでこれを続ける。最後のタイムステップをTと記述する。オリジナルのDDPM論文では、著者たちは$T = 1{,}000$を使い、タイムステップ0からTの間で猫の信号が線形に隠れていくように分散β_tを

＊1　Jascha Sohl-Dickstein et al., "Deep Unsupervised Learning using Nonequilibrium Thermodynamics", arXiv preprint arXiv:1503.03585 (2015).

＊2　Jonathan Ho et al., "Denoising Diffusion Probabilistic Models" (2020).

＊3　Alex Nichol and Prafulla Dhariwal, "Improved Denoising Diffusion Probabilistic Models" (2021).

スケジューリングした。それに対し、改良DDPM論文はTを4,000まで引き上げ、分散スケジュール(variance schedule)も最初と最後に変更がゆっくりしたものになるように操作した。要するに、段階的に猫をノイズで埋め尽くそうとしているわけだ。これを**前進過程**(forward process)と呼ぶ。

前進過程でガウスノイズを追加していくと、ピクセルの分布はどんどん正規分布に近づいていく。今までの説明では省略してきたが、各ステップでピクセルの値は$\sqrt{1-\beta_t}$という係数を掛けてスケーリングされる。この係数は1よりも少し小さいので、ピクセルの平均値は少しずつ0に近づいていく(0.99を繰り返し掛けたらどうなるかを想像してみよう)。また、この操作によって分散は1に収束する方向に進む。これはピクセル値の標準偏差にも$\sqrt{1-\beta_t}$という係数が掛けられ、それにより分散が$1-\beta_t$(係数の二乗)倍されていくからだ。しかし、各ステップで分散β_tのガウスノイズを加えているので、分散が0に縮むことはない。正規分布に従う値の総和を取ると分散は上がるので、分散は$1-\beta_t+\beta_t=1$に収束するだけだ。

拡散過程は**式17-5**のようにまとめられる。この式は、前進過程について新しいことを一切教えてくれないが、機械学習の論文ではよく使われるので、このタイプの数式を理解するためには役立つ。この式は、平均が係数の$\mathbf{x}_{t-1}$倍で共分散行列が$\beta_t\mathbf{I}$の正規分布を$\mathbf{x}_{t-1}$とするときの$\mathbf{x}_t$の確率分布qを定義している。$\beta_t\mathbf{I}$は単位行列$\mathbf{I}$のβ_t倍であり、これはノイズが分散β_tに対して等方的だということだ。

式17-5　拡散モデルの前進過程でのqの確率分布

$$q\left(\mathbf{x}_t \middle| \mathbf{x}_{t-1}\right) = \mathcal{N}\left(\sqrt{1-\beta_t}\ \mathbf{x}_{t-1}, \beta_t\mathbf{I}\right)$$

面白いのは、この前進過程の計算にはもっと簡単な方法があることだ。$\mathbf{x}_1, \mathbf{x}_2, ..., \mathbf{x}_{t-1}$を計算しなくても、$\mathbf{x}_0$がわかれば画像$\mathbf{x}_t$をサンプリングできるのである。実際、正規分布の総和も正規分布になるので、**式17-6**を使えばノイズ全体を1度に加えられる。この方が大幅に高速なので、私たちはこちらの式を使っていく。

式17-6　拡散モデル前進過程の簡単な計算方法

$$q\left(\mathbf{x}_t \middle| \mathbf{x}_0\right) = \mathcal{N}\left(\sqrt{\bar{\alpha}_t}\mathbf{x}_0, \left(1-\bar{\alpha}_t\right)\mathbf{I}\right)$$

もちろん、私たちの目標は猫をノイズの中に埋没させることではない。その逆で、新しい猫の画像をたくさん作りたいのだ。$\mathbf{x}_t$から$\mathbf{x}_{t-1}$に進むという**逆過程**(reverse process)を実行できるモデルを学習すれば、それを実現できる。逆過程を使えば、画像から少量のノイズを取り除ける。すべてのノイズが消えるまで、それを何度も繰り返せばよい。多数の猫の画像を含むデータセットでそのようなモデルを学習し、ガウスノイズで埋められた画像を与えれば、モデルはまったく新しい猫の画像を少しずつ生み出す(**図17-20**参照)。

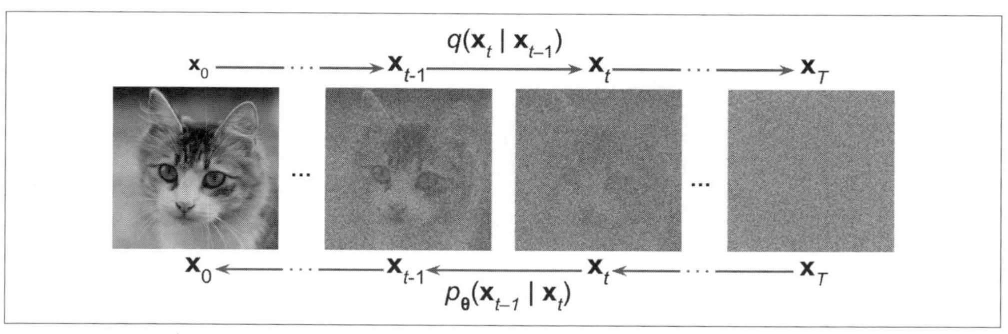

図17-20　拡散モデルの前進過程qと逆過程p

それではコーディングに移ろう。まずは前進過程のコーディングだ。そのためには、分散スケジュールを実装しなければならない。猫が消えていく速さを制御するにはどうすればよいだろうか。初期状態では、最初の猫の画像が持つ分散が100％ある。そして、先ほど説明したように、各タイムステップtで分散に$1-\beta_t$を掛けてノイズを加えていく。そのため、各ステップで初期分布の分散が$1-\beta_t$倍されていく。$\alpha_t = 1-\beta_t$と定義すると、tタイムステップ後には、猫の信号には$\overline{\alpha}_t = \alpha_1 \times \alpha_2 \times \ldots \times \alpha_t = \prod_{i=1}^{t} \alpha_i$が掛けられていることになる。そこで、この「猫信号」係数$\overline{\alpha}_t$がステップ0からTまでの間に1から0に少しずつ減るようにスケジューリングすればよい。改良DDPM論文の著者たちは、**式17-7**によって$\overline{\alpha}_t$をスケジューリングした。**図17-21**は、このスケジュールをグラフにしたものだ。

式17-7　前進過程の分散スケジュール

$$\beta_t = 1 - \frac{\overline{\alpha}_t}{\overline{\alpha}_{t-1}},\ \text{ここで}\ \overline{\alpha}_t = \frac{f(t)}{f(0)}\ \text{かつ}\ f(t) = \cos^2\left(\frac{t/T+s}{1+s} \cdot \frac{\pi}{2}\right)$$

- sは$t=0$の近くでβ_tが小さくなりすぎないようにするための値であり、論文の著者たちは$s=0.008$を使っている。
- β_tは$t=T$の近くで不安定にならないように、0.999までに制限されている。

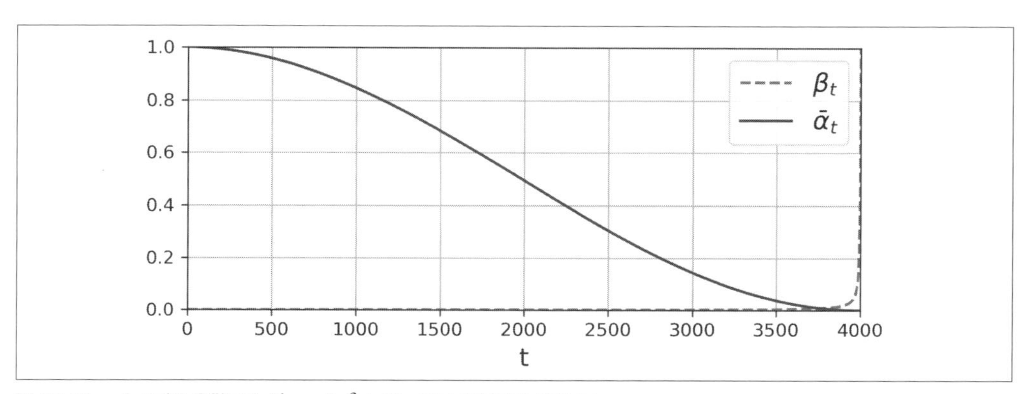

図17-21　ノイズの分散スケジュールβ_tと残っている信号の分散$\overline{\alpha}_t$

α_t、β_t、$\bar{\alpha}_t$を計算する小さな関数を作り、$T = 4{,}000$を渡して呼び出そう。

```
def variance_schedule(T, s=0.008, max_beta=0.999):
    t = np.arange(T + 1)
    f = np.cos((t / T + s) / (1 + s) * np.pi / 2) ** 2
    alpha = np.clip(f[1:] / f[:-1], 1 - max_beta, 1)
    alpha = np.append(1, alpha).astype(np.float32)  # α₀ = 1を追加
    beta = 1 - alpha
    alpha_cumprod = np.cumprod(alpha)
    return alpha, alpha_cumprod, beta  # t = 0からTに対してαₜ, ᾱₜ, βₜ

T = 4000
alpha, alpha_cumprod, beta = variance_schedule(T)
```

逆過程を実行するようにモデルを学習するには、前進過程のさまざまなタイムステップでのノイズが入った画像が必要だ。そのために、データセットに含まれるクリーンな画像のバッチを引数としてノイズが入った画像を準備するprepare_batch()関数を作ろう。

```
def prepare_batch(X):
    X = tf.cast(X[..., tf.newaxis], tf.float32) * 2 - 1
                                        # -1から+1までになるようにスケーリング
    X_shape = tf.shape(X)
    t = tf.random.uniform([X_shape[0]], minval=1, maxval=T + 1, dtype=tf.int32)
    alpha_cm = tf.gather(alpha_cumprod, t)
    alpha_cm = tf.reshape(alpha_cm, [X_shape[0]] + [1] * (len(X_shape) - 1))
    noise = tf.random.normal(X_shape)
    return {
        "X_noisy": alpha_cm ** 0.5 * X + (1 - alpha_cm) ** 0.5 * noise,
        "time": t,
    }, noise
```

- コードを単純にするためにFashion MNISTを使うので、最初にチャネル軸を追加しなければならない。また、ピクセルの値が−1から1までになるようにして、最終的に目指す平均0標準分布1の正規分布に近くなるようにすると役に立つ。
- 次に、1からTまでの間のランダムなタイムステップを格納するベクトル`t`を作る。
- 次に、`tf.gather()`を使ってベクトル`t`内の各タイムステップの`alpha_cumprod`を得る。すると、各画像の$\bar{\alpha}_t$の値を格納する`alpha_cm`というベクトルが得られる。
- 次の行は、`alpha_cm`の形を[*batch size*]から[*batch size*, 1, 1, 1]に変える。これはバッチ`X`とともに`alpha_cm`をブロードキャストできるようにするために必要なことだ。
- 平均0分散1のガウスノイズを生成する。
- 最後に**式17-6**を使って画像に前進過程を適用する。`x ** 0.5`は`x`の平方根計算という意味だ。この関数は、入力とターゲットを格納するタプルを返す。入力は、ノイズの入った画像とその画像を作るためのタイムステップを格納するPython `dict`で表現されている。ターゲットは、各画像を生成するために使ったガウスノイズである。

このようにして作ったモデルは、入力画像からもとの画像を手に入れるために減算すべきノイズを予測する。なぜ、もとの画像を直接予測しないのだろうか。実際、論文の著者たちも直接予測しようとしたのだが、うまくいかなかったのだ。

次に学習セットと検証セットを作り、すべてのバッチにprepare_batch()を適用する。以前と同様に、X_trainとX_validにはピクセル値が0から1までのFashion MNIST画像が含まれている。

```
def prepare_dataset(X, batch_size=32, shuffle=False):
    ds = tf.data.Dataset.from_tensor_slices(X)
    if shuffle:
        ds = ds.shuffle(buffer_size=10_000)
    return ds.batch(batch_size).map(prepare_batch).prefetch(1)

train_set = prepare_dataset(X_train, batch_size=32, shuffle=True)
valid_set = prepare_dataset(X_valid, batch_size=32)
```

これで実際の拡散モデル自体を作れるようになった。入力としてノイズが入った画像とタイムステップを取り、入力画像から減算すべきノイズを予測するものならどのようなものでもよい。

```
def build_diffusion_model():
    X_noisy = tf.keras.layers.Input(shape=[28, 28, 1], name="X_noisy")
    time_input = tf.keras.layers.Input(shape=[], dtype=tf.int32, name="time")
    [...]  # ノイズの入った画像とタイムステップからモデルを作る
    outputs = [...]  # ノイズを予測する(入力画像と同じ形)
    return tf.keras.Model(inputs=[X_noisy, time_input], outputs=[outputs])
```

DDPM論文の著者たちはU-Netアーキテクチャ(https://homl.info/unet)[*1]の改良版を使ったが、それは14章でセマンティックセグメンテーションのために取り上げた全層畳み込みネットワーク(FCN)と多くの類似点を持っている。彼らのアーキテクチャは、入力画像を少しずつダウンサンプリングしてから再びアップサンプリングし、ダウンサンプリングされた画像をアップサンプリングするときにスキップ接続を使う。また、タイムステップを考慮に入れるために、Transformerアーキテクチャの位置エンコーディングと同じテクニックでタイムステップをエンコードした。彼らは、U-Netアーキテクチャのすべてのレベルでこれらの時間エンコーディングをDense層経由でU-Netに与えた。そして、彼らはさまざまなレベルでマルチヘッドアテンション層も使っている。この章のノートブックの基本実装か公式実装(https://homl.info/ddpmcode)を参照してほしい。公式実装は非推奨になったTF 1.xで書かれているが、読みやすくできている。

これでモデルを普通に学習できる。著者たちは、MSE損失よりもMAE損失の方がうまくいったと述べている。フーバー損失も使える。

```
model = build_diffusion_model()
model.compile(loss=tf.keras.losses.Huber(), optimizer="nadam")
```

＊1 Olaf Ronneberger et al., "U-Net: Convolutional Networks for Biomedical Image Segmentation", arXiv preprint arXiv:1505.04597 (2015).

```
history = model.fit(train_set, validation_data=valid_set, epochs=100)
```

モデルを学習したら、モデルを使って新しい画像を生成できる。逆過程の方には近道の楽な方法はない。そこで、平均0分散1の正規分布から$\mathbf{x}_T$をランダムにサンプリングしてモデルに渡し、ノイズを予測させせなければならない。**式17-8**を使って画像からノイズを減算すれば、$\mathbf{x}_{T-1}$が得られる。$\mathbf{x}_0$が得られるまでそれをさらに3,999回繰り返し、うまくいけば、通常のFashion MNIST画像とよく似たものが得られるはずだ。

式17-8　拡散過程を1ステップ逆に戻す方法

$$\mathbf{x}_{t-1} = \frac{1}{\sqrt{\alpha_t}}\left(\mathbf{x}_t - \frac{\beta_t}{\sqrt{1-\bar{\alpha}_t}}\varepsilon_{\boldsymbol{\theta}}\left(\mathbf{x}_t, t\right)\right) + \sqrt{\beta_t}\mathbf{z}$$

式の中の$\boldsymbol{\varepsilon}_\theta(\mathbf{x}_t, t)$は、入力画像$\mathbf{x}_t$とタイムステップ$T$から得られるモデルが予測したノイズを表している。$\boldsymbol{\theta}$はモデルのパラメータを表す。$\mathbf{z}$は平均0分散1のガウスノイズだ。これにより、逆過程は確率的になる。つまり、複数回実行すると、異なる画像が得られるということだ。

この逆過程を実装する関数を書き、画像をいくつか生成してみよう。

```
def generate(model, batch_size=32):
    X = tf.random.normal([batch_size, 28, 28, 1])
    for t in range(T, 0, -1):
        noise = (tf.random.normal if t > 1 else tf.zeros)(tf.shape(X))
        X_noise = model({"X_noisy": X, "time": tf.constant([t] * batch_size)})
        X = (
            1 / alpha[t] ** 0.5
            * (X - beta[t] / (1 - alpha_cumprod[t]) ** 0.5 * X_noise)
            + (1 - alpha[t]) ** 0.5 * noise
        )
    return X

X_gen = generate(model)  # 生成された画像
```

このコードの実行には1、2分かかるだろう。これが拡散モデルの最大の欠点だ。モデルを何度も呼び出さなければならないので、画像の生成に時間がかかるのである。Tを小さくしたり、1度に同じモデル予測を複数ステップずつ使ったりすれば高速になるが、得られる画像の質が下がる。このようなスピード上の制約があるとは言え、**図17-22**が示すように、拡散モデルは高品質で多様性の高い画像を生成できる。

図17-22　DDPMで生成した画像

近年になって拡散モデルは大きく進歩している。特に、ロビン・ロンバック（Robin Rombach）、アンドリース・ブラットマン（Andreas Blattmann）らが2021年12月に発表した論文（https://homl.info/latentdiff）[*1]は、ピクセル空間ではなく潜在空間で拡散プロセスを行う**潜在拡散モデル**（latent diffusion models）を提案した。潜在拡散モデルは、強力なオートエンコーダを使って個々の学習画像をはるかに小さい潜在空間に圧縮し、そこで拡散プロセスを実行してから、オートエンコーダで最終的な潜在表現を圧縮状態から復元し、出力画像を生成する。これで画像生成は大幅に高速になり、学習時間とコストが劇的に削減される。重要なのは、生成された画像の品質が傑出して優れていることだ。

さらに、研究者たちはテキストプロンプト、画像、その他の入力で拡散プロセスを導くさまざまな条件付けのテクニックも考え出した。これにより、本を読んでいるサラマンダーなど、空想世界の美しい高解像度画像を高速に生成できるようになった。入力画像で画像生成プロセスに条件を与えることもできる。これにより、入力画像の外側を描き足すアウトペインティング、入力画像に含まれている穴の部分を埋めるインペインティングなどが可能になった。

そして、2022年8月には、ミュンヘン・ルートヴィヒ＝マクシミリアン大学（LMU）とStabilityAI、Runwayなど複数の企業のコラボレーションによって作られ、EleutherAIとLAIONがサポートしている**安定拡散モデル**（Stable Diffusion）という最新の拡散モデルがオープンソース化された。2022年9月には、これがTensorFlowに移植され、Kerasチームが作ったコンピュータビジョンライブラリKerasCV（https://keras.io/keras_cv）に組み込まれた。これで普通のノートPCで無料で数秒のうちに驚くような画像を生成できるようになった（この章の演習問題の最後の問題を参照）。可能性は無限だ。

次章では、深層学習の中でも今までのものとはまったく異なる分野である深層強化学習を見てみよう。

＊1　Robin Rombach, Andreas Blattmann, et al., "High-Resolution Image Synthesis with Latent Diffusion Models", arXiv preprint arXiv:2112.10752 (2021).

17.11 演習問題

1. オートエンコーダの主要な用途は何か。
2. 分類器を学習したいと思っており、ラベルなしの学習データは豊富に持っているが、ラベル付きのインスタンスは数千個しかない。このようなときにオートエンコーダはどのように役立つか。どうすれば先に進めるか。
3. オートエンコーダが入力を完全に再構築する場合、それは優れたオートエンコーダだと言い切ってよいか。オートエンコーダの性能を評価するためにはどうすればよいか。
4. 不完備、過完備オートエンコーダとは何か。過度に不完備なオートエンコーダの最大のリスクは何か。過完備オートエンコーダの最大のリスクは何か。
5. スタックオートエンコーダではどのようにして重みを均等化するのか。重みを均等化する理由は何か。
6. 生成モデルとは何か。生成オートエンコーダの例としてはどのようなものがあるか。
7. GANとは何か。GANが見事な結果を生み出すタスクの例としてはどのようなものがあるか。
8. GANの学習で特に難しいのはどのようなところか。
9. 拡散モデルの長所はどこか。最大の短所は何か。
10. ノイズ除去オートエンコーダを使って画像分類器の事前学習をしよう。最も単純なところでMNISTを使っても、CIFAR10（https://homl.info/122）のような複雑な画像データセットに挑戦してもよい。どのデータセットを使うかにかかわらず、次の手順で作業をしなさい。
    a. データセットを学習セットとテストセットに分割し、学習セット全体を対象として深層ノイズ除去オートエンコーダを学習する。
    b. 画像がよく再構築されていることをチェックする。コーディング層の各ニューロンを最も活性化させている画像を可視化する。
    c. オートエンコーダの下位層を再利用して、分類用のDNNを構築する。学習セットのうちの500個の画像だけで学習する。事前学習の有無により性能に差はあるか。
11. 画像データセットを選び、それを使って変分オートエンコーダを学習し、画像を生成しなさい。興味のあるラベルなしデータセットを見つけて、新しいサンプルを生成できるかどうかを試すのでもよい。
12. 画像データセットを選び、それを使ってDCGANを学習して、画像を生成しなさい。経験再生を追加し、効果があるかどうかを確認しなさい。さらに、生成されるクラスを制御できるCGANに変えなさい。
13. KerasCVの優れた安定拡散モデルチュートリアル（https://homl.info/sdtuto）を読み、本を読むサラマンダーの美しい画像を生成しなさい。作品をX（旧Twitter）に投稿するときには、私（@aureliengeron）をタグ付けしてほしい。あなたの最高傑作をぜひ拝見したい。

演習問題の解答は、ノートブック（https://homl.info/colab3）の17章の部分を参照のこと。

18章 強化学習

強化学習（RL：reinforcement learning）は、現在の機械学習で最も刺激的な分野の1つであると同時に、最も古い分野の1つでもある。強化学習は1950年代から存在し、長年に渡って、特にゲーム（例えば、バックギャモンをプレイするTD-Gammonプログラム）や機械制御の分野などで多くのアプリケーションを生み出してきた[*1]が、新聞の見出しを飾るようなことはまずなかった。しかし、2013年（https://homl.info/dqn）になって、イギリスのDeepMindというスタートアップの研究者たちが、ほぼすべてのAtariゲームを0から学習できるシステムを作り[*2]、最終的にほとんどのゲームで人間よりも上達した（https://homl.info/dqn2）ところを実演してみせたときに地殻変動が起きた。そのシステムは、入力として未加工のピクセルだけを使い、ゲームのルールについての知識を事前に持たずにそこまでの力を付けたのである[*3]。しかし、これは一連の驚くべき偉業の第一歩に過ぎなかった。2016年3月には、DeepMindのAlphaGoが伝説的なプロ棋士イ・セドル（李世乭、Lee Sedol）に勝ち、2017年5月には世界チャンピオンのコジェ（柯潔、Ke Jie）にも勝った。それまで囲碁の達人と接戦を演じることができたプログラムなどなかった。まして、世界チャンピオンと戦えるものなどなかったのである。今では、強化学習の分野全体で新しいアイデアが次々に生まれ、さまざまな形で応用されている。

DeepMind（2014年に5億ドル超でGoogleに買収された）は一体どのようにして勝利を実現したのだろうか。後知恵で言えば、かなり単純なことである。彼らは強化学習の分野に深層学習のパワーを導入しただけだが、それが彼らの期待の上限を越える成果を示したのだ。この章では、まず強化学習とは何か、何が得意なのかを説明してから、方策勾配法（policy gradient）とDQN（deep Q-networks）という深層強化学習で最も重要な2つのテクニックを紹介し、マルコフ決定過程（MDP：Markov decision process）も取り上げる。では、始めよう。

＊1　詳しくは、Richard SuttonとAndrew Bartoの*Reinforcement Learning: An Introductiony,*（MIT Press）を参照のこと。

＊2　Volodymyr Mnih et al., "Playing Atari with Deep Reinforcement Learning", arXiv preprint arXiv:1312.5602 (2013).

＊3　https://homl.info/dqn3に行けば、DeepMindのシステムがスペースインベーダー、ブロック崩しなどのプレイを学習しているところを示す動画が見られる。

18.1 報酬の最大化の学習

強化学習では、**エージェント**（agent）というソフトウェアが**環境**（environment）内で**観測**（observation）に基づいて**行動**（action）を取り、それと引き換えに**報酬**（reward）を受け取る。エージェントの目標は、長期的に期待できる報酬を最大化するような行動を学ぶことだ。若干擬人法を使うことを躊躇しなければ、正の報酬は喜び、負の報酬は苦しみ（この場合「報酬」という用語は少し誤解を招く）だと考えることができるだろう。つまり、エージェントは環境内で行動し、試行錯誤を通じて喜びを最大化し、苦しみを最小化することを学習する。

これはかなり広い言い方であり、さまざまなタスクに応用できる。いくつか例を示そう（**図18-1**参照）。

a. ロボットを制御するプログラムはエージェントになり得る。この場合、環境は実世界であり、エージェントはカメラやタッチセンサーなどの一連の**センサー**を通じて環境を観測し、モーターを駆動する信号の送出がエージェントの行動になる。目的の位置に近づければ正の報酬を受け取り、時間を浪費したり、間違った方向に向かったりしたら負の報酬を受け取るようにプログラムされる。

b. **パックマン**を制御するプログラムはエージェントになり得る。この場合、環境はAtariゲームのシミュレーション、行動はジョイスティックの9種類のポジション（左上、下、中央など）、観測は画面ショット、報酬はゲームのポイントである。

c. 同様に、囲碁などのボードゲームをプレイするプログラムもエージェントになり得る。報酬は勝利したときに限り与えられる。

d. エージェントは、物理的に（あるいはバーチャルに）動くものを制御しなくてもよい。例えば、スマートサーモスタットはエージェントになり得る。目標の温度に近づき電力を節約していれば報酬を受け取り、人間が設定温度を操作してエージェントが人間のニーズの予測を学習しなければならないときには負の報酬を受け取る。

e. 毎秒株価を観測して、どれだけの大きさの売買をするかを判断するシステムもエージェントになり得る。当然、報酬は利益と損失の金額である。

正の報酬はない場合もあることに注意しよう。例えば、エージェントが迷路の中を動き回っていて、タイムステップごとに負の報酬を与えられるため、できる限り早く抜け出した方がよい場合などだ。これら以外にも、自動運転車、レコメンドシステム、ウェブページへの広告の表示、画像分類システムが注意を集中させるべき場所の制御など、強化学習が適しているタスクの例はたくさんある。

18.2 方策探索

エージェントが行動を決めるために使うアルゴリズムを**方策**（policy）と呼ぶ。方策は、例えば観測データを入力とし取るべき行動を出力するニューラルネットワークになる（**図18-2**参照）。

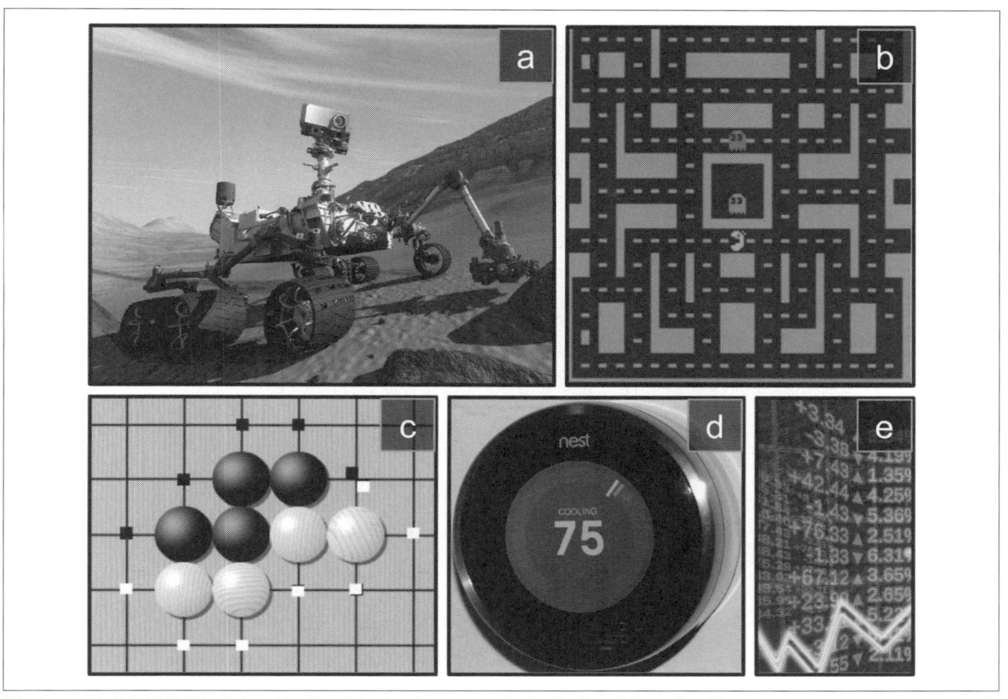

図18-1 強化学習の例：(a)ロボット、(b)パックマン、(c)囲碁をプレイするプログラム、(d)サーモスタット、(e)自動トレーダー*1

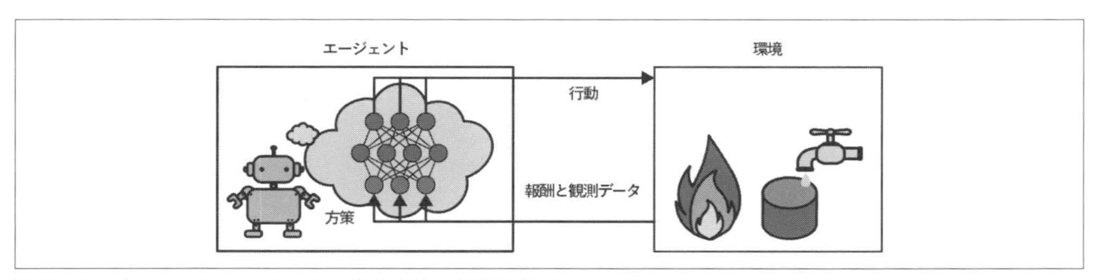

図18-2 ニューラルネットワークの方策を使った強化学習

方策は、考えられるどのようなアルゴリズムでもよく、決定論的である必要はない。それどころか、環境を観察する必要さえない場合もある。例えば、30分で吸い込んだゴミの量が報酬というロボット掃除機について考えてみよう。方策は、毎秒何らかの確率pで前進するか、$1-p$の確率でランダムに左か右に回転することである。回転角度は、$-r$からrまでのランダムな角度である。この方策にはランダムな部分が含まれているので、**確率的方策**（stochastic policy）と呼ばれる。ロボットは不規則な

*1 画像(a)、(d)、(e)はパブリックドメイン、(b)はパックマンゲームのスクリーンショットで、Atariに著作権がある（この章では公正使用）、(c)は、Wikipediaから転載したもので、ユーザのStevertigo製作、クリエイティブ・コモンズBY-SA 2.0（https://creativecommons.org/licenses/by-sa/2.0）のもとでリリース。

軌跡をたどるため、最終的には到達できるすべての場所を網羅し、すべてのゴミを吸引する。問題は、30分でどれだけ多くのゴミを吸引できるかだ。

そのようなロボットはどのように学習すればよいのだろうか。操作できる**方策パラメータ**（policy parameter）は、確率pと角度の範囲rしかない。これらのパラメータとしてさまざまな値を試し、最も効果的だった値の組み合わせを取り出せば、学習アルゴリズムとして成り立つ（**図18-3**参照）。これは、**方策探索**（policy search）の例であり、この場合はブルートフォース方式を使っている。しかし、**方策空間**（policy space）が広すぎる場合（一般にそうである）、このような方法でよいパラメータを見つけるのは、超巨大な干し草の山から針を探すようなものだ。

方策探索には、**遺伝的アルゴリズム**（GA：genetic algorithm）を使う方法もある。例えば、まず第1世代として100種の方策をランダムに生成して試し、悪い方から数えて80番目までを「殺し」[*1]、生き残った20種にそれぞれ4個の子孫を作らせる。子孫というのは、単純に親のコピーをランダムに少し変えたものである[*2]。生き残った方策とその子孫が第2世代を構成する。よい方策が見つかるまで、このような形で何度でも世代を重ねていってよい[*3]。

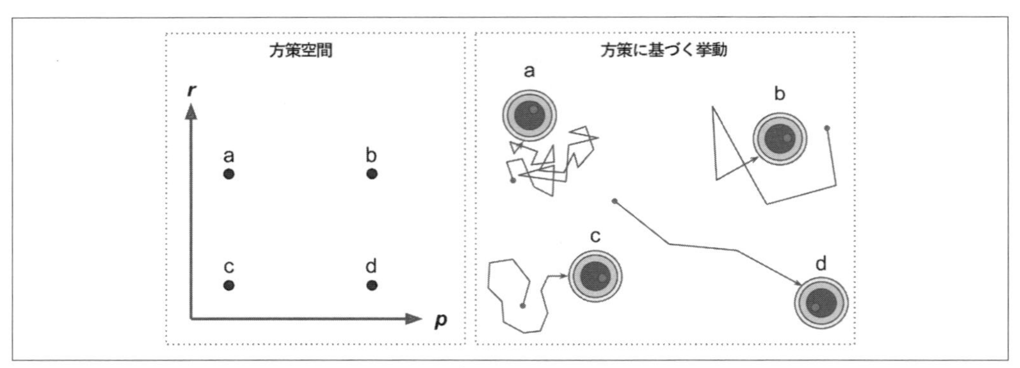

図18-3　方策空間の4つの点（左）と対応するエージェントの挙動（右）

方策パラメータについて報酬の勾配を評価し、より高い報酬に向かう勾配をたどるようにしてパラメータを修正する最適化テクニック[*4]を使う方法もある。これは、**方策勾配法**（PG：policy gradients）と呼ばれるもので、この章のあとの方で詳しく説明する。例えばロボット掃除機の例に戻ると、pをわずかに増やし、それによってロボットが30分に吸引するゴミの量が増えるかどうかを評価する。増える場合には、pを少し増やし、そうでなければpを減らす。本書では、TensorFlowを使って広く使われているPGアルゴリズムを実装する予定だが、その前に、エージェントが暮らす環境を作らなければならない。そこで、OpenAI Gymについて学んでおこう。

＊1　「遺伝子プール」にある程度の多様性を与えるために、性能の低いものにも生き残りのわずかなチャンスを与えるようにした方がよいことが多い。

＊2　親が1つだけなら**無性生殖**（asexual reproduction）、親が2つ以上なら**有性生殖**（sexual production）と呼ぶ。子孫のゲノム（この場合は一連の方策パラメータ）は親のゲノムからランダムに選んだ部分から構成される。

＊3　強化学習で使われる遺伝的アルゴリズムの面白い例として、NEAT（NeuroEvolution of Augmenting Topologies）（https://homl.info/neat）が挙げられる。

＊4　**勾配上昇法**（gradient ascent）と呼ばれるが、向きが逆なだけ（最小化ではなく最大化を目指す）で勾配降下法と同じようなものである。

18.3 OpenAI Gym入門

エージェントを学習するためには、まずエージェントのための環境を用意しなければならないところが強化学習の面倒な部分だ。Atariゲームのプレイを学習するエージェントをプログラムしたければ、Atariゲームシミュレーターが必要だ。歩くロボットをプログラムしたい場合、環境は実世界であり、実世界で直接ロボットを学習できるが、この方法には限界がある。ロボットが崖から落ちたからといって「取り消し」ボタンを押せば済む話ではない。それに時間を早送りすることもできない。計算能力を上げてもロボットが速く動けるようになるわけではない。一般にコストがかかり過ぎて、千台のロボットを並列で学習することなどとてもできない。要するに、実世界で学習しようとすると大変な上に遅いので、少なくとも学習の立ち上げ段階では**シミュレート環境**（simulated environment）が必要になる。例えば、3次元物理シミュレーションのためには、PyBullet（https://pybullet.org）やMuJoCo（https://mujoco.org）といった環境を使う。

OpenAI Gym（https://gym.openai.com）[*1]はさまざまなシミュレート環境（Atariゲーム、ボードゲーム、2次元、3次元物理シミュレーションなど）を提供してくれるツールキットで、これを使えば、エージェントを学習、比較し、新しいRLアルゴリズムを開発できる。

OpenAI GymはColabにプレインストールされているが、それは古いバージョンなので、最新のものに交換しなければならない。さらに、依存ファイルもインストールしなければならない。Colabではなく、自分自身のマシンでコーディングしている場合は、https://homl.info/installの指示に従ってインストールする。それでこのステップは終わりにして先に進める。そうでなければ、次のコマンドを入力する。

```
# 以下のコマンドはColabやKaggleだけで実行すること!
%pip install -q -U gym
%pip install -q -U gym[classic_control,box2d,atari,accept-rom-license]
```

最初の%pipコマンドは、Gymを最新バージョンに更新する。-qオプションは*quiet*ということで、出力を減らせる。-Uオプションは*upgrade*という意味である。第2の%pipコマンドはさまざまな環境を実行するために必要なライブラリをインストールする。その中には、カートに乗っているポールのバランスを取るゲームなど、**制御理論**（control theory、動きのあるシステムを制御するための科学理論）の古典的な環境が含まれている。ゲームのために2次元物理演算エンジンとして機能するBox2Dライブラリに基づく環境も含まれている。そして、Atari 2600のゲームのエミュレータであるALE（Arcade Learning Environment）をベースとする環境もある。複数のAtariゲームのROMが自動的にダウンロードされ、それらのコードを実行すると、AtariのROMライセンスに同意したことになる。

これでOpenAI Gymが使える状態になった。インポートして環境を作ろう。

```
import gym

env = gym.make("CartPole-v1", render_mode="rgb_array")
```

---

*1 OpenAIはイーロン・マスク（Elon Musk）が資金の一部を提供しているAI研究企業で、人類を助ける（絶滅させるのではなく）フレンドリーなAIを開発、推進することを目的としている。

ここでは、ポールを乗せ、そのポールを倒さないように左右に加速度をかけられるカートの2次元シミュレーションであるCartPole環境を作っている（**図18-4**参照）。これは制御理論の古典的なタスクだ。

利用できるすべての環境の名前と仕様はgym.envs.registry辞書に収められている。

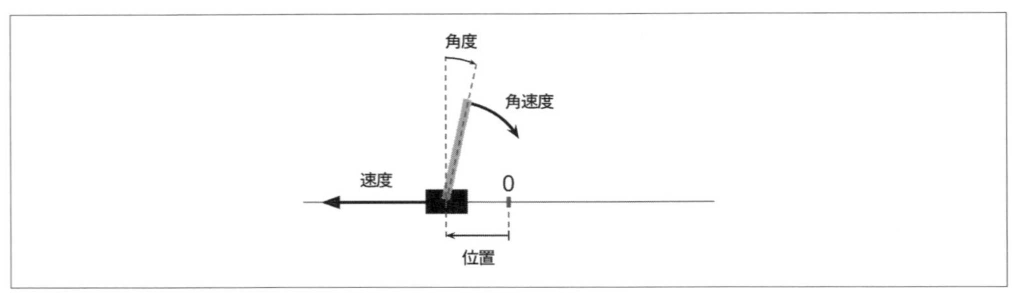

図18-4　CartPole環境

環境を作ったら、reset()メソッドで初期化しなければならない。すると、最初の観測データが返される。観測データは環境のタイプによって変わる。CartPole環境の場合、個々の観測データは4個の浮動小数点数による1次元NumPy配列である。これらの浮動小数点数は、カートの左右の位置（0.0＝中央）、速度（正なら右方向）、ポールの角度（0.00＝垂直）、ポールの角速度（正なら時計回り）である。reset()メソッドは、これとは別に辞書も返す。この辞書には、環境固有の追加情報が格納されている場合がある。これはデバッグや学習のために役立つ。例えば、多くのAtariでは、残されているライフの数値が含まれている。しかし、CartPole環境ではこの辞書は空だ。

```
>>> obs, info = env.reset(seed=42)
>>> obs
array([ 0.0273956 , -0.00611216,  0.03585979,  0.0197368 ], dtype=float32)
>>> info
{}
```

では、この環境を画像としてレンダリングするために、render()メソッドを呼び出そう。環境を作るときにrender_mode="rgb_array"を設定しているので、画像はNumPy配列という形で返される。

```
>>> img = env.render()
>>> img.shape  # 縦, 横, チャネル(3 = 赤, 緑, 青)
(400, 600, 3)
```

いつものように、Matplotlibのimshow()関数を使えばこの画像を表示できる。

環境にどのような行動が取れるかを尋ねてみよう。

```
>>> env.action_space
Discrete(2)
```

Discrete(2)は、取れる行動が整数の0、1だということを示している。これらは、左への加速(0)、右への加速(1)を表す。ほかの環境はもっと多くの離散行動を持っているかもしれないし、ほかのタイプの行動(例えば連続行動)を持っているかもしれない。ポールが右に傾いているので(obs[2] > 0)、カートに右方向の加速度を加えよう。

```
>>> action = 1  # 右方向に加速
>>> obs, reward, done, truncated, info = env.step(action)
>>> obs
array([ 0.02727336,  0.18847767,  0.03625453, -0.26141977], dtype=float32)
>>> reward
1.0
>>> done
False
>>> truncated
False
>>> info
{}
```

step()メソッドは、指定された行動を実行し、4個の値を返す。

obs
: 新しい観測データ。カートは右に動いている(obs[1] > 0)。ポールはまだ右に傾いている(obs[2] > 0)が、角速度が負になっている(obs[3] < 0)ので、次のステップのあとは左に傾くだろう。

reward
: この環境では、何をしてもステップごとに1.0の報酬が与えられる。そのため、目標はできる限り長い間走り続けることになる。

done
: エピソード(episode)が終わると、この値がTrueになる。この場合、ポールが傾きすぎるか、画面から消えるか、200ステップを過ぎる(この最後の条件のときはプレイヤーの勝利である)とエピソードが終わる。エピソードが終わった環境は、リセットしなければ使えなくなる。

truncated
: エピソードが早い段階で中止されるとTrueになる。例えば、エピソードごとの最大ステップ数に達すると環境ラッパーがエピソードを中止する(環境ラッパーの詳細についてはGymのドキュメントを参照のこと)。一部のRLアルゴリズムは中止されたエピソードと正常終了したエピソード(doneがTrueのもの)を別のものとして扱うが、この章では両者を同じものとして扱う。

info
: 環境固有の辞書で、reset()メソッドから返されるinfoと同様に、追加情報を提供する場合がある。

環境を使い終えたら、close()メソッドを呼び出してリソースを解放すること。

それでは、ポールが左に傾いたら左に加速度をかけ、右に傾いたら右に加速度をかける簡単な方策をハードコードしてみよう。この方策を実行して、500エピソードを越えたときに得られる平均報酬を見てみることにする。

```
def basic_policy(obs):
    angle = obs[2]
    return 0 if angle < 0 else 1

totals = []
for episode in range(500):
    episode_rewards = 0
    obs, info = env.reset(seed=episode)
    for step in range(200):
        action = basic_policy(obs)
        obs, reward, done, truncated, info = env.step(action)
        episode_rewards += reward
        if done or truncated:
            break

    totals.append(episode_rewards)
```

このコードがしていることは自明だろう。結果を見てみよう。

```
>>> import numpy as np
>>> np.mean(totals), np.std(totals), min(totals), max(totals)
(41.698, 8.389445512070509, 24.0, 63.0)
```

500回試してみても、この方策では63連続ステップを越えてポールを直立に保つことはできなかった。今1つ物足りない。Jupyterノートブック（https://homl.info/colab3）のこの章の部分から、カートは左右に次第に大きく揺れていき、最終的にポールが大きく傾いてしまうことがわかる。ニューラルネットワークがもっとよい方策を生み出せるかどうかを見てみよう。

18.4 ニューラルネットワークによる方策

ニューラルネットワークの方策を作ってみよう。今ハードコードで作った方策と同じように、このニューラルネットワークは、観測データを入力とし、実行すべき行動を出力する。もう少し正確に言うと、個々の行動の確率を推定し、推定確率に従って行動をランダムに選んでいる（**図18-5**参照）。CartPole環境の場合、可能な行動は2つ（左か右か）しかないので、出力ニューロンは1つあればよい。このニューロンは、行動0（左）の確率pを出力する。当然ながら、行動1（右）の確率は$1 - p$だ。例えば、

0.7を出力した場合、70％の確率で行動0、30％の確率で行動1を選択する。

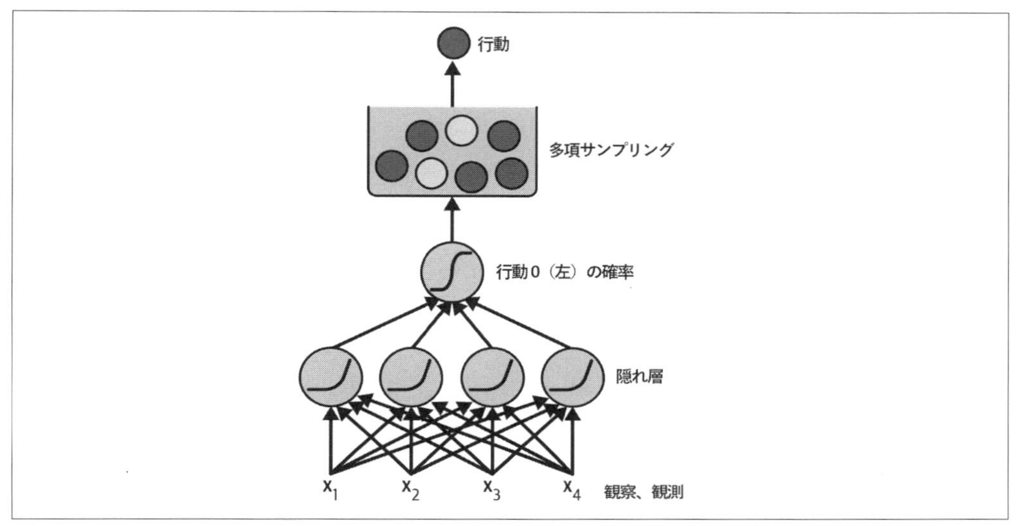

図18-5　ニューラルネットワークによる方策

最も高いスコアを持つ行動を選ぶのではなく、ニューラルネットワークが出力した確率に基づいて行動をランダムに選んでいるのはなぜなのだろうか。このアプローチだと、エージェントは、新しい行動の**探索**（exploring）とうまく機能するとわかっている行動の**活用**（exploiting）の間でバランスを取れる。たとえ話で考えてみよう。初めてのレストランに行ったときには、どの料理も同じように魅力的に見えるので、ランダムに食べるものを選ぶ。それがおいしいことがわかれば、次に行ったときにもそれを注文する確率は上がるが、その確率を100まで上げてしまうと、ほかの料理を試さないことになるのでそれはやめた方がよい。ほかの料理の中には、いつも選ぶ料理よりもさらにおいしいものが含まれているかもしれないのだ。強化学習の中心には、この**探索/活用ジレンマ**（exploration exploitation dilemma）がある。

この環境では、個々の観測データに環境のすべての状態が含まれているため、過去の行動と観測データを無視しても問題はないことにも注意しよう。隠された状態がある場合には、過去の行動と観測データも考慮に入れなければならないかもしれない。例えば、環境がカートの位置を知らせてくるだけで速度を知らせてこない場合、現在の速度を推定するために、現在の観測データだけでなく、以前の観測データも考慮に入れなければならないだろう。観測データにノイズが混ざる場合も、一般に過去の観測データを使って現在の状態を推定したいところである。CartPole問題は最も単純な問題だ。観測データには環境の状態全体が含まれていて、ノイズは混ざっていない。

次に示すのは、Kerasを使ってこのニューラルネットワークの方策を構築するコードである。

```
import tensorflow as tf

model = tf.keras.Sequential([
    tf.keras.layers.Dense(5, activation="relu"),
```

```
        tf.keras.layers.Dense(1, activation="sigmoid"),
    ])
```

単純なSequentialモデルを使って方策ネットワークを定義する。入力の数は、観測空間のサイズである（CartPoleの場合、4になる）。そして、問題が単純なので、隠れユニットは5個だけだ。最後に、確率（左の確率）を表す1個の数値を返したいので、出力ニューロンは1個だけで、シグモイド活性化関数を使う。3種類以上の行動がある場合には、行動ごとに1個の出力ニューロンを割り当て、ソフトマックス活性化関数を使うことになる。

これで、観測データを入力とし、行動を出力するニューラルネットワークの方策が得られた。しかし、この方策をどのように学習すればよいのだろうか。

18.5 行動の評価：信用割当問題

個々のステップの最良の行動が何かがわかっていれば、いつものように推定確率分布とターゲット確率分布の間の交差エントロピーを最小化することによってニューラルネットワークを学習できる。それは普通の教師あり学習だ。しかし、強化学習では、エージェントが得られる手がかりは報酬だけであり、報酬は一般に疎で遅れてやってくる。例えば、エージェントが100ステップに渡ってポールのバランスを取れたとして、100の行動のうちどれがよくてどれが悪かったかはどうすればわかるだろうか。エージェントが知っているのは、最後の行動のあとでポールが倒れたことだけだが、この最後の行動に全責任があるわけではない。このような問題を**信用割当問題**（credit assignment problem）と呼ぶ。報酬をもらったときのエージェントには、どの行動に称賛（または非難）を与えるべきかが容易にはわからない。いい子にしてから何時間もたったあとでご褒美をもらった犬のことを考えてみよう。そのご褒美が何のご褒美なのか犬にわかるだろうか。

この問題を解くために一般的に使われている方法は、ある行動を取ってからの報酬の合計に基づいて行動を評価するというものである。ただし、通常はあとの行動の報酬には、ステップごとに**割引率**（discount rate）γを掛けていく。そして、割引後の報酬の総和を行動の**累積報酬**（return：利得、収益といった訳語も使われる）と呼ぶ。**図18-6**の例について考えよう。あるエージェントが3回連続で右に加速度をかけることを選択し、最初のステップでは＋10、第2のステップでは0、第3のステップでは−50の報酬を受け取ったとする。割引率$\gamma = 0.8$とすると、最初の行動のスコア合計は、$10 + \gamma \times 0 + \gamma^2 \times (-50) = -22$となる。割引率が0に近ければ、ずっとあとの報酬は直後の報酬ほど考慮されないことになる。逆に、割引率が1に近ければ、あとの報酬も直後の報酬と同じくらい考慮されることになる。一般によく使われる割引率は0.9から0.99までだ。割引率を0.95にすると、13ステップ後の報酬が直後の報酬の半分ほどとして扱われる（$0.95^{13} \approx 0.5$なので）。それに対し、割引率を0.99にすると、69ステップ後の報酬が直後の報酬の半分ほどに扱われる。CartPole環境では、行動の影響は短期的なものなので、割引率は0.95がよいだろう。

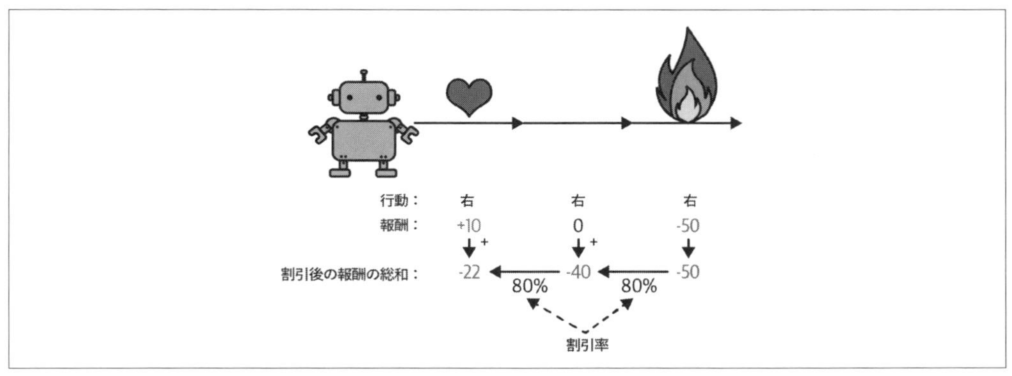

図18-6 行動の累積報酬（割引後の報酬の総和）の計算

もちろん、適切な行動のあとにダメな行動が数回続けば、ポールはあっという間に倒れてしまい、よい行動に与えられるスコアが低くなる。同様に、優れた俳優がすばらしい演技をしてもひどい映画はある。しかし、ゲームを十分な回数プレイすると、よい行動は、平均して悪い行動よりも高いスコアを得るようになる。可能なほかの行動と比べてある行動が平均してどの程度よい（または悪い）のかを推定したい。この指標を**行動優位性**（action advantage）と呼ぶ。そのためには、多数のエピソードを実行し、すべての行動のスコアを標準化（平均を引き、標準偏差で割る）しなければならない。そこまですれば、優位性が負の行動は悪く優位性が正の行動はよかったと考えることができる。これで個々の行動の評価方法が得られたので、方策勾配法を使って私たちの最初のエージェントを学習できる。次はその方法を説明しよう。

18.6 方策勾配法

既に説明したように、PG（policy gradient：方策勾配法）アルゴリズムは、より高い報酬に向かう勾配をたどって方策のパラメータを最適化する。PGアルゴリズムの中でも人気のあるタイプである**REINFORCEアルゴリズム**は、遠く1992年に（https://homl.info/132）ロナルド・ウィリアムズ（Ronald Williams）が提案したものだ[*1]。次に説明するのは、よく使われているこれの変種の1つである。

1. まず、ニューラルネットワークの方策に数回ゲームをプレイさせ、各ステップで選ばれた行動がより確実に選ばれるような勾配を計算するが、まだその勾配を適用しない。
2. 数エピソードを実行したら、前節で説明した方法で個々の行動の優位性を計算する。
3. 行動の優位性が正なら、その行動はよかったということであり、以前に計算した勾配を適用して、将来その行動がさらに選ばれやすくなるようにする。しかし、優位性が負なら、その行動はよくないということであり、この行動が将来わずかに選ばれにくくなるように勾配を逆向きに適用する。単純に行動の優位性に適切な勾配ベクトルを掛ければよい。

＊1 Ronald J. Williams, "Simple Statistical Gradient-Following Algorithms for Connectionist Reinforcement Leaning", *Machine Learning* 8 (1992) : 229-256.

4. 最後に、得られたすべての勾配ベクトルの平均を計算し、それを使って勾配降下法ステップを実行する。

Kerasを使ってこのアルゴリズムを実装しよう。先ほど構築したニューラルネットワークの方策を学習し、カート上のポールが倒れないようにバランスを取る方法を学習させるのである。まず、1ステップを実行する関数が必要だ。さしあたり、方策が選ぶ行動は正しい行動だということにして、損失と勾配を計算できるようにする。これらの勾配は、ほんのしばらくの間だけ保存し、あとでその行動がどれだけよいか悪いかによって書き換える。

```
def play_one_step(env, obs, model, loss_fn):
    with tf.GradientTape() as tape:
        left_proba = model(obs[np.newaxis])
        action = (tf.random.uniform([1, 1]) > left_proba)
        y_target = tf.constant([[1.]]) - tf.cast(action, tf.float32)
        loss = tf.reduce_mean(loss_fn(y_target, left_proba))

    grads = tape.gradient(loss, model.trainable_variables)
    obs, reward, done, truncated, info = env.step(int(action))
    return obs, reward, done, truncated, grads
```

関数の内容を解説しよう。

- GradientTapeブロック（12章参照）では、まず単一の観測データを渡してモデルを呼び出す。モデルはバッチを要求するので、1つのインスタンスを格納するバッチになるように観測データの形を変更している。モデルは、左に行く確率を出力する。
- 次に、0から1までのランダムな浮動小数点数をサンプリングし、それがleft_probaよりも大きいかどうかをチェックする。actionは確率left_probaでFalse、確率1 - left_probaでTrueになる。この論理値を整数にキャストすると、行動は適切な確率で0（左）か1（右）になる。
- そして、左に行くターゲット確率とは、1から行動（浮動小数点数にキャストする）を引いた値だと定義する。ターゲット確率は、行動が0（左）なら1、行動が1（右）なら0になる。
- さらに、与えられた損失関数を使って損失を計算し、テープを使ってモデルの学習可能変数についての損失の勾配を計算する。繰り返しになるが、この勾配は適用される前に行動がどの程度よいか（または悪いか）に基づいてあとで調整される。
- 最後に選択された行動を実行し、新しい観測データ、報酬、エピソード終了か否か、中止されたかどうかと当然のことだが計算したばかりの勾配を返す。

では、このplay_one_step()関数を使って複数のエピソードを実行し、個々のエピソードの個々のステップの報酬と勾配を返す別の関数を作ろう。

```
def play_multiple_episodes(env, n_episodes, n_max_steps, model, loss_fn):
    all_rewards = []
```

```
    all_grads = []
    for episode in range(n_episodes):
        current_rewards = []
        current_grads = []
        obs, info = env.reset()
        for step in range(n_max_steps):
            obs, reward, done, truncated, grads = play_one_step(
                env, obs, model, loss_fn)
            current_rewards.append(reward)
            current_grads.append(grads)
            if done or truncated:
                break

        all_rewards.append(current_rewards)
        all_grads.append(current_grads)

    return all_rewards, all_grads
```

このコードは報酬リストのリスト（ステップごとに1つの報酬を収めた報酬リストをエピソードごとに1つずつ作る）と勾配リストのリスト（各ステップで学習可能変数ごとに1つの勾配テンソルを作ってそれを1つのタプルにまとめ、エピソードごとにそのタプルをまとめたリストを作る）。

アルゴリズムは、play_multiple_episodes()関数を使って複数回（例えば10回）ゲームをプレイし、後退してすべての報酬をチェックし、割り引いて正規化する。そのためにさらに2個の関数が必要になる。第1の関数は、各ステップで将来の割り引かれた報酬の総和（累積報酬）を計算する。第2の関数は、多数のエピソードを通じての平均を引き、標準偏差で割って、累積報酬を標準化する。

```
def discount_rewards(rewards, discount_factor):
    discounted = np.array(rewards)
    for step in range(len(rewards) - 2, -1, -1):
        discounted[step] += discounted[step + 1] * discount_factor
    return discounted

def discount_and_normalize_rewards(all_rewards, discount_factor):
    all_discounted_rewards = [discount_rewards(rewards, discount_factor)
                              for rewards in all_rewards]
    flat_rewards = np.concatenate(all_discounted_rewards)
    reward_mean = flat_rewards.mean()
    reward_std = flat_rewards.std()
    return [(discounted_rewards - reward_mean) / reward_std
            for discounted_rewards in all_discounted_rewards]
```

正しく動作することをチェックしよう。

```
>>> discount_rewards([10, 0, -50], discount_factor=0.8)
array([-22, -40, -50])
>>> discount_and_normalize_rewards([[10, 0, -50], [10, 20]],
```

```
...                                    discount_factor=0.8)
...
[array([-0.28435071, -0.86597718, -1.18910299]),
 array([1.26665318, 1.0727777 ])]
```

discount_rewards()関数は、必要なものを正しく返している（**図18-6**参照）。そして、discount_and_normalize_rewards()関数は、2つのエピソードの個々の行動の正規化された行動優位性を返している。第1のエピソードは第2のエピソードよりも成績が低く、正規化された優位性はすべて負数になっている。つまり、第1のエピソードの行動はすべて悪く、第2のエピソードの行動はすべてよいと評価される。

あと少しでアルゴリズムが動き出す。次にハイパーパラメータを定義しよう。学習イテレーションを150回繰り返し、イテレーションごとに10エピソードずつプレイする。個々のエピソードは高々200ステップで終わる。割引率は0.95とする。

```
n_iterations = 150
n_episodes_per_update = 10
n_max_steps = 200
discount_factor = 0.95
```

オプティマイザと損失関数も必要だ。学習率0.01の通常のNadamオプティマイザでうまく機能する。損失関数は、二値分類器（可能な行動が左か右の2つ）を学習しているので、二値交差エントロピーを使う。

```
optimizer = tf.keras.optimizers.Nadam(learning_rate=0.01)
loss_fn = tf.keras.losses.binary_crossentropy
```

これで学習ループを組み立てて実行できるようになった。

```
for iteration in range(n_iterations):
    all_rewards, all_grads = play_multiple_episodes(
        env, n_episodes_per_update, n_max_steps, model, loss_fn)
    all_final_rewards = discount_and_normalize_rewards(all_rewards,
                                                       discount_factor)
    all_mean_grads = []
    for var_index in range(len(model.trainable_variables)):
        mean_grads = tf.reduce_mean(
            [final_reward * all_grads[episode_index][step][var_index]
             for episode_index, final_rewards in enumerate(all_final_rewards)
                 for step, final_reward in enumerate(final_rewards)], axis=0)
        all_mean_grads.append(mean_grads)

    optimizer.apply_gradients(zip(all_mean_grads, model.trainable_variables))
```

コードを詳しく見ていこう。

- このループは、各学習イテレーションでplay_multiple_episodes()関数を呼び出し、ゲームを10回プレイして、すべてのエピソードのすべてのステップの報酬と勾配を返す。

- 次に、`discount_and_normalize_rewards()`を呼び出して個々の行動の標準化された優位性を計算する（コード内では`final_reward`と呼んでいる）。これは、後知恵で個々の行動が実際にどの程度よかった（悪かった）かの尺度を提供する。
- そして、個々の学習可能変数にアクセスし、全エピソード、全ステップを通じてのその変数の勾配の加重平均（重みは`final_reward`）を計算する。
- 最後に、オプティマイザを使って平均勾配を適用する。モデルの学習可能変数は調整され、方策は少しよくなっているはずだ。

これで完成だ。このコードはニューラルネットワークの方策を学習し、方策はカート上のポールのバランスを取る方法の学習に成功する。エピソード当たりの平均報酬は、200に近くなる。デフォルトで、これはこの環境のデフォルトの最大値である。成功だ。

CartPoleタスクは、今学習した単純な方策勾配アルゴリズムで解決したが、この方法はもっと大規模で複雑なタスクには通用しない。実際、このコードは**サンプル非効率**（sample inefficient）だ。つまり、非常に長い間ゲームを探索しなければ大きく進歩しない。これは、個々の行動の優位性を推定するために複数のエピソードを実行しなければならないからだ。しかし、これでも**アクタークリティック**（actor critic）アルゴリズム（章末で簡単に説明する）などの強力なアルゴリズムの基礎にはなっている。

研究者たちは、エージェントが最初に環境について何も知らなくても動作するアルゴリズムを見つけようと努力しているが、そういう論文を書くのでもない限り、エージェントには躊躇せずに過去の知識を送り込もう。そうすれば、学習は飛躍的にスピードアップする。例えば、ポールはできる限り垂直でなければならないことがわかっているので、ポールの角度に比例してマイナスの報酬を与えるとよい。こうすると、報酬が大幅に密になり、学習がスピードアップする。また、既にかなりよい方策（例えば、ハードコードされたもの）がある場合、方策勾配法による改良よりも前に、ニューラルネットワークがその方策を真似るように学習するとよい。

次に、もう1つのよく使われているアルゴリズムファミリを見てみたい。PGアルゴリズムは報酬を増やすために直接方策を最適化しようとするが、これから見ようとしているアルゴリズムはそのようには直接的ではない。エージェントは、状態ごと、あるいは状態の行動ごとに期待される累積報酬を推定することを学習し、その知識に基づいてどのように行動するかを決める。このようなアルゴリズムを理解するためには、まず**マルコフ決定過程**（MDP：Markov decision process）を知らなければならない。

18.7 マルコフ決定過程

20世紀の初め、数学者のアンドレイ・マルコフ（Andrey Markov）は、**マルコフ連鎖**（Markov chain）と呼ばれる記憶なしの確率過程を研究した。この過程には決まった数の状態があり、各ステップでランダムにある状態から別の状態に遷移していく。ある状態sが別の状態s'に遷移する確率は固定されており、それは過去の状態とは無関係に(s, s')のペアだけによって決まる。このシステムに記憶はないと言っているのはそのためだ。

図18-7は、4つの状態を持つマルコフ連鎖の例を示している。

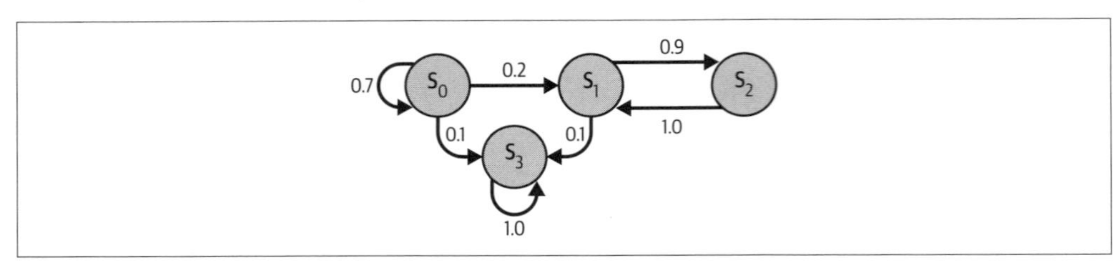

図18-7　マルコフ連鎖の例

状態s_0から過程が始まり、次のステップでその状態に留まる確率は70 %だとする。しかし、s_0に戻ってくる状態はほかにないので、いずれ過程はその状態から離れ、s_0に戻ってくることは二度とない。次の状態がs_1なら、次は高い確率（90 %）でs_2に行き、すぐにs_1に戻ってくる（100 %の確率）。この2つの状態で何度か行き来を繰り返すかもしれないが、最終的にs_3に分岐し、そうすると、s_3には出口がないので永遠に留まる。出口がない状態を**終了状態**（terminal state）と呼ぶ。マルコフ連鎖は多様な動態を持つことができ、熱力学、化学、統計学などのさまざまな分野で多用されている。

マルコフ決定過程は、リチャード・ベルマンが1950年代（https://homl.info/133）に[*1]初めて論じた。マルコフ連鎖によく似ているが、少し修正が加えられている。エージェントは、各ステップで複数の取り得る行動の中のどれかを選ぶことができ、状態遷移の確率は選んだ行動によって決まる。さらに、一部の状態遷移は報酬（正負の両方）を返し、エージェントの目標は長期的な報酬を最大化する方策を見つけることになる。

例えば、**図18-8**が表しているMDPは、3つの状態を持ち（円で示されている）、各ステップは3種類までの異なる行動（ひし形で示されている）を取り得る。

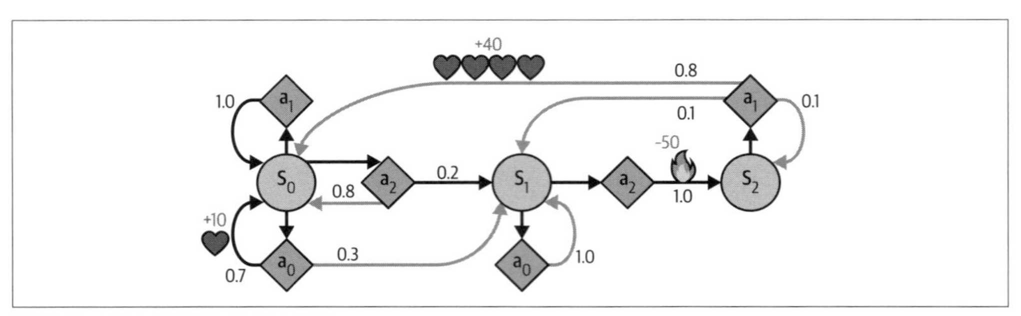

図18-8　マルコフ決定プロセスの例

エージェントはs_0からスタートし、a_0、a_1、a_2の3種類の行動からどれかを選べる。a_1を選ぶとs_0に確実に留まるが報酬はない。そのため、エージェントはその気になればいつまでもs_0に留まれる。それに対し、a_0を選ぶと、70 %の確率で+10の報酬を獲得してs_0に留まれる。そこで、できる限り多くの

＊1　Richard Bellman, "A Markovian Decision Process", *Journal of Mathematics and Mechanics* 6, no. 5 (1957): 679-684.

報酬を獲得するためにa_0を何度も試してもよいが、a_0を選び続けるといずれs_1に行かざるを得なくなる。状態s_1で取り得る行動は、a_0とa_2の2種類だけだ。繰り返しa_0を選べばずっとそこにいられるが、s_2に遷移することも選べ、そうすると−50という負の報酬を食らうことになる（あちゃー）。状態s_2では、a_1以外に取り得る行動はない。この行動は高い確率でs_0に戻り、その過程で+40という報酬を獲得する。イメージがつかめただろうか。このMDPを見て、長期的に最も多くの報酬を得られる戦略はどのようなものか推測できるだろうか。s_0ではa_0という行動が明らかに最高のオプションになり、s_2ではa_1以外に取れる行動はない。そして、s_1では現状維持すべきか（a_0）、火に焼かれるべきか（a_2）はすぐには決められない。

ベルマンは、任意の状態sの**最適状態価値**（optimal state value：$V^*(s)$と表記される）の推定方法を見つけた。最適状態価値とは、エージェントが最適に行動したことを前提として、ある状態に達したあと、平均的に期待できる累積報酬のことである。ベルマンは、エージェントが最適に行動すれば、**ベルマン最適方程式**（Bellman optimality equation：**式18-1**）が当てはまることを示した。この再帰的な方程式は、エージェントが最適に行動すれば、現在の状態の最適価値は、最適な行動を取ったあと平均して得られる報酬と、その行動から導かれ得るすべての状態の最適価値を加えたものになることを表現している。

式18-1 ベルマン最適方程式

$$\text{すべての } s \text{ について } V^*(s) = \max_a \sum_{s'} T(s, a, s')[R(s, a, s') + \gamma \cdot V^*(s')]$$

- $T(s, a, s')$は、エージェントが行動aを選んだときに、状態sが状態s'に遷移する確率。例えば、**図18-8**では、$T(s_2, a_1, s_0) = 0.8$である。
- $R(s, a, s')$は、エージェントが行動aを選び、状態sから状態s'に遷移したときに得る報酬。例えば、**図18-8**では、$R(s_2, a_1, s_0) = +40$である。
- γは割引率

この方程式は、すべての可能な状態の最適状態価値を正確に推定できるアルゴリズムを直接導き出す。最初に、すべての状態価値を0と推定してから、**価値反復法**（value iteration）アルゴリズム（**式18-2**）を使って反復的に更新していく。注目すべきは、十分な時間があれば、推定値は最適な方策に対応する最適状態価値に収束することだ。

式18-2 価値反復法のアルゴリズム

$$\text{すべての } s \text{ について } V_{k+1}(s) \leftarrow \max_a \sum_{s'} T(s, a, s')[R(s, a, s') + \gamma \cdot V_k(s')]$$

なお、$V_k(s)$は、アルゴリズムをk回反復したときの状態sの推定価値である。

このアルゴリズムは**動的計画法**（DP：dynamic programming）の例である。動的計画法は、複雑な問題を反復処理できる下位問題に分解して解決する。

最適状態価値がわかれば、特に方策の評価のために役立つが、エージェントにとって最適な方策を明示的に教えてくれるわけではない。幸い、ベルマンは最適な**状態行動価値**（state-action value、一般に**Q値**：Q-valueと呼ばれている）を推定する非常によく似たアルゴリズムを見つけた。状態と行動のペア(s, a)の最適なQ値は、$Q^*(s, a)$と表記され、エージェントが状態sに達し、行動aを選んだあと、その行動を取ったあとは最適に行動するものとして、その行動の結果がわかる前に平均的に期待できる累積報酬である。

これがどのように機能するのかを見てみよう。ここでも再びすべての推定Q値を0で初期化し、**Q値反復**（Q-value iteration）アルゴリズム（**式18-3**）でこの値を更新していく。

式18-3　Q値反復アルゴリズム

$$\text{すべての}(s, a)\text{について}\ Q_{k+1}(s, a) \leftarrow \sum_{s'} T(s, a, s')\left[R(s, a, s') + \gamma \cdot \max_{a'} Q_k(s', a')\right]$$

最適なQ値が得られれば、最適な方策（$\pi^*(s)$と表記される）の定義は簡単だ。状態sにいるエージェントは、その状態で最高のQ値が得られる行動、$\pi^*(s) = \underset{a}{\operatorname{argmax}}\ Q^*(s, a)$を選べばよい。

このアルゴリズムを**図18-8**のMDPに当てはめてみよう。まず、MDPを定義しなければならない。

```
transition_probabilities = [  # shape=[s, a, s']
    [[0.7, 0.3, 0.0], [1.0, 0.0, 0.0], [0.8, 0.2, 0.0]],
    [[0.0, 1.0, 0.0], None, [0.0, 0.0, 1.0]],
    [None, [0.8, 0.1, 0.1], None]
]
rewards = [  # shape=[s, a, s']
    [[+10, 0, 0], [0, 0, 0], [0, 0, 0]],
    [[0, 0, 0], [0, 0, 0], [0, 0, -50]],
    [[0, 0, 0], [+40, 0, 0], [0, 0, 0]]
]
possible_actions = [[0, 1, 2], [0, 2], [1]]
```

例えば、行動a_1を取ったあと、s_2からs_0に遷移する確率を知るには、`transition_probabilities[2][1][0]`を参照する（0.8になる）。同様に、このときの報酬を知るには、`rewards[2][1][0]`を参照する（+40になる）。そして、s_2で取れる行動のリストを得るには、`possible_actions[2]`を参照する（この場合、a_1以外にはない）。次に、すべてのQ値を0で初期化する（ただし、不可能な行動のQ値には$-\infty$をセットする）。

```
Q_values = np.full((3, 3), -np.inf)  # すべての不可能な行動に対しては-np.inf
for state, actions in enumerate(possible_actions):
    Q_values[state, actions] = 0.0  # すべての可能な行動に対しては0
```

ではQ値反復アルゴリズムを実行しよう。このコードは、すべての状態とすべての可能な行動に対して**式18-3**を繰り返し実行し、すべてのQ値を得る。

```
gamma = 0.90  # 割引率

for iteration in range(50):
    Q_prev = Q_values.copy()
    for s in range(3):
```

```
            for a in possible_actions[s]:
                Q_values[s, a] = np.sum([
                        transition_probabilities[s][a][sp]
                        * (rewards[s][a][sp] + gamma * Q_prev[sp].max())
                    for sp in range(3)])
```

得られたQ値は次のようになる。

```
>>> Q_values
array([[18.91891892, 17.02702702, 13.62162162],
       [ 0.        ,        -inf, -4.87971488],
       [       -inf, 50.13365013,        -inf]])
```

例えば、状態s_0にいるエージェントがa_1という行動を選択したとき、期待される累積報酬はおよそ17.0である。

個々の状態で最もQ値が高い行動を見てみよう。

```
>>> Q_values.argmax(axis=1)  # 各状態の最適な行動
array([0, 0, 1])
```

これで割引率が0.90のときのこのMDPの最適な方策がわかった。状態s_0では行動a_0a0を選び、状態s_1では行動a_0を選び（つまりじっとしている）、状態s_2では行動a_1を選ぶ（唯一の可能な行動）ということである。面白いのは、割引率を0.95に引き上げると最適な方策が変わることだ。状態s_1にいるときの最適な行動がa_1（火に焼かれる）になるのである。将来の報酬に価値を認めれば認めるほど、将来に約束された喜びのために今の苦痛を進んで耐えるようになるわけだから、これは納得できることだ。

18.8 TD（時間差分）学習

別々の行動から構成される強化学習問題の多くはマルコフ決定過程でモデリングできることが多いが、エージェントは、初期時にどのような遷移の可能性があるかを知らず（つまり、$T(s, a, s')$がわからない）、報酬がどうなるかも知らない（つまり、$R(s, a, s')$がわからない）。個々の状態とすべての遷移を少なくとも1度ずつ経験しなければ報酬がどうなるかはわからないし、状態と遷移を何度も経験しなければ遷移の確率を合理的に推定できない。

TD（時間差分）学習（TD learning、temporal difference learning）アルゴリズムは、価値反復アルゴリズムとよく似ているが、エージェントがMDPについて部分的な知識しか持っていないことを計算に入れるように修正されている。一般に、エージェントは初期時にはそこの状態とそこで取れる行動しか知らず、それ以上のことを知らないことを前提とする。エージェントは**探索方策**（exploration policy: 例えば純粋なランダム方策）を使ってMDPを探索し、作業が進捗すると、TD学習アルゴリズムが実際に観測した遷移と報酬に基づいて推定状態価値を更新する（**式18-4**参照）。

式18-4 時間差分学習アルゴリズム

$$V_{k+1}(s) \leftarrow (1-\alpha)V_k(s) + \alpha(r + \gamma \cdot V_k(s'))$$

または、次のように書いても等価になる：

$$V_{k+1}(s) \leftarrow V_k(s) + \alpha \cdot \delta_k(s, r, s')$$

ただし $\delta_k(s, r, s') = r + \gamma \cdot V_k(s') - V_k(s)$

- α は学習率（例えば0.01）。
- $r+\gamma \cdot V_k(s')$ は**TDターゲット**（TD target）と呼ばれる。
- $\delta_k(s, r, s')$ は**TD誤差**（TD error）と呼ばれる。

この方程式には、$a_{k+1} \leftarrow (1-\alpha) \cdot a_k + \alpha \cdot b_k$という意味の$a \underset{\alpha}{\leftarrow} b$という記法を使ったもっと簡潔な書き方がある。これを使うと、**式18-4**の第1行は、$V(s) \underset{\alpha}{\leftarrow} r + \gamma \cdot V(s')$のように書き換えられる。

TD学習には、確率的勾配降下法（SGD）に似ているところが多数ある。特に注目すべきは1度に1サンプルずつ処理することだ。また、SGDと同様に、学習率を少しずつ下げていかなければ、本当の意味で収束しない（そうでなければ、最適値の前後で振動し続ける）。

このアルゴリズムは、個々の状態sについて、エージェントがその状態を離れたときに得る報酬と（最適に行動したとして）あとで得られるはずの報酬を加えたものの移動平均しか管理しない。

18.9 Q学習

同様に、Q学習アルゴリズムは、初期時に遷移の確率と報酬がわからないときに合わせてQ値反復アルゴリズムを修正したものである（**式18-5**参照）。Q学習は、エージェントがプレイするのを見て（例えばランダムに）Q値の推定を次第に向上させていく。正確なQ値（または、十分に近い近似値）が得られると、最適化方策は最も高いQ値を持つ行動を選択する（つまり、貪欲方策：greedy policyである）。

式18-5 Q学習アルゴリズム

$$Q(s, a) \underset{\alpha}{\leftarrow} r + \gamma \cdot \max_{a'} Q(s', a')$$

このアルゴリズムは、個々の状態－行動ペア(s, a)について、エージェントが行動aを取って状態sを離れるときに得る報酬rと将来得られるはずの累積報酬の移動平均を管理する。ターゲット方策は次の状態から最適に行動するという前提なので、推定累積報酬としては次の状態s'の推定Q値の最大値を使えばよい。

では、Q学習を実装しよう。まず、エージェントに環境を探らせる必要がある。そのために、エージェントが1つの行動を実行し、遷移後の状態と報酬を返すステップ関数が必要になる。

```
def step(state, action):
    probas = transition_probabilities[state][action]
    next_state = np.random.choice([0, 1, 2], p=probas)
```

```
        reward = rewards[state][action][next_state]
        return next_state, reward
```

次にエージェントの探索方策を実装しよう。状態空間はごく小さいので、単純なランダム方策で十分だ。アルゴリズムを十分長い間実行すれば、エージェントはすべての状態に何度も遷移するとともに、可能なすべての行動を何度も試行するだろう。

```
def exploration_policy(state):
    return np.random.choice(possible_actions[state])
```

次に、先ほどと同じようにQ値を初期化すると、学習率を下げながら（11章で紹介したパワースケジューリングを使う）Q学習アルゴリズムを実行できる。

```
alpha0 = 0.05  # 初期学習率
decay = 0.005  # 学習率の減衰率
gamma = 0.90  # 割引率
state = 0  # 初期状態

for iteration in range(10_000):
    action = exploration_policy(state)
    next_state, reward = step(state, action)
    next_value = Q_values[next_state].max()  # 次のステップにおけるグリーディ法
    alpha = alpha0 / (1 + iteration * decay)
    Q_values[state, action] *= 1 - alpha
    Q_values[state, action] += alpha * (reward + gamma * next_value)
    state = next_state
```

このアルゴリズムは最適なQ値に収束するが、多数のイテレーションがかかり、おそらくハイパーパラメータを何度も調整しなければならない。**図18-9**に示すように、Q値反復アルゴリズム（左）が20イテレーション足らずで早く収束するのに対し、Q学習アルゴリズム（右）は収束まで8,000イテレーションもかかっている。当然ながら、遷移の確率や報酬がわからない状態で最適な方策を探すのははるかに難しい。

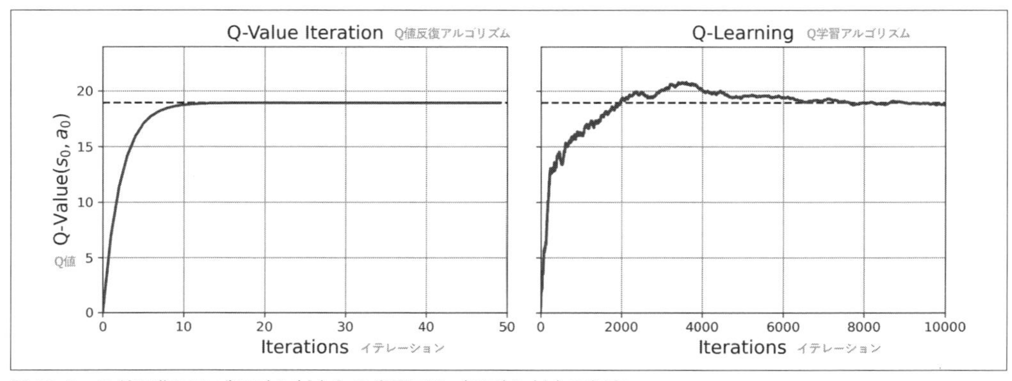

図18-9　Q値反復アルゴリズム（左）とQ学習アルゴリズム（右）の収束

Q学習アルゴリズムは、学習中の方策が必ずしも実行されている方策と同じではないので、**方策オフ**(off policy)アルゴリズムと呼ばれる。先ほどのコード例では、実行されている方策(探索方策)はまったくのでたらめで、学習中の方策は決して使われなかった。それに対し、方策勾配法アルゴリズムは、**方策オン**(on policy)アルゴリズムで、学習中のポリシーを使って世界を探っている。Q学習がランダムに行動するエージェントを観測するだけで最適な方策を学習できるのは驚くべきことだ(目隠しをされた猿にゴルフを習うところを想像してみよう)。もっとよい方法はないのだろうか。

18.9.1 探索方策

もちろん、Q学習は探索方策がMDPを十分徹底的に探索しなければ機能しない。純粋にランダムな方策でも、最終的にすべての状態とすべての遷移を何度も経験することは保証されるが、それまでには非常に長い時間がかかる。それよりも、**εグリーディ法**(ε-greedy policy、ε貪欲法とも訳される)を使った方がよい。この方策は、確率εでランダムに行動し、確率$1-\varepsilon$で貪欲に行動する(つまり、最もQ値が高い行動を選ぶ)。εグリーディ法の利点(完全にランダムな方策と比べて)は、推定Q値が高くなればなるほど、環境の興味深い部分の探索にかける時間が長くなり、しかもMDPの未知の領域の訪問にもある程度の時間を使うところである。一般にεは高い値(例えば1.0)からスタートし、次第に下げていく(例えば、0.05まで)。

偶然に頼って探索するのではなく、まだあまり試していない行動を試すように探索方策に働きかけるアプローチもある。これは、**式18-6**に示すように、推定Q値にボーナスを加えれば実現できる。

式18-6 探索関数を使うQ学習

$$Q(s,a) \underset{\alpha}{\leftarrow} r + \gamma \cdot \max_{a'} f\left(Q(s',a'), N(s',a')\right)$$

- $N(s', a')$は状態s'で行動a'が選ばれた回数を数える。
- $f(Q, N)$は、$f(Q, N) = Q+\kappa/(1+N)$などの**探索関数**(exploration function)。ただし、κはエージェントが未知のものに惹かれる度合いを示す好奇心ハイパーパラメータである。

18.9.2 近似Q学習と深層Q学習

Q学習の最大の問題は、状態と行動が多い大規模な(あるいは中規模な)MDPに対するスケーラビリティが低いことだ。Q学習を使ってエージェントにパックマンのプレイを学習するところを考えてみよう(**図18-1**参照)。パックマンが食べられるペレットは150個ほどで、個々のペレットはあるかないか(既に食べられている)の状態を取り得る。そのため、取り得る状態は$2^{150} \approx 10^{45}$よりも大きい。これに幽霊とパックマンが取り得るすべての位置の組み合わせを考えれば、地球上の原子の数よりも多くなってしまう。すべてのQ値に対して推定値を管理することはどうあがいても無理だ。

この問題は、管理できる程度の数のパラメータ(パラメータベクトル$\boldsymbol{\theta}$として与えられる)ですべての状態－行動ペア(s, a)の近似値を示せる関数$Q_{\boldsymbol{\theta}}(s, a)$を見つければ解決できる。これを**近似Q学習**(approximate Q-learning)と呼ぶ。長年に渡ってQ値の推定には、状態から手作業で抽出した特徴量(例えば、最も近い幽霊との距離、その向きなど)を線形結合したものを使うことが推奨されていたが、2013年(https://homl.info/dqn)にDeepMindが、深層ニューラルネットワークを使えばはるかにうまく機能し、特徴量エンジニアリングも不要になることを示した（特に複雑な問題では）。Q値を推定するためのDNNを**DQN**（deep Q-network：深層Qネットワーク）と呼ぶ。そして、DQNを使った近似Q学習を**深層Q学習**（deep Q-learning）と呼ぶ。

では、DQNはどのようにして学習するのだろうか。DQNが与えられた状態－行動ペア(s, a)のために計算する近似Q値を考えてみる。ベルマンのおかげで、近似Q値は、状態sで行動aを行ったあとに実際に観測した報酬rに、それ以降の最適なプレイから得る累積報酬を加えたものにできる限り近くすべきことがわかっている。累積報酬は、次の状態s'と取りうるすべての行動a'でDQNを実行すれば見積もれる。取り得るそれぞれの行動について将来の近似Q値を計算し、その中で最も高いものを選び（最適なプレイをしているという前提なので）、割り引くと、累積報酬が推定できる。**式18-7**に示すように、報酬rと累積報酬の見積もり値を合計すると、状態－行動ペア(s, a)のターゲットQ値$y(s, a)$が得られる。

式18-7　ターゲットQ値

$$y(s, a) = r + \gamma \cdot \max_{a'} Q_\theta(s', a')$$

このターゲットQ値があれば、勾配降下アルゴリズムを使ってステップ関数を学習できる。具体的には、推定Q値 $Q_\theta(s, a)$とターゲットQ値$y(s, a)$の平方誤差を最小化するのである（大きな誤差に敏感に反応するのを防ぎたい場合には、フーバー損失を使ってもよい）。これが深層Q学習アルゴリズムだ。では、CartPole問題を解く深層DQNを実装してみよう。

18.10　深層DQNの実装

最初に必要なのはDQNである。理論的には、DQNは入力として状態－行動ペアを取り、近似Q値を出力するニューラルネットワークだが、実践的には、入力として状態だけを取り、可能な行動ごとに近似Q値を出力するニューラルネットワークを使った方がはるかに効率がよい。CartPole問題を解くために、それほど複雑なニューラルネットワークはいらない。隠れ層が2個あれば十分だ。

```
input_shape = [4]  # == env.observation_space.shape
n_outputs = 2  # == env.action_space.n

model = tf.keras.Sequential([
    tf.keras.layers.Dense(32, activation="elu", input_shape=input_shape),
    tf.keras.layers.Dense(32, activation="elu"),
    tf.keras.layers.Dense(n_outputs)
])
```

このDQNを使って行動を選択するために、予測されるQ値が最大になる行動を選ぶ。エージェントに確実に環境全体を探索させるために、εグリーディ法を使う（つまり、確率εでランダムな行動を選択する）。

```
def epsilon_greedy_policy(state, epsilon=0):
    if np.random.rand() < epsilon:
```

```
        return np.random.randint(n_outputs)  # ランダムな行動
    else:
        Q_values = model.predict(state[np.newaxis], verbose=0)[0]
        return Q_values.argmax()  # DQNが示す最適な行動
```

最近の経験（experience）だけでDQNを学習するのではなく、**再生バッファ**（replay buffer、**再生メモリ**：replay memroyとも呼ばれる）にすべての経験を格納し、各学習イテレーションでは、そこからランダムに学習バッチをサンプリングする。こうすると、学習バッチ内の経験間での相関が弱まり、学習のために大いに役立つ。再生バッファとしては両端キュー（deque）を使う。

```
from collections import deque

replay_buffer = deque(maxlen=2000)
```

両端キューは、先頭と末尾の両方で要素を効率的に追加、削除できるキューである。要素の挿入や削除は高速に実行できるが、キューが長くなるとランダムアクセスは遅くなる。非常に大きい再生バッファが必要なら、代わりに循環バッファ（実装方法は、ノートブックを参照）を使うか、DeepMindのReverbライブラリ（https://homl.info/reverb）を試してみるとよい。

個々の経験は、状態s、行動a、報酬r、到達する次の状態s'、その時点でエピソードが終了したかどうかを示す論理値（done）、その時点でエピソードが中止されているかどうかを示す別の論理値の6個の要素から構成される。再生バッファからランダムに経験をサンプリングしてバッチを作る小さな関数が必要だ。この関数は、経験の6要素に対応する6個のNumPy配列を返す。

```
def sample_experiences(batch_size):
    indices = np.random.randint(len(replay_buffer), size=batch_size)
    batch = [replay_buffer[index] for index in indices]
    return [
        np.array([experience[field_index] for experience in batch])
        for field_index in range(6)
    ]  # [states, actions, rewards, next_states, dones, truncateds]
```

また、εグリーディ法で1ステップ分プレイし、得られた経験を再生バッファに格納する関数も作る。

```
def play_one_step(env, state, epsilon):
    action = epsilon_greedy_policy(state, epsilon)
    next_state, reward, done, truncated, info = env.step(action)
    replay_buffer.append((state, action, reward, next_state, done, truncated))
    return next_state, reward, done, truncated, info
```

最後に、再生バッファから経験をサンプリングしてバッチを作り、このバッチで1回分の勾配降下ステップを実行してDQNを学習する関数を作ろう。

```
batch_size = 32
discount_factor = 0.95
optimizer = tf.keras.optimizers.Nadam(learning_rate=1e-2)
loss_fn = tf.keras.losses.mean_squared_error

def training_step(batch_size):
    experiences = sample_experiences(batch_size)
    states, actions, rewards, next_states, dones, truncateds = experiences
    next_Q_values = model.predict(next_states, verbose=0)
    max_next_Q_values = next_Q_values.max(axis=1)
    runs = 1.0 - (dones | truncateds)  # エピソードは終わっていないか中止されたか

    target_Q_values = rewards + runs * discount_factor * max_next_Q_values
    target_Q_values = target_Q_values.reshape(-1, 1)
    mask = tf.one_hot(actions, n_outputs)
    with tf.GradientTape() as tape:
        all_Q_values = model(states)
        Q_values = tf.reduce_sum(all_Q_values * mask, axis=1, keepdims=True)
        loss = tf.reduce_mean(loss_fn(target_Q_values, Q_values))

    grads = tape.gradient(loss, model.trainable_variables)
    optimizer.apply_gradients(zip(grads, model.trainable_variables))
```

コードをしっかりと読んでみよう。

- まず、少数のハイパーパラメータを定義し、オプティマイザと損失関数を作る。
- 次に、`training_step()` 関数を作る。まず、経験をサンプリングしてバッチを作り、DQN を使って個々の経験の次の状態で可能な行動の Q 値を予測する。エージェントは最適にプレイするという前提なので、個々の次の状態ごとに Q 値の最大値だけを残す。そして、**式 18-7** を使って各経験の状態－行動ペアに対するターゲット Q 値を計算する。
- 次に、DQN を使って個々の経験済み状態－行動ペアの Q 値を計算したいが、DQN はエージェントが実際に選んだ行動だけではなく、ほかの可能な行動の Q 値も出力する。そのため、マスクを使って不要な Q 値を取り除かなければならない。`tf.one_hot()` 関数を使えば、行動のインデックスの配列からそのようなマスクを簡単に作れる。例えば、最初の 3 個の経験にそれぞれ行動 1、1、0 が含まれている場合、マスクの冒頭は `[[0, 1], [0, 1], [1, 0],...]` となる。そこで、DQN の出力とこのマスクを掛け合わせれば、不要な Q 値はすべて 0 になる。そして軸 1 を合計すると、ゼロはすべて消え、経験した状態－経験ペアの Q 値だけが残り、バッチ内の個々の経験に対する予測 Q 値を格納した `Q_values` テンソルが得られる。
- そして、損失を計算する。損失は、経験済み状態－行動ペアのターゲットと予測 Q 値の平均二乗誤差である。
- 最後に、モデルの学習可能変数について損失を最小化する勾配降下ステップを実行する。

以上が最も難しい部分である。モデルの学習は簡単だ。

```
for episode in range(600):
    obs, info = env.reset()
    for step in range(200):
        epsilon = max(1 - episode / 500, 0.01)
        obs, reward, done, truncated, info = play_one_step(env, obs, epsilon)
        if done or truncated:
            break

    if episode > 50:
        training_step(batch_size)
```

最大200ステップのエピソードを600回実行する。各ステップでは、まずεグリーディ法のepsilon値を計算する。epsilonは、500エピソード弱で1から0.01まで線形に下がっていく。次に、play_one_step()を呼び出す。この関数は、εグリーディ法を使って行動を選択、実行し、再生バッファに経験を記録する。エピソードが終了するか中止されると、ループから抜ける。最後に、51エピソード目からは、training_step()関数を呼び出し、再生バッファからサンプリングした1個のバッチでモデルを学習する。学習なしでエピソードを50回プレイするのは、再生バッファがある程度いっぱいになるまでの時間を確保するためだ（十分待たなければ、再生バッファの多様性がまだ足りない状態になってしまう）。以上だ。これでDQNアルゴリズムを実装できた。

各エピソードでエージェントが得た報酬の合計を示すと、**図18-10**のようになる。

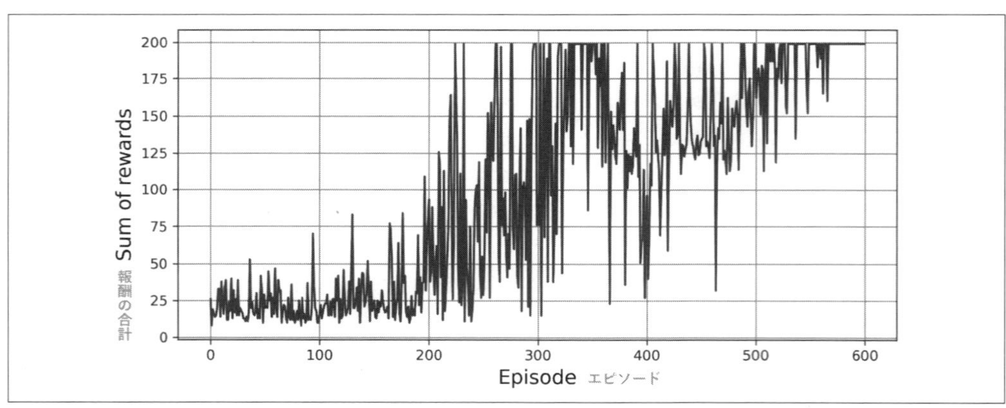

図18-10　深層Q学習アルゴリズムの学習曲線

最初のうちはεが非常に高いこともあり、アルゴリズムが何かを学習し始めるまで少し時間がかかっている。その後の進歩はかなり不規則だ。エピソード220当たりで最高報酬に達したが、すぐに報酬は急落し、何度か同じように上下している。そして、エピソード320当たりで最大報酬の近くで安定したかに見えるが、そのあとで再び急落する。これを**破滅的忘却**（catastrophic forgetting）と呼ぶ。ほぼすべてのRLアルゴリズムが抱えている大問題の1つだ。エージェントは環境を探索し、方策を更新しているのだが、環境のある一部で学んだことが環境のほかの部分で以前に学んだことを壊してしまうのである。経験間にはかなりの相関があり、学習環境は絶えず変わっている。これは勾配降下法にとって過酷な条件だ。再生バッファを大きくすると、アルゴリズムはこの問題を起こしにくくなる。学習率のチューニングにも効果がある。しかし、強化学習は難しい。これが現実だ。学習は不安定になることが多く、さまざまなハイパーパラメータ値と相性のよい乱数のシードを試さなければ、うまく機能する組み合わせは見つからない。例えば、活性化関数を"elu"から"relu"に変えると、性能はかなり低くなる。

強化学習は難しいことで悪名が高いが、それは主として学習が不安定で、ハイパーパラメータ値と乱数のシードの選択に異常に敏感に反応するためだ[*1]。研究者のアンドレイ・カーパシー（Andrej Karpathy）は、「（教師あり学習は）進んで仕事をする…RLは強制されなければ仕事をしない」と言っている。時間、忍耐、根気が必要で、おそらくちょっとした運も必要だ。RLが通常の深層学習（例えば畳み込みネットワーク）ほど広く受け入れられていないのはそのためである。しかし、AlphaGoやAtariゲーム以外にも、実用的な応用はいくつもある。例えば、GoogleはRLを使ってデータセンターのコストを最適化している。RLは、ロボット工学、ハイパーパラメータチューニング、レコメンドシステムなどでも使われている。

損失のグラフが出てこないのはなぜだろうと思われたかもしれない。実は、損失はモデルの性能指標としてはあまり役に立たない。損失が下がってもエージェントの性能が下がることがある（例えば、エージェントが環境のごく狭い一部に引っかかってしまうと、DQNはこの領域を過学習し始める）。逆に、損失が上がっても、エージェントの性能がかえってよくなることもある（例えば、DQNがQ値を過小評価しており、正しく予測を大きくし始めると、エージェントの性能が上がって報酬が増えるが、DQNもターゲットを大きすぎるところに設定するため、損失が増えていくことがある）。そのため、報酬をグラフにした方がよい。

私たちが今まで使ってきた初歩的な深層Q学習アルゴリズムは、Atariゲームのプレイを学習するには少し不安定すぎる。では、DeepMindはどうしたのだろうか。彼らは、アルゴリズムに修正を加えたのである。

18.11　深層Q学習のバリアント

ここで学習を安定させ、スピードアップさせられる深層Q学習アルゴリズムのバリアントを少し見ておこう。

18.11.1　ターゲットQ値の固定化

初歩的な深層Q学習アルゴリズムでは、モデルは予測にもターゲットの設定にも使われていた。これは、自分の尻尾を追いかける犬のような状況を招くことがある。このフィードバックループは、ネットワークを不安定化させ、ネットワークは脇道に逸れたり、大きく振動したり、凍ったようになった

＊1　アレックス・イルパン（Alex Irpan）の2018年のすばらしいブログ投稿（https://homl.info/rlhard）は、RLの最大の難点と限界をうまく説明している。

りする。この問題を解決するために、DeepMindの研究者たちは2013年の論文で1つではなく2つのDQNを使った。片方は**オンラインモデル**（online model）で、各ステップで学習しエージェントを動かすために使われるのに対し、もう片方は**ターゲットモデル**（target model）で、ターゲットの定義だけのために使われる。もとのコードを少し変えれば、このアーキテクチャにすることができる。ターゲットモデルはオンラインモデルのクローンにすぎない。

```
target = tf.keras.models.clone_model(model)  # modelのアーキテクチャのクローンを作る
target.set_weights(model.get_weights())  # 重みをコピーする
```

次に、`training_step()`関数では、次の状態のQ値を計算するときに、オンラインモデルではなく、ターゲットモデルを使うために、次の1行だけを書き換える。

```
next_Q_values = target.predict(next_states, verbose=0)
```

最後に、学習ループでは、定期的に（例えば50エピソードごとに）オンラインモデルの重みをターゲットモデルにコピーしなければならない。

```
if episode % 50 == 0:
    target.set_weights(model.get_weights())
```

ターゲットモデルはオンラインモデルよりも更新頻度が大幅に低いので、ターゲットQ値は安定化し、先ほど触れたフィードバックループは鈍くなり、フィードバックループの悪影響は緩和される。このアプローチは2013年論文におけるDeepMindの研究者たちの大きな貢献の1つであり、エージェントが未加工のピクセルからAtariゲームのプレイ方法を学習できた要因である。彼らは学習を安定化させるために、0.00025という非常に小さな学習率を使い、10,000ステップを経過しなければ（先ほどのコード例の50エピソードではなく）ターゲットモデルを更新せず、100万経験という非常に大きな再生バッファを使った。また、100万ステップもかけてゆっくりと`epsilon`を1から0.1に下げたほか、アルゴリズムを5,000万ステップも実行した。そして、彼らのDQNは深層畳み込みネットワークだったのである。

では次に、またも最先端のアーキテクチャを打ち破ることに成功した別のDQNバリアントを見ておきたい。

18.11.2 ダブルDQN

DeepMindの研究者たちは2015年の論文（https://homl.info/doubledqn）[*1]で自分たちのDQNアルゴリズム手を加え、性能を上げるとともに学習を少し安定化させた。このバリアントを**ダブルDQN**（double DQN）という。このバリアントは、ターゲットネットワークがとかくQ値を過大評価しがちだという彼らの経験から生まれたものである。すべての行動がどれも同じようによいものとする。ターゲットモデルから推定されるQ値は同じにならなければならないはずだが、Q値は近似値なので、まったくの偶然でほかの値よりも少し大きな値が出てくることがある。ターゲットモデルはいつも最大の

---

*1 Hado van Hasselt et al., "Deep Reinforcement Learning with Double Q-Learning", *Proceedings of the 30th AAAI Conference on Artificial Intelligence* (2015):

Q値を選択するが、それはQ値の平均よりもわずかに大きいだけで、本物のQ値を過大評価している可能性が高い（プールの深さを測るときに、たまたま起きた波の高さが勘定に入るのと少し似ている）。この問題を解決するために、彼らは次の状態の行動を選択するときに、ターゲットモデルではなくオンラインモデルを使うことを提案した。ターゲットモデルは、最良の行動のQ値を推定するためにのみ使うのである。次に示すのは、更新後のtraining_step()関数である。

```
def training_step(batch_size):
    experiences = sample_experiences(batch_size)
    states, actions, rewards, next_states, dones, truncateds = experiences
    next_Q_values = model.predict(next_states, verbose=0)  # ≠ target.predict()
    best_next_actions = next_Q_values.argmax(axis=1)
    next_mask = tf.one_hot(best_next_actions, n_outputs).numpy()
    max_next_Q_values = (target.predict(next_states, verbose=0) * next_mask
                        ).sum(axis=1)
    [...]  # これ以外は以前と同じ
```

しかし、わずか数ヵ月後には、DQNアルゴリズムに対する新たな改良が提案された。次はそれを見てみよう。

18.11.3 優先度付き経験再生

再生バッファから経験を**一様に**サンプリングするのではなく、重要な経験を頻繁にサンプリングすればよいのではないだろうか。このアイデアを**重要度サンプリング**（IS：importance sampling）、または**優先度付き経験再生**（PER：prioritized experience replay）と呼び、（またも）DeepMindの研究者たちの2015年の論文（https://homl.info/prioreplay）[*1]で提案された。

もう少し具体的に言うと、経験は、学習を早く進められそうなものなら「重要」だと見なされる。しかし、それをどのように推定するのだろうか。TD誤差$\delta = r + \gamma \cdot V(s') - V(s)$を計測すれば手がかりが得られる。TD誤差が大きいということは、(s, a, s')という遷移が意外だということを示しており、おそらく学習する価値がある[*2]。再生バッファに記録されるときに、そのような経験は少なくとも1度サンプリングされるように、大きな優先度を設定される。しかし、その経験がサンプリングされると（そしてサンプリングされるたびに）、改めてTD誤差δが計算され、この経験の優先度は$p = |\delta|$（サンプリングされる確率がすべての経験で0にならないように、これに小さな定数が加算される）となる。優先度pの経験がサンプリングされる確率Pは、p^{ζ}に比例する。なお、ζというのは重要度サンプリングをどの程度貪欲にするかを制御するハイパーパラメータである。$\zeta = 0$なら一様サンプリングになるが、$\zeta = 1$なら全開の重要度サンプリングになる。論文では、著者たちは$\zeta = 0.6$を使っていたが、最適値はタスクによって変わる。

しかし、1つ注意する点がある。重要な経験は頻繁にサンプリングされるようにバイアスがかかっているので、学習時には、経験の重要度に従って経験の重みを操作してバランスを取らなければならな

＊1 Tom Schaul et al., "Prioritized Experience Replay", arXiv preprint arXiv:1511.05952 (2015).

＊2 報酬に大きなノイズが入っている可能性もある。そのような場合には、経験の重要度を推定するもっとよい方法がある（具体例については、実際に論文を参照のこと）。

い。そうしなければ、モデルは重要な経験を過学習してしまう。もう少しわかりやすく言うと、重要な経験はほかの経験よりも頻繁にサンプリングされるようにしたいが、その分、学習時の重みを下げなければならないということだ。そこで、経験の学習時の重みを$w = (n\,P)^{-\beta}$とする。ここで、nは再生バッファ内の経験の数、βは、重要経験サンプリングバイアスをどの程度重み軽減に反映させるかを制御するハイパーパラメータである（0なら反映させない。1なら全面的に反映させる）。論文では、著者たちは学習初期では$\beta = 0.4$を使い、学習終了までに$\beta = 1$になるように線形に増加させている。ここでも最適な値はタスクによって変わるが、一般論として、あるものを大きくするなら、別のものも同じように大きくすべきだ。

最後に、DQNアルゴリズムの重要なバリアントをもう1つ挙げておこう。

18.11.4 Dueling DQN

Dueling DQN（DDQN）アルゴリズム（double DQNと混同しないように注意しよう。ただし、2つのテクニックは簡単に結合できる）は、DeepMindの研究者たちが2015年に出したまた別の論文（https://homl.info/ddqn）[*1]によって提案された。その仕組みを理解するためには、まず状態−行動ペア(s, a)のQ値は$Q(s, a) = V(s) + A(s, a)$と表せることに注意する。ここで$V(s)$は状態sの価値、$A(s, a)$は状態sでほかのどの行動でもなく行動aを取ることによる**アドバンテージ**（advantage）である。さらに、状態の価値はその状態にとって最高の行動a^*のQ値なので（最適な方策は最高の行動を選択することだと仮定していることから）、$V(s) = Q(s, a^*)$であり、ここから$A(s, a^*) = 0$だと言える。Dueling DQNでは、状態の価値と取り得る個々の行動のアドバンテージの両方を推定する。最高の行動はアドバンテージ0にならなければならないので、モデルは、すべての予測されたアドバンテージから予測されたアドバンテージの最大値を引く。関数型APIを使って単純なDueling DQNモデルを実装すると、次のようになる。

```
input_states = tf.keras.layers.Input(shape=[4])
hidden1 = tf.keras.layers.Dense(32, activation="elu")(input_states)
hidden2 = tf.keras.layers.Dense(32, activation="elu")(hidden1)
state_values = tf.keras.layers.Dense(1)(hidden2)
raw_advantages = tf.keras.layers.Dense(n_outputs)(hidden2)
advantages = raw_advantages - tf.reduce_max(raw_advantages, axis=1,
                                            keepdims=True)
Q_values = state_values + advantages
model = tf.keras.Model(inputs=[input_states], outputs=[Q_values])
```

これ以外のアルゴリズムは、今までのものと同じだ。実際、double dueling DQNを構築し、優先度付き経験再生と組み合わせることもできる。より一般的に言って、DeepMindが2017年の論文（https://homl.info/rainbow）[*2]で示したように、多くのRLテクニックは結合できる。著者たちは、6種類の異なるテクニックを組み合わせて、当時の最先端のモデルを大きく引き離して高性能なRainbowという

＊1 Ziyu Wang et al., "Dueling Network Architectures for Deep Reinforcement Learning", arXiv preprint arXiv:1511.06581 (2015).

＊2 Matteo Hessel et al., "Rainbow: Combining Improvements in Deep Reinforcement Learning", arXiv preprint arXiv:1710.02298 (2017): 3215-3222.

エージェントを作っている。

このように深層強化学習は急成長を遂げている分野であり、もっと多くのことが発見されていくだろう。

18.12 広く使われているRLアルゴリズムの概要

この章を締めくくる前に、広く使われているRLアルゴリズムの一部を簡単に紹介しておこう。

AlphaGo（https://homl.info/alphago）[*1]

AlphaGoは深層ニューラルネットワークベースの**モンテカルロ木探索**（MCTS、Monte Carlo tree search）のバリアントを使い、囲碁の人間のチャンピオンに勝つことを目指した。MCTSは、1949年にニコラス・メトロポリス（Nicholas Metropolis）とスタニスラフ・ウラム（Stanislaw Ulam）によって発明された。MCTSは、現在のノードを起点とする探索木をいくつも探索し、有望な探索木のために多くの時間を使うというシミュレーションを多数実行した上で最高の移動先を選択する。シミュレーションで以前に来たことがないノードに来たときには、終端ノードまでランダムに移動を続け、最終結果に基づいてそれまでに来たノード（ランダムに選んだシミュレーションでのノードを除く）の推定値を更新する。AlphaGoは同じ原則に従っているが、ランダムに打つのではなく方策ネットワークを使って指し手を選ぶ。この方策ネットワークは、方策勾配法で学習される。オリジナルのアルゴリズムにはこれ以外に3つのニューラルネットワークが含まれていて複雑だったが、AlphaGo Zero論文（https://homl.info/alphagozero）[*2]で単純化され、指し手の選択と盤面の状態の評価の両方のために1個のニューラルネットワークを使うものになった。AlphaZero論文（https://homl.info/alphazero）[*3]はこのアルゴリズムを一般化し、囲碁だけでなく、チェスと将棋も指せるようにした。最後に、MuZero論文（https://homl.info/muzero）[*4]は、このアルゴリズムの改良版で、最初の段階でエージェントが試合のルールを知らなくても、以前のバージョンよりも高い性能を示す。

アクター・クリティックアルゴリズム

これは方策勾配法（PG）と深層Qネットワーク（DQN）を組み合わせたRLアルゴリズムのファミリだ。アクター・クリティック・エージェントは、方策ネットワークとDQNの2つのニューラルネットワークを含んでいる。DQNはエージェントの経験から学習するという通常の方法で学習される。方策ネットワークの学習方法は通常の方策勾配法とは異なる（そしてずっと高速である）。複数のエピソードを通じて個々の行動の価値を評価し、行動ごとに累積報酬を合計し、正規化するのではなく、エージェント（アクター）は、DQN（クリティック）が**推定**した行動の価値に基づいて動作する。これはアスリート（アクター）がコーチ（DQN）の助けを得て学習していくのと似ている。

＊1 David Silver et al., "Mastering the Game of Go with Deep Neural Networks and Tree Search", _Nature_ 529 (2016): 484-489.

＊2 David Silver et al., "Mastering the Game of Go Without Human Knowledge", *Nature* 550 (2017): 354-359.

＊3 David Silver et al., "Mastering Chess and Shogi by Self-Play with a General Reinforcement Learning Algorithm", arXiv preprint arXiv:1712.01815.

＊4 Julian Schrittwieser et al., "Mastering Atari, Go, Chess and Shogi by Planning with a Learned Model", arXiv preprint arXiv:1911.08265 (2019).

A3C（synchronous advantage actor-critic）（https://homl.info/a3c）[*1]

DeepMindの研究者たちが2016年に提案したアクター・クリティックの重要なバリアントで、複数のエージェントが環境の異なるコピーを探索して並列に学習する。個々のエージェントは一定間隔だが非同期に（名前の第1のAはここに由来している）重みの更新情報をマスターネットワークにプッシュし、マスターネットワークから最新の重みをプルする。そのため、個々のエージェントがマスターネットワークの改善に貢献し、ほかのエージェントが学習したことから利益を得る。しかも、DQNはQ値ではなく、個々のアクションのアドバンテージを推定する（名前の第2のAはここに由来している）が、これによって学習が安定化する。

A2C（Advantage actor-critic）（https://homl.info/a2c）

A3Cのバリアントで非同期性が取り除かれている。モデルのすべての更新が同期的で、勾配の更新はより大きいバッチで実行されるため、モデルはGPUのパワーをうまく活用できる。

SAC（Soft actor-critic）（https://homl.info/sac）[*2]

2018年にカリフォルニア大学バークレー校のトゥオマス・ハールノヤ（Tuomas Haarnoja）たちが提案したアクター・クリティックのバリアントで、報酬を学習するだけでなく、行動のエントロピーを最大化する。つまり、できる限り多くの報酬を得ようとしつつ、できる限り予測不能になろうともするのである。こうすると、エージェントの環境探索を後押しして学習をスピードアップさせ、DQNが不完全な推定をしたときに繰り返し同じ行動を実行することが減る。このアルゴリズムは、見事なサンプリング効率を示す（今までに示してきた学習に非常に時間がかかるアルゴリズムとは対照的に）。

PPO（Proximal policy optimization）（https://homl.info/ppo）[*3]

ジョン・シュルマン（John Schulman）たちによるA2Cベースのアルゴリズムで、過度な重み更新（学習の不安定化を引き起こすことが多い）を避けるように損失関数をクリッピングする。PPOは、同じOpenAIがその前に提案したTRPO（https://homl.info/trpo）[*4]（trust region policy optimization）を単純化したものだ。OpenAIは、2019年4月にPPOアルゴリズムをベースとするOpenAI FiveというAIでマルチプレイヤーゲームのDota 2の世界チャンピオンに勝ち、ニュースになった。

好奇心駆動探索（curiosity-based exploration）（https://homl.info/curiosity）[*5]

RLで繰り返し問題になるのは、報酬がまばらにしかないために、学習が非効率で遅くなることだ。カリフォルニア大学バークレー校のディーパック・パテック（Deepak Pathak）たちは、この問題を解決するためのすごい方法を提案した。従来の形の報酬を無視し、エージェントが猛烈な好奇心

*1 Volodymyr Mnih et al., "Asynchronous Methods for Deep Reinforcement Learning", *Proceedings of the 33rd International Conference on Machine Learning* (2016): 1928-1937.

*2 Tuomas Haarnoja et al., "Soft Actor-Critic: Off-Policy Maximum Entropy Deep Reinforcement Learning with a Stochastic Actor", *Proceedings of the 35th International Conference on Machine Learning* (2018): 1856-1865.

*3 John Schulman et al., "Proximal Policy Optimization Algorithms", arXiv preprint arXiv:1707.06347 (2017).

*4 John Schulman et al., "Trust Region Policy Optimization", *Proceedings of the 32nd International Conference on Machine Learning* (2015): 1889-1897.

*5 Deepak Pathak et al., "Curiosity-Driven Exploration by Self-Supervised Prediction", *Proceedings of the 34th International Conference on Machine Learning* (2017): 2778-2787.

を持って環境を探索できるようにするというのである。報酬は環境から与えられるものではなく、エージェントの要素になる。子どもの場合でも、よい成績という純粋な報酬を与えるよりも、好奇心を刺激した方がよい結果が出やすくなる。ではどのような仕組みで好奇心を刺激するのか。エージェントは行動の結果をいつも予測しようとし続ける。そして、予想に反した結果が出る状況を探し求める。言い換えれば、びっくりさせられることを追求するのだ。結果が予測可能なら（退屈ということだ）、そこからいなくなる。しかし、結果が予測不能でも、エージェントが試行錯誤を繰り返して歯が立たないようなら、そのうちに飽きていなくなる。著者たちは、好奇心だけでエージェントに多くのゲームのプレイ方法を学習させることに成功した。負けてもペナルティがなくやり直せるならば、それは退屈なことであり、エージェントはそうしたゲームを避けることを学ぶ。

OEL（open-ended learning）

OELの目標は、新しく面白いタスク（主として手続き的に生成されたもの）を無限に学習できるエージェントを学習することだ。まだそこには達していないが、この数年で目を見張るような発展が起きている。例えば、Uber AIの研究者チームによる2019年の論文（https://homl.info/poet）[*1]は、**POET**（Paired Open-Ended Trailblazer）アルゴリズムを発表した。POETは、でこぼこのある複数の2Dシミュレーション環境を生成し、環境ごとにエージェントを学習する。エージェントの目標は、障害を避けながらできる限り速く歩くことだ。アルゴリズムが生成する環境は最初のうちこそ単純だが、次第に難しくなる。これを**カリキュラム学習**（curriculum learning）と呼ぶ。しかも、個々のエージェントは1つの環境内で学習されるだけだが、すべての環境のほかのエージェントと定期的に競争しなければならない。競争に負けたエージェントは、勝ったエージェントに置き換えられる。このように、知識は定期的に環境全体に伝えられ、最も適応力の高いエージェントが残される。最終的には、1個のタスクで学習されたエージェントよりもはるかに優れたエージェントが得られ、それらはより難しい環境にも挑戦できる。もちろん、この原則はほかの環境やタスクにも当てはまる。OELに関心があるなら、Enhanced POET論文（https://homl.info/epoet）[*2]とDeepMindのこのテーマに関する2021年の論文（https://homl.info/oel2021）[*3]は必読だ。

強化学習についてもっと詳しく学びたい読者は、フィル・ワインダー（Phil Winder）の*Reinforcement Learning*（https://homl.info/rlbook）（O'Reilly）をお勧めする。

この章では、方策勾配法、マルコフ連鎖、マルコフ決定過程、Q学習、近似Q学習、深層Q学習とその主要なバリアント（ターゲットQ値の固定化、ダブルDQN、Dueling DQN、優先度付き経験再生）など、さまざまな話題を扱ってきた。最後の部分では、その他の広く使われているアルゴリズムを簡単に紹介した。強化学習は広大で刺激的な分野であり、毎日のように新しいアイデアやアルゴリズムが

＊1 Rui Wang et al., "Paired Open-Ended Trailblazer (POET): Endlessly Generating Increasingly Complex and Diverse Learning Environments and Their Solutions", arXiv preprint arXiv:1901.01753 (2019).

＊2 Rui Wang et al., "Enhanced POET: Open-Ended Reinforcement Learning Through Unbounded Invention of Learning Challenges and Their Solutions", arXiv preprint arXiv:2003.08536 (2020).

＊3 Open-Ended Learning Team et al., "Open-Ended Learning Leads to Generally Capable Agents", arXiv preprint arXiv:2107.12808 (2021).

生まれている。この章からみなさんの好奇心が刺激されればうれしい。探索すべき世界は目の前に広がっている。

18.13　演習問題

1. 強化学習はどのように定義したらよいか。通常の教師あり、教師なし学習とはどのようなところが異なるか。
2. この章で取り上げていないRLの応用分野を3つ考えてみよう。それぞれについて、環境、エージェント、可能な行動、報酬は何かを答えなさい。
3. 割引率とは何か。割引率を変えると、最適な方策は変わるか。
4. 強化学習エージェントの性能はどのようにして測定するか。
5. 信用割当問題とは何か。この問題はいつ起き、どのようにすれば緩和できるか。
6. 再生バッファを使うメリットは何か。
7. 方策オフRLアルゴリズムとは何か。
8. 方策勾配法を使って、OpenAI GymのLunarLander-v2環境を解きなさい。
9. double dueling DQNを使ってAtariの有名なブロック崩し（`"ALE/Breakout-v5"`）ゲームを超人的なレベルでプレイするエージェントを学習しよう。観測データは画像である。タスクを単純化するために、グレースケール（つまりチャネル軸の平均）に変換し、クロッピングし、さらにダウンサンプリングすれば、データはプレイできるだけのサイズになり、余分なものがなくなる。個々の画像だけではボールとラケットがどちらに動いているかがわからないので、個々の状態は2、3個の画像をマージしたものにする必要がある。最後に、DQNは主として畳み込み層から構成すること。
10. 100ドルほどの自由になるお金があれば、ラズベリーパイ3と安価なロボット工学部品を買い、ラズパイにTensorFlowをインストールして楽しむことができる。例えば、ルーカス・ビーワルド（Lukas Biewald）の面白い投稿（https://homl.info/2）を読むか、GoPiGoやBrickPiを買ってみよう。最初は、最も明るい方向（光センサーがある場合）や最も近いもの（ソナーセンサーがある場合）の方に向きを変えて前進するロボットといった簡単な目標から始めるとよい。慣れてきたら深層学習を使う。例えば、ロボットがカメラを持つ場合、オブジェクト検知アルゴリズムを実装して人を検知し、そちらに動くようにしてみよう。また、その目標のためにモーターの使い方を自分で学習するエージェントを作るなど、RLを使ってみよう。楽しめるはずだ。

演習問題の解答は、ノートブック（https://homl.info/colab3）の18章の部分を参照のこと。

19章 大規模なTensorFlowモデルの学習とデプロイ

すばらしい予測をする見事なモデルができたら、そのモデルをどうすればよいだろうか。もちろん、本番実行に移さなければならない。毎晩このモデルを実行するスクリプトでも書いて、データバッチに対してモデルを実行すればよい場合もあるが、普通はもっと複雑な準備が必要になる。例えば、インフラストラクチャのさまざまな部分がこのモデルを使って生きたデータを処理しなければならない場合には、モデルをウェブサービスでラップすることになるだろう。そうすれば、2章で説明したように、インフラの任意の部分が簡単なREST API呼び出し（またはほかのプロトコル）を使っていつでもモデルに問い合わせられるようになる。しかし、時間がたつうちに、新しいデータでモデルを学習し直し、更新後のバージョンを本番環境に送り込まなければならなくなるかもしれない。モデルのバージョン管理、モデルの穏便な移行、前のバージョンのモデルへのロールバック（問題が起きたときの備えとして）、複数のモデルの同時実行（例えば**A/Bテスト**（A/B experiments）[*1]のために）も必要になる。製品が成功を収めると、サービスの1秒当たりのクエリ数（QPS）は激増する事があり、その場合には大きな負荷に対処するためのスケールアップが必要になる。サービスのスケールアップのためのソリューションとしては、この章で説明するTF Servingというすばらしいものがある。TF Servingは独自ハードウェアインフラストラクチャ上でも、Google Vertex AI[*2]のようなクラウドサービスを介してでも利用できる。クラウドプラットフォームを使えば、強力なモニタリングツールなどの多くの補助機能も手に入る。

さらに、膨大な量の学習データがある場合や計算負荷の高いモデルを使う場合には、許容限度を越えるくらいに学習時間が長くなることがある。変化に素早く対応できるようにしなければならないなら（例えば、過去一週間のニュースからニュースを選ぶニュースレコメンドシステムのような場合）、学習時間が長すぎるだけでそのシステムは使いものにならない。もっと重要なことだろうが、学習時間が長すぎると新しいアイデアを試せなくなる。機械学習では（そういう分野はほかにもたくさんあるが）、どのアイデアが使えるかは、動かしてみなければわからないことが多い。そのためできる限り多くのモデルをできる限り短時間で試す必要がある。学習をスピードアップさせるためには、例えばGPU

＊1　A/Bテストは、どのバージョンが最も性能がよいかを調べるなどの目的のために、ユーザの別々のグループに2つの異なるバージョンを実行させる。

＊2　2021年にGoogle AI Platform（以前はGoogle ML Engineという名前だった）とGoogle AutoMLが結合されてGoogle Vertex AIになっている。

やTPUといったハードウェアアクセラレータを使う。複数のハードウェアアクセラレータを備えた複数のマシンでモデルを学習すれば、さらにスピードアップできる。TensorFlowの単純ながら強力なDistribution Strategy APIを使えば、こうしたことは簡単になる。

この章では、まずTF Serving、続いてVertex AIを使ったモデルのデプロイを説明する。モバイルアプリ、組み込みデバイス、ウェブアプリケーションへのモデルのデプロイについても簡単に触れる。そして、GPUを使った計算の高速化の方法、Distribution Strategy APIを使った複数のデバイス、サーバによるモデルの学習の方法を説明する。最後に、Vertex AIを使ったモデルの学習とハイパーパラメータのファインチューニングの方法を探る。扱うテーマがたくさんある。早速本題に入ろう。

19.1 TensorFlowモデルのサービング

TensorFlowモデルを学習したら、任意のPythonコードで簡単に使える。それがKerasモデルなら、`predict()`メソッドを呼び出すだけだ。しかし、インフラストラクチャが一定の規模を越えると、予測をすることだけを目的とする小さなサービスでモデルをラップした方がよくなってくる。インフラストラクチャのほかの部分は必要に応じてそのサービスを呼び出すのである（例えば、RESTやgRPC APIを介して）[*1]。こうすると、インフラストラクチャのほかの部分からモデルが切り離され、それらの部分から影響を受けずにモデルのバージョンの切り替え/スケールアップをしたり、A/Bテストを実行したり、すべてのソフトウェアコンポーネントが使うモデルバージョンを統一したりといったことが簡単になり、テストや開発なども簡単になる。使いたいテクノロジ（例えばFlaskライブラリ）を使って独自のマイクロサービスを作ってもよいが、TF Servingがあるのだから、車輪を発明し直す必要はない。

19.1.1 TF Servingの使い方

TF ServingはC++で書かれた効率のよいモデルサーバで、十分なテストを受けている。TF Servingは、高い負荷に耐え、複数バージョンのモデルをサービングでき、モデルリポジトリを監視して自動的に最新バージョンをデプロイするなどの機能を持っている（**図19-1**参照）

例えば、Kerasで学習したMNISTモデルをTF Servingでデプロイしたいものとする。まず最初に、このモデルを10章で説明したSavedModel形式にエキスポートしなければならない。

---

*1 REST（またはRESTful）APIは、GET、POST、PUT、DELETEといったHTTPの標準動詞を使うAPIで、入出力のためにJSONを使う。gRPCプロトコルは、RESTよりも複雑だが効率もよい。gRPCでは、データはプロトコルバッファ（13章参照）でやり取りされる。

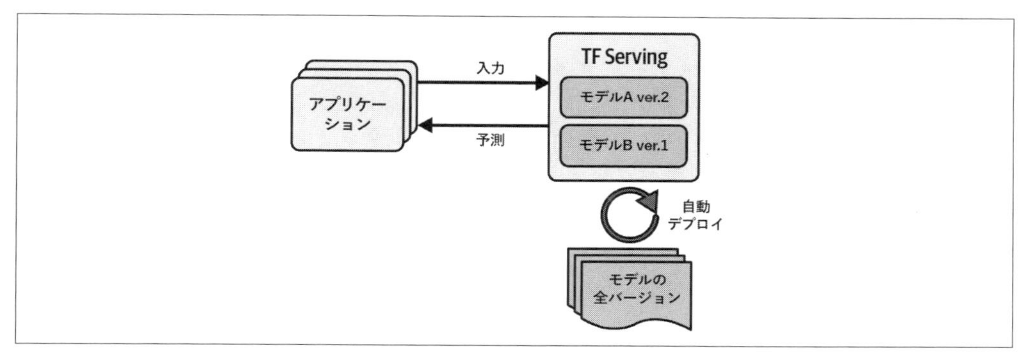

図19-1　TF Servingは複数のモデルをサービングでき、各モデルの最新バージョンを自動でデプロイする

19.1.1.1　SavedModel形式へのエキスポート

モデルの保存方法は既に説明した。model.save()を呼び出せばよい。モデルのバージョン管理は、各バージョンのためにサブディレクトリを作るだけでできる。簡単なものだ。

```
from pathlib import Path
import tensorflow as tf

X_train, X_valid, X_test = [...]  # MNISTデータセットをロードして分割
model = [...]  # MNISTモデルを構築&学習（画像の前処理も行う）

model_name = "my_mnist_model"
model_version = "0001"
model_path = Path(model_name) / model_version
model.save(model_path, save_format="tf")
```

通常は、エキスポートする最終的なモデルにすべての前処理層を組み込むとよい。そうすれば、本番環境にデプロイされたモデルは、自分にとって自然な形式でデータをインジェストできるようになる。モデルを使うアプリケーションが別個に前処理のことを考える必要もなくなる。モデルに前処理ステップをバンドルすると、あとでモデルを更新するときの作業が単純になり、モデルと前処理に食い違いが生じるリスクも軽減される。

SavedModelは計算グラフを保存するので、TensorFlow演算（任意のPythonコードをラップするtf.py_function()を除く）だけで作られたモデルでしか使えない。

TensorFlowには、SavedModelの内容を見ることができるsaved_model_cliというコマンドラインツールが含まれている。それを使ってエキスポートされたモデルを覗いてみよう。

```
$ saved_model_cli show --dir my_mnist_model/0001
The given SavedModel contains the following tag-sets:
'serve'
```

この出力にはどのような意味があるのだろうか。SavedModelには、1つ以上の**メタグラフ**（metagraph）が含まれている。メタグラフは計算グラフに関数シグネチャ定義（入出力の名前、型、形）を加えたものである。個々のメタグラフは、タグによって識別される。例えば、学習を含む完全な計算グラフのためのメタグラフには"train"というタグを付け、予測だけに刈り込んだメタグラフには"serve"とか"gpu"といったタグを付けて区別する。それ以外のメタグラフを作ってもよい。TensorFlowの低水準SavedModel API（https://homl.info/savedmodel）を使えばそういうことができる。しかし、save()関数でKerasモデルを保存した場合、保存されるのは"serve"というタグが付けられたメタグラフだけだ。この"serve"タグセットの内容を見てみよう。

```
$ saved_model_cli show --dir 0001/my_mnist_model --tag_set serve
The given SavedModel MetaGraphDef contains SignatureDefs with these keys:
SignatureDef key: "__saved_model_init_op"
SignatureDef key: "serving_default"
```

このメタグラフには、"__saved_model_init_op"という初期化関数（これについてあれこれ考える必要はない）と"serving_default"というデフォルトサービング関数の2つのシグネチャ定義が含まれている。Kerasモデルを保存するとき、デフォルトサービング関数はモデルのcall()メソッドである。予測をする関数だ。このサービング関数をもっと詳しく探ってみよう。

```
$ saved_model_cli show --dir 0001/my_mnist_model --tag_set serve \
                       --signature_def serving_default
The given SavedModel SignatureDef contains the following input(s):
  inputs['flatten_input'] tensor_info:
      dtype: DT_UINT8
      shape: (-1, 28, 28)
      name: serving_default_flatten_input:0
The given SavedModel SignatureDef contains the following output(s):
  outputs['dense_1'] tensor_info:
      dtype: DT_FLOAT
      shape: (-1, 10)
      name: StatefulPartitionedCall:0
Method name is: tensorflow/serving/predict
```

関数の入力が"flatten_input"、出力が"dense_1"という名前になっていることに注意しよう。これらはKerasモデルの入力層と出力層に対応している。入出力データのデータ型と形状もわかる。よさそうだ。

SavedModelを作ったら、次はTF Servingのインストールだ。

19.1.1.2 TF Servingのインストールと起動

TF Servingのインストールには、システムのパッケージマネージャを使う方法、Dockerイメージ[*1]を使う方法、ソースからインストールする方法など、さまざまな方法がある。ColabはUbuntu上で実行されているので、次のようにUbuntuのaptパッケージマネージャを使える。

```
url = "https://storage.googleapis.com/tensorflow-serving-apt"
src = "stable tensorflow-model-server tensorflow-model-server-universal"
!echo 'deb {url} {src}' > /etc/apt/sources.list.d/tensorflow-serving.list
!curl '{url}/tensorflow-serving.release.pub.gpg' | apt-key add -
!apt update -q && apt-get install -y tensorflow-model-server
%pip install -q -U tensorflow-serving-api
```

このコードは、まずUbuntuのパッケージソースリストにTensorFlowのパッケージリポジトリを追加している。次に、TensorFlowの公開GPG鍵をダウンロードし、パッケージマネージャのキーリストに追加して、TensorFlowのパッケージシグネチャをチェックできるようにしている。そして、aptを使ってtensorflow-model-serverパッケージをインストールする。最後に、サーバとの通信のために必要なtensorflow-serving-apiライブラリをインストールする。

そしてサーバを起動する。コマンドはベースモデルディレクトリの絶対パス（つまり、0001ではなく、m_mnist_modelへのパス）を必要とするので、それを環境変数MODEL_DIRに保存する。

```
import os

os.environ["MODEL_DIR"] = str(model_path.parent.absolute())
```

これでサーバを起動できる。

```
%%bash --bg
tensorflow_model_server \
     --port=8500 \
     --rest_api_port=8501 \
     --model_name=my_mnist_model \
     --model_base_path="${MODEL_DIR}" >my_server.log 2>&1
```

JupyterやColabでは、%%bash --bgマジックコマンドはセルをバッシュスクリプトとしてバックグラウンド実行する。>my_server.log 2>&1は標準出力と標準エラー出力をmy_server.logファイルにリダイレクトする。これでTF Servingがバックグラウンドで実行され、ログはmy_server.logファイルに保存されるようになる。TF ServingはMNISTモデル（ver.1）をロードし、my_server.logファイルにログを書き込む。

[*1] Dockerをよく知らない方のために簡単に説明すると、**Dockerイメージ**（Docker image）にパッケージングされたアプリケーション（すべての依存コードを含む。通常はさらにデフォルト構成も含んでいる）をダウンロードすると、システムの**Dockerエンジン**（Docker engine）でそれを実行できるという仕組みだ。エンジンは、イメージを実行するときに、システムからアプリケーションを切り離す**Dockerコンテナ**を作る（ただし、必要ならシステムへの限定的なアクセスを認められる）。コンテナは仮想マシンと似ているが、ホストのカーネルを直接使うためはるかに高速で軽い。イメージには専用カーネルを含めたり実行したりする必要はないということでもある。

Dockerコンテナ内でのTF Servingの実行

自分のマシンでノートブックを実行しており、既にDocker（https://docker.com）をインストールしている場合には、ターミナルで`docker pull tensorflow/serving`を実行すればTF Servingイメージをダウンロードできる。TensorFlowチームは、単純でシステムを散らかさず高いパフォーマンスが得られるこのインストール方法を強く推奨している[*1]。Dockerコンテナ内でサーバを起動するときには、ターミナルで次のコマンドを実行する。

```
$ docker run -it --rm -v "/path/to/my_mnist_model:/models/my_mnist_model" \
    -p 8500:8500 -p 8501:8501 -e MODEL_NAME=my_mnist_model tensorflow/serving
```

使われているコマンドラインオプションは次のような意味だ。

`-it`
: コンテナを対話的にする。Ctrl-Cを押せば停止でき、サーバ出力が表示されるようになる。

`--rm`
: 終了したときにコンテナを削除する。そのため、割り込まれたコンテナによってシステムを汚さなくて済む。ただし、イメージは削除されない。

`-v "/path/to/my_mnist_model:/models/my_mnist_model"`
: コンテナの`/models/mnist_model`というパスで、ホストの`my_mnist_model`ディレクトリを参照できるようにする。`/path/to/my_mnist_model`の部分をこのディレクトリの絶対パスに書き換えなければならない。Windowsでは、さらにホストパスの/（スラッシュ）を\（バックスラッシュ）に置き換えなければならないが、コンテナパスは変えなくてよい（コンテナはLinux上で実行されるので）。

`-p 8500:8500`
: DockerエンジンにホストのTCP 8500番ポートをコンテナのTCP 8500番ポートに接続させる。TF Servingは、デフォルトでこのポートを使ってgRPC APIをサービングする。

`-p 8501:8501`
: ホストのTCP 8501番をコンテナのTCP 8501番に接続する。Dockerイメージは、デフォルトでこのポートを使ってREST APIをサービングするように構成されている。

`-e MODEL_NAME=my_mnist_model`
: コンテナの`MODEL_NAME`環境変数を設定し、TF Servingにどのモデルをサービングすべきかを指示する。デフォルトでは、`models`ディレクトリのモデルを探し、見つけた最新バージョンを自動的にサービングする。

`tensorflow/serving`
: 実行するイメージの名前。

---

*1　GPUイメージと別のインストール方法もある。詳細は公式のインストールガイド（https://homl.info/tfserving）を参照してほしい。

サーバが立ち上がったので、サーバにクエリを送ろう。最初はREST API、次にgRPCを使った方法を説明する。

19.1.1.3 REST APIを介したTF Servingへのクエリ

まずクエリを作ろう。クエリには、呼び出したい関数のシグネチャ名と当然ながら入力データを含めなければならない。リクエストはJSON形式を使わなければならないので、入力画像をNumPy配列からPythonリストに変換しなければならない。

```
import json

X_new = X_test[:3]  # 分類する新しい数字の画像が3個あるということにする
request_json = json.dumps({
    "signature_name": "serving_default",
    "instances": X_new.tolist(),
})
```

JSON形式は100 %テキストベースなので、リクエスト文字列は次のようになる。

```
>>> request_json
'{"signature_name": "serving_default", "instances": [[[0, 0, 0, 0, ... ]]]}'
```

HTTP POSTリクエストを使ってTF Servingにこのリクエストを送ろう。`requests`ライブラリを使えばよい（Pythonの標準ライブラリではないが、Colabにはプレインストールされている）。

```
import requests

server_url = "http://localhost:8501/v1/models/my_mnist_model:predict"
response = requests.post(server_url, data=request_json)
response.raise_for_status()  # エラーが発生すると例外を生成する
response = response.json()
```

問題が起きなければ、応答は`"predictions"`キーだけの辞書で、バリューは予測のリストだ。このリストはPythonリストなので、NumPy配列に変換し、浮動小数点数を小数点第2位までに丸める。

```
>>> import numpy as np
>>> y_proba = np.array(response["predictions"])
>>> y_proba.round(2)
array([[0.  , 0.  , 0.  , 0.  , 0.  , 0.  , 0.  , 1.  , 0.  , 0.  ],
       [0.  , 0.  , 0.99, 0.01, 0.  , 0.  , 0.  , 0.  , 0.  , 0.  ],
       [0.  , 0.97, 0.01, 0.  , 0.  , 0.  , 0.  , 0.01, 0.  , 0.  ]])
```

予測が得られた。モデルは、第1の画像が7だということに100 %に近い自信を持っている。第2の画像が2であることには99 %、第3の画像が1であることには96 %の自信を持っている。これは正解だ。

REST APIは単純でよくできており、入出力データがそれほど大きくなければうまく機能する。しかも、ほぼすべてのクライアントアプリケーションは、追加の依存ファイルなしでRESTクエリを発行できる。ほかのプロトコルはそこまで準備不要で使えるとは限らない。しかし、テキストベースのJSONを使っているので送受信データが冗長になる。例えば、先ほどの例でも、NumPy配列をPythonリストに変換し、すべての浮動小数点数を文字列表現することになったが、これはシリアライズ/デシリアイズ（浮動小数点数と文字列の間の相互変換）にかかる時間から見てもペイロードのサイズ（1個の32ビット浮動小数点数のために120ビット以上を使う）から見ても非効率だ。そのため、大規模なNumPy配列を転送するときにはレイテンシが高くなり、帯域幅を大きく消費することになる[*1]。そこで、gRPCの使い方も見ておこう。

大量のデータを転送するときやレイテンシを下げることが重要な場合には、gRPC APIを使った方がはるかによい（クライアントがサポートしていればの話だが）。gRPCはコンパクトなバイナリ形式と効率のよい通信プロトコル（HTTP/2フレーミングに基づく）を使っている。

19.1.1.4 gRPC APIを介したTF Servingへのクエリ

gRPC APIは、入力としてシリアライズされたPredictRequestプロトコルバッファを受け取り、シリアライズされたPredictResponseプロトコルバッファを出力する。これらのプロトコルバッファは先ほどインストールしたtensorflow-serving-apiライブラリの一部だ。まず、リクエストを作ろう。

```
from tensorflow_serving.apis.predict_pb2 import PredictRequest

request = PredictRequest()
request.model_spec.name = model_name
request.model_spec.signature_name = "serving_default"
input_name = model.input_names[0]  # == "flatten_input"
request.inputs[input_name].CopyFrom(tf.make_tensor_proto(X_new))
```

このコードはPredictRequestプロトコルバッファを作り、必須フィールドのモデル名（定義済み）、呼び出したい関数のシグネチャ名、Tensorプロトコルバッファ形式の入力データを設定する。tf.make_tensor_proto()関数は、引数のテンソルかNumPy配列（この場合はX_new）からTensorプロトコルバッファを作る。

次に、サーバにリクエストを送り、レスポンスを受け取る。そのためにgrpcioライブラリが必要になるが、このライブラリはColabにプレインストールされている。

```
import grpc
from tensorflow_serving.apis import prediction_service_pb2_grpc

channel = grpc.insecure_channel('localhost:8500')
predict_service = prediction_service_pb2_grpc.PredictionServiceStub(channel)
```

＊1 ただし、先にデータをシリアライズしてBase64にエンコードしてからRESTリクエストを作ればこの問題は緩和できる。さらに、RESTリクエストはgzipで圧縮できるので、そうすればペイロードのサイズは大幅に小さくなる。

```
response = predict_service.Predict(request, timeout=10.0)
```

このコードはごくわかりやすいものである。インポートのあと、localhostのTCP 8500番ポートにgRPC通信チャネルを作り、このチャネルにgRPCサーバを作り、10秒のタイムアウトを指定してサーバにリクエストを送る。呼び出しが同期的だということに注意しよう。レスポンスを受け取るかタイムアウトになるまで、呼び出し側のコードはブロックされる。この例では、チャネルはセキュアではない（暗号化、認証なし）が、gRPCとTF ServingはSSL/TLSを使ったセキュアなチャネルもサポートしている。

次に、PredictResponseプロトコルバッファをテンソルに変換しよう。

```
output_name = model.output_names[0]  # == "dense_1"
outputs_proto = response.outputs[output_name]
y_proba = tf.make_ndarray(outputs_proto)
```

このコードを実行し、y_proba.round(2)を表示すると、先ほどとまったく同じクラス所属確率が得られる。これだけのことだ。わずか数行のコードを書くだけで、RESTかgRPCを使ってリモートのTensorFlowモデルにアクセスできるようになった。

19.1.1.5 新バージョンのモデルのデプロイ

次に、モデルの新バージョンを作り、今度はmy_mnist_model/0002ディレクトリにSavedModelをエキスポートしよう。

```
model = [...]  # MNISTモデルの新バージョンを構築、学習する

model_version = "0002"
model_path = Path(model_name) / model_version
model.save(model_path, save_format="tf")
```

TF Servingは、一定間隔（間隔は設定可能）で新しいバージョンのモデルがないかどうかをチェックする。新しいバージョンがあれば、自動的に穏便な形で入れ替えを処理する。デフォルトでは、保留中のリクエスト（あれば）に旧バージョンのモデルで応え、新しいリクエストに新バージョンのモデルで応える。保留中のリクエストにすべて応えると、旧バージョンのモデルはアンロードされる。TF Servingのログ（my_server.log）から、実際に以上のことが行われていることがわかる。

```
[...]
Reading SavedModel from: /models/my_mnist_model/0002
Reading meta graph with tags { serve }
[...]
Successfully loaded servable version {name: my_mnist_model version: 2}
Quiescing servable version {name: my_mnist_model version: 1}
Done quiescing servable version {name: my_mnist_model version: 1}
Unloading servable version {name: my_mnist_model version: 1}
```

SavedModelが`assets/extra`ディレクトリにサンプルインスタンスを持っている場合、新バージョンによる新リクエストのサービングを始める前に、新バージョンでそれらのサンプルインスタンスを実行するようにTF Servingを設定できる。これを**モデルのウォームアップ**（model warmup）と呼ぶ。こうすると、すべてが正しくロードされ、最初のリクエストの応答時間が長くならないようになる。

この方法はスムーズな移行を実現するが、RAM（特に一般に最も稀少なGPU RAM）を使いすぎる場合がある。その場合には、モデルの旧バージョンで保留中のすべてのリクエストを処理して旧バージョンをアンロードしてから新バージョンのモデルをロードするようにTF Servingを設定できる。この設定なら、2つのバージョンのモデルが同時にロードされることはなくなるが、サービスが短時間使えなくなる。

このように、TF Servingは、新モデルのデプロイを単純にしてくれる。さらに、ver.2が期待通りに動作しない場合には、`my_mnist_model/0002`ディレクトリを削除するだけでver.1にロールバックできる。

TF Servingの優れた機能としては、起動時に`--enable_batching`オプションを指定すると有効になる自動バッチ化機能も挙げられる。TF Servingは、短時間（ディレイは設定可能）に複数のリクエストを受け取ると、自動的にそれらからバッチを作ってからモデルを使う。こうすると、GPUの処理能力をうまく活用して性能が大幅に上がる。モデルが予測を返すと、TF Servingはバッチを崩し、個々の予測を適切なクライアントに返す。バッチ化ディレイを大きくすると、バッチ関連のディレイが増えるものの、スループットが大幅に向上する（`--batching_parameters_file`オプション参照）。

毎秒多くのクエリが送られてくることが予想される場合には、複数のサーバにTF Servingをデプロイして、クエリの負荷を平準化するとよい（**図19-2**参照）。こうすると、これらのサーバに多数のTF Servingコンテナをデプロイして管理しなければならなくなる。このような多数のサーバでのコンテナの実行は、多数のサーバで実行されるコンテナのオーケストレーションを単純化するオープンソースシステム、Kubernetes（https://kubernetes.io）などのツールを使えばうまく処理できる。また、これだけのハードウェアインフラストラクチャを購入、保守、アップグレードすることに二の足を踏んでしまう場合には、Amazon AWS、Microsoft Azure、Google Cloud Platform、IBM Cloud、Alibaba Cloud、Oracle Cloudなどが提供するPaaS（platform as a service）を使うとよいだろう。すべての仮想マシンの管理、コンテナオーケストレーションの処理（Kubernetesの助けを借りる場合もそうでない場合も）、TF Servingの構成管理、チューニング、モニタリングは、フルタイムの仕事になり得る。しかし、サービスプロバイダの中には、これらすべての面倒を見てくれるものがある。この章では、現在TPUが使える唯一のプラットフォームで、TensorFlow 2、scilit-learn、XGBoostをサポートし、すばらしいAIサービススイートを提供するVertex AIを使う。この分野では、Amazon AWS SageMakerやMicrosoft AI Platformをはじめとして、TensorFlowモデルをサービングできるプロバイダはほかにもいくつかあるので、それらもチェックしてほしい。

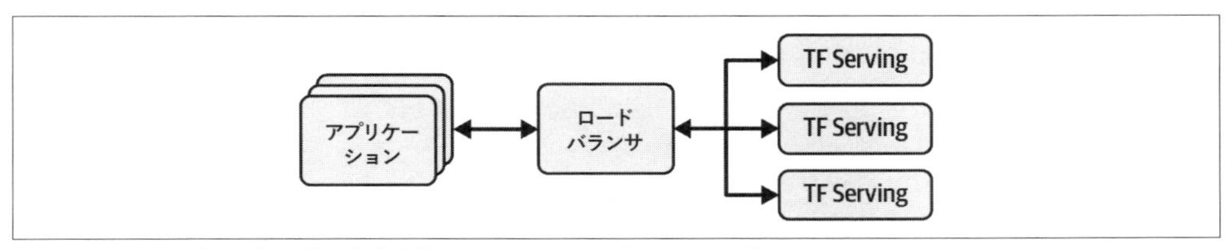

図19-2　ロードバランシングをともなうTF Servingのスケールアップ

では、クラウドで私たちのすばらしいMNISTモデルをサービングする方法を見ていこう。

19.1.2　Vertex AI上での予測サービスの作成

Vertex AIは、Google Cloud内のプラットフォームで、AI関連のさまざまなツールやサービスを提供している。データセットのアップロード、人間によるラベリング、よく使う特徴量のFeature Storeへの保存とそれを使った学習や本番実行、多数のGPU、TPUサーバによるモデルの学習（ハイパーパラメータの自動チューニングやモデルアーキテクチャ検索を行うAutoMLつき）などができる。学習済みモデルの管理、それらのモデルを使った大量のデータのバッチ予測、データワークフローの複数のジョブのスケジューリング。RESTまたはgRPCを介したモデルの大規模なサービング、Workbenchというホステッド Jupyter環境の中でのデータとモデルの実験などもできる。ベクトルを非常に効率よく比較できる（つまり最近傍探索できる）Vector Searchというサービスさえある。GCPには、コンピュータビジョン、翻訳、文字起こしなどのためのAPIを提供するその他のAIサービスもある。

始める前に、準備作業が必要になる。

1. Googleアカウントにログインし、Google Cloud Platformコンソール（https://console.cloud.google.com）に行く（図19-3参照）。Googleアカウントがなければ、作らなければならない。
2. GCPを使うのが初めてなら、利用規約を読んで承認しなければならない。新規ユーザには、90日間有効の300ドル分のクレジットを含む無料トライアルが提供される（2022年5月現在）。この章で使うサービスのために使わなければならない無料トライアル料金はごくわずかだ。無料トライアルにサインアップする場合でも、支払いプロファイルを作り、クレジットカード番号を入力しなければならない。これは確認用で（おそらく、無料トライアルが何度も利用されるのを防ぐため）、最初の300ドル分について課金されることはない。そして、300ドルに達したあとも、有料アカウントへのアップグレードをオプトインしない限り、料金を徴収されることはない。

図19-3　Google Cloud Platformのコンソール

3. 以前にGCPを使ったことがあり、無料トライアルの期間が終了している場合には、この章で説明するサービスを利用するとある程度の料金が発生するが、それほど大きな額にはならないはずだ（特に、不要になったときにサービスをオフにすることを忘れなければ）。サービスを実行するときには、あらかじめ使用料金がどうなるかを理解した上で同意するようにしてほしい。サービスを利用したために予想以上の料金が発生したとしても、以上のようにあらかじめ警告したので私は責任を負わない。また、課金アカウントをアクティブにしておくことを忘れないようにしよう。左上の≡メニューから「課金」をクリックし、課金アカウントを設定してアクティブにしておかなければならない。
4. GCPのすべてのリソースは**プロジェクト**（project）に属する。リソースには、利用している仮想マシン、格納しているファイル、実行している学習ジョブが含まれる。アカウントを作ると、GCPはあなたのために「My First Proect」というプロジェクトを自動的に作る。プロジェクト名は、設定で変えられる。≡メニューで「IAMと管理」→「設定」を選択し、プロジェクト名を書き換えて「保存」をクリックすればよい。プロジェクトには、一意なIDと番号も付けられていることに注意しよう。プロジェクトIDはプロジェクトを作ったときに選択できるが、その後は変更できない。プロジェクト番号は自動的に生成され、変更できない。新しいプロジェクトを作りたい場合には、画面最上部のプロジェクト名が表示されているところをクリックし、「新しいプロジェクト」をクリックしてプロジェクト名を入力する。「編集」をクリックすれば、プロジェクトIDも設定できる。新しいプロジェクトを作るときには、使用料金を課金できるように（無料トライアル分があればそちらに）課金を有効にしておこう。

サービスを使うのは数時間だけという場合には、サービスをオフにすることを忘れないように必ずアラームを設定しよう。オフにするのを忘れると、サービスは数日、数か月もの間実行され続け、多額の料金が発生する恐れがある。

5. GCPアカウントとプロジェクトを作り、課金を有効にしたら、必要なAPIを有効にしなければならない。≡メニューで「APIとサービス」を選択し、Cloud Storage APIが有効になっていることを確認しよう。有効になっていなければ、「+ APIとサービスを有効にする」をクリックし、Cloud Storageを検索して有効にしよう。また、Vertex AI APIも有効にしなければならない。

このあともGCPコンソールを使い続けてもかまわないが、私としてはPythonを使うことをお勧めする。そうすれば、GCP操作を自動化するスクリプトを書いて使える。特によく行うタスクでは、クリックの連続でメニューとフォームをたどっていくよりも、スクリプトを使う方がはるかに楽なことが多い。

Google Cloud CLIとシェル

Google Cloudのコマンドラインインターフェイス（CLI）には、GCPのほぼすべてを管理できる`gcloud`コマンドとGoogle Cloud Storageを操作できる`gsutil`コマンドがある。このCLIはColabにプレインストールされている。`google.auth.authenticate_user()`で認証を受ければ使えるようになる。例えば、`!gcloud config list`を実行すれば、構成が表示される。

GCPはウェブブラウザで直接利用できるGoogle Cloud Shellという構成済みのシェル環境も提供している。Cloud Shellは、Google Cloud SDKが既にインストールされ、あなたのために構成されている無料のLinux VM（Debian）上で実行されているので、認証の必要はない。GCPにいればどこからでもCloud Shellを実行できる。ページ右上の「Cloud Shellをアクティブにする」アイコンをクリックすればよい（**図19-4**参照）。

図19-4　Google Cloud Shellをアクティブにするためのアイコン

自分のマシンにCLIをインストール（https://homl.info/gcloud）したい場合には、インストールしたあとで`gcloud init`を実行して初期化しなければならない。GCPにログインし、自分のGCPリソースへのアクセスを許可してから使いたいデフォルトGCPプロジェクトを選択し（複数のプロジェクトがある場合）、ジョブを実行したいデフォルトリージョンを選択する。

GCPサービスを使うためにまずしなければならないのは認証だ。Colabを使っている場合、最も手っ取り早い方法は、次のコードを実行することである。

```
from google.colab import auth

auth.authenticate_user()
```

認証プロセスは、OAuth 2.0（https://oauth.net）に従ったもので、ウィンドウがポップアップし、Colabノートブックが Googleアカウントにアクセスすることの許可を求めてくる。許可する場合は、GCPを使っているときと同じGoogleアカウントを選択しなければならない。次に、ColabにGoogleドライブ、GCP上のすべてのデータにフルアクセスを認めるかどうかの確認を求められる。許可を認めても、アクセスできるのは現在のノートブックだけであり、それもColabランタイムが時間切れになるまでである。当然ながら、これを認めるのはノートブックのコードに信用をおいている場合だけにすべきだ。

https://github.com/ageron/handson-ml3の公式ノートブック**以外**のノートブックを使っているときには特に注意が必要だ。ノートブックの作者に悪意があれば、あなたのデータを盗むコードを潜ませるおそれがある。

GCP上の認証と認可

一般に、OAuth 2.0認証が推奨されるのは、アプリケーションがユーザのためにほかのアプリケーションが管理するユーザの個人データやリソースにアクセスしなければならない場合だけだ。例えば、一部のアプリケーションはユーザがGoogleドライブにデータを保存することを認めているが、そのためにはユーザにGoogleの認証を受け、Googleドライブへのアクセスを許可してもらう必要がある。一般に、アプリケーションは必要なレベルのアクセスだけを求めるだけで、無制限のアクセスを求めたりしない。例えば、Googleドライブへのアクセスだけを求め、Gmailなど、その他のGoogleサービスへのアクセスまでは求めない。さらに、認証は一定時間で期限切れとなり、いつでも取り消しにできる。

アプリケーションがユーザのためではなく、自分のためにGCPサービスにアクセスしなければならない場合には、一般に**サービスアカウント**（service account）を使わなければならない。例えば、Vertex AIエンドポイントに予測リクエストを送るウェブサイトを作っている場合、そのウェブサイトは自分のためにサービスにアクセスすることになる。ユーザのGoogleアカウントにアクセスしなければならないデータやリソースはない。それどころか、そのウェブサイトのユーザの中にはGoogleアカウントを持っていない人がたくさんいる場合もあるだろう。そのような場合には、まずサービスアカウントを作らなければならない。GCPコンソールの≡メニューで「IAMと管理」→「サービスアカウント」を選び（または検索ボックスで「サービスアカウント」を検索し）、「＋サービスアカウントの作成」をクリックしてフォームの最初のページ（サービスアカウント名、ID、説明）を入力し、「作成して続行」をクリックする。次に、このアカウントに何らかのアクセス権を与えなければならない。「＋ロールを追加」を選択して「Vertex AI」→「Vertex AIユーザ」を選ぶ。これで、サービスアカウントは予測などのVertex AIサービスを利用できるようになるが、その他のサービスは利用できない。そして「続行」をクリックする。ここではユーザにサービスアカウントへのアクセスを許可する。これは、あなたのGCPユーザアカウントが会社の一員としてのもので、社内のほかのユーザにも、このサービスアカウントを使ったアプリケーションのデプロイやサービスアカウント自体の管理を認可したいときに役立つ。最後に「完了」をクリックする。

サービスアカウントを作ったら、あなたのアプリケーションはサービスアカウントとして認証を受けなければならない。方法は複数ある。アプリケーションがGCPでホスティングされているなら（例えば、Google Compute Engineにホスティングされるウェブサイトをコーディングしている場合など）、最も簡単で安全な方法は、VMインスタンスやGoogle App Engineサービスのようなウェブサイトをホスティングする GCPリソースにサービスアカウントを付与する（attach）というものだ。GCPリソースを作成するときに「IDとAPIへのアクセス」セクションで「サービスアカウント」を選択すればよい。VMインスタンスなどの一部のリソースは、リソースを作成したあとにサービスアカウントを付与できる。その場合、リソースを停止して設定を編集しなければならない。いずれにしても、コードを実行しているVMインスタンスなどのGCPリソースにサービスアカウントを付与すると、GCPのクライアントライブラリ（すぐあとで説明する）は、ほかに何もしなくても選ばれたサービスアカウントとして自動的に認証される。

アプリケーションがKubernetesを使ってホスティングされている場合には、個々のKubernetesサービスアカウントに適切なサービスアカウントを連携させるためにGoogleのワークロードID連携（Workload Identity Federation）サービスを使うようにする。自分のマシンでJupyterノートブックを実行している場合のように、アプリケーションがGCPにホスティングされていない場合には、ワークロードID連携サービスを使うか、サービスアカウントに対するアクセスキーを生成し、それをJSONファイルに保存して、クライアントアプリケーションがJSONファイルにアクセスできるように`GOOGLE_APPLICATION_CREDENTIALS`環境変数でそのファイルを参照すればよい。作ったばかりのサービスアカウントをクリックして「キー」タブをクリックすればアクセスキーを管理できる。キーファイルの秘密を守るようにしなければならない。キーファイルはサービスアカウントのパスワードのようなものだ。

アプリケーションがGCPサービスにアクセスできるようにするための認証、認可のセットアップの詳細は、ドキュメント（https://homl.info/gcpauth）を参照してほしい。

次に、SavedModelを格納するためにGCS（Google Cloud Storage）**バケット**（bucket）を作ろう（GCSバケットはデータのコンテナのことだ）。そのために使うのは、Colabにプレインストールされている`google-cloud-storage`ライブラリだ。まず、GCSへのインターフェイスになる`Client`オブジェクトを作り、それを使ってバケットを作る。

```
from google.cloud import storage

project_id = "my_project"  # 実際のプロジェクトIDに変更すること
bucket_name = "my_bucket"  # 一意なバケット名に変更することlocation = "us-central1"

storage_client = storage.Client(project=project_id)
bucket = storage_client.create_bucket(bucket_name, location=location)
```

既存のバケットを再利用したい場合には、最後の行を`bucket = storage_client.bucket(bucket_name)`に書き換えればよい。`location`は、バケットのリージョンになっていなければならない。

GCSはバケットのために世界で1個のネームスペースを使っているので、「machine-learning」のような単純な名前は使えないだろう。一意性を確保するためにプレフィックスとして会社名とプロジェクトIDを使うのが一般的だが、名前の一部として単純に乱数を使うこともある。バケット名はDNSレコードの中で使えるように、ドメイン名のルールに従って作るようにするとよい。また、バケット名は公開されるので、名前の中に秘密情報を入れないように注意する。

リージョンは変更したければ変更できるが、その場合はGPUをサポートするリージョンを選ぶようにしよう。また、リージョンによって料金が大きく異なること、一部のリージョンはほかのリージョンよりもCO_2排出量が極端に多いこと、一部のリージョンにはサポートしていないサービスがあること、バケットを1つのリージョンにまとめると性能が上がることなどを考慮しよう。詳細は、ドキュメントの「リージョンとゾーン」(https://cloud.google.com/compute/docs/regions-zones?hl=ja)と「Vertex AIのロケーション」(https://cloud.google.com/vertex-ai/docs/general/locations?hl=ja#buckets)を参照してほしい。

次に、新しいバケットに`my_mnist_model`ディレクトリをアップロードする。GCS内のファイルは**blob**(または**オブジェクト**)と呼ばれ、実際にはディレクトリ構造のないバケットに収められるだけだ。blob名はUnicode文字列なら何でもよいし、スラッシュ(/)が含まれていてもよい。GCPコンソールなどのツールは、このスラッシュを利用してディレクトリがあるかのような見かけを作っている。そこで、`my_mnist_model`をアップロードするときには、ディレクトリを無視してファイルだけをアップロードすればよい。

```
def upload_directory(bucket, dirpath):
    dirpath = Path(dirpath)
    for filepath in dirpath.glob("**/*"):
        if filepath.is_file():
            blob = bucket.blob(filepath.relative_to(dirpath.parent).as_posix())
            blob.upload_from_filename(filepath)

upload_directory(bucket, "my_mnist_model")
```

今のところはこの関数で快適に動作するが、アップロードするファイルが多数になると非常に遅くなる。マルチスレッド化してスピードを上げるのはそれほど難しいことではない(実装はノートブックを参照)。Google Cloud CLIがあれば、次のコマンドが使える。

```
!gsutil -m cp -r my_mnist_model gs://{bucket_name}/
```

次に、私たちのMNISTモデルのことをVertex AIに教えよう。Vertex AIと通信するには、`google-cloud-aiplatform`ライブラリを使う(まだAI Platforomという旧称を使っていてVertex AIという名前を使っていない）。Colabにはプレインストールされていないので、インストールが必要になる。インストールしたらインポートして、初期化する（プロジェクトIDと位置のデフォルト値を指定するだけだ）。これで、新しいVertex AIモデルが作れるようになる。表示名、モデルのGCSパス（この場合はバージョン0001のパス）、Vertex AIがこのモデルを実行するために使うDockerコンテナのURLを指定すればよい。指定されたURLに行き、1つ上のレベルに移動すると、使えるほかのコンテナが見つかる。このモデルは、GPU付きでTensorFlow 2.8をサポートする。

```
from google.cloud import aiplatform

server_image = "gcr.io/cloud-aiplatform/prediction/tf2-gpu.2-8:latest"

aiplatform.init(project=project_id, location=location)
mnist_model = aiplatform.Model.upload(
    display_name="mnist",
    artifact_uri=f"gs://{bucket_name}/my_mnist_model/0001",
    serving_container_image_uri=server_image,
)
```

それでは、このモデルをデプロイして、gRPCかREST APIを介してクエリを送信、予測できるようにしよう。まず**エンドポイント**（endpoint）を作らなければならない。エンドポイントは、クライアントアプリケーションがサービスにアクセスしたいときの接続先だ。次に、このエンドポイントにモデルをデプロイする。

```
endpoint = aiplatform.Endpoint.create(display_name="mnist-endpoint")

endpoint.deploy(
    mnist_model,
    min_replica_count=1,
    max_replica_count=5,
    machine_type="n1-standard-4",
    accelerator_type="NVIDIA_TESLA_K80",
    accelerator_count=1
)
```

このコードは、実行に数分かかるかもしれないが、それはVertex AIが仮想マシンをセットアップしなければならないからだ。この場合は、`n1-standard-4`という基本的なタイプの仮想マシンを使っている（ほかのタイプについては、https://homl.info/acceleratorsを参照）。GPUタイプも`NVIDIA_TESLA_K80`という基本的なタイプである（ほかのタイプについては、https://homl.info/acceleratorsを参照）。`"us-central1"`以外のリージョンを選択した場合、そのリージョンでサポートされているマシンタイプやアクセラレータタイプに変更しなければならない場合がある（例えば、NVIDIA Tesla K80 GPUがないリージョンもある）。

Google Cloud Platformは、GPUの割り当て（クオータ）について世界共通とリージョン固有のさまざまな基準を設けている。Googleから認可を受けなければ、数千個のGPUノードを作ることはできない。割り当ては、GCPコンソールで「IAMと管理」→「割り当てとシステム上限」を開けばチェックできる。一部の割り当てが足りない場合（例えば、特定のリージョンのGPUがもっと必要な場合）、割り当ての引き上げを要求できる。要求が処理されるまで、48時間程度かかることがよくある。

Vertex AIは、最初のうちは最小限の計算ノード（この場合は1個）を立ち上げる。QPS（1秒当たりのクエリ数）が大きくなると追加の計算ノードを立ち上げて（定義した上限まで。この場合は5個）、計算ノード間のロードバランシングを行う。QPSがしばらくの間継続的に下がると、Vertex AIは自動的に余剰計算ノードを停止する。したがって、料金は負荷と直接リンクした形になる（そのほかに、選択したマシンとアクセラレータのタイプ、GCSに格納したデータの容量も料金を左右する）。一時的な利用の場合や重要な条件による利用の急上昇が予想される場合には、この料金モデルは好都合だろう。スタートアップにとっても有利だ。実際にスタートアップするまで料金を低く抑えられる。

これで最初のモデルをクラウドにデプロイできた。この予測サービスにクエリを送ってみよう。

```
response = endpoint.predict(instances=X_new.tolist())
```

まず、分類したい画像をPythonリストに変換しなければならない。これは、REST APIでTF Servingにリクエストを送ったときと同じだ。レスポンスオブジェクトには、浮動小数点数のリストをPythonリストにした形の予測が含まれている。これを小数点第2位までに丸め、NumPy配列に変換しよう。

```
>>> import numpy as np
>>> np.round(response.predictions, 2)
array([[0.  , 0.  , 0.  , 0.  , 0.  , 0.  , 0.  , 1.  , 0.  , 0.  ],
       [0.  , 0.  , 0.99, 0.01, 0.  , 0.  , 0.  , 0.  , 0.  , 0.  ],
       [0.  , 0.97, 0.01, 0.  , 0.  , 0.  , 0.  , 0.01, 0.  , 0.  ]])
```

その通り、先ほどとまったく同じ予測が返ってきた。どこからでもセキュアにクエリを送れて、QPS次第で自動的にスケールアップ/ダウンするクラウドの予測サービスを立ち上げられたのである。エンドポイントが不要になったら必ず削除して、無駄な料金の発生を防ごう。

```
endpoint.undeploy_all()  # エンドポイントのすべてのモデルのデプロイを解除
endpoint.delete()
```

次に、非常に大きなバッチに対しても予測を返せるジョブをVertex AIで実行する方法を見てみよう。

19.1.3 Vertex AI上でのバッチ予測ジョブの実行

大量の予測をしなければならない場合には、繰り返し予測サービスを呼び出さなくても、Vertex AIに予測ジョブを実行してもらえる。この場合、エンドポイントは不要でモデルだけあればよい。例えば、私たちのMNISTモデルでテストセットの最初の100画像の予測ジョブを実行してみよう。そのためには、バッチを準備してGCSにアップロードしておく。1つの方法として、1行にJSON値形式のインスタンスが1個ずつ収められたファイルを作り（このようなファイルをJSON Linesと呼ぶ）、このファイルをVertex AIに渡すというものがある。では、新しいディレクトリにJSON Linesファイルを作り、このディレクトリをGCSに送ろう。

```
batch_path = Path("my_mnist_batch")
batch_path.mkdir(exist_ok=True)
with open(batch_path / "my_mnist_batch.jsonl", "w") as jsonl_file:
    for image in X_test[:100].tolist():
        jsonl_file.write(json.dumps(image))
        jsonl_file.write("\n")

upload_directory(bucket, batch_path)
```

これで予測ジョブを立ち上げられる。ジョブ名、使うマシンとアクセラレータのタイプと数、作成したJSON LinesファイルのGCSパス、Vertex AIがモデルの予測を保存するGCSディレクトリのパスを指定すればよい。

```
batch_prediction_job = mnist_model.batch_predict(
    job_display_name="my_batch_prediction_job",
    machine_type="n1-standard-4",
    starting_replica_count=1,
    max_replica_count=5,
    accelerator_type="NVIDIA_TESLA_K80",
    accelerator_count=1,
    gcs_source=[f"gs://{bucket_name}/{batch_path.name}/my_mnist_batch.jsonl"],
    gcs_destination_prefix=f"gs://{bucket_name}/my_mnist_predictions/",
    sync=True  # 完了まで待ちたくないときにはFalseにする
)
```

バッチが非常に大きい場合は、入力を複数のJSON Linesファイルに分割し、`gcs_source`引数としてそれらすべてのリストを指定できる。

このコードの実行には数分かかるが、それは主としてVertex AIで計算ノードを立ち上げるためにかかる時間だ。この実行が完了すると、`prediction.results-00001-of-00002`のような名前の一連のファイルで予測が返される。これらのファイルはデフォルトでJSON Lines形式で、個々の値はインスタンスと対応する予測（つまり、10個の確率の数値）を格納する辞書になっている。インスタンスは、入力と同じ順序に並べられる。ジョブは、何かまずいことが起きたときのデバッグで使える`prediction-errors*`ファイルも出力する。`batch_prediction_job.iter_outputs()`を使えば、出力ファイルの各行を反復処理できるので、予測データを全部処理して`y_probas`配列に格納しよう。

```
y_probas = []
for blob in batch_prediction_job.iter_outputs():
    if "prediction.results" in blob.name:
```

```
        for line in blob.download_as_text().splitlines():
            y_proba = json.loads(line)["prediction"]
            y_probas.append(y_proba)
```

予測がどの程度のものかを見てみよう。

```
>>> y_pred = np.argmax(y_probas, axis=1)
>>> accuracy = np.sum(y_pred == y_test[:100]) / 100
0.98
```

精度98%、上々だ。

画像のような大きなインスタンスを扱うときには、デフォルトのJSON Lines形式では冗長すぎる。だが、`batch_predict()`メソッドは、別の形式を選ぶための`instances_format`引数を持っている。デフォルトは`"jsonl"`だが、`"csv"`、`"tf-record"`、`"tf-record-gzip"`、`"bigquery"`、`"file-list"`も指定できる。`"file-list"`にしたときには、`gcs_source`引数には1行に1個の入力ファイルパス（例えばPNG画像ファイルの）が書かれたテキストファイルを指定しておく。Vertex AIはこれらのファイルをバイナリファイルとして読み出し、Base64でエンコードして、得られたバイト列をモデルに渡す。そのため、これを使うときには、`tf.io.decode_base64()`でBase64バイト列をパースする前処理層をモデルに追加しなければならないということだ。ファイルが画像なら、13章で説明したように得られた画像データをさらに`tf.io.decode_image()`や`tf.io.decode_png()`でパースしなければならない。

モデルを使い終わったとき、必要なら`mnist_model.delete()`でモデルを削除できる。GCSバケットに作ったディレクトリも削除できるし、オプションでバケット自体（バケットが空の場合）やバッチ予測ジョブも削除できる。

```
for prefix in ["my_mnist_model/", "my_mnist_batch/", "my_mnist_predictions/"]:
    blobs = bucket.list_blobs(prefix=prefix)
    for blob in blobs:
        blob.delete()

bucket.delete()  # バケットが空なら
batch_prediction_job.delete()
```

以上でVertex AIにモデルをデプロイし、予測サービスを作り、バッチ予測ジョブを実行する方法はわかった。しかし、モデルをモバイルアプリや組み込みデバイス（ヒーティング制御システム、フィットネストラッカー、自動運転車など）にデプロイしたいときにはどうすればよいのだろうか。

19.2 モバイル/組み込みデバイスへのモデルのデプロイ

機械学習モデルは、複数のGPUを装着した中央の巨大サーバでなくても実行できる。データソースに近いモバイルデバイスや組み込みデバイスでも実行できるのだ（これを**エッジコンピューティング**：edge computingという）。計算を分散化してエッジに近いところで実行することには多くのメリットがある。デバイスはインターネットに接続しなくてもスマートになり、リモートサーバにデータを送らなくて済むためにレイテンシが下がり、サーバの負荷が下がる。そして、ユーザデータがデバイスから離れないので、プライバシーの向上にもつながる。

しかし、エッジへのモデルのデプロイには短所もある。一般に、デバイスの計算リソースは重量級のマルチGPUサーバと比べて貧弱だ。大きなモデルはデバイスに収まり切らないことがあるし、RAMやCPUを圧迫するほど大きい場合がある。そして、ダウンロードに時間がかかりすぎる場合もある。すると、アプリケーションはうんともすんとも言わず、デバイスは熱くなって、バッテリが早く空になるかもしれない。そこで、正確さをあまり犠牲にせずに、軽くて効率のよいモデルを作る必要がある。LiteRT（https://ai.google.dev/edge/litert）ライブラリは次の3つの目標のもとに、モデルをエッジにデプロイするときに役立つツールを提供している[*1]。

- ダウンロードにかかる時間を短縮し、RAMの消費量を減らすために、モデルサイズを小さくする。
- レイテンシ、バッテリの消費、発熱を抑えるために、個々の予測で必要となる計算量を減らす。
- デバイス固有の制約に合わせてモデルを修正する。

モデルサイズ削減のためのLiteRTのモデルコンバータは、SavedModelを受け付け、FlatBuffers（https://google.github.io/flatbuffers）というずっと軽い形式に圧縮する。FlatBuffersは、もともとGoogleがゲーム用に開発した効率のよいクロスプラットフォームシリアライズライブラリだ（少しプロトコルバッファに似ている）。FlatBuffersは、前処理なしでRAMに直接ロードできるように設計されており、そのためにロード時間とメモリフットプリントが削減されている。モバイル/組み込みデバイスにモデルをロードしたら、LiteRTインタープリタが予測のためにモデルを実行する。SavedModelをFlatBuffersに変換し、`.tflite`ファイルに保存するには、次のようにする。

```
converter = tf.lite.TFLiteConverter.from_saved_model(str(model_path))
tflite_model = converter.convert()
with open("my_converted_savedmodel.tflite", "wb") as f:
    f.write(tflite_model)
```

`tf.lite.TFLiteConverter.from_keras_model(model)`を使って、KerasモデルをFlatBufferに保存するという方法もある。

コンバータは、サイズを縮小し、レイテンシを削減するというモデルの最適化もする。予測のために不要な演算（学習演算など）を切り捨て、可能なら計算を最適化する。例えば、$3 \times a + 4 \times a + 5 \times a$は$12 \times a$に変換される。さらに、可能なら演算をまとめようとする。例えば、バッチ正規化層は、可能なら前の層の加算/乗算演算に組み込まれる。LiteRTがどの程度モデルを最適化できるかイメージをつかみたければ、学習済みLiteRTモデル（https://homl.info/litemodels）の中のどれか（例えば、

＊1　計算グラフの書き換え、最適化のためにTensorFlowのグラフ変換ツール（https://homl.info/tfgtt）も参照するとよい。

Inception_V1_quant）をダウンロードし（tflite&pbをクリックする）、アーカイブを解凍して、グラフ可視化ツールのNetron（https://netron.app）を開き、.pbファイルをアップロードして、もとのモデルを表示してみよう。大きくて複雑なグラフが現れたはずだ。そのあとで最適化された.tfliteモデルを開くと、その美しさに感心するだろう。

単純に小規模なニューラルネットワーク・アーキテクチャを使う以外でモデルサイズを縮小するための方法としては、小さなビット幅を使うというものもある。例えば、通常の浮動小数点数（32ビット）ではなく、サイズが半分の半精度浮動小数点数（16ビット）を使えば、（一般にわずかに）精度が下がる分、サイズが半分になる。さらに、学習にかかる時間は短くなり、使用するGPU RAMのサイズはおおよそ半分になる。

LiteRTのコンバータは、そこで留まらず、モデルの重みを固定小数点の8ビット整数にさえできる。こうすると、32ビット浮動小数点数を使ったときと比べ、数値のサイズが1/4になる。最も単純なアプローチは、**学習後量子化**（post-training quantization）と呼ばれるもので、学習後に初歩的ながら効率のよい対称的量子化テクニックを使って量子化する。重みの絶対値の最大値mを見つけ、$-m$からmまでの浮動小数点数を-127から$+127$までの固定小数点数（整数）にマッピングする。例えば、重みの範囲が-1.5から$+0.8$なら、-127、0、$+127$のバイトがそれぞれ浮動小数点数の-1.5、0、$+1.5$に対応する（**図19-5**参照）。対称的量子化を使うと、0.0は必ず0にマッピングされることに注意しよう。また、この例では$+0.8$よりも大きな浮動小数点数に対応する$+68$から$+127$までの値が使われないことにも注意しよう。

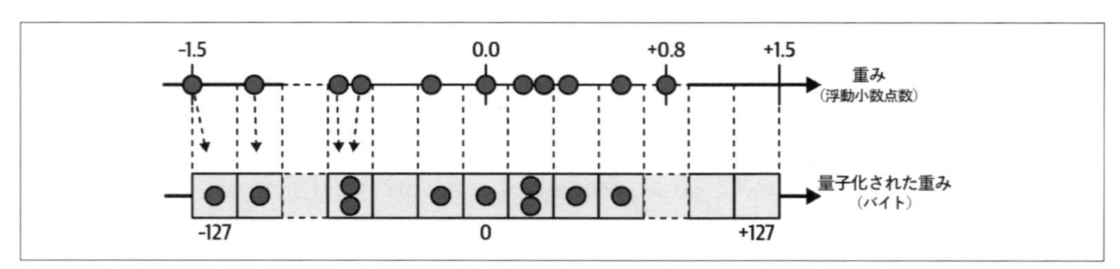

図19-5　対称的量子化を使って32ビット浮動小数点数を8ビット整数に変換する

この学習後量子化は、convert()メソッドを呼び出す前に、コンバータ最適化のリストにDEFAULTを追加するだけで実行できる。

```
converter.optimizations = [tf.lite.Optimize.DEFAULT]
```

このテクニックは、モデルのサイズを大幅に削減するため、ダウンロードは大幅に高速化し、格納スペースも小さくなる。しかし、量子化された重みは実行時に浮動小数点数に変換されてから使われる。変換後の浮動小数点数はもとの浮動小数点数と完全に一致するわけではないが、それほどかけ離れたものにもならないので、精度の低下は通常許容範囲に収まる。しかし、この変換はモデルのスピードを大幅に下げるので、いちいち再計算するのを避けるために、LiteRTは復元された浮動小数点数をキャッシュする。そのため、使うRAMの容量は減らず、モデルの速度も上がらない。この方法は、主としてアプリケーションのサイズを小さくするために役立つ。

レイテンシと消費電力を下げるために最も効果的なのは、活性度も量子化して、浮動小数点数演算を不要にし、整数だけで計算できるようにすることだ。同じビット幅（例えば32ビット浮動小数点数の代わりに32ビット整数を使う場合）でも、整数計算の方が、使うCPUサイクルは少なく、消費エネルギーや発熱量も少ない。そして、ビット幅も縮小すれば（例えば8ビット整数に）、大幅なスピードアップが得られる。しかも、一部のニューラルネットワーク・アクセラレータデバイス（GoogleのEdge TPUなど）は、整数だけしか処理できないので、重みと活性度の両方の完全量子化が必須となる。これは学習後に行える。量子化では、活性度の絶対値の最大値を探す較正ステップが必要になるので、LiteRTに学習データの代表的なサンプルを渡す必要がある（大きなものでなくてよい）。そして、モデルを使ってデータを処理し、量子化のために必要な活性度統計を測定する。このステップは、一般に高速だ。

量子化の最大の問題点は、少し精度が失われることである。重みと活性度にノイズを加えるのと同じことになる。精度低下が酷すぎる場合には、QAT（quantization-aware training：量子化対応の学習）が必要になるかもしれない。つまり、擬似量子化演算をモデルに加えてモデルが学習中に量子化ノイズの無視を学習できるようにするのである。そうすると、最終的な重みは量子化によって大きく劣化しなくなる。さらに、較正ステップは学習中に自動的に処理され、プロセス全体が単純化する。

ここでは、LiteRTの基本コンセプトを説明したが、モバイル/組み込みプログラムのコーディング方法の全貌を説明しようとすれば、別に本が必要になる。実は既にそういう本がある。ピート・ウォーデン（Pete Warden、LiteRTチームの元リーダー）とダニエル・サイチュナヤケ（Daniel Situnayake）の*TinyML: Machine Learning with TensorFlow on Arduino and Ultra-Low Power Micro-Controllers*（https://homl.info/tinyml）とローレンス・モロニー（Laurence Moroney）の*AI and Machine Learning for On-Device Development*（https://homl.info/ondevice）（https://homl.info/tinyml、O'Reilly）がおすすめだ。

では、ユーザのブラウザでウェブサイトのモデルを直接実行したいときにはどうすればよいだろうか。

19.3 ウェブページでのモデルの実行

ウェブサイトの機械学習モデルをサーバサイドではなくクライアントサイドのブラウザ内で実行することには、さまざまなシナリオでメリットがある。

- ユーザの接続が途切れがちであったり、遅かったりする環境でウェブアプリケーションが実行されるとき（例えばハイキング中に参照するウェブサイト）、ウェブサイトの信頼性を確保するためには、クライアントサイドで直接モデルを実行するしかない。
- モデルができる限りキビキビと反応するようにしなければならない場合（例えば、オンラインゲーム）。予測のためにサーバにクエリを送らなくても済むようにすれば、レイテンシが完全に取り除かれ、ウェブサイト全体の反応がよくなる。
- ウェブサービスがユーザの個人情報を使って予測をするので、個人情報保護の観点から、クライアントサイドで予測をして、個人情報がユーザのマシンから外に出ないようにしたい場合。

これらのシナリオでは、TensorFlow.js（TFJS）（https://tensorflow.org/js）というJavaScriptライブラリが役に立つ。これを使えば、ユーザのブラウザにTFLiteモデルをロードして直接予測できるようになる。例えば、次のJavaScriptモジュールは、TFJSライブラリをインポートし、学習済みのMobileNetモデルをダウンロードし、そのモデルを使って画像を分類して、予測を画面に出力する。このコードは、ブラウザ内でウェブアプリケーションを構築できるGlitch.com（https://homl.info/tfjscode）で試せる。右下隅の「PREVIEW」ボタンをクリックすれば、コードの動作が見られる。

```
import "https://cdn.jsdelivr.net/npm/@tensorflow/tfjs@latest";
import "https://cdn.jsdelivr.net/npm/@tensorflow-models/mobilenet@1.0.0";

const image = document.getElementById("image");

mobilenet.load().then(model => {
    model.classify(image).then(predictions => {
        for (var i = 0; i < predictions.length; i++) {
            let className = predictions[i].className
            let proba = (predictions[i].probability * 100).toFixed(1)
            console.log(className + " : " + proba + "%");
        }
    });
});
```

このウェブサイトをPWA（progressive web app）にすることもできる。PWAとは、いくつかの基準*[1]を満たすことにより、任意のブラウザで表示でき、モバイルデバイスに独立したアプリとしてインストールすることさえできるウェブサイトのことだ。例えば、モバイルデバイスでhttps://homl.info/tfjswpaに行ってみよう。最近のブラウザの大半は、TFJS Demoをホーム画面に追加するかどうかを尋ねてくるはずだ。追加すると答えれば、アプリケーションリストに新しいアイコンが表示される。このアイコンをクリックすると、通常のモバイルアプリのように、専用のウィンドウにTFJS Demoのサイトがロードされる。PWAは**サービスワーカー**（service worker）を使ってオフラインで動作するように構成することさえできる。サービスワーカーはブラウザ内の専用スレッドを使って実行され、ネットワークリクエストを横取りするJavaScriptモジュールで、リソースをキャッシュできるため、高速実行や完全なオフライン実行を可能にする。PWAはプッシュメッセージを送信したり、タスクをバックグラウンド実行したりすることもできる。PWAにすれば、1つのコードベースでウェブとモバイルデバイスの両方をサポートできる。すべてのユーザがアプリケーションの同じバージョンを実行する形にもしやすくなる。https://homl.info/wpacodeに行けば、Glitch.com上でTFJS DemoのPWAコードを操作できる。

https://tensorflow.org/js/demosに行けば、ブラウザ内で実行されるさまざまな機械学習モデルのデモを見られる。

---

*1 PWAの要件には、さまざまなモバイルデバイスに対応するための複数のサイズのアイコンを持つこと、HTTPSでサービングされること、アプリの名前や背景色などのメタデータを格納するマニフェストファイルを持つことなどが含まれる。

TFJSは、ウェブブラウザ内でのモデルの直接学習もサポートしている。しかも、非常に高速だ。コンピュータにGPUカードが装着されていれば、NVIDIAカードでなくても、TFJSはほぼ必ずそれを利用できる。TFJSはWebGLが使えればWebGLを使う。最近のウェブブラウザは非常に広範囲のGPUカードをサポートするため、TFJSは通常のTensorFlow (NVIDIAカードしかサポートしない) よりも多くのGPUカードをサポートする。

ユーザのウェブブラウザ内でのモデルの学習は、ユーザデータの秘密を保障するために特に効果的だ。モデルは中央で学習してからブラウザ内でユーザデータを使ってローカルにファインチューニングできる。このテーマに興味があるなら、Federated Learning (https://tensorflow.org/federated) をぜひ参照してほしい。

繰り返しになるが、このテーマをきちんと取り上げるためには別の本が必要になる。TensorFlow.jsについてもっと詳しく学びたい方は、O'Reillyから出ているアニルート・コウル (Anirudh Koul) らの *Practical Deep Learning for Cloud, Mobile, and Edge* (https://homl.info/tfjsbook)、ガント・ラボード (Gant Laborde) の *Learning TensorFlow.js* (https://homl.info/tfjsbook2) を読むとよい。

今までの部分では、TF ServingへのTensorFlowモデルのデプロイ、Vertex AIによるクラウドへのデプロイ、LiteRTを使ったモバイル、組み込みデバイスへのデプロイ、TFJSを使ったウェブブラウザへのデプロイの方法を見てきた。次は、GPUを使った計算のスピードアップの方法を見てみよう。

19.4 GPUを使った計算のスピードアップ

11章では、よりよい重みの初期化方法、高度なオプティマイザなど、学習を大幅にスピードアップできるテクニックをいくつか取り上げた。しかし、これらすべてのテクニックを駆使しても、1基のCPUしかない1台のマシンで大規模なニューラルネットワークを学習しようとすれば、数日から数週間もかかってしまう。しかし、GPUを使えば、学習時間は数時間、あるいは数分に短縮できる。ただ単に時間が節約できるというだけでなく、さまざまなモデルをずっと簡単に試せるようになるし、新しいデータでモデルを頻繁に学習し直せるようになる。

今までの章では、Google Colab上のGPUを有効にしたランタイムを使ってきた。ランタイムは、「ランタイム」メニューの「ランタイムのタイプを変更」コマンドでアクセラレータタイプを選択すれば変えられる。TensorFlowは自動的にGPUを検出し、計算のスピードアップのためにそれを使う。コードはGPUを使わないときと同じでよい。この章では、Vertex AIのマルチGPUノードにモデルをデプロイする方法を説明した。Vertex AIモデルを作るときに、適切なGPU対応Dockerイメージを選択し、`endpoint.deploy()`を呼び出すときに使いたいGPUタイプを選択するだけだ。しかし、自分でGPUを買いたいときにはどうすればよいのだろうか。そして、1台のマシンでCPUと複数のGPUを使って計算を分散させたいときにはどうすればよいのだろうか (図19-6参照)。この節ではこれらについて説明する。また、この章のあとの部分では、複数のサーバに計算を分散させる方法も取り上げる。

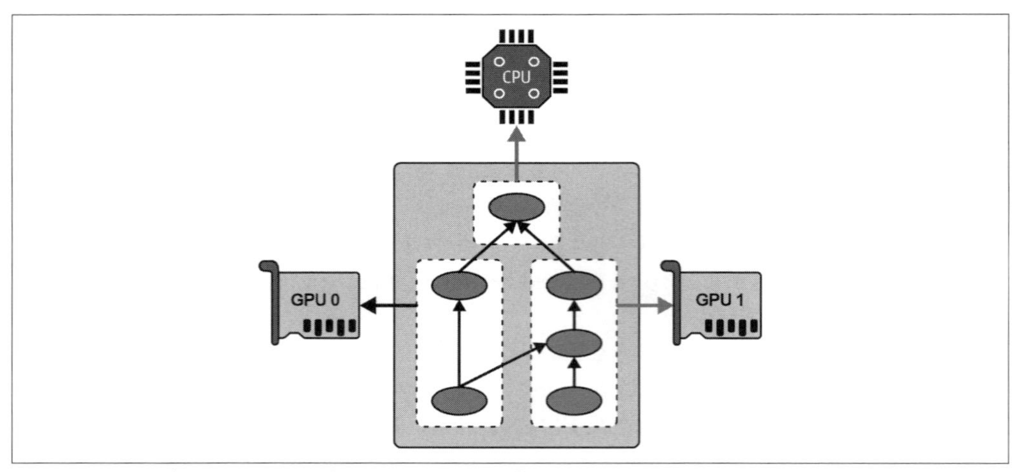

図19-6 複数のデバイスによる並列処理でTensorFlowグラフを実行する

19.4.1 自前のGPU

長期に渡ってGPUを多用することがわかっているなら、自分でGPUを買う意味はある。データをクラウドにアップロードしたくないのでローカルにモデルを学習したい場合もあるだろう。ゲーム用にGPUカードを買いたいが、ついでに深層学習にも使いたいという場合もあるかもしれない。

GPUカードを買うことにした場合、少し時間をかけて適切なものを買うようにしよう。考慮しなければならないこととしては、タスクのために必要なRAMの容量(例えば、画像処理やNLPでは少なくとも10 GB以上のRAMが必要になる)、帯域幅(つまり、GPUとのデータのやり取りのスピード)、コアの数、クーラーなどがある。ティム・デットマース(Tim Dettmers)がGPUの選択に役立つすばらしいブログポスト(https://homl.info/66)(https://homl.info/66)を書いているので読むとよい。本稿執筆時点では、TensorFlowはCUDA Compute Capability 3.5+をサポートするNVIDIAカード(https://homl.info/cudagpus)しかサポートしていない(もちろん、GoogleのTPU以外ではということである)が、ほかのメーカーにもサポートを広げる可能性がある。TensorFlowのドキュメント(https://tensorflow.org/install)を見て、現時点でどのデバイスがサポートさているかを確かめることを怠ってはならない。

NVIDIA GPUカードを使うことにした場合、適切なNVIDIAドライバと複数のNVIDIAライブラリをインストールする必要がある*1。具体的には、CUDA(compute unified device architecture)ツールキットとcuDNN(CUDA deep neural network)ライブラリである。CUDAは、グラフィック出力のアクセラレーションだけでなく、あらゆるタイプの計算でCUDA対応GPUを使えるようにする。それに対し、cuDNNは、GPUでDNNプリミティブを高速実行するライブラリで、活性化層、正規化、前後の畳み込み、プーリング(14章参照)などのDNNの一般的な処理の最適化された実装を提供する。cuDNNは、NVIDIAのDeep Learning SDKの一部になっており、ダウンロードのためには、

*1 詳細はドキュメントとインストールマニュアルを参照のこと。これらは頻繁に変わるので、必ず最新のものを見るようにしてほしい。

NVIDIA開発者アカウントが必要になる。TensorFlowは、CUDAとcuDNNを使ってGPUカードを制御し、計算を加速させる(図19-7参照)。

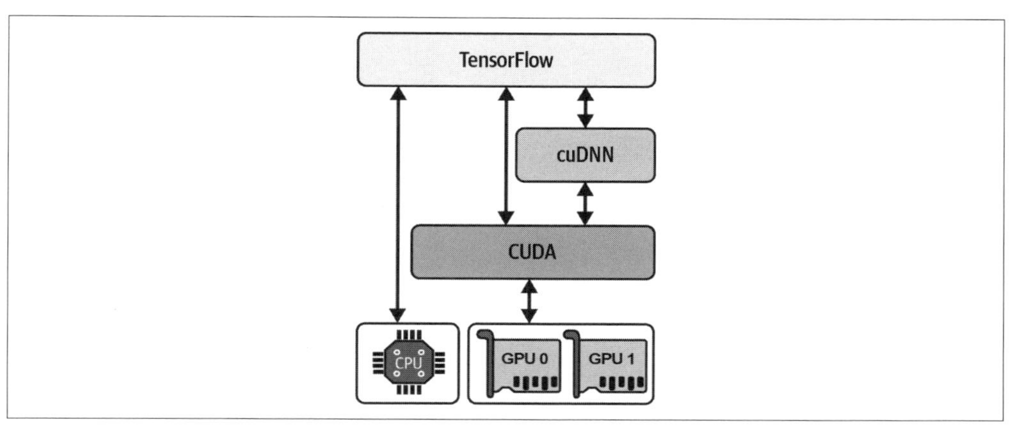

図19-7　TensorFlowはCUDAとcuDNNを使ってGPUを制御しDNNを高速化する

GPUカードを装着し、必要なドライバとライブラリを揃えたら、nvidia-smiコマンドでCUDAが正しくインストールされているかどうかをチェックできる。このコマンドは利用できるGPUカードのリストと個々のカードで実行されているプロセスを表示する。次の例では、利用可能メモリが約15 GBのNVIDIA Tesla T4 GPUカードが装着されており、現在GPUを使っているプロセスはないことが示されている。

```
$ nvidia-smi
Sun Apr 10 04:52:10 2022
+-----------------------------------------------------------------------------+
| NVIDIA-SMI 460.32.03    Driver Version: 460.32.03    CUDA Version: 11.2     |
|-------------------------------+----------------------+----------------------+
| GPU  Name        Persistence-M| Bus-Id        Disp.A | Volatile Uncorr. ECC |
| Fan  Temp  Perf  Pwr:Usage/Cap|         Memory-Usage | GPU-Util  Compute M. |
|                               |                      |               MIG M. |
|===============================+======================+======================|
|   0  Tesla T4            Off  | 00000000:00:04.0 Off |                    0 |
| N/A   34C    P8     9W /  70W |      3MiB / 15109MiB |      0%      Default |
|                               |                      |                  N/A |
+-------------------------------+----------------------+----------------------+

+-----------------------------------------------------------------------------+
| Processes:                                                                  |
|  GPU   GI   CI        PID   Type   Process name                  GPU Memory |
|        ID   ID                                                   Usage      |
|=============================================================================|
|  No running processes found                                                 |
+-----------------------------------------------------------------------------+
```

TensorFlowが実際にGPUにアクセスできているかどうかは、次のコマンドでチェックできる。結果がブランクになっていないことを確かめよう。

```
>>> physical_gpus = tf.config.list_physical_devices("GPU")
>>> physical_gpus
[PhysicalDevice(name='/physical_device:GPU:0', device_type='GPU')]
```

19.4.2　GPU RAMの管理

TensorFlowは、デフォルトであなたが初めて計算を実行したときに利用できるすべてのGPUのRAMを自動的に確保する。つまり、第2のTensorFlowプログラム（あるいはGPUを必要とする任意のプログラム）を実行しようとすると、そのプログラムはすぐにRAMを使い切ってしまう。しかし、ほとんどの場合、学習スクリプト、TF Servingノード、Jupyterノートブックのどれかの形で1個のTensorFlowプログラムを実行するだけになるので、そういうことは想像するほど起きない。しかし、何らかの理由で複数のプログラムを実行しなければならないとき（例えば、同じマシンで2つの異なるモデルを並列に学習するなど）には、それらのプログラムがもっと平等にGPU RAMを使えるようにしなければならない。

マシンに複数のGPUカードが装着されている場合には、1つのプロセスに1つずつGPUを割り当てるのが簡単な方法だ。その場合、環境変数CUDA_VISIBLE_DEVICESPPを設定し、各プロセスからは適切なGPUカードだけしか見えないようにする。また、CUDA_DEVICE_ORDER環境変数をPCI_BUS_IDに設定して各IDがいつも同じGPUカードを参照するようにする。例えば、4枚のGPUカードがあり、2個のプログラムを起動する場合、2つの別々のターミナルウィンドウで次のようなコマンドを実行し、それぞれに2基のGPUを割り当てる。

```
$ CUDA_DEVICE_ORDER=PCI_BUS_ID CUDA_VISIBLE_DEVICES=0,1 python3 program_1.py
# もう一方の端末で:
$ CUDA_DEVICE_ORDER=PCI_BUS_ID CUDA_VISIBLE_DEVICES=3,2 python3 program_2.py
```

すると、プログラム1からは、それぞれ"/gpu:0"、"/gpu:1"という名前になっているGPUカード0と1、プログラム2からはそれぞれ"/gpu:1"、"/gpu:0"という名前になっているGPUカード2と3（順序に注意）しか見えなくなる。すべてがうまく機能する（**図19-8**参照）。もちろん、TensorFlowを使う前であれば、これらの環境変数はPythonの中でos.environ["CUDA_DEVICE_ORDER"]、os.environ["CUDA_VISIBLE_DEVICES"]を設定して定義してもよい。

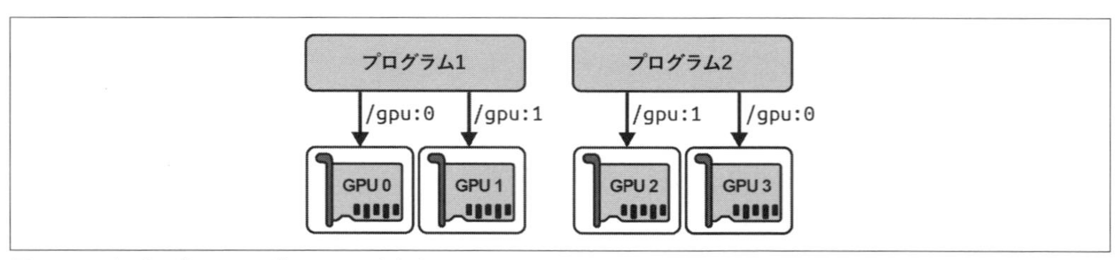

図19-8　各プログラムに2基のGPUを与える

TensorFlowにGPU RAMの特定の量だけを確保するように指示する方法もある。これはTensorFlowをインポートした直後にしなければならない。例えば、TensorFlowに各GPUの2 GiB分のRAMだけを確保させたければ、個々の物理GPUデバイスに対して**論理GPUデバイス**（logical GPU device、**仮想GPUデバイス**：virtual GPU deviceとも呼ぶ）を作り、そのメモリの上限を2 GiBにしなければならない。

```
for gpu in physical_gpus:
    tf.config.set_logical_device_configuration(
        gpu,
        [tf.config.LogicalDeviceConfiguration(memory_limit=2048)]
    )
```

少なくとも4 GiBのRAMを搭載するGPUが4基ある場合なら、このようなコードを実行した2つのプログラムは、それぞれ4枚のGPUカードを使いながら並列実行できる（**図19-9**参照）。両プログラムの実行中にnvidia-smiコマンドを実行すると、個々のプロセスが個々のカードで2 GiBのRAMだけを保持していることがわかる。

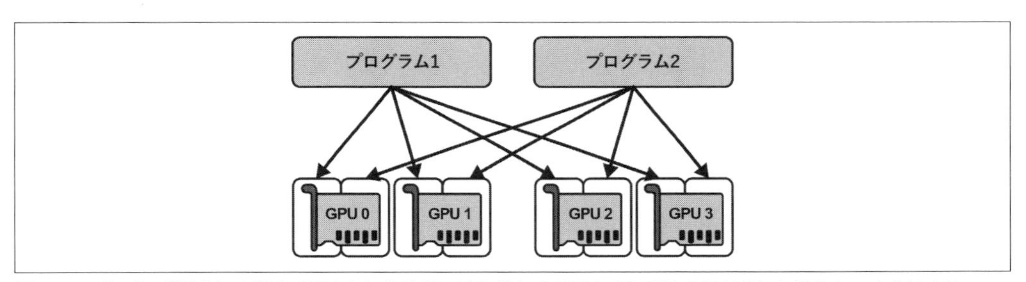

図19-9　各プログラムに4基のGPUを与えるが、それぞれのGPUで2 GiBのRAMしか使えないようにする

TensorFlowに必要なときだけメモリを確保するように指示する方法もある。これもTensorFlowをインポートした直後に実行しなければならない。

```
for gpu in physical_gpus:
    tf.config.experimental.set_memory_growth(gpu, True)
```

環境変数TF_FORCE_GPU_ALLOW_GROWTHをtrueにしてもよい。いずれにしても、この方法ではTensorFlowはプログラム終了時以外、確保したメモリを決して解放しない（メモリフラグメンテーションを防ぐため）。この方法を使った場合、決定論的な振る舞いを保証することは難しくなる（例えば、あるプログラムのメモリ使用量が上限を越えたために、ほかのプログラムがクラッシュすることがある）。そのため、本番環境では先ほどの2つの方法のどちらかを使うようにすべきだ。しかし、この方法がとても役に立つことがある。例えば、1台のマシンでJupyterノートブックを複数実行し、そのうちの複数がTensorFlowを使う場合などだ。Colabランタイムでは、TF_FORCE_GPU_ALLOW_GROWTH環境変数がtrueに設定されている。

最後に、GPUを2基以上の**論理デバイス**（logical device）に分割したい場合がある。例えば、Colab

ランタイムのように物理GPUが1基しかないが、マルチGPUアルゴリズムをテストしたいようなときにはこれが役立つ。次のコードは、GPU 0をそれぞれ2 GiBのRAMを持つ2個の論理デバイスに分割する（これも、TensorFlowをインポートした直後に実行しなければならない）。

```
tf.config.set_logical_device_configuration(
    physical_gpus[0],
    [tf.config.LogicalDeviceConfiguration(memory_limit=2048),
     tf.config.LogicalDeviceConfiguration(memory_limit=2048)]
)
```

これら2個の論理デバイスは、"/gpu:0"、"/gpu:1"と呼ばれ、まるで普通の2基のGPUであるかのように使える。次のようにすれば、すべての論理デバイスを表示できる。

```
>>> logical_gpus = tf.config.list_logical_devices("GPU")
>>> logical_gpus
[LogicalDevice(name='/device:GPU:0', device_type='GPU'),
 LogicalDevice(name='/device:GPU:1', device_type='GPU')]
```

では、TensorFlowが変数を配置し、演算を実行するデバイスをどのようにして決めているかを見てみよう。

19.4.3 演算、変数のデバイスへの配置

Kerasとtf.dataは一般に演算や変数を適切なデバイスに配置できるが、必要ならプログラマが手作業で演算や変数をデバイスに割り付けられるようにもなっている。

- 一般にデータの前処理はCPUに、ニューラルネットワーク演算はGPUに配置したい。
- 通常、GPUの通信帯域幅は限られているので、GPUとの間で不要なデータ転送をすることは避けたい。
- マシンにCPUのためのRAMを追加するのは簡単でコストもかからないためCPUには潤沢なRAMがあるが、GPUのRAMはGPUボードにハンダ付けされており、高価で希少なリソースになっている。そこで、そのあとの学習ステップでしばらく使われない変数はCPUに配置した方がよい（例えば、普通はCPUに配置されているデータセット）。

デフォルトでは、すべての変数と演算は、GPUカーネル[*1]を持たないものを除き、第1 GPU（"/gpu:0"と呼ばれるもの）に配置される。テンソルや変数のdevice属性は、それらがどのデバイスに配置されたかを示す[*2]。

```
>>> a = tf.Variable([1., 2., 3.])  # float32変数はGPUに配置される
>>> a.device
'/job:localhost/replica:0/task:0/device:GPU:0'
```

＊1 12章で説明したように、カーネルとは特定のデバイスタイプを対象とする演算の実装のことだ。例えば、float32のtf.matmul()演算にはGPUカーネルがあるが、int32のtf.matmul()演算にはCPUカーネルしかない。

＊2 すべての配置先デバイスのログを取るtf.debugging.set_log_device_placement(True)もある。

```
>>> b = tf.Variable([1, 2, 3])  # int32変数はCPUに配置される
>>> b.device
'/job:localhost/replica:0/task:0/device:CPU:0'
```

さしあたり、/job:localhost/replica:0/task:0というプレフィックスの部分は無視しても問題はない。ジョブ、レプリカ、タスクについてはこの章の中で後述する。このコードでは、最初の変数はデフォルトデバイスであるGPU 0に配置されている。しかし、第2の変数はCPUに配置されている。整数変数（または整数テンソルを使っている演算）にはGPUカーネルがないので、TensorFlowはCPUにフォールバックしているのだ。

デフォルトデバイス以外のデバイスに演算を配置したい場合には、tf.device()コンテキストを使う。

```
>>> with tf.device("/cpu:0"):
...     c = tf.Variable([1., 2., 3.])
...
>>> c.device
'/job:localhost/replica:0/task:0/device:CPU:0'
```

マシンに複数のCPUコアが搭載されていても、CPUは単一のデバイスとして扱われる（"/cpu:0"）。CPUに配置されたマルチスレッドカーネルがある演算は、複数のコアで並列実行される場合がある。

存在しないデバイスやカーネルがないデバイスに演算や変数を明示的に配置しようとすると、TensorFlowは例外を生成せずにデフォルトで選択されたはずのデバイスにフォールバックする。これは同じ数のGPUを持たない別のマシンで同じコードを実行したいときに役立つ。しかし、フォールバックするのではなく例外を生成したい場合には、tf.config.set_soft_device_placement(False)を実行すればよい。

では、TensorFlowは複数のデバイスを使ってこれらの演算をどのように実行するのだろうか。

19.4.4 複数のデバイスにまたがる並列実行

12章で説明したように、TF関数を使うメリットの1つは並列実行だ。これをもう少し詳しく見ていこう。TensorFlowは、TF関数の実行のためにまず計算グラフを解析して、評価しなければならない演算のリストを作り、それぞれの演算が何個の依存演算を持つかを数える。そして、依存ノードがない演算（つまりソース演算）を演算のデバイスの評価キューに追加する（図19-10参照）。演算が評価されると、その演算に依存する各演算の依存関係カウンタがデクリメントされる。そして、依存関係カウンタがゼロになった演算はデバイスの評価キューにプッシュされる。必要な出力がすべて計算されると、それらの出力が返される。

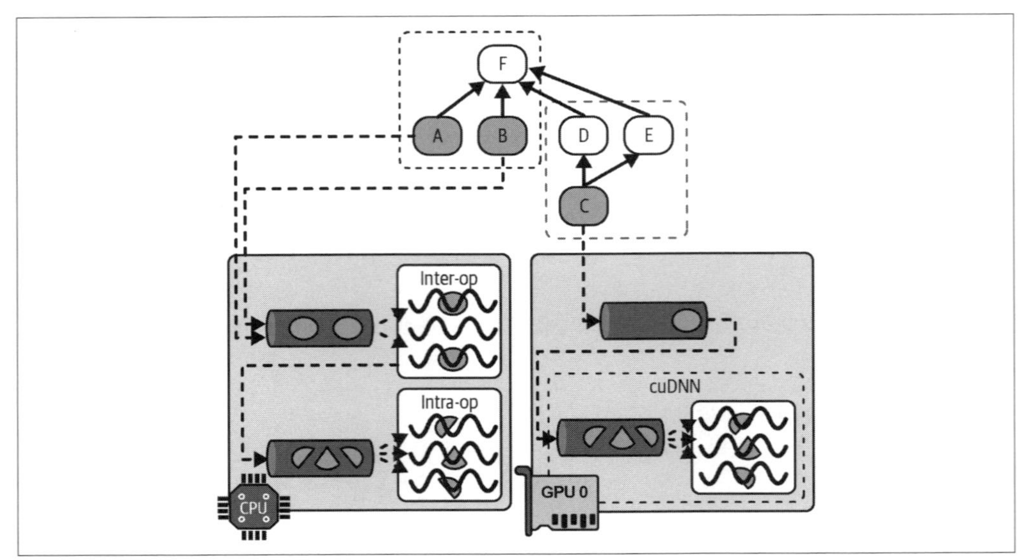

図19-10 TensorFlow計算グラフの並列実行

CPUの評価キューの演算は、**inter-opスレッドプール**(inter-op thread pool)というスレッドプールにディスパッチされる。CPUに複数のコアがある場合、これらの演算は並列評価される。演算の中には、マルチスレッドCPUカーネルを持つものもある。マルチスレッドカーネルは、タスクを複数のサブ演算に分割して、別の評価キューにプッシュする。そしてそれらのサブ演算は**intra-opスレッドプール**(intra-op thread pool)という第2のスレッドプール(すべてのマルチスレッドCPUカーネルがこのプールを共有する)にディスパッチされる。要するに、異なるCPUコアで複数の演算とサブ演算が並列評価されるわけだ。

GPUでは、話が少し単純になる。GPUの評価キューの演算は逐次評価される。しかし、ほとんどの演算は、マルチスレッドGPUカーネルを持っている(一般に、TensorFlowが依存しているCUDAやcnDNNなどのライブラリを使って実装されている)。これらの実装は専用のスレッドプールを持っており、使えるGPUスレッドを手当り次第に使う(GPUでinter-opスレッドプールが不要なのはそのためで、個々の演算が既にGPUスレッドをほとんど使い切っている)。

例えば、**図19-10**では、演算A、B、Cはソース演算なので、すぐに評価できる。演算AとBはCPUに配置されるので、それらはCPUの評価キューに送られ、inter-opスレッドプールへディスパッチされ、ただちに並列評価される。演算Aはたまたまマルチスレッドカーネルを持っており、その計算は3つの部分に分割されるので、それらはintra-opスレッドプールで並列実行される。演算CはGPU 0の評価キューに送られる。この例では、そのGPUカーネルはたまたまcuDNNを使っていて、CuDNNは専用のintra-opスレッドプールを持っているので、演算は多数のGPUスレッドで並列実行される。3つの中でCが最初に終了したとする。DとEの依存カウンタはデクリメントされて0になり、D、EはGPU 0の評価キューにプッシュされて逐次評価される。DとEの2つが依存しているのに、Cは1度評価されるだけだということに注意しよう。次にBが終了したとする。Fの依存カウンタは4からデクリメントされて3になるが、まだ0ではないので、Fは実行されない。残ったA、D、Eがすべて終了すると、Fの依存カウンタは0になる。FはCPUの評価キューに送られ、評価される。そして、TensorFlowはリクエストに対する出力を返す。

TF関数が変数などのステートフルリソースを書き換えるときには、TensorFlowがさらに離れ業を繰り出す。文の間に明示的な依存関係がなくても、演算の実行順序をコード内の順序に一致させるのだ。例えば、TF関数内に`v.assign_add(1)`という文があり、そのあとに`v.assign(v * 2)`という文が続く場合、TensorFlowはこの順序で演算が実行されるようにする。

`tf.config.threading.set_inter_op_parallelism_threads()`を呼び出せば、inter-opスレッドプールのスレッド数を設定できる。intra-opプールのスレッド数は、`tf.config.threading.set_intra_op_parallelism_threads()`で設定できる。これは、TensorFlowにすべてのCPUコアを占領されたくない場合や、TensorFlowをシングルスレッドで実行したい場合[*1]に役立つ。

こうしたメカニズムがあれば、任意のデバイスで任意の演算を実行するために必要なことはすべて対処でき、GPUのパワーを活用できる。どのようなことができるかについて例を挙げておこう。

- 個々のスクリプトからは単一のGPUデバイスしか見えないように`CUDA_DEVICE_ORDER`と`CUDA_VISIBLE_DEVICES`を設定すれば、複数のモデルに専用GPUを与えてそれらを並列に学習できる。ハイパーパラメータの異なる複数のモデルを並列に学習できることになるので、ハイパーパラメータの調整で威力を発揮する。2基のGPUを搭載したマシンが1台あり、1つのモデルを1基のGPUで学習するために1時間かかる場合、2つのモデルにそれぞれ専用GPUを与えて並列に学習しても1時間しかかからない。シンプルだ。
- 1基のGPUによるモデルの学習とCPUによる前処理を並列実行できる。データセットの`prefetch()`メソッド[*2]を使って、次のいくつかのバッチを前もって準備しておけば、GPUでバッチが必要になったときにバッチを供給できる（13章参照）。
- 入力として2つの画像を受け取り、2個のCNNでそれぞれを処理してから、両方を結合して出力を作るモデル[*3]は、個々のCNNを別々のGPUで実行すれば大幅にスピードアップするだろう。
- 効率のよいアンサンブルを作れる。個々のGPUに異なる学習モデルを配置すれば、すべての予測がずっと早くに集まり、アンサンブルの最終的な予測を短時間で作れる。

しかし、複数のGPUで学習をスピードアップしたい場合にはどうすればよいだろうか。

＊1　シングルスレッド実行は、私がTF 1ベースで作った動画（https://homl.info/repro）で示したように、完全な再現性を保証したいときに役立つ。

＊2　本稿執筆時点の`prefetch()`メソッドはCPUのRAMにデータをプリフェッチするだけだが、`tf.data.experimental.prefetch_to_device()`メソッドはデータをプリフェッチし、引数で指定されたデバイスにプッシュすることができる。そのため、GPUはデータが転送されてくるのを待って時間を浪費しなくて済む。

＊3　その2個のCNNが同じなら、**シャムニューラルネットワーク**（Siamese neural network）と呼ばれる。

19.5 複数のデバイスによるモデルの学習

複数のデバイスで1つのモデルを学習するときの主要なアプローチとしては、デバイス間でモデルを分割する**モデル並列**（model parallelism）と、すべてのデバイスにモデルをコピーして、データのサブセットで個々のレプリカを学習する**データ並列**（data parallelism）の2種類がある。まずこの2つの方法を詳しく見ておこう。

19.5.1 モデル並列

今までは、デバイスごとに1つのニューラルネットワークを学習してきたが、複数のデバイスを使って1つのニューラルネットワークを学習したいときにはどうすればよいのだろうか。そのためには、モデルを別々のチャンクに分割し、1つひとつのチャンクを別々のデバイスで実行しなければならない。残念ながら、このようなモデル並列は難しく、有効性はニューラルネットワークのアーキテクチャに大きく左右される。全結合ネットワークでは、一般にこのアプローチから得られるものは少ない（**図19-11**参照）。直観的には、各層を異なるデバイスに配置すればモデルを簡単に分割できそうだが、それでは各層が前の層の出力を待たなければ何もできなくなってしまうのでうまくいかない。それなら、縦割りにすればよいのだろうか。例えば、各層の左半分を1つのデバイス、右半分を別のデバイスに配置するということだ。こうすると、各層の半分ずつが実際に並列処理されるので、わずかによくなるが、次の層の左右の半分が前の層の両方の出力を必要とするため、デバイス間通信（破線の矢印）が大量に必要になるところが問題だ。デバイス間通信は遅い（特に、別々のマシンの間では）ので、これでは並列処理のメリットが完全に相殺されてしまう。

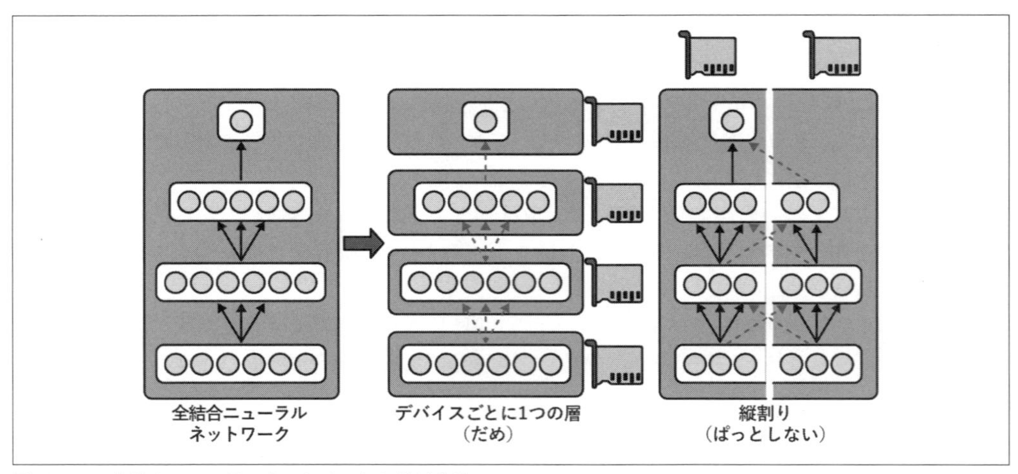

図19-11　全結合ニューラルネットワークの分割方法

しかし、14章で示したように、下位層と部分的にしか接続されていない層を持つニューラルネットワーク・アーキテクチャ（例えば畳み込みニューラルネットワークなど）では、はるかに簡単に効率的な形でデバイスにチャンクを配分できる（**図19-12**参照）。

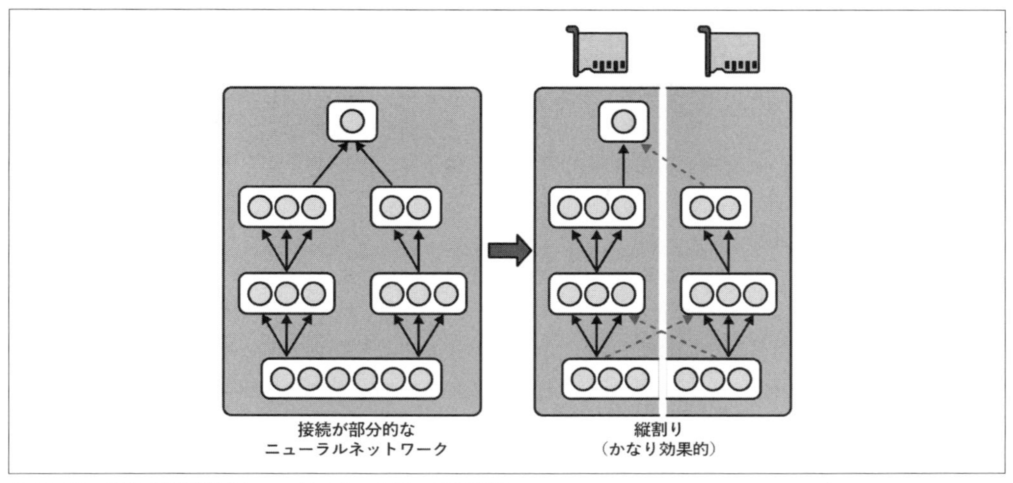

図19-12　結合が部分的なニューラルネットワークの分割

さらに、深層RNN（15章参照）は、もう少し効率よく複数のGPUに分割できる。ネットワークを横割りにして各層を別々のデバイスに配置し、ネットワークに処理すべき入力シーケンスを与えると、最初のステップでは1つのデバイスしかアクティブにならないが（シーケンスの最初の値を処理する）、第2ステップでは2つのデバイスがアクティブになる（第2層は最初の値に対する第1層の出力を処理し、第1層は第2の値を処理する）。そして、出力層に信号が伝わる頃には、すべてのデバイスが同時にアクティブになる（**図19-13**参照）。デバイス間通信は大量に発生するが、個々のセルは複雑になり得るため、複数のセルを並列実行できるメリットは通信による速度低下を補って余りある（理論的には）。し

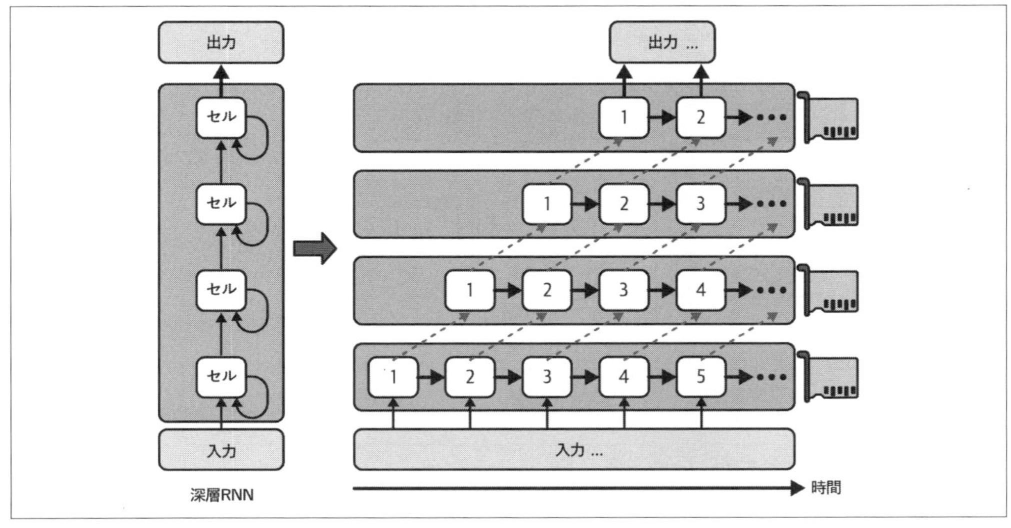

図19-13　深層RNNの分割

かし実際には、1基のGPUで実行されるLSTM層の通常のスタックの方がはるかに高速になる。

要するに、モデル並列は一部のニューラルネットワークの実行、または学習にかかる時間を短縮できるが、すべてのニューラルネットワークで有効なわけではない。そして、最も頻繁に通信しなければならないデバイスを同じマシンで実行するなど、特別な注意と調整が必要になる*1。では、もっと単純で一般にもっと効率のよい選択肢であるデータ並列を見てみよう。

19.5.2 データ並列

ニューラルネットワークの学習を並列化するためのもう1つの方法は、モデルを各デバイスにコピーし、すべてのレプリカでそれぞれ異なるミニバッチを使って学習ステップを同時に実行するものである。個々のレプリカが計算した勾配を平均し、その結果を使ってモデルパラメータを更新する。これを**データ並列**（data parallelism）と呼ぶ。SPMD（single program, multiple data）と呼ぶこともある。この考え方にはさまざまなバリアントがあるので、最も重要なものだけ見ておくことにしよう。

19.5.2.1 ミラーリング分散戦略によるデータ並列

おそらく最も単純なアプローチは、すべてのGPUですべてのモデルパラメータを完全にミラーリン

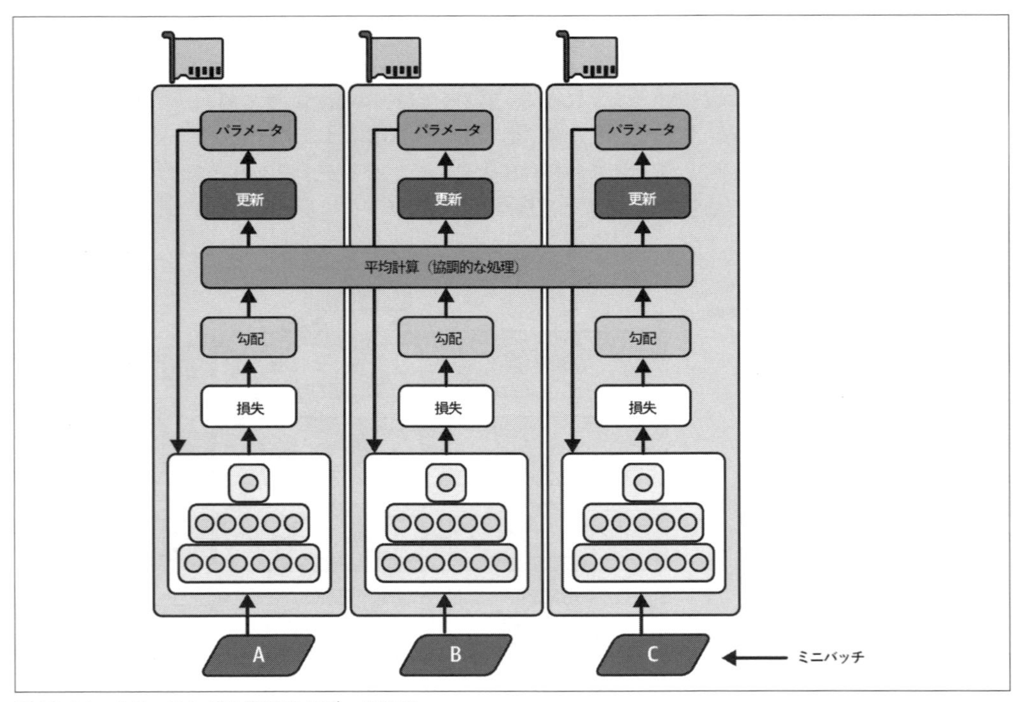

図19-14 ミラーリング分散戦略のデータ並列

*1 モデル並列をもっと深く掘り下げてみたい場合は、Mesh TensorFlow（https://github.com/tensorflow/mesh）を見てみるとよい。

グし、いつもすべてのGPUにまったく同じパラメータ更新をかけるものだろう。こうすれば、すべてのレプリカがいつも完全に同じになる。これを**ミラーリング分散戦略**（mirrored strategy）と呼び、かなり効率的であることがわかっている。特に、マシンが1台だけのときには効率がよい（**図19-14**参照）。

このアプローチで難しいのは、すべてのGPUから勾配を集めて平均を計算し、結果をすべてのGPUに分散する部分の効率的な実行だ。この処理は、複数のノードが協力して効率よく**集計**（reduce：平均、合計、最大値などの計算）し、すべてのノードに必ず同じ最終結果が与えられるようにするAllReduceアルゴリズムによって行われる。幸い、あとで説明するように、この種のアルゴリズムにはできあいの実装がいくつも作られている。

19.5.2.2　パラメータの一元管理によるデータ並列

計算を実行するGPUデバイス（**ワーカー**：worker）の外（例えばCPU）にモデルパラメータを格納するアプローチもある（**図19-15**参照）。分散環境では、**パラメータサーバ**（parameter server）という1台以上のGPUを搭載しないサーバにすべてのパラメータを置く。パラメータサーバの役割は、パラメータをホスティングし、更新することだけである。

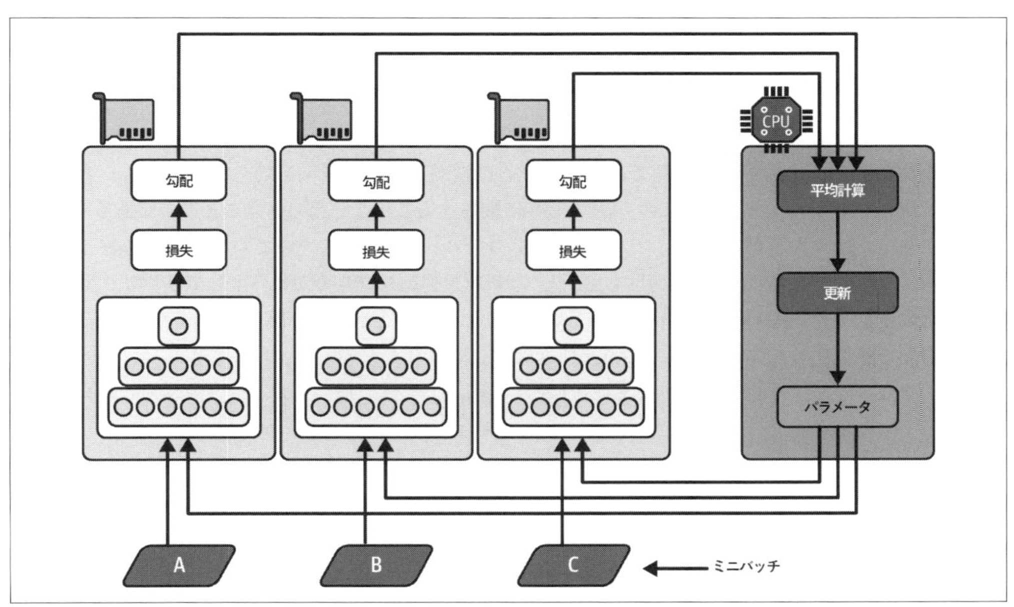

図19-15　パラメータの一元管理によるデータ並列

ミラーリング分散戦略では、すべてのGPUで重みを同期的に更新しなければならないが、一元管理方式なら同期更新と非同期更新の両方を実現できる。それぞれの長所、短所を見てみよう。

同期更新

同期更新（synchronous update）では、集計部はすべての勾配が計算されるのを待って、平均勾配を計算して結果をオプティマイザに渡し、オプティマイザがモデルのパラメータを更新する。勾配の計算を終えたレプリカは、パラメータが更新されるのを待たなければ、次のミニバッチに進めない。欠点は、ほかのデバイスよりも遅いデバイスがある場合、速いデバイスはすべてのステップで待たなければならなくなることだ。そのため、プロセス全体のスピードが最も遅いデバイスのスピードになってしまう。しかも、パラメータはほぼ同時に(勾配が適用された直後に)すべてのデバイスにコピーされるので、パラメータサーバの帯域幅がいっぱいになる場合がある。

最も遅い一部のレプリカ(一般に10%未満)の勾配を無視すれば、各ステップの待ち時間を短縮できる。例えば、20個のレプリカを実行しつつ、各ステップでは早かった18個のレプリカの勾配だけを集計し、最後の2個の勾配を無視する。パラメータが更新されたら、早かった18個は遅い2個のレプリカを待たずにすぐに仕事を始められる。これは、一般に18個のレプリカと2個の**スペアレプリカ**(spare replicas)*1を持つ構成と表現される。

非同期更新

非同期更新(asynchronous update)では、あるレプリカが勾配の計算を終えると、すぐにそれがモデルパラメータの更新に使われる。集計は存在せず(図19-15の「平均計算」ステップは取り除かれる)、同期は取られない。レプリカはほかのレプリカから独立して仕事をする。ほかのレプリカを待たないので、1分当たりの学習ステップの数が増える。さらに、すべてのステップですべてのデバイスにパラメータをコピーしなければならないことに変わりはないものの、レプリカごとにタイミングがまちまちになるので、帯域幅の飽和が起こるリスクが軽減される。

非同期更新のデータ並列は、単純で、同期による遅延がなく、帯域幅を効果的に使えるため、魅力的な選択肢だ。しかし、そもそもこの方法が実際に機能することこそ驚くべきことなのである(確かにまずまずうまく動作するが)。実際、レプリカがあるパラメータ値に基づいて勾配を計算し終えた頃には、ほかのレプリカがパラメータを何度も更新しており(N個のレプリカがあるとして、平均で$N-1$回)計算した勾配がまだ正しい方向を指しているかどうかさえ保証されない(図19-16参照)。ひどく古くなった勾配を**陳腐化した勾配**(stale gradient)と呼ぶ。陳腐化した勾配は、収束を遅らせ、ノイズや振動効果(学習曲線に一時的な急変が含まれる)を持ち込み、学習アルゴリズムを発散させる場合さえある。

*1 この名前は、一部のレプリカが特別で何もしないような印象を与えるため、少々まぎらわしい。実際には、すべてのレプリカは同じである。どれも各学習ステップで勝者になろうとして一所懸命仕事をする。敗者はステップごとに異なる(一部のデバイスが本当にほかのデバイスよりも遅い場合を除き)。しかし、1台のサーバがクラッシュしても学習が問題なく続くという意味では、この表現は正しい。

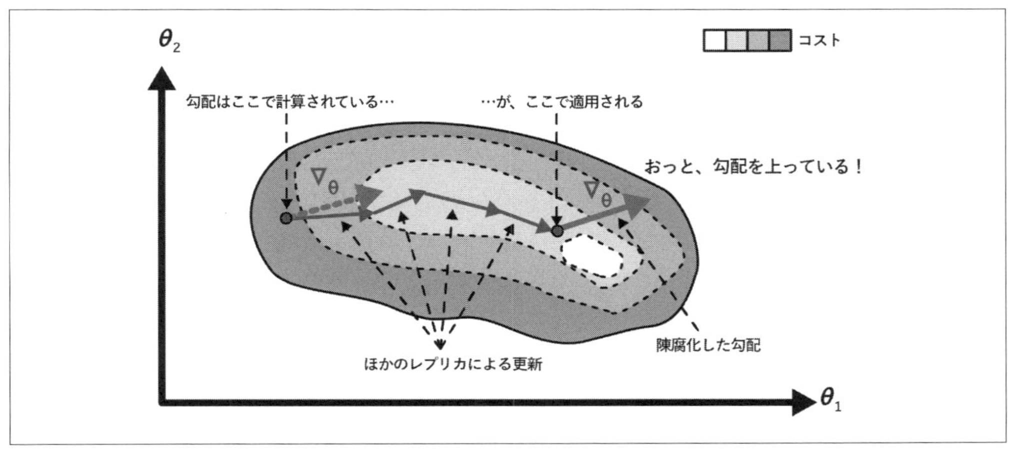

図19-16　非同期更新を使っているときの陳腐化した勾配

陳腐化した勾配の影響を緩和する方法はいくつかある。

- 学習率を下げる。
- 陳腐化した勾配を捨てるかスケールダウンする。
- ミニバッチサイズを調整する。
- 最初の数エポック（**ウォームアップフェーズ**：warmup phaseと呼ぶ）では、1個のレプリカだけを使う。学習の最初の段階の方が、陳腐化した勾配の悪影響は大きい。勾配が急で、パラメータがまだ損失関数の谷に向かっていない段階ので、複数のレプリカがまったく別の方向にパラメータを引っ張っていってしまう場合がある。

Google Brainチームが2016年に発表した論文（https://homl.info/68）[*1]は、さまざまなアプローチのベンチマークテストを行った結果、少数のスペアレプリカを使った同期更新のデータ並列の方が非同期更新よりも効果的だとしている。収束が早いだけでなく、性能の高いモデルが作られるというのである。しかし、この分野は活発に研究されているので、まだ非同期更新を捨ててしまうのは早い。

19.5.2.3　帯域幅の飽和

同期更新、非同期更新のどちらを使うかにかかわらず、パラメータの一元管理によるデータ並列では、すべての学習ステップの最初の時点でパラメータサーバからすべてのレプリカにモデルパラメータを送り、個々の学習ステップの最後の時点で逆方向に勾配を送らなければならない。同様に、ミラーリング分散戦略を使う場合でも、個々のGPUが計算した勾配は、ほかのすべてのGPUと共有する必要がある。そのため、GPUを追加していくと、どこかでこれ以上追加してもパフォーマンスが上がらなくなるポイントに達することになる。データがGPU RAMを出入りする（そして分散システムでネットワークを行き来する）時間の方が、計算負荷の分割によって得られる時間短縮効果を上回るポイントが

＊1　Jianmin Chen et al., "Revisiting Distributed Synchronous SGD", arXiv preprint arXiv:1604.00981 (2016).

来るのである。そのポイントを過ぎたのにGPUを追加しても、帯域幅飽和を悪化させ、学習が遅くなるだけだ。

大規模で密なモデルでは、転送しなければならないパラメータと勾配が大量にあるため、飽和がより深刻になる。小規模なモデル（ただし、並列化の効果が小さい）や大規模でも大部分の勾配が0の疎なモデルでは、パラメータや勾配を効率よく送れるので飽和は深刻にならない。Google Brainプロジェクトの創始者でリーダーのジェフ・ディーン（Jeff Dean）は、密なモデルのために50個のGPUに計算を分散させたときのスピードが25倍から40倍ほどなのに対し、疎なモデルのために500個のGPUに計算を分散させたときのスピードは300倍にもなると報告（https://homl.info/69）している。このように、疎なモデルの方がスケーラビリティが高い。具体例を示してみよう。

- ニューラル機械翻訳：8 個の GPU で 6 倍
- インセプション /ImageNet：50 個の GPU で 32 倍
- RankBrain：500 個の GPU で 300 倍

使えるGPUの数に比例して学習をスケールアップできるようにするという目標のもとで、帯域幅飽和問題の緩和についての研究は多数進められている。例えば、カーネギーメロン大学、スタンフォード大学、Microsoft Researchの研究者チームによる2018年の論文（https://homl.info/pipedream）[*1]は、ネットワーク通信量を90％以上削減し、多数のマシンで大規模モデルを学習できるようにした**PipeDream**というシステムを提案した。PipeDreamは、すべてのマシンが並列実行され、アイドル時間がごくわずかに抑えられる非同期パイプラインを実現した。学習中、各ステージは1ラウンドのフォワードプロパゲーションと1ラウンドのバックプロパゲーションを交互に行う（**図19-17**参照）。ステージは、入力キューからミニバッチを取り出し、処理して、出力を次のステージの入力キューに送る。そして、自分の勾配キューから勾配のミニバッチを取り出し、その勾配をバックプロパゲートするとともに自分自身のモデルパラメータを更新して、前のステージの勾配キューにバックプロパゲートした勾配をプッシュする。これを何度も繰り返すのだ。各ステージは、ほかのステージから影響を受けることなく、通常のデータ並列（例えば、ミラーリング分散戦略を使ったもの）も利用できる。

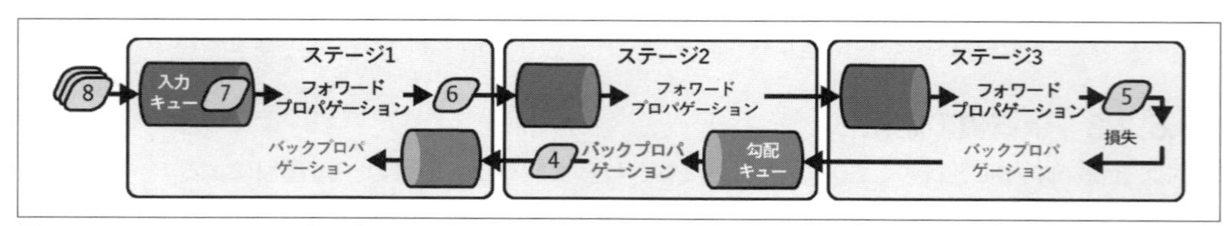

図19-17　PipeDreamのパイプライン並列

しかし、ここに示したような形のPipeDreamは、あまりうまく機能しない。その理由を理解するために、**図19-17**のミニバッチ5について考えてみよう。このミニバッチがフォワードパスでステージ1を通過したとき、ミニバッチ4の勾配はまだステージ1までバックプロパゲートされていないが、ミニバッチ5の勾配がステージ1にバックプロパゲートされるまでの間にミニバッチ4の勾配はモデルパラ

＊1　Aaron Harlap et al., “PipeDream: Fast and Efficient Pipeline Parallel DNN Training”, arXiv preprint arXiv:1806.03377 (2018).

メータの更新に使われている。そのため、ミニバッチ5の勾配は少し陳腐化している。この陳腐化は、今までに示してきたように、学習率を下げ、勾配の正確性を下げるだけでなく、学習の方向性をまちまちに変えてしまう場合さえある。この問題は、ステージが多ければ多いほど悪化する。しかし、論文の著者たちはこの問題を緩和する方法を提案している。例えば、各ステージはフォワードプロパゲーションのときの重みを保存し、バックプロパゲーションではそれを復元する。これにより、フォワードパスとバックワードパスで同じ重みが使われるようにするのである。これをweight stashingと呼ぶ。PipeDreamはこれのおかげで単純なデータ並列を大きく超える驚異的なスケーリング能力を示している。

この分野の最も新しい前進を示すのは、Googleの研究者たちによる2022年の論文（https://homl.info/pathways）[*1]だ。彼らは、自動化されたモデル並列、非同期ギャングスケジューリングなどのテクニックを駆使して、数千基のTPUでほぼ100％のハードウェア利用率を達成するPathwaysというシステムを開発したのである。**スケジューリング**とは、個々のタスクをいつどこで実行するかを決めることだ。**ギャングスケジューリング**（gang scheduling）は、タスクがほかのタスクの出力を待つ時間を短縮するために、関連するタスクを近い場所で同時に並列実行する。16章でも触れたように、このシステムは6,000基のTPUで巨大な言語モデルを学習するために使われ、100％近いハードウェア利用率を達成した。これは驚くべき成果だ。

本稿執筆時点では、Pathwaysはまだ公開されていないが、近い将来にPathwaysなどのシステムを使ってVertex AI上で巨大モデルを学習できるようになるだろう。それまでは、帯域幅飽和問題の緩和のために、多数の非力なGPUではなく、少数の強力なGPUを使うようにしよう。そして、複数のサーバでモデルを学習しなければならないときには、非常に太い接続を持つ少数のサーバにGPUをまとめるようにしよう。浮動小数点数の精度を32ビット（`tf.float32`）から16ビット（`tf.float16`）に下げるのも効果的だ。こうすれば、収束の速度やモデルの性能に大きな影響を与えることなく、データ転送量を半分に削減できる。最後に、パラメータを一元管理している場合には、複数のパラメータサーバによるパラメータのシャーディング（分割）という手がある。パラメータサーバを増やせば、個々のサーバにかかるネットワーク負荷が下がり、帯域幅飽和のリスクが抑えられる。

理論をひと通り見たので、実際に複数のGPUでモデルを学習してみよう。

19.5.3 Distribution Strategy APIを使った大規模な学習

ありがたいことに、TensorFlowには複数のデバイスとマシンでモデルを分散学習するときの複雑な部分の面倒をすべて見てくれるDistribution Strategy APIという好都合なAPIが付いている。ミラーリング分散戦略のデータ並列を使ってすべての利用可能GPU（さしあたりは1台のマシンのGPUを使う）を駆使してKerasモデルを学習するには、`MirroredStrategy`オブジェクトを作り、`scope()`メソッドを呼び出して分散コンテキストを手に入れ、そのコンテキストでモデルの作成、コンパイルをラップする。あとは、普通にモデルの`fit()`メソッドを呼び出すだけだ。

＊1 Paul Barham et al., "Pathways: Asynchronous Distributed Dataflow for ML", arXiv preprint arXiv:2203.12533 (2022).

```
strategy = tf.distribute.MirroredStrategy()

with strategy.scope():
    model = tf.keras.Sequential([...])  # 普通にKerasモデルを作る
    model.compile([...])  # 普通にモデルをコンパイルする

batch_size = 100  # レプリカの数で割り切れる数がよい
model.fit(X_train, y_train, epochs=10,
          validation_data=(X_valid, y_valid), batch_size=batch_size)
```

舞台裏を覗くと、Kerasは分散処理を意識しており、このMirroredStrategyコンテキストの中では、すべての変数と演算をすべてのGPUデバイスに分散させなければならないことを知っている。モデルの重みから、MirroredVariable型になっていることがわかる。

```
>>> type(model.weights[0])
tensorflow.python.distribute.values.MirroredVariable
```

fit()メソッドは自動的に個々の学習バッチをすべてのレプリカに分散させることに注意しよう。そのため、バッチサイズはレプリカ数（すなわち使えるGPU数）で割り切れる数にすべきだ。そうすれば、すべてのレプリカが同じサイズのバッチを受け取ることになる。それだけだ。一般に、学習は1基のデバイスだけのときよりもかなり高速になり、コードの書き換えは最小限で済む。

学習が終わったモデルは、効率的な予測のために使える。predict()メソッドは、自動的にすべてのレプリカにバッチを分散させ、並列に予測を行う。ここでも、バッチサイズはレプリカ数で割り切れる数でなければならない。モデルのsave()メソッドを呼び出すと、モデルは複数のレプリカを持つミラーリングされたモデル**ではなく**、通常のモデルとして保存される。そのため、そのモデルをロードしたときには、1基のデバイス（デフォルトではGPU 0、GPUがない場合はCPU）で通常のモデルのように実行される。利用できるすべてのデバイスを駆使してモデルを実行したい場合には、分散コンテキスト内でtf.keras.models.load_model()を呼び出さなければならない。

```
with strategy.scope():
    model = tf.keras.models.load_model("my_mirrored_model")
```

利用できるGPUの一部だけを使いたい場合には、MirroredStrategyのコンストラクタにGPUのリストを渡す。

```
strategy = tf.distribute.MirroredStrategy(devices=["/gpu:0", "/gpu:1"])
```

デフォルトでは、MirroredStrategyクラスはAllReduce平均演算のためにNCCL（NVIDIA Collective Communications Library）を使うが、cross_device_ops引数にtf.distribute.HierarchicalCopyAllReduceクラスかtf.distribute.ReductionToOneDeviceクラスのインスタンスを指定すれば変更できる。デフォルトのNCCLは、tf.distribute.NcclAllReduceクラスがベースになっていて通常はほかの方法よりも高速だが、GPUの数とタイプによって性能は変わるので、ほかの方法も試してみるとよい*1。

パラメータの一元管理方式のデータ並列を試したい場合には、`MirroredStrategy`を`CentralStorageStrategy`に置き換える。

```
strategy = tf.distribute.experimental.CentralStorageStrategy()
```

オプションで`compute_devices`引数を使えば、ワーカーとして使いたいデバイスのリストを指定できる（デフォルトでは、利用できるすべてのGPUを使う）。同じくオプションで`parameter_device`引数を使えば、パラメータを格納したいデバイスを指定できる。デフォルトでは、CPUか搭載されているGPUが1基ならそのGPUを使う。

では、TensorFlowサーバのクラスタでモデルを学習する方法に進もう。

19.5.4　TensorFlowクラスタによるモデルの学習

TensorFlowクラスタ（TensorFlow cluster）とは、通常は異なるマシン上で並列実行され、何らかの課題（例えばニューラルネットワークの学習や実行）のために互いに通信するTensorFlowプロセスのグループのことである。クラスタに属する個々のTFプロセスは、**タスク**（task）または**TFサーバ**（TF server）と呼ばれ、IPアドレス、ポート、タイプ（**ロール**：roleとか、**ジョブ**：jobとも呼ばれる）を持つ。タイプは、`"worker"`、`"chief"`、`"ps"`（パラメータサーバ）、`"evaluator"`のどれかである。

- **ワーカー**は1基以上のGPUを搭載したマシンで実行され、計算を行う。
- **チーフ**もワーカーの一種であり、同じように計算をするが、TensorBoardログの書き込みやチェックポイントの保存などの追加の作業も行う。チーフはクラスタごとに1つずつある。チーフが指定されていない場合は、最初のワーカーがチーフになる。
- **パラメータサーバ**は、変数の値を管理するだけで、通常はGPUを持たないマシンで実行される。このタイプのタスクは、`ParameterServerStrategy`だけで使われる。
- **評価器**（evaluator）は、当然ながら評価を行う。このタイプはあまり使われないが、使われる場合は通常1台だけである。

TensorFlowクラスタを起動するためには、まずクラスタを定義しなければならない。つまり、個々のタスクのIPアドレス、TCPポート、タイプを定義するのである。例えば、次の**クラスタ仕様**（cluster specification）は、3つのタスク（2つのワーカーと1つのパラメータサーバ）によるクラスタを定義している（**図19-18**参照）。クラスタ仕様は、ジョブごとに1つのキーを持ち、タスクアドレス（*IP:port*）のリストがバリューになっている辞書である。

```
cluster_spec = {
    "worker": [
        "machine-a.example.com:2222",     # /ジョブ:worker/タスク:0
        "machine-b.example.com:2222"      # /ジョブ:worker/タスク:1
```

*1　AllReduceアルゴリズムの詳細については、深層学習を支えるテクノロジについての上野裕一郎の投稿（https://tech.preferred.jp/ja/blog/prototype-allreduce-library/）とNCCLを使った深層学習学習の大規模なスケーリングについてのシルヴァン・ジョジー（Sylvain Jeaugey）の投稿（https://homl.info/ncclalgo）を読むとよい。

```
    ],
    "ps": ["machine-a.example.com:2221"]  # /ジョブ:ps/タスクk:0
}
```

一般に、マシンごとに1つのタスクを割り当てるが、この例のように同じマシンに複数のタスクを設定することもできる。複数のタスクが同じGPUを共有する場合、以前説明したようにRAMを適切に分割する必要がある。

デフォルトでは、クラスタ内のすべてのタスクがほかのすべてのタスクと通信できるので、これらのポートを使ったこれらのマシン間の通信がすべて認められるようにファイアウォールを設定する（すべてのマシンで同じポートを使えば設定が単純になる）。

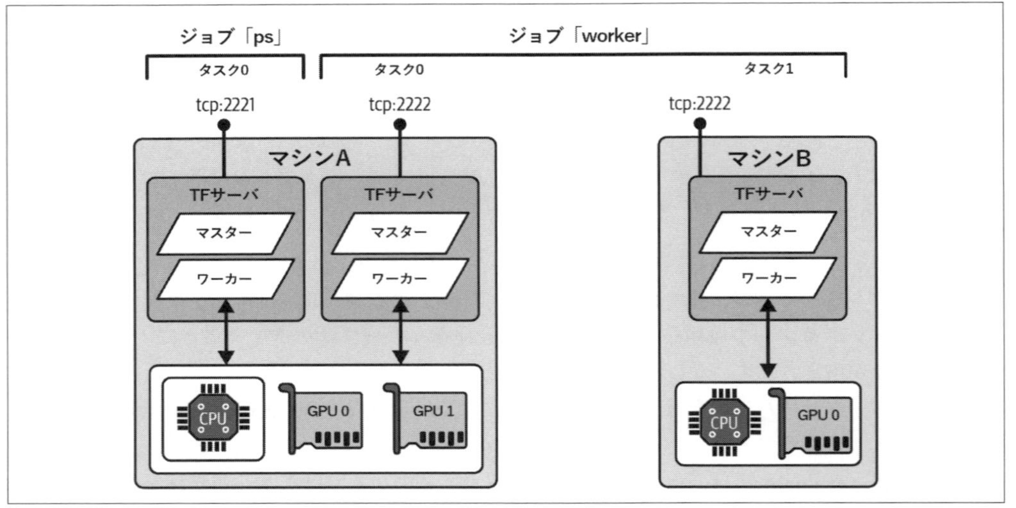

図19-18　TensorFlowクラスタの例

タスクを起動するときには、クラスタ仕様を渡すとともに、タスクのタイプとインデックスを知らせなければならない（例えばワーカー 0）。TensorFlowを起動する前に環境変数`TF_CONFIG`を設定すれば、最も簡単にこれらすべて（クラスタ仕様とカレントタスクのタイプ、インデックス）を一度に定義できる。環境変数の値は、JSONにエンコードされた辞書でなければならない。`"cluster"`キーのもとにクラスタ仕様、`"task"`キーのもとにカレントタスクのタイプとインデックスを指定する。例えば、次の`TF_CONFIG`環境変数は、今、定義したばかりのクラスタを使い、起動するタスクが最初のワーカーであることを指定している。

```
os.environ["TF_CONFIG"] = json.dumps({
    "cluster": cluster_spec,
    "task": {"type": "worker", "index": 0}
})
```

一般に、TF_CONFIG環境変数はPythonの外で定義した方がよい。そうすれば、コードにカレントタスクのタイプやインデックスを入れなくて済む（すべてのワーカーで同じコードを使える）。

では、クラスタでモデルを学習しよう。ミラーリング方式からだ。まず、個々のタスクでTF_CONFIG環境変数を適切に設定しよう。パラメータサーバがあってはならない（クラスタ仕様から"ps"キーを取り除く）。そして、一般に1台のマシンで1つのワーカーを実行する。特に、個々のタスクに異なるタスクインデックスを指定することに注意を払おう。最後に、すべてのワーカーで次の学習コードを実行する。

```
import tempfile
import tensorflow as tf

strategy = tf.distribute.MultiWorkerMirroredStrategy()  # 最初の方法
resolver = tf.distribute.cluster_resolver.TFConfigClusterResolver()
print(f"Starting task {resolver.task_type} #{resolver.task_id}")
[...] # MNISTデータセットをロード、分割する

with strategy.scope():
    model = tf.keras.Sequential([...])  # Kerasモデルを構築する
    model.compile([...])  # モデルをコンパイルする

model.fit(X_train, y_train, validation_data=(X_valid, y_valid), epochs=10)

if resolver.task_id == 0:  # チーフは適切な位置にモデルを保存する
    model.save("my_mnist_multiworker_model", save_format="tf")
else:
    tmpdir = tempfile.mkdtemp()  # その他のワーカーは一時ディレクトリにモデルを保存する
    model.save(tmpdir, save_format="tf")
    tf.io.gfile.rmtree(tmpdir)  # 一時ディレクトリは最後に削除する
```

これは、MultiWorkerMirroredStrategyを使っているところを除けば、以前使ったのとまったく同じコードである。最後のワーカー以外でこのスクリプトを実行しても、それらのワーカーはAllReduceステップでブロックされる。しかし、最後のワーカーが起動すると、学習が始まり、すべてのワーカーが同じペースで前進していくことがわかる（各ステップで同期を取るため）。

MultiWorkerMirroredStrategyを使うときには、モデルのチェックポイントの保存やTesorBoardログの書き込みを含め、すべてのワーカーに同じことをさせることが重要だ（残すのはチーフが書いたものだけだが）。これらの演算はAllReduce演算を実行しなければならないかもしれないので、すべてのワーカーの同期が取れていなければならないのである。

この分散方式では、ネットワーク通信でgRPCを使うリングAllReduceアルゴリズムとNCCLの実装の2種類からAllReduce実装を選べる。最良のアルゴリズムは、ワーカー数、GPUの数とタイプ、ネッ

トワークによって決まる。TensorFlowは、デフォルトである種の経験則を使って適切なアルゴリズムを選んでくれるが、片方のアルゴリズムを指定したい場合には次のようにしてNCCL（またはRING）を強制できる。

```
strategy = tf.distribute.MultiWorkerMirroredStrategy(
    communication_options=tf.distribute.experimental.CommunicationOptions(
        implementation=tf.distribute.experimental.CollectiveCommunication.NCCL))
```

パラメータサーバによる非同期データ並列を使いたい場合は、分散方式をParameterServerStrategyに変更し、1つ以上のパラメータサーバを追加し、個々のタスクのために適切にTF_CONFIGを設定する。ワーカーは非同期に実行されるが、個々のワーカーのレプリカは同期的に実行されることに注意しよう。

最後に、Google Cloud上のTPU（https://cloud.google.com/tpu）にアクセスできる場合（例えば、Colabを使っていてアクセラレータタイプをTPUに設定している場合）には、次のようにTPUStrategyを作成できる。

```
resolver = tf.distribute.cluster_resolver.TPUClusterResolver()
tf.tpu.experimental.initialize_tpu_system(resolver)
strategy = tf.distribute.experimental.TPUStrategy(resolver)
```

このコードは、TensorFlowをインポートした直後に実行しなければならない。実行したあとは普通にこの分散方式を使える。

研究者はTPUを無料で使える。詳細は、https://tensorflow.org/tfrcを参照のこと。

これで複数のGPU、複数のサーバでモデルを学習できるようになった。自分を褒めてあげよう。しかし、大規模なモデルを学習するためには、多くのサーバマシンと多くのGPUが必要になる。そのためには大量のハードウェアを購入するか、多数のクラウドVMを管理しなければならない。多くの場合は、必要なときだけすべてのインフラストラクチャをプロビジョニング、管理してくれるクラウドサービスを使った方が楽で、コストもかからないだろう。ここでVertex AIを使った方法を見ておこう。

19.5.5　Vertex AI上での大規模な学習ジョブの実行

Vertex AIでは、独自の学習コードを持つカスタム学習ジョブを作れる。実際、自前のTFクラスタを使うときとほぼ同じ学習コードを使える。変えなければならない主要な箇所は、チーフがモデルを保存する場所、チェックポイント、TensorBoardログだ。チーフは、ローカルディレクトリではなくGCSにモデルを保存しなければならない。使うべきパスは、Vertex AIが環境変数のAIP_MODEL_DIRを介して与えてくれる。モデルのチェックポイントとTensorBoardログについては、それぞれAIP_CHECKPOINT_DIR、AIP_TENSORBOARD_LOG_DIR環境変数にセットされているパスを使う。もちろん、学習データは、GCSのような仮想マシン、BigQueryのようなほかのGCPサービス、またはウェブから直接アクセスできるようにする必要がある。そして、Vertex AIは"chief"タスクタイプを明示的に設定するので、resolved.task_id == 0ではなくresolved.task_type == "chief"を使ってチーフを指定しておく。

```
import os
[...]  # その他のインポート、MultiWorkerMirroredStrategy、リゾルバの作成

if resolver.task_type == "chief":
    model_dir = os.getenv("AIP_MODEL_DIR")  # Vertex AIから与えられたパス
    tensorboard_log_dir = os.getenv("AIP_TENSORBOARD_LOG_DIR")
    checkpoint_dir = os.getenv("AIP_CHECKPOINT_DIR")
else:
    tmp_dir = Path(tempfile.mkdtemp())  # その他のワーカーは一時ディレクトリを使う
    model_dir = tmp_dir / "model"
    tensorboard_log_dir = tmp_dir / "logs"
    checkpoint_dir = tmp_dir / "ckpt"

callbacks = [tf.keras.callbacks.TensorBoard(tensorboard_log_dir),
             tf.keras.callbacks.ModelCheckpoint(checkpoint_dir)]
[...]  # 以前と同様に、分散方式のスコープを使って構築、コンパイルする
model.fit(X_train, y_train, validation_data=(X_valid, y_valid), epochs=10,
          callbacks=callbacks)
model.save(model_dir, save_format="tf")
```

GCS上に学習データを配置した場合、tf.data.TextLineDatasetかtf.data.TFRecordDatasetを作ってアクセスできる。ファイル名としては、GCSパス（例えば、gs://my_bucket/data/001.csv）を使えばよい。これらのデータセットは、ファイルにアクセスするためにtf.io.gfileパッケージを使う。このパッケージはローカルファイルとGCSファイルの両方をサポートする。

このスクリプトに基づいてVertex AI上にカスタム学習ジョブを作れるようになった。あとはジョブ名、学習スクリプトのパス、学習のために使うDockerイメージ、予測（学習後）のために使うDockerイメージ、その他必要なPythonライブラリ、Vertex AIが学習スクリプトを格納するステージングディレクトリとして使うバケットを指定する必要がある。デフォルトでは、学習スクリプトはこのバケットに学習したモデルとTensorBoardログ、チェックポイント（ある場合）も保存する。

```
custom_training_job = aiplatform.CustomTrainingJob(
    display_name="my_custom_training_job",
    script_path="my_vertex_ai_training_task.py",
    container_uri="gcr.io/cloud-aiplatform/training/tf-gpu.2-4:latest",
    model_serving_container_image_uri=server_image,
    requirements=["gcsfs==2022.3.0"],  # 実際には必要ないが、例として示す
    staging_bucket=f"gs://{bucket_name}/staging"
)
```

では、それぞれ2個のGPUを搭載している2つのワーカーでジョブを実行しよう。

```
mnist_model2 = custom_training_job.run(
    machine_type="n1-standard-4",
    replica_count=2,
    accelerator_type="NVIDIA_TESLA_K80",
    accelerator_count=2,
)
```

これだけだ。Vertex AIは要求した計算ノードをプロビジョニングし(クオータの範囲内で)、それらを使って学習スクリプトを実行する。ジョブが完了すると、run()メソッドは今までに作ったものと同じように使える学習済みモデルを返す。モデルはエンドポイントにデプロイしたり、バッチ予測のために使ったりすることができる。学習中に何か問題が起きたらGCPコンソールでログを見られる。≡メニューで「Vertex AI」→「トレーニング」を選択し、学習ジョブをクリックして「View Logs」をクリックすればよい。「カスタムジョブ」タブをクリックし、ジョブのID(例えば、1234)をコピーして≡メニューから「Logging」を選択し、resource.labels.job_id=1234を問い合わせればよい。

学習の進行状況を見たければ、TensorBoardを起動し、--logdirとしてログのGCSパスを指定すればよい。このときに**アプリケーションのデフォルト認証情報**(application default credentials)が使われるが、それはgcloud auth application-default loginで設定できる。Vertex AIはホステッドTensorBoardサーバも提供している。

ハイパーパラメータの複数の値を試してみたい場合には、複数のジョブを実行してみるという方法がある。ハイパーパラメータの値は、run()メソッドを呼び出すときにargs引数を設定すれば、コマンドラインパラメータという形で渡せる。environment_variables引数を使って環境変数を介して渡すこともできる。

しかし、クラウド上で大規模なハイパーパラメータチューニングジョブを実行したければ、Vertex AIのハイパーパラメータチューニングシステムというはるかによい方法がある。次はそれを見てみよう。

19.5.6 Vertex AI上でのハイパーパラメータチューニング

Vertex AIのハイパーパラメータチューニングサービスは、ハイパーパラメータの最適な組み合わせを高速に検索できるベイズ最適化アルゴリズムに基づくものだ。これを使うためには、コマンドライン引数としてハイパーパラメータ値を受け付ける学習スクリプトを作らなければならない。コマンドライン引数のパースには、例えば標準ライブラリのargparseが使える。

```
import argparse

parser = argparse.ArgumentParser()
parser.add_argument("--n_hidden", type=int, default=2)
parser.add_argument("--n_neurons", type=int, default=256)
parser.add_argument("--learning_rate", type=float, default=1e-2)
```

```
parser.add_argument("--optimizer", default="adam")
args = parser.parse_args()
```

ハイパーパラメータチューニングサービスは学習スクリプトを何度も呼び出し、その都度異なるハイパーパラメータ値を指定してくる。個々のランを**トライアル**（trial）、トライアルのセットを**スタディ**（study）と呼ぶ。学習スクリプトは与えられたハイパーパラメータ値を使ってモデルを構築、コンパイルしなければならない。個々のトライアルをマルチGPUマシンで実行する場合、必要ならミラーリング分散戦略を使える。モデルの構築、コンパイルが終わったら、スクリプトはデータセットをロードしてモデルを学習できる。具体例を示そう。

```
import tensorflow as tf

def build_model(args):
    with tf.distribute.MirroredStrategy().scope():
        model = tf.keras.Sequential()
        model.add(tf.keras.layers.Flatten(input_shape=[28, 28], dtype=tf.uint8))
        for _ in range(args.n_hidden):
            model.add(tf.keras.layers.Dense(args.n_neurons, activation="relu"))
        model.add(tf.keras.layers.Dense(10, activation="softmax"))
        opt = tf.keras.optimizers.get(args.optimizer)
        opt.learning_rate = args.learning_rate
        model.compile(loss="sparse_categorical_crossentropy", optimizer=opt,
                      metrics=["accuracy"])
        return model

[...]  # データセットをロードする
model = build_model(args)
history = model.fit([...])
```

チェックポイント、TensorBoardログ、最終モデルの保存場所の指定では、先ほど触れた`AIP_*`環境変数が使える。

学習スクリプトは、最後にVertex AIのハイパーパラメータチューニングサービスにモデルの性能を報告しなければならない。チューニングサービスは、それに基づいて次に試すハイパーパラメータセットを決める。そのためには、`hypertune`ライブラリを使わなければならない。このライブラリは、Vertex AI学習VMに自動的にインストールされる。

```
import hypertune

hypertune = hypertune.HyperTune()
hypertune.report_hyperparameter_tuning_metric(
    hyperparameter_metric_tag="accuracy",  # 報告される指標名
    metric_value=max(history.history["val_accuracy"]),  # 指標の値
```

```
        global_step=model.optimizer.iterations.numpy(),
    )
```

学習スクリプトの準備ができたら、それを実行するマシンのタイプを定義する必要がある。そのために、Vertex AIが個々のトライアルでテンプレートとして使うカスタムジョブを定義しなければならない。

```
trial_job = aiplatform.CustomJob.from_local_script(
    display_name="my_search_trial_job",
    script_path="my_vertex_ai_trial.py",  # 学習スクリプトのパス
    container_uri="gcr.io/cloud-aiplatform/training/tf-gpu.2-4:latest",
    staging_bucket=f"gs://{bucket_name}/staging",
    accelerator_type="NVIDIA_TESLA_K80",
    accelerator_count=2,  # この例では、個々のトライアルは2個のGPUを使える
)
```

あとは次のようにしてハイパーパラメータチューニングジョブを作成、実行するだけだ。

```
from google.cloud.aiplatform import hyperparameter_tuning as hpt

hp_job = aiplatform.HyperparameterTuningJob(
    display_name="my_hp_search_job",
    custom_job=trial_job,
    metric_spec={"accuracy": "maximize"},
    parameter_spec={
        "learning_rate": hpt.DoubleParameterSpec(min=1e-3, max=10, scale="log"),
        "n_neurons": hpt.IntegerParameterSpec(min=1, max=300, scale="linear"),
        "n_hidden": hpt.IntegerParameterSpec(min=1, max=10, scale="linear"),
        "optimizer": hpt.CategoricalParameterSpec(["sgd", "adam"]),
    },
    max_trial_count=100,
    parallel_trial_count=20,
)
hp_job.run()
```

ここでは、Vertex AIに対し、`"accuracy"`という名前の指標を最大にするように指示している。この名前は、学習スクリプトが報告してくる指標名と一致していなければならない。探索空間も定義しているが、学習率については対数スケール、その他のハイパーパラメータについては線形スケール（均一スケール）を使っている。ハイパーパラメータ名は、学習スクリプトのコマンドライン引数と一致していなければならない。次に、トライアル数の上限を100回、並列実行されるトライアル数の上限を20個に設定している。並列実行されるトライアル数を（例えば）60にすれば、探索速度は大幅に上がる（上限は3倍）。しかし、最初の60トライアルは並列に開始しなければならないので、これらはほかのトライアルからのフィードバックを利用できない。そこで、トライアル数の上限も引き上げるようにすべきだ（例えば140など）。

この作業にはかなり時間がかかる。ジョブが完了したら、`hp_job.trials`でトライアルの結果を取

り出せる。個々の結果は、ハイパーパラメータ値と得られた指標をまとめたプロトコルバッファ形式で表現されている。最高のトライアルを探そう。

```
def get_final_metric(trial, metric_id):
    for metric in trial.final_measurement.metrics:
        if metric.metric_id == metric_id:
            return metric.value

trials = hp_job.trials
trial_accuracies = [get_final_metric(trial, "accuracy") for trial in trials]
best_trial = trials[np.argmax(trial_accuracies)]
```

このトライアルの精度とハイパーパラメータ値を見てみよう。

```
>>> max(trial_accuracies)
0.977400004863739
>>> best_trial.id
'98'
>>> best_trial.parameters
[parameter_id: "learning_rate" value { number_value: 0.001 },
 parameter_id: "n_hidden" value { number_value: 8.0 },
 parameter_id: "n_neurons" value { number_value: 216.0 },
 parameter_id: "optimizer" value { string_value: "adam" }
]
```

以上だ。このトライアルのSavedModelを手に入れ、オプションでさらに学習を加えて本番環境にデプロイすればよい。

Vertex AIには、適切なモデルアーキテクチャの探索と学習を全部してくれるAutoMLサービスもある。データセットのタイプ（画像、テキスト、表形式、動画など）によって異なる特別の形式でデータセットをVertex AIにアップロードし、AutoML学習ジョブを作り、データセットと使っても良い計算時間の上限を指定するだけだ。具体例はノートブックを参照してほしい。

Vertex AI上のKeras Tunerを使ったハイパーパラメータチューニング

Vertex AIのハイパーパラメータチューニングサービスではなく、Vertex AI VM上でKerasチューナー（10章参照）を実行するという方法もある。Kerasチューナーは、複数のマシンに作業を分散するという単純な方法でハイパーパラメータ探索を簡単にスケーリングできる。各マシンで3個の環境変数を設定して通常のKerasチューナーコードを実行するだけだ。すべてのマシンでまったく同じスクリプトを使える。マシンの中の1台がチーフ（つまり神託）となり、他のマシンはワーカーになる。各ワーカーはどのハイパーパラメータ値を試すかをチーフに尋ね、指定されたハイパーパラメータ値を使ってモデルを学習し、最後にチーフにモデルの性能を報告する。チーフは報告に基づいてワーカーが次に試すべきハイパーパラメータ値を決める。

各マシンで設定する3個の環境変数は次のものだ。

`KERASTUNER_TUNER_ID`
: チーフマシンは`"chief"`という値を指定する。ワーカーマシンは`"worker0"`、`"worker1"`のような一意な識別子を指定する。

`KERASTUNER_ORACLE_IP`
: チーフマシンのIPアドレスかホスト名を指定する。チーフ自身は、マシンのすべてのIPアドレスをリスンできるように、一般に`"0.0.0.0"`を使う。

`KERASTUNER_ORACLE_PORT`
: チーフがリスンするTCPポートを指定する。

Kerasチューナーは任意のマシンセットに分散させられる。Vertex AIマシンで実行したい場合には、通常の学習ジョブを立ち上げ、Kerasチューナーを使う前に環境変数を正しく設定するように学習スクリプトを書き換えればよい。具体例はノートブックを参照してほしい。

これで最先端のニューラルネットワークアーキテクチャを作り、自前のインフラであれクラウドであれ、さまざまな分散方式で学習し、任意の場所にデプロイするために必要なすべてのツールと知識が揃った。つまり、あなたは強大な力を手にしたのだ。よい目的のために使ってほしい。

19.6 演習問題

1. SavedModelには何が含まれているか。その内容はどのようにして調べたらよいか。
2. TF Servingはいつ使うべきか。その主要な機能は何か。TF Servingのデプロイのために使えるツールは何か。
3. 複数のTF Servingインスタンスにモデルをデプロイするにはどうすればよいか。
4. TF Servingでサービングされているモデルにクエリを送るときにREST APIではなくgRPC APIを使うべきなのはどのようなときか。
5. LiteRTは、モデルのサイズを縮小してモバイル/組み込みデバイスで実行できるようにするためにどのような方法を使っているか。複数の方法を答えなさい。
6. 量子化を意識した学習とは何か。なぜそういうものが必要なのか。
7. モデル並列とデータ並列とは何か。一般に後者の方がよいとされているのはなぜか。
8. 複数のサーバで1つのモデルを学習するときの分散方式として使えるものは何か。どれを使うかはどのようにして判断するか。
9. モデル（何でもよい）を学習してTF ServingかGoogle Cloud AI Platformにデプロイしなさい。そして、REST APIかgRPC APIを使ってモデルにクエリを送るクライアントコードを書きなさい。モデルを更新し、新バージョンをデプロイしなさい。クライアントコードは新バージョンにクエリを送らなければならない。最後に、最初のバージョンにロールバックしなさい。

10. MirroredStrategyを使って同じマシンで複数のGPUを使ってモデルを学習しなさい（使えるGPUがない場合には、GPUランタイムを持つGoogle Colubを使い、2基の論理GPUを作ること）。CentralStorageStrategyでも同じモデルを改めて学習し、学習時間を比較しなさい。
11. Kerasチューナーか Vertex AIのハイパーパラメータチューニングサービスを使って、Vertex AI上で任意のモデルをファインチューニングしなさい。

演習問題の解答は、ノートブック（https://homl.info/colab3）の19章の部分を参照のこと。

19.7 ありがとう！

本書の最後の章を締めくくる前に、この最後の節まで読んでくれたみなさんに感謝の言葉を捧げたいと思います。本書を読んで、私が執筆中に感じたのと同じくらいみなさんが楽しいと感じてくれたら、そして大小を問わずみなさんのプロジェクトのためにお役に立てたらとてもうれしいです。

誤りを見つけたら、いやそれだけでなく、みなさんが考えていることをぜひ教えてください。私には、オライリー経由で、あるいはGitHubのageron/handson-ml3プロジェクトやツイッターの@aureliengeronで連絡を取れます。

これからについては、とにかく練習を重ねてくださいということです。もしまだであれば、すべての演習問題を実際に解き、ノートブックで動かし、Kaggle.comやその他のMLコミュニティに参加し、MLの講座を受講し、論文を読み、カンファレンスに出席し、エキスパートに会いましょう。状況は刻々と変わっていくので、最先端から取り残されないように努力してください。定期的に深層学習の論文をわかりやすい形で詳しく解説してくれるYouTubeチャンネルがいくつかあります。私のオススメは、ヤニック・キルヒャー（Yannic Kilcher）、レティティア・パーカルベスク（Letitia Parcalabescu）、ザンダー・スティーンブルグ（Xander Steenbrugge）のチャンネルです。MLの面白い議論や高いレベルのヒントがほしい方は、ML Street Talkとレックス・フリードマン（Lex Fridman）のチャンネルをチェックしてみてください。また、仕事のためでも興味の追求のためでも（両方なら理想的ですが）、具体的なプロジェクトを手がけると、とても大きな力になります。作ってみたいと思っているシステムがあるなら、ぜひ挑戦してみましょう。仕事は逐次的に進めることです。いきなり野心的なことを狙うのではなく、自分のプロジェクトに集中し、部品を1つずつ作っていきましょう。根気と我慢が必要ですが、歩くロボット、動作するチャットボットなど面白いものが完成したら、大きな満足感が得られるでしょう。

本書を読んだことが、私たちすべてのために役立つすばらしいMLアプリケーションを構築するきっかけになれば、著者としてそれにまさる喜びはありません。さてそれは、いったいどのようなものになるのでしょうか。

— Aurélien Géron

付録A
機械学習プロジェクトチェックリスト

このチェックリストは、みなさんの機械学習プロジェクトの手引として使えるもので、大きなステップは8つある。

1. 問題の枠組みと全体像をつかむ。
2. データを手に入れる。
3. データを探索して理解を深める。
4. 機械学習アルゴリズムがデータからパターンを見つけやすくなるようにデータを準備する。
5. 異なるさまざまなモデルを試し、最良の数個に絞り込む。
6. モデルをファインチューニングし、それらを組み合わせて優れたソリューションにまとめる。
7. ソリューションをプレゼンテーションする。
8. システムを本番稼働、モニタリング、メンテナンスする。

当然ながら、このチェックリストはみなさんのニーズに合わせて自由に修正してよい。

A.1 問題の枠組みと全体像をつかむ

1. ビジネスの用語で目標を定義する。
2. ソリューションはどのようにして使われるか。
3. 現在のソリューション／代替ソリューション（もしあれば）は何か。
4. この問題はどのような枠組みで処理すべきか（教師あり / 教師なし、オンライン / オフラインなど)。
5. 性能をどのようにして測定すべきか。
6. その性能測定手段はビジネス目標に一致しているか。
7. ビジネス目標に到達するために必要な最小限の性能はどのようなものか。
8. 類似問題は何か。経験やツールを再利用できるか。
9. 専門知識を持つ人はいるか。
10. 手作業で問題をどのように解決するか。

11. あなた（またはほかの人々）が今までに立ててきた前提条件をリストにまとめる。
12. 可能なら、前提条件をチェックする。

A.2　データを手に入れる

注意：新鮮なデータを簡単に入手できるようにするために、できる限り自動化しよう。

1. 必要なデータと必要度をリストにまとめる。
2. そのデータを入手できる場所を見つけて記録に残す。
3. どれだけのスペースが必要になるかをチェックする。
4. 法律上の義務、責任をチェックし、必要なら権限を獲得する。
5. アクセス権限を獲得する。
6. ワークスペース（十分な格納スペースとともに）を作る。
7. データを入手する。
8. 簡単に操作できる形式にデータを変換する（データ自体を変更せずに）。
9. 機密情報を確実に削除または保護する（例えば匿名化する）。
10. データのサイズとタイプをチェックする（時系列、サンプル、地理など）。
11. テストセットを抽出して別に管理し、決して中身を見ない（カンニングはだめ）。

A.3　データを探索する

注意：このステップでは、分野の専門家の知見を取り入れるように努力しよう。

1. 研究用にデータのコピーを作る（必要なら、扱えるサイズのサンプルを抽出する）。
2. データ研究の記録を残すためにJupyterノートブックを作る。
3. データの属性とその特徴を調べる。
    - 名前。
    - タイプ（カテゴリ、整数/浮動小数点数、有界か無界か、テキスト、構造化データなど）。
    - 欠損値の割合。
    - ノイズの有無とタイプ（確率的、外れ値、丸め誤差など）。
    - タスクにとっての有用性。
    - 分布のタイプ（ガウス、一様、対数など）。
4. 教師あり学習タスクの場合、ターゲット属性を明らかにする。
5. データを可視化する。
6. 属性の相関関係を調べる。
7. 手作業で問題を解決する方法を調べる。
8. 適用するとよさそうな変換を明らかにする。
9. 役に立ちそうなほかのデータを明らかにする（「B.2　データを手に入れる」に戻る）。
10. 学んだことをドキュメントにまとめる。

A.4 データを準備する

注意：

- データのコピーを使って作業する（オリジナルのデータセットには手を付けない）。
- すべてのデータ変換のための関数を書く（理由は5つ）。
  - — 次に新しいデータセットを入手したときにデータを簡単に準備できるようにするため
  - — 将来のプロジェクトで同じ変換をできるようにするため。
  - — テストセットをクリーニング、準備するため。
  - — ソリューションを稼働したときに新しいデータインスタンスをクリーニング、準備するため。
  - — 準備のための選択肢をハイパーパラメータとして簡単に扱えるようにするため。

1. データのクリーニング
   - 外れ値を修正または除去する（オプション）。
   - 欠損値を埋めるか（例えば0、平均値、中央値などで）、その行（または列）を取り除く。
2. 特徴量の選択（オプション）
   - タスクのために役立つ情報を提供しない属性を取り除く。
3. 特徴量エンジニアリング（適宜）
   - 連続値の特徴量を離散化する。
   - 特徴量を分解する（例えば、カテゴリカル、日時など）。
   - 特徴量に効果が期待できる変換を加える（例えば、$\log(x)$、$\mathrm{sqrt}(x)$、x^2 など）。
   - 特徴量を集計して新しい特徴量を作る。
4. 特徴量のスケーリング
   - 特徴量を標準化、または正規化する。

A.5 有望なモデルを絞り込む

注意：

- データが膨大なものなら、まずまずの時間で異なる多くのモデルを学習できるように、小さな学習セットを標本抽出するとよい（大規模なニューラルネットやランダムフォレストなどの複雑なモデルには悪影響が及ぶので注意すること）。
- ここでも、できる限りすべてのステップを自動化するよう努力する。

1. 少々乱暴でもいいので、標準的なパラメータでさまざまなタイプ（線形、単純ベイズ、SVM、ランダムフォレスト、ニューラルネットなど）のモデルを素早く学習する。
2. 性能を測定、比較する。
   - 個々のモデルについて、k分割交差検証を行い、k個のフォールドの平均と標準偏差を計算する。
3. 個々のアルゴリズムで最も重要な変数を分析する。

4. モデルが犯す誤りのタイプを分析する。
   - 人間ならそのような誤りを防ぐためにどのデータを使うか。
5. 簡単な特徴量の選択とエンジニアリングを行う。
6. 上記の5ステップをさらに1、2回手早く繰り返す。
7. 3種類から5種類の最も有望なモデルを残す。同程度のものの中では、異なるタイプの誤りを犯すモデルを選ぶ。

A.6 システムをファインチューニングする

注意：

- このステップ、特にファインチューニングの最後の局面では、できる限り多くのデータを使うようにする。
- ほかのステップと同様に、自動化できるものは自動化する。

1. 交差検証を使ってハイパーパラメータをファインチューニングする。
   - データ変換方法、特にどうすべきかがはっきりとわからないもの（例えば、欠損値は0と中央値のどちらに置き換えるか、それとも行を取り除くか）はハイパーパラメータとして扱う。
   - 探らなければならないハイパーパラメータの値が非常に少ない場合を除き、グリッドサーチではなくランダムサーチを行うようにする。学習に時間がかかるなら、ベイズ最適化を使った方がよいかもしれない（例えば、Jasper Snoekら（https://homl.info/134）[*1]が論じているガウス過程事前分布を使ったものなど）。
2. アンサンブルメソッドを試す。最良のモデルを組み合わせると、それらを単独で実行するよりも高い性能が得られることが多い。
3. 最終的なモデルに自信が持てたら、テストセットを対象として性能を計測し、汎化誤差を推定する。

汎化誤差の測定後にはモデルに修正を加えてはならない。テストセットを過学習する方向に進むだけになってしまう。

A.7 ソリューションをプレゼンテーションする

1. 今までに行ってきたことをドキュメントに残す。
2. すばらしいプレゼンテーションを作る。
   - まず、全体的な構図を明らかにすることを忘れないようにする。
3. ソリューションがビジネス目標を達成する理由を説明する。

*1 Jasper Snoek et al., "Practical Bayesian Optimization of Machine Learning Algorithms", *Proceedings of the 25th International Conference on Neural Information Processing Systems* 2 (2012): 2951-2959.

4. 作業の過程で気づいた注目すべきポイントを紹介するのを忘れないように。
    - うまく機能したものとそうでないものを説明する。
    - 前提条件とシステムの限界をリストにまとめる。
5. 重要な発見は、わかりやすいグラフか覚えやすい言葉で伝える（例えば、「住宅価格の予測では、収入の中央値がナンバーワンの予測子です」など）。

A.8 本番稼働！

1. ソリューションを本番稼働できる状態にする（本番データの入力を受け付けられるようにしたり、ユニットテストを書いたりすることなど）。
2. 定期的にシステムの稼働性能をチェックし、性能が落ちたらアラートを生成するモニタリングコードを書く。
    - 緩やかな性能の低下に注意する。モデルはデータの発展とともに「腐って」いくことが多い。
    - 性能の測定は、人間の関与を必要とすることがある（例えば、クラウドソーシングサービスを介したもの）。
    - 入力の品質もモニタリングすること（例えば、故障したセンサーがでたらめな値を送っていないか、ほかのチームの出力が陳腐化していないか）。オンライン学習システムではこれが特に重要になる。
3. 新しいデータで定期的にモデルを学習し直す（できる限り自動化する）。

付録B 自動微分

この付録では、TensorFlowの自動微分機能の仕組みを説明し、ほかのソリューションと比較する。

$f(x, y) = x^2y + y + 2$という関数を定義し、勾配降下法（またはその他の最適化アルゴリズム）を実行するために、その偏微分$\partial f/\partial x$と$\partial f/\partial y$が必要になったとする。その場合、選択肢は、手計算による微分、有限差分近似、フォワードモード自動微分、リバースモード自動微分である。TensorFlowが実装しているのはリバースモード自動微分だが、これを理解するためには、ほかの選択肢をまず見ておくと役に立つ。そこで、これらのオプションを1つずつ見ていこう。最初は手計算による微分だ。

B.1 手計算による微分

第1のアプローチは、紙と鉛筆を取り出し、自分の解析学の知識を駆使して適切な方程式を導き出すことだ。今定義した$f(x, y)$関数なら、それほど難しいことではない。5つの規則に従えばよい。

- 定数の導関数は0。
- λxの導関数はλ（ただし、λは定数）。
- x^λの導関数は$\lambda x^{\lambda-1}$。例えば、x^2の導関数は$2x$。
- 関数の和の導関数は、それらの関数の導関数の和。
- 関数のλ倍の導関数は、もとの関数の導関数のλ倍。

これらの規則から、**式B-1**が導かれる。

式B-1　$f(x, y)$の偏導関数

$$\frac{\partial f}{\partial x} = \frac{\partial(x^2y)}{\partial x} + \frac{\partial y}{\partial x} + \frac{\partial 2}{\partial x} = y\frac{\partial(x^2)}{\partial x} + 0 + 0 = 2xy$$

$$\frac{\partial f}{\partial y} = \frac{\partial(x^2y)}{\partial y} + \frac{\partial y}{\partial y} + \frac{\partial 2}{\partial y} = x^2 + 1 + 0 = x^2 + 1$$

このアプローチは複雑な関数では煩雑であり、ミスを犯すリスクがあるが、幸いほかの方法がある。まず、有限差分近似から見ていこう。

B.2 有限差分近似

関数$h(x)$の点x_0における導関数$h'(x_0)$は、その点における関数の傾きだということを思い出そう。より正確に言うと、関数上のもう1つの点xを点x_0に無限に近づけてx_0とxを通る直線を描いたときの傾きの極限が導関数である（**式B-2**）。

式B-2 点x_0における関数$h(x)$の導関数の定義

$$
\begin{aligned}
h'(x_0) &= \lim_{x \to x_0} \frac{h(x) - h(x_0)}{x - x_0} \\
&= \lim_{\varepsilon \to 0} \frac{h(x_0 + \varepsilon) - h(x_0)}{\varepsilon}
\end{aligned}
$$

そこで、関数$f(x, y)$の$x = 3$、$y = 4$におけるxについての偏導関数を計算したければ、εとして非常に小さな値を使って$f(3 + \varepsilon, 4) - f(3, 4)$を計算し、その結果を$\varepsilon$で割ればよい。このようなタイプの導関数の数値近似を**有限差分近似**（finite difference approximation）と呼び、この式を**ニュートンの差分商**（Newton's difference quotient）と呼ぶ。次のコードは、まさにこの計算を行っている。

```
def f(x, y):
    return x**2*y + y + 2

def derivative(f, x, y, x_eps, y_eps):
    return (f(x + x_eps, y + y_eps) - f(x, y)) / (x_eps + y_eps)

df_dx = derivative(f, 3, 4, 0.00001, 0)
df_dy = derivative(f, 3, 4, 0, 0.00001)
```

残念ながら、結果は正確ではない（そして、関数が複雑になればなるほど、不正確になる）。正しい結果はそれぞれ24と10だが、実際に得られる結果は次のようになる。

```
>>> df_dx
24.000039999805264
>>> df_dy
10.000000000331966
```

2つの偏導関数を計算するために`f()`を少なくとも3回呼び出さなければならないことに注意しよう（上のコードでは4回呼び出しているが、最適化すれば3回になる）。1,000個のパラメータがあれば、`f()`を少なくとも1,001回呼び出さなければならない。このようなことから、大きなニューラルネットワークを相手にするときには、有限差分近似は効率が悪すぎる。

しかし、この方法は簡単に実装できるので、ほかの方法が正しく実装できているかどうかをチェックするための優れたツールにはなる。例えば、手計算で得た導関数と一致しない場合は、手計算に誤りがある。

今まで、手計算による微分と有限差分近似の2つの勾配計算方法を使ったが、どちらも大規模なニューラルネットワークの学習に使うためには致命的な欠陥がある。そこで自動微分を検討することにしよう。最初はフォワードモード自動微分だ。

B.3 フォワードモード自動微分

図B-1は、フォワードモード自動微分が先ほどのものよりもさらに単純な$g(x, y) = 5 + xy$という関数をどのように処理するかを示している。左は原関数のグラフで、フォワードモード自動微分を行うと、偏導関数$\partial g/\partial x = 0 + (0 \times x + y \times 1) = y$を表す右のグラフが得られる（同じようにして$y$についての偏導関数も得られる）。

アルゴリズムは、入力から出力まで計算グラフをたどっていく（だから「フォワードモード」と呼ばれている）。まず、葉ノードの偏導関数を得る。定数の導関数は常に0なので、定数ノード（5）は定数0を返す。$\partial x/\partial x = 1$なので変数$x$は定数1を返し、$\partial y/\partial x = 0$なので変数$y$は定数0を返す（$y$についての偏導関数を求めているときには、結果は逆になる）。

これで、グラフを1つ上がって関数gの乗算ノードを処理するために必要なものはすべてそろった。解析学によれば、2つの関数、uとvの積の導関数は、$\partial(u \times v)/\partial x = \partial v/\partial x \times u + v \times \partial u/\partial x$である。そこで、グラフの右側の大きな部分は、$0 \times x + y \times 1$ということになる。

最後に関数gの加算ノードに上がる。既に説明したように、関数の和の導関数は、これらの関数の導関数の和である。そこで、加算ノードを作り、グラフの既に計算した部分をつなげばよい。そして、正しい偏導関数、$\partial g/\partial x = 0 + (0 \times x + y \times 1)$が得られる。

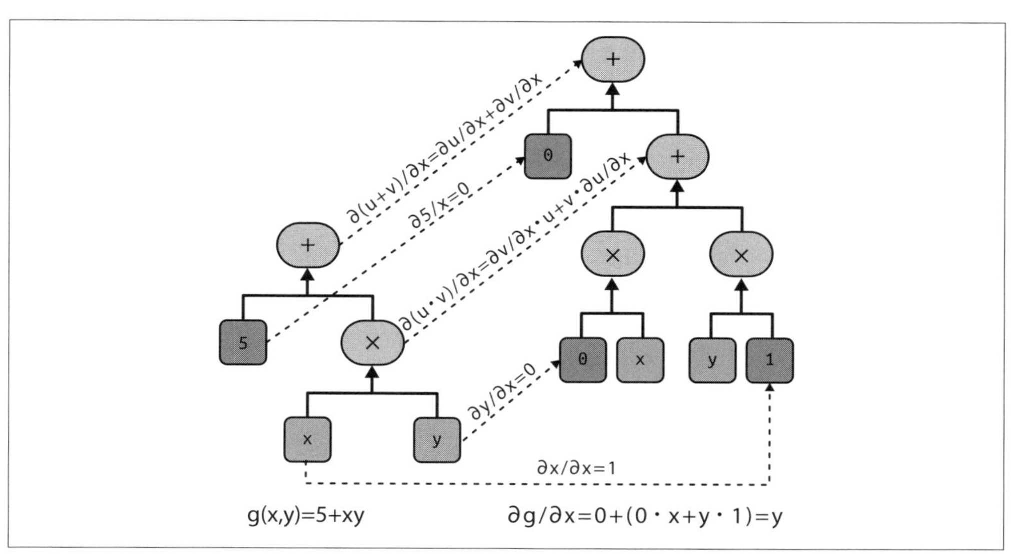

図B-1　フォワードモード自動微分

しかし、この偏導関数は単純化できる（大幅に）。このグラフを刈り込んで、不要な演算をすべて取り除くと、ノードが1つだけのずっと小さなグラフ、$\partial g/\partial x = y$が得られる。この場合、単純化はかなり簡単に行えるが、もっと複雑な関数では、フォワードモード自動微分は単純化しにくい巨大なグラフを作って、パフォーマンスが低くなることがある。

フォワードモード自動微分が計算グラフからスタートして別の計算グラフを作ったことに注意しよう。これを**記号微分**（symbolic differentiation）と呼び、2つのよい面がある。第1に、導関数の計算グラフを作ったら、それを何度でも好きなだけ使って任意のx、yの値における関数の導関数を計算できる。第2に、必要なら得られた計算グラフに対して再度フォワードモード自動微分を行うと2次導関数（導関数の導関数）が得られる。3次導関数さえ得られる。

しかし、フォワードモード自動微分は、計算グラフを作らず、中間の結果をその場で計算しても（つまり、数式的にではなく数値的に）実行できる。例えば、**二重数**（dual numbers）を使った方法がある。二重数とは、aとbを実数、εを$\varepsilon^2 = 0$が満たされるような無限小の数（ただし、$\varepsilon \neq 0$）として、$a + b\varepsilon$という形で表される（奇妙だが魅力的な）数のことである。$42 + 24\varepsilon$という二重数は、無限の0を間に挟んだ42.000……000024のようなものだと考えることができる（もちろん、これは二重数とはどのようなものかをイメージしやすくするために単純化した話である）。二重数は、メモリ内では2個の浮動小数点数として表すことができる。例えば、$42 + 24\varepsilon$は、(42.0, 24.0)で表現できる。

二重数は、**式B-3**に示すような形で加算、乗算できる。

式B-3　二重数を使ったフォワードモード自動微分

$$\lambda(a + b\varepsilon) = \lambda a + \lambda b\varepsilon$$

$$(a + b\varepsilon) + (c + d\varepsilon) = (a + c) + (b + d)\varepsilon$$

$$(a + b\varepsilon) \times (c + d\varepsilon) = ac + (ad + bc)\varepsilon + (bd)\varepsilon^2 = ac + (ad + bc)\varepsilon$$

何よりも重要なのは$h(a + b\varepsilon) = h(a) + b \times h'(a)\varepsilon$となることであり、そのため$h(a + \varepsilon)$を計算すると、$h(a)$とその$h'(a)$が1度に得られる。**図B-2**は、フォワードモードの自動微分が$x = 3$、$y = 4$で$f(x, y)$のxについての偏導関数を計算する仕組みを示している。ただ単に、$f(3 + \varepsilon, 4)$を計算すればよい。すると、$a + b\varepsilon$のaを$f(3, 4)$、$b\varepsilon$を$\partial f/\partial x(3, 4)$とする二重数が出力される。

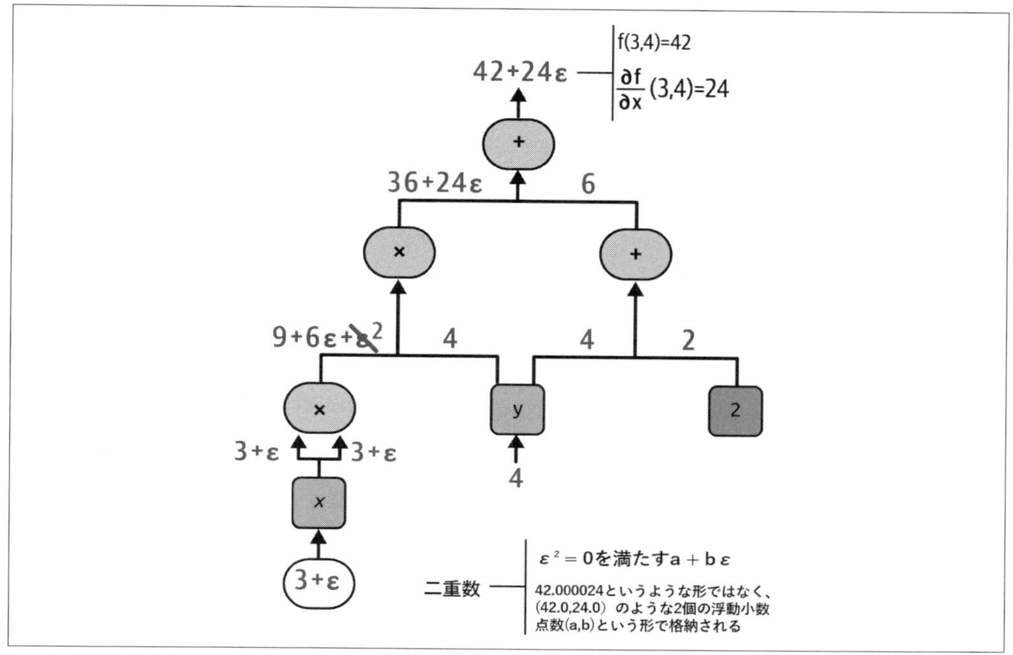

図B-2　二重数を使ったフォワードモード自動微分

$\partial f/\partial y(3, 4)$を計算するには、もう1度グラフをたどらなければならないが、今度は$x = 3$、$y = 4 + \varepsilon$とする。

フォワードモード自動微分は有限差分近似よりもはるかに正確だが、少なくとも入力が多数あり、出力が少数のときには（ニューラルネットワークを設計するときのように）、有限差分近似と同じ大きな欠点を抱えている。1,000個のパラメータがあるときには、グラフを1,000パスしなければすべての偏微分を計算できない。リバースモード自動微分が輝いて見えるのはここだ。リバースモード自動微分なら、グラフを2パスするだけで同じ値を計算できる。その仕組みを見てみよう。

B.4　リバースモード自動微分

TensorFlowが実装しているのはリバースモード自動微分である。まず、前進方向で（つまり、入力から出力に向かって）グラフをたどり、各ノードの値を計算する。次に、今度は逆方向で（つまり、出力から入力に向かって）グラフをたどり、すべての偏微分を計算する。「リバースモード」という名前は、勾配が逆方向に流れていくこの第2パスから付けられたものである。**図B-3**は、この2度目のパスを表している。第1パスでは、$x = 3$と$y = 4$からスタートしてすべてのノードの値を計算する。これらの値は各ノードの右下に書かれている（例えば、$x \times x = 9$）。ノードには、明確にするためにn_1からn_7までの番号が付けられている。出力ノードはn_7: $f(3, 4) = n_7 = 42$である。

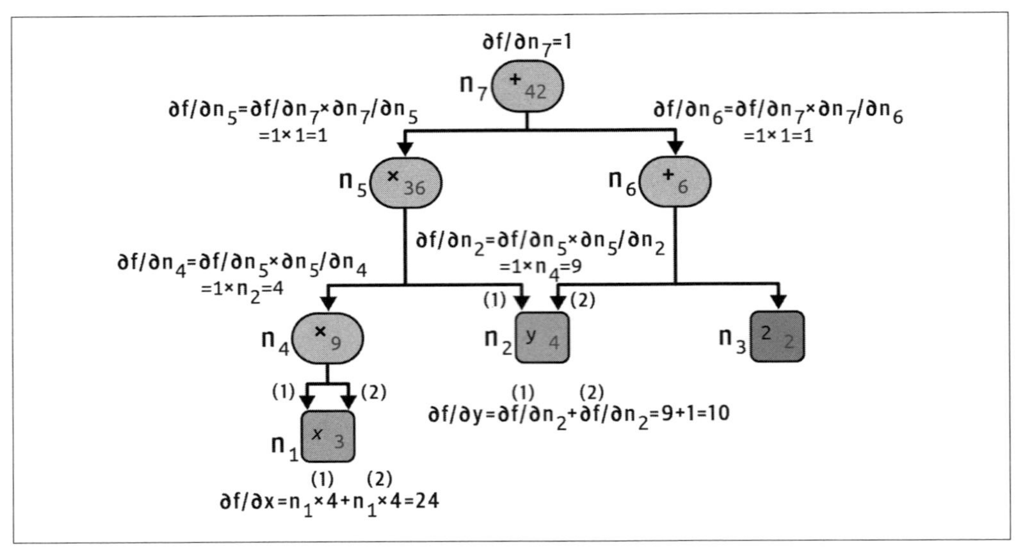

図B-3　リバースモード自動微分

ポイントは、変数ノードに達するまで、連続する個々のノードについて$f(x, y)$の偏微分を計算するところである。そのために、リバースモード自動微分は、**式B-4**の**連鎖律**（chain rule）を多用している。

式B-4　連鎖率

$$\frac{\partial f}{\partial x} = \frac{\partial f}{\partial n_i} \times \frac{\partial n_i}{\partial x}$$

n_7は出力ノードなので、$f = n_7$であり、$\partial f/\partial n_7 = 1$がすぐに出てくる。

引き続き、グラフをn_5まで降りていこう。n_5が変化するとfはどれくらい変わるだろうか。答えは$\partial f/\partial n_5 = \partial f/\partial n_7 \times \partial n_7/\partial n_5$である。既に$\partial f/\partial n_7 = 1$ということはわかっているので、$\partial n_7/\partial n_5$がわかればよい。$n_7$は、単純に$n_5 + n_6$の加算をしているだけなので、$\partial n_7/\partial n_5 = 1$であり、$\partial f/\partial n_5 = 1 \times 1 = 1$である。

これでn_4に進める。n_4が変化するとfはどれくらい変わるだろうか。答えは、$\partial f/\partial n_4 = \partial f/\partial n_5 \times \partial n_5/\partial n_4$である。$n_5 = n_4 \times n_2$なので、$\partial n_5/\partial n_4 = n_2$であり、$\partial f/\partial n_4 = 1 \times n_2 = 4$ということになる。

グラフの底辺に達するまでこのプロセスを続ける。すると、$x = 3$、$y = 4$という点における$f(x, y)$のすべての偏微分が計算できている。この例では、$\partial f/\partial x = 24$と$\partial f/\partial y = 10$だ。見事正解である。

リバースモード自動微分は、すべての入力についてのすべての出力の偏導関数を計算するために、1回のフォワードパスと出力ごとに1回ずつのリバースパスを必要とするだけなので、特に入力が多く出力がほとんどないときに強力で正確なテクニックになる。ニューラルネットワークを学習するときには、一般に損失を最小化しようとするので、出力は1つだけ（損失）であり、計算グラフを2パスするだけで勾配を計算できる。リバースモード自動微分は、完全に微分可能ではない関数も、微分可能な点で偏微分を計算させている限り処理できる。

図B-3では、各ノードの数値がその場で計算されているが、TensorFlowがしていることとは微妙に異なる。実際にはTensorFlowは新しい計算グラフを作っているのだ。つまり、TensorFlowは数式リバースモード自動微分を実装している。この方法だと、ニューラルネットワークのすべてのパラメータについての損失の勾配を計算する計算グラフを1度作れば、オプティマイザが勾配を計算しなければならないときにはいつでもその計算グラフを何度でも利用できる。しかも、必要であれば高次導関数も計算できるようになる。

C++で新しいタイプの低水準TensorFlow演算を実装し、それを自動微分互換にしたければ、関数の入力について出力の偏微分を返す関数を提供しなければならない。例えば、入力の二乗を計算する関数$f(x) = x^2$を実装する場合、対応する導関数の$f'(x) = 2x$を提供する必要がある。

付録C 特殊なデータ型

この付録では、TensorFlowが通常の浮動小数点数や整数のテンソル以外にサポートしているデータ構造（文字列、不規則なテンソル、疎テンソル、テンソル配列、集合、キュー）を簡単に紹介する。

C.1 文字列

テンソルはバイト列を保持できる。この種のテンソルは、自然言語処理（16章参照）で特に役に立つ。

```
>>> tf.constant(b"hello world")
<tf.Tensor: shape=(), dtype=string, numpy=b'hello world'>
```

Unicode文字列で文字列テンソルを作ろうとした場合、TensorFlowが自動的にUTF-8にエンコードする。

```
>>> tf.constant("café")
<tf.Tensor: shape=(), dtype=string, numpy=b'caf\xc3\xa9'>
```

Unicode文字列を表現するテンソルも作れる。1個のUnicodeコードポイント[*1]を表す32ビット整数の配列を作ればよい。

```
>>> u = tf.constant([ord(c) for c in "café"])
>>> u
<tf.Tensor: shape=(4,), [...], numpy=array([ 99,  97, 102, 233], dtype=int32)>
```

tf.string型のテンソルでは、文字列の長さはテンソルの形状情報の一部になっていない。つまり、文字列はアトミックな値だと見なされている。しかし、Unicode文字列テンソル（つまりint32テンソル）では、文字列の長さはテンソルの形状情報の一部に**なっている**。

tf.stringsパッケージには、バイト列に含まれるバイト数（unit="UTF8_CHAR"を指定した場合はコードポイント数）を返すlength()、Unicode文字列テンソル（つまりint32テンソル）をバイト列テンソルに変換するunicode_encode()、逆を行うunicode_decode()などの文字列テンソル操作関数が

*1 Unicodeコードポイントがどういうものかよくわからない場合には、https://homl.info/unicodeを参照のこと。

含まれている。

```
>>> b = tf.strings.unicode_encode(u, "UTF-8")
>>> b
<tf.Tensor: shape=(), dtype=string, numpy=b'caf\xc3\xa9'>
>>> tf.strings.length(b, unit="UTF8_CHAR")
<tf.Tensor: shape=(), dtype=int32, numpy=4>
>>> tf.strings.unicode_decode(b, "UTF-8")
<tf.Tensor: shape=(4,), [...], numpy=array([ 99,  97, 102, 233], dtype=int32)>
```

複数の文字列が含まれているテンソルも操作できる。

```
>>> p = tf.constant(["Café", "Coffee", "caffè", "咖啡"])
>>> tf.strings.length(p, unit="UTF8_CHAR")
<tf.Tensor: shape=(4,), dtype=int32, numpy=array([4, 6, 5, 2], dtype=int32)>
>>> r = tf.strings.unicode_decode(p, "UTF8")
>>> r
<tf.RaggedTensor [[67, 97, 102, 233], [67, 111, 102, 102, 101, 101], [99, 97,
102, 102, 232], [21654, 21857]]>
```

復号された文字列はRaggedTensorというものに格納されている。これは一体何なのだろうか。

C.2　不規則なテンソル

不規則なテンソル（ragged tensor）は、サイズが異なる配列のリストを表す特別な種類のテンソルである。より一般的に言えば、1個以上の**不規則な次元**（ragged dimensions：長さが異なっていてよい次元）を格納するテンソルということになる。不規則なテンソルrでは、第2次元が不規則な次元になっている。不規則なテンソルといっても、第1次元は必ず通常の次元、すなわち**一様次元**（uniform dimension）になっている。

不規則なテンソルrのすべての要素は通常のテンソルである。例えば、rの第2要素を見てみよう。

```
>>> r[1]
<tf.Tensor: [...], numpy=array([ 67, 111, 102, 102, 101, 101], dtype=int32)>
```

tf.raggedパッケージには、不規則なテンソルを作成、操作するための関数が含まれている。tf.ragged.constant()を使って第2の不規則なテンソルを作り、0軸に沿って第1の不規則なテンソルと連結してみよう。

```
>>> r2 = tf.ragged.constant([[65, 66], [], [67]])
>>> tf.concat([r, r2], axis=0)
<tf.RaggedTensor [[67, 97, 102, 233], [67, 111, 102, 102, 101, 101], [99, 97,
102, 102, 232], [21654, 21857], [65, 66], [], [67]]>
```

結果はそれほど意外なものではない。0軸に沿ってrに含まれているテンソルのうしろにr2に含まれているテンソルが追加されている。では、1軸に沿ってrとほかの不規則なテンソルを連結するとどうなるだろうか。

```
>>> r3 = tf.ragged.constant([[68, 69, 70], [71], [], [72, 73]])
>>> print(tf.concat([r, r3], axis=1))
<tf.RaggedTensor [[67, 97, 102, 233, 68, 69, 70], [67, 111, 102, 102, 101, 101,
71], [99, 97, 102, 102, 232], [21654, 21857, 72, 73]]>
```

今度は、rのi番目のテンソルとr3のi番目のテンソルが連結されている。これらすべてのテンソルが異なる長さを持つ可能性があるので、より特殊だ。

to_tensor()メソッドを呼び出すと、通常のテンソルに変換される。このとき、短いテンソルは0でパディングされ、すべてのテンソルが同じ長さになる（default_value引数でデフォルト値は変更できる）。

```
>>> r.to_tensor()
<tf.Tensor: shape=(4, 6), dtype=int32, numpy=
array([[   67,    97,   102,   233,     0,     0],
       [   67,   111,   102,   102,   101,   101],
       [   99,    97,   102,   102,   232,     0],
       [21654, 21857,     0,     0,     0,     0]], dtype=int32)>
```

多くのTensorFlowオペレーションが不規則なテンソルをサポートしている。完全なリストは、tf.RaggedTensorクラスのドキュメントを参照のこと。

C.3 疎テンソル

TensorFlowは**疎テンソル**（sparse tensor：つまりほとんどの要素が0のテンソル）も効率よく表現できる。0ではない要素のインデックスと値、テンソルの形を指定してtf.SparseTensorを呼び出せばよい。インデックスは、「読み順」（最上行の左から右に進み、すぐ下の行に移って左から右に進むということを最下行まで繰り返す）に並べなければならない。正しい順序になっている自信がなければ、tf.sparse.reorder()を使えばよい。疎テンソルは、tf.sparse.to_dense()で密テンソル（通常のテンソル）に変換できる。

```
>>> s = tf.SparseTensor(indices=[[0, 1], [1, 0], [2, 3]],
...                     values=[1., 2., 3.],
...                     dense_shape=[3, 4])
...
>>> tf.sparse.to_dense(s)
<tf.Tensor: shape=(3, 4), dtype=float32, numpy=
array([[0., 1., 0., 0.],
       [2., 0., 0., 0.],
       [0., 0., 0., 3.]], dtype=float32)>
```

疎テンソルをサポートする演算は、密テンソルの演算ほど多くない。例えば、疎テンソルとスカラ値の乗算はでき、新しい疎テンソルが返されるが、疎テンソルとスカラ値の加算はできない（疎テンソルを返せないので）。

```
>>> s * 42.0
<tensorflow.python.framework.sparse_tensor.SparseTensor at 0x7f84a6749f10>
>>> s + 42.0
[...] TypeError: unsupported operand type(s) for +: 'SparseTensor' and 'float'
```

C.4　テンソル配列

tf.TensorArrayは、テンソルのリストを表す。結果を集めて、あとで何らかの統計指標を計算するループを含んでいるダイナミックモデルでは便利に使える。配列内の任意の位置のテンソルを読み書きできる。

```
array = tf.TensorArray(dtype=tf.float32, size=3)
array = array.write(0, tf.constant([1., 2.]))
array = array.write(1, tf.constant([3., 10.]))
array = array.write(2, tf.constant([5., 7.]))
tensor1 = array.read(1)  # => tf.constant([3., 10.])を返して配列要素を空にする
```

デフォルトでは、要素を読み出すと配列内のその要素は形状は同じままで値が0のテンソルに置き換えられることに注意しよう。このような置換を避けたい場合は、clear_after_read引数をFalseにする。

配列への書き込みでは、このコード例に示すように、出力をもとの配列に代入しなければならない。代入しないと、Eagerモードでは正しく動作しても、グラフモードでは正しく動作しない（モードについては12章を参照）。

デフォルトでは、TensorArrayは作成時に設定されたサイズに固定される。しかし、size=0とdynamic_size=Trueを設定すれば、必要なときに配列を自動的に拡張できる。ただし、これではパフォーマンスが下がるので、sizeが前もってわかっているときには固定サイズの配列を使った方がよい。また、dtypeを指定するとともに、すべての要素が配列に書き込まれた最初のテンソルと同じ形になるようにしなければならない。

stack()メソッドを使えば、すべての要素を1つのテンソルにまとめられる。

```
>>> array.stack()
<tf.Tensor: shape=(3, 2), dtype=float32, numpy=
array([[1., 2.],
       [0., 0.],
       [5., 7.]], dtype=float32)>
```

C.5　集合

TensorFlowは、整数や文字列の集合をサポートしており（浮動小数点数の集合はサポートしていない）、通常のテンソルを使って集合を表現する。例えば、集合{1, 5, 9}は、テンソル[[1, 5, 9]]で表される。テンソルは少なくとも2次元以上でなければならない。そして、集合は最後の次元になければならない。例えば、[[1, 5, 9], [2, 5, 11]]は、{1, 5, 9}と{2, 5, 11}の2個の独立した集

合を格納するテンソルである。

tf.setsパッケージには、集合を操作する関数が含まれている。例えば、2個の集合を作り、その和集合を計算してみよう（結果は疎テンソルになるので、結果を表示するためにto_dense()を呼び出している）。

```
>>> a = tf.constant([[1, 5, 9]])
>>> b = tf.constant([[5, 6, 9, 11]])
>>> u = tf.sets.union(a, b)
>>> u
<tensorflow.python.framework.sparse_tensor.SparseTensor at 0x132b60d30>
>>> tf.sparse.to_dense(u)
<tf.Tensor: [...], numpy=array([[ 1,  5,  6,  9, 11]], dtype=int32)>
```

同時に複数のペアの和集合を計算することもできる。得られた集合の中にほかの集合よりも要素数が少ないものがある場合には、0などのパディング値でパディングしなければならない。

```
>>> a = tf.constant([[1, 5, 9], [10, 0, 0]])
>>> b = tf.constant([[5, 6, 9, 11], [13, 0, 0, 0]])
>>> u = tf.sets.union(a, b)
>>> tf.sparse.to_dense(u)
<tf.Tensor: [...] numpy=array([[ 1,  5,  6,  9, 11],
                               [ 0, 10, 13,  0,  0]], dtype=int32)>
```

0以外のパディング値（例えば−1）を使いたい場合には、to_dense()を呼び出すときにdefault_value=-1を指定しておく（−1の部分には実際に使いたい値を指定する）。

default_valueのデフォルトは0なので、文字列集合を操作するときにはdefault_valueの設定が必要になる（例えば空文字列など）。

tf.setsには、difference()、intersection()、size()関数も含まれている。意味は自明だろう。集合に特定の値が含まれているかどうかをチェックしたい場合は、集合とその値の交差集合を計算すればよい。また、集合に値を追加したいときには、集合とその値の和集合を計算すればよい。

C.6 キュー

キューとは、データレコードを追加し、あとで取り出すことができるデータ構造のことである。TensorFlowは、tf.queueパッケージで複数のタイプのキューを実装している。以前は効率のよいデータのロードと前処理パイプラインを作るために重要な意味を持っていたが、この種のパイプラインを作るために必要なあらゆるツールを備えていてはるかに使いやすいtf.dataAPIが作られてほとんど無用になってしまった（ごくまれな条件を除き）。しかし、すべてのデータ型を漏れなく説明するために、キューについても簡単に触れておく。

最も単純はキューは、FIFO（先入れ先出し）キューである。構築するときには、格納できるレコード数の上限を指定しておく。また、個々の要素はテンソルのタプルなので、個々のテンソルのデータ型とオプションで形を指定しておく。例えば、次のコード例は最大3個の要素を格納でき、個々の要素は32ビット整数と文字列を1つずつ格納するタプルになっているFIFOキューを作る。さらに、2個のレコードをプッシュし、サイズを確認し（この時点では2）、最後にレコードを取り出す。

```
>>> q = tf.queue.FIFOQueue(3, [tf.int32, tf.string], shapes=[(), ()])
>>> q.enqueue([10, b"windy"])
>>> q.enqueue([15, b"sunny"])
>>> q.size()
<tf.Tensor: shape=(), dtype=int32, numpy=2>
>>> q.dequeue()
[<tf.Tensor: shape=(), dtype=int32, numpy=10>,
 <tf.Tensor: shape=(), dtype=string, numpy=b'windy'>]
```

enqueue_many()とdequeue_many()で複数のレコードをまとめてエンキュー、デキューすることもできる（dequeue_many()を使うためには、上のコードのようにキューを作成するときにshape引数を指定する必要がある）。

```
>>> q.enqueue_many([[13, 16], [b'cloudy', b'rainy']])
>>> q.dequeue_many(3)
[<tf.Tensor: [...], numpy=array([15, 13, 16], dtype=int32)>,
 <tf.Tensor: [...], numpy=array([b'sunny', b'cloudy', b'rainy'], dtype=object)>]
```

キューのその他のタイプは次の通りだ。

PaddingFIFOQueue
: FIFOQueueと同じだが、dequeue_many()メソッドで形の異なる複数のレコードをデキューできる。バッチに含まれるすべてのレコードが同じ形になるように、短いレコードは自動的にパディングされる。

PriorityQueue
: 優先順位に基づいてレコードをデキューする。優先順位は64ビット整数で、レコードの第1要素になっていなければならない。意外にも、優先順位の低いレコードからデキューされる。優先順位が同じレコードは、FIFOの順序に従ってデキューされる。

RandomShuffleQueue
: レコードがランダムな順序でデキューされる。tf.dataが作られる前は、シャッフルバッファを実装するときに便利な存在だった。

キューが既にいっぱいになっている状態で別のレコードをエンキューしようとすると、enqueue*()メソッドは、ほかのスレッドがレコードをデキューするまでフリーズする。同様に、キューが空になっている状態でレコードをデキューしようとすると、dequeue*()メソッドは、ほかのスレッドがレコードをプッシュするまでフリーズする。

付録D TensorFlowグラフ

この付録ではTF関数が生成する計算グラフ（12章参照）を詳しく説明する。

D.1 TF関数と具象関数

TF関数はポリモーフィックで、データ型や形が異なる入力をサポートする。例えば、次のtf_cube()関数について考えてみよう。

```
@tf.function
def tf_cube(x):
    return x ** 3
```

新しいデータ型と形の組み合わせでTF関数を呼び出すたびに、TF関数はこの組み合わせのための専用グラフを持つ新しい**具象関数**（concrete function）を生成する。そのような引数型と形の組み合わせを**入力シグネチャ**（input signature）と呼ぶ。既に扱ったことのある入力シグネチャでTF関数が呼び出されたときには、以前生成された具象関数が再利用される。例えば、tf_cube(tf.constant(3.0))を呼び出すと、TF関数はtf_cube(tf.constant(2.0))のために使ったのと同じ具象関数（32ビット浮動小数点数のスカラテンソル用）を再利用する。しかし、tf_cube(tf.constant([2.0]))やtf_cube(tf.constant([3.0]))を呼び出すと新しい具象関数（形が[1]の32ビット浮動小数点数用テンソル）を作り、tf_cube(tf.constant([[1.0, 2.0], [3.0, 4.0]]))を呼び出すとさらに新しい具象関数（形が[2,2]の32ビット浮動小数点数用テンソル）を作る。また、TF関数のget_concrete_function()メソッドを使えば、入力の特定の組み合わせのための具象関数が作れる。この具象関数は通常の関数と同じように呼び出せるが、1種類の入力シグネチャしかサポートしない（この場合は、32ビット浮動小数点数スカラテンソル用）。

```
>>> concrete_function = tf_cube.get_concrete_function(tf.constant(2.0))
>>> concrete_function
<ConcreteFunction tf_cube(x) at 0x7F84411F4250>
>>> concrete_function(tf.constant(2.0))
<tf.Tensor: shape=(), dtype=float32, numpy=8.0>
```

図D-1は、tf_cube(2)とtf_cube(tf.constant(2.0))を呼び出したあとのtf_cube()TF関数の状態を示している。それぞれのシグネチャのために全部で2個の具象関数が生成され、それぞれが専用の最適化された**関数グラフ**(function graph:FuncGraph)と**関数定義**(function definition:FunctionDef)を持っている。関数定義は、関数グラフの中の入出力に対応する部分を指している(破線の矢印)。個々のFuncGraphでは、ノード(楕円で示されている)は演算(例えば累乗、定数、xのような引数のプレースホルダ)を表し、エッジ(演算と演算を結ぶ実線の矢印)はグラフ内を動くテンソルを表している。左の具象関数はx=2に特化されているので、TensorFlowは常に8を出力するように単純化されている(関数定義に入力さえ含まれていないことに注意しよう)。右の具象関数は、32ビット浮動小数点数のスカラテンソルに特化しており、これ以上単純化できない。tf_cube(tf.constant(5.0))を呼び出すと、第2の具象関数が呼び出され、xのためのプレースホルダ演算は5.0を出力し、累乗演算が5.0 ** 3を計算して、125.0を出力する。

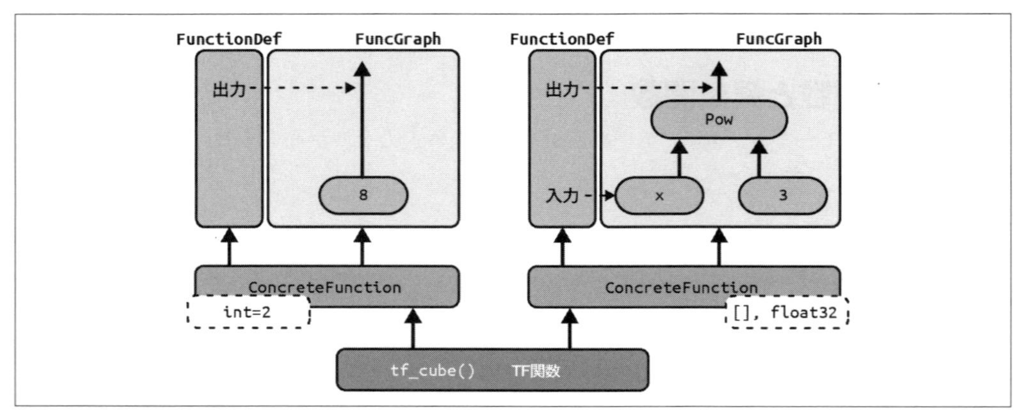

図D-1 TF関数tf_cube()とそのConcreteFunction、FuncGraph

これらのグラフに含まれるテンソルは、実際の値を持たず、データ型、形、名前だけが定義された**シンボリックテンソル**(symbolic tensor)で、プレースホルダのxが与えられ、グラフが実行されたときにグラフを流れる将来のテンソルを表している。シンボリックテンソルを使っているために、演算をどのようにつなぐかを事前に定義でき、TensorFlowは入力のデータ型と形からすべてのテンソルのデータ型と形を再帰的に推論できるのである。

次は、さらに舞台裏に入って、関数定義と関数グラフへのアクセス方法とグラフの演算とテンソルの探り方を見てみよう。

D.2 関数定義とグラフの探り方

graph属性を使えば具象関数の計算グラフにアクセスできる。さらに、グラフのget_operations()メソッドを呼び出せば、演算のリストが得られる。

```
>>> concrete_function.graph
<tensorflow.python.framework.func_graph.FuncGraph at 0x7f84411f4790>
```

```
>>> ops = concrete_function.graph.get_operations()
>>> ops
[<tf.Operation 'x' type=Placeholder>,
 <tf.Operation 'pow/y' type=Const>,
 <tf.Operation 'pow' type=Pow>,
 <tf.Operation 'Identity' type=Identity>]
```

この例では、第1の演算は入力引数xを表し（このような演算を**プレースホルダ**：placeholderと呼ぶ）、第2の「演算」は定数3を表す。第3の演算はべき乗（**）を表し、最後の演算はこの関数の出力を表す（これは、一致：identity演算で、演算の出力をコピーするだけである）[*1]。個々の演算は入力テンソルと出力テンソルのリストを持っており、演算のinputs、outputs属性で簡単にアクセスできる。例えば、累乗演算の入出力のリストを見てみよう。

```
>>> pow_op = ops[2]
>>> list(pow_op.inputs)
[<tf.Tensor 'x:0' shape=() dtype=float32>,
 <tf.Tensor 'pow/y:0' shape=() dtype=float32>]
>>> pow_op.outputs
[<tf.Tensor 'pow:0' shape=() dtype=float32>]
```

図D-2はこの計算グラフを表している。

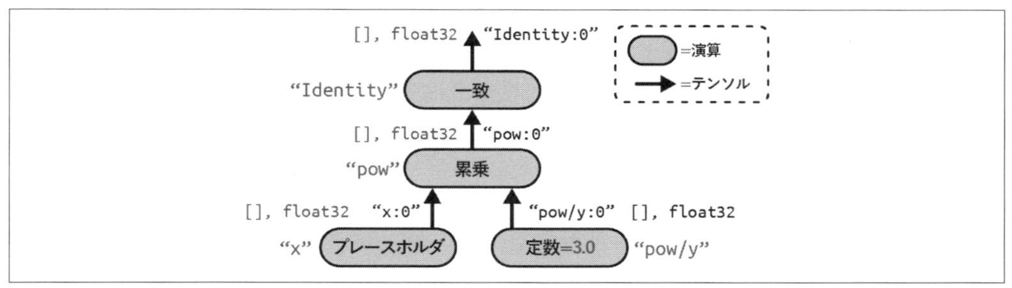

図D-2 計算グラフの例

個々の演算が名前を持っていることに注意しよう。デフォルトは演算の名前（例えば"Pow"）だが、演算を呼び出すときに手作業で定義することもできる（例えばtf.pow(x, 3, name="other_name")など）。名前が既に使われている場合には、TensorFlowが自動的に一意なインデックスを付加する（例えば、"pow_1"、"pow_2"など）。個々のテンソルも一意な名前を持っている。それは、このテンソルを出力する演算の名前に、演算の最初の出力なら:0、2度目の出力なら:1を加えたものだ。グラフのget_operation_by_name()またはget_tensor_by_name()メソッドを呼び出すと、名前で演算やテンソルを取得できる。

*1 この演算は無視してかまわない。ここにこの演算があるのは、TF関数が内部構造をリークしないようにするための技術的な理由からである。

```
>>> concrete_function.graph.get_operation_by_name('x')
<tf.Operation 'x' type=Placeholder>
>>> concrete_function.graph.get_tensor_by_name('Identity:0')
<tf.Tensor 'Identity:0' shape=() dtype=float32>
```

具象関数も関数定義を持っており（プロトコルバッファ[*1]の形で表現される）、これには関数のシグネチャが含まれている。具象関数は、このシグネチャのおかげでどのプレースホルダに入力値を与え、どのテンソルを返すべきかを知る。

```
>>> concrete_function.function_def.signature
name: "__inference_tf_cube_3515903"
input_arg {
  name: "x"
  type: DT_FLOAT
}
output_arg {
  name: "identity"
  type: DT_FLOAT
}
```

では、トレーシングについてもっと詳しく見てみよう。

D.3 トレーシングの詳細

入力を表示するようにtf_cube()を書き換えてみよう。

```
@tf.function
def tf_cube(x):
    print(f"x = {x}")
    return x ** 3
```

呼び出すとどうなるだろうか。

```
>>> result = tf_cube(tf.constant(2.0))
x = Tensor("x:0", shape=(), dtype=float32)
>>> result
<tf.Tensor: shape=(), dtype=float32, numpy=8.0>
```

resultはよさそうだが、print()の出力を見てみよう。xはシンボリックテンソルだ。形とデータ型はあるが値がない。しかも、名前（"x:0"）が付いている。これはprint()がTensorFlow演算ではないからだ。そのため、print()はPython関数がトレースされるときだけ実行され、それがグラフモードだったので、引数がシンボリックテンソル（形とデータ型は同じだが、値がないもの）に置き換わっていたのである。print()関数はグラフに組み込まれていないので、次に32ビット浮動小数点数のスカラテンソルを引数としてtf_cube()を呼び出しても何も出力されない。

---

*1 広く使われているバイナリのデータ形式で13章で詳しく説明している。

```
>>> result = tf_cube(tf.constant(3.0))
>>> result = tf_cube(tf.constant(4.0))
```

しかし、形やデータ型が異なるテンソルや新しいPythonの値を引数として`tf_cube()`を呼び出すと、関数は再びトレースされ、`print()`関数が呼び出される。

```
>>> result = tf_cube(2)  # 新しいPythonの値:トレース発生
x = 2
>>> result = tf_cube(3)  # 新しいPythonの値:トレース発生
x = 3
>>> result = tf_cube(tf.constant([[1., 2.]]))  # 新しい形:トレース発生
x = Tensor("x:0", shape=(1, 2), dtype=float32)
>>> result = tf_cube(tf.constant([[3., 4.], [5., 6.]]))  # 新しい形:トレース発生
x = Tensor("x:0", shape=(None, 2), dtype=float32)
>>> result = tf_cube(tf.constant([[7., 8.], [9., 10.]]))  # 同じ形:トレースなし
```

関数がPythonの副作用を持っている場合（例えば、何らかのログをディスクに保存するなど）、そのコードは関数がトレースされるときにだけ実行されることに注意しよう（つまり、新しい入力シグネチャでTF関数が呼び出されるとき）。TF関数が呼び出されるときには、関数がトレーシングされるかもしれないしされないかもしれないと考えておくに越したことはない。

TF関数が取る入力シグネチャに制限を加えたい場合があるだろう。例えば、TF関数を呼び出すのは28×28ピクセルの画像のバッチを与えたときだけだとわかっているが、バッチにはさまざまなサイズのものが含まれているような場合だ。TensorFlowがさまざまなバッチサイズのためにいちいち異なる具象関数を生成するのは困るし、TensorFlowには`None`の意味を判断できてほしい。そのような場合には、次のようにして入力シグネチャを指定できる。

```
@tf.function(input_signature=[tf.TensorSpec([None, 28, 28], tf.float32)])
def shrink(images):
    return images[:, ::2, ::2]  # 行と列の半分を捨てる
```

このTF関数は、`[*, 28, 28]`という形の32ビット浮動小数点数テンソルを受け付け、いつも同じ具象関数を再利用する。

```
img_batch_1 = tf.random.uniform(shape=[100, 28, 28])
img_batch_2 = tf.random.uniform(shape=[50, 28, 28])
preprocessed_images = shrink(img_batch_1)  # 正しく動作。関数をトレース
preprocessed_images = shrink(img_batch_2)  # 正しく動作。同じ具象関数を再利用
```

しかし、Pythonの値や、データ型か形が一致しないテンソルを渡してこのTF関数を呼び出そうとすると例外が発生する。

```
img_batch_3 = tf.random.uniform(shape=[2, 2, 2])
preprocessed_images = shrink(img_batch_3)  # ValueError! 互換性のない入力
```

D.4　AutoGraphによるダイナミックループ

関数に単純なforループが含まれていたらどのような動作になるだろうか。例えば、1を10回加えて入力に10を加える関数を書いてみよう。

```
@tf.function
def add_10(x):
    for i in range(10):
        x += 1
    return x
```

正しく動作するが、グラフにはループは含まれていない。10個の加算演算が含まれているだけだ。

```
>>> add_10(tf.constant(0))
<tf.Tensor: shape=(), dtype=int32, numpy=15>
>>> add_10.get_concrete_function(tf.constant(0)).graph.get_operations()
[<tf.Operation 'x' type=Placeholder>, [...],
 <tf.Operation 'add' type=AddV2>, [...],
 <tf.Operation 'add_1' type=AddV2>, [...],
 <tf.Operation 'add_2' type=AddV2>, [...],
 [...]
 <tf.Operation 'add_9' type=AddV2>, [...],
 <tf.Operation 'Identity' type=Identity>]
```

実際には、これはおかしくない。関数がトレースされたとき、ループが10回実行されたため、`x += 1`という演算が10回実行されている。グラフモードだったので、この演算がグラフに10回記録されたわけだ。このforは「スタティック」ループで、グラフ作成時に展開されて線状になると考えることができる。

スタティックではない「ダイナミック」なループを含むグラフを作りたい場合（つまり、グラフが実行されるときにループとして実行される）には、`while_loop()`を使えば手作業で作れるが、あまりわかりやすいものではない（コード例は12章のJupyterノートブックの“Using AutoGraph to Capture Control Flow”を参照）。それよりも、12章で取り上げたTensorFlowの**AutoGraph**（自動グラフ）を使った方が簡単だ。AutoGraphは実際にはデフォルトで有効になっている（オフにしたい場合には、`tf.function()`呼び出しで`autograph=False`を指定すればよい）。では、AutoGraphがオンになっているとなぜ`add_10()`関数内の`for`ループが捕捉されないのだろうか。それは、これで捕捉できるのが`range()`ではなく、`tf.range()`で反復処理をしている`for`ループだけだからだ。それは、次の2種類の動作を選択できるようにするためである。

- `range()`を使った場合、`for`ループはスタティックで、関数がトレースされるときにだけ実行される。先ほど説明したように、ループはイテレーションごとの演算の集合に展開される。
- `tf.range()`を使った場合、ループはダイナミックで、グラフ自体にループが組み込まれる（しかし、トレーシング時には実行されない）。

先ほどの`add_10()`関数で`range()`を`tf.range()`に置き換えたときに生成されるグラフを見てみ

よう。

```
>>> add_10.get_concrete_function(tf.constant(0)).graph.get_operations()
[<tf.Operation 'x' type=Placeholder>, [...],
 <tf.Operation 'while' type=StatelessWhile>, [...]]
```

このように、グラフにはtf.while_loop()関数を呼び出したときと同じように、Whileというループ演算が含まれるようになった。

D.5 TF関数における変数その他のリソースの処理

TensorFlowでは、変数をはじめとするステートフルオブジェクト（キューやデータセットなど）は、**リソース**（resource）と呼ばれる。TF関数は、これらを扱うときに特別な配慮を示す。リソースを読んだり更新したりする演算はステートフルだと見なされ、TF関数はステートフル演算を出現順に実行するのである（ステートレス演算は、実行順序が保証されない並列実行で処理されることがある）。さらに、TF関数に引数としてリソースを使うと、そのリソースは参照渡しされ、関数はそれを書き換える場合がある。例えば、次のコードを見てみよう。

```
counter = tf.Variable(0)

@tf.function
def increment(counter, c=1):
    return counter.assign_add(c)

increment(counter)  # カウンタは1
increment(counter)  # カウンタは2
```

関数定義を覗くと、第1引数にはリソースのマークが付けられている。

```
>>> function_def = increment.get_concrete_function(counter).function_def
>>> function_def.signature.input_arg[0]
name: "counter"
type: DT_RESOURCE
```

tf.Variableなら、引数として明示的に渡されていない関数外で定義された値も使える。

```
counter = tf.Variable(0)

@tf.function
def increment(c=1):
    return counter.assign_add(c)
```

TF関数は、暗黙のうちにcounterを第1引数として扱い、実質的には先ほどと同じシグネチャになる（引数名を除き）。しかし、グローバル変数を使っているとコードがあっという間にわけがわからないものになってしまうので、一般的にはクラスの中に変数（その他のリソース）をラップするようにする。幸い、@tf.functionはメソッドもうまく処理する。

```
class Counter:
    def __init__(self):
        self.counter = tf.Variable(0)

    @tf.function
    def increment(self, c=1):
        return self.counter.assign_add(c)
```

TF変数に対しては=、+=、-=といったPythonの代入演算子を使ってはならない。代わりにassign()、assign_add()、assign_sub()演算を使うこと。Pythonの代入演算子を使うと、メソッドを呼び出したときに例外が発生する。

このようなオブジェクト指向アプローチのよい例は、もちろんKerasだ。KerasでTF関数をどのように使ったらよいかを見てみよう。

D.6　KerasのもとでTF関数を使う（使わない）方法

デフォルトでは、Kerasで使われるカスタム関数、レイヤ、モデルは自動的にTF関数に変換される。自分で何もする必要はない。しかし、この自動変換機能をオフにしたい場合がある。例えば、カスタムコードがTF関数に変換できない場合や、コードをデバッグしたいときなどだ（デバッグはEagerモードの方がはるかに簡単だ）。そのようなときには、モデルやレイヤを作るときにdynamic=Trueを指定する。

```
model = MyModel(dynamic=True)
```

カスタムモデルやレイヤを常にダイナミックにしたい場合には、dynamic=Trueを指定して基底クラスのコンストラクタを呼び出す。

```
class MyDense(tf.keras.layers.Layer):
    def __init__(self, units, **kwargs):
        super().__init__(dynamic=True, **kwargs)
        [...]
```

compile()メソッドを呼び出すときにrun_eagerly=Trueを指定する方法もある。

```
model.compile(loss=my_mse, optimizer="nadam", metrics=[my_mae],
              run_eagerly=True)
```

これでTF関数がポリモーフィズムを処理する仕組み（複数の具象関数を使っている）、AutoGraphとトレーシングを使ってグラフが自動生成される仕組み、シンボリックテンソルの探り方、変数やリソースの処理方法、KerasのもとでのTF関数の使い方がわかったはずだ。

索引

数字・記号

1クラスSVM (one-class SVM) 269
1サイクルのスケジューリング (1cycle scheduling) 353, 356
1次元畳み込み層 (1D convolutional layer) 486, 524
1次偏導関数 (first-order partial derivative) 351
1秒当たりのクエリ数 (queries per second：QPS) 659, 676
2次元畳み込み層 (2D convolutional layer) 444
2次偏導関数 (second-order partial derivative) 351
2次方程式 (quadratic equation) 139
3次元畳み込み層 (3D convolutional layer) 486
@演算子 126
β (モーメンタム) 345
γ (gamma) 値 167
ε (許容される誤差の範囲) 134, 168
ε近傍 256
εグリーディー法 646
ε不感 (ε sensitive) 170
χ^2検定 (chi-squared test) 186
ℓ_0ノルム 40
ℓ_1ノルム 40
ℓ_2ノルム 40
ℓ_kノルム 40

A

A/Bテスト 659
A2C (advantage actor-critic：A2C) 656
A3C (synchronous advantage actor-critic) 656
Accelerated k-Means 245
ACF (自己相関関数) 504
AdaBoost (adaptive boosting) 203-206
AdaGrad 347
Adam最適化 (Adam optimization) 348, 357
AdaMax 349
AdamW 350, 357
AlexNet 454-457
AllReduceアルゴリズム 695
AlphaGo 15, 625, 655
anchor prior 482
ANN ☞人工ニューラルネットワーク
AP (平均適合率) 483
argmax() 157
ARIMAモデル 502-503
ARMA系モデル 501-504
Atrous畳み込み層 (a-trous convolutional layer) 486
AUC (曲線の下の面積) 108
AutoGraph 397, 738
AutoMLサービス (AutoML service) 318, 709

B

Bahdanauアテンション 556
BaseEstimator 73
BIC (ベイズ情報量規準) 265
BIRCH 259
BN (バッチ正規化) 333, 517
BNN (生物学的ニューラルネットワーク) 275-276
BPE (バイトペア符号化) 540
BPTT (通時的逆伝播) 495

C

CARTアルゴリズム (Classification and Regression Tree algorithm) 181, 183-184, 188
CategoryEncoding層 422
CGAN (conditional GAN) 612
ChainClassifier 118
check_estimator() 74
clone() 151
CNN ☞畳み込みニューラルネットワーク
Colab 41-43
ColumnTransformer 78

D

E

F

G

H

I

J

K

L

M

N

O

T

U

V

W

X

Y・Z

あ行

アルファドロップアウト (alpha dropout) ······ 360
アンサンブル学習 (ensemble learning) ······ 193-215
　交差検証 ······ 83
　スタッキング ······ 211-214
　投票分類器 ······ 193-197
　バギングとペースティング ······ 197-200
　ファインチューニング the system ······ 87
　ブースティング ······ 203-211
　ランダムフォレスト ☞ランダムフォレスト
安定拡散モデル (Stable Diffusion) ······ 623
安定した時系列 (stationary time series) ······ 501
異常検知 (anomaly detection) ······ 8, 12
　GMM ······ 264-265
　アイソレーションフォレスト ······ 269
　クラスタリング ······ 239
位置エンコーディング (positional encoding) ······ 561-563
位置特定 (localization) ······ 475-477
遺伝的アルゴリズム (genetic algorithm) ······ 628
イベントファイル (event file) ······ 309
因果モデル (causal model) ······ 515, 552
インスタンスセグメンテーション (instance segmentation) ······ 250, 487
インスタンスベース学習 (instance-based learning) ······ 19, 23
陰性クラス (negative class) ······ 101, 151
インライアー (inlier) ······ 238
ウィンドウのサイズ (window length) ······ 533
ウェブページ (web page) ······ 681
ウォームアップフェーズ (warmup phase) ······ 697
埋め込み (embedding) ······ 68
　Reber 文法 ······ 581
　カテゴリ特徴量のエンコード ······ 425-429
　感情分析 ······ 540
　行列 ······ 427, 551
　サイズ ······ 549, 562
　事前学習済みの埋め込みの再利用 ······ 544-545
エージェント (agent) ······ 15, 626, 639, 645
エッジコンピューティング (edge computing) ······ 678
エポック (epoch) ······ 133
エラスティックネット (elastic net) ······ 149
エンコーダ (encoder) ······ 584
　オートエンコーダ ☞オートエンコーダ
エンコーダ-デコーダモデル (encoder-decoder model) ······ 494, 530, 546-555
演算とテンソル (operations and tensor) ······ 368, 370-372
エンドポイント (endpoint) ······ 675
エントロピー (entropy) ······ 184
オートエンコーダ (autoencoder) ······ 583-604
　過完備 ······ 595
　効率のよいデータ表現 ······ 584-586
　スタック ······ 587-594
　スパース ······ 596-599
　層ごとの学習 ······ 593-594
　畳み込み ······ 594-595
　ノイズ除去 ······ 595-596
　不完備 ······ 586
　不完備線形オートエンコーダによるPCA ······ 586-587
　変分 ······ 599-603
オプティマイザ (optimizer) ······ 344-351
　AdaGrad ······ 347
　Adam 最適化 ······ 348
　AdaMax ······ 349
　AdamW ······ 350
　Nadam ······ 350
　RMSProp ······ 348
　出力層 ······ 550-551
　ネステロフ加速勾配法 ······ 346
　ハイパーパラメータ ······ 320
　モーメンタム最適化 ······ 344
オフライン学習 (offline learning) ······ 15-16
重み (weight)
　隠れ層 ······ 290
　均等化 ······ 592
　減衰 ······ 350
　再利用の層の凍結 ······ 340
　畳み込み層 ······ 446
　ブースティング ······ 203-206
　モデル全体の代わりに保存 ······ 308
　優先度付き経験再生 ······ 653
オラクル (oracle) ······ 315
音声認識 (speech recognition) ······ 6, 8
温度 (temperature) ······ 534
オンラインカーネルSVM (online kernelized SVM) ······ 177
オンライン学習 (online learning) ······ 17-19
オンラインモデル (online model) ······ 652

か行

カーネル (kernel)
　SVM ······ 175-177
　畳み込み ······ 441, 452
　トリック ······ 165-169, 175-177
　ランタイム ······ 43
回帰MLP (regression MLP) ······ 285-286, 298
回帰モデル (regression model)
　SVM ······ 169-171
　回帰MLP ······ 298
　決定木タスク ······ 187-188
　重回帰 ······ 38
　線形回帰 ☞線形回帰
　ソフトマックス回帰 ······ 156-159
　多項式回帰 ······ 123, 139-140
　多変量回帰 ······ 38
　単変量回帰 ······ 38
　分類 ······ 10, 119

予測の例 ……… 8
ラッソ回帰 ……… 146-149
リッジ回帰 ……… 144-146, 149
ロジスティック回帰 ☞ロジスティック回帰
カイ二乗検定 (χ^2 test) ……… 186
解釈可能な機械学習 (interpretable ML) ……… 182
階層DBSCAN (hierarchical DBSCAN：HDBSCAN) ……… 258
階層型クラスタリング (hierarchical clustering) ……… 10
開発セット (development set, dev set) ……… 32
ガウスRBFカーネル (Gaussian RBF kernel) ……… 72, 167-169, 176
ガウス過程 (Gaussian process) ……… 317
ガウス分布 (Gaussian distribution) ☞正規分布
顔認識の分類器 (face-recognition classifier) ……… 117
過学習 (overfitting) ……… 28-30, 50
gamma (γ) ハイパーパラメータ ……… 167
SVMモデル ……… 163
隠れ層当たりのニューロン数 ……… 319
画像分類 ……… 295
決定木 ……… 185, 188
正則化による防止 ……… 356-363
多項式回帰 ……… 123
ドロップアウト正則化 ……… 359
評価方法としての学習曲線 ……… 142-145
過完備オートエンコーダ (overcomplete autoencoder) ……… 595
拡散モデル (diffusion model) ……… 583, 617-623
学習 (training) ……… 22
教師あり ……… 9
教師なし ☞教師なし学習
均等 ……… 614
相関ルール ……… 13
〜の均等化 (equalized learning rate) ……… 614
半教師あり ……… 13, 240, 252-255
学習 (training) ……… 22
学習アルゴリズム (learning algorithm) ……… 375-395
学習インスタンス (training instance) ……… 4
学習-開発セット (train-dev set) ……… 33
学習曲線 (learning curve) ……… 142-145
学習後量子化 (post-training quantization) ……… 680
学習スケジュール (learning schedule) ……… 134
学習セット (training set) ……… 4, 31
過学習 ……… 28-30
学習と評価 ……… 81-82
拡張 ……… 120, 455, 473
過少適合 ……… 30
機械学習アルゴリズムのためにデータを用意 ……… 61
現実を代表していない ……… 26
最小最大スケーリング ……… 68
損失関数 ……… 152
データの可視化 ……… 55
データの変換 ……… 72
無関係な特徴量 ……… 27
量が少ない ……… 24
学習率 (learning rate) ……… 19, 129-131, 133-135, 320, 645
学習率スケジューリング (learning rate schedule) ……… 352-356
学習ループ (training loop) ……… 392-395, 412
各部一定スケジューリング (piecewise constant scheduling) ……… 353, 355
確率 (probability)
推定 ……… 151-152, 183, 196
尤度関数との違い ……… 266-267
確率的オートエンコーダ (probabilistic autoencoder) ……… 599
確率的勾配降下法 (stochastic gradient descent：SGD) ……… 134-138, 169
TD学習 ……… 644
画像分類 ……… 294
早期打ち切り ……… 149-151
二値分類器の学習 ……… 98
パーセプトロン学習アルゴリズム ……… 280
リッジ正則化 ……… 146
確率的勾配ブースティング (stochastic gradient boosting) ……… 209
確率密度関数 (probability density function：PDF) ……… 238, 262, 266
隠れ層 (hidden layer)
数 ……… 318
スタックオートエンコーダ ……… 587-594
ニューロン数 ……… 319
可視化 (visualization) ……… 8, 11, 55-61
TensorBoard ……… 309-313
t-SNE ……… 234
決定木 ……… 179-180
次元削減 ……… 217, 225
スタックオートエンコーダ ……… 588-589
地理データセット ……… 55-61
過少適合 (underfitting) ……… 30, 81, 141-144, 167
カスタム変換器 (custom transformer) ……… 72-76
カスタムモデル (custom model) ……… 375-395
学習ループ ……… 392-395
カスタム層 ……… 382-384
活性化関数 ……… 378
自動微分を使った勾配の計算 ……… 388-392
指標 ……… 379-382, 386-388
初期化子 ……… 378
正則化器 ……… 378
制約 ……… 378
損失関数 ……… 375, 386-388
モデルの保存とロード ……… 376-378
仮説 (hypothesis) ……… 40
仮説関数 (hypothesis function) ……… 124

仮説ブースティング（hypothesis boosting） 203
画像（image）
　生成 488, 615-617
　セグメンテーション 240, 250-252
　分類と生成 7
　　CNN ☞畳み込みニューラルネットワーク
　　GANによる生成 604-617
　　MLPの実装 288-298
　　オートエンコーダ ☞オートエンコーダ
　　拡散モデル 617-623
　　セマンティックセグメンテーション 250
　　代表画像 253
　　ハイパーパラメータのファインチューニング 314
　　ラベル 475
　　ロードと前処理 432
仮想GPUデバイス（virtual GPU device） 687
偏ったデータセット（skewed dataset） 99
活性化関数（activation function） 279, 284-285
　Conv2D層 446
　ELU 330-333
　GELU 332-333
　leakyReLU 328-330
　Mish 333
　PReLU 329
　ReLU ☞ReLU
　RReLU 329
　SELU 331, 360
　SiLU 333
　Swish 333
　カスタムモデル 378
　シグモイド 151, 284, 326, 597
　初期値 327
　双曲線正接（htan） 284, 517
　ソフトプラス 286
　ソフトマックス 156, 287, 291, 551
　ハイパーパラメータ 321
活動電位（action potential：AP） 275
カテゴリ属性（categorical attribute） 64, 67
カテゴリ特徴量（categorical feature） 425-429
加法アテンション（additive attention） 556
カラーセグメンテーション（color segmentation） 250
カラーチャネル（color channel） 442
カリキュラム学習（curriculum learning） 657
カリフォルニアの住宅価格のデータセット（California Housing Prices dataset） 35-41
カルバック・ライブラー情報量（Kullback-Leibler divergence：KL情報量） 158, 597
カルマンフィルタ（Kalman Filter） 485
含意（entailment） 569
環境（environment）
　強化学習 626, 629-632
　シミュレート 629-632
感情ニューロン（sentiment neuron） 538
感情分析（sentiment analysis） 538-545
関数型API（functional API） 299-305
　〜を使った複雑なモデル（complex models with functional API） 299-305
関数グラフ（function graph：FuncGraph） 734
関数定義（function definition：FuncDef） 734
慣性（inertia） 244, 246
完全勾配降下法（full gradient descent） 133
観測（observation） 630-632
観測空間（observation space） 626, 634
感度（sensitivity） 101, 107
関連タスク（auxiliary task） 344
偽陰性（false negative） 101
機械学習（machine learning：ML） 4
　応用例 7-8
　課題 24-31
　記法 39-40
　システムのタイプ 8-24
　使用する理由 4-6
　スパムフィルタの例 3-6
　テストと検証 31-34
　プロジェクトチェックリスト 36
機械学習プロジェクトの全体像（end-to-end ML project exercise） 35-94
　機械学習アルゴリズム用にデータを用意 61-80
　実際のデータの操作 35-36
　データ
　　探索、可視化して理解を深める 55-61
　　入手 41-54
　モデル
　　構築 37-39
　　選択して学習 81-82
　　ファインチューニング 84-89
記号微分（symbolic differentiation） 722
擬似逆行列（pseudoinverse） 128
季節性（seasonality） 498
期待値最大化（expectation-maximization：EM） 261
帰納バイアス（inductive bias） 574
記法（notation） 39-40, 125
帰無仮説（null hypothesis） 186
逆過程（reverse process） 618-620
逆畳み込み層（deconvolution layer） 486
キュー（queue） 375, 731-732
強化学習（reinforcement learning：RL） 15, 625-658
　OpenAI Gym 629-632
　Q学習 644-655
　TD学習 643
　行動 634-635
　信用割当問題 634-635
　ニューラルネットワークによる方策 632-634

方策勾配法アルゴリズム ………… 635-639
方策探索 ………… 626
報酬の最大化 ………… 626
マルコフ決定過程 ………… 639-643
例 ………… 8, 626
強学習器 (strong learner) ………… 194
教師あり学習 (supervised learning) ………… 9
教師強制 (teacher forcing) ………… 546
教師なし学習 (unsupervised learning) ………… 10-13, 237-280
GAN ☞敵対的生成ネットワーク
GMM ………… 260-269
k平均法 ☞k平均法
Transformerモデル ………… 570
異常検知 ………… 12
オートエンコーダ ☞オートエンコーダ
拡散モデル ………… 617-623
可視化アルゴリズム ………… 11-12
クラスタリング ☞クラスタリングアルゴリズム
次元削減 ☞次元削減
事前学習 ………… 342-343, 544, 568, 590
新規性検知 ………… 12
スタックオートエンコーダ ………… 590
相関ルール学習 ………… 13
密度推定 ………… 238
教師なし事前学習 (unsupervised pretraining) ………… 342-343
凝集クラスタリング (agglomerative clustering) ………… 258
偽陽性 (false positive) ………… 101
偽陽性率 (false positive rate：FPR) ………… 107
局所応答正規化 (local response normalization：LRN) ………… 456
局所受容野 (local receptive field) ………… 438
局所性鋭敏型ハッシュ (locality sensitive hashing：LSH) ………… 232
局所的な最小値 (local minimum) ………… 130
局所外れ値因子法 (local outlier factor：LOF) ………… 269
曲線の下の面積 (area under the curve：AUC) ………… 108
極端にランダム化された木 (Extremely Randomized Trees) ………… 201
許容される誤差の範囲 (tolerance：ε) ………… 134, 168
寄与率 (explained variance ratio) ………… 225
寄与率 (explained variance) ………… 225
具象関数 (concrete function) ………… 733-734
組み込みデバイス (embedded device) ………… 678-681
クラスタリングアルゴリズム (clustering algorithm) ………… 8, 10, 238-260
BIRCH ………… 259
DBSCAN ………… 255-258
GMM ………… 260-269
k平均法 ☞k平均法
アフィニティ伝播法 ………… 259
応用 ………… 238-240
画像セグメンテーション ………… 240, 250-252
凝集クラスタリング ………… 258
クラスのインスタンスに対する責任 ………… 261
スペクトラルクラスタリング ………… 259
半教師あり学習 ………… 252-255
平均値シフト法 ………… 259
グラフと関数 (graphs and functions) ………… 368, 395-399, 733-740
グラフモード (graph mode) ………… 397
グリッドサーチ (grid search) ………… 84-86
グローバル平均プーリング層 (global average pooling layer) ………… 451
経験再生 (experience replay) ………… 609
計算グラフ (computation graph) ………… 368
計算量 (computational complexity)
DBSCAN ………… 258
k平均法アルゴリズム ………… 244
SVMクラス ………… 168
決定木 ………… 184
混合ガウスモデル ………… 264
正規方程式 ………… 129
ヒストグラムベースの勾配ブースティング ………… 210
ゲートコントローラ (gate controller) ………… 521
ゲート付き回帰型ユニット (GRU) ………… 522-524, 542
ゲート付き活性化ユニット (Gated Activation Unit：GAU) ………… 526
決定株 (decision stump) ………… 206
決定関数 (decision function) ………… 103, 171-174
決定木 (decision tree) ………… 179-190, 193
CART学習アルゴリズム ………… 183
アンサンブル学習 ………… 193-215
回帰タスク ………… 187-188
学習と可視化 ………… 179-180
クラスの確率の推定 ………… 183
計算量 ………… 184
決定境界 ………… 181
軸の向きへの過敏さ ………… 189
ジニ不純度とエントロピー ………… 184
正則化ハイパーパラメータ ………… 185-186
ノードを剪定 ………… 185
バギングとペースティング ………… 198
ばらつきが大きい ………… 190
モデルの学習 ………… 82-84
予測 ………… 180-184
決定境界 (decision boundaries) ………… 153-156, 159, 181, 190, 242
決定しきい値 (decision threshold) ………… 103-105
言語モデル (language model) ………… 530
検索エンジン (search engine) ………… 240
現実を代表しているとは言えない学習データ (nonrepresentative training data) ………… 26
検証セット (validation set) ………… 32, 295-297
コアインスタンス (core instance) ………… 256

さ行

SVM回帰 169-171
カーネルSVN 175-177
決定関数 171-174
仕組み 171-177
線形分類 161-164
双対問題 174-177
多クラス分類 112
非線形分類器 164
残差（residual error） 206-209
残差学習（residual learning） 461
残差ネットワーク（residual network：ResNet） 461-463
残差ブロック（residual block） 385
残差ユニット（residual unit） 461
散布図行列（scatter matrix） 58
サンプリングソフトマックス（sampled softmax） 550
サンプリングノイズ（sampling noise） 26
サンプリングバイアス（sampling bias） 26, 52
サンプル非効率（sample inefficiency） 639
シーケンシャルAPI（sequential API） 288-298
シーケンスツーシーケンスネットワーク（sequence-to-sequence network） 494, 514-516
シーケンスツーベクトルネットワーク（sequence-to-vector network） 494
シーケンスの長さ（sequence length） 524, 561
視覚野のアーキテクチャ（visual cortex architecture） 438
時間差分学習（temporal difference (TD) learning） 643, 653
しきい値論理素子（threshold logic unit：TLU） 277, 281
シグモイド活性化関数（sigmoid activation function） 151, 284, 325, 597
時系列データ（time series data） 491, 496-516
ARMAモデルファミリー 501-504
Seq2Seqモデル 494, 514-516
数タイムステップ先の予測 512-514
機械学習モデルのためのデータの準備 504-507
深層RNNを使う 509
線形モデル 507
多変量時系列 498, 510-512
単純なRNNを使う 508-509
時系列に沿ってネットワークを展開する（unrolling the network through time） 492
次元削減（dimensionality reduction） 11, 217-236
Isomap 234
LLE 232-234
PCA（主成分分析） ☞主成分分析
t-SNE 234, 590
アプローチ 219-222
オートエンコーダ 583, 586-587
クラスタリング 239
次元の呪い 218-219
情報を失う 217
線形判別分析 234
多次元尺度法 234
データ可視化 217
適切な次元数の選択 225
ランダム射影 230-232
思考連鎖プロンプティング（chain-of-thought prompting） 572
自己回帰移動平均（autoregressive moving average：ARMA） 501-504
自己回帰モデル（autoregressive model） 501
自己回帰和分移動平均法（autoregressive integrated moving average：ARIMA） 502-503
自己教師あり学習（self-supervised learning） 14-15
自己蒸留（self-distillation） 575
自己正規化（self-normalization） 331, 360, 363-364
自己相関関数（autocorrelation function：ACF） 504
自己相関時系列（autocorrelated time series） 498
事後分布（posterior distribution） 600
指数スケジューリング（exponential scheduling） 353, 356
事前学習と事前学習済み層（pretraining and pretrained layer）
CNN 471-475
埋め込みの再利用 544-545
関連タスク 344
教師なし学習 342, 544, 568, 590
言語モデルのコンポーネント 431
層ごとの貪欲な事前学習 343, 593, 613
層の再利用 339-344
自然言語処理（natural language processing：NLP） 529-581
Transformerモデル ☞Transformerモデル
エンコーダ-デコーダネットワーク 546-555
感情分析 538-545
機械学習の例 7
単語埋め込み 426
テキストエンコーディング 429-431
テキスト分類 538-545
テキスト要約 8
翻訳 546-552
文字RNNモデルを使ったテキスト生成 530-538
自然言語理解（natural language understanding：NLU） 8
事前分布（prior distribution） 600
実際の確率と推定確率（actual versus estimated probabilities） 110
実際のクラス（actual class） 101
実測時間（wall time） 336
自動微分（autodiff：automatic differentiation） 719-725
勾配の計算 388-392

手計算による微分 ………… 719
フォワードモード ………… 721-723
有限差分近似 ………… 720
リバースモード ………… 723-725
ジニ不純度（GINI impurity）………… 181, 184
四分位数（quartile）………… 48
次文予測（next sentence prediction：NSP）………… 569
シミュレート環境（simulated environment）………… 629-632
射影（projection）………… 219-220
弱学習器（weak learner）………… 194
シャムニューラルネットワーク
(Siamese neural network) ………… 691
重回帰（multiple regression）………… 38
集計（reduce operation）………… 695
集合（set）………… 730
集合知（wisdom of the crowd）………… 193
収縮（shrinkage）………… 208
重心（centroid）………… 240-245
収束率（convergence rate）………… 134
住宅価格データセット（housing dataset）………… 35-41
自由度（degrees of freedom）………… 29, 144
重要度サンプリング（importance sampling：IS）………… 653
終了状態（terminal state）………… 639
縮小付きドット積アテンション層
(scaled dot-product attention layer) ………… 565
受信者動作特性曲線（receiver operating characteristic curve）………… 107-110
主成分（principal component：PC）………… 223-224
主成分分析（principal component analysis：PCA）………… 222-230
scikit-learnを使う ………… 225
圧縮 ………… 227-228
寄与率 ………… 225
決定木におけるデータスケーリング ………… 189
次元数の選択 ………… 225-227
主成分を見つける ………… 225
逐次学習型PCA ………… 228-230
低次のd次元への射影 ………… 224
不完備線形オートエンコーダによる ………… 586-587
分散の維持 ………… 222
ランダム化PCA ………… 228
出力ゲート（output gate）………… 521
出力層（output layer）………… 551
主問題（primal problem）………… 174
順伝播型ニューラルネットワーク（feedforward neural network：FNN）………… 282, 492
条件確率（conditional probability）………… 554
状態行動価値（state-action value）………… 642-643
乗法アテンション（multiplicative attention）………… 557
情報理論（information theory）………… 158, 184
蒸留（distillation）………… 571
シルエット係数（silhouette coefficient）………… 248
シルエット図（silhouette diagram）………… 248
真陰性（true negative）………… 101
真陰性率（true negative rate：TNR）………… 107
新規性検知（novelty detection）………… 12, 264
シングルショット学習（single-shot learning）………… 488
信号（signal）………… 275
人工ニューラルネットワーク
(artificial neural networks：ANN) ………… 273-324
KerasによるMLPの実装 ………… 288-313
オートエンコーダ ☞オートエンコーダ
強化学習方策 ………… 632
進化 ………… 274-275
生物学的ニューロン ………… 275-276
ニューロンによる論理演算 ………… 276-277
パーセプトロン ☞多層パーセプトロン
ハイパーパラメータのファインチューニング ………… 313-322
バックプロパゲーション ………… 281-285
人工ニューロン（artificial neuron）………… 274
深層Q学習（deep Q-learning）………… 646-655
深層Qネットワーク（deep Q-networks：DQN）
☞Q学習アルゴリズム
深層オートエンコーダ（deep autoencoder）………… 587-594
深層ガウス過程（deep Gaussian process）………… 360
深層学習（deep learning）………… vii
深層畳み込みGANS（deep convolutional DCGAN）………… 610-612
深層ニューラルネットワーク
(deep neural network：DNN) ………… 325-365
CNN ☞畳み込みニューラルネットワーク
深度連結層（depth concatenation layer）………… 457
シンボリックテンソル（symbolic tensor）………… 397, 734
真陽性（true positive）………… 101
真陽性率（true positive rate：TPR）………… 101, 107
信用割当問題（credit assignment problem）………… 634-635
信頼区間（confidence interval）………… 89
スイスロールデータセット（Swiss roll dataset）………… 220-222
推定確率と実際の確率
(estimated versus actual probabilities) ………… 110
推定器（estimator）………… 63, 77, 196
推論（inference）………… 24
スキップ接続（skip connection）………… 331, 461
裾が重い（heavy tail）………… 70
スタイル混合（style mixing）………… 616
スタイル変換（style transfer）………… 615
スタッキング（stacking）………… 211-214
スタックオートエンコーダ（stacked autoencoder）………… 587-594
ステートフルRNN（stateful RNN）………… 529, 535-538
ステートフル指標（stateful metric）………… 380
ステートレスRNN（stateless RNN）………… 529, 536, 538
ステップ関数（step function）………… 277
ステミング（stemming）………… 121

ストライド (stride) ……… 440, 485, 524
ストリーミング指標 (streaming metric) ……… 380
スパース・オートエンコーダ (sparse autoencoder) ……… 596-599
スパース性損失 (sparsity loss) ……… 597
スパムフィルタ (spam filter) ……… 3-6, 9
スペクトラルクラスタリング (spectral clustering) ……… 259
スラック変数 (slack variable) ……… 173
生活満足度データセット (life satisfaction dataset) ……… 20
正規化 (normalization) ……… 69, 333-338, 517
正規化指数関数 (normalized exponential) ……… 156
正規分布 (normal distribution) ……… 326-327
正規方程式 (Normal equation) ……… 125-128
生成オートエンコーダ (generative autoencoder) ……… 599
生成器 (generator) ……… 583, 605
生成モデル (generative model) ……… 583
正則化 (regularization) ……… 29, 356-363
  $\ell_1 \ell_2$の正則化 ……… 356
  エラスティックネット ……… 149
  重み減衰 ……… 350
  カスタム正則化器 ……… 378
  決定木 ……… 185-186
  最大ノルム ……… 362
  サブワード ……… 540
  収縮 ……… 208
  線形モデル ……… 144-151
  早期打ち切り ……… 149-151, 209, 507
  チコノフ ……… 144-146
  ドロップアウト ……… 357-360
  ハイパーパラメータ ……… 185-186
  モンテカルロ (MC) ドロップアウト ……… 360-362
  ラッソ回帰 ……… 146-149
  リッジ ……… 144
精度 (accuracy) ……… 4, 99
性能指標 (performance measure) ……… 98-110
  ROC曲線 ……… 107-110
  交差検証を使った精度の測定 ……… 99-100
  混同行列 ……… 100-102
  選択 ……… 39-40
  適合率と再現率 ……… 102-107
生物学的ニューラルネットワーク (biological neural network：BNN) ……… 275-276
制約 (constraint) ……… 378
制約条件付き最適化 (constrained optimization) ……… 172
セグメント埋め込み (segment embedding) ……… 569
切片項 (intercept term) constant ……… 124
説明可能性 (explainability) ……… 573
セフルアテンション層 (self-attention layer) ……… 561, 567, 575
セマンティックセグメンテーション (semantic segmentation) ……… 7, 250, 485-488
セマンティック補間 (semantic interpolation) ……… 604
ゼロショット学習 (zero-shot learning：ZSL) ……… 570, 576
ゼロパディング (zero padding) ……… 440, 444
先鋭化 (sharpening) ……… 575
線形SVM分類器 (linear SVM classification) ……… 161-164, 171-177
線形回帰 (linear regression) ……… 22, 124-139
  アルゴリズムの比較 ……… 139
  学習曲線 ……… 141-144
  学習セットの評価 ……… 81
  確率的勾配降下法 ……… 136
  計算量 ……… 129
  勾配降下法 ……… 129-139
  正規方程式 ……… 125-128
  正則化モデル ☞正則化
  リッジ回帰 ……… 144-146, 149
線形しきい値素子 (linear threshold units：LTU) ……… 277
線形判別分析 (linear discriminant analysis：LDA) ……… 234
線形分割可能 (linearly separable) ……… 161-162, 167
線形モデル (linear model)
  SVM ……… 161-164
  時系列の予測 ……… 507
  正則化 ……… 144-151
  線形回帰 ☞線形回帰
  単純 ……… 21
全結合層 (fully connected layer) ……… 278, 439
センサー (sensor) ……… 626
潜在拡散モデル (latent diffusion model) ……… 623
潜在空間 (latent space) ……… 601
潜在損失 (latent loss) ……… 601
潜在表現 (latent representation) ……… 575, 583, 585, 605, 612
前進過程 (forward process) ……… 618-619
全層畳み込みネットワーク (fully convolutional networks：FCN) ……… 479-480, 485
全体の最小値 (global minimum) ……… 130
前提 (assumption) ……… 34, 41
層化抽出法 (stratified sampling) ……… 52-54, 100
相関係数 (correlation coefficient) ……… 57-61
相関ルール学習 (association rule learning) ……… 13
早期打ち切り正則化 (early stopping regularization) ……… 149-151, 209, 507
双曲線正接 (hyperbolic tangent：htan) ……… 284, 517
層ごとの貪欲な事前学習 (greedy layer-wise pretraining) ……… 343, 593, 613
層正規化 (layer normalization) ……… 400, 491, 517
双対問題 (dual problem) ……… 174-177
層別サンプリング (stratified sampling) ……… 52-54, 100
双方向再帰層 (bidirectional recurrent layer) ……… 552
疎行列 (sparse matrix) ……… 66, 69, 79
属性 (attribute) ……… 47-49
  カテゴリ ……… 64, 67
  教師なし学習 ……… 10

組み合わせ ………… 60-61
ターゲット ………… 50
前処理済み ………… 50
測地距離 (geodesic distance) ………… 234
疎テンソル (sparse tensor) ………… 729
疎な特徴量 (sparse feature) ………… 168
疎なモデル (sparse model) ………… 147, 351
ソフトクラスタリング (soft clustering) ………… 242
ソフト投票 (soft voting) ………… 196
ソフトプラス活性化関数 (softplus activation function) ………… 286
ソフトマージン分類 (soft margin classification) ………… 162-164, 173
ソフトマックス回帰 (softmax regression) ………… 156-159
ソフトマックス活性化関数 (softmax activation function) ………… 156, 287, 291, 551
損失関数 (loss function, cost function) ………… 22, 40
AdaBoost ………… 204
CART学習アルゴリズム ………… 183, 188
エラスティックネット ………… 149
オートエンコーダ ………… 586
カスタム ………… 375
勾配降下法 ………… 123, 129-132, 134-138, 325
指標との違い ………… 379
出力 ………… 304
線形回帰 ………… 125
ネステロフ加速勾配法 ………… 346
バウンディングボックスの予測 ………… 475
変分オートエンコーダ ………… 601
モーメンタム最適化 ………… 344
モデルの内部情報に基づく ………… 386-388
ラッソ回帰 ………… 146-149
リッジ回帰 ………… 145
ロジスティック回帰 ………… 152

た行

ターゲットQ値の固定化 (fixed Q-value target) ………… 651-652
ターゲット属性 (target attribute) ………… 50
ターゲット値の分布 (target distribution) ………… 71
ターゲットモデル (target model) ………… 651-652
第1種の過誤 (type I error) ………… 101
第1モーメント (first moment) ………… 348
第2種の過誤 (type II error) ………… 101
第2モーメント (second moment) ………… 348
帯域幅の飽和 (bandwidth saturation) ………… 697-699
対数オッズ関数 (log-odds function) ………… 152
対数損失 (log loss) ………… 125, 153
大数の法則 (law of large number) ………… 194-195
対数変換器 (log-transformer) ………… 72
代表インスタンス (exemplar) ………… 259
多クラス分類 (multiclass classification) ………… 111-113, 286-288
多項式カーネル (polynomial kernel) ………… 165, 175
多項式回帰 (polynomial regression) ………… 123, 139-140
多項式時間 (polynomial time) ………… 184
多項式特徴量 (polynomial feature) ………… 165
多項ロジスティック回帰 (multinomial logistic regression) ………… 156-159
多次元尺度法 (multidimensional scaling：MDS) ………… 234
多出力分類 (multioutput classifier) ………… 118-120
多数決予測 (majority-vote prediction) ………… 191
タスク (task) ………… 701
多層パーセプトロン (multilayer perceptron：MLP) ………… 273, 280
dynamicモデル ………… 305-307
TensorBoardによる可視化 ………… 309-313
オートエンコーダ ………… 585
回帰MLP ………… 285-286, 298
画像分類器 ………… 288-298
コールバック ………… 308-309
バックプロパゲーション ………… 281-285
複雑なモデル ………… 299-305
分類MLP ………… 286-288
モデルの保存と復元 ………… 307-308
畳み込みカーネル (convolution kernel) ………… 441, 452
畳み込みネットワーク (convolutional neural network：CNN) ………… 437-489
GAN ………… 610-612
Kerasで事前学習済みモデルを使う ………… 471-472
ResNet-34 CNN ………… 469
U-Net ………… 621
Vision Transformers ………… 572
WaveNet ………… 525-526
アーキテクチャ ………… 451-469
オートエンコーダ ………… 594-595
視覚野のアーキテクチャ ………… 438
事前学習済みモデルを使った転移学習 ………… 472-475
進化 ………… 438
セマンティックセグメンテーション ………… 7, 250, 485-488
畳み込み層 ………… 439-447, 485-488, 524-526, 542
プーリング層 ………… 447-451
複数のデバイスに分割 ………… 693
物体検知 ………… 477-484
物体追跡 ………… 484
分類と位置特定 ………… 475-477
ダブルDQN (Double DQN) ………… 652
多変量回帰 (multivariate regression) ………… 38
多変量時系列 (multivariate time series) ………… 498, 510-512
多峰分布 (multimodal distribution) ………… 70
ダミー属性 (dummy attribute) ………… 66
多様体学習 (manifold learning) ………… 220-222
多様体仮説 (manifold hypothesis) ………… 221
多ラベル分類器 (multilabel classifier) ………… 117-118

単位行列（identity matrix）…… 145
単語埋め込み（word embedding）…… 426
　感情分析 …… 538-545
　ニューラル機械翻訳 …… 546-555
単語の出現頻度-逆文書頻度（TF-IDF：term-frequency x inverse-document-frequency）…… 430
探索/活用ジレンマ（exploration/exploitation dilemma）…… 633
探索空間（search space）…… 86
探索方策（exploration policies）…… 643, 646
単純予測（naive forecasting）…… 498
単変量回帰（univariate regression）…… 38
単変量時系列（univariate time series）…… 498
チェーンルール（chain rule）　☞連鎖率
逐次学習型PCA（incremental PCA：IPCA）…… 228-230
逐次的学習（incremental learning）…… 19
チコノフ正則化（Tikhonov regularization）…… 144-146
チャットボットやパーソナルアシスタント（chatbot or personal assistant）…… 8
中核サンプリング（nucleus sampling）…… 535
超解像技術（super-resolution）…… 487
長期短期記憶（long short-term memory：LSTM）…… 519-522, 542, 550, 552
超収束（super-convergence）…… 353
調和平均（harmonic mean）…… 102
直交行列（orthogonal matrix）…… 551
地理データ（geographic data）…… 55-57
陳腐化した勾配（stale gradient）…… 696
通時的逆伝播（backpropagation through time：BPTT）…… 495
データ（data）
　エンキューとデキュー …… 732
　過学習　☞過学習
　学習データ　☞学習セット
　可視化　☞可視化
　過少適合 …… 81, 141-144, 165
　機械学習アルゴリズムのための準備 …… 61-80
　機械学習モデルのための準備 …… 504-507
　効率のよいデータ表現 …… 584-586
　時系列　☞時系列データ
　実際のデータの操作 …… 35-36
　シャッフル …… 404-406
　前提を設ける …… 34
　ダウンロード …… 45-46
　テストデータ　☞テストセット
　相関を探す …… 57-61
　パイプライン …… 37
　前処理　☞ロードと前処理
　ミスマッチ …… 32
　理屈を越えたデータの有効性 …… 24
データ拡張（data augmentation）…… 120, 455, 473
データクリーニング（data cleaning）…… 61-64
データ構造（data structure）…… 46-50, 727-732
データスヌーピングバイアス（data snooping bias）…… 51
データドリフト（data drift）…… 16
データ分析（data analysis）…… 239
データ並列（data parallelism）…… 694-699
データ変換（transformation of data）
　カスタム変換器 …… 72-76
　推定器 …… 63
　特徴量のスケーリング …… 68-72
　変換器 …… 63
データマイニング（data mining）…… 6
適応インスタンス正規化（adaptive instance normalization：AdaIN）…… 616
適応運動量推定（adaptive moment estimation：Adam）…… 348
適応学習率アルゴリズム（adaptive learning rate algorithm）…… 347-349
適応度関数（fitness function）…… 22
適合率と再現率（precision and recall）…… 102-107
　曲線（PR曲線）…… 105, 109
　トレードオフ …… 103-107
テキスト処理（text processing）　☞自然言語処理
テキスト属性（text attribute）…… 64
敵対的学習（adversarial learning）…… 488, 583
敵対的生成ネットワーク（generative adversarial network：GAN）…… 604-617
　PGGAN …… 613-615
　StyleGAN …… 615-617
　学習の難しさ …… 608-610
　深層畳み込み …… 610-612
テストセット（test set）…… 31, 50-54
デフォルト構成（default configuration）…… 363
　MP　☞多層パーセプトロン
　RNN　☞再帰型ニューラルネットワーク
　オプティマイザの高速化 …… 344-351
　学習率スケジューリング …… 352-356
　勾配消失と爆発 …… 325-339
　事前学習済みの層の再利用 …… 339-344
　正則化 …… 356-363
　転移学習 …… 15
　不安定な勾配 …… 325
転移学習（transfer learning）…… 15, 339-342, 472-475
テンソル（tensor）…… 370-375
テンソル配列（tensor array）…… 730
転置演算子（transpose operator）…… 39
転置畳み込み層（transposed convolutional layer）…… 486-488
同期更新（synchronous update）…… 695
統計学的に有意（statistical significance）…… 185
統計モード（statistical mode）…… 197
動的計画法（dynamic programming）…… 641
投票分類器（voting classifier）…… 193-197

同変（equivariance） 448
等方的ノイズ（isotropic noise） 617
特異値分解（singular value decomposition：SVD） 128, 224, 228
特異度（specificity） 107
特徴量（feature） 10
　スケーリング 68-72, 133, 162
　エンジニアリング 27, 239
　選択 28, 88, 147, 203
　抽出 11, 28
　バケット化 70
　ベクトル 40, 124, 172
　マップ 441-444, 462-467
独立同一分布（independent and identically distributed：IID） 404
　学習インスタンス 136
凸関数（convex function） 131
ドット積（dot product） 557
凸二次関数（convex quadratic optimization） 173
ドロップアウト（Dropout） 595
ドロップアウト正則化（dropout regularization） 357-360
ドロップアウト率（dropout rate） 357
貪欲デコード（greedy decoding） 534
貪欲なアルゴリズム（greedy algorithm） 183

な行

長いシーケンス（long sequence） 517-526
　短期記憶問題への対処 519-526
　不安定な勾配問題 517-519
ナッシュ均衡（Nash equilibrium） 608
二次計画問題（quadratic programming problem：QP問題） 173
二重数（dual number） 722
二乗ヒンジ損失（squared hinge loss） 173-174
二乗平均平方根誤差（root mean square error：RMSE） 39-40, 81, 125, 150
二進対数（binary logarithm） 184
二値分類器（binary classifier） 98, 151
二分木（binary tree） 181, 258
入出力シーケンス（input and output sequence） 494-495
ニュートンの差分商（Newton's difference quotient） 720
ニューラル機械翻訳（neural machine translation：NMT） 546-568
　Transformersベース 568-572
　アテンションメカニズム 555-568
ニューラルネットワーク（neural network）
　☞人工ニューラルネットワーク
入力数（number of input） 293, 327
入力ゲート（input gate） 521
入力シグネチャ（input signature） 733
入力層（input layer） 278, 319
認識ネットワーク（recognition network） 584
ネステロフ加速勾配法（Nesterov accelerated gradient：NAG） 346, 350
ネステロフモーメンタム最適化（Nesterov momentum optimization） 346, 350
ネストされたデータセット（nested dataset） 505
ノイズ（noise） 21
ノイズ除去オートエンコーダ（denoising autoencoder） 595-596
ノイズ除去拡散確率モデル（denoising diffusion probabilistic model：DDPM） 583, 617-623
能動学習（active learning） 255
ノーフリーランチ定理（No Free Lunch theorem） 33-34
ノンパラメトリックモデル（nonparametric model） 185

は行

パーセプトロン（perceptron） 273, 277-285
　多層 273, 280
パーセンタイル（percentile） 48
ハードクラスタリング（hard clustering） 242
ハード投票分類（hard voting classifier） 194
ハードマージン分類（hard margin classification） 162, 172
バイアス（bias） 144
　項 124, 128
　公平性 577-578
　分散のトレードオフ 144
排他的OR（XOR）問題（exclusive or problem） 280
排他的分類問題（XOR problem） 280
バイトペア符号化（BPE） 540
ハイパーパラメータ（hyperparameter） 30, 313-322
　CARTアルゴリズム 185
　GANの課題 608-609
　Keras Tuner 709-710
　SGDClassifier 169
　γ値 167
　イテレーション数 321
　オプティマイザ 320
　学習率 129, 320
　隠れ層当たりのニューロン数 319
　隠れ層の数 318
　カスタム変換 73
　活性化関数 321
　許容される誤差の範囲（ε） 168
　決定木 208
　サブサンプリング 210
　次元削減 226
　正規化 69
　多項式カーネルを使ったSVM分類器 165
　畳み込み層 446

寄与率 225
バイアス/バリアンストレードオフ 144
ばらつきが大きい決定木 190
分離可能畳み込み層 (separable convolution layer) 464
分類 (classification) 95-121
CNN 475-477
MLP 286-288
MNISTデータモデル 95-98
SVM ☞サポートベクターマシン
応用の例 7-8
回帰 9, 119
画像 ☞画像
誤分類の分析 113-116
性能指標 98-110
ソフトマージン 162-164
ソフトマックス回帰 156-159
多クラス 111-113, 286-288
多出力 118-120
多ラベル 117-118
テキスト 538-545
投票分類器 193-197
二値分類器 98, 151
ハード投票分類 194
ハードマージン 162, 172
ロジスティック回帰 ☞ロジスティック回帰
平滑化項 (smoothing term) 334, 347
平均二乗誤差 (mean squared error：MSE) 125, 601
平均絶対誤差 (MAE：mean absolute error) 40
平均絶対誤差 (mean absolute error：MAE) 40
平均絶対パーセント誤差 (mean absolute percentage error：MAPE) 499
平均絶対偏差 (average absolute deviation) 40
平均値シフト法 (mean-shift) 259
平均値プーリング層 (average pooling layer) 449
平均適合率 (average precision：AP) 483
平均への回帰 (regression to the mean) 9
閉形式解 (closed-form solution) 125, 145
閉形式の式 (closed-form equation) 123, 125, 145, 153
ベイズ情報量規準 (Bayesian information criterion：BIC) 265
平坦なデータセット (flat dataset) 505
並列実行 (parallelism) 692-710
Distribution Strategies API 699
GPU 689-691
TensorFlowクラスタ 701-704
Vertex AI上での大規模な学習ジョブ 704-706
データ並列 694-699
ハイパーパラメータチューニング 706-710
モデル並列 692-694
べき分布 (power law distribution) 69
ベクトル (vector) 40
ベクトルツーシーケンスネットワーク (vector-to-sequence network) 494
ヘッセ行列 (Hessian matrix) 351
ヘッブ学習 (Hebbian learning) 279
ヘッブの法則 (Hebb's rule) 279
ペナルティ (penalty) 15
ヘビサイドステップ関数 (Heaviside step function) 277
ベルマン最適方程式 (Bellman optimality equation) 641
変換の連鎖 (chaining transformation) 403-404
変換パイプライン (transformation pipeline) 76-80
変換不変 (invariance) 448
偏自己相関関数 (PACF、Partial AutoCorrelation Function) 504
変数 (variable)
GPUへの配置 688
TensorFlow 373
TF関数における処理 739-740
永続化 381
偏微分 (partial derivative) 132
変分オートエンコーダ (variational autoencoder：VAE) 599-603
忘却ゲート (forget gate) 521
方策 (policy) 15, 626, 632
方策オフアルゴリズム (off-policy algorithm) 646
方策オンアルゴリズム (on-policy algorithm) 646
方策空間 (policy space) 628
方策勾配法アルゴリズム (policy gradients algorithm) 628, 635-639
方策パラメータ (policy parameter) 628
放射基底関数 (radial basis function：RBF) 70
報酬 (reward) 15, 626
膨張フィルタ (dilated filter) 487
膨張率 (dilation rate) 487
ホールドアウト検証 (holdout validation) 31
ホールドアウトセット (hold-out set) 31
補完 (imputation) 61
ボトルネック層 (bottleneck layer) 458
ホワイトボックスモデル (white box model) 182
翻訳 (translation) 529, 546-555

ま行

マーサーの定理 (Mercer's theorem) 176
マージン違反 (margin violation) 162-163, 169, 172
マージンの大きい分類 (large margin classification) 161
前処理済みの属性 (preprocessed attribute) 50
前処理の不一致 (preprocessing mismatch) 419
マスキング (masking) 541-543, 566
マスクされた言語モデル (MLM：masked language model) 569
マスクされたマルチヘッドアテンション (masked multi-head attention layer) 561
マスクテンソル (mask tensor) 541

マッピングネットワーク（mapping network）……615
マルコフ決定過程（Markov decision processes：MDP）……639-643, 646
マルコフ連鎖（Markov chain）……639
マルチタスク分類（multitask classification）……303
マルチヘッドアテンション層（multi-head attention layer）……560, 563-568
マルチホットエンコーディング（multi-hot encoding）……422
マルチモーダルTransformer（multimodal transformer）……575
マンハッタンノルム（Manhattan norm）……40
右歪曲（skewed right）……50
密行列（dense matrix）……69, 79
密層（Dense layer）……278
密度推定（density estimation）……238, 255, 262-263
密度のしきい値（density threshold）……264
ミニバッチ（mini-batch）……17, 614
ミニバッチk平均法（mini-batch k-means）……245
ミニバッチ勾配降下法（mini-batch gradient descent）……138-139, 150
ミニバッチ判別（mini-batch discrimination）……609
ミラーリング分散戦略（mirrored strategy）……695, 699, 707
命題論理（propositional logic）……274
メタ学習器（meta learner）……211
メタグラフ（metagraph）……662
メモリセル（memory cell）……494, 519
メモリ帯域幅（memory bandwidth）……410
メモリ要件（memory requirement）……446
モード（mode）……70
モード崩壊（mode collapse）……575, 609
モーメンタム（momentum）……345
モーメンタム最適化（momentum optimization）……344
文字RNNモデル（char-RNN model）……530-538
文字列（string）……727-728
文字列カーネル（string kernel）……167
文字列テンソル（string tensor）……374
モデル（model）
　ウォームアップ（model warmup）……668
　学習（training model）……123-160
　　学習曲線……141-144
　　線形回帰……123, 124-139
　　多項式回帰……123, 139-140
　　パーセプトロン……277-281
　　ロジスティック回帰……151-159
　サービング　☞TensorFlow Serving
　選択……21, 31-32
　デバイス……678-681
　パラメータ　☞モデルパラメータ
　並列……692-694
　保存、ロード、復元（saving, loading, and restoring model）……307-308, 376-378
　劣化……16
モデルパラメータ（model parameter）……21
　重み行列の形……293
　勾配降下……132-134
　線形SVM分類器……171
　早期打ち切り正則化……150
　変数の更新……373
モデルベース学習（model-based learning）……20-24
モデル劣化（model rot）……16
モバイルデバイス（mobile device）……678-681
モンテカルロ（MC）ドロップアウト正則化（Monte Carlo dropout regularization）……360-362
モンテカルロ木探索（Monte Carlo tree search：MCTS）……655

や行

焼きなまし法（simulated annealing）……134
ヤコビ行列（Jacobian matrix）……351
屋台骨（backbone）……459
ユークリッドノルム（Euclidean norm）……40
有限差分近似（finite difference approximation）……720
有効なパディング（valid padding）……444
優先度付き経験再生（prioritized experience replay：PER）……653
ユーティリティ関数（utility function）……289, 372, 504, 515
尤度関数（likelihood function）……266-267
陽性クラス（positive class）……101, 151
予測（prediction）
　クラス……101
　決定木……180-184
　交差検証を使った精度の測定……99-100
　混同行列……100-102
　時系列　☞時系列データ
　線形SVM分類器……171
　バックプロパゲーション……284
予測サービス（prediction service）……669-678
予測子（predictor）……10

ら行

ラッソ回帰（lasso regression）……146-149
ラベル（label）……39
　画像分類……475-476
　教師あり学習……10
　伝播……254-255
　クラスタリング……241
　ラベルなしデータの問題……591
ランダム化PCA（randomized PCA）……228
ランダムサーチ（randomized search）……86-87, 314
ランダムサブスペース（random subspace）……200
ランダム射影（random projection）……230-232

ランダム初期化（random initialization）………129-130
ランダムパッチ（random patche）………200
ランダムフォレスト（random forest）
………83-84, 193, 201-203
Extra-Tree………201
決定木　☞決定木
特徴量の重要度………202
モデルと誤差の分析………87
ランドマーク（landmark）………166
理屈を越えたデータの有効性
（unreasonable effectiveness of data）………25
リッジ（Ridge）………144
リッジ回帰（ridge regression）………144-146, 149
リッジ正則化（ridge regularization）………145
リバースモード自動微分（reverse-mode autodiff）
………282, 390
リプシッツ連続（Lipschitz continuous）………131
量子化対応の学習（quantization-aware training：QAT）
………681
両端キュー（deque）………648
理論的な情報量規準（theoretical information criterion）
………265
類似特徴量（similarity feature）………166
類似度の尺度（measure of similarity）………19
累積報酬（return）………634, 637
ルートノード（root node）………180-181
レーベンシュタイン距離（Levenshtein distance）………168
レコメンド（recommend）er system………8
劣勾配ベクトル（subgradient vector）………148
列ベクトル（column vector）………125
連結アテンション（concatenative attention）………556
連鎖率（chain rule）………283
ロードと前処理（loading and preprocessing data）
………401-436
Kerasの前処理層………402, 418-433
tf.data API………402-412
TFDSプロジェクト………433-434
TFRecord形式………401, 412-418
画像前処理層………432
ロジスティック回帰（logistic regression）………10, 151-159
学習と損失関数………152
確率の推定………151-152
決定境界………153-156
ソフトマックス回帰モデル………156-159
ロジスティック関数（logistic function）………151
ロジット関数（logit function）………152
論理GPUデバイス（logical GPU device）………687

わ行

ワーカー（worker）………695
ワイド・アンド・ディープニューラルネットワーク
（Wide & Deep neural network）………299-305
和分の次数（order of integration）………502
割引後の報酬（discounted reward）………634, 637
割引率（discount factor）………634
ワンホットエンコーディング（one-hot encoding）
………64-68, 422, 429

●著者紹介

Aurélien Géron（オーレリアン・ジュロン）

機械学習のコンサルタント、講演者として活躍している。もとGooglerで、2013年から2016年にかけてYouTube動画分類チームのリーダーを務める。フランスの主要な無線ISPのひとつであるWifirst、通信、メディア、戦略に特化したコンサルティング企業Polyconseil、機械学習とデータプライバシーのコンサルティング企業Kiwisoftの共同創業者兼CTOも務めている。

3人の子どもたちには、指を使った2進法の数え方（1023まで）を教えている。ソフトウェア工学の世界に入る前は、微生物学と進化遺伝学を研究していた。2度目のジャンプではパラシュートが開かなかった。

●監訳者紹介

下田 倫大（しもだ のりひろ）

元データ分析の会社のエンジニアリングマネージャーで、現在は外資系IT 企業のカスタマーエンジニア。『アナリティクス×エンジニアリング』の領域で日々奮闘しており、データ分析や深層学習、機械学習を活用した案件に積極的に携わっている。

牧 允皓（まき よしひろ）

スマートフォンゲーム企業でデータ分析、機械学習モデルの構築に携わり、その後Web企業でAIソリューションの開発運用に従事。構造化データ、非構造化データ、予測AI、生成AIなどの様々な業務経験を活かし、ビジネスにおける価値創出を実現すべく日々奮闘しています。

●訳者紹介

長尾 高弘（ながお たかひろ）

1960年千葉県生まれ。東京大学教育学部卒、株式会社ロングテール（http://www.longtail.co.jp/）社長。訳書に『AI技術を活かすためのスキル』、『入門Python 3』、『データサイエンス設計マニュアル』（以上、オライリー・ジャパン）、『SOFT SKILLS』、『AIは「心」を持てるのか』（以上、日経BP社）、『Web APIテスト技法』（翔泳社）、『Scalaスケーラブルプログラミング』（インプレス）、『ExcelとRで学ぶ　ベイズ分析入門』（マイナビ出版）、『多モデル思考』（森北出版）など。

●査読協力

中井 悦司（なかい えつじ）、朝倉 卓人（あさくら たくと）、大橋 真也（おおはししんや）、鈴木 駿（すずき はやお）、赤池 飛雄（あかいけ ひゆう）

カバーの説明

表紙の動物は、ヨーロッパ全域に生息する両生類のファイアサラマンダー（Salamandra salamandra）である。体は黒光りしており、背中と頭部に大きな黄色い斑点があって、有毒アルカロイドがあることを示している。ファイアサラマンダーという名前の由来はここかもしれない。この毒に触れると（短距離ながら、彼らは毒を噴出することもできる）、けいれんと過呼吸が起きる。この激しい毒か肌の湿り気（または両方）のために、彼らは火中に投げ込まれても死なないだけでなく、火を消してしまうという誤解を生んできた。

ファイアサラマンダーは、繁殖のために役立つ水場の近くにある湿った地面や岩の裂け目、木の根元などに生息する。生涯の大半を地上で暮らすが、幼生は水中に生む。主として昆虫、トカゲ、ナメクジ、虫などを食べる。成長したファイアサラマンダーは体長30センチ以上になる。飼育すれば50歳ぐらいまで生きる。

ファイアサラマンダーの数は、住居である森林の破壊とペット業者による乱獲のために減っている。しかし、最大の脅威は、水を通しやすい皮膚によって取り込んでしまう汚染物質や病原菌だ。2014年以降、オランダとベルギーの一部では、入り込んできた病原菌のためにファイアサラマンダーが絶滅している。

オライリー本の表紙を飾る動物の多くは絶滅の危機にさらされているが、どれも世界にとって重要な存在である。表紙のイラストは、Wood's Illustrated Natural Historyの版画をもとにKaren Montgomeryが製作した。表紙のフォントはURW TypewriterとGuardian Sans、本文のフォントはAdobe Minion Pro、見出しフォントはAdobe Myriad Condensed、コードのフォントはDalton MaagのUbuntu Monoを使用している。

scikit-learn、Keras、TensorFlowによる実践機械学習 第3版

2018年 4 月26日　初　版 第1刷発行
2020年10月30日　第2版 第1刷発行
2024年11月15日　第3版 第1刷発行

著　　者　Aurélien Géron（オーレリアン・ジュロン）
監 訳 者　下田 倫大（しもだ のりひろ）、牧 允皓（まき よしひろ）
訳　　者　長尾 高弘（ながお たかひろ）
発 行 人　ティム・オライリー
制　　作　有限会社はるにれ
印刷・製本　日経印刷株式会社
発 行 所　株式会社オライリー・ジャパン
〒160-0002　東京都新宿区四谷坂町12番22号
Tel　(03)3356-5227
Fax　(03)3356-5263
電子メール　japan@oreilly.co.jp
発 売 元　株式会社オーム社
〒101-8460　東京都千代田区神田錦町3-1
Tel　(03)3233-0641（代表）
Fax　(03)3233-3440

Printed in Japan（ISBN978-4-8144-0093-5）
乱丁本、落丁本はお取り替え致します。